非平衡态相变热力学

(中　册)

翟玉春　著

科学出版社

北　京

内 容 简 介

本书是关于非平衡态相变热力学的专著。本书构建了非平衡态相变热力学的理论体系，系统阐述了非平衡态相变热力学的基础理论和基本知识，内容包括单元系和多元系的蒸发、冷凝、升华、凝结、溶解、析出、熔化、凝固、固态相变，以及各种相变形核等。本书给出了单元系和多元系非平衡态相变过程的吉布斯自由能变化、焓变、熵变的公式和相变速率的公式；给出了各种相变形核过程的吉布斯自由能变化、焓变、熵变的公式和形核速率的公式；给出了多元系相变过程的耦合等。本书是非平衡态相变热力学的中册，内容是液体凝固和固态升温相变。

本书可供冶金、材料、化工、地质、物理、化学等专业的本科生、研究生、教师和相关领域的科技人员学习和参考。

图书在版编目（CIP）数据

非平衡态相变热力学. 中册/翟玉春著. —北京：科学出版社, 2023.6

ISBN 978-7-03-075833-0

Ⅰ. ①非…　Ⅱ. ①翟…　Ⅲ. ①非平衡状态(热力学)　Ⅳ. ①O414.14

中国国家版本馆 CIP 数据核字 (2023) 第 108692 号

责任编辑：刘凤娟　郭学雯／责任校对：杨聪敏

责任印制：吴兆东／封面设计：无极书装

科学出版社 出版

北京东黄城根北街 16 号

邮政编码：100717

http://www.sciencep.com

北京虎彩文化传播有限公司 印刷

科学出版社发行　各地新华书店经销

*

2023 年 6 月第　一　版　开本: 720 × 1000　1/16

2023 年 6 月第一次印刷　印张: 35 3/4

字数: 700 000

定价: 239.00 元

(如有印装质量问题, 我社负责调换)

前 言

相是物质体系中具有相同的化学组成、相同的聚集状态，物理化学性质均匀的部分。所谓均匀是指组成、结构和性质相同。在微观上，同一相内允许存在某种差异。但是，这种差异必须是连续变化的，不能有突变。相与相之间以界面彼此分开。

相变是自然界中普遍存在的现象。人类最早关于相变的认识是物质的气、液、固三态的变化。人类关于相变的理论和实验研究始于 1869 年安德鲁斯 (Andrews) 发现临界点，1873 年范德瓦耳斯 (van der Waals) 提出非理想气体状态方程，至今已有近 150 年的历史。然而，人类对于相变的认识远没有完成，反而发现相变的种类和形式越来越丰富，从物质三态的变化、固体的相结构的变化、铁磁和反铁磁的变化、物质超导电性的变化、液体氦的超流效应，到各种各样的非平衡相变等。

相变与人类生活、生产密切相关。为了提高材料的性能，在材料制备和加工过程中，采用热处理促使材料相变，改变材料的组织结构、性质和性能是常用的手段。在冶金、材料、化工、食品生产过程中，采用的气–液分离、气–固分离、液–液分离、液–固分离、固–固分离等工艺技术都与相变有关。

相变现象丰富多彩，可以从不同角度加以分类和研究。关于相变，人们已经进行了大量的研究工作，取得了很多成果，建立了各种相变理论，包括相变的热力学理论、相变的动力学理论、相变物质的结构变化、相变的机制等。

经典的相变热力学研究体系的平衡态相变，则将非平衡态体系与平衡态体系相比较，推断非平衡态体系相变的方向和限度。

经典的相变动力学研究相变的速率 (度)，给出了相变速率 (度) 的表达式，由于相变活化能难以测量，因而难以实际应用。对于实际相变过程，是由实验测量一个体系完成相变的时间和相变的量，计算相变的平均速率。

经典的平衡态相变理论体系对相变引起的物质的组织结构变化进行了深入的研究，取得了丰硕的成果，明确了相的组织和微观结构，给出了物质的宏观性质、性能与物质的组织、微观结构的关系。

实际相变大多数是在非平衡状态下进行的。因此，研究非平衡态相变具有实际意义和应用价值。

经典热力学对于一个过程只能给出其能否发生及其发生的方向和限度，而不能给出其变化的速率。这是由于经典热力学没有引进时间变量。而非平衡态热力学引进了时间变量，给出了熵对时间的变化率即熵增率。一个体系熵的变化必然有其他热力学量的变化和相应的宏观力学量的变化。因而，可以由熵随时间的变化得到宏观力学量随时间的变化与热力学量变化的关系，即得到动力学方程。

在恒温恒压条件下，这个热力学量就是吉布斯自由能。一个相变过程的吉布斯自由能的变化必定有相变物质间的量的变化。非平衡态热力学给出了相变过程物质量的变化率和吉布斯自由能变化两者与熵随时间变化的关系；进而给出了物质量的变化率与吉布斯自由能变化的关系，即以吉布斯自由能为推动力的相变过程的动力学方程。这样，非平衡态相变热力学给出了相变速率 (度) 统一的普适方程。

在多元系发生相变时，组元间会发生耦合作用，其结果会影响各组元的相变速率，甚至影响相变方向。如果某个组元相变趋势大，即吉布斯自由能负得多，会拉动吉布斯自由能正的组元发生相变。

相变前的状态称为旧相，相变后的状态称为新相。根据相变前后热力学函数的变化，平衡态相变分为一级相变、二级相变和 $n(n=3,4,\cdots)$ 级相变。两相的化学势相等，但化学势的一阶偏导数不等的相变，称为一级相变；两相的化学势相等，化学势的一阶偏导数也相等，但化学势的二阶偏导数不等的相变，称为二级相变；两相的化学势相等，化学势的一阶偏导数也相等，二阶偏导数也相等，$\cdots$，$n-1$ 阶偏导数也相等，但是化学势的 n 阶偏导数不等的相变称为 n 级相变。

本书讨论一级相变。

本书为非平衡态相变热力学的中册，包括第 8 章凝固和第 9 章固态升温相变。内容有液态非平衡态凝固的热力学，包括单元系和多元系液态非平衡态凝固过程的吉布斯自由能变化、焓变、熵变的公式，以及凝固速率的公式、多元非平衡态凝固过程的耦合；固态升温非平衡态相变的热力学，包括单元系和多元系固态升温非平衡态相变过程的吉布斯自由能变化、焓变、熵变的公式，以及固态升温非平衡态相变的速率公式和多元升温非平衡态相变的耦合。

自 1981 年起，作者在东北大学和中南大学为研究生讲授“非平衡态热力学 (不可逆过程热力学)”，同时，开展非平衡态热力学的研究工作。尤其是在国家自然科学基金委员会的资助下，作者承担了“均匀、非均匀冶金体系的非平衡态热力学”的研究课题，系统地研究了非平衡态热力学、非平衡态冶金热力学和非平衡态相变热力学 (前两本书已经出版)。本书就是在这些研究工作的基础上完成的，是这些研究工作的成果之一。

在本书完成之际，感谢我国著名的冶金学家赵天从教授、傅崇说教授、冀春霖教授！他们都是作者的老师。在他们的关心、鼓励、帮助和支持下，作者开展了非平衡态热力学的研究工作。还要感谢东北大学出版社原社长李玉兴教授和国家自然科学基金委员会工程一处原处长张玉清教授，本书的完成与他们的关心、鼓励、帮助和支持分不开。

感谢国家自然科学基金委员会的支持，使作者得以系统地开展非平衡态热力学及其应用方面的研究工作。感谢科学出版社，感谢本书的编辑，为出版本书，她们倾注了大量的心血和精力，对本书做了准确的文字修改和精益的润色。感谢作者的学生于凯硕士、黄红波博士、刘彩玲博士、崔富晖博士、王乐博士、张俊博士等！他们录入了本书的书稿，于凯硕士还对本书做了编排，配制了插图。感谢作者的妻子李桂兰女士对作者的全力支持，使作者能够完成本书的写作。感谢本书引用的参考文献的作者！感谢所有支持和帮助作者完成本书的人！

限于作者的水平，书中不妥之处在所难免，望读者不吝赐教。

作　者

2020 年 6 月 2 日

于东北大学

目　录

(中　册)

前言
第 8 章　凝固 ······ 475
8.1　纯液体凝固 ······ 475
8.1.1　凝固过程热力学 ······ 475
8.1.2　凝固速率 ······ 476
8.2　二元系凝固 ······ 477
8.2.1　具有最低共熔点的二元系 ······ 477
8.2.2　具有稳定化合物的二元系 ······ 487
8.2.3　具有异分熔点化合物的二元系 ······ 495
8.2.4　具有液相分层的二元系 (一) ······ 505
8.2.5　具有液相分层的二元系 (二) ······ 515
8.2.6　具有连续固溶体的二元系 ······ 525
8.2.7　具有最低共熔点的部分互溶二元系 ······ 534
8.3　三元系凝固 ······ 548
8.3.1　具有最低共熔点的三元系 ······ 548
8.3.2　具有同组成熔融二元化合物的三元系 ······ 566
8.3.3　具有异组成熔融二元化合物的三元系 ······ 584
8.3.4　具有高温稳定、低温分解的二元化合物的三元系 ······ 603
8.3.5　具有低温稳定、高温分解的二元化合物的三元系 ······ 623
8.3.6　具有同组成熔融三元化合物的三元系 ······ 645
8.3.7　具有异组成熔融三元化合物的三元系 (一) ······ 662
8.3.8　具有异组成熔融三元化合物的三元系 (二) ······ 681
8.3.9　具有固态晶型转变的三元系 ······ 698
8.3.10　具有液相分层的三元系 ······ 722
8.3.11　具有连续固溶体的三元系 ······ 744
8.4　$n(>3)$ 元系凝固 ······ 753
8.4.1　具有最低共熔点的 $n(>3)$ 元系凝固 ······ 753
8.4.2　具有最低共熔点的 $n(>3)$ 元固溶体 ······ 767

第 9 章　固态升温相变 ······ 795
9.1　固态纯物质升温相变 ······ 795
9.1.1　相变过程热力学 ······ 795
9.1.2　纯物质 α、β 两相的吉布斯自由能与温度和压力的关系 ······ 797
9.1.3　相变速率 ······ 798
9.2　二元系固态升温相变 ······ 799
9.2.1　具有最低共晶点的二元系 ······ 799
9.2.2　具有稳定化合物的二元系 ······ 808
9.2.3　具有异分转化点化合物的二元系 ······ 814
9.2.4　具有分层的二元系 ······ 823
9.2.5　具有连续固溶体的二元系 ······ 836
9.2.6　具有不连续固溶体的二元系 ······ 844
9.3　三元系固态升温相变 ······ 857
9.3.1　具有最低共晶点的三元系 ······ 857
9.3.2　具有同组成转化二元化合物的三元系 ······ 871
9.3.3　具有异组成转化二元化合物的三元系 ······ 884
9.3.4　具有低温稳定、高温分解的二元化合物的三元系 ······ 897
9.3.5　具有高温稳定、低温分解的二元化合物的三元系 ······ 915
9.3.6　具有同组成转化三元化合物的三元系 ······ 935
9.3.7　具有异组成转化三元化合物的三元系 ······ 947
9.3.8　具有晶型转变的三元系 ······ 959
9.3.9　具有固相分层的三元系 ······ 983
9.3.10　形成连续固溶体的三元系 ······ 998
9.4　具有最低共晶点的 $n(>3)$ 元系固态升温相变 ······ 1008
9.4.1　相变过程热力学 ······ 1008
9.4.2　相变速率 ······ 1018
9.5　具有最低共晶点的 $n(>3)$ 元固溶体升温相变 ······ 1020
9.5.1　相变过程热力学 ······ 1020
9.5.2　相变速率 ······ 1035

第8章　凝　　固

8.1　纯液体凝固

由液体变成固体的过程称为凝固。在一个标准大气压，纯物质有确定的凝固温度，称为凝固点，也是其熔点。在此温度，物质的液–固两相平衡共存，体系处于热力学平衡状态。

物质凝固的温度低于理论凝固温度的现象称为过冷。理论凝固温度与实际凝固温度的差称为过冷度，以 ΔT 表示。不同物质的过冷度 ΔT 不同。

液体在凝固过程中，如果有足够的时间使其内部原子呈规则排列，则形成晶体。如果冷却速度足够快，内部原子来不及规则排列，则形成非晶体。形成非晶体的转变温度称为玻璃化温度，玻璃化温度以 T_{g} 表示。物质的玻璃化温度 T_{g} 与其熔点 T_{m} 的差值 $(T_{\mathrm{g}}-T_{\mathrm{m}})$ 越小，凝固时越容易形成非晶态结构。例如，玻璃和有机聚合物的 $T_{\mathrm{g}}-T_{\mathrm{m}}$ 差值小，容易形成非晶态固体；而金属的 $T_{\mathrm{g}}-T_{\mathrm{m}}$ 差值大，难以形成非晶态固体。只有在快速冷却条件下，才能形成非晶态金属。下面讨论由液体凝聚成晶体的凝固过程。

8.1.1　凝固过程热力学

在熔点温度 T_{m} 和一个标准大气压，纯液体由液相转变为固相的结晶过程在平衡状态下进行，可以表示为

$$B(\mathrm{l}) \rightleftharpoons B(\mathrm{s})$$

摩尔吉布斯自由能变化为

$$\begin{aligned}
\Delta G_{\mathrm{m}}(T_{\mathrm{m}}) &= G_{\mathrm{m},B(\mathrm{s})}(T_{\mathrm{m}}) - G_{\mathrm{m},B(\mathrm{l})}(T_{\mathrm{m}}) \\
&= [H_{\mathrm{m},B(\mathrm{s})}(T_{\mathrm{m}}) - T_{\mathrm{m}}H_{\mathrm{m},B(\mathrm{s})}(T_{\mathrm{m}})] \\
&\quad -[H_{\mathrm{m},B(\mathrm{l})}(T_{\mathrm{m}}) - T_{\mathrm{m}}S_{\mathrm{m},B(\mathrm{l})}(T_{\mathrm{m}})] \\
&= \Delta H_{\mathrm{m},B}(T_{\mathrm{m}}) - T_{\mathrm{m}}\Delta S_{\mathrm{m},B}(T_{\mathrm{m}}) \\
&= \Delta H_{\mathrm{m},B}(T_{\mathrm{m}}) - T_{\mathrm{m}}\frac{\Delta H_{\mathrm{m},B}(T_{\mathrm{m}})}{T_{\mathrm{m}}} \\
&= 0
\end{aligned} \tag{8.1}$$

降低温度到 T，凝固在非平衡条件下进行，可以表示为

$$B(\mathrm{l}) =\!=\!= B(\mathrm{s})$$

摩尔吉布斯自由能变化为

$$
\begin{aligned}
\Delta G_{\mathrm{m},B}(T) &= G_{\mathrm{m},B(\mathrm{s})}(T) - G_{\mathrm{m},B(\mathrm{l})}(T) \\
&= [H_{\mathrm{m},B(\mathrm{s})}(T) - TS_{\mathrm{m},B(\mathrm{s})}(T)] - [H_{\mathrm{m},B(\mathrm{l})}(T) - TH_{\mathrm{m},B(\mathrm{l})}(T)] \\
&= \Delta H_{\mathrm{m},B}(T) - T\Delta S_{\mathrm{m},B}(T) \\
&\approx \Delta H_{\mathrm{m},B}(T_{\mathrm{m}}) - T\Delta S_{\mathrm{m},B}(T_{\mathrm{m}}) \\
&= \Delta H_{\mathrm{m},B}(T_{\mathrm{m}}) - T\frac{\Delta H_{\mathrm{m},B}(T_{\mathrm{m}})}{T_{\mathrm{m}}} \\
&= \frac{\Delta H_{\mathrm{m},B}(T_{\mathrm{m}})\Delta T}{T_{\mathrm{m}}} < 0
\end{aligned} \tag{8.2}
$$

其中，

$$\Delta T = T_{\mathrm{m}} - T > 0$$

$$\Delta H_{\mathrm{m},B} < 0$$

将 $\Delta H_{\mathrm{m},B}(T_{\mathrm{m}}) = -L_{\mathrm{m},B}$，$\Delta S_{\mathrm{m},B}(T_{\mathrm{m}}) = -\frac{L_{\mathrm{m},B}}{T_{\mathrm{m}}}$ 代入式 (8.2)，得

$$\Delta G_{\mathrm{m},B}(T) = -L_{\mathrm{m},B} + T\frac{L_{\mathrm{m},B}}{T_{\mathrm{m}}} = -\frac{L_{\mathrm{m},B}}{T}\Delta T$$

式中，$L_{\mathrm{m},B}$ 为组元 B 的结晶潜热，为正值；$-L_{\mathrm{m},B}$ 为组元 B 的熔化热。凝固过程自发进行。

8.1.2　凝固速率

在恒温恒压条件下，纯液体凝固的速率为

$$
\begin{aligned}
\frac{\mathrm{d}n_{B(\mathrm{s})}}{\mathrm{d}t} &= -\frac{\mathrm{d}n_{B(\mathrm{l})}}{\mathrm{d}t} = j_B \\
&= -l_1\left(\frac{A_{\mathrm{m},B}}{T}\right) - l_2\left(\frac{A_{\mathrm{m},B}}{T}\right)^2 - l_3\left(\frac{A_{\mathrm{m},B}}{T}\right)^3 - \cdots \\
&= -l_1\left(-\frac{L_{\mathrm{m},B}\Delta T}{TT_{\mathrm{m}}}\right) - l_2\left(-\frac{L_{\mathrm{m},B}\Delta T}{TT_{\mathrm{m}}}\right)^2 - l_3\left(-\frac{L_{\mathrm{m},B}\Delta T}{TT_{\mathrm{m}}}\right)^3 - \cdots \\
&= -l_1'\left(\frac{\Delta T}{T}\right) - l_2'\left(\frac{\Delta T}{T}\right)^2 - l_3'\left(\frac{\Delta T}{T}\right)^3 - \cdots
\end{aligned} \tag{8.3}
$$

其中，n 为单位体积的组元 B 的摩尔数，

$$A_{\mathrm{m},B} = \Delta G_{\mathrm{m},B}(T)$$

$$l_n' = l_n\left(-\frac{L_{\mathrm{m},B}}{T_{\mathrm{m}}}\right)^n$$

$$(n = 1, 2, \cdots)$$

8.2 二元系凝固

8.2.1 具有最低共熔点的二元系

1. 凝固过程热力学

图 8.1 是具有最低共熔点的二元系相图。在恒压条件下，物质组成为 P 的液体降温凝固。

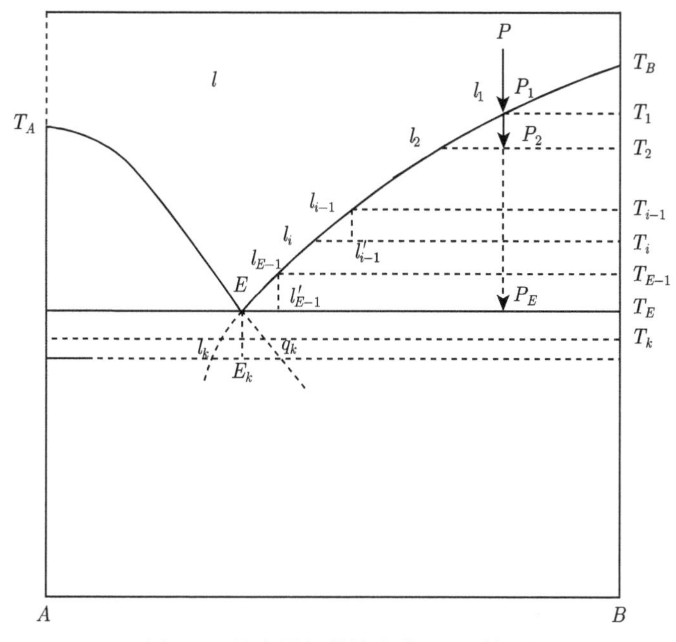

图 8.1 具有最低共熔点的二元系相图

1) 温度降到 T_1

温度降到 T_1，物质组成点到达液相线上的 P_1 点，也是平衡液相组成的 l_1 点，两者重合，有

$$(B)_{l_1} \rightleftharpoons B(\mathrm{s})$$

即

$$(B)_{l_1} = (B)_{饱} \rightleftharpoons B(\mathrm{s})$$

其中，l_1 是组元 B 的饱和溶液。液固两相平衡，相变在平衡状态下进行。

固相和液相中的组元 B 都以纯固态为标准状态，浓度以摩尔分数表示，摩尔

吉布斯自由能变化为

$$\begin{aligned}\Delta G_{\mathrm{m},B}(T_1) &= \mu_{B(\mathrm{s})} - \mu_{(B)_{l_1}} \\ &= \mu^*_{B(\mathrm{s})} - \mu^*_{B(\mathrm{s})} - RT\ln a^{\mathrm{R}}_{(B)_{l_1}} \\ &= -RT\ln a^{\mathrm{R}}_{(B)_{饱}} \\ &= 0\end{aligned} \tag{8.4}$$

或如下计算：

$$\begin{aligned}\Delta G_{\mathrm{m},B}(T_1) &= G_{\mathrm{m},B(\mathrm{s})}(T_1) - \overline{G}_{\mathrm{m},(B)_{l_1}}(T_1) \\ &= [H_{\mathrm{m},B(\mathrm{s})}(T_1) - T_1 S_{\mathrm{m},B(\mathrm{s})}(T_1)] - [\overline{H}_{\mathrm{m},(B)_{l_1}}(T_1) - T_1 S_{\mathrm{m},(B)_{l_1}}(T_1)] \\ &= \Delta_{\mathrm{ref}} H_{\mathrm{m},B}(T_1) - T_1 \Delta_{\mathrm{ref}} \bar{S}_{\mathrm{m},B}(T_1) \\ &= \Delta_{\mathrm{ref}} H_{\mathrm{m},B}(T_1) - T_1 \frac{\Delta_{\mathrm{ref}} H_{\mathrm{m},A}(T_1)}{T_1} \\ &= 0\end{aligned} \tag{8.5}$$

2) 温度降到 T_2

继续降温到 T_2，平衡液相组成为 l_2 点。在温度刚降到 T_2，尚未来得及析出固相组元 B 时，液相组成未变，但已由组元 B 的饱和溶液 l_1 变成组元 B 的过饱和溶液 l_1'，析出固相组元 B，有

$$(B)_{l_1'} \equiv\!\equiv (B)_{过饱} =\!= B(\mathrm{s})$$

以纯固态组元 B 为标准状态，析晶过程的摩尔吉布斯自由能变化为

$$\begin{aligned}\Delta G_{\mathrm{m},B(T_2)} &= \mu_{B(\mathrm{s})} - \mu_{(B)_{l_1'}} \\ &= \mu_{B(\mathrm{s})} - \mu_{(B)_{过饱}} \\ &= -RT\ln a^{\mathrm{R}}_{(B)_{l_1'}} \\ &= -RT\ln a^{\mathrm{R}}_{(B)_{过饱}}\end{aligned} \tag{8.6}$$

其中，

$$\mu_{B(\mathrm{s})} = \mu^*_{B(\mathrm{s})}$$

$$\mu_{(B)_{l_1'}} = \mu_{(B)_{过饱}} = \mu^*_{B(\mathrm{s})} + RT\ln a^{\mathrm{R}}_{(B)_{l_1'}} = \mu^*_{B(\mathrm{s})} + RT\ln a^{\mathrm{R}}_{(B)_{过饱}}$$

$a^{\mathrm{R}}_{(B)_{l_1'}}$ 和 $a^{\mathrm{R}}_{(B)_{过饱}}$ 分别是在温度 T_2，液相 l_1' 即组元 B 过饱和的溶液中组元 B 的活度。

或者如下计算：

$$
\begin{aligned}
\Delta G_{\mathrm{m},B}(T_2) &= G_{\mathrm{m},B(\mathrm{s})}(T_2) - \bar{G}_{\mathrm{m},(B)_{l_1}}(T_2) \\
&= [H_{\mathrm{m},B(\mathrm{s})}(T_2) - T_2 S_{\mathrm{m},B(\mathrm{s})}(T_2)] - [\overline{H}_{\mathrm{m},(B)_{l_1}}(T_2) - T_2 \overline{S}_{\mathrm{m},(B)_{l_1}}(T_2)] \\
&= \Delta_{\mathrm{ref}} H_{\mathrm{m},B}(T_2) - T_2 \Delta_{\mathrm{ref}} S_{\mathrm{m},B}(T_2) \\
&= \frac{\theta_{B,T_2} \Delta_{\mathrm{ref}} H_{\mathrm{m},B}(T_1)}{T_1} \\
&= \eta_{B,T_2} \Delta_{\mathrm{ref}} H_{\mathrm{m},B}(T_1)
\end{aligned}
\tag{8.7}
$$

其中，

$$\Delta_{\mathrm{ref}} H_{\mathrm{m},B}(T_2) \approx \Delta_{\mathrm{ref}} H_{\mathrm{m},B}(T_1)$$

$$\Delta_{\mathrm{ref}} S_{\mathrm{m},B}(T_2) \approx \Delta_{\mathrm{ref}} S_{\mathrm{m},B}(T_1) = \frac{\Delta_{\mathrm{ref}} H_{\mathrm{m},B}(T_1)}{T_1}$$

$$T_1 > T_2$$

式中，$\Delta_{\mathrm{ref}} H_{\mathrm{m},B}$、$\Delta_{\mathrm{ref}} S_{\mathrm{m},B}$ 分别为析晶焓、析晶熵，是溶解焓、溶解熵的负值；

$$\theta_{B,T_2} = T_1 - T_2 > 0$$

是组元 B 在温度 T_2 的绝对饱和过冷度；

$$\eta_{B,T_2} = \frac{T_1 - T_2}{T_1} > 0$$

是组元 B 在温度 T_2 的相对饱和过冷度。

直到固相组元 B 与液相达到平衡，液相成为饱和溶液，平衡液相组成为组元 B 的饱和溶解度线 ET_B 上的 l_2 点，有

$$(B)_{l_2} \equiv (B)_{饱和} \rightleftharpoons B(\mathrm{s})$$

3) 温度从 T_2 到 T_E

继续降温，从 T_2 到 T_E，析晶过程同上。可以统一表述如下：在温度 T_{i-1}，析出的固相组元 B 与液相平衡，有

$$(B)_{l_{i-1}} \equiv (B)_{过饱} \rightleftharpoons B(\mathrm{s})$$

继续降温到 T_i。在温度刚降至 T_i，还未来得及析出固相组元 B 时，在温度 T_{i-1} 的饱和溶液 l_{i-1} 成为过饱和溶液 l'_{i-1}，析出固相组元 B，即

$$(B)_{l_{i-1}} \equiv (B)_{过饱和} = B(\mathrm{s})$$

以纯固态组元 B 为标准状态，在温度 T_i，析晶过程的摩尔吉布斯自由能变化为

$$\Delta G_{\mathrm{m},B}=\mu_{B(\mathrm{s})}-\mu_{(B)_{\text{过饱}}}=\mu_{B(\mathrm{s})}-\mu_{(B)_{l'_{i-1}}}=-RT\ln a^{\mathrm{R}}_{(B)_{\text{过饱}}}=-RT\ln a^{\mathrm{R}}_{(B)_{l'_{i-1}}} \tag{8.8}$$

$$(i=1,2,\cdots,n)$$

其中，

$$\mu_{B(\mathrm{s})}=\mu^*_{B(\mathrm{s})}$$

$$\mu_{(B)_{\text{过饱}}}=\mu^*_{B(\mathrm{s})}+RT\ln a^{\mathrm{R}}_{(B)_{\text{过饱}}}=\mu^*_{B(\mathrm{s})}+RT\ln a^{\mathrm{R}}_{(B)_{l'_{i-1}}}$$

式中，$a^{\mathrm{R}}_{(B)_{l'_{i-1}}}$ 和 $a^{\mathrm{R}}_{(B)_{\text{过饱}}}$ 分别为在温度 T_i，液相 l'_{i-1} 即过饱和溶液中组元 B 的活度。

也可以如下计算：

$$\begin{aligned}\Delta G_{\mathrm{m},B}(T_i)&=G_{\mathrm{m},B(\mathrm{s})}(T_i)-G_{\mathrm{m},(B)_{l'-1}}(T_i)\\&\approx\frac{\theta_{B,T_i}\Delta H_{\mathrm{m},B}(T_{i-1})}{T_{i-1}}\\&\approx\eta_{B,T_i}\varDelta_{\mathrm{ref}}H_{\mathrm{m},B}(T_{i-1})\end{aligned} \tag{8.9}$$

其中，

$$T_{i-1}>T_i$$

$$\theta_{B,T_i}=T_{i-1}-T_i>0$$

为组元 B 在温度 T_i 的绝对饱和过冷度；

$$\eta_{B,T_i}=\frac{T_{i-1}-T_i}{T_{i-1}}>0$$

为组元 B 在温度 T_i 的相对饱和过冷度。

直到过饱和液相析出固相组元 B 达到饱和，固液两相平衡，平衡液相组成为 l_i，有

$$(B)_{l_i}\equiv(B)_{\text{饱}}\rightleftharpoons B(\mathrm{s})$$

在温度 T_{E-1}，固相组元 B 与液相平衡，有

$$(B)_{l_{E-1}}\equiv(B)_{\text{饱}}\rightleftharpoons B(\mathrm{s})$$

继续降温到 T_E。在温度刚降到 T_E，固相组元 B 还未来得及析出时，在温度 T_{E-1}，组元 B 的饱和溶液 l_{E-1} 成为组元 B 的过饱和溶液 l'_{E-1}，析出固相组元 B，即

$$(B)_{l'_{E-1}}\equiv(B)_{\text{过饱}}=B(\mathrm{s})$$

以纯固态组元 B 为标准状态，浓度以摩尔分数表示，析晶过程的摩尔吉布斯自由能变化为

$$\Delta G_{\mathrm{m},B} = \mu_{B(\mathrm{s})} - \mu_{(B)_{过饱}} = \mu_{B(\mathrm{s})} - \mu_{(B)_{l'_{E-1}}} = -RT\ln a^{\mathrm{R}}_{(B)_{过饱}} = -RT\ln a^{\mathrm{R}}_{(B)_{l'_{E-1}}} \tag{8.10}$$

其中，

$$\mu_{B(\mathrm{s})} = \mu^*_{B(\mathrm{s})}$$

$$\mu_{(B)_{l'_{E-1}}} = \mu^*_{B(\mathrm{s})} + RT\ln a^{\mathrm{R}}_{(B)_{过饱}} = \mu^*_{B(\mathrm{s})} + RT\ln a^{\mathrm{R}}_{(B)_{l'_{E-1}}}$$

式中，$a^{\mathrm{R}}_{(B)_{l'_{E-1}}}$ 和 $a^{\mathrm{R}}_{(B)_{过饱}}$ 分别为在温度 T_E 时的液相 l'_{E-1} 即过饱和溶液中组元 B 的活度。

也可以如下计算：

$$\Delta G_{\mathrm{m},B}(T_E) \approx \frac{\theta_{B,T_E}\Delta_{\mathrm{ref}}H_{\mathrm{m},B}(T_{E-1})}{T_{E-1}} \approx \eta_{B,T_E}\Delta H_{\mathrm{m},B}(T_{E-1}) \tag{8.11}$$

其中，

$$T_{E-1} > T_E$$

$$\theta_{B,T_E} = T_{E-1} - T_E > 0$$

$$\eta_{B,T_E} = \frac{T_{E-1} - T_E}{T_{E-1}} > 0$$

直到溶液成为组元 B 和 A 的饱和溶液。有

$$(B)_{E(\mathrm{l})} \equiv\!\equiv (B)_{饱} \rightleftharpoons B(\mathrm{s})$$

$$(A)_{E(\mathrm{l})} \equiv\!\equiv (A)_{饱} \rightleftharpoons A(\mathrm{s})$$

在温度 T_E，液相 $E(\mathrm{l})$ 和固相组元 A、B 三相平衡，有

$$E(\mathrm{l}) \rightleftharpoons A(\mathrm{s}) + B(\mathrm{s})$$

即

$$(A)_{E(\mathrm{l})} \equiv\!\equiv (A)_{饱} \rightleftharpoons A(\mathrm{s})$$

$$(B)_{E(\mathrm{l})} \equiv\!\equiv (B)_{饱} \rightleftharpoons B(\mathrm{s})$$

析晶是在恒温恒压平衡状态进行的，液相和固相中的组元 A 和 B 都以纯固态为标准状态，该过程的摩尔吉布斯自由能变为

$$\Delta G_{\mathrm{m},A} = \mu_{A(\mathrm{s})} - \mu_{(A)饱} = \mu_{A(\mathrm{s})} - \mu_{(A)_{E(\mathrm{l})}} = \mu^*_{A(\mathrm{s})} - \mu^*_{A(\mathrm{s})} = 0$$

$$\Delta G_{m,B} = \mu_{B(s)} - \mu_{(B)饱} = \mu_{B(s)} - \mu_{(B)_{E(l)}} = \mu^*_{B(s)} - \mu^*_{B(s)} = 0$$

总摩尔吉布斯自由能变为

$$\Delta G_{m,t} = x_A \Delta G_{m,A} + x_B \Delta G_{m,B} = 0$$

4) 温度降到 T_E 以下

降温至 T_E 以下的温度 T_k。在温度 T_k，固相组元 A 的平衡液相 (准平衡态，以下同) 为 q_k，固相组元 B 的平衡液相为 l_k。温度刚降至 T_k，还未来得及析出固相组元 A 和 B 时，溶液 E(l) 的组成未变，但已由组元 A 和 B 的饱和溶液 E(l) 变成组元 A 和 B 的过饱和溶液 E_k(l)，析出固相组元 A 和 B。

(1) 组元 A 和 B 同时析出

过饱和溶液 E_k(l) 可以同时析出固相组元 A 和 B，有

$$E_k(\mathrm{l}) = A(\mathrm{s}) + B(\mathrm{s})$$

即

$$(A)_{过饱} \equiv (A)_{E_k(\mathrm{l})} = A(\mathrm{s})$$

$$(B)_{过饱} \equiv (B)_{E_k(\mathrm{l})} = B(\mathrm{s})$$

固相组元 A 和 B 同时析出，可以保持液相 E_k(l) 组成不变，析出的固相组元 A 和 B 均匀混合。

固相组元 A 和 B 以及溶液中的组元 A 和组元 B 都以纯固态为标准状态。该过程的摩尔吉布斯自由能变化为

$$\begin{aligned}\Delta G_{m,A} &= \mu_{A(s)} - \mu_{(A)_{过饱}} \\ &= \mu_{A(s)} - \mu_{(A)_{E_k(l)}} \\ &= -RT\ln a^{R}_{(A)_{过饱}} = -RT\ln a^{R}_{(A)_{E_k(l)}}\end{aligned} \tag{8.12}$$

$$\begin{aligned}\Delta G_{m,B} &= \mu_{B(s)} - \mu_{(B)_{过饱}} \\ &= \mu_{B(s)} - \mu_{(B)_{E_k(l)}} \\ &= -RT\ln a^{R}_{(B)_{过饱}} = -RT\ln a^{R}_{(B)_{E_k(l)}}\end{aligned} \tag{8.13}$$

式中，

$$\mu_{A(s)} = \mu^*_{A(s)}$$

$$\mu_{(A)_{过饱}} = \mu_{(A)_{E_k(l)}} = \mu^*_{A(s)} + RT\ln a^{R}_{(A)_{过饱}} = \mu^*_{A(s)} + RT\ln a^{R}_{(A)_{E_k(l)}}$$

$$\mu_{B(s)} = \mu^*_{B(s)}$$

$$\mu_{(B)_{过饱}} = \mu_{(B)_{E_k(l)}} = \mu^*_{B(s)} + RT\ln a^{R}_{(B)_{过饱}} = \mu^*_{B(s)} + RT\ln a^{R}_{(B)_{E_k(l)}}$$

或者

$$\Delta G_{m,A}(T_k) = \frac{\theta_{A,T_k}\Delta H_{m,A}(T_E)}{T_E} = \eta_{A,T_k}\Delta H_{m,A}(T_E)$$

$$\Delta G_{m,B}(T_k) = \frac{\theta_{B,T_k}\Delta H_{m,B}(T_E)}{T_E} = \eta_{B,T_k}\Delta H_{m,B}(T_E)$$

式中，

$$\theta_{J,T_k} = T_E - T_k$$

$$\eta_{J,T_k} = \frac{T_E - T_k}{T_E}$$

$$(J = A, B)$$

$$\Delta H_{m,A}(T_E) = H_{m,A(s)}(T_E) - \bar{H}_{m,(A)_{E(l)}}(T_E)$$

$$\Delta H_{m,B}(T_E) = H_{m,B(s)}(T_E) - \bar{H}_{m,(B)_{E(l)}}(T_E)$$

(2) 组元 A 先析出，组元 B 后析出

组元 A 先析出，有

$$(A)_{过饱} \equiv (A)_{E_k(l)} = A(s)$$

随着组元 A 的析出，组元 B 的过饱和程度增大，溶液 $E_k(l)$ 的组成偏离共熔点 $E(l)$ 的组成，向组元 A 的平衡相 q_k 靠近，以 q_k' 表示。达到一定程度后，组元 B 会析出，有

$$(B)_{过饱} \equiv (B)_{q_k'} = B(s)$$

随着组元 B 的析出，组元 A 的过饱和程度会增大，溶液的组成向组元 B 的平衡相 l_k 靠近，以 l_k' 表示。达到一定程度，组元 A 又析出。可以表示为

$$(A)_{过饱} \equiv (A)_{l_k'} = A(s)$$

组元 A 和组元 B 交替析出，如此循环。析出的组元 A 和组元 B 分别聚集，形成交替的组元 A 层和组元 B 层。先析出组元 A，以纯固态组元为标准状态，该过程的摩尔吉布斯自由能变化为

$$\begin{aligned}\Delta G_{m,A} &= \mu_{A(s)} - \mu_{(A)_{过饱}} \\ &= \mu_{A(s)} - \mu_{(A)_{E_k(l)}} \\ &= -RT\ln a^{R}_{(A)_{过饱}} = -RT\ln a^{R}_{(A)_{E_k(l)}}\end{aligned} \tag{8.14}$$

式中，

$$\mu_{A(s)} = \mu^*_{A(s)}$$

$$\mu_{(A)_{过饱}} = \mu_{(A)_{E_k(l)}} = \mu^*_{A(s)} + RT\ln a^{R}_{(A)_{过饱}} = \mu^*_{A(s)} + RT\ln a^{R}_{(A)_{E_k(l)}}$$

再析出组元 B，该过程的摩尔吉布斯自由能变化为

$$\begin{aligned}\Delta G_{\mathrm{m},B} &= \mu_{B(\mathrm{s})} - \mu_{(B)_{\text{过饱}}}\\ &= \mu_{B(\mathrm{s})} - \mu_{(B)_{q'_k}}\\ &= -RT\ln a^{\mathrm{R}}_{(B)_{\text{过饱}}} = -RT\ln a^{\mathrm{R}}_{(B)_{q'_k}}\end{aligned} \tag{8.15}$$

式中，

$$\mu_{B(\mathrm{s})} = \mu^*_{B(\mathrm{s})}$$

$$\mu_{(B)_{\text{过饱}}} = \mu_{(B)_{q'_k}} = \mu^*_{B(\mathrm{s})} + RT\ln a^{\mathrm{R}}_{(B)_{\text{过饱}}} = \mu^*_{B(\mathrm{s})} + RT\ln a^{\mathrm{R}}_{(B)_{q'_k}}$$

又析出组元 A，该过程的摩尔吉布斯自由能变化为

$$\begin{aligned}\Delta G'_{\mathrm{m},A} &= \mu_{A(\mathrm{s})} - \mu_{(A)_{\text{过饱}}}\\ &= \mu_{A(\mathrm{s})} - \mu_{(A)_{l'_k}}\\ &= -RT\ln a^{\mathrm{R}}_{(A)_{\text{过饱}}} = -RT\ln a^{\mathrm{R}}_{(A)_{l'_k}}\end{aligned} \tag{8.16}$$

式中，

$$\mu_{A(\mathrm{s})} = \mu^*_{A(\mathrm{s})}$$

$$\mu_{(A)_{\text{过饱}}} = \mu_{(A)_{l'_k}} = \mu^*_{A(\mathrm{s})} + RT\ln a^{\mathrm{R}}_{(A)_{\text{过饱}}} = \mu^*_{A(\mathrm{s})} + RT\ln a^{\mathrm{R}}_{(A)_{l'_k}}$$

如此重复，直到降温。

或者

$$\Delta G_{\mathrm{m},A}(T_k) = \frac{\theta_{A,T_k}\Delta H_{\mathrm{m},A}(T_E)}{T_E} = \eta_{A,T_k}\Delta H_{\mathrm{m},A}(T_E)$$

$$\Delta G_{\mathrm{m},B}(T_l) = \frac{\theta_{B,T_k}\Delta H_{\mathrm{m},B}(T_E)}{T_E} = \eta_{B,T_k}\Delta H_{\mathrm{m},B}(T_E)$$

$$\Delta G'_{\mathrm{m},A}(T_k) = \frac{\theta_{A,T_k}\Delta H'_{\mathrm{m},A}(T_E)}{T_E} = \eta_{A,T_k}\Delta H'_{\mathrm{m},A}(T_E)$$

式中，

$$\theta_{J,T_k} = T_E - T_k$$

$$\eta_{J,T_k} = \frac{T_E - T_k}{T_E}$$

$$(J = A, B)$$

$$\Delta H_{\mathrm{m},A}(T_E) = H_{\mathrm{m},A(\mathrm{s})}(T_E) - \bar{H}_{\mathrm{m},(A)_{E(\mathrm{l})}}(T_E)$$

$$\Delta H_{\mathrm{m},B}(T_E) = H_{\mathrm{m},B(\mathrm{s})}(T_E) - \bar{H}_{(B)_{E(\mathrm{l})}}(T_E)$$

$$\Delta H'_{\mathrm{m},A}(T_E) = H_{\mathrm{m},A(\mathrm{s})}(T_E) - \bar{H}_{(A)_{E(\mathrm{l})}}(T_E)$$

继续降低温度到 T_{k+1}，如果上面的反应没有进行完，就在温度 T_{k+1} 继续进行。重复在温度 T_k 的情况，直到溶液 $E\,(\mathrm{l})$ 完全转化为固相组元 A 和 B。

2. 凝固速率

1) 在温度 T_2

在压力恒定，温度为 T_2 的条件下，二元系 A-B 析出组元 B 晶体的速率为

$$\begin{aligned}\frac{\mathrm{d}N_{B(\mathrm{s})}}{\mathrm{d}t}&=-\frac{\mathrm{d}N_{(B)l_1'}}{\mathrm{d}t}=Vj_B\\&=V\left[-l_1\left(\frac{A_{\mathrm{m},B}}{T}\right)-l_2\left(\frac{A_{\mathrm{m},B}}{T}\right)^2-l_3\left(\frac{A_{\mathrm{m},B}}{T}\right)^3-\cdots\right]\end{aligned}\tag{8.17}$$

式中，V 为溶液体积，

$$A_{\mathrm{m},B}=\Delta G_{\mathrm{m},B}$$

2) 从温度 T_2 到温度 T_E

在压力恒定，温度为 T_i 的条件下，二元系 A-B 析出组元 B 晶体的速率为

$$\begin{aligned}\frac{\mathrm{d}N_{B(\mathrm{s})}}{\mathrm{d}t}&=-\frac{\mathrm{d}N_{(B)_{l_{j-1}'}}}{\mathrm{d}t}=Vj_B\\&=\left[-l_1\left(\frac{A_{\mathrm{m},B}}{T}\right)-l_2\left(\frac{A_{\mathrm{m},B}}{T}\right)^2-l_3\left(\frac{A_{\mathrm{m},B}}{T}\right)^3-\cdots\right]\end{aligned}\tag{8.18}$$

式中，

$$A_{\mathrm{m},B}=\Delta G_{\mathrm{m},B}$$

3) 在温度 T_E 以下

(1) 同时析出组元 A 和 B

在温度 T_E 以下，同时析出组元 A 和 B 的晶体。不考虑耦合作用，在温度 T_k，析晶速率为

$$\begin{aligned}\frac{\mathrm{d}N_{A(\mathrm{s})}}{\mathrm{d}t}&=-\frac{\mathrm{d}N_{(A)_{E_k(l)}}}{\mathrm{d}t}=Vj_A\\&=V\left[-l_1\left(\frac{A_{\mathrm{m},A}}{T}\right)-l_2\left(\frac{A_{\mathrm{m},A}}{T}\right)^2-l_3\left(\frac{A_{\mathrm{m},A}}{T}\right)^3-\cdots\right]\end{aligned}\tag{8.19}$$

$$\begin{aligned}\frac{\mathrm{d}N_{B(\mathrm{s})}}{\mathrm{d}t}&=-\frac{\mathrm{d}N_{(B)_{E_k(l)}}}{\mathrm{d}t}=Vj_B\\&=V\left[-l_1\left(\frac{A_{\mathrm{m},B}}{T}\right)-l_2\left(\frac{A_{\mathrm{m},B}}{T}\right)^2-l_3\left(\frac{A_{\mathrm{m},B}}{T}\right)^3-\cdots\right]\end{aligned}\tag{8.20}$$

考虑耦合作用，有

$$
\begin{aligned}
\frac{\mathrm{d}N_{A(\mathrm{s})}}{\mathrm{d}t} &= -\frac{\mathrm{d}N_{(A)_{E_k(1)}}}{\mathrm{d}t} = Vj_{\mathrm{A}} \\
&= V\left[-l_{11}\left(\frac{A_{\mathrm{m},A}}{T}\right) - l_{12}\left(\frac{A_{\mathrm{m},B}}{T}\right) - l_{111}\left(\frac{A_{\mathrm{m},A}}{T}\right)^2\right. \\
&\quad -l_{112}\left(\frac{A_{\mathrm{m},A}}{T}\right)\left(\frac{A_{\mathrm{m},B}}{T}\right) - l_{122}\left(\frac{A_{\mathrm{m},B}}{T}\right)^2 \\
&\quad -l_{1111}\left(\frac{A_{\mathrm{m},A}}{T}\right)^3 - l_{1112}\left(\frac{A_{\mathrm{m},A}}{T}\right)^2\left(\frac{A_{\mathrm{m},B}}{T}\right) \\
&\quad \left. -l_{1122}\left(\frac{A_{\mathrm{m},A}}{T}\right)\left(\frac{A_{\mathrm{m},B}}{T}\right)^2 - l_{1222}\left(\frac{A_{\mathrm{m},B}}{T}\right)^3 - \cdots\right]
\end{aligned} \tag{8.21}
$$

$$
\begin{aligned}
\frac{\mathrm{d}N_{B(\mathrm{s})}}{\mathrm{d}t} &= -\frac{\mathrm{d}N_{(B)_{E_k(1)}}}{\mathrm{d}t} = Vj_{\mathrm{B}} \\
&= V\left[-l_{21}\left(\frac{A_{\mathrm{m},A}}{T}\right) - l_{22}\left(\frac{A_{\mathrm{m},B}}{T}\right) - l_{211}\left(\frac{A_{\mathrm{m},A}}{T}\right)^2\right. \\
&\quad -l_{212}\left(\frac{A_{\mathrm{m},A}}{T}\right)\left(\frac{A_{\mathrm{m},B}}{T}\right) - l_{222}\left(\frac{A_{\mathrm{m},B}}{T}\right)^2 \\
&\quad -l_{2111}\left(\frac{A_{\mathrm{m},A}}{T}\right)^3 - l_{2112}\left(\frac{A_{\mathrm{m},A}}{T}\right)^2\left(\frac{A_{\mathrm{m},B}}{T}\right) \\
&\quad \left. -l_{2122}\left(\frac{A_{\mathrm{m},A}}{T}\right)\left(\frac{A_{\mathrm{m},B}}{T}\right)^2 - l_{2222}\left(\frac{A_{\mathrm{m},B}}{T}\right)^3 - \cdots\right]
\end{aligned} \tag{8.22}
$$

式中，

$$A_{\mathrm{m},A} = \Delta G_{\mathrm{m},A}$$

$$A_{\mathrm{m},B} = \Delta G_{\mathrm{m},B}$$

(2) 组元 A 先析出，组元 B 后析出

组元 A 先析出，组元 B 后析出，有

$$
\begin{aligned}
\frac{\mathrm{d}N_{A(\mathrm{s})}}{\mathrm{d}t} &= -\frac{\mathrm{d}N_{(A)_{E_k(1)}}}{\mathrm{d}t} = Vj_A \\
&= V\left[-l_1\left(\frac{A_{\mathrm{m},A}}{T}\right) - l_2\left(\frac{A_{\mathrm{m},A}}{T}\right)^2 - l_3\left(\frac{A_{\mathrm{m},A}}{T}\right)^3 - \cdots\right]
\end{aligned}
$$

$$
\begin{aligned}
\frac{\mathrm{d}N_{B(\mathrm{s})}}{\mathrm{d}t} &= -\frac{\mathrm{d}N_{(B)_{q'_k}}}{\mathrm{d}t} = Vj_B \\
&= V\left[-l_1\left(\frac{A_{\mathrm{m},B}}{T}\right) - l_2\left(\frac{A_{\mathrm{m},B}}{T}\right)^2 - l_3\left(\frac{A_{\mathrm{m},B}}{T}\right)^3 - \cdots\right]
\end{aligned}
$$

式中,

$$A_{\mathrm{m},A} = \Delta G_{\mathrm{m},A}$$

$$A_{\mathrm{m},B} = \Delta G_{\mathrm{m},B}$$

8.2.2 具有稳定化合物的二元系

1. 凝固过程热力学

图 8.2 是具有稳定化合物的二元系相图。

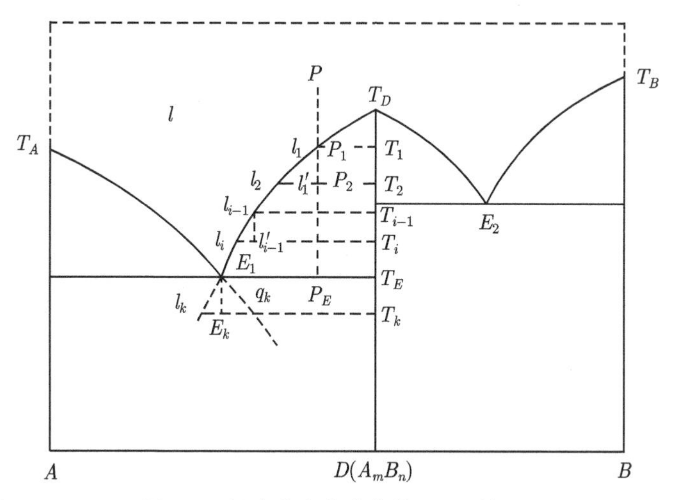

图 8.2 具有稳定化合物的二元系相图

1) 温度降到 T_1

在恒压条件下,物质组成点为 P 的液体降温凝固。温度降到 T_1,物质组成点到达液相线上的 P_1 点,也是液–固平衡液相组成点 l_1,两者重合。l_1 是组元 A_mB_n 的饱和溶液,尚无明显的固相化合物 A_mB_n 析出。有

$$l_1 \rightleftharpoons A_mB_n(\mathrm{s})$$

即

$$(A_mB_n)_{l_1} = (A_mB_n)_{饱} \rightleftharpoons A_mB_n\,(\mathrm{s})$$

液–固两相平衡,摩尔吉布斯自由能变化为零。

2) 温度降到 T_2

继续降温到 T_2,物质组成点为 P_2 点,平衡液相组成为液相线上的 l_2 点。温度刚降到 T_2,尚未来得及析出固相组元 A_mB_n 时,溶液组成未变,但已由组元 A_mB_n 的饱和溶液 l_1 成为组元 A_mB_n 的过饱和溶液 l_1',析出固相化合物 A_mB_n,表示为

$$(A_mB_n)_{l_1'} = (A_mB_n)_{过饱} = A_mB_n\,(\mathrm{s})$$

以纯固态化合物 A_mB_n 为标准状态，析出固相 A_mB_n 的摩尔吉布斯自由能变化为

$$\Delta G_{\mathrm{m},D} = \mu_{D(\mathrm{s})} - \mu_{(D)_{过饱}} = -RT\ln a^{\mathrm{R}}_{(D)_{过饱}} \tag{8.23}$$

式中，

$$\mu_{D(\mathrm{s})} = \mu^*_{D(\mathrm{s})}$$

$$\mu_{(D)_{过饱}} = \mu^*_{D(\mathrm{s})} + RT\ln a^{\mathrm{R}}_{(D)_{过饱}}$$

$a^{\mathrm{R}}_{(D)_{过饱}}$ 是在温度 T_2，组成为 l_1' 的过饱和溶液中组元 A_mB_n 的活度；D 为化合物 A_mB_n。

或

$$\Delta G_{\mathrm{m},D}(T_2) = \frac{\theta_{D,T_2}\Delta H_{\mathrm{m},D}(T_1)}{T_1} = \eta_{D,T_2}\Delta H_{\mathrm{m},D}(T_1) \tag{8.24}$$

式中，

$$T_1 > T_2$$

$$\theta_{D,T_2} = T_1 - T_2 > 0$$

为绝对饱和过冷度；

$$\eta_{D,T_2} = \frac{T_1 - T_2}{T_1} > 0$$

为相对饱和过冷度。

3) 温度从 T_2 到 T_{E_1}

从温度 T_2 到 T_{E_1}，降温析晶过程同上，可以统一表示如下：

在温度 T_{i+1}，液固两相达成平衡，有

$$(A_mB_n)_{l_{i+1}} =\!=\!= (A_mB_n)_{饱} \rightleftharpoons A_mB_n(\mathrm{s})$$

温度降到 T_i。在温度刚降到 T_i，还未来得及析出固相化合物 A_mB_n 时，液相组成未变，但已由组元 A_mB_n 的饱和溶液 l_{i+1} 变成组元 A_mB_n 的过饱和溶液 l'_{i+1}，析出固相化合物 A_mB_n，有

$$(A_mB_n)_{l'_{i+1}} =\!=\!= (A_mB_n)_{过饱} =\!=\!= A_mB_n(\mathrm{s})$$

以纯固态化合物 A_mB_n 为标准状态，浓度以摩尔分数表示，析晶过程的摩尔吉布斯自由能变化为

$$\Delta G_{\mathrm{m},D} = \mu_{D(\mathrm{s})} - \mu_{(D)_{过饱}} = -RT\ln a^{\mathrm{R}}_{(D)_{过饱}} \tag{8.25}$$

式中，

$$\mu_{D(\mathrm{s})} = \mu^*_{D(\mathrm{s})}$$

$$\mu_{(D)_{过饱}} = \mu^*_{D(s)} + RT\ln a^{R}_{(D)_{过饱}}$$

$a^{R}_{(D)_{过饱}}$ 为在温度 T_i，组成为 l'_{i-1} 的过饱和溶液中组元 A_mB_n 的活度。

或

$$\Delta G_{m,D}(T_i) = \frac{\theta_{D,T_i}\Delta H_{m,D}(T_{i-1})}{T_{i-1}} = \eta_{D,T_i}\Delta H_{m,D}(T_{i-1}) \tag{8.26}$$

式中，

$$T_{i-1} > T_i$$

$$\theta_{D,T_i} = T_{i-1} - T_i > 0$$

是化合物 A_mB_n 在温度 T_i 的绝对饱和过冷度；

$$\eta_{D,T_i} = \frac{T_{i-1} - T_i}{T_{i-1}} > 0$$

是化合物 A_mB_n 在温度 T_i 的相对饱和过冷度。

直到达成平衡，有

$$(A_mB_n)_{l_i} =\!=\!= (A_mB_n)_{饱} \rightleftharpoons A_mB_n(s)$$

式中，l_i 为液相线上 T_DE_1 上的 l_i 点，即在温度 T_i 组元 A_mB_n 的饱和浓度。

在温度 T_{E_1-1}，液–固两相达成平衡，有

$$(A_mB_n)_{l_{E_1-1}} =\!=\!= (A_mB_n)_{饱} \rightleftharpoons A_mB_n(s)$$

温度降到 T_{E_1}，平衡液相组成为 l_{E_1}。温度刚降到 T_{E_1}，还未来得及析出固相组元 A_mB_n 时，液相组成未变，但已由平衡液相 l_{E_1-1} 变为组元 A_mB_n 的过饱和溶液 l'_{E_1-1}，析出固相 A_mB_n，即

$$(A_mB_n)_{l'_{E_1-1}} =\!=\!= (A_mB_n)_{过饱} = \!=\!= A_mB_n(s)$$

以纯固态组元 A_mB_n 为标准状态，浓度以摩尔分数表示，析出固态化合物 A_mB_n 的摩尔吉布斯自由能变化为

$$\Delta G_{m,D} = \mu_{D(s)} - \mu_{(D)_{过饱}} = -RT\ln a^{R}_{(D)_{过饱}} \tag{8.27}$$

式中，

$$\mu_{D(s)} = \mu^*_{D(s)}$$

$$\mu_{(D)_{过饱}} = \mu^*_{D(s)} + RT\ln a^{R}_{(D)_{过饱}}$$

或

$$\Delta G_{\mathrm{m},D}\left(T_{E_1}\right)=\frac{\theta_{D,T_{E_1}}\Delta H_{\mathrm{m},D}\left(T_{E_1-1}\right)}{T_{E-1}}=\eta_{D,T_{E_1}}\Delta H_{\mathrm{m},D}\left(T_{E_1-1}\right) \tag{8.28}$$

式中，

$$T_{E_1-1}>T_E$$

$$\theta_{D,T_{E_1}}=T_{E_1-1}-T_E$$

$$\eta_{D,T_{E_1}}=\frac{T_{E-1}-T_E}{T_{E_1-1}}$$

在温度 T_{E_1}，当组元 A_mB_n 析晶达到平衡时，液相成为组元 A_mB_n 的饱和溶液 $E_1(\mathrm{l})$，组元 A 也达到饱和，表示为

$$(A_mB_n)_{E_1(\mathrm{l})} = (A_mB_n)_{饱} \rightleftharpoons A_mB_n\,(\mathrm{s})$$

$$(A)_{E_1(\mathrm{l})} = (A)_{饱} \rightleftharpoons A\,(\mathrm{s})$$

在温度 T_{E_1}，三相平衡共存，有

$$E_1(\mathrm{l}) \rightleftharpoons A\,(\mathrm{s})+A_mB_n\,(\mathrm{s})$$

在温度 T_{E_1} 和恒压条件下，继续析出晶体 A_mB_n 和 A，该过程是在平衡状态下进行的，摩尔吉布斯自由能变化为零，即

$$\Delta G_{\mathrm{m},A}=0$$

$$\Delta G_{\mathrm{m},A_mB_n}=0$$

4) 温度降到 T_{E_1} 以下

温度降至 T_k。在温度 T_k，固相组元 A 的平衡相为 q_k，固相组元 D 的平衡相为 l_k。温度刚降至 T_k，还未来得及析出固相组元 A 和 D 时，溶液 $E\,(\mathrm{l})$ 的组成未变，但已由组元 A 和 D 饱和的溶液 $E_1\,(\mathrm{l})$ 变成组元 A 和 D 过饱和的溶液 $E_k\,(\mathrm{l})$。可以析出固相组元 A 和 D。

(1) 组元 A 和 D 同时析出

$$E_k\,(\mathrm{l}) = A\,(\mathrm{s})+D\,(\mathrm{s})$$

即

$$(A)_{过饱} = (A)_{E_k(\mathrm{l})} = A\,(\mathrm{s})$$

$$(D)_{过饱} = (D)_{E_k(\mathrm{l})} = D\,(\mathrm{s})$$

固相组元 A 和 D 同时析出，可以保持溶液 $E_k(\mathrm{l})$ 组成不变，析出的固相组元 A 和 D 均匀混合。

固相组元 A 和 D 以及溶液中的组元 A 和 D 都以纯固态为标准状态，浓度以摩尔分数表示，该过程的摩尔吉布斯自由能变化为

$$\begin{aligned}\Delta G_{\mathrm{m},A} &= \mu_{A(\mathrm{s})} - \mu_{(A)_{\text{过饱}}} \\ &= \mu_{A(\mathrm{s})} - \mu_{(A)_{E_k(\mathrm{l})}} \\ &= -RT\ln a^{\mathrm{R}}_{(A)_{\text{过饱}}} = -RT\ln a^{\mathrm{R}}_{(A)_{E_k(\mathrm{l})}}\end{aligned} \tag{8.29}$$

$$\begin{aligned}\Delta G_{\mathrm{m},D} &= \mu_{D(\mathrm{s})} - \mu_{(D)_{\text{过饱}}} \\ &= \mu_{D(\mathrm{s})} - \mu_{(D)_{E_k(\mathrm{l})}} \\ &= -RT\ln a^{\mathrm{R}}_{(D)_{\text{过饱}}} = -RT\ln a^{\mathrm{R}}_{(D)_{E_k(\mathrm{l})}}\end{aligned} \tag{8.30}$$

式中,

$$\mu_{A(\mathrm{s})} = \mu^*_{A(\mathrm{s})}$$

$$\mu_{(A)_{\text{过饱}}} = \mu_{(A)_{E_k(\mathrm{l})}} = \mu^*_{A(\mathrm{s})} + RT\ln a^{\mathrm{R}}_{(A)_{\text{过饱}}} = \mu^*_{A(\mathrm{s})} + RT\ln a^{\mathrm{R}}_{(A)_{E_k(\mathrm{l})}}$$

$$\mu_{D(\mathrm{s})} = \mu^*_{D(\mathrm{s})}$$

$$\mu_{(D)_{\text{过饱}}} = \mu_{(D)_{E_k(\mathrm{l})}} = \mu^*_{D(\mathrm{s})} + RT\ln a^{\mathrm{R}}_{(D)_{\text{过饱}}} = \mu^*_{D(\mathrm{s})} + RT\ln a^{\mathrm{R}}_{(D)_{E_k(\mathrm{l})}}$$

或者

$$\Delta G_{\mathrm{m},A}(T_k) = \frac{\theta_{A,T_k}\Delta H_{\mathrm{m},A}(T_E)}{T_E} = \eta_{A,T_k}\Delta H_{\mathrm{m},A}(T_E)$$

$$\Delta G_{\mathrm{m},D}(T_k) = \frac{\theta_{D,T_k}\Delta H_{\mathrm{m},D}(T_E)}{T_E} = \eta_{D,T_k}\Delta H_{\mathrm{m},D}(T_E)$$

式中，

$$\theta_{J,T_k} = T_E - T_k$$

$$\eta_{J,T_k} = \frac{T_E - T_k}{T_E}$$

$$(J = A, D)$$

$$\Delta H_{\mathrm{m},A}(T_E) = H_{\mathrm{m},A(\mathrm{s})}(T_E) - \bar{H}_{\mathrm{m},(A)_{E(\mathrm{l})}}(T_E)$$

$$\Delta H_{\mathrm{m},D}(T_E) = H_{\mathrm{m},D(\mathrm{s})}(T_E) - \bar{H}_{\mathrm{m},(D)_{E(\mathrm{l})}}(T_E)$$

(2) 组元 A 先析出，组元 D 后析出

组元 A 先析出，有

$$(A)_{\text{过饱}} \xlongequal{\quad} (A)_{E_k(\mathrm{l})} \xlongequal{\quad} A(\mathrm{s})$$

随着组元 A 的析出，组元 D 的过饱和程度增大，溶液 E_k(l) 的组成偏离共晶点 E(l) 的组成，向组元 A 的平衡相 q_k 靠近，以 q'_k 表示。达到一定程度后，组元 D 析出，有

$$(D)_{过饱} = (D)_{q'_k} = D(\mathrm{s})$$

随着组元 D 的析出，组元 A 的过饱和程度增大，溶液的组成向组元 D 的平衡相 l_k 靠近，以 l'_k 表示。达到一定程度，组元 A 又析出。可以表示为

$$(A)_{过饱} = (A)_{l'_k} = A(\mathrm{s})$$

组元 A 和组元 D 交替析出，如此循环。析出的组元 A 和组元 D 分别聚集，形成交替的组元 A 层和组元 D 层。以纯固态组元 A 为标准状态，浓度以摩尔分数表示，析出组元 A 的摩尔吉布斯自由能变化为

$$\begin{aligned}\Delta G_{\mathrm{m},A} &= \mu_{A(\mathrm{s})} - \mu_{(A)_{过饱}} \\ &= \mu_{A(\mathrm{s})} - \mu_{(A)_{E_k(\mathrm{l})}} \\ &= -RT\ln a^{\mathrm{R}}_{(A)_{过饱}} = -RT\ln a^{\mathrm{R}}_{(A)_{E_k(\mathrm{l})}}\end{aligned}$$

式中，

$$\mu_{A(\mathrm{s})} = \mu^*_{A(\mathrm{s})}$$

$$\mu_{(A)_{过饱}} = \mu_{(A)_{E_k(\mathrm{l})}} = \mu^*_{A(\mathrm{s})} + RT\ln a^{\mathrm{R}}_{(A)_{过饱}} = \mu^*_{A(\mathrm{s})} + RT\ln a^{\mathrm{R}}_{(A)_{E_k(\mathrm{l})}}$$

以纯固态组元 D 为标准状态，析出组元 D 的摩尔吉布斯自由能变化为

$$\begin{aligned}\Delta G_{\mathrm{m},D} &= \mu_{D(\mathrm{s})} - \mu_{(D)_{过饱}} \\ &= \mu_{D(\mathrm{s})} - \mu_{(D)_{q'_k}} \\ &= -RT\ln a^{\mathrm{R}}_{(D)_{过饱}} = -RT\ln a^{\mathrm{R}}_{(D)_{q'_k}}\end{aligned}$$

式中，

$$\mu_{D(\mathrm{s})} = \mu^*_{D(\mathrm{s})}$$

$$\mu_{(D)_{过饱}} = \mu_{(D)_{q'_k}} = \mu^*_{D(\mathrm{s})} + RT\ln a^{\mathrm{R}}_{(D)_{过饱}} = \mu^*_{D(\mathrm{s})} + RT\ln a^{\mathrm{R}}_{(D)_{q'_k}}$$

又析出组元 A，该过程的摩尔吉布斯自由能变化为

$$\begin{aligned}\Delta G'_{\mathrm{m},A} &= \mu_{A(\mathrm{s})} - \mu_{(A)_{过饱}} \\ &= \mu_{A(\mathrm{s})} - \mu_{(A)_{l'_k}}\end{aligned}$$

$$= -RT\ln a^{\mathrm{R}}_{(A)_{过饱}} = -RT\ln a^{\mathrm{R}}_{(A)_{l'_k}}$$

$$\mu_{A(\mathrm{s})} = \mu^*_{A(\mathrm{s})}$$

$$\mu_{(A)_{过饱}} = \mu_{(A)_{(A)_{l'_k}}} = \mu^*_{A(\mathrm{s})} + RT\ln a^{\mathrm{R}}_{(A)_{过饱}} = \mu^*_{A(\mathrm{s})} + RT\ln a^{\mathrm{R}}_{(A)_{l'_k}}$$

如此重复。直到降温。

或者

$$\Delta G_{\mathrm{m},A}(T_k) = \frac{\theta_{A,T_k}\Delta H_{\mathrm{m},A}(T_{E_1})}{T_{E_l}} = \eta_{A,T_k}\Delta H_{\mathrm{m},A}(T_{E_1})$$

$$\Delta G_{\mathrm{m},D}(T_l) = \frac{\theta_{D,T_k}\Delta H_{\mathrm{m},D}(T_{E_1})}{T_{E_l}} = \eta_{D,T_k}\Delta H_{\mathrm{m},D}(T_{E_1})$$

$$\Delta G'_{\mathrm{m},A}(T_k) = \frac{\theta_{A,T_k}\Delta H'_{\mathrm{m},A}(T_{E_1})}{T_{E_l}} = \eta_{A,T_k}\Delta H'_{\mathrm{m},A}(T_{E_1})$$

式中，

$$\theta_{J,T_k} = T_{E_1} - T_k$$

$$\eta_{J,T_k} = \frac{T_{E_1} - T_k}{T_{E_1}}$$

$$(J = A, D)$$

$$\Delta H_{\mathrm{m},A}(T_{E_1}) = H_{\mathrm{m},A(\mathrm{s})}(T_{E_1}) - \bar{H}_{\mathrm{m},(A)_{E(1)}}(T_{E_1})$$

$$\Delta H_{\mathrm{m},D}(T_{E_1}) = H_{\mathrm{m},D(\mathrm{s})}(T_{E_1}) - \bar{H}_{(D)_{E(1)}}(T_{E_1})$$

$$\Delta H'_{\mathrm{m},A}(T_{E_1}) = H_{\mathrm{m},A(\mathrm{s})}(T_{E_1}) - \bar{H}_{(A)_{E(1)}}(T_{E_1})$$

继续降低温度到 T_{k+1}，如果上面的反应没有进行完，就在温度 T_{k+1} 继续进行。重复在温度 T_k 的情况，直到溶液 $E(1)$ 完全转化为固相组元 A 和 D。

2. 凝固速率

1) 在液相线 E_1T_D 的温度析晶

在液相线 E_1T_D 的温度，即从 T_D 到 T_{E_1}，析出组元 A_mB_n 的晶体，速率为

$$\begin{aligned}\frac{\mathrm{d}N_{A_mB_n(\mathrm{s})}}{\mathrm{d}t} &= -\frac{\mathrm{d}N_{(A_mB_n)}}{\mathrm{d}t} = Vj_{A_mB_n}\\ &= V\left[-l_1\left(\frac{A_{\mathrm{m},D}}{T}\right) - l_2\left(\frac{A_{\mathrm{m},D}}{T}\right)^2 - l_3\left(\frac{A_{\mathrm{m},D}}{T}\right)^3 - \cdots\right]\end{aligned} \tag{8.31}$$

式中，$N_{A_mB_n(\mathrm{s})}$ 为析出的组元 A_mB_n 晶体的物质的量；$N_{(A_mB_n)}$ 为液体中组元 A_mB_n 的物质的量；V 为液体体积；

$$A_{\mathrm{m},D} = \Delta G_{\mathrm{m},D}$$

2) 在最低共熔点温度 T_{E_1} 以下析晶

在最低共熔点温度 T_{E_1} 以下，固相组元 A 和固相组元 A_mB_n 同时析出，不考虑耦合作用, 有

$$\begin{aligned}\frac{\mathrm{d}N_{A(\mathrm{s})}}{\mathrm{d}t} &= -\frac{\mathrm{d}N_{(A)_{E_k(\mathrm{l})}}}{\mathrm{d}t} = Vj_A \\ &= V\left[-l_1\left(\frac{A_{\mathrm{m},A}}{T}\right) - l_2\left(\frac{A_{\mathrm{m},A}}{T}\right)^2 - l_3\left(\frac{A_{\mathrm{m},A}}{T}\right)^3 - \cdots\right]\end{aligned} \tag{8.32}$$

$$\begin{aligned}\frac{\mathrm{d}N_{A_mB_n(\mathrm{s})}}{\mathrm{d}t} &= -\frac{\mathrm{d}N_{(A_mB_n)_{E_k(\mathrm{l})}}}{\mathrm{d}t} = Vj_{A_mB_n} \\ &= V\left[-l_1\left(\frac{A_{\mathrm{m},D}}{T}\right) - l_2\left(\frac{A_{\mathrm{m},D}}{T}\right)^2 - l_3\left(\frac{A_{\mathrm{m},D}}{T}\right)^3 - \cdots\right]\end{aligned} \tag{8.33}$$

同时析出组元 A 和 B 考虑耦合作用，有

$$\begin{aligned}\frac{\mathrm{d}N_{A(\mathrm{s})}}{\mathrm{d}t} &= -\frac{\mathrm{d}N_{(A)_{E_k(l)}}}{\mathrm{d}t} = Vj_A \\ &= V\left[-l_{11}\left(\frac{A_{\mathrm{m},A}}{T}\right) - l_{12}\left(\frac{A_{\mathrm{m},D}}{T}\right) - l_{111}\left(\frac{A_{\mathrm{m},A}}{T}\right)^2\right. \\ &\quad - l_{112}\left(\frac{A_{\mathrm{m},A}}{T}\right)\left(\frac{A_{\mathrm{m},D}}{T}\right) - l_{122}\left(\frac{A_{\mathrm{m},D}}{T}\right)^2 \\ &\quad - l_{1111}\left(\frac{A_{\mathrm{m},A}}{T}\right)^3 - l_{1112}\left(\frac{A_{\mathrm{m},A}}{T}\right)^2\left(\frac{A_{\mathrm{m},D}}{T}\right) \\ &\quad \left. - l_{1122}\left(\frac{A_{\mathrm{m},A}}{T}\right)\left(\frac{A_{\mathrm{m},D}}{T}\right)^2 - l_{1222}\left(\frac{A_{\mathrm{m},D}}{T}\right)^3 - \cdots\right]\end{aligned} \tag{8.34}$$

$$\begin{aligned}\frac{\mathrm{d}N_{A_mB_n(\mathrm{s})}}{\mathrm{d}t} &= -\frac{\mathrm{d}N_{(A_mB_n)_{E_k(l)}}}{\mathrm{d}t} = Vj_{A_mB_n} \\ &= V\left[-l_{21}\left(\frac{A_{\mathrm{m},A}}{T}\right) - l_{22}\left(\frac{A_{\mathrm{m},D}}{T}\right) - l_{211}\left(\frac{A_{\mathrm{m},A}}{T}\right)^2\right. \\ &\quad - l_{212}\left(\frac{A_{\mathrm{m},A}}{T}\right)\left(\frac{A_{\mathrm{m},D}}{T}\right) - l_{222}\left(\frac{A_{\mathrm{m},D}}{T}\right)^2 \\ &\quad - l_{2111}\left(\frac{A_{\mathrm{m},A}}{T}\right)^3 - l_{2112}\left(\frac{A_{\mathrm{m},A}}{T}\right)^2\left(\frac{A_{\mathrm{m},D}}{T}\right) \\ &\quad \left. - l_{2122}\left(\frac{A_{\mathrm{m},A}}{T}\right)\left(\frac{A_{\mathrm{m},D}}{T}\right)^2 - l_{2222}\left(\frac{A_{\mathrm{m},D}}{T}\right)^3 - \cdots\right]\end{aligned} \tag{8.35}$$

式中，

$$A_{\mathrm{m},A} = \Delta G_{\mathrm{m},A}$$

$$A_{\mathrm{m},D} = \Delta G_{\mathrm{m},D}$$

组元 A 先析出，组元 A_mB_n 后析出，有

$$\begin{aligned}\frac{\mathrm{d}N_{A(\mathrm{s})}}{\mathrm{d}t} &= -\frac{\mathrm{d}N(A)_{E_k(\mathrm{l})}}{\mathrm{d}t} = Vj_A \\ &= V\left[-l_1\left(\frac{A_{\mathrm{m},A}}{T}\right) - l_2\left(\frac{A_{\mathrm{m},A}}{T}\right)^2 - l_3\left(\frac{A_{\mathrm{m},A}}{T}\right)^3 - \cdots\right]\end{aligned}$$

$$\begin{aligned}\frac{\mathrm{d}N_{A_mB_n(\mathrm{s})}}{\mathrm{d}t} &= -\frac{\mathrm{d}N(A_mB_n)_{q_k'}}{\mathrm{d}t} = Vj_{A_mB_n} \\ &= V\left[-l_1\left(\frac{A_{\mathrm{m},D}}{T}\right) - l_2\left(\frac{A_{\mathrm{m},D}}{T}\right)^2 - l_3\left(\frac{A_{\mathrm{m},D}}{T}\right)^3 - \cdots\right]\end{aligned}$$

式中，

$$A_{\mathrm{m},A} = \Delta G_{\mathrm{m},A}$$

$$A_{\mathrm{m},D} = \Delta G_{\mathrm{m},D}$$

8.2.3 具有异分熔点化合物的二元系

1. 凝固过程热力学

图 8.3 是具有异分熔点化合物的二元相图。

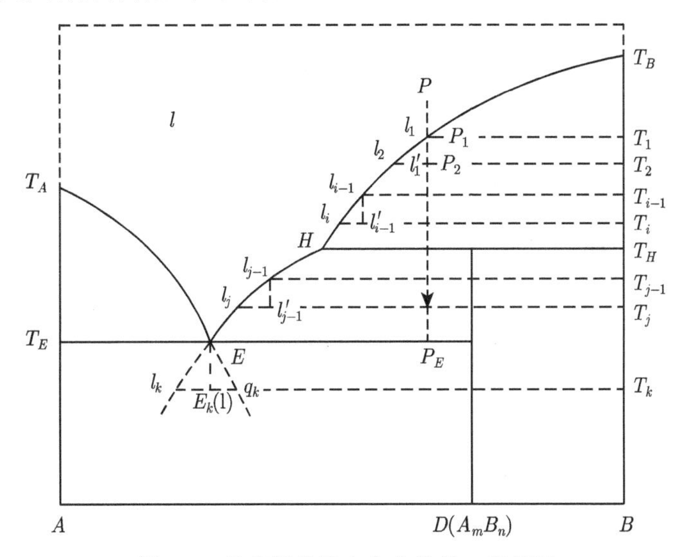

图 8.3 具有异分熔点化合物的二元相图

1) 温度降到 T_1

在恒压条件下，物质组成点为 P 的液体降温凝固。温度降到 T_1，物质组成点到达液相线上的 P_1 点，也是平衡液相组成点 l_1，两点重合。l_1 是组元 B 的饱和溶液，尚无明显的固相组元 B 析出。有

$$l_1 \rightleftharpoons B\,(\mathrm{s})$$

即

$$(B)_{l_1} =\!= (B)_{\text{饱}} \rightleftharpoons B\,(\mathrm{s})$$

两相平衡共存。

该过程的摩尔吉布斯自由能变化为零。

2) 温度降到 T_2

继续降温到 T_2，平衡液相组成为液相线上的 l_2 点。温度刚降到 T_2，尚无固相组元 B 析出时，溶液组成未变，但已由组元 B 的饱和溶液 l_1 变成组元 B 的过饱和溶液 l_1'，析出固相组元 B，表示为

$$(B)_{l_1'} =\!= (B)_{\text{过饱}} =\!= B\,(\mathrm{s})$$

以纯固态组元 B 为标准状态，析晶过程的摩尔吉布斯自由能变化为

$$\Delta G_{\mathrm{m},B} = \mu_{B(\mathrm{s})} - \mu_{(B)_{\text{过饱}}} = -RT\ln a^{\mathrm{R}}_{(B)_{\text{过饱}}} \tag{8.36}$$

式中，

$$\mu_{B(\mathrm{s})} = \mu^*_{B(\mathrm{s})}$$

$$\mu_{(B)_{\text{过饱}}} = \mu^*_{B(\mathrm{s})} + RT\ln a^{\mathrm{R}}_{(B)_{\text{过饱}}}$$

或

$$\Delta G_{\mathrm{m},B}\,(T_2) = \frac{\theta_{B,T_2}\Delta H_{\mathrm{m},B}\,(T_1)}{T_1} = \eta_{B,T_2}\Delta H_{\mathrm{m},B}\,(T_1) \tag{8.37}$$

式中，

$$T_1 > T_2$$

$$\theta_{B,T_2} = T_1 - T_2 > 0$$

$$\eta_{B,T_2} = \frac{T_1 - T_2}{T_1} > 0$$

各符号意义同前。

3) 温度从 T_1 到 T_H

继续降温，从 T_1 到 T_H，析晶过程可以统一描述如下：

在温度 T_{i-1}，液固两相达成平衡，有

$$(B)_{l_{i-1}} \!=\!=\!= (B)_{饱} \rightleftharpoons B\,(\mathrm{s})$$

温度降到 T_i。在温度刚降到 T_i，还未来得及析出固相组元 B 时，液相组成未变，但已由组元 B 的饱和溶液 $l_{\mathrm{i}-1}$ 变成组元 B 的过饱和溶液 l'_{i-1}，析出固相组元 B，有

$$(B)_{l'_{i-1}} \!=\!=\!= (B)_{过饱} \!=\!=\!= B\,(\mathrm{s})$$

以纯固态组元 B 为标准状态，浓度以摩尔分数表示，析晶过程的摩尔吉布斯自由能变化为

$$\Delta G_{\mathrm{m},B} = \mu_{B(\mathrm{s})} - \mu_{(B)_{过饱}} = -RT\ln a^{\mathrm{R}}_{(B)_{过饱}} \tag{8.38}$$

式中，

$$\mu_{B(\mathrm{s})} = \mu^*_{B(\mathrm{s})}$$

$$\mu_{(B)_{过饱}} = \mu^*_{B(\mathrm{s})} + RT\ln a^{\mathrm{R}}_{(B)_{过饱}}$$

或

$$\Delta G_{\mathrm{m},B}\,(T_i) = \frac{\theta_{B,T_i}\Delta H_{\mathrm{m},B}\,(T_{i-1})}{T_{i-1}} = \eta_{B,T_i}\Delta H_{\mathrm{m},B}\,(T_{i-1}) \tag{8.39}$$

式中，$a^{\mathrm{R}}_{(B)_{过饱}}$ 为在温度 T_i 时，组成为 l'_{i-1} 的过饱和溶液中组元 B 的活度；

$$T_{i-1} > T_i$$

$$\theta_{B,T_i} = T_{i-1} - T_i > 0$$

$$\eta_{B,T_i} = \frac{T_{i-1} - T_i}{T_{i-1}} > 0$$

$$(i = 1, 2, \cdots, n)$$

在温度 T_i，固相组元 B 的平衡液相为液相线 T_BH 线上的 l_i 点。

温度降到 T_H。在温度刚降到 T_H 时，温度为 T_{H-1} 的平衡液相 l_{H-1} 成为组元 B 的过饱和溶液 l'_{H-1}，析出固相组元 B，即

$$(B)_{l'_{H-1}} \!=\!=\!= (B)_{过饱} = B\,(\mathrm{s})$$

以纯固态组元 B 为标准状态，浓度以摩尔分数表示，析出固相组元 B 的摩尔吉布斯自由能变化为

$$\Delta G_{\mathrm{m},B} = \mu_{B(\mathrm{s})} - \mu_{(B)_{过饱}} = -RT\ln a^{\mathrm{R}}_{(B)_{过饱}} \tag{8.40}$$

式中，

$$\mu_{B(\mathrm{s})} = \mu^*_{B(\mathrm{s})}$$

$$\mu_{(B)_{过饱}} = \mu^*_{B(\mathrm{s})} + RT\ln a^{\mathrm{R}}_{(B)_{过饱}}$$

或

$$\Delta G_{\mathrm{m},B}(T_H) = \frac{\theta_{B,T_H}\Delta H_{\mathrm{m},B}(T_{H-1})}{T_{H-1}} = \eta_{B,T_H}\Delta H_{\mathrm{m},B}(T_{H-1}) \tag{8.41}$$

式中，

$$T_{H-1} > T_H$$

$$\theta_{B,T_H} = T_{H-1} - T_H$$

$$\eta_{B,T_H} = \frac{T_{H-1} - T_H}{T_{H-1}}$$

符号意义同前。

析晶达到平衡时，平衡液相 l_H 是组元 B 的饱和溶液，即

$$(B)_{l_H} \equiv\!\equiv (B)_{饱} \rightleftharpoons B(\mathrm{s})$$

并发生转熔反应，有

$$l_H + B(\mathrm{s}) \longrightarrow A_mB_n(\mathrm{s}) + l_{H'}$$

即

$$m(A)_{l_H} + nB(\mathrm{s}) \rightleftharpoons A_mB_n(\mathrm{s})$$

三相平衡共存。温度降到 T_H 以下的 T_{H+1}，进行转熔反应，有

$$m(A)_{l_{H+1}} + nB(\mathrm{s}) =\!=\!= A_mB_n(\mathrm{s})$$

以固态纯物质为标准状态，浓度以摩尔分数表示，转熔反应的吉布斯自由能变化为

$$\Delta G_{\mathrm{m}} = \Delta G^{\theta}_{\mathrm{m}} + RT\ln\left(\frac{1}{a^{\mathrm{R}}_{(A)_{l_{H+1}}}}\right)^m \tag{8.42}$$

式中，

$$\Delta G^{\theta}_{\mathrm{m}} = \mu^*_D - (m\mu^*_A + n\mu^*_B) = \Delta_{\mathrm{f}}G^*_{\mathrm{m},D}$$

所以

$$\Delta G_{\mathrm{m}} = \Delta_{\mathrm{f}}G^*_{\mathrm{m},D} - mRT\ln a^{\mathrm{R}}_{(A)_{l_{H+1}}} \tag{8.43}$$

式中，$\Delta_{\mathrm{f}}G^*_{\mathrm{m},D}$ 为化合物 A_mB_n 的标准摩尔生成吉布斯自由能，其他符号意义同前。

4) 温度从 T_H 到 T_E

继续降温，如果转熔反应液进行完，会继续进行。从温度 T_H 到 T_E，析晶过程可以表示如下：

在温度 T_{j-1}，析晶达成平衡，有

$$(A_mB_n)_{l_{j-1}} =\!=\!= (A_mB_n)_{饱} \rightleftharpoons A_mB_n\,(\mathrm{s})$$

温度降到 T_j。在温度刚降到 T_j，尚未析出组元 B 的晶体时，液相组成未变，但已由组元 B 的饱和溶液 l_{j-1} 变成过饱和溶液 l'_{j-1}，析出组元 A_mB_n 的晶体，有

$$(A_mB_n)_{l'_{j-1}} =\!=\!= (A_mB_n)_{过饱} =\!=\!= A_mB_n\,(\mathrm{s})$$

以纯固态组元 A_mB_n 为标准状态，析晶过程的摩尔吉布斯自由能变化为

$$\Delta G_{\mathrm{m},D} = \mu_{D(\mathrm{s})} - \mu_{(D)_{过饱}} = -RT\ln a^{\mathrm{R}}_{(D)_{过饱}} \tag{8.44}$$

式中，

$$\mu_{D(\mathrm{s})} = \mu^*_{D(\mathrm{s})}$$

$$\mu_{(D)_{过饱}} = \mu^*_{D(\mathrm{s})} + RT\ln a^{\mathrm{R}}_{(D)_{过饱}}$$

或

$$\Delta G_{\mathrm{m},D}\,(T_j) = \frac{\theta_{D,T_j}\Delta H_{\mathrm{m},D}\,(T_{j-1})}{T_{j-1}} = \eta_{D,T_j}\Delta H_{\mathrm{m},D}\,(T_{j-1}) \tag{8.45}$$

式中，

$$T_{j-1} > T_j$$

$$\theta_{D,T_j} = T_{j-1} - T_j > 0$$

$$\eta_{D,T_j} = \frac{T_{j-1} - T_j}{T_{j-1}} > 0$$

符号意义同前。

温度降到 T_E。当温度刚降到 T_E 还未有固相组元 A_mB_n 析出时，溶液组成不变，但已由温度 T_{E-1} 时的平衡液相 l_{E-1} 变成组元 A_mB_n 的过饱和溶液 l'_{E-1}，析出固相组元 A_mB_n，即

$$(A_mB_n)_{l'_{E-1}} =\!=\!= (A_mB_n)_{过饱} =\!=\!= A_mB_n\,(\mathrm{s})$$

以纯固态组元 A_mB_n 为标准状态，浓度以摩尔分数表示，析出组元 A_mB_n 的摩尔吉布斯自由能变化为

$$\Delta G_{\mathrm{m},D} = \mu_{D(\mathrm{s})} - \mu_{(D)_{过饱}} = -RT\ln a^{\mathrm{R}}_{(D)_{过饱}} \tag{8.46}$$

或

$$\Delta G_{\mathrm{m},D}(T_E)=\frac{\theta_{D,T_E}\Delta H_{\mathrm{m},D}(T_{E-1})}{T_{E-1}}=\eta_{D,T_E}\Delta H_{\mathrm{m},D}(T_{E-1}) \tag{8.47}$$

式中，

$$T_{E-1}>T_E$$

$$\theta_{D,T_E}=T_{E-1}-T_E$$

$$\eta_{D,T_E}=\frac{T_{E-1}-T_E}{T_{E-1}}$$

符号意义同前。

在温度 T_E，析出固相组元 A_mB_n 达到平衡时，三相平衡共存，有

$$E(\mathrm{l}) \rightleftharpoons A(\mathrm{s})+A_mB_n(\mathrm{s})$$

即

$$(A)_{E(\mathrm{l})} \equiv (A)_{饱} \rightleftharpoons A(\mathrm{s})$$

$$(A_mB_n)_{E(\mathrm{l})} \equiv (A_mB_n)_{饱} \rightleftharpoons A_mB_n(\mathrm{s})$$

在恒温恒压的平衡状态析晶，摩尔吉布斯自由能变化为零，有

$$\Delta G_{\mathrm{m},A}=0$$

$$\Delta G_{\mathrm{m},A_mB_n}=0$$

5) 温度降到 T_E 以下

继续降温。在温度 T_E 以下，析晶过程可以描述如下：

温度降至 T_k。在温度 T_k，固相组元 A 的平衡液相为 q_k，固相组元 D 的平衡液相为 l_k。温度刚降至 T_k，还未来得及析出固相组元 A 和 D 时，溶液 $E(\mathrm{l})$ 的组成未变，但已由组元 A 和 D 饱和的溶液 $E(\mathrm{l})$ 变成组元 A 和 D 过饱和的溶液 $E_k(\mathrm{l})$，可以析出固相组元 A 和 D。

(1) 组元 A 和 D 同时析出

过饱和溶液 $E_k(\mathrm{l})$ 可以同时析出组元 A 和 D，有

$$E_k(\mathrm{l}) = A(\mathrm{s})+D(\mathrm{s})$$

即

$$(A)_{过饱} \equiv (A)_{E_k(\mathrm{l})} = A(\mathrm{s})$$

$$(D)_{过饱} \equiv (D)_{E_k(\mathrm{l})} = D(\mathrm{s})$$

固相组元 A 和 D 同时析出，可能保持溶液 $E_k(\mathrm{l})$ 组成不变，析出的组元 A 和 D 均匀混合。

固相组元 A 和组元 D 以及溶液中的组元 A 和组元 D 都以纯固态为标准状态，浓度以摩尔分数表示。该过程的摩尔吉布斯自由能变化为

$$\begin{aligned}\Delta G_{\mathrm{m},A} &= \mu_{A(\mathrm{s})} - \mu_{(A)_{\text{过饱}}} \\ &= \mu_{A(\mathrm{s})} - \mu_{(A)_{E_k(\mathrm{l})}} \\ &= -RT\ln a^{\mathrm{R}}_{(A)_{\text{过饱}}} = -RT\ln a^{\mathrm{R}}_{(A)_{E_k(\mathrm{l})}}\end{aligned} \tag{8.48}$$

$$\begin{aligned}\Delta G_{\mathrm{m},D} &= \mu_{D(\mathrm{s})} - \mu_{(D)_{\text{过饱}}} \\ &= \mu_{D(\mathrm{s})} - \mu_{(D)_{E_k(\mathrm{l})}} \\ &= -RT\ln a^{\mathrm{R}}_{(D)_{\text{过饱}}} = -RT\ln a^{\mathrm{R}}_{(D)_{E_k(\mathrm{l})}}\end{aligned} \tag{8.49}$$

式中，

$$\mu_{A(\mathrm{s})} = \mu^*_{A(\mathrm{s})}$$

$$\mu_{(A)_{\text{过饱}}} = \mu_{(A)_{E_k(\mathrm{l})}} = \mu^*_{A(\mathrm{s})} + RT\ln a^{\mathrm{R}}_{(A)_{\text{过饱}}} = \mu^*_{A(\mathrm{s})} + RT\ln a^{\mathrm{R}}_{(A)_{E_k(\mathrm{l})}}$$

$$\mu_{D(\mathrm{s})} = \mu^*_{D(\mathrm{s})}$$

$$\mu_{(D)_{\text{过饱}}} = \mu_{(D)_{E_k(\mathrm{l})}} = \mu^*_{D(\mathrm{s})} + RT\ln a^{\mathrm{R}}_{(D)_{\text{过饱}}} = \mu^*_{D(\mathrm{s})} + RT\ln a^{\mathrm{R}}_{(D)_{E_k(\mathrm{l})}}$$

或者

$$\Delta G_{\mathrm{m},A}(T_k) = \frac{\theta_{A,T_k}\Delta H_{\mathrm{m},A}(T_E)}{T_E} = \eta_{A,T_k}\Delta H_{m,(A)_{E(\mathrm{l})}}(T_E)$$

$$\Delta G_{\mathrm{m},D}(T_k) = \frac{\theta_{D,T_k}\Delta H_{\mathrm{m},D}(T_E)}{T_E} = \eta_{D,T_k}\Delta H_{m,(D)_{E(\mathrm{l})}}(T_E)$$

式中，

$$\theta_{J,T_k} = T_E - T_k$$

$$\eta_{J,T_k} = \frac{T_E - T_k}{T_E}$$

$$(J = A, D)$$

$$\Delta H_{\mathrm{m},A}(T_E) = H_{\mathrm{m},A(\mathrm{s})}(T_E) - \bar{H}_{\mathrm{m},(A)_{E(\mathrm{l})}}(T_E)$$

$$\Delta H_{\mathrm{m},D}(T_E) = H_{\mathrm{m},D(\mathrm{s})}(T_E) - \bar{H}_{\mathrm{m},(D)_{E(\mathrm{l})}}(T_E)$$

(2) 组元 A 先析出，组元 D 后析出

组元 A 先析出，有

$$(A)_{\text{过饱}} = (A)_{E_k(\mathrm{l})} = A(\mathrm{s})$$

随着组元 A 的析出，组元 D 的过饱和程度增大，溶液 $E_k\,(\mathrm{l})$ 的组成偏离共晶点 $E\,(\mathrm{l})$ 的组成，向组元 A 的平衡相 q_k 靠近，以 q_k' 表示。达到一定程度后，组元 D 会析出，有

$$(D)_{过饱} \equiv (D)_{q_k'} = D\,(\mathrm{s})$$

随着组元 D 的析出，组元 A 的过饱和程度会增大，溶液的组成向组元 D 的平衡相 l_k 靠近，以 l_k' 表示。达到一定程度后，组元 A 又析出。可以表示为

$$(A)_{过饱} \equiv (A)_{l_k'} = A\,(\mathrm{s})$$

组元 A 和组元 D 交替析出，如此循环。析出的组元 A 和组元 D 分别聚集，形成交替的组元 A 层和组元 D 层。

先析出组元 A，以纯固态组元 A 为标准状态，该过程的摩尔吉布斯自由能变化为

$$\begin{aligned}\Delta G_{\mathrm{m},A} &= \mu_{A(\mathrm{s})} - \mu_{(A)_{过饱}}\\ &= \mu_{A(\mathrm{s})} - \mu_{(A)_{E_k(\mathrm{l})}}\\ &= -RT\ln a^{\mathrm{R}}_{(A)_{过饱}} = -RT\ln a^{\mathrm{R}}_{(A)_{E_k(\mathrm{l})}}\end{aligned} \tag{8.50}$$

式中，

$$\mu_{A(\mathrm{s})} = \mu^*_{A(\mathrm{s})}$$
$$\mu_{(A)_{过饱}} = \mu_{(A)_{E_k(\mathrm{l})}} = \mu^*_{A(\mathrm{s})} + RT\ln a^{\mathrm{R}}_{(A)_{过饱}} = \mu^*_{A(\mathrm{s})} + RT\ln a^{\mathrm{R}}_{(A)_{E_k(\mathrm{l})}}$$

再析出组元 D，该过程的摩尔吉布斯自由能变化为

$$\begin{aligned}\Delta G_{\mathrm{m},D} &= \mu_{D(\mathrm{s})} - \mu_{(D)_{过饱}}\\ &= \mu_{D(\mathrm{s})} - \mu_{(D)_{q_k'}}\\ &= -RT\ln a^{\mathrm{R}}_{(D)_{过饱}} = -RT\ln a^{\mathrm{R}}_{(D)_{q_k'}}\end{aligned} \tag{8.51}$$

式中，

$$\mu_{D(\mathrm{s})} = \mu^*_{D(\mathrm{s})}$$
$$\mu_{(D)_{过饱'}} = \mu_{(D)_{q_k'}} = \mu^*_{D(\mathrm{s})} + RT\ln a^{\mathrm{R}}_{(D)_{过饱}} = \mu^*_{D(\mathrm{s})} + RT\ln a^{\mathrm{R}}_{(D)_{q_k'}}$$

又析出组元 A，该过程的摩尔吉布斯自由能变化为

$$\begin{aligned}\Delta G'_{\mathrm{m},A} &= \mu_{A(\mathrm{s})} - \mu_{(A)_{过饱}}\\ &= \mu_{A(\mathrm{s})} - \mu_{(A)_{l_k'}}\end{aligned}$$

$$= -RT\ln a^{\mathrm{R}}_{(A)_{过饱}} = -RT\ln a^{\mathrm{R}}_{(A)_{l'_k}}$$

$$\mu_{A(\mathrm{s})} = \mu^*_{A(\mathrm{s})}$$

$$\mu_{(A)_{过饱}} = \mu_{(A)_{(A)_{l'_k}}} = \mu^*_{A(\mathrm{s})} + RT\ln a^{\mathrm{R}}_{(A)_{过饱}} = \mu^*_{A(\mathrm{s})} + RT\ln a^{\mathrm{R}}_{(A)_{l'_k}}$$

如此重复，直到降温。

或者

$$\Delta G_{\mathrm{m},A}(T_k) = \frac{\theta_{A,T_k}\Delta H_{\mathrm{m},A}(T_E)}{T_E} = \eta_{A,T_k}\Delta H_{\mathrm{m},A}(T_E)$$

$$\Delta G_{\mathrm{m},D}(T_l) = \frac{\theta_{D,T_k}\Delta H_{\mathrm{m},D}(T_E)}{T_E} = \eta_{D,T_k}\Delta H_{\mathrm{m},D}(T_E)$$

$$\Delta G'_{\mathrm{m},A}(T_k) = \frac{\theta_{A,T_k}\Delta H'_{\mathrm{m},A}(T_E)}{T_E} = \eta_{A,T_k}\Delta H'_{\mathrm{m},A}(T_E)$$

式中，

$$\theta_{J,T_k} = T_E - T_k$$

$$\eta_{J,T_k} = \frac{T_E - T_k}{T_E}$$

$$(J = A, D)$$

$$\Delta H_{\mathrm{m},A}(T_E) = H_{\mathrm{m,A(s)}}(T_E) - \bar{H}_{\mathrm{m},(A)_{E(\mathrm{l})}}(T_E)$$

$$\Delta H_{\mathrm{m},D}(T_E) = H_{\mathrm{m,D(s)}}(T_E) - \bar{H}_{(D)_{E(\mathrm{l})}}(T_E)$$

$$\Delta H'_{\mathrm{m},A}(T_E) = H_{\mathrm{m,A(s)}}(T_E) - \bar{H}_{(A)_{E(\mathrm{l})}}(T_E)$$

继续降低温度到 T_{k+1}，如果上面的反应没有进行完，就在温度 T_{k+1} 继续进行。重复在温度 T_k 的情况，直到溶液 $E(\mathrm{l})$ 完全转化为固相组元 A 和 D。

2. 凝固速率

1) 从温度 T_1 到温度 T_H 析晶

从温度 T_1 到 T_H，析出组元 B 晶体的速率为

$$\begin{aligned}\frac{\mathrm{d}N_{B(\mathrm{s})}}{\mathrm{d}t} &= -\frac{\mathrm{d}N_{(B)}}{\mathrm{d}t} = Vj_B \\ &= V\left[-l_1\left(\frac{A_{\mathrm{m},B}}{T}\right) - l_2\left(\frac{A_{\mathrm{m},B}}{T}\right)^2 - l_3\left(\frac{A_{\mathrm{m},B}}{T}\right)^3 - \cdots\right]\end{aligned} \tag{8.52}$$

式中，

$$A_{\mathrm{m},B} = \Delta G_{\mathrm{m},B}$$

2) 从温度 T_H 到温度 T_E 析晶

从温度 T_H 到 T_E，析出组元 A_mB_n 晶体的速率为

$$\begin{aligned}\frac{\mathrm{d}N_{A_mB_n(\mathrm{s})}}{\mathrm{d}t}&=-\frac{\mathrm{d}N_{(A_mB_n)}}{\mathrm{d}t}=Vj_{A_mB_n}\\&=V\left[-l_1\left(\frac{A_{\mathrm{m},D}}{T}\right)-l_2\left(\frac{A_{\mathrm{m},D}}{T}\right)^2-l_3\left(\frac{A_{\mathrm{m},D}}{T}\right)^3-\cdots\right]\end{aligned}\tag{8.53}$$

式中，

$$A_{\mathrm{m},D}=\Delta G_{\mathrm{m},D}$$

3) 在最低共熔点温度 T_E 以下析晶

在最低共熔点温度 T_E 以下，同时析出组元 A 和 A_mB_n 的晶体。不考虑耦合作用，析晶速率为

$$\begin{aligned}\frac{\mathrm{d}N_{A(\mathrm{s})}}{\mathrm{d}t}&=-\frac{\mathrm{d}N_{(A)}}{\mathrm{d}t}=Vj_A\\&=V\left[-l_1\left(\frac{A_{\mathrm{m},A}}{T}\right)-l_2\left(\frac{A_{\mathrm{m},A}}{T}\right)^2-l_3\left(\frac{A_{\mathrm{m},A}}{T}\right)^3-\cdots\right]\end{aligned}\tag{8.54}$$

$$\begin{aligned}\frac{\mathrm{d}N_{A_mB_n(\mathrm{s})}}{\mathrm{d}t}&=-\frac{\mathrm{d}N_{(A_mB_n)}}{\mathrm{d}t}=Vj_{A_mB_n}\\&=V\left[-l_1\left(\frac{A_{\mathrm{m},D}}{T}\right)-l_2\left(\frac{A_{\mathrm{m},D}}{T}\right)^2-l_3\left(\frac{A_{\mathrm{m},D}}{T}\right)^3-\cdots\right]\end{aligned}\tag{8.55}$$

考虑耦合作用，析晶速率为

$$\begin{aligned}\frac{\mathrm{d}N_{A(\mathrm{s})}}{\mathrm{d}t}=&-\frac{\mathrm{d}N_{(A)}}{\mathrm{d}t}=Vj_A\\=&V\left[-l_{11}\left(\frac{A_{\mathrm{m},A}}{T}\right)-l_{12}\left(\frac{A_{\mathrm{m},D}}{T}\right)-l_{111}\left(\frac{A_{\mathrm{m},A}}{T}\right)^2\right.\\&-l_{112}\left(\frac{A_{\mathrm{m},A}}{T}\right)\left(\frac{A_{\mathrm{m},D}}{T}\right)-l_{122}\left(\frac{A_{\mathrm{m},D}}{T}\right)^2-l_{1111}\left(\frac{A_{\mathrm{m},A}}{T}\right)^3\\&-l_{1112}\left(\frac{A_{\mathrm{m},A}}{T}\right)^2\left(\frac{A_{\mathrm{m},D}}{T}\right)-l_{1122}\left(\frac{A_{\mathrm{m},A}}{T}\right)\left(\frac{A_{\mathrm{m},D}}{T}\right)^2\\&\left.-l_{1222}\left(\frac{A_{\mathrm{m},D}}{T}\right)^3-\cdots\right]\end{aligned}\tag{8.56}$$

$$
\begin{aligned}
\frac{\mathrm{d}n_{A_mB_n(\mathrm{s})}}{\mathrm{d}t} &= -\frac{\mathrm{d}n_{(A_mB_n)}}{\mathrm{d}t} = Vj_{A_mB_n} \\
&= V\left[-l_{21}\left(\frac{A_{\mathrm{m},A}}{T}\right) - l_{22}\left(\frac{A_{\mathrm{m},D}}{T}\right) - l_{211}\left(\frac{A_{\mathrm{m},A}}{T}\right)^2\right. \\
&\quad -l_{212}\left(\frac{A_{\mathrm{m},A}}{T}\right)\left(\frac{A_{\mathrm{m},D}}{T}\right) - l_{222}\left(\frac{A_{\mathrm{m},D}}{T}\right)^2 - l_{2111}\left(\frac{A_{\mathrm{m},A}}{T}\right)^3 \\
&\quad -l_{2112}\left(\frac{A_{\mathrm{m},A}}{T}\right)^2\left(\frac{A_{\mathrm{m},D}}{T}\right) - l_{2122}\left(\frac{A_{\mathrm{m},A}}{T}\right)\left(\frac{A_{\mathrm{m},D}}{T}\right)^2 \\
&\quad \left.-l_{2222}\left(\frac{A_{\mathrm{m},D}}{T}\right)^3 - \cdots\right]
\end{aligned}
\tag{8.57}
$$

组元 A 先析出，组元 D 后析出，析晶速率为

$$
\begin{aligned}
\frac{\mathrm{d}N_{A(\mathrm{s})}}{\mathrm{d}t} &= -\frac{\mathrm{d}N(A)_{E_k(\mathrm{l})}}{\mathrm{d}t} = Vj_A \\
&= V\left[-l_1\left(\frac{A_{\mathrm{m},A}}{T}\right) - l_2\left(\frac{A_{\mathrm{m},A}}{T}\right)^2 - l_3\left(\frac{A_{\mathrm{m},A}}{T}\right)^3 - \cdots\right]
\end{aligned}
\tag{8.58}
$$

$$
\begin{aligned}
\frac{\mathrm{d}N_{D(\mathrm{s})}}{\mathrm{d}t} &= -\frac{\mathrm{d}N_{(D)_{g'_k}}}{\mathrm{d}t} = Vj_D \\
&= V\left[-l_1\left(\frac{A_{\mathrm{m},D}}{T}\right) - l_2\left(\frac{A_{\mathrm{m},D}}{T}\right)^2 - l_3\left(\frac{A_{\mathrm{m},D}}{T}\right)^3 - \cdots\right]
\end{aligned}
\tag{8.59}
$$

式中，

$$A_{\mathrm{m},A} = \Delta G_{\mathrm{m},A}$$

$$A_{\mathrm{m},D} = \Delta G_{\mathrm{m},D}$$

8.2.4 具有液相分层的二元系 (一)

1. 凝固过程热力学

图 8.4 为具有液相分层的二元系相图。

1) 温度降到 T_1

物质组成点为 P 的溶液降温。温度降到 T_1，物质组成点为共轭线上的 P_1 点，也是液相开始分层的 l'_1 点，与 l'_1 平衡的另一液相 l''_1。有

$$l' \rightleftharpoons l''$$

即

$$(A)_{l'_1} = (A)_{平} \rightleftharpoons (A)_{l''_1}$$

$$(B)_{l'_1} = (B)_{平} \rightleftharpoons (B)_{l''_1}$$

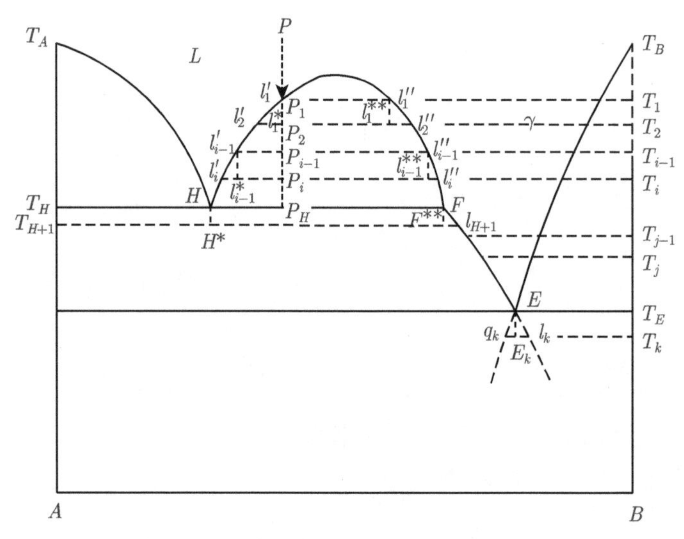

图 8.4　具有液相分层的二元系相图 (1)

2) 温度降到 T_2

继续降温到 T_2，物质组成点为 P_2，平衡相为 l_2' 和 l_2''。在温度刚降到 T_2，液相 l_1' 和 l_1'' 中的组元还未来得及相互进入 l_1'' 时，液相组成未变，但已由平衡液相 l_1' 和 l_1'' 变成非平衡液相 l_1^* 和 l_1^{**}，组元 A 和 B 从 l_1^* 和 l_1^{**} 相互进入。有

$$(A)_{l_1^{**}} \equiv (A)_{\text{非平}} = (A)_{l_1^*}$$

$$(B)_{l_1^*} \equiv (B)_{\text{非平}} = (B)_{l_1^{**}}$$

以纯液态组元 A 和 B 为标准状态，浓度以摩尔分数表示，摩尔吉布斯自由能变化为

$$\Delta G_{\text{m},A} = \mu_{(A)_{l_1^*}} - \mu_{(A)_{l_1^{**}}} = RT\ln\frac{a^{\text{R}}_{(A)_{l_1^*}}}{a^{\text{R}}_{(A)_{l_1^{**}}}} \tag{8.60}$$

$$\Delta G_{\text{m},B} = \mu_{(B)_{l_1^{**}}} - \mu_{(B)_{l_1^*}} = RT\ln\frac{a^{\text{R}}_{(B)_{l_1^{**}}}}{a^{\text{R}}_{(B)_{l_1^*}}} \tag{8.61}$$

式中，

$$\mu_{(A)_{l_1^{**}}} = \mu^*_{A(\text{l})} + RT\ln a^{\text{R}}_{(A)_{l_1^{**}}}$$

$$\mu_{(A)_{l_1^*}} = \mu^*_{A(\text{l})} + RT\ln a^{\text{R}}_{(A)_{l_1^*}}$$

$$\mu_{(B)_{l_1^{**}}} = \mu^*_{B(\text{l})} + RT\ln a^{\text{R}}_{(B)_{l_1^{**}}}$$

$$\mu_{(B)_{l_1^*}} = \mu_{B(\mathrm{l})}^* + RT\ln a_{(B)_{l_1^*}}^{\mathrm{R}}$$

直到达成平衡，有

$$l_2' \rightleftharpoons l_2''$$

即

$$(A)_{l_2'} \rightleftharpoons (A)_{l_2''}$$

$$(B)_{l_2'} \rightleftharpoons (B)_{l_2''}$$

3) 温度从 T_1 到 T_H

温度从 T_1 到 T_H 液相分层过程可以描述如下：

在温度 T_{i-1}，两液相达成平衡，有

$$l_{i-1}' \rightleftharpoons l_{i-1}''$$

即

$$(A)_{l_{i-1}'} \rightleftharpoons (A)_{l_{i-1}''}$$

$$(B)_{l_{i-1}'} \rightleftharpoons (B)_{l_{i-1}''}$$

温度降到 T_i。在温度刚降到 T_i，液相 l_{i-1}' 和 l_{i-1}'' 中的组元还未来得及相互进入时，两液相组成未变，但已由平衡液相 l_{i-1}' 和 l_{i-1}'' 变成不平衡液相 l_{i-1}^* 和 l_{i-1}^{**}，组元 A 和 B 从 l_{i-1}^* 和 l_{i-1}^{**} 中相互进入。有

$$(A)_{l_{i-1}^{**}} = (A)_{l_{i-1}^*}$$

$$(B)_{l_{i-1}^*} = (B)_{l_{i-1}^{**}}$$

以纯液态组元 A 和 B 为标准状态，浓度以摩尔分数表示，摩尔吉布斯自由能变化为

$$\Delta G_{\mathrm{m},A} = \mu_{(A)_{l_{i-1}^*}} - \mu_{(A)_{l_{i-1}^{**}}} = RT\ln\frac{a_{(A)_{l_{i-1}^*}}^{\mathrm{R}}}{a_{(A)_{l_1^{**}}}^{\mathrm{R}}} \tag{8.62}$$

式中，

$$\mu_{(A)_{l_{i-1}^{**}}} = \mu_{A(\mathrm{l})}^* + RT\ln a_{(A)_{l_{i-1}^{**}}}^{\mathrm{R}}$$

$$\mu_{(A)_{l_{i-1}^*}} = \mu_{A(\mathrm{l})}^* + RT\ln a_{(A)_{l_{i-1}^*}}^{\mathrm{R}}$$

$$\Delta G_{\mathrm{m},B} = \mu_{(B)_{l_{i-1}^{**}}} - \mu_{(B)_{l_{i-1}^*}} = RT\ln\frac{a_{(B)_{l_{i-1}^{**}}}^{\mathrm{R}}}{a_{(B)_{l_{i-1}^*}}^{\mathrm{R}}} \tag{8.63}$$

式中，

$$\mu_{(B)_{l_{i-1}^{**}}} = \mu_{B(\mathrm{l})}^{*} + RT\ln a_{(B)_{l_{i-1}^{**}}}^{\mathrm{R}}$$

$$\mu_{(B)_{l_{i-1}^{*}}} = \mu_{B(\mathrm{l})}^{*} + RT\ln a_{(B)_{l_{i-1}^{*}}}^{\mathrm{R}}$$

总摩尔吉布斯自由能变化为

$$\Delta G_{\mathrm{m,t}} = n_A\Delta G_{\mathrm{m},A} + n_B\Delta G_{\mathrm{m},B} = n_A\ln\frac{a_{(A)_{l_{i-1}^{*}}}^{\mathrm{R}}}{a_{(A)_{l_{i-1}^{**}}}^{\mathrm{R}}} + n_B\ln\frac{a_{(B)_{l_{i-1}^{**}}}^{\mathrm{R}}}{a_{(B)_{l_{i-1}^{*}}}^{\mathrm{R}}}$$

$$(i = 1, 2, \cdots, n)$$

直到达成平衡，有

$$l_i' \rightleftharpoons l_i''$$

即

$$(A)_{l_i'} \rightleftharpoons (A)_{l_i''}$$

$$(B)_{l_i'} \rightleftharpoons (B)_{l_i''}$$

温度降到 T_H，物质组成为 P_H 点，三相平衡共存，有

$$H \rightleftharpoons A(\mathrm{s}) + F$$

$$(A)_H = (A)_{饱} \rightleftharpoons A(\mathrm{s})$$

$$(B)_H \rightleftharpoons (B)_F$$

摩尔吉布斯自由能变化为零。

4) 温度在 T_{H+1}

继续降温到 T_{H+1}。在温度刚降到 T_{H+1}，还未来得及析出固相组元 A 时，液相组成未变，但已由组元 A 的饱和溶液 H 变成组元 A 的过饱和溶液 H^*，析出固相组元 A(s)，组元 B 从 H^* 中进入 F^{**}，F^{**} 转化为 l_{H+1}，有

$$H^* = A(\mathrm{s}) + F^{**}$$

$$(A)_{H^*} = (A)_{过饱} = A(\mathrm{s})$$

$$(B)_{H^*} = (B)_{F^{**}}$$

以纯固态组元 A 和 B 为标准状态，浓度以摩尔分数表示，该过程的摩尔吉布斯自由能变化为

$$\begin{aligned}\Delta G_{\mathrm{m},A} &= \mu_{A(\mathrm{s})} - \mu_{(A)_{过饱}} = -RT\ln a_{(A)_{H^*}}^{\mathrm{R}} \\ &= -RT\ln a_{(A)_{过饱}}^{\mathrm{R}}\end{aligned} \tag{8.64}$$

式中，

$$\mu_{A(\mathrm{s})}=\mu_{A(\mathrm{s})}^{*}$$

$$\mu_{(A)_{过饱}}=\mu_{(A)_{H^*}}=\mu_{A(\mathrm{s})}^{*}+RT\ln a_{(A)_{过饱}}^{\mathrm{R}}=\mu_{A(\mathrm{s})}^{*}+RT\ln a_{(A)_{H^*}}^{\mathrm{R}}$$

$$\Delta G_{\mathrm{m},B}=\mu_{(B)_{F^{**}}}-\mu_{(B)_{H^*}}=RT\ln\frac{a_{(B)_{F^{**}}}^{\mathrm{R}}}{a_{(B)_{H^*}}^{\mathrm{R}}}\tag{8.65}$$

式中，

$$\mu_{(B)_{F^{**}}}=\mu_{B(\mathrm{l})}^{**}+RT\ln a_{(B)_{F^{**}}}^{\mathrm{R}}$$

$$\mu_{(B)_{H^*}}=\mu_{B(\mathrm{l})}^{*}+RT\ln a_{(B)_{H^*}}^{\mathrm{R}}$$

或

$$\begin{aligned}\Delta G_{\mathrm{m},A}\left(T_{H+1}\right)&=\frac{\theta_{A,T_{H+1}}\Delta H_{\mathrm{m},A}\left(T_{H}\right)}{T_{H}}\\&=\eta_{A,T_{H+1}}\Delta H_{\mathrm{m},A}\left(T_{H}\right)\end{aligned}\tag{8.66}$$

$$\Delta G_{\mathrm{m},B}\left(T_{H+1}\right)=\frac{\Delta T\Delta H_{\mathrm{m},B}\left(T_{H}\right)}{T_{H}}\tag{8.67}$$

5) 温度从 T_{H+1} 到 T_E

继续降低温度。温度从 T_{H+1} 到 T_E，析晶过程可以描述如下。

在温度 T_{j-1}，物质组成点为 P_{j-1}，平衡液相为 l_{j-1}。液固两相达成平衡，有

$$l_{j-1}\rightleftharpoons A(\mathrm{s})$$

即

$$(A)_{l_{j-1}}=\!=\!=(A)_{饱}\rightleftharpoons A(\mathrm{s})$$

温度降到 T_j，物质组成点为 P_j，平衡液相为 l_j。温度刚降到 T_j，固相组元 A 还未来得及析出时，液相组成未变，但已由组元 A 饱和的溶液 l_{j-1} 变成过饱和溶液 l'_{j-1}，析出固相组元 A，有

$$(A)_{l'_{j-1}}=\!=\!=(A)_{过饱}=\!=\!=A(\mathrm{s})$$

以纯固态 A 为标准状态，浓度以摩尔分数表示，析出固相组元 A 的摩尔吉布斯自由能变化为

$$\begin{aligned}\Delta G_{\mathrm{m},A}&=\mu_{A(\mathrm{s})}-\mu_{(A)_{过饱}}=\mu_{A(\mathrm{s})}-\mu_{(A)_{l'_{j-1}}}\\&=-RT\ln a_{(A)_{过饱}}^{\mathrm{R}}=-RT\ln a_{(A)_{l'_{j-1}}}^{\mathrm{R}}\end{aligned}\tag{8.68}$$

式中，

$$\mu_{A(\mathrm{s})}=\mu_{A(\mathrm{s})}^{*}$$

$$\mu_{(A)_{过饱}} = \mu_{(A)_{l'_{j-1}}} = \mu^*_{A(s)} + RT\ln a^{R}_{(A)_{过饱}} = \mu^*_{A(s)} + RT\ln a^{R}_{(A)_{l'_{j-1}}}$$

或

$$\begin{aligned}\Delta G_{m,A}(T_j) &= \frac{\theta_{A,T_j}\Delta H_{m,A}(T_{j-1})}{T_{j-1}} \\ &= \eta_{A,T_j}\Delta H_{m,A}(T_{j-1})\end{aligned} \tag{8.69}$$

式中符号意义同前。

温度降到 T_E，物质组成为 P_E 点，平衡液相为 $E(\mathrm{l})$，是组元 A 和 B 的饱和溶液。三相平衡共存，有

$$E(\mathrm{l}) \rightleftharpoons A(\mathrm{s}) + B(\mathrm{s})$$

即

$$(A)_{E(\mathrm{l})} = (A)_{饱} \rightleftharpoons A(\mathrm{s})$$

$$(B)_{E(\mathrm{l})} = (B)_{饱} \rightleftharpoons B(\mathrm{s})$$

6) 温度降到 T_E 以下

降低温度到 T_E 以下。温度从 T_E 降到液相 $E(\mathrm{l})$ 消失的温度，液相完全转化为固相组元 A 和 B 的过程，可以描述如下。

温度降至 T_k。在温度 T_k，固相组元 A 的平衡液相为 q_k，固相组元 B 的平衡液相为 l_k。温度刚降至 T_k，还未来得及析出固相组元 A 和 B 时，固溶体 $E(\mathrm{l})$ 的组成未变，但已由组元 A 和 B 饱和的溶液 E(l) 变成组元 A 和 B 过饱和的溶液 $E_k(\mathrm{l})$，可以析出固相组元 A 和 B。

(1) 组元 A 和 B 同时析出

过饱和溶液 $E_k(\mathrm{l})$ 可以同时析出组元 A 和 B，有

$$E_k(\mathrm{l}) = A(\mathrm{s}) + B(\mathrm{s})$$

即

$$(A)_{过饱} \equiv (A)_{E_k(\mathrm{l})} = A(\mathrm{s})$$

$$(B)_{过饱} \equiv (B)_{E_k(\mathrm{l})} = B(\mathrm{s})$$

组元 A 和 B 同时析出，可能保持溶液 $E_k(\mathrm{l})$ 组成不变，析出的组元 A 和组元 B 均匀混合。

固相组元 A 和 B 以及溶液中的组元 A 和组元 B 都以纯固态为标准状态。该过程的摩尔吉布斯自由能变化为

$$\begin{aligned}\Delta G_{m,A} &= \mu_{A(s)} - \mu_{(A)_{过饱}} \\ &= \mu_{A(s)} - \mu_{(A)_{E_k(\mathrm{l})}}\end{aligned}$$

$$= -RT\ln a^{\rm R}_{(A)_{过饱}} = -RT\ln a^{\rm R}_{(A)_{E_k(1)}} \tag{8.70}$$

$$\begin{aligned}\Delta G_{{\rm m},B} &= \mu_{B({\rm s})} - \mu_{(B)_{过饱}}\\ &= \mu_{B({\rm s})} - \mu_{(B)_{E_k(1)}}\\ &= -RT\ln a^{\rm R}_{(B)_{过饱}} = -RT\ln a^{\rm R}_{(B)_{E_k(1)}}\end{aligned} \tag{8.71}$$

式中，

$$\mu_{A({\rm s})} = \mu^*_{A({\rm s})}$$

$$\mu_{(A)_{过饱}} = \mu_{(A)_{E_k(1)}} = \mu^*_{A({\rm s})} + RT\ln a^{\rm R}_{(A)_{过饱}} = \mu^*_{A({\rm s})} + RT\ln a^{\rm R}_{(A)_{E_k(1)}}$$

$$\mu_{B({\rm s})} = \mu^*_{B({\rm s})}$$

$$\mu_{(B)_{过饱}} = \mu_{(B)_{E_k(1)}} = \mu^*_{B({\rm s})} + RT\ln a^{\rm R}_{(B)_{过饱}} = \mu^*_{B({\rm s})} + RT\ln a^{\rm R}_{(B)_{E_k(1)}}$$

或者

$$\Delta G_{{\rm m},A}(T_k) = \frac{\theta_{A,T_k}\Delta H_{{\rm m},A}(T_E)}{T_E} = \eta_{A,T_k}\Delta H_{{\rm m},(A)_{E(1)}}(T_E)$$

$$\Delta G_{{\rm m},B}(T_k) = \frac{\theta_{B,T_k}\Delta H_{{\rm m},B}(T_E)}{T_E} = \eta_{B,T_k}\Delta H_{{\rm m},(B)_{E(1)}}(T_E)$$

式中，

$$\theta_{J,T_k} = T_E - T_k$$

$$\eta_{J,T_k} = \frac{T_E - T_k}{T_E}$$

$$(J = A, B)$$

$$\Delta H_{{\rm m},A}(T_E) = H_{{\rm m},A({\rm s})}(T_E) - \bar{H}_{{\rm m},(A)_{E(1)}}(T_E)$$

$$\Delta H_{{\rm m},B}(T_E) = H_{{\rm m},B({\rm s})}(T_E) - \bar{H}_{{\rm m},(B)_{E(1)}}(T_E)$$

(2) 组元 A 先析出，组元 B 后析出

组元 A 先析出，有

$$(A)_{过饱} \equiv\!\equiv (A)_{E_k(1)} =\!= A({\rm s})$$

随着组元 A 的析出，组元 B 的过饱和程度增大，溶液 $E_k(1)$ 的组成偏离共晶点 $E(1)$ 的组成，向组元 A 的平衡相 l_l 靠近，以 l'_l 表示。达到一定程度后，组元 B 会析出，有

$$(B)_{过饱} \equiv\!\equiv (B)_{l'_k} =\!= B({\rm s})$$

随着组元 B 的析出，组元 A 的过饱和程度会增大，溶液的组成向组元 B 的平衡相 q_k 靠近，以 q'_k 表示。达到一定程度，组元 A 又析出，可以表示为

$$(A)_{过饱} \equiv\!\equiv (A)_{q'_l} =\!= A({\rm s})$$

组元 A 和组元 B 交替析出，如此循环。析出的组元 A 和组元 B 分别聚集，形成交替的组元 A 层和组元 B 层。先析出组元 A。以纯固态组元 A 为标准状态，该过程的摩尔吉布斯自由能变化为

$$\begin{aligned}\Delta G_{\mathrm{m},A} &= \mu_{A(\mathrm{s})} - \mu_{(A)_{\text{过饱}}} \\ &= \mu_{A(\mathrm{s})} - \mu_{(A)_{E_k(\mathrm{l})}} \\ &= -RT\ln a^{\mathrm{R}}_{(A)_{\text{过饱}}} = -RT\ln a^{\mathrm{R}}_{(A)_{E_k(\mathrm{l})}} \end{aligned} \tag{8.72}$$

式中，

$$\mu_{A(\mathrm{s})} = \mu^*_{A(\mathrm{s})}$$

$$\mu_{(A)_{\text{过饱}}} = \mu_{(A)_{E_k(\mathrm{l})}} = \mu^*_{A(\mathrm{s})} + RT\ln a^{\mathrm{R}}_{(A)_{\text{过饱}}} = \mu^*_{A(\mathrm{s})} + RT\ln a^{\mathrm{R}}_{(A)_{E_k(\mathrm{l})}}$$

再析出组元 B。以纯固态组元 B 为标准状态，该过程的摩尔吉布斯自由能变化为

$$\begin{aligned}\Delta G_{\mathrm{m},B} &= \mu_{B(\mathrm{s})} - \mu_{(B)_{\text{过饱}}} \\ &= \mu_{B(\mathrm{s})} - \mu_{(B)_{l'_k}} \\ &= -RT\ln a^{\mathrm{R}}_{(B)_{\text{过饱}}} = -RT\ln a^{\mathrm{R}}_{(B)_{l'_k}} \end{aligned} \tag{8.73}$$

式中，

$$\mu_{B(\mathrm{s})} = \mu^*_{B(\mathrm{s})}$$

$$\mu_{(B)_{\text{过饱}}} = \mu_{(B)_{l'_k}} = \mu^*_{B(\mathrm{s})} + RT\ln a^{\mathrm{R}}_{(B)_{\text{过饱}}} = \mu^*_{B(\mathrm{s})} + RT\ln a^{\mathrm{R}}_{(B)_{l'_k}}$$

又析出组元 A，该过程的摩尔吉布斯自由能变化为

$$\begin{aligned}\Delta G'_{\mathrm{m},A} &= \mu_{A(\mathrm{s})} - \mu_{(A)_{\text{过饱}}} \\ &= \mu_{A(\mathrm{s})} - \mu_{(A)_{q'_k}} \\ &= -RT\ln a^{\mathrm{R}}_{(A)_{\text{过饱}}} = -RT\ln a^{\mathrm{R}}_{(A)_{q'_k}} \end{aligned} \tag{8.74}$$

$$\mu_{A(\mathrm{s})} = \mu^*_{A(\mathrm{s})}$$

$$\mu_{(A)_{\text{过饱}}} = \mu_{(A)_{(A)_{q'_k}}} = \mu^*_{A(\mathrm{s})} + RT\ln a^{\mathrm{R}}_{(A)_{\text{过饱}}} = \mu^*_{A(\mathrm{s})} + RT\ln a^{\mathrm{R}}_{(A)_{q'_k}}$$

如此重复，直到降温。

或者

$$\Delta G_{\mathrm{m},A}(T_k) = \frac{\theta_{A,T_k}\Delta H_{\mathrm{m},A}(T_E)}{T_E} = \eta_{A,T_k}\Delta H_{\mathrm{m},A}(T_E) \tag{8.75}$$

$$\Delta G_{\mathrm{m},B}\left(T_l\right)=\frac{\theta_{B,T_k}\Delta H_{\mathrm{m},B}\left(T_E\right)}{T_E}=\eta_{B,T_k}\Delta H_{\mathrm{m},B}\left(T_E\right) \tag{8.76}$$

$$\Delta G'_{\mathrm{m},A}\left(T_k\right)=\frac{\theta_{A,T_k}\Delta H'_{\mathrm{m},A}\left(T_E\right)}{T_E}=\eta_{A,T_k}\Delta H'_{\mathrm{m},A}\left(T_E\right) \tag{8.77}$$

式中，

$$\theta_{J,T_k}=T_E-T_k$$

$$\eta_{J,T_k}=\frac{T_E-T_k}{T_E}$$

$$(J=A,B)$$

$$\Delta H_{\mathrm{m},A}\left(T_E\right)=H_{\mathrm{m,A(s)}}\left(T_E\right)-\bar{H}_{\mathrm{m},(A)_{E(l)}}\left(T_E\right)$$

$$\Delta H_{\mathrm{m},B}\left(T_E\right)=H_{\mathrm{m,B(s)}}\left(T_E\right)-\bar{H}_{(B)_{E(l)}}\left(T_E\right)$$

$$\Delta H'_{\mathrm{m},A}\left(T_E\right)=H_{\mathrm{m,A(s)}}\left(T_E\right)-\bar{H}_{(A)_{E(l)}}\left(T_E\right)$$

继续降低温度到 T_{k+1}，如果上面的反应没有进行完，就在温度 T_{k+1} 继续进行。重复在温度 T_k 的情况，直到固溶体 $E\,(\mathrm{l})$ 完全转化为固相组元 A 和 B。

2. 凝固速率

1) 在压力恒定、温度为 T_{H+1} 的条件下，析出固体组元 A 的速率为

$$\begin{aligned}\frac{\mathrm{d}N_{A(\mathrm{s})}}{\mathrm{d}t}&=-\frac{\mathrm{d}N_{(A)_{l_H^*}}}{\mathrm{d}t}=Vj_A\\&=V\left[-l_1\left(\frac{A_{\mathrm{m},A}}{T}\right)-l_2\left(\frac{A_{\mathrm{m},A}}{T}\right)^2-l_3\left(\frac{A_{\mathrm{m},A}}{T}\right)^3-\cdots\right]\end{aligned} \tag{8.78}$$

式中，

$$A_{\mathrm{m},A}=\Delta G_{\mathrm{m},A}$$

2) 从温度 T_H 到 T_E，析出固体组元 A 的速率为

$$\begin{aligned}\frac{\mathrm{d}N_{A(\mathrm{s})}}{\mathrm{d}t}&=-\frac{\mathrm{d}N_{(A)_{\text{过饱}}}}{\mathrm{d}t}=Vj_A\\&=V\left[-l_1\left(\frac{A_{\mathrm{m},A}}{T}\right)-l_2\left(\frac{A_{\mathrm{m},A}}{T}\right)^2-l_3\left(\frac{A_{\mathrm{m},A}}{T}\right)^3-\cdots\right]\end{aligned} \tag{8.79}$$

式中，

$$A_{\mathrm{m},A}=\Delta G_{\mathrm{m},A}$$

3) 在温度 T_E 以下，不考虑耦合作用，同时析出固体 A 和 B 的速率为

$$\begin{aligned}\frac{\mathrm{d}N_{A(\mathrm{s})}}{\mathrm{d}t}&=-\frac{\mathrm{d}N_{(A)_{过饱}}}{\mathrm{d}t}=Vj_A\\&=V\left[-l_1\left(\frac{A_{\mathrm{m},A}}{T}\right)-l_2\left(\frac{A_{\mathrm{m},A}}{T}\right)^2-l_3\left(\frac{A_{\mathrm{m},A}}{T}\right)^3-\cdots\right]\end{aligned}\tag{8.80}$$

$$\begin{aligned}\frac{\mathrm{d}N_{B(\mathrm{s})}}{\mathrm{d}t}&=-\frac{\mathrm{d}N_{(B)_{过饱}}}{\mathrm{d}t}=Vj_B\\&=V\left[-l_1\left(\frac{A_{\mathrm{m},B}}{T}\right)-l_2\left(\frac{A_{\mathrm{m},B}}{T}\right)^2-l_3\left(\frac{A_{\mathrm{m},B}}{T}\right)^3-\cdots\right]\end{aligned}\tag{8.81}$$

考虑耦合作用，析出固体 A 和 B 的速率为

$$\begin{aligned}\frac{\mathrm{d}N_{A(\mathrm{s})}}{\mathrm{d}t}=&-\frac{\mathrm{d}N_{(A)_{过饱}}}{\mathrm{d}t}=Vj_A\\=&V\Bigg[-l_{11}\left(\frac{A_{\mathrm{m},A}}{T}\right)-l_{12}\left(\frac{A_{\mathrm{m},B}}{T}\right)-l_{111}\left(\frac{A_{\mathrm{m},A}}{T}\right)^2\\&-l_{112}\left(\frac{A_{\mathrm{m},A}}{T}\right)\left(\frac{A_{\mathrm{m},B}}{T}\right)-l_{122}\left(\frac{A_{\mathrm{m},B}}{T}\right)^2-l_{1111}\left(\frac{A_{\mathrm{m},A}}{T}\right)^3\\&-l_{1112}\left(\frac{A_{\mathrm{m},A}}{T}\right)^2\left(\frac{A_{\mathrm{m},B}}{T}\right)-l_{1122}\left(\frac{A_{\mathrm{m},A}}{T}\right)\left(\frac{A_{\mathrm{m},B}}{T}\right)^2\\&-l_{1222}\left(\frac{A_{\mathrm{m},B}}{T}\right)^3-\cdots\Bigg]\end{aligned}\tag{8.82}$$

$$\begin{aligned}\frac{\mathrm{d}N_{B(\mathrm{s})}}{\mathrm{d}t}=&-\frac{\mathrm{d}N_{(B)_{过饱}}}{\mathrm{d}t}=Vj_B\\=&V\Bigg[-l_{21}\left(\frac{A_{\mathrm{m},A}}{T}\right)-l_{22}\left(\frac{A_{\mathrm{m},B}}{T}\right)-l_{211}\left(\frac{A_{\mathrm{m},A}}{T}\right)^2\\&-l_{212}\left(\frac{A_{\mathrm{m},A}}{T}\right)\left(\frac{A_{\mathrm{m},B}}{T}\right)-l_{222}\left(\frac{A_{\mathrm{m},B}}{T}\right)^2-l_{2111}\left(\frac{A_{\mathrm{m},A}}{T}\right)^3\\&-l_{2112}\left(\frac{A_{\mathrm{m},A}}{T}\right)^2\left(\frac{A_{\mathrm{m},B}}{T}\right)-l_{2122}\left(\frac{A_{\mathrm{m},A}}{T}\right)\left(\frac{A_{\mathrm{m},B}}{T}\right)^2\\&-l_{2222}\left(\frac{A_{\mathrm{m},B}}{T}\right)^3-\cdots\Bigg]\end{aligned}\tag{8.83}$$

组元 A 先析出，组元 B 后析出，析晶速率为

$$\begin{aligned}\frac{\mathrm{d}N_{A(\mathrm{s})}}{\mathrm{d}t}&=-\frac{\mathrm{d}N(A)_{E_k(\mathrm{l})}}{\mathrm{d}t}=Vj_A\\&=V\left[-l_1\left(\frac{A_{\mathrm{m},A}}{T}\right)-l_2\left(\frac{A_{\mathrm{m},A}}{T}\right)^2-l_3\left(\frac{A_{\mathrm{m},A}}{T}\right)^3-\cdots\right]\end{aligned}$$

$$\frac{\mathrm{d}N_{B(\mathrm{s})}}{\mathrm{d}t} = -\frac{\mathrm{d}N(B)_{l'_k}}{\mathrm{d}t} = Vj_B$$
$$= V\left[-l_1\left(\frac{A_{\mathrm{m},B}}{T}\right) - l_2\left(\frac{A_{\mathrm{m},B}}{T}\right)^2 - l_3\left(\frac{A_{\mathrm{m},B}}{T}\right)^3 - \cdots\right]$$

式中，

$$A_{\mathrm{m},A} = \Delta G_{\mathrm{m},A}$$

$$A_{\mathrm{m},B} = \Delta G_{\mathrm{m},B}$$

8.2.5 具有液相分层的二元系 (二)

1. 凝固过程热力学

图 8.5 是具有液相分层的二元系相图。物质组成点为 P 的溶液降温凝固。温度降到 T，物质组成点为共轭线上的顶点 Q。液相尚未出现分层。

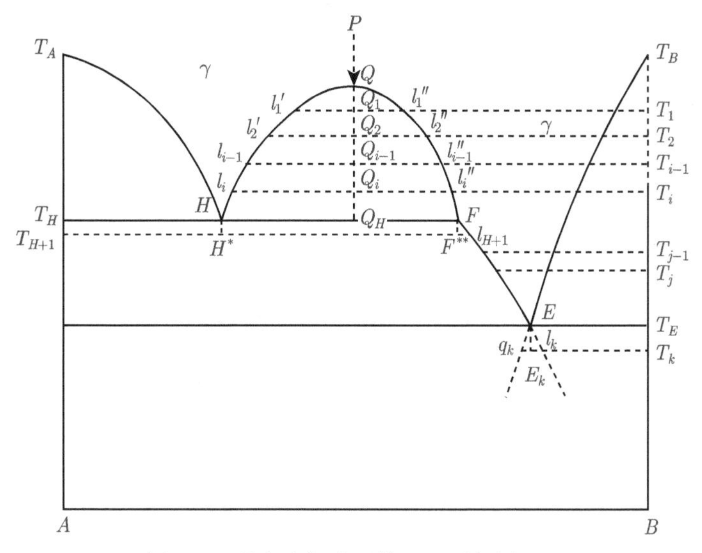

图 8.5 具有液相分层的二元系相图 (2)

1) 温度降到 T_1

继续降温到 T_1，物质组成点为 Q_1。在温度刚降到 T_1，尚未分层前，液相组成仍为 Q，平衡液相为 l_1' 和 l_1''，因此 Q 会分层为 l_1' 和 l_1''，有

$$Q = l_1' + l_1''$$

即

$$(A)_Q = (A)_{l_1'}$$

$$(A)_Q =\!=\!= (A)_{l_1''}$$

$$(B)_Q =\!=\!= (B)_{l_1'}$$

$$(B)_Q =\!=\!= (B)_{l_1''}$$

以纯液相组元 A 和 B 为标准状态，浓度以摩尔分数表示，摩尔吉布斯自由能变化为

$$\Delta G_{\mathrm{m},(A)_{l_1'}} = \mu_{(A)_{l_1'}} - \mu_{(A)_Q} = RT\ln\frac{a^{\mathrm{R}}_{(A)_{l_1'}}}{a^{\mathrm{R}}_{(A)_Q}} \tag{8.84}$$

$$\Delta G_{\mathrm{m},(A)_{l_1''}} = \mu_{(A)_{l_1''}} - \mu_{(A)_Q} = RT\ln\frac{a^{\mathrm{R}}_{(A)_{l_1''}}}{a^{\mathrm{R}}_{(A)_Q}} \tag{8.85}$$

$$\Delta G_{\mathrm{m},(B)_{l_1'}} = \mu_{(B)_{l_1'}} - \mu_{(B)_Q} = RT\ln\frac{a^{\mathrm{R}}_{(B)_{l_1'}}}{a^{\mathrm{R}}_{(B)_Q}} \tag{8.86}$$

$$\Delta G_{\mathrm{m},(B)_{l_1''}} = \mu_{(B)_{l_1''}} - \mu_{(B)_Q} = RT\ln\frac{a^{\mathrm{R}}_{(B)_{l_1''}}}{a^{\mathrm{R}}_{(B)_Q}} \tag{8.87}$$

$$\Delta G_{\mathrm{m},l_1'} = x_A\Delta G_{\mathrm{m},(A)_{l_1'}} + x_B\Delta G_{\mathrm{m},(B)_{l_1'}} = RT\ln\left(x_A\ln\frac{a^{\mathrm{R}}_{(A)_{l_1'}}}{a^{\mathrm{R}}_{(A)_Q}} + x_B\ln\frac{a^{\mathrm{R}}_{(B)_{l_1'}}}{a^{\mathrm{R}}_{(B)_Q}}\right) \tag{8.88}$$

$$\Delta G_{\mathrm{m},l_1''} = x_A\Delta G_{\mathrm{m},(A)_{l_1''}} + x_B\Delta G_{\mathrm{m},(B)_{l_1''}} = RT\ln\left(x_A\ln\frac{a^{\mathrm{R}}_{(A)_{l_1''}}}{a^{\mathrm{R}}_{(A)_Q}} + x_B\ln\frac{a^{\mathrm{R}}_{(B)_{l_1''}}}{a^{\mathrm{R}}_{(B)_Q}}\right) \tag{8.89}$$

直到达到新的平衡，有

$$l_i' \rightleftharpoons l_i''$$

即

$$(A)_{l_i'} \rightleftharpoons (A)_{l_i''}$$

$$(B)_{l_i'} \rightleftharpoons (B)_{l_i''}$$

2) 温度降到 T_2

继续降温到 T_2，物质组成点为 Q_2，平衡相为 l_2' 和 l_2''。在温度刚降到 T_2 两层液相间还未来得及进行物质转换时，两液相组成未变，但已由组元 A 和 B 的平衡相 l_1' 和 l_1'' 成为组元 A 和 B 的不平衡相 l_1^* 和 l_1^{**}，组元 B 从 l_1^* 中向 l_1^{**} 中转移，组元 A 从 l_1^{**} 中向 l_1^* 中转移，有

$$(B)_{l_1^*} =\!=\!= (B)_{l_1^{**}}$$

$$(A)_{l_1^{**}} = (A)_{l_1^*}$$

以纯液体组元 A 和 B 为标准状态，浓度以摩尔分数表示，转移过程的摩尔吉布斯自由能变化为

$$\Delta G_{\mathrm{m},B} = \mu_{(B)_{l_1^{**}}} - \mu_{(B)_{l_1^*}} = RT\ln\frac{a^{\mathrm{R}}_{(B)_{l_1^{**}}}}{a^{\mathrm{R}}_{(B)_{l_1^*}}} \tag{8.90}$$

$$\Delta G_{\mathrm{m},A} = \mu_{(A)_{l_1^*}} - \mu_{(A)_{l_1^{**}}} = RT\ln\frac{a^{\mathrm{R}}_{(A)_{l_1^*}}}{a^{\mathrm{R}}_{(A)_{l_1^{**}}}} \tag{8.91}$$

直到达成新的平衡，有

$$l_2' \rightleftharpoons l_2''$$

即

$$(B)_{l_2'} \rightleftharpoons (B)_{l_2''}$$

$$(A)_{l_2''} \rightleftharpoons (A)_{l_2'}$$

3) 从温度 T_1 到 T_H

从温度 T_1 到 T_H，液相分层过程可以统一描述如下。

在温度 T_{i-1}，物质组成点为 Q_{i-1}。两液相达成平衡，有

$$l_{i-1}' \rightleftharpoons l_{i-1}''$$

即

$$(A)_{l_{i-1}'} \rightleftharpoons (A)_{l_{i-1}''}$$

$$(B)_{l_{i-1}'} \rightleftharpoons (B)_{l_{i-1}''}$$

温度降到 T_i，物质组成点为 Q_i，在温度 T_{i-1} 时的平衡液相 l_{i-1}' 和 l_{i-1}'' 成为不平衡液相 l_{i-1}^* 和 l_{i-1}^{**}。l_{i-1}^* 中的组元 B 和 l_{i-1}^{**} 中的组元 A 达到“过饱和”。组元 B 从 l_{i-1}^* 中向 l_{i-1}'' 中转移，组元 A 从 l_{i-1}^{**} 中向 l_{i-1}^* 中转移，有

$$(B)_{l_{i-1}^*} = (B)_{l_{i-1}^{**}}$$

$$(A)_{l_{i-1}^{**}} = (A)_{l_{i-1}^*}$$

以纯液态组元 A 和 B 为标准状态，浓度以摩尔分数表示，转移过程的摩尔吉布斯自由能变化为

$$\Delta G_{\mathrm{m},B} = \mu_{(B)_{l_{i-1}^{**}}} - \mu_{(B)_{l_{i-1}^*}} = RT\ln\frac{a^{\mathrm{R}}_{(B)_{l_{i-1}^{**}}}}{a^{\mathrm{R}}_{(B)_{l_{i-1}^*}}} \tag{8.92}$$

$$\Delta G_{m,A} = \mu_{(A)_{l_{i-1}^{*}}} - \mu_{(A)_{l_{i-1}^{**}}} = RT \ln \frac{a^{R}_{(A)_{l_{i-1}^{*}}}}{a^{R}_{(A)_{l_{i-1}^{**}}}} \tag{8.93}$$

$$(i = 1, 2, \cdots, n)$$

直到达成新的平衡，有

$$l'_i \rightleftharpoons l''_i$$

即

$$(B)_{l'_i} \rightleftharpoons (B)_{l''_i}$$

$$(A)_{l''_i} \rightleftharpoons (A)_{l'_i}$$

温度降到 T_H，物质组成点为 Q_H，平衡液相为 H 和 F。三相平衡共存，有

$$H \rightleftharpoons A(\mathrm{s}) + F$$

即

$$(A)_H = (A)_{饱} \rightleftharpoons A(\mathrm{s})$$

$$(B)_H \rightleftharpoons (B)_F$$

4) 温度在 T_{H+1}

继续降温到 T_{H+1}，在温度刚降到 T_{H+1}，还未来得及析出固相组元 A 时，液相组成未变，但已由组元 A 的饱和溶液 H 变成组元 A 的过饱和溶液 H^*，析出固相组元 A(s)，组元 B 从 H^* 中进入 F^{**}，有

$$H^* = A(\mathrm{s}) + F^{**}$$

$$(A)_{H^*} = (A)_{过饱} = A(\mathrm{s})$$

$$(B)_{H^*} = (B)_{F^{**}}$$

以纯固态组元 A 和 B 为标准状态，浓度以摩尔分数表示，该过程的摩尔吉布斯自由能变化为

$$\begin{aligned} \Delta G_{m,A} &= \mu_{A(\mathrm{s})} - \mu_{(A)_{过饱}} = -RT \ln a^{R}_{(A)_{H^*}} \\ &= -RT \ln a^{R}_{(A)_{过饱}} \end{aligned} \tag{8.94}$$

式中，

$$\mu_{A(\mathrm{s})} = \mu^{*}_{A(\mathrm{s})}$$

$$\mu_{(A)_{过饱}} = \mu_{(A)_{H^*}} = \mu^{*}_{A(\mathrm{s})} + RT \ln a^{R}_{(A)_{过饱}} = \mu^{*}_{A(\mathrm{s})} + RT \ln a^{R}_{(A)_{H^*}}$$

$$\Delta G_{\mathrm{m},B} = \mu_{(B)_{F^{**}}} - \mu_{(B)_{H^*}} = RT \ln \frac{a^{\mathrm{R}}_{(B)_{F^{**}}}}{a^{\mathrm{R}}_{(B)_{H^*}}} \tag{8.95}$$

式中，

$$\mu_{(B)_{F^{**}}} = \mu^*_{B(\mathrm{l})} + RT \ln a^{\mathrm{R}}_{(B)_{F^{**}}}$$

$$\mu_{(B)_{H^*}} = \mu^*_{B(\mathrm{l})} + RT \ln a^{\mathrm{R}}_{(B)_{H^*}}$$

或

$$\begin{aligned}\Delta G_{\mathrm{m},A}(T_{H+1}) &= \frac{\theta_{A,T_{H+1}} \Delta H_{\mathrm{m},A}(T_H)}{T_H} \\ &= \eta_{A,T_{H+1}} \Delta H_{\mathrm{m},A}(T_H)\end{aligned} \tag{8.96}$$

$$\begin{aligned}\Delta G_{\mathrm{m},B}(T_{H+1}) &= \frac{\theta_{B,T_{H+1}} \Delta H_{\mathrm{m},B}(T_H)}{T_H} \\ &= \eta_{B,T_{H+1}} \Delta H_{\mathrm{m},B}(T_H)\end{aligned} \tag{8.97}$$

直至 H^* 中的 A 转化为 $A(\mathrm{s})$，H^* 中的 B 进入 F^{**}，F^{**} 转化为 l_{H+1}。

5) 温度从 T_{H+1} 到 T_E

继续降低温度。温度从 T_{H+1} 到 T_E，析晶过程可以描述如下。

在温度 T_{j-1}，物质组成点为 P_{j-1}，平衡液相为 l_{j-1}。液–固两相达成平衡，有

$$l_{j-1} \rightleftharpoons A(\mathrm{s})$$

即

$$(A)_{l_{j-1}} = (A)_{饱} \rightleftharpoons A(\mathrm{s})$$

温度降到 T_j，物质组成点为 P_j，平衡液相为 l_j。温度刚降到 T_j，固相组元 A 还未来得及析出时，液相组成未变，但已由组元 A 饱和的溶液 l_{j-1} 变成过饱和溶液 l'_{j-1}，析出固相组元 A，有

$$(A)_{l'_{j-1}} = (A)_{过饱} = A(\mathrm{s})$$

以纯固态 A 为标准状态，浓度以摩尔分数表示，析出固相组元 A 的摩尔吉布斯自由能变化为

$$\begin{aligned}\Delta G_{\mathrm{m},A} &= \mu_{A(\mathrm{s})} - \mu_{(A)_{过饱}} = \mu_{A(\mathrm{s})} - \mu_{(A)_{l'_{j-1}}} \\ &= -RT \ln a^{\mathrm{R}}_{(A)_{过饱}} = -RT \ln a^{\mathrm{R}}_{(A)_{l'_{j-1}}}\end{aligned} \tag{8.98}$$

式中，

$$\mu_{A(\mathrm{s})} = \mu^*_{A(\mathrm{s})}$$

$$\mu_{(A)_{过饱}} = \mu_{(A)_{l'_{j-1}}} = \mu^*_{A(\mathrm{s})} + RT \ln a^{\mathrm{R}}_{(A)_{过饱}} = \mu^*_{A(\mathrm{s})} + RT \ln a^{\mathrm{R}}_{(A)_{l'_{j-1}}}$$

或

$$\Delta G_{\mathrm{m},A}(T_j)=\frac{\theta_{A,T_j}\Delta H_{\mathrm{m},A}(T_{j-1})}{T_{j-1}}=\eta_{A,T_j}\Delta H_{\mathrm{m},A}(T_{j-1}) \tag{8.99}$$

式中符号意义同前。

温度降到 T_E，物质组成为 P_E 点，平衡液相为 $E(l)$，是组元 A 和 B 的饱和溶液。三相平衡共存，有

$$E(\mathrm{l}) \rightleftharpoons A(\mathrm{s})+B(\mathrm{s})$$

即

$$(A)_{E(\mathrm{l})} = (A)_{\text{饱}} \rightleftharpoons A(\mathrm{s})$$

$$(B)_{E(\mathrm{l})} = (B)_{\text{饱}} \rightleftharpoons B(\mathrm{s})$$

6) 温度降到 T_E 以下

降低温度到 T_E 以下。温度从 T_E 降到液相 $E(\mathrm{l})$ 消失的温度，液相完全转化为固相组元 A 和 B 的过程，可以描述如下。

温度降至 T_k。在温度 T_k，固相组元 A 的平衡相为 l_k，固相组元 B 的平衡相为 q_k。温度刚降至 T_k，还未来得及析出固相组元 A 和 B 时，溶液 $E(\mathrm{l})$ 的组成未变，但已由组元 A 和 B 的饱和溶液 E(l) 变成组元 A 和 B 的过饱和溶液 $E_k(\mathrm{l})$。可以析出固相组元 A 和 B。

(1) 组元 A 和 B 同时析出

过饱和溶液 $E_k(\mathrm{l})$ 可以同时析出固相组元 A 和 B，有

$$E_k(\mathrm{l}) = A(\mathrm{s})+B(\mathrm{s})$$

即

$$(A)_{\text{过饱}} \equiv (A)_{E_k(\mathrm{l})} = A(\mathrm{s})$$

$$(B)_{\text{过饱}} \equiv (B)_{E_k(\mathrm{l})} = B(\mathrm{s})$$

组元 A 和 B 同时析出，可能保持溶液 $E_k(\mathrm{l})$ 组成不变，析出的组元 A 和 B 均匀混合。

固相组元 A 和 B 以及溶液中的组元 A 和组元 B 都以纯固态为标准状态。该过程的摩尔吉布斯自由能变化如下：

$$\begin{aligned}\Delta G_{\mathrm{m},A}&=\mu_{A(\mathrm{s})}-\mu_{(A)_{\text{过饱}}}\\&=\mu_{A(\mathrm{s})}-\mu_{(A)_{E_k(\mathrm{l})}}\\&=-RT\ln a^{\mathrm{R}}_{(A)_{\text{过饱}}}=-RT\ln a^{\mathrm{R}}_{(A)_{E_k(\mathrm{l})}}\end{aligned} \tag{8.100}$$

$$\begin{aligned}\Delta G_{\mathrm{m},B} &= \mu_{B(\mathrm{s})} - \mu_{(B)_{过饱}} \\ &= \mu_{B(\mathrm{s})} - \mu_{(B)_{E_k(1)}} \\ &= -RT\ln a^{\mathrm{R}}_{(B)_{过饱}} = -RT\ln a^{\mathrm{R}}_{(B)_{E_k(1)}}\end{aligned} \tag{8.101}$$

式中,

$$\mu_{A(\mathrm{s})} = \mu^*_{A(\mathrm{s})}$$
$$\mu_{(A)_{过饱}} = \mu_{(A)_{E_k(1)}} = \mu^*_{A(\mathrm{s})} + RT\ln a^{\mathrm{R}}_{(A)_{过饱}} = \mu^*_{A(\mathrm{s})} + RT\ln a^{\mathrm{R}}_{(A)_{E_k(1)}}$$
$$\mu_{B(\mathrm{s})} = \mu^*_{B(\mathrm{s})}$$
$$\mu_{(B)_{过饱}} = \mu_{(B)_{E_k(1)}} = \mu^*_{B(\mathrm{s})} + RT\ln a^{\mathrm{R}}_{(B)_{过饱}} = \mu^*_{B(\mathrm{s})} + RT\ln a^{\mathrm{R}}_{(B)_{E_k(1)}}$$

或者

$$\Delta G_{\mathrm{m},A}(T_k) = \frac{\theta_{A,T_k}\Delta H_{\mathrm{m},A}(T_E)}{T_E} = \eta_{A,T_k}\Delta H_{\mathrm{m},A}(T_E)$$
$$\Delta G_{\mathrm{m},B}(T_k) = \frac{\theta_{B,T_k}\Delta H_{m,B}(T_E)}{T_E} = \eta_{B,T_k}\Delta H_{\mathrm{m},B}(T_E)$$

式中,

$$\theta_{J,T_k} = T_E - T_1$$
$$\eta_{J,T_k} = \frac{T_E - T_1}{T_E}$$
$$(J = A, B)$$
$$\Delta H_{\mathrm{m},A}(T_E) = H_{\mathrm{m},A(\mathrm{s})}(T_E) - \bar{H}_{\mathrm{m},(A)_{E(1)}}(T_E)$$
$$\Delta H_{m,B}(T_E) = H_{m,B(\mathrm{s})}(T_E) - \bar{H}_{\mathrm{m},(B)_{E(1)}}(T_E)$$

(2) 组元 A 先析出，组元 B 后析出

组元 A 先析出，有

$$(A)_{过饱} \equiv (A)_{E_k(1)} =\!= A(\mathrm{s})$$

随着组元 A 的析出，组元 B 的过饱和程度增大，溶液 $E_k(1)$ 的组成偏离共晶点 $E(1)$ 的组成，向组元 A 的平衡相 l_k 靠近，以 l'_k 表示。达到一定程度后，组元 B 会析出，有

$$(B)_{过饱} \equiv (B)_{l'_k} =\!= B(\mathrm{s})$$

随着组元 B 的析出，组元 A 的过饱和程度会增大，溶液的组成向组元 B 的平衡相 q_k 靠近，以 q'_k 表示。达到一定程度后，组元 A 又析出，可以表示为

$$(A)_{过饱} \equiv (A)_{q'_k} =\!= A(\mathrm{s})$$

组元 A 和组元 B 交替析出，如此循环。析出的组元 A 和组元 B 分别聚集，形成交替的组元 A 层和组元 B 层。

以纯固态组元 A 和纯固态组元 B 为标准状态，浓度以摩尔分数表示。析出组元 A 的过程的摩尔吉布斯自由能变化为

$$\begin{aligned}\Delta G_{\mathrm{m},A} &= \mu_{A(\mathrm{s})} - \mu_{(A)_{\text{过饱}}} \\ &= \mu_{A(\mathrm{s})} - \mu_{(A)_{E_k(\mathrm{l})}} \\ &= -RT\ln a^{\mathrm{R}}_{(A)_{\text{过饱}}} = -RT\ln a^{\mathrm{R}}_{(A)_{E_k(\mathrm{l})}}\end{aligned} \tag{8.102}$$

式中，

$$\mu_{A(\mathrm{s})} = \mu^*_{A(\mathrm{s})}$$

$$\mu_{(A)_{\text{过饱}}} = \mu_{(A)_{E_k(\mathrm{l})}} = \mu^*_{A(\mathrm{s})} + RT\ln a^{\mathrm{R}}_{(A)_{\text{过饱}}} = \mu^*_{A(\mathrm{s})} + RT\ln a^{\mathrm{R}}_{(A)_{E_k(\mathrm{l})}}$$

析出组元 B 的摩尔吉布斯自由能变化为

$$\begin{aligned}\Delta G_{\mathrm{m},B} &= \mu_{B(\mathrm{s})} - \mu_{(B)_{\text{过饱}}} \\ &= \mu_{B(\mathrm{s})} - \mu_{(B)_{l'_k}} \\ &= -RT\ln a^{\mathrm{R}}_{(B)_{\text{过饱}}} = -RT\ln a^{\mathrm{R}}_{(B)_{l'_k}}\end{aligned} \tag{8.103}$$

式中，

$$\mu_{B(\mathrm{s})} = \mu^*_{B(\mathrm{s})}$$

$$\mu_{(B)_{\text{过饱}}} = \mu_{(B)_{q'_k}} = \mu^*_{B(\mathrm{s})} + RT\ln a^{\mathrm{R}}_{(B)_{\text{过饱}}} = \mu^*_{B(\mathrm{s})} + RT\ln a^{\mathrm{R}}_{(B)_{l'_k}}$$

又析出组元 A 的摩尔吉布斯自由能变化为

$$\begin{aligned}\Delta G'_{\mathrm{m},A} &= \mu_{A(\mathrm{s})} - \mu_{(A)_{\text{过饱}}} \\ &= \mu_{A(\mathrm{s})} - \mu_{(A)_{l'_k}} \\ &= -RT\ln a^{\mathrm{R}}_{(A)_{\text{过饱}}} = -RT\ln a^{\mathrm{R}}_{(A)_{q'_k}}\end{aligned} \tag{8.104}$$

$$\mu_{A(\mathrm{s})} = \mu^*_{A(\mathrm{s})}$$

$$\mu_{(A)_{\text{过饱}}} = \mu_{(A)_{(A)_{q'_k}}} = \mu^*_{A(\mathrm{s})} + RT\ln a^{\mathrm{R}}_{(A)_{\text{过饱}}} = \mu^*_{A(\mathrm{s})} + RT\ln a^{\mathrm{R}}_{(A)_{q'_k}}$$

如此重复，直到降温。

或者

$$\Delta G_{\mathrm{m},A}(T_k) = \frac{\theta_{A,T_k}\Delta H_{\mathrm{m},A}(T_E)}{T_E} = \eta_{A,T_k}\Delta H_{\mathrm{m},A}(T_E) \tag{8.105}$$

$$\Delta G_{\mathrm{m},B}\left(T_l\right)=\frac{\theta_{B,T_k}\Delta H_{\mathrm{m},B}\left(T_E\right)}{T_E}=\eta_{B,T_k}\Delta H_{\mathrm{m},B}\left(T_E\right) \tag{8.106}$$

$$\Delta G'_{\mathrm{m},A}\left(T_k\right)=\frac{\theta_{A,T_k}\Delta H'_{\mathrm{m},A}\left(T_E\right)}{T_E}=\eta_{A,T_k}\Delta H'_{\mathrm{m},A}\left(T_E\right) \tag{8.107}$$

式中，

$$\theta_{J,T_k}=T_E-T_k$$

$$\eta_{J,T_k}=\frac{T_E-T_k}{T_E}$$

$$(J=A,B)$$

$$\Delta H_{\mathrm{m},A}\left(T_E\right)=H_{\mathrm{m},A(\mathrm{s})}\left(T_E\right)-\bar{H}_{\mathrm{m},(A)_{E(\mathrm{l})}}\left(T_E\right)$$

$$\Delta H_{\mathrm{m},B}\left(T_E\right)=H_{\mathrm{m},B(\mathrm{s})}\left(T_E\right)-\bar{H}_{(B)_{E(\mathrm{l})}}\left(T_E\right)$$

$$\Delta H'_{\mathrm{m},A}\left(T_E\right)=H_{\mathrm{m},A(\mathrm{s})}\left(T_E\right)-\bar{H}_{(A)_{E(\mathrm{l})}}\left(T_E\right)$$

继续降低温度到 T_{k+1}，如果上面的反应没有进行完，就在温度 T_{k+1} 继续进行。重复在温度 T_k 的情况，直到溶液 $E(\mathrm{l})$ 完全转化为固相组元 A 和 B。

2. 凝固速率

(1) 在压力恒定、温度为 T_{H+1} 的条件下，单位体积析出固体组元 A 的速率为

$$\begin{aligned}\frac{\mathrm{d}N_{A(\mathrm{s})}}{\mathrm{d}t}&=-\frac{\mathrm{d}N_{(A)_{l_H^*}}}{\mathrm{d}t}=Vj_A\\&=V\left[-l_1\left(\frac{A_{\mathrm{m},A}}{T}\right)-l_2\left(\frac{A_{\mathrm{m},A}}{T}\right)^2-l_3\left(\frac{A_{\mathrm{m},A}}{T}\right)^3-\cdots\right]\end{aligned} \tag{8.108}$$

式中，

$$A_{\mathrm{m},A}=\Delta G_{\mathrm{m},A}$$

(2) 从温度 T_H 到 T_E，析出固体组元 A 和 B 的速率为

$$\begin{aligned}\frac{\mathrm{d}N_{A(\mathrm{s})}}{\mathrm{d}t}&=-\frac{\mathrm{d}N_{(A)_{过饱}}}{\mathrm{d}t}=Vj_A\\&=V\left[-l_1\left(\frac{A_{\mathrm{m},A}}{T}\right)-l_2\left(\frac{A_{\mathrm{m},A}}{T}\right)^2-l_3\left(\frac{A_{\mathrm{m},A}}{T}\right)^3-\cdots\right]\end{aligned} \tag{8.109}$$

$$\begin{aligned}\frac{\mathrm{d}N_{B(\mathrm{s})}}{\mathrm{d}t}&=-\frac{\mathrm{d}N_{(B)_{过饱}}}{\mathrm{d}t}=Vj_B\\&=V\left[-l_1\left(\frac{A_{\mathrm{m},B}}{T}\right)-l_2\left(\frac{A_{\mathrm{m},B}}{T}\right)^2-l_3\left(\frac{A_{\mathrm{m},B}}{T}\right)^3-\cdots\right]\end{aligned}$$

式中，

$$A_{\mathrm{m},A}=\Delta G_{\mathrm{m},A}$$

$$A_{\mathrm{m},B}=\Delta G_{\mathrm{m},B}$$

(3) 在温度 T_E 以下，不考虑耦合作用，同时析出固相组元 A 和 B 的速率为

$$\begin{aligned}\frac{\mathrm{d}N_{A(\mathrm{s})}}{\mathrm{d}t}&=-\frac{\mathrm{d}N_{(A)_{过饱}}}{\mathrm{d}t}=Vj_A\\&=V\left[-l_1\left(\frac{A_{\mathrm{m},A}}{T}\right)-l_2\left(\frac{A_{\mathrm{m},A}}{T}\right)^2-l_3\left(\frac{A_{\mathrm{m},A}}{T}\right)^3-\cdots\right]\end{aligned}\tag{8.110}$$

$$\begin{aligned}\frac{\mathrm{d}N_{B(\mathrm{s})}}{\mathrm{d}t}&=-\frac{\mathrm{d}N_{(B)_{过饱}}}{\mathrm{d}t}=Vj_B\\&=V\left[-l_1\left(\frac{A_{\mathrm{m},B}}{T}\right)-l_2\left(\frac{A_{\mathrm{m},B}}{T}\right)^2-l_3\left(\frac{A_{\mathrm{m},B}}{T}\right)^3-\cdots\right]\end{aligned}\tag{8.111}$$

考虑耦合作用，同时析出固体 A 和 B 的速率为

$$\begin{aligned}\frac{\mathrm{d}N_{A(\mathrm{s})}}{\mathrm{d}t}=&-\frac{\mathrm{d}N_{(A)_{过饱}}}{\mathrm{d}t}=Vj_A\\=&V\Bigg[-l_{11}\left(\frac{A_{\mathrm{m},A}}{T}\right)-l_{12}\left(\frac{A_{\mathrm{m},B}}{T}\right)-l_{111}\left(\frac{A_{\mathrm{m},A}}{T}\right)^2\\&-l_{112}\left(\frac{A_{\mathrm{m},A}}{T}\right)\left(\frac{A_{\mathrm{m},B}}{T}\right)-l_{122}\left(\frac{A_{\mathrm{m},B}}{T}\right)^2-l_{1111}\left(\frac{A_{\mathrm{m},A}}{T}\right)^3\\&-l_{1112}\left(\frac{A_{\mathrm{m},A}}{T}\right)^2\left(\frac{A_{\mathrm{m},B}}{T}\right)-l_{1122}\left(\frac{A_{\mathrm{m},A}}{T}\right)\left(\frac{A_{\mathrm{m},B}}{T}\right)^2\\&-l_{1222}\left(\frac{A_{\mathrm{m},B}}{T}\right)^3-\cdots\Bigg]\end{aligned}\tag{8.112}$$

$$\begin{aligned}\frac{\mathrm{d}N_{B(\mathrm{s})}}{\mathrm{d}t}=&-\frac{\mathrm{d}N_{(B)_{过饱}}}{\mathrm{d}t}=Vj_B\\=&V\Bigg[-l_{21}\left(\frac{A_{\mathrm{m},A}}{T}\right)-l_{22}\left(\frac{A_{\mathrm{m},B}}{T}\right)-l_{211}\left(\frac{A_{\mathrm{m},A}}{T}\right)^2\\&-l_{212}\left(\frac{A_{\mathrm{m},A}}{T}\right)\left(\frac{A_{\mathrm{m},B}}{T}\right)-l_{222}\left(\frac{A_{\mathrm{m},B}}{T}\right)^2-l_{2111}\left(\frac{A_{\mathrm{m},A}}{T}\right)^3\Bigg]\\&-l_{2112}\left(\frac{A_{\mathrm{m},A}}{T}\right)^2\left(\frac{A_{\mathrm{m},B}}{T}\right)-l_{2122}\left(\frac{A_{\mathrm{m},A}}{T}\right)\left(\frac{A_{\mathrm{m},B}}{T}\right)^2\\&-l_{2222}\left(\frac{A_{\mathrm{m},B}}{T}\right)^3-\cdots\end{aligned}\tag{8.113}$$

组元 A 先析出，组元 B 后析出，析晶速率为

$$\begin{aligned}\frac{\mathrm{d}N_{A(\mathrm{s})}}{\mathrm{d}t} &= -\frac{\mathrm{d}N_{(A)_{E_k(1)}}}{\mathrm{d}t} = Vj_A \\ &= V\left[-l_1\left(\frac{A_{\mathrm{m},A}}{T}\right) - l_2\left(\frac{A_{\mathrm{m},A}}{T}\right)^2 - l_3\left(\frac{A_{\mathrm{m},A}}{T}\right)^3 - \cdots\right]\end{aligned}$$

$$\begin{aligned}\frac{\mathrm{d}N_{B(\mathrm{s})}}{\mathrm{d}t} &= -\frac{\mathrm{d}N_{(B)_{l'_k}}}{\mathrm{d}t} = Vj_B \\ &= V\left[-l_1\left(\frac{A_{\mathrm{m},B}}{T}\right) - l_2\left(\frac{A_{\mathrm{m},B}}{T}\right)^2 - l_3\left(\frac{A_{\mathrm{m},B}}{T}\right)^3 - \cdots\right]\end{aligned}$$

式中，

$$A_{\mathrm{m},A} = \Delta G_{\mathrm{m},A}$$

$$A_{\mathrm{m},B} = \Delta G_{\mathrm{m},B}$$

8.2.6 具有连续固溶体的二元系

1. 凝固过程热力学

图 8.6 是具有连续固溶体的二元系相图。其中 L 为液相，α 为固溶体。

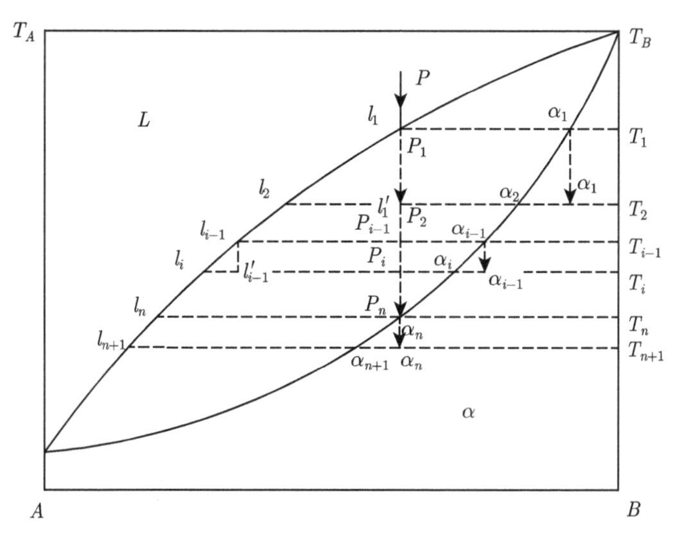

图 8.6 具有连续固溶体的二元系相图

1) 温度降到 T_1

在恒压条件下，物质组成点为 P 的液相降温凝固。温度降到 T_1，物质组成点为 P_1，也是液相线上的 l_1 点，两点重合。该点液固两相平衡，有

$$l_1 \rightleftharpoons \alpha_1$$

$$(\alpha_1)_{l_1} = (\alpha_1)_{饱} \rightleftharpoons \alpha_1$$

即

$$(A)_{l_1} \rightleftharpoons (A)_{\alpha_1}$$

$$(B)_{l_1} \rightleftharpoons (B)_{\alpha_1}$$

式中，l_1 是 α_1 的饱和溶液。摩尔吉布斯自由能变化为零。

2) 温度降到 T_2

继续降低温度到 T_2。在温度刚降到 T_2，还未来得及析出固相组元 α_1 或组元 A 和 B 时，液相组元未变，但已由 α_1 饱和的溶液 l_1 变成 α_1 过饱和的溶液 l_1'，析出固相 α_1 或组元 A 和 B 从溶液 l_1' 进入固溶体 α_1，有

$$(\alpha_1)_{l_1'} = (\alpha_1)_{过饱} = \alpha_1$$

即

$$(A)_{l_1'} = (A)_{\alpha_1}$$

$$(B)_{l_1'} = (B)_{\alpha_1}$$

上式表示，组元 A 和 B 从 l_1' 中进入 α_1，一直到 l_1' 成为 l_2，溶液由 α_1 的“过饱和”转变为 α_2 的“饱和”，两者达到新的平衡，有

$$l_2 \rightleftharpoons \alpha_2$$

$$(\alpha_2)_{l_2} = (\alpha_2)_{饱} \rightleftharpoons \alpha_2$$

即

$$(A)_{l_2} \rightleftharpoons (A)_{\alpha_2}$$

$$(B)_{l_2} \rightleftharpoons (B)_{\alpha_2}$$

以纯固溶体 α_1 和纯固态组元 A 和 B 为标准状态，组成以摩尔分数表示。在温度 T_2，析晶过程的摩尔吉布斯自由能变化为

$$\begin{aligned}\Delta G_{\mathrm{m},\alpha_1} &= \mu_{\alpha_1(晶体)} - \mu_{(\alpha_1)_{过饱}} = \mu_{\alpha_1(晶体)} - \mu_{(\alpha_1)_{l_1'}} \\ &= RT\ln\frac{a^{\mathrm{R}}_{\alpha_1(晶体)}}{a^{\mathrm{R}}_{(\alpha_1)_{过饱}}} = -RT\ln a^{\mathrm{R}}_{(\alpha_1)_{过饱}} \\ &= -RT\ln a^{\mathrm{R}}_{(\alpha_1)_{l_1'}}\end{aligned} \tag{8.114}$$

及

$$\Delta G_{\mathrm{m},A} = \mu_{(A)_{\alpha_1}} - \mu_{(A)_{l_1'}} = RT\ln\frac{a^{\mathrm{R}}_{(A)_{\alpha_1}}}{a^{\mathrm{R}}_{(A)_{l_1'}}} \tag{8.115}$$

$$\Delta G_{\mathrm{m},B} = \mu_{(B)_{\alpha_1}} - \mu_{(B)_{l_1'}} = RT\ln\frac{a^{\mathrm{R}}_{(B)_{\alpha_1}}}{a^{\mathrm{R}}_{(B)_{l_1'}}} \tag{8.116}$$

$$\Delta G_{\mathrm{m},\alpha_1} = x_A\Delta G_{\mathrm{m},A} + x_B\Delta G_{\mathrm{m},B} = RT\left[x_A\ln\frac{a^{\mathrm{R}}_{(A)_{\alpha_1}}}{a^{\mathrm{R}}_{(A)_{l_1'}}} + x_B\ln\frac{a^{\mathrm{R}}_{(B)_{\alpha_1}}}{a^{\mathrm{R}}_{(B)_{l_1'}}}\right] \tag{8.117}$$

或

$$\Delta G_{\mathrm{m},\alpha_1}(T_2) = \frac{\theta_{\alpha_1,T_2}\Delta H_{\mathrm{m},\alpha_1}(T_1)}{T_1} = \eta_{\alpha_1,T_2}\Delta H_{\mathrm{m},\alpha_1}(T_1) \tag{8.118}$$

$$\Delta G_{\mathrm{m},A}(T_2) = \frac{\theta_{(A)_{\alpha_1},T_2}\Delta H_{\mathrm{m},(A)_{\alpha_1}}(T_1)}{T_1} = \eta_{(A)_{\alpha_1},T_2}\Delta H_{\mathrm{m},(A)_{\alpha_1}}(T_1) \tag{8.119}$$

$$\Delta G_{\mathrm{m},B}(T_2) = \frac{\theta_{(B)_{\alpha_1},T_2}\Delta H_{\mathrm{m},(B)_{\alpha_1}}(T_1)}{T_1} = \eta_{(B)_{\alpha_1},T_2}\Delta H_{\mathrm{m},(B)_{\alpha_1}}(T_1) \tag{8.120}$$

并有

$$\begin{aligned}\Delta G_{\mathrm{m},\alpha_1}(T_2) &= x_A\Delta G_{\mathrm{m},A}(T_2) + x_B\Delta G_{\mathrm{m},B}(T_2)\\ &= \frac{\theta_{\alpha_1,T_2}\left[x_A\Delta H_{\mathrm{m},(A)_{\alpha_1}}(T_1) + x_B\Delta H_{\mathrm{m},(B)_{\alpha_1}}(T_1)\right]}{T_1}\\ &= \eta_{\alpha_1,T_2}\left[x_A\Delta H_{\mathrm{m},(A)_{\alpha_1}}(T_1) + x_B\Delta H_{\mathrm{m},(B)_{\alpha_1}}(T_1)\right]\end{aligned} \tag{8.121}$$

式中，

$$T_1 > T_2$$

$$\theta_{\alpha_1,T_2} = \theta_{(A)_{\alpha_1},T_2} = \theta_{(B)_{\alpha_1},T_2} = T_1 - T_2$$

$$\eta_{\alpha_1,T_2} = \eta_{(A)_{\alpha_1},T_2} = \eta_{(B)_{\alpha_1},T_2} = \frac{T_1 - T_2}{T_1}$$

3) 温度从 T_2 到 T_n

继续降温，重复以上过程。从温度 T_2 到温度 T_n，降温析晶过程可以描述如下：

在温度 T_{i-1}，液固两相达成平衡，有

$$l_{i-1} \rightleftharpoons \alpha_{i-1}$$

$$(\alpha_{i-1})_{l_{i-1}} \equiv (\alpha_{i-1})_{饱} \rightleftharpoons \alpha_{i-1}$$

即

$$(A)_{l_{i-1}} \rightleftharpoons (A)_{\alpha_{i-1}}$$

$$(B)_{l_{i-1}} \rightleftharpoons (B)_{\alpha_{i-1}}$$

温度降到 T_i。温度刚降到 T_i，还未来得及析出固溶液组元 α_{i-1} 或组元 A 和 B 时，液相组成未变，但已由 α_{i-1} 的饱和溶液 l_{i-1} 变成 α_{i-1} 的过饱和容液 l'_{i-1}，析出固溶体 α_{i-1}，或组元 A 和 B 从溶液 l'_{i-1} 进入固溶体 α_{i-1}，有

$$(\alpha_{i-1})_{l'_{i-1}} = (\alpha_{i-1})_{\text{过饱}} = \alpha_{i-1}$$

$$(A)_{l'_{i-1}} = (A)_{\alpha_{i-1}}$$

$$(B)_{l'_{i-1}} = (B)_{\alpha_{i-1}}$$

一直到 l'_{i-1} 成为 l_i，溶液由 α_{i-1} 的过饱和转变为 α_i 的饱和，达到新的平衡，有

$$l_i \rightleftharpoons \alpha_i$$

$$(\alpha_i)_{l_i} \rightleftharpoons \alpha_i$$

即

$$(A)_{l_i} \rightleftharpoons (A)_{\alpha_i}$$

$$(B)_{l_i} \rightleftharpoons (B)_{\alpha_i}$$

以纯固溶体 α_{i-1} 和纯固态组元 A 和 B 为标准状态，在温度 T_i，析晶过程的摩尔吉布斯自由能变化为

$$\begin{aligned}\Delta G_{\mathrm{m},\alpha_{i-1}} &= \mu_{\alpha_{i-1}(\text{晶体})} - \mu_{(\alpha_{i-1})_{\text{过饱}}} = \mu_{\alpha_{i-1}(\text{晶体})} - \mu_{(\alpha_{i-1})_{l'_{i-1}}} \\ &= RT\ln\frac{a^{\mathrm{R}}_{\alpha_{i-1}(\text{晶体})}}{a^{\mathrm{R}}_{(\alpha_{i-1})_{\text{过饱}}}} = -RT\ln a^{\mathrm{R}}_{(\alpha_{i-1})_{\text{过饱}}} \\ &= -RT\ln a^{\mathrm{R}}_{(\alpha_{i-1})_{l'_{i-1}}}\end{aligned} \tag{8.122}$$

$$\Delta G_{\mathrm{m},A} = \mu_{(A)_{\alpha_{i-1}}} - \mu_{(A)_{l'_{i-1}}} = RT\ln\frac{a^{\mathrm{R}}_{(A)_{\alpha_{i-1}}}}{a^{\mathrm{R}}_{(A)_{l'_{i-1}}}} \tag{8.123}$$

$$\Delta G_{\mathrm{m},B} = \mu_{(B)_{\alpha_{i-1}}} - \mu_{(B)_{l'_{i-1}}} = RT\ln\frac{a^{\mathrm{R}}_{(B)_{\alpha_{i-1}}}}{a^{\mathrm{R}}_{(B)_{l'_{i-1}}}} \tag{8.124}$$

$$\Delta G_{\mathrm{m},\alpha_i-1} = x_A\Delta G_{\mathrm{m},A} + x_B\Delta G_{\mathrm{m},B} = RT\left[x_A\ln\frac{a^{\mathrm{R}}_{(A)_{\alpha_{i-1}}}}{a^{\mathrm{R}}_{(A)_{l_{i-1}}}} + x_B\ln\frac{a^{\mathrm{R}}_{(B)_{\alpha_{i-1}}}}{a^{\mathrm{R}}_{(B)_{l_{i-1}}}}\right]$$

$$\Delta G_{\mathrm{m},\alpha_{i-1}}(T_i) = \frac{\theta_{\alpha_{i-1},T_i}\Delta H_{\mathrm{m},\alpha_{i-1}}(T_{i-1})}{T_{i-1}} = \eta_{\alpha_{i-1},T_i}\Delta H_{\mathrm{m},\alpha_{i-1}}(T_{i-1}) \tag{8.125}$$

及

$$\Delta G_{\mathrm{m},A}(T_i)=\frac{\theta_{(A)_{\alpha_{i-1}},T_i}\Delta H_{\mathrm{m},(A)_{\alpha_{i-1}}}(T_{i-1})}{T_{i-1}}=\eta_{(A)_{\alpha_{i-1}},T_i}\Delta H_{\mathrm{m},(A)_{\alpha_{i-1}}}(T_{i-1}) \tag{8.126}$$

$$\Delta G_{\mathrm{m},B}(T_i)=\frac{\theta_{(B)_{\alpha_{i-1}},T_i}\Delta H_{\mathrm{m},(B)_{\alpha_{i-1}}}(T_{i-1})}{T_{i-1}}=\eta_{(B)_{\alpha_{i-1}},T_i}\Delta H_{\mathrm{m},(B)_{\alpha_{i-1}}}(T_{i-1}) \tag{8.127}$$

并有

$$\begin{aligned}\Delta G_{\mathrm{m},\alpha_{i-1}}(T_i)&=x_A\Delta G_{\mathrm{m},A}(T_i)+x_B\Delta G_{\mathrm{m},B}(T_i)\\&=\frac{x_A\theta_{(A)_{\alpha_{i-1}},T_i}\Delta H_{\mathrm{m},(A)_{\alpha_{i-1}}}(T_{i-1})+x_B\theta_{(B)_{\alpha_{i-1}},T_i}\Delta H_{\mathrm{m},(B)_{\alpha_1}}(T_{i-1})}{T_{i-1}}\\&=x_A\eta_{(A)_{\alpha_{i-1}},T_i}\Delta H_{\mathrm{m},(A)_{\alpha_{i-1}}}(T_{i-1})+x_B\eta_{(B)_{\alpha_{i-1}},T_i}\Delta H_{\mathrm{m},(B)_{\alpha_{i-1}}}(T_{i-1})\end{aligned} \tag{8.128}$$

式中，

$$T_{i-1}>T_i$$

$$\theta_{\alpha_{i-1},T_i}=\theta_{(A)_{\alpha_{i-1}},T_i}=\theta_{(B)_{\alpha_{i-1}},T_i}=T_{i-1}-T_i$$

$$\eta_{\alpha_{i-1},T_i}=\eta_{(A)_{\alpha_{i-1}},T_i}=\eta_{(B)_{\alpha_{i-1}},T_i}=\frac{T_{i-1}-T_i}{T_{i-1}}$$

$$(i=1,2,\cdots,n)$$

温度降到 T_n。固溶体 α_n 和少量的液体 l_n 达成平衡，有

$$l_n \rightleftharpoons \alpha_n$$

$$(\alpha_n)_{l_n} \rightleftharpoons \alpha_n$$

即

$$(A)_{l_n} \rightleftharpoons (A)_{\alpha_n}$$

$$(B)_{l_n} \rightleftharpoons (B)_{\alpha_n}$$

4) 温度降到 T_{n+1}

继续降温到 T_{n+1}，温度刚降到 T_{n+1}，还未来得及析出固溶体 α_n 或组元 A 和 B 时，液相组成未变，但已由 α_n 饱和的液相 l_n 变成 α_n 过饱和的液相 l'_n，析出固溶体 α_n，或组元 A 和 B 从液相 l'_n 进入固溶体 α_n，有

$$(\alpha_n)_{l'_n} \equiv (\alpha_n)_{过饱} = \alpha_n$$

$$(A)_{l'_n} = (A)_{\alpha_n}$$

$$(B)_{l'_n} = (B)_{\alpha_n}$$

以纯晶体 α_n 和固态组元 A、B 为标准状态，在温度 T_{n+1}，析晶过程的摩尔吉布斯自由能变化为

$$\begin{aligned}\Delta G_{\mathrm{m},\alpha_n} &= \mu_{\alpha_n(\text{晶体})} - \mu_{(\alpha_n)_{\text{过饱}}} = \mu_{\alpha_n(\text{晶体})} - \mu_{(\alpha_n)_{l'_n}} \\ &= RT\ln\frac{a^{\mathrm{R}}_{\alpha_n(\text{晶体})}}{a^{\mathrm{R}}_{(\alpha_n)_{\text{过饱}}}} = -RT\ln a^{\mathrm{R}}_{(\alpha_n)_{\text{过饱}}} \\ &= -RT\ln a^{\mathrm{R}}_{(\alpha_n)_{l'_n}}\end{aligned} \tag{8.129}$$

及

$$\Delta G_{\mathrm{m},A} = \mu_{(A)_{\alpha_n}} - \mu_{(A)_{l'_n}} = RT\ln\frac{a^{\mathrm{R}}_{(A)_{\alpha_n}}}{a^{\mathrm{R}}_{(A)_{l'_n}}} \tag{8.130}$$

$$\Delta G_{\mathrm{m},B} = \mu_{(B)_{\alpha_n}} - \mu_{(B)_{l'_n}} = RT\ln\frac{a^{\mathrm{R}}_{(B)_{\alpha_n}}}{a^{\mathrm{R}}_{(B)_{l'_n}}} \tag{8.131}$$

$$\Delta G_{\mathrm{m},\alpha_n} = x_A\Delta G_{\mathrm{m},A} + x_B\Delta G_{\mathrm{m},B} = RT\left[x_A\ln\frac{a^{\mathrm{R}}_{(A)_{\alpha_n}}}{a^{\mathrm{R}}_{(A)_{l'_n}}} + x_B\ln\frac{a^{\mathrm{R}}_{(B)_{\alpha_n}}}{a^{\mathrm{R}}_{(B)_{l'_n}}}\right] \tag{8.132}$$

或

$$\Delta G_{\mathrm{m},\alpha_n}(T_{n+1}) = \frac{\theta_{\alpha_n,T_{n+1}}\Delta H_{\mathrm{m},\alpha_n}(T_n)}{T_n} = \eta_{\alpha_n,T_{n+1}}\Delta H_{\mathrm{m},\alpha_n}(T_n) \tag{8.133}$$

及

$$\Delta G_{\mathrm{m},A}(T_{n+1}) = \frac{\theta_{(A)_{\alpha_n},T_{n+1}}\Delta H_{\mathrm{m},(A)_{\alpha_n}}(T_n)}{T_n} = \eta_{(A)_{\alpha_n},T_{n+1}}\Delta H_{\mathrm{m},(A)_{\alpha_n}}(T_n) \tag{8.134}$$

$$\Delta G_{\mathrm{m},B}(T_{n+1}) = \frac{\theta_{(B)_{\alpha_n},T_{n+1}}\Delta H_{\mathrm{m},(B)_{\alpha_n}}(T_n)}{T_n} = \eta_{(B)_{\alpha_n},T_{n+1}}\Delta H_{\mathrm{m},(B)_{\alpha_n}}(T_n) \tag{8.135}$$

并有

$$\begin{aligned}\Delta G_{\mathrm{m},\alpha_n}(T_{n+1}) &= x_A\Delta G_{\mathrm{m},A}(T_{n+1}) + x_B\Delta G_{\mathrm{m},B}(T_{n+1}) \\ &= \frac{x_A\theta_{(A)_{\alpha_n},T_{n+1}}\Delta H_{\mathrm{m},(A)_{\alpha_n}}(T_n) + x_B\theta_{(B)_{\alpha_n},T_{n+1}}\Delta H_{\mathrm{m},(B)_{\alpha_n}}(T_n)}{T_n} \\ &= x_A\eta_{(A)_{\alpha_n},T_{n+1}}\Delta H_{\mathrm{m},(A)_{\alpha_n}}(T_n) + x_B\eta_{(B)_{\alpha_n},T_{n+1}}\Delta H_{\mathrm{m},(B)_{\alpha_n}}(T_n)\end{aligned} \tag{8.136}$$

式中，

$$T_n > T_{n+1}$$

$$\theta_{\alpha_n,T_{n+1}} = \theta_{(A)_{\alpha_n},T_{n+1}} = \theta_{(B)_{\alpha_n},T_{n+1}} = T_n - T_{n+1}$$

$$\eta_{\alpha_n,T_{n+1}} = \eta_{(A)_{\alpha_n},T_{n+1}} = \eta_{(B)_{\alpha_n},T_{n+1}} = \frac{T_n - T_{n+1}}{T_n}$$

2. 凝固速率

1) 在温度 T_2

具有连续固溶体的二元系液态降温析晶。在温度 T_2，单位体积内析晶速率为

$$\begin{aligned}\frac{\mathrm{d}n_{\alpha_1}}{\mathrm{d}t} &= -\frac{\mathrm{d}n_{(\alpha_1)_{l_1'}}}{\mathrm{d}t} = j_{\alpha_1}\\ &= -l_1\left(\frac{A_{\mathrm{m},\alpha_1}}{T}\right) - l_2\left(\frac{A_{\mathrm{m},\alpha_1}}{T}\right)^2 - l_3\left(\frac{A_{\mathrm{m},\alpha_1}}{T}\right)^3 - \cdots\end{aligned} \tag{8.137}$$

不考虑耦合作用，析出固体 A 和 B 的速率为

$$\begin{aligned}\frac{\mathrm{d}n_{(A)_\alpha}}{\mathrm{d}t} &= -\frac{\mathrm{d}n_{(A)_{l_1'}}}{\mathrm{d}t} = j_A\\ &= -l_1\left(\frac{A_{\mathrm{m},A}}{T}\right) - l_2\left(\frac{A_{\mathrm{m},A}}{T}\right)^2 - l_3\left(\frac{A_{\mathrm{m},A}}{T}\right)^3 - \cdots\end{aligned} \tag{8.138}$$

$$\begin{aligned}\frac{\mathrm{d}n_{(B)_\alpha}}{\mathrm{d}t} &= -\frac{\mathrm{d}n_{(B)_{l_1'}}}{\mathrm{d}t} = j_B\\ &= -l_1\left(\frac{A_{\mathrm{m},B}}{T}\right) - l_2\left(\frac{A_{\mathrm{m},B}}{T}\right)^2 - l_3\left(\frac{A_{\mathrm{m},B}}{T}\right)^3 - \cdots\end{aligned} \tag{8.139}$$

考虑耦合作用，析出固体 A 和 B 的速率为

$$\begin{aligned}\frac{\mathrm{d}n_{(A)_\alpha}}{\mathrm{d}t} &= -\frac{\mathrm{d}n_{(A)_{l_1'}}}{\mathrm{d}t} = j_A\\ &= -l_{11}\left(\frac{A_{\mathrm{m},A}}{T}\right) - l_{12}\left(\frac{A_{\mathrm{m},B}}{T}\right) - l_{111}\left(\frac{A_{\mathrm{m},A}}{T}\right)^2\\ &\quad -l_{112}\left(\frac{A_{\mathrm{m},A}}{T}\right)\left(\frac{A_{\mathrm{m},B}}{T}\right) - l_{122}\left(\frac{A_{\mathrm{m},B}}{T}\right)^2 - l_{1111}\left(\frac{A_{\mathrm{m},A}}{T}\right)^3\\ &\quad -l_{1112}\left(\frac{A_{\mathrm{m},A}}{T}\right)^2\left(\frac{A_{\mathrm{m},B}}{T}\right) - l_{1122}\left(\frac{A_{\mathrm{m},A}}{T}\right)\left(\frac{A_{\mathrm{m},B}}{T}\right)^2\\ &\quad -l_{1222}\left(\frac{A_{\mathrm{m},B}}{T}\right)^3 - \cdots\end{aligned} \tag{8.140}$$

$$\begin{aligned}\frac{\mathrm{d}n_{(B)_\alpha}}{\mathrm{d}t} &= -\frac{\mathrm{d}n_{(B)_{l_1'}}}{\mathrm{d}t} = j_B \\ &= -l_{21}\left(\frac{A_{\mathrm{m},A}}{T}\right) - l_{22}\left(\frac{A_{\mathrm{m},B}}{T}\right) - l_{211}\left(\frac{A_{\mathrm{m},A}}{T}\right)^2 \\ &\quad -l_{212}\left(\frac{A_{\mathrm{m},A}}{T}\right)\left(\frac{A_{\mathrm{m},B}}{T}\right) - l_{222}\left(\frac{A_{\mathrm{m},B}}{T}\right)^2 - l_{2111}\left(\frac{A_{\mathrm{m},A}}{T}\right)^3 \\ &\quad -l_{2112}\left(\frac{A_{\mathrm{m},A}}{T}\right)^2\left(\frac{A_{\mathrm{m},B}}{T}\right) - l_{2122}\left(\frac{A_{\mathrm{m},A}}{T}\right)\left(\frac{A_{\mathrm{m},B}}{T}\right)^2 \\ &\quad -l_{2222}\left(\frac{A_{\mathrm{m},B}}{T}\right)^3 - \cdots\end{aligned} \tag{8.141}$$

式中，

$$A_{\mathrm{m},\alpha'_1} = \Delta G_{\mathrm{m},\alpha'_1}$$

$$A_{\mathrm{m},A} = \Delta G_{\mathrm{m},A}$$

$$A_{\mathrm{m},B} = \Delta G_{\mathrm{m},B}$$

2) 从温度 T_2 到 T_n

从温度 T_2 到 T_n，单位体积内析出固溶体组元 $\alpha'_{i=1}$ 的速率为

$$\begin{aligned}\frac{\mathrm{d}n_{\alpha_{i-1}}}{\mathrm{d}t} &= -\frac{\mathrm{d}n_{(\alpha_{i-1})_{l_i'}}}{\mathrm{d}t} = j_{\alpha_{i-1}} \\ &= -l_1\left(\frac{A_{\mathrm{m},\alpha_{i-1}}}{T}\right) - l_2\left(\frac{A_{\mathrm{m},\alpha_{i-1}}}{T}\right)^2 - l_3\left(\frac{A_{\mathrm{m},\alpha_{i-1}}}{T}\right)^3 - \cdots\end{aligned} \tag{8.142}$$

在液体体积 V 内，析晶速率为

$$\begin{aligned}V\frac{\mathrm{d}n_{\alpha_{i-1}}}{\mathrm{d}t} &= -V\frac{\mathrm{d}n_{(\alpha_{i-1})_{l_i'}}}{\mathrm{d}t} = Vj_{\alpha_i'} \\ &= V\left[-l_1\left(\frac{A_{\mathrm{m},\alpha_{i-1}}}{T}\right) - l_2\left(\frac{A_{\mathrm{m},\alpha_{i-1}}}{T}\right)^2 - l_3\left(\frac{A_{\mathrm{m},\alpha_{i-1}}}{T}\right)^3 - \cdots\right]\end{aligned} \tag{8.143}$$

不考虑耦合作用，析出固体 A 和 B 的速率为

$$\begin{aligned}\frac{\mathrm{d}n_{(A)_{\alpha_{i-1}}}}{\mathrm{d}t} &= -\frac{\mathrm{d}n_{(A)_{l_{i-1}'}}}{\mathrm{d}t} = j_A \\ &= -l_1\left(\frac{A_{\mathrm{m},A}}{T}\right) - l_2\left(\frac{A_{\mathrm{m},A}}{T}\right)^2 - l_3\left(\frac{A_{\mathrm{m},A}}{T}\right)^3 - \cdots\end{aligned} \tag{8.144}$$

$$\begin{aligned}\frac{\mathrm{d}n_{(B)_{\alpha_{i-1}}}}{\mathrm{d}t} &= -\frac{\mathrm{d}n_{(B)_{l_{i-1}'}}}{\mathrm{d}t} = j_B \\ &= -l_1\left(\frac{A_{\mathrm{m},B}}{T}\right) - l_2\left(\frac{A_{\mathrm{m},B}}{T}\right)^2 - l_3\left(\frac{A_{\mathrm{m},B}}{T}\right)^3 - \cdots\end{aligned} \tag{8.145}$$

考虑耦合作用，析出固体 A 和 B 的速率为

$$
\begin{aligned}
\frac{\mathrm{d}n_{(A)_{\alpha_{i-1}}}}{\mathrm{d}t} &= -\frac{\mathrm{d}n_{(A)_{l'_{i-1}}}}{\mathrm{d}t} = j_A \\
&= -l_{11}\left(\frac{A_{\mathrm{m},A}}{T}\right) - l_{12}\left(\frac{A_{\mathrm{m},B}}{T}\right) - l_{111}\left(\frac{A_{\mathrm{m},A}}{T}\right)^2 \\
&\quad -l_{112}\left(\frac{A_{\mathrm{m},A}}{T}\right)\left(\frac{A_{\mathrm{m},B}}{T}\right) - l_{122}\left(\frac{A_{\mathrm{m},B}}{T}\right)^2 - l_{1111}\left(\frac{A_{\mathrm{m},A}}{T}\right)^3 \\
&\quad -l_{1112}\left(\frac{A_{\mathrm{m},A}}{T}\right)^2\left(\frac{A_{\mathrm{m},B}}{T}\right) - l_{1122}\left(\frac{A_{\mathrm{m},A}}{T}\right)\left(\frac{A_{\mathrm{m},B}}{T}\right)^2 \\
&\quad -l_{1222}\left(\frac{A_{\mathrm{m},B}}{T}\right)^3 - \cdots
\end{aligned}
\tag{8.146}
$$

$$
\begin{aligned}
\frac{\mathrm{d}n_{(B)_{\alpha_{i-1}}}}{\mathrm{d}t} &= -\frac{\mathrm{d}n_{(B)_{l'_{i-1}}}}{\mathrm{d}t} = j_B \\
&= -l_{21}\left(\frac{A_{\mathrm{m},A}}{T}\right) - l_{22}\left(\frac{A_{\mathrm{m},B}}{T}\right) - l_{211}\left(\frac{A_{\mathrm{m},A}}{T}\right)^2 \\
&\quad -l_{212}\left(\frac{A_{\mathrm{m},A}}{T}\right)\left(\frac{A_{\mathrm{m},B}}{T}\right) - l_{222}\left(\frac{A_{\mathrm{m},B}}{T}\right)^2 - l_{2111}\left(\frac{A_{\mathrm{m},A}}{T}\right)^3 \\
&\quad -l_{2112}\left(\frac{A_{\mathrm{m},A}}{T}\right)^2\left(\frac{A_{\mathrm{m},B}}{T}\right) - l_{2122}\left(\frac{A_{\mathrm{m},A}}{T}\right)\left(\frac{A_{\mathrm{m},B}}{T}\right)^2 \\
&\quad -l_{2222}\left(\frac{A_{\mathrm{m},B}}{T}\right)^3 - \cdots
\end{aligned}
\tag{8.147}
$$

式中，

$$A_{\mathrm{m},\alpha_{i-1}} = \Delta G_{\mathrm{m},\alpha_{i-1}}$$

$$A_{\mathrm{m},A} = \Delta G_{\mathrm{m},A}$$

$$A_{\mathrm{m},B} = \Delta G_{\mathrm{m},B}$$

3) 在温度 T_n 以下

在温度 T_{n+1}，析出固溶体组元 α_n 的速率为

$$
\begin{aligned}
\frac{\mathrm{d}n_{\alpha_n}}{\mathrm{d}t} &= -\frac{\mathrm{d}n_{(\alpha_n)_{l'_n}}}{\mathrm{d}t} = j_{\alpha'_n} \\
&= -l_1\left(\frac{A_{\mathrm{m},\alpha'_n}}{T}\right) - l_2\left(\frac{A_{\mathrm{m},\alpha'_n}}{T}\right)^2 - l_3\left(\frac{A_{\mathrm{m},\alpha'_n}}{T}\right)^3 - \cdots
\end{aligned}
\tag{8.148}
$$

不考虑耦合作用，析出固体 A 和 B 的速率为

$$
\begin{aligned}
\frac{\mathrm{d}n_{(A)_{\alpha_n}}}{\mathrm{d}t} &= -\frac{\mathrm{d}n_{(A)_{l'_n}}}{\mathrm{d}t} = j_A \\
&= -l_1\left(\frac{A_{\mathrm{m},A}}{T}\right) - l_2\left(\frac{A_{\mathrm{m},A}}{T}\right)^2 - l_3\left(\frac{A_{\mathrm{m},A}}{T}\right)^3 - \cdots
\end{aligned}
\tag{8.149}
$$

$$\begin{aligned}\frac{\mathrm{d}n_{(B)_{\alpha_n}}}{\mathrm{d}t} &= -\frac{\mathrm{d}n_{(B)_{l_n'}}}{\mathrm{d}t} = j_B \\ &= -l_1\left(\frac{A_{\mathrm{m},B}}{T}\right) - l_2\left(\frac{A_{\mathrm{m},B}}{T}\right)^2 - l_3\left(\frac{A_{\mathrm{m},B}}{T}\right)^3 - \cdots\end{aligned} \tag{8.150}$$

考虑耦合作用，有

$$\begin{aligned}\frac{\mathrm{d}n_{(A)_{\alpha_n}}}{\mathrm{d}t} &= -\frac{\mathrm{d}n_{(A)_{l_n'}}}{\mathrm{d}t} = j_A \\ &= -l_{11}\left(\frac{A_{\mathrm{m},A}}{T}\right) - l_{12}\left(\frac{A_{\mathrm{m},B}}{T}\right) - l_{111}\left(\frac{A_{\mathrm{m},A}}{T}\right)^2 \\ &\quad - l_{112}\left(\frac{A_{\mathrm{m},A}}{T}\right)\left(\frac{A_{\mathrm{m},B}}{T}\right) - l_{122}\left(\frac{A_{\mathrm{m},B}}{T}\right)^2 - l_{1111}\left(\frac{A_{\mathrm{m},A}}{T}\right)^3 \\ &\quad - l_{1112}\left(\frac{A_{\mathrm{m},A}}{T}\right)^2\left(\frac{A_{\mathrm{m},B}}{T}\right) - l_{1122}\left(\frac{A_{\mathrm{m},A}}{T}\right)\left(\frac{A_{\mathrm{m},B}}{T}\right)^2 \\ &\quad - l_{1222}\left(\frac{A_{\mathrm{m},B}}{T}\right)^3 - \cdots\end{aligned} \tag{8.151}$$

$$\begin{aligned}\frac{\mathrm{d}n_{(B)_{\alpha_n}}}{\mathrm{d}t} &= -\frac{\mathrm{d}n_{(B)_{l_n'}}}{\mathrm{d}t} = j_B \\ &= -l_{21}\left(\frac{A_{\mathrm{m},A}}{T}\right) - l_{22}\left(\frac{A_{\mathrm{m},B}}{T}\right) - l_{211}\left(\frac{A_{\mathrm{m},A}}{T}\right)^2 \\ &\quad - l_{212}\left(\frac{A_{\mathrm{m},A}}{T}\right)\left(\frac{A_{\mathrm{m},B}}{T}\right) - l_{222}\left(\frac{A_{\mathrm{m},B}}{T}\right)^2 - l_{2111}\left(\frac{A_{\mathrm{m},A}}{T}\right)^3 \\ &\quad - l_{2112}\left(\frac{A_{\mathrm{m},A}}{T}\right)^2\left(\frac{A_{\mathrm{m},B}}{T}\right) - l_{2122}\left(\frac{A_{\mathrm{m},A}}{T}\right)\left(\frac{A_{\mathrm{m},B}}{T}\right)^2 \\ &\quad - l_{2222}\left(\frac{A_{\mathrm{m},B}}{T}\right)^3 - \cdots\end{aligned} \tag{8.152}$$

式中，

$$A_{\mathrm{m},\alpha_n} = \Delta G_{\mathrm{m},\alpha_n}$$

$$A_{\mathrm{m},A} = \Delta G_{\mathrm{m},A}$$

$$A_{\mathrm{m},B} = \Delta G_{\mathrm{m},B}$$

8.2.7　具有最低共熔点的部分互溶二元系

1. 凝固过程热力学

图 8.7 是具有最低共熔点的部分互溶的二元系相图。

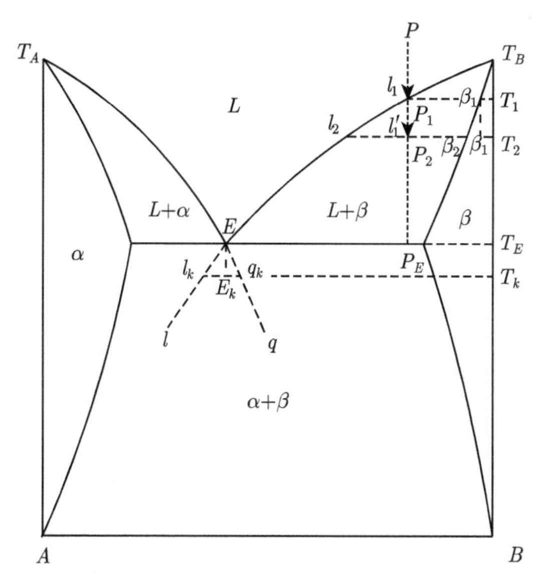

图 8.7 具有最低共熔点的部分互溶的二元系相图

1) 温度降到 T_1

物质组成为 P 点的溶液降温凝固。温度降到 T_1，物质组成点为与液相线 ET_B 相交的 P_1 点，也是液固两相平衡的 l_1 点，是固溶体 β_1 的饱和溶液。有

$$l_1 \rightleftharpoons \beta_1$$

$$(\beta_1)_{l_1} = (\beta_1)_{饱} \rightleftharpoons \beta_1$$

即

$$(A)_{l_1} \rightleftharpoons (A)_{\beta_1}$$

$$(B)_{l_1} \rightleftharpoons (B)_{\beta_1}$$

摩尔吉布斯自由能变化为零。

2) 温度降到 T_2

继续降温到 T_2，物质组成点为 P_2，平衡液相组成为 l_2。在温度刚降到 T_2，还未来得及析出固溶体 β_1 或组元 A 和 B 时，液相组成未变，但已由固溶体 β_1 饱和的溶液 l_1 变成固溶体 β_1 过饱和溶液 l_1'，析出固溶体 β_1 或组元 A 和 B，有

$$(\beta_1)_{l_1'} = (\beta_1)_{过饱} = \beta_1$$

即

$$(A)_{l_1'} = (A)_{\beta_1}$$

$$(B)_{l_1'} = (B)_{\beta_1}$$

以纯固溶体 β_1 及纯固态组元 A 和 B 为标准状态，浓度以摩尔分数表示，该过程的摩尔吉布斯自由能变化为

$$\Delta G_{\mathrm{m},\beta_1} = \mu_{\beta_1} - \mu_{(\beta_1)_{l_1'}} = RT\ln\frac{a_{\beta_1}^{\mathrm{R}}}{a_{(\beta_1)_{\text{过饱}}}^{\mathrm{R}}} = RT\ln\frac{a_{\beta_1}^{\mathrm{R}}}{a_{(\beta_1)_{l_1'}}^{\mathrm{R}}} \tag{8.153}$$

及

$$\Delta G_{\mathrm{m},A} = \mu_{(A)_{\beta_1}} - \mu_{(A)_{l_1'}} = RT\ln\frac{a_{(A)_{\beta_1}}^{\mathrm{R}}}{a_{(A)_{l_1'}}^{\mathrm{R}}} \tag{8.154}$$

$$\Delta G_{\mathrm{m},B} = \mu_{(B)_{\beta_1}} - \mu_{(B)_{l_1'}} = RT\ln\frac{a_{(B)_{\beta_1}}^{\mathrm{R}}}{a_{(B)_{l_1'}}^{\mathrm{R}}} \tag{8.155}$$

$$\Delta G_{\mathrm{m},\beta_1} = x_A\Delta G_{\mathrm{m},A} + x_B\Delta G_{\mathrm{m},B} = RT\left[x_A\ln\frac{a_{(A)_{\beta_1}}^{\mathrm{R}}}{a_{(A)_{l_1'}}^{\mathrm{R}}} + x_B\ln\frac{a_{(B)_{\beta_1}}^{\mathrm{R}}}{a_{(B)_{l_1'}}^{\mathrm{R}}}\right] \tag{8.156}$$

3) 从温度 T_2 到温度 T_E

从温度 T_2 到温度 T_E，析晶过程可以统一描述如下：

在温度 T_{i-1}，液固两相达成平衡，有

$$l_{i-1} \rightleftharpoons \beta_{i-1}$$

即

$$(\beta_{i-1})_{l_{i-1}} = (\beta_{i-1})_{\text{饱}} \rightleftharpoons \beta_{i-1}$$

$$(B)_{l_{i-1}} \rightleftharpoons (B)_{\beta_{i-1}}$$

$$(A)_{l_{i-1}} \rightleftharpoons (A)_{\beta_{i-1}}$$

继续降温到 T_i，物质组成点为 P_i，平衡液相组成为 l_i。温度刚降到 T_i，还没来得及析出固相组元 β_{i-1} 或组元 A 和 B 时，液相组成未变，但已由固溶体 β_{i-1} 的饱和溶液 l_{i-1} 变为固溶体 β_{i-1} 的过饱和溶液 l'_{i-1}，有

$$(\beta_{i-1})_{l'_{i-1}} = (\beta_{i-1})_{\text{过饱}} = \beta_{i-1}$$

即

$$(A)_{l'_{i-1}} = (A)_{\beta_{i-1}}$$

$$(B)_{l'_{i-1}} = (B)_{\beta_{i-1}}$$

以纯固溶体 β_{i-1} 及纯固态组元 A 和 B 为标准状态，浓度以摩尔分数表示，析出固溶体 β_{i-1} 的摩尔吉布斯自由能变化为

$$\Delta G_{\mathrm{m},\beta_{i-1}} = \mu_{\beta_{i-1}} - \mu_{(\beta_{i-1})_{l'_{i-1}}} = -RT\ln a^{\mathrm{R}}_{(\beta_{i-1})_{过饱}} = -RT\ln a^{\mathrm{R}}_{(\beta_{i-1})_{l'_{i-1}}} \tag{8.157}$$

及

$$\Delta G_{\mathrm{m},A} = \mu_{(A)_{\beta_{i-1}}} - \mu_{(A)_{l'_{i-1}}} = RT\ln\frac{a^{\mathrm{R}}_{(A)_{\beta_{i-1}}}}{a^{\mathrm{R}}_{(A)_{l'_{i-1}}}} \tag{8.158}$$

$$\Delta G_{\mathrm{m},B} = \mu_{(B)_{\beta_{i-1}}} - \mu_{(B)_{l'_{i-1}}} = RT\ln\frac{a^{\mathrm{R}}_{(B)_{\beta_{i-1}}}}{a^{\mathrm{R}}_{(B)_{l'_{i-1}}}} \tag{8.159}$$

$$\Delta G_{\mathrm{m},\beta_{i-1}} = x_A\Delta G_{\mathrm{m},A} + x_B\Delta G_{\mathrm{m},B} = RT\left[x_A\ln\frac{a^{\mathrm{R}}_{(A)_{\beta_{i-1}}}}{a^{\mathrm{R}}_{(A)_{l'_{i-1}}}} + x_B\ln\frac{a^{\mathrm{R}}_{(B)_{\beta_{i-1}}}}{a^{\mathrm{R}}_{(B)_{l'_{i-1}}}}\right] \tag{8.160}$$

$$(i=1,2,\cdots,n)$$

温度降到 T_E，物质组成为 P_E 点，平衡液相为 $E(\mathrm{l})$，是固溶体 α_E 和 β_E 的饱和溶液。三相平衡共存，有

$$E(\mathrm{l}) \rightleftharpoons \alpha_E + \beta_E$$

$$(\alpha_E)_{E(\mathrm{l})} \equiv (\alpha_E)_{饱} \rightleftharpoons \alpha_E$$

$$(\beta_E)_{E(\mathrm{l})} \equiv (\beta_E)_{饱} \rightleftharpoons \beta_E$$

即

$$(A)_{E(\mathrm{l})} \rightleftharpoons (A)_{\alpha_E}$$

$$(B)_{E(\mathrm{l})} \rightleftharpoons (B)_{\alpha_E}$$

$$(A)_{E(\mathrm{l})} \rightleftharpoons (A)_{\beta_E}$$

$$(B)_{E(\mathrm{l})} \rightleftharpoons (B)_{\beta_E}$$

4) 温度降到 T_E 以下

温度降到 T_E 以下。温度从 T_E 降到液相 $E(\mathrm{l})$ 消失的温度，液相完全转化为固溶体 α 和 β 的过程，可以描述如下。

温度降至 T_k。在温度 T_k，组元 α_E 和 β_E 的平衡相分别为 q_k 和 l_k。温度刚降到 T_k，还未来得及析出固相组元 α_E 和 β_E 时，溶液组成未变，但已由组元 α_E 和 β_E 饱和的液相 $E(\mathrm{l})$ 变成组元 α_E 和 β_E 过饱和的液相 $E_k(\mathrm{l})$，析出固相组元 α_E 和 β_E。

(1) 两种固溶体同时析出

固溶体 α_E 和 β_E 同时析出，有

$$(\alpha_E)_{E_k(1)} = (\alpha_E)_{过饱} = \alpha_E$$

$$(\beta_E)_{E_k(1)} = (\beta_E)_{过饱} = \beta_E$$

即

$$(A)_{E_k(1)} = (\mathrm{A})_{\alpha_E}$$

$$(B)_{E_k(1)} = (\mathrm{B})_{\alpha_E}$$

$$(A)_{E_k(1)} = (\mathrm{A})_{\beta_E}$$

$$(B)_{E_k(1)} = (\mathrm{B})_{\beta_E}$$

分别以纯固体 α_E、β_E 和 A、B 为标准状态，组成以摩尔分数表示，析出晶体过程的摩尔吉布斯自由能变化为

$$\begin{aligned}\Delta G_{\mathrm{m},\alpha_E} &= \mu_{\alpha_E} - \mu_{(\alpha_E)_{E_k(1)}} = \mu_{\alpha_E} - \mu_{(\alpha_E)_{过饱}} \\ &= -RT\ln a^{\mathrm{R}}_{(\alpha_E)_{E_k(1)}} = -RT\ln a^{\mathrm{R}}_{(\alpha_E)_{过饱}}\end{aligned} \tag{8.161}$$

$$\begin{aligned}\Delta G_{\mathrm{m},\beta_E} &= \mu_{\beta_E} - \mu_{(\beta)_{E_k(1)}} = \mu_{\beta_E} - \mu_{(\beta_E)_{过饱}} \\ &= -RT\ln a^{\mathrm{R}}_{(\beta_E)_{E_k(1)}} = -RT\ln a^{\mathrm{R}}_{(\beta_E)_{过饱}}\end{aligned} \tag{8.162}$$

及

$$\Delta G_{\mathrm{m},(A)_{\alpha_E}} = \mu_{(A)_{\alpha_E}} - \mu_{(A)_{E_k(1)}} = RT\ln\frac{a^{\mathrm{R}}_{(A)_{\alpha_E}}}{a^{\mathrm{R}}_{(A)_{E_k(1)}}} \tag{8.163}$$

$$\Delta G_{\mathrm{m},(B)_{\alpha_E}} = \mu_{(B)_{\alpha_E}} - \mu_{(B)_{E_k(1)}} = RT\ln\frac{a^{\mathrm{R}}_{(B)_{\alpha_E}}}{a^{\mathrm{R}}_{(B)_{E_k(1)}}} \tag{8.164}$$

$$\Delta G_{\mathrm{m},(A)_{\beta_E}} = \mu_{(A)_{\beta_E}} - \mu_{(A)_{E_k(1)}} = RT\ln\frac{a^{\mathrm{R}}_{(A)_{\beta_E}}}{a^{\mathrm{R}}_{(A)_{E_k(1)}}} \tag{8.165}$$

$$\Delta G_{\mathrm{m},(B)_{\beta_E}} = \mu_{(B)_{\beta_E}} - \mu_{(B)_{E_k(1)}} = RT\ln\frac{a^{\mathrm{R}}_{(B)_{\beta_E}}}{a^{\mathrm{R}}_{(B)_{E_k(1)}}} \tag{8.166}$$

或者

$$\Delta G_{\mathrm{m},\alpha_E}(T_k) = \frac{\theta_{\alpha_E,T_k}\Delta H_{\mathrm{m},\alpha_E}(T_E)}{T_E} = \eta_{\alpha_E,T_k}\Delta H_{\mathrm{m},\alpha_E}(T_E)$$

$$\Delta G_{\mathrm{m},\beta_E}(T_k) = \frac{\theta_{\beta_E,T_k}\Delta H_{\mathrm{m},\beta_E}(T_E)}{T_E} = \eta_{\beta_E,T_k}\Delta H_{\mathrm{m},\beta_E}(T_E)$$

$$\Delta G_{\mathrm{m},(A)_{\alpha_E}}(T_k) = \frac{\theta_{(A)_{\alpha_E},T_k}\Delta H_{\mathrm{m},(A)_{\alpha_E}}(T_E)}{T_E} = \eta_{(A)_{\alpha_E},T_k}\Delta H_{\mathrm{m},(A)_{\alpha_E}}(T_E)$$

$$\Delta G_{\mathrm{m},(B)_{\alpha_E}}(T_k) = \frac{\theta_{(B)_{\alpha_E},T_k}\Delta H_{\mathrm{m},(B)_{\alpha_E}}(T_E)}{T_E} = \eta_{(B)_{\alpha_E},T_k}\Delta H_{\mathrm{m},(B)_{\alpha_E}}(T_E)$$

$$\Delta G_{\mathrm{m},(A)_{\beta_E}}(T_k) = \frac{\theta_{(A)_{\beta_E},T_k}\Delta H_{\mathrm{m},(A)_{\beta_E}}(T_E)}{T_E} = \eta_{(A)_{\beta_E},T_k}\Delta H_{\mathrm{m},(A)_{\beta_E}}(T_E)$$

$$\Delta G_{\mathrm{m},(B)_{\beta_E}}(T_k) = \frac{\theta_{(B)_{\beta_E},T_k}\Delta H_{\mathrm{m},(B)_{\beta_E}}(T_E)}{T_E} = \eta_{(B)_{\beta_E},T_k}\Delta H_{\mathrm{m},(B)_{\beta_E}}(T_E)$$

式中，

$$\Delta H_{\mathrm{m},\alpha_E}(T_E) = H_{\mathrm{m},\alpha_E}(T_E) - \bar{H}_{\mathrm{m},(\alpha_E)_{E(1)}}(T_E)$$

$$\Delta H_{\mathrm{m},\beta_E}(T_E) = H_{\mathrm{m},\beta_E}(T_E) - \bar{H}_{\mathrm{m},(\beta_E)_{E(1)}}(T_E)$$

$$\Delta H_{\mathrm{m},(A)_{\alpha_E}}(T_E) = H_{\mathrm{m},(A)_{\alpha_E}}(T_E) - \bar{H}_{\mathrm{m},(A)_{E(1)}}(T_E)$$

$$\Delta H_{\mathrm{m},(B)_{\alpha_E}}(T_E) = H_{\mathrm{m},(B)_{\alpha_E}}(T_E) - \bar{H}_{\mathrm{m},(B)_{E(1)}}(T_E)$$

$$\Delta H_{\mathrm{m},(A)_{\beta_E}}(T_E) = H_{\mathrm{m},(A)_{\beta_E}}(T_E) - \bar{H}_{\mathrm{m},(A)_{E(1)}}(T_E)$$

$$\Delta H_{\mathrm{m},(B)_{\beta_E}}(T_E) = H_{\mathrm{m},(B)_{\beta_E}}(T_E) - \bar{H}_{\mathrm{m},(B)_{E(1)}}(T_E)$$

$$\theta_{J,T_k} = T_E - T_k$$

$$\eta_{J,T_k} = \frac{T_E - T_k}{T_E}$$

$$(J = \alpha_E, \beta_E)$$

$$\theta_{(J)_{\alpha_E},T_k} = T_E - T_k$$

$$\eta_{(J)_{\alpha_E},T_k} = \frac{T_E - T_k}{T_E}$$

$$(J = A, B)$$

$$\theta_{(J)_{\beta_E},T_k} = T_E - T_k$$

$$\eta_{(J)_{\beta_E},T_k} = \frac{T_E - T_k}{T_E}$$

$$(J = A, B)$$

(2) 固溶体 α_E 先析出，固溶体 β_E 后析出

固溶体 α_E 先析出，有

$$(\alpha_E)_{E_k(1)} \equiv (\alpha_E)_{过饱} = \alpha_E$$

即

$$(A)_{E_k(1)} \equiv (A)_{过饱} = (A)_{\alpha_E}$$

$$(B)_{E_k(1)} \equiv (B)_{过饱} = (B)_{\alpha_E}$$

随着固溶体 α_E 的析出，固溶体 β_E 的过饱和度增大, $E\,(1)$ 的组成会偏离共晶点 E (l) 的组成，向固溶体 α_E 的平衡相 q_k 靠近，以 q_k' 表示。达到一定程度后，固溶体 β_E 的过饱和程度增大，固溶体 β_E 析出，有

$$(\beta_E)_{过饱} \equiv (\beta_E)_{q_k'} = \beta_E$$

即

$$(A)_{过饱} \equiv (A)_{q_k'} = (A)_{\beta_E}$$

$$(B)_{过饱} \equiv (B)_{q_k'} = (B)_{\beta_E}$$

以纯固溶体 α、β 和固体组元 A、B 为标准状态，浓度以摩尔分数表示，该过程的摩尔吉布斯自由能变化为

$$\begin{aligned}\Delta G_{\mathrm{m},\alpha_E} &= \mu_{\alpha_E} - \mu_{(\alpha_E)_{E_k(1)}} = \mu_{\alpha_E} - \mu_{(\alpha_E)_{过饱}} \\ &= -RT\ln a^{\mathrm{R}}_{(\alpha_E)_{E_k(1)}} = -RT\ln a^{\mathrm{R}}_{(\alpha_E)_{过饱}}\end{aligned} \tag{8.167}$$

$$\begin{aligned}\Delta G_{\mathrm{m},\beta_E} &= \mu_{\beta_E} - \mu_{(\beta)_{q_k'(1)}} = \mu_{\beta_E} - \mu_{(\beta_E)_{过饱}} \\ &= -RT\ln a^{\mathrm{R}}_{(\beta_E)_{q_k(1)}} = -RT\ln a^{\mathrm{R}}_{(\beta_E)_{过饱}}\end{aligned} \tag{8.168}$$

$$\Delta G_{\mathrm{m},(A)_{\alpha_E}} = \mu_{(A)_{\alpha_E}} - \mu_{(A)_{E_k(l)}} = RT\ln\frac{a^{\mathrm{R}}_{(A)_{\alpha_E}}}{a^{\mathrm{R}}_{(A)_{E_k(1)}}}$$

$$\Delta G_{\mathrm{m},(B)_{\alpha_E}} = \mu_{(B)_{\alpha_E}} - \mu_{(B)_{E_k(l)}} = RT\ln\frac{a^{\mathrm{R}}_{(B)_{\alpha_E}}}{a^{\mathrm{R}}_{(B)_{E_k(1)}}}$$

$$\Delta G_{\mathrm{m},(A)_{\beta_E}} = \mu_{(A)_{\beta_E}} - \mu_{(A)_{q_k'}} = RT\ln\frac{a^{\mathrm{R}}_{(A)_{\beta_E}}}{a^{R}_{(A)_{q_k'}}}$$

$$\Delta G_{\mathrm{m},(B)_{\beta_E}} = \mu_{(B)_{\beta_E}} - \mu_{(B)_{q_k'}} = RT\ln\frac{a^{\mathrm{R}}_{(B)_{\beta_E}}}{a^{R}_{(B)_{q_k'}}}$$

或者

$$\Delta G_{\mathrm{m},\alpha_E}(T_k) = \frac{\theta_{\alpha_E,T_k}\Delta H_{\mathrm{m},\alpha_E}(T_E)}{T_E} = \eta_{\alpha_E,T_k}\Delta H_{\mathrm{m},\alpha_E}(T_E)$$

$$\Delta G_{\mathrm{m},\beta_E}(T_k) = \frac{\theta_{\beta_E,T_k}\Delta H_{\mathrm{m},\beta_E}(T_E)}{T_E} = \eta_{\beta_E,T_k}\Delta H_{\mathrm{m},\beta_E}(T_E)$$

$$\Delta G_{\mathrm{m},(A)_{\alpha_E}}(T_k) = \frac{\theta_{(A)_{\alpha_E},T_k}\Delta H_{\mathrm{m},(A)_{\alpha_E}}(T_E)}{T_E} = \eta_{(A)_{\alpha_E},T_k}\Delta H_{\mathrm{m},(A)_{\alpha_E}}(T_E)$$

$$\Delta G_{\mathrm{m},(B)_{\alpha_E}}(T_k) = \frac{\theta_{(B)_{\alpha_E},T_k}\Delta H_{\mathrm{m},(B)_{\alpha_E}}(T_E)}{T_E} = \eta_{(B)_{\alpha_E},T_k}\Delta H_{\mathrm{m},(B)_{\alpha_E}}(T_E)$$

$$\Delta G_{\mathrm{m},(A)_{\beta_E}}(T_k) = \frac{\theta_{(A)_{\beta_E},T_k}\Delta H_{\mathrm{m},(A)_{\beta_E}}(T_E)}{T_E} = \eta_{(A)_{\beta_E},T_k}\Delta H_{\mathrm{m},(A)_{\beta_E}}(T_E)$$

$$\Delta G_{\mathrm{m},(B)_{\beta_E}}(T_k) = \frac{\theta_{(B)_{\beta_E},T_k}\Delta H_{\mathrm{m},(B)_{\beta_E}}(T_E)}{T_E} = \eta_{(B)_{\beta_E},T_k}\Delta H_{\mathrm{m},(B)_{\beta_E}}(T_E)$$

式中，

$$\Delta H_{\mathrm{m},\alpha_E}(T_E) = H_{\mathrm{m},\alpha_E}(T_E) - \bar{H}_{\mathrm{m},(\alpha_E)_{E(l)}}(T_E)$$

$$\Delta H_{\mathrm{m},\beta_E}(T_E) = H_{\mathrm{m},\beta_E}(T_E) - \bar{H}_{\mathrm{m},(\beta_E)_{E(l)}}(T_E)$$

$$\Delta H_{\mathrm{m},(A)_{\alpha_E}}(T_E) = H_{\mathrm{m},(A)_{\alpha_E}}(T_E) - \bar{H}_{\mathrm{m},(A)_{E(1)}}(T_E)$$

$$\Delta H_{\mathrm{m},(B)_{\alpha_E}}(T_E) = H_{\mathrm{m},(B)_{\alpha_E}}(T_E) - \bar{H}_{\mathrm{m},(B)_{E(1)}}(T_E)$$

$$\Delta H_{\mathrm{m},(A)_{\beta_E}}(T_E) = H_{\mathrm{m},(A)_{\beta_E}}(T_E) - \bar{H}_{\mathrm{m},(A)_{E(1)}}(T_E)$$

$$\Delta H_{\mathrm{m},(B)_{\beta_E}}(T_E) = H_{\mathrm{m},(B)_{\beta_E}}(T_E) - \bar{H}_{\mathrm{m},(B)_{E(1)}}(T_E)$$

$$\theta_{J,T_k} = T_E - T_k$$

$$\eta_{J,T_k} = \frac{T_E - T_k}{T_E}$$

$$(J = \alpha_E, \beta_E)$$

$$\theta_{(J)_{\alpha_E},T_k} = T_E - T_k$$

$$\eta_{(J)_{\alpha_E},T_k} = \frac{T_E - T_k}{T_E}$$

$$(J = A, B)$$

$$\theta_{(J)_{\beta_E},T_k} = T_E - T_k$$

$$\eta_{(J)_{\beta_E},T_k} = \frac{T_E - T_k}{T_E}$$

$$(J = A, B)$$

2. 凝固速率

1) 从温度 T_1 到 T_E

在温度 T_i，不考虑耦合作用，在单位体积中的析晶速率为

$$\begin{aligned}\frac{\mathrm{d}n_{\beta_{i-1}}}{\mathrm{d}t} &= -\frac{\mathrm{d}n_{(\beta_{i-1})_{l'_{i-1}}}}{\mathrm{d}t} = j_{\beta'_{i-1}} \\ &= -l_1\left(\frac{A_{\mathrm{m},\beta_{i-1}}}{T}\right) - l_2\left(\frac{A_{\mathrm{m},\beta_{i-1}}}{T}\right)^2 - l_3\left(\frac{A_{\mathrm{m},\beta_{i-1}}}{T}\right)^3 - \cdots\end{aligned} \tag{8.169}$$

$$\begin{aligned}\frac{\mathrm{d}n_A}{\mathrm{d}t} &= \frac{\mathrm{d}n_{(A)_{\alpha'_{i-1}}}}{\mathrm{d}t} = j_A \\ &= -l_1\left(\frac{A_{\mathrm{m},A}}{T}\right) - l_2\left(\frac{A_{\mathrm{m},A}}{T}\right)^2 - l_3\left(\frac{A_{\mathrm{m},A}}{T}\right)^3 - \cdots\end{aligned} \tag{8.170}$$

$$\begin{aligned}\frac{\mathrm{d}n_B}{\mathrm{d}t} &= \frac{\mathrm{d}n_{(B)_{\beta_{i-1}}}}{\mathrm{d}t} = -\frac{\mathrm{d}n_{(B)_{l'_{i-1}}}}{\mathrm{d}t} = j_B \\ &= -l_1\left(\frac{A_{\mathrm{m},B}}{T}\right) - l_2\left(\frac{A_{\mathrm{m},B}}{T}\right)^2 - l_3\left(\frac{A_{\mathrm{m},B}}{T}\right)^3 - \cdots\end{aligned} \tag{8.171}$$

考虑耦合作用，析出固体 A 和 B 的速率为

$$\begin{aligned}\frac{\mathrm{d}n_{(A)_{\alpha_{i-1}}}}{\mathrm{d}t} &= -\frac{\mathrm{d}n_{(A)_{l'_{i-1}}}}{\mathrm{d}t} = j_A \\ &= -l_{11}\left(\frac{A_{\mathrm{m},A}}{T}\right) - l_{12}\left(\frac{A_{\mathrm{m},B}}{T}\right) - l_{111}\left(\frac{A_{\mathrm{m},A}}{T}\right)^2 \\ &\quad - l_{112}\left(\frac{A_{\mathrm{m},A}}{T}\right)\left(\frac{A_{\mathrm{m},B}}{T}\right) - l_{122}\left(\frac{A_{\mathrm{m},B}}{T}\right)^2 - l_{1111}\left(\frac{A_{\mathrm{m},A}}{T}\right)^3 \\ &\quad - l_{1112}\left(\frac{A_{\mathrm{m},A}}{T}\right)^2\left(\frac{A_{\mathrm{m},B}}{T}\right) - l_{1122}\left(\frac{A_{\mathrm{m},A}}{T}\right)\left(\frac{A_{\mathrm{m},B}}{T}\right)^2 \\ &\quad - l_{1222}\left(\frac{A_{\mathrm{m},B}}{T}\right)^3 - \cdots\end{aligned} \tag{8.172}$$

$$\begin{aligned}\frac{\mathrm{d}n_{(B)_{\alpha_{i-1}}}}{\mathrm{d}t} &= -\frac{\mathrm{d}n_{(B)_{l'_{i-1}}}}{\mathrm{d}t} = j_B \\ &= -l_{21}\left(\frac{A_{\mathrm{m},A}}{T}\right) - l_{22}\left(\frac{A_{\mathrm{m},B}}{T}\right) - l_{211}\left(\frac{A_{\mathrm{m},A}}{T}\right)^2 \\ &\quad -l_{212}\left(\frac{A_{\mathrm{m},A}}{T}\right)\left(\frac{A_{\mathrm{m},B}}{T}\right) - l_{222}\left(\frac{A_{\mathrm{m},B}}{T}\right)^2 - l_{2111}\left(\frac{A_{\mathrm{m},A}}{T}\right)^3 \\ &\quad -l_{2112}\left(\frac{A_{\mathrm{m},A}}{T}\right)^2\left(\frac{A_{\mathrm{m},B}}{T}\right) - l_{2122}\left(\frac{A_{\mathrm{m},A}}{T}\right)\left(\frac{A_{\mathrm{m},B}}{T}\right)^2 \\ &\quad -l_{2222}\left(\frac{A_{\mathrm{m},B}}{T}\right)^3 - \cdots\end{aligned} \tag{8.173}$$

式中，

$$A_{\mathrm{m},\beta_{i-1}} = \Delta G_{\mathrm{m},\beta_{i-1}}$$

$$A_{\mathrm{m},A} = \Delta G_{\mathrm{m},A}$$

$$A_{\mathrm{m},B} = \Delta G_{\mathrm{m},B}$$

2) 温度在 T_E 以下

在温度 T_E 以下，α_E 和 β_E 同时析出，不考虑耦合作用，在单位体积中的析晶速率为

$$\begin{aligned}\frac{\mathrm{d}n_{\alpha_E}}{\mathrm{d}t} &= -\frac{\mathrm{d}n_{(\alpha_E)_{E_k(1)}}}{\mathrm{d}t} = j_{\alpha_E} \\ &= -l_1\left(\frac{A_{\mathrm{m},\alpha_E}}{T}\right) - l_2\left(\frac{A_{\mathrm{m},\alpha_E}}{T}\right)^2 - l_3\left(\frac{A_{\mathrm{m},\alpha_E}}{T}\right)^3 - \cdots\end{aligned} \tag{8.174}$$

$$\begin{aligned}\frac{\mathrm{d}n_{\beta_E}}{\mathrm{d}t} &= -\frac{\mathrm{d}n_{(\beta_E)_{E_k(1)}}}{\mathrm{d}t} = j_{\beta_E} \\ &= -l_1\left(\frac{A_{\mathrm{m},\beta_E}}{T}\right) - l_2\left(\frac{A_{\mathrm{m},\beta_E}}{T}\right)^2 - l_3\left(\frac{A_{\mathrm{m},\beta_E}}{T}\right)^3 - \cdots\end{aligned} \tag{8.175}$$

及

$$\begin{aligned}\frac{\mathrm{d}n_{(A)_{\alpha_E}}}{\mathrm{d}t} &= -\frac{\mathrm{d}n_{(A)_{E_k(1)}}}{\mathrm{d}t} = j_{(A)_{\alpha_E}} \\ &= -l_1\left(\frac{A_{\mathrm{m},(A)_{\alpha_E}}}{T}\right) - l_2\left(\frac{A_{\mathrm{m},(A)_{\alpha_E}}}{T}\right)^2 - l_3\left(\frac{A_{\mathrm{m},(A)_{\alpha_E}}}{T}\right)^3 - \cdots\end{aligned} \tag{8.176}$$

$$\begin{aligned}\frac{\mathrm{d}n_{(B)_{\alpha_E}}}{\mathrm{d}t} &= -\frac{\mathrm{d}n_{(B)_{E_k(1)}}}{\mathrm{d}t} = j_{(B)_{\alpha_E}} \\ &= -l_1\left(\frac{A_{\mathrm{m},(B)_{\alpha_E}}}{T}\right) - l_2\left(\frac{A_{\mathrm{m},(B)_{\alpha_E}}}{T}\right)^2 - l_3\left(\frac{A_{\mathrm{m},(B)_{\alpha_E}}}{T}\right)^3 - \cdots\end{aligned} \tag{8.177}$$

$$
\begin{aligned}
\frac{\mathrm{d}n_{(A)_{\beta_E}}}{\mathrm{d}t} &= -\frac{\mathrm{d}n_{(A)_{E_k(1)}}}{\mathrm{d}t} = j_{(A)_{\beta_E}} \\
&= -l_1\left(\frac{A_{\mathrm{m},(A)_{\beta_E}}}{T}\right) - l_2\left(\frac{A_{\mathrm{m},(A)_{\beta_E}}}{T}\right)^2 - l_3\left(\frac{A_{\mathrm{m},(A)_{\beta_E}}}{T}\right)^3 - \cdots
\end{aligned}
\tag{8.178}
$$

$$
\begin{aligned}
\frac{\mathrm{d}n_{(B)_{\beta_E}}}{\mathrm{d}t} &= -\frac{\mathrm{d}n_{(B)_{E_k(1)}}}{\mathrm{d}t} = j_{(B)_{\beta_E}} \\
&= -l_1\left(\frac{A_{\mathrm{m},(B)_{\beta_E}}}{T}\right) - l_2\left(\frac{A_{\mathrm{m},(B)_{\beta_E}}}{T}\right)^2 - l_3\left(\frac{A_{\mathrm{m},(B)_{\beta_E}}}{T}\right)^3 - \cdots
\end{aligned}
\tag{8.179}
$$

考虑耦合作用

$$
\begin{aligned}
\frac{\mathrm{d}n_{\alpha_E}}{\mathrm{d}t} &= -\frac{\mathrm{d}n_{(\alpha_E)_{qE_k(1)}}}{\mathrm{d}t} = j_{\alpha_E} \\
&= -l_{\alpha_1}\left(\frac{A_{\mathrm{m},\alpha_E}}{T}\right) - l_{\alpha_2}\left(\frac{A_{\mathrm{m},\beta_E}}{T}\right) - l_{\alpha_{11}}\left(\frac{A_{\mathrm{m},\alpha_E}}{T}\right)^2 \\
&\quad - l_{\alpha_{12}}\left(\frac{A_{\mathrm{m},\alpha_E}}{T}\right)\left(\frac{A_{\mathrm{m},\beta_E}}{T}\right) - l_{\alpha_{22}}\left(\frac{A_{\mathrm{m},\beta_E}}{T}\right)^2 \\
&\quad - l_{\alpha_{111}}\left(\frac{A_{\mathrm{m},\alpha_E}}{T}\right)^3 - l_{\alpha_{112}}\left(\frac{A_{\mathrm{m},\alpha_E}}{T}\right)^2\left(\frac{A_{\mathrm{m},\beta_E}}{T}\right) \\
&\quad - l_{\alpha_{122}}\left(\frac{A_{\mathrm{m},\alpha_E}}{T}\right)\left(\frac{A_{\mathrm{m},\beta_E}}{T}\right)^2 - l_{\alpha_{222}}\left(\frac{A_{\mathrm{m},\beta_E}}{T}\right)^3 - \cdots
\end{aligned}
\tag{8.180}
$$

$$
\begin{aligned}
\frac{\mathrm{d}n_{\beta_E}}{\mathrm{d}t} &= -\frac{\mathrm{d}n_{(\beta_E)_{E_k(1)}}}{\mathrm{d}t} = j_{\beta_E} \\
&= -l_{\beta_1}\left(\frac{A_{\mathrm{m},\alpha_E}}{T}\right) - l_{\beta_2}\left(\frac{A_{\mathrm{m},\beta_E}}{T}\right) - l_{\beta_{11}}\left(\frac{A_{\mathrm{m},\alpha_E}}{T}\right)^2 \\
&\quad - l_{\beta_{12}}\left(\frac{A_{\mathrm{m},\alpha_E}}{T}\right)\left(\frac{A_{\mathrm{m},\beta_E}}{T}\right) - l_{\beta_{22}}\left(\frac{A_{\mathrm{m},\beta_E}}{T}\right)^2 \\
&\quad - l_{\beta_{111}}\left(\frac{A_{\mathrm{m},\alpha_E}}{T}\right)^3 - l_{\beta_{112}}\left(\frac{A_{\mathrm{m},\alpha_E}}{T}\right)^2\left(\frac{A_{\mathrm{m},\beta_E}}{T}\right) \\
&\quad - l_{\beta_{122}}\left(\frac{A_{\mathrm{m},\alpha_E}}{T}\right)\left(\frac{A_{\mathrm{m},\beta_E}}{T}\right)^2 - l_{\beta_{222}}\left(\frac{A_{\mathrm{m},\beta_E}}{T}\right)^3 - \cdots
\end{aligned}
\tag{8.181}
$$

$$
\begin{aligned}
\frac{\mathrm{d}n_{(A)_{\alpha_E}}}{\mathrm{d}t} &= -\frac{\mathrm{d}n_{(A)_{E_k(1)}}}{\mathrm{d}t} = j_{(A)_{\alpha_E}} \\
&= -l_{A_{\alpha_1}}\left(\frac{A_{\mathrm{m},(A)_{\alpha_E}}}{T}\right) - l_{A_{\alpha_2}}\left(\frac{A_{\mathrm{m},(B)_{\alpha_E}}}{T}\right) - l_{A_{\alpha_3}}\left(\frac{A_{\mathrm{m},(A)_{\beta_E}}}{T}\right)
\end{aligned}
$$

$$
\begin{aligned}
&-l_{A_{\alpha_4}}\left(\frac{A_{\mathrm{m},(B)_{\beta_E}}}{T}\right)-l_{A_{\alpha_{11}}}\left(\frac{A_{\mathrm{m},(A)_{\alpha_E}}}{T}\right)^2\\
&-l_{A_{\alpha_{12}}}\left(\frac{A_{\mathrm{m},(A)_{\alpha_E}}}{T}\right)\left(\frac{A_{\mathrm{m},(B)_{\alpha_E}}}{T}\right)\\
&-l_{A_{\alpha_{13}}}\left(\frac{A_{\mathrm{m},(A)_{\alpha_E}}}{T}\right)\left(\frac{A_{\mathrm{m},(A)_{\beta_E}}}{T}\right)\\
&-l_{A_{\alpha_{14}}}\left(\frac{A_{\mathrm{m},(A)_{\alpha_E}}}{T}\right)\left(\frac{A_{\mathrm{m},(B)_{\beta_E}}}{T}\right)-l_{A_{\alpha_{22}}}\left(\frac{A_{\mathrm{m},(B)_{\alpha_E}}}{T}\right)^2\\
&-l_{A_{\alpha_{23}}}\left(\frac{A_{\mathrm{m},(B)_{\alpha_E}}}{T}\right)\left(\frac{A_{\mathrm{m},(A)_{\beta_E}}}{T}\right)\\
&-l_{A_{\alpha_{24}}}\left(\frac{A_{\mathrm{m},(B)_{\alpha_E}}}{T}\right)\left(\frac{A_{\mathrm{m},(B)_{\beta_E}}}{T}\right)-l_{A_{\alpha_{33}}}\left(\frac{A_{\mathrm{m},(A)_{\beta_E}}}{T}\right)^2\\
&-l_{A_{\alpha_{34}}}\left(\frac{A_{\mathrm{m},(A)_{\beta_E}}}{T}\right)\left(\frac{A_{\mathrm{m},(B)_{\beta_E}}}{T}\right)-l_{A_{\alpha_{44}}}\left(\frac{A_{\mathrm{m},(B)_{\beta_E}}}{T}\right)^2-\cdots
\end{aligned}
\tag{8.182}
$$

$$
\begin{aligned}
\frac{\mathrm{d}n_{(B)_{\alpha_E}}}{\mathrm{d}t}=&-\frac{\mathrm{d}n_{(B)_{E_{k^{(1)}}}}}{\mathrm{d}t}=j_{(B)_{\alpha_E}}\\
=&-l_{B_{\alpha_1}}\left(\frac{A_{\mathrm{m},(A)_{\alpha_E}}}{T}\right)-l_{B_{\alpha_2}}\left(\frac{A_{\mathrm{m},(B)_{\alpha_E}}}{T}\right)-l_{B_{\alpha_3}}\left(\frac{A_{\mathrm{m},(A)_{\beta_E}}}{T}\right)\\
&-l_{B_{\alpha_4}}\left(\frac{A_{\mathrm{m},(B)_{\beta_E}}}{T}\right)-l_{B_{\alpha_{11}}}\left(\frac{A_{\mathrm{m},(A)_{\alpha_E}}}{T}\right)^2\\
&-l_{B_{\alpha_{12}}}\left(\frac{A_{\mathrm{m},(A)_{\alpha_E}}}{T}\right)\left(\frac{A_{\mathrm{m},(B)_{\alpha_E}}}{T}\right)\\
&-l_{B_{\alpha_{13}}}\left(\frac{A_{\mathrm{m},(A)_{\alpha_E}}}{T}\right)\left(\frac{A_{\mathrm{m},(A)_{\beta_E}}}{T}\right)\\
&-l_{B_{\alpha_{14}}}\left(\frac{A_{\mathrm{m},(A)_{\alpha_E}}}{T}\right)\left(\frac{A_{\mathrm{m},(B)_{\beta_E}}}{T}\right)-l_{B_{\alpha_{22}}}\left(\frac{A_{\mathrm{m},(B)_{\alpha_E}}}{T}\right)^2\\
&-l_{B_{\alpha_{23}}}\left(\frac{A_{\mathrm{m},(B)_{\alpha_E}}}{T}\right)\left(\frac{A_{\mathrm{m},(A)_{\beta_E}}}{T}\right)\\
&-l_{B_{\alpha_{24}}}\left(\frac{A_{\mathrm{m},(B)_{\alpha'_{k-1}}}}{T}\right)\left(\frac{A_{\mathrm{m},(B)_{\beta_E}}}{T}\right)-l_{B_{\alpha_{33}}}\left(\frac{A_{\mathrm{m},(A)_{\beta_E}}}{T}\right)^2\\
&-l_{B_{\alpha_{34}}}\left(\frac{A_{\mathrm{m},(A)_{\beta_E}}}{T}\right)\left(\frac{A_{\mathrm{m},(B)_{\beta_E}}}{T}\right)-l_{B_{\alpha_{44}}}\left(\frac{A_{\mathrm{m},(B)_{\beta_E}}}{T}\right)^2-\cdots
\end{aligned}
\tag{8.183}
$$

$$
\begin{aligned}
\frac{\mathrm{d}n_{(A)_{\beta_E}}}{\mathrm{d}t} &= -\frac{\mathrm{d}n_{(A)_{E_k(1)}}}{\mathrm{d}t} = j_{(A)_{\beta_E}} \\
&= -l_{A_{\beta_1}}\left(\frac{A_{\mathrm{m},(A)_{\alpha_E}}}{T}\right) - l_{A_{\beta_2}}\left(\frac{A_{\mathrm{m},(B)_{\alpha_E}}}{T}\right) - l_{A_{\beta_3}}\left(\frac{A_{\mathrm{m},(A)_{\beta_E}}}{T}\right) \\
&\quad - l_{A_{\beta_4}}\left(\frac{A_{\mathrm{m},(B)_{\beta_E}}}{T}\right) - l_{A_{\beta_{11}}}\left(\frac{A_{\mathrm{m},(A)_{\alpha_E}}}{T}\right)^2 \\
&\quad - l_{A_{\beta_{12}}}\left(\frac{A_{\mathrm{m},(A)_{\alpha_E}}}{T}\right)\left(\frac{A_{\mathrm{m},(B)_{\alpha_E}}}{T}\right) \\
&\quad - l_{A_{\beta_{13}}}\left(\frac{A_{\mathrm{m},(A)_{\alpha_E}}}{T}\right)\left(\frac{A_{\mathrm{m},(A)_{\beta_E}}}{T}\right) \\
&\quad - l_{A_{\beta_{14}}}\left(\frac{A_{\mathrm{m},(A)_{\alpha_E}}}{T}\right)\left(\frac{A_{\mathrm{m},(B)_{\beta_E}}}{T}\right) - l_{A_{\beta_{22}}}\left(\frac{A_{\mathrm{m},(B)_{\alpha_E}}}{T}\right)^2 \\
&\quad - l_{A_{\beta_{23}}}\left(\frac{A_{\mathrm{m},(B)_{\alpha_E}}}{T}\right)\left(\frac{A_{\mathrm{m},(A)_{\beta_E}}}{T}\right) \\
&\quad - l_{A_{\beta_{24}}}\left(\frac{A_{\mathrm{m},(B)_{\alpha_E}}}{T}\right)\left(\frac{A_{\mathrm{m},(B)_{\beta_E}}}{T}\right) - l_{A_{\beta_{33}}}\left(\frac{A_{\mathrm{m},(A)_{\beta_E}}}{T}\right)^2 \\
&\quad - l_{A_{\beta_{34}}}\left(\frac{A_{\mathrm{m},(A)_{\beta_E}}}{T}\right)\left(\frac{A_{\mathrm{m},(B)_{\beta_E}}}{T}\right) - l_{A_{\beta_{44}}}\left(\frac{A_{\mathrm{m},(B)_{\beta_E}}}{T}\right)^2 - \cdots
\end{aligned}
\tag{8.184}
$$

$$
\begin{aligned}
\frac{\mathrm{d}n_{(B)_{\beta_E}}}{\mathrm{d}t} &= -\frac{\mathrm{d}n_{(B)_{E_k(1)}}}{\mathrm{d}t} = j_{(B)_{\beta_E}} \\
&= -l_{B_{\beta_1}}\left(\frac{A_{\mathrm{m},(A)_{\alpha_E}}}{T}\right) - l_{B_{\beta_2}}\left(\frac{A_{\mathrm{m},(B)_{\alpha_E}}}{T}\right) - l_{B_{\beta_3}}\left(\frac{A_{\mathrm{m},(A)_{\beta_E}}}{T}\right) \\
&\quad - l_{B_{\beta_4}}\left(\frac{A_{\mathrm{m},(B)_{\beta_E}}}{T}\right) - l_{B_{\beta_{11}}}\left(\frac{A_{\mathrm{m},(A)_{\alpha_E}}}{T}\right)^2 \\
&\quad - l_{B_{\beta_{12}}}\left(\frac{A_{\mathrm{m},(A)_{\alpha_E}}}{T}\right)\left(\frac{A_{\mathrm{m},(B)_{\alpha_E}}}{T}\right) \\
&\quad - l_{B_{\beta_{13}}}\left(\frac{A_{\mathrm{m},(A)_{\alpha_E}}}{T}\right)\left(\frac{A_{\mathrm{m},(A)_{\beta_E}}}{T}\right) \\
&\quad - l_{B_{\beta_{14}}}\left(\frac{A_{\mathrm{m},(A)_{\alpha_E}}}{T}\right)\left(\frac{A_{\mathrm{m},(B)_{\beta_E}}}{T}\right) - l_{B_{\beta_{22}}}\left(\frac{A_{\mathrm{m},(B)_{\alpha_E}}}{T}\right)^2 \\
&\quad - l_{B_{\beta_{23}}}\left(\frac{A_{\mathrm{m},(B)_{\alpha_E}}}{T}\right)\left(\frac{A_{\mathrm{m},(A)_{\beta_E}}}{T}\right) \\
&\quad - l_{B_{\beta_{24}}}\left(\frac{A_{\mathrm{m},(B)_{\alpha_E}}}{T}\right)\left(\frac{A_{\mathrm{m},(B)_{\beta_E}}}{T}\right) - l_{B_{\beta_{33}}}\left(\frac{A_{\mathrm{m},(A)_{\beta_E}}}{T}\right)^2
\end{aligned}
\tag{8.185}
$$

$$-l_{B_{\beta_{34}}}\left(\frac{A_{\mathrm{m},(A)_{\beta_E}}}{T}\right)\left(\frac{A_{\mathrm{m},(B)_{\beta_E}}}{T}\right)-l_{B_{\beta_{44}}}\left(\frac{A_{\mathrm{m},(B)_{\beta_E}}}{T}\right)^2-\cdots$$

式中，

$$A_{\mathrm{m},\alpha_E}=\Delta G_{\mathrm{m},\alpha_E}$$

$$A_{\mathrm{m},\beta_E}=\Delta G_{\mathrm{m},\beta_E}$$

$$A_{\mathrm{m},(A)_{\alpha_E}}=\Delta G_{\mathrm{m},(A)_{\alpha_E}}$$

$$A_{\mathrm{m},(B)_{\alpha_E}}=\Delta G_{\mathrm{m},(B)_{\alpha_E}}$$

$$A_{\mathrm{m},(A)_{\beta_E}}=\Delta G_{\mathrm{m},(A)_{\beta_E}}$$

$$A_{\mathrm{m},(B)_{\beta_E}}=\Delta G_{\mathrm{m},(B)_{\beta_E}}$$

α_E 先析出，β_E 后析出，有

$$\begin{aligned}\frac{\mathrm{d}n_{\alpha_E}}{\mathrm{d}t}&=-\frac{\mathrm{d}n_{(\alpha_E)_{E_k(l)}}}{\mathrm{d}t}=j_{\alpha_E}\\&=-l_1\left(\frac{A_{\mathrm{m},\alpha_E}}{T}\right)-l_2\left(\frac{A_{\mathrm{m},\alpha_E}}{T}\right)^2-l_3\left(\frac{A_{\mathrm{m},\alpha_E}}{T}\right)^3-\cdots\end{aligned}$$

$$\begin{aligned}\frac{\mathrm{d}n_{\beta_E}}{\mathrm{d}t}&=-\frac{\mathrm{d}n_{(\beta_E)_{q_k'}}}{\mathrm{d}t}=j_{\beta_E}\\&=-l_1\left(\frac{A_{\mathrm{m},\beta_E}}{T}\right)-l_2\left(\frac{A_{\mathrm{m},\beta_E}}{T}\right)^2-l_3\left(\frac{A_{\mathrm{m},\beta_E}}{T}\right)^3-\cdots\end{aligned}$$

$$\begin{aligned}\frac{\mathrm{d}n_{(A)_{\alpha_E}}}{\mathrm{d}t}&=j_{(A)_{\alpha_E}}\\&=-l_1\left(\frac{A_{\mathrm{m},(A)_{\alpha_E}}}{T}\right)-l_2\left(\frac{A_{\mathrm{m},(A)_{\alpha_E}}}{T}\right)^2-l_3\left(\frac{A_{\mathrm{m},(A)_{\alpha_E}}}{T}\right)^3-\cdots\end{aligned}$$

$$\begin{aligned}\frac{\mathrm{d}n_{(B)_{\alpha_E}}}{\mathrm{d}t}&=j_{(B)_{\alpha_E}}\\&=-l_1\left(\frac{A_{\mathrm{m},(B)_{\alpha_E}}}{T}\right)-l_2\left(\frac{A_{\mathrm{m},(B)_{\alpha_E}}}{T}\right)^2-l_3\left(\frac{A_{\mathrm{m},(B)_{\alpha_E}}}{T}\right)^3-\cdots\end{aligned}$$

$$\begin{aligned}\frac{\mathrm{d}n_{(A)_{\beta_E}}}{\mathrm{d}t}&=j_{(A)_{\beta_E}}\\&=-l_1\left(\frac{A_{\mathrm{m},(A)_{\beta_E}}}{T}\right)-l_2\left(\frac{A_{\mathrm{m},(A)_{\beta_E}}}{T}\right)^2-l_3\left(\frac{A_{\mathrm{m},(A)_{\beta_E}}}{T}\right)^3-\cdots\end{aligned}$$

$$\begin{aligned}\frac{\mathrm{d}n_{(B)_{\beta_E}}}{\mathrm{d}t}&=j_{(B)_{\beta_E}}\\&=-l_1\left(\frac{A_{\mathrm{m},(B)_{\beta_E}}}{T}\right)-l_2\left(\frac{A_{\mathrm{m},(B)_{\beta_E}}}{T}\right)^2-l_3\left(\frac{A_{\mathrm{m},(B)_{\beta_E}}}{T}\right)^3-\cdots\end{aligned}$$

8.3 三元系凝固

8.3.1 具有最低共熔点的三元系

1. 凝固过程热力学

图 8.8 为具有最低共熔点的三元系相图。物质组成为 M 点的液体降温凝固。

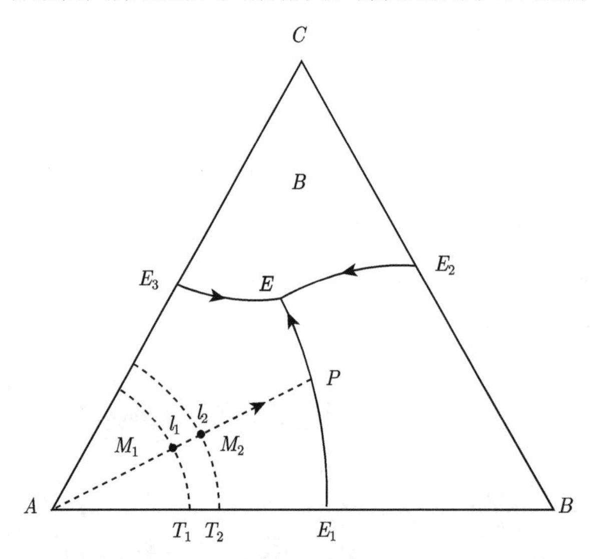

图 8.8 具有最低共熔点的三元系相图

1) 温度降至 T_1

温度降到 T_1，物质组成为液相面 A 上的 M_1 点，平衡液相组成为 l_1 点 (两点重合)，l_1 是组元 A 的饱和溶液，有

$$(A)_{l_1} \equiv (A)_{饱} \rightleftharpoons A(\mathrm{s})$$

液固两相平衡共存，相变在平衡状态下进行。固相和液相中的组元 A 都以纯固态为标准状态，浓度以摩尔分数表示，摩尔吉布斯自由能变化为

$$\begin{aligned}\Delta G_{\mathrm{m},A} &= \mu_{A(\mathrm{s})} - \mu_{(A)_{l_1}} \\ &= -RT\ln a^{\mathrm{R}}_{(A)_{饱}} \\ &= 0\end{aligned} \tag{8.186}$$

式中，

$$\mu_{A(\mathrm{s})} = \mu^*_{A(\mathrm{s})}$$

$$\begin{aligned}\mu_{(A)_{l_1}} &= \mu^*_{A(\mathrm{s})} + RT\ln a_{(A)_{l_1}} \\ &= \mu^*_{A(\mathrm{s})} + RT\ln a_{(A)_{饱}}\end{aligned}$$

或如下计算:

$$\begin{aligned}\Delta G_{\mathrm{m},A}(T_1) &= G_{\mathrm{m},A(\mathrm{s})}(T_1) - \bar{G}_{\mathrm{m},(A)_{l_1}}(T_1)\\ &= [H_{\mathrm{m},A(\mathrm{s})}(T_1) - T_1 S_{\mathrm{m},A(\mathrm{s})}(T_1)] - [\bar{H}_{\mathrm{m},(A)_{l_1}}(T_1) - T_1 \bar{S}_{\mathrm{m},(A)_{l_1}}(T_1)]\\ &= \varDelta_{\mathrm{ref}} H_{\mathrm{m},A}(T_1) - T_1 \varDelta_{\mathrm{ref}} S_{\mathrm{m},A}(T_1)\\ &= \varDelta_{\mathrm{ref}} H_{\mathrm{m},A}(T_1) - T_1 \frac{\varDelta_{\mathrm{ref}} S_{\mathrm{m},A}(T_1)}{T_1}\\ &= 0\end{aligned} \tag{8.187}$$

2) 温度降至 T_2

继续降温至 T_2，物质组成为 M_2 点。温度刚降到 T_2，固体组元 A 还未来得及析出时，液相组成仍为 l_1，但已由组元 A 的饱和溶液 l_1 变成组元 A 的过饱和溶液 l_1'，析出固相组元 A，即

$$(A)_{l_1'} \equiv (A)_{过饱} = A(\mathrm{s})$$

以纯固态组元 A 为标准状态，浓度以摩尔分数表示，析晶过程的摩尔吉布斯自由能变为

$$\Delta G_{\mathrm{m},A} = \mu_{A(\mathrm{s})} - \mu_{(A)_{过饱}} = \mu_{A(\mathrm{s})} - \mu_{(A)_{l_1'}} = -RT\ln a^{\mathrm{R}}_{(A)_{过饱}} = -RT\ln a^{\mathrm{R}}_{(A)_{l_1'}} \tag{8.188}$$

其中，

$$\mu_{A(\mathrm{s})} = \mu^*_{A(\mathrm{s})}$$

$$\mu_{(A)_{过饱}} = \mu_{(A)_{l_1'}} = \mu^*_{A(\mathrm{s})} + RT\ln a^{\mathrm{R}}_{(A)_{过饱}} = \mu^*_{A(\mathrm{s})} + RT\ln a^{\mathrm{R}}_{(A)_{l_1'}}$$

式中，$a^{\mathrm{R}}_{(A)_{l_1'}}$ 和 $a^{\mathrm{R}}_{(A)_{过饱}}$ 分别为温度 T_2 时，在组成为 l_1' 及过饱和溶液中组元 A 的活度。

或如下计算:

$$\Delta G_{\mathrm{m},A}(T_2) = \Delta_{\mathrm{ref}} H_{\mathrm{m},A}(T_2) - T_2 \Delta_{\mathrm{ref}} S_{\mathrm{m},A}(T_2) \tag{8.189}$$

其中，

$$\varDelta_{\mathrm{ref}} H_{\mathrm{m},A}(T_2) \approx \varDelta_{\mathrm{ref}} H_{\mathrm{m},A}(T_1)$$

$$\varDelta_{\mathrm{ref}} S_{\mathrm{m},A}(T_2) \approx \frac{\varDelta_{\mathrm{ref}} H_{\mathrm{m},A}(T_1)}{T_1}$$

式中，$\varDelta_{\mathrm{ref}} H_{\mathrm{m},A}(T_2)$ 和 $\varDelta_{\mathrm{ref}} S_{\mathrm{m},A}(T_2)$ 分别为在温度 T_2 固相 A 和过饱和溶液中 $(A)_{过饱}$ 的热焓差值和熵的差值；$\varDelta_{\mathrm{ref}} H_{\mathrm{m},A}(T_1)$ 为在温度 T_1 平衡状态固相组元 A

与饱和溶液中组元 $(A)_{饱}$ 热焓的差值，即 A 的析晶潜热。有

$$\begin{aligned}\Delta G_{\mathrm{m},A}(T_2) &\approx \varDelta_{\mathrm{ref}} H_{\mathrm{m},A}(T_1) - T_2 \frac{\varDelta_{\mathrm{ref}} H_{\mathrm{m},A}(T_1)}{T_1} \\ &= \frac{\theta_{A,T_2} \varDelta_{\mathrm{ref}} H_{\mathrm{m},A}(T_1)}{T_1} \\ &= \eta_{A,T_2} \varDelta_{\mathrm{ref}} H_{\mathrm{m},A}(T_1)\end{aligned} \tag{8.190}$$

其中，

$$\theta_{A,T_2} = T_1 - T_2 > 0$$

为组元 A 在温度 T_2 的绝对饱和过冷度；

$$\eta_{A,T_2} = \frac{\theta_1}{T_1} = \frac{T_1 - T_2}{T_1}$$

为组元 A 在温度 T_2 的相对饱和过冷度。

直到过饱和溶液 l_1' 成为饱和溶液 l_2，固液两相达成新的平衡，有

$$(A)_{l_2} \equiv (A)_{饱} \rightleftharpoons A(\mathrm{s})$$

3) 从温度 T_1 到 T_p

继续降温，从温度 T_1 到 T_p，平衡液相组成沿着 AM_1 连线的延长线向共熔线 EE_1 移动，并交于共熔线上的 P 点。析晶过程同上，可以统一表述如下。

在温度 T_{i-1}，固相组元 A 与液相平衡，有

$$(A)_{l_{i-1}} \equiv (A)_{饱} \rightleftharpoons A(\mathrm{s})$$

继续降温，温度刚降至 T_i，还未来得及析出固相组元 A 时，在温度 T_{i-1} 时组元 A 的饱和溶液 l_{i-1} 成为组元 A 的过饱和溶液 l_{i-1}'。析出固相组元 A 的过程可以表示为

$$(A)_{l_{i-1}'} \equiv (A)_{过饱} = A(\mathrm{s})$$

以纯固态组元 A 为标准状态，浓度以摩尔分数表示。析晶过程的摩尔吉布斯自由能变为

$$\begin{aligned}\Delta G_{\mathrm{m},A} &= \mu_{A(\mathrm{s})} - \mu_{(A)_{过饱}} = \mu_{A(\mathrm{s})} - \mu_{(A)_{l_{i-1}'}} \\ &= -RT \ln a^{\mathrm{R}}_{(A)_{l_{i-1}'}} = -RT \ln a^{\mathrm{R}}_{(A)_{过饱}}\end{aligned} \tag{8.191}$$

其中，

$$\mu_{A(\mathrm{s})} = \mu^*_{A(\mathrm{s})}$$

$$\mu_{(A)_{过饱}} = \mu_{(A)_{l_{i-1}'}} = \mu^*_{A(\mathrm{s})} + RT \ln a^{\mathrm{R}}_{(A)_{过饱}} = \mu^*_{A(\mathrm{s})} + RT \ln a^{\mathrm{R}}_{(A)_{l_{i-1}'}}$$

式中，$a^{\mathrm{R}}_{(A)_{l'_{i-1}}}$、$a^{\mathrm{R}}_{(A)_{\text{过饱}}}$ 分别为在温度 T_i，溶液 l'_{i-1} 及过饱和溶液中组元 A 的活度。

或者如下计算：

$$\Delta G_{\mathrm{m},A}(T_i) = \frac{\theta_{A,T_i}\Delta_{\mathrm{ref}}H_{\mathrm{m},A}(T_{i-1})}{T_{i-1}} = \eta_{A,T_i}\Delta_{\mathrm{ref}}H_{\mathrm{m},A}(T_{i-1}) \tag{8.192}$$

其中，

$$\theta_{A,T_i} = T_{i-1} - T_i$$

为在温度 T_i 组元 A 的绝对饱和过冷度；

$$\eta_{A,T_i} = \frac{T_{i-1} - T_i}{T_{i-1}}$$

为在温度 T_i 组元 A 的相对饱和过冷度。

直到液相成为组元 A 的饱和溶液 l_i，液固两相达成新的平衡，有

$$(A)_{l_i} \equiv\!\equiv (A)_{\text{饱}} \rightleftharpoons A(\mathrm{s})$$

继续降温。在温度 T_{P-1}，固相组元 A 和液相 l_{P-1} 达成平衡，有

$$(A)_{l_{P-1}} \equiv\!\equiv (A)_{\text{饱}} \rightleftharpoons A(\mathrm{s})$$

温度降到 T_P，平衡液相组成为共熔线 E_1E 上的 P 点，以 l_P 表示。温度刚降到 T_P，固相组元 A 还未来得及析出时，在温度 T_{P-1} 时的平衡液相组成为 l_{P-1} 的组元 A 的饱和溶液成为组元 A 的过饱和溶液 l'_{P-1}，固相组元 A 析出，有

$$(A)_{l'_{P-1}} \equiv\!\equiv (A)_{\text{过饱}} = A(\mathrm{s})$$

以纯固态组元 A 为标准状态，浓度以摩尔分数表示，析晶过程的摩尔吉布斯自由能变为

$$\begin{aligned}\Delta G_{\mathrm{m},A} &= \mu_{A(\mathrm{s})} - \mu_{(A)_{\text{过饱}}} = \mu_{A(\mathrm{s})} - \mu_{(A)_{l'_{P-1}}} \\ &= -RT\ln a^{\mathrm{R}}_{(A)_{l'_{P-1}}} = -RT\ln a^{\mathrm{R}}_{(A)_{\text{过饱}}}\end{aligned} \tag{8.193}$$

其中，

$$\mu_{A(\mathrm{s})} = \mu^*_{A(\mathrm{s})}$$

$$\mu_{(A)_{\text{过饱}}} = \mu^*_{A(\mathrm{s})} + RT\ln a^{\mathrm{R}}_{(A)_{\text{过饱}}} = \mu^*_{A(\mathrm{s})} + RT\ln a^{\mathrm{R}}_{(A)_{l'_{P-1}}}$$

或如下计算：

$$\Delta G_{\mathrm{m},A}(T_P)=\frac{\theta_{A,T_P}\Delta_{\mathrm{ref}}H_{\mathrm{m},A}(T_{P-1})}{T_{P-1}}=\eta_{A,T_P}\Delta_{\mathrm{ref}}H_{\mathrm{m},A}(T_{P-1}) \tag{8.194}$$

其中，

$$\theta_{A,T_P}=T_{p-1}-T_P$$

为组元 A 在温度 T_P 的绝对饱和过冷度；

$$\eta_{A,T_P}=\frac{T_{P-1}-T_P}{T_{P-1}}$$

为组元 A 在温度 T_P 的相对饱和过冷度。

直到液相成为组元 A 和 B 的饱和溶液 l_P，$A(\mathrm{s})$，$B(\mathrm{s})$ 和液相 l_P 三相平衡共存，有

$$(A)_{l_P} \equiv (A)_{饱} \rightleftharpoons A(\mathrm{s})$$

$$(B)_{l_P} \equiv (B)_{饱} \rightleftharpoons B(\mathrm{s})$$

4) 从温度 T_P 到 T_E

继续降温，从温度 T_P 到 T_E，平衡液相组成沿共熔线 EE_1 移动，同时析出固相组元 A 和 B。析晶过程可以统一表示为：在温度 T_{j-1}，析晶过程达成平衡，即固相组元 A 和 B 与液相 l_{j-1} 平衡，有

$$(A)_{l_{j-1}} \equiv (A)_{饱} \rightleftharpoons A(\mathrm{s})$$

$$(B)_{l_{j-1}} \equiv (B)_{饱} \rightleftharpoons B(\mathrm{s})$$

温度降至 T_j，在温度刚降至 T_j，液相 l_{j-1} 还未来得及析出固相组元 A 和 B 时，液相 l_{j-1} 组成未变，但已由温度 T_j 时组元 A、B 的饱和溶液 l_{j-1} 变成组元 A 和 B 的过饱和溶液 l'_{j-1}，析出固相组元 A 和 B，可以表示为

$$(A)_{l'_{j-1}} \equiv (A)_{过饱} = A(\mathrm{s})$$

$$(B)_{l'_{j-1}} \equiv (B)_{过饱} = B(\mathrm{s})$$

以纯固态组元 A 和 B 为标准状态，析晶过程的摩尔吉布斯自由能变为

$$\begin{aligned}\Delta G_{\mathrm{m},A}&=\mu_{A(\mathrm{s})}-\mu_{(A)_{过饱}}=\mu_{A(\mathrm{s})}-\mu_{(A)_{l'_{j-1}}}\\&=-RT\ln a^{\mathrm{R}}_{(A)_{l'_{j-1}}}=-RT\ln a^{\mathrm{R}}_{(A)_{过饱}}\end{aligned} \tag{8.195}$$

其中，

$$\mu_{A(\mathrm{s})}=\mu^*_{A(\mathrm{s})}$$

$$\mu_{(A)_{过饱}} = \mu_{A(\mathrm{s})}^{*} + RT\ln a_{(A)_{过饱}}^{\mathrm{R}} = \mu_{A(\mathrm{s})}^{*} + RT\ln a_{(A)_{l'_{j-1}}}^{\mathrm{R}}$$

$$\begin{aligned}\Delta G_{\mathrm{m},B} &= \mu_{B(\mathrm{s})} - \mu_{(B)_{过饱}} = \mu_{B(\mathrm{s})} - \mu_{(B)_{l'_{j-1}}} \\ &= -RT\ln a_{(B)_{l'_{j-1}}}^{\mathrm{R}} = -RT\ln a_{(B)_{过饱}}^{\mathrm{R}}\end{aligned} \tag{8.196}$$

其中，

$$\mu_{B(\mathrm{s})} = \mu_{B(\mathrm{s})}^{*}$$

$$\mu_{(B)_{过饱}} = \mu_{B(\mathrm{s})}^{*} + RT\ln a_{(B)_{过饱}}^{\mathrm{R}} = \mu_{B(\mathrm{s})}^{*} + RT\ln a_{(B)_{l'_{j-1}}}^{\mathrm{R}}$$

总摩尔吉布斯自由能变为

$$\Delta G_{\mathrm{m,t}} = x_A\Delta G_{\mathrm{m},A} + x_B\Delta G_{\mathrm{m},B} = -RT\left[x_A\ln a_{(A)_{l'_{j-1}}}^{\mathrm{R}} + x_B\ln a_{(B)_{l'_{j-1}}}^{\mathrm{R}}\right] \tag{8.197}$$

或如下计算:

$$\Delta G_{\mathrm{m},A}(T_j) = \frac{\theta_{A,T_j}\Delta_{\mathrm{ref}}H_{\mathrm{m},A}(T_{j-1})}{T_{j-1}} = \eta_{A,T_j}\Delta_{\mathrm{ref}}H_{\mathrm{m},A}(T_{j-1}) \tag{8.198}$$

$$\Delta G_{\mathrm{m},B}(T_j) = \frac{\theta_{B,T_j}\Delta_{\mathrm{ref}}H_{\mathrm{m},B}(T_{j-1})}{T_{j-1}} = \eta_{B,T_j}\Delta_{\mathrm{ref}}H_{\mathrm{m},B}(T_{j-1}) \tag{8.199}$$

其中，

$$\theta_{A,T_j} = T_{j-1} - T_j$$

$$\eta_{A,T_j} = \frac{T_{j-1} - T_j}{T_{j-1}}$$

$$\theta_{B,T_j} = T_{j-1} - T_j$$

$$\eta_{B,T_j} = \frac{T_{j-1} - T_j}{T_{j-1}}$$

总摩尔吉布斯自由能变为

$$\begin{aligned}\Delta G_{\mathrm{m},t}(T_j) &= x_A\Delta G_{\mathrm{m},A}(T_j) + x_B\Delta G_{\mathrm{m},B}(T_j) \\ &= \frac{1}{T_{j-1}}\left[x_A\theta_{A,T_j}\Delta_{\mathrm{ref}}H_{\mathrm{m},A}(T_{j-1}) + x_B\theta_{B,T_j}\Delta_{\mathrm{ref}}H_{\mathrm{m},B}(T_{j-1})\right] \\ &= x_A\eta_{A,T_j}\Delta_{\mathrm{ref}}H_{\mathrm{m},A}(T_{j-1}) + x_B\eta_{B,T_j}\Delta_{\mathrm{ref}}H_{\mathrm{m},B}(T_{j-1})\end{aligned} \tag{8.200}$$

符号意义同前。

在温度 T_{E-1}，析晶过程达成平衡，固相组元 A 和 B 与液相 l_{E-1} 平衡，有

$$(A)_{l_{E-1}} =\!=\!= (A)_{饱} \rightleftharpoons A(\mathrm{s})$$

$$(B)_{l_{E-1}} =\!=\!= (B)_{饱} \rightleftharpoons B(\mathrm{s})$$

温度降到 T_E。当温度刚降到 T_E，在温度 T_{E-1} 的平衡液相 l_{E-1} 还未来得及析出固相组元 A 和 B 时，虽然其组成未变，但已由组元 A、B 的饱和溶液 l_{E-1} 变成组元 A、B 的过饱和溶液 l'_{E-1}，析出组元 A 和 B 的晶体。析晶过程为

$$(A)_{l_{E-1}} \equiv\equiv (A)_{过饱} == A(\mathrm{s})$$

$$(B)_{l_{E-1}} \equiv\equiv (B)_{过饱} == B(\mathrm{s})$$

以纯固态组元 A、B 为标准状态，浓度以摩尔分数表示，析晶过程的摩尔吉布斯自由能变为

$$\begin{aligned}\Delta G_{\mathrm{m},A} &= \mu_{A(\mathrm{s})} - \mu_{(A)_{过饱}} = \mu_{A(\mathrm{s})} - \mu_{(A)_{l'_{E-1}}} \\ &= -RT\ln a^{\mathrm{R}}_{(A)_{过饱}} = -RT\ln a^{\mathrm{R}}_{(A)_{l'_{E-1}}}\end{aligned} \tag{8.201}$$

其中，

$$\mu_{A(\mathrm{s})} = \mu^*_{A(\mathrm{s})}$$

$$\mu_{(A)_{过饱}} = \mu^*_{A(\mathrm{s})} + RT\ln a^{\mathrm{R}}_{(A)_{过饱}} = \mu^*_{A(\mathrm{s})} + RT\ln a^{\mathrm{R}}_{(A)_{l'_{E-1}}}$$

$$\Delta G_{\mathrm{m},B} = \mu_{B(\mathrm{s})} - \mu_{(B)_{过饱}} = -RT\ln a^{\mathrm{R}}_{(B)_{过饱}} = -RT\ln a^{\mathrm{R}}_{(B)_{l'_{E-1}}} \tag{8.202}$$

其中，

$$\mu_{B(\mathrm{s})} = \mu^*_{B(\mathrm{s})}$$

$$\mu_{(B)_{过饱}} = \mu^*_{B(\mathrm{s})} + RT\ln a^{\mathrm{R}}_{(B)_{过饱}} = \mu^*_{B(\mathrm{s})} + RT\ln a^{\mathrm{R}}_{(B)_{l'_{E-1}}}$$

总摩尔吉布斯自由能变为

$$\Delta G_{\mathrm{m},t} = x_A\Delta G_{\mathrm{m},A} + x_B\Delta G_{\mathrm{m},B} = -RT\left(x_A\ln a^{\mathrm{R}}_{(A)_{l'_{E-1}}} + x_B\ln a^{\mathrm{R}}_{(A)_{l'_{E-1}}}\right) \tag{8.203}$$

或如下计算：

$$\Delta G_{\mathrm{m},A}(T_E) = \frac{\theta_{A,T_E}\Delta_{\mathrm{ref}}H_{\mathrm{m},A}(T_{E-1})}{T_{E-1}} = \eta_{A,T_E}\Delta_{\mathrm{ref}}H_{\mathrm{m},A}(T_{E-1}) \tag{8.204}$$

$$\Delta G_{\mathrm{m},B}(T_E) = \frac{\theta_{B,T_E}\Delta_{\mathrm{ref}}H_{\mathrm{m},B}(T_{E-1})}{T_{E-1}} = \eta_{B,T_E}\Delta_{\mathrm{ref}}H_{\mathrm{m},B}(T_{E-1}) \tag{8.205}$$

其中，

$$T_{E-1} > T_E$$

$$\theta_{J,T_E} = T_{E-1} - T_E$$

$$\eta_{J,T_E} = \frac{T_{E-1} - T_E}{T_{E-1}}$$

$$(J = A, B)$$

总摩尔吉布斯自由能变为

$$\begin{aligned}\Delta G_{\mathrm{m},t}\left(T_E\right) &= x_A \Delta G_{\mathrm{m},A}\left(T_E\right) + x_B \Delta G_{\mathrm{m},B}\left(T_E\right) \\ &= \frac{1}{T_{E-1}}\left[x_A \theta_{A,T_E} \Delta_{\mathrm{ref}} H_{\mathrm{m},A}\left(T_{E-1}\right) + x_B \theta_{B,T_E} \Delta_{\mathrm{ref}} H_{\mathrm{m},B}\left(T_{E-1}\right)\right] \\ &= x_A \eta_{A,T_E} \Delta_{\mathrm{ref}} H_{\mathrm{m},A}\left(T_{E-1}\right) + x_B \eta_{B,T_E} \Delta_{\mathrm{ref}} H_{\mathrm{m},B}\left(T_{E-1}\right)\end{aligned} \tag{8.206}$$

直到液相成为组元 A、B 和 C 的饱和溶液 $E\,(\mathrm{l})$，液固相达成新的平衡，有

$$(A)_{E(\mathrm{l})} \equiv (A)_{饱} \rightleftharpoons A(\mathrm{s})$$

$$(B)_{E(\mathrm{l})} \equiv (B)_{饱} \rightleftharpoons B(\mathrm{s})$$

$$(C)_{E(\mathrm{l})} \equiv (C)_{饱} \rightleftharpoons C(\mathrm{s})$$

在温度 T_E，液相 $E\,(\mathrm{l})$ 是组元 A、B 和 C 的饱和溶液。液相 $E\,(\mathrm{l})$ 和固相 A、B、C 四相平衡共存，有

$$E(\mathrm{l}) \rightleftharpoons A(\mathrm{s}) + B(\mathrm{s}) + C(\mathrm{s})$$

析晶在平衡状态下进行，摩尔吉布斯自由能变化为零，有

$$\Delta G_{\mathrm{m},A} = 0$$

$$\Delta G_{\mathrm{m},B} = 0$$

$$\Delta G_{\mathrm{m},C} = 0$$

总摩尔吉布斯自由能变化为

$$\Delta G_{\mathrm{m,t}} = x_A \Delta G_{\mathrm{m},A} + x_B \Delta G_{\mathrm{m},B} + x_C \Delta G_{\mathrm{m},C} = 0$$

5) 温度降至 T_E 以下

温度降到 T_E 以下，如果上述的反应没有进行完，就会继续进行，是在非平衡状态进行。描述如下。

温度降至 T_k。在温度 T_k，固相组元 A、B、C 的平衡液相分别为 l_k、q_k、g_k。温度刚降至 T_k，还未来得及析出固相组元 A、B、C 时，溶液 $E\,(\mathrm{l})$ 的组成未变，但已由组元 A、B、C 的饱和溶液 $E\,(\mathrm{l})$ 变成组元 A、B、C 的过饱和溶液 $E_k\,(\mathrm{l})$。析出固相组元 A、B、C。

(1) 组元 A、B、C 同时析出，有

$$E_k\,(\mathrm{l}) = A\,(\mathrm{s}) + B\,(\mathrm{s}) + C\,(\mathrm{s})$$

即

$$(A)_{过饱} \equiv (A)_{E_k(1)} = A(\mathrm{s})$$

$$(B)_{过饱} \equiv (B)_{E_k(1)} = B(\mathrm{s})$$

$$(C)_{过饱} \equiv (C)_{E_k(1)} = C(\mathrm{s})$$

如果组元 A、B、C 同时析出，可以保持 $E_k(1)$ 组成不变，析出的组元 A、B、C 均匀混合。

固体组元 A、B、C 和溶液中的组元 A、B、C 都以纯固态为标准状态，浓度以摩尔分数表示。上述过程的摩尔吉布斯自由能变化为

$$\begin{aligned}\Delta G_{\mathrm{m},A} &= \mu_{A(\mathrm{s})} - \mu_{(A)_{过饱}} \\ &= \mu_{A(\mathrm{s})} - \mu_{(A)_{E_k(1)}} \\ &= -RT\ln a^{\mathrm{R}}_{(A)_{过饱}} = -RT\ln a^{\mathrm{R}}_{(A)_{E_k(1)}}\end{aligned} \tag{8.207}$$

$$\begin{aligned}\Delta G_{\mathrm{m},B} &= \mu_{B(\mathrm{s})} - \mu_{(B)_{过饱}} \\ &= \mu_{B(\mathrm{s})} - \mu_{(B)_{E_k(1)}} \\ &= -RT\ln a^{\mathrm{R}}_{(B)_{过饱}} = -RT\ln a^{\mathrm{R}}_{(B)_{E_k(1)}}\end{aligned} \tag{8.208}$$

$$\begin{aligned}\Delta G_{\mathrm{m},C} &= \mu_{C(\mathrm{s})} - \mu_{(C)_{过饱}} \\ &= \mu_{C(\mathrm{s})} - \mu_{(C)_{E_k(1)}} \\ &= -RT\ln a^{\mathrm{R}}_{(C)_{过饱}} = -RT\ln a^{\mathrm{R}}_{(C)_{E_k(1)}}\end{aligned} \tag{8.209}$$

$$\Delta G_{\mathrm{m},A}(T_k) = \frac{\theta_{A,T_k}\Delta H_{\mathrm{m},A}(T_E)}{T_E} = \eta_{A,T_k}\Delta H_{\mathrm{m},A}(T_E)$$

$$\Delta G_{\mathrm{m},B}(T_k) = \frac{\theta_{B,T_k}\Delta H_{\mathrm{m},B}(T_E)}{T_E} = \eta_{B,T_k}\Delta H_{\mathrm{m},B}(T_E)$$

$$\Delta G_{\mathrm{m},C}(T_k) = \frac{\theta_{C,T_k}\Delta H_{\mathrm{m},C}(T_E)}{T_E} = \eta_{C,T_k}\Delta H_{\mathrm{m},C}(T_E)$$

式中，

$$\theta_{J,T_k} = T_E - T_k$$

$$\eta_{J,T_k} = \frac{T_E - T_k}{T_E}$$

$$(J = A, B, C)$$

$$\Delta H_{\mathrm{m},A}(T_E) = H_{\mathrm{m},A(\mathrm{s})}(T_E) - \bar{H}_{\mathrm{m},(A)_{E(1)}}(T_E)$$

$$\Delta H_{\mathrm{m},B}(T_E) = H_{\mathrm{m},B(\mathrm{s})}(T_E) - \bar{H}_{\mathrm{m},(B)_{E(1)}}(T_E)$$

$$\Delta H_{\mathrm{m},C}\left(T_E\right)=H_{\mathrm{m},C(\mathrm{s})}\left(T_E\right)-\bar{H}_{\mathrm{m},(C)_{E(1)}}\left(T_E\right)$$

(2) 组元 A、B、C 依次析出，即先析出组元 A，再析出组元 B，然后析出组元 C

组元 A 先析出，有

$$(A)_{过饱} \equiv (A)_{E_k(1)} = A(\mathrm{s})$$

随着组元 A 的析出，组元 B 和 C 的过饱和程度会增大，溶液的组成会偏离共晶点 $E(1)$，向组元 A 的平衡相 l_k 靠近，以 l_k' 表示，达到一定程度后，组元 B 会析出，可以表示为

$$(B)_{过饱} \equiv (B)_{l_k'} = B(\mathrm{s})$$

随着组元 A 和 B 的析出，组元 C 的过饱和程度增大，溶液的组成又向组元 B 的平衡相 q_k 靠近，以 $l_k'q_k'$ 表示，达到一定程度后，组元 C 会析出，可以表示为

$$(C)_{过饱} \equiv (C)_{l_k'q_k'} = C(\mathrm{s})$$

随着组元 B、C 的析出，组元 A 的过饱和程度增大，溶液的组成向组元 C 的平衡相 g_k 靠近，以 g_k' 表示。达到一定程度后，组元 A 又析出，有

$$g_k' = A_{(\mathrm{s})}$$

即

$$(A)_{过饱} \equiv (A)_{g_k'} = A(\mathrm{s})$$

就这样，组元 A、B、C 交替析出。直到溶液 $E(1)$ 完全转化为固相组元 A、B、C。

以纯固态组元 A、B、C 为标准状态，析晶过程的摩尔吉布斯自由能变化为

$$\begin{aligned}\Delta G_{\mathrm{m},A}&=\mu_{A(\mathrm{s})}-\mu_{(A)_{过饱}}\\&=\mu_{A(\mathrm{s})}-\mu_{(A)_{E_k(1)}}\\&=-RT\ln a^{\mathrm{R}}_{(A)_{过饱}}=-RT\ln a^{\mathrm{R}}_{(A)_{E_k(1)}}\end{aligned} \tag{8.210}$$

$$\begin{aligned}\Delta G_{\mathrm{m},B}&=\mu_{B(\mathrm{s})}-\mu_{(B)_{过饱}}\\&=\mu_{B(\mathrm{s})}-\mu_{(B)_{l_k'}}\\&=-RT\ln a^{\mathrm{R}}_{(B)_{过饱}}=-RT\ln a^{\mathrm{R}}_{(B)_{l_k'}}\end{aligned} \tag{8.211}$$

$$\begin{aligned}\Delta G_{\mathrm{m},C}&=\mu_{C(\mathrm{s})}-\mu_{(C)_{过饱}}\\&=\mu_{C(\mathrm{s})}-\mu_{(C)_{l_k'q_k'}}\\&=-RT\ln a^{\mathrm{R}}_{(C)_{过饱}}=-RT\ln a^{\mathrm{R}}_{(C)_{l_k'q_k'}}\end{aligned} \tag{8.212}$$

再析出组元 A

$$\begin{aligned}\Delta G_{\mathrm{m},A} &= \mu_{C(\mathrm{s})} - \mu_{(A)_{\text{过饱}}} \\ &= \mu_{A(\mathrm{s})} - \mu_{(A)_{g'_k}} \\ &= -RT\ln a^{\mathrm{R}}_{(A)_{\text{过饱}}} = -RT\ln a^{\mathrm{R}}_{(A)_{g'_k}}\end{aligned} \tag{8.213}$$

或者

$$\Delta G_{\mathrm{m},A}(T_k) = \frac{\theta_{A,T_k}\Delta H_{\mathrm{m},A}(T_E)}{T_E} = \eta_{A,T_k}\Delta H_{\mathrm{m},A}(T_E)$$

$$\Delta G_{\mathrm{m},B}(T_k) = \frac{\theta_{B,T_k}\Delta H_{\mathrm{m},B}(T_E)}{T_E} = \eta_{B,T_k}\Delta H_{\mathrm{m},B}(T_E)$$

$$\Delta G_{\mathrm{m},C}(T_k) = \frac{\theta_{C,T_k}\Delta H_{\mathrm{m},C}(T_E)}{T_E} = \eta_{C,T_k}\Delta H_{\mathrm{m},C}(T_E)$$

式中

$$\Delta H_{\mathrm{m},A}(T_E) = H_{\mathrm{m},A(\mathrm{s})}(T_E) - \bar{H}_{\mathrm{m},(A)_{E(l)}}(T_E)$$

$$\Delta H_{\mathrm{m},B}(T_E) = H_{\mathrm{m},B(\mathrm{s})}(T_E) - \bar{H}_{\mathrm{m},(B)_{E(\mathrm{l})}}(T_E)$$

$$\Delta H_{\mathrm{m},C}(T_E) = H_{\mathrm{m},C(\mathrm{s})}(T_E) - \bar{H}_{\mathrm{m},(B)_{E(\mathrm{l})}}(T_E)$$

$$\theta_{J,T_k} = T_E - T_k$$

$$\eta_{J,T_k} = \frac{T_E - T_k}{T_E}$$

$$(J = A, B, C)$$

(3) 组元 A 先析出，然后组元 B、C 同时析出

可以表示为

$$E_k(\mathrm{l}) = A(\mathrm{s})$$

即

$$(A)_{\text{过饱}} \equiv (A)_{E_k(\mathrm{l})} = A(\mathrm{s})$$

随着组元 A 的析出，组元 B、C 的过饱和程度增大，溶液组成会偏离 $E_k(\mathrm{l})$，向组元 A 的平衡相 l_k 靠近，以 l'_k 表示。达到一定程度后，组元 B、C 同时析出，有

$$(B)_{\text{过饱}} \equiv (B)_{l'_k} = B(\mathrm{s})$$

$$(C)_{\text{过饱}} \equiv (C)_{l'_k} = C(\mathrm{s})$$

随着组元 B、C 的析出，组元 A 的过饱和程度增大，溶液组成向组元 B 和 C 的平衡相 q_k 和 g_k 靠近，以 $q_k'g_k'$ 表示。达到一定程度，组元 A 又析出。可以表示为

$$(A)_{过饱} \equiv\!\equiv (A)_{q_k'g_k'} \equiv\!\equiv A(\mathrm{s})$$

组元 A 和组元 B、C 交替析出，析出的组元 A 单独存在，组元 B 和组元 C 聚在一起。

如此循环，直到固溶体 $E_k(1)$ 完全变成组元 A、B、C。

以纯固态组元 A、B、C 为标准状态，析晶过程的摩尔吉布斯自由能变化

$$\begin{aligned}\Delta G_{\mathrm{m},A} &= \mu_{A(\mathrm{s})} - \mu_{(A)_{过饱}} \\ &= \mu_{A(\mathrm{s})} - \mu_{(A)_{E_k(1)}} \\ &= -RT\ln a^{\mathrm{R}}_{(A)_{过饱}} = -RT\ln a^{\mathrm{R}}_{(A)_{E_k(1)}} \end{aligned} \tag{8.214}$$

$$\begin{aligned}\Delta G_{\mathrm{m},B} &= \mu_{B(\mathrm{s})} - \mu_{(B)_{过饱}} \\ &= \mu_{B(\mathrm{s})} - \mu_{(B)_{l_k'}} \\ &= -RT\ln a^{\mathrm{R}}_{(B)_{过饱}} = -RT\ln a^{\mathrm{R}}_{(B)_{l_k'}} \end{aligned}$$

$$\begin{aligned}\Delta G_{\mathrm{m},C} &= \mu_{C(\mathrm{s})} - \mu_{(C)_{过饱}} \\ &= \mu_{C(\mathrm{s})} - \mu_{(C)_{l_k'}} \\ &= -RT\ln a^{\mathrm{R}}_{(C)_{过饱}} = -RT\ln a^{\mathrm{R}}_{(C)_{l_k'}} \end{aligned}$$

$$\begin{aligned}\Delta G'_{\mathrm{m},A} &= \mu_{A(\mathrm{s})} - \mu_{(A)_{过饱}} \\ &= \mu_{A(\mathrm{s})} - \mu_{(A)_{q_k'g_k'}} \\ &= -RT\ln a^{\mathrm{R}}_{(A)_{过饱}} = -RT\ln a^{\mathrm{R}}_{(A)_{q_k'g_k'}} \end{aligned}$$

或者

$$\Delta G_{\mathrm{m},A}(T_k) = \frac{\theta_{A,T_k}\Delta H_{\mathrm{m},A}(T_E)}{T_E} = \eta_{A,T_k}\Delta H_{\mathrm{m},A}(T_E)$$

$$\Delta G_{\mathrm{m},B}(T_k) = \frac{\theta_{B,T_k}\Delta H_{\mathrm{m},B}(T_E)}{T_E} = \eta_{B,T_k}\Delta H_{\mathrm{m},B}(T_E)$$

$$\Delta G_{\mathrm{m},C}(T_k) = \frac{\theta_{C,T_k}\Delta H_{\mathrm{m},C}(T_E)}{T_E} = \eta_{C,T_k}\Delta H_{\mathrm{m},C}(T_E)$$

$$\Delta G'_{\mathrm{m},A}(T_k) = \frac{\theta_{A,T_k}\Delta H'_{\mathrm{m},A}(T_E)}{T_E} = \eta_{A,T_k}\Delta H_{\mathrm{m},A}(T_E)$$

式中

$$\Delta H_{\mathrm{m},A}(T_E) = H_{\mathrm{m},A(\mathrm{s})}(T_E) - \bar{H}_{\mathrm{m},(A)_{E(1)}}(T_E)$$

$$\Delta H_{\mathrm{m},B}(T_E)=H_{\mathrm{m},B(\mathrm{s})}(T_E)-\bar{H}_{\mathrm{m},(B)_{E(\mathrm{l})}}(T_E)$$

$$\Delta H_{\mathrm{m},C}(T_E)=H_{\mathrm{m},C(\mathrm{s})}(T_E)-\bar{H}_{\mathrm{m},(C)_{E(\mathrm{l})}}(T_E)$$

$$\Delta H'_{\mathrm{m},A}(T_E)=H_{\mathrm{m},A(\mathrm{s})}(T_E)-\bar{H}_{\mathrm{m},(A)_{E(\mathrm{l})}}(T_E)$$

$$\theta_{J,T_k}=T_E-T_k$$

$$\eta_{J,T_k}=\frac{T_E-T_k}{T_E}$$

$$(J=A,B,C)$$

(4) 组元 A 和组元 B 先同时析出，然后组元 C 析出

可以表示为

$$E_k(\mathrm{l}) = A(\mathrm{s})+B(\mathrm{s})$$

即

$$(A)_{过饱} = (A)_{E_k(\mathrm{l})} = A(\mathrm{s})$$

$$(B)_{过饱} = (B)_{E_k(\mathrm{l})} = B(\mathrm{s})$$

随着组元 A、B 的析出，组元 C 的过饱和程度增大，溶液组成会偏离 $E_k(\mathrm{l})$，向组元 A 和组元 B 的平衡相 l_k 和 q_k 靠近，以 $l'_kq'_k$ 表示。达到一定程度后，组元 C 析出有

$$(C)_{过饱} = (C)_{l'_kq'_k} = C(\mathrm{s})$$

随着组元 C 的析出，组元 A、B 的过饱和程度增大，溶液组成向组元 C 的平衡相 g_k 靠近，以 g'_k 表示。达到一定程度，组元 A 和 B 析出，有

$$g'_k=A(\mathrm{s})+B(\mathrm{s})$$

即

$$(A)_{过饱} = (A)_{g'_k} = A(\mathrm{s})$$

$$(B)_{过饱} = (B)_{g'_k} = B(\mathrm{s})$$

组元 A、B 和 C 交替析出。析出的组元 A、B 聚在一起，组元 C 单独存在。如此循环，直到降温，再重复上述过程。

以纯组元 A、B、C 的固体为标准状态，析晶过程的摩尔吉布斯自由能变化为

$$\begin{aligned}\Delta G_{\mathrm{m},A}&=\mu_{A(\mathrm{s})}-\mu_{(A)_{过饱}}\\&=\mu_{A(\mathrm{s})}-\mu_{(A)_{E_k(\mathrm{l})}}\\&=-RT\ln a^{\mathrm{R}}_{(A)_{过饱}}=-RT\ln a^{\mathrm{R}}_{(A)_{E_k(\mathrm{l})}}\end{aligned}$$

$$\begin{aligned}\Delta G_{m,B} &= \mu_{B(s)} - \mu_{(B)_{过饱}} \\ &= \mu_{B(s)} - \mu_{(B)_{l'_k}} \\ &= -RT\ln a^{R}_{(B)_{过饱}} = -RT\ln a^{R}_{(B)_{l'_k}}\end{aligned}$$

$$\begin{aligned}\Delta G_{m,C} &= \mu_{C(s)} - \mu_{(C)_{过饱}} \\ &= \mu_{C(s)} - \mu_{(C)_{l'_k}} \\ &= -RT\ln a^{R}_{(C)_{过饱}} = -RT\ln a^{R}_{(C)_{l'_k q'_k}}\end{aligned}$$

再析出组元 A 和 B

$$\begin{aligned}\Delta G'_{m,A} &= \mu_{A(s)} - \mu_{(A)_{过饱}} \\ &= \mu_{A(s)} - \mu_{(A)_{g'_k}} \\ &= -RT\ln a^{R}_{(A)_{过饱}} = -RT\ln a^{R}_{(A)_{g'_k}}\end{aligned}$$

$$\begin{aligned}\Delta G'_{m,B} &= \mu_{B(s)} - \mu_{(B)_{过饱}} \\ &= \mu_{B(s)} - \mu_{(B)_{g'_k}} \\ &= -RT\ln a^{R}_{(B)_{过饱}} = -RT\ln a^{R}_{(B)_{g'_k}}\end{aligned}$$

或者

$$\Delta G_{m,A}(T_k) = \frac{\theta_{A,T_k}\Delta H_{m,A}(T_E)}{T_E} = \eta_{A,T_k}\Delta H_{m,A}(T_E)$$

$$\Delta G_{m,B}(T_k) = \frac{\theta_{B,T_k}\Delta H_{m,B}(T_E)}{T_E} = \eta_{B,T_k}\Delta H_{m,B}(T_E)$$

$$\Delta G_{m,C}(T_k) = \frac{\theta_{C,T_k}\Delta H_{m,C}(T_E)}{T_E} = \eta_{C,T_k}\Delta H_{m,C}(T_E)$$

$$\Delta G'_{m,A}(T_k) = \frac{\theta_{A,T_k}\Delta H'_{m,A}(T_E)}{T_E} = \eta_{A,T_k}\Delta H_{m,A}(T_E)$$

$$\Delta G'_{m,B}(T_k) = \frac{\theta_{B,T_k}\Delta H'_{m,B}(T_E)}{T_E} = \eta_{B,T_k}\Delta H'_{m,B}(T_E)$$

式中

$$\Delta H_{m,A}(T_E) = H_{m,A(s)}(T_E) - \bar{H}_{m,(A)_{E(l)}}(T_E)$$

$$\Delta H_{m,B}(T_E) = H_{m,B(s)}(T_E) - \bar{H}_{m,(B)_{E(l)}}(T_E)$$

$$\Delta H_{m,C}(T_E) = H_{m,C(s)}(T_E) - \bar{H}_{m,(C)_{E(l)}}(T_E)$$

$$\Delta H'_{m,A}(T_E) = H_{m,A(s)}(T_E) - \bar{H}_{m,(A)_{E(l)}}(T_E)$$

$$\Delta H'_{\mathrm{m},B}(T_E) = H_{m,B(\mathrm{s})}(T_E) - \bar{H}_{\mathrm{m},(B)_{E(\mathrm{l})}}(T_E)$$

$$\theta_{J,T_k} = T_E - T_k$$

$$\eta_{J,T_k} = \frac{T_E - T_k}{T_E}$$

$$J = A、B、C$$

2. 凝固速率

1) 在温度 T_2

在压力恒定，温度为 T_2，从单位体积液相 l_1' 中析出固相组元 A 晶体的速率为

$$\begin{aligned}\frac{\mathrm{d}n_{A(\mathrm{s})}}{\mathrm{d}t} &= -\frac{\mathrm{d}n_{(A)_{l_1'}}}{\mathrm{d}t} = j_A \\ &= -l_1\left(\frac{A_{\mathrm{m},A}}{T}\right) - l_2\left(\frac{A_{\mathrm{m},A}}{T}\right)^2 - l_3\left(\frac{A_{\mathrm{m},A}}{T}\right)^3 - \cdots\end{aligned} \tag{8.215}$$

其中，

$$A_{\mathrm{m},A} = \Delta G_{\mathrm{m},A}$$

2) 从温度 T_2 到温度 T_p

压力恒定，在温度温度 T_i，从单位体积液相中析晶速率为

$$\begin{aligned}\frac{\mathrm{d}n_{A(\mathrm{s})}}{\mathrm{d}t} &= -\frac{\mathrm{d}n_{(A)_{l_{i-1}'}}}{\mathrm{d}t} = j_A \\ &= -l_1\left(\frac{A_{\mathrm{m},A}}{T}\right) - l_2\left(\frac{A_{\mathrm{m},A}}{T}\right)^2 - l_3\left(\frac{A_{\mathrm{m},A}}{T}\right)^3 - \cdots\end{aligned} \tag{8.216}$$

其中，

$$A_{\mathrm{m},A} = \Delta G_{\mathrm{m},A}$$

3) 从温度 T_{P+1} 到 T_E

压力恒定，在温度温度 T_i，不考虑耦合作用，析出组元 A 和 B 晶体的速率分别为

$$\begin{aligned}\frac{\mathrm{d}n_{A(\mathrm{s})}}{\mathrm{d}t} &= -\frac{\mathrm{d}n_{(A)_{l_{j-1}'}}}{\mathrm{d}t} = j_A \\ &= -l_1\left(\frac{A_{\mathrm{m},A}}{T}\right) - l_2\left(\frac{A_{\mathrm{m},A}}{T}\right)^2 - l_3\left(\frac{A_{\mathrm{m},A}}{T}\right)^3 - \cdots\end{aligned} \tag{8.217}$$

$$\begin{aligned}\frac{\mathrm{d}n_{B(\mathrm{s})}}{\mathrm{d}t} &= -\frac{\mathrm{d}n_{(B)_{l_{j-1}'}}}{\mathrm{d}t} = j_B \\ &= -l_1\left(\frac{A_{\mathrm{m},B}}{T}\right) - l_2\left(\frac{A_{\mathrm{m},B}}{T}\right)^2 - l_3\left(\frac{A_{\mathrm{m},B}}{T}\right)^3 - \cdots\end{aligned} \tag{8.218}$$

考虑耦合作用，有

$$\begin{aligned}\frac{\mathrm{d}n_{A(\mathrm{s})}}{\mathrm{d}t} =& -\frac{\mathrm{d}n_{(A)_{l'_{j-1}}}}{\mathrm{d}t} = j_A \\ =& -l_{11}\left(\frac{A_{\mathrm{m},A}}{T}\right) - l_{12}\left(\frac{A_{\mathrm{m},B}}{T}\right) - l_{111}\left(\frac{A_{\mathrm{m},A}}{T}\right)^2 \\ & -l_{112}\left(\frac{A_{\mathrm{m},A}}{T}\right)\left(\frac{A_{\mathrm{m},B}}{T}\right) - l_{122}\left(\frac{A_{\mathrm{m},B}}{T}\right)^2 \\ & -l_{1111}\left(\frac{A_{\mathrm{m},A}}{T}\right)^3 - l_{1112}\left(\frac{A_{\mathrm{m},A}}{T}\right)^2\left(\frac{A_{\mathrm{m},B}}{T}\right) \\ & -l_{1122}\left(\frac{A_{\mathrm{m},A}}{T}\right)\left(\frac{A_{\mathrm{m},B}}{T}\right)^2 - l_{1222}\left(\frac{A_{\mathrm{m},B}}{T}\right)^3 - \cdots\end{aligned} \tag{8.219}$$

$$\begin{aligned}\frac{\mathrm{d}n_{B(\mathrm{s})}}{\mathrm{d}t} =& -\frac{\mathrm{d}n_{(B)_{l'_{j-1}}}}{\mathrm{d}t} = j_B \\ =& -l_{21}\left(\frac{A_{\mathrm{m},A}}{T}\right) - l_{22}\left(\frac{A_{\mathrm{m},B}}{T}\right) - l_{211}\left(\frac{A_{\mathrm{m},A}}{T}\right)^2 \\ & -l_{212}\left(\frac{A_{\mathrm{m},A}}{T}\right)\left(\frac{A_{\mathrm{m},B}}{T}\right) - l_{222}\left(\frac{A_{\mathrm{m},B}}{T}\right)^2 \\ & -l_{2111}\left(\frac{A_{\mathrm{m},A}}{T}\right)^3 - l_{2112}\left(\frac{A_{\mathrm{m},A}}{T}\right)^2\left(\frac{A_{\mathrm{m},B}}{T}\right) \\ & -l_{2122}\left(\frac{A_{\mathrm{m},A}}{T}\right)\left(\frac{A_{\mathrm{m},B}}{T}\right)^2 - l_{2222}\left(\frac{A_{\mathrm{m},B}}{T}\right)^3 - \cdots\end{aligned} \tag{8.220}$$

式中，

$$A_{\mathrm{m},A} = \Delta G_{\mathrm{m},A}$$

$$A_{\mathrm{m},B} = \Delta G_{\mathrm{m},B}$$

4) 在温度 T_E 以下

压力恒定，在温度 T_E 以下的 T_k，固态组元 A、B、C 同时析出。不考虑耦合作用，有

$$\begin{aligned}\frac{\mathrm{d}n_{A(\mathrm{s})}}{\mathrm{d}t} &= -\frac{\mathrm{d}n_{(A)_{E_k(\mathrm{l})}}}{\mathrm{d}t} = j_A \\ &= -l_1\left(\frac{A_{\mathrm{m},A}}{T}\right) - l_2\left(\frac{A_{\mathrm{m},A}}{T}\right)^2 - l_3\left(\frac{A_{\mathrm{m},A}}{T}\right)^3 - \cdots\end{aligned} \tag{8.221}$$

$$\begin{aligned}\frac{\mathrm{d}n_{B(\mathrm{s})}}{\mathrm{d}t} &= -\frac{\mathrm{d}n_{(B)_{E_k(\mathrm{l})}}}{\mathrm{d}t} = j_B \\ &= -l_1\left(\frac{A_{\mathrm{m},B}}{T}\right) - l_2\left(\frac{A_{\mathrm{m},B}}{T}\right)^2 - l_3\left(\frac{A_{\mathrm{m},B}}{T}\right)^3 - \cdots\end{aligned} \tag{8.222}$$

$$\begin{aligned}\frac{\mathrm{d}n_{C(\mathrm{s})}}{\mathrm{d}t} &= -\frac{\mathrm{d}n_{(C)_{E_k(1)}}}{\mathrm{d}t} = j_C \\ &= -l_1\left(\frac{A_{\mathrm{m},C}}{T}\right) - l_2\left(\frac{A_{\mathrm{m},C}}{T}\right)^2 - l_3\left(\frac{A_{\mathrm{m},C}}{T}\right)^3 - \cdots\end{aligned} \tag{8.223}$$

考虑耦合作用，有

$$\begin{aligned}\frac{\mathrm{d}n_{A(\mathrm{s})}}{\mathrm{d}t} &= -\frac{\mathrm{d}n_{(A)_{E_k(1)}}}{\mathrm{d}t} = j_A \\ &= -l_{11}\left(\frac{A_{\mathrm{m},A}}{T}\right) - l_{12}\left(\frac{A_{\mathrm{m},B}}{T}\right) - l_{13}\left(\frac{A_{\mathrm{m},C}}{T}\right) - l_{111}\left(\frac{A_{\mathrm{m},A}}{T}\right)^2 \\ &\quad - l_{112}\left(\frac{A_{\mathrm{m},A}}{T}\right)\left(\frac{A_{\mathrm{m},B}}{T}\right) - l_{113}\left(\frac{A_{\mathrm{m},A}}{T}\right)\left(\frac{A_{\mathrm{m},C}}{T}\right) \\ &\quad - l_{122}\left(\frac{A_{\mathrm{m},B}}{T}\right)^2 - l_{123}\left(\frac{A_{\mathrm{m},B}}{T}\right)\left(\frac{A_{\mathrm{m},C}}{T}\right) \\ &\quad - l_{133}\left(\frac{A_{\mathrm{m},C}}{T}\right)^2 - l_{1111}\left(\frac{A_{\mathrm{m},A}}{T}\right)^3 - l_{1112}\left(\frac{A_{\mathrm{m},A}}{T}\right)^2\left(\frac{A_{\mathrm{m},B}}{T}\right) \\ &\quad - l_{1113}\left(\frac{A_{\mathrm{m},A}}{T}\right)^2\left(\frac{A_{\mathrm{m},C}}{T}\right) - l_{1122}\left(\frac{A_{\mathrm{m},A}}{T}\right)\left(\frac{A_{\mathrm{m},B}}{T}\right)^2 \\ &\quad - l_{1123}\left(\frac{A_{\mathrm{m},A}}{T}\right)\left(\frac{A_{\mathrm{m},B}}{T}\right)\left(\frac{A_{\mathrm{m},C}}{T}\right) - l_{1133}\left(\frac{A_{\mathrm{m},A}}{T}\right)\left(\frac{A_{\mathrm{m},C}}{T}\right)^2 \\ &\quad - l_{1222}\left(\frac{A_{\mathrm{m},B}}{T}\right)^3 - l_{1223}\left(\frac{A_{\mathrm{m},B}}{T}\right)^2\left(\frac{A_{\mathrm{m},C}}{T}\right) \\ &\quad - l_{1233}\left(\frac{A_{\mathrm{m},B}}{T}\right)\left(\frac{A_{\mathrm{m},C}}{T}\right)^2 - l_{1222}\left(\frac{A_{\mathrm{m},C}}{T}\right)^3 - \cdots\end{aligned} \tag{8.224}$$

$$\begin{aligned}\frac{\mathrm{d}n_{B(\mathrm{s})}}{\mathrm{d}t} &= -\frac{\mathrm{d}n_{(B)_{E_k(1)}}}{\mathrm{d}t} = j_B \\ &= -l_{21}\left(\frac{A_{\mathrm{m},A}}{T}\right) - l_{22}\left(\frac{A_{\mathrm{m},B}}{T}\right) - l_{23}\left(\frac{A_{\mathrm{m},C}}{T}\right) - l_{211}\left(\frac{A_{\mathrm{m},A}}{T}\right)^2 \\ &\quad - l_{212}\left(\frac{A_{\mathrm{m},A}}{T}\right)\left(\frac{A_{\mathrm{m},B}}{T}\right) - l_{213}\left(\frac{A_{\mathrm{m},A}}{T}\right)\left(\frac{A_{\mathrm{m},C}}{T}\right) \\ &\quad - l_{222}\left(\frac{A_{\mathrm{m},B}}{T}\right)^2 - l_{223}\left(\frac{A_{\mathrm{m},B}}{T}\right)\left(\frac{A_{\mathrm{m},C}}{T}\right) \\ &\quad - l_{233}\left(\frac{A_{\mathrm{m},C}}{T}\right)^2 - l_{2111}\left(\frac{A_{\mathrm{m},A}}{T}\right)^3 - l_{2112}\left(\frac{A_{\mathrm{m},A}}{T}\right)^2\left(\frac{A_{\mathrm{m},B}}{T}\right) \\ &\quad - l_{2113}\left(\frac{A_{\mathrm{m},A}}{T}\right)^2\left(\frac{A_{\mathrm{m},C}}{T}\right) - l_{2122}\left(\frac{A_{\mathrm{m},A}}{T}\right)\left(\frac{A_{\mathrm{m},B}}{T}\right)^2 \\ &\quad - l_{2123}\left(\frac{A_{\mathrm{m},A}}{T}\right)\left(\frac{A_{\mathrm{m},B}}{T}\right)\left(\frac{A_{\mathrm{m},C}}{T}\right) - l_{2133}\left(\frac{A_{\mathrm{m},A}}{T}\right)\left(\frac{A_{\mathrm{m},C}}{T}\right)^2\end{aligned} \tag{8.225}$$

$$-l_{2222}\left(\frac{A_{\mathrm{m},B}}{T}\right)^3-l_{2223}\left(\frac{A_{\mathrm{m},B}}{T}\right)^2\left(\frac{A_{\mathrm{m},C}}{T}\right)$$
$$-l_{2233}\left(\frac{A_{\mathrm{m},B}}{T}\right)\left(\frac{A_{\mathrm{m},C}}{T}\right)^2-l_{2333}\left(\frac{A_{\mathrm{m},C}}{T}\right)^3-\cdots$$

$$\begin{aligned}
\frac{\mathrm{d}n_{C(\mathrm{s})}}{\mathrm{d}t}=&-\frac{\mathrm{d}n_{(C)_{E_k(\mathrm{l})}}}{\mathrm{d}t}=j_C\\
=&-l_{31}\left(\frac{A_{\mathrm{m},A}}{T}\right)-l_{32}\left(\frac{A_{\mathrm{m},B}}{T}\right)-l_{33}\left(\frac{A_{\mathrm{m},C}}{T}\right)-l_{311}\left(\frac{A_{\mathrm{m},A}}{T}\right)^2\\
&-l_{312}\left(\frac{A_{\mathrm{m},A}}{T}\right)\left(\frac{A_{\mathrm{m},B}}{T}\right)-l_{313}\left(\frac{A_{\mathrm{m},A}}{T}\right)\left(\frac{A_{\mathrm{m},C}}{T}\right)\\
&-l_{322}\left(\frac{A_{\mathrm{m},B}}{T}\right)^2-l_{323}\left(\frac{A_{\mathrm{m},B}}{T}\right)\left(\frac{A_{\mathrm{m},C}}{T}\right)\\
&-l_{333}\left(\frac{A_{\mathrm{m},C}}{T}\right)^2-l_{3111}\left(\frac{A_{\mathrm{m},A}}{T}\right)^3-l_{3112}\left(\frac{A_{\mathrm{m},A}}{T}\right)^2\left(\frac{A_{\mathrm{m},B}}{T}\right)\\
&-l_{3113}\left(\frac{A_{\mathrm{m},A}}{T}\right)^2\left(\frac{A_{\mathrm{m},C}}{T}\right)-l_{3122}\left(\frac{A_{\mathrm{m},A}}{T}\right)\left(\frac{A_{\mathrm{m},B}}{T}\right)^2\\
&-l_{3123}\left(\frac{A_{\mathrm{m},A}}{T}\right)\left(\frac{A_{\mathrm{m},B}}{T}\right)\left(\frac{A_{\mathrm{m},C}}{T}\right)-l_{3133}\left(\frac{A_{\mathrm{m},A}}{T}\right)\left(\frac{A_{\mathrm{m},C}}{T}\right)^2\\
&-l_{3222}\left(\frac{A_{\mathrm{m},B}}{T}\right)^2-l_{3223}\left(\frac{A_{\mathrm{m},B}}{T}\right)^2\left(\frac{A_{\mathrm{m},C}}{T}\right)\\
&-l_{3233}\left(\frac{A_{\mathrm{m},B}}{T}\right)\left(\frac{A_{\mathrm{m},C}}{T}\right)^2-l_{3333}\left(\frac{A_{\mathrm{m},C}}{T}\right)^3-\cdots
\end{aligned}\tag{8.226}$$

组元 A、B、C，依次析出，有

$$\begin{aligned}
\frac{\mathrm{d}n_{A(\mathrm{s})}}{\mathrm{d}t}&=-\frac{\mathrm{d}n_{(A)_{E_k(\mathrm{l})}}}{\mathrm{d}t}=j_A\\
&=-l_1\left(\frac{A_{\mathrm{m},A}}{T}\right)-l_2\left(\frac{A_{\mathrm{m},A}}{T}\right)^2-l_3\left(\frac{A_{\mathrm{m},A}}{T}\right)^3-\cdots\\
\frac{\mathrm{d}n_{B(\mathrm{s})}}{\mathrm{d}t}&=-\frac{\mathrm{d}n_{(B)_{l_k'}}}{\mathrm{d}t}=j_B\\
&=-l_1\left(\frac{A_{\mathrm{m},B}}{T}\right)-l_2\left(\frac{A_{\mathrm{m},B}}{T}\right)^2-l_3\left(\frac{A_{\mathrm{m},B}}{T}\right)^3-\cdots\\
\frac{\mathrm{d}n_{C(\mathrm{s})}}{\mathrm{d}t}&=-\frac{\mathrm{d}n_{(C)_{l_k'q_k'}}}{\mathrm{d}t}=j_C\\
&=-l_1\left(\frac{A_{\mathrm{m},C}}{T}\right)-l_2\left(\frac{A_{\mathrm{m},C}}{T}\right)^2-l_3\left(\frac{A_{\mathrm{m},C}}{T}\right)^3-\cdots
\end{aligned}$$

组元 A 先析出，然后组元 B、C 同时析出

$$\begin{aligned}\frac{\mathrm{d}n_{A(\mathrm{s})}}{\mathrm{d}t} &= -\frac{\mathrm{d}n_{(A)_{E_k(\mathrm{l})}}}{\mathrm{d}t} = j_A \\ &= -l_1\left(\frac{A_{\mathrm{m},A}}{T}\right) - l_2\left(\frac{A_{\mathrm{m},A}}{T}\right)^2 - l_3\left(\frac{A_{\mathrm{m},A}}{T}\right)^3 - \cdots\end{aligned}$$

$$\begin{aligned}\frac{\mathrm{d}n_{B(\mathrm{s})}}{\mathrm{d}t} &= -\frac{\mathrm{d}n_{(B)_{l_k'}}}{\mathrm{d}t} = j_B \\ &= -l_1\left(\frac{A_{\mathrm{m},B}}{T}\right) - l_2\left(\frac{A_{\mathrm{m},B}}{T}\right)^2 - l_3\left(\frac{A_{\mathrm{m},B}}{T}\right)^3 - \cdots\end{aligned}$$

$$\begin{aligned}\frac{\mathrm{d}n_{C(\mathrm{s})}}{\mathrm{d}t} &= -\frac{\mathrm{d}n_{(C)_{l_k'}}}{\mathrm{d}t} = j_C \\ &= -l_1\left(\frac{A_{\mathrm{m},C}}{T}\right) - l_2\left(\frac{A_{\mathrm{m},C}}{T}\right)^2 - l_3\left(\frac{A_{\mathrm{m},C}}{T}\right)^3 - \cdots\end{aligned}$$

组元 A 和 B 同时析出，然后组元 C 析出，有

$$\begin{aligned}\frac{\mathrm{d}n_{A(\mathrm{s})}}{\mathrm{d}t} &= -\frac{\mathrm{d}n_{(A)_{E_k(\mathrm{l})}}}{\mathrm{d}t} = j_A \\ &= -l_1\left(\frac{A_{\mathrm{m},A}}{T}\right) - l_2\left(\frac{A_{\mathrm{m},A}}{T}\right)^2 - l_3\left(\frac{A_{\mathrm{m},A}}{T}\right)^3 - \cdots\end{aligned}$$

$$\begin{aligned}\frac{\mathrm{d}n_{B(\mathrm{s})}}{\mathrm{d}t} &= -\frac{\mathrm{d}n_{(B)_{E_k(\mathrm{l})}}}{\mathrm{d}t} = j_B \\ &= -l_1\left(\frac{A_{\mathrm{m},B}}{T}\right) - l_2\left(\frac{A_{\mathrm{m},B}}{T}\right)^2 - l_3\left(\frac{A_{\mathrm{m},B}}{T}\right)^3 - \cdots\end{aligned}$$

$$\begin{aligned}\frac{\mathrm{d}n_{C(\mathrm{s})}}{\mathrm{d}t} &= -\frac{\mathrm{d}n_{(C)_{l_k' g_k'}}}{\mathrm{d}t} = j_C \\ &= -l_1\left(\frac{A_{\mathrm{m},C}}{T}\right) - l_2\left(\frac{A_{\mathrm{m},C}}{T}\right)^2 - l_3\left(\frac{A_{\mathrm{m},C}}{T}\right)^3 - \cdots\end{aligned}$$

式中，

$$A_{\mathrm{m},A} = \Delta G_{\mathrm{m},A}$$

$$A_{\mathrm{m},B} = \Delta G_{\mathrm{m},B}$$

$$A_{\mathrm{m},C} = \Delta G_{\mathrm{m},C}$$

其他情况类似。

8.3.2　具有同组成熔融二元化合物的三元系

1. 凝固过程热力学

图 8.9 是具有同组成熔融二元化合物的三元系相图。

1) 温度降到 T_1

物质组成为 M 的液相降温凝固。温度降到 T_1，物质组成点到达液相面 A 的 M_1，其平衡液相组成为 l_1，和 M_1 点重合。l_1 是组元 A 的饱和溶液，但尚无明显的固相组元 A 析出。有

$$(A)_{l_1} \equiv (A)_{饱} \rightleftharpoons A\,(\mathrm{s})$$

该过程在平衡状态下进行，摩尔吉布斯自由能变化为零。

2) 温度降到 T_2

继续降温到 T_2，平衡液相组成为 l_2。温度刚降到 T_2 还未来得及析出固相组元 A 时，溶液组成未变，但已由组元 A 的饱和溶液 l_1 变成组元 A 的过饱和溶液 l_1'，析出固相组元 A，即

$$(A)_{l_1'} \equiv (A)_{过饱} = A\,(\mathrm{s})$$

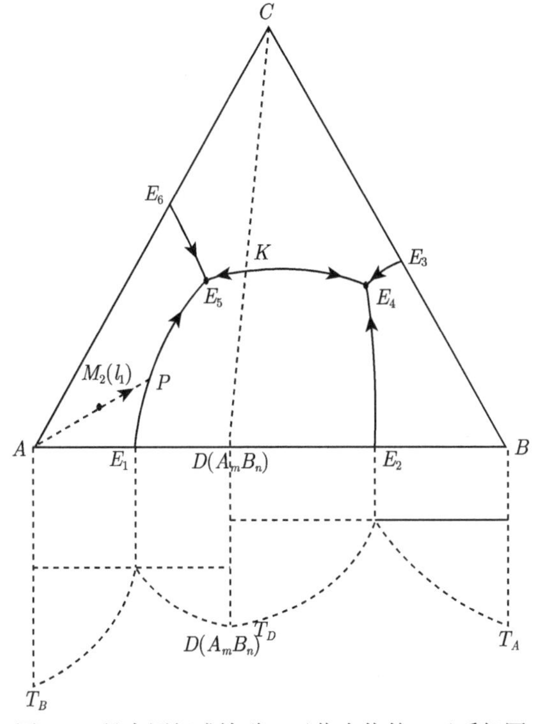

图 8.9 具有同组成熔融二元化合物的三元系相图

达到平衡时，有

$$(A)_{l_2} \equiv (A)_{饱} \rightleftharpoons A\,(\mathrm{s})$$

以纯固相组元 A 为标准状态，浓度以摩尔分数表示，析晶过程的摩尔吉布斯自由能变化为

$$\begin{aligned}\Delta G_{\mathrm{m},A} &= \mu_{A(\mathrm{s})} - \mu_{(A)_{\text{过饱}}} = \mu_{A(\mathrm{s})} - \mu_{(A)_{l_1'}} \\ &= -RT\ln a^{\mathrm{R}}_{(A)_{\text{过饱}}} = -RT\ln a^{\mathrm{R}}_{(A)_{l_1'}}\end{aligned} \tag{8.227}$$

式中，$a^{\mathrm{R}}_{(A)_{l_1'}}$ 为在温度 T_2，组成为 l_1' 的液相中组元 A 的活度。

或者

$$\Delta G_{\mathrm{m},A}(T_2) = \frac{\theta_{A,T_2}\Delta H_{\mathrm{m},A}(T_1)}{T_1} = \eta_{A,T_2}\Delta H_{\mathrm{m},A}(T_1) \tag{8.228}$$

式中，

$$T_1 > T_2$$

$$\theta_{A,T_2} = T_1 - T_2 > 0$$

为组元 A 在温度 T_2 的绝对饱和过冷度；

$$\eta_{A,T_2} = \frac{T_1 - T_2}{T_1} > 0$$

为组元 A 在温度 T_2 的相对饱和过冷度。

3) 温度从 T_2 到 T_P

继续降温，从温度 T_2 到 T_P，平衡液相组成沿着 AP 的连线从 M_1 点向 P 点移动。在此温度区间，析晶过程描述如下。

在温度 T_{i-1}，析晶过程达到平衡，有

$$(A)_{l_{i-1}} =\!=\!= (A)_{\text{饱}} \rightleftharpoons A(\mathrm{s})$$

继续降低温度到 T_i，平衡液相组成为 l_i。在温度刚降到 T_i，尚未析出固相组元 A 时，液相组成未变。但是，在温度 T_{i-1} 时组元 A 的饱和溶液 l_{i-1} 成为组元 A 的过饱和溶液 l_{i-1}'，析出固相组元 A，即

$$(A)_{l_{i-1}'} =\!=\!= (A)_{\text{过饱}} =\!=\!= A(\mathrm{s})$$

达到平衡时，有

$$(A)_{l_i} =\!=\!= (A)_{\text{饱}} \rightleftharpoons A(\mathrm{s})$$

以纯固相组元 A 为标准状态，浓度以摩尔分数表示，析晶过程的摩尔吉布斯自由能变化为

$$\begin{aligned}\Delta G_{\mathrm{m},A} &= \mu_{A(\mathrm{s})} - \mu_{(A)_{\text{过饱}}} = \mu_{A(\mathrm{s})} - \mu_{(A)_{l_{i-1}'}} \\ &= -RT\ln a^{\mathrm{R}}_{(A)_{\text{过饱}}} = -RT\ln a^{\mathrm{R}}_{(A)_{l_{i-1}'}}\end{aligned} \tag{8.229}$$

式中，$a^{\mathrm{R}}_{(A)_{l'_{i-1}}}$ 为在温度 T_i，组成为 l'_{i-1} 的液相中组元 A 的活度。

或者

$$\Delta G_{\mathrm{m},A}(T_i) = \frac{\theta_{A,T_i}\Delta H_{\mathrm{m},A}(T_{i-1})}{T_{i-1}} = \eta_{A,T_i}\Delta H_{\mathrm{m},A}(T_{i-1}) \tag{8.230}$$

式中，

$$T_i < T_{i-1}$$

$$\theta_{A,T_i} = T_{i-1} - T_i > 0$$

为组元 A 在温度 T_i 的绝对饱和过冷度；

$$\eta_{A,T_i} = \frac{T_{i-1} - T_i}{T_{i-1}} > 0$$

为组元 A 在温度 T_i 的相对饱和过冷度。

在温度 T_{P-1}，液固两相达成平衡，有

$$(A)_{l_{P-1}} \equiv (A)_{饱} \rightleftharpoons A(\mathrm{s})$$

温度降到 T_P，平衡液相组成为共熔线 E_1E_5 上的 P 点，以 l_P 表示。温度刚降到 T_P，尚无固相组元 A 析出时，在温度 T_{P-1} 时组元 A 的饱和溶液 l_{P-1} 成为组元 A 的过饱和溶液 l'_{P-1}，析出固相组元 A，有

$$(A)_{l'_{P-1}} \equiv (A)_{过饱} = A(\mathrm{s})$$

达到平衡时，溶液中组元 A 达到饱和，化合物组元 A_mB_n 达到饱和，三相平衡共存，有

$$l_P \rightleftharpoons A(\mathrm{s}) + A_mB_n(\mathrm{s})$$

即

$$(A)_{l_P} \equiv (A)_{饱} \rightleftharpoons A(\mathrm{s})$$

和

$$(A_mB_n)_{l_P} \equiv (A_mB_n)_{饱} \rightleftharpoons A_mB_n(\mathrm{s})$$

以纯固相组元 A 为标准状态，浓度以摩尔分数表示，固相组元 A 析出过程的摩尔吉布斯自由能变化为

$$\begin{aligned}\Delta G_{\mathrm{m},A} &= \mu_{A(\mathrm{s})} - \mu_{(A)_{过饱}} = \mu_{A(\mathrm{s})} - \mu_{(A)_{l'_{P-1}}} \\ &= -RT\ln a^{\mathrm{R}}_{(A)_{过饱}} = -RT\ln a^{\mathrm{R}}_{(A)_{l'_{P-1}}}\end{aligned} \tag{8.231}$$

式中，$a^{\mathrm{R}}_{(A)_{l'_{P-1}}}$ 为在温度 T_P，组成为 l'_{P-1} 的液相中组元 A 的活度。

4) 温度从 T_P 到 T_{E_5}

继续降温，从 T_P 到 T_{E_5}，平衡液相组成沿着共熔线 E_1E_5 从 P 点移动到 E_5 点。在此温度区间析晶过程描述如下。

在温度 T_{j-1}，液–固两相达成平衡，有

$$(A)_{l_{j-1}} \equiv\equiv (A)_{饱} \rightleftharpoons A\,(\mathrm{s})$$

$$(A_mB_n)_{l_{j-1}} \equiv\equiv (A_mB_n)_{饱} \rightleftharpoons A_mB_n\,(\mathrm{s})$$

温度降到 T_j，平衡液相组成为 l_j。温度刚降到 T_j 尚无固相组元 A 和 A_mB_n 析出时，在温度 T_{j-1} 时的组元 A 和组元 A_mB_n 饱和的溶液 l_{j-1} 成为组元 A 和组元 A_mB_n 的过饱和溶液 l'_{j-1}，析出固相组元 A 和化合物 A_mB_n。即

$$(A)_{l'_{j-1}} \equiv\equiv (A)_{过饱} = A\,(\mathrm{s})$$

$$(A_mB_n)_{l'_{j-1}} \equiv\equiv (A_mB_n)_{过饱} = A_mB_n\,(\mathrm{s})$$

达到平衡时，有

$$(A)_{l_j} \equiv\equiv (A)_{饱} \rightleftharpoons A\,(\mathrm{s})$$

$$(A_mB_n)_{l_j} \equiv\equiv (A_mB_n)_{饱} \rightleftharpoons A_mB_n\,(\mathrm{s})$$

以纯固态组元 A 和 $D(A_mB_n)$ 为标准状态，浓度以摩尔分数表示，析晶过程的摩尔吉布斯自由能变化为

$$\begin{aligned}\Delta G_{\mathrm{m},A} &= \mu_{A(\mathrm{s})} - \mu_{(A)_{l'_{j-1}}} = \mu_{A(\mathrm{s})} - \mu_{(A)_{过饱}} \\ &= -RT\ln a^{\mathrm{R}}_{(A)_{l'_{j-1}}} = -RT\ln a^{\mathrm{R}}_{(A)_{过饱}}\end{aligned} \tag{8.232}$$

$$\begin{aligned}\Delta G_{\mathrm{m},D} &= \mu_{D(\mathrm{s})} - \mu_{(D)_{l'_{j-1}}} = \mu_{D(\mathrm{s})} - \mu_{(D)_{过饱}} \\ &= -RT\ln a^{\mathrm{R}}_{(D)_{过饱}} = -RT\ln a^{\mathrm{R}}_{(D)_{l'_{j-1}}} \\ &\approx RT\ln\frac{x_{(D)_{l_j}}}{x_{(D)_{l'_{j-1}}}}\end{aligned} \tag{8.233}$$

式中，$a^{\mathrm{R}}_{(A)_{l'_{j-1}}}$ 和 $a^{\mathrm{R}}_{(D)_{l'_{j-1}}}$ 分别为在温度 T_j，组成为 l'_{j-1} 的液相中，组元 A 和 A_mB_n 的活度。

或

$$\Delta G_{\mathrm{m},A}\,(T_j) = \frac{\theta_{A,T_j}\Delta H_{\mathrm{m},A}\,(T_{j-1})}{T_{j-1}} = \eta_{A,T_j}\Delta H_{\mathrm{m},A}\,(T_{j-1}) \tag{8.234}$$

$$\Delta G_{\mathrm{m},D}\left(T_{j}\right)=\frac{\theta_{D,T_{j}}\Delta H_{\mathrm{m},D}\left(T_{j-1}\right)}{T_{j-1}}=\eta_{D,T_{j}}\Delta H_{\mathrm{m},D}\left(T_{j-1}\right) \tag{8.235}$$

式中，

$$T_{j-1}>T_{j}$$

$$\theta_{A,T_{j}}=T_{j-1}-T_{j}>0$$

$$\theta_{D,T_{j}}=T_{j-1}-T_{j}>0$$

$$\eta_{A,T_{j}}=\frac{T_{j-1}-T_{j}}{T_{j-1}}>0$$

$$\eta_{D,T_{j}}=\frac{T_{j-1}-T_{j}}{T_{j-1}}>0$$

符号意义同前。

温度降到 $T_{E_5'}(T_{E_5'}>T_{E_5})$，液固两相达成平衡，有

$$(A)_{l_{E_5'}} = (A)_{饱} \rightleftharpoons A(\mathrm{s})$$

$$(A_mB_n)_{l_{E_5'}} = (A_mB_n)_{饱} \rightleftharpoons A_mB_n(\mathrm{s})$$

温度降到 T_{E_5}，平衡液相组成为 $E_5(\mathrm{l})$。温度刚降到 T_{E_5} 尚未析出固相组元 A 和 A_mB_n 时，液相组成未变，但已由温度 $T_{E_5'}$ 时组元 A 和 A_mB_n 的饱和溶液 $l_{E_5'}$ 变成组元 A 和 A_mB_n 的过饱和溶液 $l'_{E_5'}$，析出固相组元 A 和 A_mB_n。析晶过程可以表示为

$$(A)_{l'_{E_5'}} = (A)_{过饱} = A(\mathrm{s})$$

$$(A_mB_n)_{l'_{E_5'}} = (A_mB_n)_{过饱} = A_mB_n(\mathrm{s})$$

以纯固态组元 A 和 A_mB_n 为标准状态，析晶过程的摩尔吉布斯自由能变化为

$$\begin{aligned}\Delta G_{\mathrm{m},A}&=\mu_{A(\mathrm{s})}-\mu_{(A)_{过饱}}=\mu_{A(\mathrm{s})}-\mu_{(A)_{l'_{E_5'}}}\\&=-RT\ln a^{\mathrm{R}}_{(A)_{过饱}}=-RT\ln a^{\mathrm{R}}_{(A)_{l'_{E_5'}}}\end{aligned} \tag{8.236}$$

$$\begin{aligned}\Delta G_{\mathrm{m},D}&=\mu_{D(\mathrm{s})}-\mu_{(D)_{过饱}}=\mu_{D(\mathrm{s})}-\mu_{(D)_{l'_{E_5'}}}\\&=-RT\ln a^{\mathrm{R}}_{(D)_{过饱}}=-RT\ln a^{\mathrm{R}}_{(D)_{l'_{E_5'}}}\end{aligned} \tag{8.237}$$

或

$$\Delta G_{\mathrm{m},A}\left(T_{E_5}\right)=\frac{\theta_{A,T_{E_5}}\Delta H_{\mathrm{m},A}\left(T_{E_5'}\right)}{T_{E_5'}}=\eta_{A,T_{E_5}}\Delta H_{\mathrm{m},A}\left(T_{E_5'}\right) \tag{8.238}$$

$$\Delta G_{\mathrm{m},D}\left(T_{E_5}\right)=\frac{\theta_{D,T_{E_5}}\Delta H_{\mathrm{m},D}\left(T_{E_5'}\right)}{T_{E_5'}}=\eta_{D,T_{E_5}}\Delta H_{\mathrm{m},D}\left(T_{E_5'}\right) \tag{8.239}$$

式中，

$$T_{E_5'}>T_{E_5}$$

$$\theta_{I,T_{E_5}}=T_{E_5'}-T_{E_5}>0$$

$$\eta_{I,T_{E_5}}=\frac{T_{E_5'}-T_{E_5}}{T_{E_5'}}>0$$

$$I=A,D$$

固相组元 A 和 A_mB_n 析出达平衡时，组元 A 和 A_mB_n 达到饱和，组元 C 也达到饱和，即

$$(A)_{E_5(\mathrm{l})}\equiv(A)_{饱}\rightleftharpoons A(\mathrm{s})$$

$$(A_mB_n)_{E_5(\mathrm{l})}\equiv(A_mB_n)_{饱}\rightleftharpoons A_mB_n(\mathrm{s})$$

$$(C)_{E_5(\mathrm{l})}\equiv(C)_{饱}\rightleftharpoons C(\mathrm{s})$$

在温度 T_{E_5} 和恒压条件下，液相 $E_5(\mathrm{l})$ 是组元 A、A_mB_n 和 C 的饱和溶液，四相平衡共存，即

$$E_5(\mathrm{l})\rightleftharpoons A(\mathrm{s})+A_mB_n(\mathrm{s})+C(\mathrm{s})$$

此过程是在恒温恒压平衡状态进行的，摩尔吉布斯自由能变化为零，即

$$\Delta G_{\mathrm{m},A}=0$$

$$\Delta G_{\mathrm{m},D}=0$$

$$\Delta G_{\mathrm{m},C}=0$$

5) 温度降到 T_{E_5} 以下

继续降低温度到 T_{E_5} 以下。液相 $E_5(\mathrm{l})$ 就成为组元 A、A_mB_n 和 C 的过饱和溶液，析出固相组元 A、A_mB_n 和 C，直到液相 $E_5(\mathrm{l})$ 完全消失。该过程可以统一描述如下。

温度降到 T_{E_5} 以下，如果上述的反应没有进行完，就会继续进行，是在非平衡状态进行。

温度降至 T_k。在温度 T_k，固相组元 A、D、C 的平衡相分别为 l_k、q_k、g_k。温度刚降至 T_k，还未来得及析出固相组元 A、D、C 时，溶液 $E_5(\mathrm{l})$ 的组成未变，但已由组元 A、D、C 饱和的溶液 $E_5(\mathrm{l})$ 变成组元 A、D、C 的过饱和的溶液 $E_k(\mathrm{l})$。

(1) 组元 A、D、C 同时析出，有

$$E_k(\mathrm{l}) = A(\mathrm{s}) + D(\mathrm{s}) + C(\mathrm{s})$$

即

$$(A)_{过饱} \equiv (A)_{E_k(\mathrm{l})} = A(\mathrm{s})$$

$$(D)_{过饱} \equiv (D)_{E_k(\mathrm{l})} = D(\mathrm{s})$$

$$(C)_{过饱} \equiv (C)_{E_k(\mathrm{l})} = C(\mathrm{s})$$

如果组元 A、D、C 同时析出，可以保持 $E_k(\mathrm{l})$ 组成不变，析出的组元 A、D、C 均匀混合。以纯固态组元 A、D、C 为标准状态，浓度以摩尔分数表示，析晶过程的摩尔吉布斯自由能变化为

$$\begin{aligned}\Delta G_{\mathrm{m},A} &= \mu_{A(\mathrm{s})} - \mu_{(A)_{过饱}} \\ &= \mu_{A(\mathrm{s})} - \mu_{(A)_{E_k(\mathrm{l})}} \\ &= -RT\ln a^{\mathrm{R}}_{(A)_{过饱}} = -RT\ln a^{\mathrm{R}}_{(A)_{E_k(\mathrm{l})}}\end{aligned} \tag{8.240}$$

$$\begin{aligned}\Delta G_{\mathrm{m},D} &= \mu_{D(\mathrm{s})} - \mu_{(D)_{过饱}} \\ &= \mu_{D(\mathrm{s})} - \mu_{(D)_{E_k(\mathrm{l})}} \\ &= -RT\ln a^{\mathrm{R}}_{(D)_{过饱}} = -RT\ln a^{\mathrm{R}}_{(D)_{E_k(\mathrm{l})}}\end{aligned} \tag{8.241}$$

$$\begin{aligned}\Delta G_{\mathrm{m},C} &= \mu_{C(\mathrm{s})} - \mu_{(C)_{过饱}} \\ &= \mu_{C(\mathrm{s})} - \mu_{(C)_{E_k(\mathrm{l})}} \\ &= -RT\ln a^{\mathrm{R}}_{(C)_{过饱}} = -RT\ln a^{\mathrm{R}}_{(C)_{E_k(\mathrm{l})}}\end{aligned} \tag{8.242}$$

$$\Delta G_{\mathrm{m},A}(T_k) = \frac{\theta_{A,T_k}\Delta H_{\mathrm{m},A}(T_{E_5})}{T_{E_5}} = \eta_{A,T_k}\Delta H_{\mathrm{m},A}(T_{E_5})$$

$$\Delta G_{\mathrm{m},D}(T_k) = \frac{\theta_{D,T_k}\Delta H_{\mathrm{m},D}(T_{E_5})}{T_{E_5}} = \eta_{D,T_k}\Delta H_{\mathrm{m},D}(T_{E_5})$$

$$\Delta G_{\mathrm{m},C}(T_k) = \frac{\theta_{C,T_k}\Delta H_{\mathrm{m},C}(T_{E_5})}{T_{E_5}} = \eta_{C,T_k}\Delta H_{\mathrm{m},C}(T_{E_5})$$

式中，

$$\theta_{J,T_k} = T_{E_5} - T_k$$

$$\eta_{J,T_k} = \frac{T_{E_5} - T_k}{T_{E_5}}$$

$$(J = A, D, C)$$

$$\Delta H_{\mathrm{m},A}(T_{E_5}) = H_{\mathrm{m},A(\mathrm{s})}(T_{E_5}) - \bar{H}_{\mathrm{m},(A)_{过饱}}(T_{E_5})$$

$$\Delta H_{\mathrm{m},D}\left(T_{E_5}\right)=H_{\mathrm{m},D(\mathrm{s})}\left(T_{E_5}\right)-\bar{H}_{\mathrm{m},(D)_{\text{过饱}}}\left(T_{E_5}\right)$$

$$\Delta H_{\mathrm{m},C}\left(T_{E_5}\right)=H_{\mathrm{m},C(\mathrm{s})}\left(T_{E_5}\right)-\bar{H}_{\mathrm{m},(C)_{\text{过饱}}}\left(T_{E_5}\right)$$

(2) 组元 A、D、C 依次析出，即先析出组元 A，再析出组元 D，然后析出组元 C

如果组元 A 先析出，有

$$(A)_{\text{过饱}} = (A)_{E_k(1)} = A(\mathrm{s})$$

随着组元 A 的析出，组元 D 和 C 的过饱和程度会增大，溶液的组成会偏离共晶点 $E(1)$，向组元 A 的平衡相 l_k 靠近，以 l_k' 表示，达到一定程度后，组元 D 会析出，可以表示为

$$(D)_{\text{过饱}} = (D)_{l_k'} = D(\mathrm{s})$$

随着组元 A 和 D 的析出，组元 C 的过饱和程度会增大，溶液的组成又会向组元 D 的平衡相 q_k 靠近，以 $l_k'q_k'$ 表示，达到一定程度后，组元 C 会析出，可以表示为

$$(C)_{\text{过饱}} = (C)_{l_k'q_k'} = C(\mathrm{s})$$

随着组元 D、C 的析出，组元 A 的过饱和程度增大，固溶体的组成向组元 C 的平衡相 g_k 靠近，以 g_k' 表示。达到一定程度后，组元 A 又析出，有

$$g_k' = A(\mathrm{s})$$

即

$$(A)_{\text{过饱}} = (A)_{g_k'} = A(\mathrm{s})$$

就这样，组元 A、D、C 交替析出。直到温度降低，再重复上述过程。一直进行到溶液 $E_5(1)$ 完全转化为组元 A、D、C。

以纯固态组元 A、D、C 为标准状态，浓度以摩尔分数表示，析晶过程的摩尔吉布斯自由能变化为

$$\begin{aligned}\Delta G_{\mathrm{m},A}&=\mu_{A(\mathrm{s})}-\mu_{(A)_{\text{过饱}}}\\&=\mu_{A(\mathrm{s})}-\mu_{(A)_{E_k(1)}}\\&=-RT\ln a^{\mathrm{R}}_{(A)_{\text{过饱}}}=-RT\ln a^{\mathrm{R}}_{(A)_{E_k(1)}}\end{aligned}\tag{8.243}$$

$$\begin{aligned}\Delta G_{\mathrm{m},D}&=\mu_{D(\mathrm{s})}-\mu_{(D)_{\text{过饱}}}\\&=\mu_{D(\mathrm{s})}-\mu_{(D)_{l_k'}}\\&=-RT\ln a^{\mathrm{R}}_{(D)_{\text{过饱}}}=-RT\ln a^{\mathrm{R}}_{(D)_{l_k'}}\end{aligned}\tag{8.244}$$

$$\begin{aligned}\Delta G_{\mathrm{m},C} &= \mu_{C(\mathrm{s})} - \mu_{(C)_{\text{过饱}}} \\ &= \mu_{C(\mathrm{s})} - \mu_{(C)_{q'_k}} \\ &= -RT\ln a^{\mathrm{R}}_{(C)_{\text{过饱}}} = -RT\ln a^{\mathrm{R}}_{(C)_{l'_k q'_k}}\end{aligned} \tag{8.245}$$

再析出组元 A

$$\begin{aligned}\Delta G'_{\mathrm{m},A} &= \mu_{C(\mathrm{s})} - \mu_{(A)_{\text{过饱}}} \\ &= \mu_{A(\mathrm{s})} - \mu_{(A)_{g'_k}} \\ &= -RT\ln a^{\mathrm{R}}_{(A)_{\text{过饱}}} = -RT\ln a^{\mathrm{R}}_{(A)_{g'_k}}\end{aligned}$$

或者

$$\Delta G_{\mathrm{m},A}(T_k) = \frac{\theta_{A,T_k}\Delta H_{\mathrm{m},A}(T_{E_5})}{T_{E_5}} = \eta_{A,T_k}\Delta H_{\mathrm{m},A}(T_{E_5})$$

$$\Delta G_{\mathrm{m},D}(T_k) = \frac{\theta_{D,T_k}\Delta H_{\mathrm{m},D}(T_{E_5})}{T_{E_5}} = \eta_{D,T_k}\Delta H_{\mathrm{m},D}(T_{E_5})$$

$$\Delta G_{\mathrm{m},C}(T_k) = \frac{\theta_{C,T_k}\Delta H_{\mathrm{m},C}(T_{E_5})}{T_{E_5}} = \eta_{C,T_k}\Delta H_{\mathrm{m},C}(T_{E_5})$$

$$\Delta G'_{\mathrm{m},A}(T_k) = \frac{\theta_{A,T_k}\Delta H'_{\mathrm{m},A}(T_{E_5})}{T_{E_5}} = \eta_{A,T_k}\Delta H_{\mathrm{m},A}(T_{E_5})$$

式中

$$\Delta H_{\mathrm{m},A}(T_{E_5}) = H_{\mathrm{m},A(\mathrm{s})}(T_{E_5}) - \bar{H}_{\mathrm{m},(A)_{E_5(\mathrm{l})}}(T_{E_5})$$

$$\Delta H_{\mathrm{m},D}(T_{E_5}) = H_{\mathrm{m},D(\mathrm{s})}(T_{E_5}) - \bar{H}_{\mathrm{m},(D)_{E_5(\mathrm{l})}}(T_{E_5})$$

$$\Delta H_{\mathrm{m},C}(T_{E_5}) = H_{\mathrm{m},C(\mathrm{s})}(T_{E_5}) - \bar{H}_{\mathrm{m},(C)_{E_5(\mathrm{l})}}(T_{E_5})$$

$$\Delta H'_{\mathrm{m},A}(T_{E_5}) = H_{\mathrm{m},A(\mathrm{s})}(T_{E_5}) - \bar{H}_{\mathrm{m},(A)_{E_5(\mathrm{l})}}(T_{E_5})$$

(3) 组元 A 先析出，然后组元 D、C 同时析出

可以表示为

$$E_k(\mathrm{l}) =\!=\!= A(\mathrm{s})$$

即

$$(A)_{\text{过饱}} =\!=\!= (A)_{E_k(\mathrm{l})} =\!=\!= A(\mathrm{s})$$

随着组元 A 的析出，组元 D、C 的过饱和程度增大，溶液组成会偏离 $E_k(\mathrm{l})$，向组元 A 的平衡相 l_k 靠近，以 l'_k 表示。达到一定程度后，组元 D、C 同时析出，有

$$(D)_{\text{过饱}} =\!=\!= (D)_{l'_k} =\!=\!= D(\mathrm{s})$$

$$(C)_{过饱} \equiv\!\equiv (C)_{l'_k} =\!= C(\mathrm{s})$$

随着组元 D、C 的析出，组元 A 的过饱和程度增大，溶液组成向组元 D 和 C 的平衡相 q_k 和 g_k 靠近，以 $q'_k g'_k$ 表示。达到一定程度，组元 A 又析出。可以表示为

$$E_{q'_k g'_k} =\!= A(\mathrm{s})$$

$$(A)_{过饱} \equiv\!\equiv (A)_{q'_k g'_k} =\!= A(\mathrm{s})$$

组元 A 和组元 D、C 交替析出，析出的组元 A 单独存在，组元 D 和组元 C 聚在一起。

如此循环，直到降低温度，重复上述过程，一直进行到溶液 $E_5(\mathrm{l})$ 完全变成组元 A、D、C。

以纯固态组元 A、D、C 为标准状态，浓度以摩尔分数表示，析晶过程的摩尔吉布斯自由能变化为

$$\begin{aligned}
\Delta G_{\mathrm{m},A} &= \mu_{A(\mathrm{s})} - \mu_{(A)_{过饱}} \\
&= \mu_{A(\mathrm{s})} - \mu_{(A)_{E_k(\mathrm{l})}} \\
&= -RT\ln a^{\mathrm{R}}_{(A)_{过饱}} = -RT\ln a^{\mathrm{R}}_{(A)_{E_k(\mathrm{l})}} \\
\Delta G_{\mathrm{m},D} &= \mu_{D(\mathrm{s})} - \mu_{(D)_{过饱}} \\
&= \mu_{D(\mathrm{s})} - \mu_{(D)_{l'_k}} \\
&= -RT\ln a^{\mathrm{R}}_{(D)_{过饱}} = -RT\ln a^{\mathrm{R}}_{(D)_{l'_k}} \\
\Delta G_{\mathrm{m},C} &= \mu_{C(\mathrm{s})} - \mu_{(C)_{过饱}} \\
&= \mu_{C(\mathrm{s})} - \mu_{(C)_{l'_k}} \\
&= -RT\ln a^{\mathrm{R}}_{(C)_{过饱}} = -RT\ln a^{\mathrm{R}}_{(C)_{l'_k}} \\
\Delta G'_{\mathrm{m},A} &= \mu_{A(\mathrm{s})} - \mu_{(A)_{过饱}} \\
&= \mu_{A(\mathrm{s})} - \mu_{(A)_{q'_k g'_k}} \\
&= -RT\ln a^{\mathrm{R}}_{(A)_{过饱}} = -RT\ln a^{\mathrm{R}}_{(A)_{q'_k g'_k}}
\end{aligned}$$

或者

$$\Delta G_{\mathrm{m},A}(T_k) = \frac{\theta_{A,T_k}\Delta H_{\mathrm{m},A}(T_{E_5})}{T_{E_5}} = \eta_{A,T_k}\Delta H_{\mathrm{m},A}(T_{E_5})$$

$$\Delta G_{\mathrm{m},D}(T_k) = \frac{\theta_{D,T_k}\Delta H_{\mathrm{m},D}(T_{E_5})}{T_{E_5}} = \eta_{D,T_k}\Delta H_{\mathrm{m},D}(T_{E_5})$$

$$\Delta G_{\mathrm{m},C}\left(T_k\right)=\frac{\theta_{C,T_k}\Delta H_{\mathrm{m},C}\left(T_{E_5}\right)}{T_{E_5}}=\eta_{C,T_k}\Delta H_{\mathrm{m},C}\left(T_{E_5}\right)$$

$$\Delta G'_{\mathrm{m},A}\left(T_k\right)=\frac{\theta_{A,T_k}\Delta H'_{\mathrm{m},A}\left(T_{E_5}\right)}{T_{E_5}}=\eta_{A,T_k}\Delta H_{\mathrm{m},A}\left(T_{E_5}\right)$$

式中

$$\Delta H_{\mathrm{m},A}\left(T_{E_5}\right)=H_{\mathrm{m},A(\mathrm{s})}\left(T_{E_5}\right)-\bar{H}_{\mathrm{m},(A)_{E(\mathrm{l})}}\left(T_{E_5}\right)$$

$$\Delta H_{\mathrm{m},D}\left(T_{E_5}\right)=H_{\mathrm{m},D(\mathrm{s})}\left(T_{E_5}\right)-\bar{H}_{\mathrm{m},(D)_{E(\mathrm{l})}}\left(T_{E_5}\right)$$

$$\Delta H_{\mathrm{m},C}\left(T_{E_5}\right)=H_{\mathrm{m},C(\mathrm{s})}\left(T_{E_5}\right)-\bar{H}_{\mathrm{m},(C)_{E(\mathrm{l})}}\left(T_{E_5}\right)$$

$$\Delta H'_{\mathrm{m},A}\left(T_{E_5}\right)=H_{\mathrm{m},A(\mathrm{s})}\left(T_{E_5}\right)-\bar{H}_{\mathrm{m},(A)_{E(\mathrm{l})}}\left(T_{E_5}\right)$$

(4) 组元 A 和组元 D 先同时析出，然后析出组元 C

可以表示为

$$E_k\,(\mathrm{l}) = A\,(\mathrm{s})+D\,(\mathrm{s})$$

即

$$(A)_{\text{过饱}} = (A)_{E_k(\mathrm{l})} = A\,(\mathrm{s})$$

$$(D)_{\text{过饱}} = (D)_{E_k(\mathrm{l})} = D\,(\mathrm{s})$$

随着组元 A、D 的析出，组元 C 的过饱和程度增大，溶液组成偏离 $E_k\,(\mathrm{l})$，向组元 A 和组元 D 的平衡相 l_k 和 q_k 靠近，以 $l'_kq'_k$ 表示。达到一定程度后，组元 C 析出，可以表示为

$$(C)_{\text{过饱}} = (C)_{l'_kq'_k} = C\,(\mathrm{s})$$

随着组元 C 的析出，组元 A、D 的过饱和程度增大，固溶体组成向组元 C 的平衡相 g_k 靠近，以 g'_k 表示，达到一定程度后，组元 A、D 又析出。可以表示为

$$g'_k = A\,(\mathrm{s})+D\,(\mathrm{s})$$

即

$$(A)_{\text{过饱}} = (A)_{g'_k} = A\,(\mathrm{s})$$

$$(D)_{\text{过饱}} = (D)_{g'_k} = D\,(\mathrm{s})$$

组元 A、D 和 C 交替析出。析出的组元 A、D 聚在一起，组元单独存在。如此循环，直到溶液 $E\,(\mathrm{l})$ 完全转变为组元 A、D、C。

温度继续降低，如果上述的反应没有完成，则再重复上述过程。

纯组元 A、D、C 和溶液中的组元 A、D、C 都以纯固态为标准状态，浓度以摩尔分数表示。上述过程中的摩尔吉布斯自由能变化为

$$\begin{aligned}\Delta G_{\mathrm{m},A} &= \mu_{A(\mathrm{s})} - \mu_{(A)_{\text{过饱}}} \\ &= \mu_{A(\mathrm{s})} - \mu_{(A)_{E_k(1)}} \\ &= -RT\ln a^{\mathrm{R}}_{(A)_{\text{过饱}}} = -RT\ln a^{\mathrm{R}}_{(A)_{E_k(1)}}\end{aligned}$$

$$\begin{aligned}\Delta G_{\mathrm{m},D} &= \mu_{D(\mathrm{s})} - \mu_{(D)_{\text{过饱}}} \\ &= \mu_{D(\mathrm{s})} - \mu_{(D)_{E_k(1)}} \\ &= -RT\ln a^{\mathrm{R}}_{(D)_{\text{过饱}}} = -RT\ln a^{\mathrm{R}}_{(D)_{E_k(1)}}\end{aligned}$$

$$\begin{aligned}\Delta G_{\mathrm{m},C} &= \mu_{C(\mathrm{s})} - \mu_{(C)_{\text{过饱}}} \\ &= \mu_{C(\mathrm{s})} - \mu_{(C)_{l'_k q'_k}} \\ &= -RT\ln a^{\mathrm{R}}_{(C)_{\text{过饱}}} = -RT\ln a^{\mathrm{R}}_{(C)_{l'_k q'_k}}\end{aligned}$$

再析出组元 A 和 B，有

$$\begin{aligned}\Delta G_{\mathrm{m},A} &= \mu_{A(\mathrm{s})} - \mu_{(A)_{\text{过饱}}} \\ &= \mu_{A(\mathrm{s})} - \mu_{(A)_{g'_k}} \\ &= -RT\ln a^{\mathrm{R}}_{(A)_{\text{过饱}}} = -RT\ln a^{\mathrm{R}}_{(A)_{g'_k}}\end{aligned}$$

$$\begin{aligned}\Delta G_{\mathrm{m},D} &= \mu_{D(\mathrm{s})} - \mu_{(D)_{\text{过饱}}} \\ &= \mu_{D(\mathrm{s})} - \mu_{(D)_{g'_k}} \\ &= -RT\ln a^{\mathrm{R}}_{(D)_{\text{过饱}}} = -RT\ln a^{\mathrm{R}}_{(D)_{g'_k}}\end{aligned}$$

或者

$$\Delta G_{\mathrm{m},A}(T_k) = \frac{\theta_{A,T_k}\Delta H_{\mathrm{m},A}(T_{E_5})}{T_{E_5}} = \eta_{A,T_k}\Delta H_{\mathrm{m},A}(T_{E_5})$$

$$\Delta G_{\mathrm{m},D}(T_k) = \frac{\theta_{D,T_k}\Delta H_{\mathrm{m},D}(T_{E_5})}{T_{E_5}} = \eta_{D,T_k}\Delta H_{\mathrm{m},D}(T_{E_5})$$

$$\Delta G_{\mathrm{m},C}(T_k) = \frac{\theta_{C,T_k}\Delta H_{\mathrm{m},C}(T_{E_5})}{T_{E_5}} = \eta_{C,T_k}\Delta H_{\mathrm{m},C}(T_{E_5})$$

$$\Delta G'_{\mathrm{m},A}(T_k) = \frac{\theta_{A,T_k}\Delta H'_{\mathrm{m},A}(T_{E_5})}{T_{E_5}} = \eta_{A,T_k}\Delta H_{\mathrm{m},A}(T_{E_5})$$

$$\Delta G'_{\mathrm{m},D}(T_k) = \frac{\theta_{D,T_k}\Delta H'_{\mathrm{m},D}(T_{E_5})}{T_{E_5}} = \eta_{D,T_k}\Delta H'_{\mathrm{m},D}(T_{E_5})$$

式中

$$\Delta H_{\mathrm{m},A}\left(T_{E_5}\right)=H_{\mathrm{m},A(\mathrm{s})}\left(T_{E_5}\right)-\bar{H}_{\mathrm{m},(A)_{E(1)}}\left(T_{E_5}\right)$$

$$\Delta H_{\mathrm{m},D}\left(T_{E_5}\right)=H_{\mathrm{m},D(\mathrm{s})}\left(T_{E_5}\right)-\bar{H}_{\mathrm{m},(D)_{E(1)}}\left(T_{E_5}\right)$$

$$\Delta H_{\mathrm{m},C}\left(T_{E_5}\right)=H_{\mathrm{m},C(\mathrm{s})}\left(T_{E_5}\right)-\bar{H}_{\mathrm{m},(C)_{E(1)}}\left(T_{E_5}\right)$$

$$\Delta H'_{\mathrm{m},A}\left(T_{E_5}\right)=H_{\mathrm{m},A(\mathrm{s})}\left(T_{E_5}\right)-\bar{H}_{\mathrm{m},(A)_{E(1)}}\left(T_{E_5}\right)$$

$$\Delta H'_{\mathrm{m},D}\left(T_{E_5}\right)=H_{\mathrm{m},D(\mathrm{s})}\left(T_{E_5}\right)-\bar{H}_{\mathrm{m},(D)_{E(1)}}\left(T_{E_5}\right)$$

$$\theta_{J,T_k}=T_{E_5}-T_k$$

$$\eta_{J,T_k}=\frac{T_{E_5}-T_k}{T_{E_5}}$$

$$J=A,D,C$$

2. 凝固速率

1) 从温度 T_1 到 T_P 析晶

从温度 T_1 到 T_P，析出组元 A 的晶体。体积 V 内析晶速率为

$$\begin{aligned}\frac{\mathrm{d}N_{A(\mathrm{s})}}{\mathrm{d}t}&=-\frac{\mathrm{d}N_{(A)}}{\mathrm{d}t}=Vj_A\\&=V\left[-l_1\left(\frac{A_{\mathrm{m},A}}{T}\right)-l_2\left(\frac{A_{\mathrm{m},A}}{T}\right)^2-l_3\left(\frac{A_{\mathrm{m},A}}{T}\right)^3-\cdots\right]\end{aligned}\tag{8.246}$$

式中，V 为液体体积；N 为摩尔数。

$$A_{\mathrm{m},A}=\Delta G_{\mathrm{m},A}$$

2) 从温度 T_P 到 T_{E_5} 析晶

从温度 T_P 到 T_{E_5}，不考虑耦合作用，析晶速率为

$$\begin{aligned}\frac{\mathrm{d}N_{A(\mathrm{s})}}{\mathrm{d}t}&=-\frac{\mathrm{d}N_{(A)}}{\mathrm{d}t}=Vj_A\\&=V\left[-l_1\left(\frac{A_{\mathrm{m},A}}{T}\right)-l_2\left(\frac{A_{\mathrm{m},A}}{T}\right)^2-l_3\left(\frac{A_{\mathrm{m},A}}{T}\right)^3-\cdots\right]\end{aligned}\tag{8.247}$$

$$\begin{aligned}\frac{\mathrm{d}N_{A_mB_n(\mathrm{s})}}{\mathrm{d}t}&=-\frac{\mathrm{d}N_{(A_mB_n)}}{\mathrm{d}t}=Vj_{A_mB_n}\\&=V\left[-l_1\left(\frac{A_{\mathrm{m},D}}{T}\right)-l_2\left(\frac{A_{\mathrm{m},D}}{T}\right)^2-l_3\left(\frac{A_{\mathrm{m},D}}{T}\right)^3-\cdots\right]\end{aligned}\tag{8.248}$$

考虑耦合作用，析晶速率为

$$
\begin{aligned}
\frac{\mathrm{d}N_{A(\mathrm{s})}}{\mathrm{d}t} &= -\frac{\mathrm{d}N_{(A)}}{\mathrm{d}t} = Vj_A \\
&= V\Bigg[-l_{11}\left(\frac{A_{\mathrm{m},A}}{T}\right) - l_{12}\left(\frac{A_{\mathrm{m},D}}{T}\right) - l_{111}\left(\frac{A_{\mathrm{m},A}}{T}\right)^2 \\
&\quad - l_{112}\left(\frac{A_{\mathrm{m},A}}{T}\right)\left(\frac{A_{\mathrm{m},D}}{T}\right) - l_{122}\left(\frac{A_{\mathrm{m},D}}{T}\right)^2 - l_{1111}\left(\frac{A_{\mathrm{m},A}}{T}\right)^3 \\
&\quad - l_{1112}\left(\frac{A_{\mathrm{m},A}}{T}\right)^2\left(\frac{A_{\mathrm{m},D}}{T}\right) - l_{1122}\left(\frac{A_{\mathrm{m},A}}{T}\right)\left(\frac{A_{\mathrm{m},D}}{T}\right)^2 \\
&\quad - l_{1222}\left(\frac{A_{\mathrm{m},D}}{T}\right)^3 - \cdots\Bigg]
\end{aligned}
\tag{8.249}
$$

$$
\begin{aligned}
\frac{\mathrm{d}N_{A_mB_n(\mathrm{s})}}{\mathrm{d}t} &= -\frac{\mathrm{d}N_{(A_mB_n)}}{\mathrm{d}t} = Vj_{A_mB_n} \\
&= V\Bigg[-l_{21}\left(\frac{A_{\mathrm{m},A}}{T}\right) - l_{22}\left(\frac{A_{\mathrm{m},D}}{T}\right) - l_{211}\left(\frac{A_{\mathrm{m},A}}{T}\right)^2 \\
&\quad - l_{212}\left(\frac{A_{\mathrm{m},A}}{T}\right)\left(\frac{A_{\mathrm{m},D}}{T}\right) - l_{222}\left(\frac{A_{\mathrm{m},D}}{T}\right)^2 - l_{2111}\left(\frac{A_{\mathrm{m},A}}{T}\right)^3 \\
&\quad - l_{2112}\left(\frac{A_{\mathrm{m},A}}{T}\right)^2\left(\frac{A_{\mathrm{m},D}}{T}\right) - l_{2122}\left(\frac{A_{\mathrm{m},A}}{T}\right)\left(\frac{A_{\mathrm{m},D}}{T}\right)^2 \\
&\quad - l_{2222}\left(\frac{A_{\mathrm{m},D}}{T}\right)^3 - \cdots\Bigg]
\end{aligned}
\tag{8.250}
$$

式中，$N_{A(\mathrm{s})}$、$N_{A_mB_n(\mathrm{s})}$ 分别为析出的组元 A 和 A_mB_n 晶体的物质的量；$N_{(A)}$ 和 $N_{(A_mB_n)}$ 分别为液体中组元 A 和 A_mB_n 的物质的量；

$$A_{\mathrm{m},A} = \Delta G_{\mathrm{m},A}$$

$$A_{\mathrm{m},D} = \Delta G_{\mathrm{m},D}$$

3) 温度低于 T_{E_5} 析晶

温度低于 T_{E_5}，不考虑耦合作用，组元 A、D、C 同时析出，析晶速率为

$$
\begin{aligned}
\frac{\mathrm{d}N_{A(\mathrm{s})}}{\mathrm{d}t} &= -\frac{\mathrm{d}N_{(A)_{E_k(l)}}}{\mathrm{d}t} = Vj_A \\
&= V\left[-l_1\left(\frac{A_{\mathrm{m},A}}{T}\right) - l_2\left(\frac{A_{\mathrm{m},A}}{T}\right)^2 - l_3\left(\frac{A_{\mathrm{m},A}}{T}\right)^3 - \cdots\right]
\end{aligned}
\tag{8.251}
$$

$$
\begin{aligned}
\frac{\mathrm{d}N_{A_mB_n(\mathrm{s})}}{\mathrm{d}t} &= -\frac{\mathrm{d}N_{(A_mB_n)_{E_k(l)}}}{\mathrm{d}t} = Vj_{A_mB_n} \\
&= V\left[-l_1\left(\frac{A_{\mathrm{m},D}}{T}\right) - l_2\left(\frac{A_{\mathrm{m},D}}{T}\right)^2 - l_3\left(\frac{A_{\mathrm{m},D}}{T}\right)^3 - \cdots\right]
\end{aligned} \tag{8.252}
$$

$$
\begin{aligned}
\frac{\mathrm{d}N_{C(\mathrm{s})}}{\mathrm{d}t} &= -\frac{\mathrm{d}N_{(C)_{E_k(l)}}}{\mathrm{d}t} = Vj_C \\
&= V\left[-l_1\left(\frac{A_{\mathrm{m},C}}{T}\right) - l_2\left(\frac{A_{\mathrm{m},C}}{T}\right)^2 - l_3\left(\frac{A_{\mathrm{m},C}}{T}\right)^3 - \cdots\right]
\end{aligned} \tag{8.253}
$$

考虑耦合作用，有

$$
\begin{aligned}
\frac{\mathrm{d}N_{A(\mathrm{s})}}{\mathrm{d}t} =& -\frac{\mathrm{d}N_{(A)_{E_k(l)}}}{\mathrm{d}t} = Vj_A \\
=& V\Bigg[-l_{11}\left(\frac{A_{\mathrm{m},A}}{T}\right) - l_{12}\left(\frac{A_{\mathrm{m},D}}{T}\right) - l_{13}\left(\frac{A_{\mathrm{m},C}}{T}\right) \\
& -l_{111}\left(\frac{A_{\mathrm{m},A}}{T}\right)^2 - l_{112}\left(\frac{A_{\mathrm{m},A}}{T}\right)\left(\frac{A_{\mathrm{m},D}}{T}\right) - l_{113}\left(\frac{A_{\mathrm{m},A}}{T}\right)\left(\frac{A_{\mathrm{m},C}}{T}\right) \\
& -l_{123}\left(\frac{A_{\mathrm{m},D}}{T}\right)\left(\frac{A_{\mathrm{m},C}}{T}\right) - l_{122}\left(\frac{A_{\mathrm{m},D}}{T}\right)^2 - l_{133}\left(\frac{A_{\mathrm{m},C}}{T}\right)^2 \\
& -l_{1111}\left(\frac{A_{\mathrm{m},A}}{T}\right)^3 - l_{1112}\left(\frac{A_{\mathrm{m},A}}{T}\right)^2\left(\frac{A_{\mathrm{m},D}}{T}\right) \\
& -l_{1113}\left(\frac{A_{\mathrm{m},A}}{T}\right)^2\left(\frac{A_{\mathrm{m},C}}{T}\right) - l_{1122}\left(\frac{A_{\mathrm{m},A}}{T}\right)\left(\frac{A_{\mathrm{m},D}}{T}\right)^2 \\
& -l_{1123}\left(\frac{A_{\mathrm{m},A}}{T}\right)\left(\frac{A_{\mathrm{m},D}}{T}\right)\left(\frac{A_{\mathrm{m},C}}{T}\right) \\
& -l_{1133}\left(\frac{A_{\mathrm{m},A}}{T}\right)\left(\frac{A_{\mathrm{m},C}}{T}\right)^2 - l_{1222}\left(\frac{A_{\mathrm{m},D}}{T}\right)^3 \\
& -l_{1223}\left(\frac{A_{\mathrm{m},D}}{T}\right)^2\left(\frac{A_{\mathrm{m},C}}{T}\right) - l_{1233}\left(\frac{A_{\mathrm{m},D}}{T}\right)\left(\frac{A_{\mathrm{m},C}}{T}\right)^2 \\
& -l_{1333}\left(\frac{A_{\mathrm{m},C}}{T}\right)^3 - \cdots\Bigg]
\end{aligned} \tag{8.254}
$$

$$
\begin{aligned}
\frac{\mathrm{d}N_{A_mB_n(\mathrm{s})}}{\mathrm{d}t} =& -\frac{\mathrm{d}N_{(A_mB_n)_{E_k(l)}}}{\mathrm{d}t} = Vj_{A_mB_n} \\
=& V\Bigg[-l_{21}\left(\frac{A_{\mathrm{m},A}}{T}\right) - l_{22}\left(\frac{A_{\mathrm{m},D}}{T}\right) - l_{23}\left(\frac{A_{\mathrm{m},C}}{T}\right)
\end{aligned}
$$

$$
\begin{aligned}
&-l_{211}\left(\frac{A_{\mathrm{m},A}}{T}\right)^2-l_{212}\left(\frac{A_{\mathrm{m},A}}{T}\right)\left(\frac{A_{\mathrm{m},D}}{T}\right)-l_{213}\left(\frac{A_{\mathrm{m},A}}{T}\right)\left(\frac{A_{\mathrm{m},C}}{T}\right)\\
&-l_{222}\left(\frac{A_{\mathrm{m},D}}{T}\right)^2-l_{223}\left(\frac{A_{\mathrm{m},D}}{T}\right)\left(\frac{A_{\mathrm{m},C}}{T}\right)-l_{233}\left(\frac{A_{\mathrm{m},C}}{T}\right)^2\\
&-l_{2111}\left(\frac{A_{\mathrm{m},A}}{T}\right)^3-l_{2112}\left(\frac{A_{\mathrm{m},A}}{T}\right)^2\left(\frac{A_{\mathrm{m},D}}{T}\right)\\
&-l_{2113}\left(\frac{A_{\mathrm{m},A}}{T}\right)^2\left(\frac{A_{\mathrm{m},C}}{T}\right)-l_{2122}\left(\frac{A_{\mathrm{m},A}}{T}\right)\left(\frac{A_{\mathrm{m},D}}{T}\right)^2\\
&-l_{2123}\left(\frac{A_{\mathrm{m},A}}{T}\right)\left(\frac{A_{\mathrm{m},D}}{T}\right)\left(\frac{A_{\mathrm{m},C}}{T}\right)-l_{2133}\left(\frac{A_{\mathrm{m},A}}{T}\right)\left(\frac{A_{\mathrm{m},C}}{T}\right)^2\\
&-l_{2222}\left(\frac{A_{\mathrm{m},D}}{T}\right)^3-l_{2223}\left(\frac{A_{\mathrm{m},D}}{T}\right)^2\left(\frac{A_{\mathrm{m},C}}{T}\right)\\
&-l_{2233}\left(\frac{A_{\mathrm{m},D}}{T}\right)\left(\frac{A_{\mathrm{m},C}}{T}\right)^2-l_{2333}\left(\frac{A_{\mathrm{m},C}}{T}\right)^3-\cdots\Bigg]
\end{aligned}
\tag{8.255}
$$

$$
\begin{aligned}
\frac{\mathrm{d}N_{C(\mathrm{s})}}{\mathrm{d}t}=&-\frac{\mathrm{d}N_{(C)_{E_k(l)}}}{\mathrm{d}t}=Vj_C\\
=&V\Bigg[-l_{31}\left(\frac{A_{\mathrm{m},A}}{T}\right)-l_{32}\left(\frac{A_{\mathrm{m},D}}{T}\right)-l_{33}\left(\frac{A_{\mathrm{m},C}}{T}\right)\\
&-l_{311}\left(\frac{A_{\mathrm{m},A}}{T}\right)^2-l_{312}\left(\frac{A_{\mathrm{m},A}}{T}\right)\left(\frac{A_{\mathrm{m},D}}{T}\right)-l_{313}\left(\frac{A_{\mathrm{m},A}}{T}\right)\left(\frac{A_{\mathrm{m},C}}{T}\right)\\
&-l_{322}\left(\frac{A_{\mathrm{m},D}}{T}\right)^2-l_{323}\left(\frac{A_{\mathrm{m},D}}{T}\right)\left(\frac{A_{\mathrm{m},C}}{T}\right)-l_{333}\left(\frac{A_{\mathrm{m},C}}{T}\right)^2\\
&-l_{3111}\left(\frac{A_{\mathrm{m},A}}{T}\right)^3-l_{3112}\left(\frac{A_{\mathrm{m},A}}{T}\right)^2\left(\frac{A_{\mathrm{m},D}}{T}\right)\\
&-l_{3113}\left(\frac{A_{\mathrm{m},A}}{T}\right)^2\left(\frac{A_{\mathrm{m},C}}{T}\right)-l_{3122}\left(\frac{A_{\mathrm{m},A}}{T}\right)\left(\frac{A_{\mathrm{m},D}}{T}\right)^2\\
&-l_{3123}\left(\frac{A_{\mathrm{m},A}}{T}\right)\left(\frac{A_{\mathrm{m},D}}{T}\right)\left(\frac{A_{\mathrm{m},C}}{T}\right)-l_{3133}\left(\frac{A_{\mathrm{m},A}}{T}\right)\left(\frac{A_{\mathrm{m},C}}{T}\right)^2\\
&-l_{3222}\left(\frac{A_{\mathrm{m},D}}{T}\right)^3-l_{3223}\left(\frac{A_{\mathrm{m},D}}{T}\right)^2\left(\frac{A_{\mathrm{m},C}}{T}\right)\\
&-l_{3233}\left(\frac{A_{\mathrm{m},D}}{T}\right)\left(\frac{A_{\mathrm{m},C}}{T}\right)^2-l_{3333}\left(\frac{A_{\mathrm{m},C}}{T}\right)^3-\cdots\Bigg]
\end{aligned}
\tag{8.256}
$$

组元 A、D、C 依次析出，有

$$\begin{aligned}\frac{\mathrm{d}N_{A(\mathrm{s})}}{\mathrm{d}t}&=-\frac{\mathrm{d}N(A)_{E_k(l)}}{\mathrm{d}t}=Vj_A\\&=V\left[-l_1\left(\frac{A_{\mathrm{m},A}}{T}\right)-l_2\left(\frac{A_{\mathrm{m},A}}{T}\right)^2-l_3\left(\frac{A_{\mathrm{m},A}}{T}\right)^3-\cdots\right]\end{aligned}$$

$$\begin{aligned}\frac{\mathrm{d}N_{D(\mathrm{s})}}{\mathrm{d}t}&=-\frac{\mathrm{d}N(D)_{l_k'}}{\mathrm{d}t}=Vj_D\\&=V\left[-l_1\left(\frac{A_{\mathrm{m},D}}{T}\right)-l_2\left(\frac{A_{\mathrm{m},D}}{T}\right)^2-l_3\left(\frac{A_{\mathrm{m},D}}{T}\right)^3-\cdots\right]\end{aligned}$$

$$\begin{aligned}\frac{\mathrm{d}N_{C(\mathrm{s})}}{\mathrm{d}t}&=-\frac{\mathrm{d}N(C)_{l_k'g_k'}}{\mathrm{d}t}=Vj_C\\&=V\left[-l_1\left(\frac{A_{\mathrm{m},C}}{T}\right)-l_2\left(\frac{A_{\mathrm{m},C}}{T}\right)^2-l_3\left(\frac{A_{\mathrm{m},C}}{T}\right)^3-\cdots\right]\end{aligned}$$

组 A 先析出，然后组元 D、C 同时析出，有

$$\begin{aligned}\frac{\mathrm{d}N_{A(\mathrm{s})}}{\mathrm{d}t}&=-\frac{\mathrm{d}N(A)_{E_k(\mathrm{l})}}{\mathrm{d}t}=Vj_A\\&=V\left[-l_1\left(\frac{A_{\mathrm{m},A}}{T}\right)-l_2\left(\frac{A_{\mathrm{m},A}}{T}\right)^2-l_3\left(\frac{A_{\mathrm{m},A}}{T}\right)^3-\cdots\right]\end{aligned}$$

$$\begin{aligned}\frac{\mathrm{d}N_{D(\mathrm{s})}}{\mathrm{d}t}&=-\frac{\mathrm{d}N(D)_{l_k'}}{\mathrm{d}t}=Vj_D\\&=V\left[-l_1\left(\frac{A_{\mathrm{m},D}}{T}\right)-l_2\left(\frac{A_{\mathrm{m},D}}{T}\right)^2-l_3\left(\frac{A_{\mathrm{m},D}}{T}\right)^3-\cdots\right]\end{aligned}$$

$$\begin{aligned}\frac{\mathrm{d}N_{C(\mathrm{s})}}{\mathrm{d}t}&=-\frac{\mathrm{d}N(C)_{l_k'}}{\mathrm{d}t}=Vj_C\\&=V\left[-l_1\left(\frac{A_{\mathrm{m},C}}{T}\right)-l_2\left(\frac{A_{\mathrm{m},C}}{T}\right)^2-l_3\left(\frac{A_{\mathrm{m},C}}{T}\right)^3-\cdots\right]\end{aligned}$$

先同时析出 A 和 D，再析出组元 C，有

$$\begin{aligned}\frac{\mathrm{d}N_{A(\mathrm{s})}}{\mathrm{d}t}&=-\frac{\mathrm{d}N(A)_{E_k(\mathrm{l})}}{\mathrm{d}t}=Vj_A\\&=V\left[-l_1\left(\frac{A_{\mathrm{m},A}}{T}\right)-l_2\left(\frac{A_{\mathrm{m},A}}{T}\right)^2-l_3\left(\frac{A_{\mathrm{m},A}}{T}\right)^3-\cdots\right]\end{aligned}$$

$$\begin{aligned}\frac{\mathrm{d}N_{D(\mathrm{s})}}{\mathrm{d}t}&=-\frac{\mathrm{d}N(D)_{E_k(\mathrm{l})}}{\mathrm{d}t}=Vj_D\\&=V\left[-l_1\left(\frac{A_{\mathrm{m},D}}{T}\right)-l_2\left(\frac{A_{\mathrm{m},D}}{T}\right)^2-l_3\left(\frac{A_{\mathrm{m},D}}{T}\right)^3-\cdots\right]\end{aligned}$$

$$\frac{\mathrm{d}N_{C(\mathrm{s})}}{\mathrm{d}t} = -\frac{\mathrm{d}N(C)_{l'_k g'_k}}{\mathrm{d}t} = Vj_C$$
$$= V\left[-l_1\left(\frac{A_{\mathrm{m},C}}{T}\right) - l_2\left(\frac{A_{\mathrm{m},C}}{T}\right)^2 - l_3\left(\frac{A_{\mathrm{m},C}}{T}\right)^3 - \cdots\right]$$

式中，$N_{A(\mathrm{s})}$、$N_{A_mB_n(\mathrm{s})}$ 和 $N_{C(\mathrm{s})}$ 分别为析出的组元 A、A_mB_n 和 C 晶体的物质的量；$N_{(A)}$、$N_{(A_mB_n)}$ 和 $N_{(C)}$ 分别为液体中组元 A、A_mB_n 和 C 的物质的量；

$$A_{\mathrm{m},A} = \Delta G_{\mathrm{m},A}$$

$$A_{\mathrm{m},D} = \Delta G_{\mathrm{m},D}$$

$$A_{\mathrm{m},C} = \Delta G_{\mathrm{m},C}$$

8.3.3 具有异组成熔融二元化合物的三元系

1. 凝固过程热力学

图 8.10 为具有异组成熔融二元化合物的三元系相图。

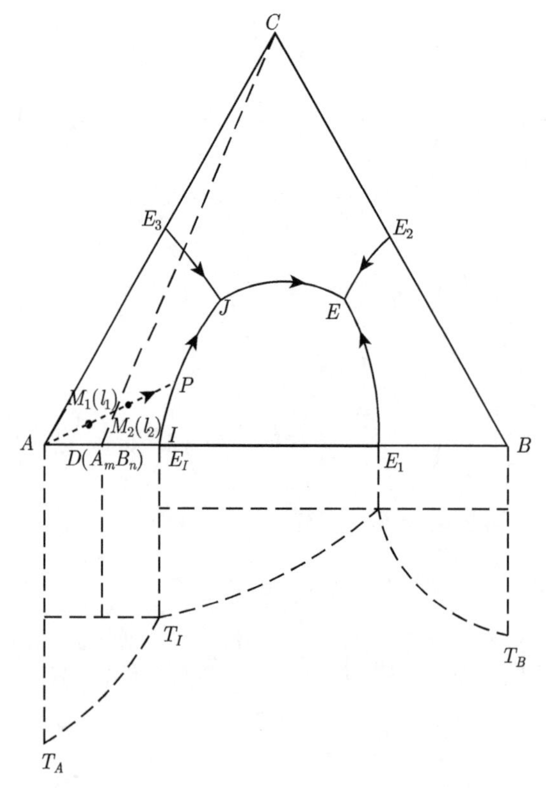

图 8.10 具有异组成熔融二元化合物的三元系相图

1) 温度降到 T_1

物质组成点为 M 的液体降温冷却。温度降到 T_1，物质组成点到达液相面 A 上的 M_1(M_1 位于 ΔADC 内)，其平衡液相组成为 l_1 点，和 M_1 点重合。l_1 是组元 A 的饱和溶液，但尚无明显的固相组元 A 析出，有

$$(A)_{l_1} \equiv (A)_{饱} \rightleftharpoons A(\mathrm{s})$$

该过程的摩尔吉布斯自由能变化为零。

2) 温度降到 T_2

继续降温到 T_2，平衡液相组成为 l_2 点。温度刚降到 T_2，固体组元 A 还没来得及析出时，液相组成未变，但组元 A 的饱和溶液 l_1 已成为组元 A 的过饱和溶液 l_1'。析出固相组元 A，即

$$(A)_{l_1'} \equiv (A)_{过饱} = A(\mathrm{s})$$

达到平衡时，有

$$(A)_{l_2} \equiv (A)_{饱} \rightleftharpoons A(\mathrm{s})$$

以纯固态组元 A 为标准状态，浓度以摩尔分数表示，摩尔吉布斯自由能变化为

$$\begin{aligned}\Delta G_{\mathrm{m},A} &= \mu_{A(\mathrm{s})} - \mu_{(A)_{过饱}} = \mu_{A(\mathrm{s})} - \mu_{(A)_{l_1'}} \\ &= -RT\ln a^{\mathrm{R}}_{(A)_{过饱}} = -RT\ln a^{\mathrm{R}}_{(A)_{l_1'}}\end{aligned} \tag{8.257}$$

或

$$\begin{aligned}\Delta G_{\mathrm{m},A}(T_2) &= \frac{\theta_{A,T_2}\Delta H_{\mathrm{m},A}(T_1)}{T_1} \\ &= \eta_{A,T_2}\Delta H_{\mathrm{m},A}(T_1)\end{aligned} \tag{8.258}$$

式中，

$$T_1 > T_2$$

$$\theta_{A,T_2} = T_1 - T_2$$

$$\eta_{A,T_2} = \frac{T_1 - T_2}{T_1}$$

符号意义同前。

3) 温度从 T_2 到 T_P

继续降温，从温度 T_2 到温度 T_P，平衡液相组成沿 AM_1 连线的延长线移动到共熔线 IJ 的 P 点。析晶过程可以描述如下。在温度 T_{i-1}，液固两相达成平衡，有

$$(A)_{l_{i-1}} \equiv (A)_{饱} \rightleftharpoons A(\mathrm{s})$$

温度降到 T_i。在温度刚降到 T_i，还没有固相组元 A 析出时，液相组成未变，但已由组元 A 的饱和溶液 l_{i-1} 变成组元 A 的过饱和溶液 l'_{i-1}，析出固相组元 A。在温度 T_i，析晶过程可以表示为

$$(A)_{l'_{i-1}} \equiv\equiv (A)_{过饱} = A\,(\mathrm{s})$$

达到平衡时，有

$$(A)_{l_i} \equiv\equiv (A)_{饱} \rightleftharpoons A\,(\mathrm{s})$$

式中，$(A)_{l_i}$ 为温度 T_i 时的平衡液相组成，且

$$T_{i-1} > T_i$$

以纯固态组元 A 为标准状态，浓度以摩尔分数表示，析晶过程的摩尔吉布斯自由能变化为

$$\begin{aligned}\Delta G_{\mathrm{m},A} &= \mu_{A(\mathrm{s})} - \mu_{(A)_{过饱}} = \mu_{A(\mathrm{s})} - \mu_{(A)_{l'_{i-1}}} \\ &= -RT\ln a^{\mathrm{R}}_{(A)_{过饱}} = -RT\ln a^{\mathrm{R}}_{(A)_{l'_{i-1}}}\end{aligned} \tag{8.259}$$

或

$$\Delta G_{\mathrm{m},A}\,(T_i) = \frac{\theta_{A,T_i}\Delta H_{\mathrm{m},A}\,(T_{i-1})}{T_{i-1}} = \eta_{A,T_i}\Delta H_{\mathrm{m},A}\,(T_{i-1}) \tag{8.260}$$

式中，

$$\theta_{A,T_i} = T_{i-1} - T_i$$

$$\eta_{A,T_i} = \frac{T_{i-1} - T_i}{T_{i-1}}$$

各符号意义同前。

在温度 T_{P-1}，液固两相达成平衡，有

$$(A)_{l_{P-1}} \equiv\equiv (A)_{饱} \rightleftharpoons A\,(\mathrm{s})$$

温度降到 T_P，液相组成为不一致熔融线上的 P 点，平衡液相组成为 l_P。温度刚降到 T_P 尚无固相组元 A 析出时，液相组成未变，但在温度 T_{P-1} 时组元 A 的饱和溶液 l_{P-1} 成为组元 A 的过饱和溶液 l'_{P-1}，析出固相组元 A，有

$$(A)_{l'_{P-1}} \equiv\equiv (A)_{过饱} = A\,(\mathrm{s})$$

达到平衡有

$$(A)_{l_P} \equiv\equiv (A)_{饱} \rightleftharpoons A\,(\mathrm{s})$$

及

$$(A_mB_n)_{l_P} \equiv\equiv (A_mB_n)_{饱} \rightleftharpoons A_mB_n\,(\mathrm{s})$$

转熔反应也达到平衡，有

$$mA(\mathrm{s}) + (B)_{l_P} \rightleftharpoons A_m B_n(\mathrm{s})$$

以固态纯物质 A 为标准状态，浓度以摩尔分数表示，析晶过程的摩尔吉布斯自由能变化为

$$\begin{aligned}\Delta G_{\mathrm{m},A} &= \mu_{A(\mathrm{s})} - \mu_{(A)_{过饱}} = \mu_{A(\mathrm{s})} - \mu_{(A)_{l'_{P-1}}} \\ &= -RT\ln a^{\mathrm{R}}_{(A)_{过饱}} = -RT\ln a^{\mathrm{R}}_{(A)_{l'_{P-1}}}\end{aligned} \tag{8.261}$$

或

$$\Delta G_{\mathrm{m},A}(T_P) = \frac{\theta_{A,T_P}\Delta H_{\mathrm{m},A}(T_{p-1})}{T_{P-1}} = \eta_{A,T_P}\Delta H_{\mathrm{m},A}(T_{P-1}) \tag{8.262}$$

式中，

$$\theta_{A,T_P} = T_{P-1} - T_P > 0$$

$$\eta_{A,T_P} = \frac{T_{P-1} - T_P}{T_{P-1}} > 0$$

其他符号意义同前。

降低温度到 T_{P+1}，温度刚降到 T_{P+1}，尚无固相组元 A、A_mB_n 析出时，溶液组成未变，但是由组元 A、A_mB_n 饱和的溶液 l_P 变成过饱和溶液 l'_P，析出固相组元 A、A_mB_n，并进行转熔反应，有

$$(A)_{l'_P} = (A)_{过饱} = A(\mathrm{s})$$

$$(A_mB_n)_{l'_P} = (A_mB_n)_{过饱} = A_mB_n(\mathrm{s})$$

$$mA(\mathrm{s}) + n(B)_{l'_P} = A_mB_n(\mathrm{s})$$

以纯固态物质为标准状态，浓度以摩尔分数表示，该过程的摩尔吉布斯自由能变化为

$$\Delta G_{\mathrm{m},A} = -RT\ln a^{\mathrm{R}}_{(A)_{l'_P}} \tag{8.263}$$

$$\Delta G_{\mathrm{m},A_mB_n} = -RT\ln a^{\mathrm{R}}_{(A_mB_n)_{l'_P}} \tag{8.264}$$

$$\Delta G_{\mathrm{m},D} = \Delta G^{\theta}_{\mathrm{m},D} + RT\ln\frac{1}{\left(a^{\mathrm{R}}_{(B)_{l'_P}}\right)^n}$$

$$\Delta G^{\theta}_{\mathrm{m},D} = G^*_{A_mB_n(\mathrm{s})} - mG^*_{A(\mathrm{s})} - n\mu^*_{B(\mathrm{s})_{l'_P}} = \Delta_{\mathrm{f}}G^*_{\mathrm{m},D}$$

所以

$$\Delta G_{\mathrm{m},D} = \Delta_{\mathrm{f}}G^*_{\mathrm{m},D} - nRT\ln a^{\mathrm{R}}_{(B)_{l_P}} \tag{8.265}$$

式中，$\Delta_{\mathrm{f}} G_{\mathrm{m},D}^{*}$ 为化合物 $A_m B_n$ 的标准摩尔生成吉布斯自由能；$a_{(B)_{l'_P}}^{\mathrm{R}}$ 组成为 P 点的溶液 l'_P 中组元 B 的活度。

4) 温度从 T_P 到 T_J

继续降温，温度从 T_P 到 T_J，液相组成沿着不一致熔融线 IJ 从 P 点到 J 点移动，在温度 T_{h-1}，平衡液相组成为 IJ 线上的 $h-1$ 点，以 l_{h-1} 表示。在此温度，过程达到平衡，有

$$(A)_{l_{h-1}} \equiv (A)_{饱} \rightleftharpoons A(\mathrm{s})$$

$$(A_m B_n)_{l_{h-1}} \equiv (A_m B_n)_{饱} \rightleftharpoons A_m B_n(\mathrm{s})$$

$$mA(\mathrm{s}) + n(B)_{l_{h-1}} \rightleftharpoons A_m B_n(\mathrm{s})$$

降低温度到 T_h。温度刚降到 T_h，尚未产生组元 A、$A_m B_n$ 时，液相组成未变。但是由平衡液相 l_{h-1} 变成不平衡的液相 l'_{h-1}，析出组元 A 和 $A_m B_n$，

$$(A)_{l'_{h-1}} \equiv (A)_{过饱} = A(\mathrm{s})$$

$$(A_m B_n)_{l'_{h-1}} \equiv (A_m B_n)_{过饱} \equiv A_m B_n(\mathrm{s})$$

并发生转熔反应为

$$A(\mathrm{s}) + \mathrm{l} \longrightarrow A_m B_n + \mathrm{l}'$$

即

$$mA(\mathrm{s}) + n(B)_{l'_{h-1}} = A_m B_n(\mathrm{s})$$

摩尔吉布斯自由能变化同式 (8.263)、(8.264) 和 (8.265)，只是温度不同。

直到达成平衡，

$$(A)_{l_h} \equiv (A)_{饱} \rightleftharpoons A(\mathrm{s})$$

$$(A_m B_n)_{l_h} \equiv (A_m B_n)_{饱} \rightleftharpoons A_m B_n(\mathrm{s})$$

$$mA(\mathrm{s}) + n(B)_{l_h} \rightleftharpoons A_m B_n(\mathrm{s})$$

在温度 T_J，平衡液相组成为 J 点，以 $J(P)$ 表示，过程达到平衡，有

$$(A)_{J(l)} \equiv (A)_{饱} \rightleftharpoons A(\mathrm{s})$$

$$(A_m B_n)_{J(l)} \equiv (A_m B_n)_{饱} \rightleftharpoons A_m B_n(\mathrm{s})$$

$$mA(\mathrm{s}) + n(B)_{J(l)} \rightleftharpoons A_m B_n(\mathrm{s})$$

组元 C 也达到饱和，

$$(C)_{J(l)} \equiv (C)_{饱} \rightleftharpoons C(\mathrm{s})$$

温度降到 T_{J+1}，平衡液相为 l_{j+1}，温度刚降到 T_{J+1}，尚无固相组元 A、A_mB_n、C 析出时，液相组成未变，但是由组元 A、A_mB_n、C 的饱和溶液 $J_{(l)}$ 变成组元 A、A_mB_n、C 的过饱和溶液 $J'_{(l)}$，析出组元 A、A_mB_n、C。

$$(A)_{J'_{(l)}} \equiv\equiv (A)_{过饱} = A\,(\mathrm{s})$$

$$(A_mB_n)_{J'_{(l)}} \equiv\equiv (A_mB_n)_{过饱} = A_mB_n\,(\mathrm{s})$$

$$(C)_{J'_{(l)}} \equiv\equiv (C)_{J'_{(l)}} = C\,(\mathrm{s})$$

并发生转熔反应，有

$$mA(\mathrm{s}) + n(B)_{J'_{(l)}} = A_mB_n\,(\mathrm{s})$$

以固态纯物质为标准状态，浓度以摩尔分数表示，摩尔吉布斯自由能变化为

$$\Delta G_{\mathrm{m},A} = -RT\ln a^{\mathrm{R}}_{(A)_{J'_{(l)}}} = -RT\ln a^{\mathrm{R}}_{(A)_{过饱}}$$

$$\Delta G_{\mathrm{m},A_mB_n} = -RT\ln a^{\mathrm{R}}_{(A_mB_n)_{J'_{(l)}}} = -RT\ln a^{\mathrm{R}}_{(A_mB_n)_{过饱}}$$

$$\Delta G_{\mathrm{m},C} = -RT\ln a^{\mathrm{R}}_{(C)_{J'_{(l)}}} = -RT\ln a^{\mathrm{R}}_{(C)_{过饱}} \tag{8.266}$$

$$\Delta G_{\mathrm{m},D} = \Delta_f G^*_{m,D} - nRT\ln a^{\mathrm{R}}_{(B)_{J'_{(l)}}} \tag{8.267}$$

凝固的冷却过程结束。

如果物质组成点位于 ΔDBC 内 (图 8.10 中的 $M_2(l_1)$ 点)，则凝固的冷却过程不是结束于 J 点，而是结束于 E 点。从温度 T_1 到 T_J 的降温过程与物质组成点位于 ΔADC 内 (图 8.10 中的 $M_1(l_1)$ 点) 相同。但是，温度到达 T_J 后，体系继续降温。

5) 温度从 T_J 到 T_E

继续降温。液相组成沿共熔线 JE 从 J 点移向 E 点。从温度 T_J 到 T_E，析晶过程可以描述如下。

在温度 T_{j-1}，液固两相达到平衡，有

$$(A_mB_n)_{l_{j-1}} \equiv\equiv (A_mB_n)_{饱} \rightleftharpoons A_mB_n\,(\mathrm{s})$$

和

$$(C)_{l_{j-1}} \equiv\equiv (C)_{饱} \rightleftharpoons C\,(\mathrm{s})$$

继续降温到 T_j。在温度刚降到 T_j，尚无固相组元 A_mB_n 和 C 析出时，液相组成仍为 l_{j-1}，但已由组元 A_mB_n 和 C 的饱和溶液 l_{j-1} 变成组元 A_mB_n 和 C 的过饱和溶液 l'_{j-1}，析出固相组元 A_mB_n 和 C，有

$$(A_mB_n)_{l'_{j-1}} \equiv\equiv (A_mB_n)_{过饱} = A_mB_n\,(\mathrm{s})$$

和

$$(C)_{l'_{j-1}} =\!=\!= (C)_{过饱} =\!=\!= C\,(\mathrm{s})$$

达到平衡时，有

$$(A_mB_n)_{l_j} =\!=\!= (A_mB_n)_{饱} \rightleftharpoons A_mB_n\,(\mathrm{s})$$

$$(C)_{l_j} =\!=\!= (C)_{饱} \rightleftharpoons C\,(\mathrm{s})$$

$$(j = 1, 2, \cdots, n)$$

以纯固态组元 A_mB_n 和 C 为标准状态，析晶过程的摩尔吉布斯自由能变化为

$$\begin{aligned}\Delta G_{\mathrm{m},D} &= \mu_{D(\mathrm{s})} - \mu_{(D)_{过饱}} = \mu_{D(\mathrm{s})} - \mu_{(D)_{l'_{j-1}}}\\ &= -RT\ln a^{\mathrm{R}}_{(D)_{过饱}} = -RT\ln a^{\mathrm{R}}_{(D)_{l'_{j-1}}}\end{aligned} \tag{8.268}$$

和

$$\begin{aligned}\Delta G_{\mathrm{m},C} &= \mu_{C(\mathrm{s})} - \mu_{(C)_{过饱}} = \mu_{C(\mathrm{s})} - \mu_{(C)_{l'_{j-1}}}\\ &= -RT\ln a^{\mathrm{R}}_{(C)_{过饱}} = -RT\ln a^{\mathrm{R}}_{(C)_{l'_{j-1}}}\end{aligned} \tag{8.269}$$

或

$$\Delta G_{\mathrm{m},D}\,(T_j) = \frac{\theta_{D,T_j}\Delta H_{\mathrm{m},D}\,(T_{j-1})}{T_{j-1}} = \eta_{D,T_j}\Delta H_{\mathrm{m},D}\,(T_{j-1}) \tag{8.270}$$

$$\Delta G_{\mathrm{m},C}\,(T_j) = \frac{\theta_{C,T_j}\Delta H_{\mathrm{m},C}\,(T_{j-1})}{T_{j-1}} = \eta_{C,T_j}\Delta H_{\mathrm{m},C}\,(T_{j-1}) \tag{8.271}$$

$$T_{j-1} > T_j$$

其他符号意义同前。

继续降温。在温度 $T_{E'}$，液固两相达成平衡，有

$$(A_mB_n)_{l_{E'}} =\!=\!= (A_mB_n)_{饱} \rightleftharpoons A_mB_n\,(\mathrm{s})$$

$$(C)_{l_{E'}} =\!=\!= (C)_{饱} \rightleftharpoons C\,(\mathrm{s})$$

温度降到 T_E。在温度刚降到 T_E 还未来得及析出固相组元 A_mB_n 和 C 时，液相组成未变，但已由组元 A_mB_n 和 C 的饱和溶液 $l_{E'}$ 变成过饱和溶液 $l'_{E'}$。析出固相 A_mB_n 和 C，即

$$(A_mB_n)_{l'_{E'}} =\!=\!= (A_mB_n)_{过饱} =\!=\!= A_mB_n\,(\mathrm{s})$$

$$(C)_{l'_{E'}} =\!=\!= (C)_{过饱} =\!=\!= C\,(\mathrm{s})$$

当固相组元 A_mB_n 和 C 析出达成平衡时，溶液成为组元 A_mB_n 和 C 的饱和溶液 $E(\mathrm{l})$，组元 B 也达到饱和，即

$$(A_mB_n)_{E(\mathrm{l})} =\!=\!= (A_mB_n)_{饱} \rightleftharpoons A_mB_n\,(\mathrm{s})$$

$$(C)_{E(\mathrm{l})} =\!=\!= (C)_{饱} \rightleftharpoons C\,(\mathrm{s})$$

及

$$(B)_{E(\mathrm{l})} =\!=\!= (B)_{饱} \rightleftharpoons B\,(\mathrm{s})$$

以固态纯物质为标准状态，浓度以摩尔分数表示，析晶过程的摩尔吉布斯自由能变化为

$$\begin{aligned}\Delta G_{\mathrm{m},D} &= \mu_{D(\mathrm{s})} - \mu_{(D)_{过饱}} = \mu_{D(\mathrm{s})} - \mu_{(D)_{l'_{E'}}} \\ &= -RT\ln a^{\mathrm{R}}_{(D)_{过饱}} = -RT\ln a^{\mathrm{R}}_{(D)_{l'_{E'}}}\end{aligned} \tag{8.272}$$

$$\begin{aligned}\Delta G_{\mathrm{m},C} &= \mu_{C(\mathrm{s})} - \mu_{(C)_{过饱}} = \mu_{C(\mathrm{s})} - \mu_{(C)_{l'_{E'}}} \\ &= -RT\ln a^{\mathrm{R}}_{(C)_{过饱}} = -RT\ln a^{\mathrm{R}}_{(C)_{l'_{E'}}}\end{aligned} \tag{8.273}$$

在温度 T_E，液相 $E(\mathrm{l})$ 是组元 B、A_mB_n 和 C 的饱和溶液。在恒温恒压条件下，四相平衡共存，即

$$E(\mathrm{l}) \rightleftharpoons B\,(\mathrm{s}) + A_mB_n\,(\mathrm{s}) + C\,(\mathrm{s})$$

在平衡状态下析出固相 B、A_mB_n 和 C。摩尔吉布斯自由能变化为零。即

$$\Delta G_{\mathrm{m},B} = 0$$

$$\Delta G_{\mathrm{m},D} = 0$$

$$\Delta G_{\mathrm{m},C} = 0$$

6) 温度降到 T_E 以下

温度降到 T_E 以下。液相 $E(\mathrm{l})$ 成为组元 A_mB_n、B 和 C 的过饱和溶液。析出固相组元 A_mB_n、B 和 C，直到液相 $E(\mathrm{l})$ 消失。

温度降到 T_E 以下，上述过程是在非平衡状态进行。描述如下。

温度降至 T_k。在温度 T_k，固相组元 D、B、C 的平衡液相分别为 l_k、q_k、g_k。温度刚降至 T_k，还未来得及析出固相组元 D、B、C 时，溶液 $E\,(\mathrm{l})$ 的组成未变，但已由组元 D、B、C 的饱和溶液 $E\,(\mathrm{l})$ 变成组元 D、B、C 的过饱和溶液 $E_k\,(\mathrm{l})$。

(1) 组元 D、B、C 同时析出，有

$$E_k\,(\mathrm{l}) =\!=\!= D\,(\mathrm{s}) + B\,(\mathrm{s}) + C\,(\mathrm{s})$$

即

$$(D)_{过饱} \equiv (D)_{E_k(1)} \rightleftharpoons D(\mathrm{s})$$

$$(B)_{过饱} \equiv (B)_{E_k(1)} \rightleftharpoons B(\mathrm{s})$$

$$(C)_{过饱} \equiv (C)_{E_k(1)} \rightleftharpoons C(\mathrm{s})$$

如果组元 D、B、C 同时析出，可以保持 $E_k(\mathrm{l})$ 组成不变，析出的组元 D、B、C 均匀混合。以纯固态组元 D、B、C 为标准状态，浓度以摩尔分数表示，析晶过程的摩尔吉布斯自由能变化为

$$\begin{aligned}\Delta G_{\mathrm{m},D} &= \mu_{D(\mathrm{s})} - \mu_{(D)_{过饱}} \\ &= \mu_{D(\mathrm{s})} - \mu_{(D)_{E_k(1)}} \\ &= -RT\ln a^{\mathrm{R}}_{(D)_{过饱}} = -RT\ln a^{\mathrm{R}}_{(D)_{E_k(1)}}\end{aligned} \tag{8.274}$$

$$\begin{aligned}\Delta G_{\mathrm{m},B} &= \mu_{B(\mathrm{s})} - \mu_{(B)_{过饱}} \\ &= \mu_{B(\mathrm{s})} - \mu_{(B)_{E_k(1)}} \\ &= -RT\ln a^{\mathrm{R}}_{(B)_{过饱}} = -RT\ln a^{\mathrm{R}}_{(B)_{E_k(1)}}\end{aligned} \tag{8.275}$$

$$\begin{aligned}\Delta G_{\mathrm{m},C} &= \mu_{C(\mathrm{s})} - \mu_{(C)_{过饱}} \\ &= \mu_{C(\mathrm{s})} - \mu_{(C)_{E_k(l)}} \\ &= -RT\ln a^{\mathrm{R}}_{(C)_{过饱}} = -RT\ln a^{\mathrm{R}}_{(C)_{E_k(l)}}\end{aligned} \tag{8.276}$$

$$\Delta G_{\mathrm{m},D}(T_k) = \frac{\theta_{D,T_k}\Delta H_{\mathrm{m},D}(T_E)}{T_E} = \eta_{D,T_k}\Delta H_{\mathrm{m},D}(T_E)$$

$$\Delta G_{\mathrm{m},B}(T_k) = \frac{\theta_{B,T_k}\Delta H_{\mathrm{m},B}(T_E)}{T_E} = \eta_{B,T_k}\Delta H_{\mathrm{m},B}(T_E)$$

$$\Delta G_{\mathrm{m},C}(T_k) = \frac{\theta_{C,T_k}\Delta H_{\mathrm{m},C}(T_E)}{T_E} = \eta_{C,T_k}\Delta H_{\mathrm{m},C}(T_E)$$

式中，

$$\theta_{J,T_k} = T_E - T_k$$

$$\eta_{J,T_k} = \frac{T_E - T_k}{T_E}$$

$$(J = D, B, C)$$

$$\Delta H_{\mathrm{m},D}(T_E) = H_{\mathrm{m},D(\mathrm{s})}(T_E) - \bar{H}_{\mathrm{m},(D)_{E(1)}}(T_E)$$

$$\Delta H_{\mathrm{m},B}(T_E) = H_{\mathrm{m},B(\mathrm{s})}(T_E) - \bar{H}_{\mathrm{m},(B)_{E(1)}}(T_E)$$

$$\Delta H_{\mathrm{m},C}(T_E) = H_{\mathrm{m},C(\mathrm{s})}(T_E) - \bar{H}_{\mathrm{m},(C)_{E(1)}}(T_E)$$

(2) 组元 D、B、C 依次析出，即先析出组元 D，再析出组元 B，然后析出组元 C。

如果组元 D 先析出，有

$$(D)_{\text{过饱}} \equiv (D)_{E_k(1)} = D(\text{s})$$

随着组元 D 的析出，组元 B 和 C 的过饱和程度会增大，溶液的组成会偏离共晶点 $E(1)$，向组元 D 的平衡相 l_k 靠近，以 l'_k 表示，达到一定程度后，组元 B 析出，可以表示为

$$(B)_{\text{过饱}} \equiv (B)_{l'_k} = B(\text{s})$$

随着组元 D 和 B 的析出，组元 C 的过饱和程度增大，溶液的组成又会向组元 B 的平衡相 q_k 靠近，以 $l'_k q'_k$ 表示，达到一定程度后，组元 C 析出，可以表示为

$$(C)_{\text{过饱}} \equiv (C)_{l'_k q'_k} = C(\text{s})$$

随着组元 B、C 的析出，组元 D 的过饱和程度增大，溶液的组成向组元 C 的平衡相 g_k 靠近，以 $q'_k g'_k$ 表示。达到一定程度后，组元 D 又析出，有

$$q'_k g'_k = D(\text{s})$$

即

$$(D)_{\text{过饱}} \equiv (D)_{q'_k g'_k} = = D(\text{s})$$

就这样，组元 D、B、C 交替析出。直到降温，重复上述过程，进行到溶液 $E(1)$ 完全转化为组元 D、B、C。

以纯固态组元 D、B、C 为标准状态，浓度以摩尔分数表示，析晶过程的摩尔吉布斯自由能变化为

$$\begin{aligned}
\Delta G_{\mathrm{m},D} &= \mu_{D(\mathrm{s})} - \mu_{(D)_{\text{过饱}}} \\
&= \mu_{D(\mathrm{s})} - \mu_{(D)_{E_k(1)}} \\
&= -RT\ln a^{\mathrm{R}}_{(D)_{\text{过饱}}} = -RT\ln a^{\mathrm{R}}_{(D)_{E_k(1)}}
\end{aligned} \tag{8.277}$$

$$\begin{aligned}
\Delta G_{\mathrm{m},B} &= \mu_{B(\mathrm{s})} - \mu_{(B)_{\text{过饱}}} \\
&= \mu_{B(\mathrm{s})} - \mu_{(B)_{l'_k}} \\
&= -RT\ln a^{\mathrm{R}}_{(B)_{\text{过饱}}} = -RT\ln a^{\mathrm{R}}_{(B)_{l'_k}}
\end{aligned} \tag{8.278}$$

$$\begin{aligned}
\Delta G_{\mathrm{m},C} &= \mu_{C(\mathrm{s})} - \mu_{(C)_{\text{过饱}}} \\
&= \mu_{C(\mathrm{s})} - \mu_{(C)_{l'_k q'_k}}
\end{aligned}$$

$$= -RT\ln a^{\mathrm{R}}_{(C)_{过饱}} = -RT\ln a^{\mathrm{R}}_{(C)_{l'_k q'_k}} \tag{8.279}$$

再析出组元 D

$$\begin{aligned}\Delta G_{\mathrm{m},D} &= \mu_{D(\mathrm{s})} - \mu_{(D)_{过饱}} \\ &= \mu_{D(\mathrm{s})} - \mu_{(D)_{q'_k g'_k}} \\ &= -RT\ln a^{\mathrm{R}}_{(D)_{过饱}} = -RT\ln a^{\mathrm{R}}_{(D)_{q'_k g'_k}}\end{aligned}$$

或者

$$\Delta G_{\mathrm{m},D}(T_k) = \frac{\theta_{D,T_k}\Delta H_{\mathrm{m},D}(T_E)}{T_E} = \eta_{D,T_k}\Delta H_{\mathrm{m},D}(T_E)$$

$$\Delta G_{\mathrm{m},B}(T_k) = \frac{\theta_{B,T_k}\Delta H_{\mathrm{m},B}(T_E)}{T_E} = \eta_{B,T_k}\Delta H_{\mathrm{m},B}(T_E)$$

$$\Delta G_{\mathrm{m},C}(T_k) = \frac{\theta_{C,T_k}\Delta H_{\mathrm{m},C}(T_E)}{T_E} = \eta_{C,T_k}\Delta H_{\mathrm{m},C}(T_E)$$

式中，

$$\Delta H_{\mathrm{m},D}(T_E) = H_{\mathrm{m},D(\mathrm{s})}(T_E) - \bar{H}_{\mathrm{m},(D)_{E(\mathrm{l})}}(T_E)$$

$$\Delta H_{\mathrm{m},B}(T_E) = H_{\mathrm{m},B(\mathrm{s})}(T_E) - \bar{H}_{\mathrm{m},(B)_{E(\mathrm{l})}}(T_E)$$

$$\Delta H_{\mathrm{m},C}(T_E) = H_{\mathrm{m},C(\mathrm{s})}(T_E) - \bar{H}_{\mathrm{m},(C)_{E(\mathrm{l})}}(T_E)$$

(3) 组元 D 先析出，然后组元 B、C 同时析出

可以表示为

$$(D)_{过饱} \equiv (D)_{E_k(\mathrm{l})} = D(\mathrm{s})$$

随着组元 D 的析出，溶液组成会偏离 $E_k(\mathrm{l})$，向组元 D 的平衡相 l_k 靠近，以 l'_k 表示。组元 B、C 的过饱和程度增大，达到一定程度后，组元 B、C 同时析出，有

$$(B)_{过饱} \equiv (B)_{l'_k} = B(\mathrm{s})$$

$$(C)_{过饱} \equiv (C)_{l'_k} = C(\mathrm{s})$$

随着组元 B、C 的析出，组元 D 的过饱和程度增大，溶液组成向组元 B 和 C 的平衡相 q_k 和 g_k 靠近，以 $q'_k g'_k$ 表示。达到一定程度，组元 D 又析出。可以表示为

$$(D)_{过饱} \equiv (D)_{q'_k g'_k} = D(\mathrm{s})$$

组元 D 和组元 B、C 交替析出，析出的组元 D 单独存在，组元 B 和组元 C 聚在一起。

如此循环，直到降低温度，重复上述过程，一直进行到溶液 E_k (l) 完全变成固相组元 D、B、C。

以纯固态组元 D、B、C 为标准状态，浓度以摩尔分数表示，析晶过程的摩尔吉布斯自由能变化为

$$
\begin{aligned}
\Delta G_{\mathrm{m},D} &= \mu_{D(\mathrm{s})} - \mu_{(D)_{过饱}} \\
&= \mu_{D(\mathrm{s})} - \mu_{(D)_{E_k(\mathrm{l})}} \\
&= -RT\ln a^{\mathrm{R}}_{(D)_{过饱}} = -RT\ln a^{\mathrm{R}}_{(D)_{E_k(\mathrm{l})}} \\
\Delta G_{\mathrm{m},B} &= \mu_{B(\mathrm{s})} - \mu_{(B)_{过饱}} \\
&= \mu_{B(\mathrm{s})} - \mu_{(B)_{l'_k}} \\
&= -RT\ln a^{\mathrm{R}}_{(B)_{过饱}} = -RT\ln a^{\mathrm{R}}_{(B)_{l'_k}} \\
\Delta G_{\mathrm{m},C} &= \mu_{C(\mathrm{s})} - \mu_{(C)_{过饱}} \\
&= \mu_{C(\mathrm{s})} - \mu_{(C)_{l'_k}} \\
&= -RT\ln a^{\mathrm{R}}_{(C)_{过饱}} = -RT\ln a^{\mathrm{R}}_{(C)_{l'_k}} \\
\Delta G'_{\mathrm{m},D} &= \mu_{D(\mathrm{s})} - \mu_{(D)_{过饱}} \\
&= \mu_{D(\mathrm{s})} - \mu_{(D)_{q'_k g'_k}} \\
&= -RT\ln a^{\mathrm{R}}_{(D)_{过饱}} = -RT\ln a^{\mathrm{R}}_{(D)_{q'_k g'_k}}
\end{aligned}
$$

或者

$$\Delta G_{\mathrm{m},D}\left(T_k\right) = \frac{\theta_{D,T_k}\Delta H_{\mathrm{m},D}\left(T_E\right)}{T_E} = \eta_{D,T_k}\Delta H_{\mathrm{m},D}\left(T_E\right)$$

$$\Delta G_{\mathrm{m},B}\left(T_k\right) = \frac{\theta_{B,T_k}\Delta H_{\mathrm{m},B}\left(T_E\right)}{T_E} = \eta_{B,T_k}\Delta H_{\mathrm{m},B}\left(T_E\right)$$

$$\Delta G_{\mathrm{m},C}\left(T_k\right) = \frac{\theta_{C,T_k}\Delta H_{\mathrm{m},C}\left(T_E\right)}{T_E} = \eta_{C,T_k}\Delta H_{\mathrm{m},C}\left(T_E\right)$$

$$\Delta G'_{\mathrm{m},D}\left(T_k\right) = \frac{\theta_{D,T_k}\Delta H'_{\mathrm{m},D}\left(T_E\right)}{T_E} = \eta_{D,T_k}\Delta H_{\mathrm{m},D}\left(T_E\right)$$

式中

$$\Delta H_{\mathrm{m},D}\left(T_E\right) = H_{\mathrm{m},D(\mathrm{s})}\left(T_E\right) - \bar{H}_{\mathrm{m},(D)_{E(\mathrm{l})}}\left(T_E\right)$$

$$\Delta H_{\mathrm{m},B}\left(T_E\right) = H_{\mathrm{m},B(\mathrm{s})}\left(T_E\right) - \bar{H}_{\mathrm{m},(B)_{E(\mathrm{l})}}\left(T_E\right)$$

$$\Delta H_{\mathrm{m},C}\left(T_E\right) = H_{\mathrm{m},C(\mathrm{s})}\left(T_E\right) - \bar{H}_{\mathrm{m},(C)_{E(\mathrm{l})}}\left(T_E\right)$$

$$\Delta H'_{\mathrm{m},D}\left(T_E\right) = H_{\mathrm{m},D(\mathrm{s})}\left(T_E\right) - \bar{H}_{\mathrm{m},(D)_{E(\mathrm{l})}}\left(T_E\right)$$

(4) 组元 D 和组元 B 先同时析出，然后析出组元 C

可以表示为

$$E_k\,(\mathrm{l}) =\!=\!= D\,(\mathrm{s}) + B\,(\mathrm{s})$$

即

$$(D)_{过饱} =\!=\!= (D)_{E_k(\mathrm{l})} =\!=\!= D\,(\mathrm{s})$$

$$(B)_{过饱} =\!=\!= (B)_{E_k(\mathrm{l})} =\!=\!= B\,(\mathrm{s})$$

随着组元 D、B 的析出，组元 C 的过饱和程度增大，溶液组成偏离 $E_k\,(\mathrm{l})$，向组元 D 和组元 B 的平衡相 l_k 和 q_k 靠近，以 $l_k'q_k'$ 表示。达到一定程度后，组元 C 析出，有

$$(C)_{过饱} =\!=\!= (C)_{l_k'q_k'} =\!=\!= C\,(\mathrm{s})$$

随着组元 C 的析出，组元 D、B 的过饱和程度增大，固溶体组成向组元 C 的平衡相 g_k 靠近，以 g_k' 表示，达到一定程度后，组元 D、B 又析出。可以表示为

$$(D)_{过饱} =\!=\!= (D)_{g_k'} =\!=\!= D\,(\mathrm{s})$$

$$(B)_{过饱} =\!=\!= (B)_{g_k'} =\!=\!= B\,(\mathrm{s})$$

组元 D、B 和 C 交替析出。析出的组元 D、B 聚在一起，组元 C 单独存在。如此循环，一直进行到溶液 $E\,(\mathrm{l})$ 完全转变为固相组元 D、B、C。

温度继续降低，如果上述的反应没有完成，则再重复上述过程。

固相组元 D、B、C 和溶液中的组元 D、B、C 都以纯固态为标准状态，浓度以摩尔分数表示。

上述过程的摩尔吉布斯自由能变化为

$$\begin{aligned}
\Delta G_{\mathrm{m},D} &= \mu_{D(\mathrm{s})} - \mu_{(D)_{过饱}} \\
&= \mu_{D(\mathrm{s})} - \mu_{(D)_{E_k(\mathrm{l})}} \\
&= -RT\ln a^{\mathrm{R}}_{(D)_{过饱}} = -RT\ln a^{\mathrm{R}}_{(D)_{E_k(\mathrm{l})}}
\end{aligned}$$

$$\begin{aligned}
\Delta G_{\mathrm{m},B} &= \mu_{B(\mathrm{s})} - \mu_{(B)_{过饱}} \\
&= \mu_{B(\mathrm{s})} - \mu_{(B)_{E_k(\mathrm{l})}} \\
&= -RT\ln a^{\mathrm{R}}_{(B)_{过饱}} = -RT\ln a^{\mathrm{R}}_{(B)_{E_k(\mathrm{l})}}
\end{aligned}$$

$$\begin{aligned}
\Delta G_{\mathrm{m},C} &= \mu_{C(\mathrm{s})} - \mu_{(C)_{过饱}} \\
&= \mu_{C(\mathrm{s})} - \mu_{(C)_{l_k'q_k'}} \\
&= -RT\ln a^{\mathrm{R}}_{(C)_{过饱}} = -RT\ln a^{\mathrm{R}}_{(C)_{l_k'q_k'}}
\end{aligned}$$

再析出组元 D 和 B，有

$$\begin{aligned}\Delta G_{\mathrm{m},D} &= \mu_{D(\mathrm{s})} - \mu_{(D)_{\text{过饱}}} \\ &= \mu_{D(\mathrm{s})} - \mu_{(D)_{g'_k}} \\ &= -RT\ln a^{\mathrm{R}}_{(D)_{\text{过饱}}} = -RT\ln a^{\mathrm{R}}_{(D)_{g'_k}}\end{aligned}$$

$$\begin{aligned}\Delta G_{\mathrm{m},B} &= \mu_{B(\mathrm{s})} - \mu_{(B)_{\text{过饱}}} \\ &= \mu_{B(\mathrm{s})} - \mu_{(B)_{g'_k}} \\ &= -RT\ln a^{\mathrm{R}}_{(B)_{\text{过饱}}} = -RT\ln a^{\mathrm{R}}_{(B)_{g'_k}}\end{aligned}$$

或者

$$\Delta G_{\mathrm{m},D}(T_k) = \frac{\theta_{D,T_k}\Delta H_{\mathrm{m},D}(T_E)}{T_E} = \eta_{D,T_k}\Delta H_{\mathrm{m},D}(T_E)$$

$$\Delta G_{\mathrm{m},B}(T_k) = \frac{\theta_{B,T_k}\Delta H_{\mathrm{m},B}(T_E)}{T_E} = \eta_{B,T_k}\Delta H_{\mathrm{m},B}(T_E)$$

$$\Delta G_{\mathrm{m},C}(T_k) = \frac{\theta_{C,T_k}\Delta H_{\mathrm{m},C}(T_E)}{T_E} = \eta_{C,T_k}\Delta H_{\mathrm{m},C}(T_E)$$

$$\Delta G'_{\mathrm{m},D}(T_k) = \frac{\theta_{D,T_k}\Delta H'_{\mathrm{m},D}(T_E)}{T_E} = \eta_{D,T_k}\Delta H'_{\mathrm{m},D}(T_E)$$

$$\Delta G'_{\mathrm{m},B}(T_k) = \frac{\theta_{B,T_k}\Delta H'_{\mathrm{m},B}(T_E)}{T_E} = \eta_{B,T_k}\Delta H'_{\mathrm{m},B}(T_E)$$

式中

$$\Delta H_{\mathrm{m},D}(T_E) = H_{\mathrm{m},D(\mathrm{s})}(T_E) - \bar{H}_{\mathrm{m},(D)_{E(\mathrm{l})}}(T_E)$$

$$\Delta H_{\mathrm{m},B}(T_E) = H_{\mathrm{m},B(\mathrm{s})}(T_E) - \bar{H}_{\mathrm{m},(B)_{E(\mathrm{l})}}(T_E)$$

$$\Delta H_{\mathrm{m},C}(T_E) = H_{\mathrm{m},C(\mathrm{s})}(T_E) - \bar{H}_{\mathrm{m},(C)_{E(\mathrm{l})}}(T_E)$$

$$\Delta H'_{\mathrm{m},D}(T_E) = H_{\mathrm{m},D(\mathrm{s})}(T_E) - \bar{H}_{\mathrm{m},(D)_{E(\mathrm{l})}}(T_E)$$

$$\Delta H'_{\mathrm{m},B}(T_E) = H_{\mathrm{m},B(\mathrm{s})}(T_E) - \bar{H}_{\mathrm{m},(B)_{E(\mathrm{l})}}(T_E)$$

$$\theta_{J,T_k} = T_E - T_k$$

$$\eta_{J,T_k} = \frac{T_E - T_k}{T_E}$$

$$(J = D, B, C)$$

2. 凝固速率

1) 从温度 T_1 到 T_P

从温度 T_1 到 T_P，析出组元 A 的晶体，其速率为

$$\begin{aligned}\frac{\mathrm{d}N_{A(\mathrm{s})}}{\mathrm{d}t} &= -\frac{\mathrm{d}N_{(A)}}{\mathrm{d}t} = Vj_A \\ &= V\left[-l_1\left(\frac{A_{\mathrm{m},A}}{T}\right) - l_2\left(\frac{A_{\mathrm{m},A}}{T}\right)^2 - l_3\left(\frac{A_{\mathrm{m},A}}{T}\right)^3 - \cdots\right]\end{aligned} \tag{8.280}$$

式中，$N_{A(\mathrm{s})}$ 为析出的组元 A 晶体的物质的量；$N_{(A)}$ 为液相中组元 A 的物质的量。

$$A_{\mathrm{m},A} = \Delta G_{\mathrm{m},A}$$

2) 从温度 T_P 到 T_J

从温度 T_P 到 T_J，发生转熔反应，其速率为

$$\begin{aligned}\frac{\mathrm{d}N_{A_mB_n(\mathrm{s})}}{\mathrm{d}t} &= -\frac{\mathrm{d}N_{(A)}}{m\mathrm{d}t} = -\frac{\mathrm{d}N_{(B)}}{n\mathrm{d}t} = Vj \\ &= V\left[-l_1\left(\frac{A_{\mathrm{m},D}}{T}\right) - l_2\left(\frac{A_{\mathrm{m},D}}{T}\right)^2 - l_3\left(\frac{A_{\mathrm{m},D}}{T}\right)^3 - \cdots\right]\end{aligned} \tag{8.281}$$

式中，V 为液相体积；$N_{A_mB_n(\mathrm{s})}$ 为析出的组元 A_mB_n 晶体的物质的量；$N_{(B)}$ 为液相中组元 B 的物质的量；n 为化学反应方程式中，组元 B 的计量系数；

$$A_{\mathrm{m},D} = \Delta G_{\mathrm{m},D}$$

析出组元 C 晶体的速率为

$$\begin{aligned}\frac{\mathrm{d}N_{C(\mathrm{s})}}{\mathrm{d}t} &= -\frac{\mathrm{d}N_{(C)}}{\mathrm{d}t} = Vj_C \\ &= V\left[-l_1\left(\frac{A_{\mathrm{m},C}}{T}\right) - l_2\left(\frac{A_{\mathrm{m},C}}{T}\right)^2 - l_3\left(\frac{A_{\mathrm{m},C}}{T}\right)^3 - \cdots\right]\end{aligned} \tag{8.282}$$

式中，

$$A_{\mathrm{m},C} = \Delta G_{\mathrm{m},C}$$

3) 从温度 T_J 到 T_E

从温度 T_J 到 T_E，析出组元 A_mB_n 和 C 的晶体，不考虑耦合作用，析晶速率为

$$\begin{aligned}\frac{\mathrm{d}N_{A_mB_n(\mathrm{s})}}{\mathrm{d}t} &= -\frac{\mathrm{d}N_{(A_mB_n)}}{\mathrm{d}t} = Vj_{A_mB_n} \\ &= V\left[-l_1\left(\frac{A_{\mathrm{m},D}}{T}\right) - l_2\left(\frac{A_{\mathrm{m},D}}{T}\right)^2 - l_3\left(\frac{A_{\mathrm{m},D}}{T}\right)^3 - \cdots\right]\end{aligned} \tag{8.283}$$

$$\begin{aligned}\frac{\mathrm{d}N_{C(\mathrm{s})}}{\mathrm{d}t}&=-\frac{\mathrm{d}N_{(C)}}{\mathrm{d}t}\\&=V\left[-l_1\left(\frac{A_{\mathrm{m},C}}{T}\right)-l_2\left(\frac{A_{\mathrm{m},C}}{T}\right)^2-l_3\left(\frac{A_{\mathrm{m},C}}{T}\right)^3-\cdots\right]\end{aligned}\tag{8.284}$$

考虑耦合作用，有

$$\begin{aligned}\frac{\mathrm{d}N_{A_mB_n(\mathrm{s})}}{\mathrm{d}t}&=-\frac{\mathrm{d}N_{(A_mB_n)}}{\mathrm{d}t}=Vj_{A_mB_n}\\&=V\Bigg[-l_{11}\left(\frac{A_{\mathrm{m},D}}{T}\right)-l_{12}\left(\frac{A_{\mathrm{m},C}}{T}\right)-l_{111}\left(\frac{A_{\mathrm{m},D}}{T}\right)^2\\&\quad-l_{112}\left(\frac{A_{\mathrm{m},D}}{T}\right)\left(\frac{A_{\mathrm{m},C}}{T}\right)-l_{122}\left(\frac{A_{\mathrm{m},C}}{T}\right)^2-l_{1111}\left(\frac{A_{\mathrm{m},D}}{T}\right)^3\\&\quad-l_{1112}\left(\frac{A_{\mathrm{m},A}}{T}\right)^2\left(\frac{A_{\mathrm{m},C}}{T}\right)-l_{1122}\left(\frac{A_{\mathrm{m},D}}{T}\right)\left(\frac{A_{\mathrm{m},C}}{T}\right)^2\\&\quad-l_{1111}\left(\frac{A_{\mathrm{m},D}}{T}\right)^3-l_{1122}\left(\frac{A_{\mathrm{m},C}}{T}\right)\left(\frac{A_{\mathrm{m},D}}{T}\right)^2-l_{1222}\left(\frac{A_{\mathrm{m},D}}{T}\right)^3-\cdots\Bigg]\end{aligned}\tag{8.285}$$

$$\begin{aligned}\frac{\mathrm{d}N_{C(\mathrm{s})}}{\mathrm{d}t}&=-\frac{\mathrm{d}N_{(C)}}{\mathrm{d}t}=Vj_C\\&=V\Bigg[-l_{21}\left(\frac{A_{\mathrm{m},D}}{T}\right)-l_{22}\left(\frac{A_{\mathrm{m},C}}{T}\right)-l_{211}\left(\frac{A_{\mathrm{m},D}}{T}\right)^2\\&\quad-l_{212}\left(\frac{A_{\mathrm{m},D}}{T}\right)\left(\frac{A_{\mathrm{m},C}}{T}\right)-l_{222}\left(\frac{A_{\mathrm{m},C}}{T}\right)^2-l_{2111}\left(\frac{A_{\mathrm{m},D}}{T}\right)^3\\&\quad-l_{2112}\left(\frac{A_{\mathrm{m},A}}{T}\right)^2\left(\frac{A_{\mathrm{m},C}}{T}\right)-l_{2122}\left(\frac{A_{\mathrm{m},D}}{T}\right)\left(\frac{A_{\mathrm{m},C}}{T}\right)^2\\&\quad-l_{2111}\left(\frac{A_{\mathrm{m},D}}{T}\right)^3-l_{2122}\left(\frac{A_{\mathrm{m},C}}{T}\right)\left(\frac{A_{\mathrm{m},D}}{T}\right)^2-l_{2222}\left(\frac{A_{\mathrm{m},D}}{T}\right)^3-\cdots\Bigg]\end{aligned}\tag{8.286}$$

式中，

$$A_{\mathrm{m},D}=\Delta G_{\mathrm{m},D}$$

$$A_{\mathrm{m},C}=\Delta G_{\mathrm{m},C}$$

4) 低于 T_E 温度

温度低于 T_E，发生共晶反应。组元 B，A_mB_n，C 同时析出，不考虑耦合作用，析晶速率为

$$\frac{\mathrm{d}N_{B(\mathrm{s})}}{\mathrm{d}t} = -\frac{\mathrm{d}N_{(B)_{E_k(\mathrm{l})}}}{\mathrm{d}t} = Vj_B$$
$$= V\left[-l_{11}\left(\frac{A_{\mathrm{m},B}}{T}\right) - l_{12}\left(\frac{A_{\mathrm{m},B}}{T}\right)^2 - l_{13}\left(\frac{A_{\mathrm{m},B}}{T}\right)^3 - \cdots\right] \tag{8.287}$$

$$\frac{\mathrm{d}N_{A_mB_n(\mathrm{s})}}{\mathrm{d}t} = -\frac{\mathrm{d}N_{(A_mB_n)_{E_k(\mathrm{l})}}}{\mathrm{d}t} = Vj_{A_mB_n}$$
$$= V\left[-l_{21}\left(\frac{A_{\mathrm{m},D}}{T}\right) - l_{22}\left(\frac{A_{\mathrm{m},D}}{T}\right)^2 - l_{23}\left(\frac{A_{\mathrm{m},D}}{T}\right)^3 - \cdots\right] \tag{8.288}$$

$$\frac{\mathrm{d}N_{C(\mathrm{s})}}{\mathrm{d}t} = -\frac{\mathrm{d}N_{(C)_{E_k(\mathrm{l})}}}{\mathrm{d}t} = Vj_C$$
$$= V\left[-l_{31}\left(\frac{A_{\mathrm{m},C}}{T}\right) - l_{32}\left(\frac{A_{\mathrm{m},C}}{T}\right)^2 - l_{33}\left(\frac{A_{\mathrm{m},C}}{T}\right)^3 - \cdots\right] \tag{8.289}$$

考虑耦合作用，析晶速率为

$$\begin{aligned}
\frac{\mathrm{d}N_{B(\mathrm{s})}}{\mathrm{d}t} &= -\frac{\mathrm{d}N_{(B)_{E_k(\mathrm{l})}}}{\mathrm{d}t} = Vj_B \\
&= V\bigg[-l_{11}\left(\frac{A_{\mathrm{m},B}}{T}\right) - l_{12}\left(\frac{A_{\mathrm{m},D}}{T}\right) - l_{13}\left(\frac{A_{\mathrm{m},C}}{T}\right) - l_{111}\left(\frac{A_{\mathrm{m},B}}{T}\right)^2 \\
&\quad - l_{112}\left(\frac{A_{\mathrm{m},B}}{T}\right)\left(\frac{A_{\mathrm{m},D}}{T}\right) - l_{113}\left(\frac{A_{\mathrm{m},B}}{T}\right)\left(\frac{A_{\mathrm{m},C}}{T}\right) \\
&\quad - l_{123}\left(\frac{A_{\mathrm{m},D}}{T}\right)\left(\frac{A_{\mathrm{m},C}}{T}\right) - l_{122}\left(\frac{A_{\mathrm{m},D}}{T}\right)^2 - l_{133}\left(\frac{A_{\mathrm{m},C}}{T}\right)^2 \\
&\quad - l_{1111}\left(\frac{A_{\mathrm{m},B}}{T}\right)^3 - l_{1112}\left(\frac{A_{\mathrm{m},B}}{T}\right)^2\left(\frac{A_{\mathrm{m},D}}{T}\right) \\
&\quad - l_{1113}\left(\frac{A_{\mathrm{m},B}}{T}\right)^2\left(\frac{A_{\mathrm{m},C}}{T}\right) - l_{1122}\left(\frac{A_{\mathrm{m},B}}{T}\right)\left(\frac{A_{\mathrm{m},D}}{T}\right)^2 \\
&\quad - l_{1123}\left(\frac{A_{\mathrm{m},B}}{T}\right)\left(\frac{A_{\mathrm{m},D}}{T}\right)\left(\frac{A_{\mathrm{m},C}}{T}\right) - l_{1133}\left(\frac{A_{\mathrm{m},B}}{T}\right)\left(\frac{A_{\mathrm{m},C}}{T}\right)^2 \\
&\quad - l_{1222}\left(\frac{A_{\mathrm{m},D}}{T}\right)^3 - l_{1223}\left(\frac{A_{\mathrm{m},D}}{T}\right)^2\left(\frac{A_{\mathrm{m},C}}{T}\right) \\
&\quad - l_{1233}\left(\frac{A_{\mathrm{m},D}}{T}\right)\left(\frac{A_{\mathrm{m},C}}{T}\right)^2 - l_{1333}\left(\frac{A_{\mathrm{m},C}}{T}\right)^3 - \cdots\bigg]
\end{aligned} \tag{8.290}$$

$$
\begin{aligned}
\frac{\mathrm{d}N_{A_mB_n(\mathrm{s})}}{\mathrm{d}t} &= -\frac{\mathrm{d}N_{(A_mB_n)_{E_k(1)}}}{\mathrm{d}t} = Vj_{A_mB_n} \\
&= V\left[-l_{21}\left(\frac{A_{\mathrm{m},B}}{T}\right) - l_{22}\left(\frac{A_{\mathrm{m},D}}{T}\right) - l_{23}\left(\frac{A_{\mathrm{m},C}}{T}\right) - l_{211}\left(\frac{A_{\mathrm{m},B}}{T}\right)^2\right. \\
&\quad - l_{212}\left(\frac{A_{\mathrm{m},B}}{T}\right)\left(\frac{A_{\mathrm{m},D}}{T}\right) - l_{213}\left(\frac{A_{\mathrm{m},B}}{T}\right)\left(\frac{A_{\mathrm{m},C}}{T}\right) - l_{222}\left(\frac{A_{\mathrm{m},D}}{T}\right)^2 \\
&\quad - l_{223}\left(\frac{A_{\mathrm{m},D}}{T}\right)\left(\frac{A_{\mathrm{m},C}}{T}\right) - l_{233}\left(\frac{A_{\mathrm{m},C}}{T}\right)^2 - l_{2111}\left(\frac{A_{\mathrm{m},B}}{T}\right)^3 \\
&\quad - l_{2112}\left(\frac{A_{\mathrm{m},B}}{T}\right)^2\left(\frac{A_{\mathrm{m},D}}{T}\right) - l_{2113}\left(\frac{A_{\mathrm{m},B}}{T}\right)^2\left(\frac{A_{\mathrm{m},C}}{T}\right) \\
&\quad - l_{2122}\left(\frac{A_{\mathrm{m},B}}{T}\right)\left(\frac{A_{\mathrm{m},D}}{T}\right)^2 - l_{2123}\left(\frac{A_{\mathrm{m},B}}{T}\right)\left(\frac{A_{\mathrm{m},D}}{T}\right)\left(\frac{A_{\mathrm{m},C}}{T}\right) \\
&\quad - l_{2133}\left(\frac{A_{\mathrm{m},B}}{T}\right)\left(\frac{A_{\mathrm{m},C}}{T}\right)^2 - l_{2222}\left(\frac{A_{\mathrm{m},D}}{T}\right)^3 \\
&\quad - l_{2223}\left(\frac{A_{\mathrm{m},D}}{T}\right)^2\left(\frac{A_{\mathrm{m},C}}{T}\right) - l_{2233}\left(\frac{A_{\mathrm{m},D}}{T}\right)\left(\frac{A_{\mathrm{m},C}}{T}\right)^2 \\
&\quad \left. - l_{2333}\left(\frac{A_{\mathrm{m},C}}{T}\right)^3 - \cdots\right]
\end{aligned} \tag{8.291}
$$

$$
\begin{aligned}
\frac{\mathrm{d}N_{C(\mathrm{s})}}{\mathrm{d}t} &= -\frac{\mathrm{d}N_{(C)_{E_k(1)}}}{\mathrm{d}t} = Vj_C \\
&= V\left[-l_{31}\left(\frac{A_{\mathrm{m},B}}{T}\right) - l_{32}\left(\frac{A_{\mathrm{m},D}}{T}\right) - l_{33}\left(\frac{A_{\mathrm{m},C}}{T}\right) - l_{311}\left(\frac{A_{\mathrm{m},B}}{T}\right)^2\right. \\
&\quad - l_{312}\left(\frac{A_{\mathrm{m},B}}{T}\right)\left(\frac{A_{\mathrm{m},D}}{T}\right) - l_{313}\left(\frac{A_{\mathrm{m},B}}{T}\right)\left(\frac{A_{\mathrm{m},C}}{T}\right) - l_{322}\left(\frac{A_{\mathrm{m},D}}{T}\right)^2 \\
&\quad - l_{323}\left(\frac{A_{\mathrm{m},D}}{T}\right)\left(\frac{A_{\mathrm{m},C}}{T}\right) - l_{333}\left(\frac{A_{\mathrm{m},C}}{T}\right)^2 - l_{3111}\left(\frac{A_{\mathrm{m},B}}{T}\right)^3 \\
&\quad - l_{3112}\left(\frac{A_{\mathrm{m},B}}{T}\right)^2\left(\frac{A_{\mathrm{m},D}}{T}\right) - l_{3113}\left(\frac{A_{\mathrm{m},B}}{T}\right)^2\left(\frac{A_{\mathrm{m},C}}{T}\right) \\
&\quad - l_{3122}\left(\frac{A_{\mathrm{m},B}}{T}\right)\left(\frac{A_{\mathrm{m},D}}{T}\right)^2 - l_{3123}\left(\frac{A_{\mathrm{m},B}}{T}\right)\left(\frac{A_{\mathrm{m},D}}{T}\right)\left(\frac{A_{\mathrm{m},C}}{T}\right) \\
&\quad - l_{3133}\left(\frac{A_{\mathrm{m},B}}{T}\right)\left(\frac{A_{\mathrm{m},C}}{T}\right)^2 - l_{3222}\left(\frac{A_{\mathrm{m},D}}{T}\right)^3
\end{aligned} \tag{8.292}
$$

$$-l_{3223}\left(\frac{A_{\mathrm{m},D}}{T}\right)^2\left(\frac{A_{\mathrm{m},C}}{T}\right)-l_{3233}\left(\frac{A_{\mathrm{m},D}}{T}\right)\left(\frac{A_{\mathrm{m},C}}{T}\right)^2$$
$$\left.-l_{3333}\left(\frac{A_{\mathrm{m},C}}{T}\right)^3-\cdots\right]$$

式中，

$$A_{\mathrm{m},A}=\Delta G_{\mathrm{m},A}$$
$$A_{\mathrm{m},D}=\Delta G_{\mathrm{m},D}$$
$$A_{\mathrm{m},C}=\Delta G_{\mathrm{m},C}$$

组元 D、B、C 依次析出，有

$$\begin{aligned}\frac{\mathrm{d}N_{D(\mathrm{s})}}{\mathrm{d}t}&=-\frac{\mathrm{d}N_{(D)_{E_k(\mathrm{l})}}}{\mathrm{d}t}=Vj_D\\&=V\left[-l_1\left(\frac{A_{\mathrm{m},D}}{T}\right)-l_2\left(\frac{A_{\mathrm{m},D}}{T}\right)^2-l_3\left(\frac{A_{\mathrm{m},D}}{T}\right)^3-\cdots\right]\end{aligned}$$

$$\begin{aligned}\frac{\mathrm{d}N_{B(\mathrm{s})}}{\mathrm{d}t}&=-\frac{\mathrm{d}N_{(B)_{l'_k}}}{\mathrm{d}t}=Vj_B\\&=V\left[-l_1\left(\frac{A_{\mathrm{m},B}}{T}\right)-l_2\left(\frac{A_{\mathrm{m},B}}{T}\right)^2-l_3\left(\frac{A_{\mathrm{m},B}}{T}\right)^3-\cdots\right]\end{aligned}$$

$$\begin{aligned}\frac{\mathrm{d}N_{C(\mathrm{s})}}{\mathrm{d}t}&=-\frac{\mathrm{d}N_{(C)_{l'_k g'_k}}}{\mathrm{d}t}=Vj_C\\&=V\left[-l_1\left(\frac{A_{\mathrm{m},C}}{T}\right)-l_2\left(\frac{A_{\mathrm{m},C}}{T}\right)^2-l_3\left(\frac{A_{\mathrm{m},C}}{T}\right)^3-\cdots\right]\end{aligned}$$

组元 D 先析出，然后组元 B、C 同时析出，有

$$\begin{aligned}\frac{\mathrm{d}N_{D(\mathrm{s})}}{\mathrm{d}t}&=-\frac{\mathrm{d}N_{(D)_{E_k(\mathrm{l})}}}{\mathrm{d}t}=Vj_D\\&=V\left[-l_1\left(\frac{A_{\mathrm{m},D}}{T}\right)-l_2\left(\frac{A_{\mathrm{m},D}}{T}\right)^2-l_3\left(\frac{A_{\mathrm{m},D}}{T}\right)^3-\cdots\right]\end{aligned}$$

$$\begin{aligned}\frac{\mathrm{d}N_{B(\mathrm{s})}}{\mathrm{d}t}&=-\frac{\mathrm{d}N_{(B)_{l'_k}}}{\mathrm{d}t}=Vj_B\\&=V\left[-l_1\left(\frac{A_{\mathrm{m},B}}{T}\right)-l_2\left(\frac{A_{\mathrm{m},B}}{T}\right)^2-l_3\left(\frac{A_{\mathrm{m},B}}{T}\right)^3-\cdots\right]\end{aligned}$$

$$\begin{aligned}\frac{\mathrm{d}N_{C(\mathrm{s})}}{\mathrm{d}t}&=-\frac{\mathrm{d}N_{(C)_{l'_k}}}{\mathrm{d}t}=Vj_C\\&=V\left[-l_1\left(\frac{A_{\mathrm{m},C}}{T}\right)-l_2\left(\frac{A_{\mathrm{m},C}}{T}\right)^2-l_3\left(\frac{A_{\mathrm{m},C}}{T}\right)^3-\cdots\right]\end{aligned}$$

组元 D 和组元 B 同时析出，然后析出组元 C，有

$$\begin{aligned}\frac{\mathrm{d}N_{D(\mathrm{s})}}{\mathrm{d}t} &= -\frac{\mathrm{d}N_{(D)_{E_k(\mathrm{l})}}}{\mathrm{d}t} = Vj_D \\ &= V\left[-l_1\left(\frac{A_{\mathrm{m},D}}{T}\right) - l_2\left(\frac{A_{\mathrm{m},D}}{T}\right)^2 - l_3\left(\frac{A_{\mathrm{m},D}}{T}\right)^3 - \cdots\right] \\ \frac{\mathrm{d}N_{B(\mathrm{s})}}{\mathrm{d}t} &= -\frac{\mathrm{d}N_{(B)_{E_k(\mathrm{l})}}}{\mathrm{d}t} = Vj_B \\ &= V\left[-l_1\left(\frac{A_{\mathrm{m},B}}{T}\right) - l_2\left(\frac{A_{\mathrm{m},B}}{T}\right)^2 - l_3\left(\frac{A_{\mathrm{m},B}}{T}\right)^3 - \cdots\right] \\ \frac{\mathrm{d}N_{C(\mathrm{s})}}{\mathrm{d}t} &= -\frac{\mathrm{d}N_{(C)_{l'_k g'_k}}}{\mathrm{d}t} = Vj_C \\ &= V\left[-l_1\left(\frac{A_{\mathrm{m},C}}{T}\right) - l_2\left(\frac{A_{\mathrm{m},C}}{T}\right)^2 - l_3\left(\frac{A_{\mathrm{m},C}}{T}\right)^3 - \cdots\right]\end{aligned}$$

8.3.4 具有高温稳定、低温分解的二元化合物的三元系

1. 凝固过程热力学

图 8.11 是具有高温稳定、低温分解的二元化合物的三元系相图。

1) 温度降到 T_1

物质组成点为 M 的液体降温冷却。温度降到 T_1，物质组成点为液相面上的 M_1 点。平衡液相组成为 l_1 点 (M_1 和 l_1 重合)，是化合物 A_mB_n 的饱和溶液，有

$$(A_mB_n)_{l_1} \equiv (A_mB_n)_{饱} \rightleftharpoons A_mB_n\,(\mathrm{s})$$

该过程的摩尔吉布斯自由能变化为零。

2) 温度降到 T_2

继续降温到 T_2，平衡液相组成为 l_2。温度刚降到 T_2，尚无固相组元 A_mB_n 析出时，液相组成未变，但液相 l_1 已由 A_mB_n 的饱和溶液变成 A_mB_n 的过饱和溶液 l'_1，析出固相 A_mB_n，有

$$(A_mB_n)_{l'_1} \equiv (A_mB_n)_{过饱} = A_mB_n\,(\mathrm{s})$$

达到平衡时，有

$$(A_mB_n)_{l_2} \equiv (A_mB_n)_{饱} \rightleftharpoons A_mB_n\,(\mathrm{s})$$

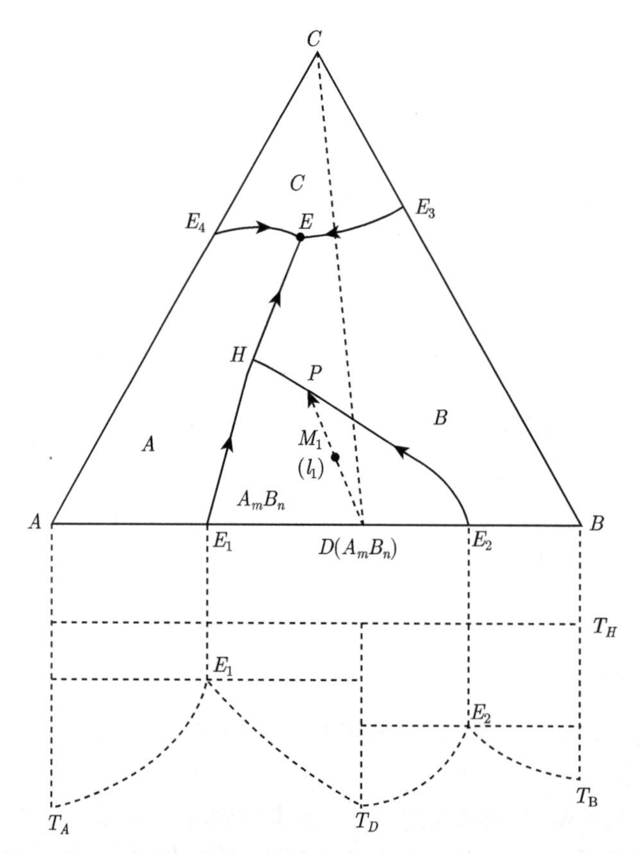

图 8.11 具有高温稳定、低温分解的二元化合物的三元系相图

以纯固态组元 A_mB_n 为标准状态，浓度以摩尔分数表示，析晶过程的摩尔吉布斯自由能变化为

$$\begin{aligned}\Delta G_{\mathrm{m},D} &= \mu_{D(\mathrm{s})} - \mu_{(D)_{\text{过饱}}} = \mu_{D(\mathrm{s})} - \mu_{(D)_{l_1'}} \\ &= -RT\ln a^{\mathrm{R}}_{(D)_{\text{过饱}}} = -RT\ln a^{\mathrm{R}}_{(D)_{l_1'}}\end{aligned} \tag{8.293}$$

或

$$\Delta G_{\mathrm{m},D}\left(T_2\right) = \frac{\theta_{D,T_2}\Delta H_{\mathrm{m},D}\left(T_1\right)}{T_1} = \eta_{D,T_2}\Delta H_{\mathrm{m},D}\left(T_1\right) \tag{8.294}$$

式中，

$$\theta_{D,T_2} = T_1 - T_2 > 0$$

$$\eta_{D,T_2} = \frac{T_1 - T_2}{T_1} > 0$$

其他符号意义同前。

3) 温度从 T_2 到 T_P

继续降温，从温度 T_2 到 T_P，平衡液相组成沿着 DM_1 连线的延长线向共熔线 E_2H 上的 P 点移动。析晶过程可以描述如下。

在温度 T_{i-1}，液固两相达成平衡，液相组成为 l_{i-1}，有

$$(A_mB_n)_{l_{i-1}} =\!=\!= (A_mB_n)_{饱} \rightleftharpoons A_mB_n\,(\mathrm{s})$$

降低温度到 T_i。在温度刚降到 T_i，尚未有固相组元 A_mB_n 析出时，液相组成未变。但已由组元 A_mB_n 的饱和溶液 l_{i-1} 变成组元 A_mB_n 的过饱和溶液 l'_{i-1}。析出固相组元 A_mB_n，即

$$(A_mB_n)_{l'_{i-1}} =\!=\!= (A_mB_n)_{过饱} =\!=\!= A_mB_n\,(\mathrm{s})$$

达到平衡时，有

$$(A_mB_n)_{l_i} =\!=\!= (A_mB_n)_{饱} \rightleftharpoons A_mB_n\,(\mathrm{s})$$

$$(i = 1, 2, \cdots, n)$$

以纯固态组元 A_mB_n 为标准状态，浓度以摩尔分数表示，析晶过程的摩尔吉布斯自由能变化为

$$\begin{aligned}\Delta G_{\mathrm{m},D} &= \mu_{D(\mathrm{s})} - \mu_{(D)_{l'_{i-1}}} = \mu_{D(\mathrm{s})} - \mu_{(D)_{过饱}} \\ &= -RT\ln a^{\mathrm{R}}_{(D)_{l'_{i-1}}} = -RT\ln a^{\mathrm{R}}_{(D)_{过饱}}\end{aligned} \tag{8.295}$$

或

$$\Delta G_{\mathrm{m},D}\,(T_i) = \frac{\theta_{D,T_i}\Delta H_{\mathrm{m},D}\,(T_{i-1})}{T_{i-1}} = \eta_{D,T_i}\Delta H_{\mathrm{m},D}\,(T_{i-1}) \tag{8.296}$$

式中，

$$T_{i-1} > T_i$$

$$\theta_{D,T_i} = T_{i-1} - T_i$$

$$\eta_{D,T_i} = \frac{T_{i-1} - T_i}{T_{i-1}}$$

其他符号意义同前。

温度降到 T_P，平衡液相组成为共熔线 E_2H 上的 P 点，以 l_P 表示。温度刚降到 T_P 时，在温度 T_{P-1} 的平衡液相 l_{P-1} 成为过饱和溶液 l'_{P-1}。析出固相组元 A_mB_n，即

$$(A_mB_n)_{l'_{P-1}} = (A_mB_n)_{过饱} = A_mB_n\,(s)$$

达到平衡时，组元 A_mB_n 达到饱和，组元 B 也达到饱和，有

$$(A_mB_n)_{l_P} = (A_mB_n)_{饱} \rightleftharpoons A_mB_n\,(s)$$

$$(B)_{l_P} = (B)_{饱} \rightleftharpoons B\,(s)$$

三相平衡共存。

以纯固态组元 A_mB_n 为标准状态，浓度以摩尔分数表示，析晶过程的摩尔吉布斯自由能变化为

$$\begin{aligned}\Delta G_{m,D} &= \mu_{D(s)} - \mu_{(D)_{l'_{P-1}}} = \mu_{D(s)} - \mu_{(D)_{过饱}} \\ &= -RT\ln a^{R}_{(D)_{l'_{P-1}}} = -RT\ln a^{R}_{(D)_{过饱}}\end{aligned} \tag{8.297}$$

或

$$\Delta G_{m,D}\,(T_P) = \frac{\theta_{D,T_P}\Delta H_{m,D}\,(T_{P-1})}{T_{P-1}} = \eta_{D,T_P}\Delta H_{m,D}\,(T_{P-1}) \tag{8.298}$$

式中，

$$T_{P-1} > T_P$$

$$\theta_{D,T_P} = T_{P-1} - T_P$$

$$\eta_{D,T_P} = \frac{T_{P-1} - T_P}{T_{P-1}}$$

4) 温度从 T_P 到 T_H

继续降温，从温度 T_P 到 T_H，平衡液相组成沿共熔线 E_2H 上的 P 点向 H 点移动。析晶过程可以描述如下。在温度 T_{j-1}，溶液 l_{j-1} 与固相组元 A_mB_n 和 B 达成平衡，有

$$(A_mB_n)_{l_{j-1}} = (A_mB_n)_{饱} \rightleftharpoons A_mB_n\,(s)$$

$$(B)_{l_{j-1}} = (B)_{饱} \rightleftharpoons B(s)$$

温度降到 T_j。在温度刚降到 T_j，尚无固相组元 A_mB_n 析出时，液相组成未变，但已由组元 A_mB_n 和 B 的饱和溶液 l_{j-1} 变成组元 A_mB_n 和 B 的过饱和溶液 l'_{j-1}，析出固相组元 A_mB_n 和 B，有

$$(A_mB_n)_{l'_{j-1}} = (A_mB_n)_{过饱} = A_mB_n\,(s)$$

$$(B)_{l'_{j-1}} = (B)_{过饱} = B\,(s)$$

达到平衡时，有

$$(A_mB_n)_{l_j} \!=\!=\!=\! (A_mB_n)_{饱} \rightleftharpoons A_mB_n\,(\mathrm{s})$$

和

$$(B)_{l_j} \!=\!=\!=\! (B)_{饱} \rightleftharpoons B\,(\mathrm{s})$$

$$(j = 1, 2, \cdots, n)$$

式中，l'_{j-1} 和 l_j 分别为在温度 T_{j-1} 和 T_j 时的液相组成，

$$T_{j-1} > T_j$$

以纯固态组元 A_mB_n 和 B 为标准状态，浓度以摩尔分数表示，析晶过程的摩尔吉布斯自由能变化为

$$\begin{aligned}\Delta G_{\mathrm{m},D} &= \mu_{D(\mathrm{s})} - \mu_{(D)_{l'_{j-1}}} = \mu_{D(\mathrm{s})} - \mu_{(D)_{过饱}} \\ &= -RT\ln a^{\mathrm{R}}_{(D)_{l'_{j-1}}} = -RT\ln a^{\mathrm{R}}_{(D)_{过饱}}\end{aligned} \tag{8.299}$$

及

$$\begin{aligned}\Delta G_{\mathrm{m},B} &= \mu_{B(\mathrm{s})} - \mu_{(B)_{l'_{j-1}}} = \mu_{B(\mathrm{s})} - \mu_{(B)_{过饱}} \\ &= -RT\ln a^{\mathrm{R}}_{(B)_{l'_{j-1}}} = -RT\ln a^{\mathrm{R}}_{(B)_{过饱}}\end{aligned} \tag{8.300}$$

或

$$\Delta G_{\mathrm{m},D}\,(T_j) = \frac{\theta_{D,T_j}\Delta H_{\mathrm{m},D}\,(T_{j-1})}{T_{j-1}} = \eta_{D,T_j}\Delta H_{\mathrm{m},D}\,(T_{j-1}) \tag{8.301}$$

$$\Delta G_{\mathrm{m},B}\,(T_j) = \frac{\theta_{B,T_j}\Delta H_{\mathrm{m},B}\,(T_{j-1})}{T_{j-1}} = \eta_{B,T_j}\Delta H_{\mathrm{m},B}\,(T_{j-1}) \tag{8.302}$$

式中，

$$\theta_{D,T_j} = T_{j-1} - T_j$$

$$\eta_{D,T_j} = \frac{T_{j-1} - T_j}{T_{j-1}}$$

$$\theta_{B,T_j} = T_{j-1} - T_j$$

$$\eta_{B,T_j} = \frac{T_{j-1} - T_j}{T_{j-1}}$$

温度降到 T_H，平衡液相组成为 $H(\mathrm{l})$，固相 A_mB_n 分解成组元 A 和 B，即

$$A_mB_n(\mathrm{s}) \rightleftharpoons mA(\mathrm{s}) + nB(\mathrm{s})$$

组元 A、B，A_mB_n 达到饱和，有

$$(A)_{H(\mathrm{l})} =\!=\!= (A)_{饱} \rightleftharpoons A(\mathrm{s})$$

$$(B)_{H(\mathrm{l})} =\!=\!= (B)_{饱} \rightleftharpoons B(\mathrm{s})$$

$$(A_mB_n)_{H(\mathrm{l})} =\!=\!= (A_mB_n)_{饱} \rightleftharpoons A_mB_n(\mathrm{s})$$

四相平衡共存。温度降到 T_{H+1}，A_mB_n 完全分解，溶液 $H(\mathrm{l})$ 成为组元 A、B 和 A_mB_n 的过饱和溶液 $H'(\mathrm{l})$ 析出组元 A、B 和 A_mB_n，有

$$(A)_{H'(\mathrm{l})} =\!=\!= (A)_{过饱} =\!=\!= A(\mathrm{s})$$

$$(B)_{H'(\mathrm{l})} =\!=\!= (B)_{过饱} =\!=\!= B(\mathrm{s})$$

$$(A_mB_n)_{H'(\mathrm{l})} =\!=\!= A_mB_n(\mathrm{s})$$

固相组元 A_mB_n 完全分解，有

$$A_mB_n\,(\mathrm{s}) =\!=\!= mA\,(\mathrm{s}) + nB\,(\mathrm{s})$$

摩尔吉布斯自由能变化为

$$\Delta G_{\mathrm{m},A} = -RT\ln a^{\mathrm{R}}_{(A)_{H'(\mathrm{l})}}$$

$$\Delta G_{\mathrm{m},B} = -RT\ln a^{\mathrm{R}}_{(B)_{H'(\mathrm{l})}}$$

$$\Delta G_{\mathrm{m,D}} = m\mu_{A(\mathrm{s})} + n\mu_{B(\mathrm{s})} - \mu_{A_mB_n(\mathrm{s})} = m\mu^*_{A(\mathrm{s})} + n\mu^*_{B(\mathrm{s})} - \mu^*_{A_mB_n(\mathrm{s})} = -\Delta_{\mathrm{f}}G^*_{\mathrm{m},D(\mathrm{s})} \tag{8.303}$$

$$\Delta G_{\mathrm{m},A_mB_n} = -RT\ln a^{\mathrm{R}}_{(A_mB_n)_{H'(\mathrm{l})}}$$

式中，$\Delta_{\mathrm{f}}G^*_{\mathrm{m,D}}$ 为化合物 A_mB_n 的标准摩尔生成吉布斯自由能。

5) 温度从 T_H 到 T_E

温度降到 T_H 以下，从 T_H 到 T_E，平衡液相组成沿液相线 HE 向 E 点移动。析晶过程可以描述如下。

在温度 T_{h-1}，液固两相达成平衡，有

$$(A)_{l_{h-1}} =\!=\!= (A)_{饱} \rightleftharpoons A\,(\mathrm{s})$$

$$(B)_{l_{h-1}} =\!=\!= (B)_{饱} \rightleftharpoons B\,(\mathrm{s})$$

温度降到 T_h。在温度刚降到 T_h，尚无固相组元 A_mB_n 和 B 析出时，液相组成未变，但已由组元 A 和 B 的饱和溶液 l_{h-1} 变成组元 A 和 B 的过饱和溶液 l'_{h-1}，析出固相组元 A 和 B，有

$$(A)_{l'_{h-1}} =\!=\!= (A)_{过饱} =\!=\!= A\,(\mathrm{s})$$

$$(B)_{l'_{h-1}} \equiv\equiv (B)_{\text{过饱}} = B\,(\mathrm{s})$$

达到平衡时，有

$$(A)_{l_h} \equiv\equiv (A)_{\text{饱}} \rightleftharpoons A\,(\mathrm{s})$$

$$(B)_{l_h} \equiv\equiv (B)_{\text{饱}} \rightleftharpoons B\,(\mathrm{s})$$

$$(h = 1, 2, \cdots, n)$$

式中，l'_{h-1} 和 l_h 分别为在温度 T_{h-1} 和 T_h 时的液相组成，

$$T_{h-1} > T_h$$

以纯固态组元 A 和 B 为标准状态，浓度以摩尔分数表示，析晶过程的摩尔吉布斯自由能变化为

$$\begin{aligned}\Delta G_{\mathrm{m},A} &= \mu_{A(\mathrm{s})} - \mu_{(A)_{l'_{h-1}}} = \mu_{A(\mathrm{s})} - \mu_{(A)_{\text{过饱}}} \\ &= -RT\ln a^{\mathrm{R}}_{(A)_{l'_{h-1}}} = -RT\ln a^{\mathrm{R}}_{(A)_{\text{过饱}}}\end{aligned} \tag{8.304}$$

和

$$\begin{aligned}\Delta G_{\mathrm{m},B} &= \mu_{B(\mathrm{s})} - \mu_{(B)_{l'_{h-1}}} = \mu_{B(\mathrm{s})} - \mu_{(B)_{\text{过饱}}} \\ &= -RT\ln a^{\mathrm{R}}_{(B)_{l'_{h-1}}} = -RT\ln a^{\mathrm{R}}_{(B)_{\text{过饱}}}\end{aligned} \tag{8.305}$$

或

$$\Delta G_{\mathrm{m},A}\,(T_h) = \frac{\theta_{A,T_h}\Delta H_{\mathrm{m},A}\,(T_{h-1})}{T_{h-1}} = \eta_{A,T_h}\Delta H_{\mathrm{m},A}\,(T_{h-1}) \tag{8.306}$$

$$\Delta G_{\mathrm{m},B}\,(T_h) = \frac{\theta_{B,T_h}\Delta H_{\mathrm{m},B}\,(T_{h-1})}{T_{h-1}} = \eta_{B,T_h}\Delta H_{\mathrm{m},B}\,(T_{h-1}) \tag{8.307}$$

式中，

$$\theta_{A,T_h} = T_{h-1} - T_h$$

$$\eta_{A,T_h} = \frac{T_{h-1} - T_h}{T_{h-1}}$$

$$\theta_{B,T_h} = T_{h-1} - T_h$$

$$\eta_{B,T_h} = \frac{T_{h-1} - T_h}{T_{h-1}}$$

温度降到 T_E，平衡液相组成为 l_E，温度刚降到 T_E 时，在温度 $T_{E'}$ 时的平衡液相 $l_{E'}$ 成为组元 A 和 B 的过饱和溶液 $l'_{E'}$。析出固相 A 和 B，可以表示为

$$(A)_{l'_{E'}} \equiv\equiv (A)_{\text{过饱}} = A\,(\mathrm{s})$$

$$(B)_{l'_{E'}} =\!=\!= (B)_{过饱} =\!=\!= B\,(\mathrm{s})$$

达到平衡后，组元 A 和 B 达到饱和，组元 C 也达到饱和，有

$$(A)_{l_E} =\!=\!= (A)_{饱} \rightleftharpoons A\,(\mathrm{s})$$

$$(B)_{l_E} =\!=\!= (B)_{饱} \rightleftharpoons B\,(\mathrm{s})$$

及

$$(C)_{l_E} =\!=\!= (C)_{饱} \rightleftharpoons C\,(\mathrm{s})$$

以纯固态组元为标准状态，浓度以摩尔分数表示，析晶过程的摩尔吉布斯自由能变化为

$$\begin{aligned}\Delta G_{\mathrm{m},A} &= \mu_{A(\mathrm{s})} - \mu_{(A)_{l'_{E'}}} = \mu_{A(\mathrm{s})} - \mu_{(A)_{过饱}} \\ &= -RT\ln a^{\mathrm{R}}_{(A)_{l'_{E'}}} = -RT\ln a^{\mathrm{R}}_{(A)_{过饱}}\end{aligned} \tag{8.308}$$

$$\begin{aligned}\Delta G_{\mathrm{m},B} &= \mu_{B(\mathrm{s})} - \mu_{(B)_{l'_{E'}}} = \mu_{B(\mathrm{s})} - \mu_{(B)_{过饱}} \\ &= -RT\ln a^{\mathrm{R}}_{(B)_{l'_{E'}}} = -RT\ln a^{\mathrm{R}}_{(B)_{过饱}}\end{aligned} \tag{8.309}$$

或

$$\Delta G_{\mathrm{m},A}\,(T_E) = \frac{\theta_{A,T_E}\Delta H_{\mathrm{m},A}\,(T_{E'})}{T_{E'}} = \eta_{A,T_E}\Delta H_{\mathrm{m},A}\,(T_{E'}) \tag{8.310}$$

$$\Delta G_{\mathrm{m},B}\,(T_E) = \frac{\theta_{B,T_E}\Delta H_{\mathrm{m},B}\,(T_{E'})}{T_{E'}} = \eta_{B,T_E}\Delta H_{\mathrm{m},B}\,(T_{E'}) \tag{8.311}$$

式中，

$$T_{E'} > T_E$$

$$\theta_{A,T_E} = T_{E'} - T_E > 0$$

$$\eta_{A,T_E} = \frac{T_{E'} - T_E}{T_{E'}} > 0$$

$$\theta_{B,T_E} = T_{E'} - T_E > 0$$

$$\eta_{B,T_E} = \frac{T_{E'} - T_E}{T_{E'}} > 0$$

符号意义同前。

在温度 T_E，$E(\mathrm{l})$ 是组元 A、B、C 的饱和溶液。在恒温恒压条件下，四相平衡共存，即

$$E(\mathrm{l}) \rightleftharpoons A\,(\mathrm{s}) + B\,(\mathrm{s}) + C\,(\mathrm{s})$$

继续析晶，此过程是在恒温恒压条件下进行的，摩尔吉布斯自由能变化为零，即

$$\Delta G_{\mathrm{m},A}=0$$

$$\Delta G_{\mathrm{m},B}=0$$

$$\Delta G_{\mathrm{m},C}=0$$

6) 温度降到 T_E 以下

温度降到 T_E 以下，如果上述的反应没有进行完，就会继续进行，是在非平衡状态进行。描述如下。

温度降至 T_k。在温度 T_k，固相组元 A、B、C 的平衡溶液分别为 l_k、q_k、g_k。温度刚降至 T_k，还未来得及析出固相组元 A、B、C 时，溶液 $E\,(\mathrm{l})$ 的组成未变，但已由组元 A、B、C 的饱和溶液 $E\,(\mathrm{l})$ 变成组元 A、B、C 的过饱和溶液 $E_k\,(\mathrm{l})$。

(1) 组元 A、B、C 同时析出，有

$$E_k\,(\mathrm{l}) =\!=\!= A\,(\mathrm{s})+B\,(\mathrm{s})+C\,(\mathrm{s})$$

即

$$(A)_{\text{过饱}} =\!=\!= (A)_{E_k(\mathrm{l})} =\!=\!= A\,(\mathrm{s})$$

$$(B)_{\text{过饱}} =\!=\!= (B)_{E_k(\mathrm{l})} =\!=\!= B\,(\mathrm{s})$$

$$(C)_{\text{过饱}} =\!=\!= (C)_{E_k(\mathrm{l})} =\!=\!= C\,(\mathrm{s})$$

如果组元 A、B、C 同时析出，保持 $E_k\,(\mathrm{l})$ 组成不变，析出的组元 A、B、C 均匀混合。以纯固态组元 A、B、C 为标准状态，浓度以摩尔分数表示，析晶过程的摩尔吉布斯自由能变化为

$$\begin{aligned}\Delta G_{\mathrm{m},A}&=\mu_{A(\mathrm{s})}-\mu_{(A)_{\text{过饱}}}\\&=\mu_{A(\mathrm{s})}-\mu_{(A)_{E_k(\mathrm{l})}}\\&=-RT\ln a^{\mathrm{R}}_{(A)_{\text{过饱}}}=-RT\ln a^{\mathrm{R}}_{(A)_{E_k(\mathrm{l})}}\end{aligned}\tag{8.312}$$

$$\begin{aligned}\Delta G_{\mathrm{m},B}&=\mu_{B(\mathrm{s})}-\mu_{(B)_{\text{过饱}}}\\&=\mu_{B(\mathrm{s})}-\mu_{(B)_{E_k(\mathrm{l})}}\\&=-RT\ln a^{\mathrm{R}}_{(B)_{\text{过饱}}}=-RT\ln a^{\mathrm{R}}_{(B)_{E_k(\mathrm{l})}}\end{aligned}\tag{8.313}$$

$$\begin{aligned}\Delta G_{\mathrm{m},C}&=\mu_{C(\mathrm{s})}-\mu_{(C)_{\text{过饱}}}\\&=\mu_{C(\mathrm{s})}-\mu_{(C)_{E_k(\mathrm{l})}}\\&=-RT\ln a^{\mathrm{R}}_{(C)_{\text{过饱}}}=-RT\ln a^{\mathrm{R}}_{(C)_{E_k(\mathrm{l})}}\end{aligned}\tag{8.314}$$

$$\Delta G_{\mathrm{m},A}(T_k)=\frac{\theta_{A,T_k}\Delta H_{\mathrm{m},A}(T_E)}{T_E}=\eta_{A,T_k}\Delta H_{\mathrm{m},A}(T_E)$$

$$\Delta G_{\mathrm{m},B}(T_k)=\frac{\theta_{B,T_k}\Delta H_{\mathrm{m},B}(T_E)}{T_E}=\eta_{B,T_k}\Delta H_{\mathrm{m},B}(T_E)$$

$$\Delta G_{\mathrm{m},C}(T_k)=\frac{\theta_{C,T_k}\Delta H_{\mathrm{m},C}(T_E)}{T_E}=\eta_{C,T_k}\Delta H_{\mathrm{m},C}(T_E)$$

式中，

$$\theta_{J,T_k}=T_E-T_k$$

$$\eta_{J,T_k}=\frac{T_E-T_k}{T_E}$$

$$(J=A、B、C)$$

$$\Delta H_{\mathrm{m},A}(T_E)=H_{\mathrm{m},A(\mathrm{s})}(T_E)-\bar{H}_{\mathrm{m},(A)_{E(\mathrm{l})}}(T_E)$$

$$\Delta H_{\mathrm{m},B}(T_E)=H_{\mathrm{m},B(\mathrm{s})}(T_E)-\bar{H}_{\mathrm{m},(B)_{E(\mathrm{l})}}(T_E)$$

$$\Delta H_{\mathrm{m},C}(T_E)=H_{\mathrm{m},C(\mathrm{s})}(T_E)-\bar{H}_{\mathrm{m},(C)_{E(\mathrm{l})}}(T_E)$$

(2) 组元 A、B、C 依次析出，即先析出组元 A，再析出组元 B，然后析出组元 C。

如果组元 A 先析出，有

$$(A)_{过饱}\equiv(A)_{E_k(\mathrm{l})}=\!=A(\mathrm{s})$$

随着组元 A 的析出，组元 B 和 C 的过饱和程度会增大，溶液的组成会偏离共晶点 $E(\mathrm{l})$，向组元 A 的平衡相 l_k 靠近，以 l_k' 表示，达到一定程度后，组元 B 会析出，可以表示为

$$(B)_{过饱}\equiv(B)_{l_k'}=\!=B(\mathrm{s})$$

随着组元 A 和 B 的析出，组元 C 的过饱和程度会增大，溶液的组成又会向组元 B 的平衡相 q_k 靠近，以 $l_k'q_k'$ 表示，达到一定程度后，组元 C 会析出，可以表示为

$$(C)_{过饱}\equiv(C)_{l_k'q_k'}=\!=C(\mathrm{s})$$

随着组元 B、C 的析出，组元 A 的过饱和程度增大，溶液的组成向组元 C 的平衡相 g_k 靠近，以 $q_k'g_k'$ 表示。达到一定程度后，组元 A 又析出，有

$$q_k'g_k'=\!=A_{(\mathrm{s})}$$

即

$$(A)_{过饱}\equiv(A)_{q_k'g_k'}=\!=A(\mathrm{s})$$

就这样，组元 A、B、C 交替析出。直到降低温度，重复上述过程，一直进行到溶液 E(l) 完全转化为组元 A、B、C。

以纯固态组元 A、B、C 为标准状态，浓度以摩尔分数表示，析晶过程的摩尔吉布斯自由能变化为

$$\begin{aligned}\Delta G_{\mathrm{m},A} &= \mu_{A(\mathrm{s})} - \mu_{(A)_{\text{过饱}}}\\ &= \mu_{A(\mathrm{s})} - \mu_{(A)_{E_k(\mathrm{l})}}\\ &= -RT\ln a^{\mathrm{R}}_{(A)_{\text{过饱}}} = -RT\ln a^{\mathrm{R}}_{(A)_{E_k(\mathrm{l})}}\end{aligned}$$

$$\begin{aligned}\Delta G_{\mathrm{m},B} &= \mu_{B(\mathrm{s})} - \mu_{(B)_{\text{过饱}}}\\ &= \mu_{B(\mathrm{s})} - \mu_{(B)_{l'_k}}\\ &= -RT\ln a^{\mathrm{R}}_{(B)_{\text{过饱}}} = -RT\ln a^{\mathrm{R}}_{(B)_{l'_k}}\end{aligned}$$

$$\begin{aligned}\Delta G_{\mathrm{m},C} &= \mu_{C(\mathrm{s})} - \mu_{(C)_{\text{过饱}}}\\ &= \mu_{C(\mathrm{s})} - \mu_{(C)_{l'_k q'_k}}\\ &= -RT\ln a^{\mathrm{R}}_{(C)_{\text{过饱}}} = -RT\ln a^{\mathrm{R}}_{(C)_{l'_k q'_k}}\end{aligned}$$

再析出组元 A

$$\begin{aligned}\Delta G'_{\mathrm{m},A} &= \mu_{C(\mathrm{s})} - \mu_{(A)_{\text{过饱}}}\\ &= \mu_{A(\mathrm{s})} - \mu_{(A)_{q'_k g'_k}}\\ &= -RT\ln a^{\mathrm{R}}_{(A)_{\text{过饱}}} = -RT\ln a^{\mathrm{R}}_{(A)_{q'_k g'_k}}\end{aligned}$$

或者

$$\Delta G_{\mathrm{m},A}(T_k) = \frac{\theta_{A,T_k}\Delta H_{\mathrm{m},A}(T_E)}{T_E} = \eta_{A,T_k}\Delta H_{\mathrm{m},A}(T_E)$$

$$\Delta G_{\mathrm{m},B}(T_k) = \frac{\theta_{B,T_k}\Delta H_{\mathrm{m},B}(T_E)}{T_E} = \eta_{B,T_k}\Delta H_{\mathrm{m},B}(T_E)$$

$$\Delta G_{\mathrm{m},C}(T_k) = \frac{\theta_{C,T_k}\Delta H_{\mathrm{m},C}(T_E)}{T_E} = \eta_{C,T_k}\Delta H_{\mathrm{m},C}(T_E)$$

式中

$$\Delta H_{\mathrm{m},A}(T_E) = H_{\mathrm{m},A(\mathrm{s})}(T_E) - \bar{H}_{\mathrm{m},(A)_{E(l)}}(T_E)$$

$$\Delta H_{\mathrm{m},B}(T_E) = H_{\mathrm{m},B(\mathrm{s})}(T_E) - \bar{H}_{\mathrm{m},(B)_{E(l)}}(T_E)$$

$$\Delta H_{\mathrm{m},C}(T_E) = H_{\mathrm{m},C(\mathrm{s})}(T_E) - \bar{H}_{\mathrm{m},(C)_{E(l)}}(T_E)$$

(3) 组元 A 先析出，然后组元 B、C 同时析出

可以表示为

$$E_k(\mathrm{l}) = A(\mathrm{s})$$

即

$$(A)_{\text{过饱}} \equiv (A)_{E_k(\mathrm{l})} = A(\mathrm{s})$$

随着组元 A 的析出，组元 B、C 的过饱和程度增大，溶液组成会偏离 $E_k(\mathrm{l})$，向组元 A 的平衡相 l_k 靠近，以 l'_k 表示。达到一定程度后，组元 B、C 同时析出，有

$$(B)_{\text{过饱}} \equiv (B)_{l'_k} = B(\mathrm{s})$$

$$(C)_{\text{过饱}} \equiv (C)_{l'_k} = C(\mathrm{s})$$

随着组元 B、C 的析出，组元 A 的过饱和程度增大，溶液组成向组元 B 和 C 的平衡相 q_k 和 g_k 靠近，以 $q'_k g'_k$ 表示。达到一定程度，组元 A 又析出。可以表示为

$$q'_k g'_k = A(\mathrm{s})$$

$$(A)_{\text{过饱}} \equiv (A)_{q'_k g'_k} = A(\mathrm{s})$$

组元 A 和组元 B、C 交替析出，析出的组元 A 单独存在，组元 B 和组元 C 聚在一起。

如此循环，直到降温重复上述过程，一直进行到溶液 $E_k(\mathrm{l})$ 完全变成组元 A、B、C。

以纯固态组元 A、B、C 为标准状态，浓度以摩尔分数表示，析晶过程的摩尔吉布斯自由能变化为

$$\begin{aligned}
\Delta G_{\mathrm{m},A} &= \mu_{A(\mathrm{s})} - \mu_{(A)_{\text{过饱}}} \\
&= \mu_{A(\mathrm{s})} - \mu_{(A)_{E_k(\mathrm{l})}} \\
&= -RT\ln a^{\mathrm{R}}_{(A)_{\text{过饱}}} = -RT\ln a^{\mathrm{R}}_{(A)_{E_k(\mathrm{l})}}
\end{aligned}$$

$$\begin{aligned}
\Delta G_{\mathrm{m},B} &= \mu_{B(\mathrm{s})} - \mu_{(B)_{\text{过饱}}} \\
&= \mu_{B(\mathrm{s})} - \mu_{(B)_{l'_k}} \\
&= -RT\ln a^{\mathrm{R}}_{(B)_{\text{过饱}}} = -RT\ln a^{\mathrm{R}}_{(B)_{l'_k}}
\end{aligned}$$

$$\begin{aligned}
\Delta G_{\mathrm{m},C} &= \mu_{C(\mathrm{s})} - \mu_{(C)_{\text{过饱}}} \\
&= \mu_{C(\mathrm{s})} - \mu_{(C)_{l'_k}} \\
&= -RT\ln a^{\mathrm{R}}_{(C)_{\text{过饱}}} = -RT\ln a^{\mathrm{R}}_{(C)_{l'_k}}
\end{aligned}$$

$$\begin{aligned}\Delta G'_{\mathrm{m},A} &= \mu_{A_{(\mathrm{s})}} - \mu_{(A)_{\text{过饱}}} \\ &= \mu_{A_{(\mathrm{s})}} - \mu_{(A)_{q'_k g'_k}} \\ &= -RT\ln a^{\mathrm{R}}_{(A)_{\text{过饱}}} = -RT\ln a^{\mathrm{R}}_{(A)_{q'_k g'_k}}\end{aligned}$$

或者

$$\Delta G_{\mathrm{m},A}(T_k) = \frac{\theta_{A,T_k}\Delta H_{\mathrm{m},A}(T_E)}{T_E} = \eta_{A,T_k}\Delta H_{\mathrm{m},A}(T_E)$$

$$\Delta G_{\mathrm{m},B}(T_k) = \frac{\theta_{B,T_k}\Delta H_{\mathrm{m},B}(T_E)}{T_E} = \eta_{B,T_k}\Delta H_{\mathrm{m},B}(T_E)$$

$$\Delta G_{\mathrm{m},C}(T_k) = \frac{\theta_{C,T_k}\Delta H_{\mathrm{m},C}(T_E)}{T_E} = \eta_{C,T_k}\Delta H_{\mathrm{m},C}(T_E)$$

$$\Delta G'_{\mathrm{m},A}(T_k) = \frac{\theta_{A,T_k}\Delta H'_{\mathrm{m},A}(T_E)}{T_E} = \eta_{A,T_k}\Delta H_{\mathrm{m},A}(T_E)$$

式中

$$\Delta H_{\mathrm{m},A}(T_E) = H_{\mathrm{m},A(\mathrm{s})}(T_E) - \bar{H}_{\mathrm{m},(A)_{E(\mathrm{l})}}(T_E)$$

$$\Delta H_{\mathrm{m},B}(T_E) = H_{\mathrm{m},B(\mathrm{s})}(T_E) - \bar{H}_{\mathrm{m},(B)_{E(\mathrm{l})}}(T_E)$$

$$\Delta H_{\mathrm{m},C}(T_E) = H_{\mathrm{m},C(\mathrm{s})}(T_E) - \bar{H}_{\mathrm{m},(C)_{E(\mathrm{l})}}(T_E)$$

$$\Delta H'_{\mathrm{m},A}(T_E) = H_{\mathrm{m},A(\mathrm{s})}(T_E) - \bar{H}_{\mathrm{m},(A)_{E(\mathrm{l})}}(T_E)$$

$$\theta_{J,T_k} = T_E - T_k$$

$$\eta_{J,T_k} = \frac{T_E - T_k}{T_E}$$

$$(J = A, B, C)$$

(4) 组元 A 和组元 B 先同时析出，然后析出组元 C

可以表示为

$$E_k(\mathrm{l}) = A(\mathrm{s}) + B(\mathrm{s})$$

即

$$(A)_{\text{过饱}} = (A)_{E_k(\mathrm{l})} = A(\mathrm{s})$$

$$(B)_{\text{过饱}} = (B)_{E_k(\mathrm{l})} = B(\mathrm{s})$$

随着组元 A、B 的析出，组元 C 的过饱和程度增大，溶液组成偏离 $E_k(\mathrm{l})$，向组元 A 和组元 B 的平衡相 l_k 和 q_k 靠近，以 $l'_k q'_k$ 表示。达到一定程度，组元 C 析出。有

$$l'_k q'_k = C(\mathrm{s})$$

即

$$(C)_{过饱} \equiv (C)_{l'_k q'_k} = C(\mathrm{s})$$

随着组元 C 的析出，组元 A、B 的过饱和程度增大，溶液组成向组元 C 的平衡相 g_k 靠近，以 g'_k 表示，达到一定程度后，组元 A、B 又析出。可以表示为

$$g'_k = A(\mathrm{s}) + B(\mathrm{s})$$

即

$$(A)_{过饱} \equiv (A)_{g'_k} = A(\mathrm{s})$$

$$(B)_{过饱} \equiv (B)_{g'_k} = B(\mathrm{s})$$

组元 A、B 和 C 交替析出。析出的组元 A、B 聚在一起，组元单独存在。如此循环，直到降温，重复上述过程，一直进行到溶液 $E(\mathrm{l})$ 完全转变为固相组元 A、B、C。

固相组元 A、B、C 和溶液中的组元 A、B、C 都以纯固态为标准状态，浓度以摩尔分数表示。

上述过程中的摩尔吉布斯自由能变化为

$$\begin{aligned}
\Delta G_{\mathrm{m},A} &= \mu_{A(\mathrm{s})} - \mu_{(A)_{过饱}} \\
&= \mu_{A(\mathrm{s})} - \mu_{(A)_{E_k(\mathrm{l})}} \\
&= -RT\ln a^{\mathrm{R}}_{(A)_{过饱}} = -RT\ln a^{\mathrm{R}}_{(A)_{E_k(\mathrm{l})}} \\
\Delta G_{\mathrm{m},B} &= \mu_{B(\mathrm{s})} - \mu_{(B)_{过饱}} \\
&= \mu_{B(\mathrm{s})} - \mu_{(B)_{E_k(\mathrm{l})}} \\
&= -RT\ln a^{\mathrm{R}}_{(B)_{过饱}} = -RT\ln a^{\mathrm{R}}_{(B)_{E_k(\mathrm{l})}} \\
\Delta G_{\mathrm{m},C} &= \mu_{C(\mathrm{s})} - \mu_{(C)_{过饱}} \\
&= \mu_{C(\mathrm{s})} - \mu_{(C)_{l'_k q'_k}} \\
&= -RT\ln a^{\mathrm{R}}_{(C)_{过饱}} = -RT\ln a^{\mathrm{R}}_{(C)_{l'_k q'_k}}
\end{aligned}$$

再析出组元 A 和 B，有

$$\begin{aligned}
\Delta G_{\mathrm{m},A} &= \mu_{A(\mathrm{s})} - \mu_{(A)_{过饱}} \\
&= \mu_{A(\mathrm{s})} - \mu_{(A)_{g'_k}} \\
&= -RT\ln a^{\mathrm{R}}_{(A)_{过饱}} = -RT\ln a^{\mathrm{R}}_{(A)_{g'_k}}
\end{aligned}$$

$$\begin{aligned}\Delta G_{\mathrm{m},B} &= \mu_{B(\mathrm{s})} - \mu_{(B)_{\text{过饱}}} \\ &= \mu_{B(\mathrm{s})} - \mu_{(B)_{g'_k}} \\ &= -RT\ln a^{\mathrm{R}}_{(B)_{\text{过饱}}} = -RT\ln a^{\mathrm{R}}_{(B)_{g'_k}}\end{aligned}$$

或者

$$\Delta G_{\mathrm{m},A}\left(T_k\right) = \frac{\theta_{A,T_k}\Delta H_{\mathrm{m},A}\left(T_E\right)}{T_E} = \eta_{A,T_k}\Delta H_{\mathrm{m},A}\left(T_E\right) \tag{8.315}$$

$$\Delta G_{\mathrm{m},B}\left(T_k\right) = \frac{\theta_{B,T_k}\Delta H_{\mathrm{m},B}\left(T_E\right)}{T_E} = \eta_{B,T_k}\Delta H_{\mathrm{m},B}\left(T_E\right) \tag{8.316}$$

$$\Delta G_{\mathrm{m},C}\left(T_k\right) = \frac{\theta_{C,T_k}\Delta H_{\mathrm{m},C}\left(T_E\right)}{T_E} = \eta_{C,T_k}\Delta H_{\mathrm{m},C}\left(T_E\right) \tag{8.317}$$

$$\Delta G'_{\mathrm{m},A}\left(T_k\right) = \frac{\theta_{A,T_k}\Delta H'_{\mathrm{m},A}\left(T_E\right)}{T_E} = \eta_{A,T_k}\Delta H'_{\mathrm{m},A}\left(T_E\right)$$

$$\Delta G'_{\mathrm{m},B}\left(T_k\right) = \frac{\theta_{B,T_k}\Delta H'_{\mathrm{m},B}\left(T_E\right)}{T_E} = \eta_{B,T_k}\Delta H'_{\mathrm{m},B}\left(T_E\right)$$

式中

$$\Delta H_{\mathrm{m},A}\left(T_E\right) = H_{\mathrm{m},A(\mathrm{s})}\left(T_E\right) - \bar{H}_{\mathrm{m},(A)_{E(\mathrm{l})}}\left(T_E\right)$$

$$\Delta H_{\mathrm{m},B}\left(T_E\right) = H_{\mathrm{m},B(\mathrm{s})}\left(T_E\right) - \bar{H}_{\mathrm{m},(B)_{E(\mathrm{l})}}\left(T_E\right)$$

$$\Delta H_{\mathrm{m},C}\left(T_E\right) = H_{\mathrm{m},C(\mathrm{s})}\left(T_E\right) - \bar{H}_{\mathrm{m},(C)_{E(\mathrm{l})}}\left(T_E\right)$$

$$\Delta H'_{\mathrm{m},A}\left(T_E\right) = H_{\mathrm{m},A(\mathrm{s})}\left(T_E\right) - \bar{H}_{\mathrm{m},(A)_{E(\mathrm{l})}}\left(T_E\right)$$

$$\Delta H'_{\mathrm{m},B}\left(T_E\right) = H_{\mathrm{m},B(\mathrm{s})}\left(T_E\right) - \bar{H}_{\mathrm{m},(B)_{E(\mathrm{l})}}\left(T_E\right)$$

$$\theta_{J,T_k} = T_E - T_k$$

$$\eta_{J,T_k} = \frac{T_E - T_k}{T_E}$$

$$J = A, B, C$$

2\. 凝固速率

1\) 从温度 T_1 到 T_P

从温度 T_1 到 T_P，析出晶体 A_mB_n，析晶速率为

$$\begin{aligned}\frac{\mathrm{d}N_{A_mB_n(\mathrm{s})}}{\mathrm{d}t} &= -\frac{\mathrm{d}N_{(A_mB_n)}}{\mathrm{d}t} = Vj_{A_mB_n} \\ &= V\left[-l_1\left(\frac{A_{\mathrm{m},D}}{T}\right) - l_2\left(\frac{A_{\mathrm{m},D}}{T}\right)^2 - l_3\left(\frac{A_{\mathrm{m},D}}{T}\right)^3 - \cdots\right]\end{aligned} \tag{8.318}$$

式中，

$$A_{\mathrm{m},D} = \Delta G_{\mathrm{m},D}$$

2) 从温度 T_P 到 T_H

温度从 T_P 到 T_H，析出组元 A_mB_n 和 B 的晶体，不考虑耦合作用，析晶速率为

$$\begin{aligned}\frac{\mathrm{d}N_{A_mB_n(\mathrm{s})}}{\mathrm{d}t} &= -\frac{\mathrm{d}N_{(A_mB_n)}}{\mathrm{d}t} = Vj_{A_mB_n} \\ &= V\left[-l_1\left(\frac{A_{\mathrm{m},D}}{T}\right) - l_2\left(\frac{A_{\mathrm{m},D}}{T}\right)^2 - l_3\left(\frac{A_{\mathrm{m},D}}{T}\right)^3 - \cdots\right]\end{aligned} \tag{8.319}$$

$$\begin{aligned}\frac{\mathrm{d}N_{B(\mathrm{s})}}{\mathrm{d}t} &= -\frac{\mathrm{d}N_{(B)}}{\mathrm{d}t} = Vj_B \\ &= V\left[-l_1\left(\frac{A_{\mathrm{m},B}}{T}\right) - l_2\left(\frac{A_{\mathrm{m},B}}{T}\right)^2 - l_3\left(\frac{A_{\mathrm{m},B}}{T}\right)^3 - \cdots\right]\end{aligned} \tag{8.320}$$

考虑耦合作用，析晶速率为

$$\begin{aligned}\frac{\mathrm{d}N_{A_mB_n(\mathrm{s})}}{\mathrm{d}t} =& -\frac{\mathrm{d}N_{(A_mB_n)}}{\mathrm{d}t} = Vj_{A_mB_n} \\ =& V\Bigg[-l_{11}\left(\frac{A_{\mathrm{m},D}}{T}\right) - l_{12}\left(\frac{A_{\mathrm{m},B}}{T}\right) - l_{111}\left(\frac{A_{\mathrm{m},D}}{T}\right)^2 \\ & - l_{112}\left(\frac{A_{\mathrm{m},D}}{T}\right)\left(\frac{A_{\mathrm{m},B}}{T}\right) - l_{122}\left(\frac{A_{\mathrm{m},B}}{T}\right)^2 - l_{1111}\left(\frac{A_{\mathrm{m},D}}{T}\right)^3 \\ & - l_{1112}\left(\frac{A_{\mathrm{m},D}}{T}\right)^2\left(\frac{A_{\mathrm{m},B}}{T}\right) - l_{1122}\left(\frac{A_{\mathrm{m},D}}{T}\right)\left(\frac{A_{\mathrm{m},B}}{T}\right)^2 \\ & - l_{1222}\left(\frac{A_{\mathrm{m},B}}{T}\right)^3 - \cdots\Bigg]\end{aligned} \tag{8.321}$$

$$\begin{aligned}\frac{\mathrm{d}N_{B(\mathrm{s})}}{\mathrm{d}t} =& -\frac{\mathrm{d}N_{(B)}}{\mathrm{d}t} = Vj_B \\ =& V\Bigg[-l_{21}\left(\frac{A_{\mathrm{m},D}}{T}\right) - l_{22}\left(\frac{A_{\mathrm{m},B}}{T}\right) - l_{211}\left(\frac{A_{\mathrm{m},D}}{T}\right)^2 \\ & - l_{212}\left(\frac{A_{\mathrm{m},D}}{T}\right)\left(\frac{A_{\mathrm{m},B}}{T}\right) - l_{222}\left(\frac{A_{\mathrm{m},B}}{T}\right)^2 - l_{2111}\left(\frac{A_{\mathrm{m},D}}{T}\right)^3 \\ & - l_{2112}\left(\frac{A_{\mathrm{m},D}}{T}\right)^2\left(\frac{A_{\mathrm{m},B}}{T}\right) - l_{2122}\left(\frac{A_{\mathrm{m},D}}{T}\right)\left(\frac{A_{\mathrm{m},B}}{T}\right)^2 \\ & - l_{2222}\left(\frac{A_{\mathrm{m},B}}{T}\right)^3 - \cdots\Bigg]\end{aligned} \tag{8.322}$$

式中，

$$A_{\mathrm{m},D} = \Delta G_{\mathrm{m},D}$$

$$A_{\mathrm{m},B} = \Delta G_{\mathrm{m},B}$$

3) 在温度 T_H

在温度 T_H，发生化合物 A_mB_n 的分解反应，化学反应速率为

$$\begin{aligned} v &= \frac{\mathrm{d}n_{A_mB_n}}{\mathrm{d}t} = VJ_{A_mB_n} \\ &= V\left[-l_1\left(\frac{A_{\mathrm{m},D}}{T}\right) - l_2\left(\frac{A_{\mathrm{m},D}}{T}\right)^2 - l_3\left(\frac{A_{\mathrm{m},D}}{T}\right)^3 - \cdots\right] \end{aligned} \tag{8.323}$$

式中，

$$A_{\mathrm{m},D} = \Delta G_{\mathrm{m},D} = \Delta_{\mathrm{f}} G_{\mathrm{m},A_mB_n}$$

为式 (8.303)。

4) 从温度 T_H 到 T_E

降温从 T_H 到 T_E，析出组元 A 和 B 的晶体，不考虑耦合作用，析晶速率为

$$\begin{aligned} \frac{\mathrm{d}N_{A(\mathrm{s})}}{\mathrm{d}t} &= -\frac{\mathrm{d}N_{(A)}}{\mathrm{d}t} = Vj_A \\ &= V\left[-l_1\left(\frac{A_{\mathrm{m},A}}{T}\right) - l_2\left(\frac{A_{\mathrm{m},A}}{T}\right)^2 - l_3\left(\frac{A_{\mathrm{m},A}}{T}\right)^3 - \cdots\right] \end{aligned} \tag{8.324}$$

$$\begin{aligned} \frac{\mathrm{d}N_{B(\mathrm{s})}}{\mathrm{d}t} &= -\frac{\mathrm{d}N_{(B)}}{\mathrm{d}t} = Vj_B \\ &= V\left[-l_1\left(\frac{A_{\mathrm{m},B}}{T}\right) - l_2\left(\frac{A_{\mathrm{m},B}}{T}\right)^2 - l_3\left(\frac{A_{\mathrm{m},B}}{T}\right)^3 - \cdots\right] \end{aligned} \tag{8.325}$$

考虑耦合作用，有

$$\begin{aligned} \frac{\mathrm{d}N_{A(\mathrm{s})}}{\mathrm{d}t} &= -\frac{\mathrm{d}N_{(A)}}{\mathrm{d}t} = Vj_A \\ &= V\Bigg[-l_{11}\left(\frac{A_{\mathrm{m},A}}{T}\right) - l_{12}\left(\frac{A_{\mathrm{m},B}}{T}\right) - l_{111}\left(\frac{A_{\mathrm{m},A}}{T}\right)^2 \\ &\quad - l_{112}\left(\frac{A_{\mathrm{m},A}}{T}\right)\left(\frac{A_{\mathrm{m},B}}{T}\right) - l_{122}\left(\frac{A_{\mathrm{m},B}}{T}\right)^2 - l_{1111}\left(\frac{A_{\mathrm{m},A}}{T}\right)^3 \\ &\quad - l_{1112}\left(\frac{A_{\mathrm{m},A}}{T}\right)^2\left(\frac{A_{\mathrm{m},B}}{T}\right) - l_{1122}\left(\frac{A_{\mathrm{m},A}}{T}\right)\left(\frac{A_{\mathrm{m},B}}{T}\right)^2 \\ &\quad - l_{1222}\left(\frac{A_{\mathrm{m},B}}{T}\right)^3 - \cdots\Bigg] \end{aligned} \tag{8.326}$$

$$
\begin{aligned}
\frac{\mathrm{d}N_{B(\mathrm{s})}}{\mathrm{d}t} &= -\frac{\mathrm{d}N_{(B)}}{\mathrm{d}t} = Vj_B \\
&= V\left[-l_{21}\left(\frac{A_{\mathrm{m},A}}{T}\right) - l_{22}\left(\frac{A_{\mathrm{m},B}}{T}\right) - l_{211}\left(\frac{A_{\mathrm{m},A}}{T}\right)^2\right. \\
&\quad - l_{212}\left(\frac{A_{\mathrm{m},A}}{T}\right)\left(\frac{A_{\mathrm{m},B}}{T}\right) - l_{222}\left(\frac{A_{\mathrm{m},B}}{T}\right)^2 - l_{2111}\left(\frac{A_{\mathrm{m},A}}{T}\right)^3 \\
&\quad - l_{2112}\left(\frac{A_{\mathrm{m},A}}{T}\right)^2\left(\frac{A_{\mathrm{m},B}}{T}\right) - l_{2122}\left(\frac{A_{\mathrm{m},A}}{T}\right)\left(\frac{A_{\mathrm{m},B}}{T}\right)^2 \\
&\quad \left. - l_{2222}\left(\frac{A_{\mathrm{m},B}}{T}\right)^3 - \cdots\right]
\end{aligned}
\tag{8.327}
$$

式中，

$$A_{\mathrm{m},A} = \Delta G_{\mathrm{m},A}$$

$$A_{\mathrm{m},B} = \Delta G_{\mathrm{m},B}$$

为式 (8.304)、式 (8.305)、式 (8.306) 和式 (8.307)。

5) 温度低于 T_E

(1) 在 T_E 温度以下，发生共晶反应，同时析出组元 A、B 和 C 的晶体，不考虑耦合作用，析晶速率为

$$
\begin{aligned}
\frac{\mathrm{d}N_{A(\mathrm{s})}}{\mathrm{d}t} &= -\frac{\mathrm{d}N_{(A)_{E_k(\mathrm{l})}}}{\mathrm{d}t} = Vj_A \\
&= V\left[-l_1\left(\frac{A_{\mathrm{m},A}}{T}\right) - l_2\left(\frac{A_{\mathrm{m},A}}{T}\right)^2 - l_3\left(\frac{A_{\mathrm{m},A}}{T}\right)^3 - \cdots\right]
\end{aligned}
\tag{8.328}
$$

$$
\begin{aligned}
\frac{\mathrm{d}N_{B(\mathrm{s})}}{\mathrm{d}t} &= -\frac{\mathrm{d}N_{(B)_{E_k(\mathrm{l})}}}{\mathrm{d}t} = Vj_B \\
&= V\left[-l_1\left(\frac{A_{\mathrm{m},B}}{T}\right) - l_2\left(\frac{A_{\mathrm{m},B}}{T}\right)^2 - l_3\left(\frac{A_{\mathrm{m},B}}{T}\right)^3 - \cdots\right]
\end{aligned}
\tag{8.329}
$$

$$
\begin{aligned}
\frac{\mathrm{d}N_{C(\mathrm{s})}}{\mathrm{d}t} &= -\frac{\mathrm{d}N_{(C)_{E_k(\mathrm{l})}}}{\mathrm{d}t} = Vj_C \\
&= V\left[-l_1\left(\frac{A_{\mathrm{m},C}}{T}\right) - l_2\left(\frac{A_{\mathrm{m},C}}{T}\right)^2 - l_3\left(\frac{A_{\mathrm{m},C}}{T}\right)^3 - \cdots\right]
\end{aligned}
\tag{8.330}
$$

考虑耦合作用，有

$$
\begin{aligned}
\frac{\mathrm{d}N_{A(\mathrm{s})}}{\mathrm{d}t} &= -\frac{\mathrm{d}N_{(A)_{E_k(\mathrm{l})}}}{\mathrm{d}t} = Vj_A \\
&= V\left[-l_{11}\left(\frac{A_{\mathrm{m},A}}{T}\right) - l_{12}\left(\frac{A_{\mathrm{m},B}}{T}\right) - l_{13}\left(\frac{A_{\mathrm{m},C}}{T}\right)\right.
\end{aligned}
$$

$$
\begin{aligned}
&-l_{111}\left(\frac{A_{\mathrm{m},A}}{T}\right)^2-l_{112}\left(\frac{A_{\mathrm{m},A}}{T}\right)\left(\frac{A_{\mathrm{m},B}}{T}\right)-l_{113}\left(\frac{A_{\mathrm{m},A}}{T}\right)\left(\frac{A_{\mathrm{m},C}}{T}\right)\\
&-l_{123}\left(\frac{A_{\mathrm{m},B}}{T}\right)\left(\frac{A_{\mathrm{m},C}}{T}\right)-l_{122}\left(\frac{A_{\mathrm{m},B}}{T}\right)^2-l_{133}\left(\frac{A_{\mathrm{m},C}}{T}\right)^2\\
&-l_{1111}\left(\frac{A_{\mathrm{m},A}}{T}\right)^3-l_{1112}\left(\frac{A_{\mathrm{m},A}}{T}\right)^2\left(\frac{A_{\mathrm{m},B}}{T}\right)\\
&-l_{1113}\left(\frac{A_{\mathrm{m},A}}{T}\right)^2\left(\frac{A_{\mathrm{m},C}}{T}\right)-l_{1122}\left(\frac{A_{\mathrm{m},A}}{T}\right)\left(\frac{A_{\mathrm{m},B}}{T}\right)^2\\
&-l_{1123}\left(\frac{A_{\mathrm{m},A}}{T}\right)\left(\frac{A_{\mathrm{m},B}}{T}\right)\left(\frac{A_{\mathrm{m},C}}{T}\right)-l_{1133}\left(\frac{A_{\mathrm{m},A}}{T}\right)\left(\frac{A_{\mathrm{m},C}}{T}\right)^2\\
&-l_{1222}\left(\frac{A_{\mathrm{m},B}}{T}\right)^3-l_{1223}\left(\frac{A_{\mathrm{m},B}}{T}\right)^2\left(\frac{A_{\mathrm{m},C}}{T}\right)\\
&-l_{1233}\left(\frac{A_{\mathrm{m},B}}{T}\right)\left(\frac{A_{\mathrm{m},C}}{T}\right)^2-l_{1333}\left(\frac{A_{\mathrm{m},C}}{T}\right)^3-\cdots\Bigg]
\end{aligned}
\tag{8.331}
$$

$$
\begin{aligned}
\frac{\mathrm{d}N_{B(\mathrm{s})}}{\mathrm{d}t}=&-\frac{\mathrm{d}N_{(B)_{E_k(1)}}}{\mathrm{d}t}=Vj_B\\
=&V\Bigg[-l_{21}\left(\frac{A_{\mathrm{m},A}}{T}\right)-l_{22}\left(\frac{A_{\mathrm{m},B}}{T}\right)-l_{23}\left(\frac{A_{\mathrm{m},C}}{T}\right)\\
&-l_{211}\left(\frac{A_{\mathrm{m},A}}{T}\right)^2-l_{212}\left(\frac{A_{\mathrm{m},A}}{T}\right)\left(\frac{A_{\mathrm{m},B}}{T}\right)-l_{213}\left(\frac{A_{\mathrm{m},A}}{T}\right)\left(\frac{A_{\mathrm{m},C}}{T}\right)\\
&-l_{222}\left(\frac{A_{\mathrm{m},B}}{T}\right)^2-l_{223}\left(\frac{A_{\mathrm{m},B}}{T}\right)\left(\frac{A_{\mathrm{m},C}}{T}\right)-l_{233}\left(\frac{A_{\mathrm{m},C}}{T}\right)^2\\
&-l_{2111}\left(\frac{A_{\mathrm{m},A}}{T}\right)^3-l_{2112}\left(\frac{A_{\mathrm{m},A}}{T}\right)^2\left(\frac{A_{\mathrm{m},B}}{T}\right)\\
&-l_{2113}\left(\frac{A_{\mathrm{m},A}}{T}\right)^2\left(\frac{A_{\mathrm{m},C}}{T}\right)-l_{2122}\left(\frac{A_{\mathrm{m},A}}{T}\right)\left(\frac{A_{\mathrm{m},B}}{T}\right)^2\\
&-l_{2123}\left(\frac{A_{\mathrm{m},A}}{T}\right)\left(\frac{A_{\mathrm{m},B}}{T}\right)\left(\frac{A_{\mathrm{m},C}}{T}\right)-l_{2133}\left(\frac{A_{\mathrm{m},A}}{T}\right)\left(\frac{A_{\mathrm{m},C}}{T}\right)^2\\
&-l_{2222}\left(\frac{A_{\mathrm{m},B}}{T}\right)^3-l_{2223}\left(\frac{A_{\mathrm{m},B}}{T}\right)^2\left(\frac{A_{\mathrm{m},C}}{T}\right)\\
&-l_{2233}\left(\frac{A_{\mathrm{m},B}}{T}\right)\left(\frac{A_{\mathrm{m},C}}{T}\right)^2-l_{2333}\left(\frac{A_{\mathrm{m},C}}{T}\right)^3-\cdots\Bigg]
\end{aligned}
\tag{8.332}
$$

$$
\begin{aligned}
\frac{\mathrm{d}N_{C(\mathrm{s})}}{\mathrm{d}t} &= -\frac{\mathrm{d}N_{(C)_{E_k(\mathrm{l})}}}{\mathrm{d}t} = Vj_C \\
&= V\Bigg[-l_{31}\left(\frac{A_{\mathrm{m},A}}{T}\right) - l_{32}\left(\frac{A_{\mathrm{m},B}}{T}\right) - l_{33}\left(\frac{A_{\mathrm{m},C}}{T}\right) \\
&\quad - l_{311}\left(\frac{A_{\mathrm{m},A}}{T}\right)^2 - l_{312}\left(\frac{A_{\mathrm{m},A}}{T}\right)\left(\frac{A_{\mathrm{m},B}}{T}\right) - l_{313}\left(\frac{A_{\mathrm{m},A}}{T}\right)\left(\frac{A_{\mathrm{m},C}}{T}\right) \\
&\quad - l_{322}\left(\frac{A_{\mathrm{m},B}}{T}\right)^2 - l_{323}\left(\frac{A_{\mathrm{m},B}}{T}\right)\left(\frac{A_{\mathrm{m},C}}{T}\right) - l_{333}\left(\frac{A_{\mathrm{m},C}}{T}\right)^2 \\
&\quad - l_{3111}\left(\frac{A_{\mathrm{m},A}}{T}\right)^3 - l_{3112}\left(\frac{A_{\mathrm{m},A}}{T}\right)^2\left(\frac{A_{\mathrm{m},B}}{T}\right) \\
&\quad - l_{3113}\left(\frac{A_{\mathrm{m},A}}{T}\right)^2\left(\frac{A_{\mathrm{m},C}}{T}\right) - l_{3122}\left(\frac{A_{\mathrm{m},A}}{T}\right)\left(\frac{A_{\mathrm{m},B}}{T}\right)^2 \\
&\quad - l_{3123}\left(\frac{A_{\mathrm{m},A}}{T}\right)\left(\frac{A_{\mathrm{m},B}}{T}\right)\left(\frac{A_{\mathrm{m},C}}{T}\right) - l_{3133}\left(\frac{A_{\mathrm{m},A}}{T}\right)\left(\frac{A_{\mathrm{m},C}}{T}\right)^2 \\
&\quad - l_{3222}\left(\frac{A_{\mathrm{m},B}}{T}\right)^3 - l_{3223}\left(\frac{A_{\mathrm{m},B}}{T}\right)^2\left(\frac{A_{\mathrm{m},C}}{T}\right) \\
&\quad - l_{3233}\left(\frac{A_{\mathrm{m},B}}{T}\right)\left(\frac{A_{\mathrm{m},C}}{T}\right)^2 - l_{3333}\left(\frac{A_{\mathrm{m},C}}{T}\right)^3 - \cdots\Bigg]
\end{aligned} \tag{8.333}
$$

(2) 组元 A、B、C 依次析出，有

$$
\begin{aligned}
\frac{\mathrm{d}N_{A(\mathrm{s})}}{\mathrm{d}t} &= -\frac{\mathrm{d}N_{(A)_{E_k(\mathrm{l})}}}{\mathrm{d}t} = Vj_A \\
&= V\left[-l_1\left(\frac{A_{\mathrm{m},A}}{T}\right) - l_2\left(\frac{A_{\mathrm{m},A}}{T}\right)^2 - l_3\left(\frac{A_{\mathrm{m},A}}{T}\right)^3 - \cdots\right] \\
\frac{\mathrm{d}N_{B(\mathrm{s})}}{\mathrm{d}t} &= -\frac{\mathrm{d}N_{(B)_{l'_k}}}{\mathrm{d}t} = Vj_B \\
&= V\left[-l_1\left(\frac{A_{\mathrm{m},B}}{T}\right) - l_2\left(\frac{A_{\mathrm{m},B}}{T}\right)^2 - l_3\left(\frac{A_{\mathrm{m},B}}{T}\right)^3 - \cdots\right] \\
\frac{\mathrm{d}N_{C(\mathrm{s})}}{\mathrm{d}t} &= -\frac{\mathrm{d}N_{(C)_{l'_k g'_k}}}{\mathrm{d}t} = Vj_C \\
&= V\left[-l_1\left(\frac{A_{\mathrm{m},C}}{T}\right) - l_2\left(\frac{A_{\mathrm{m},C}}{T}\right)^2 - l_3\left(\frac{A_{\mathrm{m},C}}{T}\right)^3 - \cdots\right]
\end{aligned}
$$

(3) 组元 A 先析出，然后组元 B、C 同时析出，有

$$
\frac{\mathrm{d}N_{A(\mathrm{s})}}{\mathrm{d}t} = -\frac{\mathrm{d}N_{(A)_{E_k(\mathrm{l})}}}{\mathrm{d}t} = Vj_A
$$

$$= V\left[-l_1\left(\frac{A_{\mathrm{m},A}}{T}\right) - l_2\left(\frac{A_{\mathrm{m},A}}{T}\right)^2 - l_3\left(\frac{A_{\mathrm{m},A}}{T}\right)^3 - \cdots\right]$$

$$\frac{\mathrm{d}N_{B(\mathrm{s})}}{\mathrm{d}t} = -\frac{\mathrm{d}N_{(B)_{l_k'}}}{\mathrm{d}t} = Vj_B$$

$$= V\left[-l_1\left(\frac{A_{\mathrm{m},B}}{T}\right) - l_2\left(\frac{A_{\mathrm{m},B}}{T}\right)^2 - l_3\left(\frac{A_{\mathrm{m},B}}{T}\right)^3 - \cdots\right]$$

$$\frac{\mathrm{d}N_{C(\mathrm{s})}}{\mathrm{d}t} = -\frac{\mathrm{d}N_{(C)_{l_k'}}}{\mathrm{d}t} = Vj_C$$

$$= V\left[-l_1\left(\frac{A_{\mathrm{m},C}}{T}\right) - l_2\left(\frac{A_{\mathrm{m},C}}{T}\right)^2 - l_3\left(\frac{A_{\mathrm{m},C}}{T}\right)^3 - \cdots\right]$$

(4) 组元 A 和 B 同时析出，然后析出组元 C

$$\frac{\mathrm{d}N_{A(\mathrm{s})}}{\mathrm{d}t} = -\frac{\mathrm{d}N_{(A)_{E_k(\mathrm{l})}}}{\mathrm{d}t} = Vj_A$$

$$= V\left[-l_1\left(\frac{A_{\mathrm{m},A}}{T}\right) - l_2\left(\frac{A_{\mathrm{m},A}}{T}\right)^2 - l_3\left(\frac{A_{\mathrm{m},A}}{T}\right)^3 - \cdots\right]$$

$$\frac{\mathrm{d}N_{B(\mathrm{s})}}{\mathrm{d}t} = -\frac{\mathrm{d}N_{(B)_{E_k(\mathrm{l})}}}{\mathrm{d}t} = Vj_B$$

$$= V\left[-l_1\left(\frac{A_{\mathrm{m},B}}{T}\right) - l_2\left(\frac{A_{\mathrm{m},B}}{T}\right)^2 - l_3\left(\frac{A_{\mathrm{m},B}}{T}\right)^3 - \cdots\right]$$

$$\frac{\mathrm{d}N_{C(\mathrm{s})}}{\mathrm{d}t} = -\frac{\mathrm{d}N_{(C)_{l_k' g_k'}}}{\mathrm{d}t} = Vj_C$$

$$= V\left[-l_1\left(\frac{A_{\mathrm{m},C}}{T}\right) - l_2\left(\frac{A_{\mathrm{m},C}}{T}\right)^2 - l_3\left(\frac{A_{\mathrm{m},C}}{T}\right)^3 - \cdots\right]$$

式中，

$$A_{\mathrm{m},A} = \Delta G_{\mathrm{m},A}$$

$$A_{\mathrm{m},B} = \Delta G_{\mathrm{m},B}$$

$$A_{\mathrm{m},C} = \Delta G_{\mathrm{m},C}$$

8.3.5 具有低温稳定、高温分解的二元化合物的三元系

1. 凝固过程热力学

图 8.12 是低温稳定的二元化合物的三元系相图。

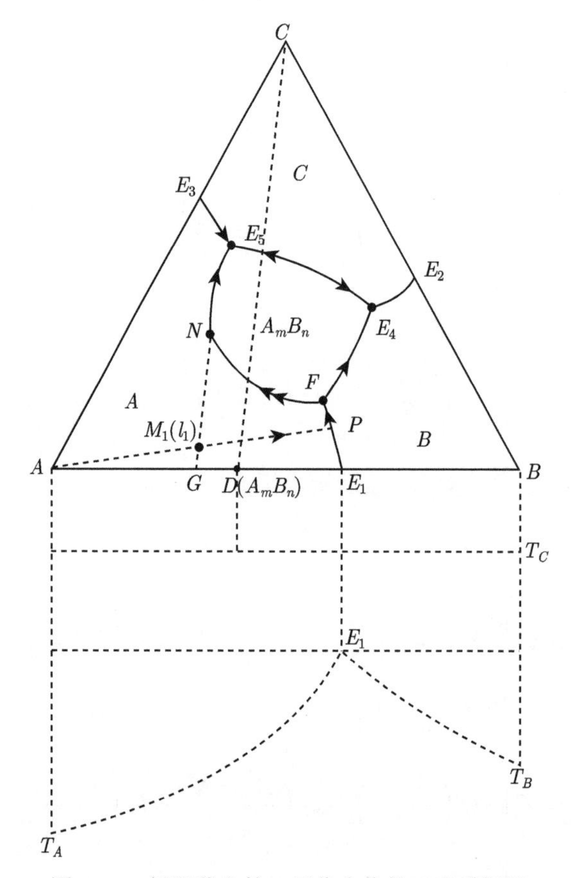

图 8.12　低温稳定的二元化合物的三元系相图

1) 温度降到 T_1

物质组成点为 M 的液体降温冷却，M 点位于 ΔADC 内。温度降到 T_1，物质组成点为液相面 A 上的 M_1 点，其平衡液相组成为液相面上的 l_1 点 (M_1 和 l_1 两点重合)，是组元 A 的饱和溶液，有

$$(A)_{l_1} = (A)_{饱} \rightleftharpoons A(\mathrm{s})$$

摩尔吉布斯自由能变化为零。

2) 温度降到 T_2

继续降温到 T_2，平衡液相组成为 l_2 点。温度刚降到 T_2，尚无固相组元 A 析出时，液相组成未变，但已由组元 A 的饱和溶液 l_1 成为组元 A 的过饱和溶液 l_1'，析出固相 A，有

$$(A)_{l_1'} = (A)_{过饱} = A(\mathrm{s})$$

达到平衡时，有

$$(A)_{l_2} \equiv\equiv (A)_{饱} \rightleftharpoons A(s)$$

以纯固态组元 A 为标准状态，浓度以摩尔分数表示，析晶过程的摩尔吉布斯自由能变化为

$$\begin{aligned}\Delta G_{m,A} &= \mu_{A(s)} - \mu_{(A)_{过饱}} = \mu_{A(s)} - \mu_{(A)_{l_1'}} \\ &= -RT\ln a^{R}_{(A)_{过饱}} = -RT\ln a^{R}_{(A)_{l_1'}}\end{aligned} \tag{8.334}$$

或

$$\Delta G_{m,A}(T_2) = \frac{\theta_{A,T_2}\Delta H_{m,A}(T_1)}{T_1} = \eta_{A,T_2}\Delta H_{m,A}(T_1) \tag{8.335}$$

式中，

$$T_1 > T_2$$

$$\theta_{A,T_2} = T_1 - T_2 > 0$$

$$\eta_{A,T_2} = \frac{T_1 - T_2}{T_1} > 0$$

3) 温度从 T_1 到 T_P

继续降温，从温度 T_1 到 T_P，平衡液相组成沿 AM_1 连线的延长线向共熔线 E_1F 上的 P 点移动。析晶过程可以描述如下。

在温度 T_{i-1}，液固两相达成平衡，液相组成为 l_{i-1}，有

$$(A)_{l_{i-1}} \equiv\equiv (A)_{饱} \rightleftharpoons A(s)$$

温度降到 T_i。在温度刚降到 T_i，尚无固相组元 A 析出时，液相组成未变，但已由组元 A 的饱和溶液 l_{i-1} 变成组元 A 的过饱和溶液 l'_{i-1}，析出固相组元 A，有

$$(A)_{l'_{i-1}} \equiv\equiv (A)_{过饱} = A(s)$$

达到平衡时，有

$$(A)_{l_i} \equiv\equiv (A)_{饱} \rightleftharpoons A(s)$$

$$(i = 1, 2, \cdots, n)$$

式中，l'_{i-1} 和 l_i 分别为在温度 T_{i-1} 和 T_i 时的液相组成，

$$T_{i-1} > T_i$$

以纯固态组元 A 为标准状态，浓度以摩尔分数表示，析晶过程的摩尔吉布斯自由能变化为

$$\begin{aligned}\Delta G_{\mathrm{m},A} &= \mu_{A(\mathrm{s})} - \mu_{(A)_{\text{过饱}}} = \mu_{A(\mathrm{s})} - \mu_{(A)_{l'_{i-1}}} \\ &= -RT\ln a^{\mathrm{R}}_{(A)_{\text{过饱}}} = -RT\ln a^{\mathrm{R}}_{(A)_{l'_{i-1}}}\end{aligned} \tag{8.336}$$

或

$$\Delta G_{\mathrm{m},A}(T_i) = \frac{\theta_{A,T_i}\Delta H_{\mathrm{m},A}(T_{i-1})}{T_{i-1}} = \eta_{A,T_i}\Delta H_{\mathrm{m},A}(T_{i-1}) \tag{8.337}$$

式中，

$$T_{i-1} > T_i$$

$$\theta_{A,T_i} = T_{i-1} - T_i > 0$$

$$\eta_{A,T_i} = \frac{T_{i-1} - T_i}{T_{i-1}} > 0$$

在温度 T_{P-1}，液固两相达成平衡，有

$$(A)_{l_{P-1}} \equiv\!\equiv (A)_{\text{饱}} \rightleftharpoons A(\mathrm{s})$$

温度降到 T_P，平衡液相组成为 l_P。温度刚降到 T_P，尚无固相组元 A 析出时，在温度 T_{P-1} 时的平衡液相 l_{P-1} 成为组元 A 的过饱和溶液 l'_{P-1}，析出固相组元 A，有

$$(A)_{l'_{P-1}} \equiv\!\equiv (A)_{\text{过饱}} = A(\mathrm{s})$$

达到平衡有

$$(A)_{l_P} \equiv\!\equiv (A)_{\text{饱}} \rightleftharpoons A(\mathrm{s})$$

此时，组元 B 也达到饱和，有

$$(B)_{l_P} \equiv\!\equiv (B)_{\text{饱}} \rightleftharpoons B(\mathrm{s})$$

三相平衡共存。

以纯固态组元 A 为标准状态，浓度以摩尔分数表示，析晶过程的摩尔吉布斯自由能变化为

$$\begin{aligned}\Delta G_{\mathrm{m},A} &= \mu_{A(\mathrm{s})} - \mu_{(A)_{\text{过饱}}} = \mu_{A(\mathrm{s})} - \mu_{(A)_{l'_{P-1}}} \\ &= -RT\ln a^{\mathrm{R}}_{(A)_{\text{过饱}}} = -RT\ln a^{\mathrm{R}}_{(A)_{l'_{P-1}}}\end{aligned} \tag{8.338}$$

或

$$\Delta G_{\mathrm{m},A}(T_P) = \frac{\theta_{A,T_P}\Delta H_{\mathrm{m},A}(T_{P-1})}{T_{P-1}} = \eta_{A,T_P}\Delta H_{\mathrm{m},A}(T_{P-1}) \tag{8.339}$$

式中，

$$T_{P-1} > T_P$$

$$\theta_{A,T_P} = T_{P-1} - T_P > 0$$

$$\eta_{A,T_P} = \frac{T_{P-1} - T_P}{T_{P-1}} > 0$$

4) 温度从 T_P 到 T_F

继续降温，从温度 T_P 到 T_F，平衡液相组成沿共熔线 PF 向 F 点移动。析晶过程描述如下。

在温度 T_{j-1}，液固两相达成平衡，有

$$(A)_{l_{j-1}} \equiv\!\equiv (A)_{饱} \rightleftharpoons A\,(\mathrm{s})$$

$$(B)_{l_{j-1}} \equiv\!\equiv (B)_{饱} \rightleftharpoons B\,(\mathrm{s})$$

温度降到 T_j。在温度刚降到 T_j，尚无固相组元 A 和 B 析出时，液相组成不变，但已由组元 A 和 B 的饱和溶液 l_{j-1} 变成组元 A 和 B 的过饱和溶液 l'_{j-1}，析出固相组元 A 和 B，有

$$(A)_{l'_{j-1}} \equiv\!\equiv (A)_{过饱} = A\,(\mathrm{s})$$

$$(B)_{l'_{j-1}} \equiv\!\equiv (B)_{过饱} = B\,(\mathrm{s})$$

达到平衡时，有

$$(A)_{l_j} \equiv\!\equiv (A)_{饱} \rightleftharpoons A\,(\mathrm{s})$$

$$(B)_{l_j} \equiv\!\equiv (B)_{饱} \rightleftharpoons B\,(\mathrm{s})$$

$$(j = 1, 2, \cdots, n)$$

$$T_{j-1} > T_j$$

以纯固态组元 A 和 B 为标准状态，浓度以摩尔分数表示，摩尔吉布斯自由能变化为

$$\begin{aligned}\Delta G_{\mathrm{m},A} &= \mu_{A(\mathrm{s})} - \mu_{(A)_{过饱}} = \mu_{A(\mathrm{s})} - \mu_{(A)_{l'_{j-1}}} \\ &= -RT\ln a^{\mathrm{R}}_{(A)_{过饱}} = -RT\ln a^{\mathrm{R}}_{(A)_{l'_{j-1}}}\end{aligned} \tag{8.340}$$

$$\begin{aligned}\Delta G_{\mathrm{m},B} &= \mu_{B(\mathrm{s})} - \mu_{(B)_{过饱}} = \mu_{B(\mathrm{s})} - \mu_{(B)_{l'_{j-1}}} \\ &= -RT\ln a^{\mathrm{R}}_{(B)_{过饱}} = -RT\ln a^{\mathrm{R}}_{(B)_{l'_{j-1}}}\end{aligned} \tag{8.341}$$

或者

$$\Delta G_{\mathrm{m},A}(T_j)=\frac{\theta_{A,T_j}\Delta H_{\mathrm{m},A}(T_{j-1})}{T_{j-1}}=\eta_{A,T_j}\Delta H_{\mathrm{m},A}(T_{j-1}) \tag{8.342}$$

$$\Delta G_{\mathrm{m},B}(T_j)=\frac{\theta_{B,T_j}\Delta H_{\mathrm{m},B}(T_{j-1})}{T_{j-1}}=\eta_{B,T_j}\Delta H_{\mathrm{m},B}(T_{j-1}) \tag{8.343}$$

式中，

$$\theta_{J,T_j}=T_{j-1}-T_j$$

$$\eta_{J,T_j}=\frac{T_{j-1}-T_j}{T_{j-1}}$$

$$(J=A,B)$$

在温度 T_{F-1}，液固两相达成平衡，有

$$(A)_{l_{F-1}} =\!=\!= (A)_{饱} \rightleftharpoons A(\mathrm{s})$$

$$(B)_{l_{F-1}} =\!=\!= (B)_{饱} \rightleftharpoons B(\mathrm{s})$$

继续降温到 T_F，平衡液相组成为 l_F。在温度刚降到 T_F 尚无固相组元 A 析出时，液相组成未变，但已由温度 T_{F-1} 的组元 A 和 B 的饱和溶液 l_{F-1} 变成组元 A 和 B 的过饱和溶液 l'_{F-1}，析出固相组元 A 和 B，有

$$(A)_{l'_{F-1}} =\!=\!= (A)_{过饱} =\!=\!= A(\mathrm{s})$$

$$(B)_{l'_{F-1}} =\!=\!= (B)_{过饱} =\!=\!= B(\mathrm{s})$$

以纯固态组元 A、B 为标准状态，浓度以摩尔分数表示，析晶过程的摩尔吉布斯自由能变化为

$$\begin{aligned}\Delta G_{\mathrm{m},A}&=\mu_{A(\mathrm{s})}-\mu_{(A)_{过饱}}=\mu_{A(\mathrm{s})}-\mu_{(A)_{l'_{F-1}}}\\&=-RT\ln a^{\mathrm{R}}_{(A)_{过饱}}=-RT\ln a^{\mathrm{R}}_{(A)_{l'_{F-1}}}\end{aligned} \tag{8.344}$$

$$\begin{aligned}\Delta G_{\mathrm{m},B}&=\mu_{B(\mathrm{s})}-\mu_{(B)_{过饱}}=\mu_{B(\mathrm{s})}-\mu_{(B)_{l'_{F-1}}}\\&=-RT\ln a^{\mathrm{R}}_{(B)_{过饱}}=-RT\ln a^{\mathrm{R}}_{(B)_{l'_{F-1}}}\end{aligned} \tag{8.345}$$

或

$$\Delta G_{\mathrm{m},A}(T_F)=\frac{\theta_{A,T_F}\Delta H_{\mathrm{m},A}(T_{F-1})}{T_{F-1}}=\eta_{A,T_F}\Delta H_{\mathrm{m},A}(T_{F-1}) \tag{8.346}$$

$$\Delta G_{\mathrm{m},B}(T_F)=\frac{\theta_{B,T_F}\Delta H_{\mathrm{m},B}(T_{F-1})}{T_{F-1}}=\eta_{B,T_F}\Delta H_{\mathrm{m},B}(T_{F-1}) \tag{8.347}$$

式中，

$$T_{F-1} > T_F$$

$$\theta_{J,T_F} = T_{F-1} - T_F > 0$$

$$\eta_{J,T_F} = \frac{T_{F-1} - T_F}{T_{F-1}} > 0$$

符号意义同前。

达到平衡时，有

$$(A)_{l_F} \equiv\!\equiv (A)_{饱} \rightleftharpoons A(\mathrm{s})$$

$$(B)_{l_F} \equiv\!\equiv (B)_{饱} \rightleftharpoons B(\mathrm{s})$$

$$(A_mB_n)_{l_F} \rightleftharpoons A_mB_n(\mathrm{s})$$

及

$$mA(\mathrm{s}) + nB(\mathrm{s}) \rightleftharpoons A_mB_n(\mathrm{s})$$

四相平衡共存。

降低温度到 T_{F+1}，液相 l_F 组成未变，但已由组元 A、B、D 的饱和溶液 l_F 变成组元 A、B、D 的过饱和溶液 l'_F，析出组元 A、B 和 D，有

$$(A)_{l'_F} \equiv\!\equiv (A)_{过饱} = A(\mathrm{s})$$

$$(B)_{l'_F} \equiv\!\equiv (B)_{过饱} = B(\mathrm{s})$$

$$(A_mB_n)_{l'_F} \equiv\!\equiv (A_mB_n)_{过饱} = A_mB_n(\mathrm{s})$$

并发生化合反应，有

$$mA(\mathrm{s}) + nB(\mathrm{s}) = A_mB_n(\mathrm{s})$$

直到固相组元 B 消耗净。以纯固态组元 A、B、A_mB_n 为标准状态，浓度以摩尔分数表示，摩尔吉布斯自由能变化为

$$\Delta G_{\mathrm{m},A} = -RT\ln a^{\mathrm{R}}_{(A)_{l'_F}} = -RT\ln a^{\mathrm{R}}_{(A)_{过饱}}$$

$$\Delta G_{\mathrm{m},B} = -RT\ln a^{\mathrm{R}}_{(B)_{l'_F}} = -RT\ln a^{\mathrm{R}}_{(B)_{过饱}}$$

$$\Delta G_{\mathrm{m},A_mB_n} = -RT\ln a^{\mathrm{R}}_{(A_mB_n)_{l'_F}} = -RT\ln a^{\mathrm{R}}_{(A_mB_n)_{过饱}}$$

$$\Delta G_{\mathrm{m},D} = \Delta G^{\theta}_{\mathrm{m},D} = G^*_{\mathrm{m},D} - mG^*_{\mathrm{m},A} - nG^*_{\mathrm{m},B} = \Delta_{\mathrm{f}}G^*_{\mathrm{m},D} \tag{8.348}$$

继续降温，从温度 T_F 到 T_N，平衡液相组成沿共熔线 FE_5 从 F 点向 N 点移动。FN 线为不一致熔融线，发生析晶和转熔反应。描述如下。

在温度 T_{f-1}，平衡液相组成为 FN 线上的点 $f-1$，以 l_{f-1} 表示。有

$$(A)_{l_{f-1}} = (A)_{饱} \rightleftharpoons A(\mathrm{s})$$

$$(A_mB_n)_{l_{f-1}} = (A_mB_n)_{饱} \rightleftharpoons A_mB_n(\mathrm{s})$$

$$mA(\mathrm{s}) + n(B)_{l_{f-1}} \rightleftharpoons A_mB_n(\mathrm{s})$$

温度降到 T_f，平衡液相组成为 FN 线上的 f 点，以 l_f 表示。温度刚降到 T_f，液相组成未变，但已由组元 A 和 A_mB_n 的饱和溶液 l_{f-1}，变成组元 A 和 A_mB_n 的过饱和溶液 l'_{f-1}，析出组元 A 和 A_mB_n，平衡的转熔反应也不平衡了。有

$$(A)_{l'_{f-1}} = (A)_{过饱} = A(\mathrm{s})$$

$$(A_mB_n)_{l'_{f-1}} = (A_mB_n)_{过饱} = A_mB_n(\mathrm{s})$$

及

$$mA(\mathrm{s}) + n(B)_{l'_{f-1}} = A_mB_n(\mathrm{s})$$

以纯固态组元 A、B 和 A_mB_n 为标准状态，浓度以摩尔分数表示，摩尔吉布斯自由能变化为

$$\Delta G_{\mathrm{m},A} = -RT\ln a^{\mathrm{R}}_{(A)_{l'_{f-1}}}$$

$$\Delta G_{\mathrm{m},A_mB_n} = -RT\ln a^{\mathrm{R}}_{(A_mB_n)_{l'_{f-1}}}$$

$$\Delta G_{\mathrm{m},D} = G_{\mathrm{m},D} - mG_{\mathrm{m},A} - n\mu_B = \Delta G^{\theta}_{\mathrm{m},D} + RT\ln\frac{1}{\left(a^{\mathrm{R}}_{(B)_{l'_{f-1}}}\right)^n} \tag{8.349}$$

式中，

$$\Delta G^{\theta}_{\mathrm{m},D} = G^*_{\mathrm{m},D} - mG^*_{\mathrm{m},A} - n\mu^*_B = \Delta_{\mathrm{f}}G^*_{\mathrm{m},D}$$

为化合物 A_mB_n 的标准摩尔吉布斯自由能。
所以

$$\Delta G_{\mathrm{m},D} = \Delta_{\mathrm{f}}G^*_{\mathrm{m},D} - nRT\ln a^{\mathrm{R}}_{(B)_{l_F}} \tag{8.350}$$

5) 温度从 T_N 到 T_{E_5}

在温度 T_{N+1} 转熔反应进行完，有

$$(A)_{l_N} = (A)_{饱} \rightleftharpoons A(\mathrm{s})$$

$$(A_mB_n)_{l_N} = (A_mB_n)_{饱} \rightleftharpoons A_mB_n(\mathrm{s})$$

继续降温，从温度 T_N 到 T_{E_5}，平衡液相组成沿共熔线 FE_5 从 N 点向 E_5 点移动。NE_5 线为一致熔融线，析出固相组元 A 和 A_mB_n，有

$$L\,(\mathrm{l}) \rightleftharpoons A\,(\mathrm{s}) + A_mB_n\,(\mathrm{s})$$

描述如下。在温度 T_{k-1}，液固两相达成平衡，有

$$(A)_{l_{k-1}} \equiv (A)_{\text{饱}} \rightleftharpoons A\,(\mathrm{s})$$

$$(A_mB_n)_{l_{k-1}} \equiv (A_mB_n)_{\text{饱}} \rightleftharpoons A_mB_n\,(\mathrm{s})$$

温度降到 T_k。温度刚降到 T_k，尚无固相组元 A 和 A_mB_n 析出时，液相组成未变，但已由组元 A_mB_n 和 B 的饱和溶液变成组元 A 和 A_mB_n 的过饱和溶液，析出固相 A 和 A_mB_n，有

$$(A)_{l'_{k-1}} \equiv (A)_{\text{过饱}} = A\,(\mathrm{s})$$

$$(A_mB_n)_{l'_{k-1}} \equiv (A_mB_n)_{\text{过饱}} = A_mB_n\,(\mathrm{s})$$

达到平衡时，有

$$(A)_{l_k} \equiv (A)_{\text{饱}} \rightleftharpoons A\,(\mathrm{s})$$

$$(A_mB_n)_{l_k} \equiv (A_mB_n)_{\text{饱}} \rightleftharpoons A_mB_n\,(\mathrm{s})$$

以纯固态组元 A 和 A_mB_n 为标准状态，浓度以摩尔分数表示，摩尔吉布斯自由能变化为

$$\begin{aligned}\Delta G_{\mathrm{m},A} &= \mu_{A(\mathrm{s})} - \mu_{(A)_{\text{过饱}}} = \mu_{A(\mathrm{s})} - \mu_{(A)_{l'_{k-1}}} \\ &= -RT\ln a^{\mathrm{R}}_{(A)_{\text{过饱}}} = -RT\ln a^{\mathrm{R}}_{(A)_{l'_{k-1}}}\end{aligned} \tag{8.351}$$

$$\begin{aligned}\Delta G_{\mathrm{m},D} &= \mu_{D(\mathrm{s})} - \mu_{(D)_{\text{过饱}}} = \mu_{D(\mathrm{s})} - \mu_{(D)_{l'_{k-1}}} \\ &= -RT\ln a^{\mathrm{R}}_{(D)_{\text{过饱}}} = -RT\ln a^{\mathrm{R}}_{(D)_{l'_{k-1}}}\end{aligned} \tag{8.352}$$

或

$$\Delta G_{\mathrm{m},A}\,(T_k) = \frac{\theta_{A,T_k}\Delta H_{\mathrm{m},A}\,(T_{k-1})}{T_{k-1}} = \eta_{A,T_k}\Delta H_{\mathrm{m},A}\,(T_{k-1}) \tag{8.353}$$

$$\Delta G_{\mathrm{m},D}\,(T_k) = \frac{\theta_{D,T_k}\Delta H_{\mathrm{m},D}\,(T_{k-1})}{T_{k-1}} = \eta_{D,T_k}\Delta H_{\mathrm{m},D}\,(T_{k-1}) \tag{8.354}$$

式中，

$$T_{k-1} > T_k$$

$$\theta_{J,T_k} = T_{k-1} - T_k > 0$$

$$\eta_{J,T_k} = \frac{T_{k-1} - T_k}{T_{k-1}} > 0$$

$$(J = A, D)$$

继续降温到 T_{E_5}。当温度刚降到 T_{E_5} 时，在温度 $T_{E_5'}$ 时的平衡液相 $l_{E_5'}$ 成为组元 A 和 A_mB_n 的过饱和溶液，析出固相组元 A 和 A_mB_n，即

$$(A)_{l_{E_5'}} \equiv\!\equiv (A)_{过饱} \!=\!=\! A(s)$$

$$(A_mB_n)_{l_{E_5'}} \equiv\!\equiv (A_mB_n)_{过饱} \!=\!=\! A_mB_n(s)$$

达到平衡时，有

$$(A)_{E_5(l)} \equiv\!\equiv (A)_{饱} \rightleftharpoons A(s)$$

$$(A_mB_n)_{E_5(l)} \equiv\!\equiv (A_mB_n)_{饱} \rightleftharpoons A_mB_n(s)$$

组元 C 也达到饱和，有

$$(C)_{(l)} \equiv\!\equiv (C)_{饱} \rightleftharpoons C(s)$$

以纯固态组元 A 和 A_mB_n 为标准状态，浓度以摩尔分数表示，摩尔吉布斯自由能变化为

$$\begin{aligned}\Delta G_{m,A} &= \mu_{A(s)} - \mu_{(A)_{过饱}} = \mu_{A(s)} - \mu_{(A)_{l'_{E_5'}}} \\ &= -RT\ln a^{R}_{(A)_{过饱}} = -RT\ln a^{R}_{(A)_{l'_{E_5'}}}\end{aligned} \tag{8.355}$$

$$\begin{aligned}\Delta G_{m,D} &= \mu_{D(s)} - \mu_{(D)_{过饱}} = \mu_{D(s)} - \mu_{(D)_{l'_{E_5'}}} \\ &= -RT\ln a^{R}_{(D)_{过饱}} = -RT\ln a^{R}_{(D)_{l'_{E_5'}}}\end{aligned} \tag{8.356}$$

或

$$\begin{aligned}\Delta G_{m,A}(T_{E_5}) &= \frac{\theta_{A,T_{E_5}} \Delta H_{m,A}(T_{E_5'})}{(T_{E_5'})} \\ &= \eta_{A,T_{E_5}} \Delta H_{m,A}(T_{E_5'})\end{aligned}$$

$$\begin{aligned}\Delta G_{m,D}(T_{E_5}) &= \frac{\theta_{D,T_{E_5}} \Delta H_{m,D}(T_{E_5'})}{(T_{E_5'})} \\ &= \eta_{D,T_{E_5}} \Delta H_{m,D}(T_{E_5'})\end{aligned}$$

式中，

$$T_{E_5'} > T_{E_5}$$

$$\theta_{J,T_{E_5}} = T_{E_5'} - T_{E_5}$$

$$\eta_{J,T_{E_5}} = \frac{T_{E_5'} - T_{E_5}}{T_{E_5'}}$$

在温度 T_{E_5} 和恒压条件下，四相平衡共存，即

$$E_5(\mathrm{l}) \rightleftharpoons A\,(\mathrm{s}) + D\,(\mathrm{s}) + C\,(\mathrm{s})$$

$E_5(l)$ 是组元 A、A_mB_n 和 C 的饱和溶液。继续析晶。此过程是在恒温恒压条件下，平衡状态进行的。摩尔吉布斯自由能变化为零，即

$$\Delta G_{\mathrm{m},A} = 0$$

$$\Delta G_{\mathrm{m},D} = 0$$

$$\Delta G_{\mathrm{m},C} = 0$$

6) 温度降到 T_{E_5} 以下

温度降到 T_{E_5} 以下，如果上述的反应没有进行完，就会继续进行，是在非平衡状态进行。描述如下。

温度降至 T_h。在温度 T_h，液相组元 A、D、C 的平衡液相分别为 l_h、q_h、g_h。温度刚降至 T_h，还未来得及析出固相组元 A、D、C 时，溶液 $E\,(\mathrm{l})$ 的组成未变，但已由组元 A、D、C 的饱和溶液 $E\,(\mathrm{l})$ 变成过饱和溶液 $E_h\,(\mathrm{l})$。

(1) 组元 A、D、C 同时析出，有

$$E_h\,(\mathrm{l}) = A\,(\mathrm{s}) + D\,(\mathrm{s}) + C\,(\mathrm{s})$$

即

$$(A)_{过饱} \equiv (A)_{E_h(\mathrm{l})} = A\,(\mathrm{s})$$

$$(D)_{过饱} \equiv (D)_{E_h(\mathrm{l})} = D\,(\mathrm{s})$$

$$(C)_{过饱} \equiv (C)_{E_h(\mathrm{l})} = C\,(\mathrm{s})$$

如果组元 A、D、C 同时析出，可以保持 $E_h\,(\mathrm{l})$ 组成不变，析出的组元 A、D、C 均匀混合。以纯固态组元 A、D、C 为标准状态，浓度以摩尔分数表示，析晶过程的摩尔吉布斯自由能变化为

$$\begin{aligned}\Delta G_{\mathrm{m},A} &= \mu_{A(\mathrm{s})} - \mu_{(A)_{过饱}} \\ &= \mu_{A(\mathrm{s})} - \mu_{(A)_{E_h(\mathrm{l})}} \\ &= -RT\ln a^{\mathrm{R}}_{(A)_{过饱}} = -RT\ln a^{\mathrm{R}}_{(A)_{E_h(\mathrm{l})}}\end{aligned} \tag{8.357}$$

$$\Delta G_{\mathrm{m},D} = \mu_{DB(\mathrm{s})} - \mu_{(D)_{过饱}}$$

$$\begin{aligned}&= \mu_{D(\mathrm{s})} - \mu_{(D)_{E_h(\mathrm{l})}} \\ &= -RT\ln a^{\mathrm{R}}_{(D)_{\text{过饱}}} = -RT\ln a^{\mathrm{R}}_{(D)_{E_h(\mathrm{l})}}\end{aligned} \tag{8.358}$$

$$\begin{aligned}\Delta G_{\mathrm{m},C} &= \mu_{C(\mathrm{s})} - \mu_{(C)_{\text{过饱}}} \\ &= \mu_{C(\mathrm{s})} - \mu_{(C)_{E_h(\mathrm{l})}} \\ &= -RT\ln a^{\mathrm{R}}_{(C)_{\text{过饱}}} = -RT\ln a^{\mathrm{R}}_{(C)_{E_h(\mathrm{l})}}\end{aligned} \tag{8.359}$$

$$\Delta G_{\mathrm{m},A}(T_h) = \frac{\theta_{A,T_h}\Delta H_{\mathrm{m},A}(T_E)}{T_E} = \eta_{A,T_h}\Delta H_{\mathrm{m},A}(T_E)$$

$$\Delta G_{\mathrm{m},D}(T_h) = \frac{\theta_{D,T_h}\Delta H_{\mathrm{m},D}(T_E)}{T_E} = \eta_{D,T_h}\Delta H_{\mathrm{m},D}(T_E)$$

$$\Delta G_{\mathrm{m},C}(T_h) = \frac{\theta_{C,T_h}\Delta H_{\mathrm{m},C}(T_E)}{T_E} = \eta_{C,T_h}\Delta H_{\mathrm{m},C}(T_E)$$

式中，

$$\theta_{J,T_h} = T_E - T_h$$

$$\eta_{J,T_h} = \frac{T_E - T_h}{T_E}$$

$$(J = A、D、C)$$

$$\Delta H_{\mathrm{m},A}(T_E) = H_{\mathrm{m},A(\mathrm{s})}(T_E) - \bar{H}_{\mathrm{m},(A)_{E_5(\mathrm{l})}}(T_E)$$

$$\Delta H_{\mathrm{m},D}(T_E) = H_{\mathrm{m},D(\mathrm{s})}(T_E) - \bar{H}_{\mathrm{m},(D)_{E_5(\mathrm{l})}}(T_E)$$

$$\Delta H_{\mathrm{m},C}(T_E) = H_{\mathrm{m},C(\mathrm{s})}(T_E) - \bar{H}_{\mathrm{m},(C)_{E_5(\mathrm{l})}}(T_E)$$

(2) 组元 A、D、C 依次析出，即先析出组元 A，再析出组元 D，然后析出组元 C。

如果组元 A 先析出，有

$$(A)_{\text{过饱}} \equiv (A)_{E_h(\mathrm{l})} = A(\mathrm{s})$$

随着组元 A 的析出，组元 D 和 C 的过饱和程度增大，溶液的组成偏离共晶点 $E(\mathrm{l})$，向组元 A 的平衡相 l_h 靠近，以 l'_h 表示，达到一定程度后，组元 D 会析出，可以表示为

$$(D)_{\text{过饱}} \equiv (D)_{l'_h} = D(\mathrm{s})$$

随着组元 A 和 D 的析出，组元 C 的过饱和程度增大，溶液的组成又向组元 D 的平衡相 q_h 靠近，以 $l'_h q'_h$ 表示，达到一定程度后，组元 C 析出，可以表示为

$$(C)_{\text{过饱}} \equiv (C)_{l'_h q'_h} = C(\mathrm{s})$$

随着组元 D、C 的析出，组元 A 的过饱和程度增大，溶液的组成向组元 C 的平衡相 g_h 靠近，以 $q_h'g_h'$ 表示。达到一定程度后，组元 A 又析出，有

$$q_h'g_h' = A(\mathrm{s})$$

即

$$(A)_{过饱} \equiv (A)_{q_h'g_h'} = A(\mathrm{s})$$

就这样，组元 A、D、C 交替析出。直到降温，重复上述过程，一直进行到溶液 $E(\mathrm{l})$ 完全转化为固相组元 A、D、C。

以纯固态组元 A、D、C 为标准状态，浓度以摩尔分数表示，析晶过程的摩尔吉布斯自由能变化为

$$\begin{aligned}\Delta G_{\mathrm{m},A} &= \mu_{A(\mathrm{s})} - \mu_{(A)_{过饱}} \\ &= \mu_{A(\mathrm{s})} - \mu_{(A)_{E_h(\mathrm{l})}} \\ &= -RT\ln a^{\mathrm{R}}_{(A)_{过饱}} = -RT\ln a^{\mathrm{R}}_{(A)_{E_h(\mathrm{l})}}\end{aligned} \tag{8.360}$$

$$\begin{aligned}\Delta G_{\mathrm{m},D} &= \mu_{D(\mathrm{s})} - \mu_{(D)_{过饱}} \\ &= \mu_{D(\mathrm{s})} - \mu_{(D)_{l_h'}} \\ &= -RT\ln a^{\mathrm{R}}_{(D)_{过饱}} = -RT\ln a^{\mathrm{R}}_{(D)_{l_h'}}\end{aligned} \tag{8.361}$$

$$\begin{aligned}\Delta G_{\mathrm{m},C} &= \mu_{C(\mathrm{s})} - \mu_{(C)_{过饱}} \\ &= \mu_{C(\mathrm{s})} - \mu_{(C)_{q_h'}} \\ &= -RT\ln a^{\mathrm{R}}_{(C)_{过饱}} = -RT\ln a^{\mathrm{R}}_{(C)_{l_h'q_h'}}\end{aligned} \tag{8.362}$$

再析出组元 A

$$\begin{aligned}\Delta G_{\mathrm{m},A} &= \mu_{C(\mathrm{s})} - \mu_{(A)_{过饱}} \\ &= \mu_{A(\mathrm{s})} - \mu_{(A)_{q_h'g_h'}} \\ &= -RT\ln a^{\mathrm{R}}_{(A)_{过饱}} = -RT\ln a^{\mathrm{R}}_{(A)_{q_h'g_h'}}\end{aligned}$$

或者

$$\Delta G_{\mathrm{m},A}(T_h) = \frac{\theta_{A,T_h}\Delta H_{\mathrm{m},A}(T_E)}{T_E} = \eta_{A,T_h}\Delta H_{\mathrm{m},A}(T_E)$$

$$\Delta G_{\mathrm{m},D}(T_h) = \frac{\theta_{D,T_h}\Delta H_{\mathrm{m},D}(T_E)}{T_E} = \eta_{D,T_h}\Delta H_{\mathrm{m},D}(T_E)$$

$$\Delta G_{\mathrm{m},C}(T_h) = \frac{\theta_{C,T_h}\Delta H_{\mathrm{m},C}(T_E)}{T_E} = \eta_{C,T_h}\Delta H_{\mathrm{m},C}(T_E)$$

式中

$$\Delta H_{\mathrm{m},A}(T_E) = H_{\mathrm{m},A(\mathrm{s})}(T_E) - \bar{H}_{\mathrm{m},(A)_{E(1)}}(T_E)$$

$$\Delta H_{\mathrm{m},D}(T_E) = H_{\mathrm{m},D(\mathrm{s})}(T_E) - \bar{H}_{\mathrm{m},(D)_{E(1)}}(T_E)$$

$$\Delta H_{\mathrm{m},C}(T_E) = H_{\mathrm{m},C(\mathrm{s})}(T_E) - \bar{H}_{\mathrm{m},(C)_{E(1)}}(T_E)$$

(3) 组元 A 先析出，然后组元 D、C 同时析出

可以表示为

$$(A)_{过饱} \equiv (A)_{E_h(1)} = A(\mathrm{s})$$

随着组元 A 的析出，组元 D、C 的过饱和程度增大，溶液组成偏离 $E_h(1)$，向组元 A 的平衡液相 l_h 靠近，以 l'_h 表示。达到一定程度后，组元 D、C 同时析出，有

$$(D)_{过饱} \equiv (D)_{l'_h} = D(\mathrm{s})$$

$$(C)_{过饱} \equiv (C)_{l'_h} = C(\mathrm{s})$$

随着组元 D、C 的析出，组元 A 的过饱和程度增大，溶液组成向组元 D 和 C 的平衡相 q_h 和 g_h 靠近，以 $q'_h g'_h$ 表示。达到一定程度，组元 A 又析出。可以表示为

$$(A)_{过饱} \equiv (A)_{q'_h g'_h} = A(\mathrm{s})$$

组元 A 和组元 D、C 交替析出，析出的组元 A 单独存在，组元 D 和组元 C 聚在一起。

如此循环，直到降温，重复上述过程，一直进行到溶液 $E_h(1)$ 完全变成固相组元 A、D、C。

以纯固态组元 A、D、C 为标准状态，浓度以摩尔分数表示，析晶过程的摩尔吉布斯自由能变化为

$$\begin{aligned}\Delta G_{\mathrm{m},A} &= \mu_{A(\mathrm{s})} - \mu_{(A)_{过饱}} \\ &= \mu_{A(\mathrm{s})} - \mu_{(A)_{E_h(1)}} \\ &= -RT\ln a^{\mathrm{R}}_{(A)_{过饱}} = -RT\ln a^{\mathrm{R}}_{(A)_{E_h(1)}}\end{aligned}$$

$$\begin{aligned}\Delta G_{\mathrm{m},D} &= \mu_{D(\mathrm{s})} - \mu_{(D)_{过饱}} \\ &= \mu_{D(\mathrm{s})} - \mu_{(D)_{l'_h}} \\ &= -RT\ln a^{\mathrm{R}}_{(D)_{过饱}} = -RT\ln a^{\mathrm{R}}_{(D)_{l'_h}}\end{aligned}$$

$$\Delta G_{\mathrm{m},C} = \mu_{C(\mathrm{s})} - \mu_{(C)_{过饱}}$$

$$
\begin{aligned}
&= \mu_{C(\mathrm{s})} - \mu_{(C)_{l_h'}} \\
&= -RT\ln a^{\mathrm{R}}_{(C)_{过饱}} = -RT\ln a^{\mathrm{R}}_{(C)_{l_h'}}
\end{aligned}
$$

$$
\begin{aligned}
\Delta G'_{\mathrm{m},A} &= \mu_{A(\mathrm{s})} - \mu_{(A)_{过饱}} \\
&= \mu_{A(\mathrm{s})} - \mu_{(A)_{q_h' g_h'}} \\
&= -RT\ln a^{\mathrm{R}}_{(A)_{过饱}} = -RT\ln a^{\mathrm{R}}_{(A)_{q_h' g_h'}}
\end{aligned}
$$

或者

$$
\Delta G_{\mathrm{m},A}(T_h) = \frac{\theta_{A,T_h}\Delta H_{\mathrm{m},A}(T_E)}{T_E} = \eta_{A,T_h}\Delta H_{\mathrm{m},A}(T_E)
$$

$$
\Delta G_{\mathrm{m},D}(T_h) = \frac{\theta_{D,T_h}\Delta H_{\mathrm{m},D}(T_E)}{T_E} = \eta_{D,T_h}\Delta H_{\mathrm{m},D}(T_E)
$$

$$
\Delta G_{\mathrm{m},C}(T_h) = \frac{\theta_{C,T_h}\Delta H_{\mathrm{m},C}(T_E)}{T_E} = \eta_{C,T_h}\Delta H_{\mathrm{m},C}(T_E)
$$

$$
\Delta G'_{\mathrm{m},A}(T_{\mathrm{h}}) = \frac{\theta_{A,T_h}\Delta H'_{\mathrm{m},A}(T_E)}{T_E} = \eta_{A,T_h}\Delta H'_{\mathrm{m},A}(T_E)
$$

式中

$$
\Delta H_{\mathrm{m},A}(T_E) = H_{\mathrm{m},A(\mathrm{s})}(T_E) - \bar{H}_{\mathrm{m},(A)_{E(l)}}(T_E)
$$

$$
\Delta H_{\mathrm{m},D}(T_E) = H_{\mathrm{m},D(\mathrm{s})}(T_E) - \bar{H}_{\mathrm{m},(D)_{E(l)}}(T_E)
$$

$$
\Delta H_{\mathrm{m},C}(T_E) = H_{\mathrm{m},C(\mathrm{s})}(T_E) - \bar{H}_{\mathrm{m},(C)_{E(l)}}(T_E)
$$

$$
\Delta H'_{\mathrm{m},A}(T_E) = H_{\mathrm{m},A(\mathrm{s})}(T_E) - \bar{H}_{\mathrm{m},(A)_{E(l)}}(T_E)
$$

(4) 组元 A 和组元 D 先同时析出，然后析出组元 C

可以表示为

$$
(A)_{过饱} \equiv (A)_{E_h(\mathrm{l})} = A(\mathrm{s})
$$

$$
(D)_{过饱} \equiv (D)_{E_h(\mathrm{l})} = D(\mathrm{s})
$$

随着组元 A、D 的析出，组元 C 的过饱和程度增大，溶液组成偏离 $E_h(\mathrm{l})$，向组元 A 和组元 D 的平衡相 l_h 和 q_h 靠近，以 $l_h'q_h'$ 表示。达到一定程度，有

$$
(C)_{过饱} \equiv (C)_{l_h' q_h'} = C(\mathrm{s})
$$

随着组元 C 的析出，组元 A、D 的过饱和程度增大，固溶体组成向组元 C 的平衡相 g_h 靠近，以 g_h' 表示，达到一定程度后，组元 A、D 又析出。可以表示为

$$
(A)_{过饱} \equiv (A)_{g_h'} = A(\mathrm{s})
$$

$$(D)_{过饱} \mathrel{=\!=\!=} (D)_{g'_h} \mathrel{=\!=\!=} D(\mathrm{s})$$

组元 A、D 和 C 交替析出。析出的组元 A、D 聚在一起，组元 C 单独存在。如此循环，直到降温，重复上述过程，一直进行到溶液 $E(\mathrm{l})$ 完全转变为固相组元 A、D、C。

固相组元 A、D、C 和溶液中的组元 A、D、C 都以纯固态为标准状态，浓度以摩尔分数表示。

上述过程中的摩尔吉布斯自由能变化为

$$\begin{aligned}\Delta G_{\mathrm{m},A} &= \mu_{A(\mathrm{s})} - \mu_{(A)_{过饱}} \\ &= \mu_{A(\mathrm{s})} - \mu_{(A)_{E_h(\mathrm{l})}} \\ &= -RT\ln a^{\mathrm{R}}_{(A)_{过饱}} = -RT\ln a^{\mathrm{R}}_{(A)_{E_h(\mathrm{l})}}\end{aligned}$$

$$\begin{aligned}\Delta G_{\mathrm{m},D} &= \mu_{D(\mathrm{s})} - \mu_{(D)_{过饱}} \\ &= \mu_{D(\mathrm{s})} - \mu_{(D)_{E_h(\mathrm{l})}} \\ &= -RT\ln a^{\mathrm{R}}_{(D)_{过饱}} = -RT\ln a^{\mathrm{R}}_{(D)_{E_h(\mathrm{l})}}\end{aligned}$$

$$\begin{aligned}\Delta G_{\mathrm{m},C} &= \mu_{C(\mathrm{s})} - \mu_{(C)_{过饱}} \\ &= \mu_{C(\mathrm{s})} - \mu_{(C)_{l'_h q'_h}} \\ &= -RT\ln a^{\mathrm{R}}_{(C)_{过饱}} = -RT\ln a^{\mathrm{R}}_{(C)_{l'_h q'_h}}\end{aligned}$$

再析出组元 A 和 D，有

$$\begin{aligned}\Delta G_{\mathrm{m},A} &= \mu_{A(\mathrm{s})} - \mu_{(A)_{过饱}} \\ &= \mu_{A(\mathrm{s})} - \mu_{(A)_{g'_h}} \\ &= -RT\ln a^{R}_{(A)_{过饱}} = -RT\ln a^{R}_{(A)_{g'_h}}\end{aligned}$$

$$\begin{aligned}\Delta G_{\mathrm{m},D} &= \mu_{D(\mathrm{s})} - \mu_{(D)_{过饱}} \\ &= \mu_{D(\mathrm{s})} - \mu_{(D)_{g'_h}} \\ &= -RT\ln a^{R}_{(D)_{过饱}} = -RT\ln a^{R}_{(D)_{g'_h}}\end{aligned}$$

或者

$$\Delta G_{\mathrm{m},A}(T_h) = \frac{\theta_{A,T_h}\Delta H_{\mathrm{m},A}(T_E)}{T_E} = \eta_{A,T_h}\Delta H_{\mathrm{m},A}(T_E)$$

$$\Delta G_{\mathrm{m},D}(T_h) = \frac{\theta_{D,T_h}\Delta H_{\mathrm{m},D}(T_E)}{T_E} = \eta_{D,T_h}\Delta H_{\mathrm{m},D}(T_E)$$

$$\Delta G_{\mathrm{m},C}\left(T_h\right)=\frac{\theta_{C,T_h}\Delta H_{\mathrm{m},C}\left(T_E\right)}{T_E}=\eta_{C,T_h}\Delta H_{\mathrm{m},C}\left(T_E\right)$$

$$\Delta G'_{\mathrm{m},A}\left(T_h\right)=\frac{\theta_{A,T_h}\Delta H'_{\mathrm{m},A}\left(T_E\right)}{T_E}=\eta_{A,T_h}\Delta H'_{\mathrm{m},A}\left(T_E\right)$$

$$\Delta G'_{\mathrm{m},D}\left(T_h\right)=\frac{\theta_{D,T_h}\Delta H'_{\mathrm{m},D}\left(T_E\right)}{T_E}=\eta_{D,T_h}\Delta H'_{\mathrm{m},D}\left(T_E\right)$$

式中

$$\Delta H_{\mathrm{m},A}\left(T_E\right)=H_{\mathrm{m},A(\mathrm{s})}\left(T_E\right)-\bar{H}_{\mathrm{m},(A)_{E(1)}}\left(T_E\right)$$

$$\Delta H_{\mathrm{m},D}\left(T_E\right)=H_{\mathrm{m},D(\mathrm{s})}\left(T_E\right)-\bar{H}_{\mathrm{m},(D)_{E(1)}}\left(T_E\right)$$

$$\Delta H_{\mathrm{m},C}\left(T_E\right)=H_{\mathrm{m},C(\mathrm{s})}\left(T_E\right)-\bar{H}_{\mathrm{m},(C)_{E(1)}}\left(T_E\right)$$

$$\Delta H'_{\mathrm{m},A}\left(T_E\right)=H_{\mathrm{m},A(\mathrm{s})}\left(T_E\right)-\bar{H}_{\mathrm{m},(A)_{E(1)}}\left(T_E\right)$$

$$\Delta H'_{\mathrm{m},D}\left(T_E\right)=H_{\mathrm{m},D(\mathrm{s})}\left(T_E\right)-\bar{H}_{\mathrm{m},(D)_{E(1)}}\left(T_E\right)$$

$$\theta_{J,T_h}=T_E-T_h$$

$$\eta_{J,T_h}=\frac{T_E-T_h}{T_E}$$

$$(J=A,D,C)$$

2. 凝固速率

1) 从温度 T_1 到 T_P

从温度 T_1 到 T_P，析出组元 A 的晶体，析晶速率为

$$\begin{aligned}\frac{\mathrm{d}N_{A(\mathrm{s})}}{\mathrm{d}t}&=-\frac{\mathrm{d}N_{(A)}}{\mathrm{d}t}=Vj_A\\&=V\left[-l_1\left(\frac{A_{\mathrm{m},A}}{T}\right)-l_2\left(\frac{A_{\mathrm{m},A}}{T}\right)^2-l_3\left(\frac{A_{\mathrm{m},A}}{T}\right)^3-\cdots\right]\end{aligned}\tag{8.363}$$

式中，

$$A_{\mathrm{m},A}=\Delta G_{\mathrm{m},A}$$

2) 从温度 T_P 到 T_F

从温度 T_P 到 T_F，析出组元 A 和 B 的晶体，不考虑耦合作用，析晶速率为

$$\begin{aligned}\frac{\mathrm{d}N_{A(\mathrm{s})}}{\mathrm{d}t}&=-\frac{\mathrm{d}N_{(A)}}{\mathrm{d}t}=Vj_A\\&=V\left[-l_1\left(\frac{A_{\mathrm{m},A}}{T}\right)-l_2\left(\frac{A_{\mathrm{m},A}}{T}\right)^2-l_3\left(\frac{A_{\mathrm{m},A}}{T}\right)^3-\cdots\right]\end{aligned}\tag{8.364}$$

$$\frac{\mathrm{d}N_{B(\mathrm{s})}}{\mathrm{d}t} = -\frac{\mathrm{d}N_{(B)}}{\mathrm{d}t} = Vj_B$$
$$= V\left[-l_1\left(\frac{A_{\mathrm{m},B}}{T}\right) - l_2\left(\frac{A_{\mathrm{m},B}}{T}\right)^2 - l_3\left(\frac{A_{\mathrm{m},B}}{T}\right)^3 - \cdots\right] \tag{8.365}$$

考虑耦合作用

$$\frac{\mathrm{d}N_{A(\mathrm{s})}}{\mathrm{d}t} = -\frac{\mathrm{d}N_{(A)}}{\mathrm{d}t} = Vj_A$$
$$= V\left[-l_{11}\left(\frac{A_{\mathrm{m},A}}{T}\right) - l_{12}\left(\frac{A_{\mathrm{m},B}}{T}\right) - l_{111}\left(\frac{A_{\mathrm{m},A}}{T}\right)^2\right.$$
$$-l_{112}\left(\frac{A_{\mathrm{m},A}}{T}\right)\left(\frac{A_{\mathrm{m},B}}{T}\right) - l_{122}\left(\frac{A_{\mathrm{m},B}}{T}\right)^2 - l_{1111}\left(\frac{A_{\mathrm{m},A}}{T}\right)^3 \tag{8.366}$$
$$-l_{1112}\left(\frac{A_{\mathrm{m},A}}{T}\right)^2\left(\frac{A_{\mathrm{m},B}}{T}\right) - l_{1122}\left(\frac{A_{\mathrm{m},A}}{T}\right)\left(\frac{A_{\mathrm{m},B}}{T}\right)^2$$
$$\left.-l_{1222}\left(\frac{A_{\mathrm{m},B}}{T}\right)^3 - \cdots\right]$$

$$\frac{\mathrm{d}N_{B(\mathrm{s})}}{\mathrm{d}t} = -\frac{\mathrm{d}N_{(B)}}{\mathrm{d}t} = Vj_B$$
$$= V\left[-l_{21}\left(\frac{A_{\mathrm{m},A}}{T}\right) - l_{22}\left(\frac{A_{\mathrm{m},B}}{T}\right) - l_{211}\left(\frac{A_{\mathrm{m},A}}{T}\right)^2\right.$$
$$-l_{212}\left(\frac{A_{\mathrm{m},A}}{T}\right)\left(\frac{A_{\mathrm{m},B}}{T}\right) - l_{222}\left(\frac{A_{\mathrm{m},B}}{T}\right)^2 - l_{2111}\left(\frac{A_{\mathrm{m},A}}{T}\right)^3 \tag{8.367}$$
$$-l_{2112}\left(\frac{A_{\mathrm{m},A}}{T}\right)^2\left(\frac{A_{\mathrm{m},B}}{T}\right) - l_{2122}\left(\frac{A_{\mathrm{m},A}}{T}\right)\left(\frac{A_{\mathrm{m},B}}{T}\right)^2$$
$$\left.-l_{2222}\left(\frac{A_{\mathrm{m},B}}{T}\right)^3 - \cdots\right]$$

式中，

$$A_{\mathrm{m},A} = \Delta G_{\mathrm{m},A}$$
$$A_{\mathrm{m},B} = \Delta G_{\mathrm{m},B}$$

3) 从温度 T_F 到 T_N

从温度 T_F 到 T_N，发生转熔反应，反应速率为

$$\frac{\mathrm{d}N_{A_mB_n(\mathrm{s})}}{\mathrm{d}t} = -\frac{\mathrm{d}N_{(A_mB_n)}}{\mathrm{d}t} = Vj_{A_mB_n}$$
$$= V\left[-l_1\left(\frac{A_{\mathrm{m},D}}{T}\right) - l_2\left(\frac{A_{\mathrm{m},D}}{T}\right)^2 - l_3\left(\frac{A_{\mathrm{m},D}}{T}\right)^3 - \cdots\right] \tag{8.368}$$

式中，

$$A_{\mathrm{m},D} = \Delta G_{\mathrm{m},D}$$

4) 从温度 T_N 到 T_{E_5}

从温度 T_N 到 T_{E_5}，析出组元 A 和 A_mB_n 的晶体，不考虑耦合作用，析晶速率为

$$\begin{aligned}\frac{\mathrm{d}N_{A(\mathrm{s})}}{\mathrm{d}t} &= -\frac{\mathrm{d}N_{(A)}}{\mathrm{d}t} = Vj_A \\ &= V\left[-l_1\left(\frac{A_{\mathrm{m},A}}{T}\right) - l_2\left(\frac{A_{\mathrm{m},A}}{T}\right)^2 - l_3\left(\frac{A_{\mathrm{m},A}}{T}\right)^3 - \cdots\right]\end{aligned} \tag{8.369}$$

$$\begin{aligned}\frac{\mathrm{d}N_{A_mB_n(\mathrm{s})}}{\mathrm{d}t} &= -\frac{\mathrm{d}N_{(A_mB_n)}}{\mathrm{d}t} = Vj_{A_mB_n} \\ &= V\left[-l_1\left(\frac{A_{\mathrm{m},D}}{T}\right) - l_2\left(\frac{A_{\mathrm{m},D}}{T}\right)^2 - l_3\left(\frac{A_{\mathrm{m},D}}{T}\right)^3 - \cdots\right]\end{aligned} \tag{8.370}$$

考虑耦合作用

$$\begin{aligned}\frac{\mathrm{d}N_{A(\mathrm{s})}}{\mathrm{d}t} &= -\frac{\mathrm{d}N_{(A)}}{\mathrm{d}t} = Vj_A \\ &= V\left[-l_{11}\left(\frac{A_{\mathrm{m},A}}{T}\right) - l_{12}\left(\frac{A_{\mathrm{m},D}}{T}\right) - l_{111}\left(\frac{A_{\mathrm{m},A}}{T}\right)^2\right. \\ &\quad -l_{112}\left(\frac{A_{\mathrm{m},A}}{T}\right)\left(\frac{A_{\mathrm{m},D}}{T}\right) - l_{122}\left(\frac{A_{\mathrm{m},D}}{T}\right)^2 - l_{1111}\left(\frac{A_{\mathrm{m},A}}{T}\right)^3 \\ &\quad -l_{1112}\left(\frac{A_{\mathrm{m},A}}{T}\right)^2\left(\frac{A_{\mathrm{m},D}}{T}\right) - l_{1122}\left(\frac{A_{\mathrm{m},A}}{T}\right)\left(\frac{A_{\mathrm{m},D}}{T}\right)^2 \\ &\quad \left.-l_{1222}\left(\frac{A_{\mathrm{m},D}}{T}\right)^3 - \cdots\right]\end{aligned} \tag{8.371}$$

$$\begin{aligned}\frac{\mathrm{d}N_{A_mB_n(\mathrm{s})}}{\mathrm{d}t} &= -\frac{\mathrm{d}N_{(A_mB_n)}}{\mathrm{d}t} = Vj_{A_mB_n} \\ &= V\left[-l_{21}\left(\frac{A_{\mathrm{m},A}}{T}\right) - l_{22}\left(\frac{A_{\mathrm{m},D}}{T}\right) - l_{211}\left(\frac{A_{\mathrm{m},A}}{T}\right)^2\right. \\ &\quad -l_{212}\left(\frac{A_{\mathrm{m},A}}{T}\right)\left(\frac{A_{\mathrm{m},D}}{T}\right) - l_{222}\left(\frac{A_{\mathrm{m},D}}{T}\right)^2 - l_{2111}\left(\frac{A_{\mathrm{m},A}}{T}\right)^3 \\ &\quad -l_{2112}\left(\frac{A_{\mathrm{m},A}}{T}\right)^2\left(\frac{A_{\mathrm{m},D}}{T}\right) - l_{2122}\left(\frac{A_{\mathrm{m},A}}{T}\right)\left(\frac{A_{\mathrm{m},D}}{T}\right)^2 \\ &\quad \left.-l_{2222}\left(\frac{A_{\mathrm{m},D}}{T}\right)^3 - \cdots\right]\end{aligned} \tag{8.372}$$

式中，

$$A_{\mathrm{m},A}=\Delta G_{\mathrm{m},A}$$

$$A_{\mathrm{m},D}=\Delta G_{\mathrm{m},D}$$

5) 温度低于 T_{E_5}

(1) 组元 A、D、C 同时析出

在低于 T_{E_5} 的温度，形成共晶。固体组元 A、D、C 同时析出，不考虑耦合作用，析晶速率为

$$\begin{aligned}\frac{\mathrm{d}N_{A(\mathrm{s})}}{\mathrm{d}t}&=-\frac{\mathrm{d}N_{(A)E_h(l)}}{\mathrm{d}t}=Vj_A\\&=V\left[-l_1\left(\frac{A_{\mathrm{m},A}}{T}\right)-l_2\left(\frac{A_{\mathrm{m},A}}{T}\right)^2-l_3\left(\frac{A_{\mathrm{m},A}}{T}\right)^3-\cdots\right]\end{aligned}\tag{8.373}$$

$$\begin{aligned}\frac{\mathrm{d}N_{A_mB_n(\mathrm{s})}}{\mathrm{d}t}&=-\frac{\mathrm{d}N_{(A_mB_n)E_h(l)}}{\mathrm{d}t}=Vj_{A_mB_n}\\&=V\left[-l_1\left(\frac{A_{\mathrm{m},D}}{T}\right)-l_2\left(\frac{A_{\mathrm{m},D}}{T}\right)^2-l_3\left(\frac{A_{\mathrm{m},D}}{T}\right)^3-\cdots\right]\end{aligned}\tag{8.374}$$

$$\begin{aligned}\frac{\mathrm{d}N_{C(\mathrm{s})}}{\mathrm{d}t}&=-\frac{\mathrm{d}N_{(C)E_h(l)}}{\mathrm{d}t}=Vj_C\\&=V\left[-l_1\left(\frac{A_{\mathrm{m},C}}{T}\right)-l_2\left(\frac{A_{\mathrm{m},C}}{T}\right)^2-l_3\left(\frac{A_{\mathrm{m},C}}{T}\right)^3-\cdots\right]\end{aligned}\tag{8.375}$$

考虑耦合作用，有

$$\begin{aligned}\frac{\mathrm{d}N_{A(\mathrm{s})}}{\mathrm{d}t}=&-\frac{\mathrm{d}N_{(A)E_h(l)}}{\mathrm{d}t}=Vj_A\\=&V\bigg[-l_{11}\left(\frac{A_{\mathrm{m},A}}{T}\right)-l_{12}\left(\frac{A_{\mathrm{m},D}}{T}\right)-l_{13}\left(\frac{A_{\mathrm{m},C}}{T}\right)\\&-l_{111}\left(\frac{A_{\mathrm{m},A}}{T}\right)^2-l_{112}\left(\frac{A_{\mathrm{m},A}}{T}\right)\left(\frac{A_{\mathrm{m},D}}{T}\right)-l_{113}\left(\frac{A_{\mathrm{m},A}}{T}\right)\left(\frac{A_{\mathrm{m},C}}{T}\right)\\&-l_{123}\left(\frac{A_{\mathrm{m},D}}{T}\right)\left(\frac{A_{\mathrm{m},C}}{T}\right)-l_{122}\left(\frac{A_{\mathrm{m},D}}{T}\right)^2-l_{133}\left(\frac{A_{\mathrm{m},C}}{T}\right)^2\\&-l_{1111}\left(\frac{A_{\mathrm{m},A}}{T}\right)^3-l_{1112}\left(\frac{A_{\mathrm{m},A}}{T}\right)^2\left(\frac{A_{\mathrm{m},D}}{T}\right)\\&-l_{1113}\left(\frac{A_{\mathrm{m},A}}{T}\right)^2\left(\frac{A_{\mathrm{m},C}}{T}\right)-l_{1122}\left(\frac{A_{\mathrm{m},A}}{T}\right)\left(\frac{A_{\mathrm{m},D}}{T}\right)^2\\&-l_{1123}\left(\frac{A_{\mathrm{m},A}}{T}\right)\left(\frac{A_{\mathrm{m},D}}{T}\right)\left(\frac{A_{\mathrm{m},C}}{T}\right)-l_{1133}\left(\frac{A_{\mathrm{m},A}}{T}\right)\left(\frac{A_{\mathrm{m},C}}{T}\right)^2\end{aligned}$$

$$
-l_{1222}\left(\frac{A_{\mathrm{m},D}}{T}\right)^3-l_{1223}\left(\frac{A_{\mathrm{m},D}}{T}\right)^2\left(\frac{A_{\mathrm{m},C}}{T}\right)
$$
$$
-l_{1233}\left(\frac{A_{\mathrm{m},D}}{T}\right)\left(\frac{A_{\mathrm{m},C}}{T}\right)^2-l_{1333}\left(\frac{A_{\mathrm{m},C}}{T}\right)^3-\cdots\Bigg] \tag{8.376}
$$

$$
\begin{aligned}
\frac{\mathrm{d}N_{A_mB_n(\mathrm{s})}}{\mathrm{d}t}=&-\frac{\mathrm{d}N_{(A_mB_n)E_h(l)}}{\mathrm{d}t}=Vj_{A_mB_n}\\
=&V\Bigg[-l_{21}\left(\frac{A_{\mathrm{m},A}}{T}\right)-l_{22}\left(\frac{A_{\mathrm{m},D}}{T}\right)-l_{23}\left(\frac{A_{\mathrm{m},C}}{T}\right)\\
&-l_{211}\left(\frac{A_{\mathrm{m},A}}{T}\right)^2-l_{212}\left(\frac{A_{\mathrm{m},A}}{T}\right)\left(\frac{A_{\mathrm{m},D}}{T}\right)-l_{213}\left(\frac{A_{\mathrm{m},A}}{T}\right)\left(\frac{A_{\mathrm{m},C}}{T}\right)\\
&-l_{222}\left(\frac{A_{\mathrm{m},D}}{T}\right)^2-l_{223}\left(\frac{A_{\mathrm{m},D}}{T}\right)\left(\frac{A_{\mathrm{m},C}}{T}\right)-l_{233}\left(\frac{A_{\mathrm{m},C}}{T}\right)^2\\
&-l_{2111}\left(\frac{A_{\mathrm{m},A}}{T}\right)^3-l_{2112}\left(\frac{A_{\mathrm{m},A}}{T}\right)^2\left(\frac{A_{\mathrm{m},D}}{T}\right)\\
&-l_{2113}\left(\frac{A_{\mathrm{m},A}}{T}\right)^2\left(\frac{A_{\mathrm{m},C}}{T}\right)-l_{2122}\left(\frac{A_{\mathrm{m},A}}{T}\right)\left(\frac{A_{\mathrm{m},D}}{T}\right)^2\\
&-l_{2123}\left(\frac{A_{\mathrm{m},A}}{T}\right)\left(\frac{A_{\mathrm{m},D}}{T}\right)\left(\frac{A_{\mathrm{m},C}}{T}\right)-l_{2133}\left(\frac{A_{\mathrm{m},A}}{T}\right)\left(\frac{A_{\mathrm{m},C}}{T}\right)^2\\
&-l_{2222}\left(\frac{A_{\mathrm{m},D}}{T}\right)^3-l_{2223}\left(\frac{A_{\mathrm{m},D}}{T}\right)^2\left(\frac{A_{\mathrm{m},C}}{T}\right)\\
&-l_{2233}\left(\frac{A_{\mathrm{m},D}}{T}\right)\left(\frac{A_{\mathrm{m},C}}{T}\right)^2-l_{2333}\left(\frac{A_{\mathrm{m},C}}{T}\right)^3-\cdots\Bigg]
\end{aligned} \tag{8.377}
$$

$$
\begin{aligned}
\frac{\mathrm{d}N_{C(\mathrm{s})}}{\mathrm{d}t}=&-\frac{\mathrm{d}N_{(C)E_h(l)}}{\mathrm{d}t}=Vj_C\\
=&V\Bigg[-l_{31}\left(\frac{A_{\mathrm{m},A}}{T}\right)-l_{32}\left(\frac{A_{\mathrm{m},D}}{T}\right)-l_{33}\left(\frac{A_{\mathrm{m},C}}{T}\right)\\
&-l_{311}\left(\frac{A_{\mathrm{m},A}}{T}\right)^2-l_{312}\left(\frac{A_{\mathrm{m},A}}{T}\right)\left(\frac{A_{\mathrm{m},D}}{T}\right)-l_{313}\left(\frac{A_{\mathrm{m},A}}{T}\right)\left(\frac{A_{\mathrm{m},C}}{T}\right)\\
&-l_{322}\left(\frac{A_{\mathrm{m},D}}{T}\right)^2-l_{323}\left(\frac{A_{\mathrm{m},D}}{T}\right)\left(\frac{A_{\mathrm{m},C}}{T}\right)-l_{333}\left(\frac{A_{\mathrm{m},C}}{T}\right)^2\\
&-l_{3111}\left(\frac{A_{\mathrm{m},A}}{T}\right)^3-l_{3112}\left(\frac{A_{\mathrm{m},A}}{T}\right)^2\left(\frac{A_{\mathrm{m},D}}{T}\right)\\
&-l_{3113}\left(\frac{A_{\mathrm{m},A}}{T}\right)^2\left(\frac{A_{\mathrm{m},C}}{T}\right)-l_{3122}\left(\frac{A_{\mathrm{m},A}}{T}\right)\left(\frac{A_{\mathrm{m},D}}{T}\right)^2\\
&-l_{3123}\left(\frac{A_{\mathrm{m},A}}{T}\right)\left(\frac{A_{\mathrm{m},D}}{T}\right)\left(\frac{A_{\mathrm{m},C}}{T}\right)-l_{3133}\left(\frac{A_{\mathrm{m},A}}{T}\right)\left(\frac{A_{\mathrm{m},C}}{T}\right)^2
\end{aligned}
$$

$$
\begin{aligned}
&-l_{3222}\left(\frac{A_{\mathrm{m},D}}{T}\right)^3-l_{3223}\left(\frac{A_{\mathrm{m},D}}{T}\right)^2\left(\frac{A_{\mathrm{m},C}}{T}\right)\\
&-l_{3233}\left(\frac{A_{\mathrm{m},D}}{T}\right)\left(\frac{A_{\mathrm{m},C}}{T}\right)^2-l_{3333}\left(\frac{A_{\mathrm{m},C}}{T}\right)^3-\cdots\Bigg]
\end{aligned}
\tag{8.378}
$$

(2) 组元 A、D、C 依次析出，有

$$
\begin{aligned}
\frac{\mathrm{d}N_{A(\mathrm{s})}}{\mathrm{d}t}&=-\frac{\mathrm{d}N_{(A)_{E_h(\mathrm{l})}}}{\mathrm{d}t}=Vj_A\\
&=V\left[-l_1\left(\frac{A_{\mathrm{m},A}}{T}\right)-l_2\left(\frac{A_{\mathrm{m},A}}{T}\right)^2-l_3\left(\frac{A_{\mathrm{m},A}}{T}\right)^3-\cdots\right]\\
\frac{\mathrm{d}N_{D(\mathrm{s})}}{\mathrm{d}t}&=-\frac{\mathrm{d}N_{(D)_{l_h'}}}{\mathrm{d}t}=Vj_D\\
&=V\left[-l_1\left(\frac{A_{\mathrm{m},D}}{T}\right)-l_2\left(\frac{A_{\mathrm{m},D}}{T}\right)^2-l_3\left(\frac{A_{\mathrm{m},D}}{T}\right)^3-\cdots\right]\\
\frac{\mathrm{d}N_{C(\mathrm{s})}}{\mathrm{d}t}&=-\frac{\mathrm{d}N_{(C)_{l_h'g_h'}}}{\mathrm{d}t}=Vj_C\\
&=V\left[-l_1\left(\frac{A_{\mathrm{m},C}}{T}\right)-l_2\left(\frac{A_{\mathrm{m},C}}{T}\right)^2-l_3\left(\frac{A_{\mathrm{m},C}}{T}\right)^3-\cdots\right]
\end{aligned}
$$

(3) 组元 A 先析出，然后组元 D、C 同时析出，有

$$
\begin{aligned}
\frac{\mathrm{d}N_{A(\mathrm{s})}}{\mathrm{d}t}&=-\frac{\mathrm{d}N_{(A)_{E_h(\mathrm{l})}}}{\mathrm{d}t}=Vj_A\\
&=V\left[-l_1\left(\frac{A_{\mathrm{m},A}}{T}\right)-l_2\left(\frac{A_{\mathrm{m},A}}{T}\right)^2-l_3\left(\frac{A_{\mathrm{m},A}}{T}\right)^3-\cdots\right]\\
\frac{\mathrm{d}N_{D(\mathrm{s})}}{\mathrm{d}t}&=-\frac{\mathrm{d}N_{(D)_{l_h'}}}{\mathrm{d}t}=Vj_D\\
&=V\left[-l_1\left(\frac{A_{\mathrm{m},D}}{T}\right)-l_2\left(\frac{A_{\mathrm{m},D}}{T}\right)^2-l_3\left(\frac{A_{\mathrm{m},D}}{T}\right)^3-\cdots\right]\\
\frac{\mathrm{d}N_{C(\mathrm{s})}}{\mathrm{d}t}&=-\frac{\mathrm{d}N_{(C)_{l_h'}}}{\mathrm{d}t}=Vj_C\\
&=V\left[-l_1\left(\frac{A_{\mathrm{m},C}}{T}\right)-l_2\left(\frac{A_{\mathrm{m},C}}{T}\right)^2-l_3\left(\frac{A_{\mathrm{m},C}}{T}\right)^3-\cdots\right]
\end{aligned}
$$

(4) 组元 A、D 先同时析出，然后析出组元 C，有

$$
\frac{\mathrm{d}N_{A(\mathrm{s})}}{\mathrm{d}t}=-\frac{\mathrm{d}N_{(A)_{E_h(\mathrm{l})}}}{\mathrm{d}t}=Vj_A
$$

$$= V\left[-l_1\left(\frac{A_{\mathrm{m},A}}{T}\right) - l_2\left(\frac{A_{\mathrm{m},A}}{T}\right)^2 - l_3\left(\frac{A_{\mathrm{m},A}}{T}\right)^3 - \cdots\right]$$

$$\frac{\mathrm{d}N_{D(\mathrm{s})}}{\mathrm{d}t} = -\frac{\mathrm{d}N_{(D)_{E_h(\mathrm{l})}}}{\mathrm{d}t} = Vj_D$$

$$= V\left[-l_1\left(\frac{A_{\mathrm{m},D}}{T}\right) - l_2\left(\frac{A_{\mathrm{m},D}}{T}\right)^2 - l_3\left(\frac{A_{\mathrm{m},D}}{T}\right)^3 - \cdots\right]$$

$$\frac{\mathrm{d}N_{C(\mathrm{s})}}{\mathrm{d}t} = -\frac{\mathrm{d}N_{(C)_{l_h' g_h'}}}{\mathrm{d}t} = Vj_C$$

$$= V\left[-l_1\left(\frac{A_{\mathrm{m},C}}{T}\right) - l_2\left(\frac{A_{\mathrm{m},C}}{T}\right)^2 - l_3\left(\frac{A_{\mathrm{m},C}}{T}\right)^3 - \cdots\right]$$

式中，

$$A_{\mathrm{m},A} = \Delta G_{\mathrm{m},A}$$

$$A_{\mathrm{m},D} = \Delta G_{\mathrm{m},D}$$

$$A_{\mathrm{m},C} = \Delta G_{\mathrm{m},C}$$

8.3.6 具有同组成熔融三元化合物的三元系

1. 凝固过程热力学

图 8.13 是具有同组成熔融三元化合物 $A_mB_nC_p$ 的三元系相图。

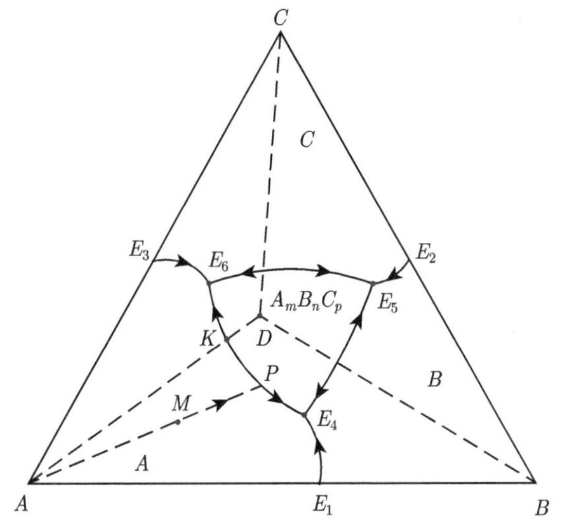

图 8.13 具有同组成熔融三元化合物 $A_mB_nC_p$ 的三元系相图

1) 温度降到 T_1

物质组成点为 M 的液体降温冷却。温度降到 T_1，物质组成点到达液相面 A 上的 M_1 点，平衡液相组成为 l_1 点，两点重合，是组元 A 的饱和溶液，有

$$(A)_{l_1} \equiv (A)_{饱} \rightleftharpoons A(s)$$

该过程的摩尔吉布斯自由能变化为零。

2) 温度降到 T_2

继续降温到 T_2，温度 T_2 的平衡液相组成为 l_2。温度刚降到 T_2，尚无固体组元 A 析出时，液相组成未变，但已由组元 A 的饱和溶液 l_1 变成组元 A 的过饱和溶液 l_1'，析出固相组元 A，有

$$(A)_{l_1'} \equiv (A)_{过饱} \equiv A(s)$$

达到平衡时，有

$$(A)_{l_2} \equiv (A)_{饱} \rightleftharpoons A(s)$$

以纯固态组元 A 为标准状态，浓度以摩尔分数表示，析晶过程的摩尔吉布斯自由能变化为

$$\begin{aligned}\Delta G_{m,A} &= \mu_{A(s)} - \mu_{(A)_{过饱}} = \mu_{A(s)} - \mu_{(A)_{l_1'}} \\ &= -RT\ln a^{R}_{(A)_{过饱}} = -RT\ln a^{R}_{(A)_{l_1'}}\end{aligned} \tag{8.379}$$

式中，$a^{R}_{(A)_{l_1'}}$ 是在温度 T_2 时组元 A 在液相 l_1' 中的活度。

或

$$\begin{aligned}\Delta G_{m,A}(T_2) &= \Delta H_{m,A}(T_2) - T_2\Delta S_{m,A}(T_2) \\ &= \frac{\theta_{A,T_2}\Delta H_{m,A}(T_1)}{T_1} \\ &= \eta_{A,T_2}\Delta H_{m,A}(T_1)\end{aligned} \tag{8.380}$$

式中，

$$T_1 > T_2$$

$$\theta_{A,T_2} = T_1 - T_2 > 0$$

为组元 A 在温度 T_2 的绝对饱和过冷度；

$$\eta_{A,T_2} = \frac{T_1 - T_2}{T_1} > 0$$

为组元 A 在温度 T_2 的相对饱和过冷度。

3) 温度从 T_1 到 T_P

降低温度从 T_1 到 T_P，平衡液相组成沿着 AM 连线的延长线 MP 移动，析晶过程可以描述如下。

在温度 T_{i-1}，液固两相达成平衡，有

$$(A)_{l_{i-1}} \equiv (A)_{\text{饱}} \rightleftharpoons A(\mathrm{s})$$

温度降到 T_i。在温度刚降到 T_i，尚无固相组元 A 析出时，液相组成不变，但已由组元 A 的饱和溶液 l_{i-1} 变成组元 A 的过饱和溶液 l'_{i-1}。析出固相组元 A，有

$$(A)_{l'_{i-1}} \equiv (A)_{\text{过饱}} = A(\mathrm{s})$$

达到平衡时，有

$$(A)_{l_i} \equiv (A)_{\text{饱}} \rightleftharpoons A(\mathrm{s})$$

$$(i = 1, 2, \cdots, n)$$

以纯固态组元 A 为标准状态，浓度以摩尔分数表示，析晶过程的摩尔吉布斯自由能变化为

$$\Delta G_{\mathrm{m},A} = \mu_{A(\mathrm{s})} - \mu_{(A)_{\text{过饱}}} = \mu_{A(\mathrm{s})} - \mu_{(A)_{l'_{i-1}}} = -RT \ln a^{\mathrm{R}}_{(A)_{l'_{i-1}}} \tag{8.381}$$

或者

$$\Delta G_{\mathrm{m},A}(T_i) = \frac{\theta_{A,T_i} \Delta H_{\mathrm{m},A}(T_{i-1})}{T_{i-1}} = \eta_{A,T_i} \Delta H_{\mathrm{m},A}(T_{i-1}) \tag{8.382}$$

式中，l'_{i-1} 是温度 T_{i-1} 和 T_i 时的液相组成；$a^{\mathrm{R}}_{(A)_{l'_{i-1}}}$ 是在温度 T_i 时组元 A 在液相 l'_{i-1} 中的活度；

$$T_{i-1} > T_i$$

$$\theta_{A,T_i} = T_{i-1} - T_i > 0$$

为组元 A 在温度 T_i 的绝对饱和过冷度；

$$\eta_{A,T_i} = \frac{T_{i-1} - T_i}{T_{i-1}} > 0$$

为组元 A 在温度 T_i 的相对饱和过冷度。

温度降到 T_P，平衡液相组成为共熔线 E_6E_4 上的 P 点，平衡液相组成为 l_P。在温度 T_{P-1}，液固两相达到新的平衡，有

$$(A)_{l_{P-1}} \equiv (A)_{\text{饱}} \rightleftharpoons A(\mathrm{s})$$

温度降到 T_P。温度刚降到 T_P 尚无固相组元 A 析出时，液相组成未变，但已由组元 A 的饱和溶液 l_{P-1} 变成组元 A 的过饱和溶液 l'_{P-1}，有

$$(A)_{l'_{P-1}} = (A)_{过饱} = A(\mathrm{s})$$

达到平衡时，液相是组元 A 和 $A_mB_nC_p$ 的饱和溶液，有

$$(A)_{l_P} = (A)_{饱} \rightleftharpoons A(\mathrm{s})$$

$$(A_mB_nC_p)_{l_P} = (A_mB_nC_p)_{饱} \rightleftharpoons A_mB_nC_p(\mathrm{s})$$

以纯固态组元 A 为标准状态，浓度以摩尔分数表示，组元 A 析晶过程的摩尔吉布斯自由能变化为

$$\begin{aligned}\Delta G_{\mathrm{m},A} &= \mu_{A(\mathrm{s})} - \mu_{(A)_{l'_{P-1}}} = \mu_{A(\mathrm{s})} - \mu_{(A)_{过饱}} \\ &= -RT\ln a^{\mathrm{R}}_{(A)_{l'_{P-1}}} = -RT\ln a^{\mathrm{R}}_{(A)_{过饱}}\end{aligned} \tag{8.383}$$

或

$$\Delta G_{\mathrm{m},A}(T_P) = \frac{\theta_{A,T_P}\Delta H_{\mathrm{m},A}(T_{P-1})}{T_{P-1}} = \eta_{A,T_P}\Delta H_{\mathrm{m},A}(T_{P-1}) \tag{8.384}$$

4) 温度从 T_P 到 T_{E_4}

温度从 T_P 到 T_{E_4}，平衡液相组成沿共熔线 E_6E_4 从 P 点移动到 E_4 点。平衡液相组成由 l_P 变到 l_E。析晶过程可以描述如下。

在温度 T_{j-1}，液固两相达成平衡，有

$$(A)_{l_{j-1}} = (A)_{饱} \rightleftharpoons A(\mathrm{s})$$

$$(A_mB_nC_p)_{l_{j-1}} = (A_mB_nC_p)_{饱} \rightleftharpoons A_mB_nC_p(\mathrm{s})$$

温度降到 T_j。当温度刚降到 T_j，尚无固相组元 A 和 $A_mB_nC_p$ 析出时，液相组成未变，但已由组元 A 和 $A_mB_nC_p$ 的饱和溶液变成组元 A 和 $A_mB_nC_p$ 的过饱和溶液，析出固相组元 A 和 $A_mB_nC_p$，有

$$(A)_{l'_{j-1}} = (A)_{过饱} = A(\mathrm{s})$$

$$(A_mB_nC_p)_{l'_{j-1}} = (A_mB_nC_p)_{过饱} \rightleftharpoons A_mB_nC_p(\mathrm{s})$$

达到平衡时，有

$$(A)_{l_j} = (A)_{饱} \rightleftharpoons A(\mathrm{s})$$

$$(A_mB_nC_p)_{l_j} = (A_mB_nC_p)_{饱} \rightleftharpoons A_mB_nC_p(\mathrm{s})$$

$$(j = 1, 2, \cdots, n)$$

以纯固态物质为标准状态，浓度以摩尔分数表示，析晶过程的摩尔吉布斯自由能变化为

$$\Delta G_{\mathrm{m},A} = \mu_{A(\mathrm{s})} - \mu_{(A)_{\text{过饱}}} = \mu_{A(\mathrm{s})} - \mu_{(A)_{l'_{j-1}}} = -RT \ln a^{\mathrm{R}}_{(A)_{l'_{j-1}}} \tag{8.385}$$

$$\Delta G_{\mathrm{m},D} = \mu_{D(\mathrm{s})} - \mu_{(D)_{\text{过饱}}} = \mu_{D(\mathrm{s})} - \mu_{(D)_{l'_{j-1}}} = -RT \ln a^{\mathrm{R}}_{(D)_{l'_{j-1}}} \tag{8.386}$$

或者

$$\Delta G_{\mathrm{m},A}(T_j) = \frac{\theta_{A,T_j} \Delta H_{\mathrm{m},A}(T_{j-1})}{T_{j-1}} = \eta_{A,T_j} \Delta H_{\mathrm{m},A}(T_{j-1}) \tag{8.387}$$

$$\Delta G_{\mathrm{m},D}(T_j) = \frac{\theta_{D,T_j} \Delta H_{\mathrm{m},D}(T_{j-1})}{T_{j-1}} = \eta_{D,T_j} \Delta H_{\mathrm{m},D}(T_{j-1}) \tag{8.388}$$

式中，$a^{\mathrm{R}}_{(A)_{l'_{j-1}}}$ 和 $a^{\mathrm{R}}_{(D)_{l'_{j-1}}}$ 分别是温度 T_{j-1} 时组元 A 和 $A_mB_nC_p$ 在组成为 l'_{j-1} 的液相中的活度；

$$T_{j-1} > T_j$$

$$\theta_{A,T_j} = T_{j-1} - T_j > 0$$

$$\eta_{A,T_j} = \frac{T_{j-1} - T_j}{T_{j-1}} > 0$$

$$\theta_{D,T_j} = T_{j-1} - T_j > 0$$

$$\eta_{D,T_j} = \frac{T_{j-1} - T_j}{T_{j-1}} > 0$$

分别为组元 A 和 D 的绝对饱和过冷度和相对饱和过冷度。

在温度 $T_{E'_4}$，液固两相达成平衡，有

$$(A)_{l_{E'_4}} \equiv (A)_{\text{饱}} \rightleftharpoons A(\mathrm{s})$$

$$(A_mB_nC_p)_{l_{E'_4}} \equiv (A_mB_nC_p)_{\text{饱}} \rightleftharpoons A_mB_nC_p(\mathrm{s})$$

降低温度到 T_{E_4}。在温度刚降到 T_{E_4} 尚无固相组元 A 和 $A_mB_nC_p$ 析出时，液相组成未变，但在温度 $T_{E'_4}(T_{E'_4} > T_{E_4})$ 时的平衡液相组成 $l_{E'_4}$ 成为组元 A 和 $A_mB_nC_p$ 的过饱和溶液 $l'_{E'_4}$，析出固相组元 A 和 $A_mB_nC_p$，有

$$(A)_{l'_{E'_4}} \equiv (A)_{\text{过饱}} = A(\mathrm{s})$$

$$(A_mB_nC_p)_{l'_{E'_4}} \equiv (A_mB_nC_p)_{\text{过饱}} = A_mB_nC_p(\mathrm{s})$$

以纯固态组元 A 和 $A_mB_nC_p$ 为标准状态，浓度以摩尔分数表示，析晶过程的摩尔吉布斯自由能变化为

$$\begin{aligned}\Delta G_{\mathrm{m},A} &= \mu_{A(\mathrm{s})} - \mu_{(A)_{\text{过饱}}} = \mu_{A(\mathrm{s})} - \mu_{(A)_{l'_{E'_4}}} \\ &= -RT\ln a^{\mathrm{R}}_{(A)_{\text{过饱}}} = -RT\ln a^{\mathrm{R}}_{(A)_{l'_{E'_4}}}\end{aligned} \tag{8.389}$$

$$\begin{aligned}\Delta G_{\mathrm{m},D} &= \mu_{D(\mathrm{s})} - \mu_{(D)_{\text{过饱}}} = \mu_{D(\mathrm{s})} - \mu_{(D)_{l'_{E'_4}}} \\ &= -RT\ln a^{\mathrm{R}}_{(D)_{\text{过饱}}} = -RT\ln a^{\mathrm{R}}_{(D)_{l'_{E'_4}}}\end{aligned} \tag{8.390}$$

或

$$\Delta G_{\mathrm{m},A}\left(T_{E_4}\right) = \frac{\theta_{A,T_{E_4}}\Delta H_{\mathrm{m},A}\left(T_{E'_4}\right)}{T_{E'_4}} = \eta_{A,T_{E_4}}\Delta H_{\mathrm{m},A}\left(T_{E'_4}\right) \tag{8.391}$$

$$\Delta G_{\mathrm{m},D}\left(T_{E_4}\right) = \frac{\theta_{D,T_{E_4}}\Delta H_{\mathrm{m},D}\left(T_{E'_4}\right)}{T_{E'_4}} = \eta_{D,T_{E_4}}\Delta H_{\mathrm{m},D}\left(T_{E'_4}\right) \tag{8.392}$$

式中，

$$T_{E'_4} > T_{E_4}$$

$$\theta_{A,T_{E_4}} = T_{E'_4} - T_{E_4}$$

$$\eta_{A,T_{E_4}} = \frac{T_{E'_4} - T_{E_4}}{T_{E'_4}}$$

$$\theta_{D,T_{E_4}} = T_{E'_4} - T_{E_4}$$

$$\eta_{D,T_{E_4}} = \frac{T_{E'_4} - T_{E_4}}{T_{E'_4}}$$

组元 A 和 $A_mB_nC_p$ 析晶达到平衡时，溶液 $l'_{E'_4}$ 成为组元 A、$A_mB_nC_p$ 的饱和溶液 $E_4(\mathrm{l})$，也是 B 的饱和溶液。有

$$(A)_{E_4(\mathrm{l})} =\!=\!= (A)_{\text{饱}} \rightleftharpoons A(\mathrm{s})$$

$$\left(A_mB_nC_p\right)_{E_4(\mathrm{l})} =\!=\!= \left(A_mB_nC_p\right)_{\text{饱}} \rightleftharpoons A_mB_nC_p(\mathrm{s})$$

及

$$(B)_{E_4(\mathrm{l})} =\!=\!= (B)_{\text{饱}} \rightleftharpoons B(\mathrm{s})$$

在温度 T_{E_4}，恒压条件下，四相平衡共存，即

$$E_4(\mathrm{l}) \rightleftharpoons A(\mathrm{s}) + A_mB_nC_p(\mathrm{s}) + B(\mathrm{s})$$

$E_4(\mathrm{l})$ 是组元 A、$A_mB_nC_p$、B 的饱和溶液，继续析晶。此过程是在恒温恒压平衡条件下进行的，摩尔吉布斯自由能变化为零，即

$$\Delta G_{\mathrm{m},A} = 0$$

$$\Delta G_{\mathrm{m},D} = 0$$

$$\Delta G_{\mathrm{m},C} = 0$$

5) 温度降到 T_{E_4} 以下

温度降到 T_{E_4} 以下，如果上述的反应没有进行完，就会继续进行，是在非平衡状态进行。描述如下。

温度降至 T_k。在温度 T_k，固相组元 A、D、B 的平衡液相分别为 l_k、q_k、g_k。温度刚降至 T_k，还未来得及析出固相组元 A、D、B 时，溶液 $E\,(\mathrm{l})$ 的组成未变，但已由组元 A、D、B 的饱和溶液 $E\,(\mathrm{l})$ 变成组元 A、D、B 的过饱和溶液 $E_k\,(\mathrm{l})$。

(1) 组元 A、D、B 同时析出，有

$$E_k\,(\mathrm{l}) = A\,(\mathrm{s}) + D\,(\mathrm{s}) + B\,(\mathrm{s})$$

即

$$(A)_{过饱} \equiv (A)_{E_k(\mathrm{l})} = A\,(\mathrm{s})$$

$$(D)_{过饱} \equiv (D)_{E_k(\mathrm{l})} = D\,(\mathrm{s})$$

$$(B)_{过饱} \equiv (B)_{E_k(\mathrm{l})} = B\,(\mathrm{s})$$

如果组元 A、D、B 同时析出，可以保持 $E_k\,(\mathrm{l})$ 组成不变，析出的组元 A、D、B 均匀混合。以纯固态组元 A、D、B 为标准状态，浓度以摩尔分数表示，析晶过程的摩尔吉布斯自由能变化为

$$\begin{aligned}\Delta G_{\mathrm{m},A} &= \mu_{A(\mathrm{s})} - \mu_{(A)_{过饱}}\\ &= \mu_{A(\mathrm{s})} - \mu_{(A)_{E_k(\mathrm{l})}}\\ &= -RT\ln a^{\mathrm{R}}_{(A)_{过饱}} = -RT\ln a^{\mathrm{R}}_{(A)_{E_k(\mathrm{l})}}\end{aligned} \tag{8.393}$$

$$\begin{aligned}\Delta G_{\mathrm{m},D} &= \mu_{D(\mathrm{s})} - \mu_{(D)_{过饱}}\\ &= \mu_{D(\mathrm{s})} - \mu_{(D)_{E_k(\mathrm{l})}}\\ &= -RT\ln a^{\mathrm{R}}_{(D)_{过饱}} = -RT\ln a^{\mathrm{R}}_{(D)_{E_k(\mathrm{l})}}\end{aligned} \tag{8.394}$$

$$\begin{aligned}\Delta G_{\mathrm{m},B} &= \mu_{B(\mathrm{s})} - \mu_{(B)_{过饱}}\\ &= \mu_{B(\mathrm{s})} - \mu_{(B)_{E_k(\mathrm{l})}}\end{aligned}$$

$$= -RT\ln a^{\mathrm{R}}_{(B)_{过饱}} = -RT\ln a^{\mathrm{R}}_{(B)_{E_k(\mathrm{l})}} \tag{8.395}$$

$$\Delta G_{\mathrm{m},A}(T_k) = \frac{\theta_{A,T_k}\Delta H_{\mathrm{m},A}(T_{E_4})}{T_{E_4}} = \eta_{A,T_k}\Delta H_{\mathrm{m},A}(T_{E_4})$$

$$\Delta G_{\mathrm{m},D}(T_k) = \frac{\theta_{D,T_k}\Delta H_{\mathrm{m},D}(T_{E_4})}{T_{E_4}} = \eta_{D,T_k}\Delta H_{\mathrm{m},D}(T_{E_4})$$

$$\Delta G_{\mathrm{m},B}(T_k) = \frac{\theta_{B,T_k}\Delta H_{\mathrm{m},B}(T_{E_4})}{T_{E_4}} = \eta_{B,T_k}\Delta H_{\mathrm{m},B}(T_{E_4})$$

式中，

$$\theta_{J,T_k} = T_{E_4} - T_k$$

$$\eta_{J,T_k} = \frac{T_{E_4} - T_k}{T_{E_4}}$$

$$(J = A、D、B)$$

$$\Delta H_{\mathrm{m},A}(T_{E_4}) = H_{\mathrm{m},A(\mathrm{s})}(T_{E_4}) - \bar{H}_{\mathrm{m},(A)_{E(\mathrm{l})}}(T_{E_4})$$

$$\Delta H_{\mathrm{m},D}(T_{E_4}) = H_{\mathrm{m},D(\mathrm{s})}(T_{E_4}) - \bar{H}_{\mathrm{m},(D)_{E(\mathrm{l})}}(T_{E_4})$$

$$\Delta H_{\mathrm{m},B}(T_{E_4}) = H_{\mathrm{m},B(\mathrm{s})}(T_{E_4}) - \bar{H}_{\mathrm{m},(B)_{E(\mathrm{l})}}(T_{E_4})$$

(2) 组元 A、D、B 依次析出，即先析出组元 A，再析出组元 D，然后析出组元 B。

如果组元 A 先析出，有

$$(A)_{过饱} \equiv\!\equiv (A)_{E_k(l)} =\!= A(\mathrm{s})$$

随着组元 A 的析出，组元 D 和 B 的过饱和程度会增大，溶液的组成会偏离共晶点 $E(\mathrm{l})$，向组元 A 的平衡相 l_k 靠近，以 l'_k 表示，达到一定程度后，组元 D 会析出，可以表示为

$$(D)_{过饱} \equiv (D)_{l'_k} = D(\mathrm{s})$$

随着组元 A 和 D 的析出，组元 B 的过饱和程度会增大，溶液的组成又会向组元 D 的平衡相 q_k 靠近，以 $l'_kq'_k$ 表示，达到一定程度后，组元 B 析出，可以表示为

$$(B)_{过饱} \equiv (B)_{l'_kq'_k} = B(\mathrm{s})$$

随着组元 D、B 的析出，组元 A 的过饱和程度增大，溶液的组成向组元 B 的平衡相 g_k 靠近，以 g'_k 表示。达到一定程度后，组元 A 又析出，有

$$(A)_{过饱} \equiv\!\equiv (A)_{q'_kg'_k} =\!= A(\mathrm{s})$$

就这样，组元 A、D、B 交替析出。直到降温，重复上述过程，一直进行到溶液 $E\,(\mathrm{l})$ 完全转化为固相组元 A、D、B。

(3) 先析出组元 A，再析出组元 D，然后析出组元 B

$$\begin{aligned}\Delta G_{\mathrm{m},A} &= \mu_{A(\mathrm{s})} - \mu_{(A)_{过饱}} \\ &= \mu_{A(\mathrm{s})} - \mu_{(A)_{E_k(\mathrm{l})}} \\ &= -RT\ln a^{\mathrm{R}}_{(A)_{过饱}} = -RT\ln a^{\mathrm{R}}_{(A)_{E_k(\mathrm{l})}}\end{aligned}$$

$$\begin{aligned}\Delta G_{\mathrm{m},D} &= \mu_{D(\mathrm{s})} - \mu_{(D)_{过饱}} \\ &= \mu_{D(\mathrm{s})} - \mu_{(D)_{l'_k}} \\ &= -RT\ln a^{\mathrm{R}}_{(D)_{过饱}} = -RT\ln a^{\mathrm{R}}_{(D)_{l'_k}}\end{aligned}$$

$$\begin{aligned}\Delta G_{\mathrm{m},B} &= \mu_{B(\mathrm{s})} - \mu_{(B)_{过饱}} \\ &= \mu_{B(\mathrm{s})} - \mu_{(B)_{l'_k q'_k}} \\ &= -RT\ln a^{\mathrm{R}}_{(B)_{过饱}} = -RT\ln a^{\mathrm{R}}_{(B)_{l'_k q'_k}}\end{aligned}$$

再析出组元 A

$$\begin{aligned}\Delta G_{\mathrm{m},A} &= \mu_{B_{(\mathrm{s})}} - \mu_{(A)_{过饱}} \\ &= \mu_{A_{(\mathrm{s})}} - \mu_{(A)_{q'_k g'_k}} \\ &= -RT\ln a^{\mathrm{R}}_{(A)_{过饱}} = -RT\ln a^{\mathrm{R}}_{(A)_{q'_k g'_k}}\end{aligned}$$

或者

$$\Delta G_{\mathrm{m},A}\,(T_k) = \frac{\theta_{A,T_k}\Delta H_{\mathrm{m},A}\,(T_{E_4})}{T_{E_4}} = \eta_{A,T_k}\Delta H_{\mathrm{m},A}\,(T_{E_4})$$

$$\Delta G_{\mathrm{m},D}\,(T_k) = \frac{\theta_{D,T_k}\Delta H_{\mathrm{m},D}\,(T_{E_4})}{T_{E_4}} = \eta_{D,T_k}\Delta H_{\mathrm{m},D}\,(T_{E_4})$$

$$\Delta G_{\mathrm{m},B}\,(T_k) = \frac{\theta_{B,T_k}\Delta H_{\mathrm{m},B}\,(T_{E_4})}{T_{E_4}} = \eta_{B,T_k}\Delta H_{\mathrm{m},B}\,(T_{E_4})$$

式中

$$\Delta H_{\mathrm{m},A}\,(T_{E_4}) = H_{\mathrm{m},A(\mathrm{s})}\,(T_{E_4}) - \bar{H}_{\mathrm{m},(A)_{E(\mathrm{l})}}\,(T_{E_4})$$

$$\Delta H_{\mathrm{m},D}\,(T_{E_4}) = H_{\mathrm{m},D(\mathrm{s})}\,(T_{E_4}) - \bar{H}_{\mathrm{m},(D)_{E(\mathrm{l})}}\,(T_{E_4})$$

$$\Delta H_{\mathrm{m},B}\,(T_{E_4}) = H_{\mathrm{m},B(\mathrm{s})}\,(T_{E_4}) - \bar{H}_{\mathrm{m},(B)_{E(\mathrm{l})}}\,(T_{E_4})$$

$$\theta_{J,T_k} = T_{E_4} - T_k$$

$$\eta_{J,T_k} = \frac{T_{E_4} - T_k}{T_{E_4}}$$
$$(J = A, D, B)$$

(4) 组元 A 先析出，然后组元 D、B 同时析出

可以表示为

$$E_k\,(\mathrm{l}) = A\,(\mathrm{s})$$

即

$$(A)_{过饱} \equiv (A)_{E_k(\mathrm{l})} = A\,(\mathrm{s})$$

随着组元 A 的析出，组元 D、B 的过饱和程度增大，溶液组成会偏离 $E_k\,(\mathrm{l})$，向组元 A 的平衡相 l_k 靠近，以 l'_k 表示。达到一定程度后，组元 D、B 同时析出，有

$$(D)_{过饱} \equiv (D)_{l'_k} = D\,(\mathrm{s})$$
$$(B)_{过饱} \equiv (B)_{l'_k} = B\,(\mathrm{s})$$

随着组元 D、B 的析出，组元 A 的过饱和程度增大，溶液组成向组元 D 和 B 的平衡相 q_k 和 g_k 靠近，以 $q'_k g'_k$ 表示。达到一定程度，组元 A 又析出。可以表示为

$$(A)_{过饱} \equiv (A)_{q'_k g'_k} = A\,(\mathrm{s})$$

组元 A 和组元 D、B 交替析出，析出的组元 A 单独存在，组元 D 和组元 B 聚在一起。

如此循环，直到降低温度，重复上述过程，一直进行到溶液 $E_k\,(\mathrm{l})$ 完全变成组元 A、D、B。

以纯固态组元 A、D、B 为标准状态，浓度以摩尔分数表示，析晶过程的摩尔吉布斯自由能变化为

$$\begin{aligned}
\Delta G_{\mathrm{m},A} &= \mu_{A(\mathrm{s})} - \mu_{(A)_{过饱}} \\
&= \mu_{A(\mathrm{s})} - \mu_{(A)_{E_k(\mathrm{l})}} \\
&= -RT\ln a^{\mathrm{R}}_{(A)_{过饱}} = -RT\ln a^{\mathrm{R}}_{(A)_{E_k(\mathrm{l})}}
\end{aligned} \tag{8.396}$$

$$\begin{aligned}
\Delta G_{\mathrm{m},D} &= \mu_{D(\mathrm{s})} - \mu_{(D)_{过饱}} \\
&= \mu_{D(\mathrm{s})} - \mu_{(D)_{l'_k}} \\
&= -RT\ln a^{\mathrm{R}}_{(D)_{过饱}} = -RT\ln a^{\mathrm{R}}_{(D)_{l'_k}}
\end{aligned} \tag{8.397}$$

$$\begin{aligned}
\Delta G_{\mathrm{m},B} &= \mu_{B(\mathrm{s})} - \mu_{(B)_{过饱}} \\
&= \mu_{B(\mathrm{s})} - \mu_{(B)_{l'_k}}
\end{aligned}$$

$$= -RT\ln a^{\mathrm{R}}_{(B)_{过饱}} = -RT\ln a^{\mathrm{R}}_{(B)_{l'_k}} \tag{8.398}$$

$$\Delta G'_{\mathrm{m},A} = \mu_{A(\mathrm{s})} - \mu_{(A)_{过饱}}$$

$$= \mu_{A(\mathrm{s})} - \mu_{(A)_{q'_k g'_k}}$$

$$= -RT\ln a^{\mathrm{R}}_{(A)_{过饱}} = -RT\ln a^{\mathrm{R}}_{(A)_{q'_k g'_k}}$$

或者

$$\Delta G_{\mathrm{m},A}(T_k) = \frac{\theta_{A,T_k}\Delta H_{\mathrm{m},A}(T_{E_4})}{T_{E_4}} = \eta_{A,T_k}\Delta H_{\mathrm{m},A}(T_{E_4})$$

$$\Delta G_{\mathrm{m},D}(T_k) = \frac{\theta_{D,T_k}\Delta H_{\mathrm{m},D}(T_{E_4})}{T_{E_4}} = \eta_{D,T_k}\Delta H_{\mathrm{m},D}(T_{E_4})$$

$$\Delta G_{\mathrm{m},B}(T_k) = \frac{\theta_{B,T_k}\Delta H_{\mathrm{m},B}(T_{E_4})}{T_{E_4}} = \eta_{B,T_k}\Delta H_{\mathrm{m},B}(T_{E_4})$$

$$\Delta G'_{\mathrm{m},A}(T_k) = \frac{\theta_{A,T_k}\Delta H'_{\mathrm{m},A}(T_{E_4})}{T_{E_4}} = \eta_{A,T_k}\Delta H'_{\mathrm{m},A}(T_{E_4})$$

式中

$$\Delta H_{\mathrm{m},A}(T_{E_4}) = H_{\mathrm{m},A(\mathrm{s})}(T_{E_4}) - \bar{H}_{\mathrm{m},(A)_{E(1)}}(T_{E_4})$$

$$\Delta H_{\mathrm{m},D}(T_{E_4}) = H_{\mathrm{m},D(\mathrm{s})}(T_{E_4}) - \bar{H}_{\mathrm{m},(D)_{E(1)}}(T_{E_4})$$

$$\Delta H_{\mathrm{m},B}(T_{E_4}) = H_{\mathrm{m},B(\mathrm{s})}(T_{E_4}) - \bar{H}_{\mathrm{m},(B)_{E(1)}}(T_{E_4})$$

$$\Delta H'_{\mathrm{m},A}(T_{E_4}) = H_{\mathrm{m},A(\mathrm{s})}(T_{E_4}) - \bar{H}_{\mathrm{m},(A)_{E(1)}}(T_{E_4})$$

$$\theta_{J,T_k} = T_{E_4} - T_k$$

$$\eta_{J,T_k} = \frac{T_{E_4} - T_k}{T_{E_4}}$$

$$J = A, D, B$$

(5) 组元 A 和组元 D 先同时析出，可以表示为

$$E_k(\mathrm{l}) = A(\mathrm{s}) + D(\mathrm{s})$$

即

$$(A)_{过饱} = (A)_{E_k(\mathrm{l})} = A(\mathrm{s})$$

$$(D)_{过饱} = (D)_{E_k(\mathrm{l})} = D(\mathrm{s})$$

随着组元 A、D 的析出，组元 B 的过饱和程度增大，固溶体组成偏离 $E_k(\mathrm{l})$，向组元 A 和组元 D 的平衡相 l_k 和 q_k 靠近，以 $l'_k q'_k$ 表示。达到一定程度，有

$$(B)_{过饱} \equiv (B)_{l'_k q'_k} = B(\mathrm{s})$$

随着组元 B 的析出，组元 A、D 的过饱和程度增大，固溶体组成向组元 B 的平衡相 g_k 靠近，以 g_k' 表示，达到一定程度后，组元 A、D 又析出。可以表示为

$$g_k' = A(\mathrm{s}) + D(\mathrm{s})$$

即

$$(A)_{过饱} \equiv (A)_{g_k'} = A(\mathrm{s})$$

$$(D)_{过饱} \equiv (D)_{g_k'} = D(\mathrm{s})$$

组元 A、D 和 B 交替析出。析出的组元 A、D 聚在一起，组元单独存在。如此循环，直到溶液 $E(\mathrm{l})$ 完全转变为组元 A、D、B。

温度继续降低，如果上述的反应没有完成，则再重复上述过程。

固体组元 A、D、B 和溶液中的组元 A、D、B 都以纯固态为标准状态，浓度以摩尔分数表示。

上述过程中的摩尔吉布斯自由能变化为

$$\begin{aligned}\Delta G_{\mathrm{m},A} &= \mu_{A(\mathrm{s})} - \mu_{(A)_{过饱}} \\ &= \mu_{A(\mathrm{s})} - \mu_{(A)_{E_k(\mathrm{l})}} \\ &= -RT\ln a^{\mathrm{R}}_{(A)_{过饱}} = -RT\ln a^{\mathrm{R}}_{(A)_{E_k(\mathrm{l})}}\end{aligned}$$

$$\begin{aligned}\Delta G_{\mathrm{m},D} &= \mu_{D(\mathrm{s})} - \mu_{(D)_{过饱}} \\ &= \mu_{D(\mathrm{s})} - \mu_{(D)_{E_k(\mathrm{l})}} \\ &= -RT\ln a^{\mathrm{R}}_{(D)_{过饱}} = -RT\ln a^{\mathrm{R}}_{(D)_{E_k(\mathrm{l})}}\end{aligned}$$

$$\begin{aligned}\Delta G_{\mathrm{m},B} &= \mu_{B(\mathrm{s})} - \mu_{(B)_{过饱}} \\ &= \mu_{B(\mathrm{s})} - \mu_{(B)_{l_k' q_k'}} \\ &= -RT\ln a^{R}_{(B)_{过饱}} = -RT\ln a^{R}_{(B)_{l_k' q_k'}}\end{aligned}$$

再析出组元 A 和 D，有

$$\begin{aligned}\Delta G_{\mathrm{m},A} &= \mu_{A(\mathrm{s})} - \mu_{(A)_{过饱}} \\ &= \mu_{A(\mathrm{s})} - \mu_{(A)_{g_k'}} \\ &= -RT\ln a^{\mathrm{R}}_{(A)_{过饱}} = -RT\ln a^{\mathrm{R}}_{(A)_{g_k'}}\end{aligned}$$

$$\begin{aligned}\Delta G_{\mathrm{m},D} &= \mu_{D(\mathrm{s})} - \mu_{(D)_{过饱}} \\ &= \mu_{D(\mathrm{s})} - \mu_{(D)_{g_k'}}\end{aligned}$$

$$= -RT\ln a^{\mathrm{R}}_{(D)_{\text{过饱}}} = -RT\ln a^{\mathrm{R}}_{(D)_{g'_k}}$$

或者

$$\Delta G_{\mathrm{m},A}\left(T_k\right) = \frac{\theta_{A,T_k}\Delta H_{\mathrm{m},A}\left(T_{E_4}\right)}{T_{E_4}} = \eta_{A,T_k}\Delta H_{\mathrm{m},A}\left(T_{E_4}\right)$$

$$\Delta G_{\mathrm{m},D}\left(T_k\right) = \frac{\theta_{D,T_k}\Delta H_{\mathrm{m},D}\left(T_{E_4}\right)}{T_{E_4}} = \eta_{D,T_k}\Delta H_{\mathrm{m},D}\left(T_{E_4}\right)$$

$$\Delta G_{\mathrm{m},B}\left(T_k\right) = \frac{\theta_{B,T_k}\Delta H_{\mathrm{m},B}\left(T_{E_4}\right)}{T_{E_4}} = \eta_{B,T_k}\Delta H_{\mathrm{m},B}\left(T_{E_4}\right)$$

$$\Delta G'_{\mathrm{m},A}\left(T_k\right) = \frac{\theta_{A,T_k}\Delta H'_{\mathrm{m},A}\left(T_{E_4}\right)}{T_{E_4}} = \eta_{A,T_k}\Delta H'_{\mathrm{m},A}\left(T_{E_4}\right)$$

$$\Delta G'_{\mathrm{m},D}\left(T_k\right) = \frac{\theta_{D,T_k}\Delta H'_{\mathrm{m},D}\left(T_{E_4}\right)}{T_{E_4}} = \eta_{D,T_k}\Delta H'_{\mathrm{m},D}\left(T_{E_4}\right)$$

式中

$$\Delta H_{\mathrm{m},A}\left(T_{E_4}\right) = H_{\mathrm{m},A(\mathrm{s})}\left(T_{E_4}\right) - \bar{H}_{\mathrm{m},(A)_{E(1)}}\left(T_{E_4}\right)$$

$$\Delta H_{\mathrm{m},D}\left(T_{E_4}\right) = H_{\mathrm{m},D(\mathrm{s})}\left(T_{E_4}\right) - \bar{H}_{\mathrm{m},(D)_{E(1)}}\left(T_{E_4}\right)$$

$$\Delta H_{\mathrm{m},B}\left(T_{E_4}\right) = H_{\mathrm{m},B(\mathrm{s})}\left(T_{E_4}\right) - \bar{H}_{\mathrm{m},(B)_{E(1)}}\left(T_{E_4}\right)$$

$$\Delta H'_{\mathrm{m},A}\left(T_{E_4}\right) = H_{\mathrm{m},A(\mathrm{s})}\left(T_{E_4}\right) - \bar{H}_{\mathrm{m},(A)_{E(1)}}\left(T_{E_4}\right)$$

$$\Delta H'_{\mathrm{m},D}\left(T_{E_4}\right) = H_{\mathrm{m},D(\mathrm{s})}\left(T_{E_4}\right) - \bar{H}_{\mathrm{m},(D)_{E(1)}}\left(T_{E_4}\right)$$

$$\theta_{J,T_k} = T_{E_4} - T_k$$

$$\eta_{J,T_k} = \frac{T_{E_4} - T_k}{T_{E_4}}$$

$$J = A, D, B$$

2. 凝固速率

1) 从温度 T_1 到 T_P

从温度 T_1 到 T_P，析出组元 A 的晶体，析晶速率为

$$\begin{aligned}\frac{\mathrm{d}N_{A(\mathrm{s})}}{\mathrm{d}t} &= -\frac{\mathrm{d}N_{(A)}}{\mathrm{d}t} = Vj_A \\ &= V\left[-l_1\left(\frac{A_{\mathrm{m},A}}{T}\right) - l_2\left(\frac{A_{\mathrm{m},A}}{T}\right)^2 - l_3\left(\frac{A_{\mathrm{m},A}}{T}\right)^3 - \cdots\right]\end{aligned} \tag{8.399}$$

式中，

$$A_{\mathrm{m},A} = \Delta G_{\mathrm{m},A}$$

2) 从温度 T_P 到 T_{E_4}

从温度 T_P 到 T_{E_4}，析出组元 A 和 A_mB_n 的晶体，不考虑耦合作用，析晶速率为

$$\begin{aligned}\frac{\mathrm{d}N_{A(\mathrm{s})}}{\mathrm{d}t}&=-\frac{\mathrm{d}N_{(A)}}{\mathrm{d}t}=Vj_A\\&=V\left[-l_1\left(\frac{A_{\mathrm{m},A}}{T}\right)-l_2\left(\frac{A_{\mathrm{m},A}}{T}\right)^2-l_3\left(\frac{A_{\mathrm{m},A}}{T}\right)^3-\cdots\right]\end{aligned}\tag{8.400}$$

$$\begin{aligned}\frac{\mathrm{d}N_{A_mB_n(\mathrm{s})}}{\mathrm{d}t}&=-\frac{\mathrm{d}N_{(A_mB_n)}}{\mathrm{d}t}=Vj_{A_mB_n}\\&=V\left[-l_1\left(\frac{A_{\mathrm{m},D}}{T}\right)-l_2\left(\frac{A_{\mathrm{m},D}}{T}\right)^2-l_3\left(\frac{A_{\mathrm{m},D}}{T}\right)^3-\cdots\right]\end{aligned}\tag{8.401}$$

考虑耦合作用

$$\begin{aligned}\frac{\mathrm{d}N_{A(\mathrm{s})}}{\mathrm{d}t}=&-\frac{\mathrm{d}N_{(A)}}{\mathrm{d}t}=Vj_A\\=&V\Bigg[-l_{11}\left(\frac{A_{\mathrm{m},A}}{T}\right)-l_{12}\left(\frac{A_{\mathrm{m},B}}{T}\right)-l_{111}\left(\frac{A_{\mathrm{m},A}}{T}\right)^2\\&-l_{112}\left(\frac{A_{\mathrm{m},A}}{T}\right)\left(\frac{A_{\mathrm{m},B}}{T}\right)-l_{122}\left(\frac{A_{\mathrm{m},B}}{T}\right)^2-l_{1111}\left(\frac{A_{\mathrm{m},A}}{T}\right)^3\\&-l_{1112}\left(\frac{A_{\mathrm{m},A}}{T}\right)^2\left(\frac{A_{\mathrm{m},B}}{T}\right)-l_{1122}\left(\frac{A_{\mathrm{m},A}}{T}\right)\left(\frac{A_{\mathrm{m},B}}{T}\right)^2\\&-l_{1222}\left(\frac{A_{\mathrm{m},B}}{T}\right)^3-\cdots\Bigg]\end{aligned}\tag{8.402}$$

$$\begin{aligned}\frac{\mathrm{d}N_{A_mB_n(\mathrm{s})}}{\mathrm{d}t}=&-\frac{\mathrm{d}N_{(A_mB_n)}}{\mathrm{d}t}=Vj_{A_mB_n}\\=&V\Bigg[-l_{21}\left(\frac{A_{\mathrm{m},A}}{T}\right)-l_{22}\left(\frac{A_{\mathrm{m},D}}{T}\right)-l_{211}\left(\frac{A_{\mathrm{m},A}}{T}\right)^2\\&-l_{212}\left(\frac{A_{\mathrm{m},A}}{T}\right)\left(\frac{A_{\mathrm{m},D}}{T}\right)-l_{222}\left(\frac{A_{\mathrm{m},D}}{T}\right)^2-l_{2111}\left(\frac{A_{\mathrm{m},A}}{T}\right)^3\\&-l_{2112}\left(\frac{A_{\mathrm{m},A}}{T}\right)^2\left(\frac{A_{\mathrm{m},D}}{T}\right)-l_{2122}\left(\frac{A_{\mathrm{m},A}}{T}\right)\left(\frac{A_{\mathrm{m},D}}{T}\right)^2\\&-l_{2222}\left(\frac{A_{\mathrm{m},D}}{T}\right)^3-\cdots\Bigg]\end{aligned}\tag{8.403}$$

式中，

$$A_{\mathrm{m},A}=\Delta G_{\mathrm{m},A}$$

$$A_{\mathrm{m},D} = \Delta G_{\mathrm{m},D}$$

3) 温度低于 T_{E_4}

温度低于 T_{E_4}，形成组元 A、$A_mB_nC_p$ 和 B 的共晶，固相组元 A、$A_mB_nC_p$、B 同时析出。不考虑耦合作用，析晶速率为

$$\begin{aligned}\frac{\mathrm{d}N_{A(\mathrm{s})}}{\mathrm{d}t} &= -\frac{\mathrm{d}N_{(A)_{E_k(\mathrm{l})}}}{\mathrm{d}t} = Vj_A \\ &= V\left[-l_1\left(\frac{A_{\mathrm{m},A}}{T}\right) - l_2\left(\frac{A_{\mathrm{m},A}}{T}\right)^2 - l_3\left(\frac{A_{\mathrm{m},A}}{T}\right)^3 - \cdots\right]\end{aligned} \tag{8.404}$$

$$\begin{aligned}\frac{\mathrm{d}N_{A_mB_nC_p(\mathrm{s})}}{\mathrm{d}t} &= -\frac{\mathrm{d}N_{(A_mB_nC_p)_{E_k(\mathrm{l})}}}{\mathrm{d}t} = Vj_{A_mB_nC_p} \\ &= V\left[-l_1\left(\frac{A_{\mathrm{m},D}}{T}\right) - l_2\left(\frac{A_{\mathrm{m},D}}{T}\right)^2 - l_3\left(\frac{A_{\mathrm{m},D}}{T}\right)^3 - \cdots\right]\end{aligned} \tag{8.405}$$

$$\begin{aligned}\frac{\mathrm{d}N_{B(\mathrm{s})}}{\mathrm{d}t} &= -\frac{\mathrm{d}N_{(B)_{E_k(\mathrm{l})}}}{\mathrm{d}t} = Vj_B \\ &= V\left[-l_1\left(\frac{A_{\mathrm{m},B}}{T}\right) - l_2\left(\frac{A_{\mathrm{m},B}}{T}\right)^2 - l_3\left(\frac{A_{\mathrm{m},B}}{T}\right)^3 - \cdots\right]\end{aligned} \tag{8.406}$$

考虑耦合作用，析晶速率为

$$\begin{aligned}\frac{\mathrm{d}N_{A(\mathrm{s})}}{\mathrm{d}t} =& -\frac{\mathrm{d}N_{(A)_{E_k(\mathrm{l})}}}{\mathrm{d}t} = Vj_A \\ =& V\Bigg[-l_{11}\left(\frac{A_{\mathrm{m},A}}{T}\right) - l_{12}\left(\frac{A_{\mathrm{m},D}}{T}\right) - l_{13}\left(\frac{A_{\mathrm{m},B}}{T}\right) \\ & - l_{111}\left(\frac{A_{\mathrm{m},A}}{T}\right)^2 - l_{112}\left(\frac{A_{\mathrm{m},A}}{T}\right)\left(\frac{A_{\mathrm{m},D}}{T}\right) - l_{113}\left(\frac{A_{\mathrm{m},A}}{T}\right)\left(\frac{A_{\mathrm{m},B}}{T}\right) \\ & - l_{123}\left(\frac{A_{\mathrm{m},D}}{T}\right)\left(\frac{A_{\mathrm{m},B}}{T}\right) - l_{122}\left(\frac{A_{\mathrm{m},D}}{T}\right)^2 - l_{133}\left(\frac{A_{\mathrm{m},B}}{T}\right)^2 \\ & - l_{1111}\left(\frac{A_{\mathrm{m},A}}{T}\right)^3 - l_{1112}\left(\frac{A_{\mathrm{m},A}}{T}\right)^2\left(\frac{A_{\mathrm{m},D}}{T}\right) \\ & - l_{1113}\left(\frac{A_{\mathrm{m},A}}{T}\right)^2\left(\frac{A_{\mathrm{m},B}}{T}\right) - l_{1122}\left(\frac{A_{\mathrm{m},A}}{T}\right)\left(\frac{A_{\mathrm{m},D}}{T}\right)^2\end{aligned}$$

$$
\begin{aligned}
&-l_{1123}\left(\frac{A_{\mathrm{m},A}}{T}\right)\left(\frac{A_{\mathrm{m},D}}{T}\right)\left(\frac{A_{\mathrm{m},B}}{T}\right)-l_{1133}\left(\frac{A_{\mathrm{m},A}}{T}\right)\left(\frac{A_{\mathrm{m},B}}{T}\right)^2\\
&-l_{1222}\left(\frac{A_{\mathrm{m},D}}{T}\right)^3-l_{1223}\left(\frac{A_{\mathrm{m},D}}{T}\right)^2\left(\frac{A_{\mathrm{m},B}}{T}\right)\\
&-l_{1233}\left(\frac{A_{\mathrm{m},D}}{T}\right)\left(\frac{A_{\mathrm{m},B}}{T}\right)^2-l_{1333}\left(\frac{A_{\mathrm{m},B}}{T}\right)^3-\cdots\Bigg]
\end{aligned}
\tag{8.407}
$$

$$
\begin{aligned}
\frac{\mathrm{d}N_{B(\mathrm{s})}}{\mathrm{d}t}&=-\frac{\mathrm{d}N_{(B)_{E_k(\mathrm{l})}}}{\mathrm{d}t}=Vj_B\\
&=V\Bigg[-l_{21}\left(\frac{A_{\mathrm{m},A}}{T}\right)-l_{22}\left(\frac{A_{\mathrm{m},B}}{T}\right)-l_{23}\left(\frac{A_{\mathrm{m},D}}{T}\right)\\
&\quad-l_{211}\left(\frac{A_{\mathrm{m},A}}{T}\right)^2-l_{212}\left(\frac{A_{\mathrm{m},A}}{T}\right)\left(\frac{A_{\mathrm{m},B}}{T}\right)-l_{213}\left(\frac{A_{\mathrm{m},A}}{T}\right)\left(\frac{A_{\mathrm{m},D}}{T}\right)\\
&\quad-l_{222}\left(\frac{A_{\mathrm{m},B}}{T}\right)^2-l_{223}\left(\frac{A_{\mathrm{m},B}}{T}\right)\left(\frac{A_{\mathrm{m},D}}{T}\right)-l_{233}\left(\frac{A_{\mathrm{m},D}}{T}\right)^2\\
&\quad-l_{2111}\left(\frac{A_{\mathrm{m},A}}{T}\right)^3-l_{2112}\left(\frac{A_{\mathrm{m},A}}{T}\right)^2\left(\frac{A_{\mathrm{m},B}}{T}\right)\\
&\quad-l_{2113}\left(\frac{A_{\mathrm{m},A}}{T}\right)^2\left(\frac{A_{\mathrm{m},D}}{T}\right)-l_{2122}\left(\frac{A_{\mathrm{m},A}}{T}\right)\left(\frac{A_{\mathrm{m},B}}{T}\right)^2\\
&\quad-l_{2123}\left(\frac{A_{\mathrm{m},A}}{T}\right)\left(\frac{A_{\mathrm{m},B}}{T}\right)\left(\frac{A_{\mathrm{m},D}}{T}\right)-l_{2133}\left(\frac{A_{\mathrm{m},A}}{T}\right)\left(\frac{A_{\mathrm{m},D}}{T}\right)^2\\
&\quad-l_{2222}\left(\frac{A_{\mathrm{m},B}}{T}\right)^3-l_{2223}\left(\frac{A_{\mathrm{m},B}}{T}\right)^2\left(\frac{A_{\mathrm{m},D}}{T}\right)\\
&\quad-l_{2233}\left(\frac{A_{\mathrm{m},B}}{T}\right)\left(\frac{A_{\mathrm{m},D}}{T}\right)^2-l_{2333}\left(\frac{A_{\mathrm{m},D}}{T}\right)^3-\cdots\Bigg]
\end{aligned}
\tag{8.408}
$$

$$
\begin{aligned}
\frac{\mathrm{d}N_{D(\mathrm{s})}}{\mathrm{d}t}&=-\frac{\mathrm{d}N_{(D)_{E_k(\mathrm{l})}}}{\mathrm{d}t}=Vj_D\\
&=V\Bigg[-l_{31}\left(\frac{A_{\mathrm{m},A}}{T}\right)-l_{32}\left(\frac{A_{\mathrm{m},B}}{T}\right)-l_{33}\left(\frac{A_{\mathrm{m},D}}{T}\right)\\
&\quad-l_{311}\left(\frac{A_{\mathrm{m},A}}{T}\right)^2-l_{312}\left(\frac{A_{\mathrm{m},A}}{T}\right)\left(\frac{A_{\mathrm{m},B}}{T}\right)-l_{313}\left(\frac{A_{\mathrm{m},A}}{T}\right)\left(\frac{A_{\mathrm{m},D}}{T}\right)\\
&\quad-l_{322}\left(\frac{A_{\mathrm{m},B}}{T}\right)^2-l_{323}\left(\frac{A_{\mathrm{m},B}}{T}\right)\left(\frac{A_{\mathrm{m},D}}{T}\right)-l_{333}\left(\frac{A_{\mathrm{m},D}}{T}\right)^2\\
&\quad-l_{3111}\left(\frac{A_{\mathrm{m},A}}{T}\right)^3-l_{3112}\left(\frac{A_{\mathrm{m},A}}{T}\right)^2\left(\frac{A_{\mathrm{m},B}}{T}\right)
\end{aligned}
$$

$$
\begin{aligned}
&-l_{3113}\left(\frac{A_{\mathrm{m},A}}{T}\right)^2\left(\frac{A_{\mathrm{m},D}}{T}\right)-l_{3122}\left(\frac{A_{\mathrm{m},A}}{T}\right)\left(\frac{A_{\mathrm{m},B}}{T}\right)^2\\
&-l_{3123}\left(\frac{A_{\mathrm{m},A}}{T}\right)\left(\frac{A_{\mathrm{m},B}}{T}\right)\left(\frac{A_{\mathrm{m},D}}{T}\right)-l_{3133}\left(\frac{A_{\mathrm{m},A}}{T}\right)\left(\frac{A_{\mathrm{m},D}}{T}\right)^2\\
&-l_{3222}\left(\frac{A_{\mathrm{m},B}}{T}\right)^3-l_{3223}\left(\frac{A_{\mathrm{m},B}}{T}\right)^2\left(\frac{A_{\mathrm{m},D}}{T}\right)\\
&\left.-l_{3233}\left(\frac{A_{\mathrm{m},B}}{T}\right)\left(\frac{A_{\mathrm{m},D}}{T}\right)^2-l_{3333}\left(\frac{A_{\mathrm{m},D}}{T}\right)^3-\cdots\right]
\end{aligned}
\tag{8.409}
$$

固相组元 A、D、B 依次析出，有

$$
\begin{aligned}
\frac{\mathrm{d}N_{A(\mathrm{s})}}{\mathrm{d}t}&=-\frac{\mathrm{d}N_{(A)_{E_k(1)}}}{\mathrm{d}t}=Vj_A\\
&=V\left[-l_1\left(\frac{A_{\mathrm{m},A}}{T}\right)-l_2\left(\frac{A_{\mathrm{m},A}}{T}\right)^2-l_3\left(\frac{A_{\mathrm{m},A}}{T}\right)^3-\cdots\right]\\
\frac{\mathrm{d}N_{D(\mathrm{s})}}{\mathrm{d}t}&=-\frac{\mathrm{d}N_{(D)_{l'_k}}}{\mathrm{d}t}=Vj_D\\
&=V\left[-l_1\left(\frac{A_{\mathrm{m},D}}{T}\right)-l_2\left(\frac{A_{\mathrm{m},D}}{T}\right)^2-l_3\left(\frac{A_{\mathrm{m},D}}{T}\right)^3-\cdots\right]\\
\frac{\mathrm{d}N_{B(\mathrm{s})}}{\mathrm{d}t}&=-\frac{\mathrm{d}N_{(B)_{l'_kq'_k}}}{\mathrm{d}t}=Vj_B\\
&=V\left[-l_1\left(\frac{A_{\mathrm{m},B}}{T}\right)-l_2\left(\frac{A_{\mathrm{m},B}}{T}\right)^2-l_3\left(\frac{A_{\mathrm{m},B}}{T}\right)^3-\cdots\right]
\end{aligned}
$$

固相组元 A 先析出，然后组元 D、B 同时析出，有

$$
\begin{aligned}
\frac{\mathrm{d}N_{A(\mathrm{s})}}{\mathrm{d}t}&=-\frac{\mathrm{d}N_{(A)_{E_k(1)}}}{\mathrm{d}t}=Vj_A\\
&=V\left[-l_1\left(\frac{A_{\mathrm{m},A}}{T}\right)-l_2\left(\frac{A_{\mathrm{m},A}}{T}\right)^2-l_3\left(\frac{A_{\mathrm{m},A}}{T}\right)^3-\cdots\right]\\
\frac{\mathrm{d}N_{D(\mathrm{s})}}{\mathrm{d}t}&=-\frac{\mathrm{d}N_{(D)_{l'_k}}}{\mathrm{d}t}=Vj_D\\
&=V\left[-l_1\left(\frac{A_{\mathrm{m},D}}{T}\right)-l_2\left(\frac{A_{\mathrm{m},D}}{T}\right)^2-l_3\left(\frac{A_{\mathrm{m},D}}{T}\right)^3-\cdots\right]\\
\frac{\mathrm{d}N_{B(\mathrm{s})}}{\mathrm{d}t}&=-\frac{\mathrm{d}N_{(B)_{l'_k}}}{\mathrm{d}t}=Vj_B\\
&=V\left[-l_1\left(\frac{A_{\mathrm{m},B}}{T}\right)-l_2\left(\frac{A_{\mathrm{m},B}}{T}\right)^2-l_3\left(\frac{A_{\mathrm{m},B}}{T}\right)^3-\cdots\right]
\end{aligned}
$$

固相组元 A 和 D 先同时析出，然后组元 B 析出，有

$$\begin{aligned}\frac{\mathrm{d}N_{A(\mathrm{s})}}{\mathrm{d}t} &= -\frac{\mathrm{d}N_{(A)_{E_k(\mathrm{l})}}}{\mathrm{d}t} = Vj_A \\ &= V\left[-l_1\left(\frac{A_{\mathrm{m},A}}{T}\right) - l_2\left(\frac{A_{\mathrm{m},A}}{T}\right)^2 - l_3\left(\frac{A_{\mathrm{m},A}}{T}\right)^3 - \cdots\right] \\ \frac{\mathrm{d}N_{D(\mathrm{s})}}{\mathrm{d}t} &= -\frac{\mathrm{d}N_{(D)_{E_k(\mathrm{l})}}}{\mathrm{d}t} = Vj_D \\ &= V\left[-l_1\left(\frac{A_{\mathrm{m},D}}{T}\right) - l_2\left(\frac{A_{\mathrm{m},D}}{T}\right)^2 - l_3\left(\frac{A_{\mathrm{m},D}}{T}\right)^3 - \cdots\right] \\ \frac{\mathrm{d}N_{B(\mathrm{s})}}{\mathrm{d}t} &= -\frac{\mathrm{d}N_{(B)_{l_k' g_k'}}}{\mathrm{d}t} = Vj_B \\ &= V\left[-l_1\left(\frac{A_{\mathrm{m},B}}{T}\right) - l_2\left(\frac{A_{\mathrm{m},B}}{T}\right)^2 - l_3\left(\frac{A_{\mathrm{m},B}}{T}\right)^3 - \cdots\right]\end{aligned}$$

式中，

$$A_{\mathrm{m},A} = \Delta G_{\mathrm{m},A}$$

$$A_{\mathrm{m},B} = \Delta G_{\mathrm{m},B}$$

$$A_{\mathrm{m},D} = \Delta G_{\mathrm{m},D}$$

8.3.7 具有异组成熔融三元化合物的三元系 (一)

1. 凝固过程热力学

图 8.14 是具有异组成熔融三元化合物的三元系相图。

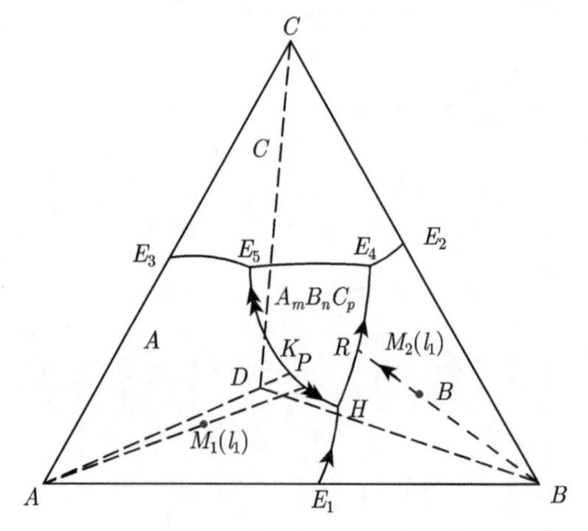

图 8.14 具有异组成熔融三元化合物的三元系相图

1.1 物质组成点 M_1 在 ΔABD 内

1) 温度降到 T_1

物质组成为 M 的液体降温凝固。温度降到 T_1，物质组成为液相面 A 上的 M_1 点，平衡液相为液相面 A 上的 l_1 点，两点重合，是组元 A 的饱和溶液，有

$$(A)_{l_1} =\!=\!= (A)_{饱} \rightleftharpoons A\,(\mathrm{s})$$

摩尔吉布斯自由能变化为零。

2) 温度降到 T_2

温度降到 T_2，平衡液相组成为 l_2，是组元 A 的饱和溶液。当温度刚降到 T_2，尚无固相组元 A 析出时，液相组成不变，但已由组元 A 的饱和溶液 l_1 变成过饱和溶液 l_1'，析出固相组元 A，有

$$(A)_{l_1'} =\!=\!= (A)_{过饱} =\!=\!= A\,(\mathrm{s})$$

达到平衡时，有

$$(A)_{l_2} =\!=\!= (A)_{饱} \rightleftharpoons A\,(\mathrm{s})$$

以纯固态组元 A 为标准状态，浓度以摩尔分数表示，析晶过程的摩尔吉布斯自由能变化为

$$\begin{aligned}\Delta G_{\mathrm{m},A} &= \mu_{A(\mathrm{s})} - \mu_{(A)_{l_1'}} = \mu_{A(\mathrm{s})} - \mu_{(A)_{过饱}} \\ &= -RT\ln a^{\mathrm{R}}_{(A)_{l_1'}} = -RT\ln a^{\mathrm{R}}_{(A)_{过饱}}\end{aligned} \tag{8.410}$$

或者如下计算：

$$\Delta G_{\mathrm{m},A}\,(T_2) = \frac{\theta_{A,T_2}\Delta H_{\mathrm{m},A}\,(T_1)}{T_1} = \eta_{A,T_2}\Delta H_{\mathrm{m},A}\,(T_1) \tag{8.411}$$

式中，

$$T_1 > T_2$$

$$\theta_{A,T_2} = T_1 - T_2 > 0$$

$$\eta_{A,T_2} = \frac{T_1 - T_2}{T_1} > 0$$

3) 温度从 T_1 到 T_P

继续降温，从温度 T_1 到 T_P，平衡液相组成沿着 AM 连线的延长线向 P 点移动。析晶过程可以描述如下。

在温度 T_{i-1}，液–固两相达成平衡，有

$$(A)_{l_{i-1}} =\!=\!= (A)_{饱} \rightleftharpoons A\,(\mathrm{s})$$

继续降温，温度降到 T_i。当温度刚降到 T_i，尚无固相组元 A 析出时，液相组成未变，但已由组元 A 的饱和溶液 l_{i-1} 变成组元 A 的过饱和溶液 l'_{i-1}，析出固相组元 A，有

$$(A)_{l'_{i-1}} \equiv (A)_{过饱} = A\,(\mathrm{s})$$

$$(i = 1, 2, \cdots, n)$$

达到平衡时，有

$$(A)_{l_i} \equiv (A)_{饱} \rightleftharpoons A\,(\mathrm{s})$$

以纯固态组元 A 为标准状态，浓度以摩尔分数表示，析晶过程的摩尔吉布斯自由能变化为

$$\begin{aligned}\Delta G_{\mathrm{m},A} &= \mu_{A(\mathrm{s})} - \mu_{(A)_{过饱}} = \mu_{A(\mathrm{s})} - \mu_{(A)_{l'_{i-1}}} \\ &= -RT\ln a^{\mathrm{R}}_{(A)_{过饱}} = -RT\ln a^{\mathrm{R}}_{(A)_{l'_{i-1}}}\end{aligned} \tag{8.412}$$

式中，l'_{i-1} 和 l_{i} 分别为温度 T_i 时溶液的组成。

或者

$$\Delta G_{\mathrm{m},A}\,(T_i) = \frac{\theta_{A,T_i}\Delta H_{\mathrm{m},A}\,(T_{i-1})}{T_{i-1}} = \eta_{A,T_i}\Delta H_{\mathrm{m},A}\,(T_{i-1}) \tag{8.413}$$

式中，

$$T_{i-1} > T_i$$

$$\theta_{A,T_i} = T_{i-1} - T_i$$

$$\eta_{A,T_i} = \frac{T_{i-1} - T_i}{T_{i-1}}$$

在温度 T_P，液相组成为不一致熔融线 HE_5 上的 P 点，以 l_P 表示。析晶和转熔反应达到平衡，有

$$(A)_{l_P} \equiv (A)_{饱} \rightleftharpoons A(\mathrm{s})$$

$$(A_mB_nC_p)_{l_P} \equiv (A_mB_nC_p)_{饱} \rightleftharpoons A_mB_nC_p(\mathrm{s})$$

和

$$mA\,(\mathrm{s}) + n\,(B)_{l_P} + p\,(C)_{l_P} \rightleftharpoons A_mB_nC_p\,(\mathrm{s})$$

析晶和转熔反应在平衡状态下进行，摩尔吉布斯自由能变化为零，即

$$\Delta G_{\mathrm{m},A} = 0$$

$$\Delta G_{\mathrm{m},D} = 0$$

$$\Delta G_{A_mB_nC_p} = 0$$

4) 温度从 T_P 到 T_H

继续降温。温度从 T_P 降到 T_H，液相组成沿不一致熔融线 E_5H 从 P 点向 H 点移动。该过程进行析晶和转熔反应。

可以描述如下。

在温度 T_{j-1}，液相组成为 l_{j-1}。过程达成平衡，有

$$mA\,(\mathrm{s}) + n\,(B)_{l_{j-1}} + p\,(C)_{l_{j-1}} \rightleftharpoons A_mB_nC_p\,(\mathrm{s})$$

$$(A)_{l_{j-1}} \equiv (A)_{饱} \rightleftharpoons A\,(\mathrm{s})$$

$$(A_mB_nC_p)_{l_{j-1}} \equiv (A_mB_nC_p)_{饱} \rightleftharpoons A_mB_nC_p\,(\mathrm{s})$$

温度降到 T_j，当温度刚降到 T_j，尚无固相组元 $A_mB_nC_p$ 和 A 产生时，溶液组成未变，但已由平衡态 l_{j-1} 变成非平衡态 l'_{j-1}，进行转熔反应并析出固相组元 $A_mB_nC_p$ 和固相组元 A。即

$$mA\,(\mathrm{s}) + n\,(B)_{l'_{j-1}} + p\,(C)_{l'_{j-1}} = A_mB_nC_p\,(\mathrm{s})$$

$$(A)_{l'_{j-1}} \equiv (A)_{过饱} = A\,(\mathrm{s})$$

$$(A_mB_nC_p)_{l'_{j-1}} \equiv (A_mB_nC_p)_{过饱} = A_mB_nC_p\,(\mathrm{s})$$

以纯固态组元 A、B、C 和 $A_mB_nC_p$ 为标准状态，浓度以摩尔分数表示，过程的摩尔吉布斯自由能变化为

$$\Delta G_{\mathrm{m},D} = \Delta_{\mathrm{f}} G^*_{\mathrm{m},D} - nRT\ln a^{\mathrm{R}}_{(B)_{l'_{j-1}}} - pRT\ln a^{\mathrm{R}}_{(C)_{l'_{j-1}}} \tag{8.414}$$

$$\begin{aligned}\Delta G_{\mathrm{m},A} &= \mu_{A(\mathrm{s})} - \mu_{(A)_{l'_{j-1}}} = \mu_{A(\mathrm{s})} - \mu_{(A)_{过饱}} \\ &= -RT\ln a^{\mathrm{R}}_{(A)_{l'_{j-1}}} = -RT\ln a^{\mathrm{R}}_{(A)_{过饱}}\end{aligned} \tag{8.415}$$

$$\begin{aligned}\Delta G_{\mathrm{m},A_mB_nC_p} &= \mu_{A_mB_nC_p(\mathrm{s})} - \mu_{(A_mB_nC_p)_{l'_{j-1}}} \\ &= -RT\ln a^{\mathrm{R}}_{(A_mB_nC_p)_{l'_{j-1}}}\end{aligned}$$

在温度 T_{H-1}，体系达到平衡，有

$$mA\,(\mathrm{s}) + n\,(B)_{l_{H-1}} + p\,(C)_{l_{H-1}} \rightleftharpoons A_mB_nC_p\,(\mathrm{s})$$

$$(A)_{l_{H-1}} \equiv (A)_{饱} \rightleftharpoons A\,(\mathrm{s})$$

$$(A_mB_nC_p)_{l_{H-1}} \equiv (A_mB_nC_p)_{饱} \rightleftharpoons A_mB_nC_p\,(\mathrm{s})$$

降低温度到 T_H。在温度刚降到 T_H，尚无固相组元析出时，液相组成未变，但已由平衡状态 l_{H-1} 变成非平衡状态 l'_{H-1}，进行转熔反应并析出固相组元 A 和 $A_mB_nC_p$。有

$$mA\,(\mathrm{s}) + n\,(B)_{l'_{H-1}} + p\,(C)_{l'_{H-1}} = A_mB_nC_p\,(\mathrm{s})$$

$$(A)_{l'_{H-1}} \equiv (A)_{饱} = A\,(\mathrm{s})$$

$$(A_mB_nC_p)_{l'_{H-1}} \equiv (A_mB_nC_p)_{过饱} \rightleftharpoons A_mB_nC_p\,(\mathrm{s})$$

以纯固态组元 A、B、C 和 $A_mB_nC_p$ 为标准状态，浓度以摩尔分数表示，过程的摩尔吉布斯自由能变化为

$$\Delta G_{\mathrm{m},D} = \Delta_{\mathrm{f}} G^*_{\mathrm{m},D} - nRT\ln a^{\mathrm{R}}_{(B)_{l'_{H-1}}} - pRT\ln a^{\mathrm{R}}_{(C)_{l'_{H-1}}} \tag{8.416}$$

$$\begin{aligned}\Delta G_{\mathrm{m},A} &= \mu_{A(\mathrm{s})} - \mu_{(A)_{l'_{H-1}}} = \mu_{A(\mathrm{s})} - \mu_{(A)_{过饱}} \\ &= -RT\ln a^{\mathrm{R}}_{(A)_{l'_{H-1}}} = -RT\ln a^{\mathrm{R}}_{(A)_{过饱}}\end{aligned} \tag{8.417}$$

$$\begin{aligned}\Delta G_{\mathrm{m},A_mB_nC_p} &= -RT\ln a^{\mathrm{R}}_{(A_mB_nC_p)_{l'_{H-1}}} \\ &= -RT\ln a^{\mathrm{R}}_{(A_mB_nC_p)_{过饱}}\end{aligned} \tag{8.418}$$

直到体系达到新的平衡，四相平衡共存，有

$$l_H \rightleftharpoons A_mB_nC_p\,(\mathrm{s}) + A\,(\mathrm{s}) + B\,(\mathrm{s})$$

$$(A)_{l_H} \equiv (A)_{饱} \rightleftharpoons A\,(\mathrm{s})$$

$$(B)_{l_H} \equiv (B)_{饱} \rightleftharpoons B\,(\mathrm{s})$$

$$mA(\mathrm{s}) + nB(\mathrm{s}) + p(C)_{l_H} \rightleftharpoons A_mB_nC_p(\mathrm{s})$$

过程的摩尔吉布斯自由能变化为零。有

$$\Delta G_{\mathrm{m},D} = 0$$

$$\Delta G_{\mathrm{m},A} = 0$$

$$\Delta G_{\mathrm{m},C} = 0$$

降低温度到 T_H 以下，转熔反应进行完，液相 l_H 消失，得到固相组元 $A_mB_nC_p$、A 和 B。凝固过程结束。

1.2 物质组成点 M_2 在 ΔDBC 内

1) 降低温度到 T_1

降低温度到 T_1，物质组成点为液相面 B 上的 M_2 点，平衡液相为液相面 B 上的 l_1 点，是组元 B 的饱和溶液，有

$$(B)_{l_1} =\!=\!= (B)_{\text{饱}} \rightleftharpoons B(\text{s})$$

摩尔吉布斯自由能变化为

$$\Delta G_{\text{m},B} = 0$$

2) 温度降到 T_2

降低温度到 T_2，平衡液相为液相面上的 l_2 点。在温度刚降到 T_2，尚无固相组元 B 析出时，组元 B 饱和的液相 l_1 变成其过饱和的液相 l_1'，析出固相组元 B，有

$$(B)_{l_1'} =\!=\!= (B)_{\text{过饱}} \rightleftharpoons B(\text{s})$$

摩尔吉布斯自由能变化为

$$\Delta G_{\text{m},B} = -RT\ln a^{\text{R}}_{(B)_{l_1'}} = -RT\ln a^{\text{R}}_{(B)_{\text{过饱}}}$$

直到达成平衡，有

$$(B)_{l_2} =\!=\!= (B)_{\text{饱}} \rightleftharpoons B(\text{s})$$

3) 温度从 T_1 到 T_R

降低温度从 T_1 到 T_R，平衡液相组成沿着 BR 的联线从 M_2 点向共熔线 HE_4 移动。析晶过程描述如下。

在温度 T_{q-1}，析晶过程达到平衡，有

$$(B)_{l_{q-1}} =\!=\!= (B)_{\text{饱}} \rightleftharpoons B(\text{s})$$

降低温度到 T_q，平衡液相为 l_q。温度刚降至 T_q，尚无固相组元 B 析出时，液相组成 l_{q-1} 未变，但已由组元 B 饱和的液相 l_{q-1} 变成过饱和的液相 l_{q-1}'，析出组元 B，有

$$(B)_{l_{q-1}'} =\!=\!= (B)_{\text{过饱}} =\!=\!= B(\text{s})$$

摩尔吉布斯自由能变化为

$$\Delta G_{m,B} = -RT\ln a^{\text{R}}_{(B)_{l_{q-1}'}} = -RT\ln a^{\text{R}}_{(B)_{\text{过饱}}}$$

在温度 T_R，平衡液相为 l_R，析晶达到平衡，有

$$(B)_{l_R} =\!=\!= (B)_{\text{饱}} \rightleftharpoons B(\text{s})$$

$$(A_mB_n)_{l_R} = (A_mB_n)_{饱} \rightleftharpoons A_mB_n(\mathrm{s})$$

5) 温度从 T_R 到 T_E

继续降温到 T_{H+1}，溶液组成未变，但体系已由平衡状态 l_{H+1} 变成非平衡状态 l'_{H+1}，如果转熔反应未进行完，则有

$$mA(\mathrm{s}) + nB(\mathrm{s}) + p(C)_{l'_{H+1}} = A_mB_nC_p(\mathrm{s})$$

$$(B)_{l'_{H+1}} = (B)_{过饱} = B(\mathrm{s})$$

以纯固态组元 A、B、C 和 $A_mB_nC_p$ 为标准状态，浓度以摩尔分数表示，过程的摩尔吉布斯自由能变化为

$$\Delta G_{\mathrm{m},D} = \Delta_{\mathrm{f}} G^*_{\mathrm{m},D} - pRT\ln a^{\mathrm{R}}_{(C)_{l'_{H+1}}} \tag{8.419}$$

从温度 T_R 降到 T_{E_4}，平衡液相组成沿共熔线 RE_4 从 R 点移动到 E_4 点。该过程析出固相组元 $A_mB_nC_p$ 和 B，可以描述如下。

在温度 T_{k-1}，组元 $A_mB_nC_p$ 和 B 成为饱和溶液，即

$$(A_mB_nC_p)_{l_{k-1}} = (A_mB_nC_p)_{饱} \rightleftharpoons A_mB_nC_p(\mathrm{s})$$

$$(B)_{l_{k-1}} = (B)_{饱} \rightleftharpoons B(\mathrm{s})$$

温度降到 T_k。温度刚降到 T_k，尚无固相组元 $A_mB_nC_p$ 和 B 析出时，液相组成未变，但已由组元 $A_mB_nC_p$ 和 B 的饱和溶液 l_{k-1} 变成组元 $A_mB_nC_p$ 和 B 的过饱和溶液 l'_{k-1}，析出固相 $A_mB_nC_p$ 和 B，有

$$(A_mB_nC_p)_{l'_{k-1}} = (A_mB_nC_p)_{过饱} = A_mB_nC_p(\mathrm{s})$$

$$(B)_{l'_{k-1}} = (B)_{过饱} = B(\mathrm{s})$$

以纯固态组元 $A_mB_nC_p$ 和 B 为标准状态，浓度以摩尔分数表示，摩尔吉布斯自由能变化为

$$\begin{aligned}\Delta G_{\mathrm{m},D} &= \mu_{D(\mathrm{s})} - \mu_{(D)_{l'_{k-1}}} = \mu_{D(\mathrm{s})} - \mu_{(D)_{过饱}} \\ &= -RT\ln a^{\mathrm{R}}_{(D)_{过饱}} = -RT\ln a^{\mathrm{R}}_{(D)_{l'_{k-1}}}\end{aligned} \tag{8.420}$$

$$\begin{aligned}\Delta G_{\mathrm{m},B} &= \mu_{B(\mathrm{s})} - \mu_{(B)_{l'_{k-1}}} = \mu_{B(\mathrm{s})} - \mu_{(B)_{过饱}} \\ &= -RT\ln a^{\mathrm{R}}_{(B)_{l'_{k-1}}} = -RT\ln a^{\mathrm{R}}_{(B)_{过饱}}\end{aligned} \tag{8.421}$$

在温度 T_{E_4-1}，过程达到平衡，有

$$(A_mB_nC_p)_{l_{E_4-1}} = (A_mB_nC_p)_{饱} \rightleftharpoons A_mB_nC_p(\mathrm{s})$$

$$(B)_{l_{E_4-1}} =\!=\!= (B)_{饱} \rightleftharpoons B(s)$$

温度降到 T_{E_4}。在温度刚降到 T_{E_4}，尚未析出固相组元 $A_mB_nC_p$ 和 B 时，液相组成未变，但已由组元 $A_mB_nC_p$ 和 B 的饱和溶液 l_{E_4-1} 变成组元 $A_mB_nC_p$ 和 B 的过饱和溶液 l'_{E_4-1}，析出固相组元 $A_mB_nC_p$ 和 B，有

$$(A_mB_nC_p)_{l'_{E_4-1}} =\!=\!= (A_mB_nC_p)_{过饱} =\!=\!= A_mB_nC_p(s)$$

$$(B)_{l'_{E_4-1}} =\!=\!= (B)_{过饱} =\!=\!= B(s)$$

以纯固态组元 D、B 为标准状态，浓度以摩尔分数表示，析晶过程的摩尔吉布斯自由能变化为

$$\begin{aligned}\Delta G_{m,D} &= \mu_{D(s)} - \mu_{(D)_{l'_{E_4-1}}} = \mu_{D(s)} - \mu_{(D)_{过饱}}\\ &= -RT\ln a^R_{(D)_{l'_{E_4-1}}} = -RT\ln a^R_{(D)_{过饱}}\end{aligned} \tag{8.422}$$

$$\begin{aligned}\Delta G_{m,B} &= \mu_{B(s)} - \mu_{(B)_{l'_{E_4-1}}} = \mu_{B(s)} - \mu_{(B)_{过饱}}\\ &= -RT\ln a^R_{(B)_{l'_{E_4-1}}} = -RT\ln a^R_{(B)_{过饱}}\end{aligned} \tag{8.423}$$

直到组元 B 成为饱和溶液，组元 C 也达到饱和，溶液 l'_{E-1} 成为 $E_4(l)$，四相平衡共存，有

$$E_4(l) \rightleftharpoons A_mB_nC_p(s) + B(s) + C(s)$$

即

$$(A_mB_nC_p)_{E_4(l)} \rightleftharpoons A_mB_nC_p(s)$$

$$(B)_{E_4(l)} \rightleftharpoons B(s)$$

$$(C)_{E_4(l)} \rightleftharpoons C(s)$$

该过程的摩尔吉布斯自由能变化为零，即

$$\Delta G_{m,D} = 0$$

$$\Delta G_{m,B} = 0$$

$$\Delta G_{m,C} = 0$$

6) 温度降到 T_{E_4} 以下

温度降到 T_{E_4} 以下，析出固相组元 B、C 和 $A_mB_nC_p$，可以描述如下。

温度降到 T_{E_4} 以下，如果上述的反应没有进行完，就会继续进行，是在非平衡状态进行。描述如下。

温度降至 T_h。在温度 T_h，固相组元 D、B、C 的平衡相分别为 l_h、q_h、g_h。温度刚降至 T_h，还未来得及析出固相组元 D、B、C 时，溶液 $E\,(\mathrm{l})$ 的组成未变，但已由组元 D、B、C 饱和的溶液 $E\,(\mathrm{l})$ 变成过饱和的溶液 $E_h\,(\mathrm{l})$。

(1) 组元 D、B、C 同时析出，有

$$E_h\,(\mathrm{l}) = D\,(\mathrm{s}) + B\,(\mathrm{s}) + C\,(\mathrm{s})$$

即

$$(D)_{\text{过饱}} \equiv (D)_{E_h(\mathrm{l})} = D\,(\mathrm{s})$$

$$(B)_{\text{过饱}} \equiv (B)_{E_h(\mathrm{l})} = B\,(\mathrm{s})$$

$$(C)_{\text{过饱}} \equiv (C)_{E_h(\mathrm{l})} = C\,(\mathrm{s})$$

如果组元 D、B、C 同时析出，可以保持 $E_\mathrm{h}\,(\mathrm{l})$ 组成不变，析出的组元 D、B、C 均匀混合。以纯固态组元 D、B、C 为标准状态，浓度以摩尔分数表示，析晶过程的摩尔吉布斯自由能变化为

$$\begin{aligned}\Delta G_{\mathrm{m},D} &= \mu_{D(\mathrm{s})} - \mu_{(D)_{\text{过饱}}} \\ &= \mu_{D(\mathrm{s})} - \mu_{(D)_{E_h(\mathrm{l})}} \\ &= -RT\ln a^{\mathrm{R}}_{(D)_{\text{过饱}}} = -RT\ln a^{\mathrm{R}}_{(D)_{E_h(\mathrm{l})}}\end{aligned} \tag{8.424}$$

$$\begin{aligned}\Delta G_{\mathrm{m},B} &= \mu_{B(\mathrm{s})} - \mu_{(B)_{\text{过饱}}} \\ &= \mu_{B(\mathrm{s})} - \mu_{(B)_{E_h(\mathrm{l})}} \\ &= -RT\ln a^{\mathrm{R}}_{(B)_{\text{过饱}}} = -RT\ln a^{\mathrm{R}}_{(B)_{E_h(\mathrm{l})}}\end{aligned} \tag{8.425}$$

$$\begin{aligned}\Delta G_{\mathrm{m},C} &= \mu_{C(\mathrm{s})} - \mu_{(C)_{\text{过饱}}} \\ &= \mu_{C(\mathrm{s})} - \mu_{(C)_{E_h(\mathrm{l})}} \\ &= -RT\ln a^{\mathrm{R}}_{(C)_{\text{过饱}}} = -RT\ln a^{\mathrm{R}}_{(C)_{E_h(\mathrm{l})}}\end{aligned} \tag{8.426}$$

$$\Delta G_{\mathrm{m},D}\,(T_h) = \frac{\theta_{D,T_h}\Delta H_{\mathrm{m},D}\,(T_{E_4})}{T_{E_4}} = \eta_{D,T_h}\Delta H_{\mathrm{m},D}\,(T_{E_4})$$

$$\Delta G_{\mathrm{m},B}\,(T_h) = \frac{\theta_{B,T_h}\Delta H_{\mathrm{m},B}\,(T_{E_4})}{T_{E_4}} = \eta_{B,T_h}\Delta H_{\mathrm{m},B}\,(T_{E_4})$$

$$\Delta G_{\mathrm{m},C}\,(T_h) = \frac{\theta_{C,T_h}\Delta H_{\mathrm{m},C}\,(T_{E_4})}{T_{E_4}} = \eta_{C,T_h}\Delta H_{\mathrm{m},C}\,(T_{E_4})$$

式中，

$$\theta_{J,T_h} = T_{E_4} - T_h$$

$$\eta_{J,T_h} = \frac{T_{E_4} - T_h}{T_{E_4}}$$

$$(J = D、B、C)$$

$$\Delta H_{\mathrm{m},D}\left(T_{E_4}\right) = H_{\mathrm{m},D(\mathrm{s})}\left(T_{E_4}\right) - \bar{H}_{\mathrm{m},(D)_{过饱}}\left(T_{E_4}\right)$$

$$\Delta H_{\mathrm{m},B}\left(T_{E_4}\right) = H_{\mathrm{m},B(\mathrm{s})}\left(T_{E_4}\right) - \bar{H}_{\mathrm{m},(B)_{过饱}}\left(T_{E_4}\right)$$

$$\Delta H_{\mathrm{m},C}\left(T_{E_4}\right) = H_{\mathrm{m},C(\mathrm{s})}\left(T_{E_4}\right) - \bar{H}_{\mathrm{m},(C)_{过饱}}\left(T_{E_4}\right)$$

(2) 组元 D、B、C 依次析出，即先析出组元 D，再析出组元 B，然后析出组元 C。

组元 D 先析出，有

$$(D)_{过饱} \equiv (D)_{E_h(\mathrm{l})} = D\,(\mathrm{s})$$

随着组元 D 的析出，组元 B 和 C 的过饱和程度会增大，溶液的组成会偏离共晶点 $E\,(\mathrm{l})$，向组元 D 的平衡相 l_h 靠近，以 l'_h 表示，达到一定程度后，组元 B 会析出，可以表示为

$$(B)_{过饱} \equiv (B)_{l'_h} = B\,(\mathrm{s})$$

随着组元 D 和 B 的析出，组元 C 的过饱和程度会增大，溶液的组成又会向组元 B 的平衡相 q_h 靠近，以 $l'_h q'_h$ 表示，达到一定程度后，组元 C 会析出，可以表示为

$$(C)_{过饱} \equiv (C)_{l'_h q'_h} = C\,(\mathrm{s})$$

随着组元 B、C 的析出，组元 D 的过饱和程度增大，溶液的组成向组元 C 的平衡相 g_h 靠近，以 g'_h 表示。达到一定程度后，组元 D 又析出，有

$$(D)_{过饱} \equiv (D)_{q'_h g'_h} = D\,(\mathrm{s})$$

就这样，组元 D、B、C 交替析出。直到降温，重复上述过程，一直进行到溶液 $E\,(\mathrm{l})$ 完全转化为组元 D、B、C。

以纯固态组元 D、B、C 为标准状态，浓度以摩尔分数表示，析晶过程的摩尔吉布斯自由能变化为

$$\begin{aligned}\Delta G_{\mathrm{m},D} &= \mu_{D(\mathrm{s})} - \mu_{(D)_{过饱}} \\ &= \mu_{D(\mathrm{s})} - \mu_{(D)_{E_h(\mathrm{l})}} \\ &= -RT\ln a^{\mathrm{R}}_{(D)_{过饱}} = -RT\ln a^{\mathrm{R}}_{(D)_{E_h(\mathrm{l})}}\end{aligned}$$

$$\Delta G_{\mathrm{m},B} = \mu_{B(\mathrm{s})} - \mu_{(B)_{过饱}}$$

$$
\begin{aligned}
&= \mu_{B(\mathrm{s})} - \mu_{(B)_{l'_h}} \\
&= -RT\ln a^{\mathrm{R}}_{(B)_{\text{过饱}}} = -RT\ln a^{\mathrm{R}}_{(B)_{l'_h}}
\end{aligned}
$$

$$
\begin{aligned}
\Delta G_{\mathrm{m},C} &= \mu_{C(\mathrm{s})} - \mu_{(C)_{\text{过饱}}} \\
&= \mu_{C(\mathrm{s})} - \mu_{(C)_{l'_k q'_h}} \\
&= -RT\ln a^{\mathrm{R}}_{(C)_{\text{过饱}}} = -RT\ln a^{\mathrm{R}}_{(C)_{l'_k q'_h}}
\end{aligned}
$$

再析出组元 D

$$
\begin{aligned}
\Delta G_{\mathrm{m},D} &= \mu_{D(\mathrm{s})} - \mu_{(D)_{\text{过饱}}} \\
&= \mu_{D(\mathrm{s})} - \mu_{(D)_{q'_h g'_h}} \\
&= -RT\ln a^{\mathrm{R}}_{(D)_{\text{过饱}}} = -RT\ln a^{\mathrm{R}}_{(D)_{q'_h g'_h}}
\end{aligned}
$$

或者

$$
\Delta G_{\mathrm{m},D}(T_h) = \frac{\theta_{D,T_h}\Delta H_{\mathrm{m},D}(T_{E_4})}{T_{E_4}} = \eta_{D,T_h}\Delta H_{\mathrm{m},D}(T_{E_4})
$$

$$
\Delta G_{\mathrm{m},B}(T_h) = \frac{\theta_{B,T_h}\Delta H_{\mathrm{m},B}(T_{E_4})}{T_{E_4}} = \eta_{B,T_h}\Delta H_{\mathrm{m},B}(T_{E_4})
$$

$$
\Delta G_{\mathrm{m},C}(T_h) = \frac{\theta_{C,T_h}\Delta H_{\mathrm{m},C}(T_{E_4})}{T_{E_4}} = \eta_{C,T_h}\Delta H_{\mathrm{m},C}(T_{E_4})
$$

式中

$$
\Delta H_{\mathrm{m},D}(T_{E_4}) = H_{\mathrm{m},D(\mathrm{s})}(T_{E_4}) - \bar{H}_{\mathrm{m},(D)_{E(\mathrm{l})}}(T_{E_4})
$$

$$
\Delta H_{\mathrm{m},B}(T_{E_4}) = H_{\mathrm{m},B(\mathrm{s})}(T_{E_4}) - \bar{H}_{\mathrm{m},(B)_{E(\mathrm{l})}}(T_{E_4})
$$

$$
\Delta H_{\mathrm{m},C}(T_{E_4}) = H_{\mathrm{m},C(\mathrm{s})}(T_{E_4}) - \bar{H}_{\mathrm{m},(C)_{E(\mathrm{l})}}(T_{E_4})
$$

$$
\theta_{J,T_h} = T_{E_4} - T_h
$$

$$
\eta_{J,T_h} = \frac{T_{E_4} - T_h}{T_{E_4}}
$$

$$
J = D, B, C
$$

(3) 组元 D 先析出，然后组元 B、C 同时析出

可以表示为

$$
(D)_{\text{过饱}} \equiv (D)_{E_h(\mathrm{l})} = D(\mathrm{s})
$$

随着组元 D 的析出，组元 B、C 的过饱和程度增大，溶液组成会偏离 $E_h(\mathrm{l})$，向组元 D 的平衡相 l_h 靠近，以 l'_h 表示。达到一定程度后，组元 B、C 同时析出，有

$$
(D)_{\text{过饱}} \equiv (D)_{l'_h} = D(\mathrm{s})
$$

$$(C)_{过饱} \equiv (C)_{l'_h} = C\,(\mathrm{s})$$

随着组元 B、C 的析出，组元 D 的过饱和程度增大，固溶体组成向组元 B 和 C 的平衡相 q_h 和 g_h 靠近，以 $q'_h g'_h$ 表示。达到一定程度，组元 D 又析出。可以表示为

$$q'_h g'_h = D\,(\mathrm{s})$$

$$(D)_{过饱} \equiv (D)_{q'_h g'_h} = D\,(\mathrm{s})$$

组元 D 和组元 B、C 交替析出，析出的组元 D 单独存在，组元 B 和组元 C 聚在一起。

如此循环，直到降温，重复上述过程，一直进行到溶液 $E_h\,(\mathrm{l})$ 完全变成固相组元 D、B、C。

以纯固态组元 D、B、C 为标准状态，浓度以摩尔分数表示，析晶过程的摩尔吉布斯自由能变化为

$$\begin{aligned}\Delta G_{\mathrm{m},D} &= \mu_{D(\mathrm{s})} - \mu_{(D)_{过饱}}\\ &= \mu_{D(\mathrm{s})} - \mu_{(D)_{E_h(\mathrm{l})}}\\ &= -RT\ln a^{\mathrm{R}}_{(D)_{过饱}} = -RT\ln a^{\mathrm{R}}_{(D)_{E_h(\mathrm{l})}}\end{aligned}$$

$$\begin{aligned}\Delta G_{\mathrm{m},B} &= \mu_{B(\mathrm{s})} - \mu_{(B)_{过饱}}\\ &= \mu_{B(\mathrm{s})} - \mu_{(B)_{l'_h}}\\ &= -RT\ln a^{\mathrm{R}}_{(B)_{过饱}} = -RT\ln a^{\mathrm{R}}_{(B)_{l'_h}}\end{aligned}$$

$$\begin{aligned}\Delta G_{\mathrm{m},C} &= \mu_{C(\mathrm{s})} - \mu_{(C)_{过饱}}\\ &= \mu_{C(\mathrm{s})} - \mu_{(C)_{l'_h}}\\ &= -RT\ln a^{\mathrm{R}}_{(C)_{过饱}} = -RT\ln a^{\mathrm{R}}_{(C)_{l'_h}}\end{aligned}$$

$$\begin{aligned}\Delta G'_{\mathrm{m},D} &= \mu_{D(\mathrm{s})} - \mu_{(D)_{过饱}}\\ &= \mu_{D(\mathrm{s})} - \mu_{(D)_{q'_h g'_h}}\\ &= -RT\ln a^{\mathrm{R}}_{(D)_{过饱}} = -RT\ln a^{\mathrm{R}}_{(D)_{q'_h g'_h}}\end{aligned}$$

或者

$$\Delta G_{\mathrm{m},D}\,(T_h) = \frac{\theta_{D,T_h}\Delta H_{\mathrm{m},D}\,(T_{E_4})}{T_{E_4}} = \eta_{D,T_h}\Delta H_{\mathrm{m},D}\,(T_{E_4})$$

$$\Delta G_{\mathrm{m},B}\,(T_h) = \frac{\theta_{B,T_h}\Delta H_{\mathrm{m},B}\,(T_{E_4})}{T_{E_4}} = \eta_{B,T_h}\Delta H_{\mathrm{m},B}\,(T_{E_4})$$

$$\Delta G_{\mathrm{m},C}\left(T_h\right)=\frac{\theta_{C,T_h}\Delta H_{\mathrm{m},C}\left(T_{E_4}\right)}{T_{E_4}}=\eta_{C,T_h}\Delta H_{\mathrm{m},C}\left(T_{E_4}\right)$$

$$\Delta G'_{\mathrm{m},D}\left(T_{\mathrm{h}}\right)=\frac{\theta_{D,T_h}\Delta H'_{\mathrm{m},D}\left(T_{E_4}\right)}{T_{E_4}}=\eta_{D,T_h}\Delta H'_{\mathrm{m},D}\left(T_{E_4}\right)$$

式中

$$\Delta H_{\mathrm{m},D}\left(T_{E_4}\right)=H_{\mathrm{m},D(\mathrm{s})}\left(T_{E_4}\right)-\bar{H}_{\mathrm{m},(D)_{E(\mathrm{l})}}\left(T_{E_4}\right)$$

$$\Delta H_{\mathrm{m},B}\left(T_{E_4}\right)=H_{\mathrm{m},B(\mathrm{s})}\left(T_{E_4}\right)-\bar{H}_{\mathrm{m},(B)_{E(\mathrm{l})}}\left(T_{E_4}\right)$$

$$\Delta H_{\mathrm{m},C}\left(T_{E_4}\right)=H_{\mathrm{m},C(\mathrm{s})}\left(T_{E_4}\right)-\bar{H}_{\mathrm{m},(C)_{E(\mathrm{l})}}\left(T_{E_4}\right)$$

$$\Delta H'_{\mathrm{m},D}\left(T_{E_4}\right)=H_{\mathrm{m},D(\mathrm{s})}\left(T_{E_4}\right)-\bar{H}_{\mathrm{m},(D)_{E(\mathrm{l})}}\left(T_{E_4}\right)$$

(4) 组元 D 和组元 B 先同时析出，然后析出组元 C

可以表示为

$$(D)_{\text{过饱}}\equiv(D)_{E_h(\mathrm{l})}=D\,(\mathrm{s})$$

$$(B)_{\text{过饱}}\equiv(B)_{E_h(\mathrm{l})}=B\,(\mathrm{s})$$

随着组元 D、B 的析出，组元 C 的过饱和程度增大，固溶体组成偏离 $E_h\,(\mathrm{l})$，向组元 D 和组元 B 的平衡相 l_h 和 q_h 靠近，以 $l'_h q'_h$ 表示。达到一定程度，有

$$(C)_{\text{过饱}}\equiv(C)_{l'_h q'_h}=C\,(\mathrm{s})$$

随着组元 C 的析出，组元 D、B 的过饱和程度增大，固溶体组成向组元 C 的平衡相 g_h 靠近，以 g'_h 表示，达到一定程度后，组元 D、B 又析出。可以表示为

$$(D)_{\text{过饱}}\equiv(D)_{g'_h}=D\,(\mathrm{s})$$

$$(B)_{\text{过饱}}\equiv(B)_{g'_h}=B\,(\mathrm{s})$$

组元 D、B 和 C 交替析出。析出的组元 D、B 聚在一起，组元 C 单独存在。如此循环，重复上述过程，一直进行到溶液 $E\,(\mathrm{l})$ 完全转变为固相组元 D、B、C。

以纯固态组元 D、B、C 为标准状态，浓度以摩尔分数表示。析晶过程的摩尔吉布斯自由能变化为

$$\begin{aligned}\Delta G_{\mathrm{m},D}&=\mu_{D(\mathrm{s})}-\mu_{(D)_{\text{过饱}}}\\&=\mu_{D(\mathrm{s})}-\mu_{(D)_{E_h(\mathrm{l})}}\\&=-RT\ln a^{\mathrm{R}}_{(D)_{\text{过饱}}}=-RT\ln a^{\mathrm{R}}_{(D)_{E_h(\mathrm{l})}}\end{aligned}$$

$$\Delta G_{\mathrm{m},B}=\mu_{B(\mathrm{s})}-\mu_{(B)_{\text{过饱}}}$$

$$
\begin{aligned}
&= \mu_{B(\mathrm{s})} - \mu_{(B)_{E_h(1)}} \\
&= -RT \ln a^{\mathrm{R}}_{(B)_{过饱}} = -RT \ln a^{\mathrm{R}}_{(B)_{E_h(1)}}
\end{aligned}
$$

$$
\begin{aligned}
\Delta G_{\mathrm{m},C} &= \mu_{C(\mathrm{s})} - \mu_{(C)_{过饱}} \\
&= \mu_{C(\mathrm{s})} - \mu_{(C)_{l'_h q'_h}} \\
&= -RT \ln a^{\mathrm{R}}_{(C)_{过饱}} = -RT \ln a^{\mathrm{R}}_{(C)_{l'_h q'_h}}
\end{aligned}
$$

再析出组元 D 和 B，有

$$
\begin{aligned}
\Delta G'_{\mathrm{m},D} &= \mu_{D(\mathrm{s})} - \mu_{(D)_{过饱}} \\
&= \mu_{D(\mathrm{s})} - \mu_{(D)_{g'_h}} \\
&= -RT \ln a^{\mathrm{R}}_{(D)_{过饱}} = -RT \ln a^{\mathrm{R}}_{(D)_{g'_h}}
\end{aligned}
$$

$$
\begin{aligned}
\Delta G'_{\mathrm{m},B} &= \mu_{B(\mathrm{s})} - \mu_{(B)_{过饱}} \\
&= \mu_{B(\mathrm{s})} - \mu_{(B)_{g'_h}} \\
&= -RT \ln a^{\mathrm{R}}_{(B)_{过饱}} = -RT \ln a^{\mathrm{R}}_{(B)_{g'_h}}
\end{aligned}
$$

或者

$$\Delta G_{\mathrm{m},D}(T_h) = \frac{\theta_{D,T_h} \Delta H_{\mathrm{m},D}(T_{E_4})}{T_{E_4}} = \eta_{D,T_h} \Delta H_{\mathrm{m},D}(T_{E_4})$$

$$\Delta G_{\mathrm{m},B}(T_h) = \frac{\theta_{B,T_h} \Delta H_{\mathrm{m},B}(T_{E_4})}{T_{E_4}} = \eta_{B,T_h} \Delta H_{\mathrm{m},B}(T_{E_4})$$

$$\Delta G_{\mathrm{m},C}(T_h) = \frac{\theta_{C,T_h} \Delta H_{\mathrm{m},C}(T_{E_4})}{T_{E_4}} = \eta_{C,T_h} \Delta H_{\mathrm{m},C}(T_{E_4})$$

$$\Delta G'_{\mathrm{m},D}(T_h) = \frac{\theta_{D,T_h} \Delta H'_{\mathrm{m},D}(T_{E_4})}{T_{E_4}} = \eta_{D,T_h} \Delta H'_{\mathrm{m},D}(T_{E_4})$$

$$\Delta G'_{\mathrm{m},B}(T_h) = \frac{\theta_{B,T_h} \Delta H'_{\mathrm{m},B}(T_{E_4})}{T_{E_4}} = \eta_{B,T_h} \Delta H'_{\mathrm{m},B}(T_{E_4})$$

式中

$$\Delta H_{\mathrm{m},D}(T_{E_4}) = H_{\mathrm{m},D(\mathrm{s})}(T_{E_4}) - \bar{H}_{\mathrm{m},(D)_{E_4(1)}}(T_{E_4})$$

$$\Delta H_{\mathrm{m},B}(T_{E_4}) = H_{\mathrm{m},B(\mathrm{s})}(T_{E_4}) - \bar{H}_{\mathrm{m},(B)_{E_4(1)}}(T_{E_4})$$

$$\Delta H_{\mathrm{m},C}(T_{E_4}) = H_{\mathrm{m},C(\mathrm{s})}(T_{E_4}) - \bar{H}_{\mathrm{m},(C)_{E_4(1)}}(T_{E_4})$$

$$\Delta H'_{\mathrm{m},D}(T_{E_4}) = H_{\mathrm{m},D(\mathrm{s})}(T_{E_4}) - \bar{H}_{\mathrm{m},(D)_{E_4(1)}}(T_{E_4})$$

$$\Delta H'_{\mathrm{m},B}(T_{E_4}) = H_{\mathrm{m},B(\mathrm{s})}(T_{E_4}) - \bar{H}_{\mathrm{m},(B)_{E_4(1)}}(T_{E_4})$$

$$\theta_{J,T_h} = T_{E_4} - T_h$$

$$\eta_{J,T_h} = \frac{T_{E_4} - T_h}{T_{E_4}}$$

$$(J = D, B, C)$$

2. 凝固速率

1) 从温度 T_1 到 T_P

从温度 T_1 到 T_P，析出组元 A 的晶体，析晶速率为

$$\begin{aligned}\frac{\mathrm{d}N_{A(\mathrm{s})}}{\mathrm{d}t} &= -\frac{\mathrm{d}N_{(A)}}{\mathrm{d}t} = Vj_A \\ &= V\left[-l_1\left(\frac{A_{\mathrm{m},A}}{T}\right) - l_2\left(\frac{A_{\mathrm{m},A}}{T}\right)^2 - l_3\left(\frac{A_{\mathrm{m},A}}{T}\right)^3 - \cdots\right]\end{aligned} \tag{8.427}$$

式中，

$$A_{\mathrm{m},A} = \Delta G_{\mathrm{m},A}$$

2) 从温度 T_P 到 T_H

从温度 T_P 到 T_H，发生转熔反应，并析出固相组元 A，过程速率为

$$\begin{aligned}\frac{\mathrm{d}N_{D(\mathrm{s})}}{\mathrm{d}t} &= Vj_D \\ &= V\left[-l_1\left(\frac{A_{\mathrm{m},D}}{T}\right) - l_2\left(\frac{A_{\mathrm{m},D}}{T}\right)^2 - l_3\left(\frac{A_{\mathrm{m},D}}{T}\right)^3 - \cdots\right]\end{aligned} \tag{8.428}$$

式中，

$$A_{\mathrm{m},D} = \Delta G_{\mathrm{m},D}$$

$$\begin{aligned}\frac{\mathrm{d}N_{A(\mathrm{s})}}{\mathrm{d}t} &= -\frac{\mathrm{d}N_{(A)}}{\mathrm{d}t} = Vj_A \\ &= V\left[-l_1\left(\frac{A_{\mathrm{m},A}}{T}\right) - l_2\left(\frac{A_{\mathrm{m},A}}{T}\right)^2 - l_3\left(\frac{A_{\mathrm{m},A}}{T}\right)^3 - \cdots\right]\end{aligned}$$

3) 从温度 T_1 到 T_R

从温度 T_1 到 T_R，析出固相组元 B，过程速率为

$$\begin{aligned}\frac{\mathrm{d}N_{B(\mathrm{s})}}{\mathrm{d}t} &= -\frac{\mathrm{d}N_{(B)}}{\mathrm{d}t} = Vj_B \\ &= V\left[-l_1\left(\frac{A_{\mathrm{m},B}}{T}\right) - l_2\left(\frac{A_{\mathrm{m},B}}{T}\right)^2 - l_3\left(\frac{A_{\mathrm{m},B}}{T}\right)^3 - \cdots\right]\end{aligned}$$

4) 从温度 T_R 到 T_{E_4}

从温度 T_R 到 T_{E_4}，析出固相组元 A_mB_n 和 B，不考虑耦合作用，过程速率为

$$\begin{aligned}\frac{\mathrm{d}N_{D(\mathrm{s})}}{\mathrm{d}t}&=-\frac{\mathrm{d}N_{(D)}}{\mathrm{d}t}=Vj_D\\&=V\left[-l_1\left(\frac{A_{\mathrm{m},D}}{T}\right)-l_2\left(\frac{A_{\mathrm{m},D}}{T}\right)^2-l_3\left(\frac{A_{\mathrm{m},D}}{T}\right)^3-\cdots\right]\end{aligned}\tag{8.429}$$

$$\begin{aligned}\frac{\mathrm{d}N_{B(\mathrm{s})}}{\mathrm{d}t}&=-\frac{\mathrm{d}N_{(B)}}{\mathrm{d}t}=Vj_B\\&=V\left[-l_1\left(\frac{A_{\mathrm{m},B}}{T}\right)-l_2\left(\frac{A_{\mathrm{m},B}}{T}\right)^2-l_3\left(\frac{A_{\mathrm{m},B}}{T}\right)^3-\cdots\right]\end{aligned}\tag{8.430}$$

式中，

$$A_{\mathrm{m},D}=\Delta G_{\mathrm{m},D}$$

$$A_{\mathrm{m},B}=\Delta G_{\mathrm{m},B}$$

考虑耦合作用，有

$$\begin{aligned}\frac{\mathrm{d}N_{D(\mathrm{s})}}{\mathrm{d}t}&=-\frac{\mathrm{d}N_{(D)}}{\mathrm{d}t}=Vj_D\\&=V\left[-l_{11}\left(\frac{A_{\mathrm{m},D}}{T}\right)-l_{12}\left(\frac{A_{\mathrm{m},B}}{T}\right)-l_{111}\left(\frac{A_{\mathrm{m},D}}{T}\right)^2\right.\\&\quad-l_{112}\left(\frac{A_{\mathrm{m},D}}{T}\right)\left(\frac{A_{\mathrm{m},B}}{T}\right)-l_{122}\left(\frac{A_{\mathrm{m},B}}{T}\right)^2-l_{1111}\left(\frac{A_{\mathrm{m},D}}{T}\right)^3\\&\quad-l_{1112}\left(\frac{A_{\mathrm{m},D}}{T}\right)^2\left(\frac{A_{\mathrm{m},B}}{T}\right)-l_{1122}\left(\frac{A_{\mathrm{m},D}}{T}\right)\left(\frac{A_{\mathrm{m},B}}{T}\right)^2\\&\quad\left.-l_{1222}\left(\frac{A_{\mathrm{m},B}}{T}\right)^3-\cdots\right]\end{aligned}\tag{8.431}$$

$$\begin{aligned}\frac{\mathrm{d}N_{B(\mathrm{s})}}{\mathrm{d}t}&=-\frac{\mathrm{d}N_{(B)}}{\mathrm{d}t}=Vj_B\\&=V\left[-l_{21}\left(\frac{A_{\mathrm{m},D}}{T}\right)-l_{22}\left(\frac{A_{\mathrm{m},B}}{T}\right)-l_{211}\left(\frac{A_{\mathrm{m},D}}{T}\right)^2\right.\\&\quad-l_{212}\left(\frac{A_{\mathrm{m},D}}{T}\right)\left(\frac{A_{\mathrm{m},B}}{T}\right)-l_{222}\left(\frac{A_{\mathrm{m},B}}{T}\right)^2-l_{2111}\left(\frac{A_{\mathrm{m},D}}{T}\right)^3\\&\quad-l_{2112}\left(\frac{A_{\mathrm{m},D}}{T}\right)^2\left(\frac{A_{\mathrm{m},B}}{T}\right)-l_{2122}\left(\frac{A_{\mathrm{m},B}}{T}\right)\left(\frac{A_{\mathrm{m},D}}{T}\right)^2\\&\quad\left.-l_{2222}\left(\frac{A_{\mathrm{m},D}}{T}\right)^3-\cdots\right]\end{aligned}\tag{8.432}$$

5) 在温度 T_{E_4} 以下

在温度 T_{E_4} 以下，发生共晶反应，组元 B、C、D 同时析出，不考虑耦合作用，析晶速率为

$$\frac{\mathrm{d}N_{B(\mathrm{s})}}{\mathrm{d}t}=-\frac{\mathrm{d}N_{(B)_{E_h(l)}}}{\mathrm{d}t}=Vj_B$$
$$=V\left[-l_1\left(\frac{A_{\mathrm{m},B}}{T}\right)-l_2\left(\frac{A_{\mathrm{m},B}}{T}\right)^2-l_3\left(\frac{A_{\mathrm{m},B}}{T}\right)^3-\cdots\right] \tag{8.433}$$

$$\frac{\mathrm{d}N_{C(\mathrm{s})}}{\mathrm{d}t}=-\frac{\mathrm{d}N_{(C)_{E_h(\mathrm{l})}}}{\mathrm{d}t}=Vj_C$$
$$=V\left[-l_1\left(\frac{A_{\mathrm{m},C}}{T}\right)-l_2\left(\frac{A_{\mathrm{m},C}}{T}\right)^2-l_3\left(\frac{A_{\mathrm{m},C}}{T}\right)^3-\cdots\right] \tag{8.434}$$

$$\frac{\mathrm{d}N_{D(\mathrm{s})}}{\mathrm{d}t}=-\frac{\mathrm{d}N_{(D)_{E_h(\mathrm{l})}}}{\mathrm{d}t}=Vj_D$$
$$=V\left[-l_1\left(\frac{A_{\mathrm{m},D}}{T}\right)-l_2\left(\frac{A_{\mathrm{m},D}}{T}\right)^2-l_3\left(\frac{A_{\mathrm{m},D}}{T}\right)^3-\cdots\right] \tag{4.435}$$

考虑耦合作用

$$\begin{aligned}
\frac{\mathrm{d}N_{B(\mathrm{s})}}{\mathrm{d}t}=&-\frac{\mathrm{d}N_{(B)_{E_h(\mathrm{l})}}}{\mathrm{d}t}=Vj_B\\
=&V\left[-l_{11}\left(\frac{A_{\mathrm{m},B}}{T}\right)-l_{12}\left(\frac{A_{\mathrm{m},C}}{T}\right)-l_{13}\left(\frac{A_{\mathrm{m},D}}{T}\right)\right.\\
&-l_{111}\left(\frac{A_{\mathrm{m},B}}{T}\right)^2-l_{112}\left(\frac{A_{\mathrm{m},B}}{T}\right)\left(\frac{A_{\mathrm{m},C}}{T}\right)-l_{113}\left(\frac{A_{\mathrm{m},B}}{T}\right)\left(\frac{A_{\mathrm{m},D}}{T}\right)\\
&-l_{122}\left(\frac{A_{\mathrm{m},C}}{T}\right)^2-l_{123}\left(\frac{A_{\mathrm{m},C}}{T}\right)\left(\frac{A_{\mathrm{m},D}}{T}\right)-l_{133}\left(\frac{A_{\mathrm{m},D}}{T}\right)^2\\
&-l_{1111}\left(\frac{A_{\mathrm{m},B}}{T}\right)^3-l_{1112}\left(\frac{A_{\mathrm{m},B}}{T}\right)^2\left(\frac{A_{\mathrm{m},C}}{T}\right)\\
&-l_{1113}\left(\frac{A_{\mathrm{m},B}}{T}\right)^2\left(\frac{A_{\mathrm{m},D}}{T}\right)-l_{1122}\left(\frac{A_{\mathrm{m},B}}{T}\right)\left(\frac{A_{\mathrm{m},C}}{T}\right)^2\\
&-l_{1123}\left(\frac{A_{\mathrm{m},B}}{T}\right)\left(\frac{A_{\mathrm{m},C}}{T}\right)\left(\frac{A_{\mathrm{m},D}}{T}\right)-l_{1133}\left(\frac{A_{\mathrm{m},B}}{T}\right)\left(\frac{A_{\mathrm{m},D}}{T}\right)^2\\
&-l_{1222}\left(\frac{A_{\mathrm{m},C}}{T}\right)^3-l_{1223}\left(\frac{A_{\mathrm{m},C}}{T}\right)^2\left(\frac{A_{\mathrm{m},D}}{T}\right)\\
&\left.-l_{1233}\left(\frac{A_{\mathrm{m},C}}{T}\right)\left(\frac{A_{\mathrm{m},D}}{T}\right)^2-l_{1333}\left(\frac{A_{\mathrm{m},D}}{T}\right)^3-\cdots\right]
\end{aligned} \tag{8.436}$$

$$\begin{aligned}
\frac{\mathrm{d}N_{C(\mathrm{s})}}{\mathrm{d}t}=&-\frac{\mathrm{d}N_{(C)_{E_h(\mathrm{l})}}}{\mathrm{d}t}=Vj_C\\
=&V\left[-l_{21}\left(\frac{A_{\mathrm{m},B}}{T}\right)-l_{22}\left(\frac{A_{\mathrm{m},C}}{T}\right)-l_{23}\left(\frac{A_{\mathrm{m},D}}{T}\right)\right.
\end{aligned}$$

$$
\begin{aligned}
& -l_{211}\left(\frac{A_{\mathrm{m},B}}{T}\right)^2-l_{212}\left(\frac{A_{\mathrm{m},B}}{T}\right)\left(\frac{A_{\mathrm{m},C}}{T}\right)-l_{213}\left(\frac{A_{\mathrm{m},B}}{T}\right)\left(\frac{A_{\mathrm{m},D}}{T}\right)\\
& -l_{222}\left(\frac{A_{\mathrm{m},C}}{T}\right)^2-l_{223}\left(\frac{A_{\mathrm{m},C}}{T}\right)\left(\frac{A_{\mathrm{m},D}}{T}\right)-l_{233}\left(\frac{A_{\mathrm{m},D}}{T}\right)^2\\
& -l_{2111}\left(\frac{A_{\mathrm{m},B}}{T}\right)^3-l_{2112}\left(\frac{A_{\mathrm{m},B}}{T}\right)^2\left(\frac{A_{\mathrm{m},C}}{T}\right)\\
& -l_{2113}\left(\frac{A_{\mathrm{m},B}}{T}\right)^2\left(\frac{A_{\mathrm{m},D}}{T}\right)-l_{2122}\left(\frac{A_{\mathrm{m},B}}{T}\right)\left(\frac{A_{\mathrm{m},C}}{T}\right)^2\\
& -l_{2123}\left(\frac{A_{\mathrm{m},B}}{T}\right)\left(\frac{A_{\mathrm{m},C}}{T}\right)\left(\frac{A_{\mathrm{m},D}}{T}\right)-l_{2133}\left(\frac{A_{\mathrm{m},B}}{T}\right)\left(\frac{A_{\mathrm{m},D}}{T}\right)^2\\
& -l_{2222}\left(\frac{A_{\mathrm{m},C}}{T}\right)^3-l_{2223}\left(\frac{A_{\mathrm{m},C}}{T}\right)^2\left(\frac{A_{\mathrm{m},D}}{T}\right)\\
& \left.-l_{2233}\left(\frac{A_{\mathrm{m},C}}{T}\right)\left(\frac{A_{\mathrm{m},D}}{T}\right)^2-l_{2333}\left(\frac{A_{\mathrm{m},D}}{T}\right)^3-\cdots\right]
\end{aligned}
\tag{8.437}
$$

$$
\begin{aligned}
\frac{\mathrm{d}N_{D(\mathrm{s})}}{\mathrm{d}t} &= -\frac{\mathrm{d}N_{(D)_{E_h(1)}}}{\mathrm{d}t}=Vj_D\\
&= V\left[-l_{31}\left(\frac{A_{\mathrm{m},B}}{T}\right)-l_{32}\left(\frac{A_{\mathrm{m},C}}{T}\right)-l_{33}\left(\frac{A_{\mathrm{m},D}}{T}\right)\right.\\
& -l_{311}\left(\frac{A_{\mathrm{m},B}}{T}\right)^2-l_{312}\left(\frac{A_{\mathrm{m},B}}{T}\right)\left(\frac{A_{\mathrm{m},C}}{T}\right)-l_{313}\left(\frac{A_{\mathrm{m},B}}{T}\right)\left(\frac{A_{\mathrm{m},D}}{T}\right)\\
& -l_{322}\left(\frac{A_{\mathrm{m},C}}{T}\right)^2-l_{323}\left(\frac{A_{\mathrm{m},C}}{T}\right)\left(\frac{A_{\mathrm{m},D}}{T}\right)-l_{333}\left(\frac{A_{\mathrm{m},D}}{T}\right)^2\\
& -l_{3111}\left(\frac{A_{\mathrm{m},B}}{T}\right)^3-l_{3112}\left(\frac{A_{\mathrm{m},B}}{T}\right)^2\left(\frac{A_{\mathrm{m},C}}{T}\right)\\
& -l_{3113}\left(\frac{A_{\mathrm{m},B}}{T}\right)^2\left(\frac{A_{\mathrm{m},D}}{T}\right)-l_{3122}\left(\frac{A_{\mathrm{m},B}}{T}\right)\left(\frac{A_{\mathrm{m},C}}{T}\right)^2\\
& -l_{3123}\left(\frac{A_{\mathrm{m},B}}{T}\right)\left(\frac{A_{\mathrm{m},C}}{T}\right)\left(\frac{A_{\mathrm{m},D}}{T}\right)-l_{3133}\left(\frac{A_{\mathrm{m},B}}{T}\right)\left(\frac{A_{\mathrm{m},D}}{T}\right)^2\\
& -l_{3222}\left(\frac{A_{\mathrm{m},C}}{T}\right)^3-l_{3223}\left(\frac{A_{\mathrm{m},C}}{T}\right)^2\left(\frac{A_{\mathrm{m},D}}{T}\right)\\
& \left.-l_{3233}\left(\frac{A_{\mathrm{m},C}}{T}\right)\left(\frac{A_{\mathrm{m},D}}{T}\right)^2-l_{3333}\left(\frac{A_{\mathrm{m},D}}{T}\right)^3-\cdots\right]
\end{aligned}
\tag{8.438}
$$

式中，

$$A_{\mathrm{m},B}=\Delta G_{\mathrm{m},B}$$

$$A_{\mathrm{m},D}=\Delta G_{\mathrm{m},D}$$

$$A_{\mathrm{m},C}=\Delta G_{\mathrm{m},C}$$

组元 D、B、C 依次析出，有

$$\begin{aligned}\frac{\mathrm{d}N_{D(\mathrm{s})}}{\mathrm{d}t}&=-\frac{\mathrm{d}N_{(D)_{E_h(\mathrm{l})}}}{\mathrm{d}t}=Vj_D\\&=V\left[-l_1\left(\frac{A_{\mathrm{m},D}}{T}\right)-l_2\left(\frac{A_{\mathrm{m},D}}{T}\right)^2-l_3\left(\frac{A_{\mathrm{m},D}}{T}\right)^3-\cdots\right]\\\frac{\mathrm{d}N_{B(\mathrm{s})}}{\mathrm{d}t}&=-\frac{\mathrm{d}N_{(B)_{E_h(\mathrm{l})}}}{\mathrm{d}t}=Vj_B\\&=V\left[-l_1\left(\frac{A_{\mathrm{m},B}}{T}\right)-l_2\left(\frac{A_{\mathrm{m},B}}{T}\right)^2-l_3\left(\frac{A_{\mathrm{m},B}}{T}\right)^3-\cdots\right]\\\frac{\mathrm{d}N_{C(\mathrm{s})}}{\mathrm{d}t}&=-\frac{\mathrm{d}N_{(C)_{l'_hq'_h}}}{\mathrm{d}t}=Vj_C\\&=V\left[-l_1\left(\frac{A_{\mathrm{m},C}}{T}\right)-l_2\left(\frac{A_{\mathrm{m},C}}{T}\right)^2-l_3\left(\frac{A_{\mathrm{m},C}}{T}\right)^3-\cdots\right]\end{aligned}$$

组元 D 先析出，然后同时析出组元 B、C，有

$$\begin{aligned}\frac{\mathrm{d}N_{D(\mathrm{s})}}{\mathrm{d}t}&=-\frac{\mathrm{d}N_{(D)_{E_h(\mathrm{l})}}}{\mathrm{d}t}=Vj_D\\&=V\left[-l_1\left(\frac{A_{\mathrm{m},D}}{T}\right)-l_2\left(\frac{A_{\mathrm{m},D}}{T}\right)^2-l_3\left(\frac{A_{\mathrm{m},D}}{T}\right)^3-\cdots\right]\\\frac{\mathrm{d}N_{B(\mathrm{s})}}{\mathrm{d}t}&=-\frac{\mathrm{d}N_{(B)_{l'_h}}}{\mathrm{d}t}=Vj_B\\&=V\left[-l_1\left(\frac{A_{\mathrm{m},B}}{T}\right)-l_2\left(\frac{A_{\mathrm{m},B}}{T}\right)^2-l_3\left(\frac{A_{\mathrm{m},B}}{T}\right)^3-\cdots\right]\\\frac{\mathrm{d}N_{C(\mathrm{s})}}{\mathrm{d}t}&=-\frac{\mathrm{d}N_{(C)_{l'_h}}}{\mathrm{d}t}=Vj_C\\&=V\left[-l_1\left(\frac{A_{\mathrm{m},C}}{T}\right)-l_2\left(\frac{A_{\mathrm{m},C}}{T}\right)^2-l_3\left(\frac{A_{\mathrm{m},C}}{T}\right)^3-\cdots\right]\end{aligned}$$

组元 D 和 B 先同时析出，然后析出组元 C，有

$$\begin{aligned}\frac{\mathrm{d}N_{D(\mathrm{s})}}{\mathrm{d}t}&=-\frac{\mathrm{d}N_{(D)_{E_h(\mathrm{l})}}}{\mathrm{d}t}=Vj_D\\&=V\left[-l_1\left(\frac{A_{\mathrm{m},D}}{T}\right)-l_2\left(\frac{A_{\mathrm{m},D}}{T}\right)^2-l_3\left(\frac{A_{\mathrm{m},D}}{T}\right)^3-\cdots\right]\\\frac{\mathrm{d}N_{B(\mathrm{s})}}{\mathrm{d}t}&=-\frac{\mathrm{d}N_{(B)_{E_h(\mathrm{l})}}}{\mathrm{d}t}=Vj_B\end{aligned}$$

$$= V\left[-l_1\left(\frac{A_{\mathrm{m},B}}{T}\right)-l_2\left(\frac{A_{\mathrm{m},B}}{T}\right)^2-l_3\left(\frac{A_{\mathrm{m},B}}{T}\right)^3-\cdots\right]$$

$$\frac{\mathrm{d}N_{C(\mathrm{s})}}{\mathrm{d}t}=-\frac{\mathrm{d}N_{(C)_{l_h' g_h'}}}{\mathrm{d}t}=Vj_C$$

$$= V\left[-l_1\left(\frac{A_{\mathrm{m},C}}{T}\right)-l_2\left(\frac{A_{\mathrm{m},C}}{T}\right)^2-l_3\left(\frac{A_{\mathrm{m},C}}{T}\right)^3-\cdots\right]$$

8.3.8 具有异组成熔融三元化合物的三元系 (二)

1. 凝固过程热力学

图 8.15 是具有异组成熔融三元化合物的三元系相图。

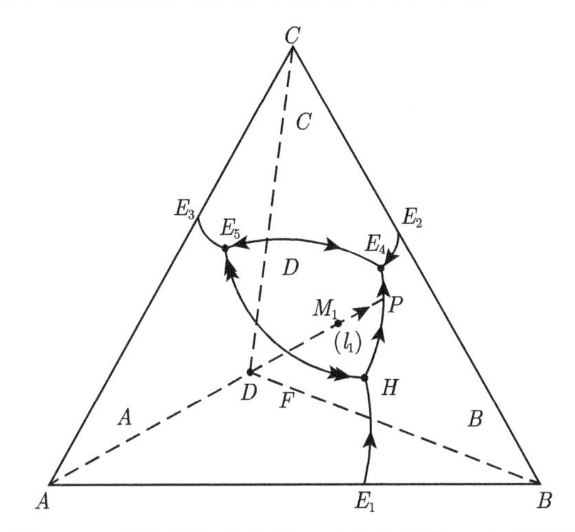

图 8.15 具有异组成熔融三元化合物的三元系相图

1) 温度降到 T_1

物质组成点为 M 的液体降温凝固。温度降到 T_1，物质组成点为液相面 D 上的 M_1 点，平衡液相组成为液相面 D 上的 l_1 点 (l_1 与 M_1 点重合)，是组元 $A_mB_nC_p$ 的饱和溶液。有

$$(A_mB_nC_p)_{l_1'} \equiv (A_mB_nC_p)_{\text{过饱}} \rightleftharpoons A_mB_nC_p\,(\mathrm{s})$$

摩尔吉布斯自由能变化为零。

2) 温度降到 T_2

继续降温到 T_2，平衡液相组成为 l_2，当温度刚降到 T_2，液相 l_1 中还未来得及析出固相组元 $A_mB_nC_p$ 时，组元 $A_mB_nC_p$ 饱和的溶液 l_1 成为组元 $A_mB_nC_p$ 的过饱和溶液 l_1'。固相组元 $A_mB_nC_p$ 析出，可以表示为

$$(A_mB_nC_p)_{l_1} \equiv (A_mB_nC_p)_{\text{饱}} = A_mB_nC_p\,(\mathrm{s})$$

达到平衡时，有

$$(A_mB_nC_p)_{l_2} =\!=\!= (A_mB_nC_p)_{饱} \rightleftharpoons A_mB_nC_p\,(\mathrm{s})$$

下角标 l_1' 和 l_2 分别表示温度 T_2 时溶液的组成，l_1' 为 $A_mB_nC_p$ 的过饱和溶液，l_2 为组元 $A_mB_nC_p$ 的饱和溶液。

以固态组元 $A_mB_nC_p$ 为标准状态，浓度以摩尔分数表示，析晶过程的摩尔吉布斯自由能变化为

$$\begin{aligned}\Delta G_{\mathrm{m},D} &= \mu_{D(\mathrm{s})} - \mu_{(D)_{l_1'}} = \mu_{D(\mathrm{s})} - \mu_{(D)_{过饱}} \\ &= -RT\ln a^{\mathrm{R}}_{(D)_{l_1'}} = -RT\ln a^{\mathrm{R}}_{(D)_{过饱}}\end{aligned} \tag{8.439}$$

或

$$\Delta G_{\mathrm{m},D}\,(T_2) = \frac{\theta_{D,T_2}\Delta H_{\mathrm{m},D}\,(T_1)}{T_1} = \eta_{D,T_2}\Delta H_{\mathrm{m},D}\,(T_1) \tag{8.440}$$

式中，

$$\theta_{D,T_2} = T_1 - T_2 > 0$$

$$\eta_{D,T_2} = \frac{T_1 - T_2}{T_1} > 0$$

式中符号意义同前。

3) 温度从 T_1 到 T_P

温度从 T_1 降到 T_P，平衡液相组成沿 DM_1 连线的延长线向 P 点移动。析晶过程可以描述如下。

在温度 T_{i-1}，液固两相达成平衡，有

$$(A_mB_nC_p)_{l_{i-1}} =\!=\!= (A_mB_nC_p)_{饱} \rightleftharpoons A_mB_nC_p\,(\mathrm{s})$$

温度降到 T_i。当温度刚降到 T_i，尚无固相组元 $A_mB_nC_p$ 析出时，液相组成未变，但已由组元 $A_mB_nC_p$ 的饱和溶液 l_{i-1} 变成 $A_mB_nC_p$ 的过饱和溶液 l_{i-1}'，析出固相组元 $A_mB_nC_p$，即

$$(A_mB_nC_p)_{l_{i-1}'} =\!=\!= (A_mB_nC_p)_{过饱} \rightleftharpoons A_mB_nC_p\,(\mathrm{s})$$

达到平衡时，有

$$(A_mB_nC_p)_{l_i} =\!=\!= (A_mB_nC_p)_{过饱} \rightleftharpoons A_mB_nC_p\,(\mathrm{s})$$

$$(i = 1, 2, \cdots, n)$$

$$T_{i-1} > T_i$$

以纯固态组元 $A_mB_nC_p$ 为标准状态，浓度以摩尔分数表示，该过程的摩尔吉布斯自由能变化为

$$\begin{aligned}\Delta G &= \mu_{D(\mathrm{s})} - \mu_{(D)_{l'_{i-1}}} = \mu_{D(\mathrm{s})} - \mu_{(D)_{过饱}} \\ &= -RT\ln a^{\mathrm{R}}_{(D)_{l'_{i-1}}} = -RT\ln a^{\mathrm{R}}_{(D)_{过饱}}\end{aligned} \tag{8.441}$$

或

$$\Delta G_{\mathrm{m},D}(T_i) = \frac{\theta_{D,T_i}\Delta H_{\mathrm{m},D}(T_{i-1})}{T_{i-1}} = \eta_{D,T_i}\Delta H_{\mathrm{m},D}(T_{i-1}) \tag{8.442}$$

式中，

$$T_{i-1} > T_i$$

$$\theta_{D,T_i} = T_{i-1} - T_i$$

$$\eta_{D,T_i} = \frac{T_{i-1} - T_i}{T_{i-1}}$$

在温度 T_{P-1}，液固两相达成平衡，有

$$(D)_{l_{P-1}} \equiv (D)_{饱} \rightleftharpoons D(\mathrm{s})$$

温度降到 T_P，平衡液相组成为 l_P。在温度刚降到 T_P 尚无固相组元 $A_mB_nC_p$ 析出时，液相组成不变，但已由在温度 T_{P-1} 的平衡液相 l_{P-1} 成为组元 $A_mB_nC_p$ 的过饱和溶液 l'_{P-1}，析出固相组元 $A_mB_nC_p$，有

$$(A_mB_nC_p)_{l'_{P-1}} \equiv (A_mB_nC_p)_{过饱} = A_mB_nC_p(\mathrm{s})$$

达到平衡时，组元 B 也成为饱和溶液，有

$$(A_mB_nC_p)_{l_P} \equiv (A_mB_nC_p)_{饱} \rightleftharpoons A_mB_nC_p(\mathrm{s})$$

和

$$(B)_{l_P} \equiv (B)_{饱} \rightleftharpoons B(\mathrm{s})$$

以纯固态组元 $A_mB_nC_p$ 为标准状态，浓度以摩尔分数表示，析晶过程的摩尔吉布斯自由能变化为

$$\begin{aligned}\Delta G_{\mathrm{m},D} &= \mu_{D(\mathrm{s})} - \mu_{(D)_{l'_{P-1}}} = \mu_{D(\mathrm{s})} - \mu_{(D)_{过饱}} \\ &= -RT\ln a^{\mathrm{R}}_{(D)_{l'_{P-1}}} = -RT\ln a^{\mathrm{R}}_{(D)_{过饱}}\end{aligned} \tag{8.443}$$

或

$$\Delta G_{\mathrm{m},D}\left(T_P\right)=\frac{\theta_{D,T_P}\Delta H_{\mathrm{m},D}\left(T_{P-1}\right)}{T_{P-1}}=\eta_{D,T_P}\Delta H_{\mathrm{m},D}\left(T_{P-1}\right) \tag{8.444}$$

式中，

$$T_{P-1}>T_P$$

$$\theta_{D,T_P}=T_{P-1}-T_P$$

$$\eta_{D,T_P}=\frac{T_{P-1}-T_P}{T_{P-1}}$$

式中符号意义同前。

4) 温度从 T_P 到 T_{E_4}

继续降温，从 T_P 到 T_{E_4}，平衡液相组成沿共熔线 PE_4 向 E_4 点移动。

析晶过程描述如下。

在温度 T_{j-1}，液固两相达成平衡，有

$$\left(A_mB_nC_p\right)_{l_{j-1}} =\!=\!= \left(A_mB_nC_p\right)_{饱} \rightleftharpoons A_mB_nC_p\left(\mathrm{s}\right)$$

$$\left(B\right)_{l_{j-1}} =\!=\!= \left(B\right)_{饱} \rightleftharpoons B\left(\mathrm{s}\right)$$

温度降到 T_j。当温度刚降到 T_j，尚未析出固相组元 $A_mB_nC_p$ 时，组元 $A_mB_nC_p$ 和 B 的饱和液相 l_{j-1} 变成组元 $A_mB_nC_p$ 和 B 的过饱和液相 l'_{j-1}，析出固相组元 $A_mB_nC_p$ 和 B，有

$$\left(A_mB_nC_p\right)_{l'_{j-1}} =\!=\!= \left(A_mB_nC_p\right)_{过饱} =\!=\!= A_mB_nC_p\left(\mathrm{s}\right)$$

和

$$\left(B\right)_{l'_{j-1}} =\!=\!= \left(B\right)_{过饱} =\!=\!= B\left(\mathrm{s}\right)$$

达到平衡时，有

$$\left(A_mB_nC_p\right)_{l_j} =\!=\!= \left(A_mB_nC_p\right)_{饱} \rightleftharpoons A_mB_nC_p\left(\mathrm{s}\right)$$

$$\left(B\right)_{l_j} =\!=\!= \left(B\right)_{饱} \rightleftharpoons B\left(\mathrm{s}\right)$$

以纯固态组元 $A_mB_nC_p$ 和 B 为标准状态，该过程的摩尔吉布斯自由能变化为

$$\begin{aligned}\Delta G_{\mathrm{m},D}&=\mu_{D(\mathrm{s})}-\mu_{(D)_{l'_{j-1}}}=\mu_{D(\mathrm{s})}-\mu_{(D)_{过饱}}\\&=-RT\ln a^{\mathrm{R}}_{(D)_{过饱}}=-RT\ln a^{\mathrm{R}}_{(D)_{l'_{j-1}}}\end{aligned} \tag{8.445}$$

$$\begin{aligned}\Delta G_{\mathrm{m},B} &= \mu_{B(\mathrm{s})} - \mu_{(B)_{l'_{j-1}}} = \mu_{B(\mathrm{s})} - \mu_{(B)_{\text{过饱}}} \\ &= -RT\ln a^{\mathrm{R}}_{(B)_{l'_{j-1}}} = -RT\ln a^{\mathrm{R}}_{(B)_{\text{过饱}}}\end{aligned} \tag{8.446}$$

或

$$\Delta G_{\mathrm{m},D}\left(T_j\right) = \frac{\theta_{D,T_j}\Delta H_{\mathrm{m},D}\left(T_{j-1}\right)}{T_{j-1}} = \eta_{D,T_j}\Delta H_{\mathrm{m},D}\left(T_{j-1}\right) \tag{8.447}$$

$$\Delta G_{\mathrm{m},B}\left(T_j\right) = \frac{\theta_{B,T_j}\Delta H_{\mathrm{m},B}\left(T_{j-1}\right)}{T_{j-1}} = \eta_{B,T_j}\Delta H_{\mathrm{m},B}\left(T_{j-1}\right) \tag{8.448}$$

式中，

$$T_{j-1} > T_j$$

$$\theta_{I,T_j} = T_{j-1} - T_j$$

$$\eta_{I,T_j} = \frac{T_{j-1} - T_j}{T_{j-1}}$$

$$(I = D, B)$$

在温度 T_{E_4-1}，液固两相达成平衡，有

$$(A_mB_nC_p)_{l_{E_4-1}} \equiv (A_mB_nC_p)_{\text{饱}} \rightleftharpoons A_mB_nC_p\,(\mathrm{s})$$

$$(B)_{l_{E_4-1}} \equiv (B)_{\text{饱}} \rightleftharpoons B\,(\mathrm{s})$$

温度降到 T_{E_4}，平衡液相组成为 $E_4(\mathrm{l})$。当温度刚降到 T_{E_4} 尚无固相组元 $A_mB_nC_p$ 和 B 析出时，液相组成未变，但已由 $A_mB_nC_p$ 和 B 的饱和溶液 l_{E_4-1} 变成组元 $A_mB_nC_p$ 和 B 的过饱和溶液 l'_{E_4-1}，析出固相组元 $A_mB_nC_p$ 和 B，可以表示为

$$(A_mB_nC_p)_{l'_{E_4-1}} \equiv (A_mB_nC_p)_{\text{过饱}} = A_mB_nC_p\,(\mathrm{s})$$

和

$$(B)_{l'_{E_4-1}} \equiv (B)_{\text{过饱}} = B\,(\mathrm{s})$$

以纯固态组元 $A_mB_nC_p$ 和 B 为标准状态，浓度以摩尔分数表示，该过程的摩尔吉布斯自由能变化为

$$\begin{aligned}\Delta G_{\mathrm{m},D} &= \mu_{D(\mathrm{s})} - \mu_{(D)_{l'_{E_4-1}}} = \mu_{D(\mathrm{s})} - \mu_{(D)_{\text{过饱}}} \\ &= -RT\ln a^{\mathrm{R}}_{(D)_{\text{过饱}}} = -RT\ln a^{\mathrm{R}}_{(D)_{l'_{E_4-1}}}\end{aligned} \tag{8.449}$$

$$\begin{aligned}\Delta G_{\mathrm{m},B} &= \mu_{B(\mathrm{s})} - \mu_{(B)_{l'_{E_4-1}}} = \mu_{B(\mathrm{s})} - \mu_{(B)_{过饱}} \\ &= -RT\ln a^{\mathrm{R}}_{(B)_{l'_{E_4-1}}} = -RT\ln a^{\mathrm{R}}_{(B)_{过饱}}\end{aligned} \tag{8.450}$$

或

$$\Delta G_{\mathrm{m},D}\left(T_{E_4}\right) = \frac{\theta_{D,T_{E_4}}\Delta H_{\mathrm{m},D}\left(T_{E_4-1}\right)}{T_{E_4-1}} = \eta_{D,T_{E_4}}\Delta H_{\mathrm{m},D}\left(T_{E_4-1}\right) \tag{8.451}$$

$$\Delta G_{\mathrm{m},B}\left(T_{E_4}\right) = \frac{\theta_{B,T_{E_4}}\Delta H_{\mathrm{m},B}\left(T_{E_4-1}\right)}{T_{E_4-1}} = \eta_{B,T_{E_4}}\Delta H_{\mathrm{m},B}\left(T_{E_4-1}\right) \tag{8.452}$$

式中，

$$T_{E_4-1} > T_{E_4}$$

$$\theta_{D,T_{E_4}} = T_{E_4-1} - T_{E_4}$$

$$\eta_{D,T_{E_4}} = \frac{T_{E_4-1} - T_{E_4}}{T_{E_4-1}}$$

$$\theta_{B,T_{E_4}} = T_{E_4-1} - T_{E_4}$$

$$\eta_{B,T_{E_4}} = \frac{T_{E_4-1} - T_{E_4}}{T_{E_4-1}}$$

当组元 $A_mB_nC_p$ 和 B 析晶达成平衡，成为饱和溶液时，组元 C 也成为饱和溶液。可以表示为

$$(A_mB_nC_p)_{E_4(\mathrm{l})} =\!=\!= (A_mB_nC_p)_{饱} \rightleftharpoons A_mB_nC_p(\mathrm{s})$$

$$(B)_{E_4(\mathrm{l})} =\!=\!= (B)_{饱} \rightleftharpoons B(\mathrm{s})$$

及

$$(C)_{E_4(\mathrm{l})} =\!=\!= (C)_{饱} \rightleftharpoons C(\mathrm{s})$$

在温度 T_{E_4}，$E_4(\mathrm{l})$ 是组元 A、B、C 的饱和溶液，四相平衡共存，有

$$E_4(\mathrm{l}) \rightleftharpoons A_mB_nC_p(\mathrm{s}) + B(\mathrm{s}) + C(\mathrm{s})$$

析晶过程是在恒温恒压条件下的平衡状态进行的，摩尔吉布斯自由能变化为零，即

$$\Delta G_{\mathrm{m},D} = 0$$

$$\Delta G_{\mathrm{m},B} = 0$$

$$\Delta G_{\mathrm{m},C} = 0$$

5) 温度在 T_{E_4} 以下

温度降到 T_{E_4} 以下，如果上述的反应没有进行完，就会继续进行，是在非平衡状态进行。描述如下。

温度降至 T_k。在温度 T_k，固相组元 D、B、C 的平衡液相分别为 l_k、q_k、g_k。温度刚降至 T_k，还未来得及析出固相组元 D、B、C 时，溶液 $E\,(\mathrm{l})$ 的组成未变，但已由组元 D、B、C 的饱和溶液 $E\,(\mathrm{l})$ 变成组元 D、B、C 的过饱和溶液 $E_k\,(\mathrm{l})$。

(1) 组元 D、B、C 同时析出，有

$$E_k\,(\mathrm{l}) = D\,(\mathrm{s}) + B\,(\mathrm{s}) + C\,(\mathrm{s})$$

即

$$(D)_{\text{过饱}} \equiv (D)_{E_k(\mathrm{l})} = D\,(\mathrm{s})$$

$$(B)_{\text{过饱}} \equiv (B)_{E_k(\mathrm{l})} = B\,(\mathrm{s})$$

$$(C)_{\text{过饱}} \equiv (C)_{E_k(\mathrm{l})} = C\,(\mathrm{s})$$

组元 D、B、C 同时析出，可以保持 $E_k\,(\mathrm{l})$ 组成不变，析出的组元 D、B、C 均匀混合。以纯固态组元 D、B、C 为标准状态，浓度以摩尔分数表示，析晶过程的摩尔吉布斯自由能变化为

$$\begin{aligned}\Delta G_{\mathrm{m},D} &= \mu_{D(\mathrm{s})} - \mu_{(D)_{\text{过饱}}} \\ &= \mu_{D(\mathrm{s})} - \mu_{(D)_{E_k(\mathrm{l})}} \\ &= -RT\ln a^{\mathrm{R}}_{(D)_{\text{过饱}}} = -RT\ln a^{\mathrm{R}}_{(D)_{E_k(\mathrm{l})}}\end{aligned} \tag{8.453}$$

$$\begin{aligned}\Delta G_{\mathrm{m},B} &= \mu_{B(\mathrm{s})} - \mu_{(B)_{\text{过饱}}} \\ &= \mu_{B(\mathrm{s})} - \mu_{(B)_{E_k(\mathrm{l})}} \\ &= -RT\ln a^{\mathrm{R}}_{(B)_{\text{过饱}}} = -RT\ln a^{\mathrm{R}}_{(B)_{E_k(\mathrm{l})}}\end{aligned} \tag{8.454}$$

$$\begin{aligned}\Delta G_{\mathrm{m},C} &= \mu_{C(\mathrm{s})} - \mu_{(C)_{\text{过饱}}} \\ &= \mu_{C(\mathrm{s})} - \mu_{(C)_{E_k(\mathrm{l})}} \\ &= -RT\ln a^{\mathrm{R}}_{(C)_{\text{过饱}}} = -RT\ln a^{\mathrm{R}}_{(C)_{E_k(\mathrm{l})}}\end{aligned} \tag{8.455}$$

$$\Delta G_{\mathrm{m},D}\,(T_k) = \frac{\theta_{D,T_k}\Delta H_{\mathrm{m},D}\,(T_{E_4})}{T_{E_4}} = \eta_{D,T_k}\Delta H_{\mathrm{m},D}\,(T_{E_4})$$

$$\Delta G_{\mathrm{m},B}\,(T_k) = \frac{\theta_{B,T_k}\Delta H_{\mathrm{m},B}\,(T_{E_4})}{T_{E_4}} = \eta_{B,T_k}\Delta H_{\mathrm{m},B}\,(T_{E_4})$$

$$\Delta G_{\mathrm{m},C}\,(T_k) = \frac{\theta_{C,T_k}\Delta H_{\mathrm{m},C}\,(T_{E_4})}{T_{E_4}} = \eta_{C,T_k}\Delta H_{\mathrm{m},C}\,(T_{E_4})$$

式中，

$$\theta_{J,T_k} = T_{E_4} - T_k$$

$$\eta_{J,T_k} = \frac{T_{E_4} - T_k}{T_{E_4}}$$

$$J = D、B、C$$

$$\Delta H_{\mathrm{m},D}(T_{E_4}) = H_{\mathrm{m},D(\mathrm{s})}(T_{E_4}) - \bar{H}_{\mathrm{m},(D)_{E_4(\mathrm{l})}}(T_{E_4})$$

$$\Delta H_{\mathrm{m},B}(T_{E_4}) = H_{\mathrm{m},B(\mathrm{s})}(T_{E_4}) - \bar{H}_{\mathrm{m},(B)_{E_4(\mathrm{l})}}(T_{E_4})$$

$$\Delta H_{\mathrm{m},C}(T_{E_4}) = H_{\mathrm{m},C(\mathrm{s})}(T_{E_4}) - \bar{H}_{\mathrm{m},(C)_{E_4(\mathrm{l})}}(T_{E_4})$$

(2) 组元 D、B、C 依次析出，即先析出组元 D，再析出组元 B，然后析出组元 C。

组元 D 先析出，有

$$(D)_{过饱} =\!=\!= (D)_{E_k(\mathrm{l})} =\!=\!= D(\mathrm{s})$$

随着组元 D 的析出，组元 B 和 C 的过饱和程度会增大，溶液的组成会偏离共晶点 $E(\mathrm{l})$，向组元 D 的平衡相 l_k 靠近，以 l'_k 表示，达到一定程度后，组元 B 会析出，可以表示为

$$(B)_{过饱} =\!=\!= (B)_{l'_k} =\!=\!= B(\mathrm{s})$$

随着组元 D 和 B 的析出，组元 C 的过饱和程度会增大，溶液的组成又会向组元 B 的平衡相 q_k 靠近，以 $l'_k q'_k$ 表示，达到一定程度后，组元 C 会析出，可以表示为

$$(C)_{过饱} =\!=\!= (C)_{l'_k q'_k} =\!=\!= C(\mathrm{s})$$

随着组元 B、C 的析出，组元 D 的过饱和程度增大，溶液的组成向组元 C 的平衡相 g_k 靠近，以 $q'_k g'_k$ 表示。达到一定程度后，组元 D 又析出，有

$$(D)_{过饱} =\!=\!= (D)_{q'_k g'_k} =\!=\!= D(\mathrm{s})$$

组元 D、B、C 交替析出。直到溶液 $E(\mathrm{l})$ 完全转化为组元 D、B、C。

以纯固态组元 D、B、C 为标准状态，浓度以摩尔分数表示，析晶过程的摩尔吉布斯自由能变化为

$$\begin{aligned}\Delta G_{\mathrm{m},D} &= \mu_{D(\mathrm{s})} - \mu_{(D)_{过饱}} \\ &= \mu_{D(\mathrm{s})} - \mu_{(D)_{E_k(\mathrm{l})}} \\ &= -RT\ln a^{\mathrm{R}}_{(D)_{过饱}} = -RT\ln a^{\mathrm{R}}_{(D)_{E_k(\mathrm{l})}}\end{aligned} \tag{8.456}$$

$$\begin{aligned}\Delta G_{\mathrm{m},B} &= \mu_{B(\mathrm{s})} - \mu_{(B)_{过饱}} \\ &= \mu_{B(\mathrm{s})} - \mu_{(B)_{l'_k}} \\ &= -RT\ln a^{\mathrm{R}}_{(B)_{过饱}} = -RT\ln a^{\mathrm{R}}_{(B)_{l'_k}}\end{aligned} \tag{8.457}$$

$$\begin{aligned}\Delta G_{\mathrm{m},C} &= \mu_{C(\mathrm{s})} - \mu_{(C)_{过饱}} \\ &= \mu_{C(\mathrm{s})} - \mu_{(C)_{l'_k q'_k}} \\ &= -RT\ln a^{\mathrm{R}}_{(C)_{过饱}} = -RT\ln a^{\mathrm{R}}_{(C)_{l'_k q'_k}}\end{aligned} \tag{8.458}$$

再析出组元 D

$$\begin{aligned}\Delta G_{\mathrm{m},D} &= \mu_{D(\mathrm{s})} - \mu_{(D)_{过饱}} \\ &= \mu_{D(\mathrm{s})} - \mu_{(D)_{q'_k g'_k}} \\ &= -RT\ln a^{\mathrm{R}}_{(D)_{过饱}} = -RT\ln a^{\mathrm{R}}_{(D)_{q'_k g'_k}}\end{aligned}$$

或者

$$\Delta G_{\mathrm{m},D}(T_k) = \frac{\theta_{D,T_k}\Delta H_{\mathrm{m},D}(T_{E_4})}{T_{E_4}} = \eta_{D,T_k}\Delta H_{\mathrm{m},D}(T_{E_4})$$

$$\Delta G_{\mathrm{m},B}(T_k) = \frac{\theta_{B,T_k}\Delta H_{\mathrm{m},B}(T_{E_4})}{T_{E_4}} = \eta_{B,T_k}\Delta H_{\mathrm{m},B}(T_{E_4})$$

$$\Delta G_{\mathrm{m},C}(T_k) = \frac{\theta_{C,T_k}\Delta H_{\mathrm{m},C}(T_{E_4})}{T_{E_4}} = \eta_{C,T_k}\Delta H_{\mathrm{m},C}(T_{E_4})$$

式中

$$\Delta H_{\mathrm{m},D}(T_{E_4}) = H_{\mathrm{m},D(\mathrm{s})}(T_{E_4}) - \bar{H}_{\mathrm{m},(D)_{E_4(\mathrm{l})}}(T_{E_4})$$

$$\Delta H_{\mathrm{m},B}(T_{E_4}) = H_{\mathrm{m},B(\mathrm{s})}(T_{E_4}) - \bar{H}_{\mathrm{m},(B)_{E_4(\mathrm{l})}}(T_{E_4})$$

$$\Delta H_{\mathrm{m},C}(T_{E_4}) = H_{\mathrm{m},C(\mathrm{s})}(T_{E_4}) - \bar{H}_{\mathrm{m},(C)_{E_4(\mathrm{l})}}(T_{E_4})$$

$$\theta_{J,T_k} = T_{E_4} - T_k$$

$$\eta_{J,T_k} = \frac{T_{E_4} - T_k}{T_{E_4}}$$

$$J = D, B, C$$

(3) 组元 D 先析出，然后组元 B、C 同时析出

可以表示为

$$E_k(\mathrm{l}) =\!=\!= D(\mathrm{s})$$

$$(D)_{过饱} =\!=\!= (D)_{E_k(\mathrm{l})} =\!=\!= D(\mathrm{s})$$

随着组元 D 的析出，组元 B、C 的过饱和程度增大，溶液组成会偏离 $E_k\,(\mathrm{l})$，向组元 D 的平衡相 l_k 靠近，以 l_k' 表示。达到一定程度后，组元 B、C 同时析出，有

$$(B)_{过饱} \equiv (B)_{l_k'} = B\,(\mathrm{s})$$

$$(C)_{过饱} \equiv (C)_{l_k'} = C\,(\mathrm{s})$$

随着组元 B、C 的析出，组元 D 的过饱和程度增大，固溶体组成向组元 B 和 C 的平衡相 q_k 和 g_k 靠近，以 $q_k'g_k'$ 表示。达到一定程度，组元 D 又析出。可以表示为

$$(D)_{过饱} \equiv (D)_{q_k'g_k'} = D\,(\mathrm{s})$$

组元 D 和组元 B、C 交替析出，析出的组元 D 单独存在，组元 B 和组元 C 聚在一起。

如此循环，直到溶液 $E_k\,(\mathrm{l})$ 完全变成组元 D、B、C。

以纯固态组元 D、B、C 为标准状态，浓度以摩尔分数表示，析晶过程的摩尔吉布斯自由能变化为

$$\begin{aligned}
\Delta G_{\mathrm{m},D} &= \mu_{D(\mathrm{s})} - \mu_{(D)_{过饱}} \\
&= \mu_{D(\mathrm{s})} - \mu_{(D)_{E_k(\mathrm{l})}} \\
&= -RT\ln a^{\mathrm{R}}_{(D)_{过饱}} = -RT\ln a^{\mathrm{R}}_{(D)_{E_k(\mathrm{l})}}
\end{aligned}$$

$$\begin{aligned}
\Delta G_{\mathrm{m},B} &= \mu_{B(\mathrm{s})} - \mu_{(B)_{过饱}} \\
&= \mu_{B(\mathrm{s})} - \mu_{(B)_{l_k'}} \\
&= -RT\ln a^{\mathrm{R}}_{(B)_{过饱}} = -RT\ln a^{\mathrm{R}}_{(B)_{l_k'}}
\end{aligned}$$

$$\begin{aligned}
\Delta G_{\mathrm{m},C} &= \mu_{C(\mathrm{s})} - \mu_{(C)_{过饱}} \\
&= \mu_{C(\mathrm{s})} - \mu_{(C)_{l_k'}} \\
&= -RT\ln a^{\mathrm{R}}_{(C)_{过饱}} = -RT\ln a^{\mathrm{R}}_{(C)_{l_k'}}
\end{aligned}$$

$$\begin{aligned}
\Delta G'_{\mathrm{m},D} &= \mu_{D_{(\mathrm{s})}} - \mu_{(D)_{过饱}} \\
&= \mu_{D_{(\mathrm{s})}} - \mu_{(D)_{q_k'g_k'}} \\
&= -RT\ln a^{\mathrm{R}}_{(D)_{过饱}} = -RT\ln a^{\mathrm{R}}_{(D)_{q_k'g_k'}}
\end{aligned}$$

或者

$$\Delta G_{\mathrm{m},D}\,(T_k) = \frac{\theta_{D,T_k}\Delta H_{\mathrm{m},D}\,(T_{E_4})}{T_{E_4}} = \eta_{D,T_k}\Delta H_{\mathrm{m},D}\,(T_{E_4})$$

$$\Delta G_{\mathrm{m},B}\left(T_k\right)=\frac{\theta_{B,T_k}\Delta H_{\mathrm{m},B}\left(T_{E_4}\right)}{T_{E_4}}=\eta_{B,T_k}\Delta H_{\mathrm{m},B}\left(T_{E_4}\right)$$

$$\Delta G_{\mathrm{m},C}\left(T_k\right)=\frac{\theta_{C,T_k}\Delta H_{\mathrm{m},C}\left(T_{E_4}\right)}{T_{E_4}}=\eta_{C,T_k}\Delta H_{\mathrm{m},C}\left(T_{E_4}\right)$$

$$\Delta G'_{\mathrm{m},D}\left(T_k\right)=\frac{\theta_{D,T_k}\Delta H'_{\mathrm{m},D}\left(T_{E_4}\right)}{T_{E_4}}=\eta_{D,T_k}\Delta H'_{\mathrm{m},D}\left(T_{E_4}\right)$$

式中

$$\Delta H_{\mathrm{m},D}\left(T_{E_4}\right)=H_{\mathrm{m},D(\mathrm{s})}\left(T_{E_4}\right)-\bar{H}_{\mathrm{m},(D)_{E_4(\mathrm{l})}}\left(T_{E_4}\right)$$

$$\Delta H_{\mathrm{m},B}\left(T_{E_4}\right)=H_{\mathrm{m},B(\mathrm{s})}\left(T_{E_4}\right)-\bar{H}_{\mathrm{m},(B)_{E_4(\mathrm{l})}}\left(T_{E_4}\right)$$

$$\Delta H_{\mathrm{m},C}\left(T_{E_4}\right)=H_{\mathrm{m},C(\mathrm{s})}\left(T_{E_4}\right)-\bar{H}_{\mathrm{m},(C)_{E_4(\mathrm{l})}}\left(T_{E_4}\right)$$

$$\Delta H'_{m,D}\left(T_{E_4}\right)=H_{\mathrm{m},D(\mathrm{s})}\left(T_{E_4}\right)-\bar{H}_{\mathrm{m},(D)_{E_4(\mathrm{l})}}\left(T_{E_4}\right)$$

$$\theta_{J,T_k}=T_{E_4}-T_k$$

$$\eta_{J,T_k}=\frac{T_{E_4}-T_k}{T_{E_4}}$$

$$(J=D,B,C)$$

(4) 组元 D 和组元 B 先同时析出，然后析出组元 C

可以表示为

$$E_k\left(\mathrm{l}\right)=D\left(\mathrm{s}\right)+B\left(\mathrm{s}\right)$$

即

$$(D)_{\text{过饱}}=(D)_{E_k(\mathrm{l})}=D\left(\mathrm{s}\right)$$

$$(B)_{\text{过饱}}=(B)_{E_k(\mathrm{l})}=B\left(\mathrm{s}\right)$$

随着组元 D、B 的析出，组元 C 的过饱和程度增大，溶液组成偏离 $E_k\left(\mathrm{l}\right)$，向组元 D 和组元 B 的平衡相 l_k 和 q_k 靠近，以 $l'_kq'_k$ 表示。达到一定程度，组元 C 析出，有

$$(C)_{\text{过饱}}\equiv(C)_{l'_kq'_k}=C\left(\mathrm{s}\right)$$

随着组元 C 的析出，组元 D、B 的过饱和程度增大，溶液组成向组元 C 的平衡相 g_k 靠近，以 g'_k 表示，达到一定程度后，组元 D、B 又析出。可以表示为

$$(D)_{\text{过饱}}\equiv(D)_{g'_k}=D\left(\mathrm{s}\right)$$

$$(B)_{\text{过饱}}\equiv(B)_{g'_k}=B\left(\mathrm{s}\right)$$

组元 D、B 和 C 交替析出。析出的组元 D、B 聚在一起，组元 C 单独存在。如此循环，直到溶液 $E(\mathrm{l})$ 完全转变为固相组元 D、B、C。

温度继续降低，如果上述的反应没有完成，则再重复上述过程。

以纯固态组元 D、B、C 为标准状态，浓度以摩尔分数表示。析晶过程的摩尔吉布斯自由能变化为

$$\begin{aligned}\Delta G_{\mathrm{m},D} &= \mu_{D(\mathrm{s})} - \mu_{(D)_{\text{过饱}}} \\ &= \mu_{D(\mathrm{s})} - \mu_{(D)_{E_k(\mathrm{l})}} \\ &= -RT\ln a^{\mathrm{R}}_{(D)_{\text{过饱}}} = -RT\ln a^{\mathrm{R}}_{(D)_{E_k(\mathrm{l})}}\end{aligned}$$

$$\begin{aligned}\Delta G_{\mathrm{m},B} &= \mu_{B(\mathrm{s})} - \mu_{(B)_{\text{过饱}}} \\ &= \mu_{B(\mathrm{s})} - \mu_{(B)_{E_k(\mathrm{l})}} \\ &= -RT\ln a^{\mathrm{R}}_{(B)_{\text{过饱}}} = -RT\ln a^{\mathrm{R}}_{(B)_{E_k(\mathrm{l})}}\end{aligned}$$

$$\begin{aligned}\Delta G_{\mathrm{m},C} &= \mu_{C(\mathrm{s})} - \mu_{(C)_{\text{过饱}}} \\ &= \mu_{C(\mathrm{s})} - \mu_{(C)_{l'_k q'_k}} \\ &= -RT\ln a^{\mathrm{R}}_{(C)_{\text{过饱}}} = -RT\ln a^{\mathrm{R}}_{(C)_{l'_k q'_k}}\end{aligned}$$

再析出组元 D 和 B，有

$$\begin{aligned}\Delta G_{\mathrm{m},D} &= \mu_{D(\mathrm{s})} - \mu_{(D)_{\text{过饱}}} \\ &= \mu_{D(\mathrm{s})} - \mu_{(D)_{g'_k}} \\ &= -RT\ln a^{\mathrm{R}}_{(D)_{\text{过饱}}} = -RT\ln a^{\mathrm{R}}_{(D)_{g'_k}}\end{aligned}$$

$$\begin{aligned}\Delta G_{\mathrm{m},B} &= \mu_{B(\mathrm{s})} - \mu_{(B)_{\text{过饱}}} \\ &= \mu_{B(\mathrm{s})} - \mu_{(B)_{g'_k}} \\ &= -RT\ln a^{\mathrm{R}}_{(B)_{\text{过饱}}} = -RT\ln a^{\mathrm{R}}_{(B)_{g'_k}}\end{aligned}$$

或者

$$\Delta G_{\mathrm{m},D}(T_k) = \frac{\theta_{D,T_k}\Delta H_{\mathrm{m},D}(T_{E_4})}{T_{E_4}} = \eta_{D,T_k}\Delta H_{\mathrm{m},D}(T_{E_4})$$

$$\Delta G_{\mathrm{m},B}(T_k) = \frac{\theta_{B,T_k}\Delta H_{\mathrm{m},B}(T_{E_4})}{T_{E_4}} = \eta_{B,T_k}\Delta H_{\mathrm{m},B}(T_{E_4})$$

$$\Delta G_{\mathrm{m},C}(T_k) = \frac{\theta_{C,T_k}\Delta H_{\mathrm{m},C}(T_{E_4})}{T_{E_4}} = \eta_{C,T_k}\Delta H_{\mathrm{m},C}(T_{E_4})$$

$$\Delta G'_{\mathrm{m},D}(T_k) = \frac{\theta_{D,T_k}\Delta H'_{\mathrm{m},D}(T_{E_4})}{T_{E_4}} = \eta_{D,T_k}\Delta H'_{\mathrm{m},D}(T_{E_4})$$

$$\Delta G'_{\mathrm{m},B}\left(T_k\right)=\frac{\theta_{B,T_k}\Delta H'_{\mathrm{m},B}\left(T_{E_4}\right)}{T_{E_4}}=\eta_{B,T_k}\Delta H'_{\mathrm{m},B}\left(T_{E_4}\right)$$

式中

$$\Delta H_{\mathrm{m},D}\left(T_{E_4}\right)=H_{\mathrm{m},D(\mathrm{s})}\left(T_{E_4}\right)-\bar{H}_{\mathrm{m},(D)_{E_4(1)}}\left(T_{E_4}\right)$$

$$\Delta H_{\mathrm{m},B}\left(T_{E_4}\right)=H_{\mathrm{m},B(\mathrm{s})}\left(T_{E_4}\right)-\bar{H}_{\mathrm{m},(B)_{E_4(1)}}\left(T_{E_4}\right)$$

$$\Delta H_{\mathrm{m},C}\left(T_{E_4}\right)=H_{\mathrm{m},C(\mathrm{s})}\left(T_{E_4}\right)-\bar{H}_{\mathrm{m},(C)_{E_4(1)}}\left(T_{E_4}\right)$$

$$\Delta H'_{\mathrm{m},D}\left(T_{E_4}\right)=H_{\mathrm{m},D(\mathrm{s})}\left(T_{E_4}\right)-\bar{H}_{\mathrm{m},(D)_{E_4(1)}}\left(T_{E_4}\right)$$

$$\Delta H'_{\mathrm{m},B}\left(T_{E_4}\right)=H_{\mathrm{m},B(\mathrm{s})}\left(T_{E_4}\right)-\bar{H}_{\mathrm{m},(B)_{E_4(1)}}\left(T_{E_4}\right)$$

$$\theta_{J,T_k}=T_{E_4}-T_k$$

$$\eta_{J,T_k}=\frac{T_{E_4}-T_k}{T_{E_4}}$$

$$(J=D,B,C)$$

2. 凝固速率

1) 从温度 T_1 到 T_P

从温度 T_1 到 T_P，析出组元 $A_mB_nC_p$ 的晶体，析晶速率为

$$\begin{aligned}\frac{\mathrm{d}N_{A_mB_nC_p(\mathrm{s})}}{\mathrm{d}t}&=-\frac{\mathrm{d}N_{(A_mB_nC_p)}}{\mathrm{d}t}=Vj_{A_mB_nC_p}\\&=V\left[-l_1\left(\frac{A_{\mathrm{m},D}}{T}\right)-l_2\left(\frac{A_{\mathrm{m},D}}{T}\right)^2-l_3\left(\frac{A_{\mathrm{m},D}}{T}\right)^3-\cdots\right]\end{aligned}\tag{8.459}$$

式中，

$$A_{\mathrm{m},D}=\Delta G_{\mathrm{m},D}$$

2) 从温度 T_P 到 T_{E_4}

从温度 T_P 到 T_{E_4}，析出组元 $A_mB_nC_p$ 和 B 的晶体，不考虑耦合作用，析晶速率为

$$\begin{aligned}\frac{\mathrm{d}N_{A_mB_nC_p(\mathrm{s})}}{\mathrm{d}t}&=-\frac{\mathrm{d}N_{(A_mB_nC_p)}}{\mathrm{d}t}=Vj_{A_mB_nC_p}\\&=V\left[-l_1\left(\frac{A_{\mathrm{m},D}}{T}\right)-l_2\left(\frac{A_{\mathrm{m},D}}{T}\right)^2-l_3\left(\frac{A_{\mathrm{m},D}}{T}\right)^3-\cdots\right]\end{aligned}\tag{8.460}$$

$$\begin{aligned}\frac{\mathrm{d}N_{B(\mathrm{s})}}{\mathrm{d}t}&=-\frac{\mathrm{d}N_{(B)}}{\mathrm{d}t}=Vj_B\\&=V\left[-l_1\left(\frac{A_{\mathrm{m},B}}{T}\right)-l_2\left(\frac{A_{\mathrm{m},B}}{T}\right)^2-l_3\left(\frac{A_{\mathrm{m},B}}{T}\right)^3-\cdots\right]\end{aligned}\tag{8.461}$$

式中，

$$A_{\mathrm{m},D} = \Delta G_{\mathrm{m},D}$$

$$A_{\mathrm{m},B} = \Delta G_{\mathrm{m},B}$$

考虑耦合作用，析晶速率为

$$\begin{aligned}\frac{\mathrm{d}N_{A_mB_nC_p(\mathrm{s})}}{\mathrm{d}t} =& -\frac{\mathrm{d}N_{(A_mB_nC_p)}}{\mathrm{d}t} = Vj_{A_mB_nC_p}\\ =& V\left[-l_{11}\left(\frac{A_{\mathrm{m},D}}{T}\right) - l_{12}\left(\frac{A_{\mathrm{m},B}}{T}\right) - l_{111}\left(\frac{A_{\mathrm{m},D}}{T}\right)^2\right.\\ & -l_{112}\left(\frac{A_{\mathrm{m},D}}{T}\right)\left(\frac{A_{\mathrm{m},B}}{T}\right) - l_{122}\left(\frac{A_{\mathrm{m},B}}{T}\right)^2 - l_{1111}\left(\frac{A_{\mathrm{m},D}}{T}\right)^3\\ & -l_{1112}\left(\frac{A_{\mathrm{m},D}}{T}\right)^2\left(\frac{A_{\mathrm{m},B}}{T}\right) - l_{1122}\left(\frac{A_{\mathrm{m},D}}{T}\right)\left(\frac{A_{\mathrm{m},B}}{T}\right)^2\\ & \left.-l_{1222}\left(\frac{A_{\mathrm{m},B}}{T}\right)^3 - \cdots\right]\end{aligned} \tag{8.462}$$

$$\begin{aligned}\frac{\mathrm{d}N_{B(\mathrm{s})}}{\mathrm{d}t} =& -\frac{\mathrm{d}N_{(B)}}{\mathrm{d}t} = Vj_B\\ =& V\left[-l_{21}\left(\frac{A_{\mathrm{m},D}}{T}\right) - l_{22}\left(\frac{A_{\mathrm{m},B}}{T}\right) - l_{211}\left(\frac{A_{\mathrm{m},D}}{T}\right)^2\right.\\ & -l_{212}\left(\frac{A_{\mathrm{m},D}}{T}\right)\left(\frac{A_{\mathrm{m},B}}{T}\right) - l_{222}\left(\frac{A_{\mathrm{m},B}}{T}\right)^2 - l_{2111}\left(\frac{A_{\mathrm{m},D}}{T}\right)^3\\ & -l_{2112}\left(\frac{A_{\mathrm{m},D}}{T}\right)^2\left(\frac{A_{\mathrm{m},B}}{T}\right) - l_{2122}\left(\frac{A_{\mathrm{m},D}}{T}\right)\left(\frac{A_{\mathrm{m},B}}{T}\right)^2\\ & \left.-l_{2222}\left(\frac{A_{\mathrm{m},B}}{T}\right)^3 - \cdots\right]\end{aligned} \tag{8.463}$$

式中，

$$A_{\mathrm{m},D} = \Delta G_{\mathrm{m},D}$$

$$A_{\mathrm{m},B} = \Delta G_{\mathrm{m},B}$$

3) 温度降到 T_{E_4} 以下

温度降到 T_{E_4} 以下，发生共晶反应，同时析出组元 B、$A_mB_nC_p$ 和 C 的晶体，不考虑耦合作用，析晶速率为

$$\begin{aligned}\frac{\mathrm{d}N_{B(\mathrm{s})}}{\mathrm{d}t} =& -\frac{\mathrm{d}N_{(B)_{E_k(\mathrm{l})}}}{\mathrm{d}t} = Vj_B\\ =& V\left[-l_1\left(\frac{A_{\mathrm{m},B}}{T}\right) - l_2\left(\frac{A_{\mathrm{m},B}}{T}\right)^2 - l_3\left(\frac{A_{\mathrm{m},B}}{T}\right)^3 - \cdots\right]\end{aligned} \tag{8.464}$$

$$\begin{aligned}\frac{\mathrm{d}N_{A_mB_nC_p(\mathrm{s})}}{\mathrm{d}t}=-\frac{\mathrm{d}N_{(A_mB_nC_p)_{E_k(1)}}}{\mathrm{d}t}&=Vj_{A_mB_nC_p}\\&=V\left[-l_1\left(\frac{A_{\mathrm{m},D}}{T}\right)-l_2\left(\frac{A_{\mathrm{m},D}}{T}\right)^2-l_3\left(\frac{A_{\mathrm{m},D}}{T}\right)^3-\cdots\right]\end{aligned}\tag{8.465}$$

$$\begin{aligned}\frac{\mathrm{d}N_{C(\mathrm{s})}}{\mathrm{d}t}=-\frac{\mathrm{d}N_{(C)_{E_k(1)}}}{\mathrm{d}t}&=Vj_C\\&=V\left[-l_1\left(\frac{A_{\mathrm{m},C}}{T}\right)-l_2\left(\frac{A_{\mathrm{m},C}}{T}\right)^2-l_3\left(\frac{A_{\mathrm{m},C}}{T}\right)^3-\cdots\right]\end{aligned}\tag{8.466}$$

式中，

$$A_{\mathrm{m},B}=\Delta G_{\mathrm{m},B}$$

$$A_{\mathrm{m},D}=\Delta G_{\mathrm{m},D}$$

$$A_{\mathrm{m},C}=\Delta G_{\mathrm{m},C}$$

考虑耦合作用，析晶速率为

$$\begin{aligned}\frac{\mathrm{d}N_{B(\mathrm{s})}}{\mathrm{d}t}&=-\frac{\mathrm{d}N_{(B)_{E_k(1)}}}{\mathrm{d}t}=Vj_B\\&=V\Bigg[-l_{11}\left(\frac{A_{\mathrm{m},B}}{T}\right)-l_{12}\left(\frac{A_{\mathrm{m},D}}{T}\right)-l_{13}\left(\frac{A_{\mathrm{m},C}}{T}\right)\\&\quad-l_{111}\left(\frac{A_{\mathrm{m},B}}{T}\right)^2-l_{112}\left(\frac{A_{\mathrm{m},B}}{T}\right)\left(\frac{A_{\mathrm{m},D}}{T}\right)-l_{113}\left(\frac{A_{\mathrm{m},B}}{T}\right)\left(\frac{A_{\mathrm{m},C}}{T}\right)\\&\quad-l_{122}\left(\frac{A_{\mathrm{m},D}}{T}\right)^2-l_{123}\left(\frac{A_{\mathrm{m},D}}{T}\right)\left(\frac{A_{\mathrm{m},C}}{T}\right)-l_{133}\left(\frac{A_{\mathrm{m},C}}{T}\right)^2\\&\quad-l_{1111}\left(\frac{A_{\mathrm{m},B}}{T}\right)^3-l_{1112}\left(\frac{A_{\mathrm{m},B}}{T}\right)^2\left(\frac{A_{\mathrm{m},D}}{T}\right)\\&\quad-l_{1113}\left(\frac{A_{\mathrm{m},B}}{T}\right)^2\left(\frac{A_{\mathrm{m},C}}{T}\right)-l_{1122}\left(\frac{A_{\mathrm{m},B}}{T}\right)\left(\frac{A_{\mathrm{m},D}}{T}\right)^2\\&\quad-l_{1123}\left(\frac{A_{\mathrm{m},B}}{T}\right)\left(\frac{A_{\mathrm{m},C}}{T}\right)\left(\frac{A_{\mathrm{m},D}}{T}\right)-l_{1133}\left(\frac{A_{\mathrm{m},B}}{T}\right)\left(\frac{A_{\mathrm{m},C}}{T}\right)^2\\&\quad-l_{1222}\left(\frac{A_{\mathrm{m},D}}{T}\right)^3-l_{1223}\left(\frac{A_{\mathrm{m},D}}{T}\right)^2\left(\frac{A_{\mathrm{m},C}}{T}\right)\\&\quad-l_{1233}\left(\frac{A_{\mathrm{m},D}}{T}\right)\left(\frac{A_{\mathrm{m},C}}{T}\right)^2-l_{1333}\left(\frac{A_{\mathrm{m},C}}{T}\right)^3-\cdots\Bigg]\end{aligned}\tag{8.467}$$

$$
\begin{aligned}
\frac{\mathrm{d}N_{A_mB_nC_p(\mathrm{s})}}{\mathrm{d}t} &= -\frac{\mathrm{d}N_{(A_mB_nC_p)_{E_k(\mathrm{l})}}}{\mathrm{d}t} = Vj_{A_mB_nC_p} \\
&= V\Bigg[-l_{21}\left(\frac{A_{\mathrm{m},B}}{T}\right) - l_{22}\left(\frac{A_{\mathrm{m},D}}{T}\right) - l_{23}\left(\frac{A_{\mathrm{m},C}}{T}\right) \\
&\quad -l_{211}\left(\frac{A_{\mathrm{m},B}}{T}\right)^2 - l_{212}\left(\frac{A_{\mathrm{m},B}}{T}\right)\left(\frac{A_{\mathrm{m},D}}{T}\right) - l_{213}\left(\frac{A_{\mathrm{m},B}}{T}\right)\left(\frac{A_{\mathrm{m},C}}{T}\right) \\
&\quad -l_{222}\left(\frac{A_{\mathrm{m},D}}{T}\right)^2 - l_{223}\left(\frac{A_{\mathrm{m},C}}{T}\right)\left(\frac{A_{\mathrm{m},D}}{T}\right) - l_{233}\left(\frac{A_{\mathrm{m},C}}{T}\right)^2 \\
&\quad -l_{2111}\left(\frac{A_{\mathrm{m},B}}{T}\right)^3 - l_{2112}\left(\frac{A_{\mathrm{m},B}}{T}\right)^2\left(\frac{A_{\mathrm{m},D}}{T}\right) \\
&\quad -l_{2113}\left(\frac{A_{\mathrm{m},B}}{T}\right)^2\left(\frac{A_{\mathrm{m},C}}{T}\right) - l_{2122}\left(\frac{A_{\mathrm{m},B}}{T}\right)\left(\frac{A_{\mathrm{m},D}}{T}\right)^2 \\
&\quad -l_{2123}\left(\frac{A_{\mathrm{m},B}}{T}\right)\left(\frac{A_{\mathrm{m},C}}{T}\right)\left(\frac{A_{\mathrm{m},D}}{T}\right) - l_{2133}\left(\frac{A_{\mathrm{m},B}}{T}\right)\left(\frac{A_{\mathrm{m},C}}{T}\right)^2 \\
&\quad -l_{2222}\left(\frac{A_{\mathrm{m},D}}{T}\right)^3 - l_{2223}\left(\frac{A_{\mathrm{m},D}}{T}\right)^2\left(\frac{A_{\mathrm{m},C}}{T}\right) \\
&\quad -l_{2233}\left(\frac{A_{\mathrm{m},D}}{T}\right)\left(\frac{A_{\mathrm{m},C}}{T}\right)^2 - l_{2333}\left(\frac{A_{\mathrm{m},C}}{T}\right)^3 - \cdots\Bigg]
\end{aligned} \tag{8.468}
$$

$$
\begin{aligned}
\frac{\mathrm{d}N_{C(\mathrm{s})}}{\mathrm{d}t} &= -\frac{\mathrm{d}N_{(C)_{E_k(\mathrm{l})}}}{\mathrm{d}t} = Vj_C \\
&= V\Bigg[-l_{31}\left(\frac{A_{\mathrm{m},B}}{T}\right) - l_{32}\left(\frac{A_{\mathrm{m},D}}{T}\right) - l_{33}\left(\frac{A_{\mathrm{m},C}}{T}\right) \\
&\quad -l_{311}\left(\frac{A_{\mathrm{m},B}}{T}\right)^2 - l_{312}\left(\frac{A_{\mathrm{m},B}}{T}\right)\left(\frac{A_{\mathrm{m},D}}{T}\right) - l_{313}\left(\frac{A_{\mathrm{m},B}}{T}\right)\left(\frac{A_{\mathrm{m},C}}{T}\right) \\
&\quad -l_{322}\left(\frac{A_{\mathrm{m},D}}{T}\right)^2 - l_{323}\left(\frac{A_{\mathrm{m},C}}{T}\right)\left(\frac{A_{\mathrm{m},D}}{T}\right) - l_{333}\left(\frac{A_{\mathrm{m},C}}{T}\right)^2 \\
&\quad -l_{3111}\left(\frac{A_{\mathrm{m},B}}{T}\right)^3 - l_{3112}\left(\frac{A_{\mathrm{m},B}}{T}\right)^2\left(\frac{A_{\mathrm{m},D}}{T}\right) \\
&\quad -l_{3113}\left(\frac{A_{\mathrm{m},B}}{T}\right)^2\left(\frac{A_{\mathrm{m},C}}{T}\right) - l_{3122}\left(\frac{A_{\mathrm{m},B}}{T}\right)\left(\frac{A_{\mathrm{m},D}}{T}\right)^2 \\
&\quad -l_{3123}\left(\frac{A_{\mathrm{m},B}}{T}\right)\left(\frac{A_{\mathrm{m},C}}{T}\right)\left(\frac{A_{\mathrm{m},D}}{T}\right) - l_{3133}\left(\frac{A_{\mathrm{m},B}}{T}\right)\left(\frac{A_{\mathrm{m},C}}{T}\right)^2 \\
&\quad -l_{3222}\left(\frac{A_{\mathrm{m},D}}{T}\right)^3 - l_{3223}\left(\frac{A_{\mathrm{m},D}}{T}\right)^2\left(\frac{A_{\mathrm{m},C}}{T}\right) \\
&\quad -l_{3233}\left(\frac{A_{\mathrm{m},D}}{T}\right)\left(\frac{A_{\mathrm{m},C}}{T}\right)^2 - l_{3333}\left(\frac{A_{\mathrm{m},C}}{T}\right)^3 - \cdots\Bigg]
\end{aligned} \tag{8.469}
$$

组元 D、B、C 依次析出，有

$$\begin{aligned}\frac{\mathrm{d}N_{D(\mathrm{s})}}{\mathrm{d}t} &= -\frac{\mathrm{d}N_{(D)_{E_k(1)}}}{\mathrm{d}t} = Vj_D \\ &= V\left[-l_1\left(\frac{A_{\mathrm{m},D}}{T}\right) - l_2\left(\frac{A_{\mathrm{m},D}}{T}\right)^2 - l_3\left(\frac{A_{\mathrm{m},D}}{T}\right)^3 - \cdots\right] \\ \frac{\mathrm{d}N_{B(\mathrm{s})}}{\mathrm{d}t} &= -\frac{\mathrm{d}N_{(B)_{l'_k}}}{\mathrm{d}t} = Vj_B \\ &= V\left[-l_1\left(\frac{A_{\mathrm{m},B}}{T}\right) - l_2\left(\frac{A_{\mathrm{m},B}}{T}\right)^2 - l_3\left(\frac{A_{\mathrm{m},B}}{T}\right)^3 - \cdots\right] \\ \frac{\mathrm{d}N_{C(\mathrm{s})}}{\mathrm{d}t} &= -\frac{\mathrm{d}N_{(C)_{l'_k q'_k}}}{\mathrm{d}t} = Vj_C \\ &= V\left[-l_1\left(\frac{A_{\mathrm{m},C}}{T}\right) - l_2\left(\frac{A_{\mathrm{m},C}}{T}\right)^2 - l_3\left(\frac{A_{\mathrm{m},C}}{T}\right)^3 - \cdots\right]\end{aligned}$$

先析出组元 D，然后组元 B、C 同时析出，有

$$\begin{aligned}\frac{\mathrm{d}N_{D(\mathrm{s})}}{\mathrm{d}t} &= -\frac{\mathrm{d}N_{(D)_{E_k(1)}}}{\mathrm{d}t} = Vj_D \\ &= V\left[-l_1\left(\frac{A_{\mathrm{m},D}}{T}\right) - l_2\left(\frac{A_{\mathrm{m},D}}{T}\right)^2 - l_3\left(\frac{A_{\mathrm{m},D}}{T}\right)^3 - \cdots\right] \\ \frac{\mathrm{d}N_{B(\mathrm{s})}}{\mathrm{d}t} &= -\frac{\mathrm{d}N_{(B)_{l'_k}}}{\mathrm{d}t} = Vj_B \\ &= V\left[-l_1\left(\frac{A_{\mathrm{m},B}}{T}\right) - l_2\left(\frac{A_{\mathrm{m},B}}{T}\right)^2 - l_3\left(\frac{A_{\mathrm{m},B}}{T}\right)^3 - \cdots\right] \\ \frac{\mathrm{d}N_{C(\mathrm{s})}}{\mathrm{d}t} &= -\frac{\mathrm{d}N_{(C)_{l'_k}}}{\mathrm{d}t} = Vj_C \\ &= V\left[-l_1\left(\frac{A_{\mathrm{m},C}}{T}\right) - l_2\left(\frac{A_{\mathrm{m},C}}{T}\right)^2 - l_3\left(\frac{A_{\mathrm{m},C}}{T}\right)^3 - \cdots\right]\end{aligned}$$

先析出组元 D 和 B，然后析出组元 C，有

$$\begin{aligned}\frac{\mathrm{d}N_{D(\mathrm{s})}}{\mathrm{d}t} &= -\frac{\mathrm{d}N_{(D)_{E_k(1)}}}{\mathrm{d}t} = Vj_D \\ &= V\left[-l_1\left(\frac{A_{\mathrm{m},D}}{T}\right) - l_2\left(\frac{A_{\mathrm{m},D}}{T}\right)^2 - l_3\left(\frac{A_{\mathrm{m},D}}{T}\right)^3 - \cdots\right] \\ \frac{\mathrm{d}N_{B(\mathrm{s})}}{\mathrm{d}t} &= -\frac{\mathrm{d}N_{(B)_{E_k(1)}}}{\mathrm{d}t} = Vj_B \\ &= V\left[-l_1\left(\frac{A_{\mathrm{m},B}}{T}\right) - l_2\left(\frac{A_{\mathrm{m},B}}{T}\right)^2 - l_3\left(\frac{A_{\mathrm{m},B}}{T}\right)^3 - \cdots\right]\end{aligned}$$

$$\frac{\mathrm{d}N_{C(\mathrm{s})}}{\mathrm{d}t} = -\frac{\mathrm{d}N_{(C)_{l'_k g'_k}}}{\mathrm{d}t} = Vj_C$$

$$= V\left[-l_1\left(\frac{A_{\mathrm{m},C}}{T}\right) - l_2\left(\frac{A_{\mathrm{m},C}}{T}\right)^2 - l_3\left(\frac{A_{\mathrm{m},C}}{T}\right)^3 - \cdots\right]$$

式中，

$$A_{\mathrm{m},B} = \Delta G_{\mathrm{m},B}$$

$$A_{\mathrm{m},D} = \Delta G_{\mathrm{m},D}$$

$$A_{\mathrm{m},C} = \Delta G_{\mathrm{m},C}$$

8.3.9　具有固态晶型转变的三元系

1. 凝固过程热力学

如图 8.16 所示，固相 B 有 α、β、γ 三种晶型，固相 C 有 α 和 β 两种晶型。由晶型转变温度的等温线将各晶型稳定区分隔开。$t_Pt_{P'}$、$t_Qt_{Q'}$ 和 $t_Ht_{H'}$ 线分别是温度为 T_P、T_Q 和 T_H 的晶型转变温度的等温线。

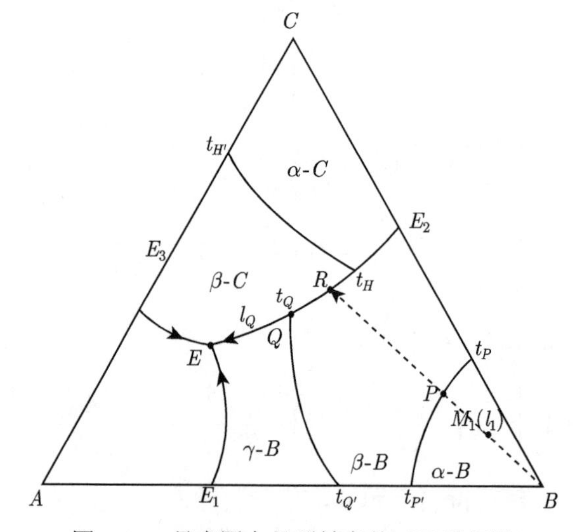

图 8.16　具有固态晶型转变的三元系相图

1) 温度降到 T_1

物质组成点为 M 的液体降温冷却。温度降到 T_1，物质组成点为液相面 B 上的 M_1 点。平衡液相组成为 l_1 点 (在图上 M_1 点和 l_1 点重合)，是 α-B 的饱和溶液，有

$$(B)_{l_1} \equiv\!\equiv (B)_{饱} \rightleftharpoons \alpha\text{-}B\,(\mathrm{s})$$

摩尔吉布斯自由能变化为零。

2) 温度降到 T_2

温度降到 T_2，平衡液相组成为液相面上的 l_2 点，是 $\alpha\text{-}B$ 的饱和溶液。当温度刚降到 T_2 固相组元 B 尚未析出时，液相组成未变。但已由组元 B 的饱和液相 l_1 成为 $\alpha\text{-}B$ 的过饱和溶液 l_1'，析出固相组元 $\alpha\text{-}B$。析晶过程为

$$(B)_{l_1'} \equiv (B)_{\text{过饱}} = \alpha\text{-}B\,(\text{s})$$

达到平衡时，有

$$(B)_{l_2} \equiv (B)_{\text{饱}} \rightleftharpoons \alpha\text{-}B\,(\text{s})$$

以纯固态组元 $\alpha\text{-}B$ 为标准状态，浓度以摩尔分数表示，析晶过程的摩尔吉布斯自由能变化为

$$\begin{aligned}\Delta G_{\text{m},\alpha\text{-}B} &= \mu_{\alpha\text{-}B(\text{s})} - \mu_{(B)_{\text{过饱}}} = \mu_{\alpha\text{-}B(\text{s})} - \mu_{(B)_{l_1'}} \\ &= -RT\ln a^{\text{R}}_{(B)_{\text{过饱}}} = -RT\ln a^{\text{R}}_{(B)_{l_1'}}\end{aligned} \tag{8.470}$$

或

$$\Delta G_{\text{m},\alpha\text{-}B}\,(T_2) = \frac{\theta_{\alpha\text{-}B,T_2}\Delta H_{\text{m},\alpha\text{-}B}\,(T_1)}{T_1} = \eta_{\alpha\text{-}B,T_2}\Delta H_{\text{m},\alpha\text{-}B}\,(T_1) \tag{8.471}$$

式中，

$$T_1 > T_2$$

$$\theta_{\alpha\text{-}B,T_2} = T_1 - T_2$$

$$\eta_{\alpha\text{-}B,T_2} = \frac{T_1 - T_2}{T_1}$$

符号意义同前。

3) 温度从 T_1 到 T_P

继续降温。从温度 T_1 到 T_P，平衡液相组成沿 BM_1 连线的延长线从 l_1 点向 $t_Pt_{P'}$ 线上的 P 点移动，交 $t_Pt_{P'}$ 线上的 P 点，即温度 T_P 的平衡液相组成点，以 l_P 表示。析晶过程描述如下。

在温度 T_{i-1}，液固两相达成平衡，有

$$(B)_{l_{i-1}} \equiv (B)_{\text{饱}} \rightleftharpoons \alpha\text{-}B\,(\text{s})$$

温度降到 T_i。在温度刚降到 T_i，尚无固相组元 $\alpha\text{-}B$ 析出时，液相组成未变，但已由组元 B 的饱和溶液 l_{i-1} 变成组元 B 的过饱和溶液 l_{i-1}'，析出固相组元 B，即

$$(B)_{l_{i-1}'} \equiv (B)_{\text{过饱}} = \alpha\text{-}B\,(\text{s})$$

达到平衡时，有

$$(B)_{l_i} \xlongequal{\quad} (B)_{饱} \rightleftharpoons \alpha\text{-}B\,(\mathrm{s})$$

式中，下角标 l'_{i-1} 和 l_i 分别表示在 T_i 时的液相组成。

以纯固态组元 α-B 为标准状态，浓度以摩尔分数表示，析晶过程的摩尔吉布斯自由能变化为

$$\begin{aligned}\Delta G_{\mathrm{m},\alpha\text{-}B} &= \mu_{\alpha\text{-}B(\mathrm{s})} - \mu_{(B)_{l'_{i-1}}} = \mu_{\alpha\text{-}B(\mathrm{s})} - \mu_{(B)_{过饱}} \\ &= -RT\ln a^{\mathrm{R}}_{(B)_{过饱}} = -RT\ln a^{\mathrm{R}}_{(B)_{l'_{i-1}}}\end{aligned} \tag{8.472}$$

或者

$$\Delta G_{\mathrm{m},\alpha\text{-}B}\,(T_i) = \frac{\theta_{\alpha\text{-}B,T_i}\Delta H_{\mathrm{m},\alpha\text{-}B}\,(T_{i-1})}{T_{i-1}} = \eta_{\alpha\text{-}B,T_i}\Delta H_{\mathrm{m},\alpha\text{-}B}\,(T_{i-1}) \tag{8.473}$$

式中，

$$T_{i-1} > T_i$$

$$\theta_{\alpha\text{-}B,T_i} = T_{i-1} - T_i > 0$$

$$\eta_{\alpha\text{-}B,T_i} = \frac{T_{i-1} - T_i}{T_{i-1}} > 0$$

温度降到 T_{p-1}，液固两相达成平衡，有

$$(B)_{l_{P-1}} \xlongequal{\quad} (B)_{饱} \rightleftharpoons \alpha\text{-}B\,(\mathrm{s})$$

继续降温。温度刚降到 T_P 尚无固相组元 α-B 析出时，液相组成未变，但已由在温度 T_{P-1} 时的平衡液相 l_{P-1} 变成组元 B 的过饱和溶液 l'_{p-1}，析出晶体 α-B，有

$$(B)_{l_{P-1}} \xlongequal{\quad} (B)_{过饱} \xlongequal{\quad} \alpha\text{-}B\,(\mathrm{s})$$

直到液相成为平衡液相 l_P。达到平衡时，有

$$(B)_{l_P} \xlongequal{\quad} (B)_{饱} \rightleftharpoons \alpha\text{-}B\,(\mathrm{s})$$

此时，在温度 T_P 发生相变，由 α-B 转变为 β-B，可以表示为

$$\alpha\text{-}B\,(\mathrm{s}) \rightleftharpoons \beta\text{-}B\,(\mathrm{s})$$

以纯固态组元 α-B 为标准状态，浓度以摩尔分数表示，析晶过程的摩尔吉布斯自由能变化为

$$\begin{aligned}\Delta G_{\mathrm{m},\alpha\text{-}B} &= \mu_{\alpha\text{-}B(\mathrm{s})} - \mu_{(B)_{过饱}} = \mu_{\alpha\text{-}B(\mathrm{s})} - \mu_{(B)_{l'_{P-1}}} \\ &= -RT\ln a^{\mathrm{R}}_{(B)_{过饱}} = -RT\ln a^{\mathrm{R}}_{(B)_{l'_{P-1}}}\end{aligned} \tag{8.474}$$

或

$$\Delta G_{\mathrm{m},\alpha\text{-}B}\left(T_P\right)=\frac{\theta_{\alpha\text{-}B,T_P}\Delta H_{\mathrm{m},\alpha\text{-}B}\left(T_{P-1}\right)}{T_{P-1}}=\eta_{\alpha\text{-}B,T_P}\Delta H_{\mathrm{m},\alpha\text{-}B}\left(T_{P-1}\right) \tag{8.475}$$

式中，

$$T_{P-1}>T_P$$

$$\theta_{\alpha\text{-}B,T_P}=T_{P-1}-T_P>0$$

$$\eta_{\alpha\text{-}B,T_P}=\frac{T_{P-1}-T_P}{T_{P-1}}>0$$

相变过程的摩尔吉布斯自由能变化为

$$\begin{aligned}\Delta G_{\mathrm{m},B}\left(\alpha\rightarrow\beta,T_P\right)&=\Delta H_{\mathrm{m},B}\left(\alpha\rightarrow\beta,T_P\right)-T_P\Delta S_{\mathrm{m},B}\left(\alpha\rightarrow\beta,T_P\right)\\&=\Delta H_{\mathrm{m},B}\left(\alpha\rightarrow\beta,T_P\right)-T_P\frac{\Delta H_{\mathrm{m},B}\left(\alpha\rightarrow\beta,T_P\right)}{T_P}\\&=0\end{aligned}$$

式中，$\Delta G_{\mathrm{m},B}\left(\alpha\rightarrow\beta,T_P\right)$ 为在温度 T_P 时，由 $\alpha\text{-}B$ 相转变为 $\beta\text{-}B$ 相的摩尔吉布斯自由能变化；$\Delta H_{\mathrm{m},B}\left(\alpha\rightarrow\beta,T_P\right)$ 为相变焓，$\Delta S_{\mathrm{m},B}\left(\alpha\rightarrow\beta,T_P\right)$ 为相变熵。该相变是放热过程。温度降到 T_P 以下的 T_{P+1}，有

$$\alpha\text{-}B=\!=\!=\beta\text{-}B$$

$$\Delta G_{\mathrm{m},B}\left(\alpha\rightarrow\beta,T_{P+1}\right)=\frac{\Delta T\Delta H_{\mathrm{m},B}\left(\alpha\rightarrow\beta,T_P\right)}{T_P}<0$$

式中，

$$T_P>T_{P+1}$$

$$\Delta T=T_P-T_{P+1}>0$$

4) 温度从 T_{P+1} 到 T_R

继续降温，从温度 T_{P+1} 到 T_R，平衡液相组成沿 PR 连线从 P 向 R 移动。析出固体组元 $\beta\text{-}B$。

在温度 T_{j-1}，液固两相达成平衡，平衡液相组成为 l_{j-1}，有

$$(B)_{l_{j-1}}\equiv\!\equiv(B)_{饱}\rightleftharpoons\beta\text{-}B\,(\mathrm{s})$$

温度降到 T_j。在温度刚降到 T_j，尚无固相组元 B 析出时，液相组成未变，但已由组元 B 的饱和溶液 l_{j-1} 变成组元 B 的过饱和溶液 l'_{j-1}，析出固相组元 B，析晶过程可以表示为

$$(B)_{l'_{j-1}}\equiv\!\equiv(B)_{过饱}=\!=\!=\beta\text{-}B\,(\mathrm{s})$$

在温度 T_j，平衡液相组成为 l_j。达到平衡时，有

$$(B)_{l_j} \!=\!=\!=\! (B)_{饱} \rightleftharpoons \beta\text{-}B\,(\mathrm{s})$$

以纯固态组元 β-B 为标准状态，浓度以摩尔分数表示，析晶过程的摩尔吉布斯自由能变化为

$$\begin{aligned}\Delta G_{\mathrm{m},\beta\text{-}B} &= \mu_{\beta\text{-}B(\mathrm{s})} - \mu_{(B)_{过饱}} = \mu_{\beta\text{-}B(\mathrm{s})} - \mu_{(B)_{l'_{j-1}}} \\ &= -RT\ln a^{\mathrm{R}}_{(B)_{过饱}} = -RT\ln a^{\mathrm{R}}_{(B)_{l'_{j-1}}}\end{aligned} \tag{8.476}$$

或

$$\Delta G_{\mathrm{m},\beta\text{-}B}\,(T_j) = \frac{\theta_{\beta\text{-}B,T_j}\Delta H_{\mathrm{m},\beta\text{-}B}\,(T_{j-1})}{T_{j-1}} = \eta_{\beta\text{-}B,T_j}\Delta H_{\mathrm{m},\beta\text{-}B}\,(T_{j-1}) \tag{8.477}$$

式中，

$$T_{j-1} > T_j$$

$$\theta_{\beta\text{-}B,T_j} = T_{j-1} - T_j > 0$$

是组元 β-B 在温度 T_j 的绝对饱和过冷度；

$$\eta_{\beta\text{-}B,T_j} = \frac{T_{j-1} - T_j}{T_{j-1}} > 0$$

是组元 β-B 在温度 T_j 的相对饱和过冷度。

在温度 T_{R-1}，液固两相达成平衡，有

$$(B)_{l_{R-1}} \!=\!=\!=\! (B)_{饱} \rightleftharpoons \beta\text{-}B\,(\mathrm{s})$$

温度降到 T_R，液相组成为共熔线 E_2E 上的 R 点，以 l_R 表示。当温度刚降到 T_R，尚无固相组元 β-B 析出时，液相组成未变，但已由组元 B 的饱和液相 l_{R-1} 成为组元 B 的过饱和溶液 l'_{R-1}，析出固相组元 β-B，有

$$(B)_{l'_{R-1}} \!=\!=\!=\! (B)_{过饱} \!=\!=\! \beta\text{-}B\,(\mathrm{s})$$

达到平衡时，组元 B 和 C 都达到饱和，有

$$(B)_{l_R} \!=\!=\!=\! (B)_{饱} \rightleftharpoons \beta\text{-}B\,(\mathrm{s})$$

$$(C)_{l_R} \!=\!=\!=\! (C)_{饱} \rightleftharpoons C\,(\mathrm{s})$$

以纯固态 $\beta\text{-}B$ 为标准状态，析出固相组元 $\beta\text{-}B$ 的摩尔吉布斯自由能变化为

$$\begin{aligned}\Delta G_{\mathrm{m},\beta\text{-}B}&=\mu_{\beta\text{-}B(\mathrm{s})}-\mu_{(B)_{过饱}}=\mu_{\beta\text{-}B(\mathrm{s})}-\mu_{(B)_{l'_{R-1}}}\\&=-RT\ln a^{\mathrm{R}}_{(B)_{过饱}}=-RT\ln a^{\mathrm{R}}_{(B)_{l'_{R-1}}}\end{aligned}\tag{8.478}$$

或

$$\Delta G_{\mathrm{m},\beta\text{-}B}\left(T_R\right)=\frac{\theta_{\beta\text{-}B,T_R}\Delta H_{\mathrm{m},\beta\text{-}B}\left(T_{R-1}\right)}{T_{R-1}}=\eta_{\beta\text{-}B,T_R}\Delta H_{\mathrm{m},\beta\text{-}B}\left(T_{R-1}\right)\tag{8.479}$$

式中，

$$T_{R-1}>T_R$$

$$\theta_{\beta\text{-}B,T_R}=T_{R-1}-T_R$$

$$\eta_{\beta\text{-}B,T_R}=\frac{T_{R-1}-T_R}{T_{R-1}}$$

5) 温度从 T_R 到 T_Q

继续降温。从 T_R 到 T_Q，平衡液相组成沿共熔线 E_2E 从 R 点移动到 Q 点。相应的平衡液相组成为 l_R 到 l_Q。析出固相组元 $\beta\text{-}B$ 和 $\beta\text{-}C$，可以描述如下。

在温度 T_{k-1}，液固两相达成平衡，有

$$(B)_{l_{k-1}}\equiv\!\equiv(B)_{饱}\rightleftharpoons\beta\text{-}B\,(\mathrm{s})$$

$$(C)_{l_{k-1}}\equiv\!\equiv(C)_{饱}\rightleftharpoons\beta\text{-}C\,(\mathrm{s})$$

温度降到 T_k。当温度刚降到 T_k，尚无固相组元 $\beta\text{-}B$ 和 $\beta\text{-}C$ 析出时，溶液组成未变，但已由组元 B 和 C 的饱和溶液，变成组元 B 和 C 的过饱和溶液，析出固相组元 $\beta\text{-}B$ 和 $\beta\text{-}C$，有

$$(B)_{l'_{k-1}}\equiv\!\equiv(B)_{过饱}=\!=\beta\text{-}B\,(\mathrm{s})$$

$$(C)_{l'_{k-1}}\equiv\!\equiv(C)_{过饱}=\!=\beta\text{-}C\,(\mathrm{s})$$

达到平衡时，组元 B 和 C 都达到饱和，有

$$(B)_{l_k}\equiv\!\equiv(B)_{饱}\rightleftharpoons\beta\text{-}B\,(\mathrm{s})$$

$$(C)_{l_k}\equiv\!\equiv(C)_{饱}\rightleftharpoons\beta\text{-}C\,(\mathrm{s})$$

以纯固态 $\beta\text{-}B$ 和 $\beta\text{-}C$ 为标准状态，析晶过程的摩尔吉布斯自由能变化为

$$\begin{aligned}\Delta G_{\mathrm{m},\beta\text{-}B}&=\mu_{\beta\text{-}B(\mathrm{s})}-\mu_{(B)_{过饱}}=\mu_{\beta\text{-}B(\mathrm{s})}-\mu_{(B)_{l'_{k-1}}}\\&=-RT\ln a^{\mathrm{R}}_{(B)_{过饱}}=-RT\ln a^{\mathrm{R}}_{(B)_{l'_{k-1}}}\end{aligned}\tag{8.480}$$

和

$$\begin{aligned}\Delta G_{\mathrm{m},\beta\text{-}C} &= \mu_{\beta\text{-}C(\mathrm{s})} - \mu_{(C)_{\text{过饱}}} = \mu_{\beta\text{-}C(\mathrm{s})} - \mu_{(C)_{l'_{k-1}}} \\ &= -RT\ln a^{\mathrm{R}}_{(C)_{\text{过饱}}} = -RT\ln a^{\mathrm{R}}_{(C)_{l'_{k-1}}}\end{aligned} \tag{8.481}$$

或

$$\Delta G_{\mathrm{m},\beta\text{-}B}(T_k) = \frac{\theta_{\beta\text{-}B,T_k}\Delta H_{\mathrm{m},\beta\text{-}B}(T_{k-1})}{T_{k-1}} = \eta_{\beta\text{-}B,T_k}\Delta H_{\mathrm{m},\beta\text{-}B}(T_{k-1}) \tag{8.482}$$

和

$$\Delta G_{\mathrm{m},\beta\text{-}C}(T_k) = \frac{\theta_{\beta\text{-}C,T_k}\Delta H_{\mathrm{m},\beta\text{-}C}(T_{k-1})}{T_{k-1}} = \eta_{\beta\text{-}C,T_k}\Delta H_{\mathrm{m},\beta\text{-}C}(T_{k-1}) \tag{8.483}$$

式中，

$$T_{k-1} > T_k$$

$$\theta_{\beta\text{-}I,T_k} = T_{k-1} - T_k$$

$$\eta_{\beta\text{-}I,T_k} = \frac{T_{k-1} - T_k}{T_{k-1}}$$

$$(I = B, C)$$

在温度 T_{Q-1}，液固两相达成平衡，有

$$(B)_{l_{Q-1}} \equiv (B)_{\text{饱}} \rightleftharpoons \beta\text{-}B(\mathrm{s})$$

$$(C)_{l_{Q-1}} \equiv (C)_{\text{饱}} \rightleftharpoons \beta\text{-}C(\mathrm{s})$$

继续降温到 T_Q，到达共熔线上的 Q 点，平衡液相组成为 l_Q，当温度刚降到 T_Q，尚无固相组元 B 和 C 析出时，液相组成未变，但在温度 T_{Q-1} 时的平衡液相 l_{Q-1} 成为组元 B 和 C 的过饱和溶液 l'_{Q-1}，析出 β-B 和 β-C，可以表示为

$$(B)_{l_{Q-1}} \equiv (B)_{\text{过饱}} = \beta\text{-}B(\mathrm{s})$$

$$(C)_{l_{Q-1}} \equiv (C)_{\text{过饱}} = \beta\text{-}C(\mathrm{s})$$

达到平衡时，有

$$(B)_{l_Q} \equiv (B)_{\text{饱}} \rightleftharpoons \beta\text{-}B(\mathrm{s})$$

$$(C)_{l_Q} \equiv (C)_{\text{饱}} \rightleftharpoons \beta\text{-}C(\mathrm{s})$$

并发生相变，有

$$\beta\text{-}B(\mathrm{s}) \rightleftharpoons \gamma\text{-}B(\mathrm{s})$$

以纯固态组元 β-B 和 β-C 为标准状态，析晶过程的摩尔吉布斯自由能变化为

$$\begin{aligned}\Delta G_{\mathrm{m},\beta\text{-}B} &= \mu_{\beta\text{-}B(\mathrm{s})} - \mu_{(B)_{\text{过饱}}} = \mu_{\beta\text{-}B(\mathrm{s})} - \mu_{(B)_{l'_{Q-1}}} \\ &= -RT\ln a^{\mathrm{R}}_{(B)_{\text{过饱}}} = -RT\ln a^{\mathrm{R}}_{(B)_{l'_{Q-1}}}\end{aligned} \tag{8.484}$$

和

$$\begin{aligned}\Delta G_{\mathrm{m},\beta\text{-}C} &= \mu_{\beta\text{-}C(\mathrm{s})} - \mu_{(C)_{\text{过饱}}} = \mu_{\beta\text{-}C(\mathrm{s})} - \mu_{(C)_{l'_{Q-1}}} \\ &= -RT\ln a^{\mathrm{R}}_{(C)_{\text{过饱}}} = -RT\ln a^{\mathrm{R}}_{(C)_{l'_{Q-1}}}\end{aligned} \tag{8.485}$$

或

$$\Delta G_{\mathrm{m},\beta\text{-}B}(T_Q) = \frac{\theta_{\beta\text{-}B,T_Q}\Delta H_{\mathrm{m},\beta\text{-}B}(T_{Q-1})}{T_{Q-1}} = \eta_{\beta\text{-}B,T_Q}\Delta H_{\mathrm{m},\beta\text{-}B}(T_{Q-1}) \tag{8.486}$$

和

$$\Delta G_{\mathrm{m},\beta\text{-}C}(T_Q) = \frac{\theta_{\beta\text{-}C,T_Q}\Delta H_{\mathrm{m},\beta\text{-}C}(T_{Q-1})}{T_{Q-1}} = \eta_{\beta\text{-}C,T_Q}\Delta H_{\mathrm{m},\beta\text{-}C}(T_{Q-1}) \tag{8.487}$$

式中，

$$T_{Q-1} > T_Q$$

$$\theta_{\beta\text{-}J,T_Q} = T_{Q-1} - T_Q$$

$$\eta_{\beta\text{-}J,T_Q} = \frac{T_{Q-1} - T_Q}{T_{Q-1}}$$

$$(J = B, C)$$

相变过程的摩尔吉布斯自由能变化为

$$\begin{aligned}\Delta G_{\mathrm{m},B}(\beta\to\gamma,T_Q) &= \Delta H_{\mathrm{m},B}(\beta\to\gamma,T_Q) - T_Q\Delta S_{\mathrm{m},B}(\beta\to\gamma,T_Q) \\ &= \Delta H_{\mathrm{m},B}(\beta\to\gamma,T_Q) - T_Q\frac{\Delta H_{\mathrm{m},B}(\beta\to\gamma,T_Q)}{T_Q} \\ &= 0\end{aligned}$$

式中，$\Delta G_{\mathrm{m},B}(\beta\to\gamma,T_Q)$ 为相变的摩尔吉布斯自由能；$\Delta H_{\mathrm{m},B}(\beta\to\gamma,T_Q)$ 为相变的摩尔焓；$\Delta S_{\mathrm{m},B}(\beta\to\gamma,T_Q)$ 为相变熵。

温度降到 T_Q 以下的 T_{Q+1}，有

$$\Delta G_{\mathrm{m},B}(\beta\to\gamma,T_{Q+1}) = \frac{\Delta T\Delta H_{\mathrm{m},B}(\beta\to\gamma,T_Q)}{T_Q} < 0 \tag{8.488}$$

式中，

$$T_Q > T_{Q+1}$$

$$\Delta T = T_Q - T_{Q+1} > 0$$

6) 温度从 T_Q 到 T_E

继续降温，从温度 T_Q 到 T_E，平衡液相组成沿共熔线 E_2E 从 Q 向 E 移动。相应的平衡液相组成为 l_Q 到 l_E。析晶过程可以描述如下。

在温度 T_{h-1}，液固两相达成平衡，有

$$(B)_{l_{h-1}} \equiv (B)_{饱} \rightleftharpoons \gamma\text{-}B\,(\mathrm{s})$$

$$(C)_{l_{h-1}} \equiv (C)_{饱} \rightleftharpoons B\text{-}C\,(\mathrm{s})$$

温度降到 T_h，当温度刚降到 T_h，尚无固相组元 B 和 C 析出时，液相组成不变，但已由组元 B 和 C 的饱和溶液 l_{h-1} 变成组元 B 和 C 的过饱和溶液 l'_{h-1}，析出固相组元 B 和 C，可以表示为

$$(B)_{l'_{h-1}} \equiv (B)_{过饱} = \gamma\text{-}B\,(\mathrm{s})$$

$$(C)_{l'_{h-1}} \equiv (C)_{过饱} = \beta\text{-}C\,(\mathrm{s})$$

达到平衡时，有

$$(B)_{l_h} \equiv (B)_{饱} \rightleftharpoons \gamma\text{-}B\,(\mathrm{s})$$

$$(C)_{l_h} \equiv (C)_{饱} \rightleftharpoons \beta\text{-}C\,(\mathrm{s})$$

$$(h = 1, 2, \cdots, n)$$

以纯固态组元 γ-B 和 β-C 为标准状态，该过程的摩尔吉布斯自由能变化为

$$\begin{aligned}\Delta G_{\mathrm{m},\gamma\text{-}B} &= \mu_{\gamma\text{-}B(\mathrm{s})} - \mu_{(B)_{过饱}} = \mu_{\gamma\text{-}B(\mathrm{s})} - \mu_{(B)_{l'_{h-1}}} \\ &= -RT\ln a^{\mathrm{R}}_{(B)_{过饱}} = -RT\ln a^{\mathrm{R}}_{(B)_{l'_{h-1}}}\end{aligned} \tag{8.489}$$

和

$$\begin{aligned}\Delta G_{\mathrm{m},\beta\text{-}C} &= \mu_{\beta\text{-}C(\mathrm{s})} - \mu_{(C)_{过饱}} = \mu_{\beta\text{-}C(\mathrm{s})} - \mu_{(C)_{l'_{h-1}}} \\ &= -RT\ln a^{\mathrm{R}}_{(C)_{过饱}} = -RT\ln a^{\mathrm{R}}_{(C)_{l'_{h-1}}}\end{aligned} \tag{8.490}$$

或

$$\Delta G_{\mathrm{m},\gamma\text{-}B}\left(T_h\right) = \frac{\theta_{\gamma\text{-}B,T_h}\Delta H_{\mathrm{m},\gamma\text{-}B}\left(T_{h-1}\right)}{T_{h-1}} = \eta_{\gamma\text{-}B,T_h}\Delta H_{\mathrm{m},\gamma\text{-}B}\left(T_{h-1}\right) \tag{8.491}$$

和

$$\Delta G_{\mathrm{m},\beta\text{-}C}\left(T_h\right)=\frac{\theta_{\beta\text{-}C,T_h}\Delta H_{\mathrm{m},\beta\text{-}C}\left(T_{h-1}\right)}{T_{h-1}}=\eta_{\beta\text{-}C,T_h}\Delta H_{\mathrm{m},\beta\text{-}C}\left(T_{h-1}\right) \tag{8.492}$$

式中，

$$T_{h-1}>T_h$$

$$\theta_{\gamma\text{-}B,T_h}=T_{h-1}-T_h$$

$$\eta_{\gamma\text{-}B,T_h}=\frac{T_{h-1}-T_h}{T_{h-1}}$$

$$\theta_{\beta\text{-}C,T_h}=T_{h-1}-T_h$$

$$\eta_{\beta\text{-}C,T_h}=\frac{T_{h-1}-T_h}{T_{h-1}}$$

式中，l'_{h-1} 和 l_h 分别是在温度 T_h 时的液相组成。其他符号同前。

在温度 $T_{E'}$，液固两相达成平衡，有

$$(B)_{E'} \equiv (B)_{饱} \rightleftharpoons \gamma\text{-}B\,(\mathrm{s})$$

$$(C)_{E'} \equiv (C)_{饱} \rightleftharpoons \beta\text{-}C\,(\mathrm{s})$$

温度降到 T_E。在温度刚降到 T_E 尚无固相组元 B 和 C 析出时，液相组成未变，但已由在温度 $T_{E'}$ 时的平衡液相 $l_{E'}$ 成为组元 B 和组元 C 的过饱和溶液 $l'_{E'}$，析出固相组元 γ-B 和 β-C。

即

$$(B)_{l'_{E'}} \equiv (B)_{过饱} = \gamma\text{-}B\,(\mathrm{s})$$

$$(C)_{l'_{E'}} \equiv (C)_{过饱} = \beta\text{-}C\,(\mathrm{s})$$

以纯固态组元 γ-B 和 β-C 为标准状态，析晶过程的摩尔吉布斯自由能变化为

$$\begin{aligned}\Delta G_{\mathrm{m},\gamma\text{-}B}&=\mu_{\gamma\text{-}B(\mathrm{s})}-\mu_{(B)_{过饱}}=\mu_{\gamma\text{-}B(\mathrm{s})}-\mu_{(B)_{l'_{E'}}}\\&=-RT\ln a^{\mathrm{R}}_{(B)_{过饱}}=-RT\ln a^{\mathrm{R}}_{(B)_{l'_{E'}}}\end{aligned} \tag{8.493}$$

和

$$\begin{aligned}\Delta G_{\mathrm{m},\beta\text{-}C}&=\mu_{\beta\text{-}C(\mathrm{s})}-\mu_{(C)_{过饱}}=\mu_{\beta\text{-}C(\mathrm{s})}-\mu_{(C)_{l'_{E'}}}\\&=-RT\ln a^{\mathrm{R}}_{(C)_{过饱}}=-RT\ln a^{\mathrm{R}}_{(C)_{l'_{E'}}}\end{aligned} \tag{8.494}$$

或

$$\Delta G_{\mathrm{m},\gamma\text{-}B}\left(T_E\right)=\frac{\theta_{\gamma\text{-}B,T_E}\Delta H_{\mathrm{m},\gamma\text{-}B}\left(T_{E'}\right)}{T_{E'}}=\eta_{\gamma\text{-}B,T_E}\Delta H_{\mathrm{m},\gamma\text{-}B}\left(T_{E'}\right) \tag{8.495}$$

和

$$\Delta G_{\mathrm{m},\beta\text{-}C}(T_E) = \frac{\theta_{\beta\text{-}C,T_E}\Delta H_{\mathrm{m},\beta\text{-}C}(T_{E'})}{T_{E'}} = \eta_{\beta\text{-}C,T_E}\Delta H_{\mathrm{m},\beta\text{-}C}(T_{E'}) \tag{8.496}$$

式中，l_E 和 $l'_{E'}$ 分别为在温度 T_E 时的液相组成。

$$T_{E'} > T_E$$

$$\theta_{\gamma\text{-}B,T_E} = T_{E'} - T_E$$

$$\eta_{\gamma\text{-}B,T_E} = \frac{T_{E'} - T_E}{T_{E'}}$$

$$\theta_{\beta\text{-}C,T_E} = T_{E'} - T_E$$

$$\eta_{\beta\text{-}C,T_E} = \frac{T_{E'} - T_E}{T_{E'}}$$

达到平衡时，有

$$(B)_{l_E} \equiv (B)_{饱} \rightleftharpoons \gamma\text{-}B(\mathrm{s})$$

$$(C)_{l_E} \equiv (C)_{饱} \rightleftharpoons \beta\text{-}C(\mathrm{s})$$

此时，组元 A 也达到饱和，即

$$(A)_{E(\mathrm{l})} \equiv (A)_{饱} \rightleftharpoons A(\mathrm{s})$$

四相平衡共存，有

$$E(\mathrm{l}) \rightleftharpoons A(\mathrm{s}) + \gamma\text{-}B(\mathrm{s}) + \beta\text{-}C(\mathrm{s})$$

在温度 T_E 和恒压条件下，析晶过程的摩尔吉布斯自由能变化为零，即

$$\Delta G_{\mathrm{m},A} = 0$$

$$\Delta G_{\mathrm{m},\gamma\text{-}B} = 0$$

$$\Delta G_{\mathrm{m},\beta\text{-}C} = 0$$

7) 温度降到 T_E 以下

降低温度到 T_E 以下。析晶过程描述如下。

温度降到 T_E 以下，如果上述的反应没有进行完，就会继续进行，是在非平衡状态进行。描述如下。

温度降至 T_l。在温度 T_l，固相组元 A、γ-B、β-C 的平衡相分别为 l_l、q_l、g_l。温度刚降至 T_l，还未来得及析出固相组元 A、γ-B、β-C 时，溶液 $E(\mathrm{l})$ 的组成未变，但已由组元 A、B、C 饱和的溶液 $E(\mathrm{l})$ 变成过饱和的溶液 $E_l(\mathrm{l})$。

(1) 组元 A、γ-B、β-C 同时析出，有

$$E_l\,(1) = A\,(\mathrm{s}) + \gamma\text{-}B\,(\mathrm{s}) + \beta\text{-}C\,(\mathrm{s})$$

即

$$(A)_{过饱} \equiv (A)_{E_l(1)} = A\,(\mathrm{s})$$

$$(B)_{过饱} \equiv (B)_{E_l(1)} = \gamma\text{-}B\,(\mathrm{s})$$

$$(C)_{过饱} \equiv (C)_{E_l(1)} = \beta\text{-}C\,(\mathrm{s})$$

如果组元 A、γ-B、β-C 同时析出，可以保持 $E_k\,(1)$ 组成不变，析出的组元 A、γ-B、β-C 均匀混合。以纯固态组元 A、γ-B、β-C 为标准状态，浓度的摩尔分数表示，析晶过程的摩尔吉布斯自由能变化为

$$\begin{aligned}\Delta G_{\mathrm{m},A} &= \mu_{A(\mathrm{s})} - \mu_{(A)_{过饱}} \\ &= \mu_{A(\mathrm{s})} - \mu_{(A)_{E_l(1)}} \\ &= -RT\ln a^{\mathrm{R}}_{(A)_{过饱}} = -RT\ln a^{\mathrm{R}}_{(A)_{E_l(1)}}\end{aligned} \tag{8.497}$$

$$\begin{aligned}\Delta G_{\mathrm{m},\gamma\text{-}B} &= \mu_{\gamma\text{-}B(\mathrm{s})} - \mu_{(B)_{过饱}} \\ &= \mu_{\gamma\text{-}B(\mathrm{s})} - \mu_{(B)_{E_l(1)}} \\ &= -RT\ln a^{\mathrm{R}}_{(B)_{过饱}} = -RT\ln a^{\mathrm{R}}_{(B)_{E_l(1)}}\end{aligned} \tag{8.498}$$

$$\begin{aligned}\Delta G_{\mathrm{m},\beta\text{-}C} &= \mu_{\beta\text{-}C(\mathrm{s})} - \mu_{(C)_{过饱}} \\ &= \mu_{\beta\text{-}C(\mathrm{s})} - \mu_{(C)_{E_l(1)}} \\ &= -RT\ln a^{\mathrm{R}}_{(C)_{过饱}} = -RT\ln a^{\mathrm{R}}_{(C)_{E_l(1)}}\end{aligned} \tag{8.499}$$

$$\Delta G_{\mathrm{m},A}\,(T_l) = \frac{\theta_{A,T_l}\Delta H_{\mathrm{m},A(\mathrm{s})}\,(T_E)}{T_E} = \eta_{A,T_l}\Delta H_{\mathrm{m},A}\,(T_E)$$

$$\Delta G_{\mathrm{m},\gamma\text{-}B}\,(T_l) = \frac{\theta_{B,T_l}\Delta H_{\mathrm{m},\gamma\text{-}B(\mathrm{s})}\,(T_E)}{T_E} = \eta_{B,T_l}\Delta H_{\mathrm{m},\gamma\text{-}B}\,(T_E)$$

$$\Delta G_{\mathrm{m},\beta\text{-}C}\,(T_l) = \frac{\theta_{C,T_l}\Delta H_{\mathrm{m},\beta\text{-}C(\mathrm{s})}\,(T_E)}{T_E} = \eta_{C,T_l}\Delta H_{\mathrm{m},\beta\text{-}C}\,(T_E)$$

式中，

$$\theta_{J,T_l} = T_E - T_l$$

$$\eta_{J,T_l} = \frac{T_E - T_l}{T_E}$$

$$(J = A, \gamma\text{-}B, \beta\text{-}C)$$

$$\Delta H_{\mathrm{m},A}\,(T_E) = H_{\mathrm{m},A(\mathrm{s})}\,(T_E) - \bar{H}_{\mathrm{m},(A)_{E(l)}}\,(T_E)$$

$$\Delta H_{\mathrm{m},\gamma\text{-}B}(T_E) = H_{\mathrm{m},\gamma\text{-}B(\mathrm{s})}(T_E) - \bar{H}_{\mathrm{m},(B)_{E(\mathrm{l})}}(T_E)$$

$$\Delta H_{\mathrm{m},\beta\text{-}C}(T_E) = H_{\mathrm{m},\beta\text{-}C(\mathrm{s})}(T_E) - \bar{H}_{\mathrm{m},(C)_{E(\mathrm{l})}}(T_E)$$

(2) 组元 A、γ-B、β-C 依次析出，即先析出组元 A，再析出组元 γ-B，然后析出组元 β-C。

如果组元 A 先析出，有

$$(A)_{过饱} \equiv (A)_{E_l(\mathrm{l})} = A(\mathrm{s})$$

随着组元 A 的析出，组元 B 和 C 的过饱和程度会增大，固溶体的组成会偏离共晶点 $E(\mathrm{l})$，向组元 A 的平衡相 l_l 靠近，以 l_l' 表示，达到一定程度后，组元 γ-B 会析出，可以表示为

$$(B)_{过饱} \equiv (B)_{l_l'} = \gamma\text{-}B(\mathrm{s})$$

随着组元 A 和 B 的析出，组元 C 的过饱和程度会增大，固溶体的组成又会向组元 B 的平衡相 q_l 靠近，以 $l_l'q_l'$ 表示，达到一定程度后，组元 C 会析出，可以表示为

$$(C)_{过饱} \equiv (C)_{l_l'q_l'} = \beta\text{-}C(\mathrm{s})$$

随着组元 γ-B、β-C 的析出，组元 A 的过饱和程度增大，固溶体的组成向组元 C 的平衡相 g_l 靠近，以 $q_l'g_l'$ 表示。达到一定程度后，组元 A 又析出，有

$$q_l'g_l' = A_{(\mathrm{s})}$$

即

$$(A)_{过饱} \equiv (A)_{q_l'g_l'} = A(\mathrm{s})$$

就这样，组元 A、B、C 交替析出。直到溶液 $E(\mathrm{l})$ 完全转化为组元 A、γ-B、β-C。

以纯固态组元 A、γ-B、β-C 为标准状态，浓度以摩尔分数表示，析晶过程的摩尔吉布斯自由能变化为

$$\begin{aligned}\Delta G_{\mathrm{m},A} &= \mu_{A(\mathrm{s})} - \mu_{(A)_{过饱}} \\ &= \mu_{A(\mathrm{s})} - \mu_{(A)_{E_l(\mathrm{l})}} \\ &= -RT\ln a^{\mathrm{R}}_{(A)_{过饱}} = -RT\ln a^{\mathrm{R}}_{(A)_{E_l(\mathrm{l})}}\end{aligned} \tag{8.500}$$

$$\begin{aligned}\Delta G_{\mathrm{m},\gamma\text{-}B} &= \mu_{\gamma\text{-}B(\mathrm{s})} - \mu_{(B)_{过饱}} \\ &= \mu_{\gamma\text{-}B(\mathrm{s})} - \mu_{(B)_{l_l'}} \\ &= -RT\ln a^{\mathrm{R}}_{(B)_{过饱}} = -RT\ln a^{\mathrm{R}}_{(B)_{l_l'}}\end{aligned} \tag{8.501}$$

$$\Delta G_{\mathrm{m},\beta\text{-}C} = \mu_{\beta\text{-}C(\mathrm{s})} - \mu_{(C)_{过饱}}$$

$$
\begin{aligned}
&= \mu_{\beta\text{-}C(\mathrm{s})} - \mu_{(C)_{l_l' q_l'}} \\
&= -RT\ln a^{\mathrm{R}}_{(C)_{\text{过饱}}} = -RT\ln a^{\mathrm{R}}_{(C)_{l_l' q_l'}}
\end{aligned}
\tag{8.502}
$$

再析出组元 A

$$
\begin{aligned}
\Delta G_{\mathrm{m},A} &= \mu_{A(\mathrm{s})} - \mu_{(A)_{\text{过饱}}} \\
&= \mu_{A(\mathrm{s})} - \mu_{(A)_{q_l' g_l'}} \\
&= -RT\ln a^{\mathrm{R}}_{(A)_{\text{过饱}}} = -RT\ln a^{\mathrm{R}}_{(A)_{q_l' g_l'}}
\end{aligned}
$$

或者

$$
\Delta G_{\mathrm{m},A}(T_l) = \frac{\theta_{A,T_l}\Delta H_{\mathrm{m},A}(T_E)}{T_E} = \eta_{A,T_l}\Delta H_{\mathrm{m},A}(T_E)
$$

$$
\Delta G_{\mathrm{m},\gamma\text{-}B}(T_l) = \frac{\theta_{\gamma\text{-}B,T_l}\Delta H_{\mathrm{m},\gamma\text{-}B}(T_E)}{T_E} = \eta_{\gamma\text{-}B,T_l}\Delta H_{\mathrm{m},\gamma\text{-}B}(T_E)
$$

$$
\Delta G_{\mathrm{m},\beta\text{-}C}(T_l) = \frac{\theta_{\beta\text{-}C,T_l}\Delta H_{\mathrm{m},\beta\text{-}C}(T_E)}{T_E} = \eta_{\beta\text{-}C,T_l}\Delta H_{\mathrm{m},\beta\text{-}C}(T_E)
$$

式中

$$
\Delta H_{\mathrm{m},A}(T_E) = H_{\mathrm{m},A(\mathrm{s})}(T_E) - \bar{H}_{\mathrm{m},(A)_{E(\mathrm{l})}}(T_E)
$$

$$
\Delta H_{\mathrm{m},\gamma\text{-}B}(T_E) = H_{\mathrm{m},\gamma\text{-}B(\mathrm{s})}(T_E) - \bar{H}_{\mathrm{m},(B)_{E(\mathrm{l})}}(T_E)
$$

$$
\Delta H_{\mathrm{m},\beta\text{-}C}(T_E) = H_{\mathrm{m},\beta\text{-}C(\mathrm{s})}(T_E) - \bar{H}_{\mathrm{m},(C)_{E(\mathrm{l})}}(T_E)
$$

(3) 组元 A 先析出，然后组元 γ-B、、β-C 同时析出

可以表示为

$$
(A)_{\text{过饱}} \equiv\!\equiv (A)_{E_l(1)} =\!= A(\mathrm{s})
$$

随着组元 A 的析出，组元 B、C 的过饱和程度增大，固溶体组成会偏离 $E_l(1)$，向组元 A 的平衡相 l_k 靠近，以 l_l' 表示。达到一定程度后，组元 B、C 同时析出，有

$$
(B)_{\text{过饱}} \equiv (B)_{l_l'} = \gamma\text{-}B(\mathrm{s})
$$

$$
(C)_{\text{过饱}} \equiv (C)_{l_l'} = \beta\text{-}C(\mathrm{s})
$$

随着组元 B、C 的析出，组元 A 的过饱和程度增大，固溶体组成向组元 B 和 C 的平衡相 q_l 和 g_l 靠近，以 $q_l'g_l'$ 表示。达到一定程度，组元 A 又析出。可以表示为

$$
(A)_{\text{过饱}} \equiv (A)_{q_l' g_l'} = A(\mathrm{s})
$$

组元 A 和组元 B、C 交替析出，析出的组元 A 单独存在，组元 $\gamma\text{-}B$ 和组元 $\beta\text{-}C$ 聚在一起。

如此循环，直到温度降低，重复上述过程，一直进行到溶液 $E_k\,(1)$ 完全变成固相组元 A、$\gamma\text{-}B$、$\beta\text{-}C$。

以纯固态组元 A、$\gamma\text{-}B$、$\beta\text{-}C$ 为标准状态，浓度以摩尔分数表示，析晶过程的摩尔吉布斯自由能变化为

$$
\begin{aligned}
\Delta G_{\mathrm{m},A} &= \mu_{A(\mathrm{s})} - \mu_{(A)_{过饱}} \\
&= \mu_{A(\mathrm{s})} - \mu_{(A)_{E_l(1)}} \\
&= -RT\ln a^{\mathrm{R}}_{(A)_{过饱}} = -RT\ln a^{\mathrm{R}}_{(A)_{E_l(1)}}
\end{aligned}
$$

$$
\begin{aligned}
\Delta G_{\mathrm{m},\gamma\text{-}B} &= \mu_{\gamma\text{-}B(\mathrm{s})} - \mu_{(B)_{过饱}} \\
&= \mu_{\gamma\text{-}B(\mathrm{s})} - \mu_{(B)_{l_l'}} \\
&= -RT\ln a^{\mathrm{R}}_{(B)_{过饱}} = -RT\ln a^{\mathrm{R}}_{(B)_{l_l'}}
\end{aligned}
$$

$$
\begin{aligned}
\Delta G_{\mathrm{m},\beta\text{-}C} &= \mu_{\beta\text{-}C(\mathrm{s})} - \mu_{(C)_{过饱}} \\
&= \mu_{\beta\text{-}C(\mathrm{s})} - \mu_{(C)_{l_l'}} \\
&= -RT\ln a^{\mathrm{R}}_{(C)_{过饱}} = -RT\ln a^{\mathrm{R}}_{(C)_{l_l'}}
\end{aligned}
$$

$$
\begin{aligned}
\Delta G'_{\mathrm{m},A} &= \mu_{A(\mathrm{s})} - \mu_{(A)_{过饱}} \\
&= \mu_{A(\mathrm{s})} - \mu_{(A)_{q_l' g_l'}} \\
&= -RT\ln a^{\mathrm{R}}_{(A)_{过饱}} = -RT\ln a^{\mathrm{R}}_{(A)_{q_l' g_l'}}
\end{aligned}
$$

或者

$$\Delta G_{\mathrm{m},A}\left(T_l\right) = \frac{\theta_{A,T_l}\Delta H_{\mathrm{m},A}\left(T_E\right)}{T_E} = \eta_{A,T_l}\Delta H_{\mathrm{m},A}\left(T_E\right)$$

$$\Delta G_{\mathrm{m},\gamma\text{-}B}\left(T_l\right) = \frac{\theta_{\gamma\text{-}B,T_l}\Delta H_{\mathrm{m}\gamma\text{-},B}\left(T_E\right)}{T_E} = \eta_{\gamma\text{-}B,T_l}\Delta H_{\mathrm{m},\gamma\text{-}B}\left(T_E\right)$$

$$\Delta G_{\mathrm{m},\beta\text{-}C}\left(T_l\right) = \frac{\theta_{\beta\text{-}C,T_l}\Delta H_{\mathrm{m}\beta\text{-},C}\left(T_E\right)}{T_E} = \eta_{\beta\text{-}C,T_l}\Delta H_{\mathrm{m},\beta\text{-}C}\left(T_E\right)$$

$$\Delta G'_{\mathrm{m},A}\left(T_l\right) = \frac{\theta_{A,T_l}\Delta H'_{\mathrm{m},A}\left(T_E\right)}{T_E} = \eta_{A,T_l}\Delta H_{\mathrm{m},A}\left(T_E\right)$$

式中

$$\Delta H_{\mathrm{m},A}\left(T_E\right) = H_{\mathrm{m},A(\mathrm{s})}\left(T_E\right) - \bar{H}_{\mathrm{m},(A)_{E(1)}}\left(T_E\right)$$

$$\Delta H_{\mathrm{m},\gamma\text{-}B}\left(T_E\right) = H_{\mathrm{m},\gamma\text{-}B(\mathrm{s})}\left(T_E\right) - \bar{H}_{\mathrm{m},(\gamma\text{-}B)_{E(1)}}\left(T_E\right)$$

$$\Delta H_{\mathrm{m},\beta\text{-}C}\left(T_E\right)=H_{\mathrm{m},\beta\text{-}C(\mathrm{s})}\left(T_E\right)-\bar{H}_{\mathrm{m},(\beta\text{-}C)_{E(\mathrm{l})}}\left(T_E\right)$$

$$\Delta H'_{\mathrm{m},A}\left(T_E\right)=H_{\mathrm{m},A(\mathrm{s})}\left(T_E\right)-\bar{H}_{\mathrm{m},(A)_{E(\mathrm{l})}}\left(T_E\right)$$

$$\theta_{J,T_k}=T_E-T_k$$

$$\eta_{J,T_k}=\frac{T_E-T_k}{T_E}$$

$$(J=A,\gamma\text{-}B,\beta\text{-}C)$$

(4) 组元 A 和组元 B 先同时析出，然后析出组元 C

可以表示为

$$E_k\left(\mathrm{l}\right)=\!=\!=A\left(\mathrm{s}\right)+\gamma\text{-}B\left(\mathrm{s}\right)$$

即

$$(A)_{\text{过饱}}=\!=\!=(A)_{E_l(\mathrm{l})}=\!=\!=A\left(\mathrm{s}\right)$$

$$(B)_{\text{过饱}}=\!=\!=(B)_{E_l(\mathrm{l})}=\gamma\text{-}B\left(\mathrm{s}\right)$$

随着组元 A、B 的析出，组元 C 的过饱和程度增大，溶液组成偏离 $E_k\left(\mathrm{l}\right)$，向组元 A 和组元 B 的平衡相 l_l 和 q_l 靠近，以 $l'_k q'_l$ 表示。达到一定程度，组元 C 析出。有

$$(C)_{\text{过饱}}=\!=\!=(C)_{l'_l q'_l}=\!=\!=\beta\text{-}C\left(\mathrm{s}\right)$$

随着组元 C 的析出，组元 A、B 的过饱和程度增大，溶液组成向组元 C 的平衡相 g_l 靠近，以 g'_l 表示，达到一定程度后，组元 A、B 又析出。可以表示为

$$g'_k=A\left(\mathrm{s}\right)+B\left(\mathrm{s}\right)$$

即

$$(A)_{\text{过饱}}=\!=\!=(A)_{g'_l}=\!=\!=A\left(\mathrm{s}\right)$$

$$(B)_{\text{过饱}}=\!=\!=(B)_{g'_l}=\!=\!=\gamma\text{-}B\left(\mathrm{s}\right)$$

组元 A、B 和 C 交替析出。析出的组元 A、γ-B 聚在一起，组元单独存在。如此循环，直到溶液 $E\left(\mathrm{l}\right)$ 完全转变为组元 A、γ-B、β-C。

温度继续降低，如果上述的反应没有完成，则再重复上述过程。

固相组元 A、γ-B、β-C 和溶液中的组元 A、B、C 都以纯固态组元 A、γ-B、β-C 为标准状态，浓度以摩尔分数表示，析晶过程中的摩尔吉布斯自由能变化为

$$\begin{aligned}\Delta G_{\mathrm{m},A}&=\mu_{A(\mathrm{s})}-\mu_{(A)_{\text{过饱}}}\\&=\mu_{A(\mathrm{s})}-\mu_{(A)_{E_k(\mathrm{l})}}\\&=-RT\ln a^{\mathrm{R}}_{(A)_{\text{过饱}}}=-RT\ln a^{\mathrm{R}}_{(A)_{E_l(\mathrm{l})}}\end{aligned}$$

$$\begin{aligned}\Delta G_{\mathrm{m},\gamma\text{-}B} &= \mu_{\gamma\text{-}B(\mathrm{s})} - \mu_{(B)_{\text{过饱}}} \\ &= \mu_{\gamma\text{-}B(\mathrm{s})} - \mu_{(B)_{E_k(1)}} \\ &= -RT\ln a^{\mathrm{R}}_{(B)_{\text{过饱}}} = -RT\ln a^{\mathrm{R}}_{(B)_{E_l(1)}}\end{aligned}$$

$$\begin{aligned}\Delta G_{\mathrm{m},\beta\text{-}C} &= \mu_{\beta\text{-}C(\mathrm{s})} - \mu_{(C)_{\text{过饱}}} \\ &= \mu_{\beta\text{-}C(\mathrm{s})} - \mu_{(C)_{l_l' q_l'}} \\ &= -RT\ln a^{\mathrm{R}}_{(C)_{\text{过饱}}} = -RT\ln a^{\mathrm{R}}_{(C)_{l_l' q_l'}}\end{aligned}$$

再析出组元 A 和 B，有

$$\begin{aligned}\Delta G_{\mathrm{m},A} &= \mu_{A(\mathrm{s})} - \mu_{(A)_{\text{过饱}}} \\ &= \mu_{A(\mathrm{s})} - \mu_{(A)_{g_l'}} \\ &= -RT\ln a^{\mathrm{R}}_{(A)_{\text{过饱}}} = -RT\ln a^{\mathrm{R}}_{(A)_{g_l'}}\end{aligned}$$

$$\begin{aligned}\Delta G_{\mathrm{m},\gamma\text{-}B} &= \mu_{\gamma\text{-}B(\mathrm{s})} - \mu_{(B)_{\text{过饱}}} \\ &= \mu_{\gamma\text{-}B(\mathrm{s})} - \mu_{(B)_{g_l'}} \\ &= -RT\ln a^{\mathrm{R}}_{(B)_{\text{过饱}}} = -RT\ln a^{\mathrm{R}}_{(B)_{g_l'}}\end{aligned}$$

或者

$$\Delta G_{\mathrm{m},A}(T_l) = \frac{\theta_{A,T_l}\Delta H_{\mathrm{m},A}(T_E)}{T_E} = \eta_{A,T_l}\Delta H_{\mathrm{m},A}(T_E)$$

$$\Delta G_{\mathrm{m},\gamma\text{-}B}(T_l) = \frac{\theta_{\gamma\text{-}B,T_l}\Delta H_{\mathrm{m},\gamma\text{-}B}(T_E)}{T_E} = \eta_{\gamma\text{-}B,T_l}\Delta H_{\mathrm{m},\gamma\text{-}B}(T_E)$$

$$\Delta G_{\mathrm{m},\beta\text{-}C}(T_l) = \frac{\theta_{\beta\text{-}C,T_l}\Delta H_{\mathrm{m},\beta\text{-}C}(T_E)}{T_E} = \eta_{\beta\text{-}C,T_l}\Delta H_{\mathrm{m},\beta\text{-}C}(T_E)$$

$$\Delta G'_{\mathrm{m},A}(T_l) = \frac{\theta_{A,T_l}\Delta H'_{\mathrm{m},A}(T_E)}{T_E} = \eta_{A,T_l}\Delta H_{\mathrm{m},A}(T_E)$$

$$\Delta G'_{\mathrm{m},\gamma\text{-}B}(T_l) = \frac{\theta_{\gamma\text{-}B,T_l}\Delta H'_{\mathrm{m},\gamma\text{-}B}(T_E)}{T_E} = \eta_{\gamma\text{-}B,T_l}\Delta H_{\mathrm{m},\gamma\text{-}B}(T_E)$$

式中

$$\Delta H_{\mathrm{m},A}(T_E) = H_{\mathrm{m},A(\mathrm{s})}(T_E) - \bar{H}_{\mathrm{m},(A)_{E(1)}}(T_E)$$

$$\Delta H_{\mathrm{m},\gamma\text{-}B}(T_E) = H_{\mathrm{m},\gamma\text{-}B(\mathrm{s})}(T_E) - \bar{H}_{\mathrm{m},(B)_{E(1)}}(T_E)$$

$$\Delta H_{\mathrm{m},\beta\text{-}C}(T_E) = H_{\mathrm{m},\beta\text{-}C(\mathrm{s})}(T_E) - \bar{H}_{\mathrm{m},(C)_{E(1)}}(T_E)$$

$$\Delta H'_{\mathrm{m},A}(T_E) = H_{\mathrm{m},A(\mathrm{s})}(T_E) - \bar{H}_{\mathrm{m},(A)_{E(1)}}(T_E)$$

$$\Delta H'_{\mathrm{m},\gamma\text{-}B}\left(T_E\right)=H_{\mathrm{m},\gamma\text{-}B(\mathrm{s})}\left(T_E\right)-\bar{H}_{\mathrm{m},(B)_{E(\mathrm{l})}}\left(T_E\right)$$

$$\theta_{J,T_k}=T_E-T_k$$

$$\eta_{J,T_k}=\frac{T_E-T_k}{T_E}$$

$$J=A,\gamma\text{-}B,\beta\text{-}C$$

2. 凝固速率

1) 从温度 T_1 到 T_P

从温度 T_1 到 T_P，析出组元 α-B 的晶体，析晶速率为

$$\begin{aligned}\frac{\mathrm{d}N_{\alpha\text{-}B(\mathrm{s})}}{\mathrm{d}t}&=-\frac{\mathrm{d}N_{(B)}}{\mathrm{d}t}=Vj_{\alpha\text{-}B}\\&=V\left[-l_1\left(\frac{A_{\mathrm{m},\alpha\text{-}B}}{T}\right)-l_2\left(\frac{A_{\mathrm{m},\alpha\text{-}B}}{T}\right)^2-l_3\left(\frac{A_{\mathrm{m},\alpha\text{-}B}}{T}\right)^3-\cdots\right]\end{aligned}\tag{8.503}$$

式中，V 为液相体积；

$$A_{\mathrm{m},\alpha\text{-}B}=\Delta G_{\mathrm{m},\alpha\text{-}B}$$

2) 在温度 T_P

在温度 T_P，发生相变，α-$B\rightarrow\beta$-B，相变速率为

$$\begin{aligned}\frac{\mathrm{d}N_{\beta\text{-}B}}{\mathrm{d}t}&=-\frac{\mathrm{d}N_{\alpha\text{-}B}}{\mathrm{d}t}=Vj_{B(\alpha\text{-}\beta)}\\&=V\left[-l_1\left(\frac{A_{\mathrm{m},B(\alpha\text{-}\beta)}}{T}\right)-l_2\left(\frac{A_{\mathrm{m},B(\alpha\text{-}\beta)}}{T}\right)^2-l_3\left(\frac{A_{\mathrm{m},B(\alpha\text{-}\beta)}}{T}\right)^3-\cdots\right]\end{aligned}\tag{8.504}$$

式中，V 为 α-B 的体积；

$$A_{\mathrm{m},B(\alpha\text{-}\beta)}=\Delta G_{\mathrm{m},B(\alpha\text{-}\beta)}$$

3) 从温度 T_{P+1} 到 T_R

从温度 T_{P+1} 到 T_R，析出组元 β-B 的晶体，析晶速率为

$$\begin{aligned}\frac{\mathrm{d}N_{\beta\text{-}B(\mathrm{s})}}{\mathrm{d}t}&=-\frac{\mathrm{d}N_{(B)}}{\mathrm{d}t}=Vj_{\beta\text{-}B}\\&=V\left[-l_1\left(\frac{A_{\mathrm{m},\beta\text{-}B}}{T}\right)-l_2\left(\frac{A_{\mathrm{m},\beta\text{-}B}}{T}\right)^2-l_3\left(\frac{A_{\mathrm{m},\beta\text{-}B}}{T}\right)^3-\cdots\right]\end{aligned}\tag{8.505}$$

式中，V 为液相体积；

$$A_{\mathrm{m},\beta\text{-}B}=\Delta G_{\mathrm{m},\beta\text{-}B}$$

4) 从温度 T_R 到 T_Q

从 T_R 到 T_Q，同时析出组元 $\beta\text{-}B$ 和 $\beta\text{-}C$ 的晶体，不考虑耦合作用，析晶速率为

$$\begin{aligned}\frac{\mathrm{d}N_{\beta\text{-}B(\mathrm{s})}}{\mathrm{d}t} &= -\frac{\mathrm{d}N_{(B)}}{\mathrm{d}t} = Vj_{\beta\text{-}B} \\ &= V\left[-l_1\left(\frac{A_{\mathrm{m},\beta\text{-}B}}{T}\right) - l_2\left(\frac{A_{\mathrm{m},\beta\text{-}B}}{T}\right)^2 - l_3\left(\frac{A_{\mathrm{m},\beta\text{-}B}}{T}\right)^3 - \cdots\right]\end{aligned} \tag{8.506}$$

$$\begin{aligned}\frac{\mathrm{d}N_{\beta\text{-}C(\mathrm{s})}}{\mathrm{d}t} &= -\frac{\mathrm{d}N_{(C)}}{\mathrm{d}t} = Vj_{\beta\text{-}C} \\ &= V\left[-l_1\left(\frac{A_{\mathrm{m},\beta\text{-}C}}{T}\right) - l_2\left(\frac{A_{\mathrm{m},\beta\text{-}C}}{T}\right)^2 - l_3\left(\frac{A_{\mathrm{m},\beta\text{-}C}}{T}\right)^3 - \cdots\right]\end{aligned} \tag{8.507}$$

考虑耦合作用，析晶速率为

$$\begin{aligned}\frac{\mathrm{d}N_{\beta\text{-}B(\mathrm{s})}}{\mathrm{d}t} =& -\frac{\mathrm{d}N_{(B)}}{\mathrm{d}t} = Vj_{\beta\text{-}B} \\ =& V\Bigg[-l_{11}\left(\frac{A_{\mathrm{m},\beta\text{-}B}}{T}\right) - l_{12}\left(\frac{A_{\mathrm{m},\beta\text{-}C}}{T}\right) - l_{111}\left(\frac{A_{\mathrm{m},\beta\text{-}B}}{T}\right)^2 \\ & - l_{112}\left(\frac{A_{\mathrm{m},\beta\text{-}B}}{T}\right)\left(\frac{A_{\mathrm{m},\beta\text{-}C}}{T}\right) - l_{122}\left(\frac{A_{\mathrm{m},\beta\text{-}C}}{T}\right)^2 - l_{1111}\left(\frac{A_{\mathrm{m},\beta\text{-}B}}{T}\right)^3 \\ & - l_{1112}\left(\frac{A_{\mathrm{m},\beta\text{-}B}}{T}\right)^2\left(\frac{A_{\mathrm{m},\beta\text{-}C}}{T}\right) - l_{1122}\left(\frac{A_{\mathrm{m},\beta\text{-}B}}{T}\right)\left(\frac{A_{\mathrm{m},\beta\text{-}C}}{T}\right)^2 \\ & - l_{1222}\left(\frac{A_{\mathrm{m},\beta\text{-}C}}{T}\right)^3 - \cdots\Bigg]\end{aligned} \tag{8.508}$$

$$\begin{aligned}\frac{\mathrm{d}N_{\beta\text{-}C(\mathrm{s})}}{\mathrm{d}t} =& -\frac{\mathrm{d}N_{(C)}}{\mathrm{d}t} = Vj_{\beta\text{-}C} \\ =& V\Bigg[-l_{21}\left(\frac{A_{\mathrm{m},\beta\text{-}B}}{T}\right) - l_{22}\left(\frac{A_{\mathrm{m},\beta\text{-}C}}{T}\right) - l_{211}\left(\frac{A_{\mathrm{m},\beta\text{-}B}}{T}\right)^2 \\ & - l_{212}\left(\frac{A_{\mathrm{m},\beta\text{-}B}}{T}\right)\left(\frac{A_{\mathrm{m},\beta\text{-}C}}{T}\right) - l_{222}\left(\frac{A_{\mathrm{m},\beta\text{-}C}}{T}\right)^2 - l_{2111}\left(\frac{A_{\mathrm{m},\beta\text{-}B}}{T}\right)^3 \\ & - l_{2112}\left(\frac{A_{\mathrm{m},\beta\text{-}B}}{T}\right)^2\left(\frac{A_{\mathrm{m},\beta\text{-}C}}{T}\right) - l_{2122}\left(\frac{A_{\mathrm{m},\beta\text{-}B}}{T}\right)\left(\frac{A_{\mathrm{m},\beta\text{-}C}}{T}\right)^2 \\ & - l_{2222}\left(\frac{A_{\mathrm{m},\beta\text{-}C}}{T}\right)^3 - \cdots\Bigg]\end{aligned} \tag{8.509}$$

式中，V 为液体体积；

$$A_{\mathrm{m},\beta\text{-}B} = \Delta G_{\mathrm{m},\beta\text{-}B}$$

$$A_{\mathrm{m},\beta\text{-}C} = \Delta G_{\mathrm{m},\beta\text{-}C}$$

5) 在 T_{Q+1}

在 T_{Q+1}，发生相变 $\beta\text{-}B \to \delta\text{-}B$，相变速率为

$$\begin{aligned}\frac{\mathrm{d}N_{\gamma\text{-}B(\mathrm{s})}}{\mathrm{d}t} &= -\frac{\mathrm{d}N_{\beta\text{-}B}}{\mathrm{d}t} = Vj_{B(\beta\to\gamma)} \\ &= V\left[-l_1\left(\frac{A_{\mathrm{m},B(\beta\to\gamma)}}{T}\right) - l_2\left(\frac{A_{\mathrm{m},B(\beta\to\gamma)}}{T}\right)^2 - l_3\left(\frac{A_{\mathrm{m},B(\beta\to\gamma)}}{T}\right)^3 - \cdots\right]\end{aligned} \tag{8.510}$$

式中，

$$A_{\mathrm{m},B(\beta\text{-}\gamma)} = \Delta G_{\mathrm{m},B(\beta\text{-}\gamma)}$$

6) 从温度 T_Q 到 T_E

从温度 T_Q 到 T_E，析出组元 $\gamma\text{-}B$ 和 $\beta\text{-}C$ 的晶体，不考虑耦合作用，析晶速率为

$$\begin{aligned}\frac{\mathrm{d}N_{\gamma\text{-}B(\mathrm{s})}}{\mathrm{d}t} &= -\frac{\mathrm{d}N_{(B)}}{\mathrm{d}t} = Vj_{\gamma\text{-}B} \\ &= V\left[-l_1\left(\frac{A_{\mathrm{m},\gamma\text{-}B}}{T}\right) - l_2\left(\frac{A_{\mathrm{m},\gamma\text{-}B}}{T}\right)^2 - l_3\left(\frac{A_{\mathrm{m},\gamma\text{-}B}}{T}\right)^3 - \cdots\right]\end{aligned} \tag{8.511}$$

$$\begin{aligned}\frac{\mathrm{d}N_{\beta\text{-}C(\mathrm{s})}}{\mathrm{d}t} &= -\frac{\mathrm{d}N_{(C)}}{\mathrm{d}t} = Vj_{\beta\text{-}C} \\ &= V\left[-l_1\left(\frac{A_{\mathrm{m},\beta\text{-}C}}{T}\right) - l_2\left(\frac{A_{\mathrm{m},\beta\text{-}C}}{T}\right)^2 - l_3\left(\frac{A_{\mathrm{m},\beta\text{-}C}}{T}\right)^3 - \cdots\right]\end{aligned} \tag{8.512}$$

式中，

$$A_{\mathrm{m},\gamma\text{-}B} = \Delta G_{\mathrm{m},\gamma\text{-}B}$$

$$A_{\mathrm{m},\beta\text{-}C} = \Delta G_{\mathrm{m},\beta\text{-}C}$$

考虑耦合作用，析晶速率为

$$\frac{\mathrm{d}N_{\gamma\text{-}B(\mathrm{s})}}{\mathrm{d}t} = -\frac{\mathrm{d}N_{(B)}}{\mathrm{d}t} = Vj_{\gamma\text{-}B}$$

$$
\begin{aligned}
&= V\left[-l_{11}\left(\frac{A_{\mathrm{m},\gamma\text{-}B}}{T}\right)-l_{12}\left(\frac{A_{\mathrm{m},\beta\text{-}C}}{T}\right)-l_{111}\left(\frac{A_{\mathrm{m},\gamma\text{-}B}}{T}\right)^2\right.\\
&\quad -l_{112}\left(\frac{A_{\mathrm{m},\gamma\text{-}B}}{T}\right)\left(\frac{A_{\mathrm{m},\beta\text{-}C}}{T}\right)-l_{122}\left(\frac{A_{\mathrm{m},\beta\text{-}C}}{T}\right)^2-l_{1111}\left(\frac{A_{\mathrm{m},\gamma\text{-}B}}{T}\right)^3\\
&\quad -l_{1112}\left(\frac{A_{\mathrm{m},\gamma\text{-}B}}{T}\right)^2\left(\frac{A_{\mathrm{m},\beta\text{-}C}}{T}\right)-l_{1122}\left(\frac{A_{\mathrm{m},\gamma\text{-}B}}{T}\right)\left(\frac{A_{\mathrm{m},\beta\text{-}C}}{T}\right)^2\\
&\quad \left.-l_{1222}\left(\frac{A_{\mathrm{m},\beta\text{-}C}}{T}\right)^3-\cdots\right]
\end{aligned}
\tag{8.513}
$$

$$
\begin{aligned}
\frac{\mathrm{d}N_{\beta\text{-}C(\mathrm{s})}}{\mathrm{d}t} &= -\frac{\mathrm{d}N_{(C)}}{\mathrm{d}t} = Vj_{\beta\text{-}C}\\
&= V\left[-l_{21}\left(\frac{A_{\mathrm{m},\gamma\text{-}B}}{T}\right)-l_{22}\left(\frac{A_{\mathrm{m},\beta\text{-}C}}{T}\right)-l_{211}\left(\frac{A_{\mathrm{m},\gamma\text{-}B}}{T}\right)^2\right.\\
&\quad -l_{212}\left(\frac{A_{\mathrm{m},\gamma\text{-}B}}{T}\right)\left(\frac{A_{\mathrm{m},\beta\text{-}C}}{T}\right)-l_{222}\left(\frac{A_{\mathrm{m},\beta\text{-}C}}{T}\right)^2-l_{2111}\left(\frac{A_{\mathrm{m},\gamma\text{-}B}}{T}\right)^3\\
&\quad -l_{2112}\left(\frac{A_{\mathrm{m},\gamma\text{-}B}}{T}\right)^2\left(\frac{A_{\mathrm{m},\beta\text{-}C}}{T}\right)-l_{2122}\left(\frac{A_{\mathrm{m},\gamma\text{-}B}}{T}\right)\left(\frac{A_{\mathrm{m},\beta\text{-}C}}{T}\right)^2\\
&\quad \left.-l_{2222}\left(\frac{A_{\mathrm{m},\beta\text{-}C}}{T}\right)^3-\cdots\right]
\end{aligned}
\tag{8.514}
$$

7) 在 T_E 温度以下

(1) 在 T_E 温度以下，组元 A、B、C 同时析出共晶 A、$\gamma\text{-}B$ 和 $\beta\text{-}C$，不考虑耦合作用，析晶速率为

$$
\begin{aligned}
\frac{\mathrm{d}N_{A(\mathrm{s})}}{\mathrm{d}t} &= -\frac{\mathrm{d}N_{(A)_{E_l(\mathrm{l})}}}{\mathrm{d}t} = Vj_A\\
&= V\left[-l_1\left(\frac{A_{\mathrm{m},A}}{T}\right)-l_2\left(\frac{A_{\mathrm{m},A}}{T}\right)^2-l_3\left(\frac{A_{\mathrm{m},A}}{T}\right)^3-\cdots\right]
\end{aligned}
\tag{8.515}
$$

$$
\begin{aligned}
\frac{\mathrm{d}N_{\gamma\text{-}B(\mathrm{s})}}{\mathrm{d}t} &= -\frac{\mathrm{d}N_{(B)_{E_l(\mathrm{l})}}}{\mathrm{d}t} = Vj_{\gamma\text{-}B}\\
&= V\left[-l_1\left(\frac{A_{\mathrm{m},\gamma\text{-}B}}{T}\right)-l_2\left(\frac{A_{\mathrm{m},\gamma\text{-}B}}{T}\right)^2-l_3\left(\frac{A_{\mathrm{m},\gamma\text{-}B}}{T}\right)^3-\cdots\right]
\end{aligned}
\tag{8.516}
$$

$$
\begin{aligned}
\frac{\mathrm{d}N_{\beta\text{-}C(\mathrm{s})}}{\mathrm{d}t} &= -\frac{\mathrm{d}N_{(C)_{E_l(\mathrm{l})}}}{\mathrm{d}t} = Vj_{\beta\text{-}C}\\
&= V\left[-l_1\left(\frac{A_{\mathrm{m},\beta\text{-}C}}{T}\right)-l_2\left(\frac{A_{\mathrm{m},\beta\text{-}C}}{T}\right)^2-l_3\left(\frac{A_{\mathrm{m},\beta\text{-}C}}{T}\right)^3-\cdots\right]
\end{aligned}
\tag{8.517}
$$

式中，

$$A_{\mathrm{m},A} = \Delta G_{\mathrm{m},A}$$

$$A_{\mathrm{m},\gamma\text{-}B} = \Delta G_{\mathrm{m},\gamma\text{-}B}$$

$$A_{\mathrm{m},\beta\text{-}C} = \Delta G_{\mathrm{m},\beta\text{-}C}$$

考虑耦合作用，析晶速率为

$$\begin{aligned}
\frac{\mathrm{d}N_{A(\mathrm{s})}}{\mathrm{d}t} =& -\frac{\mathrm{d}N_{(A)_{E_l(1)}}}{\mathrm{d}t} = Vj_A \\
=& V\left[-l_{11}\left(\frac{A_{\mathrm{m},A}}{T}\right) - l_{12}\left(\frac{A_{\mathrm{m},\gamma\text{-}B}}{T}\right) - l_{13}\left(\frac{A_{\mathrm{m},\beta\text{-}C}}{T}\right) \right. \\
& - l_{111}\left(\frac{A_{\mathrm{m},A}}{T}\right)^2 - l_{112}\left(\frac{A_{\mathrm{m},A}}{T}\right)\left(\frac{A_{\mathrm{m},\gamma\text{-}B}}{T}\right) - l_{113}\left(\frac{A_{\mathrm{m},A}}{T}\right)\left(\frac{A_{\mathrm{m},\beta\text{-}C}}{T}\right) \\
& - l_{122}\left(\frac{A_{\mathrm{m},\gamma\text{-}B}}{T}\right)^2 - l_{123}\left(\frac{A_{\mathrm{m},\gamma\text{-}B}}{T}\right)\left(\frac{A_{\mathrm{m},\beta\text{-}C}}{T}\right) - l_{133}\left(\frac{A_{\mathrm{m},\beta\text{-}C}}{T}\right)^2 \\
& - l_{1111}\left(\frac{A_{\mathrm{m},A}}{T}\right)^3 - l_{1112}\left(\frac{A_{\mathrm{m},A}}{T}\right)^2\left(\frac{A_{\mathrm{m},\gamma\text{-}B}}{T}\right) \\
& - l_{1113}\left(\frac{A_{\mathrm{m},A}}{T}\right)\left(\frac{A_{\mathrm{m},\beta\text{-}C}}{T}\right)^2 - l_{1122}\left(\frac{A_{\mathrm{m},A}}{T}\right)\left(\frac{A_{\mathrm{m},\gamma\text{-}B}}{T}\right)^2 \\
& - l_{1123}\left(\frac{A_{\mathrm{m},A}}{T}\right)\left(\frac{A_{\mathrm{m},\gamma\text{-}B}}{T}\right)\left(\frac{A_{\mathrm{m},\beta\text{-}C}}{T}\right) - l_{1133}\left(\frac{A_{\mathrm{m},A}}{T}\right)\left(\frac{A_{\mathrm{m},\beta\text{-}C}}{T}\right)^2 \\
& - l_{1222}\left(\frac{A_{\mathrm{m},\gamma\text{-}B}}{T}\right)^3 - l_{1223}\left(\frac{A_{\mathrm{m},\gamma\text{-}B}}{T}\right)^2\left(\frac{A_{\mathrm{m},\beta\text{-}C}}{T}\right) \\
& \left. - l_{1233}\left(\frac{A_{\mathrm{m},\gamma\text{-}B}}{T}\right)\left(\frac{A_{\mathrm{m},\beta\text{-}C}}{T}\right)^2 - l_{1333}\left(\frac{A_{\mathrm{m},\beta\text{-}C}}{T}\right)^3 - \cdots \right]
\end{aligned} \tag{8.518}$$

$$\begin{aligned}
\frac{\mathrm{d}N_{\gamma\text{-}B(\mathrm{s})}}{\mathrm{d}t} =& -\frac{\mathrm{d}N_{(B)_{E_l(1)}}}{\mathrm{d}t} = Vj_{\gamma\text{-}B} \\
=& V\left[-l_{21}\left(\frac{A_{\mathrm{m},A}}{T}\right) - l_{22}\left(\frac{A_{\mathrm{m},\gamma\text{-}B}}{T}\right) - l_{23}\left(\frac{A_{\mathrm{m},\beta\text{-}C}}{T}\right) \right. \\
& - l_{211}\left(\frac{A_{\mathrm{m},A}}{T}\right)^2 - l_{212}\left(\frac{A_{\mathrm{m},A}}{T}\right)\left(\frac{A_{\mathrm{m},\gamma\text{-}B}}{T}\right) - l_{213}\left(\frac{A_{\mathrm{m},A}}{T}\right)\left(\frac{A_{\mathrm{m},\beta\text{-}C}}{T}\right) \\
& - l_{222}\left(\frac{A_{\mathrm{m},\gamma\text{-}B}}{T}\right)^2 - l_{223}\left(\frac{A_{\mathrm{m},\gamma\text{-}B}}{T}\right)\left(\frac{A_{\mathrm{m},\beta\text{-}C}}{T}\right) - l_{233}\left(\frac{A_{\mathrm{m},\beta\text{-}C}}{T}\right)^2 \\
& - l_{2111}\left(\frac{A_{\mathrm{m},A}}{T}\right)^3 - l_{2112}\left(\frac{A_{\mathrm{m},A}}{T}\right)^2\left(\frac{A_{\mathrm{m},\gamma\text{-}B}}{T}\right) \\
& - l_{2113}\left(\frac{A_{\mathrm{m},A}}{T}\right)^2\left(\frac{A_{\mathrm{m},\beta\text{-}C}}{T}\right) - l_{2122}\left(\frac{A_{\mathrm{m},A}}{T}\right)\left(\frac{A_{\mathrm{m},\gamma\text{-}B}}{T}\right)^2
\end{aligned}$$

$$-l_{2123}\left(\frac{A_{\mathrm{m},A}}{T}\right)\left(\frac{A_{\mathrm{m},\gamma\text{-}B}}{T}\right)\left(\frac{A_{\mathrm{m},\beta\text{-}C}}{T}\right)-l_{2133}\left(\frac{A_{\mathrm{m},A}}{T}\right)\left(\frac{A_{\mathrm{m},\beta\text{-}C}}{T}\right)^2$$
$$-l_{2222}\left(\frac{A_{\mathrm{m},\gamma\text{-}B}}{T}\right)^3-l_{2223}\left(\frac{A_{\mathrm{m},\gamma\text{-}B}}{T}\right)^2\left(\frac{A_{\mathrm{m},\beta\text{-}C}}{T}\right)$$
$$-l_{2233}\left(\frac{A_{\mathrm{m},\gamma\text{-}B}}{T}\right)\left(\frac{A_{\mathrm{m},\beta\text{-}C}}{T}\right)^2-l_{2333}\left(\frac{A_{\mathrm{m},\beta\text{-}C}}{T}\right)^3-\cdots\Bigg] \tag{8.519}$$

$$\frac{\mathrm{d}N_{\beta\text{-}C(\mathrm{s})}}{\mathrm{d}t}=-\frac{\mathrm{d}N_{(C)_{E_l(1)}}}{\mathrm{d}t}=Vj_{\beta\text{-}C}$$
$$=V\Bigg[-l_{31}\left(\frac{A_{\mathrm{m},A}}{T}\right)-l_{32}\left(\frac{A_{\mathrm{m},\gamma\text{-}B}}{T}\right)-l_{33}\left(\frac{A_{\mathrm{m},\beta\text{-}C}}{T}\right)$$
$$-l_{311}\left(\frac{A_{\mathrm{m},A}}{T}\right)^2-l_{312}\left(\frac{A_{\mathrm{m},A}}{T}\right)\left(\frac{A_{\mathrm{m},\gamma\text{-}B}}{T}\right)-l_{313}\left(\frac{A_{\mathrm{m},A}}{T}\right)\left(\frac{A_{\mathrm{m},\beta\text{-}C}}{T}\right)$$
$$-l_{322}\left(\frac{A_{\mathrm{m},\gamma\text{-}B}}{T}\right)^2-l_{323}\left(\frac{A_{\mathrm{m},\gamma\text{-}B}}{T}\right)\left(\frac{A_{\mathrm{m},\beta\text{-}C}}{T}\right)-l_{333}\left(\frac{A_{\mathrm{m},\beta\text{-}C}}{T}\right)^2$$
$$-l_{3111}\left(\frac{A_{\mathrm{m},B}}{T}\right)^3-l_{3112}\left(\frac{A_{\mathrm{m},A}}{T}\right)^2\left(\frac{A_{\mathrm{m},\gamma\text{-}B}}{T}\right)$$
$$-l_{3113}\left(\frac{A_{\mathrm{m},A}}{T}\right)^2\left(\frac{A_{\mathrm{m},\beta\text{-}C}}{T}\right)-l_{3122}\left(\frac{A_{\mathrm{m},A}}{T}\right)\left(\frac{A_{\mathrm{m},\gamma\text{-}B}}{T}\right)^2$$
$$-l_{3123}\left(\frac{A_{\mathrm{m},A}}{T}\right)\left(\frac{A_{\mathrm{m},\gamma\text{-}B}}{T}\right)\left(\frac{A_{\mathrm{m},\beta\text{-}C}}{T}\right)-l_{3133}\left(\frac{A_{\mathrm{m},A}}{T}\right)\left(\frac{A_{\mathrm{m},\beta\text{-}C}}{T}\right)^2$$
$$-l_{3222}\left(\frac{A_{\mathrm{m},\gamma\text{-}B}}{T}\right)^3-l_{3223}\left(\frac{A_{\mathrm{m},\gamma\text{-}B}}{T}\right)^2\left(\frac{A_{\mathrm{m},\beta\text{-}C}}{T}\right)$$
$$-l_{3233}\left(\frac{A_{\mathrm{m},\gamma\text{-}B}}{T}\right)\left(\frac{A_{\mathrm{m},\beta\text{-}C}}{T}\right)^2-l_{3333}\left(\frac{A_{\mathrm{m},\beta\text{-}C}}{T}\right)^3-\cdots\Bigg] \tag{8.520}$$

(2) 组元 A、$\gamma\text{-}B$、$\beta\text{-}C$ 依次析出，有

$$\frac{\mathrm{d}N_{A(\mathrm{s})}}{\mathrm{d}t}=-\frac{\mathrm{d}N_{(A)_{E_l(1)}}}{\mathrm{d}t}=Vj_A$$
$$=V\left[-l_1\left(\frac{A_{\mathrm{m},A}}{T}\right)-l_2\left(\frac{A_{\mathrm{m},A}}{T}\right)^2-l_3\left(\frac{A_{\mathrm{m},A}}{T}\right)^3-\cdots\right]$$

$$\frac{\mathrm{d}N_{\gamma-B(\mathrm{s})}}{\mathrm{d}t}=-\frac{\mathrm{d}N_{(B)_{l_l'}}}{\mathrm{d}t}=Vj_{\gamma\text{-}B}$$
$$=V\left[-l_1\left(\frac{A_{\mathrm{m},\gamma\text{-}B}}{T}\right)-l_2\left(\frac{A_{\mathrm{m},\gamma\text{-}B}}{T}\right)^2-l_3\left(\frac{A_{\mathrm{m},\gamma\text{-}B}}{T}\right)^3-\cdots\right]$$

$$\frac{\mathrm{d}N_{\beta\text{-}C(\mathrm{s})}}{\mathrm{d}t}=-\frac{\mathrm{d}N_{(B)_{l_l'l_l'}}}{\mathrm{d}t}=Vj_{\beta\text{-}C}$$

$$= V\left[-l_1\left(\frac{A_{\mathrm{m},\beta\text{-}C}}{T}\right) - l_2\left(\frac{A_{\mathrm{m},\beta\text{-}C}}{T}\right)^2 - l_3\left(\frac{A_{\mathrm{m},\beta\text{-}C}}{T}\right)^3 - \cdots\right]$$

(3) 组元 A 先析出，然后组元 B、C 同时析出，有

$$\frac{\mathrm{d}N_{A(\mathrm{s})}}{\mathrm{d}t} = -\frac{\mathrm{d}N_{(A)_{E_l(1)}}}{\mathrm{d}t} = Vj_A$$

$$\frac{\mathrm{d}N_{\gamma-B(\mathrm{s})}}{\mathrm{d}t} = -\frac{\mathrm{d}N_{(B)_{l_l'}}}{\mathrm{d}t} = Vj_{\gamma\text{-}B}$$

$$= V\left[-l_1\left(\frac{A_{\mathrm{m},\gamma-B}}{T}\right) - l_2\left(\frac{A_{\mathrm{m},\gamma-B}}{T}\right)^2 - l_3\left(\frac{A_{\mathrm{m},\gamma-B}}{T}\right)^3 - \cdots\right]$$

$$\frac{\mathrm{d}N_{\beta\text{-}C(s)}}{\mathrm{d}t} = -\frac{\mathrm{d}N_{(C)_{l_l'}}}{\mathrm{d}t} = Vj_{\beta\text{-}C}$$

$$= V\left[-l_1\left(\frac{A_{\mathrm{m},\beta\text{-}C}}{T}\right) - l_2\left(\frac{A_{\mathrm{m},\beta\text{-}C}}{T}\right)^2 - l_3\left(\frac{A_{\mathrm{m},\beta\text{-}C}}{T}\right)^3 - \cdots\right]$$

(4) 组元 A 和 B 先同时析出，然后析出组元 C，有

$$\frac{\mathrm{d}N_{A(\mathrm{s})}}{\mathrm{d}t} = -\frac{\mathrm{d}N_{(A)_{E_l(1)}}}{\mathrm{d}t} = Vj_A$$

$$= V\left[-l_1\left(\frac{A_{\mathrm{m},A}}{T}\right) - l_2\left(\frac{A_{\mathrm{m},A}}{T}\right)^2 - l_3\left(\frac{A_{\mathrm{m},A}}{T}\right)^3 - \cdots\right]$$

$$\frac{\mathrm{d}N_{\gamma-B(\mathrm{s})}}{\mathrm{d}t} = -\frac{\mathrm{d}N_{(B)_{E_l(1)}}}{\mathrm{d}t} = Vj_{\gamma\text{-}B}$$

$$= V\left[-l_1\left(\frac{A_{\mathrm{m},\gamma\text{-}B}}{T}\right) - l_2\left(\frac{A_{\mathrm{m},\gamma\text{-}B}}{T}\right)^2 - l_3\left(\frac{A_{\mathrm{m},\gamma\text{-}B}}{T}\right)^3 - \cdots\right]$$

$$\frac{\mathrm{d}N_{\beta\text{-}C(s)}}{\mathrm{d}t} = -\frac{\mathrm{d}N_{(C)_{l_l'g_l'}}}{\mathrm{d}t} = Vj_{\beta\text{-}C}$$

$$= V\left[-l_1\left(\frac{A_{\mathrm{m},\beta\text{-}C}}{T}\right) - l_2\left(\frac{A_{\mathrm{m},\beta\text{-}C}}{T}\right)^2 - l_3\left(\frac{A_{\mathrm{m},\beta\text{-}C}}{T}\right)^3 - \cdots\right]$$

式中，

$$A_{\mathrm{m},A} = \Delta G_{\mathrm{m},A}$$

$$A_{\mathrm{m},\gamma\text{-}B} = \Delta G_{\mathrm{m},\gamma\text{-}B}$$

$$A_{\mathrm{m},\beta\text{-}C} = \Delta G_{\mathrm{m},\beta\text{-}C}$$

8.3.10　具有液相分层的三元系

1. 凝固过程热力学

图 8.17 是具有液相分层的三元系相图。

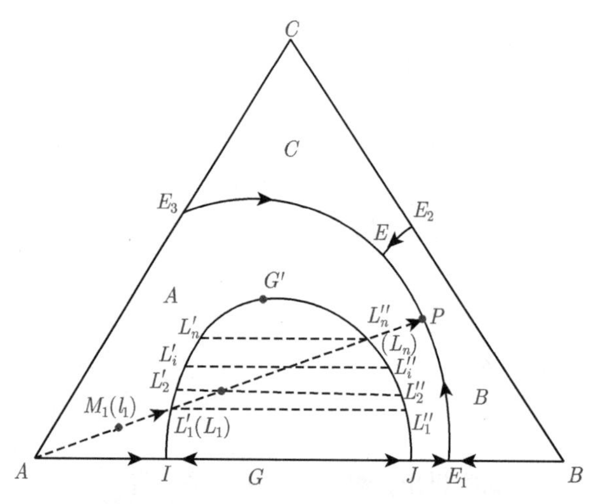

图 8.17　具有液相分层的三元系相图

1) 温度降到 T_1

物质组成点为 M 的液体降温冷却。温度降到 T_1，物质组成点为液相面 A 上的 M_1 点，平衡液相组成为 l_1 点 (两点重合)，是组元 A 的饱和溶液，尚无固相析出。有

$$l_1 \rightleftharpoons A\,(\mathrm{s})$$

$$(A)_{l_1} = (A)_{饱} \rightleftharpoons A\,(\mathrm{s})$$

摩尔吉布斯自由能变化为零。

2) 温度降到 T_2

继续降温到 T_2，物质组成为 M_2 点，平衡液相组成为 l_2 点。温度刚降到 T_2，固体组元 A 还未来得及析出时，液相组成仍为 l_1，但是已由组元 A 的饱和溶液变成组元 A 的过饱和溶液 l'_1，析出固相组元 A。有

$$(A)_{l'_1} = (A)_{过饱} = A\,(\mathrm{s})$$

在析出固相组元 A 的过程中，液相中组元 A 的浓度不断减小，直到达成新的平衡。有

$$(A)_{l_2} = (A)_{饱} \rightleftharpoons A\,(\mathrm{s})$$

以纯固态组元 A 为标准状态，浓度以摩尔分数表示，析晶过程的摩尔吉布斯自由能变化为

$$\begin{aligned}\Delta G_{\mathrm{m},A} &= \mu_{A(\mathrm{s})} - \mu_{(A)_{\text{过饱}}} = \mu_{A(\mathrm{s})} - \mu_{(A)_{l_1'}} \\ &= -RT\ln a^{\mathrm{R}}_{(A)_{\text{过饱}}} = -RT\ln a^{\mathrm{R}}_{(A)_{l_1'}}\end{aligned} \tag{8.521}$$

式中，$a^{\mathrm{R}}_{(A)_{l_1'}}$ 为在温度 T_2，组成为 l_1' 的液相中组元 A 的活度。

或

$$\Delta G_{\mathrm{m},A}(T_2) = \frac{\theta_{A,T_2}\Delta H_{\mathrm{m},A}(T_1)}{T_1} = \eta_{A,T_2}\Delta H_{\mathrm{m},A}(T_1) \tag{8.522}$$

式中，

$$\theta_{A,T_2} = T_1 - T_2 > 0$$

$$\eta_{A,T_2} = \frac{T_1 - T_2}{T_1} > 0$$

3) 温度从 T_1 到 T_{l_1}

继续降温。从温度 T_1 到 T_{l_1}，平衡液相组成沿着 AM_1 连线的延长线向汇熔曲面 $IGJG'I$ 移动。并交于汇熔曲面投影线上的 L_1 点。析晶过程可以描述如下。

在温度 T_{i-1}，物质组成为 M_{i-1} 点，平衡液相组成为 l_{i-1} 点，是组元 A 的饱和溶液。有

$$l_{i-1} \rightleftharpoons A(\mathrm{s})$$

$$(A)_{l_{i-1}} \equiv (A)_{\text{饱}} \rightleftharpoons A(\mathrm{s})$$

温度降到 T_i，物质组成为 M_i 点，平衡液相组成为 l_i 点。温度刚降到 T_i，固相组元 A 还未来得及析出时，液相组成未变，但已由组元 A 的饱和溶液 l_{i-1} 变成组元 A 的过饱和溶液 l_{i-1}'，会析出固相组元 A。有

$$(A)_{l_{i-1}'} \equiv (A)_{\text{过饱}} = A(\mathrm{s})$$

在析出固相组元 A 的过程中，组元 A 的过饱和程度不断减小，直到成为组元 A 的饱和溶液 l_i，达到新的平衡。有

$$(A)_{l_i} \equiv (A)_{\text{饱}} \rightleftharpoons A(\mathrm{s})$$

以纯固态组元 A 为标准状态，浓度以摩尔分数表示，析出固相组元 A 过程的摩尔吉布斯自由能变化为

$$\begin{aligned}\Delta G_{\mathrm{m},A} &= \mu_{A(\mathrm{s})} - \mu_{(A)_{\text{过饱}}} = \mu_{A(\mathrm{s})} - \mu_{(A)_{l_{i-1}'}} \\ &= -RT\ln a^{\mathrm{R}}_{(A)_{\text{过饱}}} = -RT\ln a^{\mathrm{R}}_{(A)_{l_{i-1}'}}\end{aligned} \tag{8.523}$$

或

$$\Delta G_{\mathrm{m},A}\left(T_i\right)=\frac{\theta_{A,T_i}\Delta H_{\mathrm{m},A}\left(T_{i-1}\right)}{T_{i-1}}=\eta_{A,T_i}\Delta H_{\mathrm{m},A}\left(T_{i-1}\right)\tag{8.524}$$

$$(i=1,2,\cdots,n)$$

式中，

$$\theta_{A,T_i}=T_{i-1}-T_i>0$$

$$\eta_{A,T_i}=\frac{T_{i-1}-T_i}{T_{i-1}}>0$$

温度降到 T_{L_1}，物质组成为 M_{L_1} 点，平衡液相组成为汇熔曲面投影线上的 L_1 点。温度刚降到 T_{L_1} 时，在温度 T_{L_1-1} 时的平衡液相组成为 L_{L_1-1} 的溶液成为组元 A 的过饱和溶液 l'_{L_1-1}，析出固相组元 A。有

$$(A)_{l'_{L_1-1}}=\!=\!=(A)_{\text{过饱}}=\!=\!=A\left(\mathrm{s}\right)$$

直到成为组元 A 的饱和溶液，达成新的平衡。有

$$(A)_{l_{L_1}}=\!=\!=(A)_{\text{饱}}\rightleftharpoons A\left(\mathrm{s}\right)$$

以纯固态组元 A 为标准状态，浓度以摩尔分数表示，析晶过程的摩尔吉布斯自由能变化为

$$\begin{aligned}\Delta G_{\mathrm{m},A}&=\mu_{A(\mathrm{s})}-\mu_{(A)_{\text{过饱}}}=\mu_{A(\mathrm{s})}-\mu_{(A)_{l_{L_1-1}}}\\&=-RT\ln a^{\mathrm{R}}_{(A)_{\text{过饱}}}=-RT\ln a^{\mathrm{R}}_{(A)_{l_{L_1-1}}}\end{aligned}\tag{8.525}$$

或

$$\Delta G_{\mathrm{m},A}\left(T_{L_1}\right)=\frac{\theta_{A,T_{L_1}}\Delta H_{\mathrm{m},A}\left(T_{L_1-1}\right)}{T_{L_1-1}}=\eta_{A,T_{L_1}}\Delta H_{\mathrm{m},A}\left(T_{L_1-1}\right)\tag{8.526}$$

式中，

$$\theta_{A,T_{L_1}}=T_{L_1-1}-T_{L_1}>0$$

$$\eta_{A,T_{L_1}}=\frac{T_{L_1-1}-T_{L_1}}{T_{L_1-1}}>0$$

在温度 T_{L_1}，液相开始分层，与 L'_1(即 L_1) 平衡的另一液相为 L''_1 还未明显析出。有

$$L'_1\rightleftharpoons A\left(\mathrm{s}\right)+L''_1$$

$$L'_1\rightleftharpoons L''_1$$

即

$$(A)_{l'_{L_1}}\rightleftharpoons(A)_{l''_{L_1}}\rightleftharpoons A\left(\mathrm{s}\right)$$

$$(B)_{l'_{L_1}} \rightleftharpoons (B)_{l''_{L_1}}$$

温度继续下降到 T_{L_2}，物质组成为 M_{L_2} 点，平衡液相为 L'_2 和 L''_2。当温度刚降到 T_{L_2} 时，在温度 T_{L_1} 时组元 A 饱和的 L'_1(即 L_1) 成为组元 A 的过饱和溶液 L^*_1; L''_1 成为 L^{**}_1。L^*_1 析出固相组元 A，组元 A 从 L^*_1 进入 L^{**}_1，组元 B 从 L^{**}_1 进入 L^*_1，有

$$(A)_{L^*_1} = (A)_{过饱} = A(\mathrm{s})$$

$$(A)_{L^*_1} = (A)_{L^{**}_1} = (A)_{饱}$$

$$(B)_{L^{**}_1} = (B)_{L^*_1}$$

直到达成新的平衡，有

$$L'_2 \rightleftharpoons L''_2$$

$$(A)_{l'_{L_2}} \rightleftharpoons (A)_{l''_{L_2}} = A(\mathrm{s})$$

$$(B)_{L'_2} \rightleftharpoons (B)_{L''_2}$$

以纯固相组元 A 和纯液相组元 B 为标准状态，分层过程的摩尔吉布斯自由能变化为

$$\begin{aligned}\Delta G_{\mathrm{m},A(\mathrm{s})} &= \mu_{A(\mathrm{s})} - \mu_{(A)_{L^*_1}} = \mu_{A(\mathrm{s})} - \mu_{(A)_{过饱}} \\ &= -RT\ln a^{\mathrm{R}}_{(A)_{过饱}} = -RT\ln a^{\mathrm{R}}_{(A)_{L^*_1}}\end{aligned} \tag{8.527}$$

$$\begin{aligned}\Delta G_{\mathrm{m},A} &= \mu_{(A)_{饱}} - \mu_{(A)_{L^*_1}} = \mu_{(A)_{L^{**}_1}} - \mu_{(A)_{L^*_1}} \\ &= RT\ln \frac{a^{\mathrm{R}}_{(A)_{饱}}}{a^{\mathrm{R}}_{(A)_{L^*_1}}} = RT\ln \frac{a^{\mathrm{R}}_{(A)_{L^{**}_1}}}{a^{\mathrm{R}}_{(A)_{L^*_1}}}\end{aligned} \tag{8.528}$$

$$\Delta G_{\mathrm{m},B} = \mu_{(B)_{L^*_1}} - \mu_{(B)_{L^{**}_1}} = RT\ln \frac{a^{\mathrm{R}}_{(B)_{L^*_1}}}{a^{\mathrm{R}}_{(B)_{L^{**}_1}}} \tag{8.529}$$

4) 温度从 T_{L_1} 到 T_{L_n}

温度从 T_{L_1} 到 T_{L_n}，液相分层和析晶过程可以描述如下：

在温度 T_{j-1}，有

$$L'_{j-1} \rightleftharpoons A(\mathrm{s})$$

$$L'_{j-1} \rightleftharpoons L''_{j-1}$$

即

$$(A)_{L'_{j-1}} \rightleftharpoons (A)_{L''_{j-1}} \rightleftharpoons A(\mathrm{s})$$

$$(B)_{L'_{j-1}} \rightleftharpoons (B)_{L''_{j-1}}$$

温度降到 T_j，平衡液相组成为 L'_j 和 L''_j。当温度刚降到 T_j 时，液相组成未变，但在温度 T_{j-1} 时组元 A 饱和的溶液 L'_{j-1} 成为组元 A 的过饱和溶液 L^*_{j-1}；L''_{j-1} 成为 L^{**}_{j-1}。L^*_{j-1} 析出固相组元 A，组元 A 从 L^*_{j-1} 进入 L^{**}_{j-1}，组元 B 从 L^{**}_{j-1} 进入 L^*_{j-1} 有

$$(A)_{L^*_{j-1}} = (A)_{\text{过饱}} = A(\text{s})$$

$$(A)_{L^*_{j-1}} = (A)_{L^{**}_{j-1}}$$

$$(B)_{L^{**}_{j-1}} = (B)_{L^*_{j-1}}$$

直到达成新的平衡，有

$$L'_j \rightleftharpoons L''_j$$

$$(A)_{L'_j} \rightleftharpoons (A)_{L''_j} = (A)_{\text{饱}}$$

$$(B)_{L'_j} \rightleftharpoons (B)_{L''_j}$$

以纯固态组元 A 和 B 为标准状态，浓度以摩尔分数表示，分层过程的摩尔吉布斯自由能变化为

$$\begin{aligned}\Delta G_{\mathrm{m},A(\mathrm{s})} &= \mu_{A(\mathrm{s})} - \mu_{(A)_{\text{过饱}}} = \mu_{A(\mathrm{s})} - \mu_{(A)_{L^*_{j-1}}} \\ &= RT\ln\frac{a^{\mathrm{R}}_{A(\mathrm{s})}}{a^{\mathrm{R}}_{(A)_{L^*_{j-1}}}} = -RT\ln a^{\mathrm{R}}_{(A)_{\text{过饱}}} = -RT\ln a^{\mathrm{R}}_{(A)_{L^*_{j-1}}}\end{aligned} \tag{8.530}$$

$$\Delta G_{\mathrm{m},A} = \mu_{(A)_{\text{饱}}} - \mu_{(A)_{L^*_{j-1}}} = \mu_{(A)_{L^{**}_{j-1}}} - \mu_{(A)_{L^*_{j-1}}} = RT\ln\frac{a^{\mathrm{R}}_{(A)_{L^{**}_{j-1}}}}{a^{\mathrm{R}}_{(A)_{L^*_{j-1}}}} \tag{8.531}$$

$$\Delta G_{\mathrm{m},B} = \mu_{(B)_{L^*_{j-1}}} - \mu_{(B)_{L^{**}_{j-1}}} = RT\ln\frac{a^{\mathrm{R}}_{(B)_{L^*_{j-1}}}}{a^{\mathrm{R}}_{(B)_{L^{**}_{j-1}}}} \tag{8.532}$$

温度降到 T_n 达成平衡时，液相平衡组成为 L_n，即 L''_n，此时 L'_n 几乎没有了。即

$$L'_n \rightleftharpoons L''_n\,(\text{即}L_n) \rightleftharpoons A(\text{s})$$

$$(A)_{L'_n} \rightleftharpoons (A)_{L''_n}$$

$$(B)_{L'_n} \rightleftharpoons (B)_{L''_n}$$

5) 温度从 T_n 到 T_P

继续降温，从温度 T_n 到 T_P，平衡液相组成沿着 AM_1 延长线继续向共熔线 E_1E 上的 P 点移动。温度降到 T_{n+1}。当温度刚降到 T_{n+1} 尚未析出固相 A 时，液相组成未变，但 L'_n 已由组元 A 的饱和溶液变成组元 A 的过饱和溶液 L^*_n，L''_n 变成 L^{**}_n，有

$$(A)_{L^*_n} = (A)_{过饱} = A(\mathrm{s})$$

$$(A)_{L^*_n} = (A)_{L^{**}_n}$$

$$(B)_{L^{**}_n} = (B)_{L^*_n}$$

直到液相 L^*_n 完全消失，剩下单一液相 L_{n+1}。以后单一液相以 l 表示。有

$$l_{n+1} = L_{n+1} \rightleftharpoons A(\mathrm{s})$$

即

$$(A)_{l_{n+1}} = (A)_{L_{n+1}} = (A)_{饱} \rightleftharpoons A(\mathrm{s})$$

以纯固态 A 和 B 为标准状态，浓度以摩尔分数表示，析晶过程的摩尔吉布斯自由能变化为

$$\begin{aligned}\Delta G_{\mathrm{m},A(\mathrm{s})} &= RT\ln\frac{a^{\mathrm{R}}_{A(\mathrm{s})}}{a^{\mathrm{R}}_{(A)_{L^*_n}}} = \mu_{A(\mathrm{s})} - \mu_{(A)_{L^*_n}} = \mu_{A(\mathrm{s})} - \mu_{(A)_{过饱}} \\ &= -RT\ln a^{\mathrm{R}}_{(A)_{L^*_n}} = -RT\ln a^{\mathrm{R}}_{(A)_{过饱}}\end{aligned} \tag{8.533}$$

液相分层过程的摩尔吉布斯自由能变化为

$$\begin{aligned}\Delta G_{\mathrm{m},A} &= \mu_{(A)_{L^{**}_n}} - \mu_{(A)_{L^*_n}} \\ &= RT\ln\frac{a^{\mathrm{R}}_{(A)_{L^{**}_n}}}{a^{\mathrm{R}}_{(A)_{L^*_n}}}\end{aligned} \tag{8.534}$$

$$\begin{aligned}\Delta G_{\mathrm{m},B} &= \mu_{(B)_{L^*_n}} - \mu_{(B)_{L^{**}_n}} \\ &= RT\ln\frac{a^{\mathrm{R}}_{(B)_{L^*_n}}}{a^{\mathrm{R}}_{(B)_{L^{**}_n}}}\end{aligned} \tag{8.535}$$

温度从 T_n 到 T_P，液相为单一液相，析出固相组元 A，可以描述如下。

在温度 T_{k-1}，液固两相达成平衡，平衡液相为 l_{k-1}，有

$$l_{k-1} \rightleftharpoons A(\mathrm{s})$$

$$(A)_{l_{k-1}} = (A)_{饱} \rightleftharpoons A(\mathrm{s})$$

温度降到 T_k。当温度刚降到 T_k 时，在温度 T_{k-1} 组元 A 饱和的液相 l_{k-1} 成为组成 A 过饱和的溶液 l'_{k-1}，析出固相组元 A。有

$$(A)_{l'_{k-1}} \equiv (A)_{过饱} = A(\mathrm{s})$$

以纯固态组元 A 为标准状态，浓度以摩尔分数表示，析出固相组元 A 的摩尔吉布斯自由能变化为

$$\begin{aligned}\Delta G_{\mathrm{m},A} &= \mu_{A(\mathrm{s})} - \mu_{(A)_{过饱}} = \mu_{A(\mathrm{s})} - \mu_{(A)_{l'_{k-1}}} \\ &= -RT\ln a^{\mathrm{R}}_{(A)_{过饱}} = -RT\ln a^{\mathrm{R}}_{(A)_{l'_{k-1}}}\end{aligned} \tag{8.536}$$

$$(k = 1, 2, \cdots, P)$$

温度降到 T_p，物质组成为 M_p 点，两相达成平衡。平衡液相为 l_P，是组元 A 和 B 的饱和溶液。有

$$l_P \rightleftharpoons A(\mathrm{s}) + B(\mathrm{s})$$

即

$$(A)_{l_P} \equiv (A)_{饱} \rightleftharpoons A(\mathrm{s})$$

$$(B)_{l_P} \equiv (B)_{饱} \rightleftharpoons B(\mathrm{s})$$

温度降到 T_{P+1}。温度刚降到 T_{P+1}，尚无固相组元 A 和 B 析出时，液相组成不变，但组元 A 和 B 饱和的溶液 l_P 成为组元 A 和 B 过饱和的溶液 l'_P，析出固相组元 A 和 B。有

$$(A)_{l'_P} \equiv (A)_{过饱} = A(\mathrm{s})$$

$$(B)_{l'_P} \equiv (B)_{过饱} = B(\mathrm{s})$$

直到达成新的平衡。有

$$(A)_{l_{P+1}} \equiv (A)_{饱} \rightleftharpoons A(\mathrm{s})$$

$$(B)_{l_{P+1}} \equiv (B)_{饱} \rightleftharpoons B(\mathrm{s})$$

以纯固态组元 A 和 B 为标准状态，浓度以摩尔分数表示，析出固相组元 A 和 B 的摩尔吉布斯自由能变化为

$$\begin{aligned}\Delta G_{\mathrm{m},A} &= \mu_{A(\mathrm{s})} - \mu_{(A)_{l'_P}} = \mu_{A(\mathrm{s})} - \mu_{(A)_{过饱}} \\ &= -RT\ln a^{\mathrm{R}}_{(A)_{l'_P}} = -RT\ln a^{\mathrm{R}}_{(A)_{过饱}}\end{aligned} \tag{8.537}$$

$$\begin{aligned}\Delta G_{\mathrm{m},B} &= \mu_{B(\mathrm{s})} - \mu_{(B)_{l'_P}} = \mu_{B(\mathrm{s})} - \mu_{(B)_{过饱}} \\ &= -RT\ln a^{\mathrm{R}}_{(B)_{l'_P}} = -RT\ln a^{\mathrm{R}}_{(B)_{过饱}}\end{aligned} \tag{8.538}$$

6) 温度从 T_P 到 T_E

继续降温，从温度 T_P 到 T_E，平衡液相组成沿共熔线 E_1E 从 P 点向 E 点移动。该过程可以描述如下。

在温度 T_{l-1}，物质组成为 M_{l-1} 点，平衡液相组成为 l_{l-1} 点。有

$$l_{l-1} \rightleftharpoons A(\mathrm{s}) + B(\mathrm{s})$$

即

$$(A)_{l_{l-1}} \equiv (A)_{饱} \rightleftharpoons A(\mathrm{s})$$

$$(B)_{l_{l-1}} \equiv (B)_{饱} \rightleftharpoons B(\mathrm{s})$$

当温度降到 T_l 时，物质组成为 M_l，平衡液相组成为 l_l 点。当温度刚降到 T_l，尚未析出固相组元 A 和 B 时，液相组成未变，但在温度 T_{l-1} 时，组元 A、B 饱和的液相 l_{l-1} 成为组元 A、B 过饱和的溶液 l'_{l-1}。析出固相组元 A 和 B。有

$$(A)_{l'_{l-1}} \equiv (A)_{过饱} = A(\mathrm{s})$$

$$(B)_{l'_{l-1}} \equiv (B)_{过饱} = B(\mathrm{s})$$

直到达成新的平衡，有

$$(A)_{l_l} \equiv (A)_{饱} \rightleftharpoons A(\mathrm{s})$$

$$(B)_{l_l} \equiv (B)_{饱} \rightleftharpoons B(\mathrm{s})$$

以纯固态组元 A 和 B 为标准状态，浓度以摩尔分数表示，析出固相组元 A 和 B 的摩尔吉布斯自由能变化为

$$\begin{aligned}\Delta G_{\mathrm{m},A} &= \mu_{A(\mathrm{s})} - \mu_{(A)_{l'_{l-1}}} = \mu_{A(\mathrm{s})} - \mu_{(A)_{过饱}} \\ &= -RT\ln a^{\mathrm{R}}_{(A)_{l'_{l-1}}} = -RT\ln a^{\mathrm{R}}_{(A)_{过饱}}\end{aligned} \tag{8.539}$$

$$\begin{aligned}\Delta G_{\mathrm{m},B} &= \mu_{B(\mathrm{s})} - \mu_{(B)_{l'_{l-1}}} = \mu_{B(\mathrm{s})} - \mu_{(B)_{过饱}} \\ &= -RT\ln a^{\mathrm{R}}_{(B)_{l'_{l-1}}} = -RT\ln a^{\mathrm{R}}_{(B)_{过饱}}\end{aligned} \tag{8.540}$$

$$(l = 1, 2, \cdots, n)$$

温度降到 T_E。当温度刚降到 T_E，尚无固相组元 A、B 析出时，在温度 T_{E-1} 时的平衡液相组成 l_{E-1} 成为组元 A 和 B 的过饱和溶液 l'_{E-1}，析出固相组元 A 和 B。有

$$(A)_{l'_{E-1}} =\!=\!= (A)_{过饱} =\!=\!= A\,(\mathrm{s})$$

$$(B)_{l'_{E-1}} =\!=\!= (B)_{过饱} =\!=\!= B\,(\mathrm{s})$$

直到达成新的平衡，组元 A 和 B 达到饱和。有

$$(A)_{l_E} =\!=\!= (A)_{饱} \rightleftharpoons A\,(\mathrm{s})$$

$$(B)_{l_E} =\!=\!= (B)_{饱} \rightleftharpoons B\,(\mathrm{s})$$

这时，组元 C 也达到饱和，有

$$(C)_{l_E} =\!=\!= (C)_{饱} \rightleftharpoons C\,(\mathrm{s})$$

以纯固态组元为标准状态，浓度以摩尔分数表示，析出固态组元 A 和 B 的摩尔吉布斯自由能变化为

$$\begin{aligned}\Delta G_{\mathrm{m},A} &= \mu_{A(\mathrm{s})} - \mu_{(A)_{l'_{E-1}}} = \mu_{A(\mathrm{s})} - \mu_{(A)_{过饱}} \\ &= -RT\ln a^{\mathrm{R}}_{(A)_{l'_{E-1}}} = -RT\ln a^{\mathrm{R}}_{(A)_{过饱}}\end{aligned} \tag{8.541}$$

$$\begin{aligned}\Delta G_{\mathrm{m},B} &= \mu_{B(\mathrm{s})} - \mu_{(B)_{l'_{E-1}}} = \mu_{B(\mathrm{s})} - \mu_{(B)_{过饱}} \\ &= -RT\ln a^{\mathrm{R}}_{(B)_{l'_{E-1}}} = -RT\ln a^{\mathrm{R}}_{(B)_{过饱}}\end{aligned} \tag{8.542}$$

或

$$\Delta G_{\mathrm{m},A}\,(T_E) = \frac{\theta_{A,T_E}\Delta H_{\mathrm{m},A}\,(T_{E-1})}{T_{E-1}} = \eta_{A,T_E}\Delta H_{\mathrm{m},A}\,(T_{E-1}) \tag{8.543}$$

$$\Delta G_{\mathrm{m},B}\,(T_E) = \frac{\theta_{B,T_E}\Delta H_{\mathrm{m},B}\,(T_{E-1})}{T_{E-1}} = \eta_{B,T_E}\Delta H_{\mathrm{m},B}\,(T_{E-1}) \tag{8.544}$$

式中，

$$\theta_{J,T_E} = T_{E-1} - T_E > 0$$

$$\eta_{J,T_E} = \frac{T_{E-1} - T_E}{T_{E-1}} > 0$$

$$(J = A, B)$$

符号意义同前。

在温度 T_E，液相 $E(\mathrm{l})$ 是组元 A、B 和 C 的饱和溶液，四相平衡共存。有

$$E(\mathrm{l}) \rightleftharpoons A\,(\mathrm{s}) + B\,(\mathrm{s}) + C\,(\mathrm{s})$$

即

$$(A)_{E(\mathrm{l})} = (A)_{饱} \rightleftharpoons A(\mathrm{s})$$

$$(B)_{E(\mathrm{l})} = (B)_{饱} \rightleftharpoons B(\mathrm{s})$$

$$(C)_{E(\mathrm{l})} = (C)_{饱} \rightleftharpoons C(\mathrm{s})$$

相变在平衡状态下进行，摩尔吉布斯自由能变化为零，即

$$\Delta G_{\mathrm{m},A} = 0$$

$$\Delta G_{\mathrm{m},B} = 0$$

$$\Delta G_{\mathrm{m},C} = 0$$

7) 温度在 T_E 以下

继续降温，从 T_E 直到液相消失，完全转变为固态，该过程可以描述如下。

温度降到 T_E 以下，如果上述的反应没有进行完，就会继续进行，是在非平衡状态进行。描述如下。

温度降至 T_h。在温度 T_h，固相组元 A、B、C 的平衡相分别为 l_{h}、q_h、g_h。温度刚降至 T_h，还未来得及析出固相组元 A、B、C 时，溶液 $E(\mathrm{l})$ 的组成未变，但已由组元 A、B、C 饱和的溶液 $E(\mathrm{l})$ 变成过饱和的溶液 $E_h(\mathrm{l})$。

(1) 组元 A、B、C 同时析出，有

$$E_h(\mathrm{l}) = A(\mathrm{s}) + B(\mathrm{s}) + C(\mathrm{s})$$

即

$$(A)_{过饱} \equiv (A)_{E_h(\mathrm{l})} = A(\mathrm{s})$$

$$(B)_{过饱} \equiv (B)_{E_h(\mathrm{l})} = B(\mathrm{s})$$

$$(C)_{过饱} \equiv (C)_{E_h(\mathrm{l})} = C(\mathrm{s})$$

如果组元 A、B、C 同时析出，可能保持 $E_{\mathrm{h}}(\mathrm{l})$ 组成不变，析出的组元 A、B、C 均匀混合。

以纯固态组元 A、B、C 为标准状态，浓度以摩尔分数表示，上述过程的摩尔吉布斯自由能变化为

$$\begin{aligned}\Delta G_{\mathrm{m},A} &= \mu_{A(\mathrm{s})} - \mu_{(A)_{过饱}} \\ &= \mu_{A(\mathrm{s})} - \mu_{(A)_{E_h(\mathrm{l})}} \\ &= -RT\ln a^{\mathrm{R}}_{(A)_{过饱}} = -RT\ln a^{\mathrm{R}}_{(A)_{E_h(\mathrm{l})}}\end{aligned} \tag{8.545}$$

$$\begin{aligned}\Delta G_{\mathrm{m},B} &= \mu_{B(\mathrm{s})} - \mu_{(B)_{\text{过饱}}} \\ &= \mu_{B(\mathrm{s})} - \mu_{(B)_{E_h(1)}} \\ &= -RT\ln a^{\mathrm{R}}_{(B)_{\text{过饱}}} = -RT\ln a^{\mathrm{R}}_{(B)_{E_h(1)}}\end{aligned} \tag{8.546}$$

$$\begin{aligned}\Delta G_{\mathrm{m},C} &= \mu_{C(\mathrm{s})} - \mu_{(C)_{\text{过饱}}} \\ &= \mu_{C(\mathrm{s})} - \mu_{(C)_{E_h(1)}} \\ &= -RT\ln a^{\mathrm{R}}_{(C)_{\text{过饱}}} = -RT\ln a^{\mathrm{R}}_{(C)_{E_h(1)}}\end{aligned} \tag{8.547}$$

$$\Delta G_{\mathrm{m},A}(T_h) = \frac{\theta_{A,T_h}\Delta H_{\mathrm{m},A}(T_E)}{T_E} = \eta_{A,T_h}\Delta H_{\mathrm{m},A}(T_E)$$

$$\Delta G_{\mathrm{m},B}(T_h) = \frac{\theta_{B,T_h}\Delta H_{\mathrm{m},B}(T_E)}{T_E} = \eta_{B,T_h}\Delta H_{\mathrm{m},B}(T_E)$$

$$\Delta G_{\mathrm{m},C}(T_h) = \frac{\theta_{C,T_h}\Delta H_{\mathrm{m},C}(T_E)}{T_E} = \eta_{C,T_h}\Delta H_{\mathrm{m},C}(T_E)$$

式中，

$$\theta_{J,T_h} = T_E - T_h$$

$$\eta_{J,T_h} = \frac{T_E - T_h}{T_E}$$

$$(J = A、B、C)$$

$$\Delta H_{\mathrm{m},A}(T_E) = H_{\mathrm{m},A(\mathrm{s})}(T_E) - \bar{H}_{\mathrm{m},(A)_{\text{过饱}}}(T_E)$$

$$\Delta H_{\mathrm{m},B}(T_E) = H_{\mathrm{m},B(\mathrm{s})}(T_E) - \bar{H}_{\mathrm{m},(B)_{\text{过饱}}}(T_E)$$

$$\Delta H_{\mathrm{m},C}(T_E) = H_{\mathrm{m},C(\mathrm{s})}(T_E) - \bar{H}_{\mathrm{m},(C)_{\text{过饱}}}(T_E)$$

(2) 组元 A、B、C 依次析出，即先析出组元 A，再析出组元 B，然后析出组元 C。

如果组元 A 先析出，有

$$(A)_{\text{过饱}} \equiv (A)_{E_h(1)} = A(\mathrm{s})$$

随着组元 A 的析出，组元 B 和 C 的过饱和程度增大，溶液的组成偏离共晶点 $E(1)$，向组元 A 的平衡相 l_h 靠近，以 l'_h 表示，达到一定程度后，组元 B 会析出，可以表示为

$$(B)_{\text{过饱}} \equiv (B)_{l'_h} = B(\mathrm{s})$$

随着组元 A 和 B 的析出，组元 C 的过饱和程度会增大，溶液的组成又会向组元 B 的平衡相 q_h 靠近，以 $l'_hq'_h$ 表示，达到一定程度后，组元 C 会析出，可以表示为

$$(C)_{\text{过饱}} \equiv (C)_{l'_hq'_h} = C(\mathrm{s})$$

随着组元 B、C 的析出，组元 A 的过饱和程度增大，溶液的组成向组元 C 的平衡相 g_h 靠近，以 $q'_k g'_h$ 表示。达到一定程度后，组元 A 又析出，有

$$(A)_{过饱} \equiv (A)_{q'_k g'_h} = A(\mathrm{s})$$

就这样，组元 A、B、C 交替析出。直到溶液 $E(\mathrm{l})$ 完全转化为组元 A、B、C。

以纯固态组元 A、B、C 为标准状态，浓度以摩尔分数表示，析晶过程的摩尔吉布斯自由能变化为

$$\begin{aligned}\Delta G_{\mathrm{m},A} &= \mu_{A(\mathrm{s})} - \mu_{(A)_{过饱}} \\ &= \mu_{A(\mathrm{s})} - \mu_{(A)_{E_h(\mathrm{l})}} \\ &= -RT\ln a^{\mathrm{R}}_{(A)_{过饱}} = -RT\ln a^{\mathrm{R}}_{(A)_{E_h(\mathrm{l})}} \end{aligned} \tag{8.548}$$

$$\begin{aligned}\Delta G_{\mathrm{m},B} &= \mu_{B(\mathrm{s})} - \mu_{(B)_{过饱}} \\ &= \mu_{B(\mathrm{s})} - \mu_{(B)_{l'_h}} \\ &= -RT\ln a^{\mathrm{R}}_{(B)_{过饱}} = -RT\ln a^{\mathrm{R}}_{(B)_{l'_h}} \end{aligned} \tag{8.549}$$

$$\begin{aligned}\Delta G_{\mathrm{m},C} &= \mu_{C(\mathrm{s})} - \mu_{(C)_{过饱}} \\ &= \mu_{C(\mathrm{s})} - \mu_{(C)_{l'_h q'_h}} \\ &= -RT\ln a^{\mathrm{R}}_{(C)_{过饱}} = -RT\ln a^{\mathrm{R}}_{(C)_{l'_h q'_h}} \end{aligned} \tag{8.550}$$

再析出组元 A

$$\begin{aligned}\Delta G_{\mathrm{m},A} &= \mu_{A(\mathrm{s})} - \mu_{(A)_{过饱}} \\ &= \mu_{A(\mathrm{s})} - \mu_{(A)_{q'_h g'_h}} \\ &= -RT\ln a^{\mathrm{R}}_{(A)_{过饱}} = -RT\ln a^{\mathrm{R}}_{(A)_{q'_h g'_h}} \end{aligned} \tag{8.551}$$

或者

$$\Delta G_{\mathrm{m},A}(T_h) = \frac{\theta_{A,T_h}\Delta H_{\mathrm{m},A}(T_E)}{T_E} = \eta_{A,T_h}\Delta H_{\mathrm{m},A}(T_E)$$

$$\Delta G_{\mathrm{m},B}(T_h) = \frac{\theta_{B,T_h}\Delta H_{\mathrm{m},B}(T_E)}{T_E} = \eta_{B,T_h}\Delta H_{\mathrm{m},B}(T_E)$$

$$\Delta G_{\mathrm{m},C}(T_h) = \frac{\theta_{C,T_h}\Delta H_{\mathrm{m},C}(T_E)}{T_E} = \eta_{C,T_h}\Delta H_{\mathrm{m},C}(T_E)$$

式中

$$\Delta H_{\mathrm{m},A}(T_E) = H_{\mathrm{m},A}(T_E) - \bar{H}_{\mathrm{m},(A)_{E(\mathrm{l})}}(T_E)$$

$$\Delta H_{\mathrm{m},B}(T_E) = H_{\mathrm{m},B}(T_E) - \bar{H}_{\mathrm{m},(B)_{E(\mathrm{l})}}(T_E)$$

$$\Delta H_{\mathrm{m},C}\left(T_E\right)=H_{\mathrm{m},C}\left(T_E\right)-\bar{H}_{\mathrm{m},(C)_{E(\mathrm{l})}}\left(T_E\right)$$

$$\theta_{J,T_h}=T_E-T_h$$

$$\eta_{J,T_h}=\frac{T_E-T_h}{T_E}$$

$$(J=A,B,C)$$

(3) 组元 A 先析出，然后组元 B、C 同时析出

可以表示为

$$(A)_{过饱} \equiv\!\equiv (A)_{E_h(\mathrm{l})} =\!= A(\mathrm{s})$$

随着组元 A 的析出，组元 B、C 的过饱和程度增大，固溶体组成会偏离 $E_h(\mathrm{l})$，向组元 A 的平衡相 l_h 靠近，以 l_h' 表示。达到一定程度后，组元 B、C 同时析出，有

$$(B)_{过饱} \equiv\!\equiv (B)_{l_h'} =\!= B(\mathrm{s})$$

$$(C)_{过饱} \equiv\!\equiv (C)_{l_h'} =\!= C(\mathrm{s})$$

随着组元 B、C 的析出，组元 A 的过饱和程度增大，固溶体组成向组元 B 和 C 的平衡相 q_h 和 g_h 靠近，以 $q_h'g_h'$ 表示。达到一定程度，组元 A 又析出。可以表示为

$$(A)_{过饱} \equiv\!\equiv (A)_{q_h'g_h'} =\!= A(\mathrm{s})$$

组元 A 和组元 B、C 交替析出，析出的组元 A 单独存在，组元 B 和组元 C 聚在一起。

如此循环，直到降温，重复上述过程。一直进行到溶液 $E_h(\mathrm{l})$ 完全变成固相组元 A、B、C。

以纯固态组元 A、B、C 为标准状态，浓度以摩尔分数表示，析晶过程的摩尔吉布斯自由能变化为

$$\begin{aligned}\Delta G_{\mathrm{m},A}&=\mu_{A(\mathrm{s})}-\mu_{(A)_{过饱}}\\&=\mu_{A(\mathrm{s})}-\mu_{(A)_{E_h(\mathrm{l})}}\\&=-RT\ln a_{(A)_{过饱}}^{\mathrm{R}}=-RT\ln a_{(A)_{E_h(\mathrm{l})}}^{\mathrm{R}}\end{aligned}\tag{8.552}$$

$$\begin{aligned}\Delta G_{\mathrm{m},B}&=\mu_{B(\mathrm{s})}-\mu_{(B)_{过饱}}\\&=\mu_{B(\mathrm{s})}-\mu_{(B)_{l_h'}}\\&=-RT\ln a_{(B)_{过饱}}^{\mathrm{R}}=-RT\ln a_{(B)_{l_h'}}^{\mathrm{R}}\end{aligned}\tag{8.553}$$

$$\Delta G_{\mathrm{m},C}=\mu_{C(\mathrm{s})}-\mu_{(C)_{过饱}}$$

$$
\begin{aligned}
&= \mu_{C(\mathrm{s})} - \mu_{(C)_{l'_h}} \\
&= -RT\ln a^{\mathrm{R}}_{(C)_{\text{过饱}}} = -RT\ln a^{\mathrm{R}}_{(C)_{l'_h}}
\end{aligned} \tag{8.554}
$$

$$
\begin{aligned}
\Delta G'_{\mathrm{m},A} &= \mu_{A(\mathrm{s})} - \mu_{(A)_{\text{过饱}}} \\
&= \mu_{A(\mathrm{s})} - \mu_{(A)_{q'_h g'_h}} \\
&= -RT\ln a^{\mathrm{R}}_{(A)_{\text{过饱}}} = -RT\ln a^{\mathrm{R}}_{(A)_{q'_h g'_h}}
\end{aligned} \tag{8.555}
$$

或者

$$\Delta G_{\mathrm{m},A}(T_h) = \frac{\theta_{A,T_h}\Delta H_{\mathrm{m},A}(T_E)}{T_E} = \eta_{A,T_h}\Delta H_{\mathrm{m},A}(T_E)$$

$$\Delta G_{\mathrm{m},B}(T_h) = \frac{\theta_{B,T_h}\Delta H_{\mathrm{m},B}(T_E)}{T_E} = \eta_{B,T_h}\Delta H_{\mathrm{m},B}(T_E)$$

$$\Delta G_{\mathrm{m},C}(T_h) = \frac{\theta_{C,T_h}\Delta H_{\mathrm{m},C}(T_E)}{T_E} = \eta_{C,T_h}\Delta H_{\mathrm{m},C}(T_E)$$

$$\Delta G'_{\mathrm{m},A}(T_{\mathrm{h}}) = \frac{\theta_{A,T_h}\Delta H'_{\mathrm{m},A}(T_E)}{T_E} = \eta_{A,T_h}\Delta H'_{\mathrm{m},A}(T_E)$$

式中

$$\Delta H_{\mathrm{m},A}(T_E) = H_{\mathrm{m},A(\mathrm{s})}(T_E) - \bar{H}_{\mathrm{m},(A)_{E(\mathrm{l})}}(T_E)$$

$$\Delta H_{\mathrm{m},B}(T_E) = H_{\mathrm{m},B(\mathrm{s})}(T_E) - \bar{H}_{\mathrm{m},(B)_{E(\mathrm{l})}}(T_E)$$

$$\Delta H_{\mathrm{m},C}(T_E) = H_{\mathrm{m},C(\mathrm{s})}(T_E) - \bar{H}_{\mathrm{m},(C)_{E(\mathrm{l})}}(T_E)$$

$$\Delta H'_{\mathrm{m},A}(T_E) = H_{\mathrm{m},A(\mathrm{s})}(T_E) - \bar{H}_{\mathrm{m},(A)_{E(\mathrm{l})}}(T_E)$$

$$\theta_{J,T_h} = T_E - T_h$$

$$\eta_{J,T_h} = \frac{T_E - T_h}{T_E}$$

$$(J = A, B, C)$$

(4) 组元 A 和组元 B 先同时析出，然后析出组元 C

可以表示为

$$(A)_{\text{过饱}} = (A)_{E_h(\mathrm{l})} = A(\mathrm{s})$$

$$(B)_{\text{过饱}} = (B)_{E_h(\mathrm{l})} = B(\mathrm{s})$$

随着组元 A、B 的析出，组元 C 的过饱和程度增大，溶液组成偏离 $E_h(\mathrm{l})$，向组元 A 和组元 B 的平衡相 l_h 和 q_h 靠近，以 $l'_h q'_h$ 表示。达到一定程度，有

$$(C)_{\text{过饱}} \equiv (C)_{E_{l'_h q'_h}} = C(\mathrm{s})$$

随着组元 C 的析出，组元 A、B 的过饱和程度增大，溶液组成向组元 C 的平衡相 g_h 靠近，以 g_h' 表示，达到一定程度后，组元 A、B 又析出。可以表示为

$$(A)_{过饱} \equiv (A)_{g_h'} = A\,(\mathrm{s})$$

$$(B)_{过饱} \equiv (B)_{g_h'} = B\,(\mathrm{s})$$

组元 A、B 和 C 交替析出。析出的组元 A、B 聚在一起，组元 C 单独存在。如此循环，直到溶液 $E\,(\mathrm{l})$ 完全转变为组元 A、B、C。

温度继续降低，如果上述的反应没有完成，则再重复上述过程。

固相组元 A、B、C 和溶液中的组元 A、B、C 都以纯固态为标准状态，浓度以摩尔分数表示。过程的摩尔吉布斯自由能变化为

$$\begin{aligned}\Delta G_{\mathrm{m},A} &= \mu_{A(\mathrm{s})} - \mu_{(A)_{过饱}}\\&= \mu_{A(\mathrm{s})} - \mu_{(A)_{E_h(\mathrm{l})}}\\&= -RT\ln a^{\mathrm{R}}_{(A)_{过饱}} = -RT\ln a^{\mathrm{R}}_{(A)_{E_h(\mathrm{l})}}\end{aligned} \tag{8.556}$$

$$\begin{aligned}\Delta G_{\mathrm{m},B} &= \mu_{B(\mathrm{s})} - \mu_{(B)_{过饱}}\\&= \mu_{B(\mathrm{s})} - \mu_{(B)_{E_h(\mathrm{l})}}\\&= -RT\ln a^{\mathrm{R}}_{(B)_{过饱}} = -RT\ln a^{\mathrm{R}}_{(B)_{E_h(\mathrm{l})}}\end{aligned} \tag{8.557}$$

$$\begin{aligned}\Delta G_{\mathrm{m},C} &= \mu_{C(\mathrm{s})} - \mu_{(C)_{过饱}}\\&= \mu_{C(\mathrm{s})} - \mu_{(C)_{l_h' q_h'}}\\&= -RT\ln a^{\mathrm{R}}_{(C)_{过饱}} = -RT\ln a^{\mathrm{R}}_{(C)_{l_h' q_h'}}\end{aligned} \tag{8.558}$$

再析出组元 A 和 B，有

$$\begin{aligned}\Delta G_{\mathrm{m},A} &= \mu_{A(\mathrm{s})} - \mu_{(A)_{过饱}}\\&= \mu_{A(\mathrm{s})} - \mu_{(A)_{g_h'}}\\&= -RT\ln a^{\mathrm{R}}_{(A)_{过饱}} = -RT\ln a^{\mathrm{R}}_{(A)_{g_h'}}\end{aligned}$$

$$\begin{aligned}\Delta G_{\mathrm{m},B} &= \mu_{B(\mathrm{s})} - \mu_{(B)_{过饱}}\\&= \mu_{B(\mathrm{s})} - \mu_{(B)_{g_h'}}\\&= -RT\ln a^{\mathrm{R}}_{(B)_{过饱}} = -RT\ln a^{\mathrm{R}}_{(B)_{g_h'}}\end{aligned}$$

或者

$$\Delta G_{\mathrm{m},A}\,(T_h) = \frac{\theta_{A,T_h}\Delta H_{\mathrm{m},A}\,(T_E)}{T_E} = \eta_{A,T_h}\Delta H_{\mathrm{m},A}\,(T_E)$$

$$\Delta G_{\mathrm{m},B}\left(T_h\right)=\frac{\theta_{B,T_h}\Delta H_{\mathrm{m},B}\left(T_E\right)}{T_E}=\eta_{B,T_h}\Delta H_{\mathrm{m},B}\left(T_E\right)$$

$$\Delta G_{\mathrm{m},C}\left(T_h\right)=\frac{\theta_{C,T_h}\Delta H_{\mathrm{m},C}\left(T_E\right)}{T_E}=\eta_{C,T_h}\Delta H_{\mathrm{m},C}\left(T_E\right)$$

$$\Delta G'_{\mathrm{m},A}\left(T_h\right)=\frac{\theta_{A,T_h}\Delta H'_{\mathrm{m},A}\left(T_E\right)}{T_E}=\eta_{A,T_h}\Delta H_{\mathrm{m},A}\left(T_E\right)$$

$$\Delta G'_{\mathrm{m},B}\left(T_h\right)=\frac{\theta_{B,T_h}\Delta H'_{\mathrm{m},B}\left(T_E\right)}{T_E}=\eta_{B,T_h}\Delta H'_{\mathrm{m},B}\left(T_E\right)$$

式中

$$\Delta H_{\mathrm{m},A}\left(T_E\right)=H_{\mathrm{m},A(\mathrm{s})}\left(T_E\right)-\bar{H}_{\mathrm{m},(A)_{E(1)}}\left(T_E\right)$$

$$\Delta H_{\mathrm{m},B}\left(T_E\right)=H_{\mathrm{m},B(\mathrm{s})}\left(T_E\right)-\bar{H}_{\mathrm{m},(B)_{E(1)}}\left(T_E\right)$$

$$\Delta H_{\mathrm{m},C}\left(T_E\right)=H_{\mathrm{m},C(\mathrm{s})}\left(T_E\right)-\bar{H}_{\mathrm{m},(C)_{E(1)}}\left(T_E\right)$$

$$\Delta H'_{\mathrm{m},A}\left(T_E\right)=H_{\mathrm{m},A(\mathrm{s})}\left(T_E\right)-\bar{H}_{\mathrm{m},(A)_{E(1)}}\left(T_E\right)$$

$$\Delta H'_{\mathrm{m},B}\left(T_E\right)=H_{\mathrm{m},B(\mathrm{s})}\left(T_E\right)-\bar{H}_{\mathrm{m},(B)_{E(1)}}\left(T_E\right)$$

$$\theta_{J,T_h}=T_E-T_h$$

$$\eta_{J,T_h}=\frac{T_E-T_h}{T_E}$$

$$(J=A,B,C)$$

2. **凝固速率**

1) 从温度 T_1 到 T_{L_1}

从温度 T_1 到 T_{L_1}，析出组元 A 的晶体，析晶速率为

$$\begin{aligned}\frac{\mathrm{d}N_{A(\mathrm{s})}}{\mathrm{d}t}&=-\frac{\mathrm{d}N_{(A)}}{\mathrm{d}t}=Vj_A\\&=V\left[-l_1\left(\frac{A_{\mathrm{m},A}}{T}\right)-l_2\left(\frac{A_{\mathrm{m},A}}{T}\right)^2-l_3\left(\frac{A_{\mathrm{m},A}}{T}\right)^3-\cdots\right]\end{aligned}\tag{8.559}$$

式中，

$$A_{\mathrm{m},A}=\Delta G_{\mathrm{m},A}$$

2) 从温度 T_{L_1} 到 T_{L_n}

从温度 T_{L_1} 到 T_{L_n}，液相分层，液相 L^* 析出组元 A 的晶体，组元 A 和 B 从 L^* 中进入 L^{**} 中。

不考虑耦合作用，析晶速率为

$$\begin{aligned}\frac{\mathrm{d}N_{A(\mathrm{s})}}{\mathrm{d}t} &= -\frac{\mathrm{d}N_{(A)'_{L^*_{j-1}}}}{\mathrm{d}t} = Vj_{A_1} \\ &= V_{L^*_{j-1}}\left[-l_1\left(\frac{A_{\mathrm{m},A}}{T}\right) - l_2\left(\frac{A_{\mathrm{m},A}}{T}\right)^2 - l_3\left(\frac{A_{\mathrm{m},A}}{T}\right)^3 - \cdots\right]\end{aligned} \tag{8.560}$$

式中，

$$A_{\mathrm{m},A} = \Delta G_{\mathrm{m},A(\mathrm{s})}$$

组元 A 和 B 由液相 L^*_{j-1} 进入 L^{**}_{j-1} 的速率为

$$\begin{aligned}\frac{\mathrm{d}N_{(A)_{L^{**}_{j-1}}}}{\mathrm{d}t} &= -\frac{\mathrm{d}N_{(A)_{L^*_{j-1}}}}{\mathrm{d}t} = Vj_{A_2} \\ &= V\left[-l_1\left(\frac{A_{\mathrm{m},A}}{T}\right) - l_2\left(\frac{A_{\mathrm{m},A}}{T}\right)^2 - l_3\left(\frac{A_{\mathrm{m},A}}{T}\right)^3 - \cdots\right]\end{aligned} \tag{8.561}$$

$$\begin{aligned}\frac{\mathrm{d}N_{(B)_{L^{**}_{j-1}}}}{\mathrm{d}t} &= -\frac{\mathrm{d}N_{(B)_{L^*_{j-1}}}}{\mathrm{d}t} = Vj_{B_2} \\ &= V\left[-l_1\left(\frac{A_{\mathrm{m},B}}{T}\right) - l_2\left(\frac{A_{\mathrm{m},B}}{T}\right)^2 - l_3\left(\frac{A_{\mathrm{m},B}}{T}\right)^3 - \cdots\right]\end{aligned} \tag{8.562}$$

式中，

$$A_{\mathrm{m},A} = \Delta G_{\mathrm{m},A}$$

$$A_{\mathrm{m},B} = \Delta G_{\mathrm{m},B}$$

考虑耦合作用，析晶速率为

$$\begin{aligned}\frac{\mathrm{d}N_{(A)_{L^{**}_{j-1}}}}{\mathrm{d}t} &= -\frac{\mathrm{d}N_{(A)_{L^*_{j-1}}}}{\mathrm{d}t} = Vj_{A_2} \\ &= \Omega\Bigg[-l_{11}\left(\frac{A_{\mathrm{m},A}}{T}\right) - l_{12}\left(\frac{A_{\mathrm{m},B}}{T}\right) - l_{111}\left(\frac{A_{\mathrm{m},A}}{T}\right)^2 \\ &\quad - l_{112}\left(\frac{A_{\mathrm{m},A}}{T}\right)\left(\frac{A_{\mathrm{m},B}}{T}\right) - l_{122}\left(\frac{A_{\mathrm{m},B}}{T}\right)^2 - l_{1111}\left(\frac{A_{\mathrm{m},A}}{T}\right)^3 \\ &\quad - l_{1112}\left(\frac{A_{\mathrm{m},A}}{T}\right)^2\left(\frac{A_{\mathrm{m},B}}{T}\right) - l_{1222}\left(\frac{A_{\mathrm{m},B}}{T}\right)^3 - \cdots\Bigg]\end{aligned} \tag{8.563}$$

$$
\begin{aligned}
\frac{\mathrm{d}N_{(B)_{L_{j-1}^{**}}}}{\mathrm{d}t} &= -\frac{\mathrm{d}N_{(B)_{L_{j-1}^{*}}}}{\mathrm{d}t} = Vj_{B_2} \\
&= \Omega\left[-l_{21}\left(\frac{A_{\mathrm{m},A}}{T}\right)-l_{22}\left(\frac{A_{\mathrm{m},B}}{T}\right)-l_{211}\left(\frac{A_{\mathrm{m},A}}{T}\right)^2\right. \\
&\quad -l_{212}\left(\frac{A_{\mathrm{m},A}}{T}\right)\left(\frac{A_{\mathrm{m},B}}{T}\right)-l_{222}\left(\frac{A_{\mathrm{m},B}}{T}\right)^2-l_{2111}\left(\frac{A_{\mathrm{m},A}}{T}\right)^3 \\
&\quad \left.-l_{2112}\left(\frac{A_{\mathrm{m},A}}{T}\right)^2\left(\frac{A_{\mathrm{m},B}}{T}\right)-l_{2222}\left(\frac{A_{\mathrm{m},B}}{T}\right)^3-\cdots\right]
\end{aligned} \tag{8.564}
$$

3) 从温度 T_n 到 T_P

从温度 T_n 到 T_P，析出组元 A 的晶体，析晶速率为

$$
\begin{aligned}
\frac{\mathrm{d}N_{A(\mathrm{s})}}{\mathrm{d}t} &= -\frac{\mathrm{d}N_{(A)}}{\mathrm{d}t} = Vj_A \\
&= V\left[-l_1\left(\frac{A_{\mathrm{m},A}}{T}\right)-l_2\left(\frac{A_{\mathrm{m},A}}{T}\right)^2-l_3\left(\frac{A_{\mathrm{m},A}}{T}\right)^3-\cdots\right]
\end{aligned} \tag{8.565}
$$

式中，

$$A_{\mathrm{m},A} = \Delta G_{\mathrm{m},A}$$

4) 从温度 T_P 到 T_E

从温度 T_P 到 T_E，同时析出组元 A 和 B 的晶体，不考虑耦合作用，析晶速率为

$$
\begin{aligned}
\frac{\mathrm{d}N_{A(\mathrm{s})}}{\mathrm{d}t} &= -\frac{\mathrm{d}N_{(A)}}{\mathrm{d}t} = Vj_A \\
&= V\left[-l_1\left(\frac{A_{\mathrm{m},A}}{T}\right)-l_2\left(\frac{A_{\mathrm{m},A}}{T}\right)^2-l_3\left(\frac{A_{\mathrm{m},A}}{T}\right)^3-\cdots\right]
\end{aligned} \tag{8.566}
$$

$$
\begin{aligned}
\frac{\mathrm{d}N_{B(\mathrm{s})}}{\mathrm{d}t} &= -\frac{\mathrm{d}N_{(B)}}{\mathrm{d}t} = Vj_B \\
&= V\left[-l_1\left(\frac{A_{\mathrm{m},B}}{T}\right)-l_2\left(\frac{A_{\mathrm{m},B}}{T}\right)^2-l_3\left(\frac{A_{\mathrm{m},B}}{T}\right)^3-\cdots\right]
\end{aligned} \tag{8.567}
$$

式中，

$$A_{\mathrm{m},A} = \Delta G_{\mathrm{m},A}$$

$$A_{\mathrm{m},B} = \Delta G_{\mathrm{m},B}$$

考虑耦合作用，析晶速率为

$$\begin{aligned}\frac{\mathrm{d}N_{A(\mathrm{s})}}{\mathrm{d}t} &= -\frac{\mathrm{d}N_{(A)}}{\mathrm{d}t} = Vj_A \\ &= V\left[-l_{11}\left(\frac{A_{\mathrm{m},A}}{T}\right) - l_{12}\left(\frac{A_{\mathrm{m},B}}{T}\right) - l_{111}\left(\frac{A_{\mathrm{m},A}}{T}\right)^2 \right. \\ &\quad - l_{112}\left(\frac{A_{\mathrm{m},A}}{T}\right)\left(\frac{A_{\mathrm{m},B}}{T}\right) - l_{122}\left(\frac{A_{\mathrm{m},B}}{T}\right)^2 - l_{1111}\left(\frac{A_{\mathrm{m},A}}{T}\right)^3 \\ &\quad \left. - l_{1112}\left(\frac{A_{\mathrm{m},A}}{T}\right)^2\left(\frac{A_{\mathrm{m},B}}{T}\right) - l_{1222}\left(\frac{A_{\mathrm{m},B}}{T}\right)^3 - \cdots\right]\end{aligned} \tag{8.568}$$

$$\begin{aligned}\frac{\mathrm{d}N_{B(\mathrm{s})}}{\mathrm{d}t} &= -\frac{\mathrm{d}N_{(B)}}{\mathrm{d}t} = Vj_B \\ &= V\left[-l_{21}\left(\frac{A_{\mathrm{m},A}}{T}\right) - l_{22}\left(\frac{A_{\mathrm{m},B}}{T}\right) - l_{211}\left(\frac{A_{\mathrm{m},A}}{T}\right)^2 \right. \\ &\quad - l_{212}\left(\frac{A_{\mathrm{m},A}}{T}\right)\left(\frac{A_{\mathrm{m},B}}{T}\right) - l_{222}\left(\frac{A_{\mathrm{m},B}}{T}\right)^2 - l_{2111}\left(\frac{A_{\mathrm{m},A}}{T}\right)^3 \\ &\quad \left. - l_{2112}\left(\frac{A_{\mathrm{m},A}}{T}\right)^2\left(\frac{A_{\mathrm{m},B}}{T}\right) - l_{2222}\left(\frac{A_{\mathrm{m},B}}{T}\right)^3 - \cdots\right]\end{aligned} \tag{8.569}$$

式中，

$$A_{\mathrm{m},A} = \Delta G_{\mathrm{m},A}$$

$$A_{\mathrm{m},B} = \Delta G_{\mathrm{m},B}$$

5) 在温度 T_E 以下

在温度 T_E 以下，同时析出组元 A、B 和 C 的晶体，不考虑耦合作用，析晶速率为

$$\begin{aligned}\frac{\mathrm{d}N_{A(\mathrm{s})}}{\mathrm{d}t} &= -\frac{\mathrm{d}N_{(A)过饱}}{\mathrm{d}t} = Vj_A \\ &= V\left[-l_1\left(\frac{A_{\mathrm{m},A}}{T}\right) - l_2\left(\frac{A_{\mathrm{m},A}}{T}\right)^2 - l_3\left(\frac{A_{\mathrm{m},A}}{T}\right)^3 - \cdots\right]\end{aligned} \tag{8.570}$$

$$\begin{aligned}\frac{\mathrm{d}N_{B(\mathrm{s})}}{\mathrm{d}t} &= -\frac{\mathrm{d}N_{(B)过饱}}{\mathrm{d}t} = Vj_B \\ &= V\left[-l_1\left(\frac{A_{\mathrm{m},B}}{T}\right) - l_2\left(\frac{A_{\mathrm{m},B}}{T}\right)^2 - l_3\left(\frac{A_{\mathrm{m},B}}{T}\right)^3 - \cdots\right]\end{aligned} \tag{8.571}$$

$$\begin{aligned}\frac{\mathrm{d}N_{C(\mathrm{s})}}{\mathrm{d}t} &= -\frac{\mathrm{d}N_{(C)过饱}}{\mathrm{d}t} = Vj_C \\ &= V\left[-l_1\left(\frac{A_{\mathrm{m},C}}{T}\right) - l_2\left(\frac{A_{\mathrm{m},C}}{T}\right)^2 - l_3\left(\frac{A_{\mathrm{m},C}}{T}\right)^3 - \cdots\right]\end{aligned} \tag{8.572}$$

式中，

$$A_{\mathrm{m},A} = \Delta G_{\mathrm{m},A}$$

$$A_{\mathrm{m},B} = \Delta G_{\mathrm{m},B}$$

$$A_{\mathrm{m},C} = \Delta G_{\mathrm{m},C}$$

考虑耦合作用，析晶速率为

$$\begin{aligned}
\frac{\mathrm{d}N_{A(\mathrm{s})}}{\mathrm{d}t} =& -\frac{\mathrm{d}N_{(A)_{E_h(\mathrm{l})}}}{\mathrm{d}t} = Vj_A \\
=& V\Bigg[-l_{11}\left(\frac{A_{\mathrm{m},A}}{T}\right) - l_{12}\left(\frac{A_{\mathrm{m},B}}{T}\right) - l_{13}\left(\frac{A_{\mathrm{m},C}}{T}\right) \\
& - l_{111}\left(\frac{A_{\mathrm{m},A}}{T}\right)^2 - l_{112}\left(\frac{A_{\mathrm{m},A}}{T}\right)\left(\frac{A_{\mathrm{m},B}}{T}\right) - l_{113}\left(\frac{A_{\mathrm{m},A}}{T}\right)\left(\frac{A_{\mathrm{m},C}}{T}\right) \\
& - l_{123}\left(\frac{A_{\mathrm{m},B}}{T}\right)\left(\frac{A_{\mathrm{m},C}}{T}\right) - l_{122}\left(\frac{A_{\mathrm{m},B}}{T}\right)^2 - l_{133}\left(\frac{A_{\mathrm{m},C}}{T}\right)^2 \\
& - l_{1111}\left(\frac{A_{\mathrm{m},A}}{T}\right)^3 - l_{1112}\left(\frac{A_{\mathrm{m},A}}{T}\right)^2\left(\frac{A_{\mathrm{m},B}}{T}\right) \\
& - l_{1113}\left(\frac{A_{\mathrm{m},A}}{T}\right)^2\left(\frac{A_{\mathrm{m},C}}{T}\right) - l_{1122}\left(\frac{A_{\mathrm{m},A}}{T}\right)\left(\frac{A_{\mathrm{m},B}}{T}\right)^2 \\
& - l_{1123}\left(\frac{A_{\mathrm{m},A}}{T}\right)\left(\frac{A_{\mathrm{m},B}}{T}\right)\left(\frac{A_{\mathrm{m},C}}{T}\right) - l_{1133}\left(\frac{A_{\mathrm{m},A}}{T}\right)\left(\frac{A_{\mathrm{m},C}}{T}\right)^2 \\
& - l_{1222}\left(\frac{A_{\mathrm{m},B}}{T}\right)^3 - l_{1223}\left(\frac{A_{\mathrm{m},B}}{T}\right)^2\left(\frac{A_{\mathrm{m},C}}{T}\right) \\
& - l_{1233}\left(\frac{A_{\mathrm{m},B}}{T}\right)\left(\frac{A_{\mathrm{m},C}}{T}\right)^2 - l_{1333}\left(\frac{A_{\mathrm{m},C}}{T}\right)^3 - \cdots\Bigg]
\end{aligned} \tag{8.573}$$

$$\begin{aligned}
\frac{\mathrm{d}N_{B(\mathrm{s})}}{\mathrm{d}t} =& -\frac{\mathrm{d}N_{(B)_{E_h(\mathrm{l})}}}{\mathrm{d}t} = Vj_B \\
=& V\Bigg[-l_{21}\left(\frac{A_{\mathrm{m},A}}{T}\right) - l_{22}\left(\frac{A_{\mathrm{m},B}}{T}\right) - l_{23}\left(\frac{A_{\mathrm{m},C}}{T}\right) \\
& - l_{211}\left(\frac{A_{\mathrm{m},A}}{T}\right)^2 - l_{212}\left(\frac{A_{\mathrm{m},A}}{T}\right)\left(\frac{A_{\mathrm{m},B}}{T}\right) - l_{213}\left(\frac{A_{\mathrm{m},A}}{T}\right)\left(\frac{A_{\mathrm{m},C}}{T}\right) \\
& - l_{222}\left(\frac{A_{\mathrm{m},B}}{T}\right)^2 - l_{223}\left(\frac{A_{\mathrm{m},B}}{T}\right)\left(\frac{A_{\mathrm{m},C}}{T}\right) - l_{233}\left(\frac{A_{\mathrm{m},C}}{T}\right)^2 \\
& - l_{2111}\left(\frac{A_{\mathrm{m},A}}{T}\right)^3 - l_{2112}\left(\frac{A_{\mathrm{m},A}}{T}\right)^2\left(\frac{A_{\mathrm{m},B}}{T}\right)
\end{aligned}$$

$$
\begin{aligned}
&-l_{2113}\left(\frac{A_{\mathrm{m},A}}{T}\right)^2\left(\frac{A_{\mathrm{m},C}}{T}\right)-l_{2122}\left(\frac{A_{\mathrm{m},A}}{T}\right)\left(\frac{A_{\mathrm{m},B}}{T}\right)^2\\
&-l_{2123}\left(\frac{A_{\mathrm{m},A}}{T}\right)\left(\frac{A_{\mathrm{m},B}}{T}\right)\left(\frac{A_{\mathrm{m},C}}{T}\right)-l_{2133}\left(\frac{A_{\mathrm{m},A}}{T}\right)\left(\frac{A_{\mathrm{m},C}}{T}\right)^2\\
&-l_{2222}\left(\frac{A_{\mathrm{m},B}}{T}\right)^3-l_{2223}\left(\frac{A_{\mathrm{m},B}}{T}\right)^2\left(\frac{A_{\mathrm{m},C}}{T}\right)\\
&-l_{2233}\left(\frac{A_{\mathrm{m},B}}{T}\right)\left(\frac{A_{\mathrm{m},C}}{T}\right)^2-l_{2333}\left(\frac{A_{\mathrm{m},C}}{T}\right)^3-\cdots\bigg]
\end{aligned}
\tag{8.574}
$$

$$
\begin{aligned}
\frac{\mathrm{d}N_{C(\mathrm{s})}}{\mathrm{d}t}=&-\frac{\mathrm{d}N_{(C)_{E_h(1)}}}{\mathrm{d}t}=Vj_C\\
=&V\bigg[-l_{31}\left(\frac{A_{\mathrm{m},A}}{T}\right)-l_{32}\left(\frac{A_{\mathrm{m},B}}{T}\right)-l_{33}\left(\frac{A_{\mathrm{m},C}}{T}\right)\\
&-l_{311}\left(\frac{A_{\mathrm{m},A}}{T}\right)^2-l_{312}\left(\frac{A_{\mathrm{m},A}}{T}\right)\left(\frac{A_{\mathrm{m},B}}{T}\right)-l_{313}\left(\frac{A_{\mathrm{m},A}}{T}\right)\left(\frac{A_{\mathrm{m},C}}{T}\right)\\
&-l_{322}\left(\frac{A_{\mathrm{m},B}}{T}\right)^2-l_{323}\left(\frac{A_{\mathrm{m},B}}{T}\right)\left(\frac{A_{\mathrm{m},C}}{T}\right)-l_{333}\left(\frac{A_{\mathrm{m},C}}{T}\right)^2\\
&-l_{3111}\left(\frac{A_{\mathrm{m},A}}{T}\right)^3-l_{3112}\left(\frac{A_{\mathrm{m},A}}{T}\right)^2\left(\frac{A_{\mathrm{m},B}}{T}\right)\\
&-l_{3113}\left(\frac{A_{\mathrm{m},A}}{T}\right)^2\left(\frac{A_{\mathrm{m},C}}{T}\right)-l_{3122}\left(\frac{A_{\mathrm{m},A}}{T}\right)\left(\frac{A_{\mathrm{m},B}}{T}\right)^2\\
&-l_{3123}\left(\frac{A_{\mathrm{m},A}}{T}\right)\left(\frac{A_{\mathrm{m},B}}{T}\right)\left(\frac{A_{\mathrm{m},C}}{T}\right)-l_{3133}\left(\frac{A_{\mathrm{m},A}}{T}\right)\left(\frac{A_{\mathrm{m},C}}{T}\right)^2\\
&-l_{3222}\left(\frac{A_{\mathrm{m},B}}{T}\right)^3-l_{3223}\left(\frac{A_{\mathrm{m},B}}{T}\right)^2\left(\frac{A_{\mathrm{m},C}}{T}\right)\\
&-l_{3233}\left(\frac{A_{\mathrm{m},B}}{T}\right)\left(\frac{A_{\mathrm{m},C}}{T}\right)^2-l_{3333}\left(\frac{A_{\mathrm{m},C}}{T}\right)^3-\cdots\bigg]
\end{aligned}
\tag{8.575}
$$

组元 A、B、C 依次析出，有

$$
\begin{aligned}
\frac{\mathrm{d}N_{A(\mathrm{s})}}{\mathrm{d}t}&=-\frac{\mathrm{d}N_{(A)_{E_h(1)}}}{\mathrm{d}t}=Vj_A\\
&=V\left[-l_1\left(\frac{A_{\mathrm{m},A}}{T}\right)-l_2\left(\frac{A_{\mathrm{m},A}}{T}\right)^2-l_3\left(\frac{A_{\mathrm{m},A}}{T}\right)^3-\cdots\right]\\
\frac{\mathrm{d}N_{B(\mathrm{s})}}{\mathrm{d}t}&=-\frac{\mathrm{d}N_{(B)_{l_h'}}}{\mathrm{d}t}=Vj_B\\
&=V\left[-l_1\left(\frac{A_{\mathrm{m},B}}{T}\right)-l_2\left(\frac{A_{\mathrm{m},B}}{T}\right)^2-l_3\left(\frac{A_{\mathrm{m},B}}{T}\right)^3-\cdots\right]
\end{aligned}
$$

$$
\begin{aligned}
\frac{\mathrm{d}N_{C(\mathrm{s})}}{\mathrm{d}t} &= -\frac{\mathrm{d}N_{(C)_{l'_h q'_h}}}{\mathrm{d}t} = Vj_C \\
&= V\left[-l_1\left(\frac{A_{\mathrm{m},C}}{T}\right) - l_2\left(\frac{A_{\mathrm{m},C}}{T}\right)^2 - l_3\left(\frac{A_{\mathrm{m},C}}{T}\right)^3 - \cdots\right]
\end{aligned}
$$

组元 A 先析出，然后组元 B、C 同时析出，有

$$
\begin{aligned}
\frac{\mathrm{d}N_{A(\mathrm{s})}}{\mathrm{d}t} &= -\frac{\mathrm{d}N_{(A)_{E_h(1)}}}{\mathrm{d}t} = Vj_A \\
&= V\left[-l_1\left(\frac{A_{\mathrm{m},A}}{T}\right) - l_2\left(\frac{A_{\mathrm{m},A}}{T}\right)^2 - l_3\left(\frac{A_{\mathrm{m},A}}{T}\right)^3 - \cdots\right] \\
\frac{\mathrm{d}N_{B(\mathrm{s})}}{\mathrm{d}t} &= -\frac{\mathrm{d}N_{(B)_{l'_h}}}{\mathrm{d}t} = Vj_B \\
&= V\left[-l_1\left(\frac{A_{\mathrm{m},B}}{T}\right) - l_2\left(\frac{A_{\mathrm{m},B}}{T}\right)^2 - l_3\left(\frac{A_{\mathrm{m},B}}{T}\right)^3 - \cdots\right] \\
\frac{\mathrm{d}N_{C(\mathrm{s})}}{\mathrm{d}t} &= -\frac{\mathrm{d}N_{(C)_{l'_h}}}{\mathrm{d}t} = Vj_C \\
&= V\left[-l_1\left(\frac{A_{\mathrm{m},C}}{T}\right) - l_2\left(\frac{A_{\mathrm{m},C}}{T}\right)^2 - l_3\left(\frac{A_{\mathrm{m},C}}{T}\right)^3 - \cdots\right]
\end{aligned}
$$

组元 A 和 B 先析出，然后析出组元 C，有

$$
\begin{aligned}
\frac{\mathrm{d}N_{A(\mathrm{s})}}{\mathrm{d}t} &= -\frac{\mathrm{d}N_{(A)_{E_h(1)}}}{\mathrm{d}t} = Vj_A \\
&= V\left[-l_1\left(\frac{A_{\mathrm{m},A}}{T}\right) - l_2\left(\frac{A_{\mathrm{m},A}}{T}\right)^2 - l_3\left(\frac{A_{\mathrm{m},A}}{T}\right)^3 - \cdots\right] \\
\frac{\mathrm{d}N_{B(\mathrm{s})}}{\mathrm{d}t} &= -\frac{\mathrm{d}N_{(B)_{E_h(1)}}}{\mathrm{d}t} = Vj_B \\
&= V\left[-l_1\left(\frac{A_{\mathrm{m},B}}{T}\right) - l_2\left(\frac{A_{\mathrm{m},B}}{T}\right)^2 - l_3\left(\frac{A_{\mathrm{m},B}}{T}\right)^3 - \cdots\right] \\
\frac{\mathrm{d}N_{C(\mathrm{s})}}{\mathrm{d}t} &= -\frac{\mathrm{d}N_{(C)_{l'_h g'_h}}}{\mathrm{d}t} = Vj_C \\
&= V\left[-l_1\left(\frac{A_{\mathrm{m},C}}{T}\right) - l_2\left(\frac{A_{\mathrm{m},C}}{T}\right)^2 - l_3\left(\frac{A_{\mathrm{m},C}}{T}\right)^3 - \cdots\right]
\end{aligned}
$$

式中，

$$A_{\mathrm{m},A} = \Delta G_{\mathrm{m},A}$$

$$A_{\mathrm{m},B} = \Delta G_{\mathrm{m},B}$$

$$A_{\mathrm{m},C} = \Delta G_{\mathrm{m},C}$$

8.3.11　具有连续固溶体的三元系

1. 凝固过程热力学

图 8.18 是具有连续固溶体的三元系相图。

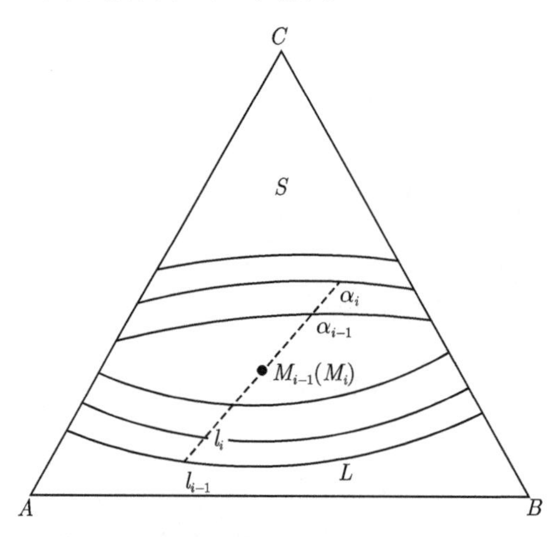

图 8.18　具有连续固溶体的三元系相图

1) 温度降到 T_1

在恒压条件下，物质组成点为 M 的液相降温凝固。温度降到 T_1，物质组成点为液相面上的 M_1 点，也是平衡液相组成的 l_1 点 (两点重合)。该点液固两相平衡，是固溶体 α_1 的饱和溶液。有

$$l_1 \rightleftharpoons \alpha_1$$

$$(\alpha_1)_{l_1} \equiv (\alpha_1)_{饱} \rightleftharpoons \alpha_1$$

即

$$(A)_{l_1} \rightleftharpoons (A)_{\alpha_1}$$

$$(B)_{l_1} \rightleftharpoons (B)_{\alpha_1}$$

$$(C)_{l_1} \rightleftharpoons (C)_{\alpha_1}$$

摩尔吉布斯自由能变化为零。

2) 温度降到 T_2

继续降低温度到 T_2，物质组成点为 M_2。温度刚降到 T_2，尚无固相组元 α_1 析出时，液相组成未变。但是，已由在温度 T_1 时固溶体 α_1 饱和的液相 l_1 变成固溶体 α_1 过饱和的溶液 l_1'，析出固溶体 α_1 晶体。有

$$(\alpha_1)_{l_1} \equiv (\alpha_1)_{过饱} = \alpha_1$$

$$(A)_{l_1'} = (A)_{\alpha_1}$$

$$(B)_{l_1'} = (B)_{\alpha_1}$$

$$(C)_{l_1'} = (C)_{\alpha_1}$$

上式表示，组元 A、B 和 C 从 l_1 中进入 α_1，直到 l_1 成为 l_2，溶液由 α_1 的过饱和转变为 α_2 的饱和，达到新的平衡。有

$$l_2 \rightleftharpoons \alpha_2$$

$$(\alpha_2)_{l_2} \equiv\equiv (\alpha_2)_{饱} \rightleftharpoons \alpha_2$$

$$(A)_{l_2} \rightleftharpoons (A)_{\alpha_2}$$

$$(B)_{l_2} \rightleftharpoons (B)_{\alpha_2}$$

$$(C)_{l_2} \rightleftharpoons (C)_{\alpha_2}$$

以纯固溶体 α_1 和纯固态组元 A、B 和 C 为标准状态，在温度 T_2 析晶过程的摩尔吉布斯自由能变化为

$$\begin{aligned}\Delta G_{\mathrm{m},\alpha_1} &= \mu_{\alpha_1} - \mu_{(\alpha_1)_{l_1'}} = \mu_{\alpha_1} - \mu_{(\alpha_1)_{过饱}} \\ &= -RT\ln a^{\mathrm{R}}_{(\alpha_1)_{过饱}} = -RT\ln a^{\mathrm{R}}_{(\alpha_1)_{l_1'}}\end{aligned} \tag{8.576}$$

及

$$\Delta G_{\mathrm{m},A} = \mu_{(A)_{\alpha_1}} - \mu_{(A)_{l_1'}} = RT\ln\frac{a^{\mathrm{R}}_{(A)_{\alpha_1}}}{a^{\mathrm{R}}_{(A)_{l_1'}}} \tag{8.577}$$

$$\Delta G_{\mathrm{m},B} = \mu_{(B)_{\alpha_1}} - \mu_{(B)_{l_1'}} = RT\ln\frac{a^{\mathrm{R}}_{(B)_{\alpha_1}}}{a^{\mathrm{R}}_{(B)_{l_1'}}} \tag{8.578}$$

$$\Delta G_{\mathrm{m},C} = \mu_{(C)_{\alpha_1}} - \mu_{(C)_{l_1'}} = RT\ln\frac{a^{\mathrm{R}}_{(C)_{\alpha_1}}}{a^{\mathrm{R}}_{(C)_{l_1'}}} \tag{8.579}$$

并有

$$\begin{aligned}\Delta G_{\mathrm{m},\alpha_1} &= x_A\Delta G_{\mathrm{m},A} + x_B\Delta G_{\mathrm{m},B} + x_C\Delta G_{\mathrm{m},C} \\ &= x_ART\ln\frac{a^{\mathrm{R}}_{(A)_{\alpha_1}}}{a^{\mathrm{R}}_{(A)_{l_1'}}} + x_BRT\ln\frac{a^{\mathrm{R}}_{(B)_{\alpha_1}}}{a^{\mathrm{R}}_{(B)_{l_1'}}} + x_CRT\ln\frac{a^{\mathrm{R}}_{(C)_{\alpha_1}}}{a^{\mathrm{R}}_{(C)_{l_1'}}}\end{aligned} \tag{8.580}$$

或

$$\Delta G_{\mathrm{m},\alpha_1}(T_2) = \frac{\theta_{\alpha_1,T_2}\Delta H_{\mathrm{m},\alpha_1}(T_1)}{T_1} = \eta_{\alpha_1,T_2}\Delta H_{\mathrm{m},\alpha_1}(T_1) \tag{8.581}$$

及

$$\Delta G_{\mathrm{m},(A)_{\alpha_1}}(T_2)=\frac{\theta_{(A)_{\alpha_1},T_2}\Delta H_{\mathrm{m},(A)_{\alpha_1}}(T_1)}{T_1}=\eta_{(A)_{\alpha_1},T_2}\Delta H_{\mathrm{m},(A)_{\alpha_1}}(T_1) \tag{8.582}$$

$$\Delta G_{\mathrm{m},(B)_{\alpha_1}}(T_2)=\frac{\theta_{(B)_{\alpha_1},T_2}\Delta H_{\mathrm{m},(B)_{\alpha_1}}(T_1)}{T_1}=\eta_{(B)_{\alpha_1},T_2}\Delta H_{\mathrm{m},(B)_{\alpha_1}}(T_1) \tag{8.583}$$

$$\Delta G_{\mathrm{m},(C)_{\alpha_1}}(T_2)=\frac{\theta_{(C)_{\alpha_1},T_2}\Delta H_{\mathrm{m},(C)_{\alpha_1}}(T_1)}{T_1}=\eta_{(C)_{\alpha_1},T_2}\Delta H_{\mathrm{m},(C)_{\alpha_1}}(T_1) \tag{8.584}$$

并有

$$\begin{aligned}\Delta G_{\mathrm{m},\alpha_1}(T_2)&=x_A\Delta G_{\mathrm{m},(A)_{\alpha_1}}(T_2)+x_B\Delta G_{\mathrm{m},(B)_{\alpha_1}}(T_2)+x_C\Delta G_{\mathrm{m},(C)_{\alpha_1}}(T_2)\\&=\frac{x_A\theta_{(A)_{\alpha_1},T_2}\Delta H_{\mathrm{m},(A)_{\alpha_1}}(T_1)}{T_1}+\frac{x_B\theta_{(B)_{\alpha_1},T_2}\Delta H_{\mathrm{m},(B)_{\alpha_1}}(T_1)}{T_1}\\&\quad+\frac{x_C\theta_{(C)_{\alpha_1},T_2}\Delta H_{\mathrm{m},(C)_{\alpha_1}}(T_1)}{T_1}\\&=x_A\eta_{(A)_{\alpha_1},T_2}\Delta H_{\mathrm{m},(A)_{\alpha_1}}(T_1)+x_B\eta_{(B)_{\alpha_1},T_2}\Delta H_{\mathrm{m},(B)_{\alpha_1}}(T_1)\\&\quad+x_C\eta_{(C)_{\alpha_1},T_2}\Delta H_{\mathrm{m},(C)_{\alpha_1}}(T_1)\end{aligned} \tag{8.585}$$

式中，

$$T_1>T_2$$

$$\theta_{(A)_{\alpha_1},T_2}=\theta_{(B)_{\alpha_1},T_2}=\theta_{(C)_{\alpha_1},T_2}=T_1-T_2$$

$$\eta_{(A)_{\alpha_1},T_2}=\eta_{(B)_{\alpha_1},T_2}=\eta_{(C)_{\alpha_1},T_2}=\frac{T_1-T_2}{T_1}$$

3) 温度从 T_1 到 T_n

继续降温，从 T_1 到 T_n，平衡液相组成沿液相面移动，与其平衡的固溶体组成沿固相面移动，两者的连线通过物质组成点。析晶过程描述如下。

在温度 T_{i-1}，物质组成点为 M_{i-1}，平衡液固相为 l_{i-1} 和 α_{i-1}。有

$$l_{i-1}\rightleftharpoons\alpha_{i-1}$$

$$(\alpha_{i-1})_{l_{i-1}}=\!=\!=\!=(\alpha_{i-1})_{饱}\rightleftharpoons\alpha_{i-1}$$

即

$$(A)_{l_{i-1}}\rightleftharpoons(A)_{\alpha_{i-1}}$$

$$(B)_{l_{i-1}}\rightleftharpoons(B)_{\alpha_{i-1}}$$

$$(C)_{l_{i-1}}\rightleftharpoons(C)_{\alpha_{i-1}}$$

继续降温到 T_i，物质组成点为 M_i，平衡液固相为 l_i 和 α_i。在温度刚降到 T_i，尚无固相组元 α_{i-1} 时，液相组成未变，但已由在温度 T_{i-1} 时固溶体 α_{i-1} 饱和的液相 l_{i-1} 成为固溶体 α_{i-1} 过饱和的液相 l'_{i-1}，析出固溶体 α_{i-1} 晶体。有

$$(\alpha_{i-1})_{l'_{i-1}} = (\alpha_{i-1})_{过饱} = \alpha'_{i-1}$$

即

$$(A)_{l'_{i-1}} = (A)_{\alpha_{i-1}}$$

$$(B)_{l'_{i-1}} = (B)_{\alpha_{i-1}}$$

$$(C)_{l'_{i-1}} = (C)_{\alpha_{i-1}}$$

以纯固溶体 α_{i-1} 和纯固态组元 A、B 和 C 为标准状态，浓度以摩尔分数表示，在温度 T_i 析晶过程的摩尔吉布斯自由能变化为

$$\begin{aligned}\Delta G_{\mathrm{m},\alpha_{i-1}} &= \mu_{\alpha_{i-1}} - \mu_{(\alpha_{i-1})_{过饱}} = \mu_{\alpha_{i-1}} - \mu_{(\alpha_{i-1})_{l'_1}} \\ &= -RT\ln a^{\mathrm{R}}_{(\alpha_{i-1})_{过饱}} = -RT\ln a^{\mathrm{R}}_{(\alpha_{i-1})_{l'_{i-1}}}\end{aligned} \tag{8.586}$$

及

$$\Delta G_{\mathrm{m},A} = \mu_{(A)_{\alpha_{i-1}}} - \mu_{(A)_{l'_{i-1}}} = RT\ln\frac{a^{\mathrm{R}}_{(A)_{\alpha_{i-1}}}}{a^{\mathrm{R}}_{(A)_{l'_{i-1}}}} \tag{8.587}$$

$$\Delta G_{\mathrm{m},B} = \mu_{(B)_{\alpha_{i-1}}} - \mu_{(B)_{l'_{i-1}}} = RT\ln\frac{a^{\mathrm{R}}_{(B)_{\alpha_{i-1}}}}{a^{\mathrm{R}}_{(B)_{l'_{i-1}}}} \tag{8.588}$$

$$\Delta G_{\mathrm{m},C} = \mu_{(C)_{\alpha_{i-1}}} - \mu_{(C)_{l'_{i-1}}} = RT\ln\frac{a^{\mathrm{R}}_{(C)_{\alpha_{i-1}}}}{a^{\mathrm{R}}_{(C)_{l'_{i-1}}}} \tag{8.589}$$

和

$$\begin{aligned}\Delta G_{\mathrm{m},\alpha_{i-1}} &= x_A\Delta G_{\mathrm{m},A} + x_B\Delta G_{\mathrm{m},B} + x_C\Delta G_{\mathrm{m},C} \\ &= RT\left(x_A\ln\frac{a^{\mathrm{R}}_{(A)_{\alpha_{i-1}}}}{a^{\mathrm{R}}_{(A)_{l'_{i-1}}}} + x_B\ln\frac{a^{\mathrm{R}}_{(B)_{\alpha_{i-1}}}}{a^{\mathrm{R}}_{(B)_{l'_{i-1}}}} + x_C\ln\frac{a^{\mathrm{R}}_{(C)_{\alpha_{i-1}}}}{a^{\mathrm{R}}_{(C)_{l'_{i-1}}}}\right)\end{aligned} \tag{8.590}$$

并有

$$\Delta G_{\mathrm{m},\alpha_{i-1}}(T_i) = \frac{\theta_{\alpha_{i-1},T_i}\Delta H_{\mathrm{m},\alpha_{i-1}}(T_{i-1})}{T_{i-1}} = \eta_{\alpha_{i-1},T_i}\Delta H_{\mathrm{m},\alpha_{i-1}}(T_{i-1}) \tag{8.591}$$

及

$$\Delta G_{\mathrm{m},A}(T_i) = \frac{\theta_{A,T_i}\Delta H_{\mathrm{m},A}(T_{i-1})}{T_{i-1}} = \eta_{A,T_i}\Delta H_{\mathrm{m},A}(T_{i-1}) \tag{8.592}$$

$$\Delta G_{\mathrm{m},B}\left(T_{i}\right)=\frac{\theta_{B,T_{i}}\Delta H_{\mathrm{m},B}\left(T_{i-1}\right)}{T_{i-1}}=\eta_{B,T_{i}}\Delta H_{\mathrm{m},B}\left(T_{i-1}\right) \tag{8.593}$$

$$\Delta G_{\mathrm{m},C}\left(T_{i}\right)=\frac{\theta_{C,T_{i}}\Delta H_{\mathrm{m},C}\left(T_{i-1}\right)}{T_{i-1}}=\eta_{C,T_{i}}\Delta H_{\mathrm{m},C}\left(T_{i-1}\right) \tag{8.594}$$

和

$$\begin{aligned}\Delta G_{\mathrm{m},\alpha_{i-1}}&=x_{A}\Delta G_{\mathrm{m},A}+x_{B}\Delta G_{\mathrm{m},B}+x_{C}\Delta G_{\mathrm{m},C}\\&=\frac{x_{A}\theta_{A,T_{i}}\Delta H_{\mathrm{m},A}\left(T_{i-1}\right)}{T_{i-1}}+\frac{x_{B}\theta_{B,T_{i}}\Delta H_{\mathrm{m},B}\left(T_{i-1}\right)}{T_{i-1}}+\frac{x_{C}\theta_{C,T_{i}}\Delta H_{\mathrm{m},C}\left(T_{i-1}\right)}{T_{i-1}}\\&=x_{A}\eta_{A,T_{i}}\Delta H_{\mathrm{m},A}\left(T_{i-1}\right)+x_{B}\eta_{B,T_{i}}\Delta H_{\mathrm{m},B}\left(T_{i-1}\right)+x_{C}\eta_{C,T_{i}}\Delta H_{\mathrm{m},C}\left(T_{i-1}\right)\end{aligned} \tag{8.595}$$

直到溶液由 l'_{i-1} 成为 l_i，由 α_{i-1} 的过饱和转变为 α_i 的饱和，达到新的平衡。有

$$l_i \rightleftharpoons \alpha_i$$

$$(\alpha_i)_{l_i} = (\alpha_i)_{饱} \rightleftharpoons \alpha_i$$

即

$$(A)_{l_i} \rightleftharpoons (A)_{\alpha_i}$$

$$(B)_{l_i} \rightleftharpoons (B)_{\alpha_i}$$

$$(C)_{l_i} \rightleftharpoons (C)_{\alpha_i}$$

$$(i=1,2,\cdots,n)$$

在温度 T_n，物质组成点为 M_n，平衡液固相为 l_n 和 α_n。有

$$l_n \rightleftharpoons \alpha_n$$

$$(\alpha_n)_{l_n} \equiv (\alpha_n)_{饱} \rightleftharpoons \alpha_n$$

即

$$(A)_{l_n} \rightleftharpoons (A)_{\alpha_n}$$

$$(B)_{l_n} \rightleftharpoons (B)_{\alpha_n}$$

$$(C)_{l_n} \rightleftharpoons (C)_{\alpha_n}$$

4) 温度低于 T_n

继续降低温度到 T_{n+1}，物质组成点为 M_{n+1}，平衡液固相为 l_{n+1} 和 α_{n+1}。在温度刚降到 T_{n+1}，尚无固相组元 α_n 析出时，液相组成未变，但已由在温度 T_n

时固溶体 α_n 饱和的液相 l_n 变成固溶体 α_n 过饱和的液相 l'_n，析出固溶体 α_n 晶体。有

$$(\alpha_n)_{l'_n} \equiv\!\equiv (\alpha_n)_{\text{过饱}} =\!= \alpha_n$$

$$(A)_{l'_n} =\!= (A)_{\alpha_n}$$

$$(B)_{l'_n} =\!= (B)_{\alpha_n}$$

$$(C)_{l'_n} =\!= (C)_{\alpha_n}$$

以纯固溶体 α_n 和纯固态组元 A、B 和 C 为标准状态，浓度以摩尔分数表示，在温度 T_{n+1} 析晶过程的摩尔吉布斯自由能变化为

$$\begin{aligned}\Delta G_{\mathrm{m},\alpha_n} &= \mu_{\alpha_n} - \mu_{(\alpha_n)_{l'_n}} = \mu_{\alpha_n} - \mu_{(\alpha_n)_{\text{过饱}}} \\ &= -RT\ln a^{\mathrm{R}}_{(\alpha_n)_{\text{过饱}}} = -RT\ln a^{\mathrm{R}}_{(\alpha_n)_{l'_n}}\end{aligned} \tag{8.596}$$

及

$$\Delta G_{\mathrm{m},A} = \mu_{(A)_{\alpha_n}} - \mu_{(A)_{l'_n}} = RT\ln\frac{a^{\mathrm{R}}_{(A)_{\alpha_n}}}{a^{\mathrm{R}}_{(A)_{l'_n}}} \tag{8.597}$$

$$\Delta G_{\mathrm{m},B} = \mu_{(B)_{\alpha_n}} - \mu_{(B)_{l'_n}} = RT\ln\frac{a^{\mathrm{R}}_{(B)_{\alpha_n}}}{a^{\mathrm{R}}_{(B)_{l'_n}}} \tag{8.598}$$

$$\Delta G_{\mathrm{m},C} = \mu_{(C)_{\alpha_n}} - \mu_{(C)_{l'_n}} = RT\ln\frac{a^{\mathrm{R}}_{(C)_{\alpha_n}}}{a^{\mathrm{R}}_{(C)_{l'_n}}} \tag{8.599}$$

并有

$$\begin{aligned}\Delta G_{\mathrm{m},\alpha_n} &= x_A\Delta G_{\mathrm{m},A} + x_B\Delta G_{\mathrm{m},B} + x_C\Delta G_{\mathrm{m},C} \\ &= x_ART\ln\frac{a^{\mathrm{R}}_{(A)_{\alpha_n}}}{a^{\mathrm{R}}_{(A)_{l'_n}}} + x_BRT\ln\frac{a^{\mathrm{R}}_{(B)_{\alpha_n}}}{a^{\mathrm{R}}_{(B)_{l'_n}}} + x_CRT\ln\frac{a^{\mathrm{R}}_{(C)_{\alpha_n}}}{a^{\mathrm{R}}_{(C)_{l'_n}}}\end{aligned} \tag{8.600}$$

或

$$\Delta G_{\mathrm{m},\alpha_n}(T_{n+1}) = \frac{\theta_{\alpha_n,T_{n+1}}\Delta H_{\mathrm{m},\alpha_n}(T_n)}{T_n} = \eta_{\alpha_n,T_{n+1}}\Delta H_{\mathrm{m},\alpha_n}(T_n) \tag{8.601}$$

及

$$\begin{aligned}\Delta G_{\mathrm{m},(A)_{\alpha_n}}(T_{n+1}) &= \frac{\theta_{(A)_{\alpha_n},T_{n+1}}\Delta H_{\mathrm{m},(A)_{\alpha_n}}(T_n)}{T_n} \\ &= \eta_{(A)_{\alpha_n},T_{n+1}}\Delta H_{\mathrm{m},(A)_n}(T_n)\end{aligned} \tag{8.602}$$

$$\begin{aligned}\Delta G_{\mathrm{m},(B)_{\alpha_n}}(T_{n+1}) &= \frac{\theta_{(B)_{\alpha_n},T_{n+1}}\Delta H_{\mathrm{m},(B)_{\alpha_n}}(T_n)}{T_n} \\ &= \eta_{(B)_{\alpha_n},T_{n+1}}\Delta H_{\mathrm{m},(B)_{\alpha_n}}(T_n)\end{aligned} \tag{8.603}$$

$$\begin{aligned}\Delta G_{\mathrm{m},(C)_{\alpha_n}}(T_{n+1}) &= \frac{\theta_{(C)_{\alpha_n},T_{n+1}}\Delta H_{\mathrm{m},(C)_{\alpha_n}}(T_n)}{T_n} \\ &= \eta_{(C)_{\alpha_n},T_{n+1}}\Delta H_{\mathrm{m},(C)_{\alpha_n}}(T_n)\end{aligned} \tag{8.604}$$

并有

$$\begin{aligned}\Delta G_{\mathrm{m},\alpha_n}(T_{n+1}) &= x_A\Delta G_{\mathrm{m},(A)_{\alpha_n}}(T_{n+1}) \\ &\quad + x_B\Delta G_{\mathrm{m},(B)_{\alpha_n}}(T_{n+1}) + x_C\Delta G_{\mathrm{m},(C)_{\alpha_n}}(T_{n+1}) \\ &= \frac{x_A\theta_{(A)_{\alpha_n},T_{n+1}}\Delta H_{\mathrm{m},(A)_{\alpha_n}}(T_n)}{T_1} + \frac{x_B\theta_{(B)_{\alpha_n},T_{n+1}}\Delta H_{\mathrm{m},(B)_{\alpha_n}}(T_n)}{T_1} \\ &\quad + \frac{x_C\theta_{(C)_{\alpha_n},T_n+1}\Delta H_{\mathrm{m},(C)_{\alpha_n}}(T_n)}{T_n} \\ &= x_A\eta_{(A)_{\alpha_n},T_{n+1}}\Delta H_{\mathrm{m},(A)_{\alpha_n}}(T_n) + x_B\eta_{(B)_{\alpha_n},T_{n+1}}\Delta H_{\mathrm{m},(B)_{\alpha_n}}(T_n) \\ &\quad + x_C\eta_{(C)_{\alpha_n},T_{n+1}}\Delta H_{\mathrm{m},(C)_{\alpha_n}}(T_n)\end{aligned} \tag{8.605}$$

直至液相 l_n 完全消失，完全转变为固溶体 α_n。

2. 凝固速率

从 T_1 到 T_n，析出组元 $\alpha_1,\cdots,\alpha_n$ 的晶体，析晶速率为

$$\begin{aligned}\frac{\mathrm{d}n_{\alpha_i(\mathrm{s})}}{\mathrm{d}t} &= -\frac{\mathrm{d}n_{(\alpha_i)}}{\mathrm{d}t} = Vj_{\alpha_i} \\ &= V\left[-l_1\left(\frac{A_{\mathrm{m},\alpha_i}}{T}\right) - l_2\left(\frac{A_{\mathrm{m},\alpha_i}}{T}\right)^2 - l_3\left(\frac{A_{\mathrm{m},\alpha_i}}{T}\right)^3 - \cdots\right]\end{aligned} \tag{8.606}$$

式中，V 为液相体积；

$$A_{\mathrm{m},\alpha_i} = \Delta G_{\mathrm{m},\alpha_i}$$

不考虑耦合作用，有

$$\begin{aligned}\frac{\mathrm{d}N_{(A)_{\alpha_{i-1}}}}{\mathrm{d}t} &= -\frac{\mathrm{d}N_{(A)_{l_{i-1}}}}{\mathrm{d}t} = Vj_A \\ &= V\left[-l_1\left(\frac{A_{\mathrm{m},A}}{T}\right) - l_2\left(\frac{A_{\mathrm{m},A}}{T}\right)^2 - l_3\left(\frac{A_{\mathrm{m},A}}{T}\right)^3 - \cdots\right]\end{aligned} \tag{8.607}$$

$$\begin{aligned}\frac{\mathrm{d}N_{(B)_{\alpha_{i-1}}}}{\mathrm{d}t} &= -\frac{\mathrm{d}N_{(B)_{l_{i-1}}}}{\mathrm{d}t} = Vj_B \\ &= V\left[-l_1\left(\frac{A_{\mathrm{m},B}}{T}\right) - l_2\left(\frac{A_{\mathrm{m},B}}{T}\right)^2 - l_3\left(\frac{A_{\mathrm{m},B}}{T}\right)^3 - \cdots\right]\end{aligned} \tag{8.608}$$

$$\begin{aligned}\frac{\mathrm{d}N_{(C)_{\alpha_{i-1}}}}{\mathrm{d}t} &= -\frac{\mathrm{d}N_{(C)_{l_{i-1}}}}{\mathrm{d}t} = Vj_C \\ &= V\left[-l_1\left(\frac{A_{\mathrm{m},C}}{T}\right) - l_2\left(\frac{A_{\mathrm{m},C}}{T}\right)^2 - l_3\left(\frac{A_{\mathrm{m},C}}{T}\right)^3 - \cdots\right]\end{aligned} \tag{8.609}$$

考虑耦合作用，有

$$\begin{aligned}\frac{\mathrm{d}N_{(A)_{\alpha_{i-1}}}}{\mathrm{d}t} =& -\frac{\mathrm{d}N_{(A)_{l_{i-1}}}}{\mathrm{d}t} = Vj_A \\ =& V\left[-l_{11}\left(\frac{A_{\mathrm{m},A}}{T}\right) - l_{12}\left(\frac{A_{\mathrm{m},B}}{T}\right) - l_{13}\left(\frac{A_{\mathrm{m},C}}{T}\right)\right. \\ & -l_{111}\left(\frac{A_{\mathrm{m},A}}{T}\right)^2 - l_{112}\left(\frac{A_{\mathrm{m},A}}{T}\right)\left(\frac{A_{\mathrm{m},B}}{T}\right) - l_{113}\left(\frac{A_{\mathrm{m},A}}{T}\right)\left(\frac{A_{\mathrm{m},C}}{T}\right) \\ & -l_{123}\left(\frac{A_{\mathrm{m},B}}{T}\right)\left(\frac{A_{\mathrm{m},C}}{T}\right) - l_{122}\left(\frac{A_{\mathrm{m},B}}{T}\right)^2 - l_{133}\left(\frac{A_{\mathrm{m},C}}{T}\right)^2 \\ & -l_{1111}\left(\frac{A_{\mathrm{m},A}}{T}\right)^3 - l_{1112}\left(\frac{A_{\mathrm{m},A}}{T}\right)^2\left(\frac{A_{\mathrm{m},B}}{T}\right) \\ & -l_{1113}\left(\frac{A_{\mathrm{m},A}}{T}\right)^2\left(\frac{A_{\mathrm{m},C}}{T}\right) - l_{1122}\left(\frac{A_{\mathrm{m},A}}{T}\right)\left(\frac{A_{\mathrm{m},B}}{T}\right)^2 \\ & -l_{1123}\left(\frac{A_{\mathrm{m},A}}{T}\right)\left(\frac{A_{\mathrm{m},B}}{T}\right)\left(\frac{A_{\mathrm{m},C}}{T}\right) - l_{1133}\left(\frac{A_{\mathrm{m},A}}{T}\right)\left(\frac{A_{\mathrm{m},C}}{T}\right)^2 \\ & -l_{1222}\left(\frac{A_{\mathrm{m},B}}{T}\right)^3 - l_{1223}\left(\frac{A_{\mathrm{m},B}}{T}\right)^2\left(\frac{A_{\mathrm{m},C}}{T}\right) \\ & \left.-l_{1233}\left(\frac{A_{\mathrm{m},B}}{T}\right)\left(\frac{A_{\mathrm{m},C}}{T}\right)^2 - l_{1333}\left(\frac{A_{\mathrm{m},C}}{T}\right)^3 - \cdots\right]\end{aligned} \tag{8.610}$$

$$\begin{aligned}\frac{\mathrm{d}N_{(B)_{\alpha_{i-1}}}}{\mathrm{d}t} =& -\frac{\mathrm{d}N_{(B)_{l_{i-1}}}}{\mathrm{d}t} = Vj_B \\ =& V\left[-l_{21}\left(\frac{A_{\mathrm{m},A}}{T}\right) - l_{22}\left(\frac{A_{\mathrm{m},B}}{T}\right) - l_{23}\left(\frac{A_{\mathrm{m},C}}{T}\right)\right. \\ & -l_{211}\left(\frac{A_{\mathrm{m},A}}{T}\right)^2 - l_{212}\left(\frac{A_{\mathrm{m},A}}{T}\right)\left(\frac{A_{\mathrm{m},B}}{T}\right) - l_{213}\left(\frac{A_{\mathrm{m},A}}{T}\right)\left(\frac{A_{\mathrm{m},C}}{T}\right)\end{aligned}$$

$$
\begin{aligned}
&-l_{222}\left(\frac{A_{\mathrm{m},B}}{T}\right)^2-l_{223}\left(\frac{A_{\mathrm{m},B}}{T}\right)\left(\frac{A_{\mathrm{m},C}}{T}\right)-l_{233}\left(\frac{A_{\mathrm{m},C}}{T}\right)^2\\
&-l_{2111}\left(\frac{A_{\mathrm{m},A}}{T}\right)^3-l_{2112}\left(\frac{A_{\mathrm{m},A}}{T}\right)^2\left(\frac{A_{\mathrm{m},B}}{T}\right)\\
&-l_{2113}\left(\frac{A_{\mathrm{m},A}}{T}\right)^2\left(\frac{A_{\mathrm{m},C}}{T}\right)-l_{2122}\left(\frac{A_{\mathrm{m},A}}{T}\right)\left(\frac{A_{\mathrm{m},B}}{T}\right)^2\\
&-l_{2123}\left(\frac{A_{\mathrm{m},A}}{T}\right)\left(\frac{A_{\mathrm{m},B}}{T}\right)\left(\frac{A_{\mathrm{m},C}}{T}\right)-l_{2133}\left(\frac{A_{\mathrm{m},A}}{T}\right)\left(\frac{A_{\mathrm{m},C}}{T}\right)^2\\
&-l_{2222}\left(\frac{A_{\mathrm{m},B}}{T}\right)^3-l_{2223}\left(\frac{A_{\mathrm{m},B}}{T}\right)^2\left(\frac{A_{\mathrm{m},C}}{T}\right)\\
&\left.-l_{2233}\left(\frac{A_{\mathrm{m},B}}{T}\right)\left(\frac{A_{\mathrm{m},C}}{T}\right)^2-l_{2333}\left(\frac{A_{\mathrm{m},C}}{T}\right)^3-\cdots\right]
\end{aligned}
\tag{8.611}
$$

$$
\begin{aligned}
\frac{\mathrm{d}N_{(C)\alpha_{i-1}}}{\mathrm{d}t}&=-\frac{\mathrm{d}N_{(C)l_{i-1}}}{\mathrm{d}t}=Vj_C\\
&=V\left[-l_{31}\left(\frac{A_{\mathrm{m},A}}{T}\right)-l_{32}\left(\frac{A_{\mathrm{m},B}}{T}\right)-l_{33}\left(\frac{A_{\mathrm{m},C}}{T}\right)\right.\\
&\quad-l_{311}\left(\frac{A_{\mathrm{m},A}}{T}\right)^2-l_{312}\left(\frac{A_{\mathrm{m},A}}{T}\right)\left(\frac{A_{\mathrm{m},B}}{T}\right)-l_{313}\left(\frac{A_{\mathrm{m},A}}{T}\right)\left(\frac{A_{\mathrm{m},C}}{T}\right)\\
&\quad-l_{322}\left(\frac{A_{\mathrm{m},B}}{T}\right)^2-l_{323}\left(\frac{A_{\mathrm{m},B}}{T}\right)\left(\frac{A_{\mathrm{m},C}}{T}\right)-l_{333}\left(\frac{A_{\mathrm{m},C}}{T}\right)^2\\
&\quad-l_{3111}\left(\frac{A_{\mathrm{m},A}}{T}\right)^3-l_{3112}\left(\frac{A_{\mathrm{m},A}}{T}\right)^2\left(\frac{A_{\mathrm{m},B}}{T}\right)\\
&\quad-l_{3113}\left(\frac{A_{\mathrm{m},A}}{T}\right)^2\left(\frac{A_{\mathrm{m},C}}{T}\right)-l_{3122}\left(\frac{A_{\mathrm{m},A}}{T}\right)\left(\frac{A_{\mathrm{m},B}}{T}\right)^2\\
&\quad-l_{3123}\left(\frac{A_{\mathrm{m},A}}{T}\right)\left(\frac{A_{\mathrm{m},B}}{T}\right)\left(\frac{A_{\mathrm{m},C}}{T}\right)-l_{3133}\left(\frac{A_{\mathrm{m},A}}{T}\right)\left(\frac{A_{\mathrm{m},C}}{T}\right)^2\\
&\quad-l_{3222}\left(\frac{A_{\mathrm{m},B}}{T}\right)^3-l_{3223}\left(\frac{A_{\mathrm{m},B}}{T}\right)^2\left(\frac{A_{\mathrm{m},C}}{T}\right)\\
&\quad\left.-l_{3233}\left(\frac{A_{\mathrm{m},B}}{T}\right)\left(\frac{A_{\mathrm{m},C}}{T}\right)^2-l_{3333}\left(\frac{A_{\mathrm{m},C}}{T}\right)^3-\cdots\right]
\end{aligned}
\tag{8.612}
$$

式中，

$$A_{\mathrm{m},A}=\Delta G_{\mathrm{m},A}$$

$$A_{\mathrm{m},B}=\Delta G_{\mathrm{m},B}$$

$$A_{\mathrm{m},C}=\Delta G_{\mathrm{m},C}$$

8.4 $n(>3)$ 元系凝固

8.4.1 具有最低共熔点的 $n(>3)$ 元系凝固

1. 凝固过程热力学

1) 温度降到 $T_{M_{n,1}}$

在具有最低共熔点的 $n(>3)$ 元系中，物质组成点为 M_n 的液相降温冷却。温度降至 $T_{M_{n,1}}$，物质组成点为 n 维液相面上的 $M_{n,1}$ 点，平衡液相组成为 $l_{M_{n,1}}$ 点，两点重合，是组元 A_1 的饱和溶液，有

$$(A_1)_{l_{M_{n,1}}} \equiv\equiv (A_1)_{饱} \rightleftharpoons A_1(\mathrm{s})$$

2) 温度降到 $T_{M_{n,2}}$

继续降温至 $T_{M_{n,2}}$，物质组成点为 $M_{n,2}$ 点，平衡液相组成为 $l_{M_{n,2}}$ 点。在温度刚降至 $T_{M_{n,2}}$，尚无固相析出时，液相组成仍未变，但已由组元 A_1 的饱和溶液 $l_{M_{n,1}}$，变为组元 A_1 的过饱和溶液 $l'_{M_{n,1}}$，析出固相组元 A_1，有

$$(A_1)_{l'_{M_{n,1}}} \equiv\equiv (A_1)_{过饱} = A_1(\mathrm{s})$$

以纯固态组元 A_1 为标准状态，浓度以摩尔分数表示，凝固过程的摩尔吉布斯自由能变化为

$$\begin{aligned}\Delta G_{\mathrm{m},A_1} &= \mu_{A_1(\mathrm{s})} - \mu_{(A_1)_{过饱}} = \mu_{A_1(\mathrm{s})} - \mu_{(A_1)_{l'_{M_{n,1}}}} \\ &= -RT\ln a^{\mathrm{R}}_{(A_1)_{过饱}} = -RT\ln a^{\mathrm{R}}_{(A_1)_{l'_{M_{n,1}}}}\end{aligned} \tag{8.613}$$

式中，$a^{\mathrm{R}}_{(A_1)_{过饱}}$ 是在温度为 $T_{M_{n,2}}$，组成为 $l'_{M_{n,1}}$ 的过饱和溶液中组元 A_1 的活度；

$$\mu_{A_1(\mathrm{s})} = \mu^*_{A_1(\mathrm{s})}$$

$$\mu_{(A_1)_{l'_{M_{n,1}}}} = \mu^*_{A_1(\mathrm{s})} + RT\ln a^{\mathrm{R}}_{(A_1)_{l'_{M_{n,1}}}}$$

或如下计算：

$$\begin{aligned}\Delta G_{\mathrm{m},A_1}\left(T_{M_{n,2}}\right) &= G_{\mathrm{m},A_1(\mathrm{s})}\left(T_{M_{n,2}}\right) - \overline{G}_{\mathrm{m},(A_1)_{过饱}}\left(T_{M_{n,2}}\right) \\ &= \Delta H_{\mathrm{m},A_1}\left(T_{M_{n,2}}\right) - T_{M_{n,2}}\Delta S_{\mathrm{m},A_1}\left(T_{M_{n,2}}\right) \\ &\approx \Delta H_{\mathrm{m},A_1}\left(T_{M_{n,1}}\right) - T_{M_{n,2}}\Delta S_{\mathrm{m},A_1}\left(T_{M_{n,1}}\right) \\ &= \frac{\theta_{A_1,T_{M_{n,2}}}\Delta H_{\mathrm{m},A_1}\left(T_{M_{n,1}}\right)}{T_{M_{n,1}}} \\ &= \eta_{A_1,T_{M_{n,2}}}\Delta H_{\mathrm{m},A_1}\left(T_{M_{n,1}}\right)\end{aligned} \tag{8.614}$$

式中，

$$T_{M_{n,1}} > T_{M_{n,2}}$$

$$\theta_{A_1,T_{M_{n,2}}} = T_{M_{n,1}} - T_{M_{n,2}}$$

$$\eta_{A_1,T_{M_{n,2}}} = \frac{T_{M_{n,1}} - T_{M_{n,2}}}{T_{M_{n,1}}}$$

直到液相与组元 A_1 两相达成平衡，有

$$(A_1)_{l_{M_{n,2}}} = \!= \!= (A_1)_{饱} \rightleftharpoons A_1(\mathrm{s})$$

3) 温度从 $T_{M_{n,2}}$ 到 $T_{M_{n-1,1}}$

继续降温，平衡液相组成沿 $A_1M_{n,1}$ 连线的延长线向共熔面 M_{n-1} 移动，直到交于共熔面 M_{n-1} 上的 $M_{n-1,1}$ 点。该点也是两个液相面 M_n 和 M_{n-1} 的交线上的点。从温度 $T_{M_{n,1}}$ 到 $T_{M_{n-1,1}}$，析出固相组元 A_1 的过程可以表示如下：

在温度 $T_{M_{n,i-1}}$，液相与 A_1 相两相达成平衡，有

$$(A_1)_{l_{M_{n,i-1}}} = \!= \!= (A_1)_{饱} \rightleftharpoons A_1(\mathrm{s})$$

降低温度至 $T_{M_{n,i}}$，物质组成点为 $M_{n,i}$ 点，平衡液相组成为 $l_{M_{n,i}}$ 点。在温度刚降至 $T_{M_{n,i}}$，尚无新相析出时，液相组成未变，但已由组元 A_1 的饱和溶液 $l_{M_{n,i-1}}$ 变成组元 A_1 的过饱和溶液 $l'_{M_{n,i-1}}$，析出固相组元 A_1，有

$$(A_1)_{l'_{M_{n,i-1}}} = \!= \!= (A_1)_{过饱} = \!= \!= A_1(\mathrm{s})$$

以纯固态组元 A_1 为标准状态，浓度以摩尔分数表示，凝固过程的摩尔吉布斯自由能变化为

$$\begin{aligned} \Delta G_{\mathrm{m},A_1} &= \mu_{A_1(\mathrm{s})} - \mu_{(A_1)_{过饱}} \\ &= -RT\ln a^{\mathrm{R}}_{(A_1)_{过饱}} = -RT\ln a^{\mathrm{R}}_{(A_1)_{\gamma'_{M_{n,i-1}}}} \end{aligned} \tag{8.615}$$

或

$$\begin{aligned} \Delta G_{\mathrm{m},A_1}\left(T_{M_{n,i}}\right) &= \frac{\theta_{A_1,T_{M_{n,i}}}\Delta H_{\mathrm{m},A_1}\left(T_{M_{n,i-1}}\right)}{T_{M_{n,i-1}}} \\ &= \eta_{A_1,T_{M_{n,i}}}\Delta H_{\mathrm{m},A_1}\left(T_{M_{n,i-1}}\right) \end{aligned} \tag{8.616}$$

式中，

$$\theta_{A_1,T_{M_{n,i}}} = T_{M_{n,i-1}} - T_{M_{n,i}}$$

$$\eta_{A_1,T_{M_{n,i}}} = \frac{T_{M_{n,i-1}} - T_{M_{n,i}}}{T_{M_{n,i-1}}}$$

直到液相与组元 A_1 两相达成平衡，有

$$(A_1)_{l_{M_{n,i}}} = (A_1)_{饱} \rightleftharpoons A_1(s)$$

在温度 $T_{M_{n,n}}$，两相达成平衡，有

$$(A_1)_{l_{M_{n,n}}} = (A_1)_{饱} \rightleftharpoons A_1(s)$$

继续降温到 $T_{M_{n-1,1}}$。在温度刚降至 $T_{M_{n-1,1}}$，尚无固相组元 A_1 析出时，液相组成未变，但已由组元 A_1 的饱和溶液 $l_{M_{n,n}}$ 变成组元 A_1 的过饱和溶液 $l'_{M_{n,n}}$，析出固相组元 A_1，有

$$(A_1)_{l'_{M_{n,n}}} = (A_1)_{过饱} = A_1(s)$$

以纯固态组元 A_1 为标准状态，浓度以摩尔分数表示，凝固过程的摩尔吉布斯自由能变化为

$$\begin{aligned}\Delta G_{m,A_1} &= \mu_{A_1(s)} - \mu_{(A_1)_{过饱}} \\ &= -RT\ln a^{R}_{(A_1)_{过饱}} = -RT\ln a^{R}_{(A_1)_{\gamma'_{M_{n,n}}}}\end{aligned} \tag{8.617}$$

或

$$\begin{aligned}\Delta G_{m,A_1}\left(T_{M_{n-1,1}}\right) &= \frac{\theta_{A_1,T_{M_{n-1,1}}}\Delta H_{m,A_1}\left(T_{M_{n,n}}\right)}{T_{M_{n,n}}} \\ &= \eta_{A_1,T_{M_{n-1,1}}}\Delta H_{m,A_1}\left(T_{M_{n,n}}\right)\end{aligned} \tag{8.618}$$

式中，

$$\theta_{A_1,T_{M_{n-1,1}}} = T_{M_{n,n}} - T_{M_{n-1,1}}$$

$$\eta_{A_1,T_{M_{n-1,1}}} = \frac{T_{M_{n,n}} - T_{M_{n-1,1}}}{T_{M_{n,n}}}$$

直到两相达成平衡，有

$$(A_1)_{l_{M_{n-1,1}}} = (A_1)_{饱} \rightleftharpoons A_1(s)$$

并且，组元 A_2 也达到饱和，有

$$(A_2)_{l_{M_{n-1,1}}} = (A_2)_{饱} \rightleftharpoons A_2(s)$$

4) 温度从 $T_{M_{n-1,1}}$ 到 $T_{M_{n-2,1}}$

继续降温。从温度 $T_{M_{n-1,1}}$ 到 $T_{M_{n-2,1}}$，平衡液相组成在共熔面 M_{n-1} 上沿 $M_{n-1,1}$ 和 $M_{n-2,1}$ 连线移动。凝固过程可以统一描述如下：在温度 $T_{M_{n-1,j-1}}$，两相达成平衡，有

$$(A_1)_{l_{M_{n-1,j-1}}} \equiv\equiv (A_1)_{饱} \rightleftharpoons A_1(\mathrm{s})$$

$$(A_2)_{l_{M_{n-1,j-1}}} \equiv\equiv (A_2)_{饱} \rightleftharpoons A_2(\mathrm{s})$$

继续降温到 $T_{M_{n-1,j}}$。物质组成点为 $M_{n-1,j}$，平衡液相组成为 $l_{M_{n-1,j}}$。在温度刚降到 $T_{M_{n-1,j}}$，尚未析出新相时，液相组成未变，但已由组元 A_1、A_2 的饱和溶液 $l_{M_{n-1,j-1}}$ 变成其过饱和溶液 $l'_{M_{n-1,j-1}}$，析出固相组元 A_1、A_2。有

$$(A_1)_{l'_{M_{n-1,j-1}}} \equiv\equiv (A_1)_{过饱} = A_1(\mathrm{s})$$

$$(A_2)_{l'_{M_{n-1,j-1}}} \equiv\equiv (A_2)_{过饱} = A_2(\mathrm{s})$$

以纯固态组元 A_1、A_2 为标准状态，浓度以摩尔分数表示，凝固过程的摩尔吉布斯自由能变化为

$$\begin{aligned}\Delta G_{\mathrm{m},A_1} &= \mu_{A_1(\mathrm{s})} - \mu_{(A_1)_{过饱}} \\ &= -RT\ln a^{\mathrm{R}}_{(A_1)_{过饱}} = -RT\ln a^{\mathrm{R}}_{(A_1)_{l'_{M_{n-1,j-1}}}}\end{aligned} \tag{8.619}$$

$$\begin{aligned}\Delta G_{\mathrm{m},A_2} &= \mu_{A_2(\mathrm{s})} - \mu_{(A_2)_{过饱}} \\ &= -RT\ln a^{\mathrm{R}}_{(A_2)_{过饱}} = -RT\ln a^{\mathrm{R}}_{(A_2)_{l'_{M_{n-1,j-1}}}}\end{aligned} \tag{8.620}$$

或

$$\begin{aligned}\Delta G_{\mathrm{m},A_1}\left(T_{M_{n-1,j}}\right) &= \frac{\theta_{A_1,T_{M_{n-1,j}}}\Delta H_{\mathrm{m},A_1}\left(T_{M_{n-1,j-1}}\right)}{T_{M_{n-1,j-1}}} \\ &= \eta_{A_1,T_{M_{n-1,j}}}\Delta H_{\mathrm{m},A_1}\left(T_{M_{n-1,j-1}}\right)\end{aligned} \tag{8.621}$$

$$\begin{aligned}\Delta G_{\mathrm{m},A_2}\left(T_{M_{n-1,j}}\right) &= \frac{\theta_{A_2,T_{M_{n-1,j}}}\Delta H_{\mathrm{m},A_2}\left(T_{M_{n-1,j-1}}\right)}{T_{M_{n-1,j-1}}} \\ &= \eta_{A_2,T_{M_{n-1,j}}}\Delta H_{\mathrm{m},A_2}\left(T_{M_{n-1,j-1}}\right)\end{aligned} \tag{8.622}$$

式中，

$$\theta_{A_1,T_{M_{n-1,j}}} = T_{M_{n-1,j-1}} - T_{M_{n-1,j}}$$

$$\eta_{A_1,T_{M_{n-1,j}}} = \frac{T_{M_{n-1,j-1}} - T_{M_{n-1,j}}}{T_{M_{n-1,j-1}}}$$

直到达成平衡，组元 A_1、A_2 都达到饱和，有

$$(A_1)_{l_{M_{n-1,j}}} =\!=\!= (A_1)_{饱} \rightleftharpoons A_1(\mathrm{s})$$

$$(A_2)_{l_{M_{n-1,j}}} =\!=\!= (A_2)_{饱} \rightleftharpoons A_2(\mathrm{s})$$

5) 温度从 $T_{M_{n-l,1}}$ 到 $T_{M_{n-l-1,1}}$

继续降温，重复上述过程。下面以共熔面 M_{n-l} 上的降温凝固过程为例说明。

温度从 $T_{M_{n-l,1}}$ 降到 $T_{M_{n-l-1,1}}$，物质组成点从共熔面 M_{n-l} 上的 $M_{n-l,1}$ 点变到共熔面 M_{n-l-1} 上的 $M_{n-l-1,1}$ 点，平衡液相组成沿 $M_{n-l,1}$、$M_{n-l-1,1}$ 连线移动，从 $l_{M_{n-l,1}}$ 变到 $l_{M_{n-l-1,1}}$。温度降到 $T_{M_{n-l,k-1}}$ 在温度 $T_{M_{n-l,k-1}}$ 达成平衡，平衡液相组成为 $l_{M_{n-l,k-1}}$，有

$$(A_i)_{l_{M_{n-l,k-1}}} =\!=\!= (A_i)_{饱} \rightleftharpoons A_i(\mathrm{s})$$

$$(i=1,2,\cdots,l+1)$$

继续降低温度到 $T_{M_{n-l,k}}$，物质组成点为 $M_{n-l,k}$，平衡液相组成为 $l_{M_{n-l,k}}$。当温度刚降到 $T_{M_{n-l,k}}$，尚未来得及析出新相时，溶液组成未变，但已由组元 $A_1,A_2,\cdots,A_{l+1}$ 的饱和溶液 $l_{M_{n-l,k-1}}$ 变为其过饱和溶液 $l'_{M_{n-l,k-1}}$，析出组元 $A_1,A_2,\cdots,A_{j+1}$ 的晶体，有

$$(A_i)_{l'_{M_{n-l,k-1}}} =\!=\!= (A_i)_{过饱} =\!=\!= A_i(\mathrm{s})$$

$$(i=1,2,\cdots,l+1)$$

各组元都以其纯固态为标准状态，浓度以摩尔分数表示，析晶过程的摩尔吉布斯自由能变化为

$$\begin{aligned}\Delta G_{\mathrm{m},A_i} &= \mu_{A_i(\mathrm{s})} - \mu_{(A_i)_{过饱}} \\ &= -RT\ln a^{\mathrm{R}}_{(a_i)_{过饱}} = -RT\ln a_{(A_i)_{l'_{M_{n-l,k-1}}}}\end{aligned}$$

直到两相达成平衡，有

$$(A_i)_{l_{M_{n-l,k}}} =\!=\!= (A_i)_{饱} \rightleftharpoons A_i(\mathrm{s})$$

$$(i=1,2,\cdots,e+1)$$

6) 温度从 T_{M_2} 到 T_{M_1}

温度降 T_{M_2}，物质组成点为 M_2，平衡液相组成为 l_{M_2}。固相组元 A_i 与该相 l_{M_2} 达成平衡，有

$$(A_i)_{l_{M_2}} =\!=\!= (A_i)_{饱} \rightleftharpoons A_i$$

$$(i=1,2,\cdots,n-1)$$

继续降温 T_{M_1}，即 T_E。物质组成点为 M_1，平衡液相组成为 l_{M_1}。当温度刚降 T_{M_1}，尚未来得及析出固相组元 $A_i(i=1,2,\cdots,n-1)$ 时，液相组成未变，但已由组元 $A_i(i=1,2,\cdots,n-1)$ 的饱和溶液 l_{M_2} 变成组元 $A_i(i=1,2,\cdots,n-1)$ 的过饱和溶液 l'_{M_2}，析出固相组元 $A_i(i=1,2,\cdots,n-1)$。有

$$(A_i)_{l'_{M_2}} \equiv (A_i)_{过饱} \rightleftharpoons A_i(\mathrm{s})$$

$$(i=1,2,\cdots,n-1)$$

以纯固态组元为标准状态，浓度以摩尔分数表示，析晶过程的摩尔吉布斯自由能变化为

$$\begin{aligned}\Delta G_{\mathrm{m},A_{i(\mathrm{s})}} &= \mu_{A_i(\mathrm{s})} - \mu_{(A_i)_{过饱}} = \mu_{A_i(\mathrm{s})} - \mu_{(A_i)_{l'_{M_2}}} \\ &= -RT\ln a^{\mathrm{R}}_{(A_i)_{过饱}} \\ &= -RT\ln a^{\mathrm{R}}_{(A_i)_{l'_{M_2}}}\end{aligned} \tag{8.623}$$

$$(i=1,2,\cdots,n-1)$$

直到两相达成平衡，这时 A_n 也达到饱和，有

$$(A_i)_{l_{M_1}} \equiv (A_i)_{饱} \rightleftharpoons A_{i(\mathrm{s})}$$

$$(i=1,2,\cdots,n)$$

即

$$(A_i)_{E_{(\mathrm{l})}} \equiv (A_i)_{饱} \rightleftharpoons A_{i(\mathrm{s})}$$

在平衡状态下，析出 A_i，摩尔吉布斯自由能变化为零。

7) 温度降到 T_E 以下

温度降到 T_E 以下，析晶过程描述如下。

温度降到 T_E 以下，如果上述的反应没有进行完，就会继续进行，是在非平衡状态进行。描述如下：

在温度 T_h，组元 $A_i\,(i=1,2,\cdots,n)$ 的平衡相分别为 $l_{n,A_i}\,(i=1,2,\cdots,n)$。温度刚降至 T_h，组元 $A_i\,(i=1,2,\cdots,n)$ 还未来得及析出时，溶液 $E\,(\mathrm{l})$ 的组成未变，但已由组元 $A_i\,(i=1,2,\cdots,n)$ 饱和的溶液 $E\,(\mathrm{l})$ 变成过饱和的溶液 $E'\,(\mathrm{l})$，析出固相组元 $A_i\,(i=1,2,\cdots,n)$。可以描述如下：

(1) 组元 $A_i\,(i=1,2,\cdots,n)$ 同时析出，有

$$E'\,(\mathrm{l}) = A_i\,(\mathrm{s})$$

$$(i=1,2,\cdots,n)$$

即

$$(A_i)_{\text{过饱}} \equiv (A_i)_{E'(\mathrm{l})} = A_i\,(\mathrm{s})$$

固态组元 $A_i\,(i=1,2,\cdots,n)$ 和固溶体中的组元 $A_i\,(i=1,2,\cdots,n)$ 都以纯固态为标准状态，浓度以摩尔分数表示，该过程的摩尔吉布斯自由能变化为

$$\begin{aligned}\Delta G_{\mathrm{m},A_i} &= \mu_{A_{i(\mathrm{s})}} - \mu_{(A_i)_{\text{过饱}}}\\ &= \mu_{A_{i(\mathrm{s})}} - \mu_{(A_i)_{E'(\mathrm{l})}}\\ &= -RT\ln a^{\mathrm{R}}_{(A_i)_{\text{过饱}}} = -RT\ln a^{\mathrm{R}}_{(A_i)_{E'(\mathrm{l})}}\\ &(i=1,2,\cdots,n)\end{aligned} \tag{8.624}$$

式中，

$$\mu_{A_i(\mathrm{s})} = \mu^*_{A_i(\mathrm{s})}$$

$$\begin{aligned}\mu_{(A_i)_{\text{过饱}}} = \mu_{(A_i)_{E'(\mathrm{l})}} &= \mu^*_{A_i(\mathrm{s})} + RT\ln a^{\mathrm{R}}_{(A_i)_{\text{过饱}}}\\ &= \mu^*_{A_i(\mathrm{s})} + RT\ln a^{\mathrm{R}}_{(A_i)_{E'(\mathrm{l})}}\end{aligned} \tag{8.625}$$

或者

$$\begin{aligned}\Delta G_{\mathrm{m},A_i}\,(T_h) &= \frac{\theta_{A_i,T_h}\Delta H_{\mathrm{m},A_i}\,(T_E)}{T_E}\\ &= \eta_{A_i,T_h}\Delta H_{\mathrm{m},A_i}\,(T_E)\end{aligned}$$

式中，

$$\theta_{A_i,T_h} = T_E - T_h$$

为绝对饱和过冷度；

$$\eta_{A_i,T_h} = \frac{T_E - T_h}{T_E}$$

为相对饱和过冷度。

(2) 先析出组元 A_1，再析出其他组元。有

$$E'\,(\mathrm{l}) = A_1\,(\mathrm{s})$$

即

$$(A_1)_{\text{过饱}} \equiv (A_1)_{E'(\mathrm{l})} = A_1\,(\mathrm{s})$$

析出组元 A_1，其余组元的过饱和程度增大，溶液组成偏离共晶点 $E(\mathrm{l})$，向组元 A_1 的平衡相 l_{A_1} 靠近，以 l'_{A_1} 表示。达到一定程度后，组元 $A_i\,(i=2,3,\cdots,n)$ 一起析出，有

$$l'_{A_1} = A_i\,(\mathrm{s})$$
$$(i=2,3,\cdots,n)$$

即

$$(A_i)_{过饱} \equiv (A_1)_{l'_{A_1}} = A_i\,(\mathrm{s})$$
$$(i=2,3,\cdots,n)$$

以纯固态组元 A_i 为标准状态，浓度以摩尔分数表示，析晶过程的摩尔吉布斯自由能变化为

$$\begin{aligned}\Delta G_{\mathrm{m},A_1} &= \mu_{A_1(\mathrm{s})} - \mu_{(A_1)_{过饱}}\\ &= \mu_{A_1(\mathrm{s})} - \mu_{(A_1)_{E'(\mathrm{l})}}\\ &= -RT\ln a^{\mathrm{R}}_{(A_1)_{过饱}} = -RT\ln a^{\mathrm{R}}_{(A_1)_{E'(\mathrm{l})}}\end{aligned} \tag{8.626}$$

式中，

$$\begin{aligned}\mu_{A_1(\mathrm{s})} &= \mu^*_{A_1(\mathrm{s})}\\ \mu_{(A_1)_{过饱}} &= \mu_{(A_1)_{E'(\mathrm{l})}} = \mu^*_{A_1(\mathrm{s})} + RT\ln a^{\mathrm{R}}_{(A_1)_{过饱}}\\ &= \mu^*_{A_1(\mathrm{s})} + RT\ln a^{\mathrm{R}}_{(A_1)_{E'(\mathrm{l})}}\end{aligned} \tag{8.627}$$

$$\begin{aligned}\Delta G_{\mathrm{m},A_i} &= \mu_{A_{i(\mathrm{s})}} - \mu_{(A_i)_{过饱}}\\ &= \mu_{A_{i(\mathrm{s})}} - \mu_{(A_i)_{l'_{A_1}}}\\ &= -RT\ln a^{\mathrm{R}}_{(A_i)_{过饱}} = -RT\ln a^{\mathrm{R}}_{(A_i)_{l'_{A_1}}}\end{aligned} \tag{8.628}$$

式中，

$$\begin{aligned}\mu_{A_i(\mathrm{s})} &= \mu^*_{A_i(\mathrm{s})}\\ \mu_{(A_i)_{l'_{A_i}}} &= \mu^*_{A_i(\mathrm{s})} + RT\ln a^{\mathrm{R}}_{(A_i)_{过饱}}\\ &= \mu^*_{A_i(\mathrm{s})} + RT\ln a^{\mathrm{R}}_{(A_i)_{l'_{A_1}}}\end{aligned}$$
$$(i=2,3,\cdots,n)$$

或者

$$\Delta G_{\mathrm{m},A_1}(T_h) = \frac{\theta_{A_1,T_h}\Delta H_{\mathrm{m},A_1}(T_E)}{T_E}$$

$$= \eta_{A_1,T_h} \Delta H_{\mathrm{m},A_1}(T_E)$$

$$\Delta G_{\mathrm{m},A_i}(T_h) = \frac{\theta_{A_i,T_h} \Delta H_{\mathrm{m},A_i}(T_E)}{T_E}$$

$$= \eta_{A_i,T_h} \Delta H_{\mathrm{m},A_i}(T_E)$$

式中,

$$\theta_{A_i,T_h} = T_E - T_h$$

为绝对饱和过冷度,

$$\eta_{A_i,T_h} = \frac{T_E - T_h}{T_E}$$

为相对饱和过冷度。

$$\Delta H_{\mathrm{m},A_1}(T_E) = H_{\mathrm{m},A_1(\mathrm{s})}(T_E) - \bar{H}_{\mathrm{m},(A_1)_{E(\mathrm{l})}}(T_E)$$

$$\Delta H_{\mathrm{m},A_i}(T_E) = H_{\mathrm{m},A_i(\mathrm{s})}(T_E) - \bar{H}_{\mathrm{m},(A_i)_{E(\mathrm{l})}}(T_E)$$

(3) 先析出组元 A_1、A_2,再析出其他组元

$$E'(\mathrm{l}) \Longleftrightarrow A_1(\mathrm{s}) + A_2(\mathrm{s})$$

即

$$(A_1)_{\text{过饱}} \equiv (A_1)_{E'(\mathrm{l})} \Longleftrightarrow A_1(\mathrm{s})$$

$$(A_2)_{\text{过饱}} \equiv (A_2)_{E'(\mathrm{l})} \Longleftrightarrow A_2(\mathrm{s})$$

析出组元 A_1、A_2,其余组元的过饱和程度增大,溶液组成偏离 $E(\mathrm{l})$,向组元 A_1、A_2 的平衡相 l_{A_1} 和 l_{A_2} 靠近,记作 l_{A_1,A_2} 表示。达到一定程度后,组元 $A_i\ (i = 3, 4, \cdots, n)$ 一起析出,有

$$l'_{A_1,A_2} = A_i(\mathrm{s})$$

$$(i = 3, 4, \cdots, n)$$

即

$$(A_i)_{\text{过饱}} \equiv (A_1)_{l'_{A_1,A_2}} \Longleftrightarrow A_i(\mathrm{s})$$

$$(i = 3, 4, \cdots, n)$$

以纯固体组元 A_1、A_2、$\cdots$、A_n 为标准状态,浓度以摩尔分数表示,析晶过程的摩尔吉布斯自由能变化为

$$\Delta G_{\mathrm{m},A_1} = \mu_{A_1(\mathrm{s})} - \mu_{(A_1)_{\text{过饱}}}$$

$$
\begin{aligned}
&= \mu_{A_1(\mathrm{s})} - \mu_{(A_1)_{E'(\mathrm{l})}} \\
&= -RT\ln a^{\mathrm{R}}_{(A_1)_{过饱}} = -RT\ln a^{\mathrm{R}}_{(A_1)_{E'(\mathrm{l})}}
\end{aligned}
\tag{8.629}
$$

式中，

$$
\begin{aligned}
\mu_{A_1(\mathrm{s})} &= \mu^*_{A_1(\mathrm{s})} \\
\mu_{(A_1)_{过饱}} &= \mu_{(A_1)_{E'(\mathrm{l})}} = \mu^*_{A_1(\mathrm{s})} + RT\ln a^{\mathrm{R}}_{(A_1)_{过饱}} \\
&= \mu^*_{A_1(\mathrm{s})} + RT\ln a^{\mathrm{R}}_{(A_1)_{E'(\mathrm{l})}}
\end{aligned}
$$

$$
\begin{aligned}
\Delta G_{\mathrm{m},A_2} &= \mu_{A_2(\mathrm{s})} - \mu_{(A_2)_{过饱}} \\
&= \mu_{A_2(\mathrm{s})} - \mu_{(A_2)_{E'(\mathrm{l})}} \\
&= -RT\ln a^{\mathrm{R}}_{(A_2)_{过饱}} = -RT\ln a^{\mathrm{R}}_{(A_2)_{E'(\mathrm{l})}}
\end{aligned}
\tag{8.630}
$$

式中，

$$
\begin{aligned}
\mu_{A_2(\mathrm{s})} &= \mu^*_{A_2(\mathrm{s})} \\
\mu_{(A_2)_{过饱}} &= \mu_{(A_2)_{E'(\mathrm{l})}} = \mu^*_{A_2(\mathrm{s})} + RT\ln a^{\mathrm{R}}_{(A_2)_{过饱}} \\
&= \mu^*_{A_2(\mathrm{s})} + RT\ln a^{\mathrm{R}}_{(A_2)_{E'(\mathrm{l})}}
\end{aligned}
$$

$$
\begin{aligned}
\Delta G_{\mathrm{m},A_i} &= \mu_{A_{i(\mathrm{s})}} - \mu_{(A_i)_{过饱}} \\
&= \mu_{A_{i(\mathrm{s})}} - \mu_{(A_i)_{l'_{A_1,A_2}}} \\
&= -RT\ln a^{\mathrm{R}}_{(A_i)_{过饱}} = -RT\ln a^{\mathrm{R}}_{(A_i)_{l'_{A_1,A_2}}} \\
&(i = 3, 4, \cdots, n)
\end{aligned}
\tag{8.631}
$$

式中，

$$
\begin{aligned}
\mu_{A_i(\mathrm{s})} &= \mu^*_{A_i(\mathrm{s})} \\
\mu_{(A_i)_{过饱}} &= \mu_{(A_i)_{l'_{A_1,A_2}}} = \mu^*_{A_i(\mathrm{s})} + RT\ln a^{\mathrm{R}}_{(A_i)_{过饱}} \\
&= \mu^*_{A_i(\mathrm{s})} + RT\ln a^{\mathrm{R}}_{(A_i)_{l'_{A_1,A_2}}}
\end{aligned}
$$

或者

$$
\Delta G_{\mathrm{m},A_i}(T_h) = \frac{\theta_{A_i,T_h}\Delta H_{\mathrm{m},A_i}(T_E)}{T_E}
$$

$$
(i = 1, 2, \cdots, n)
$$

(4) 先析出组元 $A_i\,(i = 1, 2, \cdots, m)$，再析出其他组元 $A_j(j = m+1, m+2, \cdots, n)\,(n > m)$，有

$$
E'(\mathrm{l}) \Longrightarrow A_i(\mathrm{s})
$$

即

$$(A_i)_{过饱} \equiv\!\equiv (A_i)_{E'(1)} =\!= A_i\,(\mathrm{s})$$

$$(i=1,2,\cdots,m)$$

析出组元 $A_i\,(\mathrm{s})\,(i=1,2,\cdots,m)$，其余组元的过饱和程度增大，溶液组成偏离 $E\,(1)$，向组元 $A_i\,(i=1,2,\cdots,m)$ 的平衡相 $l_{A_i(i=1,2,\cdots,m)}$ 靠近，记作 $l'_{A_1,A_2,\cdots,A_m}$。达到一定程度后，组元 $A_j\,(j=m+1,m+2,\cdots,n)$ 一起析出，有

$$l'_{A_1,A_2,\cdots,A_m} = A_j\,(\mathrm{s})$$

$$(j=m+1,m+2,\cdots,n)$$

即

$$(A_j)_{过饱} \equiv (A_j)_{l'_{A_1,A_2,\cdots,A_m}} = A_j\,(\mathrm{s})$$

$$(j=m+1,m+2,\cdots,n)$$

降低温度，如果上述反应未完成，重复上述过程。

以纯固体组元 $A_i\,(i=1,2,\cdots,m)$、$A_j\,(j=m+1,m+2,\cdots,n)$ 为标准状态，浓度以摩尔分数表示，析晶过程的摩尔吉布斯自由能变化为

$$\begin{aligned}\Delta G_{\mathrm{m},A_i} &= \mu_{A_{i(\mathrm{s})}} - \mu_{(A_i)_{过饱}}\\ &= \mu_{A_{i(\mathrm{s})}} - \mu_{(A_i)_{E'(1)}}\\ &= -RT\ln a^{\mathrm{R}}_{(A_i)_{过饱}} = -RT\ln a^{\mathrm{R}}_{(A_i)_{E'(1)}}\end{aligned} \tag{8.632}$$

式中，

$$\begin{aligned}\mu_{A_i(\mathrm{s})} &= \mu^*_{A_i(\mathrm{s})}\\ \mu_{(A_i)_{E'(1)}} &= \mu^*_{A_i(\mathrm{s})} + RT\ln a^{\mathrm{R}}_{(A_i)_{过饱}}\\ &= \mu^*_{A_i(\mathrm{s})} + RT\ln a^{\mathrm{R}}_{(A_i)_{E'(1)}}\end{aligned}$$

$$\begin{aligned}\Delta G_{\mathrm{m},A_j} &= \mu_{A_{j(\mathrm{s})}} - \mu_{(A_j)_{过饱}}\\ &= \mu_{A_{j(\mathrm{s})}} - \mu_{(A_j)_{l'_{A_1,A_2,\cdots,A_m}}}\\ &= -RT\ln a^{\mathrm{R}}_{(A_j)_{过饱}} = -RT\ln a^{\mathrm{R}}_{(A_j)_{l'_{A_1,A_2,\cdots,A_m}}}\end{aligned} \tag{8.633}$$

式中，

$$\mu_{A_j(\mathrm{s})} = \mu^*_{A_j(\mathrm{s})}$$

$$\begin{aligned}\mu_{(A_j)_{\text{过饱}}} &= \mu^*_{A_j(\mathrm{s})} + RT\ln a^{\mathrm{R}}_{(A_j)_{\text{过饱}}} \\ &= \mu^*_{A_j(\mathrm{s})} + RT\ln a^{\mathrm{R}}_{(A_j)_{l'_{A_1,A_2,\cdots,A_m}}}\end{aligned}$$

或者

$$\begin{aligned}\Delta G_{\mathrm{m},A_i}(T_h) &= \frac{\theta_{A_i,T_h}\Delta H_{\mathrm{m},A_i}(T_E)}{T_E} \\ &= \eta_{A_i,T_h}\Delta H_{\mathrm{m},A_i}(T_E) \\ \Delta G_{\mathrm{m},A_j}(T_h) &= \frac{\theta_{A_j,T_h}\Delta H_{\mathrm{m},A_i}(T_E)}{T_E} \\ &= \eta_{A_j,T_h}\Delta H_{\mathrm{m},A_i}(T_E)\end{aligned}$$

式中，

$$\theta_{A_J,T_h} = T_E - T_h$$

$$\eta_{A_J,T_h} = \frac{T_E - T_h}{T_E}$$

$$J = i、j$$

$$\Delta H_{\mathrm{m},A_i}(T_E) = \bar{H}_{\mathrm{m},A_i(\mathrm{s})}(T_E) - \bar{H}_{\mathrm{m},(A_i)_{E(1)}}(T_E)$$

$$\Delta H_{\mathrm{m},A_j}(T_E) = \bar{H}_{\mathrm{m},A_j(\mathrm{s})}(T_E) - \bar{H}_{\mathrm{m},(A_j)_{E(1)}}(T_E)$$

2. 相变速率

1) 在液相面 M_n 上，温度 $T_{M_n,i}$

在液相面 M_n 上，温度为 $T_{M_n,i}$，单位体积液相中，析晶速率为

$$\begin{aligned}\frac{\mathrm{d}n_{A_{i(\mathrm{s})}}}{\mathrm{d}t} &= -\frac{\mathrm{d}n_{(A_1)_{l'_{M_n,i-1}}}}{\mathrm{d}t} = j_{A_1} \\ &= -l_1\left(\frac{A_{\mathrm{m},A_1}}{T}\right) - l_2\left(\frac{A_{\mathrm{m},A_1}}{T}\right)^2 - l_3\left(\frac{A_{\mathrm{m},A_1}}{T}\right)^3 - \cdots\end{aligned} \tag{8.634}$$

$$(i=1)$$

式中，

$$A_{\mathrm{m},A_1} = \Delta G_{\mathrm{m},A_1}$$

2) 在其熔面 M_{n-1} 上，温度为 $T_{M_{n-1},j}$，析晶速率为

$$\frac{\mathrm{d}n_{A_{j(\mathrm{s})}}}{\mathrm{d}t} = -\frac{\mathrm{d}n_{(A_j)_{l'_{M_{n-1},j-1}}}}{\mathrm{d}t} = j_{A_j}$$

$$= -l_1\left(\frac{A_{\mathrm{m},A_j}}{T}\right) - l_2\left(\frac{A_{\mathrm{m},A_j}}{T}\right)^2 - l_3\left(\frac{A_{\mathrm{m},A_j}}{T}\right)^3 - \cdots \tag{8.635}$$

$$(i = 1, 2)$$

3) 在其熔面 M_{n-l} 上，温度为 $T_{M_{n-l},k}$，析晶速率为

$$\frac{\mathrm{d}n_{A_k}}{\mathrm{d}t} = -\frac{\mathrm{d}n_{(A_k)_{l'_{M_{n-l,k-1}}}}}{\mathrm{d}t} = j_{A_k}$$

$$= -l_1\left(\frac{A_{\mathrm{m},A_k}}{T}\right) - l_2\left(\frac{A_{\mathrm{m},A_k}}{T}\right)^2 - l_3\left(\frac{A_{\mathrm{m},A_k}}{T}\right)^3 - \cdots \tag{8.636}$$

4) 温度在 T_E 以下析晶速率为

(1) 组元 $A_i(i = 1, 2, \cdots, n)$ 同时析出，有

$$\frac{\mathrm{d}n_{A_i}}{\mathrm{d}t} = -\frac{\mathrm{d}n_{(A_i)_{E'(1)}}}{\mathrm{d}t} = j_{A_i}$$

$$= -l_1\left(\frac{A_{\mathrm{m},A_i}}{T}\right) - l_2\left(\frac{A_{\mathrm{m},A_i}}{T}\right)^2 - l_3\left(\frac{A_{\mathrm{m},A_i}}{T}\right)^3 - \cdots \tag{8.637}$$

$$(i = 1, 2, \cdots, n)$$

(2) 先析出组元 A，再析出其他组元，有

$$\frac{\mathrm{d}n_{A_1}}{\mathrm{d}t} = -\frac{\mathrm{d}n_{(A_1)_{E'(1)}}}{\mathrm{d}t} = j_{A_1}$$

$$= -l_1\left(\frac{A_{\mathrm{m},A_1}}{T}\right) - l_2\left(\frac{A_{\mathrm{m},A_1}}{T}\right)^2 - l_3\left(\frac{A_{\mathrm{m},A_1}}{T}\right)^3 - \cdots \tag{8.638}$$

$$\frac{\mathrm{d}n_{A_i}}{\mathrm{d}t} = -\frac{\mathrm{d}n_{(A_i)_{l'_{A_1}}}}{\mathrm{d}t} = j_{A_i}$$

$$= -l_1\left(\frac{A_{\mathrm{m},A_i}}{T}\right) - l_2\left(\frac{A_{\mathrm{m},A_i}}{T}\right)^2 - l_3\left(\frac{A_{\mathrm{m},A_i}}{T}\right)^3 - \cdots \tag{8.639}$$

$$(i = 2, 3, \cdots, n)$$

(3) 先析出组元 A_1、A_2，再析出其他组元，有

$$\frac{\mathrm{d}n_{A_1}}{\mathrm{d}t} = -\frac{\mathrm{d}n_{(A_1)_{E'_{(1)}}}}{\mathrm{d}t} = j_{A_1}$$

$$= -l_1\left(\frac{A_{\mathrm{m},A_1}}{T}\right) - l_2\left(\frac{A_{\mathrm{m},A_1}}{T}\right)^2 - l_3\left(\frac{A_{\mathrm{m},A_1}}{T}\right)^3 - \cdots \tag{8.640}$$

$$\frac{\mathrm{d}n_{A_2}}{\mathrm{d}t} = -\frac{\mathrm{d}n_{(A_2)_{E'(1)}}}{\mathrm{d}t} = j_{A_2}$$

$$= -l_1\left(\frac{A_{\mathrm{m},A_2}}{T}\right) - l_2\left(\frac{A_{\mathrm{m},A_2}}{T}\right)^2 - l_3\left(\frac{A_{\mathrm{m},A_2}}{T}\right)^3 - \cdots \tag{8.641}$$

$$\frac{\mathrm{d}n_{A_i}}{\mathrm{d}t} = -\frac{\mathrm{d}n_{(A_i)_{l'_{A_1,A_2}}}}{\mathrm{d}t} = j_{A_i}$$

$$= -l_1\left(\frac{A_{\mathrm{m},A_i}}{T}\right) - l_2\left(\frac{A_{\mathrm{m},A_i}}{T}\right)^2 - l_3\left(\frac{A_{\mathrm{m},A_i}}{T}\right)^3 - \cdots \tag{8.642}$$

$$(i = 3, 4, \cdots, n)$$

(4) 先析出组元 $A_i(i = 1, 2, \cdots, m)$，再析出其全组元，有

$$\frac{\mathrm{d}n_{A_i}}{\mathrm{d}t} = -\frac{\mathrm{d}n_{(A_i)_{E'(1)}}}{\mathrm{d}t} = j_{A_i}$$

$$= -l_1\left(\frac{A_{\mathrm{m},A_i}}{T}\right) - l_2\left(\frac{A_{\mathrm{m},A_i}}{T}\right)^2 - l_3\left(\frac{A_{\mathrm{m},A_i}}{T}\right)^3 - \cdots \tag{8.643}$$

$$(i = 1, 2, \cdots, m)$$

$$\frac{\mathrm{d}n_{A_j}}{\mathrm{d}t} = -\frac{\mathrm{d}n_{(A_j)_{l'_{A_i(i=1,2,\cdots,m)}}}}{\mathrm{d}t} = j_{A_j}$$

$$= -l_1\left(\frac{A_{\mathrm{m},A_j}}{T}\right) - l_2\left(\frac{A_{\mathrm{m},A_j}}{T}\right)^2 - l_3\left(\frac{A_{\mathrm{m},A_j}}{T}\right)^3 - \cdots \tag{8.644}$$

$$(i = m+1, m+2, \cdots, n)$$

(5) 先析出组元 $A_k(k = 1, 2, \cdots, n-1)$, 再析出 A_n, 有

$$\frac{\mathrm{d}n_{A_k}}{\mathrm{d}t} = -\frac{\mathrm{d}n_{(A_k)_{E'(1)}}}{\mathrm{d}t} = j_{A_k}$$

$$= -l_1\left(\frac{A_{\mathrm{m},A_k}}{T}\right) - l_2\left(\frac{A_{\mathrm{m},A_k}}{T}\right)^2 - l_3\left(\frac{A_{\mathrm{m},A_k}}{T}\right)^3 - \cdots \tag{8.645}$$

$$(k = 1, 2, \cdots, m-1)$$

$$\frac{\mathrm{d}n_{A_n}}{\mathrm{d}t} = -\frac{\mathrm{d}n_{(A_n)_{l'_{A_k(i=1,2,\cdots,n-1)}}}}{\mathrm{d}t} = j_{A_n}$$

$$= -l_1\left(\frac{A_{\mathrm{m},A_n}}{T}\right) - l_2\left(\frac{A_{\mathrm{m},A_n}}{T}\right)^2 - l_3\left(\frac{A_{\mathrm{m},A_n}}{T}\right)^3 - \cdots \tag{8.646}$$

8.4.2 具有最低共熔点的 $n(>3)$ 元固溶体

1. 凝固过程热力学

1) 降温到 $T_{M_{n,1}}$

在由 n 个固溶体组元 α_n^1、α_{n-1}^2、α_{n-2}^3、$\cdots$、α_1^n(上角标表示固溶体的种类，下角标表示该固溶体出现时的坐标维数) 构成具有最低共熔点的 $n(>3)$ 元系中，物质组成为 M_n 的液相降温冷却。温度降到 $T_{M_{n,1}}$，物质组成点为液相面上的 $M_{n,1}$ 点，平衡液相为 $l_{M_{n,1}}$ 点，两点重合，是固溶体 $\alpha_{n,1}^1$ 的饱和溶液。有

$$\left(\alpha_{n,1}^1\right)_{l_{M_{n,1}}} \equiv \left(\alpha_{n,1}^1\right)_{饱} \rightleftharpoons \alpha_{n,1}^1$$

$$(i)_{l_{M_{n,1}}} \rightleftharpoons (i)_{l_{M_{n,1}}}$$

$$(i=1,2,\cdots,m)$$

2) 降温到 $T_{M_{n,2}}$

继续降温至 $T_{M_{n,2}}$，物质组成点为 $M_{n,2}$，平衡液相组成为 $l_{M_{n,2}}$，平衡固相为 $\alpha_{n,2}^1$。在温度刚降至 $T_{M_{n,2}}$，尚无固相析出时，液相组成未变，但已由固溶体组元 $\alpha_{n,1}^1$ 饱和的溶液 $l_{M_{n,1}}$ 变成过饱和的溶液 $l'_{M_{n,1}}$，析出固溶体组元 $\alpha_{n,1}^1$，有

$$\left(\alpha_{n,1}^1\right)_{l'_{M_{n,1}}} \equiv \left(\alpha_{n,1}^1\right)_{过饱} = \alpha_{n,1}^1$$

$$(i)_{l'_{M_{n,1}}} \rightleftharpoons (i)_{\alpha_{n,1}^1}$$

该过程的摩尔吉布斯自由能变化为

$$\begin{aligned}
\Delta G_{\mathrm{m},\alpha_{n,1}^1}\left(T_{M_{n,2}}\right) &= \bar{G}_{\mathrm{m},\alpha_{n,1}^1}\left(T_{M_{n,2}}\right) - \bar{G}_{\mathrm{m},\alpha_{n,1}^1}\left(T_{M_{n,2}}\right) \\
&= \frac{\theta_{\alpha_{n,1}^1,T_{M_{n,2}}}\Delta H_{\mathrm{m},\alpha_{n,1}^1}\left(T_{M_{n,1}}\right)}{T_{M_{n,1}}} \\
&= \eta_{\alpha_{n,1}^1,T_{M_{n,2}}}\Delta H_{\mathrm{m},\alpha_{n,1}^1}\left(T_{M_{n,1}}\right) \\
\Delta G_{\mathrm{m},(i)_{\alpha_{n,1}^1}}\left(T_{M_{n,2}}\right) &= \bar{G}_{m,(i)_{\alpha_{n,1}^1}}\left(T_{M_{n,2}}\right) - \bar{G}_{m,(i)_{\alpha_{n,1}^1}}\left(T_{M_{n,2}}\right) \\
&= \frac{\theta_{(i)_{\alpha_{n,1}^1},T_{M_{n,2}}}\Delta H_{\mathrm{m},(i)_{\alpha_{n,1}^1}}\left(T_{M_{n,1}}\right)}{T_{M_{n,1}}} \\
&= \eta_{(i)_{\alpha_{n,1}^1},T_{M_{n,2}}}\Delta H_{\mathrm{m},(i)_{\alpha_{n,1}^1}}\left(T_{M_{n,1}}\right)
\end{aligned}$$

式中，

$$T_{M_{n,1}} > T_{M_{n,2}}$$

$$\theta_{\alpha_{n,1}^1,T_{M_{n,2}}} = \theta_{(i)_{\alpha_{n,1}^1},T_{M_{n,2}}} = T_{M_{n,1}} - T_{M_{n,2}}$$

$$\eta_{\alpha^1_{n,1},T_{M_{n,2}}} = \eta_{(i)_{\alpha^1_{n,1}},T_{M_{n,2}}} = \frac{T_{M_{n,1}} - T_{M_{n,2}}}{T_{M_{n,1}}}$$

以纯固态组元 $\alpha^1_{n,1}$ 和纯固态组元 i 为标准状态，浓度以摩尔分数表示，上述过程的摩尔吉布斯自由能变化为

$$\begin{aligned}\Delta G_{\mathrm{m},\alpha^1_{n,1}} &= \mu_{\alpha^1_{n,1}} - \mu_{(\alpha^1_{n,1})_{过饱}} = \mu_{\alpha^1_{n,1}} - \mu_{(\alpha^1_{n,1})_{l'_{M_{n,1}}}} \\ &= -RT\ln a^{\mathrm{R}}_{(\alpha^1_{n,1})_{过饱}} = -RT\ln a^{\mathrm{R}}_{(\alpha^1_{n,1})_{l'_{M_{n,1}}}}\end{aligned} \tag{8.647}$$

$$\begin{aligned}\Delta G_{\mathrm{m},(i)_{\alpha^1_{n,1}}} &= \mu_{(i)_{\alpha^1_{n,1}}} - \mu_{(i)_{l'_{M_{n,1}}}} \\ &= -RT\ln\frac{a^{\mathrm{R}}_{(i)_{\alpha^1_{n,1}}}}{a^{\mathrm{R}}_{(i)_{过饱}}} = -RT\ln\frac{a^{\mathrm{R}}_{(i)_{\alpha^1_{n,1}}}}{a^{\mathrm{R}}_{(i)_{l'_{M_{n,1}}}}}\end{aligned} \tag{8.648}$$

直至液固两相达成平衡，有

$$(\alpha^1_{n,2})_{l_{M_{n,2}}} \equiv (\alpha^1_{n,2})_{饱} \rightleftharpoons \alpha^1_{n,2}$$

$$(i)_{l_{M_{n,2}}} \rightleftharpoons (i)_{\alpha^1_{n,2}}$$

3) 温度由 $T_{M_{n,1}}$ 到 $T_{M_{n-1,1}}$

继续降温，从 $T_{M_{n,1}}$ 至 $T_{M_{n-1,1}}$，平衡液相组成沿 $\alpha^1_{n,1}M_n$ 连线的延长线向共熔面 M_{n-1} 移动，直至交于共熔面 M_{n-1} 上的 $M_{n-1,1}$ 点。从温度 $T_{M_{n,1}}$ 至 $T_{M_{n-1,1}}$ 析出固溶体的过程描述如下。

在温度 $T_{M_{n,j-1}}$ 的物质组成点为 $M_{n,j-1}$，液固两相达成平衡，平衡液相组成为 $l_{M_{n,j-1}}$，固相为 $\alpha^1_{n,j-1}$，有

$$(\alpha^1_{n,j-1})_{l_{M_{n,j-1}}} \equiv (\alpha^1_{n,j-1})_{饱} \rightleftharpoons \alpha^1_{n,j-1}$$

$$(i)_{l_{M_{n,j-1}}} \rightleftharpoons (i)_{\alpha^1_{n,j-1}}$$

$$(i = 1, 2, \cdots, m)$$

继续降温到 $T_{M_{n,j}}$，物质组成点为 $M_{n,j}$，平衡液相组成为 $l_{M_{n,j}}$ 点，平衡固相为 $\alpha^1_{n,j}$。在温度刚降至 $T_{M_{n,j}}$，尚无固相组元 $\alpha^1_{n,j}$ 析出时，液相组成未变，但已由固溶体组元 $\alpha^1_{n,j-1}$ 饱和的溶液 $l_{M_{n,j-1}}$ 变成固溶体组元 $\alpha^1_{n,j-1}$ 的过饱和溶液 $l'_{M_{n,1}}$，析出固溶体 $\alpha^1_{n,j-1}$，有

$$(\alpha^1_{n,j-1})_{l'_{M_{n,j-1}}} \equiv (\alpha^1_{n,j-1})_{过饱} = \alpha^1_{n,j-1}$$

$$(i)_{l'_{M_{n,j-1}}} \rightleftharpoons (i)_{\alpha^1_{n,j-1}}$$

$$(i=1,2,\cdots,m)$$

该过程的摩尔吉布斯自由能变化为

$$\begin{aligned}
\Delta G_{\mathrm{m},\alpha_{n,j-1}^1}\left(T_{M_{n,j}}\right) &= G_{\mathrm{m},\alpha_{n,j-1}^1}\left(T_{M_{n,j}}\right) - \bar{G}_{\mathrm{m},\left(\alpha_{n,j-1}^1\right)_{l'_{M_{n,1}}}}\left(T_{M_{n,j}}\right) \\
&= \frac{\theta_{\alpha_{n,j-1}^1,T_{M_{n,j}}}\Delta H_{\mathrm{m},\alpha_{n,j-1}^1}\left(T_{M_{n,j-1}}\right)}{T_{M_{n,j-1}}} \\
&= \eta_{\alpha_{n,j-1}^1,T_{M_{n,j}}}\Delta H_{\mathrm{m},\alpha_{n,j-1}^1}\left(T_{M_{n,j-1}}\right)
\end{aligned}$$

$$\begin{aligned}
\Delta G_{\mathrm{m},(i)_{\alpha_{n,j-1}^1}}\left(T_{M_{n,j}}\right) &= \bar{G}_{\mathrm{m},(i)_{\alpha_{n,j-1}^1}}\left(T_{M_{n,j}}\right) - \bar{G}_{\mathrm{m},(i)_{l'_{M_{n,j-1}}}}\left(T_{M_{n,j}}\right) \\
&= \frac{\theta_{(i)_{\alpha_{n,j-1}^1},T_{M_{n,j}}}\Delta H_{\mathrm{m},(i)_{\alpha_{n,j-1}^1}}\left(T_{M_{n,j-1}}\right)}{T_{M_{n,j-1}}} \\
&= \eta_{(i)_{\alpha_{n,j-1}^1},T_{M_{n,j}}}\Delta H_{\mathrm{m},(i)_{\alpha_{n,j-1}^1}}\left(T_{M_{n,j-1}}\right)
\end{aligned}$$

式中，

$$T_{M_{n,j-1}}>T_{M_{n,j}}$$

$$\theta_{\alpha_{n,j-1}^1,T_{M_{n,j}}}=\theta_{(i)_{\alpha_{n,j-1}^1},T_{M_{n,j}}}=T_{M_{n,j-1}}-T_{M_{n,j}}$$

$$\eta_{\alpha_{n,j-1}^1,T_{M_{n,j}}}=\eta_{(i)_{\alpha_{n,j-1}^1},T_{M_{n,j}}}=\frac{T_{M_{n,j-1}}-T_{M_{n,j}}}{T_{M_{n,j-1}}}$$

以纯固态组元 $\alpha_{n,j-1}^1$ 和纯固态组元 i 为标准状态，浓度以摩尔分数表示，上述过程的摩尔吉布斯自由能变化为

$$\begin{aligned}
\Delta G_{\mathrm{m},\alpha_{n,j-1}^1} &= \mu_{\alpha_{n,j-1}^1} - \mu_{\left(\alpha_{n,j-1}^1\right)_{\text{过饱}}} \\
&= \mu_{\alpha_{n,j-1}^1} - \mu_{\left(\alpha_{n,j-1}^1\right)_{l'_{M_{n,j-1}}}} \\
&= -RT\ln a_{(i)_{l'_{M_{n,j-1}}}}^{\mathrm{R}}
\end{aligned}$$

$$\begin{aligned}
\Delta G_{\mathrm{m},(i)_{\alpha_{n,j-1}^1}} &= \mu_{(i)_{\alpha_{n,j-1}^1}} - \mu_{(i)_{l'_{M_{n,j-1}}}} \\
&= -RT\ln\frac{a_{(i)_{\alpha_{n,j-1}^1}}^{\mathrm{R}}}{a_{(i)_{l'_{M_{n,j-1}}}}^{\mathrm{R}}}
\end{aligned}$$

式中，

$$\mu_{\alpha_{n,j-1}^1}=\mu_{\alpha_{n,j-1}^1}^*$$

$$\begin{aligned}\mu_{\left(\alpha^1_{n,j-1}\right)_{\text{过饱}}} &= \mu_{\left(\alpha^1_{n,j-1}\right)_{l'_{M_{n,j-1}}}}\\&= \mu^*_{\alpha^1_{n,j-1}} + RT\ln a^{\mathrm{R}}_{\left(\alpha^1_{n,j-1}\right)_{\text{过饱}}}\\&= \mu^*_{\alpha^1_{n,j-1}} + RT\ln a^{\mathrm{R}}_{\left(\alpha^1_{n,j-1}\right)_{l'_{M_{n,j-1}}}}\\\mu_{(i)_{\alpha^1_{n,j-1}}} &= \mu^*_{i(\mathrm{s})} + RT\ln a^{\mathrm{R}}_{(i)_{\alpha^1_{n,j-1}}}\\\mu_{(i)_{l'_{M_{n,j-1}}}} &= \mu^*_{i(\mathrm{s})} + RT\ln a^{\mathrm{R}}_{(i)_{l'_{M_{n,j-1}}}}\end{aligned}$$

直至两相达成平衡，有

$$\left(\alpha^1_{n,j}\right)_{l_{M_{n,j}}} = \!=\!= \left(\alpha^1_{n,j}\right)_{\text{过饱}} \rightleftharpoons \alpha^1_{n,j}$$

$$(i)_{l_{M_{n,j}}} \rightleftharpoons (i)_{\alpha^1_{n,j}}$$

$$(i = 1, 2, \cdots, m)$$

在温度 $T_{M_{n,n}}$，液固两相达成平衡，有

$$\left(\alpha^1_{n,n_1}\right)_{l_{M_{n,n}}} = \!=\!= \left(\alpha^1_{n,n}\right)_{\text{过饱}} \rightleftharpoons \alpha^1_{n,n}$$

$$(i)_{l_{M_{n,n}}} \rightleftharpoons (i)_{\alpha^1_{n,n}}$$

继续降温至 $T_{M_{n-1,1}}$。在温度刚降至 $T_{M_{n-1,1}}$，尚无固溶体组元 $\alpha^1_{n,n}$ 析出时，液相组成未变，但已由组元 $\alpha^1_{n,n}$ 饱和溶液 $l_{M_{n,n}}$ 变成组元 $\alpha^1_{n,n}$ 过饱和的溶液 $l'_{M_{n,n}}$

$$\left(\alpha^1_{n,n}\right)_{l'_{M_{n,n}}} = \!=\!= \left(\alpha^1_{n,n}\right)_{\text{过饱}} \rightleftharpoons \alpha^1_{n,n}$$

$$(i)_{l'_{M_{n,n}}} \rightleftharpoons (i)_{\alpha^1_{n,n}}$$

该过程的摩尔吉布斯自由能变化为

$$\begin{aligned}\Delta G_{\mathrm{m},\alpha^1_{n,n}}\left(T_{M_{n-1,1}}\right) &= G_{\mathrm{m},\alpha^1_{n,n}}\left(T_{M_{n-1,1}}\right) - \bar{G}_{\mathrm{m},\left(\alpha^1_{n,n}\right)_{l'_{M_{n,n}}}}\left(T_{M_{n-1,1}}\right)\\&= \frac{\theta_{\alpha^1_{n,n},T_{M_{n-1,1}}}\Delta H_{\mathrm{m},\alpha^1_{n,n}}\left(T_{M_{n,n}}\right)}{T_{M_{n,n}}}\\&= \eta_{\alpha^1_{n,n},T_{M_{n-1,1}}}\Delta H_{\mathrm{m},\alpha^1_{n,n}}\left(T_{M_{n,n}}\right)\\\Delta G_{\mathrm{m},(i)_{\alpha^1_{n,n}}}\left(T_{M_{n-1,1}}\right) &= \bar{G}_{\mathrm{m},(i)_{\alpha^1_{n,n}}}\left(T_{M_{n-1,1}}\right) - \bar{G}_{\mathrm{m},(i)_{l'_{M_{n,n}}}}\left(T_{M_{n-1,1}}\right)\\&= \frac{\theta_{(i)_{\alpha^1_{n,n}},T_{M_{n-1,1}}}\Delta H_{\mathrm{m},(i)_{\alpha^1_{n,n}}}\left(T_{M_{n,n}}\right)}{T_{M_{n,n}}}\end{aligned}$$

$$= \eta_{(i)_{\alpha^1_{n,n}}, T_{M_{n-1,1}}} \Delta H_{\mathrm{m},(i)_{\alpha^1_{n,n}}} \left(T_{M_{n,n}}\right)$$

以纯固态组元 $\alpha^1_{n,n}$ 和纯固态组元 i 为标准状态，浓度以摩尔分数表示，上述过程的摩尔吉布斯自由能变化为

$$\begin{aligned}
\Delta G_{\mathrm{m},\alpha^1_{n,n}} &= \mu_{\alpha^1_{n,n}} - \mu_{(\alpha^1_{n,n})_{l'_{M_{n-1,1}}}} \\
&= \mu_{\alpha^1_{n,n}} - \mu_{(\alpha^1_{n,n})_{\text{过饱}}} \\
&= -RT \ln a^{\mathrm{R}}_{(\alpha^1_{n,n})_{l'_{M_{n-1,1}}}} = -RT \ln a^{\mathrm{R}}_{(\alpha^1_{n,n})_{\text{过饱}}}
\end{aligned} \tag{8.649}$$

$$\begin{aligned}
\Delta G_{\mathrm{m},(i)_{\alpha^1_{n,n}}} &= \mu_{(i)_{\alpha^1_{n,n}}} - \mu_{(i)_{l'_{M_{n-1,1}}}} \\
&= RT \ln \frac{a^{\mathrm{R}}_{(i)_{\alpha^1_{n,n}}}}{a^{\mathrm{R}}_{(i)_{l'_{M_{n-1,1}}}}}
\end{aligned} \tag{8.650}$$

式中，

$$\begin{aligned}
\mu_{\alpha^1_{n,n}} &= \mu^*_{\alpha^1_{n,n}} \\
\mu_{(\alpha^1_{n,n})_{l'_{M_{n-1,1}}}} &= \mu^*_{\alpha^1_{n,n}} + RT\mathrm{ln}a^{\mathrm{R}}_{(\alpha^1_{n,n})_{l'_{M_{n-1,1}}}} \\
&= \mu^*_{\alpha^1_{n,n}} + RT\mathrm{ln}a^{\mathrm{R}}_{(\alpha^1_{n,n})_{\text{过饱}}} \\
\mu_{(i)_{\alpha^1_{n,n}}} &= \mu^*_i + RT\mathrm{ln}a^{\mathrm{R}}_{(i)_{\alpha^1_{n,n}}} \\
\mu_{(i)_{l'_{M_{n,j-1}}}} &= \mu^*_i + RT\mathrm{ln}a^{\mathrm{R}}_{(i)_{l'_{M_{n-1,1}}}}
\end{aligned} \tag{8.651}$$

直至液固两相达成平衡，有

$$(\alpha^1_{n-1,1})_{l_{M_{n-1,1}}} =\!=\!= (\alpha^1_{n-1,1})_{\text{饱}} \rightleftharpoons \alpha^1_{n-1,1}$$

并且，组元 $\alpha^2_{n-1,1}$ 也达到饱和，有

$$(\alpha^2_{n-1,1})_{l_{M_{n-1,1}}} =\!=\!= (\alpha^2_{n-1,1})_{\text{饱}} \rightleftharpoons \alpha^2_{n-1,1}$$

4) 温度从 $T_{M_{n-1}}$ 到 $T_{M_{n-2,1}}$

继续降温。从温度 $T_{M_{n-1}}$ 至温度 $T_{M_{n-2,1}}$，平衡液相组成在共熔面 M_{n-1} 上，沿 M_{n-1} 与 M_{n-2} 连线在 M_{n-1} 面上移动。$M_{n-2,1}$ 是共熔面 M_{n-1} 和 M_{n-2} 交线上的点。凝固过程可以统一描述如下：

在温度 $T_{M_{n-1,k-1}}$，液固两相达成平衡，有

$$(\alpha^1_{n-1,k-1})_{l_{M_{n-1,k-1}}} =\!=\!= (\alpha^1_{n-1,k-1})_{\text{饱}} \rightleftharpoons \alpha^1_{n-1,k-1}$$

$$\left(\alpha_{n-1,k-1}^{2}\right)_{l_{M_{n-1,k-1}}} = \left(\alpha_{n-1,k-1}^{2}\right)_{饱} \rightleftharpoons \alpha_{n-1,k-1}^{2}$$

$$(i)_{l_{M_{n-1,k-1}}} \rightleftharpoons (i)_{\alpha_{n-1,k-1}^{1}}$$

$$(i)_{l_{M_{n-1,k-1}}} \rightleftharpoons (i)_{\alpha_{n-1,k-1}^{2}}$$

$$(i=1,2,\cdots,m;k=1,2,\cdots,n)$$

温度降至 $T_{M_{n-1,k}}$，物质组成点为 $M_{n-1,k}$，平衡液相组成为 $l_{M_{n-1,k}}$，平衡固相为 $\alpha_{n-1,k}^{1}$ 和 $\alpha_{n-1,k}^{2}$。在温度刚降至 $T_{M_{n-1,k}}$，尚未析出固溶体 $\alpha_{n-1,k-1}^{1}$ 和 $\alpha_{n-1,k-1}^{2}$ 时，液相组成未变。但已由固溶体组元 $\alpha_{n-1,k-1}^{1}$ 和 $\alpha_{n-1,k-1}^{2}$ 饱和的溶液 $l_{M_{n-1,k-1}}$ 变成组元 $\alpha_{n-1,k-1}^{1}$ 和 $\alpha_{n-1,k-1}^{2}$ 过饱和的溶液 $l'_{M_{n-1,k-1}}$。析出固溶体组元 $\alpha_{n-1,k-1}^{1}$ 和 $\alpha_{n-1,k-1}^{2}$，有

$$\left(\alpha_{n-1,k-1}^{1}\right)_{l'_{M_{n-1,k-1}}} = \left(\alpha_{n-1,k-1}^{1}\right)_{过饱} = \alpha_{n-1,k-1}^{1}$$

$$\left(\alpha_{n-1,k-1}^{2}\right)_{l'_{M_{n-1,k-1}}} = \left(\alpha_{n-1,k-1}^{2}\right)_{过饱} = \alpha_{n-1,k-1}^{2}$$

$$(i)_{l'_{M_{n-1,k-1}}} = (i)_{\alpha_{n-1,k-1}^{1}}$$

$$(i)_{l'_{M_{n-1,k-1}}} = (i)_{\alpha_{n-1,k-1}^{2}}$$

该过程的摩尔吉布斯自由能变化为

$$\begin{aligned}\Delta G_{\mathrm{m},\alpha_{n-1,k-1}^{1}}\left(T_{M_{n-1,k}}\right) &= G_{\mathrm{m},\alpha_{n-1,k-1}^{1}}\left(T_{M_{n-1,k}}\right) - \bar{G}_{\mathrm{m},\left(\alpha_{n-1,k-1}^{1}\right)_{l'_{M_{n-1,k-1}}}}\left(T_{M_{n-1,k}}\right)\\ &= \frac{\theta_{\alpha_{n-1,k-1}^{1},T_{M_{n-1,k}}}\Delta H_{\mathrm{m},\alpha_{n-1,k-1}^{1}}\left(T_{M_{n-1,k-1}}\right)}{T_{M_{n-1,k-1}}}\\ &= \eta_{\alpha_{n-1,k-1}^{1},T_{M_{n-1,k}}}\Delta H_{\mathrm{m},\alpha_{n-1,k-1}^{1}}\left(T_{M_{n-1,k-1}}\right)\end{aligned}$$

$$\begin{aligned}\Delta G_{\mathrm{m},\alpha_{n-1,k-1}^{2}}\left(T_{M_{n-1,k}}\right) &= G_{\mathrm{m},\alpha_{n-1,k-1}^{2}}\left(T_{M_{n-1,k}}\right) - \bar{G}_{\mathrm{m},\left(\alpha_{n-1,k-1}^{2}\right)_{l'_{M_{n-1,k-1}}}}\left(T_{M_{n-1,k}}\right)\\ &= \frac{\theta_{\alpha_{n-1,k-1}^{2},T_{M_{n-1,k}}}\Delta H_{\mathrm{m},\alpha_{n-1,k-1}^{2}}\left(T_{M_{n-1,k-1}}\right)}{T_{M_{n-1,k-1}}}\\ &= \eta_{\alpha_{n-1,k-1}^{2},T_{M_{n-1,k}}}\Delta H_{\mathrm{m},\alpha_{n-1,k-1}^{2}}\left(T_{M_{n-1,k-1}}\right)\end{aligned}$$

$$\begin{aligned}\Delta G_{\mathrm{m},(i)_{\alpha_{n-1,k-1}^{1}}}\left(T_{M_{n-1,k}}\right) &= \bar{G}_{\mathrm{m},(i)_{\alpha_{n-1,k-1}^{1}}}\left(T_{M_{n-1,k}}\right) - \bar{G}_{\mathrm{m},(i)_{l'_{M_{n-1,k-1}}}}\left(T_{M_{n-1,k}}\right)\\ &= \frac{\theta_{(i)_{\alpha_{n-1,k-1}^{1}},T_{M_{n-1,k}}}\Delta H_{\mathrm{m},(i)_{\alpha_{n-1,k-1}^{1}}}\left(T_{M_{n-1,k-1}}\right)}{T_{M_{n-1,k-1}}}\\ &= \eta_{(i)_{\alpha_{n-1,k-1}^{1}},T_{M_{n-1,k}}}\Delta H_{\mathrm{m},(i)_{\alpha_{n-1,k-1}^{1}}}\left(T_{M_{n-1,k-1}}\right)\end{aligned}$$

$$
\begin{aligned}
\Delta G_{\mathrm{m},(i)_{\alpha^2_{n-1,k-1}}}\left(T_{M_{n-1,k}}\right) &= \bar{G}_{\mathrm{m},(i)_{\alpha^2_{n-1,k-1}}}\left(T_{M_{n-1,k}}\right) - \bar{G}_{\mathrm{m},(i)_{l'_{M_{n-1,k-1}}}}\left(T_{M_{n-1,k}}\right) \\
&= \frac{\theta_{(i)_{\alpha^2_{n-1,k-1}},T_{M_{n-1,k}}}\Delta H_{\mathrm{m},(i)_{\alpha^2_{n-1,k-1}}}\left(T_{M_{n-1,k-1}}\right)}{T_{M_{n-1,k-1}}} \\
&= \eta_{(i)_{\alpha^2_{n-1,k-1}},T_{M_{n-1,k}}}\Delta H_{\mathrm{m},(i)_{\alpha^2_{n-1,k-1}}}\left(T_{M_{n-1,k-1}}\right)
\end{aligned}
$$

$$
(i=1,2,\cdots,m;k=1,2,\cdots,m)
$$

直至两相达成平衡，有

$$
\begin{aligned}
\left(\alpha^1_{n-1,k}\right)_{l_{M_{n-1,k}}} &=\!=\!= \left(\alpha^1_{n-1,k}\right)_{饱} \rightleftharpoons \alpha^1_{n-1,k} \\
\left(\alpha^2_{n-1,k}\right)_{l_{M_{n-1,k}}} &=\!=\!= \left(\alpha^2_{n-1,k}\right)_{饱} \rightleftharpoons \alpha^2_{n-1,k}
\end{aligned}
$$

$$
\begin{aligned}
(i)_{l_{M_{n-1,k}}} &\rightleftharpoons (i)_{\alpha^1_{n-1,k}} \\
(i)_{l_{M_{n-1,k}}} &\rightleftharpoons (i)_{\alpha^2_{n-1,k}}
\end{aligned}
$$

$$
(i=1,2,\cdots,m,k=1,2,\cdots,m)
$$

继续降温，重复上述过程。直至在温度 $T_{M_{n-1,n}}$ 达成平衡，有

$$
\begin{aligned}
\left(\alpha^1_{n-1,n}\right)_{l_{M_{n-1,n}}} &=\!=\!= \left(\alpha^1_{n-1,n}\right)_{饱} \rightleftharpoons \alpha^1_{n-1,n} \\
\left(\alpha^2_{n-1,n}\right)_{l_{M_{n-1,n}}} &=\!=\!= \left(\alpha^2_{n-1,n}\right)_{饱} \rightleftharpoons \alpha^2_{n-1,n}
\end{aligned}
$$

$$
\begin{aligned}
(i)_{l_{M_{n-1,n}}} &\rightleftharpoons (i)_{\alpha^1_{n-1,n}} \\
(i)_{l_{M_{n-1,n}}} &\rightleftharpoons (i)_{\alpha^2_{n-1,n}}
\end{aligned}
$$

继续降温，温度降至 $T_{M_{n-2,1}}$，重复温度降至 $T_{M_{n-1,1}}$ 的过程。

$\cdots$

5) 温度降至共熔面 M_{n-l}

下面以共熔面 M_{n-l} 上的降温凝固过程为例说明。

温度从 $T_{M_{n-l,1}}$ 至温度 $T_{M_{n-l-1,1}}$，物质组成点从共熔面 M_{n-l} 上的 $M_{n-l,1}$ 点变到共熔面 $M_{n-l-1,1}$ 点。平衡液相组成沿 $M_{n-l,1}$ 和 $M_{n-l-1,1}$ 连线移动，从 $l_{M_{n-l,1}}$ 变到 $l_{M_{n-l-1,1}}$。凝固过程统一描述如下：

在温度 $T_{M_{n-l,h-1}}$，液固两相达成平衡。有

$$\left(\alpha_{n-l,h-1}^{1}\right)_{l_{M_{n-l,h-1}}} = \!=\!= \left(\alpha_{n-l,h-1}^{1}\right)_{饱} \rightleftharpoons \alpha_{n-l,h-1}^{1}$$

$$\left(\alpha_{n-l,h-1}^{2}\right)_{l_{M_{n-l,h-1}}} = \!=\!= \left(\alpha_{n-l,h-1}^{2}\right)_{饱} \rightleftharpoons \alpha_{n-l,h-1}^{2}$$

$$\cdots$$

$$\left(\alpha_{n-l,h-1}^{l+1}\right)_{l_{M_{n-l,h-1}}} = \!=\!= \left(\alpha_{n-l,h-1}^{l+1}\right)_{饱} \rightleftharpoons \alpha_{n-l,h-1}^{l+1}$$

$$(i)_{l_{M_{n-l,h-1}}} \rightleftharpoons (i)_{\alpha_{n-l,h-1}^{1}}$$

$$(i)_{l_{M_{n-l,h-1}}} \rightleftharpoons (i)_{\alpha_{n-l,h-1}^{2}}$$

$$\cdots$$

$$(i)_{l_{M_{n-l,h-1}}} \rightleftharpoons (i)_{\alpha_{n-l,h-1}^{l+1}}$$

温度降至 $T_{M_{n-l,h}}$，物质组成点为 $M_{n-l,h}$，平衡液相为 $l_{M_{n-l,h}}$。平衡固相为 $\alpha_{n-l,h}^{1}$、$\alpha_{n-l,h}^{2}$、$\cdots$、$\alpha_{n-l,h}^{l+1}$。温度刚降至 $T_{M_{n-l,h}}$，尚未析出固溶体时，溶液组成未变。但已由固溶体组元 $\alpha_{n-l,h-1}^{1}$、$\alpha_{n-l,h-1}^{2}$、$\cdots$、$\alpha_{n-l,h-1}^{l+1}$ 饱和的溶液 $l_{M_{n-l,h-1}}$ 变成其过饱和的溶液 $l'_{M_{n-l,h-1}}$，析出固溶体组元 $\alpha_{n-l,h-1}^{1}$、$\alpha_{n-l,h-1}^{2}$、$\cdots$、$\alpha_{n-l,h-1}^{l+1}$。有

$$\left(\alpha_{n-l,h-1}^{1}\right)_{l'_{M_{n-l,h-1}}} = \!=\!= \left(\alpha_{n-l,h-1}^{1}\right)_{过饱} = \!=\!= \alpha_{n-l,h-1}^{1}$$

$$\left(\alpha_{n-l,h-1}^{2}\right)_{l'_{M_{n-l,h-1}}} = \!=\!= \left(\alpha_{n-l,h-1}^{2}\right)_{过饱} = \!=\!= \alpha_{n-l,h-1}^{2}$$

$$\cdots$$

$$\left(\alpha_{n-l,h-1}^{l+1}\right)_{l'_{M_{n-l,h-1}}} = \!=\!= \left(\alpha_{n-l,h-1}^{l+1}\right)_{过饱} = \!=\!= \alpha_{n-l,h-1}^{l+1}$$

$$(i)_{l'_{M_{n-l,h-1}}} = \!=\!= (i)_{\alpha_{n-l,h-1}^{1}}$$

$$(i)_{l'_{M_{n-l,h-1}}} = \!=\!= (i)_{\alpha_{n-l,h-1}^{2}}$$

$$\cdots$$

$$(i)_{l'_{M_{n-l,h-1}}} = \!=\!= (i)_{\alpha_{n-l,h-1}^{l+1}}$$

该过程的摩尔吉布斯自由能变化为

$$\begin{aligned}
\Delta G_{\mathrm{m},\alpha_{n-l,h-1}^{1}}\left(T_{M_{n-l,h}}\right) &= G_{\mathrm{m},\alpha_{n-l,h-1}^{1}}\left(T_{M_{n-l,h}}\right) - \bar{G}_{\mathrm{m},\left(\alpha_{n-l,h-1}^{1}\right)_{l'_{M_{n-l,h-1}}}}\left(T_{M_{n-l,h}}\right) \\
&= \frac{\theta_{\alpha_{n-l,h-1}^{1},T_{M_{n-l,h}}}\Delta H_{\mathrm{m},\alpha_{n-l,h-1}^{1}}\left(T_{M_{n-l,h-1}}\right)}{T_{M_{n-l,h-1}}} \\
&= \eta_{\alpha_{n-l,h-1}^{1},T_{M_{n-l,h}}}\Delta H_{\mathrm{m},\alpha_{n-l,h-1}^{1}}\left(T_{M_{n-l,h-1}}\right)
\end{aligned}$$

$$\Delta G_{\mathrm{m},\alpha_{n-l,h-1}^{2}}\left(T_{M_{n-l,h}}\right) = G_{\mathrm{m},\alpha_{n-l,h-1}^{2}}\left(T_{M_{n-l,h}}\right) - \bar{G}_{\mathrm{m},\left(\alpha_{n-l,h-1}^{2}\right)_{l'_{M_{n-l,h-1}}}}\left(T_{M_{n-l,h}}\right)$$

$$
\begin{aligned}
&= \frac{\theta_{\alpha^2_{n-l,h-1},T_{M_{n-l,h}}}\Delta H_{\mathrm{m},\alpha^2_{n-l,h-1}}\left(T_{M_{n-l,h-1}}\right)}{T_{M_{n-l,h-1}}} \\
&= \eta_{\alpha^2_{n-l,h-1},T_{M_{n-l,h}}}\Delta H_{\mathrm{m},\alpha^2_{n-l,h-1}}\left(T_{M_{n-l,h-1}}\right) \\
&\cdots
\end{aligned}
$$

$$
\begin{aligned}
\Delta G_{\mathrm{m},\alpha^{l+1}_{n-l,h-1}}\left(T_{M_{n-l,h}}\right) &= G_{\mathrm{m},\alpha^{l+1}_{n-l,h-1}}\left(T_{M_{n-l,h}}\right)-\bar{G}_{\mathrm{m},\left(\alpha^{l+1}_{n-l,h-1}\right)_{l'_{M_{n-l,h-1}}}}\left(T_{M_{n-l,h}}\right) \\
&= \frac{\theta_{\alpha^{l+1}_{n-l,h-1},T_{M_{n-l,h}}}\Delta H_{\mathrm{m},\alpha^{l+1}_{n-l,h-1}}\left(T_{M_{n-l,h-1}}\right)}{T_{M_{n-l,h-1}}} \\
&= \eta_{\alpha^{l+1}_{n-l,h-1},T_{M_{n-l,h}}}\Delta H_{\mathrm{m},\alpha^{l+1}_{n-l,h-1}}\left(T_{M_{n-l,h-1}}\right) \\
&\cdots
\end{aligned}
$$

$$
\begin{aligned}
\Delta G_{\mathrm{m},(i)_{\alpha^1_{n-1,h-1}}}\left(T_{M_{n-l,h}}\right) &= \bar{G}_{m,(i)_{\alpha^1_{n-1,h-1}}}\left(T_{M_{n-l,h}}\right)-\bar{G}_{\mathrm{m},(i)_{l'_{M_{n-l,h-1}}}}\left(T_{M_{n-l,h}}\right) \\
&= \frac{\theta_{(i)_{\alpha^1_{n-1,h-1}},T_{M_{n-l,h}}}\Delta H_{\mathrm{m},(i)_{\alpha^1_{n-1,h-1}}}\left(T_{M_{n-l,h-1}}\right)}{T_{M_{n-l,h-1}}} \\
&= \eta_{(i)_{\alpha^1_{n-1,h-1}},T_{M_{n-l,h}}}\Delta H_{\mathrm{m},(i)_{\alpha^1_{n-1,h-1}}}\left(T_{M_{n-l,h-1}}\right)
\end{aligned}
$$

$$
\begin{aligned}
\Delta G_{\mathrm{m},(i)_{\alpha^2_{n-1,h-1}}}\left(T_{M_{n-l,h}}\right) &= \bar{G}_{\mathrm{m},(i)_{\alpha^2_{n-1,h-1}}}\left(T_{M_{n-l,h}}\right)-G_{\mathrm{m},(i)_{l'_{M_{n-l,h-1}}}}\left(T_{M_{n-l,h}}\right) \\
&= \frac{\theta_{(i)_{\alpha^2_{n-1,h-1}},T_{M_{n-l,h}}}\Delta H_{\mathrm{m},(i)_{\alpha^2_{n-1,h-1}}}\left(T_{M_{n-l,h-1}}\right)}{T_{M_{n-l,h-1}}} \\
&= \eta_{(i)_{\alpha^2_{n-1,h-1}},T_{M_{n-l,h}}}\Delta H_{\mathrm{m},(i)_{\alpha^2_{n-1,h-1}}}\left(T_{M_{n-l,h-1}}\right) \\
&\cdots
\end{aligned}
$$

$$
\begin{aligned}
\Delta G_{\mathrm{m},(i)_{\alpha^{l+1}_{n-1,h-1}}}\left(T_{M_{n-l,h}}\right) &= \bar{G}_{\mathrm{m},(i)_{\alpha^{l+1}_{n-1,h-1}}}\left(T_{M_{n-l,h}}\right)-\bar{G}_{\mathrm{m},(i)_{l'_{M_{n-l,h-1}}}}\left(T_{M_{n-l,h}}\right) \\
&= \frac{\theta_{(i)_{\alpha^{l+1}_{n-1,h-1}},T_{M_{n-l,h}}}\Delta H_{\mathrm{m},(i)_{\alpha^{l+1}_{n-1,h-1}}}\left(T_{M_{n-l,h-1}}\right)}{T_{M_{n-l,h-1}}} \\
&= \eta_{(i)_{\alpha^{l+1}_{n-1,h-1}},T_{M_{n-l,h}}}\Delta H_{\mathrm{m},(i)_{\alpha^{l+1}_{n-1,h-1}}}\left(T_{M_{n-l,h-1}}\right) \\
&(i=1,2,\cdots,m;h=1,2,\cdots,m)
\end{aligned}
$$

直至达成平衡，有

$$
\begin{aligned}
&\left(\alpha^1_{n-l,h}\right)_{l_{M_{n-l,h}}} \equiv \left(\alpha^1_{n-l,h}\right)_{饱} \rightleftharpoons \alpha^1_{n-l,h} \\
&\left(\alpha^2_{n-l,h}\right)_{l_{M_{n-l,h}}} \equiv \left(\alpha^2_{n-l,h}\right)_{饱} \rightleftharpoons \alpha^2_{n-l,h} \\
&\cdots
\end{aligned}
$$

$$\left(\alpha_{n-l,h}^{l+1}\right)_{l_{M_{n-l,h}}} = \left(\alpha_{n-l,h}^{l+1}\right)_{饱} \rightleftharpoons \alpha_{n-l,h}^{l+1}$$

$$\cdots$$

$$(i)_{l'_{M_{n-l,h}}} \rightleftharpoons (i)_{\alpha_{n-l,h}^{1}}$$

$$(i)_{l'_{M_{n-l,h}}} \rightleftharpoons (i)_{\alpha_{n-l,h}^{2}}$$

$$\cdots$$

$$(i)_{l'_{M_{n-l,h}}} \rightleftharpoons (i)_{\alpha_{n-l,h}^{l+1}}$$

$$(i=1,2,\cdots,m;h=1,2,\cdots,m)$$

继续降温，重复上述过程。

6) 温度降到 T_{M_2}

温度降到 T_{M_2}，平衡液相组成为 l_{M_2}，则固溶体组元 $\alpha_{M_2}^{1}$、$\alpha_{M_2}^{2}$、$\cdots$、$\alpha_{M_2}^{n-1}$ 的饱和溶液，有

$$l_{M_2} \rightleftharpoons \alpha_{M_2}^{1}+\alpha_{M_2}^{2}+\cdots+\alpha_{M_2}^{n-1}$$

即

$$\left(\alpha_{M_2}^{1}\right)_{l_{M_2}} = \left(\alpha_{M_2}^{1}\right)_{饱} \rightleftharpoons \alpha_{M_2}^{1}$$

$$\left(\alpha_{M_2}^{2}\right)_{l_{M_2}} = \left(\alpha_{M_2}^{2}\right)_{饱} \rightleftharpoons \alpha_{M_2}^{2}$$

$$\cdots$$

$$\left(\alpha_{M_2}^{n-1}\right)_{l_{M_2}} = \left(\alpha_{M_2}^{n-1}\right)_{饱} \rightleftharpoons \alpha_{M_2}^{n-1}$$

或

$$(i)_{l_{M_2}} \rightleftharpoons (i)_{\alpha_{M_2}^{1}}$$

$$(i)_{l_{M_2}} \rightleftharpoons (i)_{\alpha_{M_2}^{2}}$$

$$\cdots$$

$$(i)_{l_{M_2}} \rightleftharpoons (i)_{\alpha_{M_2}^{n-1}}$$

$$(i=1,2,\cdots,m)$$

7) 温度降到 T_{M_1}，即 T_E

温度降到 T_{M_1}，即 T_E。物质组成点为 M_1，平衡液相组成为 l_{M_1}。当温度刚降到 T_{M_1}，尚未来得及析出固相组元 $\alpha_{M_2}^{1}$、$\alpha_{M_2}^{2}$、$\cdots$、$\alpha_{M_2}^{n-1}$ 时，液相组成未变，但已

由组元 $\alpha_{M_2}^1$、$\alpha_{M_2}^2$、$\cdots$、$\alpha_{M_2}^{n-1}$ 的饱和溶液 l_{M_2} 变成组元 $\alpha_{M_2}^1$、$\alpha_{M_2}^2$、$\cdots$、$\alpha_{M_2}^{n-1}$ 的过饱和溶液 l'_{M_2}，析出固相组元 $\alpha_{M_2}^1$、$\alpha_{M_2}^2$、$\cdots$、$\alpha_{M_2}^{n-1}$。有

$$(\alpha_{M_2}^1)_{l'_{M_2}} \equiv (\alpha_{M_2}^1)_{过饱} = \alpha_{M_2}^1$$
$$(\alpha_{M_2}^1)_{l'_{M_2}} \equiv (\alpha_{M_2}^2)_{过饱} = \alpha_{M_2}^2$$
$$\cdots$$
$$(\alpha_{M_2}^{n-1})_{l'_{M_2}} \equiv (\alpha_{M_2}^{n-1})_{过饱} = \alpha_{M_2}^{n-1}$$

$$(i)_{l'_{M_2}} = (i)_{\alpha_{M_2}^1}$$
$$(i)_{l'_{M_2}} = (i)_{\alpha_{M_2}^2}$$
$$\cdots$$
$$(i)_{l'_{M_2}} = (i)_{\alpha_{M_2}^{n-1}}$$
$$(i = 1, 2, \cdots, m)$$

以纯固态组元为标准状态，浓度以摩尔分数表示，析晶过程的摩尔吉布斯自由能变化为

$$\begin{aligned}\Delta G_{\mathrm{m},\alpha_{M_2}^1} &= \mu_{\alpha_{M_2}^1} - \mu_{(\alpha_{M_2}^1)_{过饱}}\\ &= \mu_{\alpha_{M_2}^1} - \mu_{(\alpha_{M_2}^1)_{l'_{M_2}}}\\ &= -RT\ln a^{\mathrm{R}}_{(\alpha_{M_2}^1)_{过饱}}\\ &= -RT\ln a^{\mathrm{R}}_{(\alpha_{M_2}^1)_{l'_{M_2}}}\end{aligned} \tag{8.652}$$

$$\begin{aligned}\Delta G_{\mathrm{m},\alpha_{M_2}^2} &= \mu_{\alpha_{M_2}^2} - \mu_{(\alpha_{M_2}^2)_{过饱}}\\ &= \mu_{\alpha_{M_2}^2} - \mu_{(\alpha_{M_2}^2)_{l'_{M_2}}}\\ &= -RT\ln a^{\mathrm{R}}_{(\alpha_{M_2}^2)_{过饱}}\\ &= -RT\ln a^{\mathrm{R}}_{(\alpha_{M_2}^2)_{l'_{M_2}}}\end{aligned} \tag{8.653}$$

$$\cdots$$

$$\Delta G_{\mathrm{m},\alpha_{M_2}^{n-1}} = \mu_{\alpha_{M_2}^{n-1}} - \mu_{(\alpha_{M_2}^{n-1})_{过饱}}$$

$$
\begin{aligned}
&= \mu_{\alpha_{M_2}^{n-1}} - \mu_{\left(\alpha_{M_2}^{n-1}\right)_{l'_{M_2}}} \\
&= -RT\ln a^{\mathrm{R}}_{\left(\alpha_{M_2}^{n-1}\right)_{\text{过饱}}} \\
&= -RT\ln a^{\mathrm{R}}_{\left(\alpha_{M_2}^{n-1}\right)_{l'_{M_2}}}
\end{aligned}
\tag{8.654}
$$

$$
\begin{aligned}
\Delta G_{\mathrm{m},(i)_{\alpha_{M_2}^1}} &= \mu_{(i)_{\alpha_{M_2}^1}} - \mu_{(i)_{l'_{M_2}}} \\
&= RT\ln \frac{a^{\mathrm{R}}_{(i)_{\alpha_{M_2}^1}}}{a^{\mathrm{R}}_{(i)_{l'_{M_2}}}}
\end{aligned}
\tag{8.655}
$$

$$
\begin{aligned}
\Delta G_{\mathrm{m},(i)_{\alpha_{M_2}^2}} &= \mu_{(i)_{\alpha_{M_2}^2}} - \mu_{(i)_{l'_{M_2}}} \\
&= RT\ln \frac{a^{\mathrm{R}}_{(i)_{\alpha_{M_2}^2}}}{a^{\mathrm{R}}_{(i)_{l'_{M_2}}}}
\end{aligned}
\tag{8.656}
$$

$$\cdots$$

$$
\begin{aligned}
\Delta G_{\mathrm{m},(i)_{\alpha_{M_2}^{n-1}}} &= \mu_{(i)_{\alpha_{M_2}^{n-1}}} - \mu_{(i)_{l'_{M_2}}} \\
&= RT\ln \frac{a^{\mathrm{R}}_{(i)_{\alpha_{M_2}^{n-1}}}}{a^{\mathrm{R}}_{(i)_{l'_{M_2}}}}
\end{aligned}
$$

$$(i = 1, 2, \cdots, m)$$

直到液相和固相达成平衡，有

$$
\begin{aligned}
&\left(\alpha_{M_1}^1\right)_{l_{M_1}} \equiv\!\equiv \left(\alpha_{M_1}^1\right)_{\text{饱}} \rightleftharpoons \alpha_{M_1}^1 \\
&\left(\alpha_{M_1}^2\right)_{l_{M_1}} \equiv\!\equiv \left(\alpha_{M_1}^2\right)_{\text{饱}} \rightleftharpoons \alpha_{M_1}^2 \\
&\cdots \\
&\left(\alpha_{M_1}^n\right)_{l_{M_1}} \equiv\!\equiv \left(\alpha_{M_1}^n\right)_{\text{饱}} \rightleftharpoons \alpha_{M_1}^n
\end{aligned}
$$

$$
\begin{aligned}
(i)_{l_{M_1}} &\rightleftharpoons (i)_{\alpha_{M_1}^1} \\
(i)_{l_{M_1}} &\rightleftharpoons (i)_{\alpha_{M_1}^2}
\end{aligned}
$$

$$\cdots$$

$$(i)_{l_{M_1}} \rightleftharpoons (i)_{\alpha^n_{M_1}}$$

即

$$\begin{aligned}
&\left(\alpha^1_{M_1}\right)_{E(l)} = \left(\alpha^1_{M_1}\right)_{饱} \rightleftharpoons \alpha^1_{M_1}\\
&\left(\alpha^2_{M_1}\right)_{E(l)} = \left(\alpha^2_{M_1}\right)_{饱} \rightleftharpoons \alpha^2_{M_1}\\
&\cdots\\
&\left(\alpha^n_{M_1}\right)_{E(l)} = \left(\alpha^n_{M_1}\right)_{饱} \rightleftharpoons \alpha^n_{M_1}
\end{aligned}$$

$$\begin{aligned}
&(i)_{l_{M_1}} \rightleftharpoons (i)_{\alpha^1_{M_1}}\\
&(i)_{l_{M_1}} \rightleftharpoons (i)_{\alpha^2_{M_1}}\\
&\cdots\\
&(i)_{l_{M_1}} \rightleftharpoons (i)_{\alpha^n_{M_1}}
\end{aligned}$$

式中，$\alpha^k_{M_1}$ 即 $\alpha^k_E(k=1,2,\cdots,n)$

8) 温度降到 T_E 以下

温度降到 T_E 以下，如果上述反应没有进行完，就会继续进行，是在非平衡状态进行。描述如下。

即

$$E\,(l) \rightleftharpoons \alpha^1_E + \alpha^2_E + \cdots + \alpha^n_E$$

$$\begin{aligned}
&\left(\alpha^1_E\right)_{E(l)} = \left(\alpha^1_E\right)_{饱} \rightleftharpoons \alpha^1_E\\
&\left(\alpha^2_E\right)_{E(l)} = \left(\alpha^2_E\right)_{饱} \rightleftharpoons \alpha^2_E\\
&\cdots\\
&\left(\alpha^n_E\right)_{E(l)} = \left(\alpha^n_E\right)_{饱} \rightleftharpoons \alpha^n_E
\end{aligned}$$

或

$$\begin{aligned}
&(i)_{E(l)} \rightleftharpoons (i)_{E^1_\alpha}\\
&(i)_{E(l)} \rightleftharpoons (i)_{E^2_\alpha}\\
&\cdots\\
&(i)_{E(l)} \rightleftharpoons (i)_{E^n_\alpha}\\
&(i=1,2,\cdots,m)
\end{aligned}$$

在平衡状态下析出，摩尔吉布斯自由能变化为零。继续降低温度到 T_E 以下。从温度 T_E 降到液相 $E\,(l)$ 消失的温度，完全转化为固溶体 α^1_E、α^2_E、$\cdots$、α^n_E。

式中，$\alpha_{M_1}^k$ 即 $\alpha_E^k(k=1,2,\cdots,n)$

温度降到 T_E 以下，如果上述反应没有进行完，就会继续进行，是在非平衡状态进行。描述如下。

各固溶液的平衡液相为 $l_{\alpha_E^k}(k=1,2,\cdots,n)$

温度降至 T_k，溶液 $E(\mathrm{l})$ 成为 $E_k(\mathrm{l})$，固溶体 α^1、α^2、$\cdots$、α^n 饱和的液相 $E(\mathrm{l})$ 成为固溶体 α^1、α^2、$\cdots$、α^n 过饱和的液相 $E_k(\mathrm{l})$。

(1) n 种固溶体同时析出

同时析出 n 种固溶体，有

$$
\begin{gathered}
(\alpha_E^1)_{E_k(\mathrm{l})} \equiv (\alpha_E^1)_{饱} = \alpha_E^1 \\
(\alpha_E^2)_{E_k(\mathrm{l})} \equiv (\alpha_E^2)_{饱} = \alpha_E^2 \\
\cdots \\
(\alpha_E^n)_{E_k(\mathrm{l})} \equiv (\alpha_E^n)_{饱} = \alpha_E^n
\end{gathered}
$$

或

$$
\begin{gathered}
(i)_{E_k(\mathrm{l})} = (i)_{\alpha_E^1} \\
(i)_{E_k(\mathrm{l})} = (i)_{\alpha_E^2} \\
\cdots \\
(i)_{E_k(\mathrm{l})} = (i)_{\alpha_E^n} \\
\cdots \\
(i=1,2,\cdots,m)
\end{gathered}
$$

该过程的摩尔吉布斯自由能变化为

$$
\begin{aligned}
\Delta G_{\mathrm{m},\alpha_E^r}(T_k) &= G_{\mathrm{m},\alpha_E^r}(T_k) - \bar{G}_{\mathrm{m},(\alpha_E^r)_{E_k(\mathrm{l})}}(T_k) \\
&= \frac{\theta_{\alpha_E^r,T_k}\Delta H_{\mathrm{m},\alpha_E^r}(T_E)}{T_E} \\
&= \eta_{\alpha_E^r,T_k}\Delta H_{\mathrm{m},\alpha_E^r}(T_E)
\end{aligned}
$$

$$(r=1,2,\cdots,n)$$

及

$$
\begin{aligned}
\Delta G_{\mathrm{m},(i)_{\alpha_E^r}}(T_k) &= \bar{G}_{\mathrm{m},(i)_{\alpha_E^r}}(T_k) - G_{\mathrm{m},(i)_{E_k(\mathrm{l})}}(T_k) \\
&= \frac{\theta_{(i)_{\alpha_E^r},T_k}\Delta H_{\mathrm{m},(i)_{\alpha_E^r}}(T_E)}{T_E} \\
&= \eta_{(i)_{\alpha_E^r},T_k}\Delta H_{\mathrm{m},(i)_{\alpha_E^r}}(T_E)
\end{aligned}
$$

$$(i=1,\cdots,m;r=1,2,\cdots,n)$$

式中，

$$\theta_{(i)_{\alpha_E^r},T_k}=\theta_{\alpha_E^r,T_k}=T_E-T_k$$

$$\eta_{(i)_{\alpha_E^r},T_k}=\eta_{\alpha_E^r,T_k}=\frac{T_E-T_k}{T_E}$$

以纯固态 α_E^r 和 i 为标准状态，浓度以摩尔分数表示，过程的摩尔吉布斯自由能变化为

$$\begin{aligned}\Delta G_{\mathrm{m},\alpha_E^r}&=\mu_{\alpha_E^r}-\mu_{(\alpha_E^r)_{E_k(1)}}=\mu_{\alpha_E^r}-\mu_{(\alpha_E^r)_{过饱}}\\&=-RT\ln a^{\mathrm{R}}_{(\alpha_E^r)_{E_k(1)}}\\&=-RT\ln a^{\mathrm{R}}_{(\alpha_E^r)_{过饱}}\end{aligned}$$

$$(r=1,2,\cdots,n)$$

$$\begin{aligned}\Delta G_{\mathrm{m},(i)_{\alpha_E^r}}&=\mu_{(i)_{\alpha_E^r}}-\mu_{(i)_{E_k(1)}}\\&=RT\ln\frac{a^{\mathrm{R}}_{(i)_{\alpha_E^r}}}{a^{\mathrm{R}}_{(i)_{E_k(1)}}}\end{aligned}$$

$$(i=1,2,\cdots,m)$$

式中，

$$\mu_{\alpha_E^r}=\mu^*_{\alpha_E^r}$$

$$\mu_{(\alpha_E^r)_{E_k(1)}}=\mu^*_{\alpha_E^r}+RT\ln a^{\mathrm{R}}_{(\alpha_E^r)_{E_k(1)}}=\mu^*_{\alpha_E^r}+RT\ln a^{\mathrm{R}}_{(\alpha_E^r)_{过饱}}$$

$$\mu_{(i)_{\alpha_E^r}}=\mu_i^*+RT\ln a^{\mathrm{R}}_{(i)_{\alpha_E^r}}$$

$$\mu_{(i)_{E_k(1)}}=\mu_i^*+RT\ln a^{\mathrm{R}}_{(i)_{E_k(1)}}$$

(2) 先析出固溶体组元 α_E^1，再析出其他固溶体组元

先析出固溶体组元 α_E^1，再析出其他固溶体组元，有

$$(\alpha_E^1)_{E_k(1)}=\!=\!=\!=(\alpha_E^1)_{过饱}=\alpha_E^1$$

或

$$(i)_{E_k(1)}=(i)_{\alpha_E^1}$$

析出组元 α_E^1，其余组元的过饱和程度增大，溶液组成偏离 $E(1)$，向组元 α_E^1 的平衡液相 $l_{\alpha_E^1}$ 靠近，以 $l'_{\alpha_E^1}$ 表示。达到一定程度后，固溶体组元 $\alpha_E^r\,(r=2,3,\cdots,n)$

一起析出，有

$$(\alpha_E^r)_{l'_{\alpha_E^1}} \equiv\equiv (\alpha_E^r)_{过饱} = \alpha_E^r$$

$$(r = 2, 3, \cdots, n)$$

或

$$(i)_{l'_{\alpha_E^1}} = (i)_{\alpha_E^r}$$

$$(i = 1, 2, \cdots, m; r = 2, 3, \cdots, n)$$

摩尔吉布斯自由能变化为

$$\begin{aligned}
\Delta G_{\mathrm{m},\alpha_E^1}(T_k) &= G_{\mathrm{m},\alpha_E^1}(T_k) - \bar{G}_{\mathrm{m},(\alpha_E^1)_{E_k(1)}}(T_k) \\
&= \frac{\theta_{\alpha_E^1,T_k}\Delta H_{\mathrm{m},\alpha_E^1}(T_E)}{T_E} \\
&= \eta_{\alpha_E^1,T_k}\Delta H_{\mathrm{m},\alpha_E^1}(T_E) \\
\Delta G_{\mathrm{m},(i)_{\alpha_E^1}}(T_k) &= \bar{G}_{\mathrm{m},(i)_{\alpha_E^1}}(T_k) - \bar{G}_{\mathrm{m},(i)_{E_k(1)}}(T_k) \\
&= \frac{\theta_{(i)_{\alpha_E^1},T_k}\Delta(i)_{\alpha_E^1}(T_E)}{T_E} \\
&= \eta_{(i)_{\alpha_E^1},T_k}\Delta H_{\mathrm{m},(i)_{\alpha_E^1}}(T_E)
\end{aligned}$$

式中，

$$\theta_{\alpha_E^1,T_k} = \theta_{(i)_{\alpha_E^1},T_k} = T_E - T_k$$

$$\eta_{\alpha_E^1,T_k} = \eta_{(i)_{\alpha_E^1},T_k} = \frac{T_E - T_k}{T_E}$$

或者

以纯固态 α_E^1 和 i 为标准状态，浓度以摩尔分数表示，摩尔吉布斯自由能变化为

$$\begin{aligned}
\Delta G_{\mathrm{m},\alpha_E^1} &= \mu_{\alpha_E^1} - \mu_{(\alpha_E^1)_{E_k(1)}} = \mu_{\alpha_E^1} - \mu_{(\alpha_E^1)_{过饱}} \\
&= -RT\ln a^{\mathrm{R}}_{(\alpha_E^1)_{E_k(1)}} = -RT\ln a^{\mathrm{R}}_{(\alpha_E^1)_{过饱}} \\
\Delta G_{\mathrm{m},(i)_{\alpha_E^1}} &= \mu_{(i)_{\alpha_E^1}} - \mu_{(i)_{E_k(1)}} \\
&= RT\ln\frac{a^{\mathrm{R}}_{(i)_{\alpha_E^1}}}{a^{\mathrm{R}}_{(i)_{E_k(1)}}}
\end{aligned}$$

式中,

$$\mu_{\alpha_E^1} = \mu^*_{\alpha_E^1}$$

$$\mu_{(\alpha_E^1)_{E_k(1)}} = \mu^*_{\alpha_E^1} + RT\ln a^{\mathrm{R}}_{(\alpha_E^1)_{E_k(1)}} = \mu^*_{\alpha_E^1} + RT\ln a^{\mathrm{R}}_{(\alpha_E^1)_{过饱}}$$

$$\mu_{(i)_{\alpha_E^1}} = \mu^*_{i(\mathrm{s})} + RT\ln a^{\mathrm{R}}_{(i)_{\alpha_E^1}}$$

$$\mu_{(i)_{E_k(1)}} = \mu^*_{i(\mathrm{s})} + RT\ln a^{\mathrm{R}}_{(i)_{E_k(1)}}$$

$$\begin{aligned}\Delta G_{\mathrm{m},\alpha_E^r}(T_k) &= G_{\mathrm{m},\alpha_E^r}(T_k) - \bar{G}_{\mathrm{m},(\alpha_E^r)_{l'_{\alpha_E^1}}}(T_k)\\ &= \frac{\theta_{\alpha_E^r,T_k}\Delta H_{\mathrm{m},\alpha_E^r}(T_E)}{T_E}\\ &= \eta_{\alpha_E^r,T_k}\Delta H_{\mathrm{m},\alpha_E^r}(T_E)\end{aligned}$$

$$(r = 2, 3, \cdots, n)$$

及

$$\begin{aligned}\Delta G_{\mathrm{m},(i)_{\alpha_E^r}}(T_k) &= \bar{G}_{\mathrm{m},(i)_{\alpha_E^r}}(T_k) - G_{\mathrm{m},(i)_{l'_{\alpha_E^1}}}(T_k)\\ &= \frac{\theta_{(i)_{\alpha_E^r},T_k}\Delta H_{\mathrm{m},(i)_{\alpha_E^r}}(T_E)}{T_E}\\ &= \eta_{(i)_{\alpha_E^r},T_k}\Delta H_{\mathrm{m},(i)_{\alpha_E^r}}(T_E)\end{aligned}$$

$$(i = 1, 2, \cdots, m)$$

(3) 先同时析出固溶体 α_E^1、α_E^2,再同时析出其他固溶体

先析出固溶体 α_E^1、α_E^2,再同时析出其他固溶体,有

$$(\alpha_E^1)_{E_k(1)} \equiv\!\equiv (\alpha_E^1)_{过饱} =\!= \alpha_E^1$$

$$(\alpha_E^2)_{E_k(1)} \equiv\!\equiv (\alpha_E^2)_{过饱} =\!= \alpha_E^2$$

及

$$(i)_{E_k(1)} = (i)_{\alpha_E^1}$$

$$(i)_{E_k(1)} = (i)_{\alpha_E^2}$$

该过程的摩尔吉布斯自由能变化为

$$\Delta G_{\mathrm{m},\alpha_E^1} = \mu_{\alpha_E^1} - \mu_{(\alpha_E^1)_{E_k(1)}} = -RT\ln a^{\mathrm{R}}_{(\alpha_E^1)_{E_k(1)}}$$

$$\Delta G_{\mathrm{m},\alpha_E^2} = \mu_{\alpha_E^2} - \mu_{\left(\alpha_E^2\right)_{E_k(1)}} = -RT\ln a^{\mathrm{R}}_{\left(\alpha_E^2\right)_{E_k(1)}}$$

$$\Delta G_{\mathrm{m},(i)_{\alpha_E^1}} = \mu_{(i)_{\alpha_E^1}} - \mu_{(i)_{E_k(1)}} = -RT\ln \frac{a^{\mathrm{R}}_{(i)_{\alpha_E^1}}}{a^{\mathrm{R}}_{(i)_{E_k(1)}}}$$

$$\Delta G_{\mathrm{m},(i)_{\alpha_E^2}} = \mu_{(i)_{\alpha_E^2}} - \mu_{(i)_{E_k(1)}} = -RT\ln \frac{a^{\mathrm{R}}_{(i)_{\alpha_E^2}}}{a^{\mathrm{R}}_{(i)_{E_k(1)}}}$$

或者

$$\begin{aligned}
\Delta G_{\mathrm{m},\alpha_E^1}(T_k) &= G_{\mathrm{m},\alpha_E^1}(T_k) - \overline{G}_{\mathrm{m},(\alpha_E^1)_{E_k(1)}} \\
&= \frac{\theta_{\alpha_E^1,T_k}\Delta H_{\mathrm{m},\alpha_E^1}(T_E)}{T_E} = \eta_{\alpha_E^1,T_k}\Delta H_{\mathrm{m},\alpha_E^1}(T_E) \\
\Delta G_{\mathrm{m},\alpha_E^2}(T_k) &= G_{\mathrm{m},\alpha_E^2}(T_k) - \overline{G}_{\mathrm{m},\left(\alpha_E^2\right)_{E_k(1)}} \\
&= \frac{\theta_{\alpha_E^2,T_k}\Delta H_{\mathrm{m},\alpha_E^2}(T_E)}{T_E} = \eta_{\alpha_E^2,T_k}\Delta H_{E,\alpha_E^2}(T_E) \\
\Delta G_{\mathrm{m},(i)_{\alpha_E^1}} &= G_{\mathrm{m},(i)_{\alpha_E^1}} - \overline{G}_{\mathrm{m},(i)_{E_k(1)}} \\
&= \frac{\theta_{(i)_{\alpha_E^1},T_k}\Delta H_{\mathrm{m},(i)_{\alpha_E^1}}(T_E)}{T_E} = \eta_{(i)_{\alpha_E^1},T_k}\Delta H_{\mathrm{m},(i)_{\alpha_E^1}}(T_E) \\
\Delta G_{\mathrm{m},(i)_{\alpha_E^2}} &= G_{\mathrm{m},(i)_{\alpha_E^2}} - \overline{G}_{\mathrm{m},(i)_{E_k}(1)} = \frac{\theta_{(i)_{\alpha_E^2},T_k}\Delta H_{\mathrm{m},(i)_{\alpha_E^2}}(T_E)}{T_E} \\
&= \eta_{(i)_{\alpha_E^2},T_k}\Delta H_{E,(i)_{\alpha_E^2}}(T_k)
\end{aligned}$$

随着固溶体 α_E^1 和 α_E^2 的析出，其余固溶体组元 $\alpha_E^r\,(r=3,4,\cdots,n)$ 的过饱和程度增大，溶液组成偏离 $E(1)$，向组元 α_E^1 和 α_E^2 的平衡液相 $l_{\alpha_E^1}$ 和 $l_{\alpha_E^2}$ 靠近，以 $l'_{\alpha_E^1,\alpha_E^2}$ 表示。达到一定程度后，固溶体组元 $\alpha_E^r\,(r=3,4,\cdots,n)$ 一起析出，有

$$(\alpha_E^r)_{l'_{\alpha_E^1,\alpha_E^2}} =\!=\!= (\alpha_E^r)_{\text{过饱}} = \alpha_E^r$$

$$(r=3,4,\cdots,n)$$

或

$$(i)_{l'_{\alpha_E^1,\alpha_E^2}} = (i)_{\alpha_E^r}$$

$$(i=1,2,\cdots,m)$$

该过程的摩尔吉布斯自由能变化为

$$\Delta G_{\mathrm{m},\alpha_E^r}(T_k) = G_{\mathrm{m},\alpha_E^r}(T_k) - \bar{G}_{\mathrm{m},\left(\alpha_E^r\right)_{l'_{\alpha_E^1,\alpha_E^2}}}(T_k)$$

$$
\begin{aligned}
&= \frac{\theta_{\alpha_E^r, T_k} \Delta H_{\mathrm{m}, \alpha_E^r} (T_E)}{T_E} \\
&= \eta_{\alpha_E^r, T_k} \Delta H_{\mathrm{m}, \alpha_E^r} (T_E) \\
&(r = 3, 4, \cdots, n)
\end{aligned}
$$

及

$$
\begin{aligned}
\Delta G_{\mathrm{m}, (i)_{\alpha_E^r}} (T_k) &= \bar{G}_{\mathrm{m}, (i)_{\alpha_E^r}} (T_k) - G_{\mathrm{m}, (i)_{l'_{\alpha_E^1, \alpha_E^2}}} (T_k) \\
&= \frac{\theta_{(i)_{\alpha_E^r}, T_k} \Delta H_{\mathrm{m}, (i)_{\alpha_E^r}} (T_E)}{T_E} \\
&= \eta_{(i)_{\alpha_E^r}, T_k} \Delta H_{\mathrm{m}, (i)_{\alpha_E^r}} (T_E)
\end{aligned}
$$

以纯固态组元 $\alpha_E^r (r = 3, 4, \cdots, n)$ 和纯固态组元 $i(i = 1, 2, \cdots, m)$ 为标准状态，浓度以摩尔分数表示，该过程的摩尔吉布斯自由能变化为

$$
\begin{aligned}
\Delta G_{\mathrm{m}, \alpha_E^r} &= \mu_{\alpha_E^r} - \mu_{(\alpha_E^r)_{l'_{\alpha_E^1, \alpha_E^2}}} = \mu_{\alpha_E^r} - \mu_{(\alpha_E^r)_{\text{过饱}}} \\
&= -RT \ln a^{\mathrm{R}}_{(\alpha_E^r)_{l'_{\alpha_E^1, \alpha_E^2}}} \\
&= -RT \ln a^{\mathrm{R}}_{(\alpha_E^r)_{\text{过饱}}} \\
&(r = 3, 4, \cdots, n) \\
\Delta G_{\mathrm{m}, (i)_{\alpha_E^r}} &= \mu_{(i)_{\alpha_E^r}} - \mu_{(i)_{l'_{\alpha_E^1, \alpha_E^2}}} \\
&= RT \ln \frac{a^{\mathrm{R}}_{(i)_{\alpha_E^r}}}{a^{\mathrm{R}}_{(i)_{l'_{\alpha_E^1, \alpha_E^2}}}} \\
&(i = 1, 2, \cdots, m)
\end{aligned}
$$

…

(4) 先同时析出 m 个固溶体组元 $\alpha_E^s (s = 1, 2, \cdots, t)$，再析出其余的固溶体组元 $\alpha_E^r (r = t+1, t+2, \cdots, n)$，有

$$
(\alpha_E^s)_{E_k(1)} \xlongequal{\quad} (\alpha_E^s)_{\text{过饱}} \xlongequal{\quad} \alpha_E^s
$$

$$
(S = 1, 2, \cdots, t)
$$

或

$$
(i)_{E_k(1)} = (i)_{\alpha_E^s}
$$

$$(i = 1, 2, \cdots, m)$$

随着 t 个固溶体组元 $\alpha_E^s (s = 1, 2, \cdots, t)$ 的析出，固溶体组元 $\alpha_E^r (r = t+1, t+2, \cdots, n)$ 的过饱和程度增大，溶液组成偏离 $E(1)$，向 s 个 α_E^s 固溶体组元的平衡液相 $l_{\alpha_E^s}$ 靠近，以 $l_{\alpha_E^s}$ 表示。达到一定程度后，固溶体 α_E^s 析出，有

$$(\alpha_E^s)_{l_{\alpha_E^1, \alpha_E^2, \cdots, \alpha_E^t}} = (\alpha_E^r)_{过饱} = \alpha_E^r$$

$$(r = t+1, t+2, \cdots, n)$$

或

$$(i)_{l_{\alpha_E^1, \alpha_E^2, \cdots, \alpha_E^t}} = (i)_{\alpha_E^r}$$

$$(i = 1, 2, \cdots, m)$$

以纯固态组元为标准状态，浓度以摩尔分数表示，摩尔吉布斯自由能变化为

$$\begin{aligned}\Delta G_{\mathrm{m}, \alpha_E^s} &= \mu_{\alpha_E^s} - \mu_{(\alpha_E^s)_{E_k(1)}} \\ &= \mu_{\alpha_E^s} - \mu_{(\alpha_E^s)_{过饱}} \\ &= -RT\ln a^{\mathrm{R}}_{(\alpha_E^s)_{E_k(1)}} \\ &= -RT\ln a^{\mathrm{R}}_{(\alpha_E^s)_{过饱}}\end{aligned}$$

$$\begin{aligned}\Delta G_{\mathrm{m}, (i)_{\alpha_E^s}} &= \mu_{(i)_{\alpha_E^s}} - \mu_{(i)_{E_k(1)}} \\ &= RT\ln \frac{a^{\mathrm{R}}_{(i)_{(\alpha_E^s)}}}{a^{\mathrm{R}}_{(i)_{E_k(1)}}}\end{aligned}$$

$$\begin{aligned}\Delta G_{\mathrm{m}, \alpha_E^r} &= \mu_{\alpha_E^r} - \mu_{(\alpha_E^r)_{l'_{\alpha_E^1, \alpha_E^2, \cdots, \alpha_E^t}}} \\ &= \mu_{\alpha_E^r} - \mu_{(\alpha_E^r)_{过饱}} \\ &= -RT\ln a_{(\alpha_E^r)_{l'_{\alpha_E^1, \alpha_E^2, \cdots, \alpha_E^t}}} \\ &= -RT\ln a^{\mathrm{R}}_{(\alpha_E^r)_{过饱}}\end{aligned}$$

$$\Delta G_{\mathrm{m}, (i)_{\alpha_E^r}} = \mu_{(i)_{\alpha_E^r}} - \mu_{(i)_{l'_{\alpha_E^1, \alpha_E^2, \cdots, \alpha_E^n}}}$$

$$=RT\ln\frac{a^{\mathrm{R}}_{(i)_{(\alpha^r_E)}}}{a^{\mathrm{R}}_{(i)_{l'_{\alpha^1_E,\alpha^2_E,\cdots,\alpha^n_E}}}}$$

$$(s=1,2,\cdots,t;r=t+1,t+2,\cdots,n;i=1,2,\cdots,m)$$

或者

$$\begin{aligned}\Delta G_{\mathrm{m},\alpha^s_E}(T_k)&=G_{\mathrm{m},\alpha^s_E}(T_k)-\overline{G}_{\mathrm{m},(\alpha^s_E)_{E_k(1)}}\\&=\frac{\theta_{\alpha^s_E,T_k}\Delta H_{\mathrm{m},\alpha^s_E}(T_E)}{T_E}\\&=\eta_{\alpha^s_E,T_k}\Delta H_{\mathrm{m},\alpha^s_E}(T_k)\end{aligned}$$

$$\begin{aligned}\Delta G_{\mathrm{m},(i)_{\alpha^s_E}}(T_k)&=G_{\mathrm{m},(i)_{\alpha^s_E}}(T_k)-\overline{G}_{\mathrm{m},(i)_{E_k(1)}}\\&=\frac{\theta_{(i)_{\alpha^s_E},T_k}\Delta H_{\mathrm{m},(i)_{\alpha^s_E}}(T_E)}{T_E}\\&=\eta_{\alpha^s_E,T_k}\Delta H_{\mathrm{m},\alpha^s_E}(T_k)\end{aligned}$$

$$\begin{aligned}\Delta G_{\mathrm{m},\alpha^r_E}(T_k)&=G_{\mathrm{m},\alpha^r_E}(T_k)-\overline{G}_{\mathrm{m},(\alpha^r_E)_{l'_{\alpha^1_E,\alpha^2_E,\cdots,\alpha^t_E}}}(T_k)\\&=\frac{\theta_{\alpha^r_E,T_k}\Delta H_{\mathrm{m},\alpha^r_E}(T_E)}{T_E}\\&=\eta_{\alpha^r_E,T_k}\Delta H_{\mathrm{m},\alpha^r_E}(T_E)\end{aligned}$$

$$\begin{aligned}\Delta G_{\mathrm{m},(i)_{\alpha^r_E}}(T_k)&=G_{\mathrm{m},(i)_{\alpha^r_E}}(T_k)-\overline{G}_{\mathrm{m},(i)_{l'_{\alpha^1_E,\alpha^2_E,\cdots,\alpha^t_E}}}(T_k)\\&=\frac{\theta_{(i)_{\alpha^r_E},T_k}\Delta H_{\mathrm{m},(i)_{\alpha^r_E}}(T_E)}{T_E}\\&=\eta_{(i)_{\alpha^r_E},T_k}\Delta H_{\mathrm{m},(i)_{\alpha^r_E}}(T_E)\end{aligned}$$

(5) 先同时析出 $n-1$ 个固溶体组元 $\alpha^r_E\,(r=1,2,\cdots,n-1)$，再析出固溶体组元 α^n_E

先同时析出 $n-1$ 个固溶体组元 $\alpha^r_E\,(r=1,2,\cdots,n-1)$，有

$$(\alpha^r_E)_{E_k(1)} =\!=\!=\!= (\alpha^r_E)_{过饱} =\!=\!= \alpha^r_E$$

$$(r=1,2,\cdots,n-1)$$

或

$$(i)_{E_k(1)} =\!=\!= (i)_{\alpha_E^r}$$
$$(i = 1, 2, \cdots, m)$$

随着 $n-1$ 个固溶体组元 $\alpha_E^r\,(r = 1, 2, \cdots, n-1)$ 的析出，固溶体组元 α_E^r 的过饱和度增大，溶液组成偏离 $E\,(1)$，向 $n-1$ 个固溶体组元的平衡液相 $l_{\alpha_E^r}(r = 1, 2, \cdots, n-1)$ 靠近，以 $l'_{\alpha_E^r}$ 表示。达到一定程度后，固溶体组元 α_E^n 析出，有

$$(\alpha_E^r)_{E_k(1)} =\!=\!= (\alpha_E^r)_{\text{过饱}} =\!=\!= \alpha_E^r$$
$$(r = 1, 2, \cdots, n-1)$$

或

$$(i)_{E_k(1)} =\!=\!= (i)_{\alpha_E^r}$$
$$(i = 1, 2, \cdots, m)$$

该过程的摩尔吉布斯自由能变化为

$$\begin{aligned}\Delta G_{\mathrm{m},\alpha_E^r}(T_k) &= G_{\mathrm{m},\alpha_E^r}(T_k) - \bar{G}_{\mathrm{m},(\alpha_E^r)_{E_k(1)}}(T_k)\\ &= \frac{\theta_{\alpha_E^r,T_k}\Delta H_{\mathrm{m},\alpha_E^r}(T_E)}{T_E}\\ &= \eta_{\alpha_E^r,T_k}\Delta H_{\mathrm{m},\alpha_E^r}(T_E)\end{aligned}$$
$$(r = 1, 2, \cdots, n-1)$$

及

$$\begin{aligned}\Delta G_{\mathrm{m},(i)_{\alpha_E^r}}(T_k) &= \bar{G}_{\mathrm{m},(i)_{\alpha_E^r}}(T_k) - \bar{G}_{\mathrm{m},(i)_{E_k(1)}}(T_k)\\ &= \frac{\theta_{(i)_{\alpha_E^r},T_k}\Delta H_{\mathrm{m},(i)_{\alpha_E^r}}(T_E)}{T_E}\\ &= \eta_{(i)_{\alpha_E^r},T_k}\Delta H_{\mathrm{m},(i)_{\alpha_E^r}}(T_E)\end{aligned}$$

以纯固态组元 $\alpha_E^r\,(r = 1, 2, \cdots, n-1)$ 和纯固态组元 i 为标准状态，浓度以摩尔分数表示，该过程的摩尔吉布斯自由能变化为

$$\begin{aligned}\Delta G_{\mathrm{m},\alpha_E^r} &= \mu_{\alpha_E^r} - \mu_{(\alpha_E^r)_{E_k(1)}} = \mu_{\alpha_E^r} - \mu_{(\alpha_E^r)_{\text{过饱}}}\\ &= -RT\ln a^{\mathrm{R}}_{(\alpha_E^r)_{E_k(1)}} = -RT\ln a^{\mathrm{R}}_{(\alpha_E^r)_{\text{过饱}}}\end{aligned}$$
$$(r = 1, 2, \cdots, n-1)$$

$$\Delta G_{\mathrm{m},(i)_{\alpha_E^r}} = \mu_{(i)_{\alpha_E^r}} - \mu_{(i)_{E_k(1)}} = RT\ln\frac{a^{\mathrm{R}}_{(i)_{\alpha_E^r}}}{a^{\mathrm{R}}_{(i)_{E_k(1)}}}$$

$$(i = 1, 2, \cdots, m)$$

$$\begin{aligned}\Delta G_{\mathrm{m},\alpha_E^n}(T_k) &= G_{\mathrm{m},\alpha_E^n}(T_k) - \bar{G}_{\mathrm{m},(\alpha_E^n)_{E_k(1)}}(T_k)\\ &= \frac{\theta_{\alpha_E^n,T_k}\Delta H_{\mathrm{m},\alpha_E^n}(T_E)}{T_E}\\ &= \eta_{\alpha_E^n,T_k}\Delta H_{\mathrm{m},\alpha_E^n}(T_E)\end{aligned}$$

$$\begin{aligned}\Delta G_{\mathrm{m},(i)_{\alpha_E^n}}(T_k) &= \bar{G}_{\mathrm{m},(i)_{\alpha_E^n}}(T_k) - G_{\mathrm{m},(i)_{E_k(1)}}(T_k)\\ &= \frac{\theta_{(i)_{\alpha_E^n},T_k}\Delta H_{\mathrm{m},(i)_{\alpha_E^n}}(T_E)}{T_E}\\ &= \eta_{(i)_{\alpha_E^n},T_{kh}}\Delta H_{\mathrm{m},(i)_{\alpha_E^n}}(T_E)\end{aligned}$$

以纯固态组元 α_E^n 和纯固态组元 i 为标准状态，浓度以摩尔分数表示，该过程的摩尔吉布斯自由能变化为

$$\begin{aligned}\Delta G_{\mathrm{m},\alpha_E^n} &= \mu_{\alpha_E^n} - \mu_{(\alpha_E^n)_{l'_{\alpha_E^r}}} = \mu_{\alpha_E^n} - \mu_{(\alpha_E^n)_{过饱}}\\ &= -RT\ln a^{\mathrm{R}}_{(\alpha_E^n)_{l'_{\alpha_E^r}}} = -RT\ln a^{\mathrm{R}}_{(\alpha_E^n)_{过饱}}\end{aligned}$$

$$\begin{aligned}\Delta G_{\mathrm{m},(i)_{\alpha_E^n}} &= \mu_{(i)_{\alpha_E^n}} - \mu_{(i)_{l'_{\alpha_E^r}}}\\ &= RT\ln\frac{a^{\mathrm{R}}_{(i)_{\alpha_E^n}}}{a^{\mathrm{R}}_{(i)_{l'_{\alpha_E^r}}}}\end{aligned}$$

式中，

$$r = 1, 2, \cdots, n-1$$

2. 凝固速率

1) 在液相面 M_n 上，温度为 $T_{M_{n,j}}$

在液相面 M_n 上，温度为 $T_{M_{n,j}}$，单位体积液相中，析出固溶体的速率为

$$\begin{aligned}\frac{\mathrm{d}n_{\alpha^1_{n,j-1}}}{\mathrm{d}t} &= -\frac{\mathrm{d}n_{(\alpha^1_{n,j-1})_{l'_{M_{n,j-1}}}}}{\mathrm{d}t} = j_{\alpha^1_{n,j-1}}\\ &= -l_{\alpha^1_{n,1}}\left(\frac{A_{\mathrm{m},\alpha^1_{n,j-1}}}{T}\right) - l_{\alpha^1_{n,2}}\left(\frac{A_{\mathrm{m},\alpha^1_{n,j-1}}}{T}\right)^2\end{aligned}$$

$$-l_{\alpha_{n,3}^1}\left(\frac{A_{\mathrm{m},\alpha_{n,j-1}^1}}{T}\right)^3-\cdots \tag{8.657}$$

式中，

$$A_{\mathrm{m},\alpha_{n,j-1}^1}=\Delta G_{\mathrm{m},\alpha_{n,j-1}^1}$$

2) 在液相面 M_{n-1} 上，温度为 $T_{M_{n-1,k}}$，单位体积溶液中，析出固溶体的速率为

$$\begin{aligned}\frac{\mathrm{d}n_{\alpha_{n-1,k-1}^1}}{\mathrm{d}t}&=-\frac{\mathrm{d}n_{(\alpha_{n-1,k-1}^1)_{l'_{M_{n-1,k-1}}}}}{\mathrm{d}t}=j_{\alpha_{n-1,k-1}^1}\\&=-l_{\alpha_{n-1,1}^1}\left(\frac{A_{\mathrm{m},\alpha_{n-1,k-1}^1}}{T}\right)-l_{\alpha_{n-1,2}^1}\left(\frac{A_{\mathrm{m},\alpha_{n-1,k-1}^1}}{T}\right)^2\\&\quad-l_{\alpha_{n-1,3}^2}\left(\frac{A_{\mathrm{m},\alpha_{n-1,k-1}^1}}{T}\right)^3-\cdots\end{aligned} \tag{8.658}$$

$$\begin{aligned}\frac{\mathrm{d}n_{\alpha_{n-1,k-1}^2}}{\mathrm{d}t}&=-\frac{\mathrm{d}n_{(\alpha_{n-1,k-1}^2)_{l'_{M_{n-1,k-1}}}}}{\mathrm{d}t}=j_{\alpha_{n-1,k-1}^2}\\&=-l_{\alpha_{n-1,1}^2}\left(\frac{A_{\mathrm{m},\alpha_{n-1,k-1}^2}}{T}\right)-l_{\alpha_{n-1,2}^2}\left(\frac{A_{\mathrm{m},\alpha_{n-1,k-1}^2}}{T}\right)^2\\&\quad-l_{\alpha_{n-1,3}^2}\left(\frac{A_{\mathrm{m},\alpha_{n-1,k-1}^2}}{T}\right)^3-\cdots\end{aligned} \tag{8.659}$$

式中，

$$A_{\mathrm{m},\alpha_{n-1,k-1}^1}=\Delta G_{\mathrm{m},\alpha_{n-1,k-1}^1}$$

$$A_{\mathrm{m},\alpha_{n-1,k-1}^2}=\Delta G_{\mathrm{m},\alpha_{n-1,k-1}^2}$$

3) 在液相面 M_{n-l} 上，温度为 $T_{M_{n-l,h}}$

在液相面 M_{n-l} 上，温度为 $T_{M_{n-l,h}}$，单位体积溶液中，析出固溶体的速率为

$$\begin{aligned}\frac{\mathrm{d}n_{\alpha_{n-l,h-1}^1}}{\mathrm{d}t}&=-\frac{\mathrm{d}n_{(\alpha_{n-l,h-1}^1)_{l'_{M_{n-l,h-1}}}}}{\mathrm{d}t}=j_{\alpha_{n-l,h-1}^1}\\&=-l_{\alpha_{n-l,1}^1}\left(\frac{A_{\mathrm{m},\alpha_{n-l,h-1}^1}}{T}\right)-l_{\alpha_{n-l,2}^1}\left(\frac{A_{\mathrm{m},\alpha_{n-l,h-1}^1}}{T}\right)^2\\&\quad-l_{\alpha_{n-l,3}^2}\left(\frac{A_{\mathrm{m},\alpha_{n-l,h-1}^1}}{T}\right)^3-\cdots\end{aligned} \tag{8.660}$$

$$\begin{aligned}\frac{\mathrm{d}n_{\alpha^2_{n-l,h-1}}}{\mathrm{d}t} &= -\frac{\mathrm{d}n_{(\alpha^2_{n-l,h-1})_{l'_{M_{n-l,h-1}}}}}{\mathrm{d}t} = j_{\alpha^2_{n-l,h-1}} \\ &= -l_{\alpha^2_{n-l,1}}\left(\frac{A_{\mathrm{m},\alpha^2_{n-l,h-1}}}{T}\right) - l_{\alpha^2_{n-l,2}}\left(\frac{A_{\mathrm{m},\alpha^2_{n-l,h-1}}}{T}\right)^2 \\ &\quad - l_{\alpha^2_{n-l,3}}\left(\frac{A_{\mathrm{m},\alpha^2_{n-l,h-1}}}{T}\right)^3 - \cdots \end{aligned} \tag{8.661}$$

$\cdots$

$$\begin{aligned}\frac{\mathrm{d}n_{\alpha^{l+1}_{n-l,h-1}}}{\mathrm{d}t} &= -\frac{\mathrm{d}n_{(\alpha^{l+1}_{n-l,h-1})_{l'_{M_{n-l,h-1}}}}}{\mathrm{d}t} = j_{\alpha^{l+1}_{n-l}} \\ &= -l_{\alpha^{l+1}_{n-l,1}}\left(\frac{A_{\mathrm{m},\alpha^{l+1}_{n-l,h-1}}}{T}\right) - l_{\alpha^{l+1}_{n-l,2}}\left(\frac{A_{\mathrm{m},\alpha^{l+1}_{n-l,h-1}}}{T}\right)^2 \\ &\quad - l_{\alpha^{l+1}_{n-l,3}}\left(\frac{A_{\mathrm{m},\alpha^{l+1}_{n-l,h-1}}}{T}\right)^3 - \cdots \end{aligned} \tag{8.662}$$

式中，

$$A_{\mathrm{m},\alpha^{l+1}_{n-1,h-1}} = \Delta G_{\mathrm{m},\alpha^{l+1}_{n-1,h-1}}$$

$$(l = 1, 2, \cdots, l)$$

4) 温度降至在 T_E 以下

在 T_E 温度以下，同时析出 $\alpha^r_E (r = 1, 2, \cdots, n)$，单位体积溶液中析出固溶体的速率为

$$\begin{aligned}\frac{\mathrm{d}n_{\alpha^r_E}}{\mathrm{d}t} &= -\frac{\mathrm{d}n_{(\alpha^r_E)_{E_{k(l)}}}}{\mathrm{d}t} = j_{\alpha^r_E} \\ &= -l_1\left(\frac{A_{\mathrm{m},\alpha^r_E}}{T}\right) - l_2\left(\frac{A_{\mathrm{m},\alpha^r_E}}{T}\right)^2 - l_3\left(\frac{A_{\mathrm{m},\alpha^r_E}}{T}\right)^3 - \cdots \\ &(r = 1, 2, \cdots, n)\end{aligned}$$

式中，

$$A_{\mathrm{m},\alpha^r_E} = \Delta G_{\mathrm{m},\alpha^r_E}$$

$$\begin{aligned}\frac{\mathrm{d}n_{(i)_{\alpha^r_E}}}{\mathrm{d}t} &= -\frac{\mathrm{d}n_{(i)_{E_{k(l)}}}}{\mathrm{d}t} = j_{(i)_{\alpha^r_E}} \\ &= -l_1\left(\frac{A_{\mathrm{m},(i)_{\alpha^r_E}}}{T}\right) - l_2\left(\frac{A_{\mathrm{m},(i)_{\alpha^r_E}}}{T}\right)^2 - l_3\left(\frac{A_{\mathrm{m},(i)_{\alpha^r_E}}}{T}\right)^3 - \cdots \\ &(i = 1, 2, \cdots, m; r = 1, 2, \cdots, n)\end{aligned}$$

先析出 α_E^1，再析出其他组元，有

$$\begin{aligned}\frac{\mathrm{d}n_{\alpha_E^1}}{\mathrm{d}t} &= -\frac{\mathrm{d}n_{(\alpha_E^1)_{E_k(1)}}}{\mathrm{d}t} = j_{\alpha_E^1} \\ &= -l_1\left(\frac{A_{\mathrm{m},\alpha_E^1}}{T}\right) - l_2\left(\frac{A_{\mathrm{m},\alpha_E^1}}{T}\right)^2 - l_3\left(\frac{A_{\mathrm{m},\alpha_E^1}}{T}\right)^3 - \cdots \\ \frac{\mathrm{d}n_{\alpha_E^r}}{\mathrm{d}t} &= -\frac{\mathrm{d}n_{(\alpha_E^r)_{l'_{\alpha_E^1}}}}{\mathrm{d}t} = j_{\alpha_E^r} \\ &= -l_1\left(\frac{A_{\mathrm{m},\alpha_E^r}}{T}\right) - l_2\left(\frac{A_{\mathrm{m},\alpha_E^r}}{T}\right)^2 - l_3\left(\frac{A_{\mathrm{m},\alpha_E^r}}{T}\right)^3 - \cdots \\ &(r = 1, 2, \cdots, n) \\ \frac{\mathrm{d}n_{(i)_{\alpha_E^1}}}{\mathrm{d}t} &= -\frac{\mathrm{d}n_{(i)_{E(l)}}}{\mathrm{d}t} = j_{(i)_{\alpha_E^1}} \\ &= -l_1\left(\frac{A_{\mathrm{m},(i)_{\alpha_E^1}}}{T}\right) - l_2\left(\frac{A_{\mathrm{m},(i)_{\alpha_E^1}}}{T}\right)^2 - l_3\left(\frac{A_{\mathrm{m},(i)_{\alpha_E^1}}}{T}\right)^3 - \cdots \\ \frac{\mathrm{d}n_{(i)_{\alpha_E^r}}}{\mathrm{d}t} &= -\frac{\mathrm{d}n_{(i)_{l'_{\alpha_E^1}}}}{\mathrm{d}t} = j_{(i)_{\alpha_E^r}} \\ &= -l_1\left(\frac{A_{\mathrm{m},(i)_{\alpha_E^r}}}{T}\right) - l_2\left(\frac{A_{\mathrm{m},(i)_{\alpha_E^r}}}{T}\right)^2 - l_3\left(\frac{A_{\mathrm{m},(i)_{\alpha_E^r}}}{T}\right)^3 - \cdots\end{aligned}$$

先析出 α_E^1、α_E^2，再析出其他组元，有

$$\begin{aligned}\frac{\mathrm{d}n_{\alpha_E^1}}{\mathrm{d}t} &= -\frac{\mathrm{d}n_{(\alpha_E^1)_{E(1)}}}{\mathrm{d}t} = j_{\alpha_E^1} \\ &= -l_1\left(\frac{A_{\mathrm{m},\alpha_E^1}}{T}\right) - l_2\left(\frac{A_{\mathrm{m},\alpha_E^1}}{T}\right)^2 - l_3\left(\frac{A_{\mathrm{m},\alpha_E^1}}{T}\right)^3 - \cdots \\ \frac{\mathrm{d}n_{\alpha_E^2}}{\mathrm{d}t} &= -\frac{\mathrm{d}n_{(\alpha_E^2)_{E(1)}}}{\mathrm{d}t} = j_{\alpha_E^2} \\ &= -l_1\left(\frac{A_{\mathrm{m},\alpha_E^2}}{T}\right) - l_2\left(\frac{A_{\mathrm{m},\alpha_E^2}}{T}\right)^2 - l_3\left(\frac{A_{\mathrm{m},\alpha_E^2}}{T}\right)^3 - \cdots \\ \frac{\mathrm{d}n_{\alpha_E^r}}{\mathrm{d}t} &= -\frac{\mathrm{d}n_{(\alpha_E^r)_{l'_{\alpha_E^1、\alpha_E^2}}}}{\mathrm{d}t} = j_{\alpha_E^r} \\ &= -l_1\left(\frac{A_{\mathrm{m},\alpha_E^r}}{T}\right) - l_2\left(\frac{A_{\mathrm{m},\alpha_E^r}}{T}\right)^2 - l_3\left(\frac{A_{\mathrm{m},\alpha_E^r}}{T}\right)^3 - \cdots \\ &(r = 3, 4, \cdots, n)\end{aligned}$$

$$\frac{\mathrm{d}n_{(i)_{\alpha_E^1}}}{\mathrm{d}t}=-\frac{\mathrm{d}n_{(i)_{E_k(1)}}}{\mathrm{d}t}=j_{(i)_{\alpha_E^1}}$$
$$=-l_1\left(\frac{A_{\mathrm{m},(i)_{\alpha_E^1}}}{T}\right)-l_2\left(\frac{A_{\mathrm{m},(i)_{\alpha_E^1}}}{T}\right)^2-l_3\left(\frac{A_{\mathrm{m},(i)_{\alpha_E^1}}}{T}\right)^3-\cdots$$

$$\frac{\mathrm{d}n_{(i)_{\alpha_E^2}}}{\mathrm{d}t}=-\frac{\mathrm{d}n_{(i)_{E_k(1)}}}{\mathrm{d}t}=j_{(i)_{\alpha_E^2}}$$
$$=-l_1\left(\frac{A_{\mathrm{m},(i)_{\alpha_E^2}}}{T}\right)-l_2\left(\frac{A_{\mathrm{m},(i)_{\alpha_E^2}}}{T}\right)^2-l_3\left(\frac{A_{\mathrm{m},(i)_{\alpha_E^2}}}{T}\right)^3-\cdots$$

$$\frac{\mathrm{d}n_{(i)_{\alpha_E^r}}}{\mathrm{d}t}=-\frac{\mathrm{d}n_{(i)_{l'_{\alpha_E^1,\alpha_E^2}}}}{\mathrm{d}t}=j_{(i)_{\alpha_E^r}}$$
$$=-l_1\left(\frac{A_{\mathrm{m},(i)_{\alpha_E^r}}}{T}\right)-l_2\left(\frac{A_{\mathrm{m},(i)_{\alpha_E^r}}}{T}\right)^2-l_3\left(\frac{A_{\mathrm{m},(i)_{\alpha_E^r}}}{T}\right)^3-\cdots$$
$$(i=1,2,\cdots,m;r=3,4,\cdots,n)$$

先析出 $\alpha_E^s(s=1,2,\cdots,t)$，再析出其余组元，有

$$\frac{\mathrm{d}n_{\alpha_E^s}}{\mathrm{d}t}=-\frac{\mathrm{d}n_{(\alpha_E^s)_{E_k(1)}}}{\mathrm{d}t}=j_{\alpha_E^s}$$
$$=-l_1\left(\frac{A_{\mathrm{m},\alpha_E^s}}{T}\right)-l_2\left(\frac{A_{\mathrm{m},\alpha_E^s}}{T}\right)^2-l_3\left(\frac{A_{\mathrm{m},\alpha_E^s}}{T}\right)^3-\cdots$$
$$(s=1,2,\cdots,t)$$

$$\frac{\mathrm{d}n_{\alpha_E^r}}{\mathrm{d}t}=-\frac{\mathrm{d}n_{(\alpha_E^r)_{l'_{\alpha_E^1,\alpha_E^2,\cdots,\alpha_E^t}}}}{\mathrm{d}t}=j_{\alpha_E^r}$$
$$=-l_1\left(\frac{A_{\alpha_E^r}}{T}\right)-l_2\left(\frac{A_{\alpha_E^r}}{T}\right)^2-l_3\left(\frac{A_{\alpha_E^r}}{T}\right)^3-\cdots$$
$$(r=t+1,t+2,\cdots,n)$$

$$\frac{\mathrm{d}n_{(i)_{\alpha_E^s}}}{\mathrm{d}t}=-\frac{\mathrm{d}n_{(i)_{E_k(l)}}}{\mathrm{d}t}=j_{(i)_{\alpha_E^s}}$$
$$=-l_1\left(\frac{A_{\mathrm{m},(i)_{\alpha_E^s}}}{T}\right)-l_2\left(\frac{A_{\mathrm{m},(i)_{\alpha_E^s}}}{T}\right)^2-l_3\left(\frac{A_{\mathrm{m},(i)_{\alpha_E^s}}}{T}\right)^3-\cdots$$
$$(i=1,2,\cdots,m;s=1,2,\cdots,t)$$

$$\frac{\mathrm{d}n_{(i)_{\alpha_E^r}}}{\mathrm{d}t}=-\frac{\mathrm{d}n_{(i)_{l'_{\alpha_E^1,\alpha_E^2,\cdots,\alpha_E^t}}}}{\mathrm{d}t}=j_{(i)_{\alpha_E^r}}$$

$$= -l_1\left(\frac{A_{\mathrm{m},(i)_{\alpha_E^r}}}{T}\right) - l_2\left(\frac{A_{\mathrm{m},(i)_{\alpha_E^r}}}{T}\right)^2 - l_3\left(\frac{A_{\mathrm{m},(i)_{\alpha_E^r}}}{T}\right)^3 - \cdots$$

$$(i = 1, 2, \cdots, m; r = t+1, t+2, \cdots, n)$$

先析出 $\alpha_E^r (r = 1, 2, \cdots, n-1)$ 个组元，然后再析出组元 α_E^n，有

$$\frac{\mathrm{d}n_{\alpha_E^r}}{\mathrm{d}t} = -\frac{\mathrm{d}n_{(\alpha_E^r)_{E_k(1)}}}{\mathrm{d}t} = j_{(i)_{\alpha_E^r}}$$

$$= -l_1\left(\frac{A_{\mathrm{m},\alpha_E^r}}{T}\right) - l_2\left(\frac{A_{\mathrm{m},\alpha_E^r}}{T}\right)^2 - l_3\left(\frac{A_{\mathrm{m},\alpha_E^r}}{T}\right)^3 - \cdots$$

$$(r = 1, 2, \cdots, n-1)$$

$$\frac{\mathrm{d}n_{\alpha_E^n}}{\mathrm{d}t} = -\frac{\mathrm{d}n_{(\alpha_E^n)_{l'_{\alpha_E^r(r=1,2,\cdots,n-1)}}}}{\mathrm{d}t} = j_{\alpha_E^n}$$

$$= -l_1\left(\frac{A_{\mathrm{m},\alpha_E^n}}{T}\right) - l_2\left(\frac{A_{\mathrm{m},\alpha_E^n}}{T}\right)^2 - l_3\left(\frac{A_{\mathrm{m},\alpha_E^n}}{T}\right)^3 - \cdots$$

$$\frac{\mathrm{d}n_{(i)_{\alpha_E^r}}}{\mathrm{d}t} = -\frac{\mathrm{d}n_{(i)_{E_k(1)}}}{\mathrm{d}t} = j_{(i)_{\alpha_E^r}}$$

$$= -l_1\left(\frac{A_{\mathrm{m},(i)_{\alpha_E^r}}}{T}\right) - l_2\left(\frac{A_{\mathrm{m},(i)_{\alpha_E^r}}}{T}\right)^2 - l_3\left(\frac{A_{\mathrm{m},(i)_{\alpha_E^r}}}{T}\right)^3 - \cdots$$

$$(i = 1, 2, \cdots, m; r = 1, 2, \cdots, n-1)$$

$$\frac{\mathrm{d}n_{(i)_{\alpha_E^n}}}{\mathrm{d}t} = -\frac{\mathrm{d}n_{(i)_{l'_{\alpha_E^r(r=1,2,\cdots,n-1)}}}}{\mathrm{d}t} = j_{(i)_{\alpha_E^n}}$$

$$= -l_1\left(\frac{A_{\mathrm{m},(i)_{\alpha_E^n}}}{T}\right) - l_2\left(\frac{A_{\mathrm{m},(i)_{\alpha_E^n}}}{T}\right)^2 - l_3\left(\frac{A_{\mathrm{m},(i)_{\alpha_E^n}}}{T}\right)^3 - \cdots$$

$$(i = 1, 2, \cdots, m)$$

第 9 章　固态升温相变

9.1　固态纯物质升温相变

9.1.1　相变过程热力学

固态 α 相的纯物质 A 升温。升高到和 β 相平衡的温度 $T_{平}$，发生相变。该过程是在平衡状态下进行的，可以表示为

$$\alpha\text{-}A \rightleftharpoons \beta\text{-}A$$

该过程的摩尔吉布斯自由能变化为

$$\begin{aligned}
\Delta G_{\mathrm{m}}(T_{平}) &= G_{\mathrm{m},\beta\text{-}A}(T_{平}) - G_{\mathrm{m},\alpha\text{-}A}(T_{平}) \\
&= \left[H_{\mathrm{m},\beta\text{-}A}(T_{平}) - T_{平}S_{\mathrm{m},\beta\text{-}A}(T_{平})\right] - \left[H_{\mathrm{m},\alpha\text{-}A}(T_{平}) - T_{平}S_{\mathrm{m},\alpha\text{-}A}(T_{平})\right] \\
&= \left[H_{\mathrm{m},\beta\text{-}A}(T_{平}) - H_{\mathrm{m},\alpha\text{-}A}(T_{平})\right] - T_{平}\left[S_{\mathrm{m},\beta\text{-}A}(T_{平}) - S_{\mathrm{m},\alpha\text{-}A}(T_{平})\right] \\
&= \Delta H_{\mathrm{m}}(T_{平}) - T_{平}\Delta S_{\mathrm{m}}(T_{平}) \\
&= \Delta H_{\mathrm{m}}(T_{平}) - T_{平}\frac{\Delta H_{\mathrm{m}}(T_{平})}{T_{平}} \\
&= 0
\end{aligned}$$

也可以如下计算。

在温度 $T_{平}$，有

$$(\beta\text{-}A)_{饱} = (\beta\text{-}A)_{\alpha\text{-}A} \rightleftharpoons \beta\text{-}A$$

以纯固态 β-A 为标准状态，浓度以摩尔分数表示，该过程的摩尔吉布斯自由能变化为

$$\begin{aligned}
\Delta G_{\mathrm{m}} &= \mu_{\beta\text{-}A} - \mu_{(\beta\text{-}A)_{\alpha\text{-}A}} \\
&= \mu_{\beta\text{-}A} - \mu_{(\beta\text{-}A)_{饱}} = -RT\ln a^{\mathrm{R}}_{(\beta\text{-}A)_{饱}} \\
&= -RT\ln a^{\mathrm{R}}_{(\beta\text{-}A)_{\alpha\text{-}A}} = 0
\end{aligned}$$

式中，

$$\mu_{\beta\text{-}A} = \mu^{*}_{\beta\text{-}A}$$

$$\mu_{(\beta\text{-}A)_{饱}} = \mu_{(\beta\text{-}A)_{\alpha\text{-}A}} = \mu^{*}_{\beta\text{-}A} + RT\ln a^{\mathrm{R}}_{(\beta\text{-}A)_{饱}} = \mu^{*}_{\beta\text{-}A} + RT\ln a^{\mathrm{R}}_{(\beta\text{-}A)_{\alpha\text{-}A}}$$

继续升高温度到 T。α-A 和 β-A 两相已不平衡，相变在非平衡条件下进行，有

$$\alpha\text{-}A = \beta\text{-}A$$

$$\begin{aligned}\Delta G_{\mathrm{m}}(T) &= G_{\mathrm{m},\beta\text{-}A}(T) - G_{\mathrm{m},\alpha\text{-}A}(T) \\ &= [H_{\mathrm{m},\beta\text{-}A}(T) - TS_{\mathrm{m},\beta\text{-}A}(T)] - [H_{\mathrm{m},\alpha\text{-}A}(T) - TS_{\mathrm{m},\alpha\text{-}A}(T)] \\ &= [H_{\mathrm{m},\beta\text{-}A}(T) - H_{\mathrm{m},\alpha\text{-}A}(T)] - T\,[S_{\mathrm{m},\beta\text{-}A}(T) - S_{\mathrm{m},\alpha\text{-}A}(T)] \\ &= \Delta H_{\mathrm{m}}(T) - T\Delta S_{\mathrm{m}}(T) \\ &\approx \Delta H_{\mathrm{m}}(T_{平}) - T\Delta S_{\mathrm{m}}(T_{平}) \\ &= \Delta H_{\mathrm{m}}(T_{平}) - T\frac{\Delta H_{\mathrm{m}}(T_{平})}{T_{平}} \\ &= \frac{\Delta H_{\mathrm{m}}(T_{平})\Delta T}{T_{平}}\end{aligned} \tag{9.1}$$

如果 T 和 $T_{平}$ 相差较大，则取

$$\Delta H_{\mathrm{m}}(T) = \Delta H_{\mathrm{m}}(T_{平}) + \int_{T_{平}}^{T} \Delta c_p \mathrm{d}T$$

$$\Delta S_{\mathrm{m}}(T) = \Delta S_{\mathrm{m}}(T_{平}) + \int_{T_{平}}^{T} \frac{\Delta c_p}{T} \mathrm{d}T$$

也可以如下计算。

在温度 T，有

$$(\beta\text{-}A)_{过饱} =\!=\!= (\beta\text{-}A)_{\alpha\text{-}A} =\!=\!= \beta\text{-}A$$

以纯固态 β-A 为标准状态，浓度以摩尔分数表示，该过程的摩尔吉布斯自由能变化为

$$\begin{aligned}\Delta G_{\mathrm{m}} &= \mu_{\beta\text{-}A} - \mu_{(\beta\text{-}A)_{过饱}} = \mu_{\beta\text{-}A} - \mu_{(\beta\text{-}A)_{\alpha\text{-}A}} \\ &= -RT\ln a^{\mathrm{R}}_{(\beta\text{-}A)_{过饱}} = -RT\ln a^{\mathrm{R}}_{(\beta\text{-}A)_{\alpha\text{-}A}}\end{aligned} \tag{9.2}$$

式中，

$$\mu_{\beta\text{-}A} = \mu^{*}_{\beta\text{-}A}$$

$$\mu_{(\beta\text{-}A)_{过饱}} = \mu_{(\beta\text{-}A)_{\alpha\text{-}A}} = \mu^{*}_{\beta\text{-}A} + RT\ln a^{\mathrm{R}}_{(\beta\text{-}A)_{过饱}} = \mu^{*}_{\beta\text{-}A} + RT\ln a^{\mathrm{R}}_{(\beta\text{-}A)_{\alpha\text{-}A}}$$

将 $\Delta H_{\mathrm{m},A}(T_{\mathrm{m}}) = L_{\mathrm{m},A}$、$\Delta S_{\mathrm{m},A}(T_{\mathrm{m}}) = \dfrac{L_{\mathrm{m},A}}{T_{\mathrm{m}}}$ 代入式 (9.1)，得

$$\Delta G_{\mathrm{m},A}(T) = L_{\mathrm{m},A} - T\frac{L_{\mathrm{m},A}}{T_{\mathrm{m}}} = \frac{L_{\mathrm{m},A}\Delta T}{T_{\mathrm{m}}}$$

式中，$L_{\mathrm{m},A}$ 为组元 A 的相变潜热。

9.1.2　纯物质 α、β 两相的吉布斯自由能与温度和压力的关系

1) 纯物质 α、β 两相的吉布斯自由能与温度的关系

$$\mathrm{d}G = V\mathrm{d}P - S\mathrm{d}T$$

在恒压条件下，有

$$\mathrm{d}G = -S\mathrm{d}T$$

$$\frac{\mathrm{d}G}{\mathrm{d}T} = -S$$

其中，S 恒为正值，吉布斯自由能对温度的导数为负数，即吉布斯自由能随温度的升高而减小。β-A 相的结构与 α-A 相的结构不同，因此两者的熵不等。所以，β-A 相的吉布斯自由能与温度关系的曲线斜率和 α-A 相的吉布斯自由能与温度关系的曲线斜率不同，必然相交于某一点，该点对应的 α、β 两相吉布斯自由能相等，两相平衡共存 (图 9.1)。在一个标准大气压，该点所对应的温度 T_{m} 为相变点。

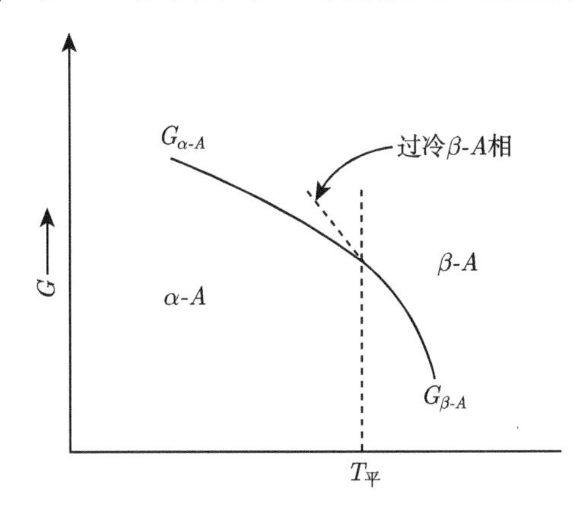

图 9.1　在恒压条件下吉布斯自由能与温度的关系

2) 纯物质 α、β 两相的吉布斯自由能与压力的关系

在恒温条件下，有

$$\mathrm{d}G = V\mathrm{d}P$$

$$\frac{\mathrm{d}G}{\mathrm{d}P} = V$$

其中，体积恒为正值，吉布斯自由能对压力的导数为正数，即在恒温条件下，吉布斯自由能随压力增加而增大。如果 β-A 相的体积比 α-A 相的体积大，即 β-A 相的吉布斯自由能与压力关系的曲线斜率比 α-A 相的吉布斯自由能与压力关系的曲线斜率大。两条曲线斜率不同，会相交于一点 $P_{临}$(图 9.2)。$P_{临}$ 是在恒定温度条件下的 α、β 两相转化压力，称为临界压力。同一物质，在压力大于临界压力时，β-A 相

的吉布斯自由能大于 α-A 相的吉布斯自由能，α-A 相比 β-A 相稳定，随着压力的增加，α-A 相转变为 β-A 相的温度升高。而在压力低于临界压力时，α-A 相的吉布斯自由能比 β-A 相的吉布斯自由能大，随着压力减小，α-A 相转变为 β-A 相的温度降低。

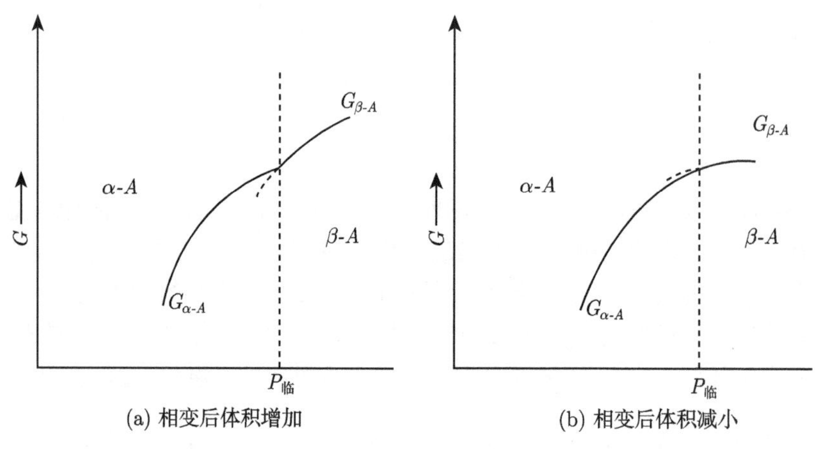

(a) 相变后体积增加　　(b) 相变后体积减小

图 9.2　在恒温条件下吉布斯自由能与压力的关系

对于 β-A 相的体积比 α-A 相的体积小的物质，其 β-A 相的吉布斯自由能与压力关系的曲线斜率比 α-A 相的吉布斯自由能与压力关系的曲线斜率小。两条曲线也会相交于一点 $P_{临}$。同一物质，在压力大于临界压力时，β-A 相的吉布斯自由能小于 α-A 相的吉布斯自由能，β-A 相比 α-A 相稳定，随着压力增加，α-A 相转变为 β-A 相的温度降低；而压力小于临界压力，α-A 相的吉布斯自由能小于 β-A 相的吉布斯自由能，α-A 相稳定，随着压力增加，α-A 相转变为 β-A 相的温度升高。在一个标准大气压，两相平衡的温度即为该物质的相变点。压力大于一个标准大气压，随着压力的增加，β-A 相的吉布斯自由能小于 α-A 相的吉布斯自由能，即压力增加，物质的相变点降低。

9.1.3　相变速率

在恒温恒压条件下，α-$A \rightarrow \beta$-A 在高于其相变温度的转化速率为

$$\begin{aligned}\frac{\mathrm{d}n_{A(\gamma)}}{\mathrm{d}t} &= -\frac{\mathrm{d}n_{A(\mathrm{s})}}{\mathrm{d}t} = j_A \\ &= -l_1\left(\frac{A_{\mathrm{m},A}}{T}\right) - l_2\left(\frac{A_{\mathrm{m},A}}{T}\right)^2 - l_3\left(\frac{A_{\mathrm{m},A}}{T}\right)^3 - \cdots \\ &= -l_1\left(\frac{L_{\mathrm{m},A}\Delta T}{TT_{\mathrm{m}}}\right) - l_2\left(\frac{L_{\mathrm{m},A}\Delta T}{TT_{\mathrm{m}}}\right)^2 - l_3\left(\frac{L_{\mathrm{m},A}\Delta T}{TT_{\mathrm{m}}}\right)^3 - \cdots\end{aligned}$$

$$=-l_1'\left(\frac{\Delta T}{T}\right)-l_2'\left(\frac{\Delta T}{T}\right)^2-l_3'\left(\frac{\Delta T}{T}\right)^3-\cdots \tag{9.3}$$

式中，n 为单位体积的摩尔数量，

$$A_{\mathrm{m},A}=\Delta G_{\mathrm{m},A}=\frac{L_{\mathrm{m},A}\Delta T}{T_{\mathrm{m}}}$$

9.2 二元系固态升温相变

9.2.1 具有最低共晶点的二元系

1. 相变过程热力学

图 9.3 是具有最低共晶点组成的二元系相图。在恒压条件下，组成点为 P 的物质升温。温度升到 T_E，物质组成点为 P_E。在组成为 P_E 的物质中，有共晶点组成的 E 和过量的组元 B。

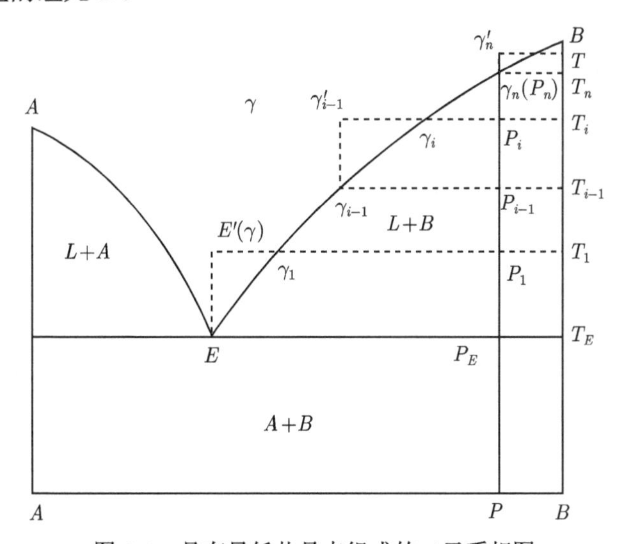

图 9.3 具有最低共晶点组成的二元系相图

1) 在温度 T_E

组成为 E 的均匀固相 A、B 形成固溶体 $E(\gamma)$ 的相变过程在平衡状态下可以表示为

$$E(\mathrm{s}) \rightleftharpoons E(\gamma)$$

即

$$x_A A(\mathrm{s})+x_B B(\mathrm{s}) \rightleftharpoons x_A(A)_{E(\gamma)}+x_B(B)_{E(\gamma)}$$

或

$$A(\mathrm{s}) \rightleftharpoons (A)_{E(\gamma)}$$

$$B(\mathrm{s}) \rightleftharpoons (B)_{E(\gamma)}$$

式中，x_A、x_B 分别为组成为 E 的组元 A、B 的摩尔分数。

相变过程的摩尔吉布斯自由能变化为

$$\begin{aligned}\Delta G_{\mathrm{m},E}(T_E) &= G_{\mathrm{m},E(\gamma)}(T_E) - G_{\mathrm{m},E(\mathrm{s})}(T_E)\\ &= \left[H_{\mathrm{m},E(\gamma)}(T_E) - T_E H_{\mathrm{m},E(\gamma)}(T_E)\right] - \left[H_{\mathrm{m},E(\mathrm{s})}(T_E) - T_{\mathrm{m}} S_{\mathrm{m},E(\mathrm{s})}(T_E)\right]\\ &= \Delta H_{\mathrm{m},E}(T_E) - T_{\mathrm{m}} \Delta S_{\mathrm{m},E}(T_E)\\ &= \Delta H_{\mathrm{m},E}(T_E) - T_E \frac{\Delta H_{\mathrm{m},E}(T_E)}{T_E}\\ &= 0\end{aligned} \tag{9.4}$$

式中，$\Delta H_{\mathrm{m},E}(T_E)$ 和 $\Delta S_{\mathrm{m},E}(T_E)$ 分别为组成为 E 的物质的相变焓和相变熵。

$$M_E = x_A M_A + x_B M_B$$

式中，M_E、M_A、M_B 分别为 E、A、B 的摩尔质量。

或者如下计算：

$$\begin{aligned}\Delta G_{\mathrm{m},A}(T_E) &= \overline{G}_{\mathrm{m},(A)_{E(\gamma)}}(T_E) - G_{\mathrm{m},A(\mathrm{s})}(T_E)\\ &= \Delta_{\mathrm{sol}} H_{\mathrm{m},A}(T_E) - T_E \Delta_{\mathrm{sol}} S_{\mathrm{m},A}(T_E)\\ &= \Delta_{\mathrm{sol}} H_{\mathrm{m},A}(T_E) - T_E \frac{\Delta_{\mathrm{sol}} H_{\mathrm{m},A}(T_E)}{T_E}\\ &= 0\end{aligned} \tag{9.5}$$

$$\begin{aligned}\Delta G_{\mathrm{m},B}(T_E) &= \overline{G}_{\mathrm{m},(B)_{E(\gamma)}}(T_E) - G_{\mathrm{m},B(\mathrm{s})}(T_E)\\ &= \Delta_{\mathrm{sol}} H_{\mathrm{m},B}(T_E) - T_E \Delta_{\mathrm{sol}} S_{\mathrm{m},B}(T_E)\\ &= \Delta_{\mathrm{sol}} H_{\mathrm{m},B}(T_E) - T_E \frac{\Delta_{\mathrm{sol}} H_{\mathrm{m},B}(T_E)}{T_E}\\ &= 0\end{aligned} \tag{9.6}$$

$$\begin{aligned}\Delta G_{\mathrm{m},E}(T_E) &= x_A \Delta G_{\mathrm{m},A}(T_E) - x_B \Delta G_{\mathrm{m},B}(T_E)\\ &= \frac{\left[x_A \Delta_{\mathrm{sol}} H_{\mathrm{m},A}(T_E) + x_B \Delta_{\mathrm{sol}} H_{\mathrm{m},B}(T_E)\right] \Delta T}{T_E}\\ &= 0\end{aligned} \tag{9.7}$$

式中，$\Delta_{\mathrm{sol}} H_{\mathrm{m},A}$、$\Delta_{\mathrm{sol}} H_{\mathrm{m},B}$、$\Delta_{\mathrm{sol}} S_{\mathrm{m},A}$、$\Delta_{\mathrm{sol}} S_{\mathrm{m},B}$ 分别是组元 A、B 在 $E(\gamma)$ 中的溶解焓、溶解熵；

$$\Delta T = T_E - T_E = 0$$

该过程的摩尔吉布斯自由能变化也可以如下计算。

组元 A、B 和 γ 相中的组元 A、B 都以其纯固态为标准状态，组成以摩尔分数表示，该过程的摩尔吉布斯自由能变化为

$$\begin{aligned}\Delta G_{\mathrm{m},A} &= \mu_{(A)_{E(\gamma)}} - \mu_{A(\mathrm{s})} \\ &= RT\ln a^{\mathrm{R}}_{(A)_{E(\gamma)}} \\ &= RT\ln a^{\mathrm{R}}_{A(\mathrm{s})} \\ &= 0\end{aligned} \tag{9.8a}$$

其中，

$$\begin{aligned}\mu_{(A)_{E(\gamma)}} &= \mu^{*}_{A(\mathrm{s})} + RT\ln a^{\mathrm{R}}_{(A)_{E(\gamma)}} \\ &= \mu^{*}_{A(\mathrm{s})} + RT\ln a^{\mathrm{R}}_{(A)_{饱}}\end{aligned}$$

$$\mu_{A(\mathrm{s})} = \mu^{*}_{A(\mathrm{s})} \tag{9.8b}$$

$$\begin{aligned}\Delta G_{\mathrm{m},B} &= \mu_{(B)_{E(\gamma)}} - \mu_{B(\mathrm{s})} \\ &= RT\ln a^{\mathrm{R}}_{(B)_{E(\gamma)}} \\ &= RT\ln a^{\mathrm{R}}_{B(\mathrm{s})} \\ &= 0\end{aligned}$$

其中，

$$\begin{aligned}\mu_{(B)_{E(\gamma)}} &= \mu^{*}_{B(\mathrm{s})} + RT\ln a^{\mathrm{R}}_{(B)_{E(\gamma)}} \\ &= \mu^{*}_{B(\mathrm{s})} + RT\ln a^{\mathrm{R}}_{(B)_{饱}}\end{aligned}$$

$$\mu_{B(\mathrm{s})} = \mu^{*}_{B(\mathrm{s})}$$

$$\begin{aligned}\Delta G_{\mathrm{m},E} &= x_A\Delta G_{\mathrm{m},A} + x_B\Delta G_{\mathrm{m},B} \\ &= RT\left(x_A\ln a^{\mathrm{R}}_{(A)_{E(\gamma)}} + x_B\ln a^{\mathrm{R}}_{(B)_{E(\gamma)}}\right) \\ &= 0\end{aligned} \tag{9.8c}$$

在温度 T_E，组成为 $E(\mathrm{s})$ 的固相和 $E(\gamma)$ 平衡，相变在平衡状态下进行，吉布斯自由能变化为零。

2) 升高温度到 T_1

由于温度升高，$E(\gamma)$ 成为 $E'(\gamma)$，组成未变。$E(\mathrm{s})_{(A+B)}$ 转变为相 $E'(\gamma)$，在非平衡条件下进行。有

$$E(\mathrm{s}) = E'(\gamma)$$

即

$$x_A A(\mathrm{s}) + x_B B(\mathrm{s}) = x_A (A)_{E'(\gamma)} + x_B (B)_{E'(\gamma)}$$

或

$$A(\mathrm{s}) = (A)_{E'(\gamma)}$$

$$B(\mathrm{s}) = (B)_{E'(\gamma)}$$

该过程的摩尔吉布斯自由能变化为

$$\begin{aligned}\Delta G_{\mathrm{m},E}(T_1) &= G_{\mathrm{m},E'(\gamma)}(T_1) - G_{\mathrm{m},E(\mathrm{s})}(T_1) \\ &= \Delta H_{\mathrm{m},E}(T_1) - T_1\Delta S_{\mathrm{m},E}(T_1) \\ &\approx \Delta H_{\mathrm{m},E}(T_E) - T_1\frac{\Delta H_{\mathrm{m},E}(T_E)}{T_E} \\ &= \frac{\Delta H_{\mathrm{m},E}(T_E)\Delta T}{T_E}\end{aligned} \tag{9.9}$$

式中，$\Delta H_{\mathrm{m},E}(T_E)$ 为 E 在温度 T_E 的相变焓。

或如下计算。

$$\begin{aligned}\Delta G_{\mathrm{m},A}(T_1) &= \overline{G}_{\mathrm{m},(A)_{E'(\gamma)}}(T_1) - G_{\mathrm{m},A(\mathrm{s})}(T_1) \\ &= \Delta_{\mathrm{sol}}H_{\mathrm{m},A}(T_1) - T_1\Delta_{\mathrm{sol}}S_{\mathrm{m},A}(T_1) \\ &\approx \Delta_{\mathrm{sol}}H_{\mathrm{m},A}(T_E) - T_1\frac{\Delta_{\mathrm{sol}}H_{\mathrm{m},A}(T_E)}{T_E} \\ &= \frac{\Delta_{\mathrm{sol}}H_{\mathrm{m},A}(T_E)\Delta T}{T_E}\end{aligned} \tag{9.10}$$

$$\begin{aligned}\Delta G_{\mathrm{m},B}(T_1) &= \overline{G}_{\mathrm{m},(B)_{E'(\gamma)}}(T_1) - G_{\mathrm{m},B(\mathrm{s})}(T_1) \\ &= \Delta_{\mathrm{sol}}H_{\mathrm{m},B}(T_1) - T_1\Delta_{\mathrm{sol}}S_{\mathrm{m},B}(T_1) \\ &\approx \Delta_{\mathrm{sol}}H_{\mathrm{m},B}(T_E) - T_1\Delta_{\mathrm{sol}}\Delta S_{\mathrm{m},B}(T_E) \\ &= \frac{\Delta_{\mathrm{sol}}H_{\mathrm{m},E}(T_E)\Delta T}{T_E}\end{aligned} \tag{9.11}$$

式中，$\Delta_{\mathrm{sol}}H_{\mathrm{m},A}(T_E)$、$\Delta_{\mathrm{sol}}H_{\mathrm{m},B}(T_E)$ 分别为组元 A、B 在温度 T_E 溶解到 $E(\gamma)$ 相中的溶解焓；$\Delta_{\mathrm{sol}}S_{\mathrm{m},A}(T_E)$、$\Delta_{\mathrm{sol}}S_{\mathrm{m},B}(T_E)$ 分别为组元 A、B 在温度 T_E 溶解到 $E(\gamma)$ 相中的溶解熵，它们分别是组元 A、B 饱和 (平衡) 状态的溶解焓和溶解熵。

总摩尔吉布斯自由能变化为

$$\begin{aligned}\Delta G_{\mathrm{m},E}(T_1) &= x_A\Delta G_{\mathrm{m},A}(T_1) - x_B\Delta G_{\mathrm{m},B}(T_1) \\ &= \frac{(x_A\Delta_{\mathrm{sol}}H_{\mathrm{m},A}(T_E) + x_B\Delta_{\mathrm{sol}}H_{\mathrm{m},B}(T_E))\Delta T}{T_E}\end{aligned} \tag{9.12}$$

其中，

$$\Delta T = T_E - T_1 < 0$$

或如下计算：

组元 A、B 和 $E'(\gamma)$ 相中的组元 A、B 都以其纯固态为标准状态，组成以摩尔分数表示，该过程的摩尔吉布斯自由能变化为

$$\begin{aligned}\Delta G_{\mathrm{m},A} &= \mu_{(A)_{E'(\gamma)}} - \mu_{A(\mathrm{s})} \\ &= RT\ln a^{\mathrm{R}}_{(A)_{E'(\gamma)}}\end{aligned} \tag{9.13}$$

其中，

$$\mu_{(A)_{E'(\gamma)}} = \mu^{*}_{A(\mathrm{s})} + RT\ln a^{\mathrm{R}}_{(A)_{E'(\gamma)}}$$

$$\mu_{A(\mathrm{s})} = \mu^{*}_{A(\mathrm{s})}$$

$$\begin{aligned}\Delta G_{\mathrm{m},B} &= \mu_{(B)_{E'(\gamma)}} - \mu_{B(\mathrm{s})} \\ &= RT\ln a^{\mathrm{R}}_{(B)_{E'(\gamma)}}\end{aligned} \tag{9.14}$$

其中，

$$\mu_{(B)_{E'(\gamma)}} = \mu^{*}_{B(\mathrm{s})} + RT\ln a^{\mathrm{R}}_{(B)_{E'(\gamma)}}$$

$$\mu_{B(\mathrm{s})} = \mu^{*}_{B(\mathrm{s})}$$

总摩尔吉布斯自由能变化为

$$\begin{aligned}\Delta G_{\mathrm{m},E} &= x_A\Delta G_{\mathrm{m},A} + x_B\Delta G_{\mathrm{m},B} \\ &= RT\left(x_A\ln a^{\mathrm{R}}_{(A)_{E'(\gamma)}} + x_B\ln a^{\mathrm{R}}_{(B)_{E'(\gamma)}}\right)\end{aligned} \tag{9.15}$$

直到组成为 $E(\mathrm{s})$ 的固相完全消失，固相组元 A 消失，剩余的固相组元 B 继续向 $E'(\gamma)$ 相中溶解，有

$$B(\mathrm{s}) =\!=\!= (B)_{E'(\gamma)}$$

该过程的摩尔吉布斯自由能变化为

$$\begin{aligned}\Delta G_{\mathrm{m},B}(T_1) &= \overline{G}_{\mathrm{m},(B)_{E'(\gamma)}}(T_1) - G_{\mathrm{m},B(\mathrm{s})}(T_1) \\ &= \left[\overline{H}_{\mathrm{m},(B)_{E'(\gamma)}}(T_1) - T_1\overline{S}_{\mathrm{m},(B)_{E'(\gamma)}}(T_1)\right] \\ &\quad - \left[H_{\mathrm{m},B(\mathrm{s})}(T_1) - T_1 S_{\mathrm{m},B(\mathrm{s})}(T_1)\right] \\ &= \Delta_{\mathrm{sol}}H_{\mathrm{m},B}(T_1) - T_1\Delta_{\mathrm{sol}}S_{\mathrm{m},B}(T_1) \\ &\approx \Delta_{\mathrm{sol}}H_{\mathrm{m},B}(T_E) - T_1\frac{\Delta_{\mathrm{sol}}H_{\mathrm{m},B}(T_E)}{T_E} \\ &= \frac{\Delta_{\mathrm{sol}}H_{\mathrm{m},B}(T_E)\Delta T}{T_E}\end{aligned} \tag{9.16}$$

其中，

$$\Delta_{\mathrm{sol}}H_{\mathrm{m},B}(T_1) \approx \Delta_{\mathrm{sol}}H_{\mathrm{m},B}(T_E) > 0$$

$$\Delta_{\text{sol}} S_{\text{m},B}(T_1) \approx \Delta_{\text{sol}} S_{\text{m},B}(T_E) = \frac{\Delta_{\text{sol}} H_{\text{m},B}(T_E)}{T_E} > 0$$

$$\Delta T = T_E - T_1 < 0$$

$\Delta_{\text{sol}} H_{\text{m},B}(T_1)$ 和 $\Delta_{\text{sol}} S_{\text{m},B}(T_1)$ 分别为固体组元 B 在温度 T_1 的溶解焓和溶解熵。

或者如下计算。

固相组元 B 和 $E'(\gamma)$ 相中的组元 B 以纯固态为标准状态，浓度以摩尔分数表示，该过程的摩尔吉布斯自由能变化为

$$\begin{aligned}\Delta G_{\text{m},B} &= \mu_{(B)_{E'(\gamma)}} - \mu_{B(\text{s})} \\ &= RT \ln a^{\text{R}}_{(B)_{E'(\gamma)}}\end{aligned} \tag{9.17}$$

其中，

$$\mu_{(B)_{E'(\gamma)}} = \mu^*_{B(\text{s})} + RT \ln a^{\text{R}}_{(B)_{E'(\gamma)}}$$

$$\mu_{B(\text{s})} = \mu^*_{B(\text{s})}$$

直到组元 B 在 $E'(\gamma)$ 相中溶解达到饱和，两相达到新的平衡。平衡相组成为共晶线 ET_B 上的 γ_1 点。有

$$B(\text{s}) \rightleftharpoons (B)_{\gamma_1} =\!= (B)_{饱}$$

3) 从 T_1 升温到 T_n

从温度 T_1 到温度 T_n，随着温度的升高，组元 B 不断向固溶体相中溶解。

在温度 T_{i-1}，两相达成平衡，组元 B 溶解达到饱和。平衡固溶体相组成为 γ_{i-1}。有

$$B(\text{s}) \rightleftharpoons (B)_{\gamma_{i-1}} =\!= (B)_{饱}$$

$$(i = 1,\ 2,\ \cdots,\ n)$$

继续升高温度到 T_i。温度刚升到 T_i，固相组元 B 还未来得及溶解进入 γ_{i-1} 相时，固溶体相组成仍与 γ_{i-1} 相同，但是已经由组元 B 饱和的 γ_{i-1} 相变成其不饱和的 γ'_{i-1} 相。因此，固相组元 B 向 γ'_{i-1} 相中溶解。固溶体相组成由 γ'_{i-1} 向该温度的平衡固溶体相组成 γ_i 转变，物质组成由 P_{i-1} 向 P_i 转变。该过程可以表示为

$$B(\text{s}) = \!= (B)_{\gamma'_{i-1}}$$

$$(i = 1,\ 2,\ \cdots,\ n)$$

该过程的摩尔吉布斯自由能变化为

$$\begin{aligned}\Delta G_{m,B}(T_i) &= \overline{G}_{m,(B)_{\gamma'_{i-1}}}(T_i) - G_{m,B(s)}(T_i) \\ &= \left[\overline{H}_{m,(B)_{\gamma'_{i-1}}}(T_i) - T_i\overline{S}_{m,(B)_{\gamma'_{i-1}}}(T_i)\right] \\ &\quad - \left[H_{m,B(s)}(T_i) - T_iS_{m,B(s)}(T_i)\right] \\ &= \Delta_{sol}H_{m,B}(T_i) - T_i\Delta_{sol}S_{m,B}(T_i) \\ &\approx \Delta_{sol}H_{m,B}(T_{i-1}) - T_1\Delta_{sol}S_{m,B}(T_{i-1}) \\ &= \frac{\Delta_{sol}H_{m,B}(T_{i-1})\Delta T}{T_E}\end{aligned} \tag{9.18}$$

其中,

$$\Delta T = T_{i-1} - T_i < 0$$

$$\Delta_{sol}H_{m,B}(T_i) \approx \Delta_{sol}H_{m,B}(T_{i-1})$$

$$\Delta_{sol}S_{m,B}(T_i) \approx \Delta_{sol}S_{m,B}(T_{i-1}) = \frac{\Delta_{sol}H_{m,B}(T_{i-1})}{T_{i-1}}$$

或如下计算。

固相组元 B 和固溶体 γ'_{i-1} 中的组元 B 都以其纯固态为标准状态，组成以摩尔分数表示。有

$$\begin{aligned}\Delta G_{m,B} &= \mu_{(B)_{\gamma'_{i-1}}} - \mu_{B(s)} \\ &= RT\ln a^{R}_{(B)_{\gamma'_{i-1}}}\end{aligned} \tag{9.19}$$

其中,

$$\mu_{(B)_{\gamma'_{i-1}}} = \mu^*_{B(s)} + RT\ln a^{R}_{(B)_{\gamma'_{i-1}}}$$

$$\mu_{B(s)} = \mu^*_{B(s)}$$

直到固相组元 B 在 γ'_{i-1} 相中的溶解达到饱和，两相形成新的平衡。平衡固溶体相组成为共晶线 ET_B 上的 γ_i 点。有

$$B(s) \rightleftharpoons (B)_{\gamma_i} =\!=\!= (B)_{饱}$$

在温度 T_n，组元 B 和 γ_n 相达成平衡，组元 B 的溶解达到饱和。平衡相组成为共晶线 ET_B 上的 γ_n 点，有

$$B(s) \rightleftharpoons (B)_{\gamma_n} =\!=\!= (B)_{饱}$$

4) 温度升到高于 T_n 的温度 T

在温度刚升到 T，固相组元 B 还未来得及溶解进入 γ_n 相时，固溶体相组成仍

与 γ_n 相同，但是已经由组元 B 饱和的相 γ_n 变成其不饱和的相 γ_n'，组元 B 向其中溶解。有

$$B(\mathrm{s}) = (B)_{\gamma_n'}$$

该过程的摩尔吉布斯自由能变化为

$$\begin{aligned}\Delta G_{\mathrm{m},B}(T) &= \overline{G}_{\mathrm{m},(B)_{\gamma_n'}}(T) - G_{\mathrm{m},B(\mathrm{s})}(T)\\ &\approx \Delta_{\mathrm{sol}}H_{\mathrm{m},B}(T_n) - T\Delta_{\mathrm{sol}}S_{\mathrm{m},B}(T_n)\\ &= \frac{\Delta_{\mathrm{sol}}H_{\mathrm{m},B}(T_n)\Delta T}{T_n}\end{aligned} \tag{9.20}$$

其中，

$$\Delta_{\mathrm{sol}}H_{\mathrm{m},B}(T) \approx \Delta_{\mathrm{sol}}H_{\mathrm{m},B}(T_n)$$

$$\Delta_{\mathrm{sol}}S_{\mathrm{m},B}(T) \approx \Delta_{\mathrm{sol}}S_{\mathrm{m},B}(T_n) = \frac{\Delta_{\mathrm{sol}}H_{\mathrm{m},B}(T_n)}{T_n}$$

$$\Delta T = T_n - T < 0$$

组元 B 和固溶体相 γ_n' 中的组元 B 都以其纯固态为标准状态，组成以摩尔分数表示，有

$$\begin{aligned}\Delta G_{\mathrm{m},B} &= \mu_{(B)_{\gamma_n'}} - \mu_{B(\mathrm{s})}\\ &= RT\ln a^{\mathrm{R}}_{(B)_{\gamma_n'}}\end{aligned} \tag{9.21}$$

其中，

$$\mu_{(B)_{\gamma_n'}} = \mu^*_{B(\mathrm{s})} + RT\ln a^{\mathrm{R}}_{(B)_{\gamma_n'}}$$

$$\mu_{B(\mathrm{s})} = \mu^*_{B(\mathrm{s})}$$

2. 相变速率

1) 在温度 T_1

压力恒定，温度为 T_1，具有最低共晶点的二元系组元 $E(\mathrm{s})$ 的相变速率为

$$\begin{aligned}\frac{\mathrm{d}N_{E'(\gamma)}}{\mathrm{d}t} &= -\frac{\mathrm{d}N_{E(\mathrm{s})}}{\mathrm{d}t} = Vj_E\\ &= V\left[-l_1\left(\frac{A_{\mathrm{m},E}}{T}\right) - l_2\left(\frac{A_{\mathrm{m},E}}{T}\right)^2 - l_3\left(\frac{A_{\mathrm{m},E}}{T}\right)^3 - \cdots\right]\\ &= V\left[-l_1\left(\frac{L_{\mathrm{m},E}\Delta T}{TT_E}\right) - l_2\left(\frac{L_{\mathrm{m},E}\Delta T}{TT_E}\right)^2 - l_3\left(\frac{L_{\mathrm{m},E}\Delta T}{TT_E}\right)^3 - \cdots\right]\\ &= V\left[-l_1'\left(\frac{\Delta T}{T}\right) - l_2'\left(\frac{\Delta T}{T}\right)^2 - l_3'\left(\frac{\Delta T}{T}\right)^3 - \cdots\right]\end{aligned} \tag{9.22}$$

不考虑耦合作用，组元 A、B 的溶解速率为

$$\begin{aligned}\frac{\mathrm{d}N_{(A)_{E'(\gamma)}}}{\mathrm{d}t}&=-\frac{\mathrm{d}N_{A(\mathrm{s})}}{\mathrm{d}t}=Vj_A\\&=V\left[-l_1\left(\frac{A_{\mathrm{m},A}}{T}\right)-l_2\left(\frac{A_{\mathrm{m},A}}{T}\right)^2-l_3\left(\frac{A_{\mathrm{m},A}}{T}\right)^3-\cdots\right]\end{aligned}\tag{9.23}$$

$$\begin{aligned}\frac{\mathrm{d}N_{(B)_{E'(\gamma)}}}{\mathrm{d}t}&=-\frac{\mathrm{d}N_{B(\mathrm{s})}}{\mathrm{d}t}=Vj_B\\&=V\left[-l_1\left(\frac{A_{\mathrm{m},B}}{T}\right)-l_2\left(\frac{A_{\mathrm{m},B}}{T}\right)^2-l_3\left(\frac{A_{\mathrm{m},B}}{T}\right)^3-\cdots\right]\end{aligned}\tag{9.24}$$

式中，N 为体积 V 内的摩尔数量，

$$A_{\mathrm{m},A}=\Delta G_{\mathrm{m},A}$$
$$A_{\mathrm{m},B}=\Delta G_{\mathrm{m},B}$$

为式 (9.10)、式 (9.11) 或式 (9.13)、式 (9.14)。

考虑耦合作用，有

$$\begin{aligned}\frac{\mathrm{d}N_{(A)_{E'(\gamma)}}}{\mathrm{d}t}&=-\frac{\mathrm{d}N_{A(\mathrm{s})}}{\mathrm{d}t}=Vj_A\\&=V\Bigg[-l_{11}\left(\frac{A_{\mathrm{m},A}}{T}\right)-l_{12}\left(\frac{A_{\mathrm{m},B}}{T}\right)-l_{111}\left(\frac{A_{\mathrm{m},A}}{T}\right)^2\\&\quad-l_{112}\left(\frac{A_{\mathrm{m},A}}{T}\right)\left(\frac{A_{\mathrm{m},B}}{T}\right)-l_{122}\left(\frac{A_{\mathrm{m},B}}{T}\right)^2\\&\quad-l_{1111}\left(\frac{A_{\mathrm{m},A}}{T}\right)^3-l_{1112}\left(\frac{A_{\mathrm{m},A}}{T}\right)^2\left(\frac{A_{\mathrm{m},B}}{T}\right)\\&\quad+l_{1122}\left(\frac{A_{\mathrm{m},A}}{T}\right)\left(\frac{A_{\mathrm{m},B}}{T}\right)^2+l_{1222}\left(\frac{A_{\mathrm{m},B}}{T}\right)^3-\cdots\Bigg]\end{aligned}\tag{9.25}$$

2) 从温度 T_2 到温度 T

在压力恒定条件下，从温度 T_2 到温度 T 间的任一温度 T_i，组元 B 的溶解速率为

$$\begin{aligned}\frac{\mathrm{d}N_{(B)_{\gamma'_{i-1}}}}{\mathrm{d}t}&=-\frac{\mathrm{d}N_{B(\mathrm{s})}}{\mathrm{d}t}=Vj_B\\&=V\left[-l_1\left(\frac{A_{\mathrm{m},B}}{T}\right)-l_2\left(\frac{A_{\mathrm{m},B}}{T}\right)^2-l_3\left(\frac{A_{\mathrm{m},B}}{T}\right)^3-\cdots\right]\end{aligned}\tag{9.26}$$

其中，

$$A_{\mathrm{m},B}=\Delta G_{\mathrm{m},B}$$

为式 (9.18)、式 (9.19)。

9.2.2　具有稳定化合物的二元系

1. 相变过程热力学

图 9.4 是具有稳定二元化合物的二元系相图。

在恒压条件下，组成点为 P 的物质升温。温度升到 T_{E_1}，物质组成点为 P_{E_1}。在组成为 P_{E_1} 的物质中，有共晶点组成的 E_1 和过量的 A_mB_n。

1) 在温度 T_{E_1}

在温度 T_{E_1}，出现组成为 $E_1(\gamma)$ 的相，相变在平衡状态下进行。有

$$E_1(\mathrm{s}) \rightleftharpoons E_1(\gamma)$$

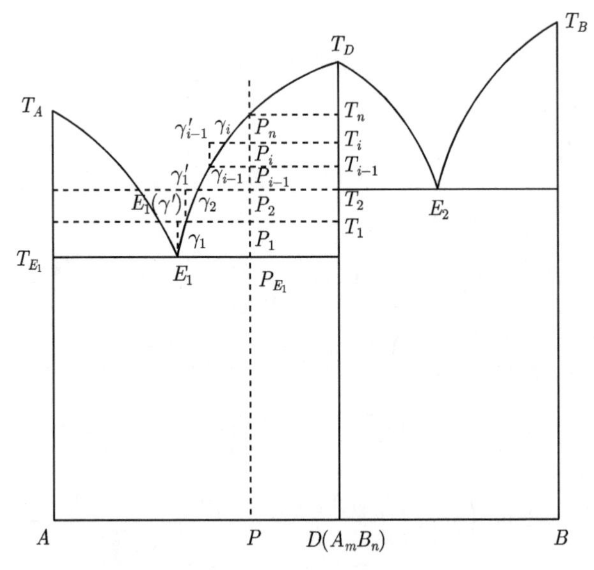

图 9.4　具有稳定二元化合物的二元系相图

即

$$x_A A(\mathrm{s})+x_D A_mB_n(\mathrm{s}) \rightleftharpoons x_A(A)_{E_1(\gamma)}+x_D(A_mB_n)_{E_1(\gamma)} \equiv x_A(A)_{饱}+x_D(A_mB_n)_{饱}$$

或

$$A(\mathrm{s}) \rightleftharpoons (A)_{E_1(\gamma)} \equiv (A)_{饱}$$

$$A_mB_n(\mathrm{s}) \rightleftharpoons (A_mB_n)_{E_1(\gamma)} \equiv (A_mB_n)_{饱}$$

该过程的摩尔吉布斯自由能变化为

$$\begin{aligned}\Delta G_{\mathrm{m},E}(T_{E_1}) &= G_{\mathrm{m},E_1(\gamma)}(T_{E_1}) - G_{\mathrm{m},E_1(\mathrm{s})}(T_{E_1}) \\ &= \Delta H_{\mathrm{m},E_1(\gamma)}(T_{E_1}) - T_{E_1}\Delta S_{\mathrm{m},E_1}(T_{E_1}) \\ &= \Delta H_{\mathrm{m},E_1(\gamma)}(T_{E_1}) - T_{E_1}\frac{\Delta H_{\mathrm{m},E_1(\gamma)}(T_{E_1})}{T_{E_1}} \\ &= 0\end{aligned} \tag{9.27}$$

或

$$\begin{aligned}\Delta G_{\mathrm{m},A}(T_{E_1}) &= \overline{G}_{\mathrm{m},(A)_{E_1(\gamma)}}(T_{E_1}) - G_{\mathrm{m},A(\mathrm{s})}(T_{E_1}) \\ &= \Delta_{\mathrm{sol}}H_{\mathrm{m},A}(T_{E_1}) - T_{E_1}\Delta_{\mathrm{sol}}S_{\mathrm{m},A}(T_{E_1}) \\ &= \Delta_{\mathrm{sol}}H_{\mathrm{m},A}(T_{E_1}) - T_{E_1}\frac{\Delta_{\mathrm{sol}}H_{\mathrm{m},A}(T_{E_1})}{T_{E_1}} \\ &= 0\end{aligned} \tag{9.28}$$

$$\begin{aligned}\Delta G_{\mathrm{m},D}(T_{E_1}) &= \overline{G}_{\mathrm{m},(D)_{E_1(\gamma)}}(T_{E_1}) - G_{\mathrm{m},D(\mathrm{s})}(T_{E_1}) \\ &= \Delta_{\mathrm{sol}}H_{\mathrm{m},D}(T_{E_1}) - T_{E_1}\Delta_{\mathrm{sol}}S_{\mathrm{m},D}(T_{E_1}) \\ &= \Delta_{\mathrm{sol}}H_{\mathrm{m},D}(T_{E_1}) - T_{E_1}\frac{\Delta_{\mathrm{sol}}H_{\mathrm{m},D}(T_{E_1})}{T_{E_1}} \\ &= 0\end{aligned} \tag{9.29}$$

$$\begin{aligned}\Delta G_{\mathrm{m},E_1}(T_{E_1}) &= x_A\Delta G_{\mathrm{m},A}(T_{E_1}) + x_D\Delta G_{\mathrm{m},D}(T_{E_1}) \\ &= \frac{[x_A\Delta_{\mathrm{sol}}H_{\mathrm{m},A}(T_{E_1}) + x_D\Delta_{\mathrm{sol}}H_{\mathrm{m},D}(T_{E_1})]\,\Delta T}{T_{E_1}} \\ &= 0\end{aligned}$$

式中，

$$\Delta T = T_{E_1} - T_{E_1} = 0$$

也可以如下计算。

组元 A、A_mB_n 和 $E_1(\gamma)$ 中的组元 A、A_mB_n 都以其纯固态为标准状态，浓度以摩尔分数表示，有

$$\begin{aligned}\Delta G_{\mathrm{m},A} &= \mu_{(A)_{E_1(\gamma)}} - \mu_{A(\mathrm{s})} \\ &= RT\ln a^{\mathrm{R}}_{(A)_{E_1(\gamma)}} \\ &= RT\ln a^{\mathrm{R}}_{(A)_{饱}} \\ &= 0\end{aligned} \tag{9.30}$$

式中，

$$\mu_{(A)_{E_1(\gamma)}} = \mu^*_{A(\mathrm{s})} + RT\ln a^{\mathrm{R}}_{(A)_{E_1(\gamma)}}$$

$$\mu_{A(\mathrm{s})} = \mu^*_{A(\mathrm{s})}$$

$$\begin{aligned}\Delta G_{\mathrm{m},D} &= \mu_{(D)_{E_1(\gamma)}} - \mu_{D(\mathrm{s})} \\ &= RT\ln a^{\mathrm{R}}_{(D)_{E_1(\gamma)}} \\ &= 0\end{aligned} \tag{9.31}$$

式中，

$$\mu_{(D)_{E_1(\gamma)}} = \mu^*_{D(\mathrm{s})} + RT\ln a^{\mathrm{R}}_{(D)_{E_1(\gamma)}}$$

$$\mu_{D(\mathrm{s})} = \mu^*_{D(\mathrm{s})}$$

2) 升高温度到 T_1

升高温度到 T_1。在温度刚升到 T_1，固相组元 A、A_mB_n 还未来得及溶入 $E_1(\gamma)$ 相时，$E_1(\gamma)$ 相组成未变。但是，已由组元 A、A_mB_n 饱和的 $E_1(\gamma)$ 相变成其不饱和的 $E_1(\gamma')$ 相。组元 A、A_mB_n 向其中溶解。直到组成为 $E(\mathrm{s})$ 的固相消失，同时，固相组元 A 消失，只剩固相组元 A_mB_n。有

$$E_1(\mathrm{s}) = E_1'(\gamma)$$

即

$$x_AA(\mathrm{s}) + x_DA_mB_n(\mathrm{s}) = x_A(A)_{E_1'(\gamma)} + x_D(A_mB_n)_{E_1'(\gamma)}$$

或

$$A(\mathrm{s}) = (A)_{E_1'(\gamma)}$$

$$A_mB_n(\mathrm{s}) = (A_mB_n)_{E_1'(\gamma)}$$

该过程的摩尔吉布斯自由能变化为

$$\begin{aligned}\Delta G_{\mathrm{m},E_1}(T_1) &= G_{\mathrm{m},E_1'(\gamma)}(T_1) - G_{\mathrm{m},E_1(\mathrm{s})}(T_1)\\ &= \Delta H_{\mathrm{m},E_1}(T_1) - T_1\Delta S_{\mathrm{m},E_1}(T_1)\\ &\approx \Delta H_{\mathrm{m},E_1}(T_{E_1}) - T_1\frac{\Delta H_{\mathrm{m},E_1}(T_{E_1})}{T_{E_1}}\\ &= \frac{\Delta H_{\mathrm{m},E_1}(T_{E_1})\Delta T}{T_{E_1}} < 0\end{aligned} \tag{9.32}$$

式中，

$$\Delta T = T_{E_1} - T_1 < 0$$

或

$$\begin{aligned}\Delta G_{\mathrm{m},A}(T_1) &= \overline{G}_{\mathrm{m},(A)_{E_1'(\gamma)}}(T_1) - G_{\mathrm{m},A(\mathrm{s})}(T_1)\\ &= \varDelta_{\mathrm{sol}}H_{\mathrm{m},A}(T_1) - T_1\varDelta_{\mathrm{sol}}S_{\mathrm{m},A}(T_1)\\ &\approx \varDelta_{\mathrm{sol}}H_{\mathrm{m},A}(T_{E_1}) - T_1\frac{\Delta H_{\mathrm{m},A}(T_{E_1})}{T_{E_1}}\\ &= \frac{\varDelta_{\mathrm{sol}}H_{\mathrm{m},A}(T_{E_1})\Delta T}{T_{E_1}} < 0\end{aligned} \tag{9.33}$$

$$\begin{aligned}\Delta G_{\mathrm{m},D}(T_1) &= \overline{G}_{\mathrm{m},(D)_{E_1'(\gamma)}}(T_1) - G_{\mathrm{m},D(\mathrm{s})}(T_1) \\ &= \Delta_{\mathrm{sol}}H_{\mathrm{m},D}(T_1) - T_1\Delta_{\mathrm{sol}}S_{\mathrm{m},D}(T_1) \\ &\approx \Delta_{\mathrm{sol}}H_{\mathrm{m},D}(T_{E_1}) - T_1\frac{\Delta H_{\mathrm{m},D}(T_{E_1})}{T_{E_1}} \\ &= \frac{\Delta_{\mathrm{sol}}H_{\mathrm{m},D}(T_{E_1})\Delta T}{T_{E_1}} < 0\end{aligned} \tag{9.34}$$

式中，

$$\Delta T = T_{E_1} - T_1 < 0$$

并有

$$\begin{aligned}\Delta G_{\mathrm{m},E_1}(T_1) &= x_A\Delta G_{\mathrm{m},A}(T_1) + x_D\Delta G_{\mathrm{m},D}(T_1) \\ &= \frac{[x_A\Delta_{\mathrm{sol}}H_{\mathrm{m},A}(T_{E_1}) + x_D\Delta_{\mathrm{sol}}H_{\mathrm{m},D}(T_{E_1})]\Delta T}{T_{E_1}} < 0\end{aligned}$$

或者如下计算。

组元 A、A_mB_n 都以其纯固态为标准状态，浓度以摩尔分数表示。有

$$\begin{aligned}\Delta G_{\mathrm{m},A} &= \mu_{(A)_{E_1'(\gamma)}} - \mu_{A(\mathrm{s})} \\ &= RT\ln a^{\mathrm{R}}_{(A)_{E_1'(\gamma)}}\end{aligned} \tag{9.35}$$

式中，

$$\mu_{(A)_{E_1'(\gamma)}} = \mu^*_{A(\mathrm{s})} + RT\ln a^{\mathrm{R}}_{(A)_{E_1'(\gamma)}}$$

$$\mu_{A(\mathrm{s})} = \mu^*_{A(\mathrm{s})}$$

$$\begin{aligned}\Delta G_{\mathrm{m},D} &= \mu_{(D)_{E_1'(\gamma)}} - \mu_{D(\mathrm{s})} \\ &= RT\ln a^{\mathrm{R}}_{(D)_{E_1'(\gamma)}}\end{aligned} \tag{9.36}$$

式中，

$$\mu_{(D)_{E_1'(\gamma)}} = \mu^*_{D(\mathrm{s})} + RT\ln a^{\mathrm{R}}_{(D)_{E_1'(\gamma)}}$$

$$\mu_{D(\mathrm{s})} = \mu^*_{D(\mathrm{s})}$$

$$\begin{aligned}\Delta G_{\mathrm{m},E_1} &= x_A\Delta G_{\mathrm{m},A} + x_D\Delta G_{\mathrm{m},D} \\ &= RT\left[x_A\ln a^{\mathrm{R}}_{(A)_{E_1'(\gamma)}} + x_D\ln a^{\mathrm{R}}_{(D)_{E_1'(\gamma)}}\right] < 0\end{aligned}$$

直到组元 A 完全进入 $E'(\gamma)$ 相，仅剩下单一组元 A_mB_n。组元 A_mB_n 继续溶解，直到固溶体 γ 相成为组元 A_mB_n 饱和的固溶体相。两相达到新的平衡，平衡相组成为饱和相线 $T_{E_1}T_D$ 上的 γ_1 点。有

$$A_mB_n(\mathrm{s}) \rightleftharpoons (A_mB_n)_{\gamma_1} \equiv\!\equiv (A_mB_n)_{饱}$$

3) 温度从 T_1 到 T_n

升高温度。从 T_1 到 T_n。随着温度升高，组元 A_mB_n 不断地向 γ 相中溶解。该过程可以统一描述如下。

在温度 T_{i-1}，两相达成平衡，组元 A_mB_n 溶解达到饱和。平衡相组成为共晶线 E_1T_D 上的 γ_{i-1} 点。有

$$A_mB_n(\mathrm{s}) \rightleftharpoons (A_mB_n)_{\gamma_{i-1}} = (A_mB_n)_{饱}$$

$$(i = 1, 2, \cdots, n)$$

继续升高温度到 T_i。在温度刚升到 T_i，组元 A_mB_n 尚未来得及向 γ_{i-1} 相中溶解时，γ_{i-1} 相组成未变。但已由组元 A_mB_n 饱和的 γ_{i-1} 相变成其不饱和的 γ'_{i-1} 相，组元 A_mB_n 向其中溶解。有

$$A_mB_n(\mathrm{s}) = (A_mB_n)_{\gamma'_{i-1}}$$

$$(i = 1, 2, \cdots, n)$$

该过程的摩尔吉布斯自由能变化为

$$\begin{aligned}
\Delta G_{\mathrm{m},D}(T_i) &= \overline{G}_{\mathrm{m},(D)_{\gamma'_{i-1}}}(T_i) - G_{\mathrm{m},D(\mathrm{s})}(T_i) \\
&= \Delta_{\mathrm{sol}} H_{\mathrm{m},D}(T_i) - T_i \Delta_{\mathrm{sol}} S_{\mathrm{m},D}(T_i) \\
&\approx \Delta_{\mathrm{sol}} H_{\mathrm{m},D}(T_{i-1}) - T_i \frac{\Delta_{\mathrm{sol}} H_{\mathrm{m},D}(T_{i-1})}{T_{i-1}} \\
&= \frac{\Delta_{\mathrm{sol}} H_{\mathrm{m},D}(T_{i-1}) \Delta T}{T_{i-1}}
\end{aligned} \tag{9.37}$$

$$\Delta_{\mathrm{sol}} S_{\mathrm{m},D}(T_{i-1}) = \frac{\Delta_{\mathrm{sol}} H_{\mathrm{m},D}(T_{i-1})}{T_{i-1}}$$

式中,

$$\Delta T = T_{i-1} - T_i < 0$$

或者两相中的组元 A_mB_n 都以其纯固态为标准状态，浓度以摩尔分数表示，摩尔吉布斯自由能变化为

$$\begin{aligned}
\Delta G_{\mathrm{m},D} &= \mu_{(D)_{\gamma'_{i-1}}} - \mu_{D(\mathrm{s})} \\
&= RT \ln a^{\mathrm{R}}_{(D)_{\gamma'_{i-1}}}
\end{aligned} \tag{9.38}$$

式中,

$$\mu_{(D)_{\gamma'_{i-1}}} = \mu^*_{D(\mathrm{s})} + RT \ln a^{\mathrm{R}}_{(D)_{\gamma'_{i-1}}}$$

$$\mu_{D(\mathrm{s})} = \mu^*_{D(\mathrm{s})}$$

直到组元 A_mB_n 溶解达到饱和，两相达到新的平衡，平衡相组成为饱和相线 ET_D 上的 γ_i 点，有

$$A_mB_n(\mathrm{s}) \rightleftharpoons (A_mB_n)_{\gamma_i} = (A_mB_n)_{饱}$$

温度升到 T_n。两相达到平衡，组元 A_mB_n 溶解达到饱和，平衡相组成为饱和相线上的 γ_n 点。有

$$A_mB_n(\mathrm{s}) \rightleftharpoons (A_mB_n)_{\gamma_n} = (A_mB_n)_{饱}$$

4) 在温度 T

组元 A_mB_n 不能完全消失。继续升高温度到 T。在温度刚升到 T，组元 A_mB_n 还未来得及溶解进入 γ_n 相时，γ_n 相组成未变。但已由 A_mB_n 饱和的 γ_n 相变成其不饱和的 γ'_n 相。组元 A_mB_n 向其中溶解，有

$$A_mB_n(\mathrm{s}) = (A_mB_n)_{\gamma'_n}$$

该过程的摩尔吉布斯自由能变化为

$$\begin{aligned}\Delta G_{\mathrm{m},D}(T) &= \overline{G}_{\mathrm{m},(D)_{\gamma'_n}}(T) - G_{\mathrm{m},D(\mathrm{s})}(T) \\ &= \Delta_{\mathrm{sol}}H_{\mathrm{m},D}(T) - T\Delta_{\mathrm{sol}}S_{\mathrm{m},D}(T) \\ &\approx \Delta_{\mathrm{sol}}H_{\mathrm{m},D}(T_n) - T\frac{\Delta_{\mathrm{sol}}H_{\mathrm{m},D}(T_n)}{T_n} \\ &= \frac{\Delta_{\mathrm{sol}}H_{\mathrm{m},D}(T_n)\Delta T}{T_n}\end{aligned} \tag{9.39}$$

式中，

$$\Delta T = T_n - T < 0$$

两相中的组元 A_mB_n 都以纯固态为标准状态，浓度以摩尔分数表示，该过程的摩尔吉布斯自由能变化为

$$\begin{aligned}\Delta G_{\mathrm{m},D} &= \mu_{(D)_{\gamma'_n}} - \mu_{D(\mathrm{s})} \\ &= RT\ln a^{\mathrm{R}}_{(D)_{\gamma'_n}}\end{aligned} \tag{9.40}$$

式中，

$$\mu_{(D)_{\gamma'_n}} = \mu^*_{D(\mathrm{s})} + RT\ln a^{\mathrm{R}}_{(D)_{\gamma'_n}}$$

$$\mu_{D(\mathrm{s})} = \mu^*_{D(\mathrm{s})}$$

直到组元 A_mB_n 消失。

2. 相变速率

1) 在温度 T_1，相变速率为

$$\begin{aligned}\frac{\mathrm{d}N_{E_1'(\gamma)}}{\mathrm{d}t}&=-\frac{\mathrm{d}N_{E_1(\mathrm{s})}}{\mathrm{d}t}\\&=Vj_{E_1}\\&=V\left[-l_1\left(\frac{A_{\mathrm{m},E_1}}{T}\right)-l_2\left(\frac{A_{\mathrm{m},E_1}}{T}\right)^2-l_3\left(\frac{A_{\mathrm{m},E_1}}{T}\right)^3-\cdots\right]\end{aligned} \tag{9.41}$$

$$\begin{aligned}\frac{\mathrm{d}N_{(A)_{E_1'(\gamma)}}}{\mathrm{d}t}&=-\frac{\mathrm{d}N_{A(\mathrm{s})}}{\mathrm{d}t}\\&=Vj_{A(\mathrm{s})}\\&=V\left[-l_1\left(\frac{A_{\mathrm{m},A}}{T}\right)-l_2\left(\frac{A_{\mathrm{m},A}}{T}\right)^2-l_3\left(\frac{A_{\mathrm{m},A}}{T}\right)^3-\cdots\right]\end{aligned} \tag{9.42}$$

$$\begin{aligned}\frac{\mathrm{d}N_{(D)_{E_1'(\gamma)}}}{\mathrm{d}t}&=-\frac{\mathrm{d}N_{D(\mathrm{s})}}{\mathrm{d}t}\\&=Vj_{D(\mathrm{s})}\\&=V\left[-l_1\left(\frac{A_{\mathrm{m},D}}{T}\right)-l_2\left(\frac{A_{\mathrm{m},D}}{T}\right)^2-l_3\left(\frac{A_{\mathrm{m},D}}{T}\right)^3-\cdots\right]\end{aligned} \tag{9.43}$$

2) 从温度 T_2 到温度 T_n 的相变速率

在恒温恒压条件下，从温度 T_2 到 T_n，相变速率为

$$\begin{aligned}\frac{\mathrm{d}N_{(D)_{E'(\gamma)}}}{\mathrm{d}t}&=-\frac{\mathrm{d}N_{D(\mathrm{s})}}{\mathrm{d}t}\\&=Vj_{D}\\&=V\left[-l_1\left(\frac{A_{\mathrm{m},D}}{T}\right)-l_2\left(\frac{A_{\mathrm{m},D}}{T}\right)^2-l_3\left(\frac{A_{\mathrm{m},D}}{T}\right)^3-\cdots\right]\end{aligned} \tag{9.44}$$

式中，

$$A_{\mathrm{m},D}=\Delta G_{\mathrm{m},D}$$

为式 (9.39)、式 (9.41)。

9.2.3 具有异分转化点化合物的二元系

1. 相变过程热力学

图 9.5 是具有异分转化点的二元化合物的二元系相图。

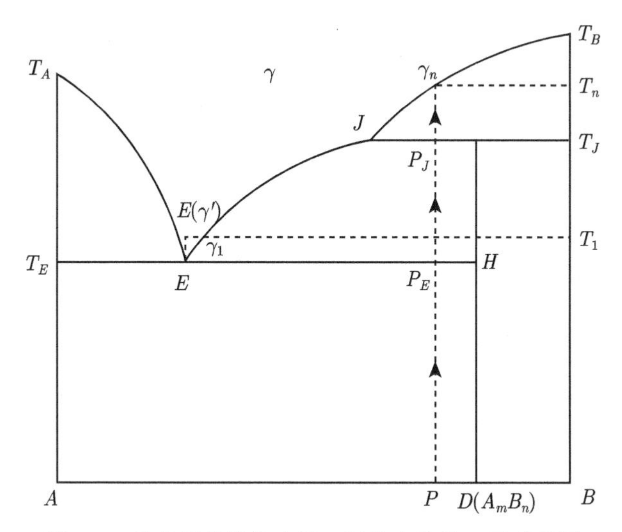

图 9.5 具有异分转化点的二元化合物的二元系相图

在恒压条件下，组成点为 P 的物质升温。温度升到 T_E，物质组成点为 P_E。在组成为 P_E 的物质中，有共晶点组成的 E 和过量的 A_mB_n。

1) 在温度 T_E

在温度 T_E，开始转化，出现组成为 $E(\gamma)$ 的 γ 相，有

$$E(\text{s}) \rightleftharpoons E(\gamma)$$

即

$$x_A A(\text{s}) + x_D A_mB_n(\text{s}) \rightleftharpoons x_A(A)_{E(\gamma)} + x_D(A_mB_n)_{E(\gamma)} \rightleftharpoons x_A(A)_{饱} + x_D(A_mB_n)_{饱}$$

或

$$A(\text{s}) \rightleftharpoons (A)_{E(\gamma)} \equiv (A)_{饱}$$

$$A_mB_n(\text{s}) \rightleftharpoons (A_mB_n)_{E(\gamma)} \equiv (A_mB_n)_{饱}$$

达到平衡时，A_mB_n 与 $E(\gamma)$ 相两者数量之比为 $EP_E{:}P_EH$。该过程的摩尔吉布斯自由能变化为

$$\begin{aligned}\Delta G_{\text{m},E} &= G_{\text{m},E(\gamma)}(T_E) - G_{\text{m},E(\text{s})}(T_E) \\ &= \Delta_{\text{sol}}H_{\text{m},E}(T_E) - T_E\Delta_{\text{sol}}S_{\text{m},E}(T_E) \\ &= \Delta_{\text{sol}}H_{\text{m},E}(T_E) - T_E\frac{\Delta_{\text{sol}}H_{\text{m},E}(T_E)}{T_E} = 0\end{aligned} \tag{9.45}$$

式中，$\Delta H_{\text{m},E}$、$\Delta S_{\text{m},E}$ 分别为组元 $E(\text{s})\,(A+D)$ 转化为 $E(\gamma)$ 相的转化焓、转化熵。

或者如下计算。

$$\begin{aligned}\Delta G_{\mathrm{m},A} &= \overline{G}_{\mathrm{m},(A)_{E(\gamma)}}(T_E) - G_{\mathrm{m},A(\mathrm{s})}(T_E)\\ &= \Delta_{\mathrm{sol}} H_{\mathrm{m},A}(T_E) - T_E \Delta_{\mathrm{sol}} S_{\mathrm{m},A}(T_E)\\ &= \Delta_{\mathrm{sol}} H_{\mathrm{m},A}(T_E) - T_E \frac{\Delta_{\mathrm{sol}} H_{\mathrm{m},A}(T_E)}{T_E} = 0\end{aligned} \tag{9.46}$$

$$\begin{aligned}\Delta G_{\mathrm{m},D} &= \overline{G}_{\mathrm{m},(D)_{E(\gamma)}}(T_E) - G_{\mathrm{m},D(\mathrm{s})}(T_E)\\ &= \Delta_{\mathrm{sol}} H_{\mathrm{m},D}(T_E) - T_E \Delta_{\mathrm{sol}} S_{\mathrm{m},D}(T_E)\\ &= \Delta_{\mathrm{sol}} H_{\mathrm{m},D}(T_E) - T_E \frac{\Delta_{\mathrm{sol}} H_{\mathrm{m},D}(T_E)}{T_E} = 0\end{aligned} \tag{9.47}$$

式中，$\Delta_{\mathrm{sol}} H_{\mathrm{m},A}$、$\Delta_{\mathrm{sol}} H_{\mathrm{m},D}$ 分别为组元 A 和 $A_m B_n$ 的溶解焓；$\Delta_{\mathrm{sol}} S_{\mathrm{m},A}$、$\Delta_{\mathrm{sol}} S_{\mathrm{m},D}$ 分别为组元 A 和 $A_m B_n$ 的溶解熵。

$$\begin{aligned}\Delta G_{\mathrm{m},E} &= x_A \Delta G_{\mathrm{m},A} + x_D \Delta G_{\mathrm{m},D}\\ &= \frac{(x_A \Delta_{\mathrm{sol}} H_{\mathrm{m},A} + x_D \Delta_{\mathrm{sol}} H_{\mathrm{m},D})\Delta T}{T_E} = 0\end{aligned} \tag{9.48}$$

式中，

$$\Delta T = T_E - T_E = 0$$

$$M_E = x_A M_A + x_D M_D$$

式中，M_E、M_A、M_D 分别为组元 E、A、$A_m B_n$ 的摩尔质量。

或者如下计算。

$A_m B_n$ 和 $E(\gamma)$ 相中的组元 A、$A_m B_n$ 都以其纯固态为标准状态，组成以摩尔分数表示，有

$$\begin{aligned}\Delta G_{\mathrm{m},A} &= \mu_{(A)_{E(\gamma)}} - \mu_{A(\mathrm{s})}\\ &= RT \ln a^{\mathrm{R}}_{(A)_{E(\gamma)}}\\ &= 0\end{aligned} \tag{9.49}$$

式中，

$$\mu_{(A)_{E(\gamma)}} = \mu^*_{A(\mathrm{s})} + RT \ln a^{\mathrm{R}}_{(A)_{E(\gamma)}}$$

$$\mu_{A(\mathrm{s})} = \mu^*_{A(\mathrm{s})}$$

$$\begin{aligned}\Delta G_{\mathrm{m},D} &= \mu_{(D)_{E(\gamma)}} - \mu_{D(\mathrm{s})}\\ &= RT \ln a^{\mathrm{R}}_{(D)_{E(\gamma)}}\\ &= 0\end{aligned} \tag{9.50}$$

式中，

$$\mu_{(D)_{E(\gamma)}} = \mu^*_{D(\mathrm{s})} + RT \ln a^{\mathrm{R}}_{(D)_{E(\gamma)}}$$

$$\mu_{D(\mathrm{s})} = \mu^*_{D(\mathrm{s})}$$

$$\begin{aligned}\Delta G_{\mathrm{m},E} &= x_A \Delta G_{\mathrm{m},A} + x_D \Delta G_{\mathrm{m},D} \\ &= RT\left[x_A \ln a^{\mathrm{R}}_{(A)_{E(\gamma)}} + x_D \ln a^{\mathrm{R}}_{(D)_{E(\gamma)}}\right] \\ &= 0\end{aligned} \tag{9.51}$$

在温度 T_E，组成为 $E(\mathrm{s})\,(A + A_mB_n)$ 的固相和固溶体相 $E(\gamma)$ 平衡共存。

2) 升高温度到 T_1

升高温度到 T_1。在温度刚升到 T_1，固相组元 $E(\mathrm{s})$ 还未来得及溶入 $E(\gamma)$ 相时，$E(\gamma)$ 相组成未变，但已由组元 A、A_mB_n 饱和的相 $E(\gamma)$ 成为不饱和的相 $E(\gamma')$。相 $E(\mathrm{s})$ 转化为相 $E(\gamma')$。有

$$E(\mathrm{s}) =\!=\!= E(\gamma')$$

即

$$x_A A(\mathrm{s}) + x_D A_mB_n(\mathrm{s}) =\!=\!= x_A (A)_{E(\gamma')} + x_D (A_mB_n)_{E(\gamma')}$$

或

$$A(\mathrm{s}) =\!=\!= (A)_{E(\gamma')}$$

$$A_mB_n(\mathrm{s}) =\!=\!= (A_mB_n)_{E(\gamma')}$$

该过程的摩尔吉布斯自由能变化为

$$\begin{aligned}\Delta G_{\mathrm{m},E}(T_1) &= G_{\mathrm{m},E(\gamma')}(T_1) - G_{\mathrm{m},E(\mathrm{s})}(T_1) \\ &= \Delta_{\mathrm{sol}} H_{\mathrm{m},E}(T_1) - T_1 \Delta_{\mathrm{sol}} S_{\mathrm{m},E}(T_1) \\ &\approx \Delta_{\mathrm{sol}} H_{\mathrm{m},E}(T_E) - T_1 \frac{\Delta_{\mathrm{sol}} H_{\mathrm{m},E}(T_E)}{T_E} \\ &= \frac{\Delta_{\mathrm{sol}} H_{\mathrm{m},E} \Delta T}{T_E}\end{aligned} \tag{9.52}$$

式中，$\Delta H_{\mathrm{m},E}$、$\Delta S_{\mathrm{m},E}$ 分别为 $E(\mathrm{s})$ 转化为 $E(\gamma')$ 的转化焓、转化熵。

$$\Delta T = T_E - T_1 < 0$$

或

$$\begin{aligned}\Delta G_{\mathrm{m},A}(T_1) &= \overline{G}_{\mathrm{m},(A)_{E(\gamma')}}(T_1) - G_{\mathrm{m},A(\mathrm{s})}(T_1) \\ &= \Delta_{\mathrm{sol}} H_{\mathrm{m},A}(T_1) - T_1 \Delta_{\mathrm{sol}} S_{\mathrm{m},A}(T_1) \\ &\approx \Delta_{\mathrm{sol}} H_{\mathrm{m},A}(T_E) - T_1 \frac{\Delta_{\mathrm{sol}} H_{\mathrm{m},A}(T_E)}{T_E} \\ &= \frac{\Delta_{\mathrm{sol}} H_{\mathrm{m},A}(T_E) \Delta T}{T_E}\end{aligned} \tag{9.53}$$

$$\begin{aligned}\Delta G_{\mathrm{m},D}(T_1) &= \overline{G}_{\mathrm{m},(D)_{E(\gamma')}}(T_1) - G_{\mathrm{m},D(\mathrm{s})}(T_1) \\ &= \varDelta_{\mathrm{sol}} H_{\mathrm{m},D}(T_1) - T_1 \varDelta_{\mathrm{sol}} S_{\mathrm{m},D}(T_1) \\ &\approx \varDelta_{\mathrm{sol}} H_{\mathrm{m},D}(T_E) - T_1 \frac{\varDelta_{\mathrm{sol}} H_{\mathrm{m},A}(T_E)}{T_E} \\ &= \frac{\varDelta_{\mathrm{sol}} H_{\mathrm{m},D} \Delta T}{T_E}\end{aligned} \tag{9.54}$$

式中，$\varDelta_{\mathrm{sol}} H_{\mathrm{m},A}$、$\varDelta_{\mathrm{sol}} H_{\mathrm{m},D}$ 分别为组元 A、$A_m B_n$ 在 $E(\gamma')$ 相中的溶解焓；$\varDelta_{\mathrm{sol}} S_{\mathrm{m},A}$、$\varDelta_{\mathrm{sol}} S_{\mathrm{m},D}$ 分别为组元 A、$A_m B_n$ 在 $E(\gamma')$ 相中的溶解熵。

$$\begin{aligned}\Delta G_{\mathrm{m},E} &= x_A \Delta G_{\mathrm{m},A}(T_1) + x_D \Delta G_{\mathrm{m},D}(T_1) \\ &= \frac{\left[x_A \varDelta_{\mathrm{sol}} H_{\mathrm{m},A}(T_E) + x_D \varDelta_{\mathrm{sol}} H_{\mathrm{m},D}(T_E)\right] \Delta T}{T_E}\end{aligned}$$

固相组元 A、$A_m B_n$ 和 $E(\gamma')$ 相中的组元 A、$A_m B_n$ 都以其纯固态为标准状态，组成以摩尔分数表示，有

$$\begin{aligned}\Delta G_{\mathrm{m},A} &= \mu_{(A)_{E(\gamma')}} - \mu_{A(\mathrm{s})} \\ &= RT \ln a^{\mathrm{R}}_{(A)_{E(\gamma')}}\end{aligned} \tag{9.55}$$

式中，

$$\mu_{(A)_{E(\gamma')}} = \mu^*_{A(\mathrm{s})} + RT \ln a^{\mathrm{R}}_{(A)_{E(\gamma')}}$$

$$\mu_{A(\mathrm{s})} = \mu^*_{A(\mathrm{s})}$$

$$\begin{aligned}\Delta G_{\mathrm{m},D} &= \mu_{(D)_{E(\gamma')}} - \mu_{D(\mathrm{s})} \\ &= RT \ln a^{\mathrm{R}}_{(D)_{E(\gamma')}}\end{aligned} \tag{9.56}$$

式中，

$$\mu_{(D)_{E(\gamma')}} = \mu^*_{D(\mathrm{s})} + RT \ln a^{\mathrm{R}}_{(D)_{E(\gamma')}}$$

$$\mu_{D(\mathrm{s})} = \mu^*_{D(\mathrm{s})}$$

$$\begin{aligned}\Delta G_{\mathrm{m},E} &= x_A \Delta G_{\mathrm{m},A} + x_D \Delta G_{\mathrm{m},D} \\ &= RT \left[x_A \ln a^{\mathrm{R}}_{(A)_{E(\gamma')}} + x_D \ln a^{\mathrm{R}}_{(D)_{E(\gamma')}}\right]\end{aligned} \tag{9.57}$$

直到组成为 $E(\mathrm{s})$ 的固相完全消失，组元 A 全部溶入固溶体 $E(\gamma')$，组元 $A_m B_n$ 继续溶解，有

$$A_m B_n(\mathrm{s}) \rightleftharpoons (A_m B_n)_{E(\gamma')}$$

该过程的摩尔吉布斯自由能变化可以用式 (9.53) 和式 (9.57) 表示。直到组元 $A_m B_n$ 溶解达到饱和，$E(\gamma')$ 相成为 γ_1 相。组元 $A_m B_n$ 与 γ_1 相达成新的平衡，与组元 $A_m B_n$ 平衡的相组成为共晶线 EJ 上的 γ_1 点。有

$$A_m B_n(\mathrm{s}) \rightleftharpoons (A_m B_n)_{\gamma_1} = (A_m B_n)_{饱}$$

3) 从温度 T_1 到 T_J

从温度 T_1 到 T_J，随着温度升高，组元 A_mB_n 不断地向固溶体相中溶解，该过程可以统一描述如下。

在温度 T_{i-1}，组元 A_mB_n 溶解达到饱和，两相达成平衡。与 A_mB_n 平衡相组成为共晶线 EJ 上的 γ_{i-1} 点。有

$$A_mB_n(\mathrm{s}) \rightleftharpoons (A_mB_n)_{\gamma_{i-1}} = (A_mB_n)_{饱}$$

$$(i = 1, 2, \cdots, n)$$

继续升高温度到 T_i。在温度刚升到 T_i，组元 A_mB_n 还未来得及溶解进入固溶体相时，固溶体组成仍与 γ_{i-1} 相同。但已由组元 A_mB_n 饱和的相 γ_{i-1} 变成其不饱和的相 γ'_{i-1}。因此，组元 A_mB_n 向其中溶解。有

$$A_mB_n(\mathrm{s}) = (A_mB_n)_{\gamma'_{i-1}}$$

$$(i = 1, 2, \cdots, n)$$

该过程的摩尔吉布斯自由能变化为

$$\begin{aligned}\Delta G_{\mathrm{m},D}(T_i) &= \overline{G}_{\mathrm{m},(D)_{\gamma'_{i-1}}}(T_i) - G_{\mathrm{m},D(\mathrm{s})}(T_i)\\ &= \Delta_{\mathrm{sol}}H_{\mathrm{m},D}(T_i) - T_i\Delta_{\mathrm{sol}}S_{\mathrm{m},D}(T_i)\\ &\approx \Delta_{\mathrm{sol}}H_{\mathrm{m},D}(T_{i-1}) - T_i\frac{\Delta_{\mathrm{sol}}H_{\mathrm{m},D}(T_{i-1})}{T_{i-1}}\\ &= \frac{\Delta_{\mathrm{sol}}H_{\mathrm{m},D}\Delta T}{T_{i-1}}\end{aligned} \tag{9.58}$$

式中，

$$\Delta T = T_{i-1} - T_i < 0$$

$$\Delta_{\mathrm{sol}}H_{\mathrm{m},D}(T_{i-1}) = \frac{\Delta_{\mathrm{sol}}H_{\mathrm{m},D}(T_{i-1})}{T_{i-1}}$$

固相组元 A_mB_n 和 γ'_{i-1} 相中的组元 A_mB_n 都以其纯固态为标准状态，组成以摩尔分数表示，有

$$\Delta G_{\mathrm{m},D} = \mu_{(D)_{\gamma'_{i-1}}} - \mu_{D(\mathrm{s})} = RT\ln a^{\mathrm{R}}_{(D)_{\gamma'_{i-1}}}$$

式中，

$$\mu_{(D)_{\gamma'_{i-1}}} = \mu^*_{D(\mathrm{s})} + RT\ln a^{\mathrm{R}}_{(D)_{\gamma'_{i-1}}}$$

$$\mu_{D(\mathrm{s})} = \mu^*_{D(\mathrm{s})}$$

直到组元 A_mB_n 在固溶体相中溶解达到饱和，γ'_{i-1} 相成为 γ_i 相。组元 A_mB_n 与 γ_i 相达成新的平衡。与 A_mB_n 平衡的相组成为共晶线 EJ 上的 γ_i 点。有

$$A_mB_n(\mathrm{s}) \rightleftharpoons (A_mB_n)_{\gamma_i} \equiv\equiv (A_mB_n)_{饱}$$

在温度 T_J，发生转熔反应，有

$$A_mB_n(\mathrm{s}) \rightleftharpoons m(A)_{\gamma_J} + nB(\mathrm{s})$$

升高温度到 T_{J+1}，液相组成为 γ_{J+1}。化合物 A_mB_n 分解。转熔反应进行完，有

$$A_mB_n(\mathrm{s}) = m(A)_{\gamma_{J+1}} + nB(\mathrm{s})$$

$$B(\mathrm{s}) = (B)_{\gamma_{J+1}} \equiv\equiv (B)_{不饱}$$

组元 A_mB_n、A、B 都以其纯固态为标准状态，组成以摩尔分数表示，该过程的摩尔吉布斯自由能变化为

$$\begin{aligned}\Delta G_{\mathrm{m},D} &= mG_{\mathrm{m},(A)\gamma_{J+1}} + nG_{\mathrm{m},B(\mathrm{s})} - G_{\mathrm{m},D(\mathrm{s})} \\ &= \Delta G^{\theta}_{\mathrm{m},D} + RT\ln\left(a^{\mathrm{R}}_{(A)\gamma_{J+1}}\right)^m\end{aligned} \tag{9.59}$$

$$\Delta G_{\mathrm{m},B} = RT\ln a^{\mathrm{R}}_{(B)\gamma_{J+1}} = RT\ln a^{\mathrm{R}}_{(B)_{不饱}} \tag{9.60}$$

式中，

$$\Delta G^{\theta}_{\mathrm{m},D} = m\mu^*_{A(\mathrm{s})} + n\mu^*_{B(\mathrm{s})} - \mu^*_{\mathrm{m},D(\mathrm{s})} = -\Delta_{\mathrm{f}}G^{\theta}_{\mathrm{m},D}$$

为化合物 A_mB_n 的标准摩尔生成吉布斯自由能的负值。所以

$$\Delta G_{\mathrm{m},D} = -\Delta_{\mathrm{f}}G^{\theta}_{\mathrm{m},D} + mRT\ln a^{\mathrm{R}}_{(A)\gamma_{J+1}}$$

4) 温度从 T_J 升高到 T_n

升高温度，从 T_J 升高到 T_n，组元 B 随着温度升高不断地向固溶体相中溶解，该过程可以统一描述如下。

在温度 T_{k-1}，组元 B 溶解达到饱和，两相达成平衡。与组元 B 平衡相组成为共晶线 JT_B 上的 γ_{k-1} 点。有

$$B(\mathrm{s}) \rightleftharpoons (B)_{\gamma_{k-1}} \equiv\equiv (B)_{饱}$$

$$(k = 1, 2, \cdots, n)$$

继续升高温度到 T_k。当温度刚升到 T_k，组元 B 还未来得及溶解进入 γ 相时，γ 相组成仍然与 γ_{k-1} 相同。但是已由组元 B 饱和的相 γ_{k-1} 变成其不饱和的相 γ'_{k-1}。组元 B 向其中溶解，由 γ'_{k-1} 相向 γ_k 相转变。有

$$B(\mathrm{s}) = (B)_{\gamma'_{k-1}}$$

该过程的摩尔吉布斯自由能变化为

$$\begin{aligned}\Delta G_{\mathrm{m},B}(T_k) &= \overline{G}_{\mathrm{m},(B)_{\gamma'_{k-1}}}(T_k) - G_{\mathrm{m},B(\mathrm{s})}(T_k) \\ &= \Delta_{\mathrm{sol}}H_{\mathrm{m},B}(T_k) - T_k\Delta_{\mathrm{sol}}S_{\mathrm{m},B}(T_k) \\ &\approx \Delta_{\mathrm{sol}}H_{\mathrm{m},B}(T_{k-1}) - T_k\frac{\Delta_{\mathrm{sol}}H_{\mathrm{m},B}(T_{k-1})}{T_{k-1}} \\ &= \frac{\Delta_{\mathrm{sol}}H_{\mathrm{m},B}(T_{k-1})\Delta T}{T_{k-1}}\end{aligned} \tag{9.61}$$

式中,

$$\Delta T = T_{k-1} - T_k$$

组元 B 和 γ'_{k-1} 相中的组元 B 都以其固态纯物质为标准状态，组成以摩尔分数表示，有

$$\Delta G_{\mathrm{m},B} = \mu_{(B)_{\gamma'_{k-1}}} - \mu_{B(\mathrm{s})} = RT\ln a^{\mathrm{R}}_{(B)_{\gamma'_{k-1}}} \tag{9.62}$$

式中,

$$\mu_{(B)_{\gamma'_{k-1}}} = \mu^*_{B(\mathrm{s})} + RT\ln a^{\mathrm{R}}_{(B)_{\gamma'_{k-1}}}$$

$$\mu_{B(\mathrm{s})} = \mu^*_{B(\mathrm{s})}$$

直到组元 B 溶解达到饱和，γ'_{k-1} 相成为 γ_k 相。组元 B 与 γ_k 相达成新的平衡。与组元 B 平衡的相组成为 γ_k。有

$$B(\mathrm{s}) \rightleftharpoons (B)_{\gamma_k} \equiv (B)_{饱}$$

在温度 T_n，组元 B 溶解达到饱和，两相平衡。与组元 B 平衡的相组成为共晶线 JT_B 上的 γ_n 点。有

$$B(\mathrm{s}) \rightleftharpoons (B)_{\gamma_n} \equiv (B)_{饱}$$

升高温度到 T。在温度刚升到 T，组元 B 还未来得及溶解进入 γ_n 相时，γ_n 相组成未变。但是，已由组元 B 饱和的相 γ_n 变成其不饱和的相 γ'_n。组元 B 向其中溶解，有

$$B(\mathrm{s}) = (B)_{\gamma'_n}$$

直到组元 B 完全消失。该过程的摩尔吉布斯自由能变化为

$$\begin{aligned}\Delta G_{\mathrm{m},B}(T) &= \overline{G}_{\mathrm{m},(B)_{\gamma'_n}}(T) - G_{\mathrm{m},B(\mathrm{s})}(T) \\ &= \Delta_{\mathrm{sol}}H_{\mathrm{m},B}(T) - T\Delta_{\mathrm{sol}}S_{\mathrm{m},B}(T) \\ &\approx \Delta_{\mathrm{sol}}H_{\mathrm{m},B}(T_n) - T\frac{\Delta_{\mathrm{sol}}H_{\mathrm{m},B}(T_n)}{T_n} \\ &= \frac{\Delta_{\mathrm{sol}}H_{\mathrm{m},B}(T_n)\Delta T}{T_n}\end{aligned} \tag{9.63}$$

式中，

$$\Delta T = T_n - T$$

组元 B 和 γ_n 相中的组元 B 都以其固态纯物质为标准状态，浓度以摩尔分数表示。有

$$\Delta G_{\mathrm{m},B} = \mu_{(B)_{\gamma'_n}} - \mu_{B(\mathrm{s})} = RT \ln a^{\mathrm{R}}_{(B)_{\gamma'_n}} \tag{9.64}$$

式中，

$$\mu_{(B)_{\gamma'_n}} = \mu^*_{B(\mathrm{s})} + RT \ln a^{\mathrm{R}}_{(B)_{\gamma'_n}}$$

$$\mu_{B(\mathrm{s})} = \mu^*_{B(\mathrm{s})}$$

2. 相变速率

(1) 在恒温恒压条件下，从温度 T_1 到温度 T_n，在温度 T_i，转化速率为

$$\begin{aligned}\frac{\mathrm{d}N_{E(\gamma')}}{\mathrm{d}t} &= -\frac{\mathrm{d}N_{E(\mathrm{s})}}{\mathrm{d}t} \\ &= Vj_E \\ &= V\left[-l_1\left(\frac{A_{\mathrm{m},E}}{T}\right) - l_2\left(\frac{A_{\mathrm{m},E}}{T}\right)^2 - l_3\left(\frac{A_{\mathrm{m},E}}{T}\right)^3 - \cdots\right]\end{aligned} \tag{9.65}$$

$$\begin{aligned}\frac{\mathrm{d}N_{(A)_{E(\gamma')}}}{\mathrm{d}t} &= -\frac{\mathrm{d}N_{A(\mathrm{s})}}{\mathrm{d}t} \\ &= Vj_A \\ &= V\left[-l_1\left(\frac{A_{\mathrm{m},A}}{T}\right) - l_2\left(\frac{A_{\mathrm{m},A}}{T}\right)^2 - l_3\left(\frac{A_{\mathrm{m},A}}{T}\right)^3 - \cdots\right]\end{aligned} \tag{9.66}$$

$$\begin{aligned}\frac{\mathrm{d}N_{(D)_{E(\gamma')}}}{\mathrm{d}t} &= -\frac{\mathrm{d}N_{D(\mathrm{s})}}{\mathrm{d}t} \\ &= Vj_D \\ &= V\left[-l_1\left(\frac{A_{\mathrm{m},D}}{T}\right) - l_2\left(\frac{A_{\mathrm{m},D}}{T}\right)^2 - l_3\left(\frac{A_{\mathrm{m},D}}{T}\right)^3 - \cdots\right]\end{aligned} \tag{9.67}$$

式中，

$$A_{\mathrm{m},E} = \Delta G_{\mathrm{m},E}, \quad A_{\mathrm{m},A} = \Delta G_{\mathrm{m},A}, \quad A_{\mathrm{m},D} = \Delta G_{\mathrm{m},D}$$

(2) 从温度 T_2 到 T_n，过程速率为

$$\begin{aligned}\frac{\mathrm{d}N_{(D)_{\gamma_i}}}{\mathrm{d}t} &= -\frac{\mathrm{d}N_{D(\mathrm{s})}}{\mathrm{d}t} \\ &= Vj_{D(\mathrm{s})} \\ &= V\left[-l_1\left(\frac{A_{\mathrm{m},D}}{T}\right) - l_2\left(\frac{A_{\mathrm{m},D}}{T}\right)^2 - l_3\left(\frac{A_{\mathrm{m},D}}{T}\right)^3 - \cdots\right]\end{aligned} \tag{9.68}$$

式中，

$$A_{\mathrm{m},D} = \Delta G_{\mathrm{m},D}$$

为式 (9.58）和式 (9.59)。

(3) 在温度 T_{J+1}，化学反应速率为

$$\begin{aligned}-\frac{\mathrm{d}N_{D(\mathrm{s})}}{\mathrm{d}t} = \frac{n\mathrm{d}N_{B(\mathrm{s})}}{\mathrm{d}t} = \frac{m\mathrm{d}N_{(A)}}{\mathrm{d}t} &= Vj_{D(\mathrm{s})} \\ &= V\left[-l_1\left(\frac{A_{\mathrm{m},D}}{T}\right) - l_2\left(\frac{A_{\mathrm{m},D}}{T}\right)^2 - l_3\left(\frac{A_{\mathrm{m},D}}{T}\right)^3 - \cdots\right]\end{aligned} \tag{9.69}$$

式中，

$$A_{\mathrm{m},D} = \Delta G_{\mathrm{m},D}$$

为式 (9.60)。

(4) 从温度 T_J 到 T，过程的速率为

$$\begin{aligned}\frac{\mathrm{d}N_{(B)_{\gamma'_{k-1}}}}{\mathrm{d}t} &= -\frac{\mathrm{d}N_{B(\mathrm{s})}}{\mathrm{d}t} \\ &= Vj_B \\ &= V\left[-l_1\left(\frac{A_{\mathrm{m},B}}{T}\right) - l_2\left(\frac{A_{\mathrm{m},B}}{T}\right)^2 - l_3\left(\frac{A_{\mathrm{m},B}}{T}\right)^3 - \cdots\right]\end{aligned} \tag{9.70}$$

式中，

$$A_{\mathrm{m},B} = \Delta G_{\mathrm{m},B}$$

9.2.4 具有分层的二元系

1. 相变过程热力学

图 9.6 是具有固相分层的二元系相图。在恒压条件下，组成点为 P 的物质升温。温度升到 T_E，物质组成点为 P_E。在组成为 P_E 的物质中，有最低共晶点组成的 $E(\mathrm{s})$ 和过量的组元 A。

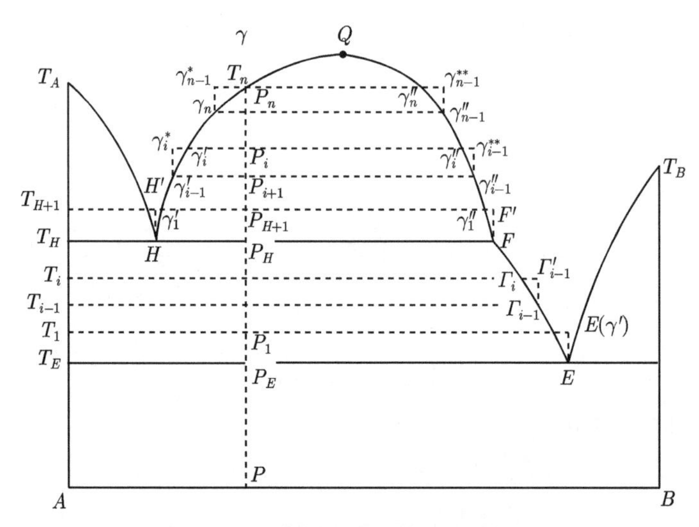

图 9.6　具有固相分层的二元系相图

1) 在温度 T_E

在温度 T_E，组成为 E 的固相相变过程可以表示为

$$E(\mathrm{s}) \rightleftharpoons E(\gamma)$$

即

$$x_A A(\mathrm{s}) + x_B B(\mathrm{s}) \rightleftharpoons x_A(A)_{E(\gamma)} + x_B(B)_{E(\gamma)} \equiv x_A(A)_{饱} + x_B(B)_{饱}$$

或

$$A(\mathrm{s}) \rightleftharpoons (A)_{E(\gamma)} \equiv (A)_{饱}$$
$$B(\mathrm{s}) \rightleftharpoons (B)_{E(\gamma)} \equiv (B)_{饱}$$

式中 x_A、x_B 分别是组成为 E 的组元 A、B 的摩尔分数。

过程在恒温恒压平衡状态进行，摩尔吉布斯自由能变化为零，即

$$\Delta G_{\mathrm{m},E} = 0$$
$$\Delta G_{\mathrm{m},A} = 0$$
$$\Delta G_{\mathrm{m},B} = 0$$

升高温度到 T_1。在温度刚升到 T_1，固相组元还未来得及溶入 $E(\gamma)$ 相时，$E(\gamma)$ 组成未变，但已由组元 A、B 饱和的 $E(\gamma)$ 相变为组元 A、B 不饱和的 $E(\gamma')$ 相。固相组元 A、B 向其中溶解，有

$$E(\mathrm{s}) = E(\gamma')$$

即

$$x_A A(\mathrm{s}) + x_B B(\mathrm{s}) = x_A (A)_{E(\gamma')} + x_B (B)_{E(\gamma')}$$

或

$$A(\mathrm{s}) = (A)_{E(\gamma')}$$
$$B(\mathrm{s}) = (B)_{E(\gamma')}$$

该过程的摩尔吉布斯自由能变化为

$$\begin{aligned}\Delta G_{\mathrm{m},E}(T_1) &= G_{\mathrm{m},E(\gamma')}(T_1) - G_{\mathrm{m},E(\mathrm{s})}(T_1)\\ &\approx \Delta H_{\mathrm{m},E}(T_E) - T\frac{\Delta H_{\mathrm{m},E}(T_E)}{T_E}\\ &= \frac{\Delta H_{\mathrm{m},E}(T_E)\Delta T}{T_E}\end{aligned} \tag{9.71}$$

式中，

$$\Delta T = T_E - T_1 < 0$$

或

$$\begin{aligned}\Delta G_{\mathrm{m},A}(T_1) &= \overline{G}_{\mathrm{m},(A)_{E(\gamma')}}(T_1) - G_{\mathrm{m},A(\mathrm{s})}(T_1)\\ &\approx \Delta_{\mathrm{sol}} H_{\mathrm{m},A}(T_E) - T\frac{\Delta_{\mathrm{sol}} H_{\mathrm{m},A}(T_E)}{T_E}\\ &= \frac{\Delta_{\mathrm{sol}} H_{\mathrm{m},A}(T_E)\Delta T}{T_E}\end{aligned} \tag{9.72}$$

$$\begin{aligned}\Delta S_{\mathrm{m},B}(T_1) &= \overline{G}_{\mathrm{m},(B)_{E(\gamma')}} - G_{\mathrm{m},B(\mathrm{s})}(T_1)\\ &\approx \Delta_{\mathrm{sol}} H_{\mathrm{m},B}(T_E) - T\frac{\Delta_{\mathrm{sol}} H_{\mathrm{m},B}(T_E)}{T_E}\\ &= \frac{\Delta_{\mathrm{sol}} H_{\mathrm{m},B}(T_E)\Delta T}{T_E}\\ \Delta T &= T_E - T < 0\end{aligned} \tag{9.73}$$

并有

$$\Delta G_{\mathrm{m},E}(T_1) = x_A \Delta_{\mathrm{sol}} G_{\mathrm{m},A}(T_1) + x_B \Delta_{\mathrm{sol}} G_{\mathrm{m},B}(T_1) \tag{9.74}$$

直到组元 B 完全进入 $E(\gamma')$ 相，仅剩下组元 A。组元 A 继续溶解，有

$$A(\mathrm{s}) = (A)_{E(\gamma')}$$

该过程的摩尔吉布斯自由能变化可以用式 (9.72) 表示。直到组元 A 溶解达到饱和。$E(\gamma')$ 相成为 γ_1 相。组元 A 与 γ_1 相达到新的平衡，与组元 A 平衡的相组成为共晶线 EF 上的 γ_1 点，有

$$A(\mathrm{s}) \rightleftharpoons (A)_{\gamma_1} = (A)_{饱}$$

2) 从温度 T_1 到 T_H

升高温度。从 T_1 到 T_H，随着温度的升高，固相组元 A 不断地溶解，可以统一描述如下。

在温度 T_{i-1}，固相组元 A 溶解达到饱和，两相达成平衡，与组元 A 平衡的相组成为共晶线 EF 上的 γ_{i-1} 点，有

$$A(\mathrm{s}) \rightleftharpoons (A)_{\gamma_{i-1}} = (A)_{饱}$$

$$(i = 1, 2, \cdots, n)$$

继续升高温度到 T_i。当温度刚升到 T_i，固相组元 A 尚未来得及向 γ_{i-1} 相中溶解时，γ_{i-1} 相组成未变，但已由组元 A 饱和的相 γ_{i-1}，变成组元 A 不饱和的相 γ'_{i-1}。固相组元 A 向其中溶解，有

$$A(\mathrm{s}) = (A)_{\gamma'_{i-1}}$$

$$(i = 1, 2, \cdots, n)$$

该过程的摩尔吉布斯自由能变化为

$$\begin{aligned}\Delta G_{\mathrm{m},A}(T_i) &= \overline{G}_{\mathrm{m},(A)_{\gamma'_{i-1}}}(T_i) - G_{\mathrm{m},A(\mathrm{s})}(T_i) \\ &\approx \varDelta_{\mathrm{sol}} H_{\mathrm{m},A}(T_{i-1}) - \frac{\varDelta_{\mathrm{sol}} H_{\mathrm{m},A}(T_{i-1})}{T_{i-1}} \\ &= \frac{\varDelta_{\mathrm{sol}} H_{\mathrm{m},A}(T_{i-1}) \Delta T}{T_{i-1}}\end{aligned} \tag{9.75}$$

式中，

$$\Delta T = T_{i-1} - T_i < 0$$

或者以纯固态组元 A 为标准状态，组成以摩尔分数表示，溶解过程的摩尔吉布斯自由能变化为

$$\Delta G_{\mathrm{m},A} = \mu_{(A)_{\gamma'_{i-1}}} - \mu_{A(\mathrm{s})} = RT \ln a^{\mathrm{R}}_{(A)_{\gamma'_{i-1}}} \tag{9.76}$$

温度升到 T_H，物质组成点为 P_H。有

$$A(\mathrm{s}) + F \rightleftharpoons H$$

该过程在恒温恒压条件下进行，三相平衡共存，摩尔吉布斯自由能的变化为零，即

$$\Delta G_{\mathrm{m},H} = 0$$

升高温度到 T_{H+1}，如果上述反应未进行完，则有剩余的固相 A 存在，相 H 变成 H'，相 F 变成 F'，发生如下反应：

$$A(\mathrm{s}) + F' = H'$$

即

$$A(\mathrm{s}) = (A)_{F'}$$

$$(A)_{H'} = (A)_{F'}$$

$$(B)_{F'} = (B)_{H'}$$

该过程的摩尔吉布斯自由能变化为

$$\begin{aligned}\Delta G_{\mathrm{m},A}(T_{H+1}) &= G_{\mathrm{m},(A)_{F'}}(T_{H+1}) - G_{\mathrm{m},A(\mathrm{s})}(T_{H+1}) \\ &\approx \Delta H_{\mathrm{m},A}(T_H) - T_{H+1}\frac{\Delta H_{\mathrm{m},A}}{T_H} \\ &= \frac{\Delta H_{\mathrm{m},A}(T_H)\Delta T}{T_H}\end{aligned} \tag{9.77}$$

$$\begin{aligned}\Delta G''_{\mathrm{m},A}(T_{H+1}) &= \overline{G}_{\mathrm{m},(A)_{F'}}(T_{H+1}) - \overline{G}_{\mathrm{m},(A)_{H'}}(T_{H+1}) \\ &\approx \Delta H_{\mathrm{m},A}(T_H) - T_{H+1}\frac{\Delta H_{\mathrm{m},A}(T_H)}{T_H} \\ &= \frac{\Delta H_{\mathrm{m},A} T_H \Delta T}{T_H}\end{aligned} \tag{9.78}$$

$$\begin{aligned}\Delta G_{\mathrm{m},B}(T_{H+1}) &= \overline{G}_{\mathrm{m},(B)_{H'}}(T_{H+1}) - \overline{G}_{\mathrm{m},(B)_{F'}}(T_{H+1}) \\ &\approx \Delta H_{\mathrm{m},B}(T_H) - T_{H+1}\frac{\Delta H_{\mathrm{m},B}(T_H)}{T_H} \\ &= \frac{\Delta H_{\mathrm{m},B}(T_H)\Delta T}{T_H}\end{aligned} \tag{9.79}$$

直到固相组元 A 消耗净，体系成为两个平衡相 γ'_1 和 γ''_1。

3) 升高温度，从 T_{H+1} 到 T_n

继续升高温度，从 T_{H+1} 到 T_n。γ 相的两层间进行物质交换，描述如下。

在温度 T_{i-1} 两层达成平衡，有

$$\gamma'_{i-1} \rightleftharpoons \gamma''_{i-1}$$

即

$$(A)_{\gamma'_{i-1}} \rightleftharpoons (A)_{\gamma''_{i-1}}$$

$$(B)_{\gamma'_{i-1}} \rightleftharpoons (B)_{\gamma''_{i-1}}$$

升高温度至 T_i。在温度刚升到 T_i，组元 A、B 尚未从一个 γ 相转移到另一个 γ 相时，两相组成未变，但已由平衡的 γ'_{i-1} 和 γ''_{i-1} 变成不平衡的 γ^*_{i-1} 和 γ^{**}_{i-1}。组元 A 从 γ^*_{i-1} 向 γ^{**}_{i-1} 转移，组元 B 从 γ^{**}_{i-1} 向 γ^*_{i-1} 转移，有

$$(A)_{\gamma^*_{i-1}} = (A)_{\gamma^{**}_{i-1}}$$
$$(B)_{\gamma^{**}_{i-1}} = (B)_{\gamma^*_{i-1}}$$

该过程的摩尔吉布斯自由能变化为

$$\begin{aligned}\Delta G_{\mathrm{m},A}(T_i) &= \overline{G}_{\mathrm{m},(A)_{\gamma^{**}_{i-1}}}(T_i) - \overline{G}_{\mathrm{m},(A)_{\gamma^*_{i-1}}}(T_i) \\ &\approx \Delta H_{\mathrm{m},A}(T_{i-1}) - T_{i-1}\frac{\Delta H_{\mathrm{m},A}(T_{i-1})}{T_{i-1}} \\ &= \frac{\Delta H_{\mathrm{m},A}(T_{i-1})\Delta T}{T_{i-1}}\end{aligned} \tag{9.80}$$

$$\begin{aligned}\Delta G_{\mathrm{m},B}(T_i) &= \overline{G}_{\mathrm{m},(B)_{\gamma^*_{i-1}}}(T_i) - \overline{G}_{\mathrm{m},(B)_{\gamma^{**}_{i-1}}}(T_i) \\ &\approx \Delta H_{\mathrm{m},B}(T_{i-1}) - T_{i-1}\frac{\Delta H_{\mathrm{m},B}(T_{i-1})}{T_{i-1}} \\ &= \frac{\Delta H_{\mathrm{m},B}(T_{i-1})\Delta T}{T_{i-1}}\end{aligned} \tag{9.81}$$

式中，

$$\Delta T = T_{i-1} - T_i < 0$$

直到达成新的平衡，有

$$(A)_{\gamma'_i} = (A)_{\gamma''_i}$$

$$(B)_{\gamma'_i} = (B)_{\gamma''_i}$$

温度升到 T_{n-1}，两相达成平衡，有

$$(A)_{l'_{n-1}} \rightleftharpoons (A)_{l''_{n-1}}$$

$$(B)_{l'_{n-1}} \rightleftharpoons (B)_{l''_{n-1}}$$

升高温度到 T_n。在温度刚升到 T_n，组元 A、B 尚未从一个 γ 相转移到另一个 γ 相时，两个 γ 相的组成未变，但已由平衡态 γ'_{n-1} 和 γ''_{n-1} 变成非平衡态 γ^*_{n-1} 和 γ^{**}_{n-1}。有

$$(A)_{\gamma^*_{n-1}} = (A)_{\gamma^{**}_{n-1}}$$

$$(B)_{\gamma^{**}_{n-1}} = (B)_{\gamma^*_{n-1}}$$

该过程的摩尔吉布斯自由能变化为

$$\Delta G_{m,A}(T_n)=\overline{G}_{m,(A)_{\gamma_{n-1}^{**}}}(T_n)-\overline{G}_{m,(A)_{\gamma_{n-1}^{*}}}(T_n)=\frac{\Delta H_{m,A}T_{n-1}\Delta T}{T_{n-1}} \tag{9.82}$$

$$\Delta G_{m,B}(T_n)=\overline{G}_{m,(B)_{\gamma_{n-1}^{*}}}(T_n)-\overline{G}_{m,(B)_{\gamma_{n-1}^{**}}}(T_n)=\frac{\Delta H_{m,B}T_{n-1}\Delta T}{T_{n-1}} \tag{9.83}$$

式中，

$$\Delta T=T_{n-1}-T_n<0$$

或者以纯固态组元 A 和 B 为标准状态，浓度以摩尔分数表示，该过程的摩尔吉布斯自由能变化为

$$\begin{aligned}\Delta G_{m,A}&=\mu_{(A)_{\gamma_{n-1}^{**}}}-\mu_{(A)_{\gamma_{n-1}^{*}}}\\&=RT\ln\frac{a^{R}_{(A)_{\gamma_{n-1}^{**}}}}{a^{R}_{(A)_{\gamma_{n-1}^{*}}}}\end{aligned} \tag{9.84}$$

式中，

$$\mu_{(A)_{\gamma_{n-1}^{**}}}=\mu^*_{A(s)}+RT\ln a^{R}_{(A)_{\gamma_{n-1}^{**}}}$$

$$\mu_{(A)_{\gamma_{n-1}^{*}}}=\mu^*_{A(s)}+RT\ln a^{R}_{(A)_{\gamma_{n-1}^{*}}}$$

$$\begin{aligned}\Delta G_{m,B}&=\mu_{(B)_{\gamma_{n-1}^{*}}}-\mu_{(B)_{\gamma_{n-1}^{**}}}\\&=RT\ln\frac{a^{R}_{(B)_{\gamma_{n-1}^{*}}}}{a^{R}_{(B)_{\gamma_{n-1}^{**}}}}\end{aligned} \tag{9.85}$$

式中，

$$\mu_{(B)_{\gamma_{n-1}^{*}}}=\mu^*_{B(s)}+RT\ln a^{R}_{(B)_{\gamma_{n-1}^{*}}}$$

$$\mu_{(B)_{\gamma_{n-1}^{**}}}=\mu^*_{B(s)}+RT\ln a^{R}_{(B)_{\gamma_{n-1}^{**}}}$$

直到 γ_{n-1}^{*} 和 γ_{n-1}^{**} 两相成为一个相，有

$$(A)_{\gamma_n}=\!=\!=(A)_{\gamma_n'}\rightleftharpoons(A)_{\gamma_n''}=\!=\!=(A)_{\gamma_n}$$
$$(B)_{\gamma_n}=\!=\!=(B)_{\gamma_n'}\rightleftharpoons(B)_{\gamma_n''}=\!=\!=(B)_{\gamma_n}$$

继续升高温度，体系进入 γ 单相区。

2. 相变速率

1) 在温度 T_1

在恒温恒压条件下，在温度 T_1，过程速率为

$$\begin{aligned}\frac{\mathrm{d}N_{E(\gamma)}}{\mathrm{d}t}&=-\frac{\mathrm{d}N_{E(\mathrm{s})}}{\mathrm{d}t}=Vj_E\\&=-V\left[l_1\left(\frac{A_{\mathrm{m},E}}{T}\right)+l_2\left(\frac{A_{\mathrm{m},E}}{T}\right)^2+l_3\left(\frac{A_{\mathrm{m},E}}{T}\right)^3+\cdots\right]\end{aligned}\tag{9.86}$$

式中，

$$A_{\mathrm{m},E}=\Delta G_{\mathrm{m},E}$$

不考虑耦合作用，在温度 T_1，组元 A 和 B 的溶解速率为

$$\begin{aligned}\frac{\mathrm{d}N_{(A)_{E(\gamma')}}}{\mathrm{d}t}&=-\frac{\mathrm{d}N_{A(\mathrm{s})}}{\mathrm{d}t}=Vj_A\\&=-V\left[l_1\left(\frac{A_{\mathrm{m},A}}{T}\right)+l_2\left(\frac{A_{\mathrm{m},A}}{T}\right)^2+l_3\left(\frac{A_{\mathrm{m},A}}{T}\right)^3+\cdots\right]\end{aligned}\tag{9.87}$$

式中，

$$A_{\mathrm{m},A}=\Delta G_{\mathrm{m},A}$$

$$\begin{aligned}\frac{\mathrm{d}N_{(B)_{E(\gamma')}}}{\mathrm{d}t}&=-\frac{\mathrm{d}N_{(B)(\mathrm{s})}}{\mathrm{d}t}=Vj_B\\&=-V\left[l_1\left(\frac{A_{\mathrm{m},B}}{T}\right)+l_2\left(\frac{A_{\mathrm{m},B}}{T}\right)^2+l_3\left(\frac{A_{\mathrm{m},B}}{T}\right)^3+\cdots\right]\end{aligned}\tag{9.88}$$

2) 从温度 T_2 到 T_F

在恒温恒压条件下，过程速率为

$$\begin{aligned}\frac{\mathrm{d}N_{(A)}}{\mathrm{d}t}&=-\frac{\mathrm{d}N_{A(\mathrm{s})}}{\mathrm{d}t}=Vj_A\\&=-V\left[l_1\left(\frac{A_{\mathrm{m},A}}{T}\right)+l_2\left(\frac{A_{\mathrm{m},A}}{T}\right)^2+l_3\left(\frac{A_{\mathrm{m},A}}{T}\right)^3+\cdots\right]\end{aligned}\tag{9.89}$$

3) 在温度 T_{H+1}

在恒温恒压条件下，在温度 T_{H+1}，不考虑耦合作用，过程速率为

$$\begin{aligned}\frac{\mathrm{d}N_{(A)_{F'}}}{\mathrm{d}t}&=-\frac{\mathrm{d}N_{A(\mathrm{s})}}{\mathrm{d}t}=Vj_{A(\mathrm{s})}\\&=-V\left[l_1\left(\frac{A_{\mathrm{m},A}}{T}\right)+l_2\left(\frac{A_{\mathrm{m},A}}{T}\right)^2+l_3\left(\frac{A_{\mathrm{m},A}}{T}\right)^3+\cdots\right]\end{aligned} \tag{9.90}$$

$$\begin{aligned}\frac{\mathrm{d}N_{(A)_{H'}}}{\mathrm{d}t}&=-\frac{\mathrm{d}N_{A(\mathrm{s})}}{\mathrm{d}t}=Vj_{A(\mathrm{s})}\\&=-V\left[l'_1\left(\frac{A_{\mathrm{m},A}}{T}\right)+l'_2\left(\frac{A_{\mathrm{m},A}}{T}\right)^2+l'_3\left(\frac{A_{\mathrm{m},A}}{T}\right)^3+\cdots\right]\end{aligned} \tag{9.91}$$

$$\begin{aligned}\frac{\mathrm{d}N_{(A)_{F'}}}{\mathrm{d}t}&=-\frac{\mathrm{d}N_{(A)_{H'}}}{\mathrm{d}t}=Vj_{(A)}\\&=-V\left[l''_1\left(\frac{A_{\mathrm{m},A}}{T}\right)+l''_2\left(\frac{A_{\mathrm{m},A}}{T}\right)^2+l''_3\left(\frac{A_{\mathrm{m},A}}{T}\right)^3+\cdots\right]\end{aligned} \tag{9.92}$$

$$\begin{aligned}\frac{\mathrm{d}N_{(B)_{H'}}}{\mathrm{d}t}&=-\frac{\mathrm{d}N_{(B)_{F'}}}{\mathrm{d}t}=Vj_{(B)}\\&=-V\left[l'''_1\left(\frac{A_{\mathrm{m},B}}{T}\right)+l'''_2\left(\frac{A_{\mathrm{m},B}}{T}\right)^2+l'''_3\left(\frac{A_{\mathrm{m},B}}{T}\right)^3+\cdots\right]\end{aligned} \tag{9.93}$$

式中，

$$A_{\mathrm{m},A}=\Delta G_{\mathrm{m},A}$$

$$A_{\mathrm{m},A'}=\Delta G_{\mathrm{m},A'}$$

$$A_{\mathrm{m},(A)}=\Delta G'_{\mathrm{m},A}$$

$$A_{\mathrm{m},(B)}=\Delta G_{\mathrm{m},B}$$

考虑耦合的作用，有

$$\begin{aligned}\frac{\mathrm{d}N_{(A)_{F'}}}{\mathrm{d}t}&=-\frac{\mathrm{d}N_{A(\mathrm{s})}}{\mathrm{d}t}=Vj_A\\&=-V\left[l_{11}\left(\frac{A_{\mathrm{m},A}}{T}\right)+l_{12}\left(\frac{A_{\mathrm{m},A'}}{T}\right)+l_{13}\left(\frac{A_{\mathrm{m},(A)}}{T}\right)+l_{14}\left(\frac{A_{\mathrm{m},(B)}}{T}\right)\right.\\&\quad+l_{111}\left(\frac{A_{\mathrm{m},A}}{T}\right)^2+l_{112}\left(\frac{A_{\mathrm{m},A}}{T}\right)\left(\frac{A_{\mathrm{m},A'}}{T}\right)+l_{113}\left(\frac{A_{\mathrm{m},A}}{T}\right)\left(\frac{A_{\mathrm{m},(A)}}{T}\right)\\&\quad+l_{114}\left(\frac{A_{\mathrm{m},A}}{T}\right)\left(\frac{A_{\mathrm{m},(B)}}{T}\right)+l_{122}\left(\frac{A_{\mathrm{m},A'}}{T}\right)^2\end{aligned}$$

$$
\begin{aligned}
&+l_{123}\left(\frac{A_{\mathrm{m},A'}}{T}\right)\left(\frac{A_{\mathrm{m},(A)}}{T}\right)+l_{124}\left(\frac{A_{\mathrm{m},A'}}{T}\right)\left(\frac{A_{\mathrm{m},(B)}}{T}\right)+l_{133}\left(\frac{A_{\mathrm{m},(A)}}{T}\right)^2\\
&+l_{134}\left(\frac{A_{\mathrm{m},(A)}}{T}\right)\left(\frac{A_{\mathrm{m},(B)}}{T}\right)\\
&+l_{144}\left(\frac{A_{\mathrm{m},(B)}}{T}\right)^2+l_{1111}\left(\frac{A_{\mathrm{m},A}}{T}\right)^3+l_{1112}\left(\frac{A_{\mathrm{m},A}}{T}\right)^2\left(\frac{A_{\mathrm{m},A'}}{T}\right)\\
&+l_{1113}\left(\frac{A_{\mathrm{m},A}}{T}\right)^2\left(\frac{A_{\mathrm{m},(A)}}{T}\right)\\
&+l_{1114}\left(\frac{A_{\mathrm{m},A}}{T}\right)^2\left(\frac{A_{\mathrm{m},(B)}}{T}\right)+l_{1122}\left(\frac{A_{\mathrm{m},A}}{T}\right)\left(\frac{A_{\mathrm{m},A'}}{T}\right)^2\\
&+l_{1123}\left(\frac{A_{\mathrm{m},A}}{T}\right)\left(\frac{A_{\mathrm{m},A'}}{T}\right)\left(\frac{A_{\mathrm{m},(A)}}{T}\right)\\
&+l_{1124}\left(\frac{A_{\mathrm{m},A}}{T}\right)\left(\frac{A_{\mathrm{m},A'}}{T}\right)\left(\frac{A_{\mathrm{m},(B)}}{T}\right)+l_{1133}\left(\frac{A_{\mathrm{m},A}}{T}\right)\left(\frac{A_{\mathrm{m},(A)}}{T}\right)^2\\
&+l_{1134}\left(\frac{A_{\mathrm{m},A}}{T}\right)\left(\frac{A_{\mathrm{m},(A)}}{T}\right)\left(\frac{A_{\mathrm{m},(B)}}{T}\right)\\
&+l_{1144}\left(\frac{A_{\mathrm{m},(A)}}{T}\right)\left(\frac{A_{\mathrm{m},(B)}}{T}\right)^2+l_{1222}\left(\frac{A_{\mathrm{m},A'}}{T}\right)^3+l_{1223}\left(\frac{A_{\mathrm{m},A'}}{T}\right)^2\left(\frac{A_{\mathrm{m},(A)}}{T}\right)\\
&+l_{1233}\left(\frac{A_{\mathrm{m},A'}}{T}\right)\left(\frac{A_{\mathrm{m},A}}{T}\right)^2\\
&+l_{1234}\left(\frac{A_{\mathrm{m},A'}}{T}\right)\left(\frac{A_{\mathrm{m},A}}{T}\right)\left(\frac{A_{\mathrm{m},(B)}}{T}\right)+l_{1244}\left(\frac{A_{\mathrm{m},A'}}{T}\right)\left(\frac{A_{\mathrm{m},(B)}}{T}\right)^2+l_{1333}\left(\frac{A_{\mathrm{m},(A)}}{T}\right)^3\\
&\left.+l_{1334}\left(\frac{A_{\mathrm{m},(A)}}{T}\right)^2\left(\frac{A_{\mathrm{m},(B)}}{T}\right)+l_{1344}\left(\frac{A_{\mathrm{m},(A)}}{T}\right)\left(\frac{A_{\mathrm{m},(B)}}{T}\right)^2+l_{1444}\left(\frac{A_{\mathrm{m},(B)}}{T}\right)^3+\cdots\right]
\end{aligned}
\tag{9.94}
$$

$$
\begin{aligned}
\frac{\mathrm{d}N_{(A)_{H'}}}{\mathrm{d}t}=&-\frac{\mathrm{d}N_{A(\mathrm{s})}}{\mathrm{d}t}=Vj_A\\
=&-V\left[l'_{21}\left(\frac{A_{\mathrm{m},A}}{T}\right)+l'_{22}\left(\frac{A_{\mathrm{m},A'}}{T}\right)+l'_{23}\left(\frac{A_{\mathrm{m},(A)}}{T}\right)+l'_{24}\left(\frac{A_{\mathrm{m},(B)}}{T}\right)\right.\\
&+l'_{211}\left(\frac{A_{\mathrm{m},A}}{T}\right)^2+l'_{212}\left(\frac{A_{\mathrm{m},A}}{T}\right)\left(\frac{A_{\mathrm{m},A'}}{T}\right)+l'_{213}\left(\frac{A_{\mathrm{m},A}}{T}\right)\left(\frac{A_{\mathrm{m},(A)}}{T}\right)\\
&+l'_{214}\left(\frac{A_{\mathrm{m},A}}{T}\right)\left(\frac{A_{\mathrm{m},(B)}}{T}\right)\\
&+l'_{222}\left(\frac{A_{\mathrm{m},A'}}{T}\right)^2+l'_{223}\left(\frac{A_{\mathrm{m},A'}}{T}\right)\left(\frac{A_{\mathrm{m},(A)}}{T}\right)+l'_{224}\left(\frac{A_{\mathrm{m},A'}}{T}\right)\left(\frac{A_{\mathrm{m},(B)}}{T}\right)\\
&+l'_{233}\left(\frac{A_{\mathrm{m},(A)}}{T}\right)^2+l'_{234}\left(\frac{A_{\mathrm{m},(A)}}{T}\right)\left(\frac{A_{\mathrm{m},(B)}}{T}\right)+l'_{244}\left(\frac{A_{\mathrm{m},(B)}}{T}\right)^2
\end{aligned}
$$

$$
\begin{aligned}
&+l'_{2111}\left(\frac{A_{\mathrm{m},A}}{T}\right)^3+l'_{2112}\left(\frac{A_{\mathrm{m},A}}{T}\right)^2\left(\frac{A_{\mathrm{m},A'}}{T}\right)\\
&+l'_{2113}\left(\frac{A_{\mathrm{m},A}}{T}\right)^2\left(\frac{A_{\mathrm{m},(A)}}{T}\right)+l'_{2114}\left(\frac{A_{\mathrm{m},A}}{T}\right)^2\left(\frac{A_{\mathrm{m},(B)}}{T}\right)\\
&+l'_{2122}\left(\frac{A_{\mathrm{m},A}}{T}\right)\left(\frac{A_{\mathrm{m},A'}}{T}\right)^2\\
&+l'_{2123}\left(\frac{A_{\mathrm{m},A}}{T}\right)\left(\frac{A_{\mathrm{m},A'}}{T}\right)\left(\frac{A_{\mathrm{m},(A)}}{T}\right)+l'_{2133}\left(\frac{A_{\mathrm{m},A}}{T}\right)\left(\frac{A_{\mathrm{m},(A)}}{T}\right)^2\\
&+l'_{2134}\left(\frac{A_{\mathrm{m},A}}{T}\right)\left(\frac{A_{\mathrm{m},(A)}}{T}\right)\left(\frac{A_{\mathrm{m},(B)}}{T}\right)\\
&+l'_{2144}\left(\frac{A_{\mathrm{m},A}}{T}\right)\left(\frac{A_{\mathrm{m},(B)}}{T}\right)^2+l'_{2222}\left(\frac{A_{\mathrm{m},A'}}{T}\right)^3+l'_{2223}\left(\frac{A_{\mathrm{m},A'}}{T}\right)^2\left(\frac{A_{\mathrm{m},(A)}}{T}\right)\\
&+l_{2224}\left(\frac{A_{\mathrm{m},A'}}{T}\right)^2\left(\frac{A_{\mathrm{m},(B)}}{T}\right)\\
&+l'_{2233}\left(\frac{A_{\mathrm{m},A}}{T}\right)\left(\frac{A_{\mathrm{m},(A)}}{T}\right)^2+l'_{2234}\left(\frac{A_{\mathrm{m},A'}}{T}\right)\left(\frac{A_{\mathrm{m},(A)}}{T}\right)\left(\frac{A_{\mathrm{m},(B)}}{T}\right)\\
&+l'_{2244}\left(\frac{A_{\mathrm{m},A'}}{T}\right)\left(\frac{A_{\mathrm{m},(B)}}{T}\right)^2\\
&+l'_{2333}\left(\frac{A_{\mathrm{m},(A)}}{T}\right)^3+l'_{2334}\left(\frac{A_{\mathrm{m},(A)}}{T}\right)^2\left(\frac{A_{\mathrm{m},(B)}}{T}\right)+l'_{2344}\left(\frac{A_{\mathrm{m},(A)}}{T}\right)\left(\frac{A_{\mathrm{m},(B)}}{T}\right)^2\\
&\left.+l'_{2444}\left(\frac{A_{\mathrm{m},(B)}}{T}\right)^3+\cdots\right]
\end{aligned}
\tag{9.95}
$$

$$
\begin{aligned}
\frac{\mathrm{d}N_{(A)_{F'}}}{\mathrm{d}t}&=-\frac{\mathrm{d}N_{(A)_{H'}}}{\mathrm{d}t}=Vj_{(A)}\\
&=-V\left[l_{31}\left(\frac{A_{\mathrm{m},A}}{T}\right)+l_{32}\left(\frac{A_{\mathrm{m},A'}}{T}\right)+l_{33}\left(\frac{A_{\mathrm{m},(A)}}{T}\right)+l_{34}\left(\frac{A_{\mathrm{m},(B)}}{T}\right)\right.\\
&\quad+l_{311}\left(\frac{A_{\mathrm{m},A}}{T}\right)^2+l_{312}\left(\frac{A_{\mathrm{m},A}}{T}\right)\left(\frac{A_{\mathrm{m},A'}}{T}\right)+l_{313}\left(\frac{A_{\mathrm{m},A}}{T}\right)\left(\frac{A_{\mathrm{m},(A)}}{T}\right)\\
&\quad+l_{314}\left(\frac{A_{\mathrm{m},A}}{T}\right)\left(\frac{A_{\mathrm{m},(B)}}{T}\right)\\
&\quad+l_{322}\left(\frac{A_{\mathrm{m},A'}}{T}\right)^2+l_{323}\left(\frac{A_{\mathrm{m},A'}}{T}\right)\left(\frac{A_{\mathrm{m},(A)}}{T}\right)+l_{324}\left(\frac{A_{\mathrm{m},A'}}{T}\right)\left(\frac{A_{\mathrm{m},(B)}}{T}\right)\\
&\quad+l_{333}\left(\frac{A_{\mathrm{m},(A)}}{T}\right)^2+l_{334}\left(\frac{A_{\mathrm{m},(A)}}{T}\right)\left(\frac{A_{\mathrm{m},(B)}}{T}\right)+l_{344}\left(\frac{A_{\mathrm{m},(B)}}{T}\right)^2\\
&\quad+l_{3111}\left(\frac{A_{\mathrm{m},A}}{T}\right)^3+l_{3112}\left(\frac{A_{\mathrm{m},A}}{T}\right)^2\left(\frac{A_{\mathrm{m},A'}}{T}\right)
\end{aligned}
$$

$$
\begin{aligned}
&+l_{3113}\left(\frac{A_{\mathrm{m},A}}{T}\right)^2\left(\frac{A_{\mathrm{m},(A)}}{T}\right)+l_{3114}\left(\frac{A_{\mathrm{m},A}}{T}\right)^2\left(\frac{A_{\mathrm{m},(B)}}{T}\right)+l_{3122}\left(\frac{A_{\mathrm{m},A}}{T}\right)\left(\frac{A_{\mathrm{m},A'}}{T}\right)^2\\
&+l_{3123}\left(\frac{A_{\mathrm{m},A}}{T}\right)\left(\frac{A_{\mathrm{m},A'}}{T}\right)\left(\frac{A_{\mathrm{m},(A)}}{T}\right)+l_{3133}\left(\frac{A_{\mathrm{m},A}}{T}\right)\left(\frac{A_{\mathrm{m},(A)}}{T}\right)^3\\
&+l_{3134}\left(\frac{A_{\mathrm{m},A}}{T}\right)\left(\frac{A_{\mathrm{m},(A)}}{T}\right)\left(\frac{A_{\mathrm{m},(B)}}{T}\right)\\
&+l_{3144}\left(\frac{A_{\mathrm{m},A}}{T}\right)\left(\frac{A_{\mathrm{m},(B)}}{T}\right)^2+l_{3222}\left(\frac{A_{\mathrm{m},A'}}{T}\right)^3+l_{3223}\left(\frac{A_{\mathrm{m},A'}}{T}\right)^2\left(\frac{A_{\mathrm{m},(A)}}{T}\right)\\
&+l_{3224}\left(\frac{A_{\mathrm{m},A'}}{T}\right)\left(\frac{A_{\mathrm{m},(B)}}{T}\right)\\
&+l_{3233}\left(\frac{A_{\mathrm{m},A'}}{T}\right)\left(\frac{A_{\mathrm{m},(A)}}{T}\right)^2+l_{3234}\left(\frac{A_{\mathrm{m},A'}}{T}\right)\left(\frac{A_{\mathrm{m},(A)}}{T}\right)\left(\frac{A_{\mathrm{m},(B)}}{T}\right)\\
&+l_{3333}\left(\frac{A_{\mathrm{m},(A)}}{T}\right)^3+l_{3334}\left(\frac{A_{\mathrm{m},(A)}}{T}\right)^2\left(\frac{A_{\mathrm{m},(B)}}{T}\right)\\
&\left.+l_{3344}\left(\frac{A_{\mathrm{m},(A)}}{T}\right)\left(\frac{A_{\mathrm{m},(B)}}{T}\right)^2+l_{3444}\left(\frac{A_{\mathrm{m},(B)}}{T}\right)^3+\cdots\right]
\end{aligned}
\tag{9.96}
$$

$$
\begin{aligned}
\frac{\mathrm{d}N_{(B)_{H'}}}{\mathrm{d}t}=&-\frac{\mathrm{d}N_{(B)_{F'}}}{\mathrm{d}t}=Vj_B\\
=&-V\left[l_{41}\left(\frac{A_{\mathrm{m},A}}{T}\right)+l_{42}\left(\frac{A_{\mathrm{m},A'}}{T}\right)+l_{43}\left(\frac{A_{\mathrm{m},(A)}}{T}\right)+l_{44}\left(\frac{A_{\mathrm{m},(B)}}{T}\right)\right.\\
&+l_{411}\left(\frac{A_{\mathrm{m},A}}{T}\right)^2+l_{412}\left(\frac{A_{\mathrm{m},A}}{T}\right)\left(\frac{A_{\mathrm{m},A'}}{T}\right)+l_{413}\left(\frac{A_{\mathrm{m},A}}{T}\right)\left(\frac{A_{\mathrm{m},(A)}}{T}\right)\\
&+l_{414}\left(\frac{A_{\mathrm{m},A}}{T}\right)\left(\frac{A_{\mathrm{m},(B)}}{T}\right)\\
&+l_{422}\left(\frac{A_{\mathrm{m},A'}}{T}\right)^2+l_{423}\left(\frac{A_{\mathrm{m},A'}}{T}\right)\left(\frac{A_{\mathrm{m},(A)}}{T}\right)\\
&+l_{424}\left(\frac{A_{\mathrm{m},A'}}{T}\right)\left(\frac{A_{\mathrm{m},(B)}}{T}\right)+l_{433}\left(\frac{A_{\mathrm{m},(A)}}{T}\right)^2\\
&+l_{434}\left(\frac{A_{\mathrm{m},(A)}}{T}\right)\left(\frac{A_{\mathrm{m},(B)}}{T}\right)+l_{444}\left(\frac{A_{\mathrm{m},(B)}}{T}\right)^2+l_{4111}\left(\frac{A_{\mathrm{m},A}}{T}\right)^3\\
&+l_{4112}\left(\frac{A_{\mathrm{m},A}}{T}\right)^2\left(\frac{A_{\mathrm{m},A'}}{T}\right)\\
&+l_{4113}\left(\frac{A_{\mathrm{m},A}}{T}\right)^2\left(\frac{A_{\mathrm{m},(A)}}{T}\right)+l_{4114}\left(\frac{A_{\mathrm{m},A}}{T}\right)^2\left(\frac{A_{\mathrm{m},(B)}}{T}\right)\\
&+l_{4122}\left(\frac{A_{\mathrm{m},A}}{T}\right)\left(\frac{A_{\mathrm{m},A'}}{T}\right)^2
\end{aligned}
$$

$$
\begin{aligned}
&+l_{4123}\left(\frac{A_{\mathrm{m},A}}{T}\right)\left(\frac{A_{\mathrm{m},A'}}{T}\right)\left(\frac{A_{\mathrm{m},(A)}}{T}\right)+l_{4133}\left(\frac{A_{\mathrm{m},A}}{T}\right)\left(\frac{A_{\mathrm{m},(A)}}{T}\right)^3\\
&+l_{4134}\left(\frac{A_{\mathrm{m},A}}{T}\right)\left(\frac{A_{\mathrm{m},(A)}}{T}\right)\left(\frac{A_{\mathrm{m},(B)}}{T}\right)\\
&+l_{4144}\left(\frac{A_{\mathrm{m},A}}{T}\right)\left(\frac{A_{\mathrm{m},(B)}}{T}\right)^2+l_{4222}\left(\frac{A_{\mathrm{m},A'}}{T}\right)^3+l_{4223}\left(\frac{A_{\mathrm{m},A'}}{T}\right)^2\left(\frac{A_{\mathrm{m},(A)}}{T}\right)\\
&+l_{4224}\left(\frac{A_{\mathrm{m},A'}}{T}\right)\left(\frac{A_{\mathrm{m},(B)}}{T}\right)\\
&+l_{4233}\left(\frac{A_{\mathrm{m},A'}}{T}\right)\left(\frac{A_{\mathrm{m},(A)}}{T}\right)^2+l_{4234}\left(\frac{A_{\mathrm{m},A'}}{T}\right)\left(\frac{A_{\mathrm{m},(A)}}{T}\right)\left(\frac{A_{\mathrm{m},(B)}}{T}\right)\\
&+l_{4333}\left(\frac{A_{\mathrm{m},(A)}}{T}\right)^3+l_{4334}\left(\frac{A_{\mathrm{m},(A)}}{T}\right)^2\left(\frac{A_{\mathrm{m},(B)}}{T}\right)\\
&\left.+l_{4344}\left(\frac{A_{\mathrm{m},(A)}}{T}\right)\left(\frac{A_{\mathrm{m},(B)}}{T}\right)^2+l_{4444}\left(\frac{A_{\mathrm{m},(B)}}{T}\right)^3+\cdots\right]
\end{aligned}
$$

式中，

$$A_{\mathrm{m},A}=\Delta G_{\mathrm{m},A}$$

$$A_{\mathrm{m},A'}=\Delta G'_{\mathrm{m},A}$$

$$A_{\mathrm{m},(A)}=\Delta G''_{\mathrm{m},A}$$

$$A_{\mathrm{m},(B)}=\Delta G_{\mathrm{m},B}$$

4) 从温度 T_{H+1} 到 T_n

在恒温恒压条件下，从温度 T_{H+1} 到 T_n，相分层速率如下。

不考虑耦合作用:

$$
\begin{aligned}
\frac{\mathrm{d}N_{(A)_{\gamma_{i-1}^{**}}}}{\mathrm{d}t}&=-\frac{\mathrm{d}N_{(A)_{\gamma_{i-1^*}}}}{\mathrm{d}t}=Vj_A\\
&=-V\left[l_1\left(\frac{A_{\mathrm{m},A}}{T}\right)+l_2\left(\frac{A_{\mathrm{m},A}}{T}\right)^2+l_3\left(\frac{A_{\mathrm{m},A}}{T}\right)^3+\cdots\right]
\end{aligned}
\tag{9.97}
$$

$$
\begin{aligned}
\frac{\mathrm{d}N_{(B)_{\gamma_{i-1}^{*}}}}{\mathrm{d}t}&=-\frac{\mathrm{d}N_{(B)_{\gamma_{i-1}^{**}}}}{\mathrm{d}t}=-Vj_B\\
&=-V\left[l_1\left(\frac{A_{\mathrm{m},B}}{T}\right)+l_2\left(\frac{A_{\mathrm{m},B}}{T}\right)^2+l_3\left(\frac{A_{\mathrm{m},B}}{T}\right)^3+\cdots\right]
\end{aligned}
\tag{9.98}
$$

考虑耦合作用:

$$
\begin{aligned}
\frac{\mathrm{d}N_{(A)_{\gamma_{i-1}^{**}}}}{\mathrm{d}t} &= -\frac{\mathrm{d}N_{(A)_{\gamma_{i-1}^{*}}}}{\mathrm{d}t} = Vj_A \\
&= -V\left[l_{11}\left(\frac{A_{\mathrm{m},A}}{T}\right) + l_{12}\left(\frac{A_{\mathrm{m},B}}{T}\right) + l_{111}\left(\frac{A_{\mathrm{m},A}}{T}\right)^2\right. \\
&\quad + l_{112}\left(\frac{A_{\mathrm{m},A}}{T}\right)\left(\frac{A_{\mathrm{m},B}}{T}\right) + l_{122}\left(\frac{A_{\mathrm{m},B}}{T}\right)^2 + l_{1111}\left(\frac{A_{\mathrm{m},A}}{T}\right)^3 \\
&\quad + l_{1112}\left(\frac{A_{\mathrm{m},A}}{T}\right)^2\left(\frac{A_{\mathrm{m},B}}{T}\right) + l_{1122}\left(\frac{A_{\mathrm{m},A}}{T}\right)\left(\frac{A_{\mathrm{m},B}}{T}\right)^2 \\
&\quad \left. + l_{1222}\left(\frac{A_{\mathrm{m},B}}{T}\right)^3 + \cdots\right]
\end{aligned} \tag{9.99}
$$

$$
\begin{aligned}
\frac{\mathrm{d}N_{(B)_{\gamma_{i-1}^{*}}}}{\mathrm{d}t} &= -\frac{\mathrm{d}N_{(B)_{\gamma_{i-1}^{**}}}}{\mathrm{d}t} = Vj_B \\
&= -V\left[l_{21}\left(\frac{A_{\mathrm{m},A}}{T}\right) + l_{22}\left(\frac{A_{\mathrm{m},B}}{T}\right)\right. \\
&\quad + l_{211}\left(\frac{A_{\mathrm{m},A}}{T}\right)^2 + l_{212}\left(\frac{A_{\mathrm{m},A}}{T}\right)\left(\frac{A_{\mathrm{m},B}}{T}\right) + l_{2122}\left(\frac{A_{\mathrm{m},B}}{T}\right)^2 \\
&\quad + l_{2111}\left(\frac{A_{\mathrm{m},A}}{T}\right)^3 + l_{2112}\left(\frac{A_{\mathrm{m},A}}{T}\right)^2\left(\frac{A_{\mathrm{m},B}}{T}\right) + l_{2122}\left(\frac{A_{\mathrm{m},A}}{T}\right)\left(\frac{A_{\mathrm{m},B}}{T}\right)^2 \\
&\quad \left. + l_{2222}\left(\frac{A_{\mathrm{m},B}}{T}\right)^3 + \cdots\right]
\end{aligned} \tag{9.100}
$$

9.2.5　具有连续固溶体的二元系

1. 相变过程热力学

图 9.7 为具有连续固溶体的二元系相图。

如图 9.7 所示，具有连续固溶体的二元系 A-B，在恒压条件下，物质组成为 P 点的物质升温。

1) 升高温度到 T_1

温度升到 T_1，开始出现 γ 相。物质组成点为 P_1，固相组成是 α_1, 两点重合。γ 相的组成为 γ_1，两相平衡，可以表示为

$$\alpha_1 \rightleftharpoons \gamma_1$$

即

$$\alpha_1 \rightleftharpoons (\alpha_1)_{\gamma_1} \equiv (\alpha_1)_{饱}$$

$$(A)_{\alpha_1} \rightleftharpoons (A)_{\gamma_1}$$

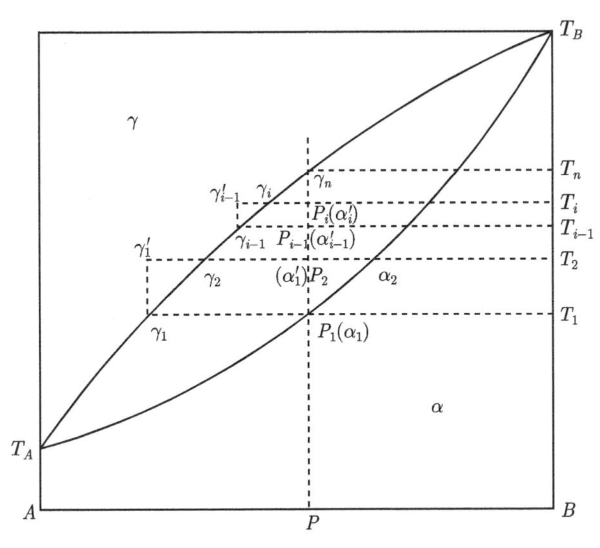

图 9.7 具有连续固溶体的二元系相图

尚无明显的 γ 相出现。该过程的摩尔吉布斯自由能变化为零。

继续升高温度到 T_2，在温度刚升到 T_2，固相组元 α_1 还未来得及溶解进入 γ 相时，γ 相组成未变。但已由与 α_1 平衡的 γ_1 变成与 α_1 不平衡的 γ'_1。α 相组成也未变，但已由与 γ_1 平衡的 α_1 变成与 γ_1 不平衡的 α'_1。固溶体组元 α'_1 向 γ'_1 相中溶解。随着 α'_1 的溶解，γ 相由 γ'_1 相向 γ_2 相转变，固溶体 α'_1 向 α_2 转变。有

$$\alpha'_1 = (\alpha'_1)_{\gamma'_1}$$

即

$$(A)_{\alpha'_1} = (A)_{\gamma'_1}$$

$$(B)_{\alpha'_1} = (B)_{\gamma'_1}$$

该过程的摩尔吉布斯自由能变化为

$$\begin{aligned}
\Delta G_{\mathrm{m},A}(T_2) &= \overline{G}_{\mathrm{m},(A)_{\gamma'_1}}(T_2) - \overline{G}_{\mathrm{m},(A)_{\alpha'_1}}(T_2) \\
&= \left[\overline{H}_{\mathrm{m},(A)_{\gamma'_1}}(T_2) - T_2\overline{S}_{\mathrm{m},(A)_{\gamma'_1}}(T_2)\right] \\
&\quad - \left[\overline{H}_{\mathrm{m},(A)_{\alpha'_1}}(T_2) - T_2\overline{S}_{\mathrm{m},(A)_{\alpha'_1}}(T_2)\right] \\
&= \left\{\left[\overline{H}_{\mathrm{m},(A)_{\gamma'_1}}(T_2) - T_2\overline{S}_{\mathrm{m},(A)_{\gamma'_1}}(T_2)\right]\right. \\
&\quad \left. - \left[H_{\mathrm{m},A(\mathrm{s})}(T_2) - T_2 S_{\mathrm{m},A(\mathrm{s})}(T_2)\right]\right\} \\
&\quad - \left\{\left[\overline{H}_{\mathrm{m},(A)_{\alpha'_1}}(T_2) - T_2\overline{S}_{\mathrm{m},(A)_{\alpha'_1}}(T_2)\right]\right.
\end{aligned}$$

$$
\begin{aligned}
&- \left[H_{\mathrm{m},A(\mathrm{s})}(T_2) - T_2 S_{\mathrm{m},A(\mathrm{s})}(T_2)\right] \Big\} \\
&= \left\{ \left[\Delta_{\mathrm{sol}} H_{\mathrm{m},A}(T_2)\right]_{\gamma_1'} - T_2 \left[\Delta_{\mathrm{sol}} S_{\mathrm{m},A}(T_2)\right]_{\gamma_1'} \right\} \\
&\quad - \left\{ \left[\Delta_{\mathrm{sol}} H_{\mathrm{m},A}(T_2)\right]_{\alpha_1'} - T_2 \left[\Delta_{\mathrm{sol}} S_{\mathrm{m},A}(T_2)\right]_{\alpha_1'} \right\} \\
&= \frac{\left[\Delta_{\mathrm{sol}} H_{\mathrm{m},A}(T_1)\right]_{\gamma_1'} \Delta T}{T_1} - \frac{\left[\Delta_{\mathrm{sol}} H_{\mathrm{m},A}(T_1)\right]_{\alpha_1'} \Delta T}{T_1} \\
&= \frac{\left\{ \left[\Delta_{\mathrm{sol}} H_{\mathrm{m},A}(T_1)\right]_{\gamma_1'} - \left[\Delta_{\mathrm{sol}} H_{\mathrm{m},A}(T_1)\right]_{\alpha_1'} \right\} \Delta T}{T_1}
\end{aligned}
\tag{9.101}
$$

式中，$\left[\Delta_{\mathrm{sol}} H_{\mathrm{m},A}(T_1)\right]_{\gamma_1'}$，$\left[\Delta_{\mathrm{sol}} S_{\mathrm{m},A}(T_1)\right]_{\gamma_1'}$，$\left[\Delta_{\mathrm{sol}} H_{\mathrm{m},A}(T_1)\right]_{\alpha_1'}$，$\left[\Delta_{\mathrm{sol}} S_{\mathrm{m},A}(T_1)\right]_{\alpha_1'}$ 分别为组元 A 在固溶体 γ_1' 和固溶体 α_1' 中的溶解焓和溶解熵。

$$
\begin{aligned}
\Delta G_{\mathrm{m},B}(T_2) &= \overline{G}_{\mathrm{m},(B)_{\gamma_1'}}(T_2) - \overline{G}_{\mathrm{m},(B)_{\alpha_1'}}(T_2) \\
&= \left[\overline{H}_{\mathrm{m},(B)_{\gamma_1'}}(T_2) - T_2 \overline{S}_{\mathrm{m},(B)_{\gamma_1'}}(T_2)\right] - \left[\overline{H}_{\mathrm{m},(B)_{\alpha_1'}}(T_2) - T_2 \overline{S}_{\mathrm{m},(B)_{\alpha_1'}}(T_2)\right] \\
&= \left\{ \left[\overline{H}_{\mathrm{m},(B)_{\gamma_1'}}(T_2) - T_2 \overline{S}_{\mathrm{m},(B)_{\gamma_1'}}(T_2)\right] - \left[H_{\mathrm{m},B(\mathrm{s})}(T_2) - T_2 S_{\mathrm{m},B(\mathrm{s})}(T_2)\right] \right\} \\
&\quad - \left\{ \left[\overline{H}_{\mathrm{m},(B)_{\alpha_1'}}(T_2) - T_2 \overline{S}_{\mathrm{m},(B)_{\alpha_1'}}(T_2)\right] - \left[H_{\mathrm{m},B(\mathrm{s})}(T_2) - T_2 S_{\mathrm{m},B(\mathrm{s})}(T_2)\right] \right\} \\
&= \left\{ \left[\Delta_{\mathrm{sol}} H_{\mathrm{m},B}(T_2)\right]_{\gamma_1'} - T_2 \left[\Delta_{\mathrm{sol}} S_{\mathrm{m},B}(T_2)\right]_{\gamma_1'} \right\} \\
&\quad - \left\{ \left[\Delta_{\mathrm{sol}} H_{\mathrm{m},B}(T_2)\right]_{\alpha_1'} - T_2 \left[\Delta_{\mathrm{sol}} S_{\mathrm{m},B}(T_2)\right]_{\alpha_1'} \right\} \\
&= \frac{\left[\Delta_{\mathrm{sol}} H_{\mathrm{m},B}(T_1)\right]_{\gamma_1'} \Delta T}{T_1} - \frac{\left[\Delta_{\mathrm{sol}} H_{\mathrm{m},B}(T_1)\right]_{\alpha_1'} \Delta T}{T_1} \\
&= \frac{\left\{ \left[\Delta_{\mathrm{sol}} H_{\mathrm{m},B}(T_1)\right]_{\gamma_1'} - \left[\Delta_{\mathrm{sol}} H_{\mathrm{m},B}(T_1)\right]_{\alpha_1'} \right\} \Delta T}{T_1}
\end{aligned}
\tag{9.102}
$$

式中，$\left[\Delta_{\mathrm{sol}} H_{\mathrm{m},B}(T_1)\right]_{\gamma_1'}$，$\left[\Delta_{\mathrm{sol}} S_{\mathrm{m},B}(T_1)\right]_{\gamma_1'}$，$\left[\Delta_{\mathrm{sol}} H_{\mathrm{m},B}(T_1)\right]_{\alpha_1'}$，$\left[\Delta_{\mathrm{sol}} S_{\mathrm{m},B}(T_1)\right]_{\alpha_1'}$ 分别为在温度 T_1 组元 B 在固溶体 γ_1' 和固溶体 α_1 中的溶解焓和溶解熵；

$$
\Delta T = T_1 - T_2 < 0
$$

或者如下计算。

α_1' 和 γ_1' 中的组元 A 和 B 都以其纯固态为标准状态，组成以摩尔分数表示，有

$$
\Delta G_{\mathrm{m},A} = \mu_{(A)_{\gamma_1'}} - \mu_{(A)_{\alpha_1'}} = RT \ln \frac{a^{\mathrm{R}}_{(A)_{\gamma_1'}}}{a^{\mathrm{R}}_{(A)_{\alpha_1'}}}
\tag{9.103}
$$

式中，

$$
\mu_{(A)_{\gamma_1'}} = \mu^*_{A(\mathrm{s})} + RT \ln a^{\mathrm{R}}_{(A)_{\gamma_1'}}
$$

$$\mu_{(A)_{\alpha_1'}} = \mu_{A(\mathrm{s})}^* + RT\ln a_{(A)_{\alpha_1'}}^{\mathrm{R}}$$

$$\Delta G_{\mathrm{m},B} = \mu_{(B)_{\gamma_1'}} - \mu_{(B)_{\alpha_1'}} = RT\ln\frac{a_{(B)_{\gamma_1'}}^{\mathrm{R}}}{a_{(B)_{\alpha_1'}}^{\mathrm{R}}} \tag{9.104}$$

式中，

$$\mu_{(B)_{\gamma_1'}} = \mu_{B(\mathrm{s})}^* + RT\ln a_{(B)_{\gamma_1'}}^{\mathrm{R}}$$

$$\mu_{(B)_{\alpha_1'}} = \mu_{B(\mathrm{s})}^* + RT\ln a_{(B)_{\alpha_1'}}^{\mathrm{R}}$$

固溶体 α_1 的摩尔吉布斯自由能变化为

$$\begin{aligned}\Delta G_{\mathrm{m},\alpha_1}(T_2) =& x_A\Delta G_{\mathrm{m},A}(T_2) + x_B\Delta G_{\mathrm{m},B}(T_2)\\ =& \left(\left\{x_A\left[(\varDelta_{\mathrm{sol}}H_{\mathrm{m},A}(T_1))_{\gamma_1'} - (\varDelta_{\mathrm{sol}}H_{\mathrm{m},A}(T_1))_{\alpha_1'}\right]\right.\right.\\ &\left.\left.+x_B\left[(\varDelta_{\mathrm{sol}}H_{\mathrm{m},B}(T_1))_{\gamma_1'} - (\varDelta_{\mathrm{sol}}H_{\mathrm{m},B}(T_1))_{\alpha_1'}\right]\right\}\Delta T\right)\Big/T_1\end{aligned} \tag{9.105}$$

$$\Delta G_{\mathrm{m},\alpha_1} = x_A\Delta G_{\mathrm{m},A} + x_B\Delta G_{\mathrm{m},B} = RT\left[x_A\ln\frac{a_{(A)_{\gamma_1'}}^{\mathrm{R}}}{a_{(A)_{\alpha_1'}}^{\mathrm{R}}} + x_B\ln\frac{a_{(B)_{\gamma_1'}}^{\mathrm{R}}}{a_{(B)_{\alpha_1'}}^{\mathrm{R}}}\right] \tag{9.106}$$

直到 α 和 γ 两相达成新的平衡，固溶体 α 的组成为 α_2，固溶体 γ 的组成为共晶线上的 γ_2。有

$$\alpha_2 \rightleftharpoons \gamma_2$$

即

$$(A)_{\alpha_2} \rightleftharpoons (A)_{\gamma_2}$$

$$(B)_{\alpha_2} \rightleftharpoons (B)_{\gamma_2}$$

2) 温度从 T_1 到 T_n

温度从 T_1 升高到 T_n，固溶体溶解过程可以统一描写如下。

在温度 T_{i-1}，固溶体 α_{i-1} 和固溶体 γ_{i-1} 达成平衡。有

$$\alpha_{i-1} \rightleftharpoons \gamma_{i-1}$$

即

$$(A)_{\gamma_{i-1}} \rightleftharpoons (A)_{\alpha_{i-1}}$$

$$(B)_{\gamma_{i-1}} \rightleftharpoons (B)_{\alpha_{i-1}}$$

$$(i = 1, 2, \cdots, n)$$

继续升高温度到 T_i。在温度刚升到 T_i，固溶体 α_{i-1} 还未来得及溶解进入固溶体 γ_{i-1} 时，γ_{i-1} 相组成未变。但已由两相平衡的 γ_{i-1}，变成两相不平衡的 γ'_{i-1}。固溶体 α'_{i-1} 组成也未变，但已由两相平衡的 α_{i-1} 变成两相不平衡的 α'_{i-1}。相 α'_{i-1} 向相 γ'_{i-1} 中溶解，使相 γ'_{i-1} 向 γ_i 变化；相 α_{i-1} 向 α_i 转变。有

$$\alpha'_{i-1} = (\alpha'_{i-1})_{\gamma'_{i-1}}$$

即

$$(A)_{\alpha'_{i-1}} = (A)_{\gamma'_{i-1}}$$

$$(B)_{\alpha'_{i-1}} = (B)_{\gamma'_{i-1}}$$

该过程的摩尔吉布斯自由能变化为

$$\begin{aligned}\Delta G_{\mathrm{m},A} &= \overline{G}_{\mathrm{m},(A)_{\gamma'_{i-1}}}(T_i) - \overline{G}_{\mathrm{m},(A)_{\alpha'_{i-1}}}(T_i)\\ &= \left[\overline{H}_{\mathrm{m},(A)_{\gamma'_{i-1}}}(T_i) - T_i\overline{S}_{\mathrm{m},(A)_{\gamma'_{i-1}}}(T_i)\right] - \left[\overline{H}_{\mathrm{m},(A)_{\alpha'_{i-1}}}(T_i) - T_i\overline{S}_{\mathrm{m},(A)_{\alpha'_{i-1}}}(T_i)\right]\\ &= [\Delta_{\mathrm{sol}}H_{\mathrm{m},A}(T_i) - T_i\Delta_{\mathrm{sol}}S_{\mathrm{m},A}(T_i)]_{\gamma'_{i-1}} - [\Delta_{\mathrm{sol}}H_{\mathrm{m},A}(T_i) - T_i\Delta_{\mathrm{sol}}S_{\mathrm{m},A}(T_i)]_{\alpha'_{i-1}}\\ &= \frac{\left\{[\Delta_{\mathrm{sol}}H_{\mathrm{m},A}(T_i)]_{\gamma'_{i-1}} - [\Delta_{\mathrm{sol}}H_{\mathrm{m},A}(T_i)]_{\alpha'_{i-1}}\right\}\Delta T}{T_{i-1}}\end{aligned} \tag{9.107}$$

$$\begin{aligned}\Delta G_{\mathrm{m},B} &= \overline{G}_{\mathrm{m},(B)_{\gamma'_{i-1}}}(T_i) - \overline{G}_{\mathrm{m},(B)_{\alpha'_{i-1}}}(T_i)\\ &= \left[\overline{H}_{\mathrm{m},(B)_{\gamma'_{i-1}}}(T_i) - T_i\overline{S}_{\mathrm{m},(B)_{\gamma'_{i-1}}}(T_i)\right] - \left[\overline{H}_{\mathrm{m},(B)_{\alpha'_{i-1}}}(T_i) - T_i\overline{S}_{\mathrm{m},(B)_{\alpha'_{i-1}}}(T_i)\right]\\ &= [\Delta_{\mathrm{sol}}H_{\mathrm{m},B}(T_i) - T_i\Delta_{\mathrm{sol}}S_{\mathrm{m},B}(T_i)]_{\gamma'_{i-1}} - [\Delta_{\mathrm{sol}}H_{\mathrm{m},B}(T_i) - T_i\Delta_{\mathrm{sol}}S_{\mathrm{m},B}(T_i)]_{\alpha'_{i-1}}\\ &= \frac{\left\{[\Delta_{\mathrm{sol}}H_{\mathrm{m},B}(T_i)]_{\gamma'_{i-1}} - [\Delta_{\mathrm{sol}}H_{\mathrm{m},B}(T_i)]_{\alpha'_{i-1}}\right\}\Delta T}{T_{i-1}}\end{aligned} \tag{9.108}$$

式中，

$$\Delta T = T_{i-1} - T_i < 0$$

直到 α 和 γ 两相达成新的平衡，有

$$\alpha_i \rightleftharpoons \gamma_i$$

即

$$(A)_{\alpha_i} \rightleftharpoons (A)_{\gamma_i}$$

$$(B)_{\alpha_i} \rightleftharpoons (B)_{\gamma_i}$$

温度升高到 T_n。α_n 和 γ_n 两相达成平衡。有

$$\alpha_n \rightleftharpoons \gamma_n$$

即

$$(A)_{\gamma_n} \rightleftharpoons (A)_{\alpha_n}$$

$$(B)_{\gamma_n} \rightleftharpoons (B)_{\alpha_n}$$

3) 在温度 T

升高温度到 T。在温度刚升到 T，相 α_n 还未来得及溶解进入相 γ_n 时，γ_n 相组成未变，但已由两相平衡的 γ_n 变成不平衡的 γ_n'。α_n 相组成也未变，但已由两相平衡的 α_n 变成不平衡的 α_n'。α_n' 向 γ_n' 中溶解，直到相 α_n 消失，有

$$\alpha_n' = (\alpha_n')_{\gamma_n'}$$

即

$$(A)_{\alpha_n'} = (A)_{\gamma_n'}$$

$$(B)_{\alpha_n'} = (B)_{\gamma_n'}$$

该过程的摩尔吉布斯自由能变化为

$$\begin{aligned}\Delta G_{\mathrm{m},A}(T) &= \overline{G}_{\mathrm{m},(A)_{\gamma_n'}}(T) - \overline{G}_{\mathrm{m},(A)_{\alpha_n'}}(T)\\ &= \left[\overline{H}_{\mathrm{m},(A)_{\gamma_n'}}(T) - T\overline{S}_{\mathrm{m},(A)_{\gamma_n'}}(T)\right] - \left[\overline{H}_{\mathrm{m},(A)_{\alpha_n'}}(T) - T\overline{S}_{\mathrm{m},(A)_{\alpha_n'}}(T)\right]\\ &= \frac{\left\{[\Delta_{\mathrm{sol}}H_{\mathrm{m},A}(T_n)]_{\gamma_n'} - [\Delta_{\mathrm{sol}}H_{\mathrm{m},A}(T_n)]_{\alpha_n'}\right\}\Delta T}{T_n}\end{aligned} \tag{9.109}$$

$$\begin{aligned}\Delta G_{\mathrm{m},B}(T) &= \overline{G}_{\mathrm{m},(B)_{\gamma_n'}}(T) - \overline{G}_{\mathrm{m},(B)_{\alpha_n'}}(T)\\ &= \left[\overline{H}_{\mathrm{m},(B)_{\gamma_n'}}(T) - T\overline{S}_{\mathrm{m},(B)_{\gamma_n'}}(T)\right] - \left[\overline{H}_{\mathrm{m},(B)_{\alpha_n'}}(T) - T\overline{S}_{\mathrm{m},(B)_{\alpha_n'}}(T)\right]\\ &= \frac{\left\{[\Delta_{\mathrm{sol}}H_{\mathrm{m},B}(T_n)]_{\gamma_n'} - [\Delta_{\mathrm{sol}}H_{\mathrm{m},B}(T_n)]_{\alpha_n'}\right\}\Delta T}{T_n}\end{aligned} \tag{9.110}$$

$$\begin{aligned}\Delta G_{\mathrm{m},\alpha_n'}(T) &= x_A\Delta G_{\mathrm{m},A}(T) + x_B\Delta G_{\mathrm{m},B}(T)\\ &= \Big(\Delta T\Big\{x_A\left[(\Delta_{\mathrm{sol}}H_{\mathrm{m},A}(T_n))_{\gamma_n'} - (\Delta_{\mathrm{sol}}H_{\mathrm{m},A}(T_n))_{\alpha_n'}\right]\\ &\quad + x_B\left[(\Delta_{\mathrm{sol}}H_{\mathrm{m},B}(T_n))_{\gamma_n'} - (\Delta_{\mathrm{sol}}H_{\mathrm{m},B}(T_n))_{\alpha_n'}\right]\Big\}\Big)\Big/T_n\end{aligned} \tag{9.111}$$

固溶体相 α_n' 和 γ_n' 中的组元 A、B 都以其纯固态为标准状态，浓度以摩尔分数表示，有

$$\Delta G_{\mathrm{m},A} = \mu_{(A)_{\gamma_n'}} - \mu_{(A)_{\alpha_n'}} = RT\ln\frac{a^{\mathrm{R}}_{(A)_{\gamma_n'}}}{a^{\mathrm{R}}_{(A)_{\alpha_n'}}} \tag{9.112}$$

式中，

$$\mu_{(A)_{\gamma'_n}} = \mu^*_{A(\mathrm{s})} + RT\ln a^{\mathrm{R}}_{(A)_{\gamma'_n}}$$

$$\mu_{(A)_{\alpha'_n}} = \mu^*_{A(\mathrm{s})} + RT\ln a^{\mathrm{R}}_{(A)_{\alpha'_n}}$$

$$\Delta G_{\mathrm{m},B} = \mu_{(B)_{\gamma'_n}} - \mu_{(B)_{\alpha'_n}} = RT\ln\frac{a^{\mathrm{R}}_{(B)_{\gamma'_n}}}{a^{\mathrm{R}}_{(B)_{\alpha'_n}}} \tag{9.113}$$

式中，

$$\mu_{(B)_{\gamma'_n}} = \mu^*_{B(\mathrm{s})} + RT\ln a^{\mathrm{R}}_{(B)_{\gamma'_n}}$$

$$\mu_{(B)_{\alpha'_n}} = \mu^*_{B(\mathrm{s})} + RT\ln a^{\mathrm{R}}_{(B)_{\alpha'_n}}$$

固溶体 α_n 的摩尔吉布斯自由能变化为

$$\begin{aligned}\Delta G_{\mathrm{m},\alpha_n} &= x_A\Delta G_{\mathrm{m},A} + x_B\Delta G_{\mathrm{m},B}\\ &= x_A RT\ln\frac{a^{\mathrm{R}}_{(A)_{\gamma'_n}}}{a^{\mathrm{R}}_{(A)_{\alpha'_n}}} + x_B RT\ln\frac{a^{\mathrm{R}}_{(B)_{\gamma'_n}}}{a^{\mathrm{R}}_{(B)_{\alpha'_n}}}\end{aligned} \tag{9.114}$$

2. 相变速率

在恒温恒压条件下，从温度 T_2 到 T，不考虑耦合作用，具有连续固溶体组成的二元系物质的转化速率为

$$\begin{aligned}\frac{\mathrm{d}N_{(A)_{\gamma_i}}}{\mathrm{d}t} &= -\frac{\mathrm{d}N_{(A)_{\alpha_i}}}{\mathrm{d}t} = Vj_{(A)_{\alpha_i}}\\ &= -V\left[l_1\left(\frac{A_{\mathrm{m},A}}{T}\right) + l_2\left(\frac{A_{\mathrm{m},A}}{T}\right)^2 + l_3\left(\frac{A_{\mathrm{m},A}}{T}\right)^3 + \cdots\right]\end{aligned} \tag{9.115}$$

$$\begin{aligned}\frac{\mathrm{d}N_{(B)_{\gamma_i}}}{\mathrm{d}t} &= -\frac{\mathrm{d}N_{(B)_{\alpha_i}}}{\mathrm{d}t} = Vj_{(B)_{\alpha_i}}\\ &= -V\left[l_1\left(\frac{A_{\mathrm{m},B}}{T}\right) + l_2\left(\frac{A_{\mathrm{m},B}}{T}\right)^2 + l_3\left(\frac{A_{\mathrm{m},B}}{T}\right)^3 + \cdots\right]\end{aligned} \tag{9.116}$$

$$\begin{aligned}\frac{\mathrm{d}N_{(\alpha_i)_{\gamma_i}}}{\mathrm{d}t} &= -\frac{\mathrm{d}N_{\alpha_i}}{\mathrm{d}t} = -x_{(A)_{\alpha_i}}\frac{\mathrm{d}N_{(A)_{\alpha_i}}}{\mathrm{d}t} - x_{(B)_{\alpha_i}}\frac{\mathrm{d}N_{(B)_{\alpha_i}}}{\mathrm{d}t}\\ &= V\left[x_A J_{(A)_{\alpha_i}} + x_B J_{(B)_{\alpha_i}}\right]\\ &= -V\left\{x_A\left[l_1\left(\frac{A_{\mathrm{m},B}}{T}\right) + l_2\left(\frac{A_{\mathrm{m},B}}{T}\right)^2 + l_3\left(\frac{A_{\mathrm{m},B}}{T}\right)^3 + \cdots\right]\right.\\ &\quad\left. + x_B\left[l'_1\left(\frac{A_{\mathrm{m},B}}{T}\right) + l'_2\left(\frac{A_{\mathrm{m},B}}{T}\right)^2 + l'_3\left(\frac{A_{\mathrm{m},B}}{T}\right)^3 + \cdots\right]\right\}\end{aligned} \tag{9.117}$$

或

$$
\begin{aligned}
\frac{\mathrm{d}N_{\gamma_i}}{\mathrm{d}t} &= -\frac{\mathrm{d}N_{\alpha_i}}{\mathrm{d}t} = VJ_{\alpha_i} \\
&= -V\left[l_1''\left(\frac{A_{\mathrm{m},\alpha_i}}{T}\right) + l_2''\left(\frac{A_{\mathrm{m},\alpha_i}}{T}\right)^2 + l_3''\left(\frac{A_{\mathrm{m},\alpha_i}}{T}\right)^3 + \cdots\right]
\end{aligned}
\tag{9.118}
$$

式中，

$$A_{\mathrm{m},A} = \Delta G_{\mathrm{m},A}$$

$$A_{\mathrm{m},B} = \Delta G_{\mathrm{m},B}$$

$$A_{\mathrm{m},\alpha_i} = \Delta G_{\mathrm{m},\alpha_i}$$

考虑耦合作用，转化速率为

$$
\begin{aligned}
\frac{\mathrm{d}N_{(A)\gamma_i}}{\mathrm{d}t} &= -\frac{\mathrm{d}N_{(A)\alpha_i}}{\mathrm{d}t} = VJ_{(A)\alpha_i} \\
&= -V\left[l_{iA}\left(\frac{A_{\mathrm{m},A}}{T}\right) + l_{iB}\left(\frac{A_{\mathrm{m},B}}{T}\right) + l_{iAA}\left(\frac{A_{\mathrm{m},A}}{T}\right)^2\right. \\
&\quad + l_{iAB}\left(\frac{A_{\mathrm{m},A}}{T}\right)\left(\frac{A_{\mathrm{m},B}}{T}\right) \\
&\quad + l_{iBB}\left(\frac{A_{\mathrm{m},B}}{T}\right)^2 + l_{iAAA}\left(\frac{A_{\mathrm{m},A}}{T}\right)^3 + l_{iAAB}\left(\frac{A_{\mathrm{m},A}}{T}\right)^2\left(\frac{A_{\mathrm{m},B}}{T}\right) \\
&\quad \left. + l_{iABB}\left(\frac{A_{\mathrm{m},A}}{T}\right)\left(\frac{A_{\mathrm{m},B}}{T}\right)^2 + l_{iBBB}\left(\frac{A_{\mathrm{m},B}}{T}\right)^3 + \cdots\right]
\end{aligned}
\tag{9.119}
$$

$$
\begin{aligned}
\frac{\mathrm{d}N_{(B)\gamma_i}}{\mathrm{d}t} &= -\frac{\mathrm{d}N_{(B)\alpha_i}}{\mathrm{d}t} = VJ_{(B)\alpha_i} \\
&= -V\left[l_{iB}\left(\frac{A_{\mathrm{m},B}}{T}\right) + l_{iA}\left(\frac{A_{\mathrm{m},A}}{T}\right) + l_{iBB}\left(\frac{A_{\mathrm{m},B}}{T}\right)^2\right. \\
&\quad + l_{iBA}\left(\frac{A_{\mathrm{m},B}}{T}\right)\left(\frac{A_{\mathrm{m},A}}{T}\right) \\
&\quad + l_{iAA}\left(\frac{A_{\mathrm{m},A}}{T}\right)^2 + l_{iBBB}\left(\frac{A_{\mathrm{m},B}}{T}\right)^3 + l_{iBBA}\left(\frac{A_{\mathrm{m},B}}{T}\right)^2\left(\frac{A_{\mathrm{m},A}}{T}\right) \\
&\quad \left. + l_{iBAA}\left(\frac{A_{\mathrm{m},B}}{T}\right)\left(\frac{A_{\mathrm{m},A}}{T}\right)^2 + l_{iAAA}\left(\frac{A_{\mathrm{m},A}}{T}\right)^3 + \cdots\right]
\end{aligned}
\tag{9.120}
$$

9.2.6 具有不连续固溶体的二元系

1. 相变过程热力学

图 9.8 是具有最低共晶点，不连续固溶体的二元系相图。

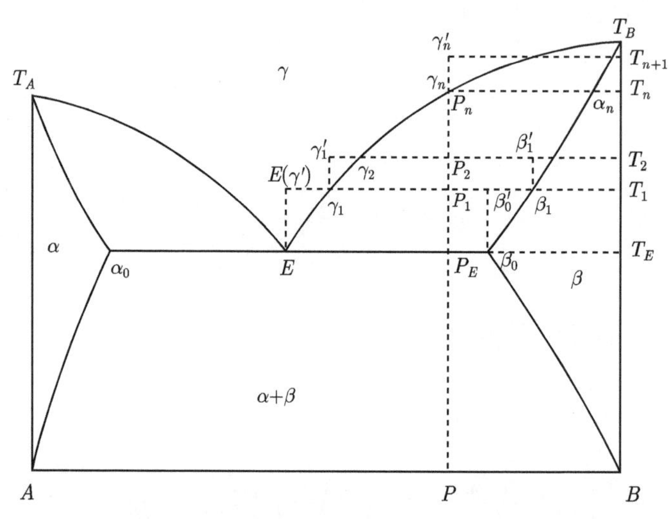

图 9.8 具有不连续固溶体的二元系相图

1) 在温度 T_E

在恒压条件下，组成点为 P 的物质升温到 T_E，出现 γ 相。物质组成点为 P_E。α、β 和 γ 三相达成平衡，有

$$E(\mathrm{s}) \rightleftharpoons E(\gamma)$$

即

$$x_{\alpha_0}\alpha_0 + x_{\beta_0}\beta_0 \rightleftharpoons E(\gamma) = x_{\alpha_0}(\alpha_0)_{E(\gamma)} + x_{\beta_0}(\beta_0)_{E(\gamma)}$$

或

$$\alpha_0 \rightleftharpoons (\alpha_0)_{E(\gamma)} \equiv (\alpha_0)_{饱}$$

$$\beta_0 \rightleftharpoons (\beta_0)_{E(\gamma)} \equiv (\beta_0)_{饱}$$

即

$$(A)_{\alpha_0} \rightleftharpoons (A)_{\beta_0} \rightleftharpoons (A)_{E(\gamma)}$$

$$(B)_{\alpha_0} \rightleftharpoons (B)_{\beta_0} \rightleftharpoons (B)_{E(\gamma)}$$

该过程的摩尔吉布斯自由能变化为

$$\begin{aligned}\Delta G_{\mathrm{m},E} &= G_{\mathrm{m},E(\gamma)}(T_E) - G_{\mathrm{m},E(\mathrm{s})}(T_E)\\&= [H_{\mathrm{m},E(\gamma)}(T_E) - T_E S_{\mathrm{m},E(\gamma)}(T_E)] - [H_{\mathrm{m},E(\mathrm{s})}(T_E) - T_E S_{\mathrm{m},E(\mathrm{s})}(T_E)]\\&= \Delta_{\mathrm{sol}} H_{\mathrm{m},E}(T_E) - T_E \Delta_{\mathrm{sol}} S_{\mathrm{m},E}(T_E)\\&= \Delta_{\mathrm{sol}} H_{\mathrm{m},E}(T_E) - T_E \frac{\Delta_{\mathrm{sol}} H_{\mathrm{m},E}(T_E)}{T_E} = 0\end{aligned}$$

式中，$\Delta_{\mathrm{sol}}H_{\mathrm{m},E}$、$\Delta_{\mathrm{sol}}S_{\mathrm{m},E}$ 分别为固相 $E(\mathrm{s})$ 变为 $E(\gamma)$ 的溶解焓、溶解熵。

$$M_E = x_\alpha M_\alpha + x_\beta M_\beta = x_A M_A + x_B M_B$$

$$M_\alpha = x_{\alpha A} M_A + x_{\alpha B} M_B$$

$$M_\beta = x_{\beta A} M_A + x_{\beta B} M_B$$

式中，M_E、M_α、M_β 分别为物质 E、α、β 的"摩尔质量"；M_A、M_B 分别为组元 A、B 的摩尔质量；x_α、x_β 分别为物质 $E(\gamma)$ 中固溶体 α、β 的"摩尔分数"；$x_{\alpha A}$、$x_{\alpha B}$、$x_{\beta A}$、$x_{\beta B}$ 分别为固溶体 α、β 中组元 A、B 的摩尔分数。

2) 升高温度到 T_1

升高温度到 T_1。在温度刚升到 T_1，固相 $E(\mathrm{s})$ 还未来得及转化，成为 $E(\gamma)$ 相时，$E(\gamma)$ 相组成未变，但已由与 $E(\mathrm{s})$ 相平衡的 $E(\gamma)$ 成为与 $E(\mathrm{s})$ 相不平衡的 $E(\gamma')$，$E(\mathrm{s})$ 向 $E(\gamma')$ 转化。有

$$E(\mathrm{s}') = E(\gamma')$$

或

$$\alpha'_0 = (\alpha'_0)_{E(\gamma')}$$

$$\beta'_0 = (\beta'_0)_{E(\gamma')}$$

$$(A)_{\alpha'_0} = (A)_{E(\gamma')}$$

$$(B)_{\alpha'_0} = (B)_{E(\gamma')}$$

$$(A)_{\beta'_0} = (A)_{E(\gamma')}$$

$$(B)_{\beta'_0} = (B)_{E(\gamma')}$$

该过程的摩尔吉布斯自由能变化为

$$\begin{aligned}\Delta G_{\mathrm{m},E}(T_1) &= G_{\mathrm{m},E(\gamma')}(T_1) - G_{\mathrm{m},E(\mathrm{s})}(T_1)\\ &= [H_{\mathrm{m},E(\gamma')}(T_1) - T_1 S_{\mathrm{m},E(\gamma')}(T_1)] - [H_{\mathrm{m},E(\mathrm{s})}(T_1) - T_1 S_{\mathrm{m},E(\mathrm{s})}(T_1)]\\ &= \Delta_{\mathrm{sol}} H_{\mathrm{m},E}(T_1) - T_1 \Delta_{\mathrm{sol}} S_{\mathrm{m},E}(T_1)\\ &\approx \Delta_{\mathrm{sol}} H_{\mathrm{m},E}(T_E) - T_1 \frac{\Delta_{\mathrm{sol}} H_{\mathrm{m},E}(T_E)}{T_E}\\ &= \frac{\Delta_{\mathrm{sol}} H_{\mathrm{m},E}(T_E)\Delta T}{T_E} < 0\end{aligned} \tag{9.121}$$

$$\begin{aligned}\Delta G_{\mathrm{m},\alpha_0'\to E(\gamma')}(T_1) &= G_{\mathrm{m},(\alpha_0')_{E(\gamma')}}(T_1) - G_{\mathrm{m},\alpha_0'}(T_1)\\ &= \left(H_{\mathrm{m},(\alpha_0')_{E(\gamma')}}(T_1) - T_1 S_{\mathrm{m},(\alpha_0')_{E(\gamma')}}(T_1)\right)\\ &\quad - \left(H_{\mathrm{m},\alpha_0'}(T_1) - T_1 S_{\mathrm{m},\alpha_0'}(T_1)\right)\\ &= \Delta_{\mathrm{sol}} H_{\mathrm{m},\alpha_0'\to E(\gamma')}(T_1) - T_1 \Delta_{\mathrm{sol}} S_{\mathrm{m},\alpha_0'\to E(\gamma')}(T_1)\\ &\approx \Delta_{\mathrm{sol}} H_{\mathrm{m},\alpha_0'\to E(\gamma')}(T_E) - T_1 \Delta_{\mathrm{sol}} S_{\mathrm{m},\alpha_0'\to E(\gamma')}(T_E)\\ &= \frac{\Delta_{\mathrm{sol}} H_{\mathrm{m},\alpha_0'\to E(\gamma')}(T_E)\Delta T}{T_E}\end{aligned} \tag{9.122}$$

同理

$$\Delta G_{\mathrm{m},\beta_0'\to E(\gamma')}(T_1) = \frac{\Delta_{\mathrm{sol}} H_{\mathrm{m},\beta_0'\to E(\gamma')}(T_E)\Delta T}{T_E}$$

式中，$\Delta_{\mathrm{sol}} H_{\mathrm{m},\alpha_0'\to E(\gamma')}$ 和 $\Delta_{\mathrm{sol}} H_{\mathrm{m},\beta_0'\to E(\gamma')}$，$\Delta_{\mathrm{sol}} S_{\mathrm{m},\alpha_0'\to E(\gamma')}$ 和 $\Delta_{\mathrm{sol}} S_{\mathrm{m},\beta_0'\to E(\gamma')}$ 分别为 α_0' 和 β_0' 溶入 $E(\gamma')$ 中的焓变和熵变。

$$\Delta G_{\mathrm{m},E}(T_1) = x_{\alpha_0'} \Delta G_{\mathrm{m},\alpha_0'\to E(\gamma')}(T_1) + x_{\beta_0'} \Delta G_{\mathrm{m},\beta_0'\to E(\gamma')}(T_1)$$

直到 $E(\mathrm{s})$ 完全转化为 $E(\gamma')$，组元 α_0' 完全进入 $E(\gamma')$ 相，但组元 β_0' 有剩余，继续向 $E(\gamma')$ 中溶解。该过程可以表示为

$$\beta_0' =\!=\!= E(\gamma')$$

即

$$(A)_{\beta_0'} =\!=\!= (A)_{E(\gamma')}$$

$$(B)_{\beta_0'} =\!=\!= (B)_{E(\gamma')}$$

该过程的摩尔吉布斯自由能变化为

$$\begin{aligned}\Delta G_{\mathrm{m},\beta_0'\to E(\gamma')}(T_1) &= G_{\mathrm{m},E(\gamma')}(T_1) - G_{\mathrm{m},\beta_0'}(T_1)\\ &= [H_{\mathrm{m},E(\gamma')}(T_1) - T_1 S_{\mathrm{m},E(\gamma')}(T_1)] - [H_{\mathrm{m},\beta_0'}(T_1) - T_1 S_{\mathrm{m},\beta_0'}(T_1)]\\ &= \Delta_{\mathrm{sol}} H_{\mathrm{m},\beta_0'\to E(\gamma')}(T_1) - T_1 \Delta_{\mathrm{sol}} S_{\mathrm{m},\beta_0'\to E(\gamma')}(T_1)\\ &\approx \Delta_{\mathrm{sol}} H_{\mathrm{m},\beta_0'\to E(\gamma')}(T_E) - T_1 \frac{\Delta_{\mathrm{sol}} H_{\mathrm{m},\beta_0'\to E(\gamma')}(T_E)}{T_E}\\ &= \frac{\Delta_{\mathrm{sol}} H_{\mathrm{m},\beta_0'\to E(\gamma')}(T_E)\Delta T}{T_E}\end{aligned}$$

或者

$$\begin{aligned}\Delta G_{\mathrm{m},A}(T_1) &= \overline{G}_{\mathrm{m},(A)_{E(\gamma')}}(T_1) - \overline{G}_{\mathrm{m},(A)_{\beta_0'}}(T_1)\\ &= \left[\overline{H}_{\mathrm{m},(A)_{E(\gamma')}}(T_1) - T_1 \overline{S}_{\mathrm{m},(A)_{E(\gamma')}}(T_1)\right]\\ &\quad - \left[\overline{H}_{\mathrm{m},(A)_{\beta_0'}}(T_1) - T_1 \overline{S}_{\mathrm{m},(A)_{\beta_0'}}(T_1)\right]\\ &= \Delta_{\mathrm{sol}} H_{\mathrm{m},A}(T_1) - T_1 \Delta_{\mathrm{sol}} S_{\mathrm{m},A}(T_1)\\ &\approx \Delta_{\mathrm{sol}} H_{\mathrm{m},A}(T_E) - T_1 \frac{\Delta_{\mathrm{sol}} H_{\mathrm{m},A}(T_E)}{T_E}\\ &= \frac{\Delta_{\mathrm{sol}} H_{\mathrm{m},A}(T_E)\Delta T}{T_E}\end{aligned}$$

同理

$$\begin{aligned}\Delta G_{\mathrm{m},B}(T_1) &= \overline{G}_{\mathrm{m},(B)_{E(\gamma')}}(T_1) - \overline{G}_{\mathrm{m},(B)_{\beta_0'}}(T_1)\\ &= \frac{\Delta_{\mathrm{sol}} H_{\mathrm{m},B}(T_E)\Delta T}{T_E}\end{aligned}$$

式中，$\Delta_{\mathrm{sol}} H_{\mathrm{m},A}$、$\Delta_{\mathrm{sol}} H_{\mathrm{m},B}$ 分别为组元 A 和 B 由固溶体 β_0' 转入固溶体 $E(\gamma')$ 中的焓变；$\Delta_{\mathrm{sol}} S_{\mathrm{m},A}$、$\Delta_{\mathrm{sol}} S_{\mathrm{m},B}$ 分别为组元 A 和 B 由固溶体 β_0' 转入固溶体 $E(\gamma')$ 中的熵变。

该过程的摩尔吉布斯自由能变化为

$$\Delta G_{\mathrm{m},\beta_0'\to E(\gamma')}(T_1) = x_{A,\beta_0'} \Delta G_{\mathrm{m},A}(T_1) - x_{B,\beta_0'} \Delta G_{\mathrm{m},B}(T_1)$$

$$
\begin{aligned}
\Delta G_{\mathrm{m},A}(T_1) &= \overline{G}_{\mathrm{m},(A)_{E(\gamma')}}(T_1) - \overline{G}_{\mathrm{m},A(\mathrm{s})_{\beta_0'}}(T_1) \\
&= \left[\overline{G}_{\mathrm{m},(A)_{E(\gamma')}}(T_1) - G_{\mathrm{m},A(\mathrm{s})}(T_1)\right] - \left[\overline{G}_{\mathrm{m},(A)_{\beta_0'}}(T_1) - G_{\mathrm{m},A(\mathrm{s})}(T_1)\right] \\
&= \left[(\Delta_{\mathrm{sol}}H_{\mathrm{m},A})_{E(\gamma')}(T_1) - T_1(\Delta_{\mathrm{sol}}S_{\mathrm{m},A})_{E(\gamma')}(T_1)\right] \\
&\quad - \left[(\Delta_{\mathrm{sol}}H_{\mathrm{m},A})_{\beta_0'}(T_1) - T_1(\Delta_{\mathrm{sol}}S_{\mathrm{m},A})_{\beta_0'}(T_1)\right] \\
&\approx \frac{[\Delta_{\mathrm{sol}}H_{\mathrm{m},A}(T_1)]_{E(\gamma')}\Delta T}{T_E} - \frac{[\Delta_{\mathrm{sol}}H_{\mathrm{m},A}(T_1)]_{\beta_0'}\Delta T}{T_E} \\
&= \frac{\left[(\Delta_{\mathrm{sol}}H_{\mathrm{m},A}(T_1))_{E(\gamma')} - (\Delta_{\mathrm{sol}}H_{\mathrm{m},A}(T_1))_{\beta_0'}\right]\Delta T}{T_E}
\end{aligned}
\tag{9.123}
$$

同理

$$
\begin{aligned}
\Delta G_{\mathrm{m},B}(T_1) &= \overline{G}_{\mathrm{m},(B)_{E(\gamma')}}(T_1) - \overline{G}_{\mathrm{m},B(\mathrm{s})_{\beta_0'}}(T_1) \\
&= [\overline{G}_{\mathrm{m},(B)_{E(\gamma')}}(T_1) - G_{\mathrm{m},B(\mathrm{s})}(T_1)] - [\overline{G}_{\mathrm{m},(B)_{\beta_0'}}(T_1) - G_{\mathrm{m},B(\mathrm{s})}(T_1)] \\
&= \frac{\left\{[\Delta_{\mathrm{sol}}H_{\mathrm{m},B}(T_E)]_{E(\gamma')} - [\Delta_{\mathrm{sol}}H_{\mathrm{m},B}(T_E)]_{\beta_0'}\right\}\Delta T}{T_E}
\end{aligned}
\tag{9.124}
$$

式中，

$$
\Delta T = T_E - T_1 < 0
$$

该过程固溶体 β_0' 溶解进入 $E(\gamma')$ 的摩尔吉布斯自由能变化

$$
\begin{aligned}
\Delta G_{\mathrm{m},\beta_0'}(T_1) &= x_{A,\beta_0'}\Delta G_{\mathrm{m},A}(T_1) + x_{B,\beta_0'}\Delta G_{\mathrm{m},B}(T_1) \\
&= \left(\Delta T\left\{x_{A,\beta_0'}\left[(\Delta_{\mathrm{sol}}H_{\mathrm{m},A}(T_E))_{E(\gamma')} - (\Delta_{\mathrm{sol}}H_{\mathrm{m},A}(T_E))_{\beta_0'}\right]\right.\right. \\
&\quad \left.\left.+x_{B,\beta_0'}\left[(\Delta_{\mathrm{sol}}H_{\mathrm{m},B}(T_E))_{E(\gamma')} - (\Delta_{\mathrm{sol}}H_{\mathrm{m},B}(T_E))_{\beta_0'}\right]\right\}\right)\Big/T_E
\end{aligned}
$$

并有

$$
\Delta_{\mathrm{sol}}H_{\mathrm{m},A} = (\Delta_{\mathrm{sol}}H_{\mathrm{m},A})_{E(\gamma')} - (\Delta_{\mathrm{sol}}H_{\mathrm{m},A})_{\beta_0'}
$$

$$
\Delta_{\mathrm{sol}}S_{\mathrm{m},A} = (\Delta_{\mathrm{sol}}S_{\mathrm{m},A})_{E(\gamma')} - (\Delta_{\mathrm{sol}}S_{\mathrm{m},A})_{\beta_0'}
$$

$$
\Delta_{\mathrm{sol}}H_{\mathrm{m},B} = (\Delta_{\mathrm{sol}}H_{\mathrm{m},B})_{E(\gamma')} - (\Delta_{\mathrm{sol}}H_{\mathrm{m},B})_{\beta_0'}
$$

$$
\Delta_{\mathrm{sol}}S_{\mathrm{m},B} = (\Delta_{\mathrm{sol}}H_{\mathrm{m},B})_{E(\gamma')} - (\Delta_{\mathrm{sol}}S_{\mathrm{m},B})_{\beta_0'}
$$

β_0' 和 $E(\gamma')$ 中的组元 A、B 都以其纯固态为标准状态，浓度以摩尔分数表示，有

$$
\Delta G_{\mathrm{m},A} = \mu_{(A)_{E(\gamma')}} - \mu_{(A)_{\beta_0'}} = RT\ln\frac{a^{\mathrm{R}}_{(A)_{E(\gamma')}}}{a^{\mathrm{R}}_{(A)_{\beta_0'}}}
\tag{9.125}
$$

式中，

$$\mu_{(A)_{E(\gamma')}} = \mu^*_{A(\mathrm{s})} + RT\ln a^{\mathrm{R}}_{(A)_{E(\gamma')}}$$

$$\mu_{(A)_{\beta'_0}} = \mu^*_{A(\mathrm{s})} + RT\ln a^{\mathrm{R}}_{(A)_{\beta'_0}}$$

$$\Delta G_{\mathrm{m},B} = \mu_{(B)_{E(\gamma')}} - \mu_{(B)_{\beta'_0}} = RT\ln\frac{a^{\mathrm{R}}_{(B)_{E(\gamma')}}}{a^{\mathrm{R}}_{(B)_{\beta'_0}}} \tag{9.126}$$

式中，

$$\mu_{(B)_{E(\gamma')}} = \mu^*_{B(\mathrm{s})} + RT\ln a^{\mathrm{R}}_{(B)_{E(\gamma')}}$$

$$\mu_{(B)_{\beta'_0}} = \mu^*_{B(\mathrm{s})} + RT\ln a^{\mathrm{R}}_{(B)_{\beta'_0}}$$

该过程固溶体 β_0 的摩尔吉布斯自由能变化为

$$\begin{aligned}\Delta G_{\mathrm{m},\beta'_0} &= x_A\Delta G_{\mathrm{m},A} + x_B\Delta G_{\mathrm{m},B}\\ &= x_ART\ln\frac{a^{\mathrm{R}}_{(A)_{E(\gamma')}}}{a^{\mathrm{R}}_{(A)_{\beta'_0}}} + x_BRT\ln\frac{a^{\mathrm{R}}_{(B)_{E(\gamma')}}}{a^{\mathrm{R}}_{(B)_{\beta'_0}}}\end{aligned} \tag{9.127}$$

或者如下计算。

升高温度到 T_1。在温度刚升到 T_1，固相组元 α_0 和 β_0 还未来得及溶解进入 $E(\gamma)$ 相时，$E(\gamma)$ 相组成未变，但已由组元 α_0 和 β_0 饱和的相 $E(\gamma)$ 变成不饱和的相 $E(\gamma')$，α_0 和 β_0 变为 α'_0 和 β'_0。因此，α'_0 和 β'_0 向 $E(\gamma')$ 中溶解。有

$$\alpha'_0 = (\alpha_0)_{E(\gamma')}$$

$$\beta'_0 = (\beta_0)_{E(\gamma')}$$

即

$$(A)_{\alpha'_0} = (A)_{E(\gamma')}$$

$$(B)_{\alpha'_0} = (B)_{E(\gamma')}$$

和

$$(A)_{\beta'_0} = (A)_{E(\gamma')}$$

$$(B)_{\beta'_0} = (B)_{E(\gamma')}$$

该过程的摩尔吉布斯自由能变化为

$$
\begin{aligned}
\Delta G_{\mathrm{m},(A)_{\alpha_0'}}(T_1) &= \overline{G}_{\mathrm{m},(A)_{E(\gamma')}}(T_1) - \overline{G}_{\mathrm{m},(A)_{\alpha_0'}}(T_1) \\
&= \left[\overline{H}_{\mathrm{m},(A)_{E(\gamma')}}(T_1) - T_1\overline{S}_{\mathrm{m},(A)_{E(\gamma')}}(T_1)\right] \\
&\quad - \left[\overline{H}_{\mathrm{m},(A)_{\alpha_0'}}(T_1) - T_1\overline{S}_{\mathrm{m},(A)_{\alpha_0'}}(T_1)\right] \\
&= \Delta_{\mathrm{sol}} H_{\mathrm{m},(A)_{\alpha_0'\to E(\gamma')}}(T_1) - T_1\Delta_{\mathrm{sol}} S_{\mathrm{m},(A)_{\alpha_0'\to E(\gamma')}}(T_1) \qquad (9.128)\\
&\approx \Delta_{\mathrm{sol}} H_{\mathrm{m},(A)_{\alpha_0'\to E(\gamma')}}(T_E) - T_1\frac{\Delta_{\mathrm{sol}} H_{\mathrm{m},(A)_{\alpha_0'\to E(\gamma')}}(T_E)}{T_E} \\
&= \frac{\Delta_{\mathrm{sol}} H_{\mathrm{m},(A)_{\alpha_0'\to E(\gamma')}}(T_E)\Delta T}{T_E}
\end{aligned}
$$

同理，有

$$
\Delta G_{\mathrm{m},(B)_{\alpha_0'\to E(\gamma')}}(T_1) = \frac{\Delta_{\mathrm{sol}} H_{\mathrm{m},(B)_{\alpha_0'\to E(\gamma')}}(T_E)\Delta T}{T_E} \tag{9.129}
$$

$$
\Delta G_{\mathrm{m},(A)_{\beta_0'\to E(\gamma')}}(T_1) = \frac{\Delta_{\mathrm{sol}} H_{\mathrm{m},(A)_{\beta_0'\to E(\gamma')}}(T_E)\Delta T}{T_E} \tag{9.130}
$$

$$
\Delta G_{\mathrm{m},(B)_{\beta_0'\to E(\gamma')}}(T_1) = \frac{\Delta_{\mathrm{sol}} H_{\mathrm{m},(B)_{\beta_0'\to E(\gamma')}}(T_E)\Delta T}{T_E} \tag{9.131}
$$

式中，$\Delta_{\mathrm{sol}} H_{\mathrm{m},(A)_{\alpha_0'\to E(\gamma')}}$ 是 α_0' 中的 A 溶解到 $E(\gamma')$ 中的摩尔焓的变化。其他意义同此。

或者如下计算。

以纯固态组元 A、B 为标准状态，组成以摩尔分数表示，该过程的摩尔吉布斯自由能变化为

$$
\Delta G_{\mathrm{m},(A)_{\alpha_0'}} = \mu_{(A)_{E(\gamma')}} - \mu_{(A)_{\alpha_0'}} = RT\ln\frac{a^{\mathrm{R}}_{(A)_{E(\gamma')}}}{a^{\mathrm{R}}_{(A)_{\alpha_0'}}} \tag{9.132}
$$

式中，

$$
\mu_{(A)_{E(\gamma')}} = \mu^*_{A(\mathrm{s})} + RT\ln a^{\mathrm{R}}_{(A)_{E(\gamma')}}
$$

$$
\mu_{(A)_{\alpha_0'}} = \mu^*_{A(\mathrm{s})} + RT\ln a^{\mathrm{R}}_{(A)_{\alpha_0'}}
$$

$$
\Delta G_{\mathrm{m},(B)_{\alpha_0'}} = \mu_{(B)_{E(\gamma')}} - \mu_{(B)_{\alpha_0'}} = RT\ln\frac{a^{\mathrm{R}}_{(B)_{E(\gamma')}}}{a^{\mathrm{R}}_{(B)_{\alpha_0'}}} \tag{9.133}
$$

式中，

$$
\mu_{(B)_{E(\gamma')}} = \mu^*_{B} + RT\ln a^{\mathrm{R}}_{(B)_{E(\gamma')}}
$$

$$
\mu_{(B)_{\alpha_0'}} = \mu^*_{B} + RT\ln a^{\mathrm{R}}_{(B)_{\alpha_0'}}
$$

$$\Delta G_{\mathrm{m},(A)_{\beta_0'}} = \mu_{(A)_{E(\gamma')}} - \mu_{(A)_{\beta_0'}} = RT\ln\frac{a^{\mathrm{R}}_{(A)_{E(\gamma')}}}{a^{\mathrm{R}}_{(A)_{\beta_0'}}} \tag{9.134}$$

式中，

$$\mu_{(A)_{E(\gamma')}} = \mu^*_{A(\mathrm{s})} + RT\ln a^{\mathrm{R}}_{(A)_{E(\gamma')}}$$

$$\mu_{(A)_{\beta_0'}} = \mu^*_{A(\mathrm{s})} + RT\ln a^{\mathrm{R}}_{(A)_{\beta_0'}}$$

$$\Delta G_{\mathrm{m},(B)_{\beta_0'}} = \mu_{(B)_{E(\gamma')}} - \mu_{(B)_{\beta_0'}} = RT\ln\frac{a^{\mathrm{R}}_{(B)_{E(\gamma')}}}{a^{\mathrm{R}}_{(B)_{\beta_0'}}} \tag{9.135}$$

式中，

$$\mu_{(B)_{E(\gamma')}} = \mu^*_{B(\mathrm{s})} + RT\ln a^{\mathrm{R}}_{(B)_{E(\gamma')}}$$

$$\mu_{(B)_{\beta_0'}} = \mu^*_{B(\mathrm{s})} + RT\ln a^{\mathrm{R}}_{(B)_{\beta_0'}}$$

式中，$a^{\mathrm{R}}_{(A)_{E(\gamma')}}$、$a^{\mathrm{R}}_{(B)_{E(\gamma')}}$ 和 $a^{\mathrm{R}}_{(A)_{\alpha_0'}}$、$a^{\mathrm{R}}_{(B)_{\alpha_0'}}$ 以及 $a^{\mathrm{R}}_{(A)_{\beta_0'}}$、$a^{\mathrm{R}}_{(B)_{\beta_0'}}$ 分别为组元 A 和 B 在相 $E(\gamma')$ 以及 α_0' 和 β_0' 中的活度，其他符号意义相同。

总摩尔吉布斯自由能变化为

$$\Delta G_{\mathrm{m},E} = x_A\Delta G_{\mathrm{m},A} + x_B\Delta G_{\mathrm{m},B} \tag{9.136}$$

$$\Delta G_{\mathrm{m},A} = x_{A,\alpha_0'}\Delta G_{\mathrm{m},(A)_{\alpha_0'}}(T_1) + x_{A,\beta_0'}\Delta G_{\mathrm{m},(A)_{\beta_0'}}(T_1) \tag{9.137}$$

$$\Delta G_{\mathrm{m},B} = x_{B,\alpha_0'}\Delta G_{\mathrm{m},(B)_{\alpha_0'}} + x_{B,\beta_0'}\Delta G_{\mathrm{m},(B)_{\beta_0'}} \tag{9.138}$$

3) 温度从 T_1 到 T_n

从温度 T_1 到 T_n，随着温度的升高，固溶体 β 不断地溶解进入 γ 相，该过程可以统一描述如下。

在温度 T_{i-1}，两相达成平衡，与固溶体 β_{i-1} 平衡的 γ 相组成为共晶溶解度线 ET_B 上的 γ_{i-1} 点。有

$$\beta_{i-1} \rightleftharpoons \gamma_{i-1}$$

即

$$(A)_{\beta_{i-1}} \rightleftharpoons (A)_{\gamma_{i-1}}$$

$$(B)_{\beta_{i-1}} \rightleftharpoons (B)_{\gamma_{i-1}}$$

继续升高温度到 T_i。温度刚升到 T_i，固相 β_{i-1} 还未来得及溶解到 γ_{i-1} 相中时，γ_{i-1} 组成未变。但是，已由两相平衡的 γ_{i-1} 变为不平衡的 γ_{i-1}'，β_{i-1} 的相组

成也未变，但已由组元 β_{i-1} 变为 β'_{i-1}。因此，相 β'_{i-1} 向相 γ'_{i-1} 中溶解，相 γ'_{i-1} 向 γ_i 转变，β'_{i-1} 向 β_i 转变。该过程可以表示为

$$\beta'_{i-1} = \!=\!= \gamma'_{i-1}$$

即

$$(A)_{\beta'_{i-1}} = \!=\!= (A)_{\gamma'_{i-1}}$$

直到组元 β'_0 溶解达到饱和，$E(\gamma')$ 相成为 γ_1 相，β'_0 成为 β_1。有

$$(B)_{\beta'_{i-1}} = \!=\!= (B)_{\gamma'_{i-1}}$$

该过程的摩尔吉布斯自由能变化为

$$\begin{aligned}\Delta G_{\mathrm{m},\beta'_{i-1}\to\gamma'_{i-1}}(T_i) &= G_{\mathrm{m},(\beta'_{i-1})_{\gamma'_{i-1}}}(T_i) - G_{\mathrm{m},\beta'_{i-1}}(T_i)\\ &= \Delta_{\mathrm{sol}}H_{\mathrm{m},\beta'_{i-1}\to\gamma'_{i-1}}(T_i) - T_i\Delta_{\mathrm{sol}}S_{\mathrm{m},\beta'_{i-1}\to\gamma'_{i-1}}(T_i)\\ &\approx \Delta_{\mathrm{sol}}H_{\mathrm{m},\beta'_{i-1}\to\gamma'_{i-1}}(T_{i-1}) - T_i\Delta_{\mathrm{sol}}S_{\mathrm{m},\beta'_{i-1}\to\gamma'_{i-1}}(T_{i-1})\\ &= \frac{\Delta_{\mathrm{sol}}H_{\mathrm{m},\beta'_{i-1}\to\gamma'_{i-1}}(T_{i-1})\Delta T}{T_{i-1}}\end{aligned}$$

$$\begin{aligned}\Delta G_{\mathrm{m},A} &= \overline{G}_{\mathrm{m},(A)_{\gamma'_{i-1}}} - \overline{G}_{\mathrm{m},A_{\beta'_{i-1}}}\\ &= \left(\overline{G}_{\mathrm{m},(A)_{\gamma'_{i-1}}} - G_{\mathrm{m},A(\mathrm{s})}\right) - \left(\overline{G}_{\mathrm{m},(A)_{\beta'_{i-1}}} - G_{\mathrm{m},A(\mathrm{s})}\right)\\ &= \frac{\left[(\Delta_{\mathrm{sol}}H_{\mathrm{m},A})_{\gamma'_{i-1}} - (\Delta_{\mathrm{sol}}H_{\mathrm{m},A})_{\beta'_{i-1}}\right]\Delta T}{T_{i-1}}\end{aligned} \tag{9.139}$$

$$\begin{aligned}\Delta G_{\mathrm{m},B} &= \overline{G}_{\mathrm{m},(B)_{\gamma'_{i-1}}} - \overline{G}_{\mathrm{m},(B)\beta'_{i-1}}\\ &= \left(\overline{G}_{\mathrm{m},(B)_{\gamma'_{i-1}}} - G_{\mathrm{m},B(\mathrm{s})}\right) - \left(\overline{G}_{\mathrm{m},(B)_{\beta'_{i-1}}} - G_{\mathrm{m},B(\mathrm{s})}\right)\\ &= \frac{\left[(\Delta_{\mathrm{sol}}H_{\mathrm{m},B})_{\gamma'_{i-1}} - (\Delta_{\mathrm{sol}}H_{\mathrm{m},B})_{\beta'_{i-1}}\right]\Delta T}{T_{i-1}}\end{aligned} \tag{9.140}$$

式中，

$$\Delta T = T_{i-1} - T_i < 0$$

固溶体 β'_{i-1} 的摩尔吉布斯自由能变化

$$\begin{aligned}\Delta G_{\mathrm{m},\beta'_{i-1}} &= x_{A,\beta'_{i-1}}\Delta G_{\mathrm{m},A} + x_{B,\beta'_{i-1}}\Delta G_{\mathrm{m},B}\\ &= (\Delta T\{x_{A,\beta'_{i-1}}[(\Delta_{\mathrm{sol}}H_{\mathrm{m},A})_{\gamma'_{i-1}} - (\Delta_{\mathrm{sol}}H_{\mathrm{m},A})_{\beta'_{i-1}}]\\ &\quad + x_{B,\beta'_{i-1}}[(\Delta_{\mathrm{sol}}H_{\mathrm{m},B})_{\gamma'_{i-1}} - (\Delta_{\mathrm{sol}}H_{\mathrm{m},B})_{\beta'_{i-1}}]\})/T_{i-1}\end{aligned} \tag{9.141}$$

两相中的组元 A 和 B 都以其纯固态为标准状态，浓度以摩尔分数表示，摩尔吉布斯自由能变化为

$$\Delta G_{\mathrm{m},A} = \mu_{(A)_{\gamma'_{i-1}}} - \mu_{(A)_{\beta'_{i-1}}} = RT\ln\frac{a^{\mathrm{R}}_{(A)_{\gamma'_{i-1}}}}{a^{\mathrm{R}}_{(A)_{\beta'_{i-1}}}} \tag{9.142}$$

式中，

$$\mu_{(A)_{\gamma'_{i-1}}} = \mu^*_{A(\mathrm{s})} + RT\ln a^{\mathrm{R}}_{(A)_{\gamma'_{i-1}}}$$

$$\mu_{(A)_{\beta'_{i-1}}} = \mu^*_{A(\mathrm{s})} + RT\ln a^{\mathrm{R}}_{(A)_{\beta'_{i-1}}}$$

$$\Delta G_{\mathrm{m},B} = \mu_{(B)_{\gamma'_{i-1}}} - \mu_{(B)_{\beta'_{i-1}}} = RT\ln\frac{a^{\mathrm{R}}_{(B)_{\gamma'_{i-1}}}}{a^{\mathrm{R}}_{(B)_{\beta'_{i-1}}}} \tag{9.143}$$

式中，

$$\mu_{(B)_{\gamma'_{i-1}}} = \mu^*_{B(\mathrm{s})} + RT\ln a^{\mathrm{R}}_{(B)_{\gamma'_{i-1}}}$$

$$\mu_{(B)_{\beta'_{i-1}}} = \mu^*_{B(\mathrm{s})} + RT\ln a^{\mathrm{R}}_{(B)_{\beta'_{i-1}}}$$

该过程，固溶体 β'_{i-1} 的摩尔吉布斯自由能变化为

$$\begin{aligned}\Delta G_{\mathrm{m},\beta'_{i-1}} &= x_A\Delta G_{\mathrm{m},A} + x_B\Delta G_{\mathrm{m},B}\\ &= x_A RT\ln\frac{a^{\mathrm{R}}_{(A)_{\gamma'_{i-1}}}}{a^{\mathrm{R}}_{(A)_{\beta'_{i-1}}}} + x_B RT\ln\frac{a^{\mathrm{R}}_{(B)_{\gamma'_{i-1}}}}{a^{\mathrm{R}}_{(B)_{\beta'_{i-1}}}}\end{aligned} \tag{9.144}$$

在温度 T_n，两相达成平衡，β_n 相已经很少。有

$$\beta_n \rightleftharpoons \gamma_n$$

$$(A)_{\beta_n} \rightleftharpoons (A)_{\gamma_n}$$

$$(B)_{\beta_n} \rightleftharpoons (B)_{\gamma_n}$$

4) 升高温度到 T

升高温度到 T。当温度刚升到 T，相 β_n 尚未来得及溶入 γ_n 相时，γ_n 相的组成未变。但是，已由饱和的相 γ_n 转变为不饱和的相 γ'_n。β_n 相组成未变，但已由 β_n 变为 β'_n。相 β'_n 向相 γ'_n 中溶解，直到 β'_n 完全消失。有

$$\beta'_n = \gamma'_n$$

即

$$(A)_{\beta'_n} = (A)_{\gamma'_n}$$

$$(B)_{\beta'_n} = (B)_{\gamma'_n}$$

β'_n 相和 γ'_n 相的组元 A 和 B 都以纯固态为标准状态，组成以摩尔分数表示，该过程的摩尔吉布斯自由能变化为

$$\Delta G_{\mathrm{m},A} = \mu_{(A)_{\gamma'_n}} - \mu_{(A)_{\beta'_n}} = RT \ln \frac{a^{\mathrm{R}}_{(A)_{\gamma'_n}}}{a^{\mathrm{R}}_{(A)_{\beta'_n}}} \tag{9.145}$$

式中，

$$\mu_{(A)_{\gamma'_n}} = \mu^*_{A(\mathrm{s})} + RT \ln a^{\mathrm{R}}_{(A)_{\gamma'_n}}$$

$$\mu_{(A)_{\beta'_n}} = \mu^*_{A(\mathrm{s})} + RT \ln a^{\mathrm{R}}_{(A)_{\beta'_n}}$$

$$\Delta G_{\mathrm{m},B} = \mu_{(B)_{\gamma'_n}} - \mu_{(B)_{\beta'_n}} = RT \ln \frac{a^{\mathrm{R}}_{(B)_{\gamma'_n}}}{a^{\mathrm{R}}_{(B)_{\beta'_n}}} \tag{9.146}$$

式中，

$$\mu_{(B)_{\gamma'_n}} = \mu^*_{B(\mathrm{s})} + RT \ln a^{\mathrm{R}}_{(B)_{\gamma'_n}}$$

$$\mu_{(B)_{\beta'_n}} = \mu^*_{B(\mathrm{s})} + RT \ln a^{\mathrm{R}}_{(B)_{\beta'_n}}$$

溶解过程的摩尔吉布斯自由能变化为

$$\begin{aligned}\Delta G_{\mathrm{m},\beta_n} &= x_A \Delta G_{\mathrm{m},A} + x_B \Delta G_{\mathrm{m},B} \\ &= x_A RT \ln \frac{a^{\mathrm{R}}_{(A)_{\gamma'_n}}}{a^{\mathrm{R}}_{(A)_{\beta'_n}}} + x_B RT \ln \frac{a^{\mathrm{R}}_{(B)_{\gamma'_n}}}{a^{\mathrm{R}}_{(B)_{\beta'_n}}}\end{aligned} \tag{9.147}$$

也可以如下计算。

该过程的摩尔吉布斯自由能变化为

$$\begin{aligned}\Delta G_{\mathrm{m},A}(T) &= \overline{G}_{\mathrm{m},(A)_{\gamma'_n}}(T) - \overline{G}_{\mathrm{m},(A)\beta'_n}(T) \\ &= [\overline{G}_{\mathrm{m},(A)_{\gamma'_n}}(T) - G_{\mathrm{m},A(\mathrm{s})}(T)] - [\overline{G}_{\mathrm{m},(A)_{\beta'_n}}(T) - G_{\mathrm{m},A(\mathrm{s})}(T)] \\ &= \frac{\{[\Delta_{\mathrm{sol}} H_{\mathrm{m},A}(T_n)]_{\gamma'_n} - [\Delta_{\mathrm{sol}} H_{\mathrm{m},A}(T_n)]_{\beta'_n}\}\Delta T}{T_n}\end{aligned} \tag{9.148}$$

$$\begin{aligned}\Delta G_{\mathrm{m},B}(T) &= \overline{G}_{\mathrm{m},(B)_{\gamma'_n}}(T) - \overline{G}_{\mathrm{m},(A)\beta'_n}(T) \\ &= [\overline{G}_{\mathrm{m},(B)_{\gamma'_n}}(T) - G_{\mathrm{m},B(\mathrm{s})}(T)] - [\overline{G}_{\mathrm{m},(B)_{\beta'_n}}(T) - G_{\mathrm{m},B(\mathrm{s})}(T)] \\ &= \frac{\{[\Delta_{\mathrm{sol}} H_{\mathrm{m},B}(T_n)]_{\gamma'_n} - [\Delta_{\mathrm{sol}} H_{\mathrm{m},B}(T_n)]_{\beta'_n}\}\Delta T}{T_n}\end{aligned} \tag{9.149}$$

该过程的摩尔吉布斯自由能变化为

$$\begin{aligned}\Delta G_{\mathrm{m},t}(T) &= x_{A,\beta'_n}\Delta G_{\mathrm{m},A}(T) + x_{B,\beta'_n}\Delta G_{\mathrm{m},B}(T)\\ &= \left(\Delta T\left\{x_{A,\beta'_n}[(\Delta_{\mathrm{sol}}H_{\mathrm{m},A}(T))_{\gamma'_n} - (\Delta_{\mathrm{sol}}H_{\mathrm{m},A}(T))_{\beta'_n}]\right.\right.\\ &\quad \left.\left.+x_{B,\beta'_n}[(\Delta_{\mathrm{sol}}H_{\mathrm{m},B}(T))_{\gamma'_n} - (\Delta_{\mathrm{sol}}H_{\mathrm{m},B}(T))_{\beta'_n}]\right\}\right)/T_n\end{aligned} \tag{9.150}$$

2. 相变速率

1) 在温度 T_1 的转化速率

在恒温恒压条件下，转化速率为

$$\begin{aligned}\frac{\mathrm{d}N_{E(\gamma')}}{\mathrm{d}t} &= -\frac{\mathrm{d}N_{E(\mathrm{s}')}}{\mathrm{d}t}\\ &= -V\left[l_1\left(\frac{A_{\mathrm{m},E}}{T}\right) + l_2\left(\frac{A_{\mathrm{m},E}}{T}\right)^2 + l_3\left(\frac{A_{\mathrm{m},E}}{T}\right)^3 + \cdots\right]\end{aligned}$$

式中，

$$A_{\mathrm{m},E} = \Delta G_{\mathrm{m},E}$$

2) 在温度 T_2 到 T_n 的转化速率

在恒温恒压条件下，从 T_2 到 T_n，不考虑耦合作用，在温度 T_i，转化速率为

$$\begin{aligned}\frac{\mathrm{d}N_{(A)_{\gamma'_{i-1}}}}{\mathrm{d}t} &= -\frac{\mathrm{d}N_{(A)_{\beta'_{i-1}}}}{\mathrm{d}t} = Vj_{(A)_{\beta'_{i-1}}}\\ &= -V\left[l_1\left(\frac{A_{\mathrm{m},A}}{T}\right) + l_2\left(\frac{A_{\mathrm{m},A}}{T}\right)^2 + l_3\left(\frac{A_{\mathrm{m},A}}{T}\right)^3 + \cdots\right]\end{aligned} \tag{9.151}$$

$$\begin{aligned}\frac{\mathrm{d}N_{(B)_{\gamma'_{i-1}}}}{\mathrm{d}t} &= -\frac{\mathrm{d}N_{(B)_{\beta'_{i-1}}}}{\mathrm{d}t} = Vj_{(B)_{\beta'_{i-1}}}\\ &= -V\left[l_1\left(\frac{A_{\mathrm{m},B}}{T}\right) + l_2\left(\frac{A_{\mathrm{m},B}}{T}\right)^2 + l_3\left(\frac{A_{\mathrm{m},B}}{T}\right)^3 + \cdots\right]\end{aligned} \tag{9.152}$$

$$\begin{aligned}\frac{\mathrm{d}N_{(\beta'_{i-1})_{\gamma'_{i-1}}}}{\mathrm{d}t} &= -\frac{\mathrm{d}N_{\beta'_{i-1}}}{\mathrm{d}t} = -x_{(A)_{\beta'_{i-1}}}\frac{\mathrm{d}N_{(A)_{\beta'_{i-1}}}}{\mathrm{d}t} - x_{(B)_{\beta'_{i-1}}}\frac{\mathrm{d}N_{(B)_{\beta'_{i-1}}}}{\mathrm{d}t}\\ &= V\left[x_A j_{(A)_{\beta'_{i-1}}} + x_A j_{(B)_{\beta'_{i-1}}}\right]\\ &= -V\left\{x_A\left[l_1\left(\frac{A_{\mathrm{m},A}}{T}\right) + l_2\left(\frac{A_{\mathrm{m},A}}{T}\right)^2 + l_3\left(\frac{A_{\mathrm{m},A}}{T}\right)^3 + \cdots\right]\right.\\ &\quad \left.+x_B\left[l'_1\left(\frac{A_{\mathrm{m},B}}{T}\right) + l'_2\left(\frac{A_{\mathrm{m},B}}{T}\right)^2 + l'_3\left(\frac{A_{\mathrm{m},B}}{T}\right)^3 + \cdots\right]\right\}\end{aligned} \tag{9.153}$$

或

$$\begin{aligned}\frac{\mathrm{d}N_{(\beta'_{i-1})_{\gamma'_{i-1}}}}{\mathrm{d}t} &= -\frac{\mathrm{d}N_{\beta'_{i-1}}}{\mathrm{d}t} = Vj_{\beta'_{i-1}} \\ &= -V\left[l''_1\left(\frac{A_{\mathrm{m},\beta'_{i-1}}}{T}\right) + l''_2\left(\frac{A_{\mathrm{m},\beta'_{i-1}}}{T}\right)^2 + l''_3\left(\frac{A_{\mathrm{m},\beta'_{i-1}}}{T}\right)^3 + \cdots\right]\end{aligned} \tag{9.154}$$

式中，

$$A_{\mathrm{m},A} = \Delta G_{\mathrm{m},A}$$

$$A_{\mathrm{m},B} = \Delta G_{\mathrm{m},B}$$

$$A_{\mathrm{m},\beta'_{i-1}} = \Delta G_{\mathrm{m},\beta'_{i-1}}$$

考虑耦合作用，转化速率为

$$\begin{aligned}\frac{\mathrm{d}N_{(A)_{\gamma'_{i-1}}}}{\mathrm{d}t} &= -\frac{\mathrm{d}N_{(A)_{\beta'_{i-1}}}}{\mathrm{d}t} = Vj_{(A)_{\beta'_{i-1}}} \\ &= -V\left[l_{iA}\left(\frac{A_{\mathrm{m},A}}{T}\right) + l_{iB}\left(\frac{A_{\mathrm{m},B}}{T}\right)\right. \\ &\quad + l_{iAA}\left(\frac{A_{\mathrm{m},A}}{T}\right)^2 + l_{iAB}\left(\frac{A_{\mathrm{m},A}}{T}\right)\left(\frac{A_{\mathrm{m},B}}{T}\right) \\ &\quad + l_{iBB}\left(\frac{A_{\mathrm{m},B}}{T}\right)^2 + l_{iAAA}\left(\frac{A_{\mathrm{m},A}}{T}\right)^3 + l_{iAAB}\left(\frac{A_{\mathrm{m},A}}{T}\right)^2\left(\frac{A_{\mathrm{m},B}}{T}\right) \\ &\quad \left. + l_{iABB}\left(\frac{A_{\mathrm{m},A}}{T}\right)\left(\frac{A_{\mathrm{m},B}}{T}\right)^2 + l_{iBBB}\left(\frac{A_{\mathrm{m},B}}{T}\right)^3 + \cdots\right]\end{aligned} \tag{9.155}$$

$$\begin{aligned}\frac{\mathrm{d}N_{(B)_{\gamma'_{i-1}}}}{\mathrm{d}t} &= -\frac{\mathrm{d}N_{(B)_{\beta'_{i-1}}}}{\mathrm{d}t} = Vj_{(B)_{\beta'_{i-1}}} \\ &= -V\left[l_{iB}\left(\frac{A_{\mathrm{m},B}}{T}\right) + l_{iA}\left(\frac{A_{\mathrm{m},A}}{T}\right) + l_{iBB}\left(\frac{A_{\mathrm{m},B}}{T}\right)^2\right. \\ &\quad + l_{iBA}\left(\frac{A_{\mathrm{m},B}}{T}\right)\left(\frac{A_{\mathrm{m},A}}{T}\right) \\ &\quad + l_{iAA}\left(\frac{A_{\mathrm{m},A}}{T}\right)^2 + l_{iBBB}\left(\frac{A_{\mathrm{m},B}}{T}\right)^3 + l_{iBBA}\left(\frac{A_{\mathrm{m},B}}{T}\right)^2\left(\frac{A_{\mathrm{m},A}}{T}\right) \\ &\quad \left. + l_{iBAA}\left(\frac{A_{\mathrm{m},B}}{T}\right)\left(\frac{A_{\mathrm{m},A}}{T}\right)^2 + l_{iAAA}\left(\frac{A_{\mathrm{m},A}}{T}\right)^3 + \cdots\right]\end{aligned} \tag{9.156}$$

9.3 三元系固态升温相变

9.3.1 具有最低共晶点的三元系

1. 相变过程热力学

图 9.9 是具有最低共晶点的三元系相图。在恒压条件下，物质组成点为 M 的固相升温。

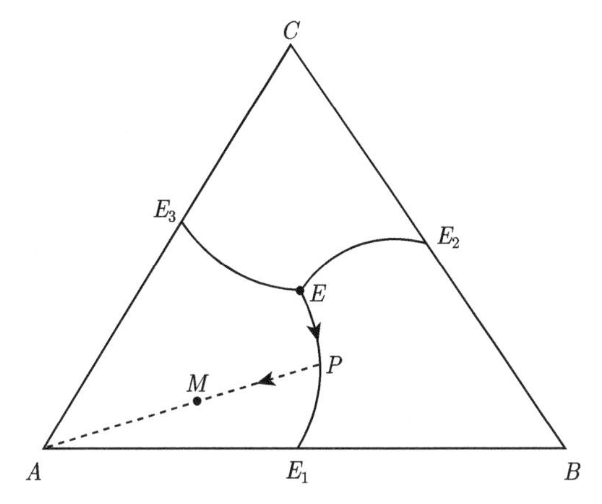

图 9.9 具有最低共晶点的三元系相图

1) 温度升到 T_E

物质组成点达到最低共晶点 E 所在的平行于底面的等温平面。由组元 A+B+C 组成为 E(s) 的均匀固相转变为相 $E(\gamma)$，可以表示为

$$E(\mathrm{s}) \rightleftharpoons E(\gamma)$$

即

$$x_A A(\mathrm{s}) + x_B B(\mathrm{s}) + x_C C(\mathrm{s}) \rightleftharpoons E(\gamma) \rightleftharpoons x_A (A)_{E(\gamma)} + x_B (B)_{E(\gamma)} + x_C (C)_{E(\gamma)}$$

或

$$A(\mathrm{s}) \rightleftharpoons (A)_{E(\gamma)}$$

$$B(\mathrm{s}) \rightleftharpoons (B)_{E(\gamma)}$$

$$C(\mathrm{s}) \rightleftharpoons (C)_{E(\gamma)}$$

式中，x_A、x_B、x_C 分别为组成 E 的组元 A、B、C 的摩尔分数。

$$M_E = x_A M_A + x_B M_B + x_C M_C$$

式中，M_E、M_A、M_B、M_C 分别为组元 E、A、B、C 的摩尔质量。相变过程的摩尔吉布斯自由能变化为

$$\begin{aligned}\Delta G_{\mathrm{m},E}(T_E) &= G_{\mathrm{m},E(\gamma)}(T_E) - G_{\mathrm{m},E(\mathrm{s})}(T_E)\\ &= \left[H_{\mathrm{m},E(\gamma)}(T_E) - T_E S_{\mathrm{m},E(\gamma)}(T_E)\right] - \left[H_{\mathrm{m},E(\mathrm{s})}(T_E) - T_1 S_{\mathrm{m},E(\mathrm{s})}(T_E)\right]\\ &= \Delta H_{\mathrm{m},E}(T_E) - T_E \Delta S_{\mathrm{m},E}(T_E)\\ &= \Delta H_{\mathrm{m},E}(T_E) - T_E \frac{\Delta H_{\mathrm{m},E}(T_E)}{T_E}\\ &= 0\end{aligned} \tag{9.157}$$

或

$$\begin{aligned}\Delta G_{\mathrm{m},A}(T_E) &= \overline{G}_{\mathrm{m},(A)_{E(\gamma)}}(T_E) - G_{\mathrm{m},A(\mathrm{s})}(T_E)\\ &= \left[\overline{H}_{\mathrm{m},(A)_{E(\gamma)}}(T_E) - T_E \overline{S}_{\mathrm{m},(A)_{E(\gamma)}}(T_E)\right]\\ &\quad - \left[H_{\mathrm{m},A(\mathrm{s})}(T_E) - T_1 S_{\mathrm{m},A(\mathrm{s})}(T_E)\right]\\ &= \Delta_{\mathrm{sol}} H_{\mathrm{m},A}(T_E) - T_E \Delta_{\mathrm{sol}} S_{\mathrm{m},A}(T_E)\\ &= \Delta_{\mathrm{sol}} H_{\mathrm{m},A}(T_E) - T_E \frac{\Delta_{\mathrm{sol}} H_{\mathrm{m},A}(T_E)}{T_E}\\ &= 0\end{aligned} \tag{9.158}$$

同理

$$\begin{aligned}\Delta G_{\mathrm{m},B}(T_E) &= \overline{G}_{\mathrm{m},(B)_{E(\gamma)}}(T_E) - G_{\mathrm{m},B(\mathrm{s})}(T_E)\\ &= \Delta_{\mathrm{sol}} H_{\mathrm{m},B}(T_E) - T_E \frac{\Delta_{\mathrm{sol}} H_{\mathrm{m},B}(T_E)}{T_E}\\ &= 0\end{aligned} \tag{9.159}$$

$$\begin{aligned}\Delta G_{\mathrm{m},C}(T_E) &= \overline{G}_{\mathrm{m},(C)_{E(\gamma)}}(T_E) - G_{\mathrm{m},C(\mathrm{s})}(T_E)\\ &= \Delta_{\mathrm{sol}} H_{\mathrm{m},C}(T_E) - T_E \frac{\Delta_{\mathrm{sol}} H_{\mathrm{m},C}(T_E)}{T_E}\\ &= 0\end{aligned} \tag{9.160}$$

$$\Delta G_{\mathrm{m},E} = x_A \Delta G_{\mathrm{m},A} + x_B \Delta G_{\mathrm{m},B} + x_C \Delta G_{\mathrm{m},C}$$

式中，$\Delta_{\mathrm{sol}} H_{\mathrm{m},A}$、$\Delta_{\mathrm{sol}} S_{\mathrm{m},A}$，$\Delta_{\mathrm{sol}} H_{\mathrm{m},B}$、$\Delta_{\mathrm{sol}} S_{\mathrm{m},B}$，$\Delta_{\mathrm{sol}} H_{\mathrm{m},C}$、$\Delta_{\mathrm{sol}} S_{\mathrm{m},C}$ 分别为组元 A、B、C 溶解到 $E(\gamma)$ 相中的溶解焓、溶解熵，通常为正值。

该过程的摩尔吉布斯自由能变化也可以如下计算。

组元 A、B、C 都以纯固态物质为标准状态，组成以摩尔分数表示，摩尔吉布

斯自由能变化为

$$\begin{aligned}\Delta G_{\mathrm{m},E} &= \mu_{E(\gamma)} - \mu_{E(\mathrm{s})}\\ &= \left(x_A\mu_{(A)_{E(\gamma)}} + x_B\mu_{(B)_{E(\gamma)}} + x_C\mu_{(C)_{E(\gamma)}}\right) - \left(x_A\mu_{A(\mathrm{s})} + x_B\mu_{B(\mathrm{s})} + x_C\mu_{C(\mathrm{s})}\right)\\ &= x_A RT\ln a^{\mathrm{R}}_{(A)_{E(\gamma)}} + x_B RT\ln a^{\mathrm{R}}_{(B)_{E(\gamma)}} + x_C RT\ln a^{\mathrm{R}}_{(C)_{E(\gamma)}}\end{aligned} \tag{9.161}$$

在温度 T_E，最低共晶点组成的相 $E(\gamma)$ 中，组元 A、B 和 C 都是饱和的。所以

$$\ln a^{\mathrm{R}}_{(A)_{E(\gamma)}} = \ln a^{\mathrm{R}}_{(B)_{E(\gamma)}} = \ln a^{\mathrm{R}}_{(C)_{E(\gamma)}} = 1 \tag{9.162}$$

$$\Delta G_{\mathrm{m},E} = 0 \tag{9.163}$$

2) 升高温度到 T_1

在温度刚升到 T_1，组元 A、B、C 还未来得及溶解进入 $E(\gamma)$ 中时，$E(\gamma)$ 的组成未变，只是由组元 A、B、C 饱和的相 $E(\gamma)$ 变为不饱和的相 $E(\gamma')$，组元 A、B、C 向其中溶解。有

$$E(\mathrm{s}) \Longleftrightarrow E(\gamma')$$

即

$$x_A A(\mathrm{s}) + x_B B(\mathrm{s}) + x_C C(\mathrm{s}) \Longleftrightarrow E(\gamma') \Longleftrightarrow x_A (A)_{E(\gamma')} + x_B (B)_{E(\gamma')} + x_C (C)_{E(\gamma')}$$

或

$$A(\mathrm{s}) \Longleftrightarrow (A)_{E(\gamma')}$$

$$B(\mathrm{s}) \Longleftrightarrow (B)_{E(\gamma')}$$

$$C(\mathrm{s}) \Longleftrightarrow (C)_{E(\gamma')}$$

该过程的摩尔吉布斯自由能变化为

$$\begin{aligned}\Delta G_{\mathrm{m},E}(T_1) &= G_{\mathrm{m},E(\gamma')}(T_1) - G_{\mathrm{m},E(\mathrm{s})}(T_1)\\ &= \Delta_{\mathrm{sol}} H_{\mathrm{m},E}(T_1) - T_1\Delta_{\mathrm{sol}} S_{\mathrm{m},E}(T_1)\\ &\approx \Delta_{\mathrm{sol}} H_{\mathrm{m},E}(T_E) - T_1\frac{\Delta_{\mathrm{sol}} H_{\mathrm{m},E}(T_E)}{T_E}\\ &= \frac{\Delta_{\mathrm{sol}} H_{\mathrm{m},E}(T_E)\Delta T}{T_E}\end{aligned} \tag{9.164}$$

其中，

$$\Delta_{\mathrm{sol}} H_{\mathrm{m},E}(T_1) \approx \Delta_{\mathrm{sol}} H_{\mathrm{m},E}(T_E)$$

$$\Delta_{\mathrm{sol}} S_{\mathrm{m},E}(T_1) \approx \Delta_{\mathrm{sol}} S_{\mathrm{m},E}(T_E) = \frac{\Delta_{\mathrm{sol}} H_{\mathrm{m},E}(T_E)}{T_E}$$

$$\Delta T = T_E - T_1 < 0$$

或

$$\begin{aligned}\Delta G_{\mathrm{m},A}(T_1) &= \overline{G}_{\mathrm{m},(A)_{E(\gamma')}}(T_1) - G_{\mathrm{m},A(\mathrm{s})}(T_1) \\ &= \left[\overline{H}_{\mathrm{m},(A)_{E(\gamma')}}(T_1) - T_1\overline{S}_{\mathrm{m},(A)_{E(\gamma')}}(T_1)\right] - \left[H_{\mathrm{m},A(\mathrm{s})}(T_1) - T_1 S_{\mathrm{m},A(\mathrm{s})}(T_1)\right] \\ &= \Delta_{\mathrm{sol}} H_{\mathrm{m},A}(T_1) - T_1 \Delta_{\mathrm{sol}} S_{\mathrm{m},A}(T_1) \\ &\approx \Delta_{\mathrm{sol}} H_{\mathrm{m},A}(T_E) - T_1 \Delta_{\mathrm{sol}} S_{\mathrm{m},A}(T_E) \\ &= \frac{\Delta_{\mathrm{sol}} H_{\mathrm{m},A}(T_E)\Delta T}{T_E}\end{aligned} \tag{9.165}$$

同理可得

$$\begin{aligned}\Delta G_{\mathrm{m},B}(T_1) &= \overline{G}_{\mathrm{m},(B)_{E(\gamma')}}(T_1) - G_{\mathrm{m},B(\mathrm{s})}(T_1) \\ &= \frac{\Delta_{\mathrm{sol}} H_{\mathrm{m},B}(T_E)\Delta T}{T_E}\end{aligned} \tag{9.166}$$

$$\begin{aligned}\Delta G_{\mathrm{m},C}(T_1) &= \overline{G}_{\mathrm{m},(C)_{E(\gamma')}}(T_1) - G_{\mathrm{m},C(\mathrm{s})}(T_1) \\ &= \frac{\Delta_{\mathrm{sol}} H_{\mathrm{m},C}(T_E)\Delta T}{T_E}\end{aligned} \tag{9.167}$$

其中，

$$\Delta T = T_E - T_1 < 0$$

$$\begin{aligned}\Delta G_{\mathrm{m},E}(T_1) &= x_A \Delta G_{\mathrm{m},A}(T_1) + x_B \Delta G_{\mathrm{m},B}(T_1) + x_C \Delta G_{\mathrm{m},B}(T_1) \\ &= \frac{x_A \Delta_{\mathrm{sol}} H_{\mathrm{m},A}(T_E)\Delta T}{T_E} + \frac{x_B \Delta_{\mathrm{sol}} H_{\mathrm{m},B}(T_E)\Delta T}{T_E} \\ &\quad + \frac{x_C \Delta_{\mathrm{sol}} H_{\mathrm{m},C}(T_E)\Delta T}{T_E} < 0\end{aligned} \tag{9.168}$$

也可以如下计算。

组元 $E(\gamma')$ 中的组元 A、B、C 和固体组元 A、B、C 都以纯物质为标准状态，组成以摩尔分数表示，摩尔吉布斯自由能变化为

$$\begin{aligned}\Delta G_{\mathrm{m},E} &= \mu_{E(\gamma')} - \mu_{E(\mathrm{s})} \\ &= \left(x_A \mu_{(A)_{E(\gamma')}} + x_B \mu_{(B)_{E(\gamma')}} + x_C \mu_{(C)_{E(\gamma')}}\right) \\ &\quad - \left(x_A \mu_{A(\mathrm{s})} + x_B \mu_{B(\mathrm{s})} + x_C \mu_{C(\mathrm{s})}\right) \\ &= x_A \Delta G_{\mathrm{m},A} + x_B \Delta G_{\mathrm{m},B} + x_C \Delta G_{\mathrm{m},C} \\ &= x_A RT \ln a^{\mathrm{R}}_{(A)_{E(\gamma')}} + x_B RT \ln a^{\mathrm{R}}_{(B)_{E(\gamma')}} + x_C RT \ln a^{\mathrm{R}}_{(C)_{E(\gamma')}} \\ &< 0\end{aligned} \tag{9.169}$$

其中，

$$\mu_{(A)_{E(\gamma')}} = \mu^*_{A(\mathrm{s})} + RT \ln a^{\mathrm{R}}_{(A)_{E(\gamma')}}$$

$$\mu_{A(\mathrm{s})} = \mu^*_{A(\mathrm{s})}$$

$$\mu_{(B)_{E(\gamma')}} = \mu^*_{B(\mathrm{s})} + RT\ln a^{\mathrm{R}}_{(B)_{E(\gamma')}}$$

$$\mu_{B(\mathrm{s})} = \mu^*_{B(\mathrm{s})}$$

$$\mu_{(C)_{E(\gamma')}} = \mu^*_{C(\mathrm{s})} + RT\ln a^{\mathrm{R}}_{(C)_{E(\gamma')}}$$

$$\mu_{C(\mathrm{s})} = \mu^*_{C(\mathrm{s})}$$

$$\Delta G_{\mathrm{m},A} = \mu_{(A)_{E(\gamma')}} - \mu_{A(\mathrm{s})} = RT\ln a^{\mathrm{R}}_{(A)_{E(\gamma')}} < 0 \tag{9.170}$$

$$\Delta G_{\mathrm{m},B} = \mu_{(B)_{E(\gamma')}} - \mu_{B(\mathrm{s})} = RT\ln a^{\mathrm{R}}_{(B)_{E(\gamma')}} < 0 \tag{9.171}$$

$$\Delta G_{\mathrm{m},C} = \mu_{(C)_{E(\gamma')}} - \mu_{C(\mathrm{s})} = RT\ln a^{\mathrm{R}}_{(C)_{E(\gamma')}} < 0 \tag{9.172}$$

直到固相组元 C 消失，剩余的固相组元 A 和 B 继续向 $E(\gamma')$ 中溶解，有

$$A(\mathrm{s}) =\!=\!= (A)_{E(\gamma')}$$

$$B(\mathrm{s}) =\!=\!= (B)_{E(\gamma')}$$

该过程的摩尔吉布斯自由能变化为

$$\begin{aligned}\Delta G_{\mathrm{m},A}(T_1) &= \overline{G}_{\mathrm{m},(A)_{E(\gamma')}}(T_1) - G_{\mathrm{m},A(\mathrm{s})}(T_1)\\ &= \left[\overline{H}_{\mathrm{m},(A)_{E(\gamma')}}(T_1) - T_1\overline{S}_{\mathrm{m},(A)_{E(\gamma')}}(T_1)\right] - \left[H_{\mathrm{m},A(\mathrm{s})}(T_1) - T_1S_{\mathrm{m},A(\mathrm{s})}(T_1)\right]\\ &= \Delta_{\mathrm{sol}}H_{\mathrm{m},A}(T_1) - T_1\Delta_{\mathrm{sol}}S_{\mathrm{m},A}(T_1)\\ &\approx \Delta_{\mathrm{sol}}H_{\mathrm{m},A}(T_E) - T_E\Delta_{\mathrm{sol}}S_{\mathrm{m},A}(T_E)\\ &= \frac{\Delta_{\mathrm{sol}}H_{\mathrm{m},A}(T_E)\Delta T}{T_E}\end{aligned} \tag{9.173}$$

$$\begin{aligned}\Delta G_{\mathrm{m},B}(T_1) &= \overline{G}_{\mathrm{m},(B)_{E(\gamma')}}(T_1) - G_{\mathrm{m},B(\mathrm{s})}(T_1)\\ &= \left[\overline{H}_{\mathrm{m},(B)_{E(\gamma')}}(T_1) - T_1\overline{S}_{\mathrm{m},(B)_{E(\gamma')}}(T_1)\right] - \left[H_{\mathrm{m},B(\mathrm{s})}(T_1) - T_1S_{\mathrm{m},B(\mathrm{s})}(T_1)\right]\\ &= \Delta_{\mathrm{sol}}H_{\mathrm{m},B}(T_1) - T_1\Delta_{\mathrm{sol}}S_{\mathrm{m},B}(T_1)\\ &\approx \Delta_{\mathrm{sol}}H_{\mathrm{m},B}(T_E) - T_1\Delta_{\mathrm{sol}}S_{\mathrm{m},B}(T_E)\\ &= \frac{\Delta_{\mathrm{sol}}H_{\mathrm{m},B}(T_E)\Delta T}{T_E}\end{aligned} \tag{9.174}$$

其中，

$$\Delta T = T_E - T_1 < 0$$

也可以如下计算。

组元 A 和 B 都以纯固态为标准状态，组成以摩尔分数表示，该过程的摩尔吉布斯自由能变化为

$$\Delta G_{\mathrm{m},A} = \mu_{(A)_{E(\gamma')}} - \mu_{A(\mathrm{s})} = RT \ln a^{\mathrm{R}}_{(A)_{E(\gamma')}} \tag{9.175}$$

$$\Delta G_{\mathrm{m},B} = \mu_{(B)_{E(\gamma')}} - \mu_{B(\mathrm{s})} = RT \ln a^{\mathrm{R}}_{(B)_{E(\gamma')}} \tag{9.176}$$

$$\Delta G_{\mathrm{m,t}} = x_A \Delta G_{\mathrm{m},A} + x_B \Delta G_{\mathrm{m},B} = x_A RT \ln a^{\mathrm{R}}_{(A)_{E(\gamma')}} + x_B RT \ln a^{\mathrm{R}}_{(B)_{E(\gamma')}} \tag{9.177}$$

直到固相组元 A 和 B 溶解达到饱和，$E(\gamma')$ 相成为 γ_1 相。组元 A 和 B 与固溶体 γ_1 相达成平衡，平衡相为共晶线 EE_1 上的 γ_1 点。有

$$A(\mathrm{s}) \rightleftharpoons (A)_{\gamma_1} \equiv (A)_{饱}$$

$$B(\mathrm{s}) \rightleftharpoons (B)_{\gamma_1} \equiv (B)_{饱}$$

3) 温度从 T_1 到 T_P

继续升高温度，温度从 T_1 到 T_P，重复上述过程，可以统一描述如下。溶解过程沿着共晶线 EE_1，从 E 点移动到 P 点。

在温度 T_{i-1}，A、B 两相与 γ_{i-1} 相达成平衡，平衡相组成为共晶线 EE_1 上的 γ_{i-1} 点。有

$$A(\mathrm{s}) \rightleftharpoons (A)_{\gamma_{i-1}} = (A)_{饱}$$

$$B(\mathrm{s}) \rightleftharpoons (B)_{\gamma_{i-1}} = (B)_{饱}$$

$$(i = 1,\ 2,\ \cdots,\ n)$$

继续升高温度到 T_i。在温度刚升到 T_i，组元 A、B 还未来得及溶入 γ_{i-1} 相时，γ_{i-1} 相组成未变，但已由组元 A 和 B 的饱和的 γ_{i-1} 成为不饱和的 γ'_{i-1}。在温度 T_i，与组元 A、B 平衡的 γ 相为共晶线 EE_1 上的 γ_i 点，是组元 A 和 B 的饱和相。因此，固相组元 A 和 B 会向相 γ'_{i-1} 中溶解，可以表示为

$$A(\mathrm{s}) = (A)_{\gamma'_{i-1}}$$

$$B(\mathrm{s}) = (B)_{\gamma'_{i-1}}$$

该过程的摩尔吉布斯自由能变化为

$$\begin{aligned}
\Delta G_{\mathrm{m},A}(T_i) &= \overline{G}_{\mathrm{m},(A)_{\gamma'_{i-1}}}(T_i) - G_{\mathrm{m},A(\mathrm{s})}(T_i) \\
&= \left[\overline{H}_{\mathrm{m},(A)_{\gamma'_{i-1}}}(T_i) - T_i \overline{S}_{\mathrm{m},(A)_{\gamma'_{i-1}}}(T_i)\right] - \left[H_{\mathrm{m},A(\mathrm{s})}(T_i) - T_i S_{\mathrm{m},A(\mathrm{s})}(T_i)\right] \\
&= \Delta_{\mathrm{sol}} H_{\mathrm{m},A}(T_i) - T_i \Delta_{\mathrm{sol}} S_{\mathrm{m},A}(T_i) \\
&\approx \Delta_{\mathrm{sol}} H_{\mathrm{m},A}(T_{i-1}) - T_i \frac{\Delta_{\mathrm{sol}} H_{\mathrm{m},A}(T_{i-1})}{T_{i-1}} \\
&= \frac{\Delta_{\mathrm{sol}} H_{\mathrm{m},A}(T_{i-1}) \Delta T}{T_{i-1}} < 0
\end{aligned} \tag{9.178}$$

同理

$$\begin{aligned}\Delta G_{\mathrm{m},B}(T_i) &= \overline{G}_{\mathrm{m},(B)_{\gamma'_{i-1}}}(T_i) - G_{\mathrm{m},B(\mathrm{s})}(T_i) \\ &\approx \Delta_{\mathrm{sol}}H_{\mathrm{m},B}(T_{i-1}) - T_i\Delta_{\mathrm{sol}}S_{\mathrm{m},B}(T_{i-1}) \\ &= \frac{\Delta_{\mathrm{sol}}H_{\mathrm{m},B}(T_{i-1})\Delta T}{T_{i-1}} < 0\end{aligned} \tag{9.179}$$

总摩尔吉布斯自由能变化为

$$\begin{aligned}\Delta G_{\mathrm{m}}(T_i) &= x_A\Delta G_{\mathrm{m},A}(T_i) + x_B\Delta G_{\mathrm{m},B}(T_i) \\ &= \frac{[x_A\Delta_{\mathrm{sol}}H_{\mathrm{m},A}(T_{i-1}) + x_B\Delta_{\mathrm{sol}}H_{\mathrm{m},B}(T_{i-1})]\,\Delta T}{T_{i-1}}\end{aligned}$$

其中，

$$\Delta_{\mathrm{sol}}H_{\mathrm{m},A}(T_i) \approx \Delta_{\mathrm{sol}}H_{\mathrm{m},A}(T_{i-1})$$

$$\Delta_{\mathrm{sol}}S_{\mathrm{m},A}(T_i) \approx \Delta_{\mathrm{sol}}S_{\mathrm{m},A}(T_{i-1}) = \frac{\Delta_{\mathrm{sol}}H_{\mathrm{m},A}(T_{i-1})}{T_{i-1}}$$

$$\Delta_{\mathrm{sol}}H_{\mathrm{m},B}(T_i) \approx \Delta_{\mathrm{sol}}H_{\mathrm{m},B}(T_{i-1})$$

$$\Delta_{\mathrm{sol}}S_{\mathrm{m},B}(T_i) \approx \Delta_{\mathrm{sol}}S_{\mathrm{m},B}(T_{i-1}) = \frac{\Delta_{\mathrm{sol}}H_{\mathrm{m},B}(T_{i-1})}{T_{i-1}}$$

$$\Delta T = T_{i-1} - T_i < 0$$

或如下计算。

两相的组元 A、B 都以纯固态组元 A、B 为标准状态，组成以摩尔分数表示，该过程的摩尔吉布斯自由能变化为

$$\Delta G_{\mathrm{m},A} = \mu_{(A)_{\gamma'_{i-1}}} - \mu_{A(\mathrm{s})} = RT\ln a^{\mathrm{R}}_{(A)_{\gamma'_{i-1}}} \tag{9.180}$$

其中，

$$\mu_{(A)_{\gamma'_{i-1}}} = \mu^*_{A(\mathrm{s})} + RT\ln a^{\mathrm{R}}_{(A)_{\gamma'_{i-1}}}$$

$$\mu_{A(\mathrm{s})} = \mu^*_{A(\mathrm{s})}$$

同理

$$\Delta G_{\mathrm{m},B} = \mu_{(B)_{\gamma'_{i-1}}} - \mu_{B(\mathrm{s})} = RT\ln a^{\mathrm{R}}_{(B)_{\gamma'_{i-1}}} \tag{9.181}$$

其中，

$$\mu_{(B)_{\gamma'_{i-1}}} = \mu^*_{B(\mathrm{s})} + RT\ln a^{\mathrm{R}}_{(A)_{\gamma'_{i-1}}}$$

$$\mu_{B(\mathrm{s})} = \mu^*_{B(\mathrm{s})}$$

$$\begin{aligned}\Delta G_{m,t} &= x_A \Delta G_{m,A} + x_B \Delta G_{m,B} \\ &= x_A RT \ln a^{R}_{(A)_{\gamma'_{i-1}}} + x_B RT \ln a^{R}_{(B)_{\gamma'_{i-1}}}\end{aligned} \tag{9.182}$$

直到达成平衡，平衡相组成为共晶线 EE_1 上的 γ_i 点。

$$A(s) \rightleftharpoons (A)_{\gamma_i} = (A)_{饱}$$

$$B(s) \rightleftharpoons (B)_{\gamma_i} = (B)_{饱}$$

继续升高温度，在温度 T_P，溶解达成平衡，有

$$A(s) \rightleftharpoons (A)_{\gamma_P} = (A)_{饱}$$

$$B(s) \rightleftharpoons (B)_{\gamma_P} = (B)_{饱}$$

4) 升高温度到 T_{M_1}

温度刚升到 T_{M_1}，固相组元 A、B 还未来得及溶解进入 γ_P 相时，γ_P 相组成未变，但已由组元 A、B 的饱和相 γ_P 变为不饱和相 γ'_P。固相组元 A、B 向其中溶解，有

$$A(s) = (A)_{\gamma'_P}$$

$$B(s) = (B)_{\gamma'_P}$$

该过程的摩尔吉布斯自由能变化为

$$\begin{aligned}\Delta G_{m,A}(T_{M_1}) &= \overline{G}_{m,(A)_{\gamma'_P}}(T_{M_1}) - G_{m,A(s)}(T_{M_1}) \\ &= \Delta_{sol} H_{m,A}(T_{M_1}) - T_{M_1} \Delta_{sol} S_{m,A}(T_{M_1}) \\ &\approx \Delta_{sol} H_{m,A}(T_P) - T_{M_1} \frac{\Delta_{sol} H_{m,A}(T_P)}{T_P} \\ &= \frac{\Delta_{sol} H_{m,A}(T_P) \Delta T}{T_P}\end{aligned} \tag{9.183}$$

$$\begin{aligned}\Delta G_{m,B}(T_{M_1}) &= \overline{G}_{m,(B)_{\gamma'_P}}(T_{M_1}) - G_{m,B(s)}(T_{M_1}) \\ &= \Delta_{sol} H_{m,B}(T_{M_1}) - T_{M_1} \Delta_{sol} S_{m,B}(T_{M_1}) \\ &\approx \Delta_{sol} H_{m,B}(T_P) - T_{M_1} \frac{\Delta_{sol} H_{m,B}(T_P)}{T_P} \\ &= \frac{\Delta_{sol} H_{m,B}(T_P) \Delta T}{T_P}\end{aligned} \tag{9.184}$$

其中，

$$\Delta T = T_P - T_{M_1} < 0$$

或如下计算。

组元 A、B 都以其纯固态为标准状态，组成以摩尔分数表示，有

$$\Delta G_{\mathrm{m},A} = \mu_{(A)_{\gamma'_P}} - \mu_{A(\mathrm{s})} = RT \ln a^{\mathrm{R}}_{(A)_{\gamma'_P}} \tag{9.185}$$

其中，

$$\mu_{(A)_{\gamma'_P}} = \mu^*_{A(\mathrm{s})} + RT \ln a^{\mathrm{R}}_{(A)_{\gamma'_P}}$$

$$\mu_{A(\mathrm{s})} = \mu^*_{A(\mathrm{s})}$$

$$\Delta G_{\mathrm{m},B} = \mu_{(B)_{\gamma'_P}} - \mu_{B(\mathrm{s})} = RT \ln a^{\mathrm{R}}_{(B)_{\gamma'_P}} \tag{9.186}$$

其中，

$$\mu_{(B)_{\gamma'_P}} = \mu^*_{B(\mathrm{s})} + RT \ln a^{\mathrm{R}}_{(B)_{\gamma'_P}}$$

$$\mu_{B(\mathrm{s})} = \mu^*_{B(\mathrm{s})}$$

直到组元 B 消失，组元 A 溶解达到饱和，固溶体组成为 PA 线上的 γ_{M_1} 点，是与组元 A 平衡的相组成点，有

$$A(\mathrm{s}) \rightleftharpoons (A)_{\gamma_{M_1}} \!=\!=\!= (A)_{饱}$$

5) 温度从 T_{M_1} 升高到 T_M

温度从 T_{M_1} 升高到 T_M，组元 A 的平衡相组成从 P 点沿 PA 连线向 M 点移动。组元 A 的溶解过程可以统一描写如下。

在温度 T_{k-1}，组元 A 溶解达到饱和，平衡相组成为 γ_{k-1}，有

$$A(\mathrm{s}) \rightleftharpoons (A)_{\gamma_{k-1}} \!=\!=\!= (A)_{饱}$$

温度升高到 T_k。在温度刚升到 T_k，固相组元 A 还未来得及溶解时，γ_{k-1} 组成未变。只是由组元 A 饱和的相 γ_{k-1} 变成不饱和的相 γ'_{k-1}。组元 A 向其中溶解，有

$$A(\mathrm{s}) \!=\!=\!= (A)_{\gamma'_{k-1}}$$

该过程的摩尔吉布斯自由能变化为

$$\begin{aligned}\Delta G_{\mathrm{m},A}(T_k) &= \overline{G}_{\mathrm{m},(A)_{\gamma'_{k-1}}}(T_k) - G_{\mathrm{m},A(\mathrm{s})}(T_k) \\ &\approx \Delta_{\mathrm{sol}} H_{\mathrm{m},A}(T_{k-1}) - T_k \frac{\Delta_{\mathrm{sol}} H_{\mathrm{m},A}(T_{k-1})}{T_{k-1}} \\ &= \frac{\Delta_{\mathrm{sol}} H_{\mathrm{m},A}(T_{k-1}) \Delta T}{T_{k-1}}\end{aligned} \tag{9.187}$$

其中，

$$\Delta T = T_{k-1} - T_k < 0$$

或如下计算。

组元 A 都以纯固态为标准状态，组成以摩尔分数表示，有

$$\Delta G_{\mathrm{m},A} = \mu_{(A)_{\gamma'_{k-1}}} - \mu_{A(\mathrm{s})} = RT \ln a^{\mathrm{R}}_{(A)_{\gamma'_{k-1}}} \tag{9.188}$$

其中，

$$\mu_{(A)_{\gamma'_{k-1}}} = \mu^*_{A(\mathrm{s})} + RT \ln a^{\mathrm{R}}_{(A)_{\gamma'_{k-1}}}$$

$$\mu_{A(\mathrm{s})} = \mu^*_{A(\mathrm{s})}$$

直到组元 A 溶解达到饱和，固溶体相组成为 PA 连线上的 γ_k 点，是与组元 A 平衡的组成点。有

$$A(\mathrm{s}) \rightleftharpoons (A)_{\gamma_k} = (A)_{饱}$$

在温度 T_M，固相组元 A 溶解达到饱和，与其平衡的相组成为 γ_M 点。有

$$A(\mathrm{s}) \rightleftharpoons (A)_{\gamma_M} = (A)_{饱}$$

升高温度到 T_{M+1}，饱和相 γ_M 变为不饱和相 γ'_M，组元 A 向其中溶解，有

$$A(\mathrm{s}) = (A)_{\gamma'_M}$$

该过程的摩尔吉布斯自由能变化为

$$\begin{aligned}\Delta G_{\mathrm{m},A}(T_{M+1}) &= \overline{G}_{\mathrm{m},(A)_{\gamma'_M}}(T_{M+1}) - G_{\mathrm{m},A(\mathrm{s})}(T_{M+1}) \\ &\approx \Delta_{\mathrm{sol}} H_{\mathrm{m},A}(T_M) - T_{M_1} \frac{\Delta_{\mathrm{sol}} H_{\mathrm{m},A}(T_M)}{T_{k-1}} \\ &= \frac{\Delta_{\mathrm{sol}} H_{\mathrm{m},A}(T_M) \Delta T}{T_M}\end{aligned} \tag{9.189}$$

其中，

$$\Delta T = T_M - T_{M+1} < 0$$

或如下计算。

组元 A 都以纯固态为标准状态，组成以摩尔分数表示，有

$$\Delta G_{\mathrm{m},A} = \mu_{(A)_{\gamma'_M}} - \mu_{A(\mathrm{s})} = RT\ln a^{\mathrm{R}}_{(A)_{\gamma'_M}} \tag{9.190}$$

其中，

$$\mu_{(A)_{\gamma'_M}} = \mu^*_{A(\mathrm{s})} + RT\ln a^{\mathrm{R}}_{(A)_{\gamma'_M}}$$

$$\mu_{A(\mathrm{s})} = \mu^*_{A(\mathrm{s})}$$

2. 相变过程的速率

1) 在温度 T_1

压力恒定，温度为 T_1，具有最低共晶点的三元系固相 E 的转化速率为

$$\begin{aligned}\frac{\mathrm{d}N_{E(\gamma')}}{\mathrm{d}t} &= -\frac{\mathrm{d}N_{E(\mathrm{s})}}{\mathrm{d}t} = Vj_E\\ &= V\left[-l_1\left(\frac{A_{\mathrm{m},E}}{T}\right) - l_2\left(\frac{A_{\mathrm{m},E}}{T}\right)^2 - l_3\left(\frac{A_{\mathrm{m},E}}{T}\right)^3 - \cdots\right]\end{aligned}$$

不考虑耦合作用，固相组元 A、组元 B 和组元 C 的溶解速率分别为

$$\begin{aligned}\frac{\mathrm{d}N_{(A)_{E(\gamma')}}}{\mathrm{d}t} &= -\frac{\mathrm{d}N_{A(\mathrm{s})}}{\mathrm{d}t} = Vj_A\\ &= V\left[-l_1\left(\frac{A_{\mathrm{m},A}}{T}\right) - l_2\left(\frac{A_{\mathrm{m},A}}{T}\right)^2 - l_3\left(\frac{A_{\mathrm{m},A}}{T}\right)^3 - \cdots\right]\end{aligned} \tag{9.191}$$

$$\begin{aligned}\frac{\mathrm{d}N_{(B)_{E(\gamma')}}}{\mathrm{d}t} &= -\frac{\mathrm{d}N_{B(\mathrm{s})}}{\mathrm{d}t} = Vj_B\\ &= V\left[-l_1\left(\frac{A_{\mathrm{m},B}}{T}\right) - l_2\left(\frac{A_{\mathrm{m},B}}{T}\right)^2 - l_3\left(\frac{A_{\mathrm{m},B}}{T}\right)^3 - \cdots\right]\end{aligned} \tag{9.192}$$

$$\begin{aligned}\frac{\mathrm{d}N_{(C)_{E(\gamma')}}}{\mathrm{d}t} &= -\frac{\mathrm{d}N_{C(\mathrm{s})}}{\mathrm{d}t} = Vj_C\\ &= V\left[-l_1\left(\frac{A_{\mathrm{m},C}}{T}\right) - l_2\left(\frac{A_{\mathrm{m},C}}{T}\right)^2 - l_3\left(\frac{A_{\mathrm{m},C}}{T}\right)^3 - \cdots\right]\end{aligned} \tag{9.193}$$

考虑耦合作用，组元 A、组元 B 和组元 C 的溶解速率分别为

$$
\begin{aligned}
\frac{\mathrm{d}N_{(A)_{E(\gamma')}}}{\mathrm{d}t} &= -\frac{\mathrm{d}N_{A(\mathrm{s})}}{\mathrm{d}t} = Vj_A \\
&= V\Bigg[-l_{11}\left(\frac{A_{\mathrm{m},A}}{T}\right) - l_{12}\left(\frac{A_{\mathrm{m},B}}{T}\right) - l_{13}\left(\frac{A_{\mathrm{m},C}}{T}\right) - l_{111}\left(\frac{A_{\mathrm{m},A}}{T}\right)^2 \\
&\quad - l_{112}\left(\frac{A_{\mathrm{m},A}}{T}\right)\left(\frac{A_{\mathrm{m},B}}{T}\right) - l_{113}\left(\frac{A_{\mathrm{m},A}}{T}\right)\left(\frac{A_{\mathrm{m},C}}{T}\right) \\
&\quad - l_{122}\left(\frac{A_{\mathrm{m},B}}{T}\right)^3 - l_{123}\left(\frac{A_{\mathrm{m},B}}{T}\right)\left(\frac{A_{\mathrm{m},C}}{T}\right) \\
&\quad - l_{133}\left(\frac{A_{\mathrm{m},C}}{T}\right)^2 - l_{1111}\left(\frac{A_{\mathrm{m},A}}{T}\right)^3 - l_{1112}\left(\frac{A_{\mathrm{m},A}}{T}\right)^2\left(\frac{A_{\mathrm{m},B}}{T}\right) \\
&\quad - l_{1113}\left(\frac{A_{\mathrm{m},A}}{T}\right)^2\left(\frac{A_{\mathrm{m},C}}{T}\right) - l_{1122}\left(\frac{A_{\mathrm{m},A}}{T}\right)\left(\frac{A_{\mathrm{m},B}}{T}\right)^2 \\
&\quad - l_{1123}\left(\frac{A_{\mathrm{m},A}}{T}\right)\left(\frac{A_{\mathrm{m},B}}{T}\right)\left(\frac{A_{\mathrm{m},C}}{T}\right) - l_{1133}\left(\frac{A_{\mathrm{m},A}}{T}\right)\left(\frac{A_{\mathrm{m},C}}{T}\right)^2 \\
&\quad - l_{1222}\left(\frac{A_{\mathrm{m},B}}{T}\right)^3 - l_{1223}\left(\frac{A_{\mathrm{m},B}}{T}\right)^2\left(\frac{A_{\mathrm{m},C}}{T}\right) \\
&\quad - l_{1233}\left(\frac{A_{\mathrm{m},B}}{T}\right)\left(\frac{A_{\mathrm{m},C}}{T}\right)^2 - l_{1333}\left(\frac{A_{\mathrm{m},C}}{T}\right)^3 - \cdots\Bigg]
\end{aligned}
\tag{9.194}
$$

$$
\begin{aligned}
\frac{\mathrm{d}N_{(B)_{E(\gamma')}}}{\mathrm{d}t} &= -\frac{\mathrm{d}N_{B(\mathrm{s})}}{\mathrm{d}t} = Vj_B \\
&= V\Bigg[-l_{21}\left(\frac{A_{\mathrm{m},A}}{T}\right) - l_{22}\left(\frac{A_{\mathrm{m},B}}{T}\right) - l_{23}\left(\frac{A_{\mathrm{m},C}}{T}\right) - l_{211}\left(\frac{A_{\mathrm{m},A}}{T}\right)^2 \\
&\quad - l_{212}\left(\frac{A_{\mathrm{m},A}}{T}\right)\left(\frac{A_{\mathrm{m},B}}{T}\right) - l_{213}\left(\frac{A_{\mathrm{m},A}}{T}\right)\left(\frac{A_{\mathrm{m},C}}{T}\right) \\
&\quad - l_{222}\left(\frac{A_{\mathrm{m},B}}{T}\right)^2 - l_{223}\left(\frac{A_{\mathrm{m},B}}{T}\right)\left(\frac{A_{\mathrm{m},C}}{T}\right) \\
&\quad - l_{233}\left(\frac{A_{\mathrm{m},C}}{T}\right)^2 - l_{2111}\left(\frac{A_{\mathrm{m},A}}{T}\right)^3 - l_{2112}\left(\frac{A_{\mathrm{m},A}}{T}\right)^2\left(\frac{A_{\mathrm{m},B}}{T}\right) \\
&\quad - l_{2113}\left(\frac{A_{\mathrm{m},A}}{T}\right)^2\left(\frac{A_{\mathrm{m},C}}{T}\right) - l_{2122}\left(\frac{A_{\mathrm{m},A}}{T}\right)\left(\frac{A_{\mathrm{m},B}}{T}\right)^2 \\
&\quad - l_{2123}\left(\frac{A_{\mathrm{m},A}}{T}\right)\left(\frac{A_{\mathrm{m},B}}{T}\right)\left(\frac{A_{\mathrm{m},C}}{T}\right) - l_{2133}\left(\frac{A_{\mathrm{m},A}}{T}\right)\left(\frac{A_{\mathrm{m},C}}{T}\right)^2 \\
&\quad - l_{2222}\left(\frac{A_{\mathrm{m},B}}{T}\right)^3 - l_{2223}\left(\frac{A_{\mathrm{m},B}}{T}\right)^2\left(\frac{A_{\mathrm{m},C}}{T}\right) \\
&\quad - l_{2233}\left(\frac{A_{\mathrm{m},B}}{T}\right)\left(\frac{A_{\mathrm{m},C}}{T}\right)^2 - l_{2333}\left(\frac{A_{\mathrm{m},C}}{T}\right)^3 - \cdots\Bigg]
\end{aligned}
\tag{9.195}
$$

$$\begin{aligned}\frac{\mathrm{d}N_{(C)_{E(\gamma')}}}{\mathrm{d}t}&=-\frac{\mathrm{d}N_{C(\mathrm{s})}}{\mathrm{d}t}=Vj_C\\&=V\left[-l_{31}\left(\frac{A_{\mathrm{m},A}}{T}\right)-l_{32}\left(\frac{A_{\mathrm{m},B}}{T}\right)-l_{33}\left(\frac{A_{\mathrm{m},C}}{T}\right)-l_{311}\left(\frac{A_{\mathrm{m},A}}{T}\right)^2\right.\\&\quad-l_{312}\left(\frac{A_{\mathrm{m},A}}{T}\right)\left(\frac{A_{\mathrm{m},B}}{T}\right)-l_{313}\left(\frac{A_{\mathrm{m},A}}{T}\right)\left(\frac{A_{\mathrm{m},C}}{T}\right)\\&\quad-l_{322}\left(\frac{A_{\mathrm{m},B}}{T}\right)^2-l_{323}\left(\frac{A_{\mathrm{m},B}}{T}\right)\left(\frac{A_{\mathrm{m},C}}{T}\right)\\&\quad-l_{333}\left(\frac{A_{\mathrm{m},C}}{T}\right)^2-l_{3111}\left(\frac{A_{\mathrm{m},A}}{T}\right)^3-l_{3112}\left(\frac{A_{\mathrm{m},A}}{T}\right)^2\left(\frac{A_{\mathrm{m},B}}{T}\right)\\&\quad-l_{3113}\left(\frac{A_{\mathrm{m},A}}{T}\right)^2\left(\frac{A_{\mathrm{m},C}}{T}\right)-l_{3122}\left(\frac{A_{\mathrm{m},A}}{T}\right)\left(\frac{A_{\mathrm{m},B}}{T}\right)^2\\&\quad-l_{3123}\left(\frac{A_{\mathrm{m},A}}{T}\right)\left(\frac{A_{\mathrm{m},B}}{T}\right)\left(\frac{A_{\mathrm{m},C}}{T}\right)-l_{3133}\left(\frac{A_{\mathrm{m},A}}{T}\right)\left(\frac{A_{\mathrm{m},C}}{T}\right)^2\\&\quad-l_{3222}\left(\frac{A_{\mathrm{m},B}}{T}\right)^2-l_{3223}\left(\frac{A_{\mathrm{m},B}}{T}\right)^2\left(\frac{A_{\mathrm{m},C}}{T}\right)\\&\quad\left.-l_{3233}\left(\frac{A_{\mathrm{m},B}}{T}\right)\left(\frac{A_{\mathrm{m},C}}{T}\right)^2-l_{3333}\left(\frac{A_{\mathrm{m},C}}{T}\right)^3-\cdots\right]\end{aligned}\tag{9.196}$$

式中，

$$A_{\mathrm{m},A}=\Delta G_{\mathrm{m},A}$$

$$A_{\mathrm{m},B}=\Delta G_{\mathrm{m},B}$$

$$A_{\mathrm{m},C}=\Delta G_{\mathrm{m},C}$$

2) 从温度 T_2 到温度 T_P

压力恒定，温度为从 T_2 到温度 T_P 间的任一温度 T_i，不考虑耦合作用，固相组元 A 和 B 的溶解速率为

$$\begin{aligned}\frac{\mathrm{d}N_{(A)_{\gamma'_{i-1}}}}{\mathrm{d}t}&=-\frac{\mathrm{d}N_{A(\mathrm{s})}}{\mathrm{d}t}=Vj_A\\&=V\left[-l_1\left(\frac{A_{\mathrm{m},A}}{T}\right)-l_2\left(\frac{A_{\mathrm{m},A}}{T}\right)^2-l_3\left(\frac{A_{\mathrm{m},A}}{T}\right)^3-\cdots\right]\end{aligned}$$

$$\begin{aligned}\frac{\mathrm{d}N_{(B)_{\gamma'_{i-1}}}}{\mathrm{d}t}&=-\frac{\mathrm{d}N_{B(\mathrm{s})}}{\mathrm{d}t}=Vj_B\\&=V\left[-l_1\left(\frac{A_{\mathrm{m},B}}{T}\right)-l_2\left(\frac{A_{\mathrm{m},B}}{T}\right)^2-l_3\left(\frac{A_{\mathrm{m},B}}{T}\right)^3-\cdots\right]\end{aligned}\tag{9.197}$$

考虑耦合作用，有

$$
\begin{aligned}
\frac{\mathrm{d}N_{(A)_{\gamma'_{i-1}}}}{\mathrm{d}t} =& -\frac{\mathrm{d}N_{A(\mathrm{s})}}{\mathrm{d}t} = Vj_A \\
=& V\Bigg[-l_{11}\left(\frac{A_{\mathrm{m},A}}{T}\right) - l_{12}\left(\frac{A_{\mathrm{m},B}}{T}\right) - l_{111}\left(\frac{A_{\mathrm{m},A}}{T}\right)^2 \\
& -l_{112}\left(\frac{A_{\mathrm{m},A}}{T}\right)\left(\frac{A_{\mathrm{m},B}}{T}\right) - l_{122}\left(\frac{A_{\mathrm{m},B}}{T}\right)^2 \\
& -l_{1111}\left(\frac{A_{\mathrm{m},A}}{T}\right)^3 - l_{1112}\left(\frac{A_{\mathrm{m},A}}{T}\right)^2\left(\frac{A_{\mathrm{m},B}}{T}\right) \\
& -l_{1122}\left(\frac{A_{\mathrm{m},A}}{T}\right)\left(\frac{A_{\mathrm{m},B}}{T}\right)^2 - l_{1222}\left(\frac{A_{\mathrm{m},B}}{T}\right)^3 - \cdots\Bigg]
\end{aligned} \tag{9.198}
$$

$$
\begin{aligned}
\frac{\mathrm{d}N_{(B)_{\gamma'_{i-1}}}}{\mathrm{d}t} =& -\frac{\mathrm{d}N_{B(\mathrm{s})}}{\mathrm{d}t} = Vj_B \\
=& V\Bigg[-l_{21}\left(\frac{A_{\mathrm{m},A}}{T}\right) - l_{22}\left(\frac{A_{\mathrm{m},B}}{T}\right) - l_{211}\left(\frac{A_{\mathrm{m},A}}{T}\right)^2 \\
& -l_{212}\left(\frac{A_{\mathrm{m},A}}{T}\right)\left(\frac{A_{\mathrm{m},B}}{T}\right) - l_{222}\left(\frac{A_{\mathrm{m},B}}{T}\right)^2 \\
& -l_{2111}\left(\frac{A_{\mathrm{m},A}}{T}\right)^3 - l_{2112}\left(\frac{A_{\mathrm{m},A}}{T}\right)^2\left(\frac{A_{\mathrm{m},B}}{T}\right) \\
& -l_{2122}\left(\frac{A_{\mathrm{m},A}}{T}\right)\left(\frac{A_{\mathrm{m},B}}{T}\right)^2 - l_{2222}\left(\frac{A_{\mathrm{m},B}}{T}\right)^3 - \cdots\Bigg]
\end{aligned} \tag{9.199}
$$

其中，

$$A_{\mathrm{m},A} = \Delta G_{\mathrm{m},A}$$

$$A_{\mathrm{m},B} = \Delta G_{\mathrm{m},B}$$

3) 在温度 T_{M_1}，不考虑耦合作用，有

$$
\begin{aligned}
\frac{\mathrm{d}N_{(A)_{\gamma'_P}}}{\mathrm{d}t} =& -\frac{\mathrm{d}N_{A(\mathrm{s})}}{\mathrm{d}t} = Vj_A \\
=& V\left[l_1\left(\frac{A_{\mathrm{m},A}}{T}\right) - l_2\left(\frac{A_{\mathrm{m},A}}{T}\right)^2 - l_3\left(\frac{A_{\mathrm{m},A}}{T}\right)^3 - \cdots\right]
\end{aligned} \tag{9.200}
$$

$$
\begin{aligned}
\frac{\mathrm{d}N_{(B)_{\gamma'_P}}}{\mathrm{d}t} =& -\frac{\mathrm{d}N_{B(\mathrm{s})}}{\mathrm{d}t} = Vj_B \\
=& V\left[l_1\left(\frac{A_{\mathrm{m},B}}{T}\right) - l_2\left(\frac{A_{\mathrm{m},B}}{T}\right)^2 - l_3\left(\frac{A_{\mathrm{m},B}}{T}\right)^3 - \cdots\right]
\end{aligned} \tag{9.201}
$$

考虑耦合作用，有

$$
\begin{aligned}
\frac{\mathrm{d}N_{(A)_{\gamma'_P}}}{\mathrm{d}t}=&-\frac{\mathrm{d}N_{A(\mathrm{s})}}{\mathrm{d}t}=Vj_A\\
=&V\left[l_{11}\left(\frac{A_{\mathrm{m},A}}{T}\right)-l_{12}\left(\frac{A_{\mathrm{m},B}}{T}\right)-l_{111}\left(\frac{A_{\mathrm{m},A}}{T}\right)^2-l_{112}\left(\frac{A_{\mathrm{m},A}}{T}\right)\left(\frac{A_{\mathrm{m},B}}{T}\right)\right.\\
&-l_{122}\left(\frac{A_{\mathrm{m},B}}{T}\right)^2-l_{1111}\left(\frac{A_{\mathrm{m},A}}{T}\right)^3-l_{1112}\left(\frac{A_{\mathrm{m},A}}{T}\right)^2\left(\frac{A_{\mathrm{m},B}}{T}\right)\\
&\left.-l_{1122}\left(\frac{A_{\mathrm{m},A}}{T}\right)\left(\frac{A_{\mathrm{m},B}}{T}\right)^2-l_{1222}\left(\frac{A_{\mathrm{m},B}}{T}\right)^3-\cdots\right]
\end{aligned}
\tag{9.202}
$$

$$
\begin{aligned}
\frac{\mathrm{d}N_{(B)_{\gamma'_P}}}{\mathrm{d}t}=&-\frac{\mathrm{d}N_{B(\mathrm{s})}}{\mathrm{d}t}=Vj_B\\
=&V\left[-l_{21}\left(\frac{A_{\mathrm{m},A}}{T}\right)-l_{22}\left(\frac{A_{\mathrm{m},B}}{T}\right)-l_{211}\left(\frac{A_{\mathrm{m},A}}{T}\right)^2-l_{212}\left(\frac{A_{\mathrm{m},A}}{T}\right)\left(\frac{A_{\mathrm{m},B}}{T}\right)\right.\\
&-l_{222}\left(\frac{A_{\mathrm{m},B}}{T}\right)^2-l_{2111}\left(\frac{A_{\mathrm{m},A}}{T}\right)^3-l_{2112}\left(\frac{A_{\mathrm{m},A}}{T}\right)^2\left(\frac{A_{\mathrm{m},B}}{T}\right)\\
&\left.-l_{2122}\left(\frac{A_{\mathrm{m},A}}{T}\right)\left(\frac{A_{\mathrm{m},B}}{T}\right)^2-l_{2222}\left(\frac{A_{\mathrm{m},B}}{T}\right)^3-\cdots\right]
\end{aligned}
\tag{9.203}
$$

4) 从温度 T_{M_2} 到温度 T

温度为从 T_{M_2} 到 T，在温度 T_k 固相组元 A 的溶解速率为

$$
\begin{aligned}
\frac{\mathrm{d}N_{(A)_{\gamma'_{i-1}}}}{\mathrm{d}t}=&-\frac{\mathrm{d}N_{A(\mathrm{s})}}{\mathrm{d}t}=Vj_A\\
=&V\left[-l_1\left(\frac{A_{\mathrm{m},A}}{T}\right)-l_2\left(\frac{A_{\mathrm{m},A}}{T}\right)^2-l_3\left(\frac{A_{\mathrm{m},A}}{T}\right)^3-\cdots\right]
\end{aligned}
\tag{9.204}
$$

9.3.2 具有同组成转化的二元化合物的三元系

1. 相变过程热力学

图 9.10 是具有同组成转化的二元化合物的三元系相图。连接 CD，将三角形 ABC 划分为两个三角形 ADC 和 BCD。物质组成点 M 位于三角形 BCD 内。

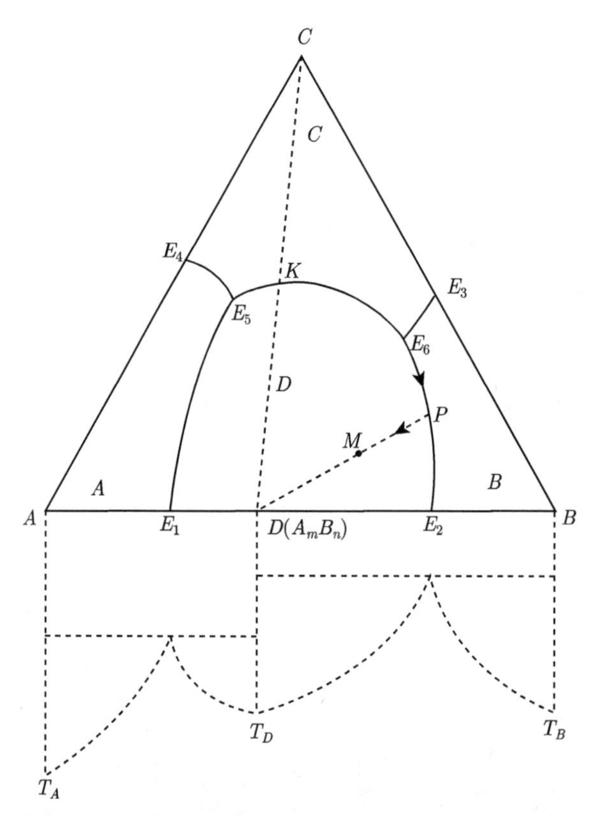

图 9.10　具有同组成转化的二元化合物的三元系相图

1) 在温度 T_E

将物质组成点为 M 的物质升温。温度升高到 T_{E_6}，物质组成点到达 E_6 点的等温平面，开始出现 $E(\gamma)$ 相，两相平衡。有

$$E(\mathrm{s}) \rightleftharpoons E(\gamma)$$

即

$$\begin{aligned} x_B B(\mathrm{s}) + x_C C(\mathrm{s}) + x_D D(\mathrm{s}) &\rightleftharpoons x_B(B)_{E(\gamma)} + x_C(C)_{E(\gamma)} + x_D(D)_{E(\gamma)} \\ &= x_B(B)_{饱} + x_C(C)_{饱} + x_D(D)_{饱} \end{aligned}$$

或

$$B(\mathrm{s}) \rightleftharpoons (B)_{E(\gamma)} = (B)_{饱}$$

$$C(\mathrm{s}) \rightleftharpoons (C)_{E(\gamma)} = (C)_{饱}$$

$$D(\mathrm{s}) \rightleftharpoons (D)_{E(\gamma)} = (D)_{饱}$$

该过程的摩尔吉布斯自由能变化为

$$\begin{aligned}\Delta G_{\mathrm{m},E}(T_E) &= G_{\mathrm{m},E(\gamma)}(T_E) - G_{\mathrm{m},E(\mathrm{s})}(T_E) \\ &= \Delta_{\mathrm{sol}}H_{\mathrm{m},E}(T_E) - T_E\Delta_{\mathrm{sol}}S_{\mathrm{m},E}(T_E) \\ &= \Delta_{\mathrm{sol}}H_{\mathrm{m},E}(T_E) - T_E\frac{\Delta_{\mathrm{sol}}H_{\mathrm{m},E}(T_E)}{T_E} \\ &= 0\end{aligned} \tag{9.205}$$

或

$$\begin{aligned}\Delta G_{\mathrm{m},B}(T_E) &= \overline{G}_{\mathrm{m},(B)_{E(\gamma)}}(T_E) - G_{\mathrm{m},B(\mathrm{s})}(T_E) \\ &= \Delta_{\mathrm{sol}}H_{\mathrm{m},B}(T_E) - T_E\Delta S_{\mathrm{m},B}(T_E) \\ &= \Delta_{\mathrm{sol}}H_{\mathrm{m},B}(T_E) - T_E\frac{\Delta_{\mathrm{sol}}H_{\mathrm{m},B}(T_E)}{T_E} \\ &= 0\end{aligned} \tag{9.206}$$

$$\begin{aligned}\Delta G_{\mathrm{m},C}(T_E) &= \overline{G}_{\mathrm{m},(C)_{E(\gamma)}}(T_E) - G_{\mathrm{m},C(\mathrm{s})}(T_E) \\ &= \Delta_{\mathrm{sol}}H_{\mathrm{m},C}(T_E) - T_E\Delta S_{\mathrm{m},C}(T_E) \\ &= \Delta_{\mathrm{sol}}H_{\mathrm{m},C}(T_E) - T_E\frac{\Delta_{\mathrm{sol}}H_{\mathrm{m},C}(T_E)}{T_E} \\ &= 0\end{aligned} \tag{9.207}$$

$$\begin{aligned}\Delta G_{\mathrm{m},D}(T_E) &= \overline{G}_{\mathrm{m},(D)_{E(\gamma)}}(T_E) - G_{\mathrm{m},D(\mathrm{s})}(T_E) \\ &= \Delta_{\mathrm{sol}}H_{\mathrm{m},D}(T_E) - T_E\Delta S_{\mathrm{m},D}(T_E) \\ &= \Delta_{\mathrm{sol}}H_{\mathrm{m},D}(T_E) - T_E\frac{\Delta_{\mathrm{sol}}H_{\mathrm{m},D}(T_E)}{T_E} \\ &= 0\end{aligned} \tag{9.208}$$

$$\Delta G_{\mathrm{m},E}(T_E) = x_B\Delta G_{\mathrm{m},B}(T_E) + x_C\Delta G_{\mathrm{m},C}(T_E) + x_D\Delta G_{\mathrm{m},D}(T_E) = 0$$

或如下计算。

组元 B、C、D 都以其纯固态为标准状态，组成以摩尔分数表示，摩尔吉布斯自由能变化为

$$\Delta G_{\mathrm{m},B} = \mu_{(B)_{E(\gamma)}} - \mu_{B(\mathrm{s})} = RT\ln a^{\mathrm{R}}_{(B)_{E(\gamma)}} = RT\ln a^{\mathrm{R}}_{(B)_{饱}} = 0 \tag{9.209}$$

式中，

$$\mu_{(B)_{E(\gamma)}} = \mu^*_{B(\mathrm{s})} + RT\ln a^{\mathrm{R}}_{(B)_{E(\gamma)}} = \mu^*_{B(\mathrm{s})} + RT\ln a^{\mathrm{R}}_{(B)_{饱}}$$

$$\mu_{B(\mathrm{s})} = \mu^*_{B(\mathrm{s})}$$

$$\begin{aligned}\Delta G_{\mathrm{m},C} &= \mu_{(C)_{E(\gamma)}} - \mu_{C(\mathrm{s})} \\ &= RT\ln a^{\mathrm{R}}_{(C)_{E(\gamma)}} \\ &= RT\ln a^{\mathrm{R}}_{(C)_{饱}} \\ &= 0\end{aligned} \tag{9.210}$$

式中，

$$\mu_{(C)_{E(\gamma)}} = \mu^*_{C(\mathrm{s})} + RT\ln a^{\mathrm{R}}_{(C)_{E(\gamma)}} = \mu^*_{C(\mathrm{s})} + RT\ln a^{\mathrm{R}}_{(C)_{饱}}$$

$$\mu_{C(\mathrm{s})} = \mu^*_{C(\mathrm{s})}$$

$$\begin{aligned}\Delta G_{\mathrm{m},D} &= \mu_{(D)_{E(\gamma)}} - \mu_{D(\mathrm{s})} \\ &= RT\ln a^{\mathrm{R}}_{(D)_{E(\gamma)}} \\ &= RT\ln a^{\mathrm{R}}_{(D)_{饱}} \\ &= 0\end{aligned} \tag{9.211}$$

式中，

$$\mu_{(D)_{E(\gamma)}} = \mu^*_{D(\mathrm{s})} + RT\ln a^{\mathrm{R}}_{(D)_{E(\gamma)}} = \mu^*_{D(\mathrm{s})} + RT\ln a^{\mathrm{R}}_{(D)_{饱}}$$

$$\mu_{D(\mathrm{s})} = \mu^*_{D(\mathrm{s})}$$

2) 在温度 T_1

升高温度到 T_1。在温度刚升到 T_1，固相组元 B、C、D 还未来得及溶解进入 $E(\gamma)$ 相时，$E(\gamma)$ 相组成未变，但已由组元 B、C、A_mB_n 的饱和相 $E(\gamma)$ 变成不饱和的相 $E(\gamma')$。固体组元 B、C、A_mB_n 向其中溶解。有

$$E(\mathrm{s}) = E(\gamma')$$

即

$$x_AB_{(\mathrm{s})} + x_BB_{(\mathrm{s})} + x_CC_{(\mathrm{s})} = x_A(A)_{E(\gamma')} + x_B(B)_{E(\gamma')} + x_C(C)_{E(\gamma')}$$

或

$$B(\mathrm{s}) = (B)_{E(\gamma')}$$

$$C(\mathrm{s}) = (C)_{E(\gamma')}$$

$$D(\mathrm{s}) = (D)_{E(\gamma')}$$

该过程的摩尔吉布斯自由能变化为

$$\begin{aligned}\Delta G_{\mathrm{m},E}(T_1) &= G_{\mathrm{m},E(\gamma')}(T_1) - G_{\mathrm{m},E(\mathrm{s})}(T_1) \\ &= \Delta_{\mathrm{sol}}H_{\mathrm{m},E}(T_1) - T_1\Delta_{\mathrm{sol}}S_{\mathrm{m},E}(T_1) \\ &\approx \Delta_{\mathrm{sol}}H_{\mathrm{m},E}(T_E) - T_1\frac{\Delta_{\mathrm{sol}}H_{\mathrm{m},E}(T_E)}{T_E} \\ &= \frac{\Delta_{\mathrm{sol}}H_{\mathrm{m},E}(T_E)\Delta T}{T_E}\end{aligned} \tag{9.212}$$

式中，

$$\Delta T = T_E - T_1$$

或如下计算。

$$\begin{aligned}\Delta G_{\mathrm{m},B}\left(T_1\right) &= \overline{G}_{\mathrm{m},(B)_{E(\gamma')}}\left(T_1\right) - G_{\mathrm{m},B(\mathrm{s})}\left(T_1\right)\\ &= \Delta_{\mathrm{sol}}H_{\mathrm{m},B}\left(T_1\right) - T_1\Delta_{\mathrm{sol}}S_{\mathrm{m},B}\left(T_1\right)\\ &\approx \Delta_{\mathrm{sol}}H_{\mathrm{m},B}\left(T_E\right) - T_1\frac{\Delta_{\mathrm{sol}}H_{\mathrm{m},B}\left(T_E\right)}{T_E}\\ &= \frac{\Delta_{\mathrm{sol}}H_{\mathrm{m},B}\left(T_E\right)\Delta T}{T_E}\end{aligned} \tag{9.213}$$

同理

$$\Delta G_{\mathrm{m},C}\left(T_1\right) = \frac{\Delta_{\mathrm{sol}}H_{\mathrm{m},C}\left(T_E\right)\Delta T}{T_E} \tag{9.214}$$

$$\Delta G_{\mathrm{m},D}\left(T_1\right) = \frac{\Delta_{\mathrm{sol}}H_{\mathrm{m},D}\left(T_E\right)\Delta T}{T_E} \tag{9.215}$$

直到固相 C 消失，完全溶入 $E(\gamma')$ 相。组元 B 和 A_mB_n 继续溶解进入 $E(\gamma')$ 相。该过程的摩尔吉布斯自由能变化为

$$\Delta G_{\mathrm{m},B}\left(T_1\right) = \frac{\Delta_{\mathrm{sol}}H_{\mathrm{m},B}\left(T_E\right)\Delta T}{T_E}$$

$$\Delta G_{\mathrm{m},D}\left(T_1\right) = \frac{\Delta_{\mathrm{sol}}H_{\mathrm{m},D}\left(T_E\right)\Delta T}{T_E}$$

直到组元 B 和 A_mB_n 与固溶体相达成平衡，平衡固溶体的组成为共晶线 EE_2 上的 γ_1 点，γ_1 点的温度为 T_1。有

$$B\left(\mathrm{s}\right) \rightleftharpoons \left(B\right)_{\gamma_1} = \!= \left(B\right)_{饱}$$

$$A_mB_n\left(\mathrm{s}\right) \rightleftharpoons \left(A_mB_n\right)_{\gamma_1} = \!= \left(A_mB_n\right)_{饱}$$

3) 温度从 T_1 到 T_P

继续升高温度。温度从 T_1 到 T_P，平衡相组成从 E 点沿共晶线 E_6E_2 向 P 点移动。固体组元 B、A_mB_n 的溶解过程可以统一描述如下。

在温度 T_{i-1}，两相达成平衡，平衡相组成为共晶线 E_6E_2 上的 γ_{i-1} 点。

$$B\left(\mathrm{s}\right) \rightleftharpoons \left(B\right)_{\gamma_{i-1}} = \!= \left(B\right)_{饱}$$

$$A_mB_n\left(\mathrm{s}\right) \rightleftharpoons \left(A_mB_n\right)_{\gamma_{i-1}} = \!= \left(A_mB_n\right)_{饱}$$

升高温度到 T_i。在温度刚升到 T_{i-1}，固体组元 B 和 A_mB_n 还未来得及向 γ_{i-1} 相中溶解时，γ_{i-1} 相组成未变，只是由组元 B 和 A_mB_n 饱和相 γ_{i-1} 变成其不饱和的相 γ'_{i-1}。组元 B 和 A_mB_n 向其中溶解，有

$$B\left(\mathrm{s}\right) = \!= \left(B\right)_{\gamma'_{i-1}}$$

$$A_mB_n(\mathrm{s}) = (A_mB_n)_{\gamma'_{i-1}}$$

该过程的摩尔吉布斯自由能变化为

$$\begin{aligned}\Delta G_{\mathrm{m},B}(T_i) &= \overline{G}_{\mathrm{m},(B)_{\gamma'_{i-1}}}(T_i) - G_{\mathrm{m},B(\mathrm{s})}(T_i)\\ &= \Delta_{\mathrm{sol}}H_{\mathrm{m},B}(T_i) - T_i\Delta_{\mathrm{sol}}S_{\mathrm{m},B}(T_i)\\ &\approx \Delta_{\mathrm{sol}}H_{\mathrm{m},B}(T_{i-1}) - T_i\frac{\Delta_{\mathrm{sol}}H_{\mathrm{m},B}(T_{i-1})}{T_{i-1}}\\ &= \frac{\Delta_{\mathrm{sol}}H_{\mathrm{m},B}(T_{i-1})\Delta T}{T_{i-1}}\end{aligned} \tag{9.216}$$

$$\begin{aligned}\Delta G_{\mathrm{m},D}(T_i) &= \overline{G}_{\mathrm{m},(D)_{\gamma'_{i-1}}}(T_i) - G_{\mathrm{m},D(\mathrm{s})}(T_i)\\ &= \Delta_{\mathrm{sol}}H_{\mathrm{m},D}(T_i) - T_i\Delta_{\mathrm{sol}}S_{\mathrm{m},D}(T_i)\\ &\approx \Delta_{\mathrm{sol}}H_{\mathrm{m},D}(T_{i-1}) - T_i\frac{\Delta_{\mathrm{sol}}H_{\mathrm{m},D}(T_{i-1})}{T_{i-1}}\\ &= \frac{\Delta_{\mathrm{sol}}H_{\mathrm{m},D}(T_{i-1})\Delta T}{T_{i-1}}\end{aligned} \tag{9.217}$$

式中，

$$\Delta T = T_{i-1} - T_i < 0$$

组元 B 和 A_mB_n 都以其纯固态为标准状态，组成以摩尔分数表示，摩尔吉布斯自由能变化为

$$\begin{aligned}\Delta G_{\mathrm{m},B} &= \mu_{(B)_{\gamma'_{i-1}}} - \mu_{B(\mathrm{s})}\\ &= RT\ln a^{\mathrm{R}}_{(B)_{\gamma'_{i-1}}}\end{aligned} \tag{9.218}$$

式中，

$$\mu_{(B)_{\gamma'_{i-1}}} = \mu^*_{B(\mathrm{s})} + RT\ln a^{\mathrm{R}}_{(B)_{\gamma'_{i-1}}}$$

$$\mu_{B(\mathrm{s})} = \mu^*_{B(\mathrm{s})}$$

$$\begin{aligned}\Delta G_{\mathrm{m},D} &= \mu_{(D)_{\gamma'_{i-1}}} - \mu_{D(\mathrm{s})}\\ &= RT\ln a^{\mathrm{R}}_{(D)_{\gamma'_{i-1}}}\end{aligned} \tag{9.219}$$

式中，

$$\mu_{(D)_{\gamma'_{i-1}}} = \mu^*_{D(\mathrm{s})} + RT\ln a^{\mathrm{R}}_{(D)_{\gamma'_{i-1}}}$$

$$\mu_{D(\mathrm{s})} = \mu^*_{D(\mathrm{s})}$$

直到组元 B、A_mB_n 溶解达到饱和，与组元 B、A_mB_n 达成平衡的相组成为 γ_i。有

$$B(\mathrm{s}) \rightleftharpoons (B)_{\gamma_i} = (B)_{饱}$$

$$A_mB_n\,(\mathrm{s}) \rightleftharpoons (A_mB_n)_{\gamma_i} = (A_mB_n)_{饱}$$

升高温度到 T_P，达成平衡时，平衡相组成为共晶线和 PD 连线的交点 P，该相以 γ_P 表示。有

$$B\,(\mathrm{s}) \rightleftharpoons (B)_{\gamma_P} = (B)_{饱}$$

$$A_mB_n\,(\mathrm{s}) \rightleftharpoons (A_mB_n)_{\gamma_P} = (A_mB_n)_{饱}$$

4) 在温度 T_{P+1}

升高温度到 T_{P+1}。在温度刚升到 T_{P+1}，固相组元 B 和 A_mB_n 还未来得及溶解进入 γ_P 相时，γ_P 相组成未变，但已由组元 B 和 A_mB_n 饱和的相 γ_P 变成不饱和的相 γ'_P。固相组元 B 和 A_mB_n 向其中溶解。有

$$B\,(\mathrm{s}) = (B)_{\gamma'_P}$$

$$A_mB_n\,(\mathrm{s}) = (A_mB_n)_{\gamma'_P}$$

该过程的摩尔吉布斯自由能变化为

$$\begin{aligned}\Delta G_{\mathrm{m},B}(T_{P+1}) &= \overline{G}_{\mathrm{m},(B)_{\gamma'_P}}(T_{P+1}) - G_{\mathrm{m},B(\mathrm{s})}(T_{P+1})\\ &= \Delta_{\mathrm{sol}}H_{\mathrm{m},B}(T_{P+1}) - T_{P+1}\Delta_{\mathrm{sol}}S_{\mathrm{m},B}(T_{P+1})\\ &\approx \Delta_{\mathrm{sol}}H_{\mathrm{m},B}(T_P) - T_{P+1}\frac{\Delta_{\mathrm{sol}}H_{\mathrm{m},B}(T_P)}{T_P}\\ &= \frac{\Delta_{\mathrm{sol}}H_{\mathrm{m},B}(T_P)\Delta T}{T_P}\end{aligned} \tag{9.220}$$

$$\begin{aligned}\Delta G_{\mathrm{m},D}(T_{P+1}) &= \overline{G}_{\mathrm{m},(D)_{\gamma'_P}}(T_{P+1}) - G_{\mathrm{m},D(\mathrm{s})}(T_{P+1})\\ &\approx \Delta_{\mathrm{sol}}H_{\mathrm{m},D}(T_P) - T_{P+1}\frac{\Delta_{\mathrm{sol}}H_{\mathrm{m},D}(T_P)}{T_P}\\ &= \frac{\Delta_{\mathrm{sol}}H_{\mathrm{m},D}(T_P)\Delta T}{T_P}\end{aligned} \tag{9.221}$$

式中，

$$\Delta T = T_P - T_{P+1}$$

或者如下计算。

以纯固态组元 B 和 A_mB_n 为标准状态，组成以摩尔分数表示，溶解过程的摩尔吉布斯自由能变化为

$$\Delta G_{\mathrm{m},B} = \mu_{(B)_{\gamma'_P}} - \mu_{B(\mathrm{s})} = RT\ln a^{\mathrm{R}}_{(B)_{\gamma'_P}} \tag{9.222}$$

式中，

$$\mu_{(B)_{\gamma'_P}} = \mu^*_{B(\mathrm{s})} + RT\ln a^{\mathrm{R}}_{(B)_{\gamma'_P}}$$

$$\mu_{B(\mathrm{s})} = \mu^*_{B(\mathrm{s})}$$

$$\Delta G_{\mathrm{m},D} = \mu_{(D)_{\gamma'_P}} - \mu_{D(\mathrm{s})} = RT\ln a^{\mathrm{R}}_{(D)_{\gamma'_P}} \tag{9.223}$$

式中，

$$\mu_{(D)_{\gamma'_P}} = \mu^*_{D(\mathrm{s})} + RT\ln a^{\mathrm{R}}_{(D)_{\gamma'_P}}$$

$$\mu_{D(\mathrm{s})} = \mu^*_{D(\mathrm{s})}$$

直到固相组元 B 消失，完全进入固溶体相；固相组元 A_mB_n 与相 γ_{P+1} 达成平衡，成为饱和相，有

$$A_mB_n\,(\mathrm{s}) \rightleftharpoons (A_mB_n)_{\gamma_P} =\!=\!= (A_mB_n)_{饱}$$

5) 升高温度从 T_P 到 T_M

继续升高温度。温度从 T_P 升高到 T_M，平衡相组成沿 PD 连线，从 P 点向 M 点移动。该过程可以统一描述如下。

在温度 T_{k-1}，A_mB_n 和 γ_{k-1} 相达成平衡，与 A_mB_n 平衡的相组成为 γ_{k-1}。有

$$A_mB_n\,(\mathrm{s}) \rightleftharpoons (A_mB_n)_{\gamma_{k-1}} =\!=\!= (A_mB_n)_{饱}$$

$$(k = 1, 2, \cdots, n)$$

继续升高温度到 T_k。当温度刚升到 T_k，固相组元 A_mB_n 还未来得及溶解进入 γ_{k-1} 相时，γ_{k-1} 组成未变。但已由固相组元 A_mB_n 的饱和相 γ_{k-1} 变成其不饱和相 γ'_{k-1}，固相组元 A_mB_n 向其中溶解，有

$$A_mB_n\,(\mathrm{s}) =\!=\!= (A_mB_n)_{\gamma'_{k-1}}$$

该过程的摩尔吉布斯自由能变化为

$$\begin{aligned}\Delta G_{\mathrm{m},D}\,(T_k) &= \overline{G}_{\mathrm{m},(D)_{\gamma'_{k-1}}}\,(T_k) - G_{\mathrm{m},D(\mathrm{s})}\,(T_k)\\ &= \Delta_{\mathrm{sol}}H_{\mathrm{m},D}\,(T_k) - T_k\Delta_{\mathrm{sol}}S_{\mathrm{m},D}\,(T_k)\\ &\approx \Delta_{\mathrm{sol}}H_{\mathrm{m},D}\,(T_{k-1}) - T_k\frac{\Delta_{\mathrm{sol}}H_{\mathrm{m},D}\,(T_{k-1})}{T_{k-1}}\\ &= \frac{\Delta_{\mathrm{sol}}H_{\mathrm{m},D}\,(T_{k-1})\,\Delta T}{T_{k-1}}\end{aligned} \tag{9.224}$$

式中，

$$\Delta T = T_{k-1} - T_k$$

组元 A_mB_n 都以纯固态为标准状态，组成以摩尔分数表示，有

$$\Delta G_{\mathrm{m},D} = \mu_{(D)_{\gamma'_{k-1}}} - \mu_{D(\mathrm{s})} = RT\ln a^{\mathrm{R}}_{(D)_{\gamma'_{k-1}}} \tag{9.225}$$

式中，

$$\mu_{(D)_{\gamma'_{k-1}}} = \mu^*_{D(\mathrm{s})} + RT\ln a^{\mathrm{R}}_{(D)_{\gamma'_{k-1}}}$$

$$\mu_{D(\mathrm{s})} = \mu^*_{D(\mathrm{s})}$$

直到两相达成平衡，组元 A_mB_n 达到饱和。与其平衡相组成为 γ_k，有

$$A_mB_n\,(\mathrm{s}) \rightleftharpoons (A_mB_n)_{\gamma_k} \equiv (A_mB_n)_{饱}$$

温度升到 T_M。两相达成平衡时，与 A_mB_n 平衡的相组成为 γ_M，是组元 A_mB_n 的饱和相。有

$$A_mB_n\,(\mathrm{s}) \rightleftharpoons (A_mB_n)_{\gamma_M} \equiv (A_mB_n)_{饱}$$

6) 升高温度到 T

继续升高温度到 T，高于 T_M。在温度刚升到 T，固相组元 A_mB_n 还未来得及溶解到 γ_M 相中，γ_M 相组成未变。但是，已由组元 A_mB_n 饱和的相 γ_M 变为不饱和的相 γ'_M。固相组元 A_mB_n 向其中溶解，有

$$A_mB_n\,(\mathrm{s}) = (A_mB_n)_{\gamma'_M}$$

该过程的摩尔吉布斯自由能变化为

$$\begin{aligned}\Delta G_{\mathrm{m},D}(T) &= \overline{G}_{\mathrm{m},(D)_{\gamma'_M}}(T) - G_{\mathrm{m},D(\mathrm{s})}(T)\\ &= \Delta_{\mathrm{sol}}H_{\mathrm{m},D}(T) - T\Delta_{\mathrm{sol}}S_{\mathrm{m},D}(T)\\ &\approx \Delta_{\mathrm{sol}}H_{\mathrm{m},D}(T_M) - T\frac{\Delta_{\mathrm{sol}}H_{\mathrm{m},D}(T_M)}{T_M}\\ &= \frac{\Delta_{\mathrm{sol}}H_{\mathrm{m},D}(T_M)\Delta T}{T_M}\end{aligned} \tag{9.226}$$

式中，

$$\Delta T = T_M - T < 0$$

组元 A_mB_n 都以其纯固态为标准状态，组成以摩尔分数表示，摩尔吉布斯自由能变化为

$$\Delta G_{\mathrm{m},D} = \mu_{(D)_{\gamma'_M}} - \mu_{D(\mathrm{s})} = RT\ln a^{\mathrm{R}}_{(D)_{\gamma'_M}} \tag{9.227}$$

式中，

$$\mu_{(D)_{\gamma'_M}} = \mu^*_{D(\mathrm{s})} + RT\ln a^{\mathrm{R}}_{(D)_{\gamma'_M}}$$

$$\mu_{D(\mathrm{s})} = \mu^*_{D(\mathrm{s})}$$

直到固态组元 A_mB_n 消失。

2. 相变速率

1) 在温度 T_1

在温度 T_1，不考虑耦合作用，组元 E 的转化速率为

$$\begin{aligned}\frac{\mathrm{d}N_{E(\gamma')}}{\mathrm{d}t}&=-\frac{\mathrm{d}N_{E(\mathrm{s})}}{\mathrm{d}t}=Vj_{\mathrm{E}}\\&=-V\left[l_1\left(\frac{A_{\mathrm{m},E}}{T}\right)+l_2\left(\frac{A_{\mathrm{m},E}}{T}\right)^2+l_3\left(\frac{A_{\mathrm{m},E}}{T}\right)^3+\cdots\right]\end{aligned}\tag{9.228}$$

式中，

$$A_{\mathrm{m},E}=\Delta G_{\mathrm{m},E}$$

组元 B、C 和 A_mB_n 的溶解速率为

$$\begin{aligned}\frac{\mathrm{d}N_{(B)_{E(\gamma')}}}{\mathrm{d}t}&=-\frac{\mathrm{d}N_{B(\mathrm{s})}}{\mathrm{d}t}=Vj_B\\&=-V\left[l_1\left(\frac{A_{\mathrm{m},B}}{T}\right)+l_2\left(\frac{A_{\mathrm{m},B}}{T}\right)^2+l_3\left(\frac{A_{\mathrm{m},B}}{T}\right)^3+\cdots\right]\end{aligned}\tag{9.229}$$

式中，

$$A_{\mathrm{m},B}=\Delta G_{\mathrm{m},B}$$

$$\begin{aligned}\frac{\mathrm{d}N_{(C)_{E(\gamma')}}}{\mathrm{d}t}&=-\frac{\mathrm{d}N_{C(\mathrm{s})}}{\mathrm{d}t}=Vj_C\\&=-V\left[l_1\left(\frac{A_{\mathrm{m},C}}{T}\right)+l_2\left(\frac{A_{\mathrm{m},C}}{T}\right)^2+l_3\left(\frac{A_{\mathrm{m},C}}{T}\right)^3+\cdots\right]\end{aligned}\tag{9.230}$$

式中，

$$A_{\mathrm{m},C}=\Delta G_{\mathrm{m},C}$$

$$\begin{aligned}\frac{\mathrm{d}N_{(D)_{E(\gamma')}}}{\mathrm{d}t}&=-\frac{\mathrm{d}N_{D(\mathrm{s})}}{\mathrm{d}t}=Vj_D\\&=-V\left[l_1\left(\frac{A_{\mathrm{m},D}}{T}\right)+l_2\left(\frac{A_{\mathrm{m},D}}{T}\right)^2+l_3\left(\frac{A_{\mathrm{m},D}}{T}\right)^3+\cdots\right]\end{aligned}\tag{9.231}$$

式中，

$$A_{\mathrm{m},D}=\Delta G_{\mathrm{m},D}$$

考虑耦合作用，组元 B、C 和 A_mB_n 的溶解速率为

$$\begin{aligned}
\frac{\mathrm{d}N_{(B)_{E(\gamma')}}}{\mathrm{d}t}=&-\frac{\mathrm{d}N_{B(\mathrm{s})}}{\mathrm{d}t}=Vj_B\\
=&-V\left[l_{11}\left(\frac{A_{\mathrm{m},B}}{T}\right)+l_{12}\left(\frac{A_{\mathrm{m},C}}{T}\right)+l_{13}\left(\frac{A_{\mathrm{m},D}}{T}\right)+l_{111}\left(\frac{A_{\mathrm{m},B}}{T}\right)^2\right.\\
&+l_{112}\left(\frac{A_{\mathrm{m},B}}{T}\right)\left(\frac{A_{\mathrm{m},C}}{T}\right)\\
&+l_{113}\left(\frac{A_{\mathrm{m},B}}{T}\right)\left(\frac{A_{\mathrm{m},D}}{T}\right)+l_{122}\left(\frac{A_{\mathrm{m},C}}{T}\right)^2+l_{123}\left(\frac{A_{\mathrm{m},C}}{T}\right)\left(\frac{A_{\mathrm{m},D}}{T}\right)\\
&+l_{133}\left(\frac{A_{\mathrm{m},D}}{T}\right)^2+l_{1111}\left(\frac{A_{\mathrm{m},B}}{T}\right)^3\\
&+l_{1112}\left(\frac{A_{\mathrm{m},B}}{T}\right)^2\left(\frac{A_{\mathrm{m},C}}{T}\right)+l_{1113}\left(\frac{A_{\mathrm{m},B}}{T}\right)^2\left(\frac{A_{\mathrm{m},D}}{T}\right)\\
&+l_{1122}\left(\frac{A_{\mathrm{m},B}}{T}\right)\left(\frac{A_{\mathrm{m},C}}{T}\right)^2+l_{1123}\left(\frac{A_{\mathrm{m},B}}{T}\right)\left(\frac{A_{\mathrm{m},C}}{T}\right)\left(\frac{A_{\mathrm{m},D}}{T}\right)\\
&+l_{1133}\left(\frac{A_{\mathrm{m},B}}{T}\right)\left(\frac{A_{\mathrm{m},D}}{T}\right)^2\\
&+l_{1222}\left(\frac{A_{\mathrm{m},C}}{T}\right)^3+l_{1223}\left(\frac{A_{\mathrm{m},C}}{T}\right)^2\left(\frac{A_{\mathrm{m},D}}{T}\right)\\
&\left.+l_{1233}\left(\frac{A_{\mathrm{m},C}}{T}\right)\left(\frac{A_{\mathrm{m},D}}{T}\right)^2+l_{1333}\left(\frac{A_{\mathrm{m},D}}{T}\right)^3+\cdots\right]
\end{aligned} \tag{9.232}$$

$$\begin{aligned}
\frac{\mathrm{d}N_{(C)_{E(\gamma')}}}{\mathrm{d}t}=&-\frac{\mathrm{d}N_{C(\mathrm{s})}}{\mathrm{d}t}=Vj_B\\
=&-V\left[l_{21}\left(\frac{A_{\mathrm{m},B}}{T}\right)+l_{22}\left(\frac{A_{\mathrm{m},C}}{T}\right)+l_{23}\left(\frac{A_{\mathrm{m},D}}{T}\right)+l_{211}\left(\frac{A_{\mathrm{m},B}}{T}\right)^2\right.\\
&+l_{212}\left(\frac{A_{\mathrm{m},B}}{T}\right)\left(\frac{A_{\mathrm{m},C}}{T}\right)\\
&+l_{213}\left(\frac{A_{\mathrm{m},B}}{T}\right)\left(\frac{A_{\mathrm{m},D}}{T}\right)+l_{222}\left(\frac{A_{\mathrm{m},C}}{T}\right)^2\\
&+l_{223}\left(\frac{A_{\mathrm{m},C}}{T}\right)\left(\frac{A_{\mathrm{m},D}}{T}\right)+l_{233}\left(\frac{A_{\mathrm{m},D}}{T}\right)^2+l_{2111}\left(\frac{A_{\mathrm{m},B}}{T}\right)^3\\
&+l_{2112}\left(\frac{A_{\mathrm{m},B}}{T}\right)^2\left(\frac{A_{\mathrm{m},C}}{T}\right)+l_{2113}\left(\frac{A_{\mathrm{m},B}}{T}\right)^2\left(\frac{A_{\mathrm{m},D}}{T}\right)\\
&+l_{2122}\left(\frac{A_{\mathrm{m},B}}{T}\right)\left(\frac{A_{\mathrm{m},C}}{T}\right)^2+l_{2123}\left(\frac{A_{\mathrm{m},B}}{T}\right)\left(\frac{A_{\mathrm{m},C}}{T}\right)\left(\frac{A_{\mathrm{m},D}}{T}\right)\\
&+l_{2133}\left(\frac{A_{\mathrm{m},B}}{T}\right)\left(\frac{A_{\mathrm{m},D}}{T}\right)^2
\end{aligned}$$

$$+l_{2222}\left(\frac{A_{\mathrm{m},C}}{T}\right)^3+l_{2223}\left(\frac{A_{\mathrm{m},C}}{T}\right)^2\left(\frac{A_{\mathrm{m},D}}{T}\right)$$
$$+l_{2233}\left(\frac{A_{\mathrm{m},C}}{T}\right)\left(\frac{A_{\mathrm{m},D}}{T}\right)^2+l_{2333}\left(\frac{A_{\mathrm{m},D}}{T}\right)^3+\cdots\Bigg] \tag{9.233}$$

$$\begin{aligned}
\frac{\mathrm{d}N_{(D)_{E(\gamma')}}}{\mathrm{d}t}&=-\frac{\mathrm{d}N_{D(\mathrm{s})}}{\mathrm{d}t}=Vj_D\\
&=-V\Bigg[l_{31}\left(\frac{A_{\mathrm{m},B}}{T}\right)+l_{32}\left(\frac{A_{\mathrm{m},C}}{T}\right)+l_{33}\left(\frac{A_{\mathrm{m},D}}{T}\right)+l_{311}\left(\frac{A_{\mathrm{m},B}}{T}\right)^2\\
&\quad+l_{312}\left(\frac{A_{\mathrm{m},B}}{T}\right)\left(\frac{A_{\mathrm{m},C}}{T}\right)\\
&\quad+l_{313}\left(\frac{A_{\mathrm{m},B}}{T}\right)\left(\frac{A_{\mathrm{m},D}}{T}\right)+l_{322}\left(\frac{A_{\mathrm{m},C}}{T}\right)^2\\
&\quad+l_{323}\left(\frac{A_{\mathrm{m},C}}{T}\right)\left(\frac{A_{\mathrm{m},D}}{T}\right)+l_{333}\left(\frac{A_{\mathrm{m},D}}{T}\right)^2+l_{3111}\left(\frac{A_{\mathrm{m},B}}{T}\right)^3\\
&\quad+l_{3112}\left(\frac{A_{\mathrm{m},B}}{T}\right)^2\left(\frac{A_{\mathrm{m},C}}{T}\right)+l_{3113}\left(\frac{A_{\mathrm{m},B}}{T}\right)^2\left(\frac{A_{\mathrm{m},D}}{T}\right)\\
&\quad+l_{3122}\left(\frac{A_{\mathrm{m},B}}{T}\right)\left(\frac{A_{\mathrm{m},C}}{T}\right)^2+l_{3123}\left(\frac{A_{\mathrm{m},B}}{T}\right)\left(\frac{A_{\mathrm{m},C}}{T}\right)\left(\frac{A_{\mathrm{m},D}}{T}\right)\\
&\quad+l_{3133}\left(\frac{A_{\mathrm{m},B}}{T}\right)\left(\frac{A_{\mathrm{m},D}}{T}\right)^2\\
&\quad+l_{3222}\left(\frac{A_{\mathrm{m},C}}{T}\right)^3+l_{3223}\left(\frac{A_{\mathrm{m},C}}{T}\right)^2\left(\frac{A_{\mathrm{m},D}}{T}\right)\\
&\quad+l_{3233}\left(\frac{A_{\mathrm{m},C}}{T}\right)\left(\frac{A_{\mathrm{m},D}}{T}\right)^2+l_{3333}\left(\frac{A_{\mathrm{m},D}}{T}\right)^3+\cdots\Bigg]
\end{aligned} \tag{9.234}$$

2) 从温度 T_2 到 T_{P+1}

从温度 T_2 到 T_{P+1}，固相组元 B 和 A_mB_n 溶解，不考虑耦合作用，速率为

$$\begin{aligned}
\frac{\mathrm{d}N_{(B)_{\gamma_{i-1}}}}{\mathrm{d}t}&=-\frac{\mathrm{d}N_{B(\mathrm{s})}}{\mathrm{d}t}=Vj_B\\
&=-V\left[l_1\left(\frac{A_{\mathrm{m},B}}{T}\right)+l_2\left(\frac{A_{\mathrm{m},B}}{T}\right)^2+l_3\left(\frac{A_{\mathrm{m},B}}{T}\right)^3+\cdots\right]
\end{aligned} \tag{9.235}$$

式中，

$$A_{\mathrm{m},B}=\Delta G_{\mathrm{m},B}$$

$$
\begin{aligned}
\frac{\mathrm{d}N_{(D)_{\gamma_{i-1}}}}{\mathrm{d}t} &= -\frac{\mathrm{d}N_{D(\mathrm{s})}}{\mathrm{d}t} = Vj_D \\
&= -V\left[l_1\left(\frac{A_{\mathrm{m},D}}{T}\right)+l_2\left(\frac{A_{\mathrm{m},D}}{T}\right)^2+l_3\left(\frac{A_{\mathrm{m},D}}{T}\right)^3+\cdots\right]
\end{aligned}
\tag{9.236}
$$

式中，

$$
A_{\mathrm{m},D} = \Delta G_{\mathrm{m},D}
$$

考虑耦合作用，溶解速率为

$$
\begin{aligned}
-\frac{\mathrm{d}N_{(B)_{\gamma'_{i-1}}}}{\mathrm{d}t} &= -\frac{\mathrm{d}N_{B(\mathrm{s})}}{\mathrm{d}t} = Vj_B \\
&= -V\left[l_{11}\left(\frac{A_{\mathrm{m},B}}{T}\right)+l_{12}\left(\frac{A_{\mathrm{m},D}}{T}\right)+l_{111}\left(\frac{A_{\mathrm{m},B}}{T}\right)^2\right. \\
&\quad +l_{112}\left(\frac{A_{\mathrm{m},B}}{T}\right)\left(\frac{A_{\mathrm{m},D}}{T}\right) \\
&\quad +l_{122}\left(\frac{A_{\mathrm{m},D}}{T}\right)^2+l_{1111}\left(\frac{A_{\mathrm{m},B}}{T}\right)^3+l_{1112}\left(\frac{A_{\mathrm{m},B}}{T}\right)^2\left(\frac{A_{\mathrm{m},D}}{T}\right) \\
&\quad \left.+l_{1122}\left(\frac{A_{\mathrm{m},B}}{T}\right)\left(\frac{A_{\mathrm{m},D}}{T}\right)^2+l_{1222}\left(\frac{A_{\mathrm{m},D}}{T}\right)^3+\cdots\right]
\end{aligned}
\tag{9.237}
$$

$$
\begin{aligned}
-\frac{\mathrm{d}N_{(D)_{\gamma'_{i-1}}}}{\mathrm{d}t} &= -\frac{\mathrm{d}N_{D(\mathrm{s})}}{\mathrm{d}t} = Vj_D \\
&= -V\left[l_{21}\left(\frac{A_{\mathrm{m},B}}{T}\right)+l_{22}\left(\frac{A_{\mathrm{m},D}}{T}\right)+l_{211}\left(\frac{A_{\mathrm{m},B}}{T}\right)^2\right. \\
&\quad +l_{212}\left(\frac{A_{\mathrm{m},B}}{T}\right)\left(\frac{A_{\mathrm{m},D}}{T}\right) \\
&\quad +l_{222}\left(\frac{A_{\mathrm{m},D}}{T}\right)^2+l_{2111}\left(\frac{A_{\mathrm{m},B}}{T}\right)^3+l_{2112}\left(\frac{A_{\mathrm{m},B}}{T}\right)^2\left(\frac{A_{\mathrm{m},D}}{T}\right) \\
&\quad \left.+l_{2122}\left(\frac{A_{\mathrm{m},B}}{T}\right)\left(\frac{A_{\mathrm{m},D}}{T}\right)^2+l_{2222}\left(\frac{A_{\mathrm{m},D}}{T}\right)^3+\cdots\right]
\end{aligned}
\tag{9.238}
$$

3) 从温度 T_{P+1} 到 T

从温度 T_{P+1} 到 T，固相组元 A_mB_n 溶解，速率为

$$
\begin{aligned}
\frac{\mathrm{d}N_{(D)_{\gamma'_{k-1}}}}{\mathrm{d}t} &= -\frac{\mathrm{d}N_{D(\mathrm{s})}}{\mathrm{d}t} = Vj_D \\
&= -V\left[l_1\left(\frac{A_{\mathrm{m},D}}{T}\right)+l_2\left(\frac{A_{\mathrm{m},D}}{T}\right)^2+l_3\left(\frac{A_{\mathrm{m},D}}{T}\right)^3+\cdots\right]
\end{aligned}
\tag{9.239}
$$

式中，

$$A_{\mathrm{m},D} = \Delta G_{\mathrm{m},D}$$

9.3.3　具有异组成转化二元化合物的三元系

1. 相变过程热力学

图 9.11 是具有异组成转化二元化合物的三元系相图。

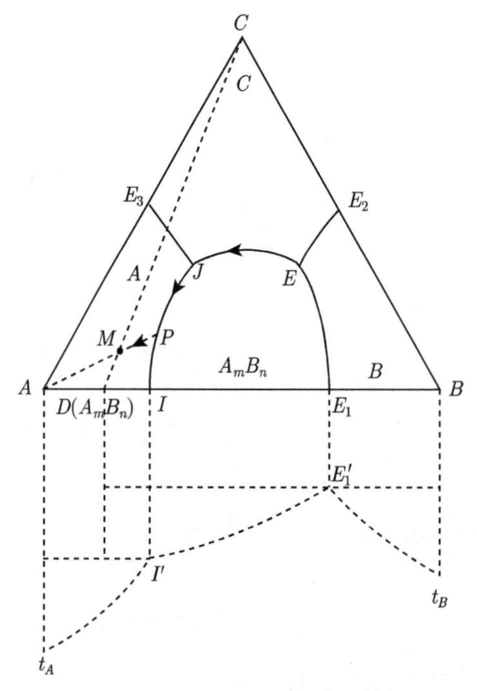

图 9.11　具有异组成转化二元化合物的三元系相图

1) 在温度 T_E

物质组成点为 M 的固体升温。温度升到 T_E，物质组成点到达最低共晶点 E 所在的平行于底面的等温平面，开始出现固溶体相 $E(\gamma)$。两相平衡，可以表示为

$$E(\mathrm{s}) \rightleftharpoons E(\gamma)$$

即

$$\begin{aligned} x_B B(\mathrm{s}) + x_D D(\mathrm{s}) + x_C C(\mathrm{s}) \rightleftharpoons E(\gamma) &=\!=\!= x_B (B)_{E(\gamma)} + x_D (D)_{E(\gamma)} + x_C (C)_{E(\gamma)} \\ &=\!=\!= x_B (B)_{饱} + x_D (D)_{饱} + x_C (C)_{饱} \end{aligned}$$

或

$$B(\mathrm{s}) \rightleftharpoons (B)_{E(\gamma)} =\!=\!= (B)_{饱}$$

$$C(\mathrm{s}) \rightleftharpoons (C)_{E(\gamma)} =\!=\!= (C)_{饱}$$

$$D(\mathrm{s}) \rightleftharpoons (D)_{E(\gamma)} \equiv (D)_{饱}$$

该过程的摩尔吉布斯自由能变化为

$$\begin{aligned}\Delta G_{\mathrm{m},E}(T_E) &= G_{\mathrm{m},E(\gamma)}(T_E) - G_{\mathrm{m},E(\mathrm{s})}(T_E) \\ &= \Delta_{\mathrm{sol}} H_{\mathrm{m},E}(T_E) - (T_E)\,\Delta_{\mathrm{sol}} S_{\mathrm{m},E}(T_E) \\ &= \Delta_{\mathrm{sol}} H_{\mathrm{m},E}(T_E) - T_E \frac{\Delta_{\mathrm{sol}} H_{\mathrm{m},E}(T_E)}{T_E} \\ &= 0\end{aligned} \tag{9.240}$$

或

$$\begin{aligned}\Delta G_{\mathrm{m},B}(T_E) &= \overline{G}_{\mathrm{m},(B)_{E(\gamma)}}(T_E) - G_{\mathrm{m},B(\mathrm{s})}(T_E) \\ &= \Delta_{\mathrm{sol}} H_{\mathrm{m},B}(T_E) - T_E \Delta S_{\mathrm{m},B}(T_E) \\ &= \Delta_{\mathrm{sol}} H_{\mathrm{m},B}(T_E) - T_E \frac{\Delta_{\mathrm{sol}} H_{\mathrm{m},B}(T_E)}{T_E} \\ &= 0\end{aligned} \tag{9.241}$$

同理

$$\Delta G_{\mathrm{m},C}(T_E) = 0 \tag{9.242}$$

$$\Delta G_{\mathrm{m},D}(T_E) = 0 \tag{9.243}$$

因此

$$\begin{aligned}\Delta G_{\mathrm{m},E}(T_E) &= x_A \Delta G_{\mathrm{m},B}(T_E) + x_C \Delta G_{\mathrm{m},C}(T_E) + x_D \Delta G_{\mathrm{m},D}(T_E) \\ &= 0\end{aligned} \tag{9.244}$$

2) 在温度 T_1

继续升高温度到 T_1。在温度刚升到 T_1 时，固相组元 B、A_mB_n、C 尚未来得及向 $E(\gamma)$ 相中溶解时，$E(\gamma)$ 相组成未变，只是已由组元 B、A_mB_n、C 饱和的相 $E(\gamma)$ 变成不饱和的相 $E(\gamma')$，固相组元 B、A_mB_n、C 向其中溶解。可以表示为

$$E(\mathrm{s}) = E(\gamma')$$

$$B(\mathrm{s}) = (B)_{E(\gamma')}$$

$$A_mB_n(\mathrm{s}) = (A_mB_n)_{E(\gamma')}$$

$$C(\mathrm{s}) = (C)_{E(\gamma')}$$

该过程的摩尔吉布斯自由能变化为

$$\begin{aligned}\Delta G_{\mathrm{m},E}(T_1) &= G_{\mathrm{m},E(\gamma')}(T_1) - G_{\mathrm{m},E(\mathrm{s})}(T_1) \\ &= \Delta_{\mathrm{sol}} H_{\mathrm{m},E}(T_1) - T_1 \Delta_{\mathrm{sol}} S_{\mathrm{m},E}(T_1) \\ &\simeq \Delta_{\mathrm{sol}} H_{\mathrm{m},E}(T_E) - T_1 \Delta_{\mathrm{sol}} H_{\mathrm{m},E}(T_E) \\ &= \frac{\Delta_{\mathrm{sol}} H_{\mathrm{m},E}(T_E)\,\Delta T}{T_E}\end{aligned}$$

$$\begin{aligned}\Delta G_{\mathrm{m},B}(T_1) &= \overline{G}_{\mathrm{m},(B)_{E(\gamma')}}(T_1) - G_{\mathrm{m},B(\mathrm{s})}(T_1) \\ &= \Delta_{\mathrm{sol}} H_{\mathrm{m},B}(T_1) - T_1 \Delta_{\mathrm{sol}} S_{\mathrm{m},B}(T_1) \\ &\simeq \Delta_{\mathrm{sol}} H_{\mathrm{m},B}(T_E) - T_1 \frac{\Delta_{\mathrm{sol}} H_{\mathrm{m},B}(T_E)}{T_E} \\ &= \frac{\Delta_{\mathrm{sol}} H_{\mathrm{m},B}(T_E)\,\Delta T}{T_E}\end{aligned} \tag{9.245}$$

同理

$$\Delta G_{\mathrm{m},D}(T_1) = \overline{G}_{\mathrm{m},(D)_{E(\gamma')}}(T_1) - G_{\mathrm{m},D(\mathrm{s})}(T_1) = \frac{\Delta_{\mathrm{sol}} H_{\mathrm{m},D}(T_E)\,\Delta T}{T_E} \tag{9.246}$$

$$\Delta G_{\mathrm{m},C}(T_1) = \overline{G}_{\mathrm{m},(C)_{E(\gamma')}}(T_1) - G_{\mathrm{m},C(\mathrm{s})}(T_1) = \frac{\Delta_{\mathrm{sol}} H_{\mathrm{m},C}(T_E)\,\Delta T}{T_E} \tag{9.247}$$

式中，

$$\Delta T = T_E - T_1 < 0$$

组元 B、A_mB_n、C 都以纯固态组元为标准状态，该过程的摩尔吉布斯自由能变化为

$$\Delta G_{\mathrm{m},B} = \mu_{(B)_{E(\gamma')}} - \mu_{B(\mathrm{s})} = RT\ln a^{\mathrm{R}}_{(B)_{E(\gamma')}} \tag{9.248}$$

$$\Delta G_{\mathrm{m},D} = \mu_{(D)_{E(\gamma')}} - \mu_{D(\mathrm{s})} = RT\ln a^{\mathrm{R}}_{(D)_{E(\gamma')}} \tag{9.249}$$

$$\Delta G_{\mathrm{m},C} = \mu_{(C)_{E(\gamma')}} - \mu_{C(\mathrm{s})} = RT\ln a^{\mathrm{R}}_{(C)_{E(\gamma')}} \tag{9.250}$$

式中，

$$\mu_{(B)_{E(\gamma')}} = \mu^*_{B(\mathrm{s})} + RT\ln a^{\mathrm{R}}_{(B)_{E(\gamma')}}$$

$$\mu_{B(\mathrm{s})} = \mu^*_{B(\mathrm{s})}$$

$$\mu_{(D)_{E(\gamma')}} = \mu^*_{D(\mathrm{s})} + RT\ln a^{\mathrm{R}}_{(D)_{E(\gamma')}}$$

$$\mu_{D(\mathrm{s})} = \mu^*_{D(\mathrm{s})}$$

$$\mu_{(C)_{E(\gamma')}} = \mu^*_{C(\mathrm{s})} + RT\ln a^{\mathrm{R}}_{(C)_{E(\gamma')}}$$

$$\mu_{C(\mathrm{s})} = \mu^*_{C(\mathrm{s})}$$

直到组元 B 消失，组元 A_mB_n 和 C 继续溶解，有

$$A_mB_n(\mathrm{s}) = (A_mB_n)_{E(\gamma')}$$

$$C(\mathrm{s}) = (C)_{E(\gamma')}$$

该过程的摩尔吉布斯自由能变化可用式 (9.246)、式 (9.247)、式 (9.249)、式 (9.250) 表示。直到组元 A_mB_n 和 C 达到饱和，相 $E(\gamma')$ 变成 γ_1，与组元 A_mB_n 和 C 平衡的相组成为共晶线 JE 上的 γ_1 点，有

$$A_mB_n(\mathrm{s}) \rightleftharpoons (A_mB_n)_{\gamma_1} = (A_mB_n)_{饱}$$

$$C(\mathrm{s}) \rightleftharpoons (C)_{\gamma_1} = (C)_{饱}$$

从温度 T_1 到 T_J，随着温度的升高，固相组元 A_mB_n 和 C 不断地向 γ 相中溶解，平衡相组成沿共晶线 EJ 从 E 点向 J 点移动。该过程可以描述如下。

在温度 T_{i-1}，溶解达成平衡，有

$$A_mB_n(\mathrm{s}) \rightleftharpoons (A_mB_n)_{\gamma_{i-1}} \equiv (A_mB_n)_{饱}$$

$$C(\mathrm{s}) \rightleftharpoons (C)_{\gamma_{i-1}} \equiv (C)_{饱}$$

$$(i = 1, 2, \cdots, n)$$

升高温度到 T_i。在温度刚升到 T_i，固相组元 A_mB_n 和 C 还未来得及向 γ_{i-1} 相中溶解时，γ_{i-1} 相组成未变，但已由组元 A_mB_n 和 C 的饱和相 γ_{i-1} 成为组元 A_mB_n 和 C 的不饱和相 γ'_{i-1}。在温度 T_i，与固相组元 A_mB_n 和 C 平衡的相为 γ_i。因此，固相组元 A_mB_n 和 C 向相 γ'_{i-1} 中溶解。可以表示为

$$A_mB_n(\mathrm{s}) = (A_mB_n)_{\gamma'_{i-1}}$$

$$C(\mathrm{s}) = (C)_{\gamma'_{i-1}}$$

该过程的摩尔吉布斯自由能变化为

$$\begin{aligned}\Delta G_{\mathrm{m},D}(T_i) &= \overline{G}_{\mathrm{m},(D)_{\gamma'_{i-1}}}(T_i) - G_{\mathrm{m},D(\mathrm{s})}(T_i) \\ &= \frac{\Delta_{\mathrm{sol}} H_{\mathrm{m},D}(T_{i-1})\Delta T}{T_{i-1}}\end{aligned} \tag{9.251}$$

$$\begin{aligned}\Delta G_{\mathrm{m},C}(T_i) &= \overline{G}_{\mathrm{m},(C)_{\gamma'_{i-1}}}(T_i) - G_{\mathrm{m},C(\mathrm{s})}(T_i) \\ &= \frac{\Delta_{\mathrm{sol}} H_{\mathrm{m},C}(T_{i-1})\Delta T}{T_{i-1}}\end{aligned} \tag{9.252}$$

式中，

$$\Delta T = T_{i-1} - T_i < 0$$

组元 A_mB_n 和 C 都以纯固态物质为标准状态，该过程的摩尔吉布斯自由能变化为

$$\Delta G_{\mathrm{m},D} = \mu_{(D)_{\gamma'_{i-1}}} - \mu_{D(\mathrm{s})} = RT \ln a^{\mathrm{R}}_{(D)_{\gamma'_{i-1}}} \tag{9.253}$$

式中，

$$\mu_{(D)_{\gamma'_{i-1}}} = \mu^*_{D(\mathrm{s})} + RT\ln a^{\mathrm{R}}_{(D)_{\gamma'_{i-1}}}$$

$$\mu_{D(\mathrm{s})} = \mu^*_{D(\mathrm{s})}$$

$$\Delta G_{\mathrm{m},C} = \mu_{(C)_{\gamma'_{i-1}}} - \mu_{C(\mathrm{s})} = RT\ln a^{\mathrm{R}}_{(C)_{\gamma'_{i-1}}} \tag{9.254}$$

式中，

$$\mu_{(C)_{\gamma'_{i-1}}} = \mu^*_{C(\mathrm{s})} + RT\ln a^{\mathrm{R}}_{(C)_{\gamma'_{i-1}}}$$

$$\mu_{C(\mathrm{s})} = \mu^*_{C(\mathrm{s})}$$

直到组元 A_mB_n 和 C 溶解达到饱和，相 γ'_{i-1} 成为相 γ_i，组元 A_mB_n 和 C 与相 γ_i 达成新的平衡，有

$$A_mB_n(\mathrm{s}) \rightleftharpoons (A_mB_n)_{\gamma_i} \equiv (A_mB_n)_{饱}$$

$$C(\mathrm{s}) \xlongequal{} (C)_{\gamma_i} \equiv (C)_{饱}$$

3) 在温度 T_J 和 T_{J+1}

继续升温。温度升高到 T_J，达成平衡时，固溶体相组成为 $J(\gamma)$，有

$$\begin{aligned} x_AA(\mathrm{s}) + x_DA_mB_n(\mathrm{s}) + x_CC(\mathrm{s}) &\rightleftharpoons J(\gamma) \\ &\xlongequal{} x_A(A)_{J(\gamma)} + x_D(A_mB_n)_{J(\gamma)} + x_C(C)_{J(\gamma)} \\ &\xlongequal{} x_A(A)_{饱} + x_D(A_mB_n)_{饱} + x_C(C)_{饱} \end{aligned}$$

即

$$A(\mathrm{s}) \rightleftharpoons (A)_{J(\gamma)} \equiv (A)_{饱}$$

$$A_mB_n(\mathrm{s}) \rightleftharpoons (A_mB_n)_{J(\gamma)} \equiv (A_mB_n)_{饱}$$

$$C(\mathrm{s}) \rightleftharpoons (\mathrm{C})_{J(\gamma)} \equiv (C)_{饱}$$

并有转化反应

$$A_mB_n(\mathrm{s}) \rightleftharpoons mA(\mathrm{s}) + n(B)_{J\gamma}$$

相 $J(\gamma)$ 是组元 A、A_mB_n 和 C 的饱和相。

继续升高温度到 T_{J+1}。在温度刚升到 T_{J+1}，固相组元 A 和 A_mB_n 还未来得及溶入 $J(\gamma)$ 相时，$J(\gamma)$ 相组成不变，但已由组元 A、A_mB_n、C 饱和的相 $J(\gamma)$ 成为不饱和的相 $J(\gamma')$。固体组元 A、A_mB_n、C 向相 $J(\gamma')$ 中溶解。有

$$A(\mathrm{s}) \xlongequal{} (A)_{J(\gamma')}$$

$$A_mB_n(\mathrm{s}) \xlongequal{} (A_mB_n)_{J(\gamma')}$$

$$C(\mathrm{s}) = (C)_{J(\gamma')}$$

并发生转化反应，有

$$A_mB_n(\mathrm{s}) = mA(\mathrm{s}) + n(B)_{J(\gamma')}$$

该过程的摩尔吉布斯自由能变化为

$$\begin{aligned}\Delta G_{\mathrm{m},A}(T_{J+1}) &= \overline{G}_{\mathrm{m},(A)_{J(\gamma')}}(T_{J+1}) - G_{\mathrm{m},A(\mathrm{s})}(T_{J+1}) \\ &= \Delta_{\mathrm{sol}}H_{\mathrm{m},A}(T_{J+1}) - T_{J+1}\Delta_{\mathrm{sol}}S_{\mathrm{m},A}(T_{J+1}) \\ &\simeq \Delta_{\mathrm{sol}}H_{\mathrm{m},A}(T_J) - T_J\frac{\Delta_{\mathrm{sol}}H_{\mathrm{m},A}(T_J)}{T_J} \\ &= \frac{\Delta_{\mathrm{sol}}H_{\mathrm{m},A}(T_J)\Delta T}{T_J}\end{aligned} \tag{9.255}$$

同理

$$\begin{aligned}\Delta G_{\mathrm{m},D}(T_{J+1}) &= \overline{G}_{\mathrm{m},(D)_{J(\gamma')}}(T_{J+1}) - G_{\mathrm{m},D(\mathrm{s})}(T_{J+1}) \\ &= \frac{\Delta_{\mathrm{sol}}H_{\mathrm{m},D}(T_J)\Delta T}{T_J}\end{aligned} \tag{9.256}$$

$$\begin{aligned}\Delta G_{\mathrm{m},C}(T_{J+1}) &= \overline{G}_{\mathrm{m},(C)_{J(\gamma')}}(T_{J+1}) - G_{\mathrm{m},C(\mathrm{s})}(T_{J+1}) \\ &= \frac{\Delta_{\mathrm{sol}}H_{\mathrm{m},C}(T_J)\Delta T}{T_J}\end{aligned} \tag{9.257}$$

组元 A、A_mB_n 和 C 都以固态纯物质为标准状态，该过程的摩尔吉布斯自由能变化为

$$\Delta G_{\mathrm{m},A} = \mu_{(A)_{J(\gamma')}} - \mu_{A(\mathrm{s})} = RT\ln a^{\mathrm{R}}_{(A)_{J(\gamma')}} \tag{9.258}$$

式中，

$$\mu_{(A)_{J(\gamma')}} = \mu^*_{A(\mathrm{s})} + RT\ln a^{\mathrm{R}}_{(A)_{J(\gamma')}}$$

$$\mu_{A(\mathrm{s})} = \mu^*_{A(\mathrm{s})}$$

$$\Delta G_{\mathrm{m},D} = \mu_{(D)_{J(\gamma')}} - \mu_{D(\mathrm{s})} = RT\ln a^{\mathrm{R}}_{(D)_{J(\gamma')}} \tag{9.259}$$

式中，

$$\mu_{(D)_{J(\gamma')}} = \mu^*_{D(\mathrm{s})} + RT\ln a^{\mathrm{R}}_{(D)_{J(\gamma')}}$$

$$\mu_{D(\mathrm{s})} = \mu^*_{D(\mathrm{s})}$$

$$\Delta G_{\mathrm{m},C} = \mu_{(C)_{J(\gamma')}} - \mu_{C(\mathrm{s})} = RT\ln a^{\mathrm{R}}_{(C)_{J(\gamma')}} \tag{9.260}$$

式中，

$$\mu_{(C)_{J(\gamma')}} = \mu^*_{C(\mathrm{s})} + RT\ln a^{\mathrm{R}}_{(C)_{J(\gamma')}}$$

$$\mu_{C(\mathrm{s})} = \mu^*_{C(\mathrm{s})}$$

$$\begin{aligned}\Delta G'_{\mathrm{m},D} &= m\mu_{A(\mathrm{s})} + n\mu_{(B)_{J(\gamma')}} - \mu_{D(\mathrm{s})} \\ &= -\Delta_{\mathrm{f}} G^*_{\mathrm{m},D} + nRT\ln a^{\mathrm{R}}_{(B)_{J(\gamma')}}\end{aligned}$$

式中，

$$\begin{aligned}\mu_{A(\mathrm{s})} &= \mu^*_{A(\mathrm{s})} \\ \mu_{(B)_{J(\gamma')}} &= \mu^*_{B(\mathrm{s})} + RT\ln a^{\mathrm{R}}_{(B)_{J(\gamma')}} \\ \mu_{D(\mathrm{s})} &= \mu^*_{D(\mathrm{s})}\end{aligned}$$

$\Delta_{\mathrm{f}} G^*_{\mathrm{m},D}$ 为化合物 A_mB_n 的摩尔吉布斯生成自由能。

直到固相组元 C 消耗尽，组元 A 和 A_mB_n 达到饱和，达到新的平衡，γ 相组成为 γ_{J+1}，有

$$A(\mathrm{s}) \rightleftharpoons (A)_{\gamma_{J+1}} = (A)_{饱}$$

$$A_mB_n(\mathrm{s}) \rightleftharpoons (A_mB_n)_{\gamma_{J+1}} = (A_mB_n)_{饱}$$

$$A_mB_n(\mathrm{s}) \rightleftharpoons mA(\mathrm{s}) + n(B)_{\gamma_{J+1}}$$

4) 从温度 T_J 到 T_P

温度从 T_J 到 T_P，随着温度的升高，转化反应继续进行，固相组元 A 和 A_mB_n 不断地向 γ 相中溶解，平衡相组成沿共晶线 JI 移动，从 J 点移动到 P 点，是组元 A 和 A_mB_n 的饱和相。该过程可以描述如下。

在温度 T_{k-1}，组元 A、A_mB_n 和 γ_{k-1} 相达成平衡，有

$$A(\mathrm{s}) \rightleftharpoons (A)_{\gamma_{k-1}} = (A)_{饱}$$

$$A_mB_n(\mathrm{s}) \rightleftharpoons (A_mB_n)_{\gamma_{k-1}} = (A_mB_n)_{饱}$$

$$A_mB_n(\mathrm{s}) \rightleftharpoons mA(\mathrm{s}) + n(B)_{\gamma_{k-1}}$$

升高温度到 T_k。在温度刚升到 T_k，固相组元 A 和 A_mB_n 还未来得及向 γ_{k-1} 相中溶解时，γ_{k-1} 相组成未变，但已由组元 A 和 A_mB_n 饱和的相 γ_{k-1} 变成不饱和的相 γ'_{k-1}。在温度 T_k，与组元 A 和 A_mB_n 平衡的相为 γ_k。因此，组元 A 和 A_mB_n 向 γ'_{k-1} 相中溶解，转化反应进行。有

$$A(\mathrm{s}) = (A)_{\gamma'_{k-1}}$$

$$A_mB_n(\mathrm{s}) = (A_mB_n)_{\gamma'_{k-1}}$$

$$A_mB_n(\mathrm{s}) = mA(\mathrm{s}) + n(B)_{\gamma'_{k-1}}$$

直到达成新的平衡，有

$$A(\mathrm{s}) \rightleftharpoons (A)_{\gamma_k} = (A)_{饱}$$

$$A_mB_n(\mathrm{s}) \rightleftharpoons (A_mB_n)_{\gamma_k} = (A_mB_n)_{饱}$$

$$A_mB_n(\mathrm{s}) \rightleftharpoons mA(\mathrm{s}) + n(B)_{\gamma_k}$$

该过程的摩尔吉布斯自由能变化为

$$\begin{aligned}\Delta G_{\mathrm{m},A}(T_k) &= \overline{G}_{\mathrm{m},(A)_{\gamma'_{k-1}}}(T_k) - G_{\mathrm{m},A(\mathrm{s})}(T_k)\\ &= \Delta_{\mathrm{sol}}H_{\mathrm{m},A}(T_k) - T_k\Delta_{\mathrm{sol}}S_{\mathrm{m},A}(T_k)\\ &\simeq \Delta_{\mathrm{sol}}H_{\mathrm{m},A}(T_{k-1}) - T_k\frac{\Delta_{\mathrm{sol}}H_{\mathrm{m},A}(T_{k-1})}{T_{k-1}}\\ &= \frac{\Delta_{\mathrm{sol}}H_{\mathrm{m},A}(T_{k-1})\Delta T}{T_{k-1}}\end{aligned} \tag{9.261}$$

同理

$$\begin{aligned}\Delta G_{\mathrm{m},D}(T_k) &= \overline{G}_{\mathrm{m},(D)_{\gamma'_{k-1}}}(T_k) - G_{\mathrm{m},D(\mathrm{s})}(T_k)\\ &= \frac{\Delta_{\mathrm{sol}}H_{\mathrm{m},D}(T_{k-1})\Delta T}{T_{k-1}}\end{aligned} \tag{9.262}$$

式中，

$$\Delta T = T_{k-1} - T_k < 0$$

组元 A 和 A_mB_n 都以其纯固态为标准状态，组成以摩尔分数表示，该过程的摩尔吉布斯自由能变化为

$$\Delta G_{\mathrm{m},A} = \mu_{(A)_{\gamma'_{k-1}}} - \mu_{A(\mathrm{s})} = RT\ln a^{\mathrm{R}}_{(A)_{\gamma'_{k-1}}} \tag{9.263}$$

式中，

$$\mu_{(A)_{\gamma'_{k-1}}} = \mu^*_{A(\mathrm{s})} + RT\ln a^{\mathrm{R}}_{(A)_{\gamma'_{k-1}}}$$

$$\mu_{A(\mathrm{s})} = \mu^*_{A(\mathrm{s})}$$

$$\Delta G_{\mathrm{m},D} = \mu_{(D)_{\gamma'_{k-1}}} - \mu_{D(\mathrm{s})} = RT\ln a^{\mathrm{R}}_{(D)_{\gamma'_{k-1}}} \tag{9.264}$$

式中，

$$\mu_{(D)_{\gamma'_{k-1}}} = \mu^*_{D(\mathrm{s})} + RT\ln a^{\mathrm{R}}_{(D)_{\gamma'_{k-1}}}$$

$$\mu_{D(\mathrm{s})} = \mu^*_{D(\mathrm{s})}$$

$$\begin{aligned}\Delta G'_{\mathrm{m},D} &= m\mu_{A(\mathrm{s})} + n\mu_{(B)_{\gamma'_{k-1}}} - \mu_{D(\mathrm{s})} \\ &\quad - \Delta_{\mathrm{f}} G^*_{\mathrm{m},D} + nRT\ln a^{\mathrm{R}}_{(B)_{\gamma'_{k-1}}}\end{aligned} \tag{9.265}$$

式中，

$$\mu_{A(\mathrm{s})} = \mu^*_{A(\mathrm{s})}$$

$$\mu_{(B)_{\gamma'_{k-1}}} = \mu^*_{B(\mathrm{s})} + RT\ln a^{\mathrm{R}}_{(B)_{\gamma'_{k-1}}}$$

$$\mu_{D(\mathrm{s})} = \mu^*_{D(\mathrm{s})}$$

$\Delta_{\mathrm{f}} G^*_{\mathrm{m},D}$ 是化合物 $A_m B_n$ 的摩尔吉布斯生成自由能。

在温度 T_P，溶解达成平衡后，组元 $A_m B_n$ 已经极少。γ 相组成为 γ_P，是组元 A 和 $A_m B_n$ 的饱和相。有

$$A(\mathrm{s}) \rightleftharpoons (A)_{\gamma_P} \equiv (A)_{饱}$$

$$A_m B_n(\mathrm{s}) \rightleftharpoons (A_m B_n)_{\gamma_P} \equiv (A_m B_n)_{饱}$$

并有转化反应达成平衡

$$A_m B_n(\mathrm{s}) \rightleftharpoons mA(\mathrm{s}) + n(B)_{\gamma_P}$$

5) 在温度 T_{P+1}

继续升温到 T_{P+1}。在温度刚升到 T_{P+1} 时，固相组元 A 还未来得及溶解到 γ_P 相中，γ_P 相组成未变，但已由组元 A 饱和的 γ_P 变为组元 A 不饱和的 γ'_P。在温度 T_{P+1}，平衡相为 γ_{P+1}。因此，固相组元 A 向相 γ'_P 中溶解，转化反应进行。直到组元 A 达到饱和，组元 $A_m B_n$ 消耗尽，转化反应完成。即

$$A(\mathrm{s}) = (A)_{\gamma'_P}$$

$$A_m B_n(\mathrm{s}) = mA(\mathrm{s}) + n(B)_{\gamma'_P}$$

达到平衡有

$$A(\mathrm{s}) \rightleftharpoons (A)_{\gamma_{P+1}} \equiv (A)_{饱}$$

该过程的摩尔吉布斯自由能变化为

$$\begin{aligned}\Delta G_{\mathrm{m},A}(T_{P+1}) &= \overline{G}_{\mathrm{m},(A)_{\gamma'_P}}(T_{P+1}) - G_{\mathrm{m},A(\mathrm{s})}(T_{P+1}) \\ &= \Delta_{\mathrm{sol}} H_{\mathrm{m},A}(T_{P+1}) - T_{P+1}\Delta_{\mathrm{sol}} S_{\mathrm{m},A}(T_{P+1}) \\ &\approx \Delta_{\mathrm{sol}} H_{\mathrm{m},A}(T_P) - T_{P+1}\frac{\Delta_{\mathrm{sol}} H_{\mathrm{m},A}(T_P)}{T_P} \\ &= \frac{\Delta_{\mathrm{sol}} H_{\mathrm{m},A}(T_P)\Delta T}{T_P}\end{aligned} \tag{9.266}$$

式中，

$$\Delta T = T_P - T_{P_1} < 0$$

组元 A 和 A_mB_n 都以纯固态为标准状态，组成以摩尔分数表示，该过程的摩尔吉布斯自由能变化为

$$\Delta G_{\mathrm{m},A} = \mu_{(A)_{\gamma'_P}} - \mu_{A(\mathrm{s})} = RT\ln a^{\mathrm{R}}_{(A)_{\gamma'_P}} \tag{9.267}$$

式中

$$\mu_{(A)_{\gamma'_P}} = \mu^*_{A(\mathrm{s})} + RT\ln a^{\mathrm{R}}_{(A)_{\gamma'_P}}$$

$$\mu_{A(\mathrm{s})} = \mu^*_{A(\mathrm{s})}$$

$$\Delta G'_{\mathrm{m},D} = m\mu_{A(\mathrm{s})} + n\mu_{(B)_{\gamma'_P}} - \mu_{D(\mathrm{s})} = -\Delta_{\mathrm{f}}G^*_{\mathrm{m},D} + nRT\ln a^{\mathrm{R}}_{(B)_{\gamma'_P}} \tag{9.268}$$

式中，

$$\mu_{A(\mathrm{s})} = \mu^*_{A(\mathrm{s})}$$

$$\mu_{(B)_{\gamma'_P}} = \mu^*_{B(\mathrm{s})} + RT\ln a^{\mathrm{R}}_{(B)_{\gamma'_P}}$$

$$\mu_{D(\mathrm{s})} = \mu^*_{D(\mathrm{s})}$$

6) 温度从 T_P 到 T_M

温度从 T_P 升高到 T_M，平衡相组成点沿着 PA 连线从 P 点向 M 点移动。转化过程可以统一描写如下。

在温度 T_{j-1}，两相达成平衡，固溶体相组成为 PA 连线上的 γ_{j-1} 点，是组元 A 饱和的固溶体，有

$$A(\mathrm{s}) = (A)_{\gamma_{j-1}} \equiv (A)_{饱}$$

$$(j = 1, 2, \cdots, n)$$

继续升高温度到 T_j。温度刚升到 T_j，组元 A 还未来得及溶解进入 γ_{j-1} 相时，γ_{j-1} 相组成未变。但是已由组元 A 的饱和相 γ_{j-1} 变为组元 A 的不饱和相 γ'_{j-1}。在温度 T_j，与组元 A 平衡的 γ 相为共晶线 PA 上的 γ_j 点，是组元 A 的饱和相。因此，组元 A 向相 γ'_{j-1} 中溶解。可以表示为

$$A(\mathrm{s}) = (A)_{\gamma'_{j-1}}$$

该过程的摩尔吉布斯自由能变化为

$$\begin{aligned}\Delta G_{\mathrm{m},A}(T_j) &= \overline{G}_{\mathrm{m},(A)_{\gamma'_{j-1}}}(T_j) - G_{\mathrm{m},A(\mathrm{s})}(T_j)\\ &= \frac{\Delta_{\mathrm{sol}}H_{\mathrm{m},A}(T_{j-1})\Delta T}{T_{j-1}}\end{aligned} \tag{9.269}$$

式中，

$$\Delta T = T_{j-1} - T_j < 0$$

组元 A 以其纯固态为标准状态，组成以摩尔分数表示，该过程的摩尔吉布斯自由能变化为

$$\Delta G_{\mathrm{m},A} = \mu_{(A)_{\gamma'_{j-1}}} - \mu_{A(\mathrm{s})} = RT \ln a^{\mathrm{R}}_{(A)_{\gamma'_{j-1}}} \tag{9.270}$$

式中，

$$\mu_{(A)_{\gamma'_{j-1}}} = \mu^*_{A(\mathrm{s})} + RT \ln a^{\mathrm{R}}_{(A)_{\gamma'_{j-1}}}$$

$$\mu_{A(\mathrm{s})} = \mu^*_{A(\mathrm{s})}$$

直到组元 A 达到饱和，γ'_{j-1} 相成为 γ_j 相，组元 A 和 γ_j 达成平衡，有

$$A(\mathrm{s}) \rightleftharpoons (A)_{\gamma_j} \equiv (A)_{饱}$$

继续升温，温度升到 T_M。组元 $A(\mathrm{s})$ 与固溶体相 γ_M 达成平衡时，有

$$A(\mathrm{s}) \rightleftharpoons (A)_{\gamma_M} \equiv (A)_{饱}$$

7) 在温度 T_{M+1}

升高温度到 T_{M+1}。在温度刚升到 T_{M+1}，组元 A 还未来得及溶入 γ_M 相时，组元 A 饱和的相 γ_M 成为不饱和的 γ'_M。组元 A 向 γ'_M 相中溶解，直到完全消失，有

$$A(\mathrm{s}) = (A)_{\gamma'_M}$$

该过程的摩尔吉布斯自由能变化为

$$\begin{aligned}\Delta G_{\mathrm{m},A}(T_{M+1}) &= \overline{G}_{\mathrm{m},(A)_{\gamma'_M}}(T_{M+1}) - G_{\mathrm{m},A(\mathrm{s})}(T_{M+1}) \\ &= \frac{\Delta_{\mathrm{sol}} H_{\mathrm{m},A}(T_M)\Delta T}{T_M}\end{aligned} \tag{9.271}$$

式中，

$$\Delta T = T_M - T_{M+1} < 0$$

组元 A 都以纯固态组元 A 为标准状态，组成以摩尔分数表示，该过程的摩尔吉布斯自由能变化为

$$\Delta G_{\mathrm{m},A} = \mu_{(A)_{\gamma'_M}} - \mu_{A(\mathrm{s})} = RT \ln a^{\mathrm{R}}_{(A)_{\gamma'_M}} \tag{9.272}$$

式中，

$$\mu_{(A)_{\gamma'_M}} = \mu^*_{A(\mathrm{s})} + RT \ln a^{\mathrm{R}}_{(A)_{\gamma'_M}}$$

$$\mu_{A(\mathrm{s})} = \mu^*_{A(\mathrm{s})}$$

2. 相变速率

1) 在温度 T_E

在恒温恒压条件下，在温度 T_E 的转化速率为

$$\begin{aligned}\frac{\mathrm{d}N_{E(\gamma')}}{\mathrm{d}t} &= -\frac{\mathrm{d}N_{E(\mathrm{s})}}{\mathrm{d}t} = Vj_{E(\mathrm{s})} \\ &= -V\left[l_1\left(\frac{A_{\mathrm{m},E}}{T}\right) + l_2\left(\frac{A_{\mathrm{m},E}}{T}\right)^2 + l_3\left(\frac{A_{\mathrm{m},E}}{T}\right)^3 + \cdots\right]\end{aligned} \tag{9.273}$$

式中，

$$A_{\mathrm{m},E} = \Delta G_{\mathrm{m},E}$$

2) 从温度 T_1 到 T_J

在恒温恒压条件下，在温度 T_i，不考虑耦合作用，转化速率为

$$\begin{aligned}\frac{\mathrm{d}N_{(D)_{\gamma'_{i-1}}}}{\mathrm{d}t} &= -\frac{\mathrm{d}N_{D(\mathrm{s})}}{\mathrm{d}t} = Vj_{D(\mathrm{s})} \\ &= -V\left[l_1\left(\frac{A_{\mathrm{m},D}}{T}\right) + l_2\left(\frac{A_{\mathrm{m},D}}{T}\right)^2 + l_3\left(\frac{A_{\mathrm{m},D}}{T}\right)^3 + \cdots\right]\end{aligned} \tag{9.274}$$

$$\begin{aligned}\frac{\mathrm{d}N_{(C)_{\gamma'_{i-1}}}}{\mathrm{d}t} &= -\frac{\mathrm{d}N_{C(\mathrm{s})}}{\mathrm{d}t} = Vj_{C(\mathrm{s})} \\ &= -V\left[l_1\left(\frac{A_{\mathrm{m},C}}{T}\right) + l_2\left(\frac{A_{\mathrm{m},C}}{T}\right)^2 + l_3\left(\frac{A_{\mathrm{m},C}}{T}\right)^3 + \cdots\right]\end{aligned} \tag{9.275}$$

式中，

$$A_{\mathrm{m},D} = \Delta G_{\mathrm{m},D}$$

$$A_{\mathrm{m},C} = \Delta G_{\mathrm{m},C}$$

考虑耦合作用，转化速率为

$$\begin{aligned}\frac{\mathrm{d}N_{(D)_{\gamma'_{i-1}}}}{\mathrm{d}t} &= -\frac{\mathrm{d}N_{D(\mathrm{s})}}{\mathrm{d}t} = Vj_{D(\mathrm{s})} \\ &= -V\left[l_{iD}\left(\frac{A_{\mathrm{m},D}}{T}\right) + l_{iC}\left(\frac{A_{\mathrm{m},C}}{T}\right) + l_{iDD}\left(\frac{A_{\mathrm{m},D}}{T}\right)^2\right. \\ &\quad + l_{iDC}\left(\frac{A_{\mathrm{m},D}}{T}\right)\left(\frac{A_{\mathrm{m},C}}{T}\right) + l_{iCC}\left(\frac{A_{\mathrm{m},D}}{T}\right)^2 + l_{iDDD}\left(\frac{A_{\mathrm{m},D}}{T}\right)^3 \\ &\quad + l_{iDDC}\left(\frac{A_{\mathrm{m},D}}{T}\right)^2\left(\frac{A_{\mathrm{m},C}}{T}\right) + l_{iDCC}\left(\frac{A_{\mathrm{m},D}}{T}\right)\left(\frac{A_{\mathrm{m},C}}{T}\right)^2 \\ &\quad \left. + l_{iCCC}\left(\frac{A_{\mathrm{m},C}}{T}\right)^3 + \cdots\right]\end{aligned} \tag{9.276}$$

$$
\begin{aligned}
\frac{\mathrm{d}N_{(C)_{\gamma'_{i-1}}}}{\mathrm{d}t} &= -\frac{\mathrm{d}N_{C(\mathrm{s})}}{\mathrm{d}t} = Vj_{C(\mathrm{s})} \\
&= -V\left[l_{iC}\left(\frac{A_{\mathrm{m},C}}{T}\right) + l_{iD}\left(\frac{A_{\mathrm{m},D}}{T}\right) + l_{iCC}\left(\frac{A_{\mathrm{m},C}}{T}\right)^2\right. \\
&\quad + l_{iCD}\left(\frac{A_{\mathrm{m},D}}{T}\right)\left(\frac{A_{\mathrm{m},C}}{T}\right) + l_{iDD}\left(\frac{A_{\mathrm{m},D}}{T}\right)^2 + l_{iCCC}\left(\frac{A_{\mathrm{m},C}}{T}\right)^3 \\
&\quad + l_{iCCD}\left(\frac{A_{\mathrm{m},C}}{T}\right)^2\left(\frac{A_{\mathrm{m},D}}{T}\right) + l_{iCDD}\left(\frac{A_{\mathrm{m},C}}{T}\right)\left(\frac{A_{\mathrm{m},D}}{T}\right)^2 \\
&\quad \left. + l_{iDDD}\left(\frac{A_{\mathrm{m},D}}{T}\right)^3 + \cdots\right]
\end{aligned}
\tag{9.277}
$$

3) 从温度 T_J 到 T_P

在恒温恒压条件下，在温度 T_k，不考虑耦合作用，转化速率为

$$
\begin{aligned}
\frac{\mathrm{d}N_{(A)_{\gamma'_{k-1}}}}{\mathrm{d}t} &= -\frac{\mathrm{d}N_{A(\mathrm{s})}}{\mathrm{d}t} = Vj_{A(\mathrm{s})} \\
&= -V\left[l_1\left(\frac{A_{\mathrm{m},A}}{T}\right) + l_2\left(\frac{A_{\mathrm{m},A}}{T}\right)^2 + l_3\left(\frac{A_{\mathrm{m},A}}{T}\right)^3 + \cdots\right]
\end{aligned}
\tag{9.278}
$$

$$
\begin{aligned}
\frac{\mathrm{d}N_{(D)_{\gamma'_{k-1}}}}{\mathrm{d}t} &= -\frac{\mathrm{d}N_{D(\mathrm{s})}}{\mathrm{d}t} = Vj_{D(\mathrm{s})} \\
&= -V\left[l_1\left(\frac{A_{\mathrm{m},D}}{T}\right) + l_2\left(\frac{A_{\mathrm{m},D}}{T}\right)^2 + l_3\left(\frac{A_{\mathrm{m},D}}{T}\right)^3 + \cdots\right]
\end{aligned}
\tag{9.279}
$$

式中，

$$A_{\mathrm{m},A} = \Delta G_{\mathrm{m},A}$$

$$A_{\mathrm{m},D} = \Delta G_{\mathrm{m},D}$$

$$
\begin{aligned}
-\frac{\mathrm{d}N_{D(\mathrm{s})}}{\mathrm{d}t} &= \frac{1}{m}\frac{\mathrm{d}N_{A(\mathrm{s})}}{\mathrm{d}t} = \frac{1}{n}\frac{\mathrm{d}N_{(B)_{\gamma'_{k-1}}}}{\mathrm{d}t} \\
&= Vj_D = -V\left[l_1\left(\frac{A_{\mathrm{m},D}}{T}\right) + l_2\left(\frac{A_{\mathrm{m},D}}{T}\right)^2 + l_3\left(\frac{A_{\mathrm{m},D}}{T}\right)^3 + \cdots\right]
\end{aligned}
$$

$$A_{\mathrm{m},D} = \Delta G_{\mathrm{m},D}$$

考虑耦合作用，相变速率为

$$\begin{aligned}\frac{\mathrm{d}N_{(A)_{\gamma'_{k-1}}}}{\mathrm{d}t} &= -\frac{\mathrm{d}N_{A(\mathrm{s})}}{\mathrm{d}t} = Vj_{A(\mathrm{s})} \\ &= -V\left[l_{kA}\left(\frac{A_{\mathrm{m},A}}{T}\right) + l_{kD}\left(\frac{A_{\mathrm{m},D}}{T}\right) + l_{kAA}\left(\frac{A_{\mathrm{m},A}}{T}\right)^2\right. \\ &\quad + l_{kAD}\left(\frac{A_{\mathrm{m},D}}{T}\right)\left(\frac{A_{\mathrm{m},A}}{T}\right) + l_{kDD}\left(\frac{A_{\mathrm{m},D}}{T}\right)^2 + l_{kAAA}\left(\frac{A_{\mathrm{m},A}}{T}\right)^3 \\ &\quad + l_{kAAD}\left(\frac{A_{\mathrm{m},A}}{T}\right)^2\left(\frac{A_{\mathrm{m},D}}{T}\right) + l_{kADD}\left(\frac{A_{\mathrm{m},A}}{T}\right)\left(\frac{A_{\mathrm{m},D}}{T}\right)^2 \\ &\quad \left. + l_{kDDD}\left(\frac{A_{\mathrm{m},D}}{T}\right)^3 + \cdots\right]\end{aligned} \tag{9.280}$$

$$\begin{aligned}\frac{\mathrm{d}N_{(D)_{\gamma'_{k-1}}}}{\mathrm{d}t} &= -\frac{\mathrm{d}N_{D(\mathrm{s})}}{\mathrm{d}t} = Vj_{D(\mathrm{s})} \\ &= -V\left[l_{kD}\left(\frac{A_{\mathrm{m},D}}{T}\right) + l_{kA}\left(\frac{A_{\mathrm{m},A}}{T}\right) + l_{kDD}\left(\frac{A_{\mathrm{m},D}}{T}\right)^2\right. \\ &\quad + l_{kDA}\left(\frac{A_{\mathrm{m},D}}{T}\right)\left(\frac{A_{\mathrm{m},A}}{T}\right) + l_{kAA}\left(\frac{A_{\mathrm{m},A}}{T}\right)^2 + l_{kDDD}\left(\frac{A_{\mathrm{m},D}}{T}\right)^3 \\ &\quad + l_{kDDA}\left(\frac{A_{\mathrm{m},D}}{T}\right)^2\left(\frac{A_{\mathrm{m},A}}{T}\right) + l_{kDAA}\left(\frac{A_{\mathrm{m},D}}{T}\right)\left(\frac{A_{\mathrm{m},A}}{T}\right)^2 \\ &\quad \left. + l_{kAAA}\left(\frac{A_{\mathrm{m},A}}{T}\right)^3 + \cdots\right]\end{aligned} \tag{9.281}$$

4) 从温度 T_P 到 T_{M+1}

在恒温恒压条件下，在温度 T_j，转化速率为

$$\begin{aligned}\frac{\mathrm{d}N_{(A)_{\gamma'_{j-1}}}}{\mathrm{d}t} &= -\frac{\mathrm{d}N_{A(\mathrm{s})}}{\mathrm{d}t} = Vj_{A(\mathrm{s})} \\ &= -V\left[l_1\left(\frac{A_{\mathrm{m},A}}{T}\right) + l_2\left(\frac{A_{\mathrm{m},A}}{T}\right)^2 + l_3\left(\frac{A_{\mathrm{m},A}}{T}\right)^3 + \cdots\right]\end{aligned} \tag{9.282}$$

9.3.4 具有低温稳定、高温分解的二元化合物的三元系

1. 相变过程热力学

1) 升高温度到 T_E

图 9.12 是具有低温稳定、高温分解的二元化合物的三元系相图。

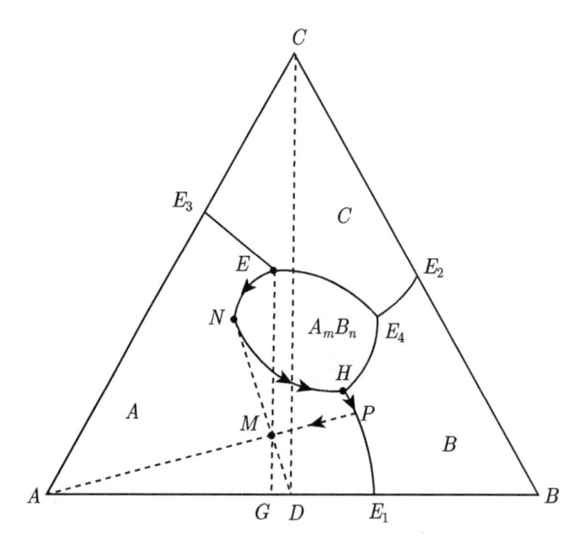

图 9.12　具有低温稳定、高温分解的二元化合物的三元系相图

物质组成点为 M 的物质升温。温度升高到 T_E。物质组成点到达与 E 点所在的平行于底面的等温平面，开始出现相 $E(\gamma)$。两相平衡，有

$$E\,(\mathrm{s}) \rightleftharpoons E\,(\gamma)$$

即

$$x_A A(\mathrm{s}) + x_D A_m B_n(\mathrm{s}) + x_C C(\mathrm{s}) \rightleftharpoons x_A (A)_{E(\gamma)} + x_D (A_m B_n)_{E(\gamma)} + x_C (C)_{E(\gamma)}$$

或

$$A\,(\mathrm{s}) \rightleftharpoons (A)_{E(\gamma)}$$

$$A_m B_n\,(\mathrm{s}) \rightleftharpoons (A_m B_n)_{E(\gamma)}$$

$$C\,(\mathrm{s}) \rightleftharpoons (C)_{E(\gamma)}$$

在温度 T_E，相变过程的摩尔吉布斯自由能变化为

$$\begin{aligned}\Delta G_{\mathrm{m},E}\,(T_E) &= G_{\mathrm{m},E(\gamma)}\,(T_E) - G_{\mathrm{m},E(\mathrm{s})}\,(T_E)\\ &= \Delta_{\mathrm{sol}} H_{\mathrm{m},E}\,(T_E) - T_E \Delta_{\mathrm{sol}} S_{\mathrm{m},E}\,(T_E)\\ &= 0\end{aligned} \tag{9.283}$$

或

$$\begin{aligned}\Delta G_{\mathrm{m},A}\,(T_E) &= G_{\mathrm{m},(A)_{E_5(\gamma)}}\,(T_E) - G_{\mathrm{m},A(\mathrm{s})}\,(T_E)\\ &= \Delta_{\mathrm{sol}} H_{\mathrm{m},A}\,(T_E) - T_E \frac{\Delta_{\mathrm{sol}} H_{\mathrm{m},A}\,(T_E)}{T_E}\\ &= 0\end{aligned} \tag{9.284}$$

同理

$$\begin{aligned}\Delta G_{\mathrm{m},D}\left(T_E\right) &= G_{\mathrm{m},(D)_{E(\gamma)}}\left(T_E\right) - G_{\mathrm{m},D(\mathrm{s})}\left(T_E\right) \\ &= \Delta_{\mathrm{sol}} H_{\mathrm{m},D}\left(T_E\right) - T_E \frac{\Delta_{\mathrm{sol}} S_{\mathrm{m},D}\left(T_E\right)}{T_E} \\ &= 0\end{aligned} \tag{9.285}$$

$$\begin{aligned}\Delta G_{\mathrm{m},C}\left(T_E\right) &= G_{\mathrm{m},(C)_{E(\gamma)}}\left(T_E\right) - G_{\mathrm{m},C(\mathrm{s})}\left(T_E\right) \\ &= \Delta_{\mathrm{sol}} H_{\mathrm{m},C}\left(T_E\right) - T_E \frac{\Delta_{\mathrm{sol}} H_{\mathrm{m},C}\left(T_E\right)}{T_E} \\ &= 0\end{aligned} \tag{9.286}$$

该过程的摩尔吉布斯自由能也可以如下计算。

在温度 T_E，低共晶组成的相 $E(\gamma)$ 中，组元 A、A_mB_n 和 C 是饱和的。各相组元都以纯固态物质为标准状态，组成以摩尔分数表示，有

$$\begin{aligned}\Delta G_{\mathrm{m},E(\gamma)} &= x_A \mu_{(A)_{E(\gamma)}} + x_D \mu_{(D)_{E(\gamma)}} + x_C \mu_{(C)_{E(\gamma)}} - x_A \mu_{A(\mathrm{s})} - x_D \mu_{D(\mathrm{s})} - x_C \mu_{C(\mathrm{s})} \\ &= 0\end{aligned} \tag{9.287}$$

式中，

$$\mu_{A(\mathrm{s})} = \mu_{A(\mathrm{s})}^*$$

$$\mu_{D(\mathrm{s})} = \mu_{D(\mathrm{s})}^*$$

$$\mu_{C(\mathrm{s})} = \mu_{C(\mathrm{s})}^*$$

$$\begin{aligned}\mu_{(A)_{E(\gamma)}} &= \mu_{A(\mathrm{s})}^* + RT \ln a_{(A)_{E(\gamma)}}^{\mathrm{R}} \\ &= \mu_{A(\mathrm{s})}^* + RT \ln a_{(A)_{饱}}^{\mathrm{R}} \\ &= \mu_{A(\mathrm{s})}^*\end{aligned} \tag{9.288}$$

同理

$$\mu_{(D)_{E(\gamma)}} = \mu_{D(\mathrm{s})}^* \tag{9.289}$$

$$\mu_{(C)_{E(\gamma)}} = \mu_{C(\mathrm{s})}^* \tag{9.290}$$

2) 升高温度到 T_1

继续升高温度到 T_1。在温度刚升到 T_1，固体组元 A、A_mB_n 和 C 还未来得及溶解进入 $E(\gamma)$ 相时，$E(\gamma)$ 相组成未变。但是，由于温度升高，已经由 A、A_mB_n 和 C 的饱和相 $E(\gamma)$ 变为不饱和相 $E(\gamma')$，固相组元 A、A_mB_n 和 C 向相 $E(\gamma')$ 中溶解，有

$$E(\mathrm{s}) = E(\gamma')$$

即

$$x_A A(\mathrm{s}) + x_D A_m B_n(\mathrm{s}) + x_C C(\mathrm{s}) = x_A (A)_{E(\gamma')} + x_D (A_m B_n)_{E(\gamma')} + x_C (C)_{E(\gamma')}$$

也可以表示为

$$A\,(\mathrm{s}) = (A)_{E(\gamma')}$$

$$A_m B_n\,(\mathrm{s}) = (A_m B_n)_{E(\gamma')}$$

$$C\,(\mathrm{s}) = (C)_{E(\gamma')}$$

该过程的摩尔吉布斯自由能变化为

$$\begin{aligned}\Delta G_{\mathrm{m},E}\,(T_1) &= G_{\mathrm{m},E(\gamma')}\,(T_1) - G_{\mathrm{m},E(\mathrm{s})}\,(T_1) \\ &= \varDelta_{\mathrm{sol}} H_{\mathrm{m},E}\,(T_1) - T_1 \varDelta_{\mathrm{sol}} S_{\mathrm{m},E}\,(T_1) \\ &\simeq \varDelta_{\mathrm{sol}} H_{\mathrm{m},E}\,(T_E) - T_1 \frac{\varDelta_{\mathrm{sol}} H_{\mathrm{m},E}\,(T_E)}{T_E} \\ &= \frac{\varDelta_{\mathrm{sol}} H_{\mathrm{m},E}\,(T_E)\,\Delta T}{T_E} < 0\end{aligned} \tag{9.291}$$

式中，

$$\Delta T = T_E - T_1 < 0$$

或

$$\begin{aligned}\Delta G_{\mathrm{m},A}\,(T_1) &= G_{\mathrm{m},(A)_{E(\gamma')}}\,(T_1) - G_{\mathrm{m},A(\mathrm{s})}\,(T_1) \\ &= \frac{\varDelta_{\mathrm{sol}} H_{\mathrm{m},A}\,(T_E)\,\Delta T}{T_E} < 0\end{aligned} \tag{9.292}$$

$$\begin{aligned}\Delta G_{\mathrm{m},D}\,(T_1) &= G_{\mathrm{m},(D)_{E(\gamma')}}\,(T_1) - G_{\mathrm{m},D(\mathrm{s})}\,(T_1) \\ &= \frac{\varDelta_{\mathrm{sol}} H_{\mathrm{m},D}\,(T_E)\,\Delta T}{T_E} < 0\end{aligned} \tag{9.293}$$

$$\begin{aligned}\Delta G_{\mathrm{m},C}\,(T_1) &= G_{\mathrm{m},(C)_{E(\gamma')}}\,(T_1) - G_{\mathrm{m},C(\mathrm{s})}\,(T_1) \\ &= \frac{\varDelta_{\mathrm{sol}} H_{\mathrm{m},C}\,(T_E)\,\Delta T}{T_E} < 0\end{aligned} \tag{9.294}$$

该过程的摩尔吉布斯自由能变化也可以如下计算。

组元 A、$A_m B_n$、C 和 $E(\gamma')$ 中的组元 A、$A_m B_n$、C 都以纯固态物质为标准状态，组成以摩尔分数表示，有

$$\begin{aligned}\Delta G_{\mathrm{m},E} &= x_A \mu_{(A)_{E(\gamma')}} + x_D \mu_{(D)_{E(\gamma')}} + x_C \mu_{(C)_{E(\gamma')}} \\ &\quad - \left(x_A \mu_{A(\mathrm{s})} - x_D \mu_{D(\mathrm{s})} - x_C \mu_{C(\mathrm{s})}\right) \\ &= RT \left(x_A \ln a^{\mathrm{R}}_{(A)_{E(\gamma')}} + x_D \ln a^{\mathrm{R}}_{(D)_{E(\gamma')}} + x_C \ln a^{\mathrm{R}}_{(C)_{E(\gamma')}}\right)\end{aligned} \tag{9.295}$$

式中，

$$\mu_{A(\mathrm{s})} = \mu^*_{A(\mathrm{s})}$$

$$\mu_{D(\mathrm{s})} = \mu^*_{D(\mathrm{s})}$$

$$\mu_{C(\mathrm{s})} = \mu^*_{C(\mathrm{s})}$$

$$\mu_{(A)_{E(\gamma')}} = \mu^*_{A(\mathrm{s})} + RT\ln a^{\mathrm{R}}_{(A)_{E(\gamma')}}$$

$$\mu_{(D)_{E(\gamma')}} = \mu^*_{D(\mathrm{s})} + RT\ln a^{\mathrm{R}}_{(D)_{E(\gamma')}}$$

$$\mu_{(C)_{E(\gamma')}} = \mu^*_{C(\mathrm{s})} + RT\ln a^{\mathrm{R}}_{(C)_{E(\gamma')}}$$

直到固相组元 C 消失，组元 A 和 A_mB_n 继续溶解，有

$$A(\mathrm{s}) = (A)_{E(\gamma')}$$

$$A_mB_n(\mathrm{s}) = (A_mB_n)_{E(\gamma')}$$

该过程的摩尔吉布斯自由能变化可用式 (9.292)、式 (9.293)、式 (9.295) 表示。直到组元 A 和 A_mB_n 溶解达到饱和，$E(\gamma')$ 变成共晶线 E_5H 上的 γ_1。组元 A 和 A_mB_n 与固溶体 γ_1 达成新的平衡。

3) 温度从 T_1 升到 T_N

温度从 T_1 升到 T_N，平衡相组成沿共晶线 EN 从 E 向 N 移动。溶解过程可以统一描述如下。

在温度 T_{i-1}，组元 A 和 A_mB_n 与 γ_{i-1} 相达成平衡，有

$$A(\mathrm{s}) \rightleftharpoons (A)_{\gamma_{i-1}} = (A)_{饱}$$

$$A_mB_n(\mathrm{s}) \rightleftharpoons (A_mB_n)_{\gamma_{i-1}} = (A_mB_n)_{饱}$$

继续升高温度到 T_i。在温度刚到达 T_i，固相组元 A 和 A_mB_n 还未来得及溶解进入 γ_{i-1} 相时，γ_{i-1} 相组成未变，但已由组元 A 和 A_mB_n 饱和的相 γ_{i-1} 变成不饱和的相 γ'_{i-1}。固相组元 A 和 A_mB_n 向其中溶解，有

$$A(\mathrm{s}) = (A)_{\gamma'_{i-1}}$$

$$A_mB_n(\mathrm{s}) = (A_mB_n)_{\gamma'_{i-1}}$$

组元 A、A_mB_n 和 γ'_{i-1} 都以其固态纯物质为标准状态，组成以摩尔分数表示，该过程的摩尔吉布斯自由能变化为

$$\Delta G_{\mathrm{m},A} = \mu_{(A)_{\gamma'_{i-1}}} - \mu_{A(\mathrm{s})} = RT\ln a^{\mathrm{R}}_{(A)_{\gamma'_{i-1}}} \tag{9.296}$$

式中，

$$\mu_{(A)_{\gamma'_{i-1}}} = \mu^*_{A(\mathrm{s})} + RT\ln a^{\mathrm{R}}_{(A)_{\gamma'_{i-1}}}$$

$$\mu_{A(\mathrm{s})} = \mu^*_{A(\mathrm{s})}$$

$$\Delta G_{\mathrm{m},D} = \mu_{(D)_{\gamma'_{i-1}}} - \mu_{D(\mathrm{s})} = RT\ln a^{\mathrm{R}}_{(D)_{\gamma'_{i-1}}} \tag{9.297}$$

式中，

$$\mu_{(D)_{\gamma'_{i-1}}} = \mu^*_{D(\mathrm{s})} + RT\ln a^{\mathrm{R}}_{(D)_{\gamma'_{i-1}}}$$

$$\mu_{D(\mathrm{s})} = \mu^*_{D(\mathrm{s})}$$

直到组元 A 和 A_mB_n 溶解达到饱和，相 γ'_{i-1} 成为 γ_i，组元 A 和 A_mB_n 与固溶体 γ_i 达成新的平衡。有

$$A(\mathrm{s}) \rightleftharpoons (A)_{\gamma_i} = (A)_{饱}$$

$$A_mB_n(\mathrm{s}) \rightleftharpoons (A_mB_n)_{\gamma_i} = (A_mB_n)_{饱}$$

温度 T_N 的平衡相组成为共晶线 EH 上的 N 点，N 点为组元 A 和化合物 A_mB_n 界线的转折点，把共晶线 EH 分为 EN 线和 NH 线两段。EN 段为一致转化界线 (以单箭头表示)，NH 线为不一致转化界线，以双箭头表示。

在温度 T_N，固相组元 A 和 A_mB_n 溶解达到平衡，转化反应达到平衡，有

$$A(\mathrm{s}) \rightleftharpoons (A)_{\gamma_N} = (A)_{饱}$$

$$A_mB_n(\mathrm{s}) \rightleftharpoons (A_mB_n)_{\gamma_N} = (A_mB_n)_{饱}$$

$$A_mB_n(\mathrm{s}) \rightleftharpoons mA(\mathrm{s}) + n(B)_{\gamma_N}$$

升高温度到 T_{N+1}，平衡相组成为 NH 线上的 $N+1$ 点，以 γ_N 表示。组元 A 和 A_mB_n 饱和的相 γ_N 变成组元 A 和 A_mB_n 不饱和的相 γ'_N，组元 A 和 A_mB_n 向 γ'_N 中溶解，有

$$A(\mathrm{s}) = A_{\gamma'_N}$$

$$A_mB_n(\mathrm{s}) = (A_mB_n)_{\gamma'_N}$$

转化反应也不平衡，有

$$A_mB_n(\mathrm{s}) = mA(\mathrm{s}) + n(B)_{\gamma'_N}$$

摩尔吉布斯自由能变化为

$$\Delta G_{\mathrm{m},A}(T_{N+1}) = \frac{\Delta_{\mathrm{sol}}H_{\mathrm{m},A}(T_N)\,\Delta T}{T_N}$$

$$\Delta G_{\mathrm{m},D}(T_{N+1}) = \frac{\varDelta_{\mathrm{sol}} H_{\mathrm{m},D}\left(T_N\right) \Delta T}{T_N}$$

$$\Delta G'_{\mathrm{m},D} = -\varDelta_{\mathrm{f}} G^*_{\mathrm{m},D} + RT \ln a^{\mathrm{R}}_{(B)_{\gamma'_N}}$$

4) 温度从 T_N 到 T_H

温度从 T_N 到 T_H，组元 A 和化合物 A_mB_n 溶解进入固溶体，转化反应不断进行，可以统一描述如下。

在温度 T_{k-1}，组元 A_mB_n、A 和 γ_{k-1} 相达成平衡，有

$$A_mB_n(\mathrm{s}) \rightleftharpoons (A_mB_n)_{\gamma_{k-1}} = (A_mB_n)_{饱}$$

$$A(\mathrm{s}) \rightleftharpoons (A)_{\gamma_{k-1}} = (A)_{饱}$$

$$A_mB_n(\mathrm{s}) \rightleftharpoons mA(\mathrm{s}) + n(B)_{\gamma_{k-1}}$$

$$(k = 1, 2, \cdots, n)$$

升高温度到 T_k。温度刚升到 T_k，组元 A 和固相化合物 A_mB_n 还未来得及溶解进入 γ_{k-1} 相，γ_{k-1} 相组成未变，但已由组元 A_mB_n 和 A 饱和的 γ_{k-1} 变成组元 A_mB_n 和 A 不饱和的 γ'_{k-1}。固相组元 A_mB_n 和 A 向 γ_{k-1} 相中溶解。有

$$A_mB_n(\mathrm{s}) = (A_mB_n)_{\gamma'_{k-1}}$$

$$A(\mathrm{s}) = (A)_{\gamma'_{k-1}}$$

并进行转化反应

$$A_mB_n(\mathrm{s}) = mA(\mathrm{s}) + n(B)_{\gamma'_{k-1}}$$

该过程的摩尔吉布斯自由能变化为

$$\Delta G_{\mathrm{m},D}(T_k) = \frac{\varDelta_{\mathrm{sol}} H_{\mathrm{m},D}(T_{k-1}) \Delta T}{T_{k-1}} \tag{9.298}$$

$$\Delta G_{\mathrm{m},A}(T_k) = \frac{\varDelta_{\mathrm{sol}} H_{\mathrm{m},A}(T_{k-1}) \Delta T}{T_{k-1}} \tag{9.299}$$

以纯固态组元 A_mB_n 和 A 为标准状态，组成以摩尔分数表示，摩尔吉布斯自由能变化为

$$\Delta G_{\mathrm{m},D} = \mu_{(D)_{\gamma'_{k-1}}} - \mu_{D(\mathrm{s})} = RT \ln a^{\mathrm{R}}_{(D)_{\gamma'_{k-1}}} \tag{9.300}$$

式中，

$$\mu_{(D)_{\gamma'_{k-1}}} = \mu^*_{D(\mathrm{s})} + RT \ln a^{\mathrm{R}}_{(D)_{\gamma'_{k-1}}}$$

$$\mu_{D(\mathrm{s})} = \mu^*_{D(\mathrm{s})}$$

$$\Delta G_{\mathrm{m},A}=\mu_{(A)_{\gamma'_{k-1}}}-\mu_{A(\mathrm{s})}=RT\ln a^{\mathrm{R}}_{(A)_{\gamma'_{k-1}}}=RT\ln a^{\mathrm{R}}_{(A)_{不饱}} \tag{9.301}$$

式中，

$$\mu_{A(\mathrm{s})}=\mu^{*}_{A(\mathrm{s})}$$

$$\mu_{(A)_{\gamma'_{k-1}}}=\mu^{*}_{A(\mathrm{s})}+RT\ln a^{\mathrm{R}}_{(A)_{\gamma'_{k-1}}}=\mu^{*}_{A(\mathrm{s})}+RT\ln a^{\mathrm{R}}_{(A)_{不饱}}$$

$$\Delta G'_{\mathrm{m},D}=m\mu_{A(\mathrm{s})}+n\mu_{(B)_{\gamma'_{k-1}}}=-\Delta_{\mathrm{f}}G^{*}_{\mathrm{m},D}+RT\ln a^{\mathrm{R}}_{(B)_{\gamma'_{k-1}}}$$

式中

$$\mu_{A(\mathrm{s})}=\mu^{*}_{A(\mathrm{s})}$$

$$\mu_{(B)_{\gamma'_{k-1}}}=\mu^{*}_{B(\mathrm{s})}+RT\ln a^{\mathrm{R}}_{(B)_{\gamma'_{k-1}}}$$

$$-\Delta_{\mathrm{f}}G^{*}_{\mathrm{m},D}=m\mu^{*}_{A(\mathrm{s})}+n\mu^{*}_{B(\mathrm{s})}-\mu^{*}_{D(\mathrm{s})}$$

直到固溶体 γ'_{k-1} 变成组元 A_mB_n 和 A 的饱和相 γ_k，转化反应达到新的平衡。有

$$A_mB_n(\mathrm{s})\rightleftharpoons(A_mB_n)_{\gamma_k}=\!=\!=(A_mB_n)_{饱}$$

$$A(\mathrm{s})\rightleftharpoons(A)_{\gamma_k}=\!=\!=(A)_{饱}$$

$$A_mB_n(\mathrm{s})\rightleftharpoons mA(\mathrm{s})+n(B)_{\gamma_k}$$

继续升温到 T_H。在温度 T_H，组元 A_mB_n 和 A 与固溶体相 γ_H 达成平衡。有

$$A_mB_n(\mathrm{s})\rightleftharpoons(A_mB_n)_{\gamma_H}=\!=\!=(A_mB_n)_{饱}$$

$$A(\mathrm{s})\rightleftharpoons(A)_{\gamma_H}=\!=\!=(A)_{饱}$$

转化反应也达到平衡

$$A_mB_n(\mathrm{s})\rightleftharpoons mA(\mathrm{s})+nB(\mathrm{s})$$

温度升高到 T_{H+1}，化合物 A_mB_n 分解，相 γ_H 由组元 A 的饱和相成为组元 A 的不饱和相 γ'_H，固相组元 A 向其中溶解。在相 γ'_H 中组元 B 也没有饱和，化合物 A_mB_n 分解出的固相组元 A 和 B 向其中溶解。可以表示为

$$A_mB_n(\mathrm{s})=\!=\!=mA(\mathrm{s})+nB(\mathrm{s})$$

$$A(\mathrm{s})=\!=\!=(A)_{\gamma'_H}$$

$$B(\mathrm{s})=\!=\!=(B)_{\gamma'_H}$$

分解和溶解过程的摩尔吉布斯自由能变化为

$$\begin{aligned}\Delta G_{\mathrm{m},D} &= m\mu_{A(\mathrm{s})} + n\mu_{B(\mathrm{s})} - \mu_{D(\mathrm{s})} \\ &= -\Delta_{\mathrm{f}} G^{*}_{\mathrm{m},D}\end{aligned}$$

$$\Delta G_{\mathrm{m},A} = \mu_{(A)_{\gamma'_H}} - \mu_{A(\mathrm{s})} = RT \ln a^{\mathrm{R}}_{(A)_{\gamma'_H}} \tag{9.302}$$

$$\Delta G_{\mathrm{m},B} = \mu_{(B)_{\gamma'_H}} - \mu_{B(\mathrm{s})} = RT \ln a^{\mathrm{R}}_{(B)_{\gamma'_H}}$$

式中，$\Delta_{\mathrm{f}} G^{*}_{\mathrm{m},D}$ 为化合物 A_mB_n 的生成自由能；

$$\mu_{(A)_{\gamma'_H}} = \mu^{*}_{A(\mathrm{s})} + RT \ln a^{\mathrm{R}}_{(A)_{\gamma'_H}}$$

$$\mu_{A(\mathrm{s})} = \mu^{*}_{A(\mathrm{s})}$$

$$\mu_{(B)_{\gamma'_H}} = \mu^{*}_{B(\mathrm{s})} + RT \ln a^{\mathrm{R}}_{(B)_{\gamma_H}}$$

$$\mu_{B(\mathrm{s})} = \mu^{*}_{B(\mathrm{s})}$$

或

$$\Delta G_{\mathrm{m},A}(T_{H+1}) = \frac{\Delta_{\mathrm{sol}} H_{\mathrm{m},A}(T_H)\Delta T}{T_H} \tag{9.303}$$

$$\Delta G_{\mathrm{m},B}(T_{H+1}) = \frac{\Delta_{\mathrm{sol}} H_{\mathrm{m},B}(T_H)}{T_H} \tag{9.304}$$

式中，

$$\Delta T = T_H - T_{H+1} < 0$$

直到化合物 A_mB_n 分解完毕，相 γ_{H+1} 成为组元 A 和 B 的饱和固溶体，有

$$A(\mathrm{s}) \rightleftharpoons (A)_{\gamma_H} \equiv (A)_{饱}$$

$$B(\mathrm{s}) \rightleftharpoons (B)_{\gamma_H} \equiv (B)_{饱}$$

5) 升温从 T_H 到 T_P

继续升高温度，从 T_H 到 T_P。固相组元 A 和 B 溶解。平衡 γ 相组成沿共晶线 HE_1，从 H 移动到 P。溶解过程可以统一描述如下。

在温度 T_{j-1}，溶解达到平衡，有

$$A(\mathrm{s}) \rightleftharpoons (A)_{\gamma_{j-1}} \equiv (A)_{饱}$$

$$B(\mathrm{s}) \rightleftharpoons (B)_{\gamma_{j-1}} \equiv (B)_{饱}$$

升高温度到 T_j。温度刚升到 T_j，固体组元 A 和 B 还未来得及溶解时，固溶体相组成仍和 γ_{j-1} 相同，但已由组元 A 和 B 饱和的相 γ_{j-1} 变为不饱和的相 γ'_{j-1}。固体组元 A 和 B 向其中溶解。有

$$A(\mathrm{s}) = (A)_{\gamma'_{j-1}}$$

$$B(\mathrm{s}) = (B)_{\gamma'_{j-1}}$$

组元 A 和 B 都以其纯固态为标准状态，组成以摩尔分数表示，该过程的摩尔吉布斯自由能变化为

$$\Delta G_{\mathrm{m},A} = \mu_{(A)_{\gamma'_{j-1}}} - \mu_{A(\mathrm{s})} = RT \ln a^{\mathrm{R}}_{(A)_{\gamma'_{j-1}}} \tag{9.305}$$

式中，

$$\mu_{(A)_{\gamma'_{j-1}}} = \mu^*_{A(\mathrm{s})} + RT \ln a^{\mathrm{R}}_{(A)_{\gamma'_{j-1}}}$$

$$\mu_{A(\mathrm{s})} = \mu^*_{A(\mathrm{s})}$$

$$\Delta G_{\mathrm{m},B} = \mu_{(B)_{\gamma'_{j-1}}} - \mu_{B(\mathrm{s})} = RT \ln a^{\mathrm{R}}_{(B)_{\gamma'_{j-1}}} \tag{9.306}$$

式中，

$$\mu_{(B)_{\gamma'_{j-1}}} = \mu^*_{B(\mathrm{s})} + RT \ln a^{\mathrm{R}}_{(B)_{\gamma'_{j-1}}}$$

$$\mu_{B(\mathrm{s})} = \mu^*_{B(\mathrm{s})}$$

或

$$\Delta G_{\mathrm{m},A}(T_j) = \frac{\varDelta_{\mathrm{sol}} H_{\mathrm{m},A}(T_{j-1}) \Delta T}{T_{j-1}} \tag{9.307}$$

$$\Delta G_{\mathrm{m},B}(T_j) = \frac{\varDelta_{\mathrm{sol}} H_{\mathrm{m},B}(T_{j-1}) \Delta T}{T_{j-1}} \tag{9.308}$$

式中，

$$\Delta T = T_{j-1} - T_j < 0$$

在温度 T_P，组元 A、B 和 γ_P 相达成平衡，有

$$A(\mathrm{s}) \rightleftharpoons (A)_{\gamma_P} = (A)_{饱}$$

$$B(\mathrm{s}) \rightleftharpoons (B)_{\gamma_P} = (B)_{饱}$$

6) 在温度 T_{P+1}

升高温度到 T_{P+1}，在温度刚升到 T_{P+1}，固相组元 A 和 B 尚未向 γ_P 相中溶

解时，γ_P 相组成未变，但已由组元 A、B 的饱和相 γ_P 变成不饱和相 γ'_P，固相组元 A、B 向其中溶解，有

$$A(\mathrm{s}) = (A)_{\gamma'_P}$$

$$B(\mathrm{s}) = (B)_{\gamma'_P}$$

组元 A 和 B 都以纯固态为标准状态，组成以摩尔分数表示，溶解过程的摩尔吉布斯自由能变化为

$$\Delta G_{\mathrm{m},A} = \mu_{(A)_{\gamma'_P}} - \mu_{A(\mathrm{s})} = RT\ln a^{\mathrm{R}}_{(A)_{\gamma'_P}} \tag{9.309}$$

式中，

$$\mu_{(A)_{\gamma'_P}} = \mu^*_{A(\mathrm{s})} + RT\ln a^{\mathrm{R}}_{(A)_{\gamma'_P}}$$

$$\mu_{A(\mathrm{s})} = \mu^*_{A(\mathrm{s})}$$

$$\Delta G_{\mathrm{m},B} = \mu_{(B)_{\gamma'_P}} - \mu_{B(\mathrm{s})} = RT\ln a^{\mathrm{R}}_{(B)_{\gamma'_P}} \tag{9.310}$$

式中，

$$\mu_{(B)_{\gamma'_P}} = \mu^*_{B(\mathrm{s})} + RT\ln a^{\mathrm{R}}_{(B)_{\gamma'_P}}$$

$$\mu_{B(\mathrm{s})} = \mu^*_{B(\mathrm{s})}$$

或

$$\Delta G_{\mathrm{m},A}(T_{P+1}) = \frac{\Delta_{\mathrm{sol}} H_{\mathrm{m},A}(T_P)\Delta T}{T_P}$$

$$\Delta G_{\mathrm{m},B}(T_{P+1}) = \frac{\Delta_{\mathrm{sol}} H_{\mathrm{m},B}(T_P)\Delta T}{T_P}$$

式中，

$$\Delta T = T_P - T_{P+1} < 0$$

直到固相组元 B 溶解完，组元 A 达到饱和，两相达成平衡，固溶体相组成为 γ_{P+1} 点，有

$$A(\mathrm{s}) \rightleftharpoons (A)_{\gamma_{P+1}} = (A)_{饱}$$

升高温度。从 T_P 到 T_M，固相组元 A 溶解，过程从 P 点沿 PA 连线向 M 点移动。溶解过程可以统一描述如下。

在温度 T_{h-1}，溶解过程达成平衡，平衡固溶体相组成为 PA 连线上的 γ_{h-1} 点。有

$$A(\mathrm{s}) \rightleftharpoons (A)_{\gamma_{h-1}} = (A)_{饱}$$

继续升高温度到 T_h。在温度刚升到 T_h 时，固相 A 还未来得及向 γ_{h-1} 中溶解，γ_{h-1} 相组成未变，但已由组元 A 饱和的 γ_{h-1} 变成不饱和的 γ'_{h-1}。固体组元 A 向 γ'_{h-1} 中溶解。即

$$A\,(\mathrm{s}) =\!=\!= (A)_{\gamma'_{h-1}}$$

组元 A 都以纯固态物质为标准状态，组成以摩尔分数表示，该过程的摩尔吉布斯自由能变化为

$$\Delta G_{\mathrm{m},A} = \mu_{(A)_{\gamma'_{h-1}}} - \mu_{A(\mathrm{s})} = RT\ln a^{\mathrm{R}}_{(A)_{\gamma'_{h-1}}} \tag{9.311}$$

式中，

$$\mu_{(A)_{\gamma'_{h-1}}} = \mu^*_{A(\mathrm{s})} + RT\ln a^{\mathrm{R}}_{(A)_{\gamma'_{h-1}}}$$

$$\mu_{A(\mathrm{s})} = \mu^*_{A(\mathrm{s})}$$

或

$$\Delta G_{\mathrm{m},A}(T_h) = \frac{\varDelta_{\mathrm{sol}} H_{\mathrm{m},A}(T_{h-1})\Delta T}{T_{h-1}}$$

直到 γ'_{h-1} 成为饱和相 γ_h，达到新的平衡，有

$$A\,(\mathrm{s}) \rightleftharpoons (A)_{\gamma_h} =\!=\!= (A)_{饱}$$

在温度 T_M，固相组元 A 溶解达到饱和，平衡相组成为 γ_M 点。有

$$A\,(\mathrm{s}) \rightleftharpoons (A)_{\gamma_M} =\!=\!= (A)_{饱}$$

升高温度到 T，在温度刚升到 T，组元 A 尚未向 γ_M 中溶解时，γ_M 相组成未变，但相 γ_M 已由组元 A 的饱和固溶体成为不饱和固溶体 γ'_M。固相组元 A 向其中溶解，有

$$A\,(\mathrm{s}) =\!=\!= (A)_{\gamma'_M}$$

组元 A 都以纯固态为标准状态，组成以摩尔分数表示，该过程的摩尔吉布斯自由能变化为

$$\Delta G_{\mathrm{m},A} = \mu_{(A)_{\gamma'_M}} - \mu_{A(\mathrm{s})} = RT\ln a^{\mathrm{R}}_{(A)_{\gamma'_M}} \tag{9.312}$$

式中，

$$\mu_{(A)_{\gamma'_M}} = \mu^*_{A(\mathrm{s})} + RT\ln a^{\mathrm{R}}_{(A)_{\gamma'_M}}$$

$$\mu_{A(\mathrm{s})} = \mu^*_{A(\mathrm{s})}$$

或

$$\Delta G_{\mathrm{m},A}(T_{M+1}) = \frac{\varDelta_{\mathrm{sol}} H_{\mathrm{m},A}(T)\Delta T}{T}$$

式中，

$$\Delta T = T_M - T < 0$$

直到固相组元 A 完全溶解。体系成为单相固溶体。

2. 相变速率

1) 在温度 T_1

在温度 T_1，最低共晶点组成的 $E\,(\mathrm{s})$ 的转化速率为

$$\begin{aligned}\frac{\mathrm{d}N_{E(\gamma')}}{\mathrm{d}t} &= -\frac{\mathrm{d}N_{E(\mathrm{s})}}{\mathrm{d}t} = Vj_E \\ &= -V\left[l_1\left(\frac{A_{\mathrm{m},E}}{T}\right) + l_2\left(\frac{A_{\mathrm{m},E}}{T}\right)^2 + l_3\left(\frac{A_{\mathrm{m},E}}{T}\right)^3 + \cdots\right]\end{aligned} \tag{9.313}$$

式中，

$$A_{\mathrm{m},E} = \Delta G_{\mathrm{m},E}$$

不考虑耦合作用，固相组元 A、A_mB_n 和 C 的溶解速率为

$$\begin{aligned}\frac{\mathrm{d}N_{(A)_{E(\gamma')}}}{\mathrm{d}t} &= -\frac{\mathrm{d}N_{A(\mathrm{s})}}{\mathrm{d}t} = Vj_A \\ &= -V\left[l_1\left(\frac{A_{\mathrm{m},A}}{T}\right) + l_2\left(\frac{A_{\mathrm{m},A}}{T}\right)^2 + l_3\left(\frac{A_{\mathrm{m},A}}{T}\right)^3 + \cdots\right]\end{aligned} \tag{9.314}$$

式中，

$$A_{\mathrm{m},A} = \Delta G_{\mathrm{m},A}$$

$$\begin{aligned}\frac{\mathrm{d}N_{(D)_{E(\gamma')}}}{\mathrm{d}t} &= -\frac{\mathrm{d}N_{D(\mathrm{s})}}{\mathrm{d}t} = Vj_D \\ &= -V\left[l_1\left(\frac{A_{\mathrm{m},D}}{T}\right) + l_2\left(\frac{A_{\mathrm{m},D}}{T}\right)^2 + l_3\left(\frac{A_{\mathrm{m},D}}{T}\right)^3 + \cdots\right]\end{aligned} \tag{9.315}$$

式中，

$$A_{\mathrm{m},D} = \Delta G_{\mathrm{m},D}$$

$$\begin{aligned}\frac{\mathrm{d}N_{(C)_{E(\gamma')}}}{\mathrm{d}t} &= -\frac{\mathrm{d}N_{C(\mathrm{s})}}{\mathrm{d}t} = Vj_C \\ &= -V\left[l_1\left(\frac{A_{\mathrm{m},C}}{T}\right) + l_2\left(\frac{A_{\mathrm{m},C}}{T}\right)^2 + l_3\left(\frac{A_{\mathrm{m},C}}{T}\right)^3 + \cdots\right]\end{aligned} \tag{9.316}$$

式中，

$$A_{\mathrm{m},C} = \Delta G_{\mathrm{m},C}$$

考虑耦合作用，有

$$
\begin{aligned}
\frac{\mathrm{d}N_{(A)_{E(\gamma')}}}{\mathrm{d}t}=&-\frac{\mathrm{d}N_{A(\mathrm{s})}}{\mathrm{d}t}=Vj_A\\
=&-V\left[l_{11}\left(\frac{A_{\mathrm{m},A}}{T}\right)+l_{12}\left(\frac{A_{\mathrm{m},D}}{T}\right)+l_{13}\left(\frac{A_{\mathrm{m},C}}{T}\right)+l_{111}\left(\frac{A_{\mathrm{m},A}}{T}\right)^2\right.\\
&+l_{112}\left(\frac{A_{\mathrm{m},A}}{T}\right)\left(\frac{A_{\mathrm{m},D}}{T}\right)+l_{113}\left(\frac{A_{\mathrm{m},A}}{T}\right)\left(\frac{A_{\mathrm{m},C}}{T}\right)+l_{122}\left(\frac{A_{\mathrm{m},D}}{T}\right)^2\\
&+l_{123}\left(\frac{A_{\mathrm{m},D}}{T}\right)\left(\frac{A_{\mathrm{m},C}}{T}\right)+l_{133}\left(\frac{A_{\mathrm{m},C}}{T}\right)^2+l_{1111}\left(\frac{A_{\mathrm{m},A}}{T}\right)^3\\
&+l_{1112}\left(\frac{A_{\mathrm{m},A}}{T}\right)^2\left(\frac{A_{\mathrm{m},D}}{T}\right)+l_{1113}\left(\frac{A_{\mathrm{m},A}}{T}\right)^2\left(\frac{A_{\mathrm{m},C}}{T}\right)\\
&+l_{1122}\left(\frac{A_{\mathrm{m},A}}{T}\right)\left(\frac{A_{\mathrm{m},D}}{T}\right)^2+l_{1123}\left(\frac{A_{\mathrm{m},A}}{T}\right)\left(\frac{A_{\mathrm{m},D}}{T}\right)\left(\frac{A_{\mathrm{m},C}}{T}\right)\\
&+l_{1133}\left(\frac{A_{\mathrm{m},A}}{T}\right)\left(\frac{A_{\mathrm{m},C}}{T}\right)^2+l_{1222}\left(\frac{A_{\mathrm{m},D}}{T}\right)^3+l_{1223}\left(\frac{A_{\mathrm{m},D}}{T}\right)^2\left(\frac{A_{\mathrm{m},C}}{T}\right)\\
&\left.+l_{1233}\left(\frac{A_{\mathrm{m},D}}{T}\right)\left(\frac{A_{\mathrm{m},C}}{T}\right)^2+l_{1333}\left(\frac{A_{\mathrm{m},C}}{T}\right)^3+\cdots\right]
\end{aligned}
\tag{9.317}
$$

$$
\begin{aligned}
\frac{\mathrm{d}N_{(D)_{E(\gamma')}}}{\mathrm{d}t}=&-\frac{\mathrm{d}N_{D(\mathrm{s})}}{\mathrm{d}t}=Vj_D\\
=&-V\left[l_{21}\left(\frac{A_{\mathrm{m},A}}{T}\right)+l_{22}\left(\frac{A_{\mathrm{m},D}}{T}\right)+l_{23}\left(\frac{A_{\mathrm{m},C}}{T}\right)+l_{211}\left(\frac{A_{\mathrm{m},A}}{T}\right)^2\right.\\
&+l_{212}\left(\frac{A_{\mathrm{m},A}}{T}\right)\left(\frac{A_{\mathrm{m},D}}{T}\right)+l_{213}\left(\frac{A_{\mathrm{m},A}}{T}\right)\left(\frac{A_{\mathrm{m},C}}{T}\right)+l_{222}\left(\frac{A_{\mathrm{m},D}}{T}\right)^2\\
&+l_{223}\left(\frac{A_{\mathrm{m},D}}{T}\right)\left(\frac{A_{\mathrm{m},C}}{T}\right)+l_{233}\left(\frac{A_{\mathrm{m},C}}{T}\right)^2+l_{2111}\left(\frac{A_{\mathrm{m},A}}{T}\right)^3\\
&+l_{2112}\left(\frac{A_{\mathrm{m},A}}{T}\right)^2\left(\frac{A_{\mathrm{m},D}}{T}\right)+l_{2113}\left(\frac{A_{\mathrm{m},A}}{T}\right)^2\left(\frac{A_{\mathrm{m},C}}{T}\right)\\
&+l_{2122}\left(\frac{A_{\mathrm{m},A}}{T}\right)\left(\frac{A_{\mathrm{m},D}}{T}\right)^2+l_{2123}\left(\frac{A_{\mathrm{m},A}}{T}\right)\left(\frac{A_{\mathrm{m},D}}{T}\right)\left(\frac{A_{\mathrm{m},C}}{T}\right)\\
&+l_{2133}\left(\frac{A_{\mathrm{m},A}}{T}\right)\left(\frac{A_{\mathrm{m},C}}{T}\right)^2+l_{2222}\left(\frac{A_{\mathrm{m},D}}{T}\right)^3+l_{2223}\left(\frac{A_{\mathrm{m},D}}{T}\right)^2\left(\frac{A_{\mathrm{m},C}}{T}\right)\\
&\left.+l_{2233}\left(\frac{A_{\mathrm{m},D}}{T}\right)\left(\frac{A_{\mathrm{m},C}}{T}\right)^2+l_{2333}\left(\frac{A_{\mathrm{m},C}}{T}\right)^3+\cdots\right]
\end{aligned}
\tag{9.318}
$$

$$\begin{aligned}\frac{\mathrm{d}N_{(C)_{E(\gamma')}}}{\mathrm{d}t}&=-\frac{\mathrm{d}N_{C(\mathrm{s})}}{\mathrm{d}t}=Vj_C\\&=-V\left[l_{31}\left(\frac{A_{\mathrm{m},A}}{T}\right)+l_{32}\left(\frac{A_{\mathrm{m},D}}{T}\right)+l_{33}\left(\frac{A_{\mathrm{m},C}}{T}\right)+l_{311}\left(\frac{A_{\mathrm{m},A}}{T}\right)^2\right.\\&\quad+l_{312}\left(\frac{A_{\mathrm{m},A}}{T}\right)\left(\frac{A_{\mathrm{m},D}}{T}\right)+l_{313}\left(\frac{A_{\mathrm{m},A}}{T}\right)\left(\frac{A_{\mathrm{m},C}}{T}\right)+l_{322}\left(\frac{A_{\mathrm{m},D}}{T}\right)^2\\&\quad+l_{323}\left(\frac{A_{\mathrm{m},D}}{T}\right)\left(\frac{A_{\mathrm{m},C}}{T}\right)+l_{333}\left(\frac{A_{\mathrm{m},C}}{T}\right)^2+l_{3111}\left(\frac{A_{\mathrm{m},A}}{T}\right)^3\\&\quad+l_{3112}\left(\frac{A_{\mathrm{m},A}}{T}\right)^2\left(\frac{A_{\mathrm{m},D}}{T}\right)+l_{3113}\left(\frac{A_{\mathrm{m},A}}{T}\right)^2\left(\frac{A_{\mathrm{m},C}}{T}\right)\\&\quad+l_{3122}\left(\frac{A_{\mathrm{m},D}}{T}\right)^2\left(\frac{A_{\mathrm{m},A}}{T}\right)+l_{3123}\left(\frac{A_{\mathrm{m},A}}{T}\right)\left(\frac{A_{\mathrm{m},D}}{T}\right)\left(\frac{A_{\mathrm{m},C}}{T}\right)\\&\quad+l_{3133}\left(\frac{A_{\mathrm{m},A}}{T}\right)\left(\frac{A_{\mathrm{m},C}}{T}\right)^2+l_{3222}\left(\frac{A_{\mathrm{m},D}}{T}\right)^3+l_{3223}\left(\frac{A_{\mathrm{m},D}}{T}\right)^2\left(\frac{A_{\mathrm{m},C}}{T}\right)\\&\quad\left.+l_{3233}\left(\frac{A_{\mathrm{m},D}}{T}\right)\left(\frac{A_{\mathrm{m},C}}{T}\right)^2+l_{3333}\left(\frac{A_{\mathrm{m},C}}{T}\right)^3+\cdots\right]\end{aligned}\tag{9.319}$$

2) 从温度 T_1 到 T_N

从温度 T_1 到 T_N，不考虑耦合作用，固相组元 A 和 A_mB_n 的溶解速率为

$$\begin{aligned}\frac{\mathrm{d}N_{(A)_{\gamma'_{i-1}}}}{\mathrm{d}t}&=-\frac{\mathrm{d}N_{A(\mathrm{s})}}{\mathrm{d}t}=Vj_A\\&=-V\left[l_1\left(\frac{A_{\mathrm{m},A}}{T}\right)+l_2\left(\frac{A_{\mathrm{m},A}}{T}\right)^2+l_3\left(\frac{A_{\mathrm{m},A}}{T}\right)^3+\cdots\right]\end{aligned}\tag{9.320}$$

式中，

$$A_{\mathrm{m},A}=\Delta G_{\mathrm{m},A}$$

$$\begin{aligned}\frac{\mathrm{d}N_{(D)_{E(\gamma')}}}{\mathrm{d}t}&=-\frac{\mathrm{d}N_{D(\mathrm{s})}}{\mathrm{d}t}=Vj_D\\&=-V\left[l_1\left(\frac{A_{\mathrm{m},D}}{T}\right)+l_2\left(\frac{A_{\mathrm{m},D}}{T}\right)^2+l_3\left(\frac{A_{\mathrm{m},D}}{T}\right)^3+\cdots\right]\end{aligned}\tag{9.321}$$

式中，

$$A_{\mathrm{m},D}=\Delta G_{\mathrm{m},D}$$

考虑耦合作用

$$\begin{aligned}\frac{\mathrm{d}N_{(A)_{E(\gamma')}}}{\mathrm{d}t}=&-\frac{\mathrm{d}N_{A(\mathrm{s})}}{\mathrm{d}t}=Vj_A\\=&-V\left[l_{11}\left(\frac{A_{\mathrm{m},A}}{T}\right)+l_{12}\left(\frac{A_{\mathrm{m},D}}{T}\right)+l_{111}\left(\frac{A_{\mathrm{m},A}}{T}\right)^2\right.\\&+l_{112}\left(\frac{A_{\mathrm{m},A}}{T}\right)\left(\frac{A_{\mathrm{m},D}}{T}\right)\\&+l_{122}\left(\frac{A_{\mathrm{m},D}}{T}\right)^2+l_{1111}\left(\frac{A_{\mathrm{m},A}}{T}\right)^3+l_{1112}\left(\frac{A_{\mathrm{m},A}}{T}\right)^2\left(\frac{A_{\mathrm{m},D}}{T}\right)\\&\left.+l_{1122}\left(\frac{A_{\mathrm{m},A}}{T}\right)\left(\frac{A_{\mathrm{m},D}}{T}\right)^2+l_{1222}\left(\frac{A_{\mathrm{m},D}}{T}\right)^3+\cdots\right]\end{aligned}\tag{9.322}$$

$$\begin{aligned}\frac{\mathrm{d}N_{(D)_{E(\gamma')}}}{\mathrm{d}t}=&-\frac{\mathrm{d}N_{D(\mathrm{s})}}{\mathrm{d}t}=Vj_D\\=&-V\left[l_{21}\left(\frac{A_{\mathrm{m},A}}{T}\right)+l_{22}\left(\frac{A_{\mathrm{m},D}}{T}\right)+l_{211}\left(\frac{A_{\mathrm{m},A}}{T}\right)^2\right.\\&+l_{212}\left(\frac{A_{\mathrm{m},A}}{T}\right)\left(\frac{A_{\mathrm{m},D}}{T}\right)\\&+l_{222}\left(\frac{A_{\mathrm{m},D}}{T}\right)^2+l_{2111}\left(\frac{A_{\mathrm{m},A}}{T}\right)^3+l_{2112}\left(\frac{A_{\mathrm{m},A}}{T}\right)^2\left(\frac{A_{\mathrm{m},D}}{T}\right)\\&\left.+l_{2122}\left(\frac{A_{\mathrm{m},A}}{T}\right)\left(\frac{A_{\mathrm{m},D}}{T}\right)^2+l_{2222}\left(\frac{A_{\mathrm{m},D}}{T}\right)^3+\cdots\right]\end{aligned}\tag{9.323}$$

3) 从温度 T_N 到 T_H

从温度 T_N 到 T_H，组元 A_mB_n 的溶解速率为

$$\begin{aligned}\frac{\mathrm{d}N_{(D)_{\gamma'_{k-1}}}}{\mathrm{d}t}=&-\frac{\mathrm{d}N_{D(\mathrm{s})}}{\mathrm{d}t}=Vj_D\\=&-V\left[l_1\left(\frac{A_{\mathrm{m},D}}{T}\right)+l_2\left(\frac{A_{\mathrm{m},D}}{T}\right)^2+l_3\left(\frac{A_{\mathrm{m},D}}{T}\right)^3+\cdots\right]\end{aligned}\tag{9.324}$$

固相组元 A 和 B 的溶解速率为

$$\begin{aligned}\frac{\mathrm{d}N_{(A)_{\gamma'_{k-1}}}}{\mathrm{d}t}=&-\frac{\mathrm{d}N_{A(\mathrm{s})}}{\mathrm{d}t}=Vj_A\\=&-V\left[l_1\left(\frac{A_m,A}{T}\right)-l_2\left(\frac{A_m,A}{T}\right)^2-l_3\left(\frac{A_m,A}{T}\right)^3-\cdots\right]\end{aligned}$$

$$\frac{\mathrm{d}N_{(B)_{\gamma'_{k-1}}}}{\mathrm{d}t}=-\frac{\mathrm{d}N_{B(\mathrm{s})}}{\mathrm{d}t}=Vj_B$$

$$= V\left[-l_1\left(\frac{B_m, B}{T}\right) - l_2\left(\frac{B_m, B}{T}\right)^2 - l_3\left(\frac{B_m, B}{T}\right)^3 + \cdots\right]$$

转化反应速率为

$$\begin{aligned}
-\frac{\mathrm{d}N_{A_\mathrm{m}B_n(\mathrm{s})}}{\mathrm{d}t} &= \frac{1}{m}\frac{\mathrm{d}N_{A(\mathrm{s})}}{\mathrm{d}t} = \frac{1}{n}\frac{\mathrm{d}N_{(B)_{\gamma'_{k-1}}}}{\mathrm{d}t} = Vj_{A_mB_n} \\
&= V\left[-l_1\left(\frac{A_\mathrm{m}, D}{T}\right) - l_2\left(\frac{A_\mathrm{m}, D}{T}\right)^2 - l_3\left(\frac{A_\mathrm{m}, D}{T}\right)^3 - \cdots\right]
\end{aligned}$$

式中，

$$A_{\mathrm{m},A} = \Delta G_{\mathrm{m},A}, \quad A_{\mathrm{m},B} = \Delta G_{\mathrm{m},B}, \quad A_{\mathrm{m},D} = \Delta G_{\mathrm{m},D}$$

4) 在温度 T_{H+1}

在温度 T_{H+1}，化合物 A_mB_n 的分解速率为

$$\begin{aligned}
-\frac{\mathrm{d}N_D}{\mathrm{d}t} &= Vj_D \\
&= V\left[-l_1\left(\frac{A_{\mathrm{m},D}}{T}\right) - l_2\left(\frac{A_{\mathrm{m},D}}{T}\right)^2 - l_3\left(\frac{A_{\mathrm{m},D}}{T}\right)^3 - \cdots\right]
\end{aligned} \tag{9.325}$$

固相组元 A 的溶解速率

$$\begin{aligned}
-\frac{\mathrm{d}N_{A(\mathrm{s})}}{\mathrm{d}t} &= Vj_A \\
&= -V\left[l_1\left(\frac{A_{\mathrm{m},A}}{T}\right) + l_2\left(\frac{A_{\mathrm{m},A}}{T}\right)^2 + l_3\left(\frac{A_{\mathrm{m},A}}{T}\right)^3 + \cdots\right]
\end{aligned} \tag{9.326}$$

式中，

$$A_{\mathrm{m},A} = \Delta G_{\mathrm{m},A}$$

5) 温度从 T_H 到 T_P

温度从 T_H 到 T_P，不考虑耦合作用，固相组元 A 和 B 在温度 T_j 的溶解速率为

$$\begin{aligned}
\frac{\mathrm{d}N_{(A)_{\gamma'_{j-1}}}}{\mathrm{d}t} &= -\frac{\mathrm{d}N_{A(\mathrm{s})}}{\mathrm{d}t} = Vj_A \\
&= -V\left[l_1\left(\frac{A_{\mathrm{m},A}}{T}\right) + l_2\left(\frac{A_{\mathrm{m},A}}{T}\right)^2 + l_3\left(\frac{A_{\mathrm{m},A}}{T}\right)^3 + \cdots\right]
\end{aligned} \tag{9.327}$$

式中，

$$A_{\mathrm{m},A} = \Delta G_{\mathrm{m},A}$$

$$\begin{aligned}\frac{\mathrm{d}N_{(B)_{\gamma'_{j-1}}}}{\mathrm{d}t} &= -\frac{\mathrm{d}N_{B(\mathrm{s})}}{\mathrm{d}t} = Vj_B \\ &= -V\left[l_1\left(\frac{A_{\mathrm{m},B}}{T}\right) + l_2\left(\frac{A_{\mathrm{m},B}}{T}\right)^2 + l_3\left(\frac{A_{\mathrm{m},B}}{T}\right)^3 + \cdots\right]\end{aligned} \tag{9.328}$$

式中，

$$A_{\mathrm{m},B} = \Delta G_{\mathrm{m},B}$$

考虑耦合作用，有

$$\begin{aligned}\frac{\mathrm{d}N_{(A)_{\gamma'_{j-1}}}}{\mathrm{d}t} &= -\frac{\mathrm{d}N_{A(\mathrm{s})}}{\mathrm{d}t} = Vj_A \\ &= -V\left[l_{11}\left(\frac{A_{\mathrm{m},A}}{T}\right) + l_{12}\left(\frac{A_{\mathrm{m},B}}{T}\right) + l_{111}\left(\frac{A_{\mathrm{m},A}}{T}\right)^2\right. \\ &\quad + l_{112}\left(\frac{A_{\mathrm{m},A}}{T}\right)\left(\frac{A_{\mathrm{m},B}}{T}\right) \\ &\quad + l_{122}\left(\frac{A_{\mathrm{m},B}}{T}\right)^2 + l_{1111}\left(\frac{A_{\mathrm{m},A}}{T}\right)^3 + l_{1112}\left(\frac{A_{\mathrm{m},A}}{T}\right)^2\left(\frac{A_{\mathrm{m},B}}{T}\right) \\ &\quad \left. + l_{1122}\left(\frac{A_{\mathrm{m},A}}{T}\right)\left(\frac{A_{\mathrm{m},B}}{T}\right)^2 + l_{1222}\left(\frac{A_{\mathrm{m},B}}{T}\right)^3 + \cdots\right]\end{aligned} \tag{9.329}$$

$$\begin{aligned}\frac{\mathrm{d}N_{(B)_{\gamma'_{j-1}}}}{\mathrm{d}t} &= -\frac{\mathrm{d}N_{B(\mathrm{s})}}{\mathrm{d}t} = Vj_B \\ &= -V\left[l_{21}\left(\frac{A_{\mathrm{m},A}}{T}\right) + l_{22}\left(\frac{A_{\mathrm{m},B}}{T}\right) + l_{211}\left(\frac{A_{\mathrm{m},A}}{T}\right)^2\right. \\ &\quad + l_{212}\left(\frac{A_{\mathrm{m},A}}{T}\right)\left(\frac{A_{\mathrm{m},B}}{T}\right) \\ &\quad + l_{222}\left(\frac{A_{\mathrm{m},B}}{T}\right)^2 + l_{2111}\left(\frac{A_{\mathrm{m},A}}{T}\right)^3 + l_{2112}\left(\frac{A_{\mathrm{m},A}}{T}\right)^2\left(\frac{A_{\mathrm{m},B}}{T}\right) \\ &\quad \left. + l_{2122}\left(\frac{A_{\mathrm{m},A}}{T}\right)\left(\frac{A_{\mathrm{m},B}}{T}\right)^2 + l_{2222}\left(\frac{A_{\mathrm{m},B}}{T}\right)^3 + \cdots\right]\end{aligned} \tag{9.330}$$

6) 从温度 T_P 到 T

从温度 T_P 到 T，固相组元 A 溶解。溶解速率为

$$\begin{aligned}\frac{\mathrm{d}N_{(A)_{\gamma_{h-1}}}}{\mathrm{d}t} &= -\frac{\mathrm{d}N_{A(\mathrm{s})}}{\mathrm{d}t} = Vj_A \\ &= -V\left[l_1\left(\frac{A_{\mathrm{m},A}}{T}\right) + l_2\left(\frac{A_{\mathrm{m},A}}{T}\right)^2 + l_3\left(\frac{A_{\mathrm{m},A}}{T}\right)^3 + \cdots\right]\end{aligned} \tag{9.331}$$

式中，

$$A_{\mathrm{m},A} = \Delta G_{\mathrm{m},A}$$

9.3.5 具有高温稳定、低温分解的二元化合物的三元系

1. 相变过程热力学

图 9.13 是具有高温稳定、低温分解的二元化合物的三元系相图。物质组成点为 M 的固体升温相变。

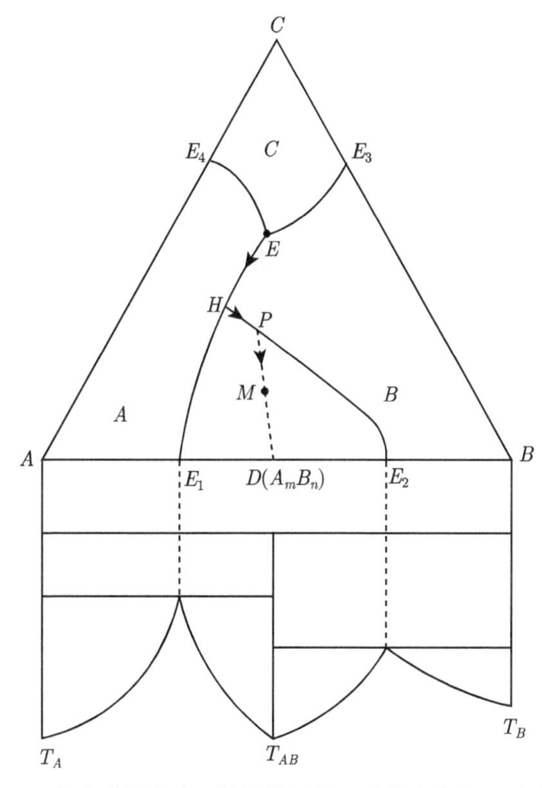

图 9.13 具有高温稳定、低温分解的二元化合物的三元系相图

1) 升高温度到 T_E

温度升到 T_E，物质组成点到达最低共晶点 E 所在的等温平面，开始出现 γ 相，$E(\mathrm{s})$ 与 $E(\gamma)$ 平衡，即

$$E\,(\mathrm{s}) \rightleftharpoons E\,(\gamma)$$

即

$$\begin{aligned} x_A A(\mathrm{s}) + x_B B(\mathrm{s}) + x_C C(\mathrm{s}) &= x_A (A)_{E(\gamma)} + x_B (B)_{E(\gamma)} + x_C (C)_{E(\gamma)} \\ &= x_A (A)_{饱} + x_B (B)_{饱} + x_C (C)_{饱} \end{aligned}$$

可以写作

$$A\,(\mathrm{s}) = (A)_{E(\gamma)}$$

$$B\,(\mathrm{s}) = (B)_{E(\gamma)}$$

$$C\,(\mathrm{s}) = (C)_{E(\gamma)}$$

该过程的摩尔吉布斯自由能变化为

$$\begin{aligned}\Delta G_{\mathrm{m},E}\,(T_E) &= G_{\mathrm{m},E(\gamma)}\,(T_E) - G_{\mathrm{m},E(\mathrm{s})}\,(T_E) \\ &= \Delta_{\mathrm{sol}}H_{\mathrm{m}}\,(T_E) - T_E\Delta_{\mathrm{sol}}S_{\mathrm{m}}\,(T_E) \\ &= \Delta_{\mathrm{sol}}H_{\mathrm{m}}\,(T_E) - T_E\frac{\Delta_{\mathrm{sol}}H_{\mathrm{m}}\,(T_E)}{T_E} \\ &= 0\end{aligned} \tag{9.332}$$

或

$$\begin{aligned}\Delta G_{\mathrm{m},A}\,(T_E) &= G_{\mathrm{m},(A)_{E(\gamma)}}\,(T_E) - G_{\mathrm{m},A(\mathrm{s})}\,(T_E) \\ &= \Delta_{\mathrm{sol}}H_{\mathrm{m},A}\,(T_E) - T_E\Delta_{\mathrm{sol}}S_{\mathrm{m},A}\,(T_E) \\ &= \Delta_{\mathrm{sol}}H_{\mathrm{m},A}\,(T_E) - T_E\frac{\Delta_{\mathrm{sol}}H_{\mathrm{m},A}\,(T_E)}{T_E} \\ &= 0\end{aligned} \tag{9.333}$$

同理

$$\Delta G_{\mathrm{m},B}\,(T_E) = \Delta_{\mathrm{sol}}H_{\mathrm{m},B}\,(T_E) - T_E\frac{\Delta_{\mathrm{sol}}H_{\mathrm{m},B}\,(T_E)}{T_E} = 0 \tag{9.334}$$

$$\Delta G_{\mathrm{m},C}\,(T_E) = \Delta_{\mathrm{sol}}H_{\mathrm{m},C}\,(T_E) - T_E\frac{\Delta_{\mathrm{sol}}H_{\mathrm{m},C}\,(T_E)}{T_E} = 0 \tag{9.335}$$

组元 A、B、C 都以其固态纯物质为标准状态，组成以摩尔分数表示。转化过程的摩尔吉布斯自由能变化为

$$\Delta G_{\mathrm{m},A} = \mu_{(A)_{E(\gamma)}} - \mu_{A(\mathrm{s})} = RT\ln a^{\mathrm{R}}_{(A)_{E(\gamma)}} = RT\ln a^{\mathrm{R}}_{(A)_{饱}} = 0 \tag{9.336}$$

式中，

$$\mu_{(A)_{E(\gamma)}} = \mu^*_{A(\mathrm{s})} + RT\ln a^{\mathrm{R}}_{(A)_{E(\gamma)}}$$

$$\mu_{A(\mathrm{s})} = \mu^*_{A(\mathrm{s})}$$

$$\Delta G_{\mathrm{m},B} = \mu_{(B)_{E(\gamma)}} - \mu_{B(\mathrm{s})} = RT\ln a^{\mathrm{R}}_{(B)_{E(\gamma)}} = 0 \tag{9.337}$$

式中，

$$\mu_{(B)_{E(\gamma)}} = \mu^*_{B(\mathrm{s})} + RT\ln a^{\mathrm{R}}_{(B)_{E(\gamma)}}$$

$$\mu_{B(\mathrm{s})} = \mu_{B(\mathrm{s})}^{*}$$

$$\Delta G_{\mathrm{m},C} = \mu_{(C)_{E(\gamma)}} - \mu_{C(\mathrm{s})} = RT\ln a_{(C)_{E(\gamma)}}^{\mathrm{R}} = 0 \tag{9.338}$$

式中，

$$\mu_{(C)_{E(\gamma)}} = \mu_{C(\mathrm{s})}^{*} + RT\ln a_{(C)_{E(\gamma)}}^{\mathrm{R}}$$

$$\mu_{C(\mathrm{s})} = \mu_{C(\mathrm{s})}^{*}$$

2) 升高温度到 T_1

继续升高温度到 T_1。在温度刚升到 T_1，固相组元 A、B、C 还未来得及溶解进入 $E(\gamma)$ 相时，$E(\gamma)$ 相组成未变。但是，已由组元 A、B、C 的饱和相 $E(\gamma)$ 变为不饱和相 $E(\gamma')$。固相组元 A、B、C 向其中溶解，有

$$E\,(\mathrm{s}) =\!=\!= E\,(\gamma')$$

即

$$x_A A\,(\mathrm{s}) + x_B B\,(\mathrm{s}) + x_C C\,(\mathrm{s}) =\!=\!= x_A\,(A)_{E(\gamma')} + x_B\,(B)_{E(\gamma')} + x_C\,(C)_{E(\gamma')}$$

或

$$A\,(\mathrm{s}) =\!=\!= (A)_{E(\gamma')}$$

$$B\,(\mathrm{s}) =\!=\!= (B)_{E(\gamma')}$$

$$C\,(\mathrm{s}) =\!=\!= (C)_{E(\gamma')}$$

该过程的摩尔吉布斯自由能变化为

$$\begin{aligned}\Delta G_{\mathrm{m},E}(T_1) &= G_{\mathrm{m},E(\gamma')}(T_1) - G_{\mathrm{m},E(\mathrm{s})}(T_1)\\ &= \Delta_{\mathrm{sol}}H_{\mathrm{m},E}(T_1) - T_1\Delta_{\mathrm{sol}}S_{\mathrm{m},E}(T_1)\\ &\approx \Delta_{\mathrm{sol}}H_{\mathrm{m},E}(T_E) - T_1\Delta_{\mathrm{sol}}S_{\mathrm{m},E}(T_E)\\ &= \frac{\Delta_{\mathrm{sol}}H_{\mathrm{m},E}(T_E)\Delta T}{T_E} < 0\end{aligned} \tag{9.339}$$

或

$$\begin{aligned}\Delta G_{\mathrm{m},A}(T_1) &= \overline{G}_{\mathrm{m},(A)_{E(\gamma')}}(T_1) - G_{\mathrm{m},A(\mathrm{s})}(T_1)\\ &= \Delta_{\mathrm{sol}}H_{\mathrm{m},A}(T_1) - T_1\Delta_{\mathrm{sol}}S_{\mathrm{m},A}(T_1)\\ &= \frac{\Delta_{\mathrm{sol}}H_{\mathrm{m},A}(T_E)\Delta T}{T_E} < 0\end{aligned} \tag{9.340}$$

同理

$$\Delta G_{\mathrm{m},B}(T_1) = \frac{\Delta_{\mathrm{sol}} H_{\mathrm{m},B}(T_E)\Delta T}{T_E} < 0 \tag{9.341}$$

$$\Delta G_{\mathrm{m},C}(T_1) = \frac{\Delta_{\mathrm{sol}} H_{\mathrm{m},C}(T_E)\Delta T}{T_E} < 0 \tag{9.342}$$

式中，

$$\Delta T = T_E - T_1 < 0$$

$$\begin{aligned}\Delta G_{\mathrm{m},E}(T_1) &= x_A \Delta G_{\mathrm{m},A}(T_1) + x_B \Delta G_{\mathrm{m},B}(T_1) + x_C \Delta G_{\mathrm{m},C}(T_1) \\ &= \frac{x_A \Delta_{\mathrm{sol}} H_{\mathrm{m},A}(T_E)\Delta T}{T_E} + \frac{x_B \Delta_{\mathrm{sol}} H_{\mathrm{m},B}(T_E)\Delta T}{T_E} \\ &\quad + \frac{x_C \Delta_{\mathrm{sol}} H_{\mathrm{m},C}(T_E)\Delta T}{T_E} < 0\end{aligned} \tag{9.343}$$

组元 A、B、C 都以其纯固态为标准状态，组成以摩尔分数表示，该过程的摩尔吉布斯自由能变化为

$$\Delta G_{\mathrm{m},A} = \mu_{(A)_{E(\gamma')}} - \mu_{A(\mathrm{s})} = RT \ln a^{\mathrm{R}}_{(A)_{E(\gamma')}} \tag{9.344}$$

式中，

$$\mu_{(A)_{E(\gamma')}} = \mu^*_{A(\mathrm{s})} + RT \ln a^{\mathrm{R}}_{(A)_{E(\gamma')}}$$

$$\mu_{A(\mathrm{s})} = \mu^*_{A(\mathrm{s})}$$

$$\Delta G_{\mathrm{m},B} = \mu_{(B)_{E(\gamma')}} - \mu_{B(\mathrm{s})} = RT \ln a^{\mathrm{R}}_{(B)_{E(\gamma')}} \tag{9.345}$$

式中，

$$\mu_{(B)_{E(\gamma')}} = \mu^*_{B(\mathrm{s})} + RT \ln a^{\mathrm{R}}_{(B)_{E(\gamma')}}$$

$$\mu_{B(\mathrm{s})} = \mu^*_{B(\mathrm{s})}$$

$$\Delta G_{\mathrm{m},C} = \mu_{(C)_{E(\gamma')}} - \mu_{C(\mathrm{s})} = RT \ln a^{\mathrm{R}}_{(C)_{E(\gamma')}} \tag{9.346}$$

式中，

$$\mu_{(C)_{E(\gamma')}} = \mu^*_{C(\mathrm{s})} + RT \ln a^{\mathrm{R}}_{(C)_{E(\gamma')}}$$

$$\mu_{C(\mathrm{s})} = \mu^*_{C(\mathrm{s})}$$

$$\begin{aligned}\Delta G_{\mathrm{m},E} &= x_A \Delta G_{\mathrm{m},A} + x_B \Delta G_{\mathrm{m},B} + x_C \Delta G_{\mathrm{m},C} \\ &= x_A RT \ln a^{\mathrm{R}}_{(A)_{E(\gamma')}} + x_B RT \ln a^{\mathrm{R}}_{(B)_{E(\gamma')}} + x_C RT \ln a^{\mathrm{R}}_{(C)_{E(\gamma')}}\end{aligned} \tag{9.347}$$

溶解过程直到固相组元 C 消失，组元 A 和 B 继续溶解，有

$$A(\mathrm{s}) =\!=\!= (A)_{E(\gamma')}$$

$$B\,(\mathrm{s}) =\!=\!= (B)_{E(\gamma')}$$

该过程的摩尔吉布斯自由能变化可用式 (9.340)、式 (9.341) 和式 (9.344)、式 (9.345) 表示。直到固相组元 A、B 达到饱和，达成新的平衡。其平衡相组成为共晶线 EH 上的 γ_1 点。有

$$A\,(\mathrm{s}) \rightleftharpoons (A)_{\gamma_1} \equiv (A)_{饱}$$

$$B\,(\mathrm{s}) \rightleftharpoons (B)_{\gamma_1} \equiv (B)_{饱}$$

3) 温度从 T_E 到 T_H

继续升高温度，从 T_E 到 T_H，平衡相组成沿着共晶线 EH 从 E 点向 H 点移动。固相组元 A、B 不断溶解进入 γ 相。该过程可以统一描写如下。

在温度 T_{i-1}，固相组元 A、B 和固溶体相达成平衡，固溶体相组成为共晶线 EH 上的 γ_{i-1} 点，有

$$A\,(\mathrm{s}) \rightleftharpoons (A)_{\gamma_{i-1}} \equiv (A)_{饱}$$

$$B\,(\mathrm{s}) \rightleftharpoons (B)_{\gamma_{i-1}} \equiv (B)_{饱}$$

升高温度到 T_i。在温度刚升到 T_i，固相组元 A 和 B 还未来得及溶解进入 γ_{i-1} 相，γ_{i-1} 相组成未变。但是，已由组元 A 和 B 饱和的相 γ_{i-1} 变成不饱和的 γ'_{i-1}。固相组元 A 和 B 向其中溶解，有

$$A\,(\mathrm{s}) =\!=\!= (A)_{\gamma'_{i-1}}$$

$$B\,(\mathrm{s}) =\!=\!= (B)_{\gamma'_{i-1}}$$

该过程的摩尔吉布斯自由能变化为

$$\begin{aligned}\Delta G_{\mathrm{m},A}(T_i) &= \overline{G}_{\mathrm{m},(A)_{\gamma'_{i-1}}}(T_i) - G_{\mathrm{m},A(\mathrm{s})}(T_i)\\ &= \Delta_{\mathrm{sol}}H_{\mathrm{m},A}(T_i) - T_i\Delta_{\mathrm{sol}}S_{\mathrm{m},A}(T_i)\\ &\approx \Delta_{\mathrm{sol}}H_{\mathrm{m},A}(T_{i-1}) - T_i\Delta_{\mathrm{sol}}S_{\mathrm{m},A}(T_{i-1})\\ &= \frac{\Delta_{\mathrm{sol}}H_{\mathrm{m},A}(T_{i-1})\Delta T}{T_{i-1}}\end{aligned} \tag{9.348}$$

$$\begin{aligned}\Delta G_{\mathrm{m},B}(T_i) &= \overline{G}_{\mathrm{m},(B)_{\gamma'_{i-1}}}(T_i) - G_{\mathrm{m},B(\mathrm{s})}(T_i)\\ &= \Delta_{\mathrm{sol}}H_{\mathrm{m},B}(T_i) - T_i\Delta_{\mathrm{sol}}S_{\mathrm{m},B}(T_i)\\ &\approx \Delta_{\mathrm{sol}}H_{\mathrm{m},B}(T_{i-1}) - T_i\Delta_{\mathrm{sol}}S_{\mathrm{m},B}(T_{i-1})\\ &= \frac{\Delta_{\mathrm{sol}}H_{\mathrm{m},B}(T_{i-1})\Delta T}{T_{i-1}}\end{aligned} \tag{9.349}$$

式中，

$$\Delta T = T_{i-1} - T_i < 0$$

组元 A、B 都以其纯固态为标准状态，组成以摩尔分数表示，该过程的摩尔吉布斯自由能变化为

$$\Delta G_{\mathrm{m},A} = \mu_{(A)_{\gamma'_{i-1}}} - \mu_{A(\mathrm{s})} = RT \ln a^{\mathrm{R}}_{(A)_{\gamma'_{i-1}}} \tag{9.350}$$

式中，

$$\mu_{(A)_{\gamma'_{i-1}}} = \mu^*_{A(\mathrm{s})} + RT \ln a^{\mathrm{R}}_{(A)_{\gamma'_{i-1}}}$$

$$\mu_{A(\mathrm{s})} = \mu^*_{A(\mathrm{s})}$$

$$\Delta G_{\mathrm{m},B} = \mu_{(B)_{\gamma'_{i-1}}} - \mu_{B(\mathrm{s})} = RT \ln a^{\mathrm{R}}_{(B)_{\gamma'_{i-1}}} \tag{9.351}$$

式中，

$$\mu_{(B)_{\gamma'_{i-1}}} = \mu^*_{B(\mathrm{s})} + RT \ln a^{\mathrm{R}}_{(B)_{\gamma'_{i-1}}}$$

$$\mu_{B(\mathrm{s})} = \mu^*_{B(\mathrm{s})}$$

直到固相组元 A、B 溶解达到饱和，固溶体 γ'_{i-1} 相成为 γ_i 相，组元 A、B 与 γ_i 相达成新的平衡。平衡相组成 γ_i 为共晶线 EH 上温度为 T_i 的点。有

$$A(\mathrm{s}) \rightleftharpoons (A)_{\gamma_i} = (A)_{饱}$$

$$B(\mathrm{s}) \rightleftharpoons (B)_{\gamma_i} = (B)_{饱}$$

温度升高到 T_{H-1}，平衡相组成为 γ_{H-1}。有

$$A(\mathrm{s}) \rightleftharpoons (A)_{\gamma_{H-1}} = (A)_{饱}$$

$$B(\mathrm{s}) \rightleftharpoons (B)_{\gamma_{H-1}} = (B)_{饱}$$

升高温度到 T_H。在温度刚升到 T_H，固相组元 A 和 B 还未来得及溶解进入 γ_H 相时，γ_{H-1} 相组成未变。但是，已由组元 A、B 饱和的相 γ_{H-1} 变成不饱和的 γ'_{H-1}。固相组元 A、B 向其中溶解，有

$$A(\mathrm{s}) = (A)_{\gamma'_{H-1}}$$

$$B(\mathrm{s}) = (B)_{\gamma'_{H-1}}$$

并发生化学反应，有

$$mA(\mathrm{s}) + nB(\mathrm{s}) = A_mB_n(\mathrm{s})$$

$$A_mB_n\,(\mathrm{s}) =\!=\!=\!= (A_mB_n)_{\gamma'_{H-1}}$$

即

$$mA\,(\mathrm{s}) + nB\,(\mathrm{s}) =\!=\!=\!= (A_mB_n)_{\gamma'_{H-1}}$$

该过程的摩尔吉布斯自由能变化为

$$\begin{aligned}\Delta G_{\mathrm{m},A}(T_H) &= \overline{G}_{\mathrm{m},(A)_{\gamma'_{H-1}}}(T_H) - G_{\mathrm{m},A(\mathrm{s})}(T_H)\\ &= \Delta_{\mathrm{sol}}H_{\mathrm{m},A}(T_H) - T_H\Delta_{\mathrm{sol}}S_{\mathrm{m},A}(T_H)\\ &\approx \Delta_{\mathrm{sol}}H_{\mathrm{m},A}(T_{H-1}) - T_H\Delta_{\mathrm{sol}}S_{\mathrm{m},A}(T_{H-1})\\ &= \frac{\Delta_{\mathrm{sol}}H_{\mathrm{m},A}(T_{H-1})\Delta T}{T_{H-1}}\end{aligned} \tag{9.352}$$

$$\begin{aligned}\Delta G_{\mathrm{m},B}(T_H) &= \overline{G}_{\mathrm{m},(B)_{\gamma'_{H-1}}}(T_H) - G_{\mathrm{m},B(\mathrm{s})}(T_H)\\ &= \Delta_{\mathrm{sol}}H_{\mathrm{m},B}(T_H) - T_H\Delta_{\mathrm{sol}}S_{\mathrm{m},B}(T_H)\\ &\approx \Delta_{\mathrm{sol}}H_{\mathrm{m},B}(T_{H-1}) - T_H\Delta_{\mathrm{sol}}S_{\mathrm{m},B}(T_{H-1})\\ &= \frac{\Delta_{\mathrm{sol}}H_{\mathrm{m},B}(T_{H-1})\Delta T}{T_{H-1}}\end{aligned} \tag{9.353}$$

$$\Delta G_{\mathrm{m},D} = G^*_{\mathrm{m},D} - \left(mG^*_{\mathrm{m},A} + nG^*_{\mathrm{m},B}\right) = \Delta_{\mathrm{f}}G^*_{\mathrm{m},D} \tag{9.354}$$

$$\begin{aligned}\Delta G'_{\mathrm{m},D}(T_H) &= \overline{G}_{\mathrm{m},(D)_{\gamma'_{H-1}}}(T_H) - G_{\mathrm{m},D(\mathrm{s})}(T_H)\\ &= \Delta_{\mathrm{sol}}H_{\mathrm{m},D}(T_H) - T_H\Delta_{\mathrm{sol}}S_{\mathrm{m},D}(T_H)\\ &\approx \Delta_{\mathrm{sol}}H_{\mathrm{m},D}(T_{H-1}) - T_H\Delta_{\mathrm{sol}}S_{\mathrm{m},D}(T_{H-1})\\ &= \frac{\Delta_{\mathrm{sol}}H_{\mathrm{m},D}(T_{H-1})\Delta T}{T_{H-1}}\\ &= \Delta_{\mathrm{sol}}G_{\mathrm{m},D}(T_H)\end{aligned} \tag{9.355}$$

$$\Delta G_{\mathrm{m},D,\mathrm{t}}(T_H) = \Delta G_{\mathrm{m},D}(T_H) + \Delta G'_{\mathrm{m},D}(T_H) = \Delta_{\mathrm{f}}G^*_{\mathrm{m},D}(T_H) + \Delta_{\mathrm{sol}}G_{\mathrm{m},D}(T_H) \tag{9.356}$$

式中，$\Delta T = T_{H-1} - T_H < 0$；$\Delta_{\mathrm{f}}G^*_{\mathrm{m},D}$ 为化合物 A_mB_n 的生成摩尔吉布斯自由能。

组元 A、B、A_mB_n 都以其纯固态为标准状态，组成以摩尔分数表示，该过程的摩尔吉布斯自由能变化为

$$\Delta G_{\mathrm{m},A} = \mu_{(A)_{\gamma'_{H-1}}} - \mu_{A(\mathrm{s})} = RT\ln a^{\mathrm{R}}_{(A)_{\gamma'_{H-1}}} \tag{9.357}$$

式中，

$$\mu_{(A)_{\gamma'_{H-1}}} = \mu^*_{A(\mathrm{s})} + RT\ln a^{\mathrm{R}}_{(A)_{\gamma'_{H-1}}}$$

$$\mu_{A(\mathrm{s})} = \mu^*_{A(\mathrm{s})}$$

$$\Delta G_{\mathrm{m},B}=\mu_{(B)_{\gamma'_{H-1}}}-\mu_{B(\mathrm{s})}=RT\ln a^{\mathrm{R}}_{(B)_{\gamma'_{H-1}}}\tag{9.358}$$

式中，

$$\mu_{(B)_{\gamma'_{H-1}}}=\mu^{*}_{B(\mathrm{s})}+RT\ln a^{\mathrm{R}}_{(B)_{\gamma'_{H-1}}}$$

$$\mu_{B(\mathrm{s})}=\mu^{*}_{B(\mathrm{s})}$$

$$\Delta G'_{\mathrm{m},D}=\mu_{(D)_{\gamma'_{H-1}}}-\mu_{D(\mathrm{s})}=RT\ln a^{\mathrm{R}}_{(D)_{\gamma'_{H-1}}}\tag{9.359}$$

式中，

$$\mu_{(D)_{\gamma'_{H-1}}}=\mu^{*}_{D(\mathrm{s})}+RT\ln a^{\mathrm{R}}_{(D)_{\gamma'_{H-1}}}$$

$$\mu_{D(\mathrm{s})}=\mu^{*}_{D(\mathrm{s})}$$

式中，$\Delta_{\mathrm{f}}G_{\mathrm{m},D}$ 为化合物 A_mB_n 的摩尔吉布斯生成自由能。

直到组元 A、B 和 A_mB_n 溶解达到饱和，γ'_{H-1} 相成为 $H(\gamma)$ 相。有

$$A\,(\mathrm{s})\rightleftharpoons(A)_{H(\gamma)}=\!=\!=(A)_{饱}$$

$$B\,(\mathrm{s})\rightleftharpoons(B)_{H(\gamma)}=\!=\!=(B)_{饱}$$

$$mA\,(\mathrm{s})+nB\,(\mathrm{s})\rightleftharpoons A_mB_n(\mathrm{s})$$

$$A_mB_n\,(\mathrm{s})\rightleftharpoons(A_mB_n)_{H(\gamma)}=\!=\!=(A_mB_n)_{饱}$$

升高温度到 T_{H+1}。在温度刚升到 T_{H+1}，组元 A、B 和 A_mB_n 还未来得及向固溶体 $H(\gamma)$ 中溶解时，$H(\gamma)$ 相组成未变，但已由组元 A、B 和 A_mB_n 饱和的相 $H(\gamma)$ 变成不饱和的相 $H(\gamma')$。组元 A、B 和 A_mB_n 向其中溶解，有

$$A\,(\mathrm{s})\rightleftharpoons(A)_{H(\gamma')}$$

$$B\,(\mathrm{s})\rightleftharpoons(B)_{H(\gamma')}$$

化学反应继续进行，有

$$mA\,(\mathrm{s})+nB\,(\mathrm{s})=\!=\!=A_mB_n\,(\mathrm{s})$$

$$A_mB_n\,(\mathrm{s})=\!=\!=(A_mB_n)_{H(\gamma')}$$

该过程的摩尔吉布斯自由能变化为

$$\Delta G_{\mathrm{m},A}\,(T_{H+1})=\frac{\Delta_{\mathrm{sol}}H_{\mathrm{m},A}\,(T_H)\,\Delta T}{T_H}$$

$$\Delta G_{\mathrm{m},B}\,(T_{H+1})=\frac{\Delta_{\mathrm{sol}}H_{\mathrm{m},B}\,(T_H)\,\Delta T}{T_H}$$

$$\Delta G_{\mathrm{m},D} = G^*_{\mathrm{m},D} - \left(mG^*_{\mathrm{m},A} + nG^*_{\mathrm{m},B}\right) = \Delta_{\mathrm{f}} G^*_{\mathrm{m},D}$$

$$\Delta G_{\mathrm{m},A_mB_n}\left(T_{H+1}\right) = \frac{\Delta_{\mathrm{sol}} H_{\mathrm{m},D}\left(T_H\right)\Delta T}{T_H}$$

式中，

$$\Delta T = T_H - T_{H+1} < 0$$

直到组元 A 消耗尽，组元 B 和 A_mB_n 继续溶解达到饱和，相 $H\left(\gamma'\right)$ 变成 HE_2 共晶线上的点 γ_{H+1}。γ_{H+1} 的温度为 T_{H+1}。

4) 温度从 T_H 到 T_P

温度从 T_H 到 T_P，平衡相组成沿着共晶线 HE_2 从 H 向 P 点移动。溶解过程可以统一描述如下。

在温度 T_{k-1}，溶解达成平衡，平衡相是共晶线上的 γ_{k-1} 点。有

$$B\left(\mathrm{s}\right) \rightleftharpoons (B)_{\gamma_{k-1}} = (B)_{饱}$$

$$A_mB_n\left(\mathrm{s}\right) \rightleftharpoons (A_mB_n)_{\gamma_{k-1}} = (A_mB_n)_{饱}$$

$$(k = 1, 2, \cdots, n)$$

升高温度到 T_k。温度刚升到 T_k 时，固相组元 B 和 A_mB_n 还未来得及溶解到固溶体 γ_{k-1} 中时，γ_{k-1} 相组成未变。但是，已由组元 B 和 A_mB_n 的饱和相 γ_{k-1} 变成其不饱和的相 γ'_{k-1}。固相组元 B 和 A_mB_n 向其中溶解。有

$$B\left(\mathrm{s}\right) \rightleftharpoons (B)_{\gamma'_{k-1}}$$

$$A_mB_n\left(\mathrm{s}\right) \rightleftharpoons (A_mB_n)_{\gamma'_{k-1}}$$

该过程的摩尔吉布斯自由能变化为

$$\begin{aligned}\Delta G_{\mathrm{m},B}\left(T_k\right) &= \overline{G}_{\mathrm{m},(B)_{\gamma'_{k-1}}}\left(T_k\right) - G_{\mathrm{m},B(\mathrm{s})}\left(T_k\right)\\ &= \Delta_{\mathrm{sol}} H_{\mathrm{m},B}\left(T_k\right) - T_k \Delta_{\mathrm{sol}} S_{\mathrm{m},B}\left(T_k\right)\\ &= \frac{\Delta_{\mathrm{sol}} H_{\mathrm{m},B}\left(T_{k-1}\right)\Delta T}{T_{k-1}}\end{aligned} \tag{9.360}$$

$$\begin{aligned}\Delta G_{\mathrm{m},D}\left(T_k\right) &= \overline{G}_{\mathrm{m},(D)_{\gamma'_{k-1}}}\left(T_k\right) - G_{\mathrm{m},D(\mathrm{s})}\left(T_k\right)\\ &= \Delta_{\mathrm{sol}} H_{\mathrm{m},D}\left(T_k\right) - T_k \Delta_{\mathrm{sol}} S_{\mathrm{m},D}\left(T_k\right)\\ &= \frac{\Delta_{\mathrm{sol}} H_{\mathrm{m},D}\left(T_{k-1}\right)\Delta T}{T_{k-1}}\end{aligned} \tag{9.361}$$

式中，

$$\Delta T = T_{k-1} - T_k$$

组元 B 和 A_mB_n 都以纯固态为标准状态，组成以摩尔分数表示，该过程的摩尔吉布斯自由能变化为

$$\Delta G_{\mathrm{m},B} = \mu_{(B)_{\gamma'_{k-1}}} - \mu_{B(\mathrm{s})} = RT\ln a^{\mathrm{R}}_{(B)_{\gamma'_{k-1}}} \tag{9.362}$$

式中，

$$\mu_{(B)_{\gamma'_{k-1}}} = \mu^*_{B(\mathrm{s})} + RT\ln a^{\mathrm{R}}_{(B)_{\gamma'_{k-1}}}$$

$$\mu_{B(\mathrm{s})} = \mu^*_{B(\mathrm{s})}$$

$$\Delta G_{\mathrm{m},D} = \mu_{(D)_{\gamma'_{k-1}}} - \mu_{D(\mathrm{s})} = RT\ln a^{\mathrm{R}}_{(D)_{\gamma'_{k-1}}} \tag{9.363}$$

式中，

$$\mu_{(D)_{\gamma'_{k-1}}} = \mu^*_{D(\mathrm{s})} + RT\ln a^{\mathrm{R}}_{(D)_{\gamma'_{k-1}}}$$

$$\mu_{D(\mathrm{s})} = \mu^*_{D(\mathrm{s})}$$

直到组元 B、A_mB_n 溶解达到饱和，γ'_{k-1} 相成为饱和的固溶体 γ_k 相，组元 B 和 A_mB_n 与固溶体 γ_k 相达到新的平衡。平衡固溶体 γ_k 相组成是共晶线 HP 上的点。有

$$B\,(\mathrm{s}) \rightleftharpoons (B)_{\gamma_k} = (B)_{饱}$$

$$A_mB_n\,(\mathrm{s}) \rightleftharpoons (A_mB_n)_{\gamma_k} = (A_mB_n)_{饱}$$

温度升到 T_P，平衡相组成为 γ_P。达成平衡时，有

$$B\,(\mathrm{s}) \rightleftharpoons (B)_{\gamma_P} = (B)_{饱}$$

$$A_mB_n\,(\mathrm{s}) \rightleftharpoons (A_mB_n)_{\gamma_P} = (A_mB_n)_{饱}$$

5) 温度从 T_P 到 T_M

温度从 T_P 到 T_M，平衡 γ 相组成沿 PD 连线从 P 点向 M 点移动。温度升到 T_{P+1}。当温度刚升到 T_{P+1}，组元 B 和 A_mB_n 还未来得及溶解进入 γ_P 相时，γ_P 相组成未变，只是由组元 B 和 A_mB_n 饱和的相 γ_P 变成其不饱和的 γ'_P。固体组元 B 和 A_mB_n 向其中溶解，有

$$B\,(\mathrm{s}) = (B)_{\gamma'_P}$$

$$A_mB_n\,(\mathrm{s}) = (A_mB_n)_{\gamma'_P}$$

该过程的摩尔吉布斯自由能变化为

$$\begin{aligned}\Delta G_{\mathrm{m},B}(T_{P+1}) &= \overline{G}_{\mathrm{m},(B)_{\gamma'_P}}(T_{P+1}) - G_{\mathrm{m},B(\mathrm{s})}(T_{P+1}) \\ &= \Delta_{\mathrm{sol}}H_{\mathrm{m},B}(T_{P+1}) - T_{P+1}\Delta_{\mathrm{sol}}S_{\mathrm{m},B}(T_{P+1}) \\ &\approx \Delta_{\mathrm{sol}}H_{\mathrm{m},B}(T_P) - T_{P+1}\Delta_{\mathrm{sol}}S_{\mathrm{m},B}(T_P) \\ &= \frac{\Delta_{\mathrm{sol}}H_{\mathrm{m},B}(T_P)\Delta T}{T_P}\end{aligned} \tag{9.364}$$

$$\begin{aligned}\Delta G_{\mathrm{m},D}(T_{P+1}) &= \overline{G}_{\mathrm{m},(D)_{\gamma'_P}}(T_{P+1}) - G_{\mathrm{m},D(\mathrm{s})}(T_{P+1}) \\ &= \Delta_{\mathrm{sol}}H_{\mathrm{m},D}(T_{P+1}) - T_{P+1}\Delta_{\mathrm{sol}}S_{\mathrm{m},D}(T_{P+1}) \\ &\approx \Delta_{\mathrm{sol}}H_{\mathrm{m},D}(T_P) - T_{P+1}\Delta_{\mathrm{sol}}S_{\mathrm{m},D}(T_P) \\ &= \frac{\Delta_{\mathrm{sol}}H_{\mathrm{m},D}(T_P)\Delta T}{T_P}\end{aligned} \tag{9.365}$$

式中，

$$\Delta T = T_P - T_{P+1} < 0$$

组元 B 和 A_mB_n 都以其纯固态为标准状态，组成以摩尔分数表示，该过程的摩尔吉布斯自由能变化为

$$\Delta G_{\mathrm{m},B} = \mu_{(B)_{\gamma'_P}} - \mu_{B(\mathrm{s})} = RT\ln a^{\mathrm{R}}_{(B)_{\gamma'_P}} \tag{9.366}$$

式中，

$$\mu_{(B)_{\gamma'_P}} = \mu^*_{B(\mathrm{s})} + RT\ln a^{\mathrm{R}}_{(B)_{\gamma'_P}}$$

$$\mu_{B(\mathrm{s})} = \mu^*_{B(\mathrm{s})}$$

$$\Delta G_{\mathrm{m},D} = \mu_{(D)_{\gamma'_P}} - \mu_{D(\mathrm{s})} = RT\ln a^{\mathrm{R}}_{(D)_{\gamma'_P}} \tag{9.367}$$

式中，

$$\mu_{(D)_{\gamma'_P}} = \mu^*_{D(\mathrm{s})} + RT\ln a^{\mathrm{R}}_{(D)_{\gamma'_P}}$$

$$\mu_{D(\mathrm{s})} = \mu^*_{D(\mathrm{s})}$$

直到固相组元 B 消失，组元 A_mB_n 继续溶解，有

$$A_mB_n\,(\mathrm{s}) = (A_mB_n)_{\gamma'_P}$$

该过程的摩尔吉布斯自由能的变化可用式 (9.365) 和式 (9.367) 表示。直到组元 A_mB_n 溶解达到饱和，有

$$A_mB_n\,(\mathrm{s}) \rightleftharpoons (A_mB_n)_{\gamma_{P+1}} = (A_mB_n)_{饱}$$

温度从 T_P 到 T_M，溶解过程可以统一描述如下。

在温度 T_{j-1}，组元 A_mB_n 和固溶体两相达成平衡，固溶体相组成为 PD 连线上的 γ_{j-1} 点。有

$$A_mB_n\,(\mathrm{s}) \rightleftharpoons (A_mB_n)_{\gamma_{j-1}} \equiv\!\equiv (A_mB_n)_{饱}$$

继续升高温度到 T_j。温度刚升到 T_j，固相组元 A_mB_n 还未来得及溶解进入 γ_{j-1} 相时，γ_{j-1} 相组成未变，但已经由组元 A_mB_n 饱和的 γ_{j-1} 变成其不饱和的 γ'_{j-1}。固相组元 A_mB_n 向其中溶解，有

$$A_mB_n\,(\mathrm{s}) = (A_mB_n)_{\gamma'_{j-1}}$$

$$\begin{aligned}
\Delta G_{\mathrm{m},D}(T_j) &= \overline{G}_{\mathrm{m},(D)_{\gamma'_{j-1}}}(T_j) - G_{\mathrm{m},D(\mathrm{s})}(T_j) \\
&= \Delta_{\mathrm{sol}}H_{\mathrm{m},D}(T_j) - T_j\Delta_{\mathrm{sol}}S_{\mathrm{m},D}(T_j) \\
&= \frac{\Delta_{\mathrm{sol}}H_{\mathrm{m},D}(T_{j-1})\Delta T}{T_{j-1}}
\end{aligned} \tag{9.368}$$

式中，

$$\Delta T = T_{j-1} - T_j < 0$$

组元 A_mB_n 都以纯固态为标准状态，组成以摩尔分数表示，该过程的摩尔吉布斯自由能变化为

$$\Delta G_{\mathrm{m},D} = \mu_{(D)_{\gamma'_{j-1}}} - \mu_{D(\mathrm{s})} = RT\ln a^{\mathrm{R}}_{(D)_{\gamma'_{j-1}}} \tag{9.369}$$

式中，

$$\mu_{(D)_{\gamma'_{j-1}}} = \mu^*_{D(\mathrm{s})} + RT\ln a^{\mathrm{R}}_{(D)_{\gamma'_{j-1}}}$$

$$\mu_{D(\mathrm{s})} = \mu^*_{D(\mathrm{s})}$$

溶解过程一直进行到组元 A_mB_n 达到饱和，两相达成新的平衡。平衡 γ 相组成为 PD 线上的 γ_j 点。有

$$A_mB_n\,(\mathrm{s}) \rightleftharpoons (A_mB_n)_{\gamma_j} = (A_mB_n)_{饱}$$

温度升高到 T_M，两相达成平衡，有

$$A_mB_n\,(\mathrm{s}) \rightleftharpoons (A_mB_n)_{\gamma_M} \equiv\!\equiv (A_mB_n)_{饱}$$

温度升高到 T。在温度 T，有

$$A_mB_n\,(\mathrm{s}) = (A_mB_n)_{\gamma'_M}$$

$$\begin{aligned}\Delta G_{\mathrm{m},D}(T) &= \overline{G}_{\mathrm{m},(D)_{\gamma'_M}}(T) - G_{\mathrm{m},D(\mathrm{s})}(T) \\ &= \Delta_{\mathrm{sol}} H_{\mathrm{m},D}(T) - T\Delta_{\mathrm{sol}} S_{\mathrm{m},D}(T) \\ &\approx \Delta_{\mathrm{sol}} H_{\mathrm{m},D}(T_M) - T\Delta_{\mathrm{sol}} S_{\mathrm{m},D}(T_M) \\ &= \frac{\Delta_{\mathrm{sol}} H_{\mathrm{m},D}(T_M)\Delta T}{T_M}\end{aligned} \tag{9.370}$$

式中，

$$\Delta T = T_M - T < 0$$

以纯固态组元 A_mB_n 为标准状态，组成以摩尔分数表示，溶解过程的摩尔吉布斯自由能变化为

$$\Delta G_{\mathrm{m},D} = \mu_{(D)_{\gamma'_M}} - \mu_{D(\mathrm{s})} = RT\ln a^{\mathrm{R}}_{(D)_{\gamma'_M}} \tag{9.371}$$

式中，

$$\mu_{(D)_{\gamma'_M}} = \mu^*_{D(\mathrm{s})} + RT\ln a^{\mathrm{R}}_{(D)_{\gamma'_M}}$$

$$\mu_{D(\mathrm{s})} = \mu^*_{D(\mathrm{s})}$$

2. 相变速率

1) 在温度 T_1

在温度 T_1，组成为 $E\,(\mathrm{s})$ 的固相转化速率为

$$\begin{aligned}\frac{\mathrm{d}N_{E(\gamma')}}{\mathrm{d}t} &= -\frac{\mathrm{d}N_{E(\mathrm{s})}}{\mathrm{d}t} = Vj_E \\ &= -V\left[l_1\left(\frac{A_{\mathrm{m},E}}{T}\right) + l_2\left(\frac{A_{\mathrm{m},E}}{T}\right)^2 + l_3\left(\frac{A_{\mathrm{m},E}}{T}\right)^3 + \cdots\right]\end{aligned} \tag{9.372}$$

式中，

$$A_{\mathrm{m},E} = \Delta G_{\mathrm{m},E}$$

不考虑耦合作用，固相组元 A、B、C 的溶解速率为

$$\begin{aligned}\frac{\mathrm{d}N_{(A)_{E(\gamma')}}}{\mathrm{d}t} &= -\frac{\mathrm{d}N_{A(\mathrm{s})}}{\mathrm{d}t} = Vj_A \\ &= -V\left[l_1\left(\frac{A_{\mathrm{m},A}}{T}\right) + l_2\left(\frac{A_{\mathrm{m},A}}{T}\right)^2 + l_3\left(\frac{A_{\mathrm{m},A}}{T}\right)^3 + \cdots\right]\end{aligned} \tag{9.373}$$

式中，

$$A_{\mathrm{m},A} = \Delta G_{\mathrm{m},A}$$

$$\begin{aligned}
\frac{\mathrm{d}N_{(B)_{E(\gamma')}}}{\mathrm{d}t} &= -\frac{\mathrm{d}N_{B(\mathrm{s})}}{\mathrm{d}t} = Vj_B \\
&= -V\left[l_1\left(\frac{A_{\mathrm{m},B}}{T}\right) + l_2\left(\frac{A_{\mathrm{m},B}}{T}\right)^2 + l_3\left(\frac{A_{\mathrm{m},B}}{T}\right)^3 + \cdots\right]
\end{aligned} \tag{9.374}$$

式中，

$$A_{\mathrm{m},B} = \Delta G_{\mathrm{m},B}$$

$$\begin{aligned}
\frac{\mathrm{d}N_{(C)_{E(\gamma')}}}{\mathrm{d}t} &= -\frac{\mathrm{d}N_{C(\mathrm{s})}}{\mathrm{d}t} = Vj_C \\
&= -V\left[l_1\left(\frac{A_{\mathrm{m},C}}{T}\right) + l_2\left(\frac{A_{\mathrm{m},C}}{T}\right)^2 + l_3\left(\frac{A_{\mathrm{m},C}}{T}\right)^3 + \cdots\right]
\end{aligned} \tag{9.375}$$

式中，

$$A_{\mathrm{m},C} = \Delta G_{\mathrm{m},C}$$

考虑耦合作用，固相组元 A、B、C 的溶解速率为

$$\begin{aligned}
\frac{\mathrm{d}N_{(A)_{E(\gamma')}}}{\mathrm{d}t} &= -\frac{\mathrm{d}N_{A(\mathrm{s})}}{\mathrm{d}t} = Vj_A \\
&= -V\left[l_{11}\left(\frac{A_{\mathrm{m},A}}{T}\right) + l_{12}\left(\frac{A_{\mathrm{m},B}}{T}\right) + l_{13}\left(\frac{A_{\mathrm{m},C}}{T}\right) + l_{111}\left(\frac{A_{\mathrm{m},A}}{T}\right)^2\right. \\
&\quad + l_{112}\left(\frac{A_{\mathrm{m},A}}{T}\right)\left(\frac{A_{\mathrm{m},B}}{T}\right) + l_{113}\left(\frac{A_{\mathrm{m},A}}{T}\right)\left(\frac{A_{\mathrm{m},C}}{T}\right) + l_{122}\left(\frac{A_{\mathrm{m},B}}{T}\right)^2 \\
&\quad + l_{123}\left(\frac{A_{\mathrm{m},B}}{T}\right)\left(\frac{A_{\mathrm{m},C}}{T}\right) + l_{133}\left(\frac{A_{\mathrm{m},C}}{T}\right)^2 + l_{1111}\left(\frac{A_{\mathrm{m},A}}{T}\right)^3 \\
&\quad + l_{1112}\left(\frac{A_{\mathrm{m},A}}{T}\right)^2\left(\frac{A_{\mathrm{m},B}}{T}\right) + l_{1113}\left(\frac{A_{\mathrm{m},A}}{T}\right)^2\left(\frac{A_{\mathrm{m},C}}{T}\right) \\
&\quad + l_{1122}\left(\frac{A_{\mathrm{m},A}}{T}\right)\left(\frac{A_{\mathrm{m},B}}{T}\right)^2 + l_{1123}\left(\frac{A_{\mathrm{m},A}}{T}\right)\left(\frac{A_{\mathrm{m},B}}{T}\right)\left(\frac{A_{\mathrm{m},C}}{T}\right) \\
&\quad + l_{1133}\left(\frac{A_{\mathrm{m},A}}{T}\right)\left(\frac{A_{\mathrm{m},C}}{T}\right)^2 + l_{1222}\left(\frac{A_{\mathrm{m},B}}{T}\right)^3 + l_{1223}\left(\frac{A_{\mathrm{m},B}}{T}\right)^2\left(\frac{A_{\mathrm{m},C}}{T}\right) \\
&\quad \left. + l_{1233}\left(\frac{A_{\mathrm{m},B}}{T}\right)\left(\frac{A_{\mathrm{m},C}}{T}\right)^2 + l_{1333}\left(\frac{A_{\mathrm{m},C}}{T}\right)^3 + \cdots\right]
\end{aligned} \tag{9.376}$$

$$
\begin{aligned}
\frac{\mathrm{d}N_{(B)_{E(\gamma')}}}{\mathrm{d}t} &= -\frac{\mathrm{d}N_{B(\mathrm{s})}}{\mathrm{d}t} = Vj_B \\
&= -V\Bigg[l_{21}\left(\frac{A_{\mathrm{m},A}}{T}\right)+l_{22}\left(\frac{A_{\mathrm{m},B}}{T}\right)+l_{23}\left(\frac{A_{\mathrm{m},C}}{T}\right)+l_{211}\left(\frac{A_{\mathrm{m},A}}{T}\right)^2 \\
&\quad +l_{212}\left(\frac{A_{\mathrm{m},A}}{T}\right)\left(\frac{A_{\mathrm{m},B}}{T}\right)+l_{213}\left(\frac{A_{\mathrm{m},A}}{T}\right)\left(\frac{A_{\mathrm{m},C}}{T}\right)+l_{222}\left(\frac{A_{\mathrm{m},B}}{T}\right)^2 \\
&\quad +l_{223}\left(\frac{A_{\mathrm{m},B}}{T}\right)\left(\frac{A_{\mathrm{m},C}}{T}\right)+l_{233}\left(\frac{A_{\mathrm{m},C}}{T}\right)^2+l_{2111}\left(\frac{A_{\mathrm{m},A}}{T}\right)^3 \\
&\quad +l_{2112}\left(\frac{A_{\mathrm{m},A}}{T}\right)^2\left(\frac{A_{\mathrm{m},B}}{T}\right)+l_{2113}\left(\frac{A_{\mathrm{m},A}}{T}\right)^2\left(\frac{A_{\mathrm{m},C}}{T}\right) \\
&\quad +l_{2122}\left(\frac{A_{\mathrm{m},A}}{T}\right)\left(\frac{A_{\mathrm{m},B}}{T}\right)^2+l_{2123}\left(\frac{A_{\mathrm{m},A}}{T}\right)\left(\frac{A_{\mathrm{m},B}}{T}\right)\left(\frac{A_{\mathrm{m},C}}{T}\right) \\
&\quad +l_{2133}\left(\frac{A_{\mathrm{m},A}}{T}\right)\left(\frac{A_{\mathrm{m},C}}{T}\right)^2+l_{2222}\left(\frac{A_{\mathrm{m},B}}{T}\right)^3+l_{2223}\left(\frac{A_{\mathrm{m},B}}{T}\right)^2\left(\frac{A_{\mathrm{m},C}}{T}\right) \\
&\quad +l_{2233}\left(\frac{A_{\mathrm{m},B}}{T}\right)\left(\frac{A_{\mathrm{m},C}}{T}\right)^2+l_{2333}\left(\frac{A_{\mathrm{m},C}}{T}\right)^3+\cdots\Bigg]
\end{aligned}
\tag{9.377}
$$

$$
\begin{aligned}
\frac{\mathrm{d}N_{(C)_{E(\gamma')}}}{\mathrm{d}t} &= -\frac{\mathrm{d}N_{C(\mathrm{s})}}{\mathrm{d}t} = Vj_C \\
&= -V\Bigg[l_{31}\left(\frac{A_{\mathrm{m},A}}{T}\right)+l_{32}\left(\frac{A_{\mathrm{m},B}}{T}\right)+l_{33}\left(\frac{A_{\mathrm{m},C}}{T}\right)+l_{311}\left(\frac{A_{\mathrm{m},A}}{T}\right)^2 \\
&\quad +l_{312}\left(\frac{A_{\mathrm{m},A}}{T}\right)\left(\frac{A_{\mathrm{m},B}}{T}\right)+l_{313}\left(\frac{A_{\mathrm{m},A}}{T}\right)\left(\frac{A_{\mathrm{m},C}}{T}\right)+l_{322}\left(\frac{A_{\mathrm{m},B}}{T}\right)^2 \\
&\quad +l_{323}\left(\frac{A_{\mathrm{m},B}}{T}\right)\left(\frac{A_{\mathrm{m},C}}{T}\right)+l_{333}\left(\frac{A_{\mathrm{m},C}}{T}\right)^2+l_{3111}\left(\frac{A_{\mathrm{m},A}}{T}\right)^3 \\
&\quad +l_{3112}\left(\frac{A_{\mathrm{m},A}}{T}\right)^2\left(\frac{A_{\mathrm{m},B}}{T}\right)+l_{3113}\left(\frac{A_{\mathrm{m},A}}{T}\right)^2\left(\frac{A_{\mathrm{m},C}}{T}\right) \\
&\quad +l_{3122}\left(\frac{A_{\mathrm{m},B}}{T}\right)^2\left(\frac{A_{\mathrm{m},A}}{T}\right)+l_{3123}\left(\frac{A_{\mathrm{m},A}}{T}\right)\left(\frac{A_{\mathrm{m},B}}{T}\right)\left(\frac{A_{\mathrm{m},C}}{T}\right) \\
&\quad +l_{3133}\left(\frac{A_{\mathrm{m},C}}{T}\right)^2\left(\frac{A_{\mathrm{m},A}}{T}\right)+l_{3222}\left(\frac{A_{\mathrm{m},B}}{T}\right)^3+l_{3223}\left(\frac{A_{\mathrm{m},B}}{T}\right)^2\left(\frac{A_{\mathrm{m},C}}{T}\right) \\
&\quad +l_{3233}\left(\frac{A_{\mathrm{m},C}}{T}\right)^2\left(\frac{A_{\mathrm{m},B}}{T}\right)+l_{3333}\left(\frac{A_{\mathrm{m},C}}{T}\right)^3+\cdots\Bigg]
\end{aligned}
\tag{9.378}
$$

2) 从温度 T_2 到 T_H

从温度 T_2 到 T_H，在温度 T_E，不考虑耦合作用，固相组元 A、B 的溶解速率为

$$\begin{aligned}\frac{\mathrm{d}N_{(A)_{\gamma'_{i-1}}}}{\mathrm{d}t} &= -\frac{\mathrm{d}N_{A(\mathrm{s})}}{\mathrm{d}t} = Vj_A \\ &= -V\left[l_1\left(\frac{A_{\mathrm{m},A}}{T}\right) + l_2\left(\frac{A_{\mathrm{m},A}}{T}\right)^2 + l_3\left(\frac{A_{\mathrm{m},A}}{T}\right)^3 + \cdots\right]\end{aligned} \tag{9.379}$$

$$\begin{aligned}\frac{\mathrm{d}N_{(D)_{\gamma'_{i-1}}}}{\mathrm{d}t} &= -\frac{\mathrm{d}N_{D(\mathrm{s})}}{\mathrm{d}t} = Vj_D \\ &= -V\left[l_1\left(\frac{A_{\mathrm{m},D}}{T}\right) + l_2\left(\frac{A_{\mathrm{m},D}}{T}\right)^2 + l_3\left(\frac{A_{\mathrm{m},D}}{T}\right)^3 + \cdots\right]\end{aligned} \tag{9.380}$$

考虑耦合作用，有

$$\begin{aligned}\frac{\mathrm{d}N_{(A)_{\gamma'_{i-1}}}}{\mathrm{d}t} &= -\frac{\mathrm{d}N_{A(\mathrm{s})}}{\mathrm{d}t} = Vj_A \\ &= -V\left[l_{11}\left(\frac{A_{\mathrm{m},A}}{T}\right) + l_{12}\left(\frac{A_{\mathrm{m},B}}{T}\right) + l_{111}\left(\frac{A_{\mathrm{m},A}}{T}\right)^2\right. \\ &\quad + l_{112}\left(\frac{A_{\mathrm{m},A}}{T}\right)\left(\frac{A_{\mathrm{m},B}}{T}\right) \\ &\quad + l_{122}\left(\frac{A_{\mathrm{m},B}}{T}\right)^2 + l_{1111}\left(\frac{A_{\mathrm{m},A}}{T}\right)^3 + l_{1112}\left(\frac{A_{\mathrm{m},A}}{T}\right)^2\left(\frac{A_{\mathrm{m},B}}{T}\right) \\ &\quad \left. + l_{1122}\left(\frac{A_{\mathrm{m},A}}{T}\right)\left(\frac{A_{\mathrm{m},B}}{T}\right)^2 + l_{1222}\left(\frac{A_{\mathrm{m},B}}{T}\right)^3 + \cdots\right]\end{aligned} \tag{9.381}$$

$$\begin{aligned}\frac{\mathrm{d}N_{(B)_{\gamma'_{i-1}}}}{\mathrm{d}t} &= -\frac{\mathrm{d}N_{B(\mathrm{s})}}{\mathrm{d}t} = Vj_B \\ &= -V\left[l_{21}\left(\frac{A_{\mathrm{m},A}}{T}\right) + l_{22}\left(\frac{A_{\mathrm{m},B}}{T}\right) + l_{211}\left(\frac{A_{\mathrm{m},A}}{T}\right)^2\right. \\ &\quad + l_{212}\left(\frac{A_{\mathrm{m},A}}{T}\right)\left(\frac{A_{\mathrm{m},B}}{T}\right) \\ &\quad + l_{222}\left(\frac{A_{\mathrm{m},B}}{T}\right)^2 + l_{2111}\left(\frac{A_{\mathrm{m},A}}{T}\right)^3 + l_{2112}\left(\frac{A_{\mathrm{m},A}}{T}\right)^2\left(\frac{A_{\mathrm{m},B}}{T}\right) \\ &\quad \left. + l_{2122}\left(\frac{A_{\mathrm{m},A}}{T}\right)\left(\frac{A_{\mathrm{m},B}}{T}\right)^2 + l_{2222}\left(\frac{A_{\mathrm{m},B}}{T}\right)^3 + \cdots\right]\end{aligned} \tag{9.382}$$

式中，

$$A_{\mathrm{m},A} = \Delta G_{\mathrm{m},A}$$

$$A_{\mathrm{m},B} = \Delta G_{\mathrm{m},B}$$

$$A_{\mathrm{m},C} = \Delta G_{\mathrm{m},C}$$

3) 在温度 T_H

在温度 T_H，不考虑耦合作用，固相组元 A、B 的溶解速率为

$$\begin{aligned}\frac{\mathrm{d}N_{(A)_{\gamma'_{H-1}}}}{\mathrm{d}t} &= -\frac{\mathrm{d}N_{A(\mathrm{s})}}{\mathrm{d}t} = Vj_A \\ &= -V\left[l_1\left(\frac{A_{\mathrm{m},A}}{T}\right) + l_2\left(\frac{A_{\mathrm{m},A}}{T}\right)^2 + l_3\left(\frac{A_{\mathrm{m},A}}{T}\right)^3 + \cdots\right]\end{aligned} \tag{9.383}$$

$$\begin{aligned}\frac{\mathrm{d}N_{(B)_{\gamma'_{H-1}}}}{\mathrm{d}t} &= -\frac{\mathrm{d}N_{B(\mathrm{s})}}{\mathrm{d}t} = Vj_B \\ &= -V\left[l_1\left(\frac{A_{\mathrm{m},B}}{T}\right) + l_2\left(\frac{A_{\mathrm{m},B}}{T}\right)^2 + l_3\left(\frac{A_{\mathrm{m},B}}{T}\right)^3 + \cdots\right]\end{aligned} \tag{9.384}$$

化学反应速率为

$$\begin{aligned}\frac{\mathrm{d}N_{D(\mathrm{s})}}{\mathrm{d}t} &= j \\ &= -l_1\left(\frac{A_{\mathrm{m},D}}{T}\right) - l_2\left(\frac{A_{\mathrm{m},D}}{T}\right)^2 - l_3\left(\frac{A_{\mathrm{m},D}}{T}\right)^3 - \cdots\end{aligned} \tag{9.385}$$

考虑耦合作用，固相组元 A、B 的溶解速率为

$$\begin{aligned}\frac{\mathrm{d}N_{(A)_{\gamma'_{H-1}}}}{\mathrm{d}t} &= -\frac{\mathrm{d}N_{A(\mathrm{s})}}{\mathrm{d}t} = Vj_A \\ &= -V\Bigg[l_{11}\left(\frac{A_{\mathrm{m},A}}{T}\right) + l_{12}\left(\frac{A_{\mathrm{m},B}}{T}\right) + l_{111}\left(\frac{A_{\mathrm{m},A}}{T}\right)^2 \\ &\quad + l_{112}\left(\frac{A_{\mathrm{m},A}}{T}\right)\left(\frac{A_{\mathrm{m},B}}{T}\right) \\ &\quad + l_{122}\left(\frac{A_{\mathrm{m},B}}{T}\right)^2 + l_{1111}\left(\frac{A_{\mathrm{m},A}}{T}\right)^3 + l_{1112}\left(\frac{A_{\mathrm{m},A}}{T}\right)^2\left(\frac{A_{\mathrm{m},B}}{T}\right) \\ &\quad + l_{1122}\left(\frac{A_{\mathrm{m},A}}{T}\right)\left(\frac{A_{\mathrm{m},B}}{T}\right)^2 + l_{1222}\left(\frac{A_{\mathrm{m},B}}{T}\right)^3 + \cdots\Bigg]\end{aligned} \tag{9.386}$$

$$\begin{aligned}\frac{\mathrm{d}N_{(B)_{\gamma'_{H-1}}}}{\mathrm{d}t}&=-\frac{\mathrm{d}N_{B(\mathrm{s})}}{\mathrm{d}t}=Vj_B\\&=-V\left[l_{21}\left(\frac{A_{\mathrm{m},A}}{T}\right)+l_{22}\left(\frac{A_{\mathrm{m},B}}{T}\right)+l_{211}\left(\frac{A_{\mathrm{m},A}}{T}\right)^2\right.\\&\quad+l_{212}\left(\frac{A_{\mathrm{m},A}}{T}\right)\left(\frac{A_{\mathrm{m},B}}{T}\right)\\&\quad+l_{222}\left(\frac{A_{\mathrm{m},B}}{T}\right)^2+l_{2111}\left(\frac{A_{\mathrm{m},A}}{T}\right)^3+l_{2112}\left(\frac{A_{\mathrm{m},A}}{T}\right)^2\left(\frac{A_{\mathrm{m},B}}{T}\right)\\&\quad\left.+l_{2122}\left(\frac{A_{\mathrm{m},A}}{T}\right)\left(\frac{A_{\mathrm{m},B}}{T}\right)^2+l_{2222}\left(\frac{A_{\mathrm{m},B}}{T}\right)^3+\cdots\right]\end{aligned}\tag{9.387}$$

式中，

$$A_{\mathrm{m},A}=\Delta G_{\mathrm{m},A}$$
$$A_{\mathrm{m},B}=\Delta G_{\mathrm{m},B}$$
$$A_{\mathrm{m},D}=\Delta G_{\mathrm{m},D}$$

4) 从温度 T_H 到 T_P

从温度 T_H 到 T_P，不考虑耦合作用，固相组元 B 和 A_mB_n 的溶解速率为

$$\begin{aligned}\frac{\mathrm{d}N_{(B)_{\gamma'_{k-1}}}}{\mathrm{d}t}&=-\frac{\mathrm{d}N_{B(\mathrm{s})}}{\mathrm{d}t}=Vj_B\\&=-V\left[l_1\left(\frac{A_{\mathrm{m},B}}{T}\right)+l_2\left(\frac{A_{\mathrm{m},B}}{T}\right)^2+l_3\left(\frac{A_{\mathrm{m},B}}{T}\right)^3+\cdots\right]\end{aligned}\tag{9.388}$$

$$\begin{aligned}\frac{\mathrm{d}N_{(D)_{\gamma'_{k-1}}}}{\mathrm{d}t}&=-\frac{\mathrm{d}N_{D(\mathrm{s})}}{\mathrm{d}t}=Vj_D\\&=-V\left[l_1\left(\frac{A_{\mathrm{m},D}}{T}\right)+l_2\left(\frac{A_{\mathrm{m},D}}{T}\right)^2+l_3\left(\frac{A_{\mathrm{m},D}}{T}\right)^3+\cdots\right]\end{aligned}\tag{9.389}$$

考虑耦合作用，有

$$\begin{aligned}\frac{\mathrm{d}N_{(B)_{\gamma'_{k-1}}}}{\mathrm{d}t}&=-\frac{\mathrm{d}N_{B(\mathrm{s})}}{\mathrm{d}t}=Vj_B\\&=-V\left[l_{11}\left(\frac{A_{\mathrm{m},B}}{T}\right)+l_{12}\left(\frac{A_{\mathrm{m},D}}{T}\right)+l_{111}\left(\frac{A_{\mathrm{m},B}}{T}\right)^2\right.\end{aligned}$$

$$+l_{112}\left(\frac{A_{\mathrm{m},B}}{T}\right)\left(\frac{A_{\mathrm{m},D}}{T}\right)$$
$$+l_{122}\left(\frac{A_{\mathrm{m},D}}{T}\right)^2+l_{1111}\left(\frac{A_{\mathrm{m},B}}{T}\right)^3+l_{1112}\left(\frac{A_{\mathrm{m},B}}{T}\right)^2\left(\frac{A_{\mathrm{m},D}}{T}\right) \tag{9.390}$$
$$\left.+l_{1122}\left(\frac{A_{\mathrm{m},B}}{T}\right)\left(\frac{A_{\mathrm{m},D}}{T}\right)^2+l_{1222}\left(\frac{A_{\mathrm{m},D}}{T}\right)^3+\cdots\right]$$

$$\begin{aligned}\frac{\mathrm{d}N_{(D)_{\gamma'_{k-1}}}}{\mathrm{d}t}&=-\frac{\mathrm{d}N_{D(\mathrm{s})}}{\mathrm{d}t}=Vj_D\\&=-V\left[l_{21}\left(\frac{A_{\mathrm{m},B}}{T}\right)+l_{22}\left(\frac{A_{\mathrm{m},D}}{T}\right)+l_{211}\left(\frac{A_{\mathrm{m},B}}{T}\right)^2\right.\\&\quad+l_{212}\left(\frac{A_{\mathrm{m},B}}{T}\right)\left(\frac{A_{\mathrm{m},D}}{T}\right)\\&\quad+l_{222}\left(\frac{A_{\mathrm{m},D}}{T}\right)^2+l_{2111}\left(\frac{A_{\mathrm{m},B}}{T}\right)^3+l_{2112}\left(\frac{A_{\mathrm{m},B}}{T}\right)^2\left(\frac{A_{\mathrm{m},D}}{T}\right)\\&\quad\left.+l_{2122}\left(\frac{A_{\mathrm{m},B}}{T}\right)\left(\frac{A_{\mathrm{m},D}}{T}\right)^2+l_{2222}\left(\frac{A_{\mathrm{m},D}}{T}\right)^3+\cdots\right]\end{aligned} \tag{9.391}$$

式中，

$$A_{\mathrm{m},B}=\Delta G_{\mathrm{m},B}$$

$$A_{\mathrm{m},D}=\Delta G_{\mathrm{m},D}$$

5) 在温度 T_{P+1}

在温度 T_{P+1}，不考虑耦合作用，固相组元 B、D 的溶解速率为

$$\begin{aligned}\frac{\mathrm{d}N_{(B)_{\gamma'_P}}}{\mathrm{d}t}&=-\frac{\mathrm{d}N_{B(\mathrm{s})}}{\mathrm{d}t}=Vj_B\\&=-V\left[l_1\left(\frac{A_{\mathrm{m},B}}{T}\right)+l_2\left(\frac{A_{\mathrm{m},B}}{T}\right)^2+l_3\left(\frac{A_{\mathrm{m},B}}{T}\right)^3+\cdots\right]\end{aligned} \tag{9.392}$$

$$\begin{aligned}\frac{\mathrm{d}N_{(D)_{\gamma'_P}}}{\mathrm{d}t}&=-\frac{\mathrm{d}N_{D(\mathrm{s})}}{\mathrm{d}t}=Vj_D\\&=-V\left[l_1\left(\frac{A_{\mathrm{m},D}}{T}\right)+l_2\left(\frac{A_{\mathrm{m},D}}{T}\right)^2+l_3\left(\frac{A_{\mathrm{m},D}}{T}\right)^3+\cdots\right]\end{aligned} \tag{9.393}$$

考虑耦合作用，有

$$\begin{aligned}\frac{\mathrm{d}N_{(B)_{\gamma'_P}}}{\mathrm{d}t} &= -\frac{\mathrm{d}N_{B(\mathrm{s})}}{\mathrm{d}t} = Vj_B \\ &= -V\left[l_{11}\left(\frac{A_{\mathrm{m},B}}{T}\right) + l_{12}\left(\frac{A_{\mathrm{m},D}}{T}\right) + l_{111}\left(\frac{A_{\mathrm{m},B}}{T}\right)^2\right. \\ &\quad + l_{112}\left(\frac{A_{\mathrm{m},B}}{T}\right)\left(\frac{A_{\mathrm{m},D}}{T}\right) \\ &\quad + l_{122}\left(\frac{A_{\mathrm{m},D}}{T}\right)^2 + l_{1111}\left(\frac{A_{\mathrm{m},B}}{T}\right)^3 + l_{1112}\left(\frac{A_{\mathrm{m},B}}{T}\right)^2\left(\frac{A_{\mathrm{m},D}}{T}\right) \\ &\quad \left. + l_{1122}\left(\frac{A_{\mathrm{m},B}}{T}\right)\left(\frac{A_{\mathrm{m},D}}{T}\right)^2 + l_{1222}\left(\frac{A_{\mathrm{m},D}}{T}\right)^3 + \cdots\right]\end{aligned} \tag{9.394}$$

$$\begin{aligned}\frac{\mathrm{d}N_{(D)_{\gamma'_P}}}{\mathrm{d}t} &= -\frac{\mathrm{d}N_{D(\mathrm{s})}}{\mathrm{d}t} = Vj_D \\ &= -V\left[l_{21}\left(\frac{A_{\mathrm{m},A}}{T}\right) + l_{22}\left(\frac{A_{\mathrm{m},D}}{T}\right) + l_{211}\left(\frac{A_{\mathrm{m},A}}{T}\right)^2\right. \\ &\quad + l_{212}\left(\frac{A_{\mathrm{m},A}}{T}\right)\left(\frac{A_{\mathrm{m},D}}{T}\right) \\ &\quad + l_{222}\left(\frac{A_{\mathrm{m},D}}{T}\right)^2 + l_{2111}\left(\frac{A_{\mathrm{m},A}}{T}\right)^3 + l_{2112}\left(\frac{A_{\mathrm{m},A}}{T}\right)^2\left(\frac{A_{\mathrm{m},D}}{T}\right) \\ &\quad \left. + l_{2122}\left(\frac{A_{\mathrm{m},A}}{T}\right)\left(\frac{A_{\mathrm{m},D}}{T}\right)^2 + l_{2222}\left(\frac{A_{\mathrm{m},D}}{T}\right)^3 + \cdots\right]\end{aligned} \tag{9.395}$$

式中，

$$A_{\mathrm{m},B} = \Delta G_{\mathrm{m},B}$$

$$A_{\mathrm{m},D} = \Delta G_{\mathrm{m},D}$$

6) 从温度 T_P 到 T_M

从温度 T_P 到 T_M，固相组元 A_mB_n 的溶解速率为

$$\begin{aligned}\frac{\mathrm{d}N_{(D)_{\gamma'_{j-1}}}}{\mathrm{d}t} &= -\frac{\mathrm{d}N_{D(\mathrm{s})}}{\mathrm{d}t} = Vj_D \\ &= -V\left[l_1\left(\frac{A_{\mathrm{m},D}}{T}\right) + l_2\left(\frac{A_{\mathrm{m},D}}{T}\right)^2 + l_3\left(\frac{A_{\mathrm{m},D}}{T}\right)^3 + \cdots\right]\end{aligned} \tag{9.396}$$

式中，

$$A_{\mathrm{m},D} = \Delta G_{\mathrm{m},D}$$

9.3.6 具有同组成转化三元化合物的三元系

1. 相变过程热力学

图 9.14 是具有同组成转化三元化合物的三元系相图。连接三元化合物 $D(A_mB_nC_p)$ 和三个顶点 A、B、C 的直线，将相图分成三个三角形 ADB、BDC 和 CDA。每一个三角形相当于一个具有最低共晶点的三元系，物质升温转化过程类似于具有最低共晶点的三元系。

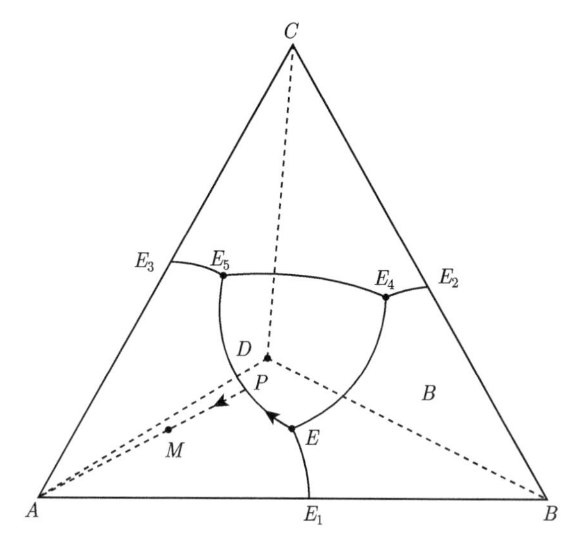

图 9.14 具有同组成转化三元化合物的三元系相图

1) 在温度 T_E

物质组成点为 M 的物质升温。温度升高到 T_E，物质组成点到达最低共晶点 E，开始出现固溶体相 $E(\gamma)$。$E(\mathrm{s})$ 与 $E(\gamma)$ 平衡，可以表示为

$$E(\mathrm{s}) \rightleftharpoons E(\gamma)$$

即

$$\begin{aligned} x_A A(\mathrm{s})+x_B B(\mathrm{s})+x_D A_mB_nC_p(\mathrm{s}) &\rightleftharpoons x_A(A)_{E(\gamma)}+x_B(B)_{E(\gamma)}+x_D(A_mB_nC_p)_{E(\gamma)} \\ &= x_A(A)_{饱}+x_B(B)_{饱}+x_D(A_mB_nC_p)_{饱} \end{aligned}$$

也可以表示为

$$A(\mathrm{s}) \rightleftharpoons (A)_{E(\gamma)} = (A)_{饱}$$

$$B(\mathrm{s}) \rightleftharpoons (B)_{E(\gamma)} = (B)_{饱}$$

$$A_mB_nC_p(\mathrm{s}) \rightleftharpoons (A_mB_nC_p)_{E(\gamma)} = (A_mB_nC_p)_{饱}$$

四相平衡共存。

该过程的摩尔吉布斯自由能变化为

$$
\begin{aligned}
\Delta G_{\mathrm{m},E}(T_E) &= G_{\mathrm{m},E(\gamma)}(T_E) - G_{\mathrm{m},E}(T_E) \\
&= \Delta_{\mathrm{sol}} H_{\mathrm{m},E}(T_E) - T_E \Delta_{\mathrm{sol}} S_{\mathrm{m},E}(T_E) \\
&= \Delta_{\mathrm{sol}} H_{\mathrm{m},E}(T_E) - T_E \frac{\Delta_{\mathrm{sol}} H_{\mathrm{m},E}(T_E)}{T_E} \\
&= 0
\end{aligned} \tag{9.397}
$$

或

$$
\begin{aligned}
\Delta G_{\mathrm{m},A}(T_E) &= \Delta \overline{G}_{\mathrm{m},(A)_{E(\gamma)}}(T_E) - G_{\mathrm{m},A(\mathrm{s})}(T_E) \\
&= \Delta_{\mathrm{sol}} H_{\mathrm{m},A}(T_E) - T_E \Delta_{\mathrm{sol}} S_{\mathrm{m},A}(T_E) \\
&= \Delta_{\mathrm{sol}} H_{\mathrm{m},A}(T_E) - T_E \frac{\Delta_{\mathrm{sol}} H_{\mathrm{m},A}(T_E)}{T_E} \\
&= 0
\end{aligned} \tag{9.398}
$$

同理

$$
\Delta G_{\mathrm{m},B}(T_E) = \Delta_{\mathrm{sol}} H_{\mathrm{m},B}(T_E) - T_E \frac{\Delta_{\mathrm{sol}} H_{\mathrm{m},B}(T_E)}{T_E} = 0 \tag{9.399}
$$

$$
\Delta G_{\mathrm{m},D}(T_E) = \Delta_{\mathrm{sol}} H_{\mathrm{m},D}(T_E) - T_E \frac{\Delta_{\mathrm{sol}} H_{\mathrm{m},D}(T_E)}{T_E} = 0 \tag{9.400}
$$

2) 在温度 T_1

继续升温到 T_1，平衡固溶体相组成为共晶线 EE_5 上的 γ_1 点。当温度刚升到 T_1，尚无固相组元 A、B 和 $A_mB_nC_p$ 溶解进入 $E(\gamma)$ 相时，$E(\gamma)$ 相组成未变，但已由组元 A、B 和 $A_mB_nC_p$ 的饱和相 $E(\gamma)$ 变成不饱和相 $E(\gamma')$。因此，固相组元 A、B 和 $A_mB_nC_p$ 向其中溶解，有

$$E(\mathrm{s}) =\!=\!= E(\gamma')$$

$$A(\mathrm{s}) =\!=\!= (A)_{E(\gamma')}$$

$$B(\mathrm{s}) =\!=\!= (B)_{E(\gamma')}$$

$$A_mB_nC_p(\mathrm{s}) =\!=\!= (A_mB_nC_p)_{E(\gamma')}$$

该过程的摩尔吉布斯自由能变化为

$$
\begin{aligned}
\Delta G_{\mathrm{m},E}(T_1) &= G_{\mathrm{m},E(\gamma')} - G_{\mathrm{m},E(\mathrm{s})} \\
&= \Delta_{\mathrm{sol}} H_{\mathrm{m},E}(T_1) - T_1 \Delta_{\mathrm{sol}} S_{\mathrm{m},E}(T_1) \\
&\approx \Delta_{\mathrm{sol}} H_{\mathrm{m},E}(T_E) - T_1 \Delta_{\mathrm{sol}} S_{\mathrm{m},E}(T_E) \\
&= \frac{\Delta_{\mathrm{sol}} H_{\mathrm{m},E}(T_E) \Delta T}{T_E}
\end{aligned}
$$

$$
\begin{aligned}
\Delta G_{\mathrm{m},A}(T_1) &= \overline{G}_{\mathrm{m},(A)_{E(\gamma')}}(T_1) - G_{\mathrm{m},A(\mathrm{s})}(T_1) \\
&= \Delta_{\mathrm{sol}} H_{\mathrm{m},A}(T_1) - T_1 \Delta_{\mathrm{sol}} S_{\mathrm{m},A}(T_1) \\
&\approx \Delta_{\mathrm{sol}} H_{\mathrm{m},A}(T_E) - T_1 \Delta_{\mathrm{sol}} S_{\mathrm{m},A}(T_E) \\
&= \frac{\Delta_{\mathrm{sol}} H_{\mathrm{m},A}(T_E)\Delta T}{T_E}
\end{aligned} \tag{9.401}
$$

同理

$$
\Delta G_{\mathrm{m},B}(T_1) = \frac{\Delta H_{\mathrm{m},B}(T_E)\Delta T}{T_E} \tag{9.402}
$$

$$
\Delta G_{\mathrm{m},D}(T_1) = \frac{\Delta H_{\mathrm{m},D}(T_E)\Delta T}{T_E} \tag{9.403}
$$

式中，

$$
\Delta T = T_{E_4} - T_1 < 0
$$

组元 A、B、$A_m B_n C_p$ 以纯固态为标准状态，组成以摩尔分数表示，该过程的摩尔吉布斯自由能变化为

$$
\Delta G_{\mathrm{m},A} = \mu_{(A)_{E(\gamma')}} - \mu_{A(\mathrm{s})} = RT \ln a^{\mathrm{R}}_{(A)_{E(\gamma')}} \tag{9.404}
$$

式中，

$$
\mu_{(A)_{E(\gamma')}} = \mu^*_{A(\mathrm{s})} + RT \ln a^{\mathrm{R}}_{(A)_{E(\gamma')}}
$$

$$
\mu_{A(\mathrm{s})} = \mu^*_{A(\mathrm{s})}
$$

$$
\Delta G_{\mathrm{m},B} = \mu_{(B)_{E(\gamma')}} - \mu_{B(\mathrm{s})} = RT \ln a^{\mathrm{R}}_{(B)_{E(\gamma')}} \tag{9.405}
$$

式中，

$$
\mu_{(B)_{E(\gamma')}} = \mu^*_{B(\mathrm{s})} + RT \ln a^{\mathrm{R}}_{(B)_{E(\gamma')}}
$$

$$
\mu_{B(\mathrm{s})} = \mu^*_{B(\mathrm{s})}
$$

$$
\Delta G_{\mathrm{m},D} = \mu_{(D)_{E(\gamma')}} - \mu_{D(\mathrm{s})} = RT \ln a^{\mathrm{R}}_{(D)_{E(\gamma')}} \tag{9.406}
$$

式中，

$$
\mu_{(D)_{E(\gamma')}} = \mu^*_{D(\mathrm{s})} + RT \ln a^{\mathrm{R}}_{(D)_{E(\gamma')}}
$$

$$
\mu_{D(\mathrm{s})} = \mu^*_{D(\mathrm{s})}
$$

直到固相组元 B 消失，组元 A 和 $A_m B_n C_p$ 继续溶解，有

$$
A(\mathrm{s}) = (A)_{E(\gamma')}
$$

$$
A_m B_n C_p(\mathrm{s}) = (A_m B_n C_p)_{E(\gamma')}
$$

该过程的摩尔吉布斯自由能变化可以用式 (9.401)、式 (9.403) 和式 (9.404)、式 (9.406) 表示。直到组元 A 和 $A_mB_nC_p$ 溶解达到饱和，$E(\gamma')$ 相成为饱和固溶体相 γ_1。组元 A 和 $A_mB_nC_p$ 与 γ_1 相达成新的平衡。平衡 γ_1 相组成是共晶线 EE_5 上的温度为 T_1 的点。有

$$A(\text{s}) \rightleftharpoons (A)_{\gamma_1} = (A)_{饱}$$

$$A_mB_nC_p(\text{s}) \rightleftharpoons (A_mB_nC_p)_{\gamma_1} = (A_mB_nC_p)_{饱}$$

3) 温度从 T_E 到 T_P

继续升高温度，从温度 T_E 到 T_P，平衡固溶体相组成沿着共晶线 EE_5 从 E 点向 P 点移动。该过程可以描述如下。

在温度 T_{i-1}，组元 A、$A_mB_nC_p$ 与 γ 相达成平衡，平衡 γ 相组成为共晶线 EE_6 上的 γ_{i-1} 点。有

$$A(\text{s}) \rightleftharpoons (A)_{\gamma_{i-1}} = (A)_{饱}$$

$$A_mB_nC_p(\text{s}) \rightleftharpoons (A_mB_nC_p)_{\gamma_{i-1}} = (A_mB_nC_p)_{饱}$$

$$(i = 1, 2, \cdots, n)$$

继续升高温度到 T_i。在温度刚升到 T_i，固相组元 A 和 $A_mB_nC_p$ 还未来得及向 γ_{i-1} 相中溶解时，γ_{i-1} 相组成未变。但已由组元 A 和 $A_mB_nC_p$ 饱和的相 γ_{i-1} 变成其不饱和的相 γ'_{i-1}。固相组元 A 和 $A_mB_nC_p$ 向其中溶解，有

$$A(\text{s}) = (A)_{\gamma'_{i-1}}$$

$$A_mB_nC_p(\text{s}) = (A_mB_nC_p)_{\gamma'_{i-1}}$$

该过程的摩尔吉布斯自由能变化为

$$\begin{aligned}\Delta G_{\text{m},A}(T_i) &= \overline{G}_{\text{m},(A)_{\gamma'_{i-1}}}(T_i) - G_{\text{m},A(\text{s})}(T_i) \\ &= \Delta_{\text{sol}}H_{\text{m},A}(T_i) - T_i\Delta_{\text{sol}}S_{\text{m},A}(T_i) \\ &= \frac{\Delta_{\text{sol}}H_{\text{m},A}(T_{i-1})\Delta T}{T_{i-1}}\end{aligned} \tag{9.407}$$

同理

$$\Delta G_{\text{m},D}(T_i) = \frac{\Delta_{\text{sol}}H_{\text{m},D}(T_{i-1})\Delta T}{T_{i-1}} \tag{9.408}$$

式中，

$$\Delta T = T_{i-1} - T_i < 0$$

组元 A 和 $A_mB_nC_p$ 都以纯固态为标准状态，组成以摩尔分数表示，该过程的摩尔吉布斯自由能变化为

$$\Delta G_{\mathrm{m},A}=\mu_{(A)_{\gamma'_{i-1}}}-\mu_{A(\mathrm{s})}=RT\ln a^{\mathrm{R}}_{(A)_{\gamma'_{i-1}}} \tag{9.409}$$

式中，

$$\mu_{(A)_{\gamma'_{i-1}}}=\mu^*_{A(\mathrm{s})}+RT\ln a^{\mathrm{R}}_{(A)_{\gamma'_{i-1}}}$$

$$\mu_{A(\mathrm{s})}=\mu^*_{A(\mathrm{s})}$$

$$\Delta G_{\mathrm{m},D}=\mu_{(D)_{\gamma'_{i-1}}}-\mu_{D(\mathrm{s})}=RT\ln a^{\mathrm{R}}_{(D)_{\gamma'_{i-1}}} \tag{9.410}$$

式中，

$$\mu_{(D)_{\gamma'_{i-1}}}=\mu^*_{D(\mathrm{s})}+RT\ln a^{\mathrm{R}}_{(D)_{\gamma'_{i-1}}}$$

$$\mu_{D(\mathrm{s})}=\mu^*_{D(\mathrm{s})}$$

直到组元 A 和 $A_mB_nC_p$ 溶解达到饱和，相 γ'_{i-1} 成为 γ_i，组元 A 和 $A_mB_nC_p$ 与 γ_i 达成新的平衡，平衡 γ_i 相组成为共晶线 EE_5 上的温度为 T_i 的点。

在温度 T_P，组元 A、$A_mB_nC_p$ 与 γ 相达成平衡，平衡 γ 相组成为共晶线 EE_5 上的 P 点，以 γ_P 表示。相 γ_P 是组元 A 和 $A_mB_nC_p$ 的饱和相。

$$A(\mathrm{s})\rightleftharpoons(A)_{\gamma_P}=\!=\!=(A)_{饱}$$

$$A_mB_nC_p(\mathrm{s})\rightleftharpoons(A_mB_nC_p)_{\gamma_P}=\!=\!=(A_mB_nC_p)_{饱}$$

继续升高温度到 T_{P+1}。在温度刚升到 T_{P+1}，固相组元 A 和 $A_mB_nC_p$ 还未来得及向 γ_P 中溶解时，γ_P 相组成未变，但已由组元 A 和 $A_mB_nC_p$ 饱和的相 γ_P 变成不饱和的 γ'_P。固相组元 A 和 $A_mB_nC_p$ 向其中溶解，有

$$A(\mathrm{s})=\!=\!=(A)_{\gamma'_P}$$

$$A_mB_nC_p(\mathrm{s})=\!=\!=(A_mB_nC_p)_{\gamma'_P}$$

该过程的摩尔吉布斯自由能变化为

$$\begin{aligned}\Delta G_{\mathrm{m},A}(T_{P+1})&=\overline{G}_{\mathrm{m},(A)_{\gamma'_P}}(T_{P+1})-G_{\mathrm{m},A(\mathrm{s})}(T_{P+1})\\&=\Delta_{\mathrm{sol}}H_{\mathrm{m},A}(T_{P+1})-T_{P+1}\Delta_{\mathrm{sol}}S_{\mathrm{m},A}(T_{P+1})\\&\approx\Delta_{\mathrm{sol}}H_{\mathrm{m},A}(T_P)-T_{P+1}\Delta_{\mathrm{sol}}S_{\mathrm{m},A}(T_P)\\&=\frac{\Delta_{\mathrm{sol}}H_{\mathrm{m},A}(T_P)\Delta T}{T_P}\end{aligned} \tag{9.411}$$

同理

$$\Delta G_{\mathrm{m},D}(T_{P+1}) = \frac{\Delta_{\mathrm{sol}} H_{\mathrm{m},D}(T_P)\Delta T}{T_P} \tag{9.412}$$

式中，

$$\Delta T = T_P - T_{P+1} < 0$$

组元 $A_mB_nC_p$ 以纯固态为标准状态，组成以摩尔分数表示，该过程的摩尔吉布斯自由能变化为

$$\Delta G_{\mathrm{m},A} = \mu_{(A)_{\gamma'_P}} - \mu_{A(\mathrm{s})} = RT\ln a^{\mathrm{R}}_{(A)_{\gamma'_P}} \tag{9.413}$$

式中，

$$\mu_{(A)_{\gamma'_P}} = \mu^*_{A(\mathrm{s})} + RT\ln a^{\mathrm{R}}_{(A)_{\gamma'_P}}$$

$$\mu_{A(\mathrm{s})} = \mu^*_{A(\mathrm{s})}$$

$$\Delta G_{\mathrm{m},D} = \mu_{(D)_{\gamma'_P}} - \mu_{D(\mathrm{s})} = RT\ln a^{\mathrm{R}}_{(D)_{\gamma'_P}} \tag{9.414}$$

式中，

$$\mu_{(D)_{\gamma'_P}} = \mu^*_{D(\mathrm{s})} + RT\ln a^{\mathrm{R}}_{(D)_{\gamma'_P}}$$

$$\mu_{D(\mathrm{s})} = \mu^*_{D(\mathrm{s})}$$

溶解过程一直进行到固相组元 $A_mB_nC_p$ 消耗尽，组元 A 继续溶解，有

$$A(\mathrm{s}) =\!=\!= (A)_{\gamma'_P}$$

该过程的摩尔吉布斯自由能变化可用式 (9.411) 和式 (9.413) 表示。直到组元 A 达到饱和，γ_P 相成为 γ_{P+1}。两相达成新的平衡。平衡 γ_{P+1} 相组成为 PA 连线上的温度为 T_{P+1} 的点。有

$$A(\mathrm{s}) \rightleftharpoons (A)_{\gamma_{P+1}} =\!=\!= (A)_{饱}$$

4) 温度从 T_P 到 T_M

温度从 T_P 到 T_M，平衡固溶体相组成沿着经过 M 点的 PA 连线向 M 点移动。溶解过程可以描述如下。

在温度 T_{k-1}，两相平衡。与组元 $A(\mathrm{s})$ 平衡的固溶体相组成为 PA 连线上的 γ_{k-1} 点。有

$$A(\mathrm{s}) \rightleftharpoons (A)_{\gamma_{k-1}}$$
$$(k = 1, 2, \cdots, n)$$

继续升高温度到 T_k。在温度刚升到 T_k，固相组元 A 还未来得及向 γ_{k-1} 相中溶解时，γ_{k-1} 相组成未变，但已经由组元 A 饱和的相 γ_{k-1} 变为其不饱和的相 γ'_{k-1}。固相组元 A 向其中溶解。有

$$A(\mathrm{s}) = (A)_{\gamma'_{k-1}}$$

该过程的摩尔吉布斯自由能变化为

$$\begin{aligned}\Delta G_{\mathrm{m},A}(T_k) &= \overline{G}_{\mathrm{m},(A)_{\gamma'_{k-1}}}(T_k) - G_{\mathrm{m},A(\mathrm{s})}(T_k)\\ &= \Delta_{\mathrm{sol}} H_{\mathrm{m},A}(T_k) - T_k \Delta_{\mathrm{sol}} S_{\mathrm{m},A}(T_k)\\ &\approx \Delta_{\mathrm{sol}} H_{\mathrm{m},A}(T_{k-1}) - T_k \Delta_{\mathrm{sol}} S_{\mathrm{m},A}(T_{k-1})\\ &= \frac{\Delta_{\mathrm{sol}} H_{\mathrm{m},A}(T_{k-1})\Delta T}{T_{k-1}}\end{aligned} \tag{9.415}$$

式中，

$$\Delta T = T_{k-1} - T_k < 0$$

组元 A 以纯固态为标准状态，组成以摩尔分数表示，溶解过程的摩尔吉布斯自由能变化为

$$\Delta G_{\mathrm{m},D} = \mu_{(D)_{\gamma'_{k-1}}} - \mu_{D(\mathrm{s})} = RT \ln a^{\mathrm{R}}_{(D)_{\gamma'_{k-1}}} \tag{9.416}$$

式中，

$$\mu_{(D)_{\gamma'_{k-1}}} = \mu^*_{D(\mathrm{s})} + RT \ln a^{\mathrm{R}}_{(D)_{\gamma'_{k-1}}}$$

$$\mu_{D(\mathrm{s})} = \mu^*_{D(\mathrm{s})}$$

直到组元 A 溶解达到饱和，两相达成新的平衡。与组元 A 平衡的相组成为 PA 连线上的 γ_k 点。即

$$A(\mathrm{s}) \rightleftharpoons (A)_{\gamma_k} = (A)_{饱}$$

5) 升温到 T_M 和 T

继续升温。温度升到 T_M，两相达成平衡。与组元 A 平衡的相组成是 PA 连线上的 γ_M 点，有

$$A(\mathrm{s}) \rightleftharpoons (A)_{\gamma_M} = (A)_{饱}$$

温度升高到 T。在温度刚升到 T，组元 A 还未来得及向 γ_M 中溶解时，γ_M 的组成未变，但已由组元 A 的饱和固溶体相 γ_M 成为不饱和固溶体相 γ'_M，组元 A 向其中溶解。有

$$A(\mathrm{s}) = (A)_{\gamma'_M}$$

该过程的摩尔吉布斯自由能变化为

$$\begin{aligned}\Delta G_{\mathrm{m},A}(T) &= \overline{G}_{\mathrm{m},(A)_{\gamma'_M}}(T) - G_{\mathrm{m},A(\mathrm{s})}(T) \\ &= \Delta_{\mathrm{sol}} H_{\mathrm{m},A}(T) - T\Delta_{\mathrm{sol}} S_{\mathrm{m},A}(T) \\ &\approx \Delta_{\mathrm{sol}} H_{\mathrm{m},A}(T_M) - T\Delta_{\mathrm{sol}} S_{\mathrm{m},A}(T_M) \\ &= \frac{\Delta_{\mathrm{sol}} H_{\mathrm{m},A}(T_M)\Delta T}{T_M} \\ &< 0\end{aligned} \tag{9.417}$$

式中，

$$\Delta T = T_M - T < 0$$

以纯固态组元 A 为标准状态，组成以摩尔分数表示，溶解过程的摩尔吉布斯自由能变化为

$$\Delta G_{\mathrm{m},A} = \mu_{(A)_{\gamma'_M}} - \mu_{A(\mathrm{s})} = RT\ln a^{\mathrm{R}}_{(A)_{\gamma'_M}} \tag{9.418}$$

式中，

$$\mu_{(A)_{\gamma'_M}} = \mu^*_{A(\mathrm{s})} + RT\ln a^{\mathrm{R}}_{(A)_{\gamma'_M}}$$

$$\mu_{A(\mathrm{s})} = \mu^*_{A(\mathrm{s})}$$

直到固相 A 消耗净，成为单一 γ 相。

2. **相变速率**

1) 在温度 T_1

在温度 T_1，固相组元 $E\,(\mathrm{s})$ 的转化速率为

$$\begin{aligned}\frac{\mathrm{d}N_{E(\gamma')}}{\mathrm{d}t} &= -\frac{\mathrm{d}N_{E(\mathrm{s})}}{\mathrm{d}t} = Vj_E \\ &= -V\left[l_1\left(\frac{A_{\mathrm{m},E}}{T}\right) + l_2\left(\frac{A_{\mathrm{m},E}}{T}\right)^2 + l_3\left(\frac{A_{\mathrm{m},E}}{T}\right)^3 + \cdots\right]\end{aligned} \tag{9.419}$$

不考虑耦合作用，固相组元 A、B 和 $A_mB_nC_p$ 的溶解速率为

$$\begin{aligned}\frac{\mathrm{d}N_{(A)_{E(\gamma')}}}{\mathrm{d}t} &= -\frac{\mathrm{d}N_{A(\mathrm{s})}}{\mathrm{d}t} = Vj_A \\ &= -V\left[l_1\left(\frac{A_{\mathrm{m},A}}{T}\right) + l_2\left(\frac{A_{\mathrm{m},A}}{T}\right)^2 + l_3\left(\frac{A_{\mathrm{m},A}}{T}\right)^3 + \cdots\right]\end{aligned} \tag{9.420}$$

$$\begin{aligned}\frac{\mathrm{d}N_{(B)_{E(\gamma')}}}{\mathrm{d}t} &= -\frac{\mathrm{d}N_{B(\mathrm{s})}}{\mathrm{d}t} = Vj_B \\ &= -V\left[l_1\left(\frac{A_{\mathrm{m},B}}{T}\right) + l_2\left(\frac{A_{\mathrm{m},B}}{T}\right)^2 + l_3\left(\frac{A_{\mathrm{m},B}}{T}\right)^3 + \cdots\right]\end{aligned} \tag{9.421}$$

$$\begin{aligned}\frac{\mathrm{d}N_{(D)_{E(\gamma')}}}{\mathrm{d}t}&=-\frac{\mathrm{d}N_{D(\mathrm{s})}}{\mathrm{d}t}=Vj_D\\&=-V\left[l_1\left(\frac{A_{\mathrm{m},D}}{T}\right)+l_2\left(\frac{A_{\mathrm{m},D}}{T}\right)^2+l_3\left(\frac{A_{\mathrm{m},D}}{T}\right)^3+\cdots\right]\end{aligned}\tag{9.422}$$

考虑耦合作用，有

$$\begin{aligned}\frac{\mathrm{d}N_{(A)_{E(\gamma')}}}{\mathrm{d}t}=&-\frac{\mathrm{d}N_{A(\mathrm{s})}}{\mathrm{d}t}=Vj_A\\=&-V\left[l_{11}\left(\frac{A_{\mathrm{m},A}}{T}\right)+l_{12}\left(\frac{A_{\mathrm{m},B}}{T}\right)+l_{13}\left(\frac{A_{\mathrm{m},D}}{T}\right)+l_{111}\left(\frac{A_{\mathrm{m},A}}{T}\right)^2\right.\\&+l_{112}\left(\frac{A_{\mathrm{m},A}}{T}\right)\left(\frac{A_{\mathrm{m},B}}{T}\right)+l_{113}\left(\frac{A_{\mathrm{m},A}}{T}\right)\left(\frac{A_{\mathrm{m},D}}{T}\right)+l_{122}\left(\frac{A_{\mathrm{m},B}}{T}\right)^2\\&+l_{123}\left(\frac{A_{\mathrm{m},B}}{T}\right)\left(\frac{A_{\mathrm{m},D}}{T}\right)+l_{133}\left(\frac{A_{\mathrm{m},D}}{T}\right)^2+l_{1111}\left(\frac{A_{\mathrm{m},A}}{T}\right)^3\\&+l_{1112}\left(\frac{A_{\mathrm{m},A}}{T}\right)^2\left(\frac{A_{\mathrm{m},B}}{T}\right)+l_{1113}\left(\frac{A_{\mathrm{m},A}}{T}\right)^2\left(\frac{A_{\mathrm{m},D}}{T}\right)\\&+l_{1122}\left(\frac{A_{\mathrm{m},A}}{T}\right)\left(\frac{A_{\mathrm{m},B}}{T}\right)^2\\&+l_{1123}\left(\frac{A_{\mathrm{m},A}}{T}\right)\left(\frac{A_{\mathrm{m},B}}{T}\right)\left(\frac{A_{\mathrm{m},D}}{T}\right)\\&+l_{1133}\left(\frac{A_{\mathrm{m},A}}{T}\right)\left(\frac{A_{\mathrm{m},D}}{T}\right)^2+l_{1222}\left(\frac{A_{\mathrm{m},B}}{T}\right)^3\\&+l_{1223}\left(\frac{A_{\mathrm{m},B}}{T}\right)^2\left(\frac{A_{\mathrm{m},D}}{T}\right)\\&\left.+l_{1233}\left(\frac{A_{\mathrm{m},B}}{T}\right)\left(\frac{A_{\mathrm{m},D}}{T}\right)^2+l_{1333}\left(\frac{A_{\mathrm{m},D}}{T}\right)^3+\cdots\right]\end{aligned}\tag{9.423}$$

$$\begin{aligned}\frac{\mathrm{d}N_{(B)_{E(\gamma')}}}{\mathrm{d}t}=&-\frac{\mathrm{d}N_{B(\mathrm{s})}}{\mathrm{d}t}=Vj_B\\=&-V\left[l_{21}\left(\frac{A_{\mathrm{m},A}}{T}\right)+l_{22}\left(\frac{A_{\mathrm{m},B}}{T}\right)+l_{23}\left(\frac{A_{\mathrm{m},D}}{T}\right)+l_{211}\left(\frac{A_{\mathrm{m},A}}{T}\right)^2\right.\\&+l_{212}\left(\frac{A_{\mathrm{m},A}}{T}\right)\left(\frac{A_{\mathrm{m},B}}{T}\right)+l_{213}\left(\frac{A_{\mathrm{m},A}}{T}\right)\left(\frac{A_{\mathrm{m},D}}{T}\right)+l_{222}\left(\frac{A_{\mathrm{m},B}}{T}\right)^2\\&+l_{223}\left(\frac{A_{\mathrm{m},B}}{T}\right)\left(\frac{A_{\mathrm{m},D}}{T}\right)+l_{233}\left(\frac{A_{\mathrm{m},D}}{T}\right)^2+l_{2111}\left(\frac{A_{\mathrm{m},A}}{T}\right)^3\end{aligned}$$

$$
\begin{aligned}
&+l_{2112}\left(\frac{A_{\mathrm{m},A}}{T}\right)^2\left(\frac{A_{\mathrm{m},B}}{T}\right)+l_{2113}\left(\frac{A_{\mathrm{m},A}}{T}\right)^2\left(\frac{A_{\mathrm{m},D}}{T}\right)\\
&+l_{2122}\left(\frac{A_{\mathrm{m},A}}{T}\right)\left(\frac{A_{\mathrm{m},B}}{T}\right)^2+l_{2123}\left(\frac{A_{\mathrm{m},A}}{T}\right)\left(\frac{A_{\mathrm{m},B}}{T}\right)\left(\frac{A_{\mathrm{m},D}}{T}\right)\\
&+l_{2133}\left(\frac{A_{\mathrm{m},D}}{T}\right)^2\left(\frac{A_{\mathrm{m},A}}{T}\right)+l_{2222}\left(\frac{A_{\mathrm{m},B}}{T}\right)^3+l_{2223}\left(\frac{A_{\mathrm{m},B}}{T}\right)^2\left(\frac{A_{\mathrm{m},D}}{T}\right)\\
&\left.+l_{2233}\left(\frac{A_{\mathrm{m},D}}{T}\right)^2\left(\frac{A_{\mathrm{m},B}}{T}\right)+l_{2333}\left(\frac{A_{\mathrm{m},D}}{T}\right)^3+\cdots\right]
\end{aligned}
\tag{9.424}
$$

$$
\begin{aligned}
\frac{\mathrm{d}N_{(D)_{E(\gamma')}}}{\mathrm{d}t}&=-\frac{\mathrm{d}N_{D(\mathrm{s})}}{\mathrm{d}t}=Vj_D\\
&=-V\left[l_{31}\left(\frac{A_{\mathrm{m},A}}{T}\right)+l_{32}\left(\frac{A_{\mathrm{m},B}}{T}\right)+l_{33}\left(\frac{A_{\mathrm{m},D}}{T}\right)+l_{311}\left(\frac{A_{\mathrm{m},A}}{T}\right)^2\right.\\
&+l_{312}\left(\frac{A_{\mathrm{m},A}}{T}\right)\left(\frac{A_{\mathrm{m},B}}{T}\right)+l_{313}\left(\frac{A_{\mathrm{m},A}}{T}\right)\left(\frac{A_{\mathrm{m},D}}{T}\right)+l_{322}\left(\frac{A_{\mathrm{m},B}}{T}\right)^2\\
&+l_{323}\left(\frac{A_{\mathrm{m},B}}{T}\right)\left(\frac{A_{\mathrm{m},D}}{T}\right)+l_{333}\left(\frac{A_{\mathrm{m},D}}{T}\right)^2+l_{3111}\left(\frac{A_{\mathrm{m},A}}{T}\right)^3\\
&+l_{3112}\left(\frac{A_{\mathrm{m},A}}{T}\right)^2\left(\frac{A_{\mathrm{m},B}}{T}\right)+l_{3113}\left(\frac{A_{\mathrm{m},A}}{T}\right)^2\left(\frac{A_{\mathrm{m},D}}{T}\right)\\
&+l_{3122}\left(\frac{A_{\mathrm{m},B}}{T}\right)^2\left(\frac{A_{\mathrm{m},A}}{T}\right)+l_{3123}\left(\frac{A_{\mathrm{m},A}}{T}\right)\left(\frac{A_{\mathrm{m},B}}{T}\right)\left(\frac{A_{\mathrm{m},D}}{T}\right)\\
&+l_{3133}\left(\frac{A_{\mathrm{m},D}}{T}\right)^2\left(\frac{A_{\mathrm{m},A}}{T}\right)+l_{3222}\left(\frac{A_{\mathrm{m},B}}{T}\right)^3+l_{3223}\left(\frac{A_{\mathrm{m},B}}{T}\right)^2\left(\frac{A_{\mathrm{m},D}}{T}\right)\\
&\left.+l_{3233}\left(\frac{A_{\mathrm{m},D}}{T}\right)^2\left(\frac{A_{\mathrm{m},B}}{T}\right)+l_{3333}\left(\frac{A_{\mathrm{m},D}}{T}\right)^3+\cdots\right]
\end{aligned}
\tag{9.425}
$$

式中，

$$A_{\mathrm{m},A}=\Delta G_{\mathrm{m},A}$$

$$A_{\mathrm{m},B}=\Delta G_{\mathrm{m},B}$$

$$A_{\mathrm{m},D}=\Delta G_{\mathrm{m},D}$$

2) 从温度 T_E 到 T_P

从温度 T_E 到 T_P，在温度 T_i，不考虑耦合作用，固相组元 A 和 A_mB_n 的溶解速率为

$$\begin{aligned}\frac{\mathrm{d}N_{(A)_{\gamma'_{i-1}}}}{\mathrm{d}t} &= -\frac{\mathrm{d}N_{A(\mathrm{s})}}{\mathrm{d}t} = Vj_A \\ &= -V\left[l_1\left(\frac{A_{\mathrm{m},A}}{T}\right) + l_2\left(\frac{A_{\mathrm{m},A}}{T}\right)^2 + l_3\left(\frac{A_{\mathrm{m},A}}{T}\right)^3 + \cdots\right]\end{aligned} \tag{9.426}$$

$$\begin{aligned}\frac{\mathrm{d}N_{(D)_{\gamma'_{i-1}}}}{\mathrm{d}t} &= -\frac{\mathrm{d}N_{D(\mathrm{s})}}{\mathrm{d}t} = Vj_D \\ &= -V\left[l_1\left(\frac{A_{\mathrm{m},D}}{T}\right) + l_2\left(\frac{A_{\mathrm{m},D}}{T}\right)^2 + l_3\left(\frac{A_{\mathrm{m},D}}{T}\right)^3 + \cdots\right]\end{aligned} \tag{9.427}$$

考虑耦合作用，有

$$\begin{aligned}\frac{\mathrm{d}N_{(A)_{\gamma'_{i-1}}}}{\mathrm{d}t} &= -\frac{\mathrm{d}N_{A(\mathrm{s})}}{\mathrm{d}t} = Vj_A \\ &= -V\left[l_{11}\left(\frac{A_{\mathrm{m},A}}{T}\right) + l_{12}\left(\frac{A_{\mathrm{m},D}}{T}\right) + l_{111}\left(\frac{A_{\mathrm{m},A}}{T}\right)^2\right. \\ &\quad + l_{112}\left(\frac{A_{\mathrm{m},A}}{T}\right)\left(\frac{A_{\mathrm{m},D}}{T}\right) \\ &\quad + l_{122}\left(\frac{A_{\mathrm{m},D}}{T}\right)^2 + l_{1111}\left(\frac{A_{\mathrm{m},A}}{T}\right)^3 + l_{1112}\left(\frac{A_{\mathrm{m},A}}{T}\right)^2\left(\frac{A_{\mathrm{m},D}}{T}\right) \\ &\quad \left. + l_{1122}\left(\frac{A_{\mathrm{m},A}}{T}\right)\left(\frac{A_{\mathrm{m},D}}{T}\right)^2 + l_{1222}\left(\frac{A_{\mathrm{m},D}}{T}\right)^3 + \cdots\right]\end{aligned} \tag{9.428}$$

$$\begin{aligned}\frac{\mathrm{d}N_{(D)_{\gamma'_{i-1}}}}{\mathrm{d}t} &= -\frac{\mathrm{d}N_{D(\mathrm{s})}}{\mathrm{d}t} = Vj_D \\ &= -V\left[l_{21}\left(\frac{A_{\mathrm{m},A}}{T}\right) + l_{22}\left(\frac{A_{\mathrm{m},D}}{T}\right) + l_{211}\left(\frac{A_{\mathrm{m},A}}{T}\right)^2\right. \\ &\quad + l_{212}\left(\frac{A_{\mathrm{m},A}}{T}\right)\left(\frac{A_{\mathrm{m},D}}{T}\right) \\ &\quad + l_{222}\left(\frac{A_{\mathrm{m},D}}{T}\right)^2 + l_{2111}\left(\frac{A_{\mathrm{m},A}}{T}\right)^3 + l_{2112}\left(\frac{A_{\mathrm{m},A}}{T}\right)^2\left(\frac{A_{\mathrm{m},D}}{T}\right) \\ &\quad \left. + l_{2122}\left(\frac{A_{\mathrm{m},A}}{T}\right)\left(\frac{A_{\mathrm{m},D}}{T}\right)^2 + l_{2222}\left(\frac{A_{\mathrm{m},D}}{T}\right)^3 + \cdots\right]\end{aligned} \tag{9.429}$$

式中，

$$A_{\mathrm{m},A} = \Delta G_{\mathrm{m},A}$$

$$A_{\mathrm{m},D} = \Delta G_{\mathrm{m},D}$$

3) 在温度 T_{P+1}

在温度 T_{P+1}，不考虑耦合作用，固体组元 A 和 A_mB_n 的溶解速率为

$$\begin{aligned}\frac{\mathrm{d}N_{(A)_{\gamma'_P}}}{\mathrm{d}t} &= -\frac{\mathrm{d}N_{A(\mathrm{s})}}{\mathrm{d}t} = Vj_A \\ &= -V\left[l_1\left(\frac{A_{\mathrm{m},A}}{T}\right) + l_2\left(\frac{A_{\mathrm{m},A}}{T}\right)^2 + l_3\left(\frac{A_{\mathrm{m},A}}{T}\right)^3 + \cdots\right]\end{aligned} \tag{9.430}$$

$$\begin{aligned}\frac{\mathrm{d}N_{(D)_{\gamma'_P}}}{\mathrm{d}t} &= -\frac{\mathrm{d}N_{D(\mathrm{s})}}{\mathrm{d}t} = Vj_D \\ &= -V\left[l_1\left(\frac{A_{\mathrm{m},D}}{T}\right) + l_2\left(\frac{A_{\mathrm{m},D}}{T}\right)^2 + l_3\left(\frac{A_{\mathrm{m},D}}{T}\right)^3 + \cdots\right]\end{aligned} \tag{9.431}$$

考虑耦合作用，有

$$\begin{aligned}\frac{\mathrm{d}N_{(A)_{\gamma'_P}}}{\mathrm{d}t} &= -\frac{\mathrm{d}N_{A(\mathrm{s})}}{\mathrm{d}t} = Vj_A \\ &= -V\Bigg[l_{11}\left(\frac{A_{\mathrm{m},A}}{T}\right) + l_{12}\left(\frac{A_{\mathrm{m},D}}{T}\right) + l_{111}\left(\frac{A_{\mathrm{m},A}}{T}\right)^2 \\ &\quad + l_{112}\left(\frac{A_{\mathrm{m},A}}{T}\right)\left(\frac{A_{\mathrm{m},D}}{T}\right) \\ &\quad + l_{122}\left(\frac{A_{\mathrm{m},D}}{T}\right)^2 + l_{1111}\left(\frac{A_{\mathrm{m},A}}{T}\right)^3 + l_{1112}\left(\frac{A_{\mathrm{m},A}}{T}\right)^2\left(\frac{A_{\mathrm{m},D}}{T}\right) \\ &\quad + l_{1122}\left(\frac{A_{\mathrm{m},A}}{T}\right)\left(\frac{A_{\mathrm{m},D}}{T}\right)^2 + l_{1222}\left(\frac{A_{\mathrm{m},D}}{T}\right)^3 + \cdots\Bigg]\end{aligned} \tag{9.432}$$

$$\begin{aligned}\frac{\mathrm{d}N_{(D)_{\gamma'_P}}}{\mathrm{d}t} &= -\frac{\mathrm{d}N_{D(\mathrm{s})}}{\mathrm{d}t} = Vj_D \\ &= -V\Bigg[l_{21}\left(\frac{A_{\mathrm{m},A}}{T}\right) + l_{22}\left(\frac{A_{\mathrm{m},D}}{T}\right) + l_{211}\left(\frac{A_{\mathrm{m},A}}{T}\right)^2 \\ &\quad + l_{212}\left(\frac{A_{\mathrm{m},A}}{T}\right)\left(\frac{A_{\mathrm{m},D}}{T}\right) \\ &\quad + l_{222}\left(\frac{A_{\mathrm{m},D}}{T}\right)^2 + l_{2111}\left(\frac{A_{\mathrm{m},A}}{T}\right)^3 + l_{2112}\left(\frac{A_{\mathrm{m},A}}{T}\right)^2\left(\frac{A_{\mathrm{m},D}}{T}\right) \\ &\quad + l_{2122}\left(\frac{A_{\mathrm{m},A}}{T}\right)\left(\frac{A_{\mathrm{m},D}}{T}\right)^2 + l_{2222}\left(\frac{A_{\mathrm{m},D}}{T}\right)^3 + \cdots\Bigg]\end{aligned} \tag{9.433}$$

式中，

$$A_{\mathrm{m},A} = \Delta G_{\mathrm{m},A}$$

$$A_{\mathrm{m},D} = \Delta G_{\mathrm{m},D}$$

4) 从温度 T_{P+1} 到 T_M

从温度 T_{P+1} 到 T_M，在温度 T_k，固体组元 A 的溶解速率为

$$\begin{aligned}\frac{\mathrm{d}N_{(A)_{\gamma'_{k-1}}}}{\mathrm{d}t} &= -\frac{\mathrm{d}N_{A(\mathrm{s})}}{\mathrm{d}t} = Vj_A \\ &= -V\left[l_1\left(\frac{A_{\mathrm{m},A}}{T}\right) + l_2\left(\frac{A_{\mathrm{m},A}}{T}\right)^2 + l_3\left(\frac{A_{\mathrm{m},A}}{T}\right)^3 + \cdots\right]\end{aligned} \tag{9.434}$$

式中，

$$A_{\mathrm{m},A} = \Delta G_{\mathrm{m},A}$$

5) 在温度 T

在温度 T，固相组元 A 的溶解速率为

$$\begin{aligned}\frac{\mathrm{d}N_{(A)_{\gamma'_M}}}{\mathrm{d}t} &= -\frac{\mathrm{d}N_{A(\mathrm{s})}}{\mathrm{d}t} = Vj_A \\ &= -V\left[l_1\left(\frac{A_{\mathrm{m},A}}{T}\right) + l_2\left(\frac{A_{\mathrm{m},A}}{T}\right)^2 + l_3\left(\frac{A_{\mathrm{m},A}}{T}\right)^3 + \cdots\right]\end{aligned} \tag{9.435}$$

式中，

$$A_{\mathrm{m},A} = \Delta G_{\mathrm{m},A}$$

9.3.7 具有异组成转化三元化合物的三元系

1. 相变过程热力学

图 9.15 是具有异组成转化三元化合物的三元系相图。化合物的组成点 D 位于其初晶区之外。连接 D 和三角形 ABC 的三个顶点的连线，将相图分成三个基本三角形 ADB、BDC 和 CDA。

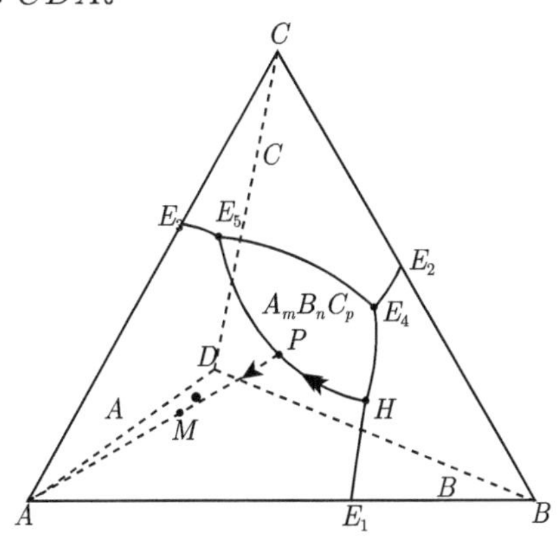

图 9.15 具有异组成转化三元化合物的三元系相图

1) 升温到 T_H

将物质组成点为 M 的物质升温。温度升到 T_H，物质组成点到达过 H 点的等温平面，开始出现固溶体相，并发生转化反应，有

$$A_mB_nC_p\,(\mathrm{s}) = mA\,(\mathrm{s}) + nB\,(\mathrm{s}) + p\,(C)_{H(\gamma)}$$

$$A\,(\mathrm{s}) \rightleftharpoons (A)_{H(\gamma)} \equiv (A)_{饱}$$

$$B\,(\mathrm{s}) \rightleftharpoons (B)_{H(\gamma)} \equiv (B)_{饱}$$

$$A_mB_nC_p\,(\mathrm{s}) \rightleftharpoons (A_mB_nC_p)_{H(\gamma)} \equiv (A_mB_nC_p)_{饱}$$

该过程的摩尔吉布斯自由能变化为

$$\begin{aligned}\Delta G_{\mathrm{m},A}\,(T_H) &= \overline{G}_{\mathrm{m},(A)_{H(\gamma)}}\,(T_H) - G_{\mathrm{m},A(\mathrm{s})}\,(T_H)\\ &= \Delta_{\mathrm{sol}}H_{\mathrm{m},A}\,(T_H) - T_H\Delta_{\mathrm{sol}}S_{\mathrm{m},A}\,(T_H)\\ &= \Delta_{\mathrm{sol}}H_{\mathrm{m},A}\,(T_H) - T_H\frac{\Delta_{\mathrm{sol}}H_{\mathrm{m},A}\,(T_H)}{T_H}\\ &= 0\end{aligned} \tag{9.436}$$

$$\begin{aligned}\Delta G_{\mathrm{m},B}\,(T_H) &= \overline{G}_{\mathrm{m},(B)_{H(\gamma)}}\,(T_H) - G_{\mathrm{m},B(\mathrm{s})}\,(T_H)\\ &= \Delta_{\mathrm{sol}}H_{\mathrm{m},B}\,(T_H) - T_H\Delta_{\mathrm{sol}}S_{\mathrm{m},B}\,(T_H)\\ &= \Delta_{\mathrm{sol}}H_{\mathrm{m},B}\,(T_H) - T_H\frac{\Delta_{\mathrm{sol}}H_{\mathrm{m},B}\,(T_H)}{T_H}\\ &= 0\end{aligned} \tag{9.437}$$

$$\begin{aligned}\Delta G_{\mathrm{m},D}\,(T_H) &= \overline{G}_{\mathrm{m},(D)_{H(\gamma)}}\,(T_H) - G_{\mathrm{m},D(\mathrm{s})}\,(T_H)\\ &= \Delta_{\mathrm{sol}}H_{\mathrm{m},D}\,(T_H) - T_H\Delta_{\mathrm{sol}}S_{\mathrm{m},D}\,(T_H)\\ &= \Delta_{\mathrm{sol}}H_{\mathrm{m},D}\,(T_H) - T_H\frac{\Delta_{\mathrm{sol}}H_{\mathrm{m},D}\,(T_H)}{T_H}\\ &= 0\end{aligned} \tag{9.438}$$

以纯固态组元 A、B、C 和 $A_mB_nC_p$ 为标准状态，组成以摩尔分数表示，化学反应的摩尔吉布斯自由能变化为

$$\begin{aligned}\Delta G_{\mathrm{m},D} &= m\mu_{A(\mathrm{s})} + n\mu_{B(\mathrm{s})} + c\mu_{(C)_{H(\gamma)}} - \mu_{D(\mathrm{s})}\\ &= \Delta G^{*}_{\mathrm{m},D} + pRT\ln a^{\mathrm{R}}_{(C)_{H(\gamma)}}\end{aligned} \tag{9.439}$$

式中，

$$\mu_{A(\mathrm{s})} = \mu^{*}_{A(\mathrm{s})}$$

$$\mu_{B(\mathrm{s})} = \mu^*_{B(\mathrm{s})}$$

$$\mu_{C(\mathrm{s})} = \mu^*_{C(\mathrm{s})} + RT \ln \alpha^{\mathrm{R}}_{(C)_{H(\gamma)}}$$

$$\mu_{D(\mathrm{s})} = \mu^*_{D(\mathrm{s})}$$

$$\Delta G^*_{\mathrm{m},D} = m\mu^*_{A(\mathrm{s})} + n\mu^*_{B(\mathrm{s})} + p\mu^*_{C(\mathrm{s})} - \mu^*_{D(\mathrm{s})} = -\Delta_{\mathrm{f}} G^*_{\mathrm{m},D} \tag{9.440}$$

式中，$\Delta_{\mathrm{f}} G^*_{\mathrm{m},D}$ 是化合物 $A_mB_nC_p$ 的标准生成摩尔吉布斯自由能。所以

$$\Delta G_{\mathrm{m},D} = -\Delta_{\mathrm{f}} G^*_{\mathrm{m},D} + pRT \ln a^{\mathrm{R}}_{(C)_{H(\gamma)}} \tag{9.441}$$

2) 升高温度到 T_{H+1}

继续升高温度。温度升高到 T_{H+1}。温度刚升到 T_{H+1}，固相组元还未来得及溶入 $H(\gamma)$ 相时，$H(\gamma)$ 相组成未变，但已由组元 A、B 和 $A_mB_nC_p$ 饱和的 $H(\gamma)$ 变为组元 A、B 和 $A_mB_nC_p$ 不饱和的 $H(\gamma')$。固相组元 $A_mB_nC_p$、A、B 向其中溶解，有

$$A_mB_nC_p\,(\mathrm{s}) =\!=\!= (A_mB_nC_p)_{H(\gamma')}$$

$$A\,(\mathrm{s}) =\!=\!= (A)_{H(\gamma')}$$

$$B\,(\mathrm{s}) =\!=\!= (B)_{饱} =\!=\!= (B)_{H(\gamma')}$$

继续发生转化反应，有

$$A_mB_nC_p\,(\mathrm{s}) =\!=\!= mA\,(\mathrm{s}) + n\,(B)_{H(\gamma')} + p\,(C)_{H(\gamma')}$$

该过程的摩尔吉布斯自由能变化为

$$\begin{aligned}\Delta G_{\mathrm{m},D}\,(T_{H+1}) &= \overline{G}_{\mathrm{m},(D)_{H(\gamma')}}\,(T_{H+1}) - G_{\mathrm{m},D(\mathrm{s})}\,(T_{H+1})\\ &= \Delta_{\mathrm{sol}} H_{\mathrm{m},D}\,(T_{H+1}) - T_{H+1}\Delta_{\mathrm{sol}} S_{\mathrm{m},D}\,(T_{H+1})\\ &\simeq \Delta_{\mathrm{sol}} H_{\mathrm{m},D}\,(T_H) - T_H \frac{\Delta_{\mathrm{sol}} H_{\mathrm{m},D}}{T_H}\,(T_H)\\ &= \frac{\Delta_{\mathrm{sol}} H_{\mathrm{m},D}\,(T_H)\,\Delta T}{T_H}\end{aligned} \tag{9.442}$$

同理

$$\begin{aligned}\Delta G_{\mathrm{m},A}\,(T_{H+1}) &= \overline{G}_{\mathrm{m},(A)_{H(\gamma')}}\,(T_{H+1}) - G_{\mathrm{m},A(\mathrm{s})}\,(T_{H+1})\\ &= \frac{\Delta_{\mathrm{sol}} H_{\mathrm{m},A}\,(T_H)\,\Delta T}{T_H}\end{aligned} \tag{9.443}$$

$$\begin{aligned}\Delta G_{\mathrm{m},B}\,(T_{H+1}) &= \overline{G}_{\mathrm{m},(B)_{H(\gamma')}}\,(T_{H+1}) - G_{\mathrm{m},B(\mathrm{s})}\,(T_{H+1})\\ &= \frac{\Delta_{\mathrm{sol}} H_{\mathrm{m},B}\,(T_H)\,\Delta T}{T_H}\end{aligned} \tag{9.444}$$

式中，

$$\Delta T = T_H - T_{H+1} < 0$$

以纯固态组元 A、B、C 和 $A_mB_nC_p$ 为标准状态，组成以摩尔分数表示，摩尔吉布斯自由能变化为

$$\Delta G_{\mathrm{m},D} = \mu_{(D)_{H(\gamma')}} - \mu_{D(\mathrm{s})} = -RT\ln a^{\mathrm{R}}_{(D)_{H(\gamma')}}$$

$$\Delta G_{\mathrm{m},A} = \mu_{(A)_{H(\gamma')}} - \mu_{A(\mathrm{s})} = -RT\ln a^{\mathrm{R}}_{(A)_{H(\gamma')}}$$

$$\Delta G_{\mathrm{m},B} = \mu_{(B)_{H(\gamma')}} - \mu_{B(\mathrm{s})} = -RT\ln a^{\mathrm{R}}_{(B)_{H(\gamma')}}$$

式中，

$$\mu_{(D)_{H(\gamma')}} = \mu^*_{D(\mathrm{s})} + RT\ln a^{\mathrm{R}}_{(D)_{H(\gamma')}}$$

$$\mu_{D(\mathrm{s})} = \mu^*_{D(\mathrm{s})}$$

$$\mu_{(A)_{H(\gamma')}} = \mu^*_{A(\mathrm{s})} + RT\ln a^{\mathrm{R}}_{(A)_{H(\gamma')}}$$

$$\mu_{A(\mathrm{s})} = \mu^*_{A(\mathrm{s})}$$

$$\mu_{(B)_{H(\gamma')}} = \mu^*_{B(\mathrm{s})} + RT\ln a^{\mathrm{R}}_{(B)_{H(\gamma')}}$$

$$\mu_{B(\mathrm{s})} = \mu^*_{B(\mathrm{s})}$$

$$\begin{aligned}\Delta G_{\mathrm{m},D} &= m\mu_{A(\mathrm{s})} + n\mu_{B(\mathrm{s})} + p\mu_{(C)_{H(\gamma')}} - \mu_{D(\mathrm{s})} \\ &= \Delta G^*_{\mathrm{m},D} + pRT\ln a^{\mathrm{R}}_{(C)_{H(\gamma')}}\end{aligned} \tag{9.445}$$

式中，

$$\mu_{A(\mathrm{s})} = \mu^*_{A(\mathrm{s})}$$

$$\mu_{B(\mathrm{s})} = \mu^*_{B(\mathrm{s})}$$

$$\mu_{(C)_{H(\gamma')}} = \mu^*_{C(\mathrm{s})} + RT\ln a^{\mathrm{R}}_{(C)_{H(\gamma')}}$$

$$\mu_{D(\mathrm{s})} = \mu^*_{D(\mathrm{s})}$$

$$\Delta G^*_{\mathrm{m},D} = m\mu^*_{A(\mathrm{s})} + n\mu^*_{B(\mathrm{s})} + p\mu^*_{C(\mathrm{s})} - \mu^*_{D(\mathrm{s})} = -\Delta_{\mathrm{f}} G^*_{\mathrm{m},D} \tag{9.446}$$

所以

$$\Delta G_{\mathrm{m},D} = -\Delta_{\mathrm{f}} G^*_{\mathrm{m},D} + pRT\ln a^{\mathrm{R}}_{(C)_{H(\gamma')}} \tag{9.447}$$

直到固相组元 B 消失，组元 A、$A_mB_nC_p$ 溶解达到饱和，相 $H(\gamma')$ 成为相 γ_{H+1}，相 γ_{H+1} 是共晶线 HE_5 上的温度为 T_{H+1} 的相组成点 γ_{H+1}。组元 A、$A_mB_nC_p$ 与相 γ_{H+1} 达成新的平衡。有

$$A(\mathrm{s}) \rightleftharpoons (A)_{\gamma_{H+1}} =\!=\!= (A)_{饱}$$

$$A_mB_nC_p\,(\mathrm{s}) \rightleftharpoons (A_mB_nC_p)_{\gamma_{H+1}} =\!=\!= (A_mB_nC_p)_{饱}$$

转换反应也达到平衡，有

$$A_mB_nC_p\,(\mathrm{s}) \rightleftharpoons mA(\mathrm{s}) + n(B)_{\gamma_{H+1}} + p(C)_{\gamma_{H+1}}$$

温度从 T_H 升到 T_P，平衡固溶体相组成沿着共晶线 HE_5，从 H 点移向 P 点。该过程固相组元 A 和 $A_mB_nC_p$ 不断地向固溶体相中溶解，化合物 $A_mB_nC_p$ 发生转换反应。

在温度 T_{i-1}，达成平衡，有

$$A\,(\mathrm{s}) \rightleftharpoons (A)_{\gamma_{i-1}} =\!=\!= (A)_{饱}$$

$$A_mB_nC_p\,(\mathrm{s}) \rightleftharpoons (A_mB_nC_p)_{\gamma_{i-1}} =\!=\!= (A_mB_nC_p)_{饱}$$

$$A_mB_nC_p\,(\mathrm{s}) =\!=\!= mA\,(\mathrm{s}) + n\,(B)_{\gamma_{i-1}} + p\,(C)_{\gamma_{i-1}}$$

$$(i = 1, 2, \cdots, n)$$

温度升高到 T_i。在温度刚升到 T_i，固相组元 A 和 $A_mB_nC_p$ 还未来得及向相中溶解时，γ_{i-1} 相组成未变，但已由组元 A 和 $A_mB_nC_p$ 饱和的相 γ_{i-1} 变成不饱和的 γ'_{i-1}。固相组元 A 和 $A_mB_nC_p$ 向其中溶解，有

$$A\,(\mathrm{s}) =\!=\!= (A)_{\gamma'_{i-1}}$$

$$A_mB_nC_p\,(\mathrm{s}) =\!=\!= (A_mB_nC_p)_{\gamma'_{i-1}}$$

化合物 $A_mB_nC_p$ 发生转换反应，有

$$A_mB_nC_p\,(\mathrm{s}) =\!=\!= mA\,(\mathrm{s}) + n\,(B)_{\gamma'_{i-1}} + p\,(C)_{\gamma'_{i-1}}$$

该过程的摩尔吉布斯自由能变化为

$$\begin{aligned}
\Delta G_{\mathrm{m},A}(T_i) &= \overline{G}_{\mathrm{m},(A)_{\gamma'_{i-1}}}(T_i) - G_{\mathrm{m},A(\mathrm{s})}(T_i) \\
&= \Delta_{\mathrm{sol}}H_{\mathrm{m},(A)_{\gamma'_{i-1}}}(T_i) - T_i\Delta_{\mathrm{sol}}S_{\mathrm{m},(A)_{\gamma'_{i-1}}}(T_i) \\
&= \frac{\Delta_{\mathrm{sol}}H_{\mathrm{m},(A)_{\gamma'_{i-1}}}(T_{i-1})\Delta T}{T_{i-1}} < 0
\end{aligned} \tag{9.448}$$

$$\begin{aligned}
\Delta G_{\mathrm{m},D}(T_i) &= \overline{G}_{\mathrm{m},(D)_{\gamma'_{i-1}}}(T_i) - G_{\mathrm{m},D(\mathrm{s})}(T_i) \\
&= \Delta_{\mathrm{sol}}H_{\mathrm{m},(D)_{\gamma'_{i-1}}}(T_i) - T_i\Delta_{\mathrm{sol}}S_{\mathrm{m},(D)_{\gamma'_{i-1}}}(T_i) \\
&= \frac{\Delta_{\mathrm{sol}}H_{\mathrm{m},(D)_{\gamma'_{i-1}}}(T_{i-1})\Delta T}{T_{i-1}}
\end{aligned} \tag{9.449}$$

式中，

$$\Delta T = T_{i-1} - T_i < 0$$

组元 A、B、C 和 $A_mB_nC_p$ 都以纯固态为标准状态，组成以摩尔分数表示，分解反应的摩尔吉布斯自由能变化为

$$\begin{aligned}\Delta G_{\mathrm{m},D,2} &= m\mu_{A(\mathrm{s})} + n\mu_{(B)_{\gamma'_{i-1}}} + p\mu_{(C)_{\gamma'_{i-1}}} - A_mB_nC_p\,(\mathrm{s}) \\ &= \Delta G^*_{\mathrm{m},D,2} + nRT\ln a^{\mathrm{R}}_{(B)_{\gamma'_{i-1}}} + pRT\ln a^{\mathrm{R}}_{(C)_{\gamma'_{i-1}}}\end{aligned} \tag{9.450}$$

式中，

$$\mu_{A(\mathrm{s})} = \mu^*_{A(\mathrm{s})}$$

$$\mu_{(B)_{\gamma'_{i-1}}} = \mu^*_{B(\mathrm{s})} + RT\ln a^{\mathrm{R}}_{(B)_{\gamma'_{i-1}}}$$

$$\mu_{(C)_{\gamma'_{i-1}}} = \mu^*_{C(\mathrm{s})} + RT\ln a^{\mathrm{R}}_{(C)_{\gamma'_{i-1}}}$$

$$\Delta G^*_{\mathrm{m},D,2} = m\mu^*_{A(\mathrm{s})} + n\mu^*_{B(\mathrm{s})} + p\mu^*_{C(\mathrm{s})} - \mu^*_D = -\Delta_{\mathrm{f}}G^*_{\mathrm{m},D} \tag{9.451}$$

所以

$$\Delta G_{\mathrm{m},D,2} = -\Delta_{\mathrm{f}}G^*_{\mathrm{m},D} + nRT\ln\left(a^{\mathrm{R}}_{(B)_{\gamma'_{i-1}}}\right) + pRT\ln\left(a^{\mathrm{R}}_{(C)_{\gamma'_{i-1}}}\right) \tag{9.452}$$

组元 A、$A_mB_nC_p$ 都以其纯固态为标准状态，组成以摩尔分数表示，溶解过程的摩尔吉布斯自由能变化为

$$\Delta G_{\mathrm{m},A} = \mu_{(A)_{\gamma'_{i-1}}} - \mu_{A(\mathrm{s})} = RT\ln a^{\mathrm{R}}_{(A)_{\gamma'_{i-1}}} \tag{9.453}$$

式中，

$$\mu_{(A)_{\gamma'_{i-1}}} = \mu^*_{A(\mathrm{s})} + RT\ln a^{\mathrm{R}}_{(A)_{\gamma'_{i-1}}}$$

$$\mu_{A(\mathrm{s})} = \mu^*_{A(\mathrm{s})}$$

$$\Delta G_{\mathrm{m},D} = \mu_{(D)_{\gamma'_{i-1}}} - \mu_{D(\mathrm{s})} = RT\ln a^{\mathrm{R}}_{(D)_{\gamma'_{i-1}}} \tag{9.454}$$

式中，

$$\mu_{(D)_{\gamma'_{i-1}}} = \mu^*_{D(\mathrm{s})} + RT\ln a^{\mathrm{R}}_{(D)_{\gamma'_{i-1}}}$$

$$\mu_{D(\mathrm{s})} = \mu^*_{D(\mathrm{s})}$$

$$\begin{aligned}\Delta G_{m,A_mB_nC_p} &= m\mu_{A(\mathrm{s})} + n\mu_{(B)_{\gamma'_{i-1}}} + P\mu_{(C)_{\gamma'_{i-1}}} - \mu_{A_mB_nC_p(\mathrm{s})} \\ &= -\Delta_{\mathrm{f}}G^*_{m,A_mB_nC_p} + nRT\ln a^{\mathrm{R}}_{(B)_{\gamma'_{i-1}}} + PRT\ln a^{\mathrm{R}}_{(C)_{\gamma'_{i-1}}}\end{aligned}$$

直到达成平衡，有

$$A(\mathrm{s}) \rightleftharpoons (A)_{\gamma_i} \equiv\equiv (A)_{饱}$$
$$A_mB_nC_p(\mathrm{s}) \rightleftharpoons (A_mB_nC_p)_{\gamma_i} \equiv\equiv (A_mB_nC_p)_{饱}$$
$$A_mB_nC_p(\mathrm{s}) \rightleftharpoons mA(\mathrm{s}) + n(B)_{\gamma_i} + p(C)_{\gamma_i}$$

在温度 T_P，各相达成平衡，平衡 γ 相组成为共晶线 HE_5 上的 P 点，以 γ_P 表示。有

$$A(\mathrm{s}) \rightleftharpoons (A)_{\gamma_P} \equiv\equiv (A)_{饱}$$

$$A_mB_nC_p(\mathrm{s}) \rightleftharpoons (A_mB_nC_p)_{\gamma_P} \equiv\equiv (A_mB_nC_p)_{饱}$$

$$A_mB_nC_p(\mathrm{s}) \rightleftharpoons mA(\mathrm{s}) + n(B)_{\gamma_P} + p(C)_{\gamma_P}$$

升高温度到 T_{P+1}，组元 A 和 $A_mB_nC_p$ 饱和的 γ_P 相变成组元 A 和 $A_mB_nC_p$ 不饱和的相 γ'_P，固体组元 A 和 $A_mB_nC_p$ 向其中溶解，转化反应也进行，有

$$A(\mathrm{s}) = (A)_{\gamma'_P}$$

$$A_mB_nC_p(\mathrm{s}) = (A_mB_nC_p)_{\gamma'_P}$$

$$A_mB_nC_p(\mathrm{s}) = mA(\mathrm{s}) + n(B)_{\gamma'_P} + p(C)_{\gamma'_P}$$

该过程的摩尔吉布斯自由能变化为

$$\begin{aligned}\Delta G_{\mathrm{m},D} &= m\mu_{A(\mathrm{s})} + n\mu_{(B)_{\gamma'_P}} + p\mu_{(C)_{\gamma'_P}} - \mu_{D(\mathrm{s})} \\ &= \Delta G^*_{\mathrm{m},D} + nRT\ln a^{\mathrm{R}}_{(B)_{\gamma'_P}} + pRT\ln a^{\mathrm{R}}_{(C)_{\gamma'_P}}\end{aligned} \tag{9.455}$$

式中，

$$\mu_{A(\mathrm{s})} = \mu^*_{A(\mathrm{s})}$$

$$\mu_{(B)_{\gamma'_P}} = \mu^*_{B(\mathrm{s})} + RT\ln a^{\mathrm{R}}_{(B)_{\gamma'_P}}$$

$$\mu_{(C)_{\gamma'_P}} = \mu^*_{C(\mathrm{s})} + RT\ln a^{\mathrm{R}}_{(C)_{\gamma'_P}}$$

$$\mu_{D(\mathrm{s})} = \mu^*_{D(\mathrm{s})}$$

$$\Delta G^*_{\mathrm{m},D} = \mu^*_{D(\mathrm{s})} - \left[m\mu^*_{A(\mathrm{s})} + n\mu^*_{B(\mathrm{s})} + p\mu^*_{C(\mathrm{s})}\right] = -\Delta_{\mathrm{f}}G^{\theta}_{\mathrm{m},D} \tag{9.456}$$

$$\Delta G_{\mathrm{m},A} = RT\ln a^{\mathrm{R}}_{(A)_{\gamma'_P}}$$

$$\Delta G_{\mathrm{m},D} = RT\ln a^{\mathrm{R}}_{(D)_{\gamma'_P}}$$

直到固体组元 $A_mB_nC_p$ 消耗尽，分解反应进行完。

3) 温度从 T_P 到 T_M

继续升高温度。从 T_P 到 T_M，固相组元 A 溶解。平衡 γ 相组成沿着 AP 连线向 M 点移动。该过程可以统一描述如下。

在温度 T_{k-1}，固相组元 A 溶解达成平衡，平衡 γ 相组成为 AP 连线上的 γ_{k-1} 点。有

$$A\,(\mathrm{s}) \rightleftharpoons (A)_{\gamma_{k-1}} \equiv (A)_{饱}$$

$$(k=1,2,\cdots,n)$$

温度升高到 T_k。在温度刚升到 T_k，固相组元 A 还未来得及溶解进入 γ_{k-1} 相时，γ_{k-1} 相组成未变。但已由组元 A 饱和的 γ_{k-1} 变成不饱和的 γ'_{k-1}。固相组元 A 向其中溶解，有

$$A\,(\mathrm{s}) = (A)_{\gamma'_{k-1}}$$

该过程的摩尔吉布斯自由能变化为

$$\begin{aligned}\Delta G_{\mathrm{m},A}(T_k) &= \overline{G}_{\mathrm{m},(A)_{\gamma'_{k-1}}}(T_k) - G_{\mathrm{m},A(\mathrm{s})}(T_k)\\ &= \Delta_{\mathrm{sol}} H_{\mathrm{m},A}(T_k) - T_k \Delta_{\mathrm{sol}} S_{\mathrm{m},A}(T_k)\\ &= \frac{\Delta_{\mathrm{sol}} H_{\mathrm{m},A}(T_{k-1})\Delta T}{T_{k-1}}\end{aligned} \tag{9.457}$$

组元 A 都以其纯固态为标准状态，组成以摩尔分数表示，摩尔吉布斯自由能变化为

$$\Delta G_{\mathrm{m},A} = \mu_{(A)_{\gamma'_{k-1}}} - \mu_{A(\mathrm{s})} = RT\ln a^{\mathrm{R}}_{(A)_{\gamma'_{k-1}}} \tag{9.458}$$

式中，

$$\mu_{(A)_{\gamma'_{k-1}}} = \mu^*_{A(\mathrm{s})} + RT\ln a^{\mathrm{R}}_{(A)_{\gamma'_{k-1}}}$$

$$\mu_{A(\mathrm{s})} = \mu^*_{A(\mathrm{s})}$$

直到固体组元 A 溶解达到饱和，两相达到新的平衡。与组元 A 平衡的固溶体相组成为 PA 线上的 γ_k 点。有

$$A\,(\mathrm{s}) \rightleftharpoons (A)_{\gamma_k} \equiv (A)_{饱}$$

温度升高到 T_M。两相达成平衡，固相组元 A 溶解达到饱和。平衡固溶体相组成为 γ_M，有

$$A\,(\mathrm{s}) \rightleftharpoons (A)_{\gamma_M} \equiv (A)_{饱}$$

4) 在温度 T

继续升高温度到 T，高于 T_M。在温度刚升到 T，固相组元 A 还未来得及溶解进入 γ_M 相时，γ_M 相组成未变。但是，已由组元 A 饱和的相 γ_M 变为其不饱和的相 γ'_M。固相组元 A 向其中溶解。有

$$A\,(\mathrm{s}) = (A)_{\gamma'_M}$$

该过程的摩尔吉布斯自由能变化为

$$\begin{aligned}\Delta G_{\mathrm{m},A}(T) &= \overline{G}_{\mathrm{m},(A)_{\gamma'_M}}(T) - G_{\mathrm{m},A(\mathrm{s})}(T)\\ &= \Delta_{\mathrm{sol}}H_{\mathrm{m},A}(T) - T\Delta_{\mathrm{sol}}S_{\mathrm{m},A}(T)\\ &\approx \Delta_{\mathrm{sol}}H_{\mathrm{m},A}(T_M) - T\Delta_{\mathrm{sol}}S_{\mathrm{m},A}(T_M)\\ &= \frac{\Delta_{\mathrm{sol}}H_{\mathrm{m},A}(T_M)\Delta T}{T_M}\end{aligned} \tag{9.459}$$

式中，

$$\Delta T = T_M - T < 0$$

组元 A 都以其纯固态为标准状态，组成以摩尔分数表示，有

$$\Delta G_{\mathrm{m},A} = \mu_{(A)_{\gamma'_M}} - \mu_{A(\mathrm{s})} = RT\ln a^{\mathrm{R}}_{(A)_{\gamma'_M}} \tag{9.460}$$

式中，

$$\mu_{(A)_{\gamma'_M}} = \mu^*_{A(\mathrm{s})} + RT\ln a^{\mathrm{R}}_{(A)_{\gamma'_M}}$$

$$\mu_{A(\mathrm{s})} = \mu^*_{A(\mathrm{s})}$$

直到固相组元 A 消失。

2. 相变速率

1) 温度 T_{H+1}

温度 T_{H+1}，组元 A_mB_n 的转化反应速率为

$$\begin{aligned}-\frac{\mathrm{d}n_D}{\mathrm{d}t} &= j_D\\ &= -l_1\left(\frac{A_{\mathrm{m},D}}{T}\right) - l_2\left(\frac{A_{\mathrm{m},D}}{T}\right)^2 - l_3\left(\frac{A_{\mathrm{m},D}}{T}\right)^3 - \cdots\end{aligned} \tag{9.461}$$

式中，

$$A_{\mathrm{m},D} = \Delta G_{\mathrm{m},D}$$

在温度 T_{H+1}，不考虑耦合作用，固相组元 A_mB_n、A 和 B 的溶解速率为

$$\begin{aligned}\frac{\mathrm{d}N_{(D)_{H(\gamma')}}}{\mathrm{d}t} &= -\frac{\mathrm{d}N_{D(\mathrm{s})}}{\mathrm{d}t} \\ &= -V\left[l_1\left(\frac{A_{\mathrm{m},D}}{T}\right)+l_2\left(\frac{A_{\mathrm{m},D}}{T}\right)^2+l_3\left(\frac{A_{\mathrm{m},D}}{T}\right)^3+\cdots\right]\end{aligned} \tag{9.462}$$

$$\begin{aligned}\frac{\mathrm{d}N_{(A)_{H(\gamma')}}}{\mathrm{d}t} &= -\frac{\mathrm{d}N_{A(\mathrm{s})}}{\mathrm{d}t}=Vj_A \\ &= -V\left[l_1\left(\frac{A_{\mathrm{m},A}}{T}\right)+l_2\left(\frac{A_{\mathrm{m},A}}{T}\right)^2+l_3\left(\frac{A_{\mathrm{m},A}}{T}\right)^3+\cdots\right]\end{aligned} \tag{9.463}$$

$$\begin{aligned}\frac{\mathrm{d}N_{(B)_{H(\gamma')}}}{\mathrm{d}t} &= -\frac{\mathrm{d}N_{B(\mathrm{s})}}{\mathrm{d}t}=Vj_B \\ &= -V\left[l_1\left(\frac{A_{\mathrm{m},B}}{T}\right)+l_2\left(\frac{A_{\mathrm{m},B}}{T}\right)^2+l_3\left(\frac{A_{\mathrm{m},B}}{T}\right)^3+\cdots\right]\end{aligned} \tag{9.464}$$

考虑耦合作用，有

$$\begin{aligned}\frac{\mathrm{d}N_{(D)_{H(\gamma')}}}{\mathrm{d}t} &= -\frac{\mathrm{d}N_{D(\mathrm{s})}}{\mathrm{d}t}=Vj_D \\ &= -V\left[l_{11}\left(\frac{A_{\mathrm{m},D}}{T}\right)+l_{12}\left(\frac{A_{\mathrm{m},A}}{T}\right)+l_{13}\left(\frac{A_{\mathrm{m},B}}{T}\right)+l_{111}\left(\frac{A_{\mathrm{m},D}}{T}\right)^2\right. \\ &\quad +l_{112}\left(\frac{A_{\mathrm{m},D}}{T}\right)\left(\frac{A_{\mathrm{m},A}}{T}\right)+l_{113}\left(\frac{A_{\mathrm{m},D}}{T}\right)\left(\frac{A_{\mathrm{m},B}}{T}\right)+l_{122}\left(\frac{A_{\mathrm{m},A}}{T}\right)^2 \\ &\quad +l_{123}\left(\frac{A_{\mathrm{m},A}}{T}\right)\left(\frac{A_{\mathrm{m},B}}{T}\right)+l_{133}\left(\frac{A_{\mathrm{m},B}}{T}\right)^2+l_{1111}\left(\frac{A_{\mathrm{m},D}}{T}\right)^3 \\ &\quad +l_{1112}\left(\frac{A_{\mathrm{m},D}}{T}\right)^2\left(\frac{A_{\mathrm{m},A}}{T}\right)+l_{1113}\left(\frac{A_{\mathrm{m},D}}{T}\right)^2\left(\frac{A_{\mathrm{m},B}}{T}\right) \\ &\quad +l_{1122}\left(\frac{A_{\mathrm{m},D}}{T}\right)\left(\frac{A_{\mathrm{m},A}}{T}\right)^2+l_{1123}\left(\frac{A_{\mathrm{m},D}}{T}\right)\left(\frac{A_{\mathrm{m},A}}{T}\right)\left(\frac{A_{\mathrm{m},B}}{T}\right) \\ &\quad +l_{1133}\left(\frac{A_{\mathrm{m},D}}{T}\right)\left(\frac{A_{\mathrm{m},B}}{T}\right)^2+l_{1222}\left(\frac{A_{\mathrm{m},A}}{T}\right)^3+l_{1223}\left(\frac{A_{\mathrm{m},A}}{T}\right)^2\left(\frac{A_{\mathrm{m},B}}{T}\right) \\ &\quad +l_{1233}\left(\frac{A_{\mathrm{m},A}}{T}\right)\left(\frac{A_{\mathrm{m},B}}{T}\right)^2 \\ &\quad \left.+l_{1333}\left(\frac{A_{\mathrm{m},B}}{T}\right)^3+\cdots\right]\end{aligned} \tag{9.465}$$

$$
\begin{aligned}
\frac{\mathrm{d}N_{(A)_{H(\gamma')}}}{\mathrm{d}t} &= -\frac{\mathrm{d}N_{A(\mathrm{s})}}{\mathrm{d}t} = Vj_A \\
&= -V\Bigg[l_{21}\left(\frac{A_{\mathrm{m},D}}{T}\right)+l_{22}\left(\frac{A_{\mathrm{m},A}}{T}\right)+l_{23}\left(\frac{A_{\mathrm{m},B}}{T}\right)+l_{211}\left(\frac{A_{\mathrm{m},D}}{T}\right)^2 \\
&\quad +l_{212}\left(\frac{A_{\mathrm{m},D}}{T}\right)\left(\frac{A_{\mathrm{m},A}}{T}\right)+l_{213}\left(\frac{A_{\mathrm{m},D}}{T}\right)\left(\frac{A_{\mathrm{m},B}}{T}\right)+l_{222}\left(\frac{A_{\mathrm{m},A}}{T}\right)^2 \\
&\quad +l_{223}\left(\frac{A_{\mathrm{m},A}}{T}\right)\left(\frac{A_{\mathrm{m},B}}{T}\right)+l_{233}\left(\frac{A_{\mathrm{m},B}}{T}\right)^2+l_{2111}\left(\frac{A_{\mathrm{m},D}}{T}\right)^3 \\
&\quad +l_{2112}\left(\frac{A_{\mathrm{m},D}}{T}\right)^2\left(\frac{A_{\mathrm{m},A}}{T}\right)+l_{2113}\left(\frac{A_{\mathrm{m},D}}{T}\right)^2\left(\frac{A_{\mathrm{m},B}}{T}\right) \\
&\quad +l_{2122}\left(\frac{A_{\mathrm{m},D}}{T}\right)\left(\frac{A_{\mathrm{m},A}}{T}\right)^2+l_{2123}\left(\frac{A_{\mathrm{m},D}}{T}\right)\left(\frac{A_{\mathrm{m},A}}{T}\right)\left(\frac{A_{\mathrm{m},B}}{T}\right) \\
&\quad +l_{2133}\left(\frac{A_{\mathrm{m},D}}{T}\right)\left(\frac{A_{\mathrm{m},B}}{T}\right)^2+l_{2222}\left(\frac{A_{\mathrm{m},A}}{T}\right)^3+l_{2223}\left(\frac{A_{\mathrm{m},A}}{T}\right)^2\left(\frac{A_{\mathrm{m},B}}{T}\right) \\
&\quad +l_{2233}\left(\frac{A_{\mathrm{m},A}}{T}\right)\left(\frac{A_{\mathrm{m},B}}{T}\right)^2 \\
&\quad +l_{2333}\left(\frac{A_{\mathrm{m},B}}{T}\right)^3+\cdots\Bigg]
\end{aligned}
\tag{9.466}
$$

$$
\begin{aligned}
\frac{\mathrm{d}N_{(B)_{H(\gamma')}}}{\mathrm{d}t} &= -\frac{\mathrm{d}N_{B(\mathrm{s})}}{\mathrm{d}t} = Vj_B \\
&= -V\Bigg[l_{31}\left(\frac{A_{\mathrm{m},D}}{T}\right)+l_{32}\left(\frac{A_{\mathrm{m},A}}{T}\right)+l_{33}\left(\frac{A_{\mathrm{m},B}}{T}\right)+l_{311}\left(\frac{A_{\mathrm{m},D}}{T}\right)^2 \\
&\quad +l_{312}\left(\frac{A_{\mathrm{m},D}}{T}\right)\left(\frac{A_{\mathrm{m},A}}{T}\right)+l_{313}\left(\frac{A_{\mathrm{m},D}}{T}\right)\left(\frac{A_{\mathrm{m},B}}{T}\right)+l_{322}\left(\frac{A_{\mathrm{m},A}}{T}\right)^2 \\
&\quad +l_{323}\left(\frac{A_{\mathrm{m},A}}{T}\right)\left(\frac{A_{\mathrm{m},B}}{T}\right)+l_{333}\left(\frac{A_{\mathrm{m},B}}{T}\right)^2+l_{3111}\left(\frac{A_{\mathrm{m},D}}{T}\right)^3 \\
&\quad +l_{3112}\left(\frac{A_{\mathrm{m},D}}{T}\right)^2\left(\frac{A_{\mathrm{m},A}}{T}\right)+l_{3113}\left(\frac{A_{\mathrm{m},D}}{T}\right)^2\left(\frac{A_{\mathrm{m},B}}{T}\right) \\
&\quad +l_{3122}\left(\frac{A_{\mathrm{m},D}}{T}\right)\left(\frac{A_{\mathrm{m},A}}{T}\right)^2+l_{3123}\left(\frac{A_{\mathrm{m},D}}{T}\right)\left(\frac{A_{\mathrm{m},A}}{T}\right)\left(\frac{A_{\mathrm{m},B}}{T}\right) \\
&\quad +l_{3133}\left(\frac{A_{\mathrm{m},D}}{T}\right)\left(\frac{A_{\mathrm{m},B}}{T}\right)^2+l_{3222}\left(\frac{A_{\mathrm{m},A}}{T}\right)^3+l_{3223}\left(\frac{A_{\mathrm{m},A}}{T}\right)^2\left(\frac{A_{\mathrm{m},B}}{T}\right) \\
&\quad +l_{3233}\left(\frac{A_{\mathrm{m},A}}{T}\right)\left(\frac{A_{\mathrm{m},B}}{T}\right)^2+l_{3333}\left(\frac{A_{\mathrm{m},B}}{T}\right)^3+\cdots\Bigg]
\end{aligned}
\tag{9.467}
$$

式中，

$$A_{\mathrm{m},D} = \Delta G_{\mathrm{m},D}$$

$$A_{\mathrm{m},A} = \Delta G_{\mathrm{m},A}$$

$$A_{\mathrm{m},B} = \Delta G_{\mathrm{m},B}$$

化学反应的速率为

$$\begin{aligned} -\frac{\mathrm{d}N_D}{\mathrm{d}t} &= j_D \\ &= -l_1\left(\frac{A_{\mathrm{m},D}}{T}\right) - l_2\left(\frac{A_{\mathrm{m},A}}{T}\right)^2 - l_3\left(\frac{A_{\mathrm{m},B}}{T}\right)^3 - \cdots \end{aligned} \tag{9.468}$$

2) 从温度 T_{H+1} 到 T_P

从温度 T_{H+1} 到 T_P，在温度 T_i，不考虑耦合作用，组元 A 和 A_mB_n 的溶解速率为

$$\begin{aligned} \frac{\mathrm{d}N_{(A)_{\gamma'_{i-1}}}}{\mathrm{d}t} &= -\frac{\mathrm{d}N_{A(\mathrm{s})}}{\mathrm{d}t} = Vj_A \\ &= -V\left[l_1\left(\frac{A_{\mathrm{m},A}}{T}\right) + l_2\left(\frac{A_{\mathrm{m},A}}{T}\right)^2 + l_3\left(\frac{A_{\mathrm{m},A}}{T}\right)^3 + \cdots\right] \end{aligned} \tag{9.469}$$

$$\begin{aligned} \frac{\mathrm{d}N_{(D)_{\gamma'_{i-1}}}}{\mathrm{d}t} &= -\frac{\mathrm{d}N_{D(\mathrm{s})}}{\mathrm{d}t} = Vj_D \\ &= -V\left[l_1\left(\frac{A_{\mathrm{m},D}}{T}\right) + l_2\left(\frac{A_{\mathrm{m},D}}{T}\right)^2 + l_3\left(\frac{A_{\mathrm{m},D}}{T}\right)^3 + \cdots\right] \end{aligned} \tag{9.470}$$

考虑耦合作用，有

$$\begin{aligned} \frac{\mathrm{d}N_{(A)_{\gamma'_{i-1}}}}{\mathrm{d}t} &= -\frac{\mathrm{d}N_{A(\mathrm{s})}}{\mathrm{d}t} = Vj_A \\ &= -V\left[l_{11}\left(\frac{A_{\mathrm{m},A}}{T}\right) + l_{12}\left(\frac{A_{\mathrm{m},D}}{T}\right) + l_{111}\left(\frac{A_{\mathrm{m},A}}{T}\right)^2\right. \\ &\quad + l_{112}\left(\frac{A_{\mathrm{m},A}}{T}\right)\left(\frac{A_{\mathrm{m},D}}{T}\right) \\ &\quad + l_{122}\left(\frac{A_{\mathrm{m},D}}{T}\right)^2 + l_{1111}\left(\frac{A_{\mathrm{m},A}}{T}\right)^3 + l_{1112}\left(\frac{A_{\mathrm{m},A}}{T}\right)^2\left(\frac{A_{\mathrm{m},D}}{T}\right) \\ &\quad \left. + l_{1122}\left(\frac{A_{\mathrm{m},A}}{T}\right)\left(\frac{A_{\mathrm{m},D}}{T}\right)^2 + l_{1222}\left(\frac{A_{\mathrm{m},D}}{T}\right)^3 + \cdots\right] \end{aligned} \tag{9.471}$$

式中，

$$A_{\mathrm{m},A} = \Delta G_{\mathrm{m},A}$$

转化反应速率为

$$
\begin{aligned}
-\frac{\mathrm{d}n_D}{\mathrm{d}t} &= j_D \\
&= -l_1\left(\frac{A_{\mathrm{m},D}}{T}\right) - l_2\left(\frac{A_{\mathrm{m},D}}{T}\right)^2 - l_3\left(\frac{A_{\mathrm{m},D}}{T}\right)^3 - \cdots
\end{aligned}
\tag{9.472}
$$

式中，

$$A_{\mathrm{m},D} = \Delta G_{\mathrm{m},D}$$

3) 从温度 T_P 到 T_M

从温度 T_P 到 T_M，在温度 T_k，固相组元 A 的溶解速率为

$$
\begin{aligned}
\frac{\mathrm{d}N_{(A)_{\gamma'_{k-1}}}}{\mathrm{d}t} &= -\frac{\mathrm{d}N_{A(\mathrm{s})}}{\mathrm{d}t} = Vj_A \\
&= -V\left[l_1\left(\frac{A_{\mathrm{m},A}}{T}\right) + l_2\left(\frac{A_{\mathrm{m},A}}{T}\right)^2 + l_3\left(\frac{A_{\mathrm{m},A}}{T}\right)^3 + \cdots\right]
\end{aligned}
\tag{9.473}
$$

式中，

$$A_{\mathrm{m},A} = \Delta G_{\mathrm{m},A}$$

9.3.8 具有晶型转变的三元系

1. 相变过程热力学

图 9.16 是具有晶型转变的三元系相图。

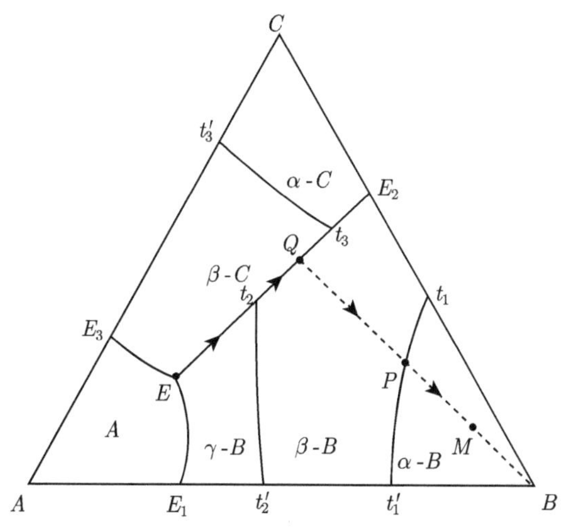

图 9.16 具有晶型转变的三元系相图

物质组成点为 M 的物质升温。温度升高到 T_E，物质组成点为 E，出现 δ 相，$E(\mathrm{s})$ 和 $E(\delta)$ 平衡。有

$$E(\mathrm{s}) \rightleftharpoons E(\delta)$$

即

$$\begin{aligned}x_A A(\mathrm{s}) + x_B \gamma\text{-}B(\mathrm{s}) + x_C \beta\text{-}C(\mathrm{s}) &\rightleftharpoons x_A (A)_{E(\delta)} + x_B (B)_{E(\delta)} + x_C (C)_{E(\delta)} \\ &\equiv x_A (A)_{饱} + x_B (B)_{饱} + x_C (C)_{饱}\end{aligned}$$

或

$$A(\mathrm{s}) \rightleftharpoons (A)_{E(\delta)} \equiv (A)_{饱}$$

$$\gamma\text{-}B \rightleftharpoons (B)_{E(\delta)} \equiv (B)_{饱}$$

$$\beta\text{-}C \rightleftharpoons (C)_{E(\delta)} \equiv (C)_{饱}$$

该过程的摩尔吉布斯自由能变化为

$$\begin{aligned}\Delta G_{\mathrm{m},E}(T_E) &= G_{\mathrm{m},E(\delta)}(T_E) - G_{\mathrm{m},E(\mathrm{s})}(T_E) \\ &= \Delta_{\mathrm{sol}} H_{\mathrm{m},E}(T_E) - T_E \Delta_{\mathrm{sol}} S_{\mathrm{m},E}(T_E) \\ &= \Delta_{\mathrm{sol}} H_{\mathrm{m},E}(T_E) - T_E \frac{\Delta_{\mathrm{sol}} H_{\mathrm{m},E}(T_E)}{T_E} \\ &= 0\end{aligned} \tag{9.474}$$

或

$$\begin{aligned}\Delta G_{\mathrm{m},A}(T_E) &= \overline{G}_{\mathrm{m},(A)_{E(\delta)}}(T_E) - G_{\mathrm{m},A(\mathrm{s})}(T_E) \\ &= \Delta_{\mathrm{sol}} H_{\mathrm{m},A}(T_E) - T_E \Delta_{\mathrm{sol}} S_{\mathrm{m},A}(T_E) \\ &= \Delta_{\mathrm{sol}} H_{\mathrm{m},A}(T_E) - T_E \frac{\Delta_{\mathrm{sol}} H_{\mathrm{m},A}(T_E)}{T_E} \\ &= 0\end{aligned} \tag{9.475}$$

同理

$$\Delta G_{\mathrm{m},B}(T_E) = \Delta_{\mathrm{sol}} H_{\mathrm{m},B}(T_E) - T_E \frac{\Delta_{\mathrm{sol}} H_{\mathrm{m},B}(T_E)}{T_E} = 0 \tag{9.476}$$

$$\Delta G_{\mathrm{m},C}(T_E) = \Delta_{\mathrm{sol}} H_{\mathrm{m},C}(T_E) - T_E \frac{\Delta_{\mathrm{sol}} H_{\mathrm{m},C}(T_E)}{T_E} = 0 \tag{9.477}$$

组元 A、B、C 都分别以其纯固态 A、$\gamma\text{-}B$ 和 $\beta\text{-}C$ 为标准状态，组成以摩尔分数表示，有

$$\Delta G_{\mathrm{m},A} = \mu_{(A)_{E(\delta)}} - \mu_{A(\mathrm{s})} = RT \ln a^{\mathrm{R}}_{(A)_{E(\delta)}} = RT \ln a^{\mathrm{R}}_{(A)_{饱}} = 0 \tag{9.478}$$

$$\Delta G_{m,B} = \mu_{(B)_{E(\delta)}} - \mu_{\gamma\text{-}B} = RT\ln a^{R}_{(B)_{E(\delta)}} = RT\ln a^{R}_{(B)_{饱}} = 0 \tag{9.479}$$

$$\Delta G_{m,C} = \mu_{(C)_{E(\delta)}} - \mu_{\beta\text{-}C} = RT\ln a^{R}_{(C)_{E(\delta)}} = RT\ln a^{R}_{(C)_{饱}} = 0 \tag{9.480}$$

式中，

$$\mu_{(A)_{E(\delta)}} = \mu^{*}_{A(s)} + RT\ln a^{R}_{(A)_{E(\delta)}}$$

$$\mu_{A(s)} = \mu^{*}_{A(s)}$$

$$\mu_{(B)_{E(\delta)}} = \mu^{*}_{\gamma\text{-}B} + RT\ln a^{R}_{(B)_{E(\delta)}}$$

$$\mu_{\gamma\text{-}B} = \mu^{*}_{\gamma\text{-}B}$$

$$\mu_{(C)_{E(\delta)}} = \mu^{*}_{\beta\text{-}C} + RT\ln a^{R}_{(C)_{E(\delta)}}$$

$$\mu_{\beta\text{-}C} = \mu^{*}_{\beta\text{-}C}$$

升高温度到 T_1。当温度刚升到 T_1，固相组元 A、B 和 C 还未来得及溶解进入 $E(\delta)$ 相时，$E(\delta)$ 相组成未变，但已由组元 A、B、C 饱和的相 $E(\delta)$ 变成不饱和的相 $E(\delta')$，固相组元 A、B、C 向其中溶解。有

$$E\,(\mathrm{s}) = E\,(\delta')$$

或

$$A\,(\mathrm{s}) = (A)_{E(\delta')}$$

$$\gamma\text{-}B = (B)_{E(\delta')}$$

$$\beta\text{-}C = (C)_{E(\delta')}$$

该过程的摩尔吉布斯自由能变化为

$$\begin{aligned}\Delta G_{m,E}(T_1) &= G_{m,E(\delta')}(T_1) - G_{m,E(s)}(T_1)\\ &= \Delta_{sol}H_{m,E}(T_1) - T_1\Delta_{sol}S_{m,E}(T_1)\\ &\approx \Delta_{sol}H_{m,E}(T_E) - T_1\frac{\Delta_{sol}H_{m,E}(T_E)}{T_E}\\ &= \frac{\Delta_{sol}H_{m,E}(T_E)\Delta T}{T_E}\end{aligned} \tag{9.481}$$

式中，

$$\Delta T = T_E - T_1 < 0$$

或者

$$\begin{aligned}\Delta G_{\mathrm{m},A}(T_1) &= \overline{G}_{\mathrm{m},(A)_{E(\delta')}}(T_1) - G_{\mathrm{m},A(\mathrm{s})}(T_1) \\ &= \Delta_{\mathrm{sol}} H_{\mathrm{m},(A)_{E(\delta')}}(T_1) - T_1 \Delta_{\mathrm{sol}} S_{\mathrm{m},(A)_{E(\delta')}}(T_1) \\ &\approx \Delta_{\mathrm{sol}} H_{\mathrm{m},(A)_{E(\delta')}}(T_E) - T_1 \frac{\Delta_{\mathrm{sol}} H_{\mathrm{m},(A)_{E(\delta')}}(T_E)}{T_E} \\ &= \frac{\Delta_{\mathrm{sol}} H_{\mathrm{m},(A)_{E(\delta')}}(T_E)\Delta T}{T_E}\end{aligned} \tag{9.482}$$

同理

$$\Delta G_{\mathrm{m},\gamma\text{-}B}(T_1) = \frac{\Delta_{\mathrm{sol}} H_{\mathrm{m},(B)_{E(\delta')}}(T_E)\Delta T}{T_E} \tag{9.483}$$

$$\Delta G_{\mathrm{m},\beta\text{-}C}(T_1) = \frac{\Delta_{\mathrm{sol}} H_{\mathrm{m},(C)_{E(\delta')}}(T_E)\Delta T}{T_E} \tag{9.484}$$

组元 A、$\gamma\text{-}B$、$\beta\text{-}C$ 分别以纯固态 A、$\gamma\text{-}B$ 和 $\beta\text{-}C$ 为标准状态，组成以摩尔分数表示，摩尔吉布斯自由能变化为

$$\Delta G_{\mathrm{m},A} = \mu_{(A)_{E(\delta')}} - \mu_{A(\mathrm{s})} = RT \ln a^{\mathrm{R}}_{(A)_{E(\delta')}} \tag{9.485}$$

式中，

$$\mu_{(A)_{E(\delta')}} = \mu^*_{A(\mathrm{s})} + RT \ln a^{\mathrm{R}}_{(A)_{E(\delta')}}$$

$$\mu_{A(\mathrm{s})} = \mu^*_{A(\mathrm{s})}$$

$$\Delta G_{\mathrm{m},B} = \mu_{(B)_{E(\delta')}} - \mu_{\gamma\text{-}B} = RT \ln a^{\mathrm{R}}_{(B)_{E(\delta')}} \tag{9.486}$$

式中，

$$\mu_{(B)_{E(\delta')}} = \mu^*_{\gamma\text{-}B} + RT \ln a^{\mathrm{R}}_{(B)_{E(\delta')}}$$

$$\mu_{\gamma\text{-}B} = \mu^*_{\gamma\text{-}B}$$

$$\Delta G_{\mathrm{m},C} = \mu_{(C)_{E(\delta')}} - \mu_{\beta\text{-}C} = RT \ln a^{\mathrm{R}}_{(C)_{E(\delta')}} \tag{9.487}$$

式中，

$$\mu_{(C)_{E(\delta')}} = \mu^*_{\beta\text{-}C} + RT \ln a^{\mathrm{R}}_{(C)_{E(\delta')}}$$

$$\mu_{\beta\text{-}C} = \mu^*_{\beta\text{-}C}$$

直到固相 $E(\mathrm{s})$ 消失，组元 A 消失。组元 $\gamma\text{-}B$、$\beta\text{-}C$ 继续向 $E(\delta')$ 中溶解，有

$$\gamma\text{-}B = (B)_{E(\delta')}$$

$$\beta\text{-}C = (C)_{E(\delta')}$$

该过程的摩尔吉布斯自由能变化可以用式 (9.483)、式 (9.484) 和式 (9.486)、式 (9.487) 表示。直到组元 γ-B、β-C 溶解达到饱和，$E(\delta')$ 相成为 δ_1 相。组元 γ-B、β-C 与固溶体相 δ_1 达成新的平衡。平衡相组成 δ_1 为共晶线 EQ 上的组成点。有

$$\gamma\text{-}B \rightleftharpoons (B)_{\delta_1} \equiv (B)_{饱}$$

$$\beta\text{-}C \rightleftharpoons (C)_{\delta_1} \equiv (C)_{饱}$$

继续升高温度。从 T_E 到 T_2，平衡相组成沿着共晶线 EE_2 从 E 向 t_2 移动。该过程固相组元 γ-B 和 β-C 向 δ 相中溶解。可以统一描述如下。

在温度 T_{i-1}，固相 γ-B、β-C 和 δ 相三相达成平衡。平衡 δ 相组成为共晶线 EE_2 上的 δ_{i-1} 点。有

$$\gamma\text{-}B \rightleftharpoons (B)_{\delta_{i-1}} \equiv (B)_{饱}$$

$$\beta\text{-}C \rightleftharpoons (C)_{\delta_{i-1}} \equiv (C)_{饱}$$

$$(i = 1, 2, \cdots, n)$$

升高温度到 T_i。在温度刚升到 T_i，固相组元 γ-B 和 β-C 还未来得及溶解到 δ_{i-1} 相中时，δ_{i-1} 相组成未变，但已由组元 γ-B 和 β-C 饱和的相 δ_{i-1} 变成其不饱和的相 δ'_{i-1}。因而，固相组元 γ-B 和 β-C 向其中溶解。有

$$\gamma\text{-}B = (B)_{\delta'_{i-1}}$$

$$\beta\text{-}C = (C)_{\delta'_{i-1}}$$

该过程的摩尔吉布斯自由能变化为

$$\begin{aligned}\Delta G_{\mathrm{m},B}(T_i) &= \overline{G}_{\mathrm{m},(B)_{\delta'_{i-1}}}(T_i) - G_{\mathrm{m},\gamma\text{-}B}(T_i)\\ &= \frac{\Delta_{\mathrm{sol}} H_{\mathrm{m},B}(T_{i-1})\Delta T}{T_{i-1}}\end{aligned} \tag{9.488}$$

$$\begin{aligned}\Delta G_{\mathrm{m},C}(T_i) &= \overline{G}_{\mathrm{m},(C)_{\delta'_{i-1}}}(T_i) - G_{\mathrm{m},\beta\text{-}C}(T_i)\\ &= \frac{\Delta_{\mathrm{sol}} H_{\mathrm{m},C}(T_{i-1})\Delta T}{T_{i-1}}\end{aligned} \tag{9.489}$$

式中，

$$\Delta T = T_{i-1} - T_i < 0$$

组元 B 和 C 都分别以纯固态组元 $\gamma\text{-}B$ 和 $\beta\text{-}C$ 为标准状态，组成以摩尔分数表示，有

$$\Delta G_{\mathrm{m},B} = \mu_{(B)_{\delta'_{i-1}}} - \mu_{\gamma\text{-}B} = RT \ln a^{\mathrm{R}}_{(B)_{\delta'_{i-1}}} \tag{9.490}$$

式中，

$$\mu_{(B)_{\delta'_{i-1}}} = \mu^*_{\gamma\text{-}B} + RT \ln a^{\mathrm{R}}_{(B)_{\delta'_{i-1}}}$$

$$\mu_{\gamma\text{-}B(\mathrm{s})} = \mu^*_{\gamma\text{-}B}$$

$$\Delta G_{\mathrm{m},C} = \mu_{(C)_{\delta'_{i-1}}} - \mu_{\beta\text{-}C(\mathrm{s})} = RT \ln a^{\mathrm{R}}_{(C)_{\delta'_{i-1}}} \tag{9.491}$$

式中，

$$\mu_{(C)_{\delta'_{i-1}}} = \mu^*_{\beta\text{-}C} + RT \ln a^{\mathrm{R}}_{(C)_{\delta'_{i-1}}}$$

$$\mu_{\beta\text{-}C(\mathrm{s})} = \mu^*_{\beta\text{-}C}$$

直到组元 $\gamma\text{-}B$ 和 $\beta\text{-}C$ 溶解达到饱和，相 δ'_{i-1} 成为相 δ_1。组元 $\gamma\text{-}B$ 和 $\beta\text{-}C$ 与相组成为 δ_i 的固溶体达到新的平衡，有

$$\gamma\text{-}B \rightleftharpoons (B)_{\delta_i} \equiv (B)_{饱}$$

$$\beta\text{-}C \rightleftharpoons (C)_{\delta_i} \equiv (C)_{饱}$$

升高温度到 T_{t_2}。固相组元 $\gamma\text{-}B$ 发生晶型转变，成为 $\beta\text{-}B$，固相 $\gamma\text{-}B$、$\beta\text{-}B$、$\beta\text{-}C$ 和 δ_{t_2} 四相达到平衡时，δ_{t_2} 相成为组元 $\gamma\text{-}B$、$\beta\text{-}B$ 和 $\beta\text{-}C$ 的饱和相，有

$$\gamma\text{-}B \rightleftharpoons \beta\text{-}B \rightleftharpoons (B)_{\delta_{t_2}} \equiv (B)_{饱}$$

$$\beta\text{-}C \rightleftharpoons (C)_{\delta_{t_2}} \equiv (C)_{饱}$$

该过程的摩尔吉布斯自由能变化为

$$\begin{aligned} \Delta G_{\mathrm{m},B(\gamma\to\beta)}(T_{t_2}) &= G_{\mathrm{m},\beta\text{-}B}(T_{t_2}) - G_{\mathrm{m},\gamma\text{-}B}(T_{t_2}) \\ &= \Delta H_{\mathrm{m},B(\gamma\to\beta)}(T_{t_2}) - T_{t_2}\Delta S_{\mathrm{m},B(\gamma\to\beta)}(T_{t_2}) \\ &= \Delta H_{\mathrm{m},B(\gamma\to\beta)}(T_{t_2}) - T_{t_2}\frac{\Delta H_{\mathrm{m},B(\gamma\to\beta)}(T_{t_2})}{T_{t_2}} \\ &= 0 \end{aligned} \tag{9.492}$$

$$\begin{aligned} \Delta G_{\mathrm{m},\gamma\text{-}B}(T_{t_2}) &= \overline{G}_{\mathrm{m},\gamma\text{-}B(饱)}(T_{t_2}) - G_{\mathrm{m},\gamma\text{-}B}(T_{t_2}) \\ &= \Delta_{\mathrm{sol}}H_{\mathrm{m},\gamma\text{-}B}(T_{t_2}) - T_{t_2}\Delta_{\mathrm{sol}}S_{\mathrm{m},\gamma\text{-}B}(T_{t_2}) \\ &= \Delta_{\mathrm{sol}}H_{\mathrm{m},\gamma\text{-}B}(T_{t_2}) - T_{t_2}\frac{\Delta_{\mathrm{sol}}H_{\mathrm{m},\gamma\text{-}B}(T_{t_2})}{T_{t_2}} \\ &= 0 \end{aligned} \tag{9.493}$$

同理

$$\begin{aligned}\Delta G_{\mathrm{m},\beta\text{-}B} &= \overline{G}_{\mathrm{m},\beta\text{-}B(\text{饱})}(T_{t_2}) - G_{\mathrm{m},\beta\text{-}B}(T_{t_2}) \\ &= \Delta_{\mathrm{sol}} H_{\mathrm{m},\beta\text{-}B}(T_{t_2}) - T_{t_2}\Delta_{\mathrm{sol}} S_{\mathrm{m},\beta\text{-}B}(T_{t_2}) \\ &= \Delta_{\mathrm{sol}} H^{(T_{t2})}_{\mathrm{m},\beta\text{-}B}(T_{t_2}) - T_{t_2}\frac{\Delta_{\mathrm{sol}} H^{(T_{t2})}_{\mathrm{m},\beta\text{-}B}(T_{t_2})}{T_{t_2}} \\ &= 0\end{aligned} \tag{9.494}$$

$$\begin{aligned}\Delta G_{\mathrm{m},\beta\text{-}C} &= \overline{G}_{\mathrm{m},\beta\text{-}C(\text{饱})}(T_{t_2}) - G_{\mathrm{m},\beta\text{-}C}(T_{t_2}) \\ &= \Delta_{\mathrm{sol}} H_{\mathrm{m},\beta\text{-}C}(T_{t_2}) - T_{t_2}\Delta_{\mathrm{sol}} S_{\mathrm{m},\beta\text{-}C}(T_{t_2}) \\ &= \Delta_{\mathrm{sol}} H_{\mathrm{m},\beta\text{-}C}(T_{t_2}) - T_{t_2}\frac{\Delta_{\mathrm{sol}} H_{\mathrm{m},\beta\text{-}C}(T_{t_2})}{T_{t_2}} \\ &= 0\end{aligned} \tag{9.495}$$

升高温度 T_{t_2+1}。若 $\gamma\text{-}B$ 到 $\beta\text{-}B$ 的晶型转变未完成，则晶型转变继续进行。在温度刚升到 T_{t_2+1}，固相组元 $\gamma\text{-}B$、$\beta\text{-}B$ 和 $\beta\text{-}C$ 还未来得及溶解进入 δ_{t_2} 相时，δ_{t_2} 相组成未变。但是，已由组元 $\gamma\text{-}B$、$\beta\text{-}B$ 和 $\beta\text{-}C$ 饱和的 δ_{t_2} 成为其不饱和的 δ'_{t_2}。固相组元 $\beta\text{-}B$ 和 $\beta\text{-}C$ 向其中溶解，有

$$\gamma\text{-}B = \beta\text{-}B$$

$$\gamma\text{-}B = (B)_{\delta'_{t_2}}$$

$$\beta\text{-}B = (B)_{\delta'_{t_2}}$$

$$\beta\text{-}C = (C)_{\delta'_{t_2}}$$

该过程的摩尔吉布斯自由能变化为

$$\begin{aligned}\Delta G_{\mathrm{m},B(\gamma\to\beta)}(T_{t_2+1}) &= G_{\mathrm{m},\beta\text{-}B}(T_{t_2+1}) - G_{\mathrm{m},\gamma\text{-}B}(T_{t_2+1}) \\ &= \Delta H_{\mathrm{m},B(\gamma\to\beta)}(T_{t_2+1}) - T_{t_2+1}\Delta S_{\mathrm{m},B(\gamma\to\beta)}(T_{t_2+1}) \\ &\approx \Delta H_{\mathrm{m},B(\gamma\to\beta)}(T_{t_2}) - T_{t_2+1}\frac{\Delta H_{\mathrm{m},B(\gamma\to\beta)}(T_{t_2})}{T_{t_2}} \\ &= \frac{\Delta H_{\mathrm{m},B(\gamma\to\beta)}(T_{t_2})\Delta T}{T_{t_2}}\end{aligned} \tag{9.496}$$

$$\begin{aligned}\Delta G_{\mathrm{m},B}(T_{t_2+1}) &= G_{\mathrm{m},(B)_{\delta'_{t_2}}}(T_{t_2+1}) - G_{\mathrm{m},\gamma\text{-}B}(T_{t_2+1}) \\ &= \Delta_{\mathrm{sol}} H_{\mathrm{m},\gamma\text{-}B}(T_{t_2+1}) - T_{t_2+1}\Delta_{\mathrm{sol}} S_{\mathrm{m},\gamma\text{-}B}(T_{t_2+1}) \\ &\approx \Delta_{\mathrm{sol}} H_{\mathrm{m},\gamma\text{-}B}(T_{t_2}) - T_{t_2+1}\Delta_{\mathrm{sol}} S_{\mathrm{m},\gamma\text{-}B}(T_{t_2}) \\ &= \frac{\Delta_{\mathrm{sol}} H_{\mathrm{m},\gamma\text{-}B}(T_{t_2})\Delta T}{T_{t_2}}\end{aligned} \tag{9.497}$$

同理

$$\Delta G_{\mathrm{m},B}\left(T_{t_2+1}\right)=\frac{\varDelta_{\mathrm{sol}}H_{\mathrm{m},\beta\text{-}B}\left(T_{t_2}\right)\Delta T}{T_{t_2}} \tag{9.498}$$

$$\Delta G_{\mathrm{m},C}\left(T_{t_2+1}\right)=\frac{\varDelta_{\mathrm{sol}}H_{\mathrm{m},\beta\text{-}C}\left(T_{t_2}\right)\Delta T}{T_{t_2}}$$

式中，

$$\Delta T=T_{t_2}-T_{t_2+1}<0$$

以纯固态组元 γ-B、β-B 和 β-C 为标准状态，组成以摩尔分数表示，摩尔吉布斯自由能变化为

$$\Delta G_{\mathrm{m},B}=\mu_{(B)_{\delta'_{t_2}}}-\mu_{\gamma\text{-}B}=RT\ln a^{\mathrm{R}}_{(B)_{\delta'_{t_2}}}$$

式中，

$$\mu_{(B)_{\delta'_{t_2}}}=\mu^*_{\gamma\text{-}B}+RT\ln a^{\mathrm{R}}_{(B)_{\delta'_{t_2}}}$$

$$\mu_{\gamma\text{-}B}=\mu^*_{\gamma\text{-}B}$$

$$\Delta G_{\mathrm{m},B}=\mu_{(B)_{\delta'_{t_2}}}-\mu_{\beta\text{-}B}=RT\ln a^{\mathrm{R}}_{(B)_{\delta'_{t_2}}} \tag{9.499}$$

式中，

$$\mu_{(B)_{\delta'_{t_2}}}=\mu^*_{\beta\text{-}B}+RT\ln a^{\mathrm{R}}_{(B)_{\delta'_{t_2}}}$$

$$\mu_{\beta\text{-}B}=\mu^*_{\beta\text{-}B}$$

$$\Delta G_{\mathrm{m},C}=\mu_{(C)_{\delta'_{t_2}}}-\mu_{\beta\text{-}C}=RT\ln a^{\mathrm{R}}_{(C)_{\delta'_{t_2}}} \tag{9.500}$$

式中，

$$\mu_{(C)_{\delta'_{t_2}}}=\mu^*_{\beta\text{-}C}+RT\ln a^{\mathrm{R}}_{(C)_{\delta'_{t_2}}}$$

$$\mu_{\beta\text{-}C}=\mu^*_{\beta\text{-}C}$$

直到 γ-B 消失，完全转变为 β-B，β-B 和 β-C 的溶解达到饱和。平衡相为 δ_{t_2+1}，有

$$\beta\text{-}B\,(\mathrm{s})\rightleftharpoons(B)_{\delta_{t_2+1}}=\!=\!=(B)_{饱}$$

$$\beta\text{-}C\,(\mathrm{s})\rightleftharpoons(C)_{\delta_{t_2+1}}=\!=\!=(C)_{饱}$$

继续升高温度。从 T_{t_2} 到 T_Q，平衡 δ 相组成沿共晶线 t_2Q 从 t_2 点向 Q 点移动。该过程组元 β-B 和 β-C 不断地向 δ 相中溶解。可以统一描述如下。

在温度 T_{k-1}，组元 β-B、β-C 与 δ_{k+1} 相达成平衡，δ_{k+1} 相成为组元 β-B 和 β-C 的饱和相。

平衡 δ 相组成为 δ_{k-1}，有

$$\beta\text{-}B \rightleftharpoons (B)_{\delta_{k-1}} \equiv (B)_{饱}$$

$$\beta\text{-}C \rightleftharpoons (C)_{\delta_{k-1}} \equiv (C)_{饱}$$

$$(k = 1, 2, \cdots, n)$$

升高温度到 T_k。在温度刚升到 T_k，固相组元 $\beta\text{-}B$ 和 $\beta\text{-}C$ 还未来得及溶解进入 δ_{k-1} 相时，δ_{k-1} 相组成未变。但是，已由组元 $\beta\text{-}B$ 和 $\beta\text{-}C$ 饱和的相 δ_{k-1} 变成其不饱和的相 δ'_{k-1}。固相组元 $\beta\text{-}B$ 和 $\beta\text{-}C$ 向其中溶解，有

$$\beta\text{-}B = (B)_{\delta'_{k-1}}$$

$$\beta\text{-}C = (C)_{\delta'_{k-1}}$$

该过程的摩尔吉布斯自由能变化为

$$\begin{aligned}\Delta G_{\mathrm{m},B}(T_k) &= \overline{G}_{\mathrm{m},(B)_{\delta'_{k-1}}}(T_k) - G_{\mathrm{m},\beta\text{-}B}(T_k) \\ &= \Delta_{\mathrm{sol}} H_{\mathrm{m},B}(T_k) - T_k \Delta_{\mathrm{sol}} S_{\mathrm{m},B}(T_k) \\ &\approx \Delta_{\mathrm{sol}} H_{\mathrm{m},B}(T_{k-1}) - T_k \Delta_{\mathrm{sol}} S_{\mathrm{m},B}(T_{k-1}) \\ &= \frac{\Delta_{\mathrm{sol}} H_{\mathrm{m},B}(T_{k-1}) \Delta T}{T_{k-1}}\end{aligned} \tag{9.501}$$

同理

$$\Delta G_{\mathrm{m},C}(T_k) = \overline{G}_{\mathrm{m},(C)_{\delta'_{k-1}}}(T_k) - G_{\mathrm{m},\beta\text{-}C}(T_k) = \frac{\Delta_{\mathrm{sol}} H_{\mathrm{m},C}(T_{k-1}) \Delta T}{T_{k-1}} \tag{9.502}$$

组元 B 和 C 都以纯固态 $\beta\text{-}B$ 和 $\beta\text{-}C$ 为标准状态，组成以摩尔分数表示，摩尔溶解自由能变化为

$$\Delta G_{\mathrm{m},B} = \mu_{(B)_{\delta'_{k-1}}} - \mu_{\beta\text{-}B} = RT \ln a^{\mathrm{R}}_{(B)_{\delta'_{k-1}}} \tag{9.503}$$

式中，

$$\mu_{(B)_{\delta'_{k-1}}} = \mu^*_{\beta\text{-}B(\mathrm{s})} + RT \ln a^{\mathrm{R}}_{(B)_{\delta'_{k-1}}}$$

$$\mu_{\beta\text{-}B} = \mu^*_{\beta\text{-}B}$$

$$\Delta G_{\mathrm{m},C} = \mu_{(C)_{\delta'_{k-1}}} - \mu_{\beta\text{-}C} = RT \ln a^{\mathrm{R}}_{(C)_{\delta'_{k-1}}} \tag{9.504}$$

式中，

$$\mu_{(C)_{\delta'_{k-1}}} = \mu^*_{\beta\text{-}C} + RT \ln a^{\mathrm{R}}_{(C)_{\delta'_{k-1}}}$$

$$\mu_{\beta\text{-}C} = \mu^*_{\beta\text{-}C}$$

温度升高到 T_Q，固相 $\beta\text{-}B$、$\beta\text{-}C$ 和 δ_Q 三相达成平衡时，δ_Q 中组元 B 和 C 达到饱和。固相组元 $\beta\text{-}C$ 可以所剩极少。有

$$\beta\text{-}B \rightleftharpoons (B)_{\delta_Q} = (B)_{饱}$$

$$\beta\text{-}C \rightleftharpoons (C)_{\delta_Q} = (C)_{饱}$$

升高温度到 T_{Q+1}。在温度刚升到 T_{Q+1}，固相组元 $\beta\text{-}B$ 和 $\beta\text{-}C$ 还未来得及溶解进入 δ_Q 时，饱和相 δ_Q 成为不饱和相 δ'_Q，两者组成相同。固相组元 $\beta\text{-}B$ 和 $\beta\text{-}C$ 向 δ_Q 中溶解。有

$$\beta\text{-}B = (B)_{\delta'_Q}$$

$$\beta\text{-}C = (C)_{\delta'_Q}$$

该过程的摩尔吉布斯自由能变化为

$$\begin{aligned}
\Delta G_{\mathrm{m},B}(T_{Q+1}) &= \overline{G}_{\mathrm{m},(B)_{\delta'_Q}}(T_{Q+1}) - G_{\mathrm{m},\beta\text{-}B}(T_{Q+1}) \\
&= \Delta_{\mathrm{sol}} H_{\mathrm{m},B}(T_{Q+1}) - T_{Q+1}\Delta_{\mathrm{sol}} S_{\mathrm{m},B}(T_{Q+1}) \\
&\approx \Delta_{\mathrm{sol}} H_{\mathrm{m},B}(T_Q) - T_{Q+1}\Delta_{\mathrm{sol}} S_{\mathrm{m},B}(T_Q) \\
&= \frac{\Delta_{\mathrm{sol}} H_{\mathrm{m},B}(T_Q)\Delta T}{T_Q}
\end{aligned} \tag{9.505}$$

同理

$$\Delta G_{\mathrm{m},C}(T_{Q+1}) = \frac{\Delta_{\mathrm{sol}} H_{\mathrm{m},C}(T_Q)\Delta T}{T_Q} \tag{9.506}$$

式中，

$$\Delta T = T_Q - T_{Q+1}$$

组元 B 和 C 都分别以其纯固态组元 $\beta\text{-}B$ 和 $\beta\text{-}C$ 为标准状态，组成以摩尔分数表示，摩尔吉布斯自由能变化为

$$\Delta G_{\mathrm{m},B} = \mu_{(B)_{\delta'_Q}} - \mu_{\beta\text{-}B} = RT\ln a^{\mathrm{R}}_{(B)_{\delta'_Q}} \tag{9.507}$$

式中，

$$\mu_{(B)_{\delta'_Q}} = \mu^*_{\beta\text{-}B} + RT\ln a^{\mathrm{R}}_{(B)_{\delta'_Q}}$$

$$\mu_{\beta\text{-}B} = \mu^*_{\beta\text{-}B}$$

$$\Delta G_{\mathrm{m},C} = \mu_{(C)_{\delta'_Q}} - \mu_{\beta\text{-}C} = RT\ln a^{\mathrm{R}}_{(C)_{\delta'_Q}} \tag{9.508}$$

式中，

$$\mu_{(C)_{\delta'_Q}} = \mu^*_{\beta\text{-}C} + RT\ln a^{\mathrm{R}}_{(C)_{\delta'_Q}}$$

$$\mu_{\beta\text{-}C} = \mu^*_{\beta\text{-}C}$$

直到固相组元 β-C 消失，组元 β-B 继续溶解，有

$$\beta\text{-}B = (B)_{\delta'_Q}$$

该过程的摩尔吉布斯自由能变化可以用式 (9.505) 和式 (9.507) 表示。直到 β-B 溶解达到饱和，相 δ'_Q 成为 δ_{Q+1}，组元 β-B 与相 δ_{Q+1} 达成平衡。有

$$\beta\text{-}B \rightleftharpoons (B)_{\delta_{Q+1}} = (B)_{饱}$$

升高温度。从 T_Q 到 T_P。平衡 δ 相组成沿 QB 连线从 Q 点向 P 点移动。固相组元 β-B 不断向 δ 相中溶解。该过程可以统一描述如下。

在温度 T_{j-1}，两相达成平衡，与组元 β-B 平衡的相组成为 δ_{j-1}，有

$$\beta\text{-}B \rightleftharpoons (B)_{\delta_{j-1}} = (B)_{饱}$$

升高温度到 T_j。在温度刚升到 T_j，固相组元 β-B 还未来得及溶解进入 δ_{j-1} 相时，δ_{j-1} 相组成未变，但已由组元 β-B 的饱和相 δ_{j-1} 变为不饱和相 δ'_{j-1}。固相组元 β-B 向其中溶解，有

$$\beta\text{-}B = (B)_{\delta'_{j-1}}$$

该过程的摩尔吉布斯自由能变化为

$$\begin{aligned}
\Delta G_{\mathrm{m},B}(T_j) &= \overline{G}_{\mathrm{m},(B)_{\delta'_{j-1}}}(T_j) - G_{\mathrm{m},\beta\text{-}B}(T_j) \\
&= \Delta_{\mathrm{sol}}H_{\mathrm{m},B}(T_j) - T_j\Delta_{\mathrm{sol}}S_{\mathrm{m},B}(T_j) \\
&\approx \Delta_{\mathrm{sol}}H_{\mathrm{m},B}(T_{j-1}) - T_j\Delta_{\mathrm{sol}}S_{\mathrm{m},B}(T_{j-1}) \\
&= \frac{\Delta_{\mathrm{sol}}H_{\mathrm{m},B}(T_{j-1})\Delta T}{T_{j-1}}
\end{aligned} \tag{9.509}$$

式中，

$$\Delta T = T_{j-1} - T_j$$

组元 B 都以纯固态组元的 β-B 为标准状态，组成以摩尔分数表示，有

$$\Delta G_{\mathrm{m},B} = \mu_{(B)_{\delta'_{j-1}}} - \mu_{\beta\text{-}B} = RT\ln a^{\mathrm{R}}_{(B)_{\delta'_{j-1}}} \tag{9.510}$$

式中，

$$\mu_{(B)_{\delta'_{j-1}}} = \mu^*_{\beta\text{-}B} + RT\ln a^{\mathrm{R}}_{(B)_{\delta'_{j-1}}}$$

$$\mu_{\beta\text{-}B} = \mu^*_{\beta\text{-}B}$$

直到固相组元 β-B 溶解达到饱和，两相平衡，平衡 δ 相组成为 δ_j。有

$$\beta\text{-}B \rightleftharpoons (B)_{\delta_j} =\!=\!= (B)_{饱}$$

升高温度到 T_P。固相组元 β-B 发生转变。固相 β-B、α-B 和 δ_P 三相达成平衡，在相 δ_P 中组元 B 达到饱和。有

$$\beta\text{-}B \rightleftharpoons \alpha\text{-}B \rightleftharpoons (B)_{\delta_P} =\!=\!= (B)_{饱}$$

该过程的摩尔吉布斯自由能变化为

$$\begin{aligned}
\Delta G_{\mathrm{m},B(\beta\to\alpha)}(T_P) &= G_{\mathrm{m},\alpha\to B}(T_P) - G_{\mathrm{m},\beta\to B}(T_P) \\
&= \Delta H_{\mathrm{m},B(\beta\to\alpha)}(T_P) - T_P\Delta S_{\mathrm{m},B(\beta\to\alpha)}(T_P) \\
&= \Delta H_{\mathrm{m},B(\beta\to\alpha)}(T_P) - T_P\frac{\Delta H_{\mathrm{m},B(\beta\to\alpha)}(T_P)}{T_P} \\
&= 0
\end{aligned} \tag{9.511}$$

$$\begin{aligned}
\Delta G_{\mathrm{m},\beta\text{-}B}(T_P) &= \overline{G}_{\mathrm{m},B(饱)}(T_P) - G_{\mathrm{m},\beta\text{-}B}(T_P) \\
&= \Delta_{\mathrm{sol}}H_{\mathrm{m},B}(T_P) - T_P\Delta_{\mathrm{sol}}S_{\mathrm{m},B}(T_P) \\
&= \Delta_{\mathrm{sol}}H_{\mathrm{m},B}(T_P) - T_P\frac{\Delta_{\mathrm{sol}}H_{\mathrm{m},B}(T_P)}{T_P} \\
&= 0
\end{aligned} \tag{9.512}$$

同理

$$\begin{aligned}
\Delta G_{\mathrm{m},\alpha\text{-}B}(T_P) &= \overline{G}_{\mathrm{m},B(饱)}(T_P) - G_{\mathrm{m},\alpha\text{-}B}(T_P) \\
&= \Delta_{\mathrm{sol}}H_{\mathrm{m},B}(T_P) - T_P\Delta_{\mathrm{sol}}S_{\mathrm{m},B}(T_P) \\
&= \Delta_{\mathrm{sol}}H_{\mathrm{m},B}(T_P) - T_P\frac{\Delta_{\mathrm{sol}}H_{\mathrm{m},B}(T_P)}{T_P} \\
&= 0
\end{aligned} \tag{9.513}$$

继续升高温度到 T_{P+1}。若相变尚未完成，则继续进行，在温度刚升到 T_{P+1}，固相组元 β-B 和 α-B 还未来得及溶解进入 δ_P 相时，δ_P 相组成未变，但已由组元 β-B 和 α-B 饱和的 δ_P 变为其不饱和的 δ'_P。固相组元 β-B 和 α-B 向 δ_P 中溶解。有

$$\beta\text{-}B =\!=\!= \alpha\text{-}B$$

$$\beta\text{-}B =\!=\!= (B)_{\delta'_P}$$

$$\alpha\text{-}B = (B)_{\delta'_P}$$

该过程的摩尔吉布斯自由能变化为

$$\begin{aligned}\Delta G_{\mathrm{m},B(\beta\to\alpha)}(T_{P+1}) &= G_{\mathrm{m},\alpha\text{-}B}(T_{P+1}) - G_{\mathrm{m},\beta\text{-}B}(T_{P+1}) \\ &= \Delta H_{\mathrm{m},B(\beta\to\alpha)}(T_{P+1}) - T_{P+1}\Delta S_{\mathrm{m},B(\beta\to\alpha)}(T_{P+1}) \\ &\approx \Delta H_{\mathrm{m},B(\beta\to\alpha)}(T_P) - T_{P+1}\Delta S_{\mathrm{m},B(\beta\to\alpha)}(T_P) \\ &= \frac{\Delta H_{\mathrm{m},B(\beta\to\alpha)}(T_P)\Delta T}{T_P}\end{aligned} \tag{9.514}$$

式中，

$$\Delta T = T_P - T_{P+1}$$

$$\Delta G_{\mathrm{m},B_1}(T_{P+1}) = \overline{G}_{\mathrm{m},(B)_{\delta'_P}}(T_{P+1}) - G_{\mathrm{m},\beta\text{-}B}(T_{P+1}) = \frac{\Delta_{\mathrm{sol}} H_{\mathrm{m},B}(T_P)\Delta T}{T_P} \tag{9.515}$$

$$\Delta G_{\mathrm{m},B_2}(T_{P+1}) = \overline{G}_{\mathrm{m},(B)_{\delta'_P}}(T_{P+1}) - G_{\mathrm{m},\alpha\text{-}B}(T_{P+1}) = \frac{\Delta_{\mathrm{sol}} H_{\mathrm{m},B}(T_P)\Delta T}{T_P} \tag{9.516}$$

式中，

$$\Delta T = T_P - T_{P+1} < 0$$

以纯固态组元 β-B 和 α-B 为标准状态，组元以摩尔分数表示，摩尔吉布斯自由能变化为

$$\Delta G_{\mathrm{m},B_1} = \mu_{(B)_{\delta'_P}} - \mu_{\beta\text{-}B} = RT\ln a^{\mathrm{R}}_{(B)_{\delta'_P}} \tag{9.517}$$

式中，

$$\mu_{(B)_{\delta'_P}} = \mu^*_{\beta\text{-}B} + RT\ln a^{\mathrm{R}}_{(B)_{\delta'_P}}$$

$$\mu_{\beta\text{-}B} = \mu^*_{\beta\text{-}B}$$

$$\Delta G_{\mathrm{m},B_2} = \mu_{(B)_{\delta'_P}} - \mu_{\alpha\text{-}B} = RT\ln a^{\mathrm{R}}_{(B)_{\delta'_P}} \tag{9.518}$$

式中，

$$\mu_{(B)_{\delta'_P}} = \mu^*_{\alpha\text{-}B} + RT\ln a^{\mathrm{R}}_{(B)_{\delta'_P}}$$

$$\mu_{\alpha\text{-}B} = \mu^*_{\alpha\text{-}B}$$

直到晶型转变完成，β-B 完全溶解进入 δ'_P 相。

固相组元 β-B 消失，α-B 继续溶解。有

$$\alpha\text{-}B =\!=\!= (B)_{\delta'_P}$$

该过程的摩尔吉布斯自由能变化可以用式 (9.516) 和式 (9.518) 表示。直到 $\alpha\text{-}B$ 溶解达到饱和，δ'_P 相成为 δ_{P+1} 相。$\alpha\text{-}B$ 和 δ_{P+1} 相达到新的平衡。有

$$\alpha\text{-}B \rightleftharpoons (B)_{\delta_{P+1}} =\!=\!= (B)_{饱}$$

温度从 T_P 升到 T_M，固相 $\alpha\text{-}B$ 不断溶解进入 δ 相。平衡 δ 相组成由 P 点沿着 PB 连线向 M 点移动。该过程可以统一描述如下。

在温度 T_{h-1}，两相达成平衡，平衡 δ 相组成为 δ_{h-1}。有

$$\alpha\text{-}B \rightleftharpoons (B)_{\delta_{h-1}} =\!=\!= (B)_{饱}$$

$$(h = 1, 2, \cdots, n)$$

温度升高到 T_h。在温度刚升到 T_h，固相 $\alpha\text{-}B$ 还未来得及溶解进入相 δ_{h-1} 时，δ_{h-1} 相组成未变，但已由组元 $\alpha\text{-}B$ 的饱和相 δ_{h-1} 变成其不饱和相 δ'_{h-1}。固相组元 $\alpha\text{-}B$ 向其中溶解。有

$$\alpha\text{-}B =\!=\!= (B)_{\delta'_{h-1}}$$

该过程的摩尔吉布斯自由能变化为

$$\begin{aligned}
\Delta G_{\mathrm{m},B}(T_h) &= \overline{G}_{\mathrm{m},(B)_{\delta'_{h-1}}}(T_h) - G_{\mathrm{m},\beta\text{-}B}(T_h) \\
&= \Delta_{\mathrm{sol}} H_{\mathrm{m},B}(T_h) - T_h \Delta_{\mathrm{sol}} S_{\mathrm{m},B}(T_h) \\
&\approx \Delta_{\mathrm{sol}} H_{\mathrm{m},B}(T_{h-1}) - T_h \Delta_{\mathrm{sol}} S_{\mathrm{m},B}(T_{h-1}) \\
&= \frac{\Delta_{\mathrm{sol}} H_{\mathrm{m},B}(T_{h-1}) \Delta T}{T_{h-1}}
\end{aligned} \tag{9.519}$$

式中，

$$\Delta T = T_{h-1} - T_h < 0$$

组元 B 都以纯固态组元 $\alpha\text{-}B$ 为标准状态，组成以摩尔分数表示。有

$$\Delta G_{\mathrm{m},B} = \mu_{(B)_{\delta'_{h-1}}} - \mu_{\alpha\text{-}B} = RT \ln a^{\mathrm{R}}_{(B)_{\delta'_{h-1}}} \tag{9.520}$$

式中，

$$\mu_{(B)_{\delta'_{h-1}}} = \mu^*_{\alpha\text{-}B} + RT \ln a^{\mathrm{R}}_{(B)_{\delta'_{h-1}}}$$

$$\mu_{\alpha\text{-}B} = \mu^*_{\alpha\text{-}B}$$

直到组元 $\alpha\text{-}B$ 溶解达到饱和，δ'_{h-1} 相成为 δ_h 相，两相达成新的平衡。有

$$\alpha\text{-}B \rightleftharpoons (B)_{\delta_h} = (B)_{饱}$$

温度升到 T_M，固相组元 $\alpha\text{-}B$ 溶解达到饱和，组元 $\alpha\text{-}B$ 与 δ_M 相达成平衡。有

$$\alpha\text{-}B \rightleftharpoons (B)_{\gamma_M} = (B)_{饱}$$

继续升高温度到 T，高于 T_M。在温度刚升到 T，固相组元 $\alpha\text{-}B$ 还未来得及溶解到相 δ_M 中，δ_M 相组成未变。但是，已由组元 $\alpha\text{-}B$ 饱和的相 δ_M 成为不饱和的相 δ'_M。固相组元 $\alpha\text{-}B$ 向其中溶解，有

$$\alpha\text{-}B = (B)_{\delta'_M}$$

该过程的摩尔吉布斯自由能变化为

$$\begin{aligned}\Delta G_{\mathrm{m},B}(T) &= \overline{G}_{\mathrm{m},(B)_{\delta'_M}}(T) - G_{\mathrm{m},\alpha\text{-}B}(T)\\ &= \Delta_{\mathrm{sol}}H_{\mathrm{m},B}(T) - T\Delta_{\mathrm{sol}}S_{\mathrm{m},B}(T)\\ &\approx \Delta_{\mathrm{sol}}H_{\mathrm{m},B}(T_M) - T\Delta_{\mathrm{sol}}S_{\mathrm{m},B}(T_M)\\ &= \frac{\Delta_{\mathrm{sol}}H_{\mathrm{m},B}(T_M)\Delta T}{T_M}\end{aligned} \tag{9.521}$$

式中，

$$\Delta T = T_M - T < 0$$

组元 B 都以纯固态组元 $\alpha\text{-}B$ 为标准状态，组成以摩尔分数表示，有

$$\Delta G_{\mathrm{m},B} = \mu_{(B)_{\delta'_M}} - \mu_{\alpha\text{-}B} = RT\ln a^{\mathrm{R}}_{(B)_{\delta'_M}} \tag{9.522}$$

式中，

$$\mu_{(B)_{\delta'_M}} = \mu^*_{\alpha\text{-}B} + RT\ln a^{\mathrm{R}}_{(B)_{\delta'_M}}$$

$$\mu_{\alpha\text{-}B} = \mu^*_{\alpha\text{-}B}$$

直到固态组元 $\alpha\text{-}B$ 消失，成为固溶体 δ 相。

2. 相变速率

1) 在温度 T_1

在温度 T_1，固相 $E(\mathrm{s})$ 成为 $E(\delta')$ 相，转化速率为

$$\begin{aligned}\frac{\mathrm{d}N_{E(\delta')}}{\mathrm{d}t} &= -\frac{\mathrm{d}N_{E(\mathrm{s})}}{\mathrm{d}t} = Vj_E \\ &= -V\left[l_1\left(\frac{A_{\mathrm{m},E}}{T}\right)+l_2\left(\frac{A_{\mathrm{m},E}}{T}\right)^2+l_3\left(\frac{A_{\mathrm{m},E}}{T}\right)^3+\cdots\right]\end{aligned}$$

式中，

$$A_{\mathrm{m},E} = \Delta G_{\mathrm{m},E}$$

在温度 T_1，固相组元 A、γ-B、β-C 溶解，不考虑耦合作用，溶解速率为

$$\begin{aligned}\frac{\mathrm{d}N_{(A)_{E(\delta')}}}{\mathrm{d}t} &= -\frac{\mathrm{d}N_{A(\mathrm{s})}}{\mathrm{d}t} = Vj_A \\ &= -V\left[l_1\left(\frac{A_{\mathrm{m},A}}{T}\right)+l_2\left(\frac{A_{\mathrm{m},A}}{T}\right)^2+l_3\left(\frac{A_{\mathrm{m},A}}{T}\right)^3+\cdots\right]\end{aligned} \tag{9.523}$$

$$\begin{aligned}\frac{\mathrm{d}N_{(B)_{E(\delta')}}}{\mathrm{d}t} &= -\frac{\mathrm{d}N_{\gamma\text{-}B}}{\mathrm{d}t} = Vj_{\gamma\text{-}B} \\ &= -V\left[l_1\left(\frac{A_{\mathrm{m},\gamma\text{-}B}}{T}\right)+l_2\left(\frac{A_{\mathrm{m},\gamma\text{-}B}}{T}\right)^2+l_3\left(\frac{A_{\mathrm{m},\gamma\text{-}B}}{T}\right)^3+\cdots\right]\end{aligned} \tag{9.524}$$

$$\begin{aligned}\frac{\mathrm{d}N_{(C)_{E(\delta')}}}{\mathrm{d}t} &= -\frac{\mathrm{d}N_{\beta\text{-}C}}{\mathrm{d}t} = Vj_{\beta\text{-}C} \\ &= -V\left[l_1\left(\frac{A_{\mathrm{m},\beta\text{-}C}}{T}\right)+l_2\left(\frac{A_{\mathrm{m},\beta\text{-}C}}{T}\right)^2+l_3\left(\frac{A_{\mathrm{m},\beta\text{-}C}}{T}\right)^3+\cdots\right]\end{aligned} \tag{9.525}$$

考虑耦合作用，有

$$\begin{aligned}\frac{\mathrm{d}N_{(A)_{E(\delta')}}}{\mathrm{d}t} &= -\frac{\mathrm{d}N_{A(s)}}{\mathrm{d}t} = Vj_A \\ &= -V\left[l_{11}\left(\frac{A_{\mathrm{m},A}}{T}\right)+l_{12}\left(\frac{A_{\mathrm{m},\gamma\text{-}B}}{T}\right)+l_{13}\left(\frac{A_{\mathrm{m},\beta\text{-}C}}{T}\right)+\cdots\right]\end{aligned} \tag{9.526}$$

$$\begin{aligned}\frac{\mathrm{d}N_{(A)_{E(\delta')}}}{\mathrm{d}t} &= -\frac{\mathrm{d}N_{A(\mathrm{s})}}{\mathrm{d}t} = Vj_A \\ &= -V\left[l_{11}\left(\frac{A_{\mathrm{m},A}}{T}\right)+l_{12}\left(\frac{A_{\mathrm{m},\gamma\text{-}B}}{T}\right)+l_{13}\left(\frac{A_{\mathrm{m},\beta\text{-}C}}{T}\right)+l_{111}\left(\frac{A_{\mathrm{m},A}}{T}\right)^2\right.\end{aligned}$$

$$
\begin{aligned}
&+l_{112}\left(\frac{A_{\mathrm{m},A}}{T}\right)\left(\frac{A_{\mathrm{m},\gamma\text{-}B}}{T}\right)+l_{113}\left(\frac{A_{\mathrm{m},A}}{T}\right)\left(\frac{A_{\mathrm{m},\beta\text{-}C}}{T}\right)\\
&+l_{122}\left(\frac{A_{\mathrm{m},\gamma\text{-}B}}{T}\right)^2\\
&+l_{123}\left(\frac{A_{\mathrm{m},\gamma\text{-}B}}{T}\right)\left(\frac{A_{\mathrm{m},\beta\text{-}C}}{T}\right)+l_{133}\left(\frac{A_{\mathrm{m},\beta\text{-}C}}{T}\right)^2+l_{1111}\left(\frac{A_{\mathrm{m},A}}{T}\right)^3\\
&+l_{1112}\left(\frac{A_{\mathrm{m},A}}{T}\right)^2\left(\frac{A_{\mathrm{m},\gamma\text{-}B}}{T}\right)+l_{1113}\left(\frac{A_{\mathrm{m},A}}{T}\right)^2\left(\frac{A_{\mathrm{m},\beta\text{-}C}}{T}\right)\\
&+l_{1122}\left(\frac{A_{\mathrm{m},A}}{T}\right)\left(\frac{A_{\mathrm{m},\gamma\text{-}B}}{T}\right)^2+l_{1123}\left(\frac{A_{\mathrm{m},A}}{T}\right)\left(\frac{A_{\mathrm{m},\gamma\text{-}B}}{T}\right)\left(\frac{A_{\mathrm{m},\beta\text{-}C}}{T}\right)\\
&+l_{1133}\left(\frac{A_{\mathrm{m},A}}{T}\right)\left(\frac{A_{\mathrm{m},\beta\text{-}C}}{T}\right)^2+l_{1222}\left(\frac{A_{\mathrm{m},\gamma\text{-}B}}{T}\right)^3\\
&+l_{1223}\left(\frac{A_{\mathrm{m},\gamma\text{-}B}}{T}\right)^2\left(\frac{A_{\mathrm{m},\beta\text{-}C}}{T}\right)\\
&+l_{1233}\left(\frac{A_{\mathrm{m},\gamma\text{-}B}}{T}\right)\left(\frac{A_{\mathrm{m},\beta\text{-}C}}{T}\right)^2+l_{1333}\left(\frac{A_{\mathrm{m},\beta\text{-}C}}{T}\right)^3+\cdots\Bigg]
\end{aligned}
\tag{9.527}
$$

$$
\begin{aligned}
\frac{\mathrm{d}N_{(B)_{E(\delta')}}}{\mathrm{d}t}&=-\frac{\mathrm{d}N_{\gamma\text{-}B}}{\mathrm{d}t}=Vj_{\gamma\text{-}B}\\
&=-V\Bigg[l_{21}\left(\frac{A_{\mathrm{m},A}}{T}\right)+l_{22}\left(\frac{A_{\mathrm{m},\gamma\text{-}B}}{T}\right)+l_{23}\left(\frac{A_{\mathrm{m},\beta\text{-}C}}{T}\right)+l_{211}\left(\frac{A_{\mathrm{m},A}}{T}\right)^2\\
&\quad+l_{212}\left(\frac{A_{\mathrm{m},A}}{T}\right)\left(\frac{A_{\mathrm{m},\gamma\text{-}B}}{T}\right)+l_{213}\left(\frac{A_{\mathrm{m},A}}{T}\right)\left(\frac{A_{\mathrm{m},\beta\text{-}C}}{T}\right)+l_{222}\left(\frac{A_{\mathrm{m},\gamma\text{-}B}}{T}\right)^2\\
&\quad+l_{223}\left(\frac{A_{\mathrm{m},\gamma\text{-}B}}{T}\right)\left(\frac{A_{\mathrm{m},\beta\text{-}C}}{T}\right)+l_{233}\left(\frac{A_{\mathrm{m},\beta\text{-}C}}{T}\right)^2+l_{2111}\left(\frac{A_{\mathrm{m},A}}{T}\right)^3\\
&\quad+l_{2112}\left(\frac{A_{\mathrm{m},A}}{T}\right)^2\left(\frac{A_{\mathrm{m},\gamma\text{-}B}}{T}\right)+l_{2113}\left(\frac{A_{\mathrm{m},A}}{T}\right)^2\left(\frac{A_{\mathrm{m},\beta\text{-}C}}{T}\right)\\
&\quad+l_{2122}\left(\frac{A_{\mathrm{m},A}}{T}\right)\left(\frac{A_{\mathrm{m},\gamma\text{-}B}}{T}\right)^2+l_{2123}\left(\frac{A_{\mathrm{m},A}}{T}\right)\left(\frac{A_{\mathrm{m},\gamma\text{-}B}}{T}\right)\left(\frac{A_{\mathrm{m},\beta\text{-}C}}{T}\right)\\
&\quad+l_{2133}\left(\frac{A_{\mathrm{m},A}}{T}\right)\left(\frac{A_{\mathrm{m},\beta\text{-}C}}{T}\right)^2+l_{2222}\left(\frac{A_{\mathrm{m},\gamma\text{-}B}}{T}\right)^3\\
&\quad+l_{2223}\left(\frac{A_{\mathrm{m},\gamma\text{-}B}}{T}\right)^2\left(\frac{A_{\mathrm{m},\beta\text{-}C}}{T}\right)\\
&\quad+l_{2233}\left(\frac{A_{\mathrm{m},B}}{T}\right)\left(\frac{A_{\mathrm{m},\beta\text{-}C}}{T}\right)^2+l_{2333}\left(\frac{A_{\mathrm{m},\beta\text{-}C}}{T}\right)^3+\cdots\Bigg]
\end{aligned}
\tag{9.528}
$$

$$
\begin{aligned}
\frac{\mathrm{d}N_{(C)_{E(\delta')}}}{\mathrm{d}t} &= -\frac{\mathrm{d}N_{\beta\text{-}C}}{\mathrm{d}t} = Vj_{\beta\text{-}C} \\
&= -V\left[l_{31}\left(\frac{A_{\mathrm{m},A}}{T}\right) + l_{32}\left(\frac{A_{\mathrm{m},\gamma\text{-}B}}{T}\right) + l_{33}\left(\frac{A_{\mathrm{m},\beta\text{-}C}}{T}\right) + l_{311}\left(\frac{A_{\mathrm{m},A}}{T}\right)^2\right. \\
&\quad + l_{312}\left(\frac{A_{\mathrm{m},A}}{T}\right)\left(\frac{A_{\mathrm{m},\gamma\text{-}B}}{T}\right) + l_{313}\left(\frac{A_{\mathrm{m},A}}{T}\right)\left(\frac{A_{\mathrm{m},\beta\text{-}C}}{T}\right) + l_{322}\left(\frac{A_{\mathrm{m},\gamma\text{-}B}}{T}\right)^2 \\
&\quad + l_{323}\left(\frac{A_{\mathrm{m},\gamma\text{-}B}}{T}\right)\left(\frac{A_{\mathrm{m},\beta\text{-}C}}{T}\right) + l_{333}\left(\frac{A_{\mathrm{m},\beta\text{-}C}}{T}\right)^2 + l_{3111}\left(\frac{A_{\mathrm{m},A}}{T}\right)^3 \\
&\quad + l_{3112}\left(\frac{A_{\mathrm{m},A}}{T}\right)^2\left(\frac{A_{\mathrm{m},\gamma\text{-}B}}{T}\right) + l_{3113}\left(\frac{A_{\mathrm{m},A}}{T}\right)^2\left(\frac{A_{\mathrm{m},C}}{T}\right) \\
&\quad + l_{3122}\left(\frac{A_{\mathrm{m},\gamma\text{-}B}}{T}\right)^2\left(\frac{A_{\mathrm{m},A}}{T}\right) + l_{3123}\left(\frac{A_{\mathrm{m},A}}{T}\right)\left(\frac{A_{\mathrm{m},\gamma\text{-}B}}{T}\right)\left(\frac{A_{\mathrm{m},\beta\text{-}C}}{T}\right) \\
&\quad + l_{3133}\left(\frac{A_{\mathrm{m},\beta\text{-}C}}{T}\right)^2\left(\frac{A_{\mathrm{m},A}}{T}\right) + l_{3222}\left(\frac{A_{\mathrm{m},\gamma\text{-}B}}{T}\right)^3 \\
&\quad + l_{3223}\left(\frac{A_{\mathrm{m},\gamma\text{-}B}}{T}\right)^2\left(\frac{A_{\mathrm{m},\beta\text{-}C}}{T}\right) \\
&\quad \left. + l_{3233}\left(\frac{A_{\mathrm{m},\beta\text{-}C}}{T}\right)^2\left(\frac{A_{\mathrm{m},\gamma\text{-}B}}{T}\right) + l_{3333}\left(\frac{A_{\mathrm{m},\beta\text{-}C}}{T}\right)^3 + \cdots\right]
\end{aligned} \tag{9.529}
$$

式中，

$$A_{\mathrm{m},A} = \Delta G_{\mathrm{m},A}$$

$$A_{\mathrm{m},\gamma\text{-}B} = \Delta G_{\mathrm{m},\gamma\text{-}B}$$

$$A_{\mathrm{m},\beta\text{-}C} = \Delta G_{\mathrm{m},\beta\text{-}C}$$

2) 从温度 T_1 到 T_2

从温度 T_1 到 T_2，固相组元 $\gamma\text{-}B$ 和 $\beta\text{-}C$ 溶解，不考虑耦合作用，在温度 T_i 其溶解速率为

$$
\begin{aligned}
\frac{\mathrm{d}N_{(B)_{\delta'_{i-1}}}}{\mathrm{d}t} &= -\frac{\mathrm{d}N_{\gamma\text{-}B}}{\mathrm{d}t} = Vj_{\gamma\text{-}B} \\
&= -V\left[l_1\left(\frac{A_{\mathrm{m},\gamma\text{-}B}}{T}\right) + l_2\left(\frac{A_{\mathrm{m},\gamma\text{-}B}}{T}\right)^2 + l_3\left(\frac{A_{\mathrm{m},\gamma\text{-}B}}{T}\right)^3 + \cdots\right]
\end{aligned} \tag{9.530}
$$

$$
\begin{aligned}
\frac{\mathrm{d}N_{(C)_{\delta'_{i-1}}}}{\mathrm{d}t} &= -\frac{\mathrm{d}N_{\beta\text{-}C}}{\mathrm{d}t} = Vj_{\beta\text{-}C} \\
&= -V\left[l_1\left(\frac{A_{\mathrm{m},\beta\text{-}C}}{T}\right) + l_2\left(\frac{A_{\mathrm{m},\beta\text{-}C}}{T}\right)^2 + l_3\left(\frac{A_{\mathrm{m},\beta\text{-}C}}{T}\right)^3 + \cdots\right]
\end{aligned} \tag{9.531}
$$

考虑耦合作用，有

$$\begin{aligned}\frac{\mathrm{d}N_{(B)_{\delta'_{i-1}}}}{\mathrm{d}t} &= -\frac{\mathrm{d}N_{\gamma\text{-}B}}{\mathrm{d}t} = Vj_{\gamma\text{-}B} \\ &= -V\left[l_{11}\left(\frac{A_{\mathrm{m},\gamma\text{-}B}}{T}\right) + l_{12}\left(\frac{A_{\mathrm{m},\beta\text{-}C}}{T}\right) + l_{111}\left(\frac{A_{\mathrm{m},\gamma\text{-}B}}{T}\right)^2\right. \\ &\quad + l_{112}\left(\frac{A_{\mathrm{m},\gamma\text{-}B}}{T}\right)\left(\frac{A_{\mathrm{m},\beta\text{-}C}}{T}\right) + l_{122}\left(\frac{A_{\mathrm{m},\beta\text{-}C}}{T}\right)^2 + l_{1111}\left(\frac{A_{\mathrm{m},\gamma\text{-}B}}{T}\right)^3 \\ &\quad + l_{1112}\left(\frac{A_{\mathrm{m},\gamma\text{-}B}}{T}\right)^2\left(\frac{A_{\mathrm{m},\beta\text{-}C}}{T}\right) + l_{1122}\left(\frac{A_{\mathrm{m},\gamma\text{-}B}}{T}\right)\left(\frac{A_{\mathrm{m},\beta\text{-}C}}{T}\right)^2 \\ &\quad \left.+ l_{1222}\left(\frac{A_{\mathrm{m},\beta\text{-}C}}{T}\right)^3 + \cdots\right] \end{aligned} \tag{9.532}$$

$$\begin{aligned}\frac{\mathrm{d}N_{(C)_{\delta'_{i-1}}}}{\mathrm{d}t} &= -\frac{\mathrm{d}N_{\beta\text{-}C}}{\mathrm{d}t} = Vj_{\beta\text{-}C} \\ &= -V\left[l_{21}\left(\frac{A_{\mathrm{m},\gamma\text{-}B}}{T}\right) + l_{22}\left(\frac{A_{\mathrm{m},\beta\text{-}C}}{T}\right) + l_{211}\left(\frac{A_{\mathrm{m},\gamma\text{-}B}}{T}\right)^2\right. \\ &\quad + l_{212}\left(\frac{A_{\mathrm{m},\gamma\text{-}B}}{T}\right)\left(\frac{A_{\mathrm{m},\beta\text{-}C}}{T}\right) + l_{222}\left(\frac{A_{\mathrm{m},\beta\text{-}C}}{T}\right)^2 + l_{2111}\left(\frac{A_{\mathrm{m},\gamma\text{-}B}}{T}\right)^3 \\ &\quad + l_{2112}\left(\frac{A_{\mathrm{m},\gamma\text{-}B}}{T}\right)^2\left(\frac{A_{\mathrm{m},\beta\text{-}C}}{T}\right) + l_{2122}\left(\frac{A_{\mathrm{m},\gamma\text{-}B}}{T}\right)\left(\frac{A_{\mathrm{m},\beta\text{-}C}}{T}\right)^2 \\ &\quad \left.+ l_{2222}\left(\frac{A_{\mathrm{m},\beta\text{-}C}}{T}\right)^3 + \cdots\right] \end{aligned} \tag{9.533}$$

式中，

$$A_{\mathrm{m},\gamma\text{-}B} = \Delta G_{\mathrm{m},\gamma\text{-}B}$$

$$A_{\mathrm{m},\beta\text{-}C} = \Delta G_{\mathrm{m},\beta\text{-}C}$$

3) 在温度 T_{t_2+1}

从温度 T_{t_2+1}，由 $\gamma\text{-}B \rightarrow \beta\text{-}B$ 的晶型转变速率为

$$\begin{aligned}\frac{\mathrm{d}N_{\beta\text{-}B}}{\mathrm{d}t} &= -\frac{\mathrm{d}N_{\gamma\text{-}B}}{T} = j_{B(\gamma\rightarrow\beta)} \\ &= l_1\left(\frac{A_{\mathrm{m},B(\gamma\text{-}B)}}{T}\right) + l_2\left(\frac{A_{\mathrm{m},B(\gamma\text{-}B)}}{T}\right)^2 + l_3\left(\frac{A_{\mathrm{m},B(\gamma\text{-}B)}}{T}\right)^3 + \cdots \end{aligned} \tag{9.534}$$

不考虑耦合作用，固相组元 $\gamma\text{-}B$、$\beta\text{-}B$ 和 $\beta\text{-}C$ 的溶解速率为

$$
\begin{aligned}
-\frac{\mathrm{d}N_{\gamma\text{-}B}}{\mathrm{d}t} &= Vj_{\gamma\text{-}B} \\
&= -V\left[l_1\left(\frac{A_{\mathrm{m},\gamma\text{-}B}}{T}\right)+l_2\left(\frac{A_{\mathrm{m},\gamma\text{-}B}}{T}\right)^2+l_3\left(\frac{A_{\mathrm{m},\gamma\text{-}B}}{T}\right)^3+\cdots\right]
\end{aligned}
\tag{9.535}
$$

$$
\begin{aligned}
-\frac{\mathrm{d}N_{\beta\text{-}B}}{\mathrm{d}t} &= Vj_{\beta\text{-}B} \\
&= -V\left[l_1\left(\frac{A_{\mathrm{m},\beta\text{-}B}}{T}\right)+l_2\left(\frac{A_{\mathrm{m},\beta\text{-}B}}{T}\right)^2+l_3\left(\frac{A_{\mathrm{m},\beta\text{-}B}}{T}\right)^3+\cdots\right]
\end{aligned}
\tag{9.536}
$$

$$
\begin{aligned}
-\frac{\mathrm{d}N_{\beta\text{-}C}}{\mathrm{d}t} &= Vj_{\beta\text{-}C} \\
&= -V\left[l_1\left(\frac{A_{\mathrm{m},\beta\text{-}C}}{T}\right)+l_2\left(\frac{A_{\mathrm{m},\beta\text{-}C}}{T}\right)^2+l_3\left(\frac{A_{\mathrm{m},\beta\text{-}C}}{T}\right)^3+\cdots\right]
\end{aligned}
\tag{9.537}
$$

考虑耦合作用，有

$$
\begin{aligned}
-\frac{\mathrm{d}N_{\gamma\text{-}B}}{\mathrm{d}t} &= Vj_{\gamma\text{-}B} \\
&= -V\Bigg[l_{11}\left(\frac{A_{\mathrm{m},\gamma\text{-}B}}{T}\right)+l_{12}\left(\frac{A_{\mathrm{m},\beta\text{-}B}}{T}\right)+l_{13}\left(\frac{A_{\mathrm{m},\beta\text{-}C}}{T}\right)+l_{111}\left(\frac{A_{\mathrm{m},\gamma\text{-}B}}{T}\right)^2 \\
&\quad+l_{112}\left(\frac{A_{\mathrm{m},\gamma\text{-}B}}{T}\right)\left(\frac{A_{\mathrm{m},\beta\text{-}B}}{T}\right) \\
&\quad+l_{113}\left(\frac{A_{\mathrm{m},\gamma\text{-}B}}{T}\right)\left(\frac{A_{\mathrm{m},\beta\text{-}C}}{T}\right)+l_{122}\left(\frac{A_{\mathrm{m},\beta\text{-}B}}{T}\right)^2 \\
&\quad+l_{123}\left(\frac{A_{\mathrm{m},\beta\text{-}B}}{T}\right)\left(\frac{A_{\mathrm{m},\beta\text{-}B}}{T}\right)\left(\frac{A_{\mathrm{m},\beta\text{-}C}}{T}\right) \\
&\quad+l_{133}\left(\frac{A_{\mathrm{m},\beta\text{-}C}}{T}\right)^2+l_{1111}\left(\frac{A_{\mathrm{m},\gamma\text{-}B}}{T}\right)^3 \\
&\quad+l_{1112}\left(\frac{A_{\mathrm{m},\gamma\text{-}B}}{T}\right)^2\left(\frac{A_{\mathrm{m},\beta\text{-}B}}{T}\right)+l_{1113}\left(\frac{A_{\mathrm{m},\gamma\text{-}B}}{T}\right)^2\left(\frac{A_{\mathrm{m},\beta\text{-}C}}{T}\right) \\
&\quad+l_{1122}\left(\frac{A_{\mathrm{m},\gamma\text{-}B}}{T}\right)\left(\frac{A_{\mathrm{m},\beta\text{-}B}}{T}\right)^3+l_{1123}\left(\frac{A_{\mathrm{m},\gamma\text{-}B}}{T}\right)\left(\frac{A_{\mathrm{m},\beta\text{-}B}}{T}\right)\left(\frac{A_{\mathrm{m},\beta\text{-}C}}{T}\right) \\
&\quad+l_{1133}\left(\frac{A_{\mathrm{m},\gamma\text{-}B}}{T}\right)\left(\frac{A_{\mathrm{m},\beta\text{-}C}}{T}\right)^2+l_{1222}\left(\frac{A_{\mathrm{m},\gamma\text{-}B}}{T}\right)^3 \\
&\quad+l_{1223}\left(\frac{A_{\mathrm{m},\beta\text{-}B}}{T}\right)^2\left(\frac{A_{\mathrm{m},\beta\text{-}C}}{T}\right)+l_{1233}\left(\frac{A_{\mathrm{m},\beta\text{-}B}}{T}\right)\left(\frac{A_{\mathrm{m},\beta\text{-}C}}{T}\right)^2 \\
&\quad+l_{1333}\left(\frac{A_{\mathrm{m},\beta\text{-}C}}{T}\right)^3+\cdots\Bigg]
\end{aligned}
\tag{9.538}
$$

$$
\begin{aligned}
-\frac{\mathrm{d}N_{\beta\text{-}B}}{\mathrm{d}t} =& Vj_{\beta\text{-}B}\\
=& -V\left[l_{21}\left(\frac{A_{\mathrm{m},\gamma\text{-}B}}{T}\right)+l_{22}\left(\frac{A_{\mathrm{m},\beta\text{-}B}}{T}\right)+l_{23}\left(\frac{A_{\mathrm{m},\beta\text{-}C}}{T}\right)\right.\\
&+l_{211}\left(\frac{A_{\mathrm{m},\gamma\text{-}B}}{T}\right)^2\left(\frac{A_{\mathrm{m},A}}{T}\right)+l_{212}\left(\frac{A_{\mathrm{m},\gamma\text{-}B}}{T}\right)\left(\frac{A_{\mathrm{m},\beta\text{-}B}}{T}\right)\\
&+l_{213}\left(\frac{A_{\mathrm{m},\gamma\text{-}B}}{T}\right)\left(\frac{A_{\mathrm{m},\beta\text{-}C}}{T}\right)+l_{222}\left(\frac{A_{\mathrm{m},\beta\text{-}B}}{T}\right)^2\\
&+l_{223}\left(\frac{A_{\mathrm{m},\beta\text{-}B}}{T}\right)\left(\frac{A_{\mathrm{m},\beta\text{-}C}}{T}\right)\\
&+l_{233}\left(\frac{A_{\mathrm{m},\beta\text{-}C}}{T}\right)^2+l_{2111}\left(\frac{A_{\mathrm{m},\gamma\text{-}B}}{T}\right)^3+l_{2112}\left(\frac{A_{\mathrm{m},\gamma\text{-}B}}{T}\right)^2\left(\frac{A_{\mathrm{m},\beta\text{-}B}}{T}\right)\\
&+l_{2113}\left(\frac{A_{\mathrm{m},\gamma\text{-}B}}{T}\right)^2\left(\frac{A_{\mathrm{m},\beta\text{-}C}}{T}\right)+l_{2122}\left(\frac{A_{\mathrm{m},\gamma\text{-}B}}{T}\right)\left(\frac{A_{\mathrm{m},\beta\text{-}B}}{T}\right)^2\\
&+l_{2123}\left(\frac{A_{\mathrm{m},\gamma\text{-}B}}{T}\right)\left(\frac{A_{\mathrm{m},\beta\text{-}B}}{T}\right)\left(\frac{A_{\mathrm{m},\beta\text{-}C}}{T}\right)+l_{2133}\left(\frac{A_{\mathrm{m},\gamma\text{-}B}}{T}\right)\left(\frac{A_{\mathrm{m},\beta\text{-}C}}{T}\right)^2\\
&+l_{2222}\left(\frac{A_{\mathrm{m},\beta\text{-}B}}{T}\right)^3+l_{2223}\left(\frac{A_{\mathrm{m},\beta\text{-}B}}{T}\right)^2\left(\frac{A_{\mathrm{m},\beta\text{-}C}}{T}\right)\\
&\left.+l_{2233}\left(\frac{A_{\mathrm{m},\beta\text{-}B}}{T}\right)\left(\frac{A_{\mathrm{m},\beta\text{-}C}}{T}\right)^2+l_{2333}\left(\frac{A_{\mathrm{m},\beta\text{-}C}}{T}\right)^3+\cdots\right]
\end{aligned}
\tag{9.539}
$$

$$
\begin{aligned}
-\frac{\mathrm{d}N_{\beta\text{-}C}}{\mathrm{d}t} =& Vj_{\beta\text{-}C}\\
=& -V\left[l_{31}\left(\frac{A_{\mathrm{m},\gamma\text{-}B}}{T}\right)+l_{32}\left(\frac{A_{\mathrm{m},\beta\text{-}B}}{T}\right)+l_{33}\left(\frac{A_{\mathrm{m},\beta\text{-}C}}{T}\right)\right.\\
&+l_{311}\left(\frac{A_{\mathrm{m},\gamma\text{-}B}}{T}\right)^2\left(\frac{A_{\mathrm{m},A}}{T}\right)+l_{312}\left(\frac{A_{\mathrm{m},\gamma\text{-}B}}{T}\right)\left(\frac{A_{\mathrm{m},\beta\text{-}B}}{T}\right)\\
&+l_{313}\left(\frac{A_{\mathrm{m},\gamma\text{-}B}}{T}\right)\left(\frac{A_{\mathrm{m},\beta\text{-}C}}{T}\right)+l_{322}\left(\frac{A_{\mathrm{m},\beta\text{-}B}}{T}\right)^2\\
&+l_{323}\left(\frac{A_{\mathrm{m},\beta\text{-}B}}{T}\right)\left(\frac{A_{\mathrm{m},\beta\text{-}C}}{T}\right)\\
&+l_{333}\left(\frac{A_{\mathrm{m},\beta\text{-}C}}{T}\right)^2+l_{3111}\left(\frac{A_{\mathrm{m},\gamma\text{-}B}}{T}\right)^3+l_{3112}\left(\frac{A_{\mathrm{m},\gamma\text{-}B}}{T}\right)^2\left(\frac{A_{\mathrm{m},\beta\text{-}B}}{T}\right)\\
&+l_{3113}\left(\frac{A_{\mathrm{m},\gamma\text{-}B}}{T}\right)^2\left(\frac{A_{\mathrm{m},\beta\text{-}C}}{T}\right)+l_{3122}\left(\frac{A_{\mathrm{m},\gamma\text{-}B}}{T}\right)\left(\frac{A_{\mathrm{m},\beta\text{-}B}}{T}\right)^2
\end{aligned}
$$

$$+ l_{3123}\left(\frac{A_{\mathrm{m},\gamma\text{-}B}}{T}\right)\left(\frac{A_{\mathrm{m},\beta\text{-}B}}{T}\right)\left(\frac{A_{\mathrm{m},\beta\text{-}C}}{T}\right) + l_{3133}\left(\frac{A_{\mathrm{m},\gamma\text{-}B}}{T}\right)\left(\frac{A_{\mathrm{m},\beta\text{-}C}}{T}\right)^2$$
$$+ l_{3222}\left(\frac{A_{\mathrm{m},\beta\text{-}B}}{T}\right)^3 + l_{3223}\left(\frac{A_{\mathrm{m},\beta\text{-}B}}{T}\right)^2\left(\frac{A_{\mathrm{m},\beta\text{-}C}}{T}\right)$$
$$+ l_{3233}\left(\frac{A_{\mathrm{m},\beta\text{-}B}}{T}\right)\left(\frac{A_{\mathrm{m},\beta\text{-}C}}{T}\right)^2 + l_{3333}\left(\frac{A_{\mathrm{m},\beta\text{-}C}}{T}\right)^3 + \cdots\Bigg] \tag{9.540}$$

式中，

$$A_{\mathrm{m},\gamma\text{-}B} = \Delta G_{\mathrm{m},\gamma\text{-}B}$$
$$A_{\mathrm{m},\beta\text{-}B} = \Delta G_{\mathrm{m},\beta\text{-}B}$$
$$A_{\mathrm{m},\beta\text{-}C} = \Delta G_{\mathrm{m},\beta\text{-}C}$$

4) 从温度 T_{t_2+1} 到 T_{Q+1}

从温度 T_{t_2+1} 到 T_{Q+1}，固相组元 $\beta\text{-}B$ 和 $\beta\text{-}C$ 溶解。不考虑耦合作用，在温度 T_k，其溶解速率为

$$\begin{aligned}-\frac{\mathrm{d}N_{\beta\text{-}B}}{\mathrm{d}t} &= Vj_{\beta\text{-}B}\\ &= -V\left[l_1\left(\frac{A_{\mathrm{m},\beta\text{-}B}}{T}\right) + l_2\left(\frac{A_{\mathrm{m},\beta\text{-}B}}{T}\right)^2 + l_3\left(\frac{A_{\mathrm{m},\beta\text{-}B}}{T}\right)^3 + \cdots\right]\end{aligned} \tag{9.541}$$

$$\begin{aligned}-\frac{\mathrm{d}N_{\beta\text{-}C}}{\mathrm{d}t} &= Vj_{\beta\text{-}C}\\ &= -V\left[l_1\left(\frac{A_{\mathrm{m},\beta\text{-}C}}{T}\right) + l_2\left(\frac{A_{\mathrm{m},\beta\text{-}C}}{T}\right)^2 + l_3\left(\frac{A_{\mathrm{m},\beta\text{-}C}}{T}\right)^3 + \cdots\right]\end{aligned} \tag{9.542}$$

考虑耦合作用，有

$$\begin{aligned}-\frac{\mathrm{d}N_{\beta\text{-}B}}{\mathrm{d}t} =& Vj_{\beta\text{-}B}\\ =& -V\Bigg[l_{11}\left(\frac{A_{\mathrm{m},\beta\text{-}B}}{T}\right) + l_{12}\left(\frac{A_{\mathrm{m},\beta\text{-}C}}{T}\right) + l_{111}\left(\frac{A_{\mathrm{m},\beta\text{-}B}}{T}\right)^2\\ &+ l_{112}\left(\frac{A_{\mathrm{m},\beta\text{-}B}}{T}\right)\left(\frac{A_{\mathrm{m},\beta\text{-}C}}{T}\right) + l_{122}\left(\frac{A_{\mathrm{m},\beta\text{-}C}}{T}\right)^2 + l_{1111}\left(\frac{A_{\mathrm{m},\beta\text{-}B}}{T}\right)^3\\ &+ l_{1112}\left(\frac{A_{\mathrm{m},\beta\text{-}B}}{T}\right)^2\left(\frac{A_{\mathrm{m},\beta\text{-}C}}{T}\right) + l_{1122}\left(\frac{A_{\mathrm{m},\beta\text{-}B}}{T}\right)\left(\frac{A_{\mathrm{m},\beta\text{-}C}}{T}\right)^2\\ &+ l_{1222}\left(\frac{A_{\mathrm{m},\beta\text{-}C}}{T}\right)^3 + \cdots\Bigg]\end{aligned} \tag{9.543}$$

$$
\begin{aligned}
-\frac{\mathrm{d}N_{\beta\text{-}C}}{\mathrm{d}t} =& Vj_{\beta\text{-}C} \\
=& -V\left[l_{21}\left(\frac{A_{\mathrm{m},\beta\text{-}B}}{T}\right)+l_{22}\left(\frac{A_{\mathrm{m},\beta\text{-}C}}{T}\right)+l_{211}\left(\frac{A_{\mathrm{m},\beta\text{-}B}}{T}\right)^2\right. \\
&+l_{212}\left(\frac{A_{\mathrm{m},\beta\text{-}B}}{T}\right)\left(\frac{A_{\mathrm{m},\beta\text{-}C}}{T}\right)+l_{222}\left(\frac{A_{\mathrm{m},\beta\text{-}C}}{T}\right)^2+l_{2111}\left(\frac{A_{\mathrm{m},\beta\text{-}B}}{T}\right)^3 \\
&+l_{2112}\left(\frac{A_{\mathrm{m},\beta\text{-}B}}{T}\right)^2\left(\frac{A_{\mathrm{m},\beta\text{-}C}}{T}\right)+l_{2122}\left(\frac{A_{\mathrm{m},\beta\text{-}B}}{T}\right)\left(\frac{A_{\mathrm{m},\beta\text{-}C}}{T}\right)^2 \\
&\left.+l_{2222}\left(\frac{A_{\mathrm{m},\beta\text{-}C}}{T}\right)^3+\cdots\right]
\end{aligned}
\tag{9.544}
$$

式中，

$$A_{\mathrm{m},\beta\text{-}B}=\Delta G_{\mathrm{m},B}$$

$$A_{\mathrm{m},\beta\text{-}C}=\Delta G_{\mathrm{m},C}$$

5) 从温度 T_{Q+1} 到 T_P

从温度 T_{Q+1} 到 T_P，固相组元 $\beta\text{-}B$ 溶解。在温度 T_j，溶解速率为

$$
\begin{aligned}
-\frac{\mathrm{d}N_{(B)_{\delta'_{j-1}}}}{\mathrm{d}t} =& -\frac{\mathrm{d}_{N_{\beta\text{-}B}}}{\mathrm{d}t} = Vj_{\beta\text{-}B} \\
=& -V\left[l_1\left(\frac{A_{\mathrm{m},\beta\text{-}B}}{T}\right)+l_2\left(\frac{A_{\mathrm{m},\beta\text{-}B}}{T}\right)^2+l_3\left(\frac{A_{\mathrm{m},\beta\text{-}B}}{T}\right)^3+\cdots\right]
\end{aligned}
\tag{9.545}
$$

式中，

$$A_{\mathrm{m},\beta\text{-}B}=\Delta G_{\mathrm{m},B}$$

6) 在温度 T_{P+1}

在温度 T_{P+1}，相变速率为

$$
\frac{\mathrm{d}N_{B(\beta\to\alpha)}}{\mathrm{d}t}=-l_1\left(\frac{A_{\mathrm{m},B(\beta\to\alpha)}}{T}\right)-l_2\left(\frac{A_{\mathrm{m},B(\beta\to\alpha)}}{T}\right)^2-l_3\left(\frac{A_{\mathrm{m},B(\beta\to\alpha)}}{T}\right)^3-\cdots
\tag{9.546}
$$

在温度 T_{P+1}，固相组元 $\beta\text{-}B$ 的相变速率为

$$
\begin{aligned}
\frac{\mathrm{d}N_{\alpha\text{-}B}}{\mathrm{d}t} =& -\frac{\mathrm{d}N_{\beta\text{-}B}}{\mathrm{d}t} = j_{B(\beta\to\alpha)} \\
=& l_1\left(\frac{A_{\mathrm{m},B(\beta\to\alpha)}}{T}\right)+l_2\left(\frac{A_{\mathrm{m},B(\beta\to\alpha)}}{T}\right)^2+l_3\left(\frac{A_{\mathrm{m},B(\beta\to\alpha)}}{T}\right)^3+\cdots
\end{aligned}
\tag{9.547}
$$

不考虑耦合作用，固相组元 $\beta\text{-}B$ 和 $\alpha\text{-}B$ 的溶解速率为

$$\begin{aligned}-\frac{\mathrm{d}N_{\beta\text{-}B}}{\mathrm{d}t}&=Vj_{\beta\text{-}B}\\&=-V\left[l_1\left(\frac{A_{\mathrm{m},\beta\text{-}B}}{T}\right)+l_2\left(\frac{A_{\mathrm{m},\beta\text{-}B}}{T}\right)^2+l_3\left(\frac{A_{\mathrm{m},\beta\text{-}B}}{T}\right)^3+\cdots\right]\end{aligned}\tag{9.548}$$

$$\begin{aligned}-\frac{\mathrm{d}N_{\alpha\text{-}B}}{\mathrm{d}t}&=Vj_{\alpha\text{-}B}\\&=-V\left[l_1\left(\frac{A_{\mathrm{m},\alpha\text{-}B}}{T}\right)+l_2\left(\frac{A_{\mathrm{m},\alpha\text{-}B}}{T}\right)^2+l_3\left(\frac{A_{\mathrm{m},\alpha\text{-}B}}{T}\right)^3+\cdots\right]\end{aligned}\tag{9.549}$$

考虑耦合作用，有

$$\begin{aligned}-\frac{\mathrm{d}N_{\beta\text{-}B}}{\mathrm{d}t}=&Vj_{\beta\text{-}B}\\=&-V\Bigg[l_{11}\left(\frac{A_{\mathrm{m},\beta\text{-}B}}{T}\right)+l_{12}\left(\frac{A_{\mathrm{m},\alpha\text{-}B}}{T}\right)+l_{111}\left(\frac{A_{\mathrm{m},\beta\text{-}B}}{T}\right)^2\\&+l_{112}\left(\frac{A_{\mathrm{m},\beta\text{-}B}}{T}\right)\left(\frac{A_{\mathrm{m},\alpha\text{-}B}}{T}\right)+l_{122}\left(\frac{A_{\mathrm{m},\alpha\text{-}B}}{T}\right)^2+l_{1111}\left(\frac{A_{\mathrm{m},\beta\text{-}B}}{T}\right)^3\\&+l_{1112}\left(\frac{A_{\mathrm{m},\beta\text{-}B}}{T}\right)^2\left(\frac{A_{\mathrm{m},\alpha\text{-}B}}{T}\right)+l_{1122}\left(\frac{A_{\mathrm{m},\beta\text{-}B}}{T}\right)\left(\frac{A_{\mathrm{m},\alpha\text{-}B}}{T}\right)^2\\&+l_{1222}\left(\frac{A_{\mathrm{m},\alpha\text{-}B}}{T}\right)^3+\cdots\Bigg]\end{aligned}\tag{9.550}$$

$$\begin{aligned}-\frac{\mathrm{d}N_{\alpha\text{-}B}}{\mathrm{d}t}=&Vj_{\alpha\text{-}B}\\=&-V\Bigg[l_{21}\left(\frac{A_{\mathrm{m},\beta\text{-}B}}{T}\right)+l_{22}\left(\frac{A_{\mathrm{m},\alpha\text{-}B}}{T}\right)+l_{211}\left(\frac{A_{\mathrm{m},\beta\text{-}B}}{T}\right)^2\\&+l_{212}\left(\frac{A_{\mathrm{m},\beta\text{-}B}}{T}\right)\left(\frac{A_{\mathrm{m},\alpha\text{-}B}}{T}\right)+l_{222}\left(\frac{A_{\mathrm{m},\alpha\text{-}B}}{T}\right)^2+l_{2111}\left(\frac{A_{\mathrm{m},\beta\text{-}B}}{T}\right)^3\\&+l_{2112}\left(\frac{A_{\mathrm{m},\beta\text{-}B}}{T}\right)^2\left(\frac{A_{\mathrm{m},\alpha\text{-}B}}{T}\right)+l_{2122}\left(\frac{A_{\mathrm{m},\beta\text{-}B}}{T}\right)\left(\frac{A_{\mathrm{m},\alpha\text{-}B}}{T}\right)^2\\&+l_{2222}\left(\frac{A_{\mathrm{m},\alpha\text{-}B}}{T}\right)^3\cdots\Bigg]\end{aligned}\tag{9.551}$$

式中，

$$A_{\mathrm{m},\beta\text{-}B}=\Delta G_{\mathrm{m},B_1}$$

$$A_{\mathrm{m},\alpha\text{-}B}=\Delta G_{\mathrm{m},B_2}$$

7) 从温度 T_P 到 T

从温度 T_P 到 T，固相组元 α-B 溶解，速率为

$$\begin{aligned} -\frac{\mathrm{d}N_{\alpha\text{-}B}}{\mathrm{d}t} &= Vj_B \\ &= -V\left[l_1\left(\frac{A_{\mathrm{m},B}}{T}\right)+l_2\left(\frac{A_{\mathrm{m},B}}{T}\right)^2+l_3\left(\frac{A_{\mathrm{m},B}}{T}\right)^3+\cdots\right] \end{aligned} \tag{9.552}$$

式中，

$$A_{\mathrm{m},\beta\text{-}B} = \Delta G_{\mathrm{m},B_1}$$

9.3.9 具有固相分层的三元系

1. 相变过程热力学

图 9.17 是具有固相分层的三元系相图。

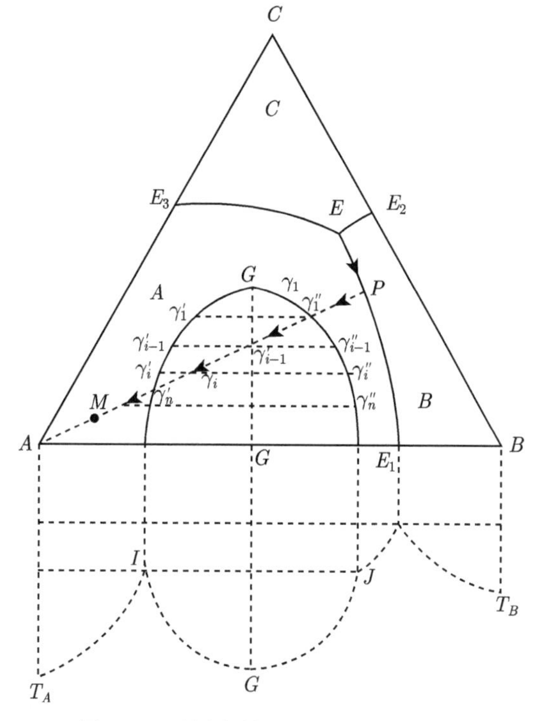

图 9.17 具有固相分层的三元系相图

1) 温度升高到 T_E

组成为 M 的物质升温。温度升高到 T_E，物质组成点到达过 E 点的等温平面。开始出现 γ 相。两相平衡，有

$$E\,(\mathrm{s}) \rightleftharpoons E(\gamma)$$

即

$$x_A A\,(\mathrm{s}) + x_B B\,(\mathrm{s}) + x_C C\,(\mathrm{s}) \rightleftharpoons x_A (A)_{E(\gamma)} + x_B (B)_{E(\gamma)} + x_C (C)_{E(\gamma)}$$
$$\equiv x_A\,(A)_{饱} + x_B\,(B)_{饱} + x_C\,(C)_{饱}$$

或

$$A\,(\mathrm{s}) \rightleftharpoons (A)_{E(\gamma)} \equiv (A)_{饱}$$

$$B\,(\mathrm{s}) \rightleftharpoons (B)_{E(\gamma)} \equiv (B)_{饱}$$

$$C\,(\mathrm{s}) \rightleftharpoons (C)_{E(\gamma)} \equiv (C)_{饱}$$

该过程的摩尔吉布斯自由能变化为

$$\begin{aligned}\Delta G_{\mathrm{m},E}\,(T_E) &= G_{\mathrm{m},E(\gamma)}\,(T_E) - G_{\mathrm{m},E(\mathrm{s})}\,(T_E)\\ &= \Delta_{\mathrm{fus}}H_{\mathrm{m},E}\,(T_E) - T_E\Delta_{\mathrm{fus}}S_{\mathrm{m},E}\,(T_E)\\ &= \Delta_{\mathrm{fus}}H_{\mathrm{m},E}\,(T_E) - T_E\frac{\Delta_{\mathrm{fus}}H_{\mathrm{m},E}\,(T_E)}{T_E}\\ &= 0\end{aligned} \tag{9.553}$$

或

$$\Delta G_{\mathrm{m},E}\,(T_E) = x_A\Delta G_{\mathrm{m},A}\,(T_E) + x_B\Delta G_{\mathrm{m},B}\,(T_E) + x_C\Delta G_{\mathrm{m},C}\,(T_E) \tag{9.554}$$

式中，

$$\begin{aligned}\Delta G_{\mathrm{m},A}\,(T_E) &= \overline{G}_{\mathrm{m},(A)_{E(\gamma)}}\,(T_E) - G_{\mathrm{m},A(\mathrm{s})}\,(T_E)\\ &= \Delta_{\mathrm{sol}}H_{\mathrm{m},A}\,(T_E) - T_E\Delta_{\mathrm{sol}}S_{\mathrm{m},A}\,(T_E)\\ &= \Delta_{\mathrm{sol}}H_{\mathrm{m},A}\,(T_E) - T_E\frac{\Delta_{\mathrm{sol}}H_{\mathrm{m},A}\,(T_E)}{T_E}\\ &= 0\end{aligned}$$

同理

$$\Delta G_{\mathrm{m},B}\,(T_E) = \Delta_{\mathrm{sol}}H_{\mathrm{m},B}\,(T_E) - T_E\frac{\Delta_{\mathrm{sol}}H_{\mathrm{m},B}\,(T_E)}{T_E} = 0 \tag{9.555}$$

$$\Delta G_{\mathrm{m},C}\,(T_E) = \Delta_{\mathrm{sol}}H_{\mathrm{m},C}\,(T_E) - T_E\frac{\Delta_{\mathrm{sol}}H_{\mathrm{m},C}\,(T_E)}{T_E} = 0 \tag{9.556}$$

组元 A、B、C 都以其纯固态为标准状态，组成以摩尔分数表示，有

$$\begin{aligned}\Delta G_{\mathrm{m},A} &= \mu_{(A)_{E(\gamma)}} - \mu_{A(\mathrm{s})}\\ &= -RT\ln a^{\mathrm{R}}_{(A)_{E(\gamma)}} = -RT\ln a^{\mathrm{R}}_{(A)_{饱}} = 0\end{aligned} \tag{9.557}$$

式中，

$$\mu_{(A)_{E(\gamma)}} = \mu^*_{A(\mathrm{s})} + RT\ln a^{\mathrm{R}}_{(A)_{E(\gamma)}}$$

$$\mu_{A(\mathrm{s})} = \mu^*_{A(\mathrm{s})}$$

同理

$$\Delta G_{\mathrm{m},B} = \mu_{(\mathrm{B})_{E(\gamma)}} - \mu_{B(\mathrm{s})} = 0 \tag{9.558}$$

$$\Delta G_{\mathrm{m},C} = \mu_{(C)_{E(\gamma)}} - \mu_{C(\mathrm{s})} = 0 \tag{9.559}$$

2) 温度升高到 T_1

升高温度到 T_1。$T_1 > T_E$，在温度 T_1，若固相组元 $E(\mathrm{s})$ 尚未转化完，则继续转化。在温度刚升高到 T_1，固相组元 A、B 和 C 还未向 $E(\gamma)$ 中溶解时，相 $E(\gamma)$ 组成未变，但已由其饱和的相 $E(\gamma)$ 变成其不饱和的相 $E(\gamma')$，固相组元 A、B、C 向其中溶解，有

$$E\,(\mathrm{s}) = E\,(\gamma')$$

即

$$x_A A\,(\mathrm{s}) + x_B B\,(\mathrm{s}) + x_C C\,(\mathrm{s}) = x_A\,(A)_{E(\gamma')} + x_B\,(B)_{E(\gamma')} + x_C\,(C)_{E(\gamma')}$$

或

$$A(\mathrm{s}) = (A)_{E(\gamma')}$$

$$B(\mathrm{s}) = (B)_{E(\gamma')}$$

$$C(\mathrm{s}) = (C)_{E(\gamma')}$$

该过程的摩尔吉布斯自由能变化为

$$\begin{aligned}\Delta G_{\mathrm{m},E}\,(T_1) &= G_{\mathrm{m},E(\gamma')}\,(T_1) - G_{\mathrm{m},E(\mathrm{s})}\,(T_1)\\ &= \frac{\Delta_{\mathrm{sol}} H_{\mathrm{m},E}(T_E)\Delta T}{T_E}\end{aligned} \tag{9.560}$$

式中，

$$\Delta T = T_E - T_1 < 0$$

或

$$\begin{aligned}\Delta G_{\mathrm{m},A}\,(T_1) &= \overline{G}_{\mathrm{m},(A)_{E(\gamma')}}\,(T_1) - G_{\mathrm{m},A(\mathrm{s})}\,(T_1)\\ &= \frac{\Delta_{\mathrm{sol}} H_{\mathrm{m},A}\,(T_E)\,\Delta T}{T_E}\end{aligned} \tag{9.561}$$

同理

$$\Delta G_{\mathrm{m},B}\left(T_1\right)=\frac{\varDelta_{\mathrm{sol}}H_{\mathrm{m},B}\left(T_E\right)\Delta T}{T_E} \tag{9.562}$$

$$\Delta G_{\mathrm{m},C}\left(T_1\right)=\frac{\varDelta_{\mathrm{sol}}H_{\mathrm{m},C}\left(T_E\right)\Delta T}{T_E} \tag{9.563}$$

组元 A、B、C 都以其纯固态为标准状态，组成以摩尔分数表示，摩尔吉布斯自由能变化为

$$\Delta G_{\mathrm{m},A}=\mu_{(A)_{E(\gamma)}}-\mu_{A(\mathrm{s})}=RT\ln a^{\mathrm{R}}_{(A)_{E(\gamma')}} \tag{9.564}$$

式中，

$$\mu_{(A)_{E(\gamma)}}=\mu^*_{A(\mathrm{s})}+RT\ln a^{\mathrm{R}}_{(A)_{E(\gamma')}}$$

$$\mu_{A(\mathrm{s})}=\mu^*_{A(\mathrm{s})}$$

同理

$$\Delta G_{\mathrm{m},B}=\mu_{(B)_{E(\gamma')}}-\mu_{B(\mathrm{s})}=RT\ln a^{\mathrm{R}}_{(B)_{E(\gamma')}} \tag{9.565}$$

$$\Delta G_{\mathrm{m},C}=\mu_{(C)_{E(\gamma')}}-\mu_{C(\mathrm{s})}=RT\ln a^{\mathrm{R}}_{(C)_{E(\gamma')}} \tag{9.566}$$

直到固相组元 C 消失，固相组成 $E(\mathrm{s})$ 消失。组元 A 和 B 继续溶解，有

$$A\left(\mathrm{s}\right) = = = \left(A\right)_{E(\gamma')}$$

$$B\left(\mathrm{s}\right) = = = \left(B\right)_{E(\gamma')}$$

该过程的摩尔吉布斯自由能变化可以用式 (9.561)、式 (9.562) 和式 (9.564)、式 (9.565) 表示。直到组元 A 和 B 溶解达到饱和，$E(\gamma')$ 相成为 γ_1 相。组元 A 和 B 与 γ_1 相达成平衡，γ_1 相是组元 A 和 B 的饱和相。平衡相组成为共晶线 EE_1 上的 γ_1 点。有

$$A\left(\mathrm{s}\right)\rightleftharpoons\left(A\right)_{\gamma_1} = = = \left(A\right)_{饱}$$

$$B\left(\mathrm{s}\right)\rightleftharpoons\left(B\right)_{\gamma_1} = = = \left(B\right)_{饱}$$

3) 温度从 T_E 到 T_P

升高温度。从 T_E 到 T_P，固相组元 A 和 B 不断溶解进入固溶体相。平衡相组成沿共晶线 EE_1 向 P 点移动。该过程可以统一描述如下。

在温度 T_{i-1}，组元 A、B 与 γ_{i-1} 相达成平衡，有

$$A\left(\mathrm{s}\right)\rightleftharpoons\left(A\right)_{\gamma_{i-1}} = = = \left(A\right)_{饱}$$

$$B\left(\mathrm{s}\right)\rightleftharpoons\left(B\right)_{\gamma_{i-1}} = = = \left(B\right)_{饱}$$

继续升高温度到 T_i。在温度刚升到 T_i，固相组元 A 和 B 还未来得及溶解进入 γ_{i-1} 相时，γ_{i-1} 相组成未变。但是，已由组元 A、B 饱和的相 γ_{i-1} 变为其不饱和的相 γ'_{i-1}。固相组元 A、B 向其中溶解。有

$$A\,(\mathrm{s}) = (A)_{\gamma'_{i-1}}$$

$$B\,(\mathrm{s}) = (B)_{\gamma'_{i-1}}$$

该过程的摩尔吉布斯自由能变化为

$$\begin{aligned}\Delta G_{\mathrm{m},A}\,(T_i) &= \overline{G}_{\mathrm{m},(A)_{\gamma'_{i-1}}}\,(T_i) - G_{\mathrm{m},A(\mathrm{s})}\,(T_i)\\ &= \frac{\Delta_{\mathrm{sol}} H_{\mathrm{m},A}\,(T_{i-1})\,\Delta T}{T_{i-1}}\end{aligned} \tag{9.567}$$

同理

$$\Delta G_{\mathrm{m},B}\,(T_i) = \frac{\Delta_{\mathrm{sol}} H_{\mathrm{m},B}\,(T_{i-1})\,\Delta T}{T_{i-1}} \tag{9.568}$$

式中，

$$\Delta T = T_{i-1} - T_i < 0$$

组元 A 和 B 都以其纯固相为标准状态，组成以摩尔分数表示，摩尔吉布斯自由能变化为

$$\Delta G_{\mathrm{m},A} = \mu_{(A)_{\gamma'_{i-1}}} - \mu_{A(\mathrm{s})} = RT \ln a^{\mathrm{R}}_{(A)_{\gamma'_{i-1}}} \tag{9.569}$$

式中，

$$\mu_{(A)_{\gamma'_{i-1}}} = \mu^*_{A(\mathrm{s})} + RT \ln a^{\mathrm{R}}_{(A)_{\gamma'_{i-1}}}$$

$$\mu_{A(\mathrm{s})} = \mu^*_{A(\mathrm{s})}$$

$$\Delta G_{\mathrm{m},B} = \mu_{(B)_{\gamma'_{i-1}}} - \mu_{B(\mathrm{s})} = RT \ln a^{\mathrm{R}}_{(B)_{\gamma'_{i-1}}} \tag{9.570}$$

式中，

$$\mu_{(B)_{\gamma'_{i-1}}} = \mu^*_{B(\mathrm{s})} + RT \ln a^{\mathrm{R}}_{(B)_{\gamma'_{i-1}}}$$

$$\mu_{B(\mathrm{s})} = \mu^*_{B(\mathrm{s})}$$

直到组元 A、B 溶解达到饱和，γ'_{i-1} 相变成 γ_i 相，组元 A、B 与 γ_i 相达成新的平衡。有

$$A\,(\mathrm{s}) \rightleftharpoons (A)_{\gamma_i} \equiv (A)_{饱}$$

$$B\,(\mathrm{s}) \rightleftharpoons (B)_{\gamma_i} \equiv (B)_{饱}$$

继续升温。在温度 T_P，组元 A、B 溶解达到饱和，组元 A、B 与固溶体相达成平衡。平衡相组成为 γ_P。有

$$A\,(\mathrm{s}) \rightleftharpoons (A)_{\gamma_P} \equiv\!\equiv (A)_{饱}$$

$$B\,(\mathrm{s}) \rightleftharpoons (B)_{\gamma_P} \equiv\!\equiv (B)_{饱}$$

4) 升高温度到 T_{P_1}

升高温度到 T_{P_1}。温度刚升到 T_{P_1}，组元 A、B 还未来得及溶解进入 γ_P 相时，γ_P 相组成未变。但是，已由组元 A 和 B 饱和的相 γ_P 变成其不饱和的相 γ'_P。固相组元 A 和 B 向其中溶解，有

$$A\,(\mathrm{s}) = (A)_{\gamma'_P}$$

$$B\,(\mathrm{s}) = (B)_{\gamma'_P}$$

该过程的摩尔吉布斯自由能变化为

$$\begin{aligned}\Delta G_{\mathrm{m},A}\,(T_{P_1}) &= \overline{G}_{\mathrm{m},(A)_{\gamma'_{i-1}}}\,(T_{P_1}) - G_{\mathrm{m},A(\mathrm{s})}\,(T_{P_1})\\ &= \frac{\Delta_{\mathrm{sol}} H_{\mathrm{m},A}\,(T_P)\,\Delta T}{T_P}\end{aligned} \tag{9.571}$$

同理

$$\Delta G_{\mathrm{m},B}\,(T_{P_1}) = \frac{\Delta_{\mathrm{sol}} H_{\mathrm{m},B}\,(T_P)\,\Delta T}{T_P} \tag{9.572}$$

式中，

$$\Delta T = T_P - T_{P_1} < 0$$

组元 A 和 B 都以其纯固态为标准状态，组成以摩尔分数表示，摩尔吉布斯自由能变化为

$$\Delta G_{\mathrm{m},A} = \mu_{(A)_{\gamma'_P}} - \mu_{A(\mathrm{s})} = RT\ln a^{\mathrm{R}}_{(A)_{\gamma'_P}} \tag{9.573}$$

式中，

$$\mu_{(A)_{\gamma'_P}} = \mu^*_{A(\mathrm{s})} + RT\ln a^{\mathrm{R}}_{(A)_{\gamma'_P}}$$

$$\mu_{(A)} = \mu^*_{A(\mathrm{s})}$$

$$\Delta G_{\mathrm{m},B} = \mu_{(B)_{\gamma'_P}} - \mu_{B(\mathrm{s})} = RT\ln a^{\mathrm{R}}_{(B)_{\gamma'_P}} \tag{9.574}$$

式中，

$$\mu_{(B)_{\gamma'_P}} = \mu^*_{B(\mathrm{s})} + RT\ln a^{\mathrm{R}}_{(B)_{\gamma'_P}}$$

$$\mu_{(B)} = \mu^*_{B(\mathrm{s})}$$

直到固相组元 B 消失，组元 A 继续溶解，有

$$A(\mathrm{s}) =\!=\!= (A)_{\gamma'_P}$$

该过程的摩尔吉布斯自由能变化可以用式 (9.571)、式 (9.573) 表示。直到组元 A 溶解达到饱和，γ'_P 相成为 γ_{P_1} 相。组元 A 与 γ_{P_1} 相平衡。平衡相组成是 PA 连线上的 γ_{P_1} 点。有

$$A(\mathrm{s}) \rightleftharpoons (A)_{\gamma_{P_1}} =\!=\!= (A)_{饱}$$

5) 温度从 T_P 升到 T_{γ_1}

温度从 T_P 升到 T_{γ_1}，固相组元 A 向固溶体相中溶解。平衡相组成沿 PA 连线向 γ_1 点移动。该过程可以统一描述如下。

在温度 T_{k-1}，组元 A 溶解达到饱和。两相达到平衡，与组元 A 平衡的相组成为 PA 连线上的 γ_{k-1} 点，有

$$A(\mathrm{s}) \rightleftharpoons (A)_{\gamma_{k-1}} =\!=\!= (A)_{饱}$$

$$(k = 1, 2, \cdots, n)$$

升高温度到 T_k，温度刚升到 T_k，固相 A 还未来得及溶解进入 γ_{k-1} 相时，γ_{k-1} 相组成未变。但是，已由组元 A 饱和的相 γ_{k-1} 变成不饱和的相 γ'_{k-1}。固相组元 A 向其中溶解，有

$$A(\mathrm{s}) =\!=\!= (A)_{\gamma'_{k-1}}$$

该过程的摩尔吉布斯自由能变化为

$$\begin{aligned}\Delta G_{\mathrm{m},A}(T_k) &= \overline{G}_{\mathrm{m},(A)_{\gamma'_{k-1}}}(T_k) - G_{\mathrm{m},A(\mathrm{s})}(T_k) \\ &= \frac{\Delta_{\mathrm{sol}} H_{\mathrm{m},A}(T_{k-1})\,\Delta T}{T_{k-1}}\end{aligned} \tag{9.575}$$

式中，

$$\Delta T = T_{k-1} - T_k$$

组元 A 以其纯固态为标准状态，组成以摩尔分数表示，摩尔吉布斯自由能变化为

$$\Delta G_{\mathrm{m},A} = \mu_{(A)_{\gamma'_{k-1}}} - \mu_{A(\mathrm{s})} = RT \ln a^{\mathrm{R}}_{(A)_{\gamma'_{k-1}}} \tag{9.576}$$

式中，

$$\mu_{A(\mathrm{s})_{\gamma'_{k-1}}} = \mu^*_{A(\mathrm{s})} + RT \ln a^{\mathrm{R}}_{(A)_{\gamma'_{k-1}}}$$

$$\mu_{A(\mathrm{s})} = \mu^*_{A(\mathrm{s})}$$

直到组元 A 溶解达到饱和，γ'_{k-1} 相成为 γ_k 相。组元 A 与 γ_k 相达成平衡。有

$$A(\mathrm{s}) \rightleftharpoons (A)_{\gamma_k} \equiv (A)_{饱}$$

6) 温度从 T_{γ_1} 到 T_{γ_n}

温度升到 T_{γ_1}，开始出现相 γ_1，并有分层 γ'_1 和 γ''_1，但 γ'_1 尚未明显出现，γ''_1 就是 γ_1。从温度 T_{γ_1} 到 T_{γ_n}，总相组成沿 PA 连线从 γ_1 向 γ_n 移动。在温度 $T_{\gamma_{i-1}}$，总组成为 γ_{i-1} 的相分层为 γ'_{i-1} 和 γ''_{i-1}，达成平衡时，有

$$A(\mathrm{s}) \rightleftharpoons (A)_{\gamma_{i-1}} \equiv (A)_{饱}$$

$$(A)_{\gamma'_{i-1}} \rightleftharpoons (A)_{\gamma''_{i-1}}$$

$$(B)_{\gamma'_{i-1}} \rightleftharpoons (B)_{\gamma''_{i-1}}$$

升高温度到 T_{γ_i}，在温度刚升到 T_{γ_i}，固相组元 A 还未来得及溶解进入 γ_{i-1} 相时，γ_{i-1} 相总组成未变。但是，已由组元 A 饱和的相 γ_{i-1} 变为不饱和的相 γ^*_{i-1}。固相组元 A 向其中溶解，并进一步促使固相分层。有

$$A(\mathrm{s}) = (A)_{\gamma'^*_{i-1}}$$

$$A(\mathrm{s}) = (A)_{\gamma''^*_{i-1}}$$

该过程的摩尔吉布斯自由能变化为

$$\begin{aligned}
\Delta G_{\mathrm{m},A}(T_{\gamma_i}) &= \overline{G}_{\mathrm{m},(A)_{\gamma'^*_{i-1}}}(T_{\gamma_i}) - G_{\mathrm{m},A(\mathrm{s})}(T_{\gamma_i}) \\
&= \overline{G}_{\mathrm{m},(A)_{\gamma''^*_{i-1}}}(T_{\gamma_i}) - G_{\mathrm{m},A(s)}(T_{\gamma_i}) \\
&= \Delta_{\mathrm{sol}} H_{\mathrm{m},A}(T_{\gamma_i}) - T_{\gamma_i}\Delta_{\mathrm{sol}} S_{\mathrm{m},A}(T_{\gamma_i}) \\
&\approx \Delta_{\mathrm{sol}} H_{\mathrm{m},A}\left(T_{\gamma_{i-1}}\right) - T_{\gamma_i}\Delta_{\mathrm{sol}} S_{\mathrm{m},A}\left(T_{\gamma_{i-1}}\right) \\
&= \frac{\Delta_{\mathrm{sol}} H_{\mathrm{m},A}\left(T_{\gamma_{i-1}}\right)\Delta T}{T_{\gamma_{i-1}}}
\end{aligned} \tag{9.577}$$

组元 A 以其纯固态为标准状态，组成以摩尔分数表示，摩尔吉布斯自由能变化为

$$\Delta G_{\mathrm{m},A} = \mu_{(A)_{\gamma'_{i-1}}} - \mu_{A(\mathrm{s})} = \mu_{(A)_{\gamma''_{i-1}}} - \mu_{A(\mathrm{s})} = RT\ln a^{\mathrm{R}}_{(A)_{\gamma'_{i-1}}} = RT\ln a^{\mathrm{R}}_{(A)_{\gamma''_{i-1}}} \tag{9.578}$$

式中，

$$\mu_{(A)_{\gamma'_{i-1}}} = \mu^*_{A(\mathrm{s})} + RT\ln a^{\mathrm{R}}_{(A)_{\gamma'_{i-1}}}$$

$$\mu_{(A)_{\gamma''_{i-1}}} = \mu^*_{A(\mathrm{s})} + RT \ln a^{\mathrm{R}}_{(A)_{\gamma''_{i-1}}}$$

$$\mu_{(A)} = \mu^*_{A(\mathrm{s})}$$

直到固相组元 A 溶解达到饱和，与 γ 相达成平衡，平衡相总组成为 γ_i，分层固相为 γ'_i 和 γ''_i，有

$$A(\mathrm{s}) \rightleftharpoons (A)_{\gamma'_i} \rightleftharpoons (A)_{\gamma''_i} = (A)_{饱}$$

在温度 T_{γ_n}，固相组元 A 与相 γ'_n 和 γ''_n 达成三相平衡时，有

$$A(\mathrm{s}) \rightleftharpoons (A)_{\gamma'_n} = (A)_{饱}$$

$$A(\mathrm{s}) \rightleftharpoons (A)_{\gamma''_n} = (A)_{饱}$$

继续升高温度到 T_{A1}。在固相组元还未来得及溶解进入 γ 相时，相 γ'_n 和 γ''_n 组成未变。但是已由组元 A 饱和的相 γ'_n 和 γ''_n 变为其不饱和的相 γ'^*_n 和 γ''^*_n。固相组元 A 向其中溶解，有

$$A(\mathrm{s}) = (A)_{\gamma'^*_n}$$

$$A(\mathrm{s}) = (A)_{\gamma''^*_n}$$

该过程的摩尔吉布斯自由能变化为

$$\begin{aligned}
\Delta G_{\mathrm{m},A}(T_{A1}) &= \overline{G}_{\mathrm{m},(A)_{\gamma'^*_n}}(T_{A1}) - G_{\mathrm{m},A(\mathrm{s})}(T_{A1}) \\
&= \overline{G}_{\mathrm{m},(A)_{\gamma''^*_n}}(T_{A1}) - G_{\mathrm{m},A(\mathrm{s})}(T_{A1}) \\
&= \Delta_{\mathrm{sol}} H_{\mathrm{m},A}(T_{A1}) - T_{A1} \Delta_{\mathrm{sol}} S_{\mathrm{m},A}(T_{A1}) \\
&\approx \Delta_{\mathrm{sol}} H_{\mathrm{m},A}(T_{\gamma_n}) - T_{A1} \Delta_{\mathrm{sol}} S_{\mathrm{m},A}(T_{\gamma_n}) \\
&= \frac{\Delta_{\mathrm{sol}} H_{\mathrm{m},A}(T_{\gamma_n}) \Delta T}{T_{\gamma_n}}
\end{aligned} \tag{9.579}$$

式中，

$$\Delta T = T_{\gamma_n} - T_{A1} < 0$$

组元 A 以其纯固态为标准状态，组成以摩尔分数表示，摩尔吉布斯自由能变化为

$$\begin{aligned}
\Delta G_{\mathrm{m},A} &= \mu_{(A)_{\gamma'^*_n}} - \mu_{A(\mathrm{s})} = \mu_{(A)_{\gamma''^*_n}} - \mu_{A(\mathrm{s})} \\
&= RT \ln a^{\mathrm{R}}_{(A)_{\gamma'^*_n}} = RT \ln a^{\mathrm{R}}_{(A)_{\gamma''^*_n}}
\end{aligned} \tag{9.580}$$

式中，

$$\mu_{(A)_{\gamma'^*_n}} = \mu^*_{A(\mathrm{s})} + RT \ln a^{\mathrm{R}}_{(A)_{\gamma'^*_n}}$$

$$\mu_{(A)_{\gamma_n''*}} = \mu_{A(\mathrm{s})}^* + RT\ln a_{(A)_{\gamma_n''*}}^{\mathrm{R}}$$

$$\mu_{(A)} = \mu_{A(\mathrm{s})}^*$$

直到固相组元 A 溶解达到饱和，相分层消失，两相达成平衡。平衡相组成为 PA 连线上的 γ_{A1} 点。有

$$A\,(\mathrm{s}) \rightleftharpoons (A)_{\gamma_{A1}} \equiv\!\equiv (A)_{饱}$$

7) 温度从从 T_{γ_n} 到 T_M

升高温度。从 T_{γ_n} 到 T_M，固相组元 A 不断溶解进入 γ 相。该过程可以统一描写如下。

在温度 T_{k-1}，固相组元 A 溶解达到饱和，两相达成平衡，与组元 A 平衡的相组成为 γ_{k-1}。有

$$A\,(\mathrm{s}) \rightleftharpoons (A)_{\gamma_{k-1}} \equiv\!\equiv (A)_{饱}$$

继续升高温度到 T_k。在温度刚升到 T_k，固相组元 A 还未来得及溶解进入 γ_{k-1} 相时，γ_{k-1} 相组成未变。但已由组元 A 饱和的相 γ_{k-1} 变为其不饱和的相 γ_{k-1}'。固相组元 A 向其中溶解。有

$$A\,(\mathrm{s}) = (A)_{\gamma_{k-1}'}$$

该过程的摩尔吉布斯自由能变化为

$$\begin{aligned}\Delta G_{\mathrm{m},A}\,(T_k) &= \overline{G}_{\mathrm{m},(A)_{\gamma_{k-1}'}}\,(T_k) - G_{\mathrm{m},A(\mathrm{s})}\,(T_k) \\ &= \Delta_{\mathrm{sol}}H_{\mathrm{m},A}\,(T_k) - T_k\Delta_{\mathrm{sol}}S_{\mathrm{m},A}\,(T_k) \\ &\approx \Delta_{\mathrm{sol}}H_{\mathrm{m},A}\,(T_{k-1}) - T_k\Delta_{\mathrm{sol}}S_{\mathrm{m},A}\,(T_{k-1}) \\ &= \frac{\Delta_{\mathrm{sol}}H_{\mathrm{m},A}\,(T_{k-1})\,\Delta T}{T_{k-1}}\end{aligned} \tag{9.581}$$

式中，

$$\Delta T = T_{\gamma_{k-1}} - T_k < 0$$

直到固相组元 A 溶解达到饱和，γ_{k-1}' 相成为 γ_k 相。组元 A 与 γ_k 两相达成平衡。与组元 A 平衡的相组成是 PA 连线上的 γ_k 点，有

$$A\,(\mathrm{s}) \rightleftharpoons (A)_{\gamma_k} \equiv\!\equiv (A)_{饱}$$

升高温度到 T_M，两相达成平衡。与组元 A 平衡的相组成为 γ_M 点。有

$$A\,(\mathrm{s}) \rightleftharpoons (A)_{\gamma_M} \equiv\!\equiv (A)_{饱}$$

升高温度到 T。在温度刚升到 T，固相组元 A 还未来得及向 γ_M 相中溶解时，γ_M 相组成未变。但已由饱和的相 γ_M 变为不饱和的相 γ'_M。固相组元 A 向其中溶解。有

$$A\,(\mathrm{s}) =\!=\!=\!= (A)_{\gamma'_M}$$

该过程的摩尔吉布斯自由能变化为

$$\begin{aligned}\Delta G_{\mathrm{m},A}\,(T) &= \overline{G}_{\mathrm{m},(A)_{\gamma'_M}}\,(T) - G_{\mathrm{m},A(\mathrm{s})}\,(T)\\ &= \Delta_{\mathrm{sol}} H_{\mathrm{m},A}\,(T) - T\Delta_{\mathrm{sol}} S_{\mathrm{m},A}\,(T)\\ &\approx \Delta_{\mathrm{sol}} H_{\mathrm{m},A}\,(T_M) - T\Delta_{\mathrm{sol}} S_{\mathrm{m},A}\,(T_M)\\ &= \frac{\Delta_{\mathrm{sol}} H_{\mathrm{m},A}\,(T_M)\,\Delta T}{T_M}\end{aligned} \tag{9.582}$$

式中，

$$\Delta T = T_M - T < 0$$

组元 A 以其纯固态为标准状态，组成以摩尔分数表示，摩尔吉布斯自由能变化为

$$\Delta G_{\mathrm{m},A} = \mu_{(A)_{\gamma'_M}} - \mu_{A(\mathrm{s})} = RT\ln a^{\mathrm{R}}_{(A)_{\gamma'_M}} \tag{9.583}$$

式中，

$$\mu_{(A)_{\gamma'_M}} = \mu^{*}_{A(\mathrm{s})} + RT\ln a^{\mathrm{R}}_{(A)_{\gamma'_M}}$$

$$\mu_{(A)} = \mu^{*}_{A(\mathrm{s})}$$

直到固相组元 A 消失。

2. 相变速率

1) 在温度 T_1

在温度 T_1，固相组元 $E\,(\mathrm{s})$ 熔化，速率为

$$\begin{aligned}\frac{\mathrm{d}N_{E(\gamma')}}{\mathrm{d}t} &= -\frac{\mathrm{d}N_{E(\mathrm{s})}}{\mathrm{d}t} = Vj_E\\ &= -V\left[l_1\left(\frac{A_{\mathrm{m},E}}{T}\right) + l_2\left(\frac{A_{\mathrm{m},E}}{T}\right)^2 + l_3\left(\frac{A_{\mathrm{m},E}}{T}\right)^3 + \cdots\right]\end{aligned} \tag{9.584}$$

式中，

$$A_{\mathrm{m},E} = \Delta G_{\mathrm{m},E}$$

在温度 T_1，固相组元 A、B、C 溶解。不考虑耦合作用，溶解速率为

$$\begin{aligned}\frac{\mathrm{d}N_{(A)_{E(\gamma')}}}{\mathrm{d}t}&=-\frac{\mathrm{d}N_{A(\mathrm{s})}}{\mathrm{d}t}=Vj_A\\&=-V\left[l_1\left(\frac{A_{\mathrm{m},A}}{T}\right)+l_2\left(\frac{A_{\mathrm{m},A}}{T}\right)^2+l_3\left(\frac{A_{\mathrm{m},A}}{T}\right)^3+\cdots\right]\end{aligned}\tag{9.585}$$

$$\begin{aligned}\frac{\mathrm{d}N_{(B)_{E(\gamma')}}}{\mathrm{d}t}&=-\frac{\mathrm{d}N_{B(\mathrm{s})}}{\mathrm{d}t}=Vj_B\\&=-V\left[l_1\left(\frac{A_{\mathrm{m},B}}{T}\right)+l_2\left(\frac{A_{\mathrm{m},B}}{T}\right)^2+l_3\left(\frac{A_{\mathrm{m},B}}{T}\right)^3+\cdots\right]\end{aligned}\tag{9.586}$$

$$\begin{aligned}\frac{\mathrm{d}N_{(C)_{E(\gamma')}}}{\mathrm{d}t}&=-\frac{\mathrm{d}N_{C(\mathrm{s})}}{\mathrm{d}t}=Vj_C\\&=-V\left[l_1\left(\frac{A_{\mathrm{m},C}}{T}\right)+l_2\left(\frac{A_{\mathrm{m},C}}{T}\right)^2+l_3\left(\frac{A_{\mathrm{m},C}}{T}\right)^3+\cdots\right]\end{aligned}\tag{9.587}$$

考虑耦合作用，有

$$\begin{aligned}\frac{\mathrm{d}N_{(A)_{E(\gamma')}}}{\mathrm{d}t}&=-\frac{\mathrm{d}N_{A(\mathrm{s})}}{\mathrm{d}t}=Vj_A\\&=-V\left[l_{11}\left(\frac{A_{\mathrm{m},A}}{T}\right)+l_{12}\left(\frac{A_{\mathrm{m},B}}{T}\right)+l_{13}\left(\frac{A_{\mathrm{m},C}}{T}\right)+l_{111}\left(\frac{A_{\mathrm{m},A}}{T}\right)^2\right.\\&\quad+l_{112}\left(\frac{A_{\mathrm{m},A}}{T}\right)\left(\frac{A_{\mathrm{m},B}}{T}\right)+l_{113}\left(\frac{A_{\mathrm{m},A}}{T}\right)\left(\frac{A_{\mathrm{m},C}}{T}\right)+l_{122}\left(\frac{A_{\mathrm{m},B}}{T}\right)^2\\&\quad+l_{123}\left(\frac{A_{\mathrm{m},B}}{T}\right)\left(\frac{A_{\mathrm{m},C}}{T}\right)+l_{133}\left(\frac{A_{\mathrm{m},C}}{T}\right)^2+l_{1111}\left(\frac{A_{\mathrm{m},A}}{T}\right)^3\\&\quad+l_{1112}\left(\frac{A_{\mathrm{m},A}}{T}\right)^2\left(\frac{A_{\mathrm{m},B}}{T}\right)+l_{1122}\left(\frac{A_{\mathrm{m},A}}{T}\right)\left(\frac{A_{\mathrm{m},B}}{T}\right)^2\\&\quad+l_{1123}\left(\frac{A_{\mathrm{m},A}}{T}\right)\left(\frac{A_{\mathrm{m},B}}{T}\right)\left(\frac{A_{\mathrm{m},C}}{T}\right)\\&\quad+l_{1133}\left(\frac{A_{\mathrm{m},A}}{T}\right)\left(\frac{A_{\mathrm{m},C}}{T}\right)^2+l_{1222}\left(\frac{A_{\mathrm{m},B}}{T}\right)^3\\&\quad+l_{1223}\left(\frac{A_{\mathrm{m},B}}{T}\right)^2\left(\frac{A_{\mathrm{m},C}}{T}\right)+l_{1233}\left(\frac{A_{\mathrm{m},B}}{T}\right)\left(\frac{A_{\mathrm{m},C}}{T}\right)^2\\&\quad\left.+l_{1333}\left(\frac{A_{\mathrm{m},C}}{T}\right)^3+\cdots\right]\end{aligned}\tag{9.588}$$

$$
\begin{aligned}
\frac{\mathrm{d}N_{(B)_{E(\gamma')}}}{\mathrm{d}t} &= -\frac{\mathrm{d}N_{B(\mathrm{s})}}{\mathrm{d}t} = Vj_B \\
&= -V\left[l_{21}\left(\frac{A_{\mathrm{m},A}}{T}\right) + l_{22}\left(\frac{A_{\mathrm{m},B}}{T}\right) + l_{23}\left(\frac{A_{\mathrm{m},C}}{T}\right) + l_{211}\left(\frac{A_{\mathrm{m},A}}{T}\right)^2\right. \\
&\quad + l_{212}\left(\frac{A_{\mathrm{m},A}}{T}\right)\left(\frac{A_{\mathrm{m},B}}{T}\right) + l_{213}\left(\frac{A_{\mathrm{m},A}}{T}\right)\left(\frac{A_{\mathrm{m},C}}{T}\right) + l_{222}\left(\frac{A_{\mathrm{m},B}}{T}\right)^2 \\
&\quad + l_{223}\left(\frac{A_{\mathrm{m},B}}{T}\right)\left(\frac{A_{\mathrm{m},C}}{T}\right) + l_{333}\left(\frac{A_{\mathrm{m},C}}{T}\right)^2 + l_{2111}\left(\frac{A_{\mathrm{m},A}}{T}\right)^3 \\
&\quad + l_{2112}\left(\frac{A_{\mathrm{m},A}}{T}\right)^2\left(\frac{A_{\mathrm{m},B}}{T}\right) + l_{2122}\left(\frac{A_{\mathrm{m},A}}{T}\right)\left(\frac{A_{\mathrm{m},B}}{T}\right)^2 \\
&\quad + l_{2123}\left(\frac{A_{\mathrm{m},A}}{T}\right)\left(\frac{A_{\mathrm{m},B}}{T}\right)\left(\frac{A_{\mathrm{m},C}}{T}\right) \\
&\quad + l_{2133}\left(\frac{A_{\mathrm{m},A}}{T}\right)\left(\frac{A_{\mathrm{m},C}}{T}\right)^2 + l_{2222}\left(\frac{A_{\mathrm{m},B}}{T}\right)^3 \\
&\quad + l_{2223}\left(\frac{A_{\mathrm{m},B}}{T}\right)^2\left(\frac{A_{\mathrm{m},C}}{T}\right) + l_{2233}\left(\frac{A_{\mathrm{m},B}}{T}\right)\left(\frac{A_{\mathrm{m},C}}{T}\right)^2 \\
&\quad \left. + l_{2333}\left(\frac{A_{\mathrm{m},C}}{T}\right)^3 + \cdots\right]
\end{aligned} \tag{9.589}
$$

$$
\begin{aligned}
\frac{\mathrm{d}N_{(C)_{E(\gamma')}}}{\mathrm{d}t} &= -\frac{\mathrm{d}N_{C(\mathrm{s})}}{\mathrm{d}t} = Vj_C \\
&= -V\left[l_{31}\left(\frac{A_{\mathrm{m},A}}{T}\right) + l_{32}\left(\frac{A_{\mathrm{m},B}}{T}\right) + l_{33}\left(\frac{A_{\mathrm{m},C}}{T}\right) + l_{311}\left(\frac{A_{\mathrm{m},A}}{T}\right)^2\right. \\
&\quad + l_{312}\left(\frac{A_{\mathrm{m},A}}{T}\right)\left(\frac{A_{\mathrm{m},B}}{T}\right) + l_{313}\left(\frac{A_{\mathrm{m},A}}{T}\right)\left(\frac{A_{\mathrm{m},C}}{T}\right) + l_{322}\left(\frac{A_{\mathrm{m},B}}{T}\right)^2 \\
&\quad + l_{323}\left(\frac{A_{\mathrm{m},B}}{T}\right)\left(\frac{A_{\mathrm{m},C}}{T}\right) + l_{333}\left(\frac{A_{\mathrm{m},C}}{T}\right)^2 + l_{3111}\left(\frac{A_{\mathrm{m},A}}{T}\right)^3 \\
&\quad + l_{3112}\left(\frac{A_{\mathrm{m},A}}{T}\right)^2\left(\frac{A_{\mathrm{m},B}}{T}\right) + l_{3122}\left(\frac{A_{\mathrm{m},A}}{T}\right)\left(\frac{A_{\mathrm{m},B}}{T}\right)^2 \\
&\quad + l_{3123}\left(\frac{A_{\mathrm{m},A}}{T}\right)\left(\frac{A_{\mathrm{m},B}}{T}\right)\left(\frac{A_{\mathrm{m},C}}{T}\right) \\
&\quad + l_{3133}\left(\frac{A_{\mathrm{m},A}}{T}\right)\left(\frac{A_{\mathrm{m},C}}{T}\right)^2 + l_{3222}\left(\frac{A_{\mathrm{m},B}}{T}\right)^3
\end{aligned}
$$

$$
+ l_{3223}\left(\frac{A_{\mathrm{m},B}}{T}\right)^2\left(\frac{A_{\mathrm{m},C}}{T}\right) + l_{3233}\left(\frac{A_{\mathrm{m},B}}{T}\right)\left(\frac{A_{\mathrm{m},C}}{T}\right)^2 + l_{3333}\left(\frac{A_{\mathrm{m},C}}{T}\right)^3 + \cdots\Bigg] \tag{9.590}
$$

式中，

$$
A_{\mathrm{m},A} = \Delta G_{\mathrm{m},A}
$$

$$
A_{\mathrm{m},B} = \Delta G_{\mathrm{m},B}
$$

$$
A_{\mathrm{m},C} = \Delta G_{\mathrm{m},C}
$$

2) 从温度 T_1 到 T_{P_1}

从温度 T_1 到 T_{P_1}，固相组元 A、B 溶解。在其中的任一温度 T_i，不考虑耦合作用，溶解速率为

$$
\begin{aligned}
\frac{\mathrm{d}N_{(A)_{\gamma'_{i-1}}}}{\mathrm{d}t} &= -\frac{\mathrm{d}N_{A(\mathrm{s})}}{\mathrm{d}t} = Vj_A \\
&= -V\left[l_1\left(\frac{A_{\mathrm{m},A}}{T}\right) + l_2\left(\frac{A_{\mathrm{m},A}}{T}\right)^2 + l_3\left(\frac{A_{\mathrm{m},A}}{T}\right)^3 + \cdots\right]
\end{aligned} \tag{9.591}
$$

$$
\begin{aligned}
\frac{\mathrm{d}N_{(B)_{\gamma'_{i-1}}}}{\mathrm{d}t} &= -\frac{\mathrm{d}N_{B(\mathrm{s})}}{\mathrm{d}t} = Vj_B \\
&= -V\left[l_1\left(\frac{A_{\mathrm{m},B}}{T}\right) + l_2\left(\frac{A_{\mathrm{m},B}}{T}\right)^2 + l_3\left(\frac{A_{\mathrm{m},B}}{T}\right)^3 + \cdots\right]
\end{aligned} \tag{9.592}
$$

考虑耦合作用，有

$$
\begin{aligned}
\frac{\mathrm{d}N_{(A)_{\gamma'_{i-1}}}}{\mathrm{d}t} &= -\frac{\mathrm{d}N_{A(\mathrm{s})}}{\mathrm{d}t} = Vj_A \\
&= -V\Bigg[l_{11}\left(\frac{A_{\mathrm{m},A}}{T}\right) + l_{12}\left(\frac{A_{\mathrm{m},B}}{T}\right) + l_{111}\left(\frac{A_{\mathrm{m},A}}{T}\right)^2 \\
&\quad + l_{112}\left(\frac{A_{\mathrm{m},A}}{T}\right)\left(\frac{A_{\mathrm{m},B}}{T}\right) \\
&\quad + l_{122}\left(\frac{A_{\mathrm{m},B}}{T}\right)^2 + l_{1111}\left(\frac{A_{\mathrm{m},A}}{T}\right)^3 + l_{1112}\left(\frac{A_{\mathrm{m},A}}{T}\right)^2\left(\frac{A_{\mathrm{m},B}}{T}\right) \\
&\quad + l_{1122}\left(\frac{A_{\mathrm{m},A}}{T}\right)\left(\frac{A_{\mathrm{m},B}}{T}\right)^2 + l_{1222}\left(\frac{A_{\mathrm{m},B}}{T}\right)^3 + \cdots\Bigg]
\end{aligned} \tag{9.593}
$$

$$\begin{aligned}\frac{\mathrm{d}N_{(B)_{\gamma'_{i-1}}}}{\mathrm{d}t} &= -\frac{\mathrm{d}N_{B(\mathrm{s})}}{\mathrm{d}t} = Vj_B \\ &= -V\left[l_{21}\left(\frac{A_{\mathrm{m},A}}{T}\right) + l_{22}\left(\frac{A_{\mathrm{m},B}}{T}\right) + l_{211}\left(\frac{A_{\mathrm{m},A}}{T}\right)^2\right. \\ &\quad + l_{212}\left(\frac{A_{\mathrm{m},A}}{T}\right)\left(\frac{A_{\mathrm{m},B}}{T}\right) \\ &\quad + l_{222}\left(\frac{A_{\mathrm{m},B}}{T}\right)^2 + l_{2111}\left(\frac{A_{\mathrm{m},A}}{T}\right)^3 + l_{2112}\left(\frac{A_{\mathrm{m},A}}{T}\right)^2\left(\frac{A_{\mathrm{m},B}}{T}\right) \\ &\quad \left.+ l_{2122}\left(\frac{A_{\mathrm{m},A}}{T}\right)\left(\frac{A_{\mathrm{m},B}}{T}\right)^2 + l_{2222}\left(\frac{A_{\mathrm{m},B}}{T}\right)^3 + \cdots\right]\end{aligned} \tag{9.594}$$

3) 从温度 T_{P_1} 到 T_{γ_1}

从温度 T_{P_1} 到 T_{γ_1}，固相组元 A 溶解。在其中的温度 T_k，不考虑耦合作用，溶解速率为

$$\begin{aligned}\frac{\mathrm{d}N_{(A)_{\gamma'_{k-1}}}}{\mathrm{d}t} &= -\frac{\mathrm{d}N_{A(\mathrm{s})}}{\mathrm{d}t} = Vj_A \\ &= -V\left[l_1\left(\frac{A_{\mathrm{m},A}}{T}\right) + l_2\left(\frac{A_{\mathrm{m},A}}{T}\right)^2 + l_3\left(\frac{A_{\mathrm{m},A}}{T}\right)^3 + \cdots\right]\end{aligned} \tag{9.595}$$

式中，

$$A_{\mathrm{m},A} = \Delta G_{\mathrm{m},A}$$

4) 从温度 T_{γ_1} 到 T_{A1}

从温度 T_{γ_1} 到 T_{A1}，相分层。固相组元 A 溶解，溶解速率为

$$\begin{aligned}\frac{\mathrm{d}N_{(A)_{\gamma'^*_{i-1}}}}{\mathrm{d}t} &= -\frac{\mathrm{d}N_{A(\mathrm{s})}}{\mathrm{d}t} = Vj_{A(\mathrm{s})} \\ &= -V\left[l_1\left(\frac{A_{\mathrm{m},A}}{T}\right) + l_2\left(\frac{A_{\mathrm{m},A}}{T}\right)^2 + l_3\left(\frac{A_{\mathrm{m},A}}{T}\right)^3 + \cdots\right]\end{aligned} \tag{9.596}$$

$$\begin{aligned}\frac{\mathrm{d}N_{(A)_{\gamma''^*_{i-1}}}}{\mathrm{d}t} &= -\frac{\mathrm{d}N_{A(\mathrm{s})}}{\mathrm{d}t} = Vj_{A(\mathrm{s})} \\ &= -V\left[l_1\left(\frac{A_{\mathrm{m},A}}{T}\right) + l_2\left(\frac{A_{\mathrm{m},A}}{T}\right)^2 + l_3\left(\frac{A_{\mathrm{m},A}}{T}\right)^3 + \cdots\right]\end{aligned} \tag{9.597}$$

5) 从温度 T_{A1} 到 T

从温度 T_{A1} 到 T，固相组元 A 溶解。在其中任一温度 T_k，溶解速率为

$$\begin{aligned}\frac{\mathrm{d}N_{(A)_{\gamma'_m}}}{\mathrm{d}t} &= -\frac{\mathrm{d}N_{A(\mathrm{s})}}{\mathrm{d}t} = Vj_A \\ &= -V\left[l_1\left(\frac{A_{\mathrm{m},A}}{T}\right)+l_2\left(\frac{A_{\mathrm{m},A}}{T}\right)^2+l_3\left(\frac{A_{\mathrm{m},A}}{T}\right)^3+\cdots\right]\end{aligned} \tag{9.598}$$

式中，

$$A_{\mathrm{m},A} = \Delta G_{\mathrm{m},A}$$

9.3.10 形成连续固溶体的三元系

1. 相变过程热力学

图 9.18 为具有连续固溶体的三元系相图。

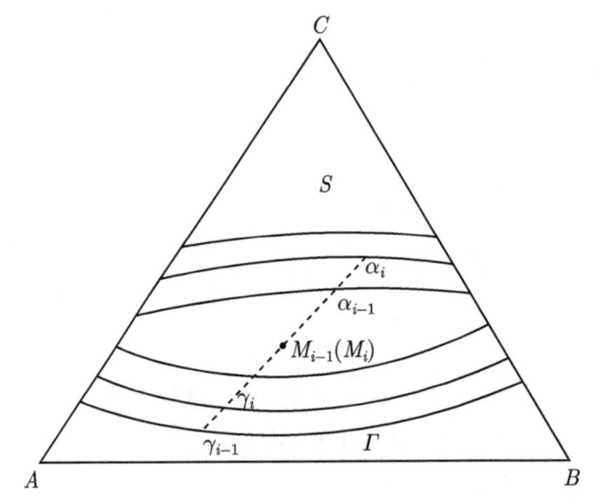

图 9.18 具有连续固溶体的三元系相图

1) 升高温度到 T_1

物质组成点为 M 的固溶体加热升温。温度升高 T_1，物质组成点为 M_1，开始出现 γ 相。两相平衡，可以表示为

$$\alpha_1 \rightleftharpoons \gamma_1$$

或

$$\alpha_1 \rightleftharpoons (\alpha_1)_{\gamma_1}$$

即

$$(A)_{\alpha_1} \rightleftharpoons (A)_{\gamma_1}$$

$$(B)_{\alpha_1} \rightleftharpoons (B)_{\gamma_1}$$

$$(C)_{\alpha_1} \rightleftharpoons (C)_{\gamma_1}$$

该过程的摩尔吉布斯自由能变化为零。

2) 升高温度到 T_2

继续升高温度到 T_2。在温度刚升到 T_2，固相 α_1 还未来得及溶解，γ_1 相组成未变，但已由 α_1 饱和的 γ_1，变成其不饱和的 γ_1'。固相 α_1 向其中溶解。有

$$\alpha_1 \rightleftharpoons \gamma_1'$$

或

$$\alpha_1 = (\alpha_1)_{\gamma_1'}$$

即

$$(A)_{\alpha_1} = (A)_{\gamma_1'}$$

$$(B)_{\alpha_1} = (B)_{\gamma_1'}$$

$$(C)_{\alpha_1} = (C)_{\gamma_1'}$$

该过程的摩尔吉布斯自由能变化为

$$\begin{aligned}\Delta G_{\mathrm{m},\alpha_1}(T_2) &= \overline{G}_{\mathrm{m},(\alpha_1)_{\gamma_1'}}(T_2) - G_{\mathrm{m},\alpha_1}(T_2)\\ &= \Delta_{\mathrm{sol}} H_{\mathrm{m},\alpha_1}(T_2) - T_2 \Delta_{\mathrm{sol}} S_{\mathrm{m},\alpha_1}(T_2)\\ &\approx \Delta_{\mathrm{sol}} H_{\mathrm{m},\alpha_1}(T_1) - T_2 \frac{\Delta_{\mathrm{sol}} H_{\mathrm{m},\alpha_1}(T_1)}{T_1}\\ &= \frac{\Delta_{\mathrm{sol}} H_{\mathrm{m},\alpha_1}(T_1)\Delta T}{T_1}\end{aligned} \tag{9.599}$$

$$\begin{aligned}\Delta G_{\mathrm{m},(A)_{\alpha_1}}(T_2) &= \overline{G}_{\mathrm{m},(A)_{\gamma_1'}}(T_2) - \overline{G}_{\mathrm{m},(A)_{\alpha_1}}(T_2)\\ &= \Delta_{\mathrm{sol}} H_{\mathrm{m},(A)_{\alpha_1}}(T_2) - T_2 \Delta_{\mathrm{sol}} S_{\mathrm{m},(A)_{\alpha_1}}(T_2)\\ &\approx \Delta_{\mathrm{sol}} H_{\mathrm{m},(A)_{\alpha_1}}(T_1) - T_2 \frac{\Delta_{\mathrm{sol}} H_{\mathrm{m},(A)_{\alpha_1}}(T_1)}{T_1}\\ &= \frac{\Delta_{\mathrm{sol}} H_{\mathrm{m},(A)_{\alpha_1}}(T_1)\Delta T}{T_1}\end{aligned} \tag{9.600}$$

同理

$$\begin{aligned}\Delta G_{\mathrm{m},(B)_{\alpha_1}}(T_2) &= \overline{G}_{\mathrm{m},(B)_{\gamma_1'}}(T_2) - \overline{G}_{\mathrm{m},(B)_{\alpha_1}}(T_2)\\ &= \frac{\Delta_{\mathrm{sol}} H_{\mathrm{m},(B)_{\alpha_1}}(T_1)\Delta T}{T_1}\end{aligned} \tag{9.601}$$

$$\begin{aligned}\Delta G_{\mathrm{m},(C)_{\alpha_1}}(T_2) &= \overline{G}_{\mathrm{m},(C)_{\gamma_1'}}(T_2) - \overline{G}_{\mathrm{m},(C)_{\alpha_1}}(T_2)\\ &= \frac{\Delta_{\mathrm{sol}} H_{\mathrm{m},(C)_{\alpha_1}}(T_1)\Delta T}{T_1}\end{aligned} \tag{9.602}$$

式中，$\Delta_{\text{sol}} H_{\text{m},(A)_{\alpha_1}}(T_1)$、$\Delta_{\text{sol}} H_{\text{m},(B)_{\alpha_1}}(T_1)$、$\Delta_{\text{sol}} H_{\text{m},(C)_{\alpha_1}}(T_1)$ 分别是在温度 T_1，组元 A、B、C 由固溶体 α_1 中的溶质变为固溶体 γ_1' 中的溶质的溶解焓的变化；$\Delta_{\text{sol}} S_{\text{m},(A)_{\alpha_1}}(T_1)$、$\Delta_{\text{sol}} S_{\text{m},(B)_{\alpha_1}}(T_1)$、$\Delta_{\text{sol}} S_{\text{m},(C)_{\alpha_1}}(T_1)$ 分别是在温度 T_1，组元 A、B、C 由固溶体 α_1 中的溶质变为固溶体 γ_1' 中的溶质的溶解熵的变化。

组元 α_1、A、B、C 都以其纯固态为标准状态，组成以摩尔分数表示，摩尔吉布斯自由能变化为

$$\Delta G_{\text{m},\alpha_1} = \mu_{(\alpha_1)_{\gamma_1'}} - \mu_{\alpha_1} = RT \ln a^{\text{R}}_{(\alpha_1)_{\gamma_1'}} \tag{9.603}$$

式中，

$$\mu_{(\alpha_1)_{\gamma_1'}} = \mu^*_{\alpha_1} + RT \ln a^{\text{R}}_{(\alpha_1)_{\gamma_1'}}$$

$$\mu_{\alpha_1} = \mu^*_{\alpha_1}$$

$$\Delta G_{\text{m},(A)_{\alpha_1}} = \mu_{(A)_{\gamma_1'}} - \mu_{(A)_{\alpha_1}} = RT \ln \frac{a^{\text{R}}_{(A)_{\gamma_1'}}}{a^{\text{R}}_{(A)_{\alpha_1}}} \tag{9.604}$$

式中，

$$\mu_{(A)_{\gamma_1'}} = \mu^*_{A(\text{s})} + RT \ln a^{\text{R}}_{(A)_{\gamma_1'}}$$

$$\mu_{(A)_{\alpha_1}} = \mu^*_{A(\text{s})} + RT \ln a^{\text{R}}_{(A)_{\alpha_1}}$$

$$\Delta G_{\text{m},(B)_{\alpha_1}} = \mu_{(B)_{\gamma_1'}} - \mu_{(B)_{\alpha_1}} = RT \ln \frac{a^{\text{R}}_{(B)_{\gamma_1'}}}{a^{\text{R}}_{(B)_{\alpha_1}}} \tag{9.605}$$

式中，

$$\mu_{(B)_{\gamma_1'}} = \mu^*_{B(\text{s})} + RT \ln a^{\text{R}}_{(B)_{\gamma_1'}}$$

$$\mu_{(B)_{\alpha_1}} = \mu^*_{B(\text{s})} + RT \ln a^{\text{R}}_{(B)_{\alpha_1}}$$

$$\Delta G_{\text{m},(C)_{\alpha_1}} = \mu_{(C)_{\gamma_1'}} - \mu_{(C)_{\alpha_1}} = RT \ln \frac{a^{\text{R}}_{(C)_{\gamma_1'}}}{a^{\text{R}}_{(C)_{\alpha_1}}} \tag{9.606}$$

式中，

$$\mu_{(C)_{\gamma_1'}} = \mu^*_{C(\text{s})} + RT \ln a^{\text{R}}_{(C)_{\gamma_1'}}$$

$$\mu_{(C)_{\alpha_1}} = \mu^*_{C(\text{s})} + RT \ln a^{\text{R}}_{(C)_{\alpha_1}}$$

并有

$$
\begin{aligned}
&\Delta G_{\mathrm{m},\alpha_1}(T_2) \\
&= x_A \Delta G_{\mathrm{m},(A)_{\alpha_1}}(T_2) + x_B \Delta G_{\mathrm{m},(B)_{\alpha_1}}(T_2) + x_C \Delta G_{\mathrm{m},(C)_{\alpha_1}}(T_2) \\
&= \frac{\left[x_A \Delta_{\mathrm{sol}} H_{\mathrm{m},(A)_{\alpha_1}}(T_1) + x_B \Delta_{\mathrm{sol}} H_{\mathrm{m},(B)_{\alpha_1}}(T_1) + x_C \Delta_{\mathrm{sol}} H_{\mathrm{m},(C)_{\alpha_1}}(T_1)\right] \Delta T}{T_1} \\
&= RT\left(x_A \ln \frac{a^{\mathrm{R}}_{(A)_{l_1'}}}{a^{\mathrm{R}}_{(A)_{\alpha_1}}} + x_B \ln \frac{a^{\mathrm{R}}_{(B)_{l_1'}}}{a^{\mathrm{R}}_{(B)_{\alpha_1}}} + x_C \ln \frac{a^{\mathrm{R}}_{(C)_{l_1'}}}{a^{\mathrm{R}}_{(C)_{\alpha_1}}}\right)
\end{aligned}
\tag{9.607}
$$

直到两相达到新的平衡。γ_1 相到达平衡相 γ_2，α_1 相成为 α_2，物质组成点为 M_2。

3) 温度从 T_1 到 T_n

温度从 T_1 升到 T_n，平衡 γ 相组成沿 γ 相面从 γ_1 向 γ_n 移动，相应的固相从 α_1 到 α_n 变化，物质组成点从 M_1 到 M_n 变化。可以统一描述如下。

在温度 T_{i-1}，两相达成平衡，平衡 γ 相组成为 γ_{i-1}，有

$$\alpha_{i-1} \rightleftharpoons \gamma_{i-1}$$

或

$$\alpha_{i-1} = (\alpha_{i-1})_{\gamma_{i-1}}$$

即

$$
\begin{gathered}
(A)_{\alpha_{i-1}} \rightleftharpoons (A)_{\gamma_{i-1}} \\
(B)_{\alpha_{i-1}} \rightleftharpoons (B)_{\gamma_{i-1}} \\
(C)_{\alpha_{i-1}} \rightleftharpoons (C)_{\gamma_{i-1}} \\
(i = 1, 2, \cdots, n)
\end{gathered}
$$

升高温度到 T_i。在温度刚升到 T_i，固相 α_{i-1} 还未来得及溶解进入 γ_{i-1} 相时，γ_{i-1} 相组成未变。但是，已由与 α_{i-1} 平衡的 γ_{i-1} 变成不与其平衡的 γ'_{i-1}，固相 α_{i-1} 向其中溶解，有

$$\alpha_{i-1} = (\alpha_{i-1})_{\gamma'_{i-1}}$$

即

$$
\begin{gathered}
(A)_{\alpha_{i-1}} = (A)_{\gamma'_{i-1}} \\
(B)_{\alpha_{i-1}} = (B)_{\gamma'_{i-1}}
\end{gathered}
$$

$$(C)_{\alpha_{i-1}} = (C)_{\gamma'_{i-1}}$$

该过程的摩尔吉布斯自由能变化为

$$\begin{aligned}\Delta G_{\mathrm{m},\alpha_{i-1}}(T_i) &= \overline{G}_{\mathrm{m},(\alpha_{i-1})_{\gamma_{i-1}}}(T_i) - G_{\mathrm{m},\alpha_{i-1}}(T_i)\\ &= \Delta_{\mathrm{sol}} H_{\mathrm{m},\alpha_{i-1}}(T_i) - T_i \Delta_{\mathrm{sol}} S_{\mathrm{m},\alpha_{i-1}}(T_i)\\ &= \frac{\Delta_{\mathrm{sol}} H_{\mathrm{m},\alpha_{i-1}}(T_{i-1})\Delta T}{T_{i-1}}\end{aligned} \tag{9.608}$$

$$\begin{aligned}\Delta G_{\mathrm{m},(A)_{\alpha_{i-1}}}(T_i) &= \overline{G}_{\mathrm{m},(A)_{\gamma'_{i-1}}}(T_i) - \overline{G}_{\mathrm{m},(A)_{\alpha_{i-1}}}(T_i)\\ &= \Delta_{\mathrm{sol}} H_{\mathrm{m},(A)_{\alpha_{i-1}}}(T_i) - T_i \Delta_{\mathrm{sol}} S_{\mathrm{m},(A)_{\alpha_{i-1}}}(T_i)\\ &= \frac{\Delta_{\mathrm{sol}} H_{\mathrm{m},(A)_{\alpha_{i-1}}}(T_{i-1})\Delta T}{T_{i-1}}\end{aligned} \tag{9.609}$$

同理有

$$\begin{aligned}\Delta G_{\mathrm{m},(B)_{\alpha_{i-1}}}(T_i) &= \overline{G}_{\mathrm{m},(B)_{\gamma'_{i-1}}}(T_i) - \overline{G}_{\mathrm{m},(B)_{\alpha_{i-1}}}(T_i)\\ &= \frac{\Delta_{\mathrm{sol}} H_{\mathrm{m},(B)_{\alpha_{i-1}}}(T_{i-1})\Delta T}{T_{i-1}}\end{aligned} \tag{9.610}$$

$$\begin{aligned}\Delta G_{\mathrm{m},(C)_{\alpha_{i-1}}}(T_i) &= \overline{G}_{\mathrm{m},(C)_{\gamma'_{i-1}}}(T_i) - \overline{G}_{\mathrm{m},(C)_{\alpha_{i-1}}}(T_i)\\ &= \frac{\Delta_{\mathrm{sol}} H_{\mathrm{m},(C)_{\alpha_{i-1}}}(T_{i-1})\Delta T}{T_{i-1}}\end{aligned} \tag{9.611}$$

式中，

$$\Delta T = T_{i-1} - T_i < 0$$

组元 α_{i-1}、A、B、C 都以其固态纯物质为标准状态，组成以摩尔分数表示，摩尔吉布斯自由能变化为

$$\Delta G_{\mathrm{m},\alpha_{i-1}} = \mu_{(\alpha_{i-1})_{\gamma'_{i-1}}} - \mu_{\alpha_{i-1}} = RT \ln a^{\mathrm{R}}_{(\alpha_{i-1})_{\gamma'_{i-1}}} \tag{9.612}$$

式中，

$$\mu_{(\alpha_{i-1})_{\gamma'_{i-1}}} = \mu^*_{\alpha_{i-1}} - RT \ln a^{\mathrm{R}}_{(\alpha_{i-1})_{\gamma'_{i-1}}}$$

$$\mu_{\alpha_{i-1}} = \mu^*_{\alpha_{i-1}}$$

$$\Delta G_{\mathrm{m},(A)_{\alpha_{i-1}}} = \mu_{(A)_{\gamma'_{i-1}}} - \mu_{(A)_{\alpha_{i-1}}} = RT \ln \frac{a^{\mathrm{R}}_{(A)_{\gamma'_{i-1}}}}{a^{\mathrm{R}}_{(A)_{\alpha_{i-1}}}} \tag{9.613}$$

式中，

$$\mu_{(A)_{\gamma'_{i-1}}} = \mu^*_{A(\mathrm{s})} + RT\ln a^{\mathrm{R}}_{(A)_{\gamma'_{i-1}}}$$

$$\mu_{(A)_{\alpha_{i-1}}} = \mu^*_{A(\mathrm{s})} + RT\ln a^{\mathrm{R}}_{(A)_{\alpha_{i-1}}}$$

$$\Delta G_{\mathrm{m},(B)_{\alpha_{i-1}}} = \mu_{(B)_{\gamma'_{i-1}}} - \mu_{(B)_{\alpha_{i-1}}} = RT\ln\frac{a^{\mathrm{R}}_{(B)_{\gamma'_{i-1}}}}{a^{\mathrm{R}}_{(B)_{\alpha_{i-1}}}} \tag{9.614}$$

式中，

$$\mu_{(B)_{\gamma'_{i-1}}} = \mu^*_{B(\mathrm{s})} + RT\ln a^{\mathrm{R}}_{(B)_{\gamma'_{i-1}}}$$

$$\mu_{(B)_{\alpha_{i-1}}} = \mu^*_{B(\mathrm{s})} + RT\ln a^{\mathrm{R}}_{(B)_{\alpha_{i-1}}}$$

$$\Delta G_{\mathrm{m},(C)_{\alpha_{i-1}}} = \mu_{(C)_{\gamma'_{i-1}}} - \mu_{(C)_{\alpha_{i-1}}} = RT\ln\frac{a^{\mathrm{R}}_{(C)_{\gamma'_{i-1}}}}{a^{\mathrm{R}}_{(C)_{\alpha_{i-1}}}} \tag{9.615}$$

式中，

$$\mu_{(C)_{\gamma'_{i-1}}} = \mu^*_{C(\mathrm{s})} + RT\ln a^{\mathrm{R}}_{(C)_{\gamma'_{i-1}}}$$

$$\mu_{(C)_{\alpha_{i-1}}} = \mu^*_{C(\mathrm{s})} + RT\ln a^{\mathrm{R}}_{(C)_{\alpha_{i-1}}}$$

$$\begin{aligned}
&\Delta G_{\mathrm{m},\alpha_{i-1}}(T_i)\\
&= x_A\Delta G_{\mathrm{m},(A)_{\alpha_{i-1}}}(T_i) + x_B\Delta G_{\mathrm{m},(B)_{\alpha_{i-1}}}(T_i) + x_C\Delta G_{\mathrm{m},(C)_{\alpha_{i-1}}}(T_i)\\
&= \frac{\left[x_A\Delta_{\mathrm{sol}}H_{\mathrm{m},(A)_{\alpha_{i-1}}}(T_{i-1})+x_B\Delta_{\mathrm{sol}}H_{\mathrm{m},(B)_{\alpha_{i-1}}}(T_{i-1})+x_C\Delta_{\mathrm{sol}}H_{\mathrm{m},(C)_{\alpha_{i-1}}}(T_{i-1})\right]\Delta T}{T_{i-1}}\\
&= x_ART\ln\frac{a^{\mathrm{R}}_{(A)_{\gamma'_{i-1}}}}{a^{\mathrm{R}}_{(A)_{\alpha_{i-1}}}} + x_BRT\ln\frac{a^{\mathrm{R}}_{(B)_{\gamma'_{i-1}}}}{a^{\mathrm{R}}_{(B)_{\alpha_{i-1}}}} + x_CRT\ln\frac{a^{\mathrm{R}}_{(C)_{\gamma'_{i-1}}}}{a^{\mathrm{R}}_{(C)_{\alpha_{i-1}}}}
\end{aligned} \tag{9.616}$$

直到两相达到新的平衡，平衡相组成为 γ_i 和 α_i，物质组成点为 M_i。

升高温度到 T_n，两相达成平衡，平衡相组成为共晶线上的 γ_n 点和 α_n，物质组成点为 M_n，与 γ_n 重合。有

$$\alpha_n \rightleftharpoons (\alpha_n)_{\gamma_n}$$

即

$$(A)_{\alpha_n} \rightleftharpoons (A)_{\gamma_n}$$

$$(B)_{\alpha_n} \rightleftharpoons (B)_{\gamma_n}$$

$$(C)_{\alpha_n} \rightleftharpoons (C)_{\gamma_n}$$

4) 升高温度到 T

温度升到高于 T_n 的 T。在温度刚升到 T，固溶体 α_n 还未来得及溶解进入 γ_n 相时，γ_n 相组成未变，但已由与 α_n 平衡的相 γ_n 变成与其不平衡的 γ_n'，固相 α_n 向其中溶解，直到完全消失。有

$$\alpha_n = (\alpha_n)_{\gamma_n'}$$

即

$$(A)_{\alpha_n} = (A)_{\gamma_n'}$$

$$(B)_{\alpha_n} = (B)_{\gamma_n'}$$

$$(C)_{\alpha_n} = (C)_{\gamma_n'}$$

该过程的摩尔吉布斯自由能变化为

$$\begin{aligned}\Delta G_{\mathrm{m},\alpha_n}(T) &= \overline{G}_{\mathrm{m},(\alpha_n)_{\gamma_n'}}(T) - G_{\mathrm{m},\alpha_n}(T) \\ &= \Delta_{\mathrm{sol}} H_{\mathrm{m},\alpha_n}(T) - T\Delta_{\mathrm{sol}} S_{\mathrm{m},\alpha_n}(T) \\ &= \frac{\Delta_{\mathrm{sol}} H_{\mathrm{m},\alpha_n}(T_n)\Delta T}{T_n}\end{aligned} \tag{9.617}$$

$$\begin{aligned}\Delta G_{\mathrm{m},(A)_{\alpha_n}}(T) &= \overline{G}_{\mathrm{m},(A)_{\gamma_n'}}(T) - \overline{G}_{\mathrm{m},(A)_{\alpha_n}}(T) \\ &= \Delta_{\mathrm{sol}} H_{\mathrm{m},(A)_{\alpha_n}}(T) - T\Delta_{\mathrm{sol}} S_{\mathrm{m},(A)_{\alpha_n}}(T) \\ &= \frac{\Delta_{\mathrm{sol}} H_{\mathrm{m},(A)_{\alpha_n}}(T_n)\Delta T}{T_n}\end{aligned} \tag{9.618}$$

同理

$$\begin{aligned}\Delta G_{\mathrm{m},(B)_{\alpha_n}}(T) &= \overline{G}_{\mathrm{m},(B)_{\gamma_n'}}(T) - \overline{G}_{\mathrm{m},(B)_{\alpha_n}}(T) \\ &= \frac{\Delta_{\mathrm{sol}} H_{\mathrm{m},(B)_{\alpha_n}}(T_n)\Delta T}{T_n}\end{aligned} \tag{9.619}$$

$$\begin{aligned}\Delta G_{\mathrm{m},(C)_{\alpha_n}}(T) &= \overline{G}_{\mathrm{m},(C)_{\gamma_n'}}(T) - \overline{G}_{\mathrm{m},(C)_{\alpha_n}}(T) \\ &= \frac{\Delta_{\mathrm{sol}} H_{\mathrm{m},(C)_{\alpha_n}}(T_n)\Delta T}{T_n}\end{aligned} \tag{9.620}$$

式中，

$$\Delta T = T_n - T < 0$$

组元 A、B、C 都以其纯固态为标准状态，组成以摩尔分数表示，摩尔吉布斯自由能变化为

$$\Delta G_{\mathrm{m},\alpha_n} = \mu_{(\alpha_n)_{\gamma'_n}} - \mu_{\alpha_n} = RT\ln a^{\mathrm{R}}_{(\alpha_n)_{\gamma'_n}} \tag{9.621}$$

式中，

$$\mu_{(\alpha_n)_{\gamma'_n}} = \mu^*_{\alpha_n} + RT\ln a^{\mathrm{R}}_{(\alpha_n)_{\gamma'_n}}$$

$$\mu_{\alpha_n} = \mu^*_{\alpha_n}$$

$$\Delta G_{\mathrm{m},(A)_{\alpha_n}} = \mu_{(A)_{\gamma'_n}} - \mu_{(A)_{\alpha_n}} = RT\ln\frac{a^{\mathrm{R}}_{(A)_{\gamma'_n}}}{a^{\mathrm{R}}_{(A)_{\alpha_n}}} \tag{9.622}$$

式中，

$$\mu_{(A)_{\gamma'_n}} = \mu^*_{A(\mathrm{s})} + RT\ln a^{\mathrm{R}}_{(A)_{\gamma'_n}}$$

$$\mu_{(A)_{\alpha_n}} = \mu^*_{A(\mathrm{s})} + RT\ln a^{\mathrm{R}}_{(A)_{\alpha_n}}$$

$$\Delta G_{\mathrm{m},(B)_{\alpha_n}} = \mu_{(B)_{\gamma'_n}} - \mu_{(B)_{\alpha_n}} = RT\ln\frac{a^{\mathrm{R}}_{(B)_{\gamma'_n}}}{a^{\mathrm{R}}_{(B)_{\alpha_n}}} \tag{9.623}$$

式中，

$$\mu_{(B)_{\gamma'_n}} = \mu^*_{B(\mathrm{s})} + RT\ln a^{\mathrm{R}}_{(B)_{\gamma'_n}}$$

$$\mu_{(B)_{\alpha_n}} = \mu^*_{B(\mathrm{s})} + RT\ln a^{\mathrm{R}}_{(B)_{\alpha_n}}$$

$$\Delta G_{\mathrm{m},(C)_{\alpha_n}} = \mu_{(C)_{\gamma'_n}} - \mu_{(C)_{\alpha_n}} = RT\ln\frac{a^{\mathrm{R}}_{(C)_{\gamma'_n}}}{a^{\mathrm{R}}_{(C)_{\alpha_n}}} \tag{9.624}$$

式中，

$$\mu_{(C)_{\gamma'_n}} = \mu^*_{C(\mathrm{s})} + RT\ln a^{\mathrm{R}}_{(C)_{\gamma'_n}}$$

$$\mu_{(C)_{\alpha_n}} = \mu^*_{C(\mathrm{s})} + RT\ln a^{\mathrm{R}}_{(C)_{\alpha_n}}$$

$$\begin{aligned}
&\Delta G_{\mathrm{m},\alpha_n}(T)\\
&= x_A\Delta G_{\mathrm{m},(A)_{\alpha_n}}(T) + x_B\Delta G_{\mathrm{m},(B)_{\alpha_n}}(T) + x_C\Delta G_{\mathrm{m},(C)_{\alpha_n}}(T)\\
&= \frac{\left[x_A\Delta_{\mathrm{sol}}H_{\mathrm{m},(A)_{\alpha_n}}(T_n) + x_B\Delta_{\mathrm{sol}}H_{\mathrm{m},(B)_{\alpha_n}}(T_n) + x_C\Delta_{\mathrm{sol}}H_{\mathrm{m},(C)_{\alpha_n}}(T_n)\right]\Delta T}{T_n}\\
&= RT\left(x_A\ln\frac{a^{\mathrm{R}}_{(A)_{\gamma'_n}}}{a^{\mathrm{R}}_{(A)_{\alpha_n}}} + x_B\ln\frac{a^{\mathrm{R}}_{(B)_{\gamma'_n}}}{a^{\mathrm{R}}_{(B)_{\alpha_n}}} + x_C\ln\frac{a^{\mathrm{R}}_{(C)_{\gamma'_n}}}{a^{\mathrm{R}}_{(C)_{\alpha_n}}}\right)
\end{aligned} \tag{9.625}$$

直到固溶体 α_n 消失。

2. 相变速率

1) 在温度 T_2

在温度 T_2，固相组元 α_1 的溶解速率为

$$
\begin{aligned}
\frac{\mathrm{d}N_{(\alpha_1)_{\gamma_1'}}}{\mathrm{d}t} &= -\frac{\mathrm{d}N_{\alpha_1}}{\mathrm{d}t} = Vj_{\alpha_1} \\
&= -V\left[l_1\left(\frac{A_{\mathrm{m},\alpha_1}}{T}\right) + l_2\left(\frac{A_{\mathrm{m},\alpha_1}}{T}\right)^2 + l_3\left(\frac{A_{\mathrm{m},\alpha_1}}{T}\right)^3 + \cdots\right]
\end{aligned} \tag{9.626}
$$

在温度 T_2，不考虑耦合作用，固相组元 A、B、C 的溶解速率为

$$
\begin{aligned}
\frac{\mathrm{d}N_{(A)_{\gamma_1'}}}{\mathrm{d}t} &= -\frac{\mathrm{d}N_{(A)_{\alpha_1}}}{\mathrm{d}t} = Vj_A \\
&= -V\left[l_1\left(\frac{A_{\mathrm{m},A}}{T}\right) + l_2\left(\frac{A_{\mathrm{m},A}}{T}\right)^2 + l_3\left(\frac{A_{\mathrm{m},A}}{T}\right)^3 + \cdots\right]
\end{aligned} \tag{9.627}
$$

$$
\begin{aligned}
\frac{\mathrm{d}N_{(B)_{\gamma_1'}}}{\mathrm{d}t} &= -\frac{\mathrm{d}N_{(B)_{\alpha_1}}}{\mathrm{d}t} = Vj_B \\
&= -V\left[l_1\left(\frac{A_{\mathrm{m},B}}{T}\right) + l_2\left(\frac{A_{\mathrm{m},B}}{T}\right)^2 + l_3\left(\frac{A_{\mathrm{m},B}}{T}\right)^3 + \cdots\right]
\end{aligned} \tag{9.628}
$$

考虑耦合作用，有

$$
\begin{aligned}
\frac{\mathrm{d}N_{(A)_{\gamma_1'}}}{\mathrm{d}t} &= -\frac{\mathrm{d}N_{(A)_{\alpha_1}}}{\mathrm{d}t} = Vj_A \\
&= -V\Bigg[l_{11}\left(\frac{A_{\mathrm{m},A}}{T}\right) + l_{12}\left(\frac{A_{\mathrm{m},B}}{T}\right) + l_{111}\left(\frac{A_{\mathrm{m},A}}{T}\right)^2 \\
&\quad + l_{112}\left(\frac{A_{\mathrm{m},A}}{T}\right)\left(\frac{A_{\mathrm{m},B}}{T}\right) \\
&\quad + l_{122}\left(\frac{A_{\mathrm{m},B}}{T}\right)^2 + l_{1111}\left(\frac{A_{\mathrm{m},A}}{T}\right)^3 + l_{1112}\left(\frac{A_{\mathrm{m},A}}{T}\right)^2\left(\frac{A_{\mathrm{m},B}}{T}\right) \\
&\quad + l_{1122}\left(\frac{A_{\mathrm{m},A}}{T}\right)\left(\frac{A_{\mathrm{m},B}}{T}\right)^2 + l_{1222}\left(\frac{A_{\mathrm{m},B}}{T}\right)^3 + \cdots\Bigg]
\end{aligned} \tag{9.629}
$$

$$
\begin{aligned}
\frac{\mathrm{d}N_{(B)_{\gamma_1'}}}{\mathrm{d}t} &= -\frac{\mathrm{d}N_{(B)_{\alpha_1}}}{\mathrm{d}t} = Vj_B \\
&= -V\Bigg[l_{21}\left(\frac{A_{\mathrm{m},A}}{T}\right) + l_{22}\left(\frac{A_{\mathrm{m},B}}{T}\right) + l_{211}\left(\frac{A_{\mathrm{m},A}}{T}\right)^2 \\
&\quad + l_{212}\left(\frac{A_{\mathrm{m},A}}{T}\right)\left(\frac{A_{\mathrm{m},B}}{T}\right)
\end{aligned}
$$

$$+ l_{222}\left(\frac{A_{\mathrm{m},B}}{T}\right)^2 + l_{2111}\left(\frac{A_{\mathrm{m},A}}{T}\right)^3 + l_{2112}\left(\frac{A_{\mathrm{m},A}}{T}\right)^2\left(\frac{A_{\mathrm{m},B}}{T}\right) + l_{2122}\left(\frac{A_{\mathrm{m},A}}{T}\right)\left(\frac{A_{\mathrm{m},B}}{T}\right)^2 + l_{2222}\left(\frac{A_{\mathrm{m},B}}{T}\right)^3 + \cdots\Bigg] \tag{9.630}$$

2) 从温度 T_2 到 T

从温度 T_2 到 T，固相组元 α_{i-1} 溶解。在温度 T_i 其溶解速率为

$$\begin{aligned}\frac{\mathrm{d}N_{(\alpha_{i-1})_{\gamma_1'}}}{\mathrm{d}t} &= -\frac{\mathrm{d}N_{\alpha_{i-1}}}{\mathrm{d}t} = Vj_{\alpha_{i-1}} \\ &= -V\left[l_1\left(\frac{A_{\mathrm{m},\alpha_{i-1}}}{T}\right) + l_2\left(\frac{A_{\mathrm{m},\alpha_{i-1}}}{T}\right)^2 + l_3\left(\frac{A_{\mathrm{m},\alpha_{i-1}}}{T}\right)^3 + \cdots\right]\end{aligned} \tag{9.631}$$

$$\begin{aligned}\frac{\mathrm{d}N_{(\alpha_{i-1})_{\gamma_1'}}}{\mathrm{d}t} &= -\frac{\mathrm{d}N_{\alpha_{i-1}}}{\mathrm{d}t} = Vj_{\alpha_{i-1}} \\ &= -V\left[l_1\left(\frac{A_{\mathrm{m},\alpha_{i-1}}}{T}\right) + l_2\left(\frac{A_{\mathrm{m},\alpha_{i-1}}}{T}\right)^2 + l_3\left(\frac{A_{\mathrm{m},\alpha_{i-1}}}{T}\right)^3 + \cdots\right]\end{aligned} \tag{9.632}$$

在温度 T_i，不考虑耦合作用，固溶体中的组元 A、B 的溶解速率为

$$\begin{aligned}\frac{\mathrm{d}N_{(A)_{\gamma_{i-1}'}}}{\mathrm{d}t} &= -\frac{\mathrm{d}N_{(A)_{\alpha_{i-1}}}}{\mathrm{d}t} = Vj_A \\ &= -V\left[l_1\left(\frac{A_{\mathrm{m},A}}{T}\right) + l_2\left(\frac{A_{\mathrm{m},A}}{T}\right)^2 + l_3\left(\frac{A_{\mathrm{m},A}}{T}\right)^3 + \cdots\right]\end{aligned} \tag{9.633}$$

$$\begin{aligned}\frac{\mathrm{d}N_{(B)_{\gamma_{i-1}'}}}{\mathrm{d}t} &= -\frac{\mathrm{d}N_{(B)_{\alpha_{i-1}}}}{\mathrm{d}t} = Vj_B \\ &= -V\left[l_1\left(\frac{A_{\mathrm{m},B}}{T}\right) + l_2\left(\frac{A_{\mathrm{m},B}}{T}\right)^2 + l_3\left(\frac{A_{\mathrm{m},B}}{T}\right)^3 + \cdots\right]\end{aligned} \tag{9.634}$$

考虑耦合作用，有

$$\begin{aligned}\frac{\mathrm{d}N_{(A)_{\gamma_{i-1}'}}}{\mathrm{d}t} &= -\frac{\mathrm{d}N_{(A)_{\alpha_{i-1}}}}{\mathrm{d}t} = Vj_A \\ &= -V\Bigg[l_{11}\left(\frac{A_{\mathrm{m},A}}{T}\right) + l_{12}\left(\frac{A_{\mathrm{m},B}}{T}\right) + l_{111}\left(\frac{A_{\mathrm{m},A}}{T}\right)^2 \\ &\quad + l_{112}\left(\frac{A_{\mathrm{m},A}}{T}\right)\left(\frac{A_{\mathrm{m},B}}{T}\right) \\ &\quad + l_{122}\left(\frac{A_{\mathrm{m},B}}{T}\right)^2 + l_{1111}\left(\frac{A_{\mathrm{m},A}}{T}\right)^3 + l_{1112}\left(\frac{A_{\mathrm{m},A}}{T}\right)^2\left(\frac{A_{\mathrm{m},B}}{T}\right) \\ &\quad + l_{1122}\left(\frac{A_{\mathrm{m},A}}{T}\right)\left(\frac{A_{\mathrm{m},B}}{T}\right)^2 + l_{1222}\left(\frac{A_{\mathrm{m},B}}{T}\right)^3 + \cdots\Bigg]\end{aligned} \tag{9.635}$$

$$
\begin{aligned}
\frac{\mathrm{d}N_{(B)_{\gamma'_{i-1}}}}{\mathrm{d}t} &= -\frac{\mathrm{d}N_{(B)_{\alpha_{i-1}}}}{\mathrm{d}t} = Vj_B \\
&= -V\left[l_{21}\left(\frac{A_{\mathrm{m},A}}{T}\right) + l_{22}\left(\frac{A_{\mathrm{m},B}}{T}\right) + l_{211}\left(\frac{A_{\mathrm{m},A}}{T}\right)^2\right. \\
&\quad + l_{212}\left(\frac{A_{\mathrm{m},A}}{T}\right)\left(\frac{A_{\mathrm{m},B}}{T}\right) \\
&\quad + l_{222}\left(\frac{A_{\mathrm{m},B}}{T}\right)^2 + l_{2111}\left(\frac{A_{\mathrm{m},A}}{T}\right)^3 + l_{2112}\left(\frac{A_{\mathrm{m},A}}{T}\right)^2\left(\frac{A_{\mathrm{m},B}}{T}\right) \\
&\quad \left. + l_{2122}\left(\frac{A_{\mathrm{m},A}}{T}\right)\left(\frac{A_{\mathrm{m},B}}{T}\right)^2 + l_{2222}\left(\frac{A_{\mathrm{m},B}}{T}\right)^3 + \cdots\right]
\end{aligned} \tag{9.636}
$$

9.4　具有最低共晶点的 $n(>3)$ 元系固态升温相变

9.4.1　相变过程热力学

在具有最低共晶点的 $n(>3)$ 元系中，组成点为 M 的固相升温。温度升到 $T_E(T_{M_1})$，物质组成点为 M_E。在组成为 M_E 的物质中，有共晶点组成的 E 和过量的组元 $A_1, A_2, \cdots, A_n$。

1) 升高温度到 $T_E(T_{M_1})$

升高温度到 T_E，物质组成点到达平行于底面的等温平面的共晶点 E。组成为 E 的均匀固相的相变过程可以表示为

$$E(\mathrm{s}) \rightleftharpoons E(\gamma)$$

即

$$\sum_{i=1}^{n} x_{A_i} A_i(\mathrm{s}) \rightleftharpoons \sum_{i=1}^{n} x_{A_i} (A_i)_{E(\gamma)}$$

或

$$A_i(\mathrm{s}) \rightleftharpoons (A_i)_{E(\gamma)}$$
$$(i = 1, 2, \cdots, n)$$

式中，x_{A_i} 为组成 E 的组元 A_i 的摩尔分数。

n 相平衡共存。

相变过程的摩尔吉布斯自由能变化为

$$
\begin{aligned}
\Delta G_{\mathrm{m},E}(T_E) &= G_{\mathrm{m},E(\gamma)}(T_E) - G_{\mathrm{m},E(\mathrm{s})}(T_E) \\
&= \Delta_{\mathrm{fur}} H_{\mathrm{m},E}(T_E) - T_E \Delta_{\mathrm{fur}} S_{\mathrm{m},E}(T_E) \\
&= \Delta_{\mathrm{fur}} H_{\mathrm{m},E}(T_E) - T_E \frac{\Delta_{\mathrm{fur}} H_{\mathrm{m},E}(T_E)}{T_E} \\
&= 0
\end{aligned} \tag{9.637}
$$

式中，$\Delta_{\text{fur}}H_{\text{m},E}$、$\Delta_{\text{fur}}S_{\text{m},E}$ 分别是组成为 E 的物质的溶解焓、溶解熵。

并有

$$M_E = \sum_{i=1}^{n} x_{A_i} M_{A_i} \tag{9.638}$$

式中，M_E、M_{A_i} 分别为 E 和 A_i 的摩尔质量。

或

$$\begin{aligned}\Delta G_{\text{m},A_i}(T_E) &= \overline{G}_{\text{m},(A_i)_{E(\gamma)}}(T_E) - G_{\text{m},A_i(\text{s})}(T_E) \\ &= \Delta_{\text{sol}}H_{\text{m},A_i}(T_E) - T_E\Delta_{\text{sol}}S_{\text{m},A_i}(T_E) \\ &= \Delta_{\text{sol}}H_{\text{m},A_i}(T_E) - T_E\frac{\Delta_{\text{sol}}H_{\text{m},A_i}(T_E)}{T_E} \\ &= 0\end{aligned} \tag{9.639}$$

$$(i = 1, 2, \cdots, n)$$

$$\Delta G_{\text{m},E} = \sum_{i=1}^{n} x_{A_i} \Delta G_{\text{m},A_i} = 0 \tag{9.640}$$

式中，$\Delta_{\text{sol}}H_{\text{m},A_i}$、$\Delta_{\text{sol}}S_{\text{m},A_i}$ 分别是组元 A_i 的溶解焓、溶解熵。

各相中的组元 A_i 都以纯固态为标准状态，浓度以摩尔分数表示，该过程的摩尔吉布斯自由能变化为

$$\begin{aligned}\Delta G_{\text{m},A_i} &= \mu_{(A_i)_{E(\gamma)}} - \mu_{A_i(\text{s})} \\ &= RT\ln a^{\text{R}}_{(A_i)_{饱}} \\ &= RT\ln a^{\text{R}}_{(A)_{E(\gamma)}} \\ &= 0\end{aligned} \tag{9.641}$$

$$\Delta G_{\text{m},A_i} = \sum_{i=1}^{n} x_{A_i} \Delta G_{\text{m},A_i} = 0 \tag{9.642}$$

2) 升高温度到 $T_{M_{1,1}}$

升高温度到 $T_{M_{1,1}}$。在温度刚升到 $T_{M_{1,1}}$，尚无固相溶解进入固溶体相 $E(\gamma)$ 时，$E(\gamma)$ 的组成未变，但已由组元 A_i 的饱和的相 $E(\gamma)$，变成其未饱和的相 $E(\gamma')$，固相 $E(\text{s})$ 溶解成相 $E(\gamma')$，组元 $A_i(\text{s})$ 向其中溶解，有

$$E(\text{s}) =\!=\!= E(\gamma')$$

即

$$\sum_{i=1}^{n} x_{A_i} A_i(\text{s}) =\!=\!= \sum_{i=1}^{n} x_{A_i} (A_i)_{E(\gamma')}$$

或

$$A_i(\mathrm{s}) =\!=\!= (A_i)_{E(\gamma')}$$

$$(i = 1, 2, \cdots, n)$$

该过程的摩尔吉布斯自由能变化为

$$\begin{aligned}\Delta G_{\mathrm{m},E}(T_{M_{1,1}}) &= G_{\mathrm{m},E(\gamma)}(T_{M_{1,1}}) - G_{\mathrm{m},E(\mathrm{s})}(T_{M_{1,1}}) \\ &= \varDelta_{\mathrm{fur}}H_{\mathrm{m},E}(T_{M_{1,1}}) - T_{M_{1,1}}\varDelta_{\mathrm{fur}}S_{\mathrm{m},E}(T_{M_{1,1}}) \\ &\approx \varDelta_{\mathrm{fur}}H_{\mathrm{m},E}(T_E) - T_{M_{1,1}}\frac{\varDelta_{\mathrm{fur}}H_{\mathrm{m},E}(T_E)}{T_E} \\ &= \frac{\varDelta_{\mathrm{fur}}H_{\mathrm{m},E}(T_E)\Delta T}{T_E}\end{aligned} \tag{9.643}$$

式中，$\varDelta_{\mathrm{fur}}H_{\mathrm{m},E}$ 为 E 的熔化焓；$\varDelta_{\mathrm{fur}}S_{\mathrm{m},E}$ 为 E 的熔化熵。并有

$$\Delta T = T_E - T_{M_{1,1}} < 0$$

或

$$\begin{aligned}\Delta G_{\mathrm{m},A_i}(T_{M_{1,1}}) &= \overline{G}_{\mathrm{m},(A_i)_{E(\gamma)}}(T_{M_{1,1}}) - G_{\mathrm{m},A_{i(\mathrm{s})}}(T_{M_{1,1}}) \\ &= \varDelta_{\mathrm{sol}}H_{\mathrm{m},A_i}(T_{M_{1,1}}) - T_{M_{1,1}}\varDelta_{\mathrm{sol}}S_{\mathrm{m},A_i}(T_{M_{1,1}}) \\ &\approx \varDelta_{\mathrm{sol}}H_{\mathrm{m},A_i}(T_E) - T_{M_{1,1}}\frac{\varDelta_{\mathrm{sol}}H_{\mathrm{m},A_i}(T_E)}{TE} \\ &= \frac{\varDelta_{\mathrm{sol}}H_{\mathrm{m},A_i}(T_E)\Delta T}{T_E}\end{aligned} \tag{9.644}$$

式中，$\varDelta_{\mathrm{sol}}H_{\mathrm{m},A_i}$ 为组元 A_i 的溶解焓；$\varDelta_{\mathrm{sol}}S_{\mathrm{m},A_i}$ 为组元 A_i 的溶解熵。

$$\begin{aligned}\Delta G_{\mathrm{m},E}(T_{M_{1,1}}) &= \sum_{i=1}^{n} x_{A_i}\Delta G_{\mathrm{m},A_i}(T_{M_{1,1}}) \\ &\approx \sum_{i=1}^{n} x_{A_i}\Delta G_{\mathrm{m},A_i}(T_E) \\ &= \sum_{i=1}^{n}\frac{x_{A_i}\varDelta_{\mathrm{sol}}H_{\mathrm{m},A_i}(T_E)\Delta T}{T_E}\end{aligned} \tag{9.645}$$

或者，各相中的组元都以其纯固态为标准状态，浓度以摩尔分数表示，该过程的摩尔吉布斯自由能变化为

$$\Delta G_{\mathrm{m},A_i} = \mu_{(A_i)_{E(\gamma')}} - \mu_{A_i(\mathrm{s})} = -RT\ln a^{\mathrm{R}}_{(A_i)_{E(\gamma')}} \tag{9.646}$$

$$\Delta G_{\mathrm{m},E} = \sum_{i=1}^{n} x_{A_i} \Delta G_{\mathrm{m},A_i} = \sum_{i=1}^{n} x_{A_i} RT \ln a^{\mathrm{R}}_{(A_i)_{E(\gamma')}} \tag{9.647}$$

直到组成为 $E(\mathrm{s})$ 的固相组元完全转变为 $E(\gamma')$，若 $E(\gamma')$ 尚未饱和，固相组元 $A_1, A_2, \cdots, A_n$ 继续向 $E(\gamma')$ 相中溶解。有

$$A_i(\mathrm{s}) = (A_i)_{E(\gamma')}$$

$$(i = 1, 2, \cdots, n-1)$$

该过程的摩尔吉布斯自由能变化为

$$\begin{aligned} \Delta G_{\mathrm{m},A_i}(T_{M_{1,1}}) &= \overline{G}_{\mathrm{m},(A_i)_{E(\gamma')}}(T_{M_{1,1}}) - G_{\mathrm{m},A_i(s)}(T_{M_{1,1}}) \\ &= \frac{\Delta_{\mathrm{sol}} H_{\mathrm{m},A_i}(T_E) \Delta T}{T_E} \end{aligned} \tag{9.648}$$

$$\begin{aligned} \Delta G_{\mathrm{m},A_i}(T_{M_{1,1}}) &= \sum_{i=1}^{n-1} x_{A_i} \Delta G_{\mathrm{m},A_i}(T_{M_{1,1}}) \\ &= \sum_{i=1}^{n-1} \frac{x_{A_i} \Delta_{\mathrm{sol}} H_{\mathrm{m},A_i}(T_E) \Delta T}{T_E} \end{aligned} \tag{9.649}$$

或如下计算：各相中的组元 A_i 都以其纯固态为标准状态，浓度以摩尔分数表示，摩尔吉布斯自由能变化为

$$\Delta G_{\mathrm{m},A_i} = \mu_{(A_i)_{E(\gamma')}} - \mu_{A_i(\mathrm{s})} = RT \ln a^{\mathrm{R}}_{(A_i)_{E(\gamma')}} \tag{9.650}$$

$$\Delta G_{\mathrm{m}} = \sum_{i=1}^{n-1} x_{A_i} \Delta G_{\mathrm{m},A_i}(T_{M_{1,1}}) = \sum_{i=1}^{n-1} x_{A_i} RT \ln a^{\mathrm{R}}_{(A_i)_{E(\gamma')}} \tag{9.651}$$

直到固相组元 A_n 消失。固溶体相成为组元 $A_i(i = 1, 2, \cdots, n-1)$ 的饱和相 $\gamma_{M_{1,1}}$，各相达成平衡，有

$$A_i(\mathrm{s}) \rightleftharpoons (A_i)_{\gamma_{M,1}}$$

3) 温度从 $T_{M_{1,1}}$ 到 $T_{M_{2,1}}$

温度从 $T_{M_{1,1}}$ 到 $T_{M_{2,1}}$，相变过程可以统一描述如下：在温度 $T_{M_{1,j-1}}$，组元 A_i 在固溶体中的浓度达到饱和，平衡相组成为 $\gamma_{M_{1,j-1}}$。各相达成平衡，有

$$A_i(\mathrm{s}) \rightleftharpoons (A_i)_{\gamma_{M_{1,j-1}}} = (A_i)_{饱}$$

$$(i = 1, 2, \cdots, n-1)$$

继续升高温度到 $T_{M_{1,j}}$。在温度刚升到 $T_{M_{1,j}}$，组元 A_i 还未来得及溶解进入固溶体相时，固溶体相组成未变，但已由组元 A_i 的饱和相 $\gamma_{M_{1,j-1}}$ 变成组元 A_i 的不饱和相 $\gamma'_{M_{1,j-1}}$。因此，固相组元 A_i 向 $\gamma'_{M_{1,j-1}}$ 中溶解。可以表示为

$$A_i(\mathrm{s}) =\!=\!= (A_i)_{\gamma'_{M_{1,j-1}}}$$

$$(i = 1, 2, \cdots, n-1)$$

该过程的摩尔吉布斯自由能变化为

$$\begin{aligned}\Delta G_{\mathrm{m},A_i}(T_{M_{1,j}}) &= \overline{G}_{\mathrm{m},(A_i)_{\gamma'_{M_{1,j-1}}}}(T_{M_{1,j}}) - G_{A_i(\mathrm{s})}(T_{M_{1,j}}) \\ &= \Delta_{\mathrm{sol}} H_{\mathrm{m},A_i}(T_{M_{1,j}}) - T_{M_{1,j}} \Delta_{\mathrm{sol}} S_{\mathrm{m},A_i}(T_{M_{1,j}}) \\ &\approx \Delta_{\mathrm{sol}} H_{\mathrm{m},A_i}(T_{M_{1,j-1}}) - T_{M_{1,j}} \frac{\Delta_{\mathrm{sol}} H_{\mathrm{m},A_i}(T_{M_{1,j-1}})}{T_{M_{1,j-1}}} \\ &= \frac{\Delta_{\mathrm{sol}} H_{\mathrm{m},A_i}(T_{M_{1,j-1}}) \Delta T}{T_{M_{1,j-1}}}\end{aligned} \tag{9.652}$$

$$\begin{aligned}\Delta G_{\mathrm{m},A}(T_{M_{1,j}}) &= \sum_{i=1}^{n-1} x_{A_i} \Delta G_{\mathrm{m},A_i}(T_{M_{1,j}}) \\ &= \sum_{i=1}^{n-1} \frac{x_{A_i} \Delta_{\mathrm{sol}} H_{\mathrm{m},A_i}(T_{M_{1,j-1}}) \Delta T}{T_{M_{1,j-1}}}\end{aligned} \tag{9.653}$$

或者如下计算。

各相中的组元 A_i 都以其纯固态为标准状态，浓度以摩尔分数表示，该过程的摩尔吉布斯自由能变化为

$$\Delta G_{\mathrm{m},A_i} = \mu_{(A_i)_{\gamma'_{M_{1,j-1}}}} - \mu_{A_i(\mathrm{s})} = RT \ln a^{\mathrm{R}}_{(A_i)_{\gamma'_{M_{1,j-1}}}} \tag{9.654}$$

直到固相组元 A_i 溶解达到饱和，各相达成新的平衡。平衡相组成为共熔面 M_1 上的 $\gamma_{M_{1,j}}$ 点。有

$$A_i(\mathrm{s}) \rightleftharpoons (A_i)_{\gamma_{M_{1,j}}} =\!=\!= (A_i)_{饱}$$

在温度 $T_{M_{1,n}}$，各两相达成平衡，组元 A_i 溶解达到饱和，平衡相组成为共晶面上的点 $M_{1,n}$，有

$$A_i(\mathrm{s}) \rightleftharpoons (A_i)_{\gamma_{M_{1,n}}} =\!=\!= (A_i)_{饱}$$

$$(i = 1, 2, \cdots, n-1)$$

4) 在温度 $T_{M_{2,1}}$

继续升高温度到 $T_{M_{2,1}}$，在温度刚升到 $T_{M_{2,1}}$，固相组元 A_i 还未来得及溶解时，固溶体组成未变，但已由组元 A_i 的饱和固溶体 $\gamma_{M_{2,1}}$ 变成不饱和固溶体 $\gamma'_{M_{2,1}}$。固相组元 A_i 向 $\gamma'_{M_{2,1}}$ 中溶解，有

$$A_i(\mathrm{s}) = (A_i)_{\gamma'_{M_{2,1}}}$$

$$(i = 1, 2, \cdots, n-1)$$

该过程的摩尔吉布斯自由能变化为

$$\begin{aligned}\Delta G_{\mathrm{m},A_i}(T_{M_{2,1}}) &= \overline{G}_{\mathrm{m},(A_i)_{\gamma'_{M_{2,1}}}}(T_{M_{2,1}}) - G_{\mathrm{m},A_i(\mathrm{s})}(T_{M_{2,1}}) \\ &= \Delta_{\mathrm{sol}} H_{\mathrm{m},A_i}(T_{M_{2,1}}) - T_{M_{2,1}} \Delta_{\mathrm{sol}} S_{\mathrm{m},A_i}(T_{M_{2,1}}) \\ &\approx \Delta_{\mathrm{sol}} H_{\mathrm{m},A_i}(T_{M_{1,n}}) - T_{M_{2,1}} \frac{\Delta_{\mathrm{sol}} H_{\mathrm{m},A_i}(T_{M_{1,n}})}{T_{M_{1,n}}} \\ &= \frac{\Delta_{\mathrm{sol}} H_{\mathrm{m},A_i}(T_{M_{1,n}}) \Delta T}{T_{M_{1,n}}}\end{aligned} \tag{9.655}$$

$$(i = 1, 2, \cdots, n-1)$$

或者如下计算。

各相中的组元 A_i 都以其纯固态为标准状态，浓度以摩尔分数表示，该过程的摩尔吉布斯自由能变化为

$$\Delta G_{\mathrm{m},A_i} = \mu_{(A_i)_{\gamma'_{M_{2,1}}}} - \mu_{A_i(\mathrm{s})} = RT \ln a^{\mathrm{R}}_{(A_i)_{\gamma'_{M_{2,1}}}} \tag{9.656}$$

$$(i = 1, 2, \cdots, n-1)$$

直到两相达成平衡，有

$$A_i(\mathrm{s}) \rightleftharpoons (A_i)_{\gamma_{M_{2,1}}}$$

$$(i = 1, 2, \cdots, n-1)$$

5) 温度从 $T_{M_{2,1}}$ 到 $T_{M_{3,1}}$

继续升高温度。从 $T_{M_{2,1}}$ 到 $T_{M_{3,1}}$，平衡固溶体相组成在共晶面 M_2 上沿着 $M_{2,1}$ 和 $M_{3,1}$ 的连线从 $M_{2,1}$ 向 $M_{3,1}$ 移动，平衡固溶体相组成从 $\gamma_{2,1}$ 向 $\gamma_{3,1}$ 变化。可统一描述如下。

升高温度到 $T_{M_{2,k-1}}$。在温度刚升到 $T_{M_{2,k-1}}$，固相组元 A_i 尚未来得及溶解时，固溶体相组成未变，但已由组元 A_i 的饱和固溶体 $\gamma_{M_{2,k-1}}$，变成组元 A_i 的不饱和固溶体 $\gamma'_{M_{2,k-1}}$。固相组元 A_i 向其中溶解，有

$$A_i(\mathrm{s}) \rightleftharpoons (A_i)_{\gamma'_{M_{2,k-1}}}$$

该过程的摩尔吉布斯自由能变化为

$$\begin{aligned}\Delta G_{\mathrm{m},A_i}(T_{M_{2,k}}) &= \overline{G}_{\mathrm{m},(A_i)_{\gamma'_{M_{2,k-1}}}}(T_{M_{2,k}}) - G_{\mathrm{m},A_i(\mathrm{s})}(T_{M_{2,k}}) \\ &= \frac{\Delta H_{\mathrm{m},A_i}(T_{M_{2,k-1}})\Delta T}{T_{M_{2,k-1}}}\end{aligned} \tag{9.657}$$

$$(i=1,2,\cdots,n-2)$$

或者如下计算。

各相中的组元都以其纯固态为标准状态，浓度以摩尔分数表示，有

$$\Delta G_{\mathrm{m},A_i} = \mu_{(A_i)_{\gamma'_{M_{2,k-1}}}} - \mu_{A_i(\mathrm{s})} = RT\ln a^{\mathrm{R}}_{(A_i)_{\gamma'_{M_{2,k-1}}}} \tag{9.658}$$

直到两相达成平衡，有

$$A_i(\mathrm{s}) \rightleftharpoons (A_i)_{\gamma_{M_{2,k}}}$$

6) 升高温度从 $T_{M_{k,1}}$ 到 $T_{M_{k+1,1}}$

继续升高温度，重复上述溶解过程。可以统一描述如下。

从温度 $T_{M_{k,1}}$ 到 $T_{M_{k+1,1}}$，平衡固溶体相组成在共晶面 M_k 上沿着 $M_{k,1}$ 和 $M_{k+1,1}$ 的连线从 $M_{k,1}$ 向 $M_{k+1,1}$ 移动，平衡固溶体相组成从 $\gamma_{M_{k,1}}$ 向 $\gamma_{M_{k+1,1}}$ 变化。在温度 $T_{M_{k-1,n}}$，各相达成平衡，有

$$A_i(\mathrm{s}) \rightleftharpoons (A_i)_{\gamma_{M_{k-1,n}}}$$

$$(i=1,2,\cdots,n-k)$$

温度升高到 $T_{M_{k,1}}$。在温度刚升到 $T_{M_{k,1}}$，固相组元 A_i 尚未向固溶体相 $\gamma_{M_{k-1,n}}$ 溶解时，固溶体相组成未变，但已由组元 A_i 的饱和固溶体 $\gamma_{M_{k-1,n}}$ 变成组元 A_i 的未饱和固溶体 $\gamma'_{M_{k-1,n}}$。固相组元 A_i 向固溶体相中溶解，有

$$A_i(\mathrm{s}) = (A_i)_{\gamma'_{M_{k-1,n}}}$$

该过程的摩尔吉布斯自由能变化为

$$\begin{aligned}\Delta G_{\mathrm{m},A_i}(T_{M_{k,1}}) &= \overline{G}_{\mathrm{m},(A_i)_{\gamma'_{M_{k-1,n}}}}(T_{M_{k,1}}) - G_{\mathrm{m},A_i(\mathrm{s})}(T_{M_{k,1}}) \\ &= \frac{\Delta H_{\mathrm{m},A_i}(T_{M_{k-1,n}})\Delta T}{T_{M_{k-1,n}}}\end{aligned} \tag{9.659}$$

或者如下计算。

各相中的组元 A_i 都是以纯固态为标准状态，浓度以摩尔分数表示，该过程的摩尔吉布斯自由能变化为

$$\Delta G_{\mathrm{m},i} = \mu_{(A_i)_{\gamma'_{M_{k-1,n}}}} - \mu_{A_i(\mathrm{s})} = RT \ln a^{\mathrm{R}}_{(A_i)_{\gamma'_{M_{k-1,n}}}} \tag{9.660}$$

直到各相达成平衡，固相组元 A_{n-k+1} 完全溶解，有

$$A_i(\mathrm{s}) \rightleftharpoons (A_i)_{\gamma_{M_{k,1}}}$$

$$(i = 1, 2, \cdots, n-k)$$

继续升高温度。在温度 $T_{M_{k,l-1}}$，固液两相达成平衡，有

$$A_i(\mathrm{s}) \rightleftharpoons (A_i)_{\gamma_{M_{k,l-1}}}$$

升高温度到 $T_{M_{k,l}}$，在温度刚升到 $T_{M_{k,l}}$，固相组元 A_i 尚未来得及溶解时，固溶体相组成未变，但已由组元 A_i 的饱和固溶体 $\gamma_{M_{k,l-1}}$ 变成不饱和固溶体 $\gamma'_{M_{k,l-1}}$。固相组元 A_i 向溶液 $l'_{M_{k,l-1}}$ 中溶解，有

$$A_i(\mathrm{s}) = (A_i)_{\gamma'_{M_{k,l-1}}}$$

$$(i = 1, 2, \cdots, n-k)$$

该过程的摩尔吉布斯自由能变化为

$$\begin{aligned} \Delta G_{\mathrm{m},A_i}(T_{M_{k,l}}) &= \overline{G}_{\mathrm{m},(A_i)_{\gamma'_{M_{k,l-1}}}}(T_{M_{k,l}}) - G_{\mathrm{m},A_i(\mathrm{s})}(T_{M_{k,l}}) \\ &= \frac{\Delta H_{\mathrm{m},A_i}(T_{M_{k,l-1}})\Delta T}{T_{M_{k,l-1}}} \end{aligned} \tag{9.661}$$

或者如下计算。

各相中的组元 A_i 以其纯固态为标准状态，浓度以摩尔分数表示，摩尔吉布斯自由能变化为

$$\Delta G_{\mathrm{m},A_i} = \mu_{(A_i)_{\gamma'_{M_{k,l-1}}}} - \mu_{A_i(\mathrm{s})} = RT \ln a^{\mathrm{R}}_{(A_i)_{\gamma'_{M_{k,l-1}}}} \tag{9.662}$$

直到各两相达成平衡，有

$$A_i(\mathrm{s}) = (A_i)_{\gamma_{M_{k,l}}}$$

$$(i = 1, 2, \cdots, n-k-1)$$

继续升高温度，重复上述过程，直到温度升到 $T_{M_{n,1}}$，各相达成平衡。

7) 升高温度到 $T_{M_{n,1}}$

继续升高温度到 $T_{M_{n,1}}$。在温度刚升到 $T_{M_{n,1}}$，固相组元 A_i 尚未溶解时，固溶体相组成未变，但已由组元 A_1、A_2 饱和固溶体 $\gamma_{M_{n-1,n}}$ 变成不饱和固溶体 $\gamma'_{M_{n-1,n}}$。固相组元 A_1、A_2 向其中溶解，有

$$A_i(\mathrm{s}) = (A_i)_{\gamma'_{M_{n-1,n}}}$$

$$(i = 1, 2)$$

该过程的摩尔吉布斯自由能变化为

$$\begin{aligned}\Delta G_{\mathrm{m},A_i}(T_{M_{n,1}}) &= \overline{G}_{\mathrm{m},(A_i)_{\gamma'_{M_{n-1,n}}}}(T_{M_{n,1}}) - G_{\mathrm{m},A_i(\mathrm{s})}(T_{M_{n,1}}) \\ &= \frac{\Delta H_{\mathrm{m},A_i}(T_{M_{n-1,n}})\Delta T}{T_{M_{n-1,n}}}\end{aligned} \tag{9.663}$$

式中，

$$\Delta T = T_{M_{n-1,n}} - T_{M_{n,1}}$$

或者如下计算。

固相和液相中的组元 A_i 都以其纯固态为标准状态，浓度以摩尔分数表示，摩尔吉布斯自由能变化为

$$\Delta G_{\mathrm{m},A_i} = \mu_{(A_i)_{\gamma'_{M_{n-1,n}}}} - \mu_{A_i(\mathrm{s})} = RT \ln a^{\mathrm{R}}_{(A_i)_{\gamma'_{M_{n-1,n}}}} \tag{9.664}$$

直到固相组元 A_2 完全溶解在固溶体相中，仅剩组元 A_1，两相达成平衡，有

$$A_1(\mathrm{s}) \rightleftharpoons (A_1)_{\gamma_{M_{n,1}}}$$

8) 升高温度从 $T_{M_{n,1}}$ 到 $T_{M_{n,n}}$

继续升高温度。从温度 $T_{M_{n,1}}$ 到 $T_{M_{n,n}}$，平衡固溶体相组成在液相面 M_n 上沿 $\gamma_{M_{n,1}}$ 和 A_1 连线移动。可统一描述如下。

在温度 $T_{M_{n,q-1}}$，固液两相达成平衡，有

$$A_1(\mathrm{s}) \rightleftharpoons (A_i)_{\gamma_{M_{n,q-1}}}$$

继续升高温度到 $T_{M_{n,q}}$，在温度刚升到 $T_{M_{n,q}}$，尚无固相组元 A_1 溶解时，液相组成不变，但已由组元 A_1 的饱和固溶体 $\gamma_{M_{n,q-1}}$ 变成不饱和固溶体 $\gamma'_{M_{n,q-1}}$。组元 A_i 向其中溶解，有

$$A_1(\mathrm{s}) = (A_i)_{\gamma'_{M_{n,q-1}}}$$

该过程的摩尔吉布斯自由能变化为

$$\begin{aligned}\Delta G_{\mathrm{m},A_1}(T_{M_{n,q}}) &= \overline{G}_{\mathrm{m},(A_1)_{\gamma'_{M_{n,q-1}}}}(T_{M_{n,q}}) - G_{\mathrm{m},A_1(\mathrm{s})}(T_{M_{n,q}}) \\ &= \frac{\Delta H_{\mathrm{m},A_1}(T_{M_{n,q-1}})\Delta T}{T_{M_{n,q-1}}}\end{aligned} \tag{9.665}$$

式中，

$$\Delta T = T_{M_{n,q-1}} - T_{M_{n,q}}$$

或者如下计算。

两相中的组元都以其纯物质为标准状态，浓度以摩尔分数表示，摩尔吉布斯自由能变化为

$$\Delta G_{\mathrm{m},A_1} = \mu_{(A_1)_{\gamma'_{M_{n,q-1}}}} - \mu_{A_1(\mathrm{s})} = RT\ln a^{\mathrm{R}}_{(A_1)_{\gamma'_{M_{n,q-1}}}} \tag{9.666}$$

直到两相达成平衡，有

$$A_1(\mathrm{s}) \rightleftharpoons (A_1)_{\gamma_{M_{n,q}}}$$

继续升高温度到 $T_{M_{n,n}}$，两相达成平衡，组元 A_1 达到饱和，有

$$A_1(\mathrm{s}) \rightleftharpoons (A_1)_{\gamma_{M_{n,n}}}$$

9) 升高温度到 T

继续升高温度到 T。在温度刚升高到 T，组元 A_1 尚未向固溶体中溶解时，固溶体相组成未变，但已由组元 A_1 的饱和固溶体 $\gamma_{M_{n,n}}$ 变成不饱和固溶体 $\gamma'_{M_{n,n}}$。组元 A_1 向其中溶解，有

$$A_1(\mathrm{s}) \rightleftharpoons (A_1)_{\gamma'_{M_{n,n}}}$$

过程的摩尔吉布斯自由能变化为

$$\begin{aligned}\Delta G_{\mathrm{m},A_1}(T) &= \overline{G}_{\mathrm{m},(A_1)_{\gamma'_{M_{n,n}}}}(T) - G_{\mathrm{m},A_1(\mathrm{s})}(T) \\ &= \frac{\Delta_{\mathrm{sol}} H_{\mathrm{m},(A_1)_{\gamma'_{M_{n,n}}}}(T_{M_{n,n}})\Delta T}{T_{M_{n,n}}}\end{aligned} \tag{9.667}$$

或者如下计算。

两相中的组元 A_1 都以其纯固态为标准状态，浓度以摩尔分数表示，摩尔吉布斯自由能变化为

$$\Delta G_{\mathrm{m},A_1} = \mu_{(A_1)_{\gamma'_{M_{n,n}}}} - \mu_{A_1(\mathrm{s})} = RT\ln a^{\mathrm{R}}_{(A_1)_{\gamma'_{M_{n,n}}}} \tag{9.668}$$

直到固相组元 A_1 消失，完全进入溶液，溶解过程完成。

9.4.2　相变速率

1. 在温度 $T_{M_{1,1}}$

在温度 $T_{M_{1,1}}$，$E(\mathrm{s})$ 的熔化速率为

$$
\begin{aligned}
-\frac{\mathrm{d}n_{E(\mathrm{s})}}{\mathrm{d}t} &= \frac{\mathrm{d}n_{E(\gamma')}}{\mathrm{d}t} = j_{E(\mathrm{s})} \\
&= -l_1\left(\frac{A_{\mathrm{m},E}}{T}\right) - l_2\left(\frac{A_{\mathrm{m},E}}{T}\right)^2 - l_3\left(\frac{A_{\mathrm{m},E}}{T}\right)^3 - \cdots
\end{aligned}
\tag{9.669}
$$

式中，

$$A_{\mathrm{m},E} = \Delta G_{\mathrm{m},E}(T_{M_{1,1}})$$

为式 (9.643)。

$A_i(\mathrm{s})$ 的溶解速率如下。

不考虑耦合作用，有

$$
\begin{aligned}
-\frac{\mathrm{d}n_{A_i(\mathrm{s})}}{\mathrm{d}t} &= \frac{\mathrm{d}n_{A_i(\gamma')}}{\mathrm{d}t} = j_{A_i} \\
&= -l_{A_i1}\left(\frac{A_{\mathrm{m},A_i}}{T}\right) - l_{A_i2}\left(\frac{A_{\mathrm{m},A_i}}{T}\right)^2 - l_{A_i3}\left(\frac{A_{\mathrm{m},A_i}}{T}\right)^3 - \cdots
\end{aligned}
\tag{9.670}
$$

考虑耦合作用，有

$$
\begin{aligned}
-\frac{\mathrm{d}n_{A_i(\mathrm{s})}}{\mathrm{d}t} &= \frac{\mathrm{d}n_{A_i(\gamma')}}{\mathrm{d}t} = j_{A_i} \\
&= -\sum_{k=1}^{n} l_{ik}\left(\frac{A_{\mathrm{m},k}}{T}\right) - \sum_{k=1}^{n}\sum_{l=1}^{n} l_{ikl}\left(\frac{A_{\mathrm{m},k}}{T}\right)\left(\frac{A_{\mathrm{m},l}}{T}\right) \\
&\quad - \sum_{k=1}^{n}\sum_{l=1}^{n}\sum_{h=1}^{n} l_{iklh}\left(\frac{A_{\mathrm{m},k}}{T}\right)\left(\frac{A_{\mathrm{m},l}}{T}\right)\left(\frac{A_{\mathrm{m},h}}{T}\right) - \cdots
\end{aligned}
\tag{9.671}
$$

$$(i = 1, 2, \cdots, n)$$

2. 在温度 $T_{M_{1,j}}$

在温度 $T_{M_{1,j}}$，不考虑耦合作用，溶解速率为

$$
\begin{aligned}
-\frac{\mathrm{d}n_{A_i(\mathrm{s})}}{\mathrm{d}t} &= \frac{\mathrm{d}n_{(A_i)_{\gamma'_{M_{1,i-1}}}}}{\mathrm{d}t} = j_{A_i} \\
&= -l_{A_i1}\left(\frac{A_{\mathrm{m},A_i}}{T}\right) - l_{A_i2}\left(\frac{A_{\mathrm{m},A_i}}{T}\right)^2 - l_{A_i3}\left(\frac{A_{\mathrm{m},A_i}}{T}\right)^3 - \cdots
\end{aligned}
\tag{9.672}
$$

$$(i = 1, 2, \cdots, n-1)$$

考虑耦合作用，有

$$
\begin{aligned}
-\frac{\mathrm{d}n_{A_i(\mathrm{s})}}{\mathrm{d}t} &= \frac{\mathrm{d}n_{(A_i)_{\gamma'_{M_{1,j-1}}}}}{\mathrm{d}t} = j_{A_i} \\
&= -\sum_{k=1}^{n-1} l_{ik}\left(\frac{A_{m,A_k}}{T}\right) - \sum_{j=1}^{n-1}\sum_{k=1}^{n-1} l_{ikl}\left(\frac{A_{m,A_k}}{T}\right)\left(\frac{A_{m,A_l}}{T}\right) \\
&\quad - \sum_{k=1}^{n-1}\sum_{l=1}^{n-1}\sum_{h=1}^{n-1} l_{iklh}\left(\frac{A_{m,A_k}}{T}\right)\left(\frac{A_{m,A_l}}{T}\right)\left(\frac{A_{m,A_h}}{T}\right) - \cdots
\end{aligned}
\tag{9.673}
$$

3. **在温度 $T_{M_{2,k}}$**

在温度 $T_{M_{2,k}}$，不考虑耦合作用，溶解速率为

$$
\begin{aligned}
\frac{\mathrm{d}n_{A_i(\mathrm{s})}}{\mathrm{d}t} &= -\frac{\mathrm{d}n_{(A_i)_{\gamma'_{M_{2,k-1}}}}}{\mathrm{d}t} = j_{M_i} \\
&= -l_{A_i1}\left(\frac{A_{m,A_i}}{T}\right) - l_{A_i2}\left(\frac{A_{m,A_i}}{T}\right)^2 - l_{A_i3}\left(\frac{A_{m,A_i}}{T}\right)^3 - \cdots
\end{aligned}
\tag{9.674}
$$

考虑耦合作用，有

$$
\begin{aligned}
\frac{\mathrm{d}n_{A_i(\mathrm{s})}}{\mathrm{d}t} &= -\sum_{k=1}^{n-2} l_{ik}\left(\frac{A_{m,A_k}}{T}\right) - \sum_{k=1}^{n-2}\sum_{l=1}^{n-2} l_{ikl}\left(\frac{A_{m,A_k}}{T}\right)\left(\frac{A_{m,A_l}}{T}\right) \\
&\quad - \sum_{k=1}^{n-2}\sum_{l=1}^{n-2}\sum_{h=1}^{n-2} l_{iklh}\left(\frac{A_{m,A_k}}{T}\right)\left(\frac{A_{m,A_l}}{T}\right)\left(\frac{A_{m,A_h}}{T}\right) - \cdots
\end{aligned}
\tag{9.675}
$$

4. **在温度 $T_{M_{k,l}}$**

在温度 $T_{M_{k,l}}$，不考虑耦合作用，溶解速率为

$$
\begin{aligned}
\frac{\mathrm{d}n_{A_i(\mathrm{s})}}{\mathrm{d}t} &= -\frac{\mathrm{d}n_{(A_i)_{\gamma'_{M_{i,l-1}}}}}{\mathrm{d}t} = j_{A_i} \\
&= -l_{A_i1}\left(\frac{A_{m,A_i}}{T}\right) - l_{A_i2}\left(\frac{A_{m,A_i}}{T}\right)^2 - l_{A_i3}\left(\frac{A_{m,A_i}}{T}\right)^3 - \cdots
\end{aligned}
\tag{9.676}
$$

$$(i = 1, 2, \cdots, n-k)$$

式中，

$$A_{\mathrm{m},A_i} = \Delta G_{\mathrm{m},A_i}(T_{M_{k,l}})$$

考虑耦合作用，有

$$\begin{aligned}\frac{\mathrm{d}n_{A_i(\mathrm{s})}}{\mathrm{d}t} &= -\frac{\mathrm{d}n_{(A_i)_{\gamma'_{M_{k,l-1}}}}}{\mathrm{d}t} = j_{A_i} \\ &= -\sum_{k=1}^{n-k} l_{ik}\left(\frac{A_{\mathrm{m},A_k}}{T}\right) - \sum_{k=1}^{n-k}\sum_{l=1}^{n-k} l_{ikl}\left(\frac{A_{\mathrm{m},A_k}}{T}\right)\left(\frac{A_{\mathrm{m},A_l}}{T}\right) \\ &\quad -\sum_{k=1}^{n-k}\sum_{l=1}^{n-k}\sum_{h=1}^{n-k} l_{iklh}\left(\frac{A_{\mathrm{m},A_k}}{T}\right)\left(\frac{A_{\mathrm{m},A_l}}{T}\right)\left(\frac{A_{\mathrm{m},A_h}}{T}\right) - \cdots \end{aligned} \tag{9.677}$$

$$(i = 1, 2, \cdots, n-k)$$

5. *在温度* $T_{M_{n,q}}$

在温度 $T_{M_{n,q}}$，溶解速率为

$$\begin{aligned}\frac{\mathrm{d}n_{A_1(\mathrm{s})}}{\mathrm{d}t} &= -\frac{\mathrm{d}n_{(A_1)_{\gamma'_{M_{n,q-1}}}}}{\mathrm{d}t} = j_{A_1} \\ &= -l_{A_1 1}\left(\frac{A_{\mathrm{m},A_1}}{T}\right) - l_{A_1 2}\left(\frac{A_{\mathrm{m},A_1}}{T}\right)^2 - l_{A_1 3}\left(\frac{A_{\mathrm{m},A_1}}{T}\right)^3 - \cdots \end{aligned} \tag{9.678}$$

9.5　具有最低共晶点的 $n(>3)$ 元固溶体升温相变

9.5.1　相变过程热力学

在具有最低共晶点的 $n(>3)$ 元固溶体中，组成点为 M 的物质升温。温度升到 $T_E(T_{M_1})$，物质组成点为 M_E。在组成为 M_E 的物质中，有共晶点组成的 E 和过量的组元 $\alpha_1^1, \alpha_1^2, \cdots, \alpha_1^n$。

1) 在温度 $T_E(T_{M_1})$

在温度 T_E，组成为 E 的均匀固相的溶解过程可以表示为

$$E(\mathrm{s}) \rightleftharpoons E(\gamma)$$

即

$$\sum_{k=1}^{n} x_{\alpha_1^k}\alpha_1^k \rightleftharpoons \sum_{k=1}^{n} x_{\alpha_1^k}\left(\alpha_1^k\right)_{E(\gamma)}$$

或溶解过程可以表示为

$$\alpha_1^k \rightleftharpoons \left(\alpha_1^k\right)_{E(\gamma)}$$

$$(k = 1, 2, \cdots, n)$$

及

$$(i)_{\alpha_1^k} \rightleftharpoons (i)_{E(\gamma)}$$

$$(k=1,2,\cdots,n;i=1,2,\cdots,n)$$

式中，α_1^k 为第一析出的第 k 种固溶体；i 为组成固溶体 α 的组元。

该过程的摩尔吉布斯自由能变化为

$$\begin{aligned}\Delta G_{\mathrm{m},E}(T_E) &= G_{\mathrm{m},E(\gamma)}(T_E) - G_{\mathrm{m},E(\mathrm{s})}(T_E)\\ &= \Delta_{\mathrm{fus}}H_{\mathrm{m},E}(T_E) - T_E\Delta_{\mathrm{fus}}S_{\mathrm{m},E}(T_E)\\ &= \Delta_{\mathrm{fus}}H_{\mathrm{m},E}(T_E) - T_E\frac{\Delta_{\mathrm{fus}}H_{\mathrm{m},E}(T_E)}{T_E}\\ &= 0\end{aligned} \tag{9.679}$$

式中，$\Delta_{\mathrm{fus}}H_{\mathrm{m},E}$、$\Delta_{\mathrm{fus}}S_{\mathrm{m},E}$ 分别是组成为 E 的物质的溶解焓、溶解熵。

或

$$\begin{aligned}\Delta G_{\mathrm{m},\alpha_1^k}(T_E) &= \overline{G}_{\mathrm{m},\left(\alpha_1^k\right)_{E(\gamma)}}(T_E) - G_{\mathrm{m},\alpha_1^k}(T_E)\\ &= \Delta_{\mathrm{sol}}H_{\mathrm{m},\alpha_1^k}(T_E) - T_E\Delta_{\mathrm{sol}}S_{\mathrm{m},\alpha_1^k}(T_E)\\ &= \Delta_{\mathrm{sol}}H_{\mathrm{m},\alpha_1^k}(T_E) - T_E\frac{\Delta_{\mathrm{sol}}H_{\mathrm{m},\alpha_1^k}(T_E)}{T_E}\\ &= 0\end{aligned} \tag{9.680}$$

$$(k=1,2,\cdots,n)$$

$$\Delta G_{\mathrm{m},E}(T_E) = \sum_{k=1}^{n} x_{\alpha_1^k}\Delta G_{\mathrm{m},\alpha_1^k}(T_E) = 0 \tag{9.681}$$

或

$$\begin{aligned}\Delta G_{\mathrm{m},(i)_{\alpha_1^k}}(T_E) &= \overline{G}_{\mathrm{m},(i)_{E(\gamma)}}(T_E) - \overline{G}_{\mathrm{m},(i)_{\alpha_1^k}}(T_E)\\ &= \Delta_{\mathrm{sol}}H_{\mathrm{m},i}(T_E) - T_E\Delta_{\mathrm{sol}}S_{\mathrm{m},i}(T_E)\\ &= \Delta_{\mathrm{sol}}H_{\mathrm{m},i}(T_E) - T_E\frac{\Delta_{\mathrm{sol}}H_{\mathrm{m},i}(T_E)}{T_E}\\ &= 0\end{aligned} \tag{9.682}$$

$$\Delta G_{\mathrm{m},i}(T_E) = \sum_{k=1}^{n} x_{\alpha_1^k}\Delta G_{\mathrm{m},(i)_{\alpha_1^k}}(T_E) \tag{9.683}$$

$$\Delta G_{\mathrm{m},E}(T_E) = \sum_{k=1}^{n}\sum_{i=1}^{n} x_{\alpha_1^k}x_{(i)_{\alpha_1^k}}\Delta G_{\mathrm{m},(i)_{\alpha_1^k}}(T_E) \tag{9.684}$$

式中，$\Delta_{\mathrm{sol}}H_{\mathrm{m},i}$ 和 $\Delta_{\mathrm{sol}}S_{\mathrm{m},i}$ 分别是组元 i 的溶解焓和溶解熵。

或者如下计算。

各相中的组元都以纯固态为标准状态，浓度以摩尔分数表示，摩尔吉布斯自由能变化为

$$\begin{aligned}\Delta G_{\mathrm{m},\alpha_1^k} &= \mu_{(\alpha_1^k)_{E(\gamma)}} - \mu_{\alpha_1^k} \\ &= RT \ln a^{\mathrm{R}}_{(\alpha_1^k)_{饱}} \\ &= RT \ln a^{\mathrm{R}}_{(\alpha_1^k)_{E(\gamma)}} \\ &= 0\end{aligned} \tag{9.685}$$

$$\Delta G_{\mathrm{m},E} = \sum_{k=1}^{n} x_{\alpha_1^k} \Delta G_{\mathrm{m},\alpha_1^k} = 0$$

$$\begin{aligned}\Delta G_{\mathrm{m},\alpha_1^k} &= \mu(i)_{E(\gamma)} - \mu(i)_{\alpha_1^k} \\ &= RT \ln \frac{a^{\mathrm{R}}_{(i)_{E(\gamma)}}}{a^{\mathrm{R}}_{(i)_{\alpha_1^k}}} \\ &= 0\end{aligned} \tag{9.686}$$

$$\Delta G_{\mathrm{m},E} = \sum_{k=1}^{n} \sum_{i=1}^{n} x_{\alpha_1^k} x_{(i)_{\alpha_1^k}} \Delta G_{\mathrm{m},(i)_{\alpha_1^k}} = 0 \tag{9.687}$$

式中，

$$a^{\mathrm{R}}_{(i)_{E(\gamma)}} = a^{\mathrm{R}}_{(i)_{\alpha_1^k}}$$

2) 升高温度到 $T_{M_{1,1}}$

升高温度到 $T_{M_{1,1}}$。在温度刚升到 $T_{M_{1,1}}$，固相组元 $\alpha_1^k(k=1,2,\cdots,n)$、$i(i=1,2,\cdots,n)$ 尚未溶入固溶体相时，固溶体组成未变，但已由饱和固溶体 $E(\gamma)$ 变成不饱和固溶体 $E(\gamma')$，固相 α_1^k 向其中溶解。有

$$E(\mathrm{s}) =\!=\!= E(\gamma')$$

即

$$\sum_{k=1}^{n} x_{\alpha_1^k} \alpha_1^k = \sum_{k=1}^{n} x_{\alpha_1^k} \left(\alpha_1^k\right)_{E(\gamma')}$$

或

$$\alpha_1^k =\!=\!= \left(\alpha_1^k\right)_{E(\gamma')}$$

$$(k=1,2,\cdots,n)$$

及

$$(i)_{\alpha_1^k} = (i)_{E(\gamma')}$$
$$(k=1,2,\cdots,n;i=1,2,\cdots,n)$$

该过程的摩尔吉布斯自由能变化为

$$\begin{aligned}\Delta G_{\mathrm{m},E}(T_{M_{1,1}}) &= G_{\mathrm{m},E(\gamma')}(T_{M_{1,1}}) - G_{\mathrm{m},E(\mathrm{s})}(T_{M_{1,1}}) \\ &= \Delta_{\mathrm{fus}}H_{\mathrm{m},E}(T_{M_{1,1}}) - T_{M,1}\Delta_{\mathrm{fus}}S_{\mathrm{m},E}(T_{M_{1,1}}) \\ &\approx \Delta_{\mathrm{fus}}H_{\mathrm{m},E}(T_E) - T_{M_{1,1}}\frac{\Delta_{\mathrm{fus}}H_{\mathrm{m},E}(T_E)}{T_E} \\ &= \frac{\Delta_{\mathrm{fus}}H_{\mathrm{m},E}(T_E)\Delta T}{T_E}\end{aligned} \tag{9.688}$$

式中，

$$T_{M_{1,1}} > T_E$$
$$\Delta T = T_E - T_{M_{1,1}} < 0$$

或

$$\begin{aligned}\Delta G_{\mathrm{m},\alpha_1^k}(T_{M_{1,1}}) &= \overline{G}_{\mathrm{m},(\alpha_1^k)_{E(\gamma')}}(T_{M_{1,1}}) - G_{\mathrm{m},\alpha_1^k}(T_{M_{1,1}}) \\ &= \Delta_{\mathrm{sol}}H_{\mathrm{m},\alpha_1^k}(T_{M_{1,1}}) - T_{M_{1,1}}\Delta_{\mathrm{sol}}S_{\mathrm{m},\alpha_1^k}(T_{M_{1,1}}) \\ &\approx \Delta_{\mathrm{sol}}H_{\mathrm{m},\alpha_1^k}(T_E) - T_{M_{1,1}}\frac{\Delta_{\mathrm{sol}}H_{\mathrm{m},\alpha_1^k}(T_E)}{T_{M_{1,1}}} \\ &= \frac{\Delta_{\mathrm{sol}}H_{\mathrm{m},\alpha_1^k}(T_E)\Delta T}{T_E}\end{aligned} \tag{9.689}$$

式中，

$$\Delta T = T_E - T_{M_{1,1}}$$

$$\Delta G_{\mathrm{m},E}(T_{M_{1,1}}) = \sum_{k=1}^{n} x_k \Delta G_{\mathrm{m},\alpha_1^k}(T_{M_{1,1}}) = \sum_{k=1}^{n}\frac{x_k\Delta_{\mathrm{sol}}H_{\mathrm{m},\alpha_1^k}(T_E)\Delta T}{T_E}$$

或如下计算。

各相中的组元都以纯固态为标准状态，浓度以摩尔分数表示，摩尔吉布斯自由能变化为

$$\begin{aligned}\Delta G_{\mathrm{m},\alpha_1^k} &= \mu_{(\alpha_1^k)_{E(\gamma')}} - \mu_{\alpha_1^k} \\ &= RT\ln a^{\mathrm{R}}_{(\alpha_1^k)_{\text{未饱}}} \\ &= RT\ln a^{\mathrm{R}}_{(\alpha_1^k)_{E(\gamma')}}\end{aligned} \tag{9.690}$$

$$(k = 1, 2, \cdots, n)$$

$$\Delta G_{\mathrm{m},(i)_{\alpha_1^k}} = \mu_{(i)_{E(\gamma')}} - \mu_{(i)_{\alpha_1^k}} = RT \ln \frac{a^{\mathrm{R}}_{(i)_{E(\gamma')}}}{a^{\mathrm{R}}_{(i)_{\alpha_1^k}}} \tag{9.691}$$

$$(i = 1, 2, \cdots, n; k = 1, 2, \cdots, n)$$

$$\Delta G_{\mathrm{m},E} = \sum_{k=1}^{n} x_k \Delta G_{\mathrm{m},\alpha_1^k} = \sum_{k=1}^{n} x_k RT \ln a^{\mathrm{R}}_{(\alpha_1^k)_{E(\gamma')}} \tag{9.692}$$

$$\Delta G_{\mathrm{m},E} = \sum_{k=1}^{n} \sum_{i=1}^{n} x_k x_i \Delta G_{\mathrm{m},(i)_{\alpha_1^k}} \tag{9.693}$$

直到组成为 $E(\mathrm{s})$ 的固相组元完全溶解成 $E(\gamma')$。若此液相仍是未饱和固溶体，固相组元 $\alpha_1^k(k = 1, 2, \cdots, n)$ 继续向液相中溶解，有

$$\alpha_1^k =\!=\!= (\alpha_1^k)_{E(\gamma')}$$

$$(i)_{\alpha_1^k} =\!=\!= (i)_{E(\gamma')}$$

$$(k = 1, 2, \cdots, n; i = 1, 2, \cdots, n)$$

该过程的摩尔吉布斯自由能变化为

$$\begin{aligned} \Delta G_{\mathrm{m},\alpha_1^k}(T_{M_{1,1}}) &= \overline{G}_{\mathrm{m},(\alpha_1^k)_{E(\gamma')}}(T_{M_{1,1}}) - G_{\mathrm{m},\alpha_1^k}(T_{M_{1,1}}) \\ &= \Delta_{\mathrm{sol}} H_{\mathrm{m},\alpha_1^k}(T_{M_{1,1}}) - T_{M_{1,1}} \Delta_{\mathrm{sol}} S_{\mathrm{m},\alpha_1^k}(T_{M_{1,1}}) \\ &\approx \Delta_{\mathrm{sol}} H_{\mathrm{m},\alpha_1^k}(T_E) - T_{M_{1,1}} \frac{\Delta_{\mathrm{sol}} H_{\mathrm{m},\alpha_1^k}(T_E)}{T_E} \\ &= \frac{\Delta_{\mathrm{sol}} H_{\mathrm{m},\alpha_1^k}(T_E) \Delta T}{T_E} \end{aligned} \tag{9.694}$$

$$\Delta G_m(T_{M_{1,1}}) = \sum_{k=1}^{n-1} x_k \Delta G_{\mathrm{m},\alpha_1^k}(T_{M_{1,1}}) \tag{9.695}$$

或各相组元都以其纯固态为标准状态，浓度以摩尔分数表示，摩尔吉布斯自由能变化为

$$\Delta G_{\mathrm{m},\alpha_1^k} = \mu_{(\alpha_1^k)_{E(\gamma')}} - \mu_{\alpha_1^k} = RT \ln a^{\mathrm{R}}_{(\alpha_1^k)_{E(l'')}} \tag{9.696}$$

$$\Delta G_{\mathrm{m}} = \sum_{k=1}^{n-1} x_k \Delta G_{\mathrm{m},\alpha_1^k} = \sum_{k=1}^{n-1} x_k RT \ln a^{\mathrm{R}}_{(\alpha_1^k)_{E(\gamma')}} \tag{9.697}$$

或

$$\Delta G_{\mathrm{m},(i)_{\alpha_1^k}} = \mu_{(i)_{E(\gamma')}} - \mu_{(i)_{\alpha_1^k}} = RT \ln \frac{a^{\mathrm{R}}_{(i)_{E(\gamma')}}}{a^{\mathrm{R}}_{(i)_{\alpha_1^k}}} \tag{9.698}$$

$$\Delta G_{\mathrm{m},\alpha_1^k}=\sum_{i=1}^{n}x_i\Delta G_{\mathrm{m},(i)_{\alpha_1^k}}=\sum_{i=1}^{n}x_iRT\ln\frac{a_{(i)_{E(\gamma')}}^{\mathrm{R}}}{a_{(i)_{\alpha_1^k}}^{\mathrm{R}}} \tag{9.699}$$

$$\Delta G_{\mathrm{m},i}=\sum_{k=1}^{n-1}\sum_{i=1}^{n}x_kx_iRT\ln\frac{a_{(i)_{E(\gamma')}}^{\mathrm{R}}}{a_{(i)_{\alpha_1^k}}^{\mathrm{R}}} \tag{9.700}$$

直到固相组元 α_1^n 消失。固溶体相组成为组元 α_2^k 的饱和固溶体 $\gamma_{M,1}$，各相达成平衡，有

$$\alpha_2^k \rightleftharpoons (\alpha_2^k)_{\gamma_{M,1}} = (\alpha_2^k)_{饱}$$

3) 温度从 $T_{M_{1,1}}$ 到 $T_{M_{1,n}}$

温度从 $T_{M_{1,1}}$ 到 $T_{M_{1,n}}$，溶解过程可以统一描述如下：

在温度 $T_{M_{1,j-1}}$，各相达成平衡，有

$$\alpha_j^k \rightleftharpoons (\alpha_j^k)_{\gamma_{M_{1,j-1}}} = (\alpha_j^k)_{饱}$$

继续升高温度到 $T_{M_{1,j}}$。在温度刚升到 $T_{M_{1,j}}$，组元 α_j^k 尚未来得及溶解进入固溶体相时，固溶体组成未变，但已由组元 α_j^k 的饱和固溶体 $\gamma_{M_{1,j-1}}$ 变成组元 α_j^k 的不饱和固溶体 $\gamma'_{M_{1,j-1}}$。因此，固相组元 α_j^k 向固溶体 $\gamma'_{M_{1,j-1}}$ 中溶解，有

$$\alpha_j^k = (\alpha_j^k)_{\gamma'_{M_{1,j-1}}}$$

$$(i)_{\alpha_j^k} = (i)_{\gamma'_{M_{1,j-1}}}$$

$$(k=1,2,\cdots,n;i=1,2,\cdots,n)$$

该过程的摩尔吉布斯自由能变化为

$$\begin{aligned}\Delta G_{\mathrm{m},\alpha_j^k}(T_{M_{1,j}})&=\overline{G}_{\mathrm{m},(\alpha_j^k)_{\gamma'_{M_{1,j-1}}}}(T_{M_{1,j}})-G_{\mathrm{m},\alpha_j^k}(T_{M_{1,j}})\\&=\Delta_{\mathrm{sol}}H_{\mathrm{m},\alpha_j^k}(T_{M_{1,j}})-T_{M_{1,j}}\Delta_{\mathrm{sol}}S_{\mathrm{m},\alpha_j^k}(T_{M_{1,j}})\\&\approx\Delta_{\mathrm{sol}}H_{\mathrm{m},\alpha_j^k}(T_{M_{1,j-1}})-T_{M_{1,j}}\frac{\Delta_{\mathrm{sol}}H_{\mathrm{m},\alpha_j^k}(T_{M_{1,j-1}})}{T_{M_{1,j-1}}}\\&=\frac{\Delta_{\mathrm{sol}}H_{\mathrm{m},\alpha_j^k}(T_{M_{1,j-1}})\Delta T}{T_{M_{1,j-1}}}\end{aligned} \tag{9.701}$$

$$\begin{aligned}\Delta G_{\mathrm{m},\alpha_j^k,t}(T_{M_{1,j}})&=\sum_{k=1}^{n-1}x_k\Delta G_{\mathrm{m},\alpha_j^k}(T_{M_{1,j}})\\&=\sum_{k=1}^{n-1}\frac{x_k\Delta_{\mathrm{sol}}H_{\mathrm{m},\alpha_j^k}(T_{M_{1,j-1}})\Delta T}{T_{M_{1,j-1}}}\end{aligned} \tag{9.702}$$

$$\begin{aligned}\Delta G_{\mathrm{m},(i)_{\alpha_j^k}}(T_{M_{1,j}}) &= \overline{G}_{\mathrm{m},(i)_{\gamma'_{M_{1,j-1}}}}(T_{M_{1,j}}) - \overline{G}_{\mathrm{m},(i)_{\alpha_j^k}}(T_{M_{1,j}}) \\ &= \Delta_{\mathrm{sol}} H_{\mathrm{m},i}(T_{M_{1,j}}) - T_{M_{1,j}} \Delta_{\mathrm{sol}} S_{\mathrm{m},i}(T_{M_{1,j}}) \\ &\approx \Delta_{\mathrm{sol}} H_{\mathrm{m},i}(T_{M_{1,j-1}}) - T_{M_{1,j}} \frac{\Delta_{\mathrm{sol}} H_{\mathrm{m},i}(T_{M_{1,j-1}})}{T_{M_{1,j-1}}} \\ &= \frac{\Delta_{\mathrm{sol}} H_{\mathrm{m},i}(T_{M_{1,j-1}}) \Delta T}{T_{M_{1,j-1}}}\end{aligned} \tag{9.703}$$

$$\begin{aligned}\Delta G_{\mathrm{m},(i)_{\alpha_j^k},t}(T_{M_{1,j}}) &= \sum_{i=1}^{n-1} x_{(i)_{\alpha_j^k}} \Delta G_{\mathrm{m},(i)_{\alpha_j^k}}(T_{M_{1,j}}) \\ &= \sum_{i=1}^{n-1} \frac{x_{(i)_{\alpha_j^k}} \Delta_{\mathrm{sol}} H_{\mathrm{m},i}(T_{M_{1,j-1}}) \Delta T}{T_{M_{1,j-1}}}\end{aligned} \tag{9.704}$$

$$\begin{aligned}\Delta G_{\mathrm{m},\alpha_j^k,t}(T_{M_{1,j}}) &= \sum_{k=1}^{n-1} x_k \Delta G_{\mathrm{m},\alpha_j^k}(T_{M_{1,j}}) \\ &= \sum_{k=1}^{n-1} x_k \sum_{i=1}^{n-1} \frac{x_i \Delta_{\mathrm{sol}} H_{\mathrm{m},i}(T_{M_{1,j-1}}) \Delta T}{T_{M_{1,j-1}}}\end{aligned} \tag{9.705}$$

或者各相中的组元都以其纯固态为标准状态，浓度以摩尔分数表示，摩尔吉布斯自由能变化为

$$\Delta G_{\mathrm{m},\alpha_j^k} = \mu_{(\alpha_j^k)_{\gamma'_{M_{1,j-1}}}} - \mu_{\alpha_j^k} = RT \ln a^{\mathrm{R}}_{(\alpha_j^k)_{\gamma'_{M_{1,j-1}}}} \tag{9.706}$$

$$\Delta G_{\mathrm{m},\alpha_j^k,t} = \sum_{k=1}^{n-1} x_k \Delta G_{\mathrm{m},\alpha_j^k} = \sum_{k=1}^{n-1} x_k RT \ln a^{\mathrm{R}}_{(\alpha_j^k)_{\gamma'_{M_{1,j-1}}}} \tag{9.707}$$

及

$$\Delta G_{\mathrm{m},(i)_{\alpha_j^k}} = \mu_{(i)_{\gamma'_{M_{1,j-1}}}} - \mu_{(i)_{\alpha_j^k}} = RT \ln \frac{a^{\mathrm{R}}_{(i)_{\gamma'_{M_{1,j-1}}}}}{a^{\mathrm{R}}_{(i)_{\alpha_j^k}}} \tag{9.708}$$

$$\Delta G_{\mathrm{m},(i)_{\alpha_j^k},t} = \sum_{i=1}^{n} x_i \Delta G_{\mathrm{m},(i)_{\alpha_j^k}} = \sum_{k=1}^{n} x_i RT \ln \frac{a^{\mathrm{R}}_{(i)_{\gamma'_{M_{1,j-1}}}}}{a^{\mathrm{R}}_{(i)_{\alpha_j^k}}} \tag{9.709}$$

$$\begin{aligned}\Delta G_{\mathrm{m},\alpha_j^k,t} &= \sum_{k=1}^{n-1} x_k \Delta G_{\mathrm{m},\alpha_j^k} = \sum_{k=1}^{n-1} x_k \sum_{i=1}^{n} x_i \Delta G_{\mathrm{m},(i)_{\alpha_j^k}} \\ &= \sum_{k=1}^{n-1} x_k \sum_{i=1}^{n} x_i RT \ln \frac{a^{\mathrm{R}}_{(i)_{\gamma'_{M_{1,j-1}}}}}{a^{\mathrm{R}}_{(i)_{\alpha_j^k}}}\end{aligned} \tag{9.710}$$

直到固相组元 α_j^k 溶解达到饱和，各相达成新的平衡。平衡固溶体相组成为共晶面 M_1 上的 $\gamma_{M_{1,j}}$ 点。有

$$\alpha_j^k \rightleftharpoons (\alpha_j^k)_{\gamma_{M_{1,j}}} = (\alpha_j^k)_{饱}$$

$$(i)_{\alpha_j^k} \rightleftharpoons (i)_{\gamma_{M_{1,j}}}$$

在温度 $T_{M_{1,n}}$，组元 α_n^k 溶解达到饱和，有

$$\alpha_n^k \rightleftharpoons (\alpha_n^k)_{\gamma_{M_{1,n}}} = (\alpha_n^k)_{饱}$$

$$(i)_{\alpha_n^k} \rightleftharpoons (i)_{\gamma_{M_{1,n}}}$$

$$(k = 1, 2, \cdots, n-1; i = 1, 2, \cdots, n)$$

4) 升高温度到 $T_{M_{2,1}}$

继续升高温度到 $T_{M_{2,1}}$，在温度刚升到 $T_{M_{2,1}}$，组元 α_n^k 还未来得及溶解时，固溶体组成未变，但已由组元 α_n^k 的饱和固溶体 $\gamma_{M_{1,n}}$，变成不饱和固溶体 $\gamma'_{M_{1,n}}$。组元 α_n^k 向固溶体 $\gamma'_{M_{2,1}}$ 中溶解，有

$$\alpha_n^k = (\alpha_n^k)_{\gamma'_{M_{1,n}}}$$

$$(i)_{\alpha_n^k} = (i)_{\gamma'_{M_{1,n}}}$$

$$(k = 1, 2, \cdots, n-1; i = 1, 2, \cdots, n)$$

该过程的摩尔吉布斯自由能变化为

$$\begin{aligned}
\Delta G_{\mathrm{m},\alpha_n^k}(T_{M_{2,1}}) &= \overline{G}_{\mathrm{m},(\alpha_n^k)_{\gamma'_{M_{2,1}}}}(T_{M_{2,1}}) - G_{\mathrm{m},\alpha_n^k}(T_{M_{2,1}}) \\
&= \Delta_{\mathrm{sol}} H_{\mathrm{m},\alpha_n^k}(T_{M_{2,1}}) - T_{M_{2},1}\Delta_{\mathrm{sol}} S_{\mathrm{m},\alpha_n^k}(T_{M_{2,1}}) \\
&\approx \frac{\Delta_{\mathrm{sol}} H_{\mathrm{m},\alpha_n^k}(T_{M_1,n}) - T_{M_{2,1}}\Delta_{\mathrm{sol}} H_{\mathrm{m},\alpha_n^k}(T_{M_1,n})}{T_{M_1,n}} \\
&= \frac{\Delta_{\mathrm{sol}} H_{\mathrm{m},\alpha_n^k}(T_{M_1,n})\Delta T}{T_{M_1,n}}
\end{aligned} \tag{9.711}$$

$$(k = 1, 2, \cdots, n-1)$$

$$\begin{aligned}
\Delta G_{\mathrm{m},\alpha_n^k,t}(T_{M_{2,1}}) &= \sum_{k=1}^{n-1} x_k \Delta G_{\mathrm{m},\alpha_n^k}(T_{M_{2,1}}) \\
&= \sum_{k=1}^{n-1} \frac{x_k \Delta_{\mathrm{sol}} H_{\mathrm{m},\alpha_n^k}(T_{M_1,n})\Delta T}{T_{M_1,n}}
\end{aligned} \tag{9.712}$$

$$\begin{aligned}\Delta G_{\mathrm{m},(i)_{\alpha_n^k}}(T_{M_{2,1}}) &= \overline{G}_{\mathrm{m},(i)_{\gamma'_{M_1}}}(T_{M_{2,1}}) - \overline{G}_{\mathrm{m},(i)_{\alpha_n^k}}(T_{M_{2,1}}) \\ &= \Delta_{\mathrm{sol}} H_{\mathrm{m},i}(T_{M_{2,1}}) - T_{M_{2,1}} \Delta_{\mathrm{sol}} S_{\mathrm{m},i}(T_{M_{2,1}}) \\ &\approx \Delta_{\mathrm{sol}} H_{\mathrm{m},i}(T_{M_1,n}) - T_{M_{2,1}} \frac{\Delta_{\mathrm{sol}} H_{\mathrm{m},i}(T_{M_1,n})}{T_{M_1,n}} \\ &= \frac{\Delta_{\mathrm{sol}} H_{\mathrm{m},i}(T_{M_1,n}) \Delta T}{T_{M_1,n}}\end{aligned} \tag{9.713}$$

$$\Delta G_{\mathrm{m},(i)_{\alpha_n^k},t} = \sum_{i=1}^{n} x_{(i)_{\alpha_n^k}} \Delta G_{\mathrm{m},(i)_{\alpha_n^k}} = \sum_{i=1}^{n} \frac{x_{(i)_{\alpha_n^k}} \Delta_{\mathrm{sol}} H_{\mathrm{m},i}(T_{M_1,n}) \Delta T}{T_{M_1,n}} \tag{9.714}$$

各相中的组元都以其纯固态为标准状态，浓度以摩尔分数表示，摩尔吉布斯自由能变化为

$$\Delta G_{\mathrm{m},\alpha_n^k} = \mu_{(\alpha_n^k)_{\gamma'_{M_1,n}}} - \mu_{\alpha_n^k} = RT \ln a^{\mathrm{R}}_{(\alpha_n^k)_{\gamma'_{M_1,n}}} \tag{9.715}$$

$$(k = 1, 2, \cdots, n-1)$$

$$\Delta G_{\mathrm{m},\alpha_n^k,t} = \sum_{k=1}^{n-1} x_{\alpha_n^k} \Delta G_{\mathrm{m},\alpha_n^k} = \sum_{k=1}^{n-1} x_{\alpha_n^k} RT \ln a^{\mathrm{R}}_{(\alpha_n^k)_{\gamma'_{M_1,n}}} \tag{9.716}$$

及

$$\Delta G_{\mathrm{m},(i)_{\alpha_n^k}} = \mu_{(i)_{l'_{M_2}}} - \mu_{(i)_{\alpha_n^k}} = RT \ln \frac{a^{\mathrm{R}}_{(i)_{\gamma'_{M_1,n}}}}{a^{\mathrm{R}}_{(i)_{\alpha_n^k}}} \tag{9.717}$$

$$\Delta G_{\mathrm{m},(i)_{\alpha_n^k},t} = \sum_{i=1}^{n} x_{(i)_{\alpha_n^k}} \Delta G_{\mathrm{m},(i)_{\alpha_n^k}} = \sum_{i=1}^{n} x_{(i)_{\alpha_n^k}} RT \ln \frac{a^{\mathrm{R}}_{(i)_{\gamma'_{M_1,n}}}}{a^{\mathrm{R}}_{(i)_{\alpha_n^k}}} \tag{9.718}$$

$$\Delta G_{\mathrm{m},i,t} = \sum_{k=1}^{n-1} x_k \Delta G_{\mathrm{m},\alpha_n^k} = \sum_{k=1}^{n-1} x_k \sum_{i=1}^{n} x_{(i)_{\alpha_n^k}} RT \ln \frac{a^{\mathrm{R}}_{(i)_{\gamma'_{M_1,n}}}}{a^{\mathrm{R}}_{(i)_{\alpha_n^k}}} \tag{9.719}$$

直到达成新的平衡，有

$$\alpha_{n+1}^k = (\alpha_{n+1}^k)_{\gamma_{M_{2,1}}}$$

$$(k = 1, 2, \cdots, n-2)$$

5) 温度从 T_{M_p} 到 $T_{M_{p+1}}$

继续升高温度，重复上述溶解过程，可以统一描述如下：

从温度 $T_{M_{p,1}}$ 到 $T_{M_{p+1,1}}$，物质组成点在共晶面 M_p 上沿着 $M_{p,1}$ 和 $M_{p+1,1}$ 的连线从 $M_{p,1}$ 向 $M_{p+1,1}$ 移动。平衡固溶体相组成从 $\gamma_{M_{p,1}}$ 向 $\gamma_{M_{p+1,1}}$ 变化。

在温度 $T_{M_{p,j-1}}$，各相达成平衡，有

$$\alpha_{(p-1)_{n+j}}^{k} \rightleftharpoons (\alpha_{(p-1)_{n+j}}^{k})_{\gamma_{M_{p,j-1}}}$$

$$(i)_{\alpha_{(p-1)_{n+j}}^{k}} \rightleftharpoons (i)_{\gamma_{M_{p,j-1}}}$$

$$(k=1,2,\cdots,n-j; i=1,2,\cdots,n)$$

升高温度到 $T_{M_{p,j}}$，在温度刚升到 $T_{M_{p,j}}$，组元 $\alpha_{(p-1)_{n+j}}^{k}$ 尚未溶解进入固溶体 $\gamma_{M_{p,j-1}}$ 中时，固溶体相 $\gamma_{M_{p,j-1}}$ 的组成未变，但已由组元 $\alpha_{(p-1)_{n+j}}^{k}$ 的饱和固溶体 $\gamma_{M_{p,j-1}}$，变成不饱和固溶体 $\gamma'_{M_{p,j-1}}$。固相组元 $\alpha_{(p-1)_{n+j}}^{k}$ 向其中溶解，有

$$\alpha_{(p-1)_{n+j}}^{k} = (\alpha_{(p-1)n+j}^{k})_{\gamma'_{M_{p,j-1}}}$$

$$(i)_{\alpha_{(p-1)_{n+j}}^{k}} = (i)_{\gamma'_{M_{p,j-1}}}$$

该过程的摩尔吉布斯自由能变化为

$$\begin{aligned}
&\Delta G_{\mathrm{m},\alpha_{(p-1)_{n+j}}^{k}}(T_{M_{p,j}}) \\
&=\overline{G}_{\mathrm{m},\left(\alpha_{(p-1)n+j}^{k}\right)_{\gamma'_{M_{p,j-1}}}}(T_{M_{p,j}})-G_{\mathrm{m},\alpha_{(p-1)n+j}^{k}}(T_{M_{p,j}}) \\
&=\Delta_{\mathrm{sol}}H_{\mathrm{m},\left(\alpha_{(p-1)n+j}^{k}\right)}(T_{M_{p,j}})-T_{M_{p,j}}\Delta_{\mathrm{sol}}S_{\mathrm{m},\left(\alpha_{(p-1)n+j}^{k}\right)}(T_{M_{p,j}}) \\
&\approx\Delta_{\mathrm{sol}}H_{\mathrm{m},\left(\alpha_{(p-1)n+j}^{k}\right)}(T_{M_{p,j-1}})-T_{M_{p,j}}\Delta_{\mathrm{sol}}H_{\mathrm{m},\left(\alpha_{(p-1)n+j}^{k}\right)}(T_{M_{p,j-1}}) \\
&=\frac{\Delta_{\mathrm{sol}}H_{\mathrm{m},\left(\alpha_{(p-1)n+j}^{k}\right)}(T_{M_{p,j-1}})\Delta T}{T_{M_{p,j-1}}}
\end{aligned} \tag{9.720}$$

$$\begin{aligned}
\Delta G_{\mathrm{m},\alpha_{(p-1)n+j}^{k},t}(T_{M_{p,j}}) &=\sum_{k=1}^{n-p}x_k\Delta G_{\mathrm{m},\alpha_{(p-1)n+j}^{k}}(T_{M_{p,j}}) \\
&=\sum_{k=1}^{n-p}\frac{x_k\Delta_{\mathrm{sol}}H_{\mathrm{m},\alpha_{(p-1)n+j}^{k}}(T_{M_{p,j-1}})\Delta T}{T_{M_{p,j-1}}}
\end{aligned} \tag{9.721}$$

$$\begin{aligned}
\Delta G_{\mathrm{m},(i)_{\alpha_{(p-1)n+j}^{k}}}(T_{M_{p,j}}) &=\overline{G}_{\mathrm{m},(i)_{\gamma'_{M_{p,j-1}}}}(T_{M_{p,j}})-\overline{G}_{\mathrm{m},(i)_{\alpha_{(p-1)n+j}^{k}}}(T_{M_{p,j}}) \\
&=\Delta_{\mathrm{sol}}H_{\mathrm{m},(i)_{\alpha_{(p-1)n+j}^{k}}}(T_{M_{p,j}})-T_{M_{p,j}}\Delta_{\mathrm{sol}}S_{\mathrm{m},(i)_{\alpha_{(p-1)n+j}^{k}}}(T_{M_{p,j}}) \\
&\approx\Delta_{\mathrm{sol}}H_{\mathrm{m},(i)_{\alpha_{(p-1)n+j}^{k}}}(T_{M_{p,j-1}})-T_{M_{p,j}}\Delta_{\mathrm{sol}}H_{\mathrm{m},(i)_{\alpha_{(p-1)n+j}^{k}}}(T_{M_{p,j-1}}) \\
&=\frac{\Delta_{\mathrm{sol}}H_{\mathrm{m},(i)_{\alpha_{(p-1)n+j}^{k}}}(T_{M_{p,j-1}})\Delta T}{T_{M_{p,j-1}}}
\end{aligned} \tag{9.722}$$

$$\begin{aligned}\Delta G_{\mathrm{m},(i)^k_{\alpha_{(p-j)n+j}},t}(T_{M_{p,j}}) &= \sum_{i=1}^{n} x(i)_{\alpha^k_{(p-1)n+j}} \Delta G_{\mathrm{m},(i)_{\alpha^k_{(p-1)n+j}}}(T_{M_{p,j}}) \\ &= \sum_{i=1}^{n} \frac{x_i \Delta_{\mathrm{sol}} H_{\mathrm{m},(i)_{\alpha^k_{(p-1)n+j}}}(T_{M_{p,j-1}})\Delta T}{T_{M_{p,j-1}}}\end{aligned} \tag{9.723}$$

$$\begin{aligned}\Delta G_{\mathrm{m},i,t}(T_{M_{p,j}}) &= \sum_{k=1}^{k-p} x_k \Delta G_{\mathrm{m},(i)_{\alpha^k_{(p-1)n+j}}}(T_{M_{p,j}}) \\ &= \sum_{k=1}^{k-p} x_k \sum_{i=1}^{n} x(i)_{\alpha^k_{(p-1)n+j}} G_{\mathrm{m},(i)_{\alpha^k_{(p-1)n+j}}} \\ &= \sum_{k=1}^{k-p} x_k \sum_{i=1}^{n} \frac{x(i)_{\alpha^k_{(p-1)n+j}} \Delta_{\mathrm{sol}} H_{\mathrm{m},(i)_{\alpha^k_{(p-1)n+j}}}(T_{M_{p,j-1}})\Delta T}{T_{M_{p,j-1}}}\end{aligned} \tag{9.724}$$

各相中的组元都以其固态为标准状态，浓度以摩尔分数表示，摩尔吉布斯自由能变化为

$$\begin{aligned}\Delta G_{\mathrm{m},\alpha^k_{(p-1)n+j}} &= \mu_{(\alpha^k_{(p-1)n+j})_{\gamma'_{M_{p,j-1}}}} - \mu_{\alpha^k_{(p-1)n+j}} \\ &= RT \ln a^{\mathrm{R}}_{\left(\alpha^k_{(p-1)n+j}\right)_{\gamma'_{M_{p,j-1}}}}\end{aligned} \tag{9.725}$$

$$\begin{aligned}\Delta G_{\mathrm{m},\alpha^k_{(p-1)n+j},t} &= \sum_{k=1}^{n-p} x_k \Delta G_{\mathrm{m},\alpha^k_{(p-1)n+j}} \\ &= \sum_{k=1}^{n-p} x_k RT \ln a^{\mathrm{R}}_{\left[\alpha^k_{(p-1)n+j}\right]_{\gamma'_{M_{p,j-1}}}}\end{aligned} \tag{9.726}$$

$$\begin{aligned}\Delta G_{\mathrm{m},(i)_{\alpha^k_{(p-1)n+j}}} &= \mu_{(i)_{\gamma'_{M_{p,j-1}}}} - \mu_{(i)_{\alpha^k_{(p-1)n+j}}} \\ &= RT \ln \frac{a^{\mathrm{R}}_{(i)_{\gamma'_{M_{p,j-1}}}}}{a^{\mathrm{R}}_{(i)_{\alpha^k_{(p-1)n+j}}}}\end{aligned} \tag{9.727}$$

$$\begin{aligned}\Delta G_{\mathrm{m},(i)^k_{\alpha_{(p-1)n+j}},t} &= \sum_{i=1}^{n} x_{(i)^k_{\alpha_{(p-1)n+j}}} \Delta G_{\mathrm{m},(i)_{\alpha^k_{(p-1)n+j}}} \\ &= \sum_{i=1}^{n} x_{(i)^k_{\alpha_{(p-1)n+j}}} RT \frac{\ln a^{\mathrm{R}}_{(i)_{\gamma'_{M_{p,j-1}}}}}{\ln a^{\mathrm{R}}_{(i)_{\alpha^k_{(p-1)n+j}}}}\end{aligned} \tag{9.728}$$

$$\begin{aligned}\Delta G_{\mathrm{m},i,t} &= \sum_{k=1}^{n-p} x_k \Delta G_{\mathrm{m},\alpha^k_{(p-1)n+j}} \\ &= \sum_{k=1}^{n-p} x_k \sum_{i=1}^{n} x_{(i)^k_{\alpha_{(p-1)n+j}}} \Delta G_{\mathrm{m},(i)_{\alpha^k_{(p-1)n+j}}} \\ &= \sum_{k=1}^{n-p} x_k \sum_{i=1}^{n} x_{(i)^k_{\alpha_{(p-1)n+j}}} RT \ln \frac{a^{\mathrm{R}}_{(i)_{\gamma'_{M_{p,j-1}}}}}{a^{\mathrm{R}}_{(i)_{\alpha^k_{(p-1)n+j}}}}\end{aligned} \tag{9.729}$$

继续升高温度，重复上述过程。温度在 $T_{M_{n-1,n}}$，各相达成平衡，平衡固溶体相组成为 $\gamma_{M_{n-1,n}}$，未溶解的固相组元仅剩 $\alpha^1_{(n-1)_n}$ 和 $\alpha^2_{(n-1)_n}$，有

$$\alpha^1_{(n-1)_n} \rightleftharpoons (\alpha^1_{(n-1)_n})_{\gamma_{M_{n-1,n}}}$$

$$\alpha^2_{(n-1)_n} \rightleftharpoons (\alpha^2_{(n-1)_n})_{\gamma_{M_{n-1,n}}}$$

继续升高温度到 $T_{M_{n,1}}$。在温度刚升到 $T_{M_{n,1}}$，组元 $\alpha^1_{(n-1)_n}$ 和 $\alpha^2_{(n-1)_n}$ 尚未来得及溶解时，固溶体相组成未变，但已由组元 $\alpha^1_{(n-1)_n}$ 和 $\alpha^2_{(n-1)_n}$ 的饱和固溶体 $\gamma_{M_{n-1,n}}$ 变成不饱和固溶体 $\gamma'_{M_{n-1,n}}$，固相组元 $\alpha^1_{(n-1)_n}$ 和 $\alpha^2_{(n-1)_n}$ 向固溶体 $\gamma'_{M_{n-1,n}}$ 中溶解，有

$$\alpha^k_{(n-1)_n} = (\alpha^k_{(n-1)_n})_{\gamma'_{M_{n-1,n}}}$$

$$(k=1,2)$$

该过程的摩尔吉布斯自由能变化为

$$\begin{aligned}\Delta G_{\mathrm{m},\alpha^k_{(n-1)_n}}(T_{M_{n,1}}) &= \overline{G}_{\mathrm{m},(\alpha^k_{(n-1)_n})_{\gamma'_{M_{n-1,n}}}}(T_{M_{n,1}}) - G_{\mathrm{m},\alpha^k_{(n-1)_n}}(T_{M_{n,1}}) \\ &= \Delta_{\mathrm{sol}} H_{\mathrm{m},\alpha^k_{(n-1)_n}}(T_{M_{n,1}}) - T_{M_{n,1}} \Delta_{\mathrm{sol}} S_{\mathrm{m},\alpha^k_{(n-1)_n}}(T_{M_{n,1}})\end{aligned}$$

$$\begin{aligned}&\approx \Delta_{\mathrm{sol}} H_{\mathrm{m},\alpha^k_{(n-1)_n}}(T_{M_{n-1,n}}) - T_{M_{n,1}} \Delta_{\mathrm{sol}} H_{\mathrm{m},\alpha^k_{(n-1)_n}}(T_{M_{n-1,n}}) \\ &= \frac{\Delta_{\mathrm{sol}} H_{\mathrm{m},\alpha^k_{(n-1)_n}}(T_{M_{n-1,n}}) \Delta T}{T_{M_{n-1,n}}}\end{aligned} \tag{9.730}$$

$$(k=1,2)$$

$$\begin{aligned}\Delta G_{\mathrm{m},\alpha^k_{(n-1)_n,t}}(T_{M_{n,1}}) &= \sum_{k=1}^{2} x_k \Delta G_{\mathrm{m},\alpha^k_{(n-1)_n}}(T_{M_{n,1}}) \\ &= \sum_{k=1}^{2} \frac{x_k \Delta H_{\mathrm{m},\alpha^k_{(n-1)_n}}(T_{M_{n-1}}) \Delta T}{T_{M_{n-1}}}\end{aligned} \tag{9.731}$$

$$\begin{aligned}\Delta G_{\mathrm{m},(i)_{\alpha^k_{(n-1)n}}}(T_{M_{n,1}}) &= \overline{G}_{\mathrm{m},(i)_{\gamma'_{M_{n-1,n}}}}(T_{M_{n,1}}) - G_{\mathrm{m},(i)\alpha^k_{(n-1)n}}(T_{M_{n,1}}) \\ &= \Delta_{\mathrm{sol}}H_{\mathrm{m},(i)_{\alpha^k_{(n-1)n}}}(T_{M_{n,1}}) - T_{M_{n,1}}\Delta_{\mathrm{sol}}S_{\mathrm{m},(i)_{\alpha^k_{(n-1)n}}}(T_{M_{n,1}}) \\ &\approx \Delta_{\mathrm{sol}}H_{\mathrm{m},(i)_{\alpha^k_{(n-1)n}}}(T_{M_{n-1}}) - T_{M_{n,1}}\Delta_{\mathrm{sol}}H_{\mathrm{m},(i)_{\alpha^k_{(n-1)n}}}(T_{M_{n-1}}) \\ &= \frac{\Delta_{\mathrm{sol}}H_{\mathrm{m},(i)_{\alpha^k_{(n-1)n}}}(T_{M_{n-1}})\Delta T}{T_{M_{n-1}}}\end{aligned} \tag{9.732}$$

$$\begin{aligned}\Delta G_{\mathrm{m},(i)^k_{\alpha(n-1)n}} &= \sum_{i=1}^{n} x_{(i)_{\alpha^k_{(n-1)n}}}\Delta G_{\mathrm{m},(i)_{\alpha^k_{(n-1)n}}} \\ &= \sum_{i=1}^{n}\frac{x_{(i)_{\alpha^k_{(n-1)n}}}\Delta_{\mathrm{sol}}H_{\mathrm{m},(i)_{\alpha^k_{(n-1)n}}}(T_{M_{n-1}})\Delta T}{T_{M_{n-1}}}\end{aligned} \tag{9.733}$$

$$\begin{aligned}\Delta G_{m,i,t} &= \sum_{k=1}^{2} x_k \Delta G_{\mathrm{m},\alpha^k_{(n-1)n}} \\ &= \sum_{k=1}^{2} x_k \sum_{i=1}^{n}\frac{x_{(i)_{\alpha^k_{(m-1)n}}}\Delta_{\mathrm{sol}}H_{\mathrm{m},(i)_{\alpha^k_{(n-1)n}}}(T_{M_{n-1}})\Delta T}{T_{M_{n-1}}}\end{aligned} \tag{9.734}$$

各相中的组元都以其纯固态为标准状态，浓度以摩尔分数表示，摩尔吉布斯自由能变化为

$$\begin{aligned}\Delta G_{\mathrm{m},\alpha^k_{(n-1)n}} &= \mu_{(\alpha^k_{(n-1)n})_{\gamma'_{M_{n-1,n}}}} - \mu_{\alpha^k_{(n-1)n}} \\ &= RT\ln a^{\mathrm{R}}_{\left[\alpha^k_{(n-1)n}\right]_{\gamma'_{M_{n-1,n}}}}\end{aligned} \tag{9.735}$$

$$(k = 1, 2)$$

$$\Delta G_{\mathrm{m},\alpha^k_{(n-1)n}} = \sum_{k=1}^{2} x_{\alpha^k_{(n-1)n}} RT\ln a^{\mathrm{R}}_{\left[\alpha^k_{(n-1)n}\right]_{\gamma'_{M_{n-1,n}}}} \tag{9.736}$$

$$\begin{aligned}\Delta G_{\mathrm{m},(i)_{\alpha^k_{(n-1)n}}} &= \mu_{(i)_{\gamma'_{M_{n-1,n}}}} - \mu_{(i)_{\alpha^k_{(n-1)n}}} \\ &= RT\ln\frac{a^{\mathrm{R}}_{(i)_{\gamma'_{M_{n-1,n}}}}}{a^{\mathrm{R}}_{(i)_{\alpha^k_{(n-1)n}}}}\end{aligned} \tag{9.737}$$

$$
\begin{aligned}
\Delta G_{m,(i)_{\alpha^k_{(n-1)n,t}}} &= \sum_{i=1}^{n} x_{\alpha^k_{(n-1)n}} \Delta G_{\mathrm{m},(i)_{\alpha^k_{(n-1)n}}} \\
&= \sum_{i=1}^{n} x_{\alpha^k_{(n-1)n}} RT \frac{\ln a^{\mathrm{R}}_{(i)_{\gamma'_{M_{n-1,n}}}}}{\ln a^{\mathrm{R}}_{(i)_{\alpha^k_{(n-1)n}}}}
\end{aligned} \tag{9.738}
$$

$$
\begin{aligned}
\Delta G_{\mathrm{m},i,t} &= \sum_{k=1}^{2} x_k \Delta G_{\mathrm{m},(i)_{\alpha^k_{(n-1)n}}} \\
&= \sum_{k=1}^{n} x_k \sum_{i=1}^{n} x_i RT \ln \frac{a^{\mathrm{R}}_{(i)_{\gamma'_{M_{n-1,n}}}}}{a^{\mathrm{R}}_{(i)_{\alpha^k_{(n-1)n}}}}
\end{aligned} \tag{9.739}
$$

直到组元 $\alpha^2_{(n-1)n}$ 消失，完全溶解到固溶体中，固相仅剩组元 $\alpha^1_{(n-1)n}$，有

$$
\alpha^1_{(n-1)n} \rightleftharpoons (\alpha^1_{(n-1)n})_{\gamma_{M_{n,1}}}
$$

6) 温度从 $T_{M_{n,1}}$ 到 $T_{M_{n,n}}$

继续升高温度。从温度 $T_{M_{n,1}}$ 到 $T_{M_{n,n}}$，物质组成在 M_n 面上沿 $M_{n,1}$ 向 $M_{n,n}$ 变化，可统一描述如下。

在温度 $T_{M_{n,j-1}}$，两相达成平衡，有

$$
\alpha^1_{(n-1)n+j-1} \rightleftharpoons (\alpha^1_{(n-1)n+j-1})_{\gamma_{M_{n,j-1}}}
$$

继续升高温度到 $T_{M_{n,j}}$，在温度刚升到 $T_{M_{n,j}}$，组元 $\alpha^1_{(n-1)n+j-1}$ 还未来得及溶解时，固溶体相组成不变，但已由组元 $\alpha^1_{(n-1)n+j-1}$ 的饱和固溶体 $\gamma_{M_{n,j-1}}$ 变成其不饱和固溶体 $\gamma'_{M_{n,j-1}}$。固相组元 $\alpha^1_{(n-1)n+j-1}$ 向其中溶解，有

$$
\alpha^1_{(n-1)n+j-1} = (\alpha^1_{(n-1)n+j-1})_{\gamma'_{M_{n,j-1}}}
$$

该过程的摩尔吉布斯自由能变化为

$$
\begin{aligned}
&\Delta G_{\mathrm{m},\alpha^1_{(n-1)n+j-1}}(T_{M_{n,j}}) \\
&= \overline{G}_{\mathrm{m},\left(\alpha^1_{(n-1)n+j-1}\right)_{\gamma'_{M_{n,j-1}}}}(T_{M_{n,j}}) - G_{\mathrm{m},\alpha^1_{(n-1)n+j-1}}(T_{M_{n,j}}) \\
&= \Delta_{\mathrm{sol}} H_{\mathrm{m},\alpha^1_{(n-1)n+j-1}}(T_{M_{n,j}}) - T_{M_{n,j}} \Delta_{\mathrm{sol}} S_{\mathrm{m},\alpha^1_{(n-1)n+j-1}}(T_{M_{n,j}})
\end{aligned}
$$

$$
\begin{aligned}
&\approx \Delta_{\mathrm{sol}} H_{\mathrm{m},\alpha^1_{(n-1)n+j-1}}(T_{M_{n,j-1}}) - T_{M_{n,j}} \Delta_{\mathrm{sol}} H_{\mathrm{m},\alpha^{\ 1}_{(n-1)n+j-1}}(T_{M_{n,j-1}}) \\
&= \frac{\Delta_{\mathrm{sol}} H_{\mathrm{m},\alpha^1_{(n-1)n+j-1}}(T_{M_{n,j-1}}) \Delta T}{T_{M_{n,j-1}}}
\end{aligned} \tag{9.740}
$$

$$\begin{aligned}
&\Delta G_{\mathrm{m},(i)_{\alpha^1_{(n-1)n+j-1}}}(T_{M_{n,j}}) \\
&= \overline{G}_{\mathrm{m},(i)_{\gamma'_{M_{n,j-1}}}}(T_{M_{n,j}}) - \overline{G}_{\mathrm{m},(i)_{\alpha^1_{(n-1)n+j-1}}}(T_{M_{n,j}}) \\
&= \varDelta_{\mathrm{sol}} H_{\mathrm{m},(i)_{\alpha^1_{(n-1)n+j-1}}}(T_{M_{n,j}}) - T_{M_{n,j}} \varDelta_{\mathrm{sol}} S_{\mathrm{m},(i)_{\alpha^1_{(n-1)n+j-1}}}(T_{M_{n,j}}) \\
&\approx \varDelta_{\mathrm{sol}} H_{\mathrm{m},(i)_{\alpha^1_{(n-1)n+j-1}}}(T_{M_{n,j-1}}) - T_{M_{n,j}} \varDelta_{\mathrm{sol}} H_{\mathrm{m},(i)_{\alpha^1_{(n-1)n+j-1}}}(T_{M_{n,j-1}}) \\
&= \frac{\varDelta_{\mathrm{sol}} H_{\mathrm{m},(i)_{\alpha^1_{(n-1)n+j-1}}}(T_{M_{n,j-1}}) \Delta T}{T_{M_{n,j-1}}}
\end{aligned} \tag{9.741}$$

$$\begin{aligned}
\Delta G_{\mathrm{m},(i)_{\alpha'_{(n-1)n+j-1}},t}(T_{M_{n,j}}) &= \sum_{i=1}^{n} x_i \Delta G_{\mathrm{m},(i)\alpha^1_{(n-1)n+j-1}}(T_{M_{n,j}}) \\
&= \sum_{i=1}^{n} \frac{x_i \varDelta_{\mathrm{sol}} H_{\mathrm{m},i}(T_{M_{n,j-1}}) \Delta T}{T_{M_{n,j-1}}}
\end{aligned} \tag{9.742}$$

各相中的组元都以其纯固态为标准状态，浓度以摩尔分数表示，摩尔吉布斯自由能变化为

$$\begin{aligned}
\Delta G_{\mathrm{m},\alpha^1_{(n-1)n+j-1}} &= \mu_{\left(\alpha^1_{(n-1)n+j-1}\right)_{\gamma'_{M_{n,j-1}}}} - \mu_{(i)_{\alpha^1_{(n-1)n+j-1}}} \\
&= RT \ln a^{\mathrm{R}}_{\left[\alpha^1_{(n-1)n+j-1}\right]_{\gamma'_{M_{n,j-1}}}}
\end{aligned} \tag{9.743}$$

$$\begin{aligned}
\Delta G_{\mathrm{m},(i)\alpha^1_{(n-1)n+j-1}} &= \mu_{(i)_{\gamma'_{M_{n,j-1}}}} - \mu_{(i)_{\alpha^1_{(n-1)n+j-1}}} \\
&= RT \ln \frac{a^{\mathrm{R}}_{(i)_{\gamma'_{M_{n,j-1}}}}}{a^{\mathrm{R}}_{(i)_{\alpha^1_{(n-1)n+j-1}}}}
\end{aligned} \tag{9.744}$$

$$\begin{aligned}
\Delta G_{\mathrm{m},\alpha^1_{(n-1)n+j-1},t} &= \sum_{i=1}^{n} x_{(i)_{\alpha^1_{(n-1)n+j-1}}} \Delta G_{\mathrm{m},(i)_{\alpha^1_{(n-1)n+j-1}}} \\
&= \sum_{i=1}^{n} x_{(i)_{\alpha^1_{(n-1)n+j-1}}} RT \frac{\ln a^{\mathrm{R}}_{(i)_{\gamma'_{M_{n-1}}}}}{\ln a^{\mathrm{R}}_{(i)_{\alpha^1_{(n-1)n+j-1}}}}
\end{aligned} \tag{9.745}$$

直到两相达成平衡，溶解达到饱和，有

$$\alpha^1_{(n-1)n+j} \rightleftharpoons (\alpha^1_{(n-1)n+j})_{\gamma_{M_{n,j}}}$$

继续升温到 $T_{M_{n,n}}$。两相达成平衡，有

$$\alpha^1_{(n-1)n+n} \rightleftharpoons (\alpha^1_{(n-1)n+n})_{\gamma_{M_{n,n}}}$$

7) 在温度 T

继续升温到 T。在温度刚升到 T，组元 $\alpha^1_{(n-1)n+n}$ 还未来得及溶解，固溶体组成未变，但已由组元 $\alpha^1_{(n-1)n+n}$ 的饱和固溶体 $\gamma_{M_{n,n}}$ 变成未饱和固溶体 $\gamma'_{M_{n,n}}$，组元 $\alpha^1_{(n-1)n+n}$ 向固溶体 $\gamma'_{M_{n,n}}$ 中溶解。有

$$\alpha^1_{(n-1)n+n} = \left(\alpha^1_{(n-1)n+n}\right)_{\gamma'_{M_{n,n}}}$$

$$(i)_{\alpha^1_{(n-1)n+n}} = (i)_{\gamma'_{M_{n,n}}}$$

过程的摩尔吉布斯自由能变化为

$$\begin{aligned}&\Delta G_{\mathrm{m},\alpha^1_{(n-1)n+n}}(T)\\&= G_{\mathrm{m},\left[\alpha^1_{(n-1)n+n}\right]_{\gamma'_{M_{n,n}}}}(T) - G_{\mathrm{m},\alpha^1_{(n-1)n+n}}(T)\\&= \frac{\Delta_{\mathrm{sol}} H_{\mathrm{m},\alpha^1_{(n-1)n+n}}(T_{M_{n,n}})\Delta T}{T_{M_{n,n}}}\end{aligned} \tag{9.746}$$

各相中的组元都以其纯固态为标准状态，浓度以摩尔分数表示，摩尔吉布斯自由能变化为

$$\begin{aligned}\Delta G_{\mathrm{m},(i)_{\alpha^1_{(n-1)n+n}}} &= \mu_{(i)_{\gamma'_{M_{n,n}}}} - \mu_{(i)_{\alpha^1_{(n-1)n+n}}}\\&= RT\ln\frac{a^{\mathrm{R}}_{(i)_{\gamma'_{M_{n,n}}}}}{a^{\mathrm{R}}_{(i)_{\alpha^1_{(n-1)n+n}}}}\end{aligned} \tag{9.747}$$

$$\Delta G_{\mathrm{m},(i)_{\alpha^1_{(n-1)n+n,t}}} = \sum_{i=1}^{n} x_{(i)_{\alpha^1_{(n-1)n+n}}} RT\frac{\ln a^{\mathrm{R}}_{(i)_{\gamma'_{M_{n,n}}}}}{\ln a^{\mathrm{R}}_{(i)_{\alpha^1_{(n-1)n+n}}}} \tag{9.748}$$

直到固相组元 $\alpha^1_{(n-1)n+n}$ 消失，完全溶解进入 γ 相固溶体中。

9.5.2 相变速率

1. 在共晶面 M_1，温度 $T_{M_{1,1}}$

在温度 $T_{M_{1,1}}$，相变速率为

$$\begin{aligned}-\frac{\mathrm{d}n_{E(\mathrm{s})}}{\mathrm{d}t} &= \frac{\mathrm{d}n_{E(\gamma')}}{\mathrm{d}t} = j_{E(\mathrm{s})}\\&= -l_1\left(\frac{A_{\mathrm{m},E}}{T}\right) - l_2\left(\frac{A_{\mathrm{m},E}}{T}\right)^2 - l_3\left(\frac{A_{\mathrm{m},E}}{T}\right)^3 - \cdots\end{aligned} \tag{9.749}$$

式中，

$$A_{\mathrm{m},E} = \Delta G_{\mathrm{m},E}(T_{M_{1,1}})$$

$$\begin{aligned}-\frac{\mathrm{d}n_{\alpha_1^k}}{\mathrm{d}t} &= \frac{\mathrm{d}n_{(\alpha_1^k)_{E(\gamma')}}}{\mathrm{d}t} = j_{E(\gamma')} \\ &= -l_{\alpha_1^k,1}\left(\frac{A_{\mathrm{m},\alpha_1^k}}{T}\right) - l_{\alpha_1^k,2}\left(\frac{A_{\mathrm{m},\alpha_1^k}}{T}\right)^2 - l_{\alpha_1^k,3}\left(\frac{A_{\mathrm{m},\alpha_1^k}}{T}\right)^3 - \cdots \\ &(k = 1, 2, \cdots, n)\end{aligned} \tag{9.750}$$

$$\begin{aligned}-\frac{\mathrm{d}n_{(i)_{\alpha_1}}}{\mathrm{d}t} &= \frac{\mathrm{d}n_{(i)_{E(\gamma')}}}{\mathrm{d}t} = j_{(i)_{E(\gamma')}} \\ &= -l_{i,1}\left(\frac{A_{\mathrm{m},i}}{T}\right) - l_{i,2}\left(\frac{A_{\mathrm{m},i}}{T}\right)^2 - l_{i,3}\left(\frac{A_{\mathrm{m},i}}{T}\right)^3 - \cdots \\ &(i = 1, 2, \cdots, n)\end{aligned} \tag{9.751}$$

式中，

$$A_{\mathrm{m},\alpha_1^k} = \Delta G_{\mathrm{m},\alpha_1^k}$$

$$A_{\mathrm{m},i} = \Delta G_{\mathrm{m},i}$$

2. 在共晶面 M_1，温度 $T_{M_1,j}$

在温度 $T_{M_1,j}$，相变速率为

$$\begin{aligned}-\frac{\mathrm{d}n_{\alpha_j^k}}{\mathrm{d}t} &= \frac{\mathrm{d}n_{(\alpha_j^k)_{\gamma'_{M_1,j-1}}}}{\mathrm{d}t} = j_{\alpha_j^k} \\ &= -l_{\alpha_j^k,1}\left(\frac{A_{\mathrm{m},\alpha_j^k}}{T}\right) - l_{\alpha_j^k,2}\left(\frac{A_{\mathrm{m},\alpha_j^k}}{T}\right)^2 - l_{\alpha_j^k,3}\left(\frac{A_{\mathrm{m},\alpha_j^k}}{T}\right)^3 - \cdots\end{aligned} \tag{9.752}$$

$$\begin{aligned}-\frac{\mathrm{d}n_{(i)_{\alpha_1}}}{\mathrm{d}t} &= \frac{\mathrm{d}n_{(i)_{\gamma'_{M_1,j-1}}}}{\mathrm{d}t} = j_{(i)} \\ &= -l_{i,1}\left(\frac{A_{\mathrm{m},i}}{T}\right) - l_{i,2}\left(\frac{A_{\mathrm{m},i}}{T}\right)^2 - l_{i,3}\left(\frac{A_{\mathrm{m},i}}{T}\right)^3 - \cdots\end{aligned} \tag{9.753}$$

3. 在共晶面 M_P，温度 $T_{M_P,j}$

在温度 $T_{M_P,j}$，相变速率为

$$\begin{aligned}-\frac{\mathrm{d}n_{\alpha^k_{(p-1)n+j}}}{\mathrm{d}t} &= \frac{\mathrm{d}n_{[\alpha^k_{(p-1)n+j}]_{\gamma'_{M_P,j-1}}}}{\mathrm{d}t} = j_{\alpha^k_{(p-1)n+j}} \\ &= -l_{\alpha^k,1}\left(\frac{A_{\mathrm{m},\alpha^k}}{T}\right) - l_{\alpha^k,2}\left(\frac{A_{\mathrm{m},\alpha^k}}{T}\right)^2 - l_{\alpha^k,3}\left(\frac{A_{\mathrm{m},\alpha^k}}{T}\right)^3 - \cdots\end{aligned} \tag{9.754}$$

$$(k=1,2,\cdots,n-j)$$

式中，

$$A_{\mathrm{m},\alpha^k}=\Delta G_{\mathrm{m},\alpha^k_{(p-1)n+j}}$$

$$\begin{aligned}-\frac{\mathrm{d}n_{(i)_{\alpha^k_{(p-1)n+j}}}}{\mathrm{d}t}&=\frac{\mathrm{d}n_{(i)_{\gamma'_{M_{P,j-1}}}}}{\mathrm{d}t}=j_{(i)}\\&=-l_{i,1}\left(\frac{A_{\mathrm{m},i}}{T}\right)-l_{i,2}\left(\frac{A_{\mathrm{m},i}}{T}\right)^2-l_{i,3}\left(\frac{A_{\mathrm{m},i}}{T}\right)^3-\cdots\end{aligned}\tag{9.755}$$

$$(i=1,2,\cdots,n)$$

式中，

$$A_{\mathrm{m},i}=\Delta G_{\mathrm{m},i}$$

4. 在固溶体相面 M_1，温度 $T_{M_{n,j}}$

在温度 $T_{M_{n,j}}$，相变速率为

$$\begin{aligned}-\frac{\mathrm{d}n_{\alpha^1_{(n-1)n+j-1}}}{\mathrm{d}t}&=\frac{\mathrm{d}n_{[\alpha^1_{(n-1)n+j}]\gamma'_{M_{n,j-1}}}}{\mathrm{d}t}=j_{\alpha^1}\\&=-l_{\alpha^1,1}\left(\frac{A_{\mathrm{m},\alpha^1}}{T}\right)-l_{\alpha^1,2}\left(\frac{A_{\mathrm{m},\alpha^1}}{T}\right)^2-l_{\alpha^1,3}\left(\frac{A_{\mathrm{m},\alpha^1}}{T}\right)^3-\cdots\end{aligned}\tag{9.756}$$

式中，

$$A_{\mathrm{m},\alpha^1}=\Delta G_{\mathrm{m},\alpha^1_{(n-1)n+j-1}}$$

$$\begin{aligned}-\frac{\mathrm{d}n_{(i)_{\alpha^1_{(n-1)n+j-1}}}}{\mathrm{d}t}&=\frac{\mathrm{d}n_{(i)_{\gamma'_{M_{n,j-1}}}}}{\mathrm{d}t}=j_i\\&=-l_{i,1}\left(\frac{A_{\mathrm{m},i}}{T}\right)-l_{i,2}\left(\frac{A_{\mathrm{m},i}}{T}\right)^2-l_{i,3}\left(\frac{A_{\mathrm{m},i}}{T}\right)^3-\cdots\end{aligned}\tag{9.757}$$

式中，

$$A_{\mathrm{m},i}=\Delta G_{\mathrm{m},i}$$

5. 在温度 T

在温度 T。

$$\begin{aligned}-\frac{\mathrm{d}n_{\alpha^1_{(n-1)n+n}}}{\mathrm{d}t}&=\frac{\mathrm{d}n_{(\alpha^1_{(n-1)n+n})\gamma'_{M_{n,n}}}}{\mathrm{d}t}=j_{\alpha^1_{(n-1)n+n}}\\&=-l_1\left(\frac{A_{\mathrm{m},\alpha}}{T}\right)-l_2\left(\frac{A_{\mathrm{m},\alpha}}{T}\right)^2-l_3\left(\frac{A_{\mathrm{m},\alpha}}{T}\right)^3-\cdots\end{aligned}\tag{9.758}$$

式中，

$$A_{\mathrm{m},\alpha} = \Delta G_{\mathrm{m},\alpha^1_{(n-1)n+n}}$$

$$\begin{aligned} -\frac{\mathrm{d}n_{\alpha^1_{(n-1)n-1}}}{\mathrm{d}t} &= \frac{\mathrm{d}n_{(i)_{\gamma'_{M_{n,n}}}}}{\mathrm{d}t} \\ &= -l_1\left(\frac{A_{\mathrm{m},i}}{T}\right) - l_2\left(\frac{A_{\mathrm{m},i}}{T}\right)^2 - l_3\left(\frac{A_{\mathrm{m},i}}{T}\right)^3 - \cdots \end{aligned}$$

式中，

$$A_{\mathrm{m},i} = \Delta G_{\mathrm{m},(i)_{\alpha^1_{(n-1)n+n}}}$$